计 算 机 科 学 丛 书

分布式算法

[美] 南希·A. 林奇（Nancy A. Lynch） 著

舒继武 李国东 余华山 译

Distributed Algorithms

Distributed Algorithms

Nancy A. Lynch

典藏版

U0125439

机械工业出版社
CHINA MACHINE PRESS

图书在版编目（CIP）数据

分布式算法：典藏版 /（美）南希·A. 林奇（Nancy A. Lynch）著；舒继武，李国东，余华山译 . —北京：机械工业出版社，2022.11
（计算机科学丛书）
书名原文：Distributed Algorithms
ISBN 978-7-111-72424-7

I.①分… II.①南… ②舒… ③李… ④余… III.①分布式算法 IV.① TP301.6

中国国家版本馆 CIP 数据核字（2023）第 009943 号

注意

　　本书涉及领域的知识和实践标准在不断变化。新的研究和经验拓展我们的理解，因此须对研究方法、专业实践或医疗方法作出调整。从业者和研究人员必须始终依靠自身经验和知识来评估和使用本书中提到的所有信息、方法、化合物或本书中描述的实验。在使用这些信息或方法时，他们应注意自身和他人的安全，包括注意他们负有专业责任的当事人的安全。在法律允许的最大范围内，爱思唯尔、译文的原文作者、原文编辑及原文内容提供者均不对因产品责任、疏忽或其他人身或财产伤害及 / 或损失承担责任，亦不对由于使用或操作文中提到的方法、产品、说明或思想而导致的人身或财产伤害及 / 或损失承担责任。

分布式算法（典藏版）

出版发行：机械工业出版社（北京市西城区百万庄大街 22 号　邮政编码：100037）
策划编辑：曲　熠　　　　　　　　　　　责任编辑：曲　熠
责任校对：张亚楠　王明欣　　　　　　　责任印制：李　昂
版　　次：2023 年 5 月第 1 版第 1 次印刷　　印　　刷：河北鹏盛贤印刷有限公司
开　　本：185mm × 260mm　1/16　　　　印　　张：33.25
书　　号：ISBN 978-7-111-72424-7　　　　定　　价：119.00 元

客服电话：(010) 88361066　　　　　　　版权所有·侵权必究
　　　　　(010) 68326294　　　　　　　封底无防伪标均为盗版

分布式计算是随着计算机网络的发展而兴起的，现已成为提高问题求解规模和速度、提高系统可靠性的重要手段，在数值模拟和生物工程等应用领域中被广泛应用。随着网络技术的发展以及网络计算的兴起，分布式计算技术也在不断地发展和完善，在计算机技术的发展和应用中发挥着越来越重要的作用。在我国科学工程计算部门和高等院校中，越来越多的科技工作者开始学习和研究分布式计算技术。

分布式计算包括三个层面的内容：作为底层的分布式系统，作为理论指导的分布式算法，以及结合具体问题的程序实现。其中，分布式算法处于重要地位，它是分布式系统的体现，更是分布式程序设计的基础和灵魂。分布式算法的一个重要特点是，它并不仅仅是抽象的理论研究，而且与具体的分布式系统和应用问题密切相关。

然而，在分布式算法的研究中，国内相关资料十分缺乏，因此我们翻译了本书。它有几个显著特点：

- 全面：本书分三部分，分别对同步网络算法、异步网络算法和部分同步算法进行全面的介绍，可以作为一本分布式算法的完全手册。

- 严谨：书中对算法和概念都给出准确的定义，对性能的分析和评价都给出严格的证明，可以作为进一步深入理论研究的基础。

- 深入浅出：虽然算法理论有很强的抽象性，但是本书能够用浅显的语言和大量的图示进行详尽的讲解，读者只需要具备一些基本的离散数学和概率知识即可阅读本书。因此，本书适合不同层次的读者学习。

本书的翻译是专门从事分布式算法工作的科研工作者通力合作完成的，其中清华大学计算机系舒继武副教授翻译了前言和第 1 章至第 7 章，南京大学计算机系李国东副教授翻译了第 8 章至第 13 章和第 15 章至第 20 章，北京大学计算机系余华山博士翻译了第 14 章和第 21 章至第 25 章，全书由舒继武和李国东统稿并审校。

在本书的翻译过程中，我们深切体会到本书作者在分布式算法方面的造诣，自身也获得了提高。希望本书能帮助国内的学者共享作者的思想和成果。

由于分布式算法是一个蓬勃发展的领域，加上译者水平有限，书中错误在所难免，竭诚欢迎广大读者批评指正。

译 者
2003 年 9 月

分布式算法是用于解决多个互连处理器运行问题的算法。分布式算法的各部分并发和独立地运行，每一部分只承载有限的信息。即使处理器和通信信道以不同的速度运作，或即使某些构件出了故障，这些算法仍然应该正常运行。

分布式算法有广泛的应用：电信、分布式信息处理、科学计算以及实时进程控制。例如，电话系统、航班订票系统、银行系统、全球信息系统、天气预报系统以及飞机和核电站控制系统都严重依赖于分布式算法。很明显，确保分布式算法准确、高效地运行是非常重要的。然而，由于这种算法的执行环境很复杂，所以设计分布式算法就成了一项极端困难的任务。

本书对分布式算法这个领域做了全面的介绍，包括最为重要的算法和不可能性结果，且都在一种简单的自动机理论环境中呈现。几乎所有的解都附有数学证明（至少是粗略的）。每个算法都根据精确定义的复杂度衡量方法进行了分析。总之，这些内容为更深入地理解分布式算法打下了牢固的基础。

本书面向不同层次的读者。首先，本书可以作为计算机系一年级研究生的教材，尤其适合于对计算机系统、理论或两者怀有浓厚兴趣的学生学习。其次，本书可作为分布式系统设计人员的短期培训教材。最后，它也可作为参考手册，供设计人员、学生、研究人员以及任何对该领域感兴趣的人使用。

本书包含了针对很多典型问题的算法，如在几种不同系统环境下的一致性（consensus）、通信、资源分配和同步问题。这些算法和相应结果基于分布式环境的基本假设来组织。组织的第一层基于时序模型（timing model）——同步、异步或部分同步；第二层基于进程间的通信机制——共享存储器或消息传递。每种系统模型都用数章来阐述：每一部分的头一章提出所述系统类型的形式化模型，余下各章介绍算法和不可能性结果。从头至尾，本书进行了严密的论述，然而非常简明易懂。

由于该领域很广阔，变化也很快，因此本书并不包罗万象，只包括最根本的结果。若以复杂度来衡量，这些结果并不总是最优的，但它们比较简单且能够阐明重要的通用设计和推理方法。

本书将会介绍分布式计算领域中许多重要的问题、算法和不可能性结果。当实际系统中出现这些问题的时候，你就能将它们识别出来，并进而利用本书介绍的算法来解决它们，或者应用不可能性结果来证明它们是不可解的。本书还介绍各类系统模型及其能力。这样一来，你自己就可以设计出新算法（甚至还可以证明出新的不可能性结果）。最后，本书还会让你相信，严格推导分布式算法和系统是可行的：形式化建模，给出其所需行为的精确规格说明，严格证明它们符合规格说明，确定合适的复杂度衡量标准以及按照这些标准进行分析。

使用本书

预备知识　阅读本书需要对基本的本科离散数学（包括数学归纳和渐近分析）、一些编程技能以及计算机系统相当熟悉。有关随机算法的部分还需要基本的概率知识。有关串行算法及其分析的本科课程对阅读本书有帮助，但并不是必要的。

章节关系 本书的编排原则是使读者能比较独立地阅读不同模型的各章内容。各章之间的依赖关系如图 A 所示。例如，如果想尽快了解异步网络，就可以跳过第 5 ~ 7 章。还可以只读算法部分，而不必先阅读算法所依赖的建模部分。

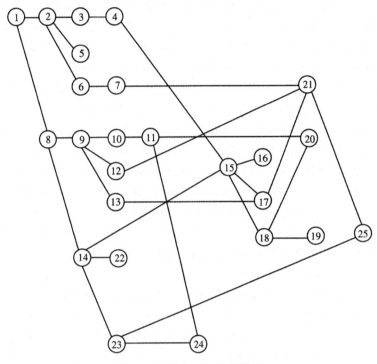

图 A　各章之间的依赖关系

带星号的小节 在本书中，有几个小节的标题打了星号。它们的内容不太基本或者说比其他部分更深。第一次阅读的时候可以忽略这些内容而不会有什么影响。

课程 本书的第 1 版已经在 MIT（麻省理工学院）的研究生导论课中用了很多年，并且在一些计算机软件和应用公司的系统设计师夏季课程中用了三年。本书包括足够一年课程的内容，所以对一些短期课程来说必须有所取舍（注意看章节之间的关系）。

例如，在学习异步网络计算的一个学期的课程中，可以选择第 3、4、6 章，7.2 节，第 12 章和第 14 ~ 21 章，参考一些有关建模的章节（第 2、8 和 9 章），并根据需要加入第 10、11 和 13 章中的一些定义。在学习分布一致性的一个学期的课程中，可以选择第 2 ~ 9 章、第 12 章、13.1 节，以及第 15、17、21、23 和 25 章。还有其他多种可能组合。如果你是这个领域的研究者，你可以用所在领域的更新或者更特别的研究结果来补充本书。

在为系统设计师提供的一两周的短期课程中，可以突出所有章节的重点，在较高的层次上讨论关键结果和关键证明思想，而无须讲解太多细节。

错误 如果在本书中发现了错误，或者对本书有什么建设性建议，请告诉我。特别欢迎对额外问题的建议。请发送 email 到 distalgs@theory.lcs.mit.edu。

致谢

我很难一一列举出所有对本书的出版做出贡献的人们，因为本书是多年教学和研究的成果，得到了许多学生和研究人员的帮助。即使这样，我还是想尽力而为。

本书是 MIT 的研究生课程 6.852（分布式算法）讲稿的最终版本。在我早期组织素材的过程中，学生们学过这门课。这些学生在 1990 年和 1992 年帮助我完成了讲稿的在线版本。有几位课程助教对我整理笔记给予了极大的帮助，他们是 Ken Goldman、Isaac Saias 和 Boaz Patt-Shamir。助教 Jennifer Welch 和 Rainer Gawlick 也帮了我很大的忙。

许多同事和学生与我一起研究过本书中的一些结果，与我一起讨论了其他人的工作，这对我充分理解素材帮助很大。其中包括 Yehuda Afek、Eshrat Arjomandi、Hagit Attiya、Baruch Awerbuch、Bard Bloom、Alan Borodin、James Burns、Soma Chaudhuri、Brian Coan、Harish Devarajan、Danny Dolev、Cynthia Dwork、Alan Fekete、Michael Fischer、Greg Frederickson、Eli Gafni、Rainer Gawlick、Ken Goldman、Art Harvey、Maurice Herlihy、Paul Jackson、Jon Kleinberg、Leslie Lamport、Butler Lampson、Victor Luchangco、Yishay Mansour、Michael Merritt、Michael Paterson、Boaz Patt-Shamir、Gary Peterson、Shlomit Pinter、Stephen Ponzio、Isaac Saias、Russel Schaffer、Roberto Segala、Nir Shavit、Liuba Shrira、Jørgen Søgaard-Andersen、Eugene Stark、Larry Stockmeyer、Mark Tuttle、Frits Vaandrager、George Varghese、Bill Weihl、Jennifer Welch 和 Lenore Zuck。尤其感谢其中的两位：我的导师 Michael Fischer 和我的学生 Mark Tuttle。从 1978 年开始，Michael 就与我一起致力于研究这个当时还很小但看起来很有前途的领域，而 Mark Tuttle 的硕士论文定义并发展了 I/O 自动机模型。

我还要感谢 Ajoy Datta、Roberto De Prisco、Alan Fekete、Faith Fich、Rainer Gawlick、Shai Halevi、Jon Kleinberg、Richard Ladner、John Leo、Victor Luchangco、Michael Melliar-Smith、Michael Merritt、Daniele Micciancio、Boaz Patt-Shamir、Anya Pogosyants、Stephen Ponzio、Sergio Rajsbaum、Roberto Segala、Nir Shavit、Mark Smith、Larry Stockmeyer、Mark Tuttle、George Varghese、Jennifer Welch 和 Lenore Zuck，他们审阅了全书的各部分草稿并提出了很多有用的建议。特别是 Ajoy、Faith 和 George，他们使用本书的早期版本作为教材来教学，给出了很多宝贵的意见。此外，我要感谢 Joanne Talbot 不厌其烦地排版、画图、搜集参考文献，以及不停地打印文稿等。David Jones 也参与了排版工作。在此，我还要感谢 John Guttag、Paul Penfield 和其他 MIT EECS 的成员，他们为我安排了写书的时间。Morgan Kaufmann 的 Bruce Spatz 又一次鼓励并帮助我做这个艰巨的工作，他总能给我正确的建议。在本书最后付梓阶段，Morgan Kaufmann 的 Julie Pabst 和 Diane Cerra 给了我很大帮助。同时，也感谢 Babel 出版社的 Ed Sznyter 的 LATEX 技术。

最后也是最重要的，我要感谢体贴我的家人 Dennis、Patrick 和 Mary Lynch，他们体谅我为本书所做的一切工作，同时帮我处理了其他的事情。特别感谢 Dennis，当我把大部分时间花在计算机前时，Dennis 在为我准备美味的海鲜晚餐，甚至把我的浴室和洗衣房翻修一新！

Nancy A. Lynch
Cambridge, Massachusetts

引　言

1.1　相关主题

分布式算法（distributed algorithm）的概念包括大量并发算法，这些算法有着广泛的应用。最初，分布式算法这个术语用来指在那些分布在一个大地理区域中的多个处理器上运行的算法。多年之后，该术语的应用更为广泛。现在的分布式算法不仅包括运行在局域网上的算法，甚至还包括针对共享存储器多处理器的算法。造成这种状况的原因是：人们逐渐认识到，用在上述不同环境下的算法有许多共同之处。

分布式算法得到了广泛的应用：电信、分布式信息处理、科学计算以及实时进程控制。当我们为某项应用搭建一个系统时，其中一个重要的环节是设计、实现和分析分布式算法。这些算法和它们要解决的问题构成了本书中涉及的研究领域的相关主题。

分布式算法有许多种。它们的分类所依据的属性包括：

- 进程间通信（IPC）的方法：分布式算法运行在一组处理器上，而这些处理器需要通过某种方式进行通信。一些常规的通信方法包括访问共享存储器、发送点对点消息或广播消息（在广域网或局域网上）以及执行远程过程调用。

- 时序模型：关于系统中事件的时序可做几种不同的假设，这反映了算法可能用到的不同时序信息类型。一种极端情况是处理器完全同步，通信和计算在完美的锁一步同步中进行。另一种极端情况是它们完全异步，以任意的速度和次序运行。两者之间有大量可能的假设，这些假设可以归为部分同步的，在这些情况下，处理器具有关于事件时序的部分信息。例如，处理器的相对速度可能有界限，或者处理器可以访问近似同步的时钟。

- 故障模型：算法运行时的底层硬件可能被假设为完全可靠的。或者，算法可能需要容忍一定限度的故障行为。这些故障行为可能包括处理器故障，即处理器可能在给出或不给出警告的情况下停止工作；也可能暂时发生错误；或表现出严重的 Byzantine 故障，即一个出错的处理器可以做出任意动作。出错行为也包括通信机制的故障，包括消息丢失或消息重复。

- 需解决的问题：当然，算法也视它们试图解决的问题而相异。我们考虑的典型问题就是在上面提到的应用领域内产生的问题。这些问题包括资源分配、通信、分布式处理器之间的一致性、数据库并发控制、死锁检测、全局快照、同步以及各种对象类型的实现等。

本书不讲述某些并发算法，如并行随机存取机（PRAM）算法和针对固定连接网络（如数组、树和超立方体）的算法。与大部分并发算法不同，本书提到的算法具有更高程度的不确定性（uncertainty）和行为独立性（independence of activity）。本书中的算法必须面对的几种不确定性和行为独立性包括：

- 处理器数目未知
- 网络拓扑结构未知
- 不同位置上的独立输入
- 几个程序立即运行，在不同时间开始，以不同速度运行
- 处理器的不确定性
- 不确定的消息传递次数
- 不确定的消息顺序
- 处理器和通信故障

幸运的是，并不是每个算法都要面对这些不确定性和行为独立性！

由于这些不确定性，分布式算法的行为经常很难理解。由于多个处理器并行执行代码，其执行步骤以某种不确定的方式相互交错，因此即使算法的代码很短，也可能在输入相同的情况下，算法有多种不同的表现。因此，通过准确预测算法到底如何执行来理解算法通常是不可能的。这与其他并行算法相反，例如，在 PRAM 算法中，我们通常能够预测某一时刻算法将要做什么。对于分布式算法，我们最好去理解它的行为中某些已选定的属性，而不是去理解它的所有行为。

在过去的 15 年里，分布式算法的研究已经发展成一个相当一致的领域。该领域的研究风格大致如下：首先，确认在实际分布式计算中的重要问题，并定义适合对问题进行数学研究的抽象版本；然后，开发出解决问题的算法，精确地描述这些算法，证明它们能解决出现的问题，并且根据不同度量标准来分析其复杂度。算法的设计者通常会试图降低算法的复杂度。同时，要证明不可能性结果和下限，给出问题如何才能可解的限制以及其求解代价。所有这些工作的基础是分布式系统的数学模型。

这些结论构成了十分有趣的数学理论。但它们不仅仅是数学理论：这里讲到的问题声明可用于对实际系统的某些部分建立形式化规格说明；这里讲到的算法（很多情况下）可用于实际的设计；这里给出的不可能性结果会告诉设计者应在何时停止做一些事情。所有这些结果，加上底层的数学模型，有助于设计者理解他们构建的系统。

1.2   我们的观点

本书研究的领域是分布式算法。因为这是一个非常广阔和活跃的领域，我们不能进行全面的研究，必须有所取舍，所以我们试图选出本领域在理论上和实际上最基本的一些结果。就复杂度来讲，它们不一定是最优的结果，但我们更倾向于选出那些简单且体现了重要的设计和推理方法的结论。我们给出的结果包括一部分在本领域内相当典型的问题，如领导者选举、网络搜索、构造生成树、分布一致性、互斥、资源分配、构造对象、同步、全局快照以及可靠通信。这些问题在不同应用中重复出现。我们会在几个不同的系统模型中考虑这些问题。

本书的一大特点是，我们根据一个几乎统一的形式化框架来给出所有的算法、不可能性结果和下限。这个框架包括少量针对不同类型分布式系统的形式化自动机理论模型，以及使用这些模型来对系统进行推理的标准方法。我们的框架基于自动机理论，而不是基于某种特定的形式语言或形式证明逻辑。这使得我们可以用基本的集合论数学来表达结论，而不用过多地担心语言细节。这样也有灵活性，因为可以在同一框架内运用多种语言和逻辑来对算法进行描述和推理。使用形式化框架可以对所有的结论进行严密的处理。

对于严密性还需要多说几句。在分布式算法领域内，严密的处理十分重要，因为其中有

许多微妙的因素。如果不注意这一点，就很难避免错误。然而，很难说清怎样做出完全严密的表达（既足够简练又易于直观理解）。在本书中，我们综合使用了直观的和严密的推理。也就是说，我们给出相应形式化模型的精确描述。对于算法，我们有时用形式化模型精确描述，有时用文字描述，有时两者都用。在讨论算法正确性时，严密的程度可能变化很大：有时给出很形式化的证明，有时仅给出直观的概述。然而，我们希望提供足够的工具，以便在需要时可以将直观概述扩展为形式化证明。我们一般根据形式化模型来给出严密的不可能性证明。

因为有许多不同的环境和问题要考虑，所以很难说怎样组织这些材料最好。我们首先是按照形式化模型组织的——特别是根据模型中对结论影响最大的方面描述，其次是根据抽象的问题描述。模型之间最深层的区别在于对时序的假设，同时 IPC 机制和故障假设也是重要的因素。

我们考虑的时序模型如下：

- 同步模型：这种模型最容易描述、编程和推理。我们假设各部分同时执行各个步骤，也就是说，运行依照同步轮前进。当然，在大部分分布式系统中，实际情况并非如此，但是无论如何，同步模型是很有用的。理解怎样在一个同步模型中解决问题，往往是理解怎样在更现实的模型中解决它的有用的中间步骤。例如，有时一个实际的分布式系统可以"模拟"一个同步系统。而且，同步系统的不可能性结果可以直接用于表现更差的模型。然而，在许多种类的分布式系统中实现同步模型是不可能或无效的。

- 异步模型：这里我们假设不同部分以任意顺序、按任意速度执行各个步骤。尽管有几个细微之处，主要涉及活性（liveness）的考虑，这种模型还是比较容易描述的。因为有事件顺序的额外不确定性，它比同步模型更难编程。然而，异步模型允许程序员忽略特定的时序问题。与典型的分布式系统相比，由于异步模型对时间所做的假设更少，因此为异步模型设计的算法是通用和可移植的：它们可以保证按任意的时序在网络中正确运行。然而，异步模型有时不能高效解决问题，有的问题甚至不能解决。

- 部分同步（基于时序）模型：这里我们假设对事件的相对时序做一些限制，但运行并不像同步模型那样严格遵循锁－步机制。这些模型是最实际的，但也是最难编程的。利用事件时序知识所设计的算法可以是高效的，但也可能是脆弱的，因为如果时序假设被打破的话它们就不能正确运行。

我们用来分类的下一个基础是 IPC 机制。在本书中，我们考虑了共享存储器和消息传递。我们首先给出了共享存储器模型，因为它更为强大，且更易理解，也因为共享存储器环境中的许多技术和结论修改后可以用于网络环境。接下来，我们根据研究的问题来组织材料。最后，我们研究了许多在不同的故障假设下的问题。当我们在不同的模型下提出相同的问题时，将会看到，假设中很小的不同会导致结果产生巨大的差别。我们试图指出并强调这些差别。

通过将算法组合成其他算法，使用层次抽象来设计算法，以及将针对一个模型的算法转换成为针对其他模型的算法，我们尽量将我们的表达模块化。这有助于极大地降低设计思想的复杂性，使我们事半功倍。在实际的分布式系统设计中，相同种类的模块可以用于同样的目的。

1.3　本书内容综述

本书包括的具体主题如下。

模型和证明方法　有关形式化模型和证明方法的内容分散在第 2、8、9、14 和 23 章中，这几章是本书中各主要部分（同步网络算法、异步共享存储器算法、异步网络算法和部分同步算法）的起始章节。这些内容独立成章，以方便读者参考。首次阅读时你可能更愿意跳过建模部分的某些内容，以后在理解算法的相关内容时根据需要再回来参考它们。我们尽量合理组织本书，使得算法易读和易理解，而不需要太多的形式化建模工作。

我们用到的模型都是基于状态机的，通常有无限多个状态和与其迁移相关的显式名字。一个状态机既可以用于对分布式系统的一个组件建模，也可以用于对整个分布式系统建模。状态机的每个状态表示这个组件或系统的一个瞬时快照，它包括诸如每一处理器的存储状态、每一运行程序的程序计数器以及通信系统中传递的消息等信息。迁移描述了系统中发生的变化，如消息的发送和接收引起的变化，或者由本地计算引起的变化。我们对同步网络、异步系统和基于时序的系统分别给出不同的模型。

对于分布式系统而言，形式化模型的一个重要用途是作为所要解决问题的规格说明以及算法正确性证明的基础。这样的规格说明和证明可以用许多特定风格的和特别的方法来实现。然而，某些方法会经常采用，所以我们在有关模型的章节中明确地描述了它们。这些方法包括不变式断言和模拟。不变式断言是在系统的所有可达状态中都为真的属性。断言通常通过对系统运行的步数做归纳来证明。模拟是一对系统之间的形式化关系，一个系统代表要解决的问题，另一个系统代表解决方案；或者一个系统代表高级的、抽象的解决方案，另一个系统代表具体的方案。模拟关系一般也用归纳法证明。

第 2 章介绍了第一个模型，它是针对同步网络的。这是一个很简单的模型，仅仅描述了消息交换和计算的同步轮。第 8 章介绍一个异步网络的通用模型——输入/输出自动机（I/O 自动机）模型。模型的名字表明它明确区分输入和输出迁移，即环境对系统的通信和系统向环境的通信。在一个 I/O 自动机中，从某一给定的状态开始可能有几个迁移；例如，涉及不同处理器的迁移能够以任意次序执行。因为模型允许迁移次序具有如此大的灵活性，我们引入活性的概念以表示某些迁移最终一定会发生。该模型一个有用的特点是它具有一个并行的合成操作，使得将那些以 I/O 自动机表示的系统组件进行合并后，仍然可以使用 I/O 自动机来表示合并后的系统。通常，可以基于组件正确性的证明，以模块化的方式来证明合成自动机的正确性。

第 8 章中的模型很通用，它足以描述异步的共享存储器系统和异步网络（以及许多其他类型的异步系统）；第 9 章和第 14 章中分别介绍针对共享存储器系统和消息传递系统模型进行裁剪所需要的额外结构。

最后，第 23 章介绍了基于时序的系统的模型。这些模型同样是状态机，但是这里的状态包括时序信息，如当前时间和不同事件的调度时间。这些模型使我们可以描述基于时序的系统的典型结构，如本地时钟和超时。

同步网络算法　我们考虑的最简单的（即有最少不确定性的）模型是同步网络模型，模型中所有的处理器都在同步轮中进行通信和计算。我们不考虑同步的共享存储器算法，因为它们构成了一大研究分支（见本章后面的参考文献注释）。在网络环境中，我们假设处理器在图或有向图 G 中的节点上，并通过沿 G 的边发送消息与它的邻接节点通信。

在第 3 ～ 7 章中，我们考虑同步网络中几个典型的分布式问题。在第 3 章中，我们从一个涉及环网中计算的简单例子开始。问题是：假设节点上的每个处理器除了一个唯一的标识符（UID）之外都相同，怎样在环网中选出一个唯一的领导者节点？这里主要的不确定性是处理器实际拥有的 UID 集合是未知的（尽管已知没有两个处理器有相同的 UID）；而且，网络的规模通常是未知的。这个问题主要用于令牌环的局域环网上，其中假设总有一个令牌在循环，使得当前所有者拥有发起通信的特权。然而，令牌有时会丢失，因此处理器有必要执行一个算法来重新产生丢失的令牌。这个重新产生的过程就等于是选出一个领导者。关于领导者选举问题，我们给出了一些基本的理论复杂度的结论。特别是，我们证明了所需的时间和通信量（即消息数）的界限。

接着，在第 4 章中，我们简略探讨了在更一般的网络中用到的基本算法。特别地，我们给出了一些用于解决诸如领导者选举、广度优先搜索、寻找最短路径、寻找最小生成树以及寻找节点的最大独立集等基本问题的算法。这里，典型的不确定性来自未知的 UID 和未知的网络图。

然后，在第 5 章和第 6 章，我们考虑在一个分布式网络中达成一致的问题。在有些问题中，一些处理器需要达成一个共同的决定，即使开始时它们对决定应该是什么样子存在分歧。现实中会产生许多一致性问题，例如：处理器能监测飞机上不同的高度计，并且试图就高度达成一致；或者处理器能对某个其他的系统组件进行故障诊断，试图把各个处理器的诊断结果综合成一个共同的决定，即是否替换这一组件。

这里，我们考虑的不确定性不仅源于初始判断的差异，而且源于链路或处理器的故障。在第 5 章中我们考虑链路因丢失消息而产生故障的情况。在第 6 章中我们考虑两种不同类型的处理器故障：停止故障，即发生故障的处理器在某一点停止执行本地的协议；Byzantine 故障，即发生故障的处理器表现出完全随意的行为（其限制是不能破坏系统中它不能访问的部分）。对可以容忍的错误数目、时间以及通信量，我们都给出了界限。

最后，在第 7 章中，我们考虑了一些基本的一致性问题的扩展和变形，包括：在一个小的值集合上的一致，而不是仅仅对单个值的一致；对一个实数值的近似一致；分布式数据库的提交问题。

异步的共享存储器算法　经过同步算法的热身（其中只有少量的不确定性），我们开始学习难度更大的异步算法。现在我们不再假设处理器按锁－步同步，而是可以按任意次序交错执行各步，对单个处理器的速度也没有限制。典型情况下，它和外部环境的交互（通过输入和输出事件）是不断进行的，而不是仅仅包含初始的输入和最终的输出。在这种环境中得到的结果与在同步网络中得到的结果大不相同。

第 10 ～ 13 章包括了异步的共享存储器算法。在第 10 章中，我们考虑的第一个问题是互斥问题。这是在分布式算法领域中最基本的问题之一，也是历史上第一个得到深入的理论研究的问题。本质上讲，这个问题涉及对单一、不可分的资源进行访问时的管理，这种资源在某一时刻只能支持一个用户访问。从另一角度看，我们可以认为这个问题是要确保某些程序段在临界区内执行，临界区不允许两个进程同时执行。这个问题在集中式和分布式操作系统中都会遇到。除了与步骤次序有关的基本的不确定性，还有与哪些用户何时访问资源有关的不确定性。

我们给出了一系列共享存储器的互斥算法，从 Dijkstra 在 1965 年提出的经典算法开始，列出了一系列能更好地保证正确性的算法。这些算法中的大部分基于那些只能用读操作和写操作来访问的存储器；对于这种读/写共享存储器模型，我们也给出了必须用到的共享变量的数目下限。我们也考虑了使用一个更强的共享存储器——读-改-写存储器的问题；在这种情况下，我们给出了所需存储器大小的上下限。除了给出算法和下限，我们把互斥问题作为一个实例来阐明异步分布式算法的许多重要概念。这些概念包括通用建模方法；原子性、公平性、演进性和容错的概念；不变式断言和模拟证明；时间分析技术。

在第11章中，我们将互斥问题扩展为更复杂的资源分配问题，涉及更多的资源和对资源使用方式的更详尽的要求。例如，我们考虑哲学家用餐问题，这是一个典型的资源分配问题，涉及在处理器环中分配成对的共享资源。

在第12章中，我们在异步共享存储器模型中重新考虑一致性问题。这一章的主要结论是一个基本的事实，即如果共享存储器仅仅支持读写操作，那么在发生故障的情况下，基本的一致性问题在这样的环境中不可解。相反，对于较强的共享存储器类型，如读-改-写存储器，存在对这个问题的简单解法。

接着，在第13章中，我们介绍了原子对象。在此之前，我们假设处理器对存储器的访问是即时的。原子对象分别接受调用和做出响应动作，但除此之外它的表现和即时访问的共享变量很相似。我们定义了原子对象，并证明了一些基本结论，这些结论说明了怎样使用它们来构造系统；特别是它们可用于代替共享变量。同时我们考虑了使用更弱原语（共享变量或较弱类型的原子对象）来实现更强原子对象的几个算法。这些算法的一个有趣的属性是无等待，这意味着不管其他并发操作是否出错，在已实现的对象上的任一操作必须完成。

我们会给出怎样用读/写共享变量来实现快照原子对象；快照原子对象接受快照操作，立即返回所有存储位置的值。我们还会给出怎样用单写者的读/写共享存储器来实现多写者/多读者的原子对象。

异步网络算法   在第15～22章中，我们进一步研究了异步网络中的算法。和同步网络一样，系统以图或有向图来表示，节点是处理器，边是通信链路，但是系统不在同步轮中运行。现在，消息可以在任意时间到达，处理器可以以任意速度运行。相对于同步网络环境和异步共享存储器环境，这里的系统组件之间的耦合更松散。因此，这种模型的不确定性又增加了。

我们从第15章开始，在异步网络环境中重新考虑第4章里的问题和算法。例如，我们重新考虑领导者选举问题、广度优先搜索和最短路径、广播和敛播以及最小生成树。尽管有些算法几乎不用修改就可以使用，但大部分需要较大的改动。把第4章的简单同步最小生成树算法扩展到异步网络环境尤其困难。

第15章说明对异步网络编程是困难的，接下来的四章就是要解决这个问题。在第16～19章中，我们介绍了四种简化技术，这些技术被形式化为算法变换，允许异步网络模拟更简单或更强的模型。这些变换使得针对更简单或更强的模型设计的算法可以运行在更复杂的异步网络模型中。

在第16章中介绍的第一种技术是引入同步器。同步器是一种系统组件，它使得（无故障的）异步网络可以模拟第2～4章中的同步网络（没有故障的那些）。我们给出了有效的实现，并且把这些实现和一个下限结果做比较，其中这个下限结果似乎表明任何这样的模拟都是无效的。这种表面上的矛盾其实依赖于待解决问题的类型。

在第17章中介绍的第二种技术是用异步网络模型模拟异步共享存储器模型。这使得第10～13章中介绍的那些异步共享存储器算法可以用在异步网络中。

在第18章中介绍的第三种技术是给异步分布式网络中的事件分配一致的逻辑时间。这种技术允许异步网络模拟一个网络，该网络中的节点可以访问一个完全同步的实时时钟。它的重要应用是允许一个异步网络模拟一个集中式（非分布式）状态机。

第19章介绍了第四种技术，在异步网络算法运行时监控该算法。例如，这可以用于调试，用于产生备份版本，或者用于检测算法的稳定属性。稳定属性是一旦发生就会永远保持的属性，如系统终止或死锁。有助于检测稳定属性的一种基本原语其实就是这样的一种能力，即产生分布式算法的状态的一致全局快照。我们给出了几种产生这样的快照的方法，并且描述了怎样使用快照来检测稳定属性。

有了这些有力的工具之后，我们来考虑异步网络环境中的特定问题。在第20章中，我们重新考虑资源分配问题。例如，我们给出了在异步网络中解决互斥问题和哲学家用餐问题的方法。

在第21章中，我们考虑了出现停止故障时异步网络中的计算问题。首先，用第17章中的变换，我们证明了一致性问题从共享存储器环境到网络环境的不可能性结果。围绕这个固有的限制我们考虑了几种方法；例如，我们给出了一个随机化算法来解决一致性问题，介绍了怎样用所谓的故障检测器来解决一致性问题，说明了怎样达到近似一致而不是精确一致。

在第22章中，我们考虑数据链路问题。数据链路协议用于在不可靠的底层通道上实现可靠的通信链路。首先我们给出**交替位**（Alternating Bit）协议，这个简单协议不但本身有趣，而且在并发算法证明领域也是一个著名的标准研究案例。对于底层通道出现不同类型故障行为的环境，我们也给出了这个问题的其他各种算法和不可能性结果。

部分同步算法 部分同步模型处于同步和异步模型之间。在部分同步模型中，我们假设处理器知道一些时间信息，如能够访问实际时间或近似时间，或者某种类型的超时机制。或者，我们可以假设处理器每步的时间和消息发送的时间在已知的上下限之间。由于部分同步系统具有比异步系统更少的不确定性，你可能以为它们更容易编程。然而，时序引起了更多的复杂问题——例如，算法的正确性通常严重依赖于时序假设。因此，部分同步环境的算法和证明通常比异步环境更复杂。

在第24章中，我们给出在时序环境中解决互斥问题所需时间的上下限。在第25章中，我们给出一致性问题的上下界。因为部分同步分布式算法是当前研究的一个主题，我们只给出这种模型的初步结论。

1.4 参考文献注释

书中材料的主要来源是学术文献，特别是在计算机协会（ACM）的分布式计算原理（PODC）年会论文集上发表的论文。在这一领域包含大量论文的其他年会论文集包括计算机科学原理（FOCS）、计算理论（STOC）、并行算法和体系结构（SPAA）以及分布式算法（WDAG）。其中很多内容已经出现在一些计算机科学杂志中，如 *Journal of the ACM*、*Distributed Computing*、*Information and Computation*、*SIAM Journal on Computing*、*Acta Informatica* 和 *Information Processing Letters*。这些论文中的结论是根据大量不同的模型和以不同的严密程度来描述的。

以前已经有过几次对这一领域的资料进行收集和总结的尝试。在 *Handbook of Theoretical Computer Science* [185] 中，由 Lamport 和 Lynch 写的有关分布式计算的章节综述了一些建模和算法的思想。Raynal 的两本书 [249，250] 分别描述了互斥算法和异步网络算法。Raynal 和 Helary 的另一本书 [251] 给出了网络同步器的有关结论。Chandy 和 Misra [69]

用 UNITY 编程模型给出了大量的分布式算法。Tel [276] 表达了本领域的另一种观点。

对于同步共享存储器系统的 PRAM 模型的结论，被 Karp 和 Ramachandran [166] 收集在论文中。对于固定连接的网络的同步并行算法，Leighton [193] 在一本书中作了总结。对于分布式数据处理系统的并发控制和恢复，Lynch、Merritt、Weihl 和 Fekete [207]，以及 Bernstein、Hadzilacos 和 Goodman [50] 提出了许多算法。Hadzilacos 和 Toueg [143] 给出了分布式系统的实现结果，它们基于具有原子广播原语的通信系统。

本书用到了许多图论中的概念。相关的标准参考资料是 Harary [147] 的经典著作。

1.5　标记

这里列出了本书中用到的数学标记。

$\mathbb{N}$ 表示自然数集，为 $\{0, 1, 2, \cdots\}$。

$\mathbb{N}^+$ 表示正整数集，为 $\{1, 2, \cdots\}$。

$\mathbb{R}^{\geq 0}$ 表示非负实数集。

$\mathbb{R}^+$ 表示正实数集。

λ 表示空字符串。

如果 β 是任意一个序列，S 是任意一个集合，那么 $\beta|S$ 表示 β 的一个子序列，它由 S 在 β 中的所有元素组成。

同步网络算法

本书的第一部分由第 2 ～ 7 章组成，这几章包括同步网络模型的算法和时间下限，其中网络中的处理器在同步轮中执行步骤和交换消息。

作为这一部分的头一章，第 2 章只给出了同步网络的形式化模型。现在可以跳过本章，而在阅读介绍算法的章节第 3 ～ 7 章时，如有需要再返回来阅读。第 3 章讲述一个简单的问题——如何在环网中选取唯一的领导者。第 4 章概述基于任意图的同步网络中使用的基本算法。第 5 章和第 6 章分别介绍出现链路故障和处理器故障时，如何在同步网络中达到一致性的基本问题。最后，第 7 章介绍基本一致性问题的扩展和变形。

建模 I：同步网络模型

本章是书中最短的一章，旨在给出针对同步网络算法的简单计算模型。我们单独介绍这个模型，以便在阅读第 3 ～ 7 章时，可以方便地参考本章。

2.1　同步网络系统

同步网络系统由一组位于有向网络图节点上的计算元素组成。在第 1 章，我们称这些计算元素为"处理器"，这说明它们是硬件。但是，把它们看成逻辑软件"进程"往往是很有用的，这些进程在实际的硬件处理器上运行（而不是等同于处理器）。我们给出的结论适用于上述两种情况。在本书中，自现在开始，我们约定称计算元素为"进程"。

为了形式化地定义同步网络系统，我们从有向图 G 开始，$G = (V, E)$。我们用 n 表示网络有向图中的节点个数，即 $|V|$。对于 G 中的任意节点 i，我们用 $out\text{-}nbrs_i$ ⊖ 表示 i 的"出向邻接节点"，也就是说，在 G 中存在 i 到这些节点的有向边；同样，$in\text{-}nbrs_i$ 表示"入向邻接节点"，即在 G 中存在这些节点到 i 的有向边。我们用 $distance(i, j)$ 表示在 G 中从 i 到 j 的最短有向路径的长度；如果不存在这样一条路径，则设 $distance(i, j) = \infty$。我们定义 $diam$，即直径，为所有 (i, j) 的 $distance(i, j)$ 的最大值。我们假设 M 是一个固定的消息集合，$null$ 是一个占位符，表示没有消息。

对应每个 $i \in V$，存在一个进程，它在形式上由下列几部分组成：

- $states_i$，一组状态的集合（不一定是有限集）；
- $start_i$，$states_i$ 的非空子集，称为开始状态集或初始状态集；
- $msgs_i$，一个消息生成函数，从 $states_i \times out\text{-}nbrs_i$ 映射到 $M \cup \{null\}$；
- $trans_i$，一个状态迁移函数，从状态集 $states_i$ 和 $M \cup \{null\}$ 中元素组成的向量（以 $in\text{-}nbrs_i$ 为下标）映射到 $states_i$。

可见，每个进程都有一个状态集合，其中又分出一个子集——开始状态集合。状态集不一定是有限集，这一点很重要，因为这样我们可以表示某些系统，其中包含像计数器这样的无界数据结构。对于每个状态和出向邻接节点，消息生成函数定义了从给定状态开始，进程 i 向指定的邻接节点发出的消息。状态迁移函数则定义了针对每个状态和所有来自入向邻接节点的消息的集合，进程 i 所要迁移到的状态。

对应于 G 中的每一条边 (i, j)，存在一条通道，也称为链路，它是在任意时刻最多持有 M 中一条消息的一个场所。

整个系统的运行以所有进程处于任意开始状态和所有通道都为空开始。之后，所有的进程在每个时间步重复执行下列步骤：

1）对当前状态应用消息生成函数，生成所有向出向邻接节点发送的消息，把这些消息放在相应的通道上；

⊖　为与原版书一致，本书中代表量、函数、集合等的外文字母、单词用斜体表示。——编辑注

2）对当前状态和入向消息应用状态迁移函数，获得新的状态，删除通道上的所有消息。

上述两步的组合称为一轮（round）。注意，进程往往需要通过计算来确定消息生成函数和状态迁移函数的值，通常我们不对计算量加以限制。同时，我们讨论的模型是确定性模型，也就是说消息生成函数和状态迁移函数是单值函数。因此，给出初始状态的一个特定集合后，计算将以唯一的方式展开。

停止　到目前为止，我们还没有对进程的停止做任何规定。然而，分辨出哪些状态是停止状态并指出从这些状态开始不会有进一步的活动是很容易的。停止状态意味着不会有任何消息生成，同时唯一的状态迁移是自循环。注意，停止状态在我们的系统中所扮演的角色与在传统的有限状态自动机中是不同的。在有限状态自动机中，停止状态是作为接受状态存在的，用来决定哪些字符串属于该自动机所计算的语言。而在这里，它只是用来停止进程；进程所计算的内容必须取决于其他的约定。接受状态这种概念往往不适用于分布式算法。

变量开始时间　有时，我们需要考虑在同步系统中进程有可能从不同的轮开始执行。我们通过扩展网络图来表示这种情况，使网络图中包括一个特殊的环境节点，该节点与所有的普通节点相连。相关的环境进程的工作是向其他所有节点发送特殊的唤醒消息。每个其他进程的所有初始状态都要求是休眠的，即这些状态不会生成任何消息，并且只有当它从环境进程收到唤醒消息或者从其他进程收到非空消息时，它才迁移到新的状态。这样，一个进程可以被外界的唤醒消息直接唤醒，也可以被其他已经唤醒的进程的非空消息唤醒。

无向图　有时，我们需要考虑底层的网络图是无向图的情况。把无向图看作具有双向边的有向图，从而使用我们已经针对有向图定义的模型来表示这种情况。在这种情况中，用 $nbrs_i$ 来代表 i 的邻接节点。

2.2　故障

同步系统的各种故障包括进程故障和链路（通道）故障。

一个进程可能在执行期间突然停止而产生停止故障。根据模型，进程可能在上面的步骤 1) 或步骤 2) 的某个实例之前或之后发生故障；另外，我们允许进程在执行步骤 1) 的过程中发生故障。这意味着进程有可能只把它预期要产生的消息的一个子集成功地放入消息通道。我们假设该子集可以是任意子集——我们并不认为进程是顺序地产生它的消息并且在序列中间某处发生故障。

一个进程还可能发生 Byzantine 故障，也就是说，它可能以随意的方式产生下一个消息和下一个状态，而不遵循它的消息生成函数和状态迁移函数指定的规则。

一个链路可能由于丢失消息而发生故障。根据模型，一个进程可能在执行步骤 1) 期间试图把消息放入通道，但是一个出错的链路则可能不记录该消息。

2.3　输入和输出

我们还没有提供表示输入输出的机制。我们利用简单的约定，对状态中的输入输出进行编码。特别地，输入放在开始状态中指定的输入变量中；一个进程可以有多个开始状态，这一事实在这里很重要，这样就能适应不同的可能输入。事实上，我们通常假定有多个开始状态的唯一原因在于输入变量中有可能存在不同的输入值。输出则出现在指定的输出变量中；每个输出变量只记录所执行的第一个写操作的结果（也就是说，它是一次写入变量）。然而，输出变量可被读任意多次。

2.4 运行

为了推断同步网络系统的行为，我们需要对系统"运行"有一个形式化的描述。

把一个系统的状态赋值（state assignment）定义为对该系统中的每个进程分别赋值一个状态。同样地，消息赋值（message assignment）是对每个通道分别赋值一条消息（可以是空消息）。系统的运行定义为一个无限的序列：

$$C_0, M_1, N_1, C_1, M_2, N_2, C_2, \cdots$$

其中，C_r 是状态赋值，M_r 和 N_r 是消息赋值。C_r 代表 r 轮之后的系统状态，M_r 和 N_r 则分别代表第 r 轮所发送和接收的消息（因为通道有可能丢失消息，所以它们有可能不同）。我们通常把 C_r 当成时刻 r 的状态赋值；也就是说，时刻 r 是指执行 r 轮之后的时间点。

设 α 和 α' 是一个系统的两次运行。如果在 α 和 α' 两次运行中，进程 i 有相同的状态序列、相同的输入消息序列和相同的输出消息序列，则称 α 和 α' 对于进程 i 是不可区分的（indistinguishable），记作 $\alpha \overset{i}{\sim} \alpha'$。如果在 α 和 α' 两次运行中，进程 i 直到第 r 轮都有相同的状态序列、相同的输入消息序列和相同的输出消息序列，则称 α 和 α' 对于进程 i 是 r 轮不可区分的。我们还可把这一结论扩展到两次运行处于两个不同同步网络系统中的情形。

2.5 证明方法

对同步网络系统做出推断的最重要方法是对不变式断言的证明。一个不变式断言是指系统状态（尤其是所有进程的状态）的一个属性，该属性在每一轮之后的每次运行中都成立。我们允许在断言中提到已完成的轮数，这样就可以声明每次 r 轮之后的状态。同步系统的不变式断言一般通过对已完成的轮数 r 的归纳来证明，从 $r = 0$ 开始。

另一个重要的方法是模拟。粗略地说，其目的是表明一个同步算法 A "实现"了另外一个同步算法 B，即两者产生相同的输入/输出行为。当两个算法从相同的输入开始，在相同的轮数中出现相同的故障形式时，A 和 B 之间的对应关系用与 A 和 B 的状态相关的断言来表述。这样的断言被称为模拟关系。与不变式断言相似，模拟关系一般通过对已完成的轮数的归纳来证明。

2.6 复杂度度量

对于同步的分布式算法，我们通常考虑两种复杂度度量：时间复杂度和通信复杂度。

同步网络系统时间复杂度是根据所有要求的输出都生成或者进程全部停止时已运行的轮数度量的。如果系统允许可变的开始时间，则时间复杂度会从任一进程被唤醒的第一轮开始度量。

通信复杂度通常按已发送的非空消息的个数来度量。有时，我们也会考虑消息的比特数。

在实践中，时间复杂度更为重要一些，不仅是对同步的分布式算法，对所有的分布式算法都是这样的。通信复杂度只有当拥塞严重到处理进程缓慢时才变得重要。这说明我们似乎可以忽略通信复杂度而只考虑时间复杂度。然而，通信负载对时间复杂度的影响不仅仅是某个单独的分布式算法的函数。在一个典型网络中，许多分布式算法同时运行，共享同一网络带宽。任一单个算法加入链路的消息负载都会增加该链路总的消息负载，从而加剧形成影响所有算法的拥塞。因为要量化任一算法的消息对其他算法性能的影响是很难的，这里我们只简单分析单个算法所产生的消息数（同时试图使其最小化）。

2.7　随机化

我们不要求进程是确定性的，有时候，允许它们基于某一给定的概率分布进行随机选择也是很有用的。由于基本的同步网络系统模型不允许这一点，我们对其进行扩展，即除了消息生成函数和状态迁移函数之外，又引进一个随机函数来表示随机选择步骤。用形式化描述就是在每一节点 i 的自动机描述中增加一个 $rand_i$ 部分；对于每个状态 s，$rand_i(s)$ 是 $states_i$ 的某个子集上的一个概率分布。现在，在每轮运行中，首先用随机函数 $rand_i$ 选出新的状态，然后按常规应用 $msgs_i$ 和 $trans_i$ 函数。

在随机化算法中，运行的形式化描述不仅包括状态赋值和消息赋值，还包括关于随机函数的信息。特别地，系统的一次运行被定义为一个无界序列：

$$C_0, D_1, M_1, N_1, C_1, D_2, M_2, N_2, C_2, \cdots$$

其中，C_r 和 D_r 是状态赋值，M_r 和 N_r 是消息赋值。D_r 表示第 r 轮随机选择后进程的新状态。

对随机系统计算内容的声明通常是概率化的，断言某些结果至少有一定的出现概率。当做出这样的声明时，一般认为它对所有输入和所有故障模式（如果系统存在故障）都成立。为了对输入和故障模式建模，通常假设一个称为"对手"的假想实体控制输入的选择和故障的发生，那么概率性声明断言系统在与任意合法对手的竞争中表现良好。对这些情况的处理超出了本书的范围，我们只在需要时提供特殊情况定义。

2.8　参考文献注释

状态机模型的一般概念源于传统的有限状态自动机。关于有限状态自动机的基本内容，可以参考许多大学本科的教材，如 Lewis 和 Papadimitriou[195] 以及 Martin[221] 的著作。这里定义的某种特定的状态机模型是从大量分布式计算理论的论文中提取出来的，如 Fischer 和 Lynch[119] 的 Byzantine 一致性论文。

不变式断言的思想可能是 Floyd[124] 关于串行程序中首次提出的，后来被 Ashcroft[15] 和 Lamport[175] 推广到并发程序。其他许多地方也用了相似的思想。模拟的思想也有大量来源。最重要的一个来自串行程序中数据抽象方面的早期工作，如 Liskov 的编程语言 CLU[198]，以及 Milner[228] 和 Hoare[158] 的工作。后期的工作将这种概念扩展到并行程序，这些工作包括 Park[236]、Lamport[177]、Lynch[203]、Lynch 和 Tuttle[218] 以及 Jonsson[165] 的论文。

同步环中的领导者选择

在这一章中，我们给出了利用第 2 章的同步模型要解决的第一个问题：从一个网络的各个进程中选举一个唯一的领导者。作为开始，我们考虑网络图为环形的简单情形。

这个问题源于对局域令牌环网的研究。在这样的一个网络中，一个"令牌"在网络中循环，令牌的当前持有者拥有发起通信的唯一特权（如果网络中的两个节点同时尝试通信，就会互相干扰）。然而，有时候这个令牌会丢失，所以进程有必要执行一个算法来重新产生丢失的令牌。这个重新产生的过程相当于选举一个领导者。

3.1 问题

我们假设网络有向图 G 是一个由编号为 $1 \sim n$ 的 n 个节点构成的顺时针方向的环（见图 3-1）。我们经常使用模 n 计数，所以 0 是进程 n 的另一个名字，而 $n+1$ 是进程 1 的另一个名字，依此类推。与 G 的节点相关的进程并不知道自己的编号（即下标），也不知道它们邻接节点的编号。我们假设消息生成函数和迁移函数都根据本地的、相对于邻接节点的名字来定义。然而，每个进程都必须能够将它的顺时针邻接节点和逆时针邻接节点区分开来。要求是：最后应该恰好只有一个进程输出这个决定，即它就是领导者，通过将其状态中的特定部分改为值"领导者"。定义问题：

1）可能要求所有非领导者的进程最终把其状态部分的值改为"非领导"，表示自己不是领导者；

2）环有可能是单向的也有可能是双向的。如果

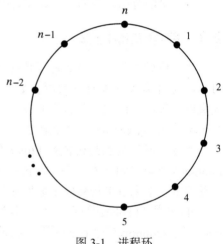

图 3-1　进程环

是单向的话，每条边都从一个进程指向其顺时针的邻接节点，也就是说，消息只能依照顺时针的方向发送；

3）在环中，对于进程来说，节点的个数可能是已知的，也可能是未知的。如果是已知的，意味着进程只需要在规模为 n 的环中正确工作，因此它们可以在程序中利用值 n。如果是未知的，意味着这个进程必须能在节点数不同的环中工作，此时不能使用有关环规模的信息；

4）进程可以是相同的，也可以用进程开始时的唯一标识符（UID）来区分，UID 取值于某个大的全序标识符空间，如正整数集 N^+。我们假设在环中每个进程的 UID 都是不一样的，但是并不限定哪些 UID 实际出现在环中（例如：它们并不一定是连续的整数）。这些标识符可以只限于接受某些特定操作，如比较操作，又如它们允许不受限制的操作。

3.2 相同进程的不可能性结果

经过一个简单的观察后发现，如果所有进程都相同的话，那么领导者选举问题根本不可能在给定的模型中解决，即使环网是双向的，并且对进程而言环的规模是已知的。

定理 3.1 令 A 是一个拥有 n 个进程的双向环系统，其中 $n>1$。如果在 A 中的所有进程都是相同的，那么 A 不可能解决领导者选举问题。

证明 假设有这么一个系统 A 解决了领导者选举问题，我们来导出矛盾。为了不失一般性，我们可以假设 A 的每个进程都只有一个开始状态。因为如果每个进程有多于一个开始状态的话，我们就可以选择其中一个，并得到其中每个进程中只有一个开始状态的新解。在这个假设条件下，A 只有一种运行方式。

考虑 A 的（唯一）运行。通过对已经运行的轮数 r 做归纳，容易验证所有的进程在 r 轮后都会处于相同状态。所以，如果任一进程到达了领导者状态，那么 A 中的其他进程也会在同一时间到达领导者状态。但是，这就违反了唯一性的要求。

定理 3.1 暗示着解决领导者选举问题的唯一途径就是打破对称性。在实践中得到的一个合理假设就是除了 UID 之外，进程都是相同的。这也是我们在本章剩下部分所做的假设。

3.3 基本算法

第一个解法相当显而易见，我们称其为 LCR 算法，以表彰 Le Lann、Chang 和 Roberts，这个算法正是取自他们的论文。这个算法只使用单向通信，并且不依赖于是否知道环的规模。只有领导者才会执行输出决定。算法只需要对 UID 使用比较操作。以下是 LCR 算法的非形式化描述。

LCR 算法（非形式化）：

每个进程都绕环发送自己的 UID。当一个进程接收到一个 UID 时，就把它和自己的 UID 相比较。如果这个 UID 比自己的 UID 大，就继续传递这个 UID；如果这个 UID 比自己的 UID 小，就丢弃 UID；如果和自己的 UID 大小相同，就宣称自己是领导者。

在这个算法中，拥有最大 UID 的进程是唯一的领导者。为了证明这个直觉是正确的，我们将按第 2 章的模型来给出一个更加详细的算法描述。

LCR 算法（形式化）：

字母表 M 是 UID 的集合。

对于每个 i，$states_i$ 中的状态由以下部分组成：

    u，一个 UID，初值等于 i 的 UID；

    $send$，一个 UID 或者 $null$，初值等于 i 的 UID；

    $status$，从 $\{unknown, leader\}$ 中取值，初值为 $unknown$。

开始状态 $start_i$ 的集合由给定的初始化中定义的单个状态组成。

对于每个 i，消息生成函数 $msgs_i$ 按如下定义：

send the current value of $send$ to process $i + 1$

事实上，进程 i 会使用一个和进程 $i+1$ 相关的名字，如"顺时针邻接节点"，为简便起见，我们写成 $i+1$。回忆在第 2 章中，我们用值 $null$ 作为一个占位符，表示消息不存在。所以，如果 $send$ 的值为 $null$ 的话，那么这个 $msgs_i$ 函数实际上并没有发送任何消息。

对于每个 i 来说，状态转移函数 $trans_i$ 用下面的伪码定义：

```
send := null
if the incoming message is v, a UID, then
    case
        v > u: send := v
        v = u: status := leader
        v < u: do nothing
    endcase
```

这个转移函数的第一行清除了以前的消息传递（如果有的话）对状态产生的影响。其余行完成了以下工作——决定是继续传递还是丢弃输入的 UID，或者接受它，使自己成为领导。

算法的描述应当使用可读性好的程序语言，但是注意它可以直接翻译成在第 2 章的模型中的进程状态机。在这样的翻译中，每个进程状态由所有变量的值组成，而且状态转移可以根据变量的变化来描述。注意，作为单独一轮中的处理部分，整个 $trans_i$ 函数的代码不可分割地执行。

我们怎样才能形式化地证明这个算法是正确的呢？正确性的含义是恰好有一个进程最终产生"领导者"输出。用 i_{max} 表示 UID 最大的进程，用 u_{max} 表示它的 UID。需要证明：（1）进程 i_{max} 在第 n 轮结束时输出"领导者"；（2）没有其他进程输出"领导者"。我们分别在引理 3.2 和 3.3 中证明这两点。

在书中的很多地方，我们给状态分量加了下标 i 来表示这个分量是属于进程 i 的。例如：我们用符号 u_i 来表示进程 i 的状态分量 u 的值。但是一般我们会在编写代码的时候忽略这些下标。

引理 3.2 进程 i_{max} 在第 n 轮结束时输出"领导者"。

证明 注意到 u_{max} 是初始化时变量 $u_{i_{max}}$ 的初始值，即变量 u 在进程 i_{max} 处的值。同时注意到变量 u 的值从不（被代码）改变，（根据假设）它们都是各不相同的，而且（由 i_{max} 的定义）i_{max} 具有 u 的最大值。从代码看，已经足够来说明以下的不变式断言：

断言 3.3.1 在 n 轮以后，$status_{i_{max}} = leader$。

通常我们对轮数做归纳来证明这样的不变式。然而，为此我们需要一个预备不变式来说明少数几轮之后的情况。我们加入以下断言：

断言 3.3.2 对 $0 \leqslant r \leqslant n-1$，在 r 轮之后，$send_{i_{max}+r} = u_{max}$。

（回想一下，加法是模 n 加法。）这个断言说明 $send$ 组件的最大值出现在环中与 i_{max} 距离为 r 的位置。

对 r 做归纳就可以很简单地证明断言 3.3.2。当 $r=0$ 时，初始化表明在 0 轮后，$send_{i_{max}} = u_{max}$ 成立，得证。归纳步基于这样的事实：除 i_{max} 之外的每个节点接受最大值并把它放到 $send$ 分量中，因为 u_{max} 大于其他所有的值。

在证明了断言 3.3.2 后，我们用它的特殊情况 $r=n-1$ 和对单一轮中情况的讨论来说明断言 3.3.1。这里的关键在于进程 i_{max} 把 u_{max} 作为设置自己为领导者的一个信号。

引理 3.3 除进程 i_{max} 之外没有其他进程输出"领导者"。

证明 这只要证明其他进程总有 $status=unknown$ 就足够了，有助于声明一个更强的不变式。如果 i 和 j 是环中任意两个进程，而且 $i \neq j$，则定义 $[i, j)$ 为下标集 $\{i, i+1, \cdots, j-1\}$，其中加法是模 n 加法。也就是说，$[i, j)$ 是一个进程集合，它包含从 i 开始沿顺时针方向直到 j 的逆时针邻接节点的进程。以下的不变式表明，没有 UID v 能够到达处于 i_{max} 与 v 的初始位置 i 之间任一位置的 send 变量：

断言 3.3.3　对于任意的 r 和任意的 i, j，在 r 轮之后，如果 $i \neq i_{max}$ 且 $j \in [i_{max}, i)$，那么 $send_j \neq u_i$。

同样，使用归纳法来证明以上断言也是很容易的。证明中用到的关键事实在于一个非最大值不会通过 i_{max}。这是因为 i_{max} 把输入的值和 u_{max} 比较，而 u_{max} 比其他任何 UID 都要大。

最后，断言 3.3.3 可以用于说明只有进程 i_{max} 可以在消息中接收自己的 UID，所以只有进程 i_{max} 可以输出"领导者"。

引理 3.2 和引理 3.3 一起说明了以下的结论：

定理 3.4　LCR 算法解决了领导者选举问题。

停止和"非领导者"输出　如上所述，从所有进程都达到一个停止状态这个意义上讲，LCR 算法永远都无法完成其工作。可以像 2.1 节中描述的那样扩充每个进程，使它们都包括停止状态。然后就可以修改算法，让选出的领导者在网络中发送一条特殊的报告消息。任何收到这个报告消息的进程都可以在传递该消息之后停止。这样的策略不仅可以允许进程停止，还可以让不是领导者的进程输出"非领导者"。更进一步，如果在消息上附上领导者进程的下标，那么这个策略可以让所有参与的进程都输出领导者的身份。注意，让每个不是领导者的进程在看到一个 UID 比自己大的进程时立即输出"非领导者"是可能的，但是这并不能告知非领导者节点何时停止。

一般说来，停止是一个分布式算法应满足的重要属性，但并不都像本例一样容易做到。

复杂度分析　直到宣布一个领导者为止，基本 LCR 算法的时间复杂度是 n 轮，而通信复杂度在最坏的情况下是 $O(n^2)$。在带停止的算法版本中，时间复杂度是 $2n$，但是通信复杂度还是 $O(n^2)$。停止和"非领导者"声明所需的额外时间是 n 轮，通信所需的额外消息是 n 个。

变形　以上两部分描述和分析了一个基本的算法变形，即从只有领导者进程产生输出且没有进程停止的任意一种领导者选举算法，到一个领导者进程和非领导者进程都有输出并且所有进程都停止的算法。获取额外输出和停止的额外开销就是 n 轮和 n 个消息。对于其他任意的假设组合，这个变形都成立。

可变的开始时间　注意，在具有可变的开始时间的同步网络模型中，LCR 算法无须改变。参看 2.1 节中关于这种模型的描述。

打破对称性　在一个环中选举领导者这个问题，其关键的难点是打破对称性。在分布式系统中需要解决许多其他问题，包括资源分配问题（见第 10 章、第 11 章和第 20 章）和一致性问题（见第 5 ～ 7 章、第 12 章、第 21 章和第 25 章），打破对称性也是其中一个重要部分。

3.4　通信复杂度为 $O(n\log n)$ 的算法

虽然 LCR 算法的时间复杂度比较低，但是用到的消息数目比较大，共有 $O(n^2)$。这看起来好像不是很重要，因为在任一时刻任一链路中的消息不会多于一个。但是，在第 2 章中，我们已经讨论了为什么消息条数是一个值得注意的应该越少越好的衡量标准，这是因为对于许多并发运行的分布式算法，其总的通信负载可能导致网络拥塞。在本节中，我们将要介绍一个算法，它把通信复杂度降为 $O(n\log n)$。

第一个将最坏情况下的复杂度降到 $O(n\log n)$ 的算法由 Hirschberg 和 Sinclair 提出，所以称这个算法为 HS 算法。我们再次假定只有领导者需要执行输出，尽管在 3.3 节结尾中提到的变形暗示着这个限制并不重要。另外，我们假设环的规模是未知的，但是现在允许双向通信。

就像 LCR 算法所做的那样，HS 算法也选出具有最大 UID 的进程。每个进程，不是像 LCR 算法中那样把自己的 UID 在网络中一直传递下去，而是把它传到某个距离之外，然后反转回来，再回到原来的进程。它如此反复地逐步增大距离。HS 算法的非形式化描述如下所述。

HS 算法（非形式化）：

每个进程 i 在阶段 $0,1,2\cdots$ 中操作。在每个阶段 l 中，进程 i 向两个方向发出包含自己 UID，即包含 u_i 的"令牌"。这些令牌会前进 2^l 的距离，然后回到自己原来的进程 i（见图 3-2）。如果两个方向的令牌都能够安全回来，那么进程 i 就会继续下一个阶段。但是，令牌可能不会安全返回。当一个 u_i 的令牌在外出方向前进时，任何在 u_i 前进路径上的进程 j 都会对自己的 UID，即 u_j 和 u_i 进行比较。如果 $u_i < u_j$，那么进程 j 就会丢弃这个令牌；如果 $u_i > u_j$，它就会继续传递 u_i。如果 $u_i = u_j$，则说明进程 j 在令牌反转之前就已经接收到自己的 UID，所以进程 j 就会把自己选为领导者。

所有进程总是继续传递所有进入方向的令牌。

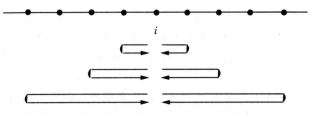

图 3-2　HS 算法中进程 i 处发起的连续令牌的轨迹

下面我们来更形式化地描述这个算法。这次，需要一些簿记（bookkeeping）以保证令牌能沿着正确的轨迹运动。例如：令牌会带上一个标志来表示它们到底是外出还是进入。同样，令牌也会带上跳跃计数（hop count）来记录它们在外出方向上必须走的距离；这允许进程计算出应在何时反转令牌的方向。一旦算法以这样的方式进行形式化，我们就可以给出类似于 LCR 算法中的正确性证明。

HS 算法（形式化）：

消息字母表 M 是一个元素为三元组的集合，三元组包括一个 UID、一个来自 {*out, in*} 的标志值和一个正整数"跳跃计数"。

对每一个进程 i，状态 *states*$_i$ 包括以下分量：

　　u，UID 类型，初始值为进程 i 的 UID

　　send+，包含 M 中的一个元素或 *null*，初始值为由 i 的 UID、*out* 和 1 构成的三元组

　　send−，包含 M 中的一个元素或 *null*，初始值为由 i 的 UID、*out* 和 1 构成的三元组

　　status，{*unknown, leader*} 中的一个值，初始值为 *unknown*

　　phase，一个非负整数，初始值为 0

开始状态 *start*$_i$ 的集合包含给定的初始化定义的单个状态。

对每一个 i，消息生成函数 *msgs*$_i$ 定义如下：

send the current value of *send+* to process $i + 1$
send the current value of *send−* to process $i − 1$

对每一个 i，转移函数 *trans*$_i$ 用下面的伪码定义：

```
send+ := null
send- := null
if the message from i - 1 is (v, out, h) then
    case
        v > u and h > 1: send+ := (v, out, h - 1)
        v > u and h = 1: send- := (v, in, 1)
        v = u: status := leader
    endcase
if the message from i + 1 is (v, out, h) then
    case
        v > u and h > 1: send- := (v, out, h - 1)
        v > u and h = 1: send+ := (v, in, 1)
        v = u: status := leader
    endcase
if the message from i - 1 is (v, in, 1) and v ≠ u then
    send+ := (v, in, 1)
if the message from i + 1 is (v, in, 1) and v ≠ u then
    send- := (v, in, 1)
if the messages from i - 1 and i + 1 are both (u, in, 1) then
    phase := phase + 1
    send+ := (u, out, 2^phase)
    send- := (u, out, 2^phase)
```

像以前一样，前两行用来清除状态。接下来的两段代码用来处理外出方向的令牌：如果令牌的 UID 大于 u_i，则根据跳跃计数决定继续传递或者折回；如果 u_i 到来，i 就把自己选举为领导者。再下面的两段代码用来处理进入方向的令牌：它们只是简单地被继续传递（跳跃计数 1 用于进入的令牌）。如果进程 i 接收到了自己的两个返回令牌，那么它会进入下一个阶段。

复杂度分析 我们首先来分析通信复杂度。每个进程在阶段 0 发出一个令牌；令牌双向出去和返回，这总共需要 $4n$ 条消息。对于 $l > 0$，如果进程接收到了在 $l-1$ 阶段的两个返回令牌，就会发送它在阶段 l 的令牌。如果在沿着环的两个方向且距离在 2^{l-1} 以内它都没有被另一个"进程"击败，就出现这种情况。这就暗示着在任意一组 $2^{l-1}+1$ 个连续进程内，最多只有一个进程可以在阶段 l 发送令牌。因此在阶段 l 最多只有

$$\left\lfloor \frac{n}{2^{l-1}+1} \right\rfloor$$

个进程可以发送令牌。那么在阶段 l 发送的总的消息数就限于

$$4\left(2^l \cdot \left\lfloor \frac{n}{2^{l-1}+1} \right\rfloor\right) \leq 8n$$

这是因为阶段 l 的令牌能前进 2^l 的距离。而因子 4 源于这样的事实：令牌同时被双向发送（顺时针和逆时针），而且每一个外出的令牌必须反转并返回。

在选举出领导者和所有通信都停止之前要执行的总的阶段数最多是 $1+\lceil \log n \rceil$（包括阶段 0），所以总的消息数最多是 $8n(1+\lceil \log n \rceil)$，即 $O(n\log n)$，其常数因子接近于 8。

这个算法的时间复杂度仅为 $O(n)$。因为对于每个阶段 l 的时间是 $2 \times 2^l = 2^{l+1}$（因为令牌要出去并返回）。最后阶段需要的时间为 n——这是一个未完成阶段，其中令牌只向外发送。倒数第二个阶段是 $l = \lceil \log n \rceil - 1$，它的时间复杂度至少和前面所有阶段的总和一样大，所以

总的时间复杂度最多是 $2 \times 2^{\lceil \log n \rceil}$。

如果 n 为 2 的幂，则总的时间复杂度最多为 $3n$，否则是 $5n$。其他的细节留为一道习题（习题 3.6）。

可变的开始时间 HS 算法在具有可变的开始时间的同步网络模型中不需修改。

3.5 非基于比较的算法

下面考虑是否可能以少于 $O(n\log n)$ 的消息数来选出领导者。这个问题的答案是否定的，正如我们将会简短证明一个不可能性结果——$\Omega(n\log n)$ 的下界。但是这个结论只适用于那些使用比较操作来处理 UID 的算法（基于比较的算法在 3.6 节中定义）。

在本节中，我们允许 UID 为正整数，且允许对它们进行一般的数学运算。在这种情况下，我们给出两个算法，时间片（TimeSlice）算法和变速（VariableSpeeds）算法，它们都是消息数为 $O(n)$ 的算法。这两个算法的存在说明了在一般情况下，下限低于 $\Omega(n\log n)$ 是可能的。

3.5.1 时间片算法

第一个算法用到了一个很强的假设：环的大小 n 对所有进程来说是已知的，但只假定是单向通信。我们所说的时间片算法就在这样的设定下工作。它选择具有最小 UID 的进程。

注意，这个算法比 LCR 和 HS 算法更深入地利用了同步性。也就是说，它在某些轮处利用了非到达消息（即到来的是 *null* 消息）来传递信息。

时间片算法：

在阶段 1,2,… 中进行计算，每一个阶段都由 n 个连续的轮组成。每个阶段都有一个携带着特殊 UID 的令牌一直在环中流转。更特别地，在包含轮 $(v-1)n+1, \cdots, vn$ 的阶段 v 中，只有带着 UID v 的令牌才被允许流转。

如果存在 UID 为 v 的进程 i，且在 $(v-1) \times n+1$ 轮到达之前进程 i 没有收到任何非空消息，那么进程 i 会把自己选举为领导者，并沿着环发送一个包含其 UID 的令牌。当这个令牌在传递的时候，所有其他进程都接收到它，这样它们就不会选举自己为领导者或在以后的阶段中创建令牌。

在这个算法中，最小的 UID $u_{\min}$ 最终会环绕整个路径，使得它的原始进程被选为领导者。在第 $(u_{\min}-1)n+1$ 轮之前，不会有任何消息发送，并且在 $u_{\min} \times n$ 轮之后，也不会发送任何消息。总共发送的消息的数量是 n。如果想选出具有最大 UID 而不是最小 UID 的进程，那么我们可以让具有最小 UID 的进程在被发现后发送一个特殊的消息来确定最大 UID 的进程。通信复杂度还是 $O(n)$。

时间片算法的好处就是消息的总数是 n 个。但不幸的是，时间复杂度大约是 $n \times u_{\min}$，这在固定规模的环中也是一个无界数。这个时间复杂度限制了这个算法的实际应用。它只能用于那些小的环网络中，其中的 UID 都是很小的正整数。

3.5.2 变速算法

时间片算法表明，在进程知道环的规模为 n 的那些环中，消息数为 $O(n)$ 就足够了。但是如果 n 是未知的呢？在这种情况下，同样存在消息数为 $O(n)$ 的算法，我们称之变速算法。这个算法只使用单向通信。

但是，变速算法的时间复杂度甚至比时间片算法还要差，为 $O(n \times 2^{u_{\min}})$。当然，没有人会在实际中运用这样的算法。我们称变速算法为一个反例算法。一个反例算法的主要目的是说明某个推想的不可能性结果是错误的。这种算法本身并无意义——不实用，从数学的观点来看也不精确。但是，它可以说明一个不可能性结果不成立。

下面就是这个算法的描述。

变速算法：

每个进程 i 创建一个令牌，令牌带着发起进程 i 的 UID u_i 在网络中流动。不同令牌的流动速度是不一样的。一个带着 UID v 的令牌的速度为每 2^v 轮传递一条消息，也就是说每个进程在接收这个令牌以后需要等到 2^v 轮之后才能将它发出。

同时，每个进程都会保存自己见到的最小 UID，并丢弃任何包含比最小 UID 更大的 UID 的令牌。

如果令牌返回到创建进程，那么这个进程就被选为领导者。

和时间片算法类似，变速算法保证了拥有最小 UID 的进程会被选出。

复杂度分析 变速算法保证了最小 UID u_{min} 的令牌会流过整个网络，而次小的令牌会流过大约一半的网络，第三小的令牌流过大约四分之一的网络，一般来说，按从小到大排序 UID，排在第 k 位的令牌会流过 $\frac{1}{2^{k-1}}$ 的路程。直到领导者被选出为止，最小 UID 的令牌使用的消息数比所有其他令牌用到的消息数的和还要多。因为 u_{min} 正好使用 n 个消息，所以总的消息数小于 $2n$。

但是，注意当 u_{min} 流过了整个网络的时候，所有的节点都会知道这个值，并会拒绝发出其他令牌。在这个算法中，$2n$ 是发送消息数的上限。

如上所提到的，时间复杂度是 $n \times 2^{u_{min}}$，因为每个节点都会将 UID 为 u_{min} 的令牌延迟 $2^{u_{min}}$ 个时间单位。

可变的开始时间 不像 LCR 和 HS 算法，变速算法不能像具有可变开始时间的同步网络模型中的那样使用，但是可以通过修改算法来实现：

改进的变速算法：

如果一个进程在接收到任一普通（非空）消息之前（必须正好在提前一轮中）接收到一条唤醒消息，则定义它为开始者（starter）。

每个开始者 i 发出一个带着自己的 UID u_i 的令牌在网络中流动；非开始者不能创建令牌。开始时，令牌走得很"快"，每轮传递一次，它通过所有被令牌的到来而唤醒的非开始者进程，直到首次到达一个开始者（可以为不同的开始者，也可以为进程 i 自己）。当令牌到达开始者以后还会继续传递，但是速度减慢到每 2^{u_i} 轮传递一次。

同时，每个进程都保存所见到的最小 UID 的开始者，并且丢弃任何比这个 UID 大的进程的令牌。如果令牌回到原始进程，那么该进程会被选为领导者。

这个改进的变速算法保证了具有最小 UID 的开始者进程能够被选出。用 $i_{\text{min-start}}$ 来表示这个进程。

复杂度分析 我们分三类来对消息计数。

1）与开始时令牌的快速传递过程相关的消息，共有 n 条。

2）直到 $i_{\text{min-start}}$ 的令牌首次到达一个开始者为止，与令牌的慢速传递过程相关的消息。从第一个进程被唤醒时开始，这至多需要 n 轮。在这段时间中，一个带着 UID 为 v 的令牌可能最多用到 $\frac{n}{2^v}$ 条消息，一共最多 $\sum_{v=1}^{n} \frac{n}{2^v} < n$ 条消息。

3）在 $i_{\text{min-start}}$ 的令牌首次到达开始者之后，与令牌的慢速传递过程相关的消息。这里的分析和基本变速算法差不多。在获胜令牌走完整个路程时，按从小到大排序 UID，排在第 k 位的令牌只走了至多 $\frac{1}{2^{k-1}}$ 的路程。所以，到选出领导者时，发送的总消息少于 $2n$。但是在获胜令牌走完整个路程时，所有的节点都会知道它的值，并会拒绝发出其他令牌，所以 $2n$ 是消息数的上限。总的通信复杂度最大为 $4n$。

时间复杂度为 $n + n \times 2^{u_{\text{min-start}}}$。

3.6 基于比较的算法的下界

到现在为止，我们已经列出了好几种在同步环中的领导者选举算法。LCR 和 HS 算法都是基于比较的，并且后者的通信复杂度为 $O(n\log n)$，时间复杂度 $O(n)$。另一方面，时间片和变速算法不是基于比较的，消息数为 $O(n)$，但是需要很长的运行时间。在本节中，我们证明基于比较的算法的消息数下界为 $\Omega(n\log n)$。即使我们假设通信是双向的而且环的大小 n 是已知的，这个下界也不会改变。在下一节中，我们将针对具有受限时间复杂度的非基于比较的算法，证明一个类似的消息数下界 $\Omega(n\log n)$。

本节的结果是基于打破对称性的难度。回想一下定理 3.1 中的不可能性结果，因为对称性，如果缺少如 UID 这样的区别信息，就不可能选出一个领导者。下述证明的主要思想是，即使存在 UID，也有可能发生某些对称性。在这种情况下，UID 允许打破对称性，但是需要大量通信来实现。

在整章中，我们假设所有的进程除了它们的 UID 之外都是相同的。所以，除了那些包含进程 UID 的分量之外，进程的开始状态都是相同的。总之，我们并没有强行限制消息生成函数和状态迁移函数应该怎样使用 UID 的信息。

在本章的剩余部分中（本节和下一节），我们假设对于每个 UID，只有一个开始状态包含这个 UID（如定理 3.1 的证明中所示，此假设不失一般性）。这样假设的好处就是，它意味着系统（具有固定的 UID 指派）恰好只有一次运行。

一个基于比较的算法会遵守一些额外的约束，下面用不太形式化的定义来表示。在一个基于 UID 的环算法中，如果进程处理 UID 的唯一方法是复制它们、在消息中发送和接收它们以及用 $\{<, =, >\}$ 来比较它们，那么算法就是基于比较的。

举例来说，这样的定义允许一个进程存储它所碰到的各种各样的 UID，并且可能与其他的信息组合起来在消息中发送它们。进程还可以比较这些存储的 UID，并用比较的结果在消息生成函数和状态迁移函数中选择。例如，这些选择可以包括是否要向它的每个相邻节点发送消息、是否要选举自己作为领导者以及是否需要保存 UID，等等。一个重要的事实就是，一个进程的所有活动都只是依赖于它所面对的 UID 的相对次序，而不是这些 UID 的具体值。

下面的形式化表示用于阐述即使具有 UID，对称性还是可以存在。设 $U=(u_1, u_2, \cdots, u_k)$ 和 $V=(v_1, v_2, \cdots, v_k)$ 为两个 UID 序列，其长度都为 k。对于所有的 $i, j (1 \leqslant i, j \leqslant k)$，我们称 U 次序等价于 V，当且仅当 $v_i \leqslant v_j$ 时有 $u_i \leqslant u_j$。

例 3.6.1 次序等价

如果 UID 集是按正常排序的自然数，则序列 (5,3,7,0)，(4,2,6,1) 和 (5,3,6,1) 都是次序等价的。

注意，当且仅当对应 UID 的相对次序相同时，两个 UID 序列才能被认作次序等价。下面有两个技术性的定义。如果在运行的一轮中至少有一条（非空）消息被发送，那么这一轮就被称为活动的。在规模为 n 的环 R 中，进程 i 的 k 邻接节点（$0 \le k < \lfloor n/2 \rfloor$）被定义为由 $2k+1$ 个进程 $i-k, \cdots, i+k$ 组成，即那些和进程 i 距离在 k 之内的进程（包括 i 本身）。

最后我们需要定义的是，除了进程包含的特定 UID 之外，进程状态是相同的。如果以下条件被满足，我们就称两个进程状态 s 和 t 对于 UID 序列 $U=(u_1, u_2, \cdots, u_k)$ 和 $V=(v_1, v_2, \cdots, v_k)$ 是对应的：s 中的所有 UID 都是从 U 中选出的，t 中的所有 UID 都是从 V 中选出的，且对于所有的 i，$1 \le i \le k$，将 s 中的 u_i 用 t 中的 v_i 代替后，t 和 s 是相同的。同样可以给出对应消息的定义。

现在我们可以来证明关于下限的重要引理 3.5 了。它说明具有次序等价的 k 阶邻接节点的不同进程，会表现出基本相同的行为，除非信息有机会从 k 阶邻接节点以外向这些进程传播。

引理 3.5 设 A 是一个基于比较的算法，它在一个大小为 n 的环 R 中执行。令 k 为一个整数，$0 \le k < \lfloor n/2 \rfloor$。令 i 和 j 是 A 中的两个进程，在它们的 k 阶邻接节点中具有次序等价的 UID 序列。那么在至多 k 个活动轮之内的任一点，进程 i 和 j 对于其 k 阶邻接节点中的 UID 序列是对应的。

例 3.6.2 对应状态

假设进程 i 的 3 阶邻接节点中的 UID 的序列为 (1,6,3,8,4,10,7)（进程 i 的 UID 为 8），进程 j 的 3 阶邻接节点的 UID 的序列为 (4,10,7,12,9,13,11)（进程 j 的 UID 为 12）。因为这两个序列是次序等价的，按照引理 3.5，只要已发生的活动的轮数不大于 3，进程 i 和 j 对于其 3 阶邻接节点就处于对应状态。粗略地说，其原因在于如果只有 3 个活动的轮，次序等价的 3 阶邻接节点以外的信息就没有机会到达 i 和 j。

（引理 3.5 的）证明 不失一般性，我们可以假设 $i \ne j$。对运行中已经执行的轮数 r 做归纳。对于每个 r，我们证明引理对所有的 k 成立。

基础：$r=0$。从基于比较的算法的定义来看，i 和 j 的初始化状态除了各自的 UID 外都相同的，所以就它们的 k 阶邻接节点（对任意的 k）而言，它们的初始状态是对应的。

归纳步：假设引理对所有的 $r'<r$ 都成立。固定 k，使得 i 和 j 有次序等价的 k 阶邻接节点，并假设最初的 r 轮中包含最多 k 个活动轮。

如果 i 和 j 都没有在 r 轮接收到消息，那么根据归纳假设（对 $r-1$ 和 k）得知，i 和 j 正好在 $r-1$ 轮后对于其 k 阶邻接节点是对应的。因为 i 和 j 没有新的输入，因此它们会做对应的状态转移，并在第 r 轮后处于对应状态。

假设 i 或 j 在 r 轮时接收到了消息，那么 r 轮就是活动的，所以开始的 $r-1$ 轮最多包括了 $k-1$ 个活动轮。注意 i 和 j 拥有次序等价的 $k-1$ 阶邻接节点，这对于 $i-1$ 和 $j-1$，以及 $i+1$ 和 $j+1$ 也都成立。所以，根据归纳假设（对 $r-1$ 和 $k-1$）得知，进程 i 和 j 在 $r-1$ 轮后对于其 $(k-1)$ 阶邻接节点是对应的。类似地，这对于 $i-1$ 和 $j-1$，以及 $i+1$ 和 $j+1$ 也是成立的。

我们继续对不同情况进行分析。

1）在第 r 轮，$i-1$ 和 $i+1$ 都没有发送消息给 i。

因为 $i-1$ 和 $j-1$ 在 $r-1$ 轮以后处于对应状态，并且 $i+1$ 和 $j+1$ 也一样，所以 $j-1$ 和 $j+1$ 都没有在第 r 轮中发送消息给 j。这与 i 或者 j 在第 r 轮接收到消息的假设相矛盾。

2）在第 r 轮，$i-1$ 给 i 发送消息，但是 $i+1$ 没有。

那么，既然 $i-1$ 和 $j-1$ 在第 $r-1$ 轮以后处于对应状态，$j-1$ 也在第 r 轮给 j 发送了消息，

而且相对于 $i-1$ 和 $j-1$ 的 $k-1$ 阶邻接节点而言，这个消息与 $i-1$ 发送给 i 的消息是对应的，因此这两个消息对于 i 和 j 的 k 阶邻接节点也是对应的。鉴于类似的理由，$j+1$ 在第 r 轮没有给 j 发消息。因为 i 和 j 在 $r-1$ 轮后处于对应状态，并且接收到了对应消息，所以现在它们对于 k 阶邻接节点依然是对应的。

3）在第 r 轮，$i+1$ 给 i 发送消息，但是 $i-1$ 没有。

类似于对前面情况的分析。

4）在第 r 轮，$i-1$ 和 $i+1$ 都给 i 发送了消息。

同理。

引理 3.5 告诉我们，如果存在很大的次序等价的邻接节点，那么需要有许多活动轮来打破对称性。现在我们定义具有特殊属性的环，它们有许多不同大小的次序等价的邻接节点。设 c 为常数，$0 \leqslant c \leqslant 1$，并设 R 是规模为 n 的环。如果对每一个 l，$\sqrt{n} \leqslant l \leqslant n$，以及对于 R 中长度为 l 的每一段 S，在 R 中至少存在 $\left\lfloor \dfrac{cn}{l} \right\rfloor$ 个次序等价于 S 的段（包括 S 本身），那么，我们称 R 是 c 对称的⊖。

如果 n 是 2 的幂，那么构造一个 1/2 对称的环是很容易的。特别地，我们定义大小为 n 的位反转环如下：假设 $n=2^k$，那么，给每一个进程赋值 $[0，n-1]$ 之间的一个整数，使其 k 位二进制表示恰好是 i 的 k 位二进制表示的反转（我们用 0^k 作为 n 的 k 位二进制表示，使 0 与 n 相同）。

例 3.6.3　位反转环

对于 $n=8$，可得 $k=3$，且赋值如图 3-3 所示。

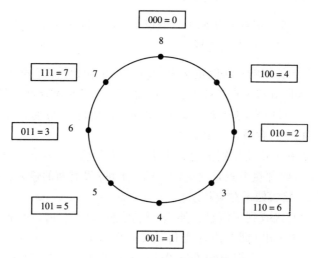

图 3-3　大小为 8 的位反转环

引理 3.6　任意一个位反转环都是 1/2 对称的。

证明　留为一道习题⊖。

对不是 2 的幂的 n 值，也总是存在 c 对称环，不过一般情况下需要一个较小的常数 c。

⊖　可以忽略平方根的下限条件——这仅是个技术问题。

⊖　注意，位反转环不需要平方根的下限条件。

定理 3.7 存在一个常数 c，使得对于所有 $n \in \mathbb{N}^+$，存在大小为 n 的 c 对称环。

定理 3.7 的证明需要一个很复杂的递归构造[⊖]。所需的环不可能通过简单的方法产生，如从一个 2 的次小次幂的位反转环出发并加入额外的进程，这些额外的进程会破坏对称性。

所以我们可以假设，对任意 n，存在一个大小为 n 的 c 对称环 R。接下来的引理说明如果在这样的环中选出领导者，那么需要许多活动轮。

引理 3.8 令 A 是一个在大小为 n 的 c 对称环中执行的基于比较的算法，并假设 A 选出了一个领导者。设 k 是满足 $\sqrt{n} \leq 2k+1$ 和 $\left\lfloor \dfrac{cn}{2k+1} \right\rfloor \geq 2$ 的整数，则 A 有多于 k 个活动轮。

证明 采用反证法。假设 A 在最多 k 个活动轮中选出了领导者进程 i。令 S 为 i 的 k 阶邻接节点，S 是长度为 $2k+1$ 的一段。因为环是 c 对称性的，所以在环网中至少有 $\left\lfloor \dfrac{cn}{2k+1} \right\rfloor \geq 2$ 个片段与 S 是次序等价的，包括 S 本身。因此至少有一个其他片段与 S 次序等价；令 j 为那个片段的中点。现在，根据引理 3.5，直到选出点为止，i 和 j 在整个运行中都处于等价状态。我们可以得到结论 j 也被选出了。矛盾。

现在我们来证明下界。

定理 3.9 令 A 是一个在大小为 n 的环中选出一个领导者的基于比较的算法，则存在 A 的一个运行，其中在领导者被选出之前有 $\Omega(n\log n)$ 条消息被发送[⊖]。

证明 固定一个由定理 3.7 断定存在的常数 c，并使用定理 3.7 来获得一个大小为 n 的 c 对称环 R。我们考虑在 R 中的算法运行。

定义 $k = \left\lfloor \dfrac{cn-2}{4} \right\rfloor$，那么 $\sqrt{n} \leq 2k+1$（假设 n 足够大），且 $\left\lfloor \dfrac{cn}{2k+1} \right\rfloor \geq 2$。根据引理 3.8，有多于 k 个活动轮，亦即至少有 $k+1$ 个活动轮。

考虑第 r 个活动轮，其中 $\sqrt{n}+1 \leq r \leq k+1$。因为这是活动轮，所以某个进程 i 在 r 轮中发送了消息。令 S 为 i 的 $r-1$ 阶邻接节点。因为 R 是 c 对称的，所以至少有 $\left\lfloor \dfrac{cn}{2r-1} \right\rfloor$ 个片段和 S 等价。

根据引理 3.5，在第 r 个活动轮即将执行的时候，所有这些片段的中点都处于对应状态，所以它们都发送消息。

现在令 $r_1 = \lceil \sqrt{n} \rceil + 1$ 和 $r_2 = k+1 = \left\lfloor \dfrac{cn-2}{4} \right\rfloor + 1$。以上的讨论说明了消息总数至少为

$$\sum_{r=r_1}^{r_2} \left\lfloor \frac{cn}{2r-1} \right\rfloor \geq \sum_{r=r_1}^{r_2} \frac{cn}{2r-1} - r_2$$

第二项为 $O(n)$，因此表明第一项是 $\Omega(n\log n)$ 就足够了。

我们有

$$\sum_{r=r_1}^{r_2} \frac{cn}{2r-1} = \Omega\left(n\sum_{r=r_1}^{r_2} \frac{1}{r} \right)$$
$$= \Omega(n(\ln r_2 - \ln r_1))$$

⊖ 这里有平方根下限的问题。
⊖ 表达式 $\Omega(n\log n)$ 隐藏了一个与 n 无关的固定常数。

由和的整数近似，

$$= \Omega\left(n\left(\ln\left(\left\lfloor\frac{cn-2}{4}\right\rfloor+1\right)-\ln(\lceil\sqrt{n}\rceil+1)\right)\right)$$

$$= \Omega(n\log n)$$

正是所求。

3.7   非基于比较的算法的下界 *

我们能够描述非基于比较的算法的消息数的下限吗？虽然 $\Omega(n\log n)$ 的界限可以被打破，但是可能表明这样做只能以大的时间复杂度为代价。举个例子，假设选出领导者的时间界限为 t。如果标识符空间中 UID 的总数足够大，比如，大于某个快速增长的函数 $f(n, t)$，那么存在一个标识符的子集 U，其上的算法可能表现得像基于比较的算法，至少在 t 轮中如此。这意味着针对比较的下限也适用于使用 U 中标识符的时间受限算法。

我们会给出更多细节，但表示形式仍然只是一个大概。用 Ramsey 定理定义一个快速增长的函数 $f(n, t)$，Ramsey 定理是一种扩展的鸽巢原理。在定理的叙述中，一个 n 维子集就是有 n 个元素的子集，一个着色就是给每一个集合指定一种颜色。

定理 3.10（Ramsey 定理） 对于所有的整数 n、m 和 c，总存在一个整数 $g(n, m, c)$ 满足以下性质：对于每个大小至少为 $g(n, m, c)$ 的集合 S，当使用最多 c 种颜色来对 S 的 n 维子集进行着色时，总有一个大小为 m 的 S 的子集 C，C 的所有 n 维子集的颜色相同。

作为开始，我们把每个算法都放入规范式（normal form），其中每个状态都以 LISP 的 S 表达式来简单地记录初始的 UID 和所有曾经收到的消息，而且每个非空消息都包含其发送者的完整状态。然后将其中的某些 S 表达式指定为选举状态，这种状态表示进程已被选为领导者。如果原来的算法是一个正确的领导者选举算法，那么新的（带有修改后的输出约定）也是，通信复杂度也是一样的。

下界定理描述如下。

定理 3.11   对于所有的整数 n 和 t，存在满足如下性质的整数 $f(n, t)$：令 A 为任意（不必基于比较）的算法，该算法于时间 t 内在大小为 n 的环中选出领导者，并且使用了大小至少为 $f(n, t)$ 的 UID 空间，则存在一个 A 的运行，其中领导者被选出之前发送的消息数为 $\Omega(n\log n)$。

证明概要   固定 n 和 t。不失一般性，我们只考虑规范式中的算法。因为算法中只涉及 n 个进程且只执行 t 轮，所以所有出现的 S 表达式都有最多 n 个不同的参数和最多 t 层括号深度。

现在对于每个算法 A，我们定义一个 UID 的 n 维集合（大小为 n 的集合）上的等价关系 $\equiv_A$。粗略地说，如果算法 A 在两个 n 维集合上的行为是一样的，那么称这两个集合是等价的。更精确地，如果 V 和 V' 是 UID 的两个 n 维子集，并且对于 V 上每个深度最多为 t 的 S 表达式，在算法 A 中，V' 上对应的 S 表达式（通过用 V' 中的元素代替 V 中排位相同的元素得到）产生相同的决定，即是否在每个方向发送一个消息和是否该进程已被选为领导者，则称 $V \equiv_A V'$。

因为在等价关系定义中，S 表达式最多有 n 个参数和 t 层深度，所以 $\equiv_A$ 等价类的数目有限。事实上，有一个不依赖于算法 A 的等价类数的上界，它只依赖于 n 和 t。令 $c(n, t)$ 为这个上界。

现在固定算法 A。我们来描述一个给 UID 的 n 维子集着色的方法，这样就可以应用 Ramsey 定理。也就是说，我们把 n 维集合的每一个 $\equiv_A$ 等价类与一种颜色相联系，类中所有的 n 维子集都用那种颜色着色。

现在我们定义 $f(n, t)=g(n, 2n, c(n, t))$，其中 g 是定理 3.10 中的函数，并且考虑任一包括至少 $f(n, t)$ 个标识符的 UID 空间。定理 3.10 暗示着存在一个含有至少 $2n$ 个元素的 UID 空间的子集 C，使得 C 的所有 n 维子集都着同一种颜色。令 U 为由 C 中 n 个最小元素组成的集合。

当从 U 中选择 UID 时，我们可以声称在 t 轮内，算法的行为完全像一个基于比较的算法。每个进程做出的有关是否要发送消息或者要让哪个进程成为领导者的决定只依赖于在当前状态下所含参数的相对次序。为了弄清楚其原因，我们固定 U 的任意两个子集 W 和 W'，大小都为 m。假设 S 是一个深度最多为 t 的 S 表达式，其 UID 从 W 中选取，而 S' 是 W' 上对应的 S 表达式。那么 W 和 W' 通过加进 C 中最大的 $n-m$ 个元素，就可以被扩展成为 V 和 V'，每个大小都为 n。因为 V 和 V' 有相同的着色，因此这两个 S 表达式就会对于是否在每个方向发送消息和选择某个进程为领导者做出相同决定。

由于算法在 t 轮内的行为完全像一个基于比较的算法，因此当从 U 中选择 UID 时，定理 3.9 就产生了这个下界。

3.8　参考文献注释

3.2 节中的不可能性结论是这个领域内早期理论的一部分，Anglun[13] 的论文中给出了这种结论对于一个不同模型的一种版本。LCR 算法来自 Le Lann[191]，并由 Chang 和 Roberts[71] 做了优化。HS 算法来自 Hirschberg 和 Sinclair[156]。

对于上界 $O(n\log n)$ 的常数因子已经有了一系列的改进，最后大概接近于 $1.271n\log n+O(n)$，由 Higham 和 Przytycka[155] 提出，然而这个边界只适用于单向环的情况。Peterson[239] 与 Dolev、Klawe 和 Rodeh[97] 已经给出了单向情况下的 $O(n\log n)$ 的算法。

时间片算法似乎来自民间，但是它和 MIT 令牌环网络系统中使用的领导者选择策略相似。变速算法由 Frederickson 和 Lynch[127] 提出，同时还有 Vitányi[282]。

下限的结论，包括基于比较的和非基于比较的算法，都是由 Frederickson 和 Lynch[127] 提出。另外一种 c 对称环的构造由 Attiya、Snir 和 Warmuth[27] 提出，Ramsey 定理是一个组合理论的标准结论，并且在 Berge[47] 的图论书中的描述。

Attiya、Snir 和 Warmuth[27] 写的论文包括了在同步网络中计算能力受限的一些结论，并用到了类似 3.6 节中的证明方法。

3.9　习题

3.1 对 LCR 算法的正确性给出详细的归纳证明。

3.2 对 LCR 算法，
    a）给出一个发送消息数为 $\Omega(n^2)$ 的 UID 赋值方案。
    b）给出一个发送消息数为 $O(n)$ 的 UID 赋值方案。
    c）证明发送消息数的平均数为 $O(n\log n)$，其中对于环上所有可能的进程排序，该平均数都有效，假设所有可能的进程排序的概率相等。

3.3 修改 LCR 算法，使得所有的非领导者进程输出"非领导者"，并且最终停止所有的进程。用描述

LCR 算法的相同代码形式描述修改后的算法。

3.4 证明 LCR 算法在允许可变开始时间的同步模型中仍然适用（可能需要对代码稍做修改）。

3.5 详细证明 HS 领导者选举算法的正确性，利用 LCR 算法中用到的不变式断言。

3.6 证明 HS 算法在允许可变开始时间的同步模型中仍然适用（可能需要对代码稍做修改）。

3.7 假设对 HS 领导者选举算法做了修改，使用 k 的连续次幂，而不是 2 的幂，作为路径长度（$k > 2$）。用类似于书中分析原始的 HS 算法的方法，分析新算法的时间复杂度和通信复杂度，并将结果与原算法进行比较。

3.8 修改 HS 算法，使进程只向一个方向发送令牌。

　　a）证明这样对书中算法最直接的修改不会产生 $O(n\log n)$ 的通信复杂度。通信复杂度的上限是多少？

　　b）在算法中稍微增加一些技巧，使其保证 $O(n\log n)$ 的复杂度限制。

3.9 设计一个单向的领导者选举算法，使其可在大小未知的环中工作，最坏情况下的消息数为 $O(n\log n)$。算法只对 UID 进行比较操作。

3.10 给出描述时间片领导者选举算法的状态机代码。

3.11 描述一个时间片算法的变形，它在每一阶段允许 k 个而不是 1 个 UID 在环中传递，通过额外的消息开销来节约时间。证明算法的正确性，并分析其复杂度。

3.12 给出描述变速领导者选举算法的状态机代码。

3.13 证明未修改的变速算法在进程唤醒时间不同的情况下，不一定有 $O(n)$ 的通信复杂度。

3.14 证明在大小为 n 的环中，在最坏情况下，选举领导者所需轮数的最佳下限。请准确描述你的假设。

3.15 直观地表示出 $n = 16$ 的位反转环。

3.16 证明对任意的 $k \in \mathbb{N}^+$，大小为 $n = 2^k$ 的位反转环是 1/2 对称环。

3.17 对某一 $c > 0$，设计一个非 2 的幂的 c 对称环。

3.18 考虑大小为 n 的同步环中的领导者选举问题，其中所有的进程都知道 n，但进程没有 UID。设计一个随机化领导者选举算法，也就是说，算法中的进程除了遵循确定的代码外，可以做出随机的选择。请准确描述算法满足的属性。例如，它能否绝对保证选出一个唯一的领导者，还是有失败的可能？算法期望的时间复杂度和通信复杂度是多少？

3.19 考虑一个双向的同步环，大小 n 未知，其中的进程具备 UID。给出一个基于比较的算法所要求的消息数的上限和下限，在这个算法中，所有的进程都计算 n 模 2。

一般同步网络中的算法

在第 3 章中，我们给出了对简单同步网络——单向环和双向环——中的领导者选举问题的算法及其下限。在这一章中，我们要考虑在更大类同步网络中的更多问题。特别地，我们将在基于任意图和有向图的网络中，讨论领导者选举、广度优先搜索（BFS）、寻找最短路径、寻找最小生成树（MST）和寻找最大独立集（MIS）的算法。

当需要选举一个进程来负责整个网络的计算时，就出现了领导者选举问题。而广度优先搜索、寻找最短路径和最小生成树这些问题来源于构建适合于支持有效通信的结构这一需要。寻找最大独立集的问题源于网络资源分配的需要（在第 15 章的异步网络环境中，我们还会讨论这些问题）。

在这一章中，我们考虑一种任意的强连通网络有向图 $G=(V, E)$，它有 n 个节点（有时我们只考虑所有边都是双向边的情况，即无向图的情况）。像通常的同步网络系统一样，我们假设进程仅仅通过图的有向边通信。为了给节点命名，给它们分配下标 $1, \cdots, n$，但是与环的下标不同，这些下标与图中节点位置并无特殊联系。进程并不知道自己的下标，也不知道邻接节点的下标，但是能够通过本地名字来指称邻接节点。我们假定，如果进程 i 的出向和入向邻接节点都为同一进程 j，那么 i 知道这两个进程是相同的。

4.1 一般网络中的领导者选举

我们重新考虑领导者选举问题，这一次的网络基于任意的强连通有向图。

4.1.1 问题

我们假设进程都有唯一的标识符（UID），UID 从某个标识符的全排序空间中选择；在网络中，每个进程的 UID 都和其他的不一样，但是没有规定哪个 UID 必须出现。和在第 3 章中一样，这里的要求是，最终有且只有一个进程将自己选为领导者，把自己状态中一个特定的状态分量的值改为"领导者"。和第 3 章一样，这里有以下几个问题：

1）可能要求那些非领导者的进程通过把特定的状态分量的值改为"非领导者"，最终输出自己不是领导者的事实。

2）进程可以知道，也可以不知道节点数 n 和直径 $diam$ 的值，或者知道这些量值的一个上界。

4.1.2 简单的洪泛算法

我们给出一个简单算法用于让领导者和非领导者识别自己。算法要求进程都知道直径 $diam$。算法中最大的 UID 在整个网络中像水流一样传播，所以我们称它为洪泛最大值（FloodMax）算法。

洪泛最大值算法 (非形式化):

每个进程都保持有一个最大 UID 的记录 (最初是自己的 UID)。在每轮中，每个进程都要在自己的所有出向边上传播最大的 UID。在 *diam* 轮后，如果得到的最大值是进程自己的 UID，那么进程就把自己选为领导者，否则就为非领导者。

进程 i 的代码如下。

洪泛最大值算法 (形式化):

消息字母表是 UID 的集合。

states$_i$ consists of components:
u, a UID, initially i's UID
max-uid, a UID, initially i's UID
status $\in \{unknown, leader, non\text{-}leader\}$, initially *unknown*
rounds, an integer, initially 0

msgs$_i$:
if *rounds* $<$ *diam* then
    send *max-uid* to all $j \in$ *out-nbrs*

trans$_i$:
rounds := *rounds* + 1
let U be the set of UIDs that arrive from processes in *in-nbrs*
max-uid := max($\{max\text{-}uid\} \cup U$)
if *rounds* = *diam* then
    if *max-uid* = u then *status* := *leader*
    else *status* := *non-leader*

容易看出，洪泛最大值算法选出具有最大 UID 的进程。更确切地讲，我们定义 i_{max} 为具有最大 UID 的进程的索引，u_{max} 为那个最大的 UID。我们有如下定理：

定理 4.1 在洪泛最大值算法中，在 *diam* 轮内，进程 i_{max} 输出自己为领导者，其他的进程输出自己为非领导者。

证明 很容易证明以下断言：

    断言 4.1.1 在 *diam* 轮后，*status*$_{i_{max}}$ =*leader*，并且对于每一个不等于 i_{max} 的 j, *status*$_j$=*non-leader*。

对于断言 4.1.1 证明的关键是，在 r 轮过后，沿着 G 中的有向路径，最大 UID 已经到达了那些与 i_{max} 的距离在 r 之内的所有进程。这个条件可由下面的不变式断言得到：

    断言 4.1.2 对于每一个 j 和 $0 \leqslant r \leqslant diam$，在 r 轮后，如果从 i_{max} 到 j 的距离不超过 r，那么 *max-uid*$_j$=u_{max}。

尤其是从图的直径的定义来看，断言 4.1.2 暗示着每个进程在 *diam* 轮后就会有最大的 UID。为了证明断言 4.1.2，我们还需要有以下辅助的不变式断言。

    断言 4.1.3 对于每个 r 和 j，在 r 轮后，*rounds*$_j$=r。

    断言 4.1.4 对于每个 r 和 j，在 r 轮后，*max-uid*$_j \leqslant u_{max}$。

将断言 4.1.2、断言 4.1.3 和断言 4.1.4 中的 r 定为 *diam*-1，再加上对发生第 *diam* 轮的情况的证明，就能证明断言 4.1.1。

洪泛最大值算法可以被认作在 3.3 节中 LCR 算法的推广，因为 LCR 算法也是把最大的 UID 值在整个环形网络中传递。但是，注意 LCR 算法并不需要任何与网络有关的特殊信息，如网络直径等。在 LCR 中，一个进程在消息中接收到自己的 UID 之后，就会把自己选为领导者，而洪泛最大值算法在特定轮数之后才把自己选为领导者。这样特殊的策略只在环形网络中才能成立，而不适应于一般的有向图。

复杂性分析 很容易可以看出，直到领导者被选出（并且其他进程知道自己不是领导者），所需时间为 *diam* 轮。消息数为 *diam* · |*E*|，其中 |*E*| 是有向图中有向边的数目，这是因为在开始的 *diam* 轮中，每轮都要在每条有向边上发送一个消息。

直径的上界 注意，即使所有进程都知道一个直径的上界 *d* 而不知道直径本身，算法也可以有效地工作。此时算法复杂度将随 *d* 而不是 *diam* 增长。

4.1.3 降低通信复杂度

在多数情况下，有一个简单的优化⊖可以用来减少通信复杂度，虽然它不能降低最坏情况下复杂度的数量级。也就是说，进程可以只在它们初次知道 *max-uid* 的时候发送消息，而不是在每轮中都要发送。我们把这个算法叫作优化洪泛最大值算法（OptFloodMax）。对洪泛最大值算法的代码修改如下：

优化洪泛最大值算法：

states$_i$ **has an additional component:**

new-info, a Boolean, initially *true*

msgs$_i$**:**

if *rounds* < *diam* and *new-info* = *true* then

 send *max-uid* to all *j* ∈ *out-nbrs*

trans$_i$**:**

rounds := *rounds* + 1

let *U* be the set of UIDs that arrive from processes in *in-nbrs*

if max (*U*) > *max-uid* then *new-info* := *true* else *new-info* := *false*

max-uid := max ({*max-uid*} ∪ *U*)

if *rounds* = *diam* then

 if *max-uid* = *u* then *status* := *leader* else *status* := *non-leader*

很容易相信这个改进算法是正确的，然而怎样形式化地证明它呢？一个方法就是使用在洪泛最大值算法中用过的不变式断言。但这涉及对许多已做工作的重复。我们不从头开始，而是给出一个证明，基于优化洪泛最大值算法和洪泛最大值算法在形式化上的相关性。这个简单例子表明，可以使用模拟的方法来证明分布式算法的正确性。

定理 4.2 在优化洪泛最大值算法中，在 *diam* 轮内，进程 i_{max} 输出自己为领导者，其他的进程输出自己为非领导者。

证明 和断言 4.1.1 相似，我们可以很容易地证明以下断言。

 断言 4.1.5 在 *diam* 轮后，对于每一个 *j* ≠ i_{max}，$status_{i_{max}}$ =*leader* 和 $status_j$=*non-leader*。

我们现在先证明一个预备的不变式，它表明只要进程预期在下一轮中需要发送新信息，进程的 *new-info* 标志就设置为 *true*。特别地，如果 *i* 的任一出向邻接节点不知道这样一个 UID，该 UID 不小于 *i* 已知的最大 UID，那么 *i* 的 *new-info* 标志就必定为 *true*。

 断言 4.1.6 对任意的 *r*（0 ≤ *r* ≤ *diam*）和任意的 *i*, *j*，其中 *j* ∈ *out-nbrs*$_i$，在 *r* 轮之后，如果 *max-uid*$_j$<*max-uid*$_i$，则 *new-info*$_i$ = *true*。

⊖ "优化"用在这里并不恰当，"改进"更好一些，但"优化"是标准的用法。

断言 4.1.6 可以通过对 r 的归纳来证明。基本情况是 $r=0$ 为真，因为所有的 *new-info* 标志都被初始化为真。下一步，我们考虑进程 i 和 j，$j \in$ *out-nbrs$_i$*。如果 *max-uid$_i$* 在 r 轮中变大，那么 *new-info$_i$* 就设置为真，满足结论。另一个方面，如果 *max-uid$_i$* 没有增大，那么归纳假设表明，要么 *max-uid$_j$* 已经足够大，要么 *new-info$_i$* 刚好在 r 轮前为真。在前一种情况下，*max-uid$_j$* 保持足够大，因为这个值从来不减小。在后一种情况下，新的信息在第 r 轮会被从 i 发送到 j，导致 *max-uid$_j$* 变得足够大。

现在，来证明优化洪泛最大值算法的正确性，我们假想优化洪泛最大值算法和洪泛最大值算法一起运行，以同样的 UID 赋值开始。证明的核心部分是模拟关系，它涉及相同轮数之后两种算法所处状态的不变式断言

断言 4.1.7 对于任意的 r，$0 \leqslant r \leqslant diam$，在 r 轮后，u、*max-uid*、*status* 和 *rounds* 分量的值在两种算法中都是一样的。

断言 4.1.7 的证明通过对 r 的归纳进行，就像只包括单个算法的常见的断言一样。在归纳步骤中重要的部分就是表明 *max-uid* 的值保持相同。

所以考虑任意的 i 和 j，其中 $j \in$ *out-nbrs$_i$*。如果在第 r 轮前 *new-info$_i$* = *true*，那么就和在洪泛最大值算法中一样，优化洪泛最大值算法的进程 i 也在第 r 轮向 j 发送相同的信息。另一方面，如果在第 r 轮前 *new-info$_i$* = *false*，那么在优化洪泛最大值算法中，i 不向 j 发送任何东西，但是在洪泛最大值算法中，i 向 j 发送 *max-uid$_i$*。断言 4.1.6 表明，在 r 轮前，如果 *max-uid$_j$* $\geqslant$ *max-uid$_i$*，那么在洪泛最大值算法中，消息对 *max-uid$_j$* 是无影响的。在两个算法中，i 对 *max-uid$_j$* 有相同的影响。既然这个对所有的 i 和 j 来说都是真的，那么在两个算法中，*max-uid* 的值就会保持相同。

断言 4.1.7 和断言 4.1.1 共同证明了断言 4.1.5。

刚才我们证明优化洪泛最大值算法正确性的方法在证明"优化的"分布式算法的正确性时很有用。首先，证明一个低效率但是简单的算法的正确性。然后，通过证明两个算法之间的一个形式化关系，来证明更有效但是更复杂的算法的正确性。对于同步的网络算法来说，这种关系一般采取上面的形式——包括相同轮数之后两个算法的状态的一个不变式。

另一个改进 我们可以在洪泛最大值算法中稍微减少消息个数。也就是说，如果进程 i 接收到来自进程 j 的一个新的最大值，其中 j 既是 i 的出向邻接节点也是 i 的入向邻接节点，即 i 与 j 有双向通信，那么 i 在下一轮的时候就不需要向 j 的方向发送消息。

在一个具有 UID 的一般有向图网络中，进程不知道节点数 n 和直径 *diam*，也是可能选出领导者的。现在我们建议你停下来去构造一个这样的算法。一种可能的方法是引入一个辅助协议来允许每个进程计算网络的直径。本章中稍后讲到的思想或许有用。

4.2 广度优先搜索

下一问题是，如何基于一个任意的强连通有向图在网络上进行广度优先搜索（BFS），有向图上具有明确区分的源节点。更精确地讲，如何给有向图创建广度优先生成树。创建这种树是为了有一个方便的结构用作广播通信的基础。BFS 树可以使一个特定节点上的进程向网络中所有其他进程发送消息的最大通信时间最小化（假设消息在每个通信信道中的传递时间相等）。

在每一对邻接节点都是双向通信的时候，也就是网络是无向图的时候，BFS 问题和它的解决方法就比较简单。我们会指出对这种情况的简化。

4.2.1 问题

有向图 $G=(V, E)$ 的有向生成树被定义为一棵带根树，包括 E 中的所有有向边和 G 中的每一个顶点，树中所有边都由父节点指向子节点。对于 G 中根节点为 i 的有向生成树，如果所有与 i 的距离为 d 的节点在树中深度都为 d（也就是说在树中与节点 i 的距离为 d），则该树是广度优先的。每个强连通的有向图都有一棵广度优先有向生成树。

在 BFS 问题中，我们假设网络是强连通的，并且有一个单独的源节点 i_0。这个算法应该能够输出网络图的广度优先有向生成树的结构，根节点为 i_0。输出应该以分布式的形式呈现：除了 i_0，其他的每个进程都应该设置一个 *parent* 分量，用来表示在树中的父节点。

与通常一样，进程只在有向边上通信。进程都有 UID，但是不知道整个网络直径的大小。

4.2.2 基本的广度优先搜索算法

这个算法的基本思想和标准的串行广度优先搜索算法是一样的。我们称这个算法为 SynchBFS 算法。

SynchBFS 算法：

在运行中的任一时刻，总有一个进程集合是被"标记的"，最初的时候是 i_0。进程 i_0 在第一轮时向所有出向邻接节点发出一个搜索消息。在每一轮中，如果一个未标记的进程接收到一个"搜索"消息，就标记它自己，并且从传来"搜索"消息的进程里选择一个作为父节点。在一个进程被标记之后的第一轮，它向所有的出向邻接节点发送"搜索"消息。

不难看出，SynchBFS 算法建立了一棵 BFS 树。为了形式化地证明它，我们可以证明一个不变式，即在过了 r 轮以后，每个在图中与 i_0 的距离为 d（$1 \leqslant d \leqslant r$）的进程都已经定义了自己的"父节点"指针，且"父节点"指针指向与 i_0 的距离为 $d-1$ 的节点。和往常一样，这个不变式可以通过归纳轮数来证明。

复杂度分析 时间复杂度最多为 *diam* 轮（事实上，这个分析可以更精确一点，即一个特定节点 i_0 到其他节点的最大距离）。消息的数目正好是 $|E|$——因为每个有向边上都正好有一个"搜索"消息要传递。

降低通信复杂度 如同洪泛最大值算法一样，有可能稍微减少消息数目：一个新标记的进程不需要再向传来"搜索"消息的进程发送消息。

消息广播 SynchBFS 很容易被扩展以实现消息的广播。如果一个进程有一个消息 m 想要发送到网络中的所有进程，那么它只需要把自己当成根节点来执行 SynchBFS 算法，并把 m 附在第一轮中发送的"搜索"消息上。其他的进程也继续把 m 附在它们的"搜索"消息上。因为树中包含了所有的节点，所以消息 m 最后会被送到所有进程。

子节点指针 在 BFS 问题的一个重要变形中，每一个进程不仅需要知道谁是它的父节点，还要知道哪些是它的子节点。在这种情况下，每个接收到"搜索"消息的进程就必须回复一个"父节点"或"非父节点"消息，告诉消息的发送者它是否已经被接收者选择为父节点。

如果在每一对邻接节点中双向通信都是被允许的，也就是说，如果网络图是无向图，那么就没有什么难度了，增加额外的通信只会增加很小的开销。但是，因为我们只允许邻接节点之间进行单向通信，所以一些"父节点"消息和"非父节点"消息就可能需要通过间接的路径来传递。举个例子，一个"父节点"消息或"非父节点"消息可以通过上面这种附加消息的方法，重新执行一次 SynchBFS 来传送。为了让接收者能够认出这个消息来，消息必须带着接收方的 UID（还有能使接收者知道发送者的本地名字），并把它附在"搜索"消息中。

注意，许多 SynchBFS 的子程序是可以并行执行的。为了能够符合我们的形式化模型，使得每一轮的每条链路上最多只有一条消息被发送，有必要把很多消息合并成一个。

对于在某些边上单向通信的一个有向图来说，除了输出父节点和子节点，还有可能需要输出子节点到父节点的最短路径信息。例如，可以通过额外执行 SynchBFS 来产生这样的信息。

复杂度分析　如果图是无向的，那么计算 BFS 树（包括子节点指针）的总时间复杂度为 $O(diam)$，通信复杂度为 $O(|E|)$。

即使有的邻接节点对之间是单向通信的，计算树和子节点指针的时间复杂度还是 $O(diam)$，因为额外的 BFS 运行可以并行地进行。在这种情况下，总的消息数为 $O(diam|E|)$，因为在 $O(diam)$ 轮的每一轮中，最多有 $|E|$ 条消息被发送。然而，由于一条消息可能包含多达 $|E|$ 个并发 BFS 运行的信息，所以每条消息可能多达 $|E|b$ 位，其中 b 表示单个 UID 所需的最大位数。这将导致总共 $O(diam|E|^2b)$ 位的通信量。注意每一个并发 BFS 运行（最多 $|E|$ 个）最多使用 $|E|$ 条消息，每条消息最多有 b 位，由此可以得到更小的总位数界限。所以总的通信位数最多为 $O(|E|^2b)$。

终止　源进程 i_0 怎样才能告知树的构造已经完成了呢？如果每个"搜索"消息都得到了"父节点"或"非父节点"消息的回复，那么任一进程接收到"搜索"消息的回复以后，就知道谁是它在树中的子节点，并知道这些子节点已经被标记了。所以，从 BFS 的叶节点开始，完成构造的通知可以一直"扇入"到源节点：当一个进程 (a) 已经接收到了所有发出的搜索消息的回复（使它知道谁是它的子节点，并知道它们已经被标记了），和 (b) 已经接收到了所有它的子节点发来的完成构造的通知时，它可以马上给它的父节点发送完成构造的通知。这种过程叫作聚播。

如果图为无向的，那么计算一棵 BFS 树（包括子节点指针）并把完成构造的通知传播回源节点的时间复杂度约为 $O(diam)$，通信复杂度约为 $O(|E|)$。如果允许单向通信，那么时间复杂度（包括完成构造的通知的传播）约为 $O(diam^2)$。成平方级增长的原因在于完成构造的通知需要在树中一层一层地串行传递。因此，总的消息数目为 $O(diam^2|E|)$，总的通信位数最多为 $O(|E|^2b)$。

4.2.3　应用

广度优先搜索是分布式算法的一块基石。在这里，我们给出了一些例子，演示如何扩展 SynchBFS 算法来完成其他的任务。

广播　正如我们前面提到的，一个消息的广播可以在建立一棵 BFS 树的过程中实现。另外一个办法就是先用上面的方法建立一个带子节点指针的 BFS 树，然后用这个树来进行广播。消息只需要沿着父节点到子节点的边进行广播。这就使得建立的 BFS 树是可重用的，因为很多消息可以在这棵树上广播。一旦 BFS 树建立起来以后，广播一个消息的时间开销为 $O(diam)$，消息的数目只有 $O(n)$。

全局计算　BFS 树的另外一个应用就是从整个网络中收集信息，或者更一般地说，就是对基于分布式输入的函数的计算。举个例子，假设有这样一个问题，每个进程都有一个非负整数的输入，我们想要在这个网络中计算所有这些输入的和。利用 BFS 树就可以很容易地（并且高效地）做到。从树叶开始，在聚播过程中"扇入"结果，如后面描述的那样。每个叶节点都把值传给自己的父节点；每个父节点都会把从所有子节点中得到的值与自己的输入值求和，再把结果传给自己的父节点。由 BFS 树的根节点计算出来的值就是最后的结果。

假设 BFS 树已经建立了，并且所有的边的通信都是双向的，这种计划会要求 $O(diam)$ 的时间和 $O(n)$ 的消息数。可以用相同的方法来实现其他的很多函数，例如，求最大或最小的输入整数（这里要求函数满足结合律和交换律）。

选举领导者　使用 SynchBFS，可以设计一个算法在具有 UID 的网络中选择领导者，而且各个进程并不需要知道 n 和 $diam$。也就是说，所有的进程都可以并行地进行广度优先搜索。每个进程 i 用建立的 BFS 树和全局计算过程来决定整个网络中进程的最大 UID。拥有最大 UID 的那个进程宣布自己为领导者，而其他的进程宣布自己不是领导者。如果图是无向的，那么时间开销就是 $O(diam)$，消息数目就是 $O(diam|E|)$，同样是因为在 $diam$ 轮中，每轮最多只有 $|E|$ 条消息被发送。消息位数最多为 $O(n|E|b)$，其中 b 表示一个 UID 所需的最大位数。

计算直径　整个网络的直径可以通过让所有进程并行地执行广度优先搜索来计算。每个进程 i 用建立的 BFS 树来决定 $max\text{-}dist_i$，$max\text{-}dist_i$ 定义为 i 到网络中其他进程的最远距离。然后每个进程 i 重用各自的广度优先搜索树做全局计算来找到 $max\text{-}dist$ 的最大值。如果图为无向的，那么时间开销为 $O(diam)$，消息数为 $O(diam|E|)$，消息位数为 $O(n|E|b)$。这样计算出来的直径可以用在领导者选举问题的洪泛最大值算法中。

4.3　最短路径

现在来考虑 BFS 问题的扩充。考虑一个强连通有向图，其中一些邻接节点对之间可能存在单向通信。这次假设每个有向边 $e=(i,j)$ 都与一个非负的实数值"权"（weight）相关联，权用 $weight(e)$ 或者 $weight_{i,j}$ 来表示。一条路径的权可以被定义成所有边的权的和。问题是要找到一条从源节点 i_0 到图中其他各个节点的最短路径，其中最短路径定义为权最小的一条路径[⊖]。由 i_0 到其他所有节点的最短路径集合构成了图的一棵子树，所有的边都由父节点指向子节点。

对广度优先搜索来说，建立一棵 BFS 树就是为了能够有一个方便的结构来完成广播通信。权代表在边上通信的开销，如通信延迟或收费。一棵最短路径树的作用是将某一进程与网络中其他进程在最坏情况下通信的最大开销最小化。

假设开始时每个进程都知道与它相连的所有边的权，或者更精确地说，每条边的权会出现在两个端点进程的特定 $weight$ 变量中。我们还假设每个进程都知道图中节点的个数 n。要求每个进程都应确定它在最短路径树中的父节点以及到 i_0 的距离（它的最短路径的权）。

如果所有边的权都相等，那么 BFS 树也是一棵最短路径树。所以在这种情况下，在建立 SynchBFS 树时做一个小小的改动，就可以使它产生距离信息和父节点指针。

权不相等则是一种更有趣的情况。解决这个问题的一种方法就是用下面的算法——BellmanFord 串行最短路径算法。

BellmanFord 算法：

每个进程 i 都记录目前所知的从 i_0 出发的最短距离 $dist$，以及作为入向邻接节点的父节点 $parent$（这个父节点位于 i 之前，与 i 之间的路径的权重为 $dist$）。初始值 $dist_{i_0}=0$，对 $i \neq i_0$ 则 $dist_i= \infty$，$parent$ 分量还没有定义。在每一轮，每个进程都把 $dist$ 发送给所有的出向邻接点。然后每个进程通过一个"松弛步"（relaxation step）来更新自己的 $dist$，即在前一步的 $dist$ 和所有的 $dist_j+weight_{j,i}$ 中取最小值，其中 j 是它的入向邻接点。如果 $dist$ 改变

⊖　权和距离不应当混用，但传统上是混用的。

了，那么它的 *parent* 分量也会相应更新。在 $n-1$ 轮以后，*dist* 就包含了最短的距离，*parent* 则指向最短路径树中的父节点。

容易看出，经过 $n-1$ 轮后，*dist* 收敛到一个正确的距离值。证明 BellmanFord 正确性的一种方法就是（通过对 r 归纳）证明 r 轮后有以下结论：每一进程 i 的 *dist* 和 *parent* 分量，与 i_0 到 i 的包含最多 r 条边的最短路径对应（如果没有这样的路径，则 *dist*$= \infty$，*parent* 没有定义）。具体证明留为一道习题。

复杂度分析 BellmanFord 算法的时间复杂度是 $n-1$，消息的数目是 $(n-1)|E|$。

例 4.3.1 BellmanFord 的时间复杂度

通过和 SynchBFS 类比，你有可能会怀疑 BellmanFord 的时间复杂度为 *diam*。为什么不是这样呢？图 4-1 就是一个例子。在这个例子中，需要 2 轮才能确定从 i_0 到 i 的真正距离为 2，因为其路径上有两条边，但是图的直径只有 1。

BellmanFord 算法利用 n 的上界而不是 n 本身也可以有效工作。如果不知道这样的界限，那么用像 4.2 节中提到的技术来找到一个是有可能的。

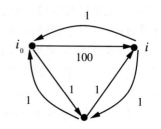

图 4-1 虽然 *diam*=1，最短路径
却只在 2 轮后稳定

4.4 最小生成树

下一个要考虑的问题就是在一个具有带权边的无向图网络中找到一棵最小（或最小权）的生成树（MST）。当然，这棵生成树的主要用途也是作为广播通信的基础。一棵最小权生成树使任一源进程与网络中其他所有进程通信的总开销最小。

4.4.1 问题

一个无向图 $G=(V, E)$ 的生成森林（spanning forest）是这样的一个森林：只由 E 中的无向边组成，并且包括了 G 的每个顶点。如果无向图 G 是连通的，那么 G 的一棵生成树就是它的一个生成森林。如果在 E 中的无向边是带权的，那么 G 的任一子图（如 G 的生成树或生成森林）的权就定义为子图中所有边的权之和。

回想在有向图模型中，我们把无向图形式化为每对邻接节点之间都有双向边的有向图。和 4.3 节一样，假设每条有向边 $e=(i, j)$ 都和一个非负的实数值 *weight* 相关联，*weight*$(e)=$*weight*$_{i,j}$，不过这次，我们假设对所有的 i 和 j，有 *weight*$_{i,j}=$*weight*$_{j,i}$。假设开始时每个进程都知道与它相连的所有边的权，或者更精确地说，每条边的权会出现在两个端点进程的 *weight* 变量中。我们还假设每个进程都有 UID 并知道图中节点的个数 n。现在的问题是为整个网络找到一棵最小权（无向的）生成树；更精确地说，要求每一个进程确定与它相连的哪些边是最小生成树的一部分。

4.4.2 基本定理

无论串行 MST 算法还是并行 MST 算法都基于一个简单的理论，在这一节中我们要描述这个理论。构造一棵最小生成树的基本策略是：从包含 n 个孤立节点的生成森林开始，重复地将沿着连接边的各组件合并起来，直到生成最小生成树。其中最重要的是沿着某些选定的边进行合并——也就是选择某个节点中权值最小的出向边进行合并。下面的引理证明了这种选择方法的正确性。

引理 4.3 $G=(V, E)$ 是一个带权无向图，$\{(V_i, E_i) : 1 \leqslant i \leqslant k\}$ 为 G 的任一生成森林，其中 $k>1$。固定任一 i，$1 \leqslant i \leqslant k$。令 e 为集合 $\{e': e'$ 只有一个端点在 V_i 中$\}$ 中权最小的一条边，那么就有一棵包括 $\cup_j E_j$ 和 e 的 G 的生成树，且在 G 的包括 $\cup_j E_j$ 的所有生成树中，这棵树的权值最小。

证明 用反证法。假设结论是错误的——也就是说，存在一棵生成树 T，它包括 $\cup_j E_j$ 但不包括 e，而且它的权严格小于任意包括 $\cup_j E_j$ 和 e 的生成树，现在我们把 e 加到 T 中得到图 T'。显然，T' 包括一个环，其中有另外一条边 e'，$e' \neq e$，且 e' 是 V_i 的出向边。

根据 e 的选择过程，我们知道 $weight(e') \geqslant weight(e)$。现在从 T' 中把 e' 删除得到 T''。那么 T'' 是 G 的一棵生成树，它包括 $\cup_j E_j$ 和 e，而且它的权不大于 T 的权。这与假设中 T 的性质矛盾。

引理 4.3 为下面的构建 MST 的通用策略提供了依据。

MST 的通用策略：

从包含 n 个独立节点且不包含边的生成森林开始，重复以下步骤：在森林中选择一个任意的组件 C，并且从 C 的所有出向边中选出权值最小的边 e。把 C 与 e 的另一端点所在的组件合并起来，并且把 e 加进新合并后的组件中。当森林只包括一个组件时停止重复。

在归纳证明中，引理 4.3 可以被用来说明在构造过程中的任一阶段，所得森林都是 MST 的一个子图。一些有名的串行 MST 算法属于这个通用策略的特殊情况。举个例子，Prim-Dijkstra 算法就是开始时只有一个单独的节点，然后重复地把当前组件中具有最小权的出向边加进来，每次都加上一个单独的新节点直到生成一棵完整的生成树为止。再举个例子，Kruskal 算法重复地在连接当前生成森林中两个独立组件的所有连接边中，选出具有最小权的边，并将其加入已有组件，以合并各组件，直到最后只剩下一个组件，这个组件就是生成树。

为了能在分布式环境中使用这样的通用策略，最好能够并行地确定几条边来扩展森林，也就是说，每个组件都能独立地确定它的最小权出向边，然后那些被确定的边可以被加入森林中，这样使得几个组件可以一次合并。但是引理 4.3 并不保证这个并行策略的正确性。事实上，在一般情况下，这个策略是不正确的。

例 4.4.1 在并行 MST 算法中环的产生

考虑图 4-2 中的图，其中的点代表了生成森林中的各个组件。三条权为 1 的边都是出向边。如果每个组件都按照箭头所示的那样来选择权最小的出向边，一个环就会产生。

在所有的边都有不同权的特殊情况下，环的问题是可以避免的。因为有以下引理。

引理 4.4 如果图 G 的所有边都有不同的权，那么只存在一个 G 的 MST。

证明 这个证明和引理 4.3 的证明类似。假设有两个不同的最小生成树 T 和 T'，令 e 是只出现在其中一棵树中的权最小的边。（不失一般性）假设 $e \in T$，那么把 e 加到 T' 中形成的图 T'' 就包含一个环，而且在这个环中，至少有另一条边 e' 不属于 T。因为所有边的权都

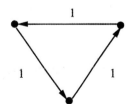

图 4-2 一个由于并行选择最小权值的出向边而产生的环

是不同的，且 e' 只在其中的一棵树中，所以必有 $weight(e') > weight(e)$。然后把 e' 从 T'' 中删除就会产生一棵权比 T' 更小的生成树，这就产生了矛盾。

现在考虑当图的边有不同权值时的通用策略，由引理 4.4 可知，存在着一个唯一的 MST。在这样的情况下，在构造的任一阶段，森林的任一组件都只有一条最小权的出向边（Minimum-Weight Outgoing Edge，MWOE）。引理 4.3 意味着如果开始时有一个森林，它所有的边都在唯一的 MST 中，那么对于所有的组件，所有 MWOE 也在唯一的 MST 中。所以我们可以把它们一次性加入，不会有产生环的危险。

4.4.3 算法

按照前一节描述的通用策略，我们给出一个分布式的算法，在任意的带权无向图中构建 MST。因为要求各组件可以并行地合并，假设边的权都是不同的；在本节的最后部分，可以看到如何消除这个假设。我们称这个算法为 SynchGHS，因为这个算法基于由 Gallager、Humblet 和 Spira 提出的异步算法（在 15.5 节中，我们将介绍这个简称为 GHS 的异步算法）。

SynchGHS 算法：

这个算法分层构造各组件。对于每个 k，第 k 层的各组件构成了一个生成森林，其中 k 层每一组件都包含一棵树，该树是 MST 的一个子图。k 层的每个组件至少有 2^k 个节点。在每一层中，每个组件有一个独特的领导者节点。进程允许按一个固定的轮数 $O(n)$ 来完成每层的工作。

算法从 0 层开始，各组件由单独的节点构成且不包含边。我们归纳地假设 k 层的各个组件已经确定了（包括它们的领导）。更特别地，假定每个进程都已经知道其组件的领导者的 UID，这个 UID 就被用作整个组件的标识符。每个进程也都知道它的哪条邻接边在该组件的树中。

为了得到 $k+1$ 层的各个组件，k 层的每个组件就会沿着其生成树的边搜索组件的 MWOE。领导者使用在 4.2 节描述的那种消息广播策略，沿着树的边广播搜索请求。每个进程都在自己的邻接边中找到一条权最小的组件的出向边（如果有的话）。它为了完成这个工作，在所有的非树中的边上传递 test 消息，确定边的另一端点是否属于相同的组件（通过比较组件的标识符来确定）。然后，各进程就会把本地最小权边的信息聚播给领导者，途中选择最小的。领导者得到的最小值就是整个组件的 MWOE。

当 k 层的各组件都找到了它们的 MWOE 后，这些组件就通过所有的 MWOE 合并为 $k+1$ 层的组件。这涉及 k 层的每个组件的领导者和与其 MWOE 相邻的进程通信，告知该相邻进程把这条边标记为属于新树；边的另一端进程也被告知做同样的工作。

然后，对于 $k+1$ 层的每个组件，按如下方式产生一个新的领导者。可以证明：对于由每组被合并到 $k+1$ 层组件中的 k 层各组件，必定存在一条唯一的边 e，e 是该组的两个 k 层组件的共同 MWOE（以后我们会讨论）。我们让 e 的两个端点中具有更大 UID 的端点成为新的领导者。注意这个新的领导者可以只利用本地可见的信息来标识自己。

最后，使用广播在新的组件中传播这个新的领导者的 UID。

在若干层之后，这个生成森林最终就会只包含由网络中所有节点组成的单个组件。然后，新的寻找 MWOE 的尝试就会失败，因为没有进程能够找到一条出向边。领导者知道这个情况以后，就可以广播一个消息，告诉大家算法已经完成了。

这个算法的关键就是，在每一组被合并的 k 层组件中，两个端点组件的公共 MWOE 是一条唯一的（无向）边。为了证明这一点，我们考虑一个组件有向图 G'，它的节点是将要合并成一个 $k+1$ 层组件的各个 k 层组件，边是 MWOE。G' 是一个弱连通有向图，其中每一节点只有一个出向边（如果一个有向图忽略所有边的方向后得到的无向图是连通的，则有向图是弱连通的）。因此我们可以使用下面的性质。

引理 4.5　设 G 为一个弱连通图，其中每个节点只有一条出向边，那么 G 包含且只包含一个环。

证明　此证明就留为一道习题。

例 4.4.2　每个节点只有一条出向边的图

图 4-3 显示了一个例子，其中的每个节点只有一条出向边。

我们对组件有向图 G' 使用引理 4.5，得到组件的唯一环。由构造 G' 的方法可知，在环中连续的边不应该有递增的权，所以这个环的长度不可能超过 2。所以这个环的长度只可能为 2。但这就对应一条边，即两个相邻组件的公共 MWOE。

在 SynchGHS 算法中，保持每一层的同步是很重要的。这需要保证当进程 i 试图确定候选边的另一个端点 j 是否在同一个组件中的时候，i 和 j 都有最新的组件 UID。如果观察到 j 的 UID 和 i 的 UID 不同，那么我们就会确定

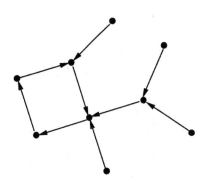

图 4-3　每个节点只有一条出向边的图，注意唯一的环

i 和 j 确实在不同的组件中，而不只是认为它们尚未从各自的领导者那里接收到组件的 UID。为了能保证每层同步运行，进程允许对每层有一个预先设定的轮数。为保证一轮中的所有计算都能够完成，这个轮数是 $O(n)$。注意，$O(diam)$ 不总是足够的。节点需要知道 n 的唯一原因就是需要计算轮数。（在 15.5 节中，当我们在异步网络环境中改写这个算法的时候，将使用一个不同的同步组件的策略）。

复杂度分析　首先注意到在每个 k 层组件的节点数至少为 2^k。这个可以用归纳法证明，因为在每一层中，每个组件都会至少和另一个同层的组件合并。所以，层数最多为 $\log n$。因为每层需要的时间为 $O(n)$，所以 SynchGHS 的时间复杂度就是 $O(n\log n)$。通信复杂度是 $O((n+|E|)\log n)$，因为在每层中，共有 $O(n)$ 条消息沿着树的所有边发送，而且需要 $O(|E|)$ 条额外消息来寻找局部最小权边。

减少通信　如果采用一种更加精细的策略来寻找局部最小权边，就有望将消息的数量减少到 $O(n+|E|\log n)$。这样的改进会导致时间复杂度增加，但是不会改变其数量级。其思想如下。

当一个进程发现它的邻接边的另一端点属于同一组件时，就将邻接边标记为"剔除"，之后，就不需要再测试它们。同样，在每一层中，剩余的候选边按权递增的顺序每次测试一个，直至找到组件的第一条出向边（或没有候选边）为止。

有了这样的改进，树的边上发送的消息数和以前一样，是 $O(n\log n)$。我们来逐步分析用于寻找局部最小权边的消息数。每条边最多被测试和被剔除一次，总共为 $O(|E|)$。一条边如果被测试并确定为局部最小权边，但不是整个组件的 MWOE，有可能还会被测试。然而，在每一轮的每一个节点上，这种情况最多发生一次，共有 $O(n\log n)$ 次。所以总的通信复杂

度为 $O(n\log n+|E|)$。

以上策略还有一个好处。因为每一节点都对其在 MST 中的和不在树中的邻接边进行了标记，所以不需要一个完成阶段来让领导者通知每一节点算法已经结束。每一节点仅仅输出其邻接边的信息。

边的权非唯一　现在还是考虑一个图中的 MST 问题，这个图中各边的权不必明确确定。在这种情况下，可对 SynchGHS 算法做一个小的修改。首先注意到 SynchGHS 算法只是对权进行 $\{<,=,>\}$ 的比较操作。

如果给定任意的边权，我们就可以利用 UID 得到一个独特的边标识符集合。边 (i,j) 的标识符是三元组 $(weight_{i,j}, v, v')$，其中 v 和 v' 是 i 和 j 的 UID，并且 $v<v'$（这样，(i,j) 和 (j,i) 有相同的边标识符）。在边标识符中，基于三元组的字典顺序来定义一个全序关系。

由于 SynchGHS 算法只对边进行了比较操作，因此我们可以用边的标识符来替代这些（实数值的）权。最后，SynchGHS 算法的运行结果，与它在一个符合同样顺序关系的权值确定的集合上的运行结果是一样的，故此生成一棵树。证明这棵树实际上就是原始图的一个 MST，这个任务留为一道习题。

领导者选举　对于一个基于无向图的网络来说，一旦一个 MST（或任一生成树）是已知的，那么给定 UID，就很容易选举一个领导者。也就是说，从叶节点开始沿着树的路径做聚播，每一个内部节点在向它的邻接节点发送消息前，等待其他所有邻接节点的消息。如果一个节点收到了它的所有邻接节点的消息，而自己没有发出任何消息，那么它声明自己是领导者。如果两个邻接节点在同一轮中都得到了对方的消息，那么它们之中 UID 大的那个宣布自己为领导者。这个领导者选举过程的总开销（建立 MST 之后）只需 $O(n)$ 的时间和 $O(n)$ 条消息。

把这和 MST 的复杂度分析相结合，我们可以看到，在一个无向带权图中，如果每个节点知道 n（而不是 $diam$），就可以在 $O(n\log n)$ 时间内，用 $O(n\log n+|E|)$ 次通信选出领导者。

4.5　最大独立集

本章考虑的最后一个问题是寻找一个无向图中节点的最大独立集（MIS）。如果一个节点集不包含相邻的节点，则称之为独立集；如果一个独立集不能通过加入任一其他节点来形成更大的独立集，则称之为最大独立集。注意，一个无向图可以有许多不同的最大独立集。我们并不需要所有可能的最大独立集中最大的一个——有任一个最大独立集就足够了。

MIS 的问题源自在网络的进程间分配共享资源的问题。图 G 中的邻接节点可能代表不能同时对共享资源进行某些操作（如数据存取或无线广播）的进程。我们可能希望选择一个集合，集合中的进程可以同时进行活动，为了避免冲突，这些进程应该由 G 中的一个独立集组成。另外，鉴于性能的考虑，如果一个进程没有活动的邻接节点，就没有必要阻塞这个进程，所以所选择的进程集应该是最大的。

4.5.1　问题

令 $G=(V,E)$ 是一个无向图。对于一个节点集合 $I\subseteq V$，如果所有的节点 $i\in I, j\in I$ 都满足 $(i,j)\notin E$，则称 I 为独立的。如果任何真包含 I 的集合 I' 都不是独立的，那么称独立集 I 为最大的。我们的目标就是计算 G 的最大独立集。更确切地说，下标在 I 中的每个进程最后都得输出 $winner$，即将其状态中一个特定的 $status$ 分量的值设置为 $winner$；任何下标不在 I 中的进程都应该输出 $loser$。

假定所有进程都知道节点的个数 n（也可以用 n 的一个上限）。我们并不假定 UID 必须存在。

4.5.2　随机化算法

不难证明，在一些图中，如果进程是确定的，则 MIS 问题得不到解决。其证明过程和定理 3.1 的证明过程相类似。在本节中，我们给出了一个简单的解决办法，使用随机化来打破这个确定性系统固有的限制。更精确地说，我们注意到随机化算法可以解决比上面所说的稍微弱一点的问题，该问题存在一个无法终止的概率（概率为 0）。我们根据这个算法的发明者 Luby 的名字将这个算法命名为 LubyMIS。

LubyMIS 算法基于以下的迭代方案，从所给的图 G 中选择一个任意的非空独立集，从图中删除这个集合中所有的节点和它们的邻接节点，重复这一过程。如果 W 是图中节点的一个子集，那么我们用 nbrs(W) 来表示 W 中节点的邻接节点集。

定义 graph 为一个记录，包含字段 nodes、edges 和 nbrs，初始值为原始图 G 中指定的组件。

令 I 为一个节点集，初始值为空。

while $graph.nodes \neq \phi$ do
    choose a nonempty set $I' \subseteq graph.nodes$ that is independent in $graph$
    $I := I \cup I'$
    $graph :=$ the induced subgraph$^{\ominus}$ of $graph$ on $graph.nodes - I' - graph.nbrs(I')$
end while

不难看出，这种方法能够输出最大独立集。它之所以是独立的，是因为在每一阶段，选择的集合 I' 是独立的，并且我们从剩下的图中明确去除那些放进 I 的节点的所有邻接节点。它之所以是最大的，是因为我们删除的仅仅是放进 I 的节点的邻接节点。

在一个分布式网络中实现这个方案的关键问题是如何在每次循环中选择 I'。这里就用到了随机化。在每个阶段，每个进程 i 按均匀分布在 $\{1, \cdots, n^4\}$ 中随机选择一个整数 val_i。用 n^4 作为边界的原因是它大得足以令图中的进程以高概率选择不同的值（我们在本书中不展开计算，建议你参考 Luby 的论文）。一旦进程选择了这些值，我们就定义 I' 由所有作为局部 winner 的节点 i 组成，也就是在 i 的所有的邻接节点 j 中，$val_i > val_j$。这显然就产生了一个独立集，因为两个邻接节点不可能同时选择比对方大的整数。

在这样的实现中，如果随机选择不巧的话，有可能集合 I' 在某些阶段是空的，这些阶段没有用，什么都不能完成。如果算法不会在到达某点之后无休止地在无用阶段运行，那么我们可以简单地忽略无用阶段并且断定 LubyMIS 可以按一般模式正确运行。但是在我们的分析中必须考虑这些无用阶段。算法如下。

LubyMIS 算法（非形式化）：

算法分 stages 运行，每个 stages 由三轮构成。

第 1 轮：在一个 stages 的第一轮中，各个进程都选择自己的 val，并把它们发送给自己的邻接节点。到第一轮的最后，当所有的 val 消息都被接收到时，那些 winner——在 I' 中的进程——将会知道自己是谁。

第 2 轮：在第二轮中，winner 通知它们的邻接节点。在第二轮的最后，那些 loser——

⊖ 在其节点的一个子集 W 上的图 G 的归纳子图被定义为子图 (W, E')，其中 E' 是 W 中连接节点的 G 的边的集合。

有邻接节点在 I' 中的进程——知道自己是谁。

第 3 轮：在第三轮中，每个 *loser* 通知它的邻接节点，然后所有相关进程——*winner*、*loser* 和 *loser* 的邻接节点——从图中删除与自己相关的节点和边。更精确地说，在这个阶段之后，*winner* 和 *loser* 不再参与以后的操作，*loser* 的邻接节点也删除所有与新删除节点相关的边。

我们现在在模型中更加形式化地讨论这个算法。正如在 2.7 节中所说的那样，每个进程都有一个特定的随机函数 $rand_i$，在每轮中它在应用 $msgs_i$ 和 $trans_i$ 函数之前使用该随机函数。这里我们使用 *random* 来表示按均匀分布从 $\{1,\cdots,n^4\}$ 中随机选择整数的过程。

LubyMIS 算法（形式化）：

***states_i*:**
$round \in \{1, 2, 3\}$, initially 1
$val \in \{1,\cdots, n^4\}$, initially arbitrary
awake, a Boolean, initially *true*
rem-nbrs, a set of vertices, initially the neighbors in the original graph G
$status \in \{unknown, winner, loser\}$, initially *unknown*

***rand_i*:**
if *awake* and $round = 1$ then $val := random$

***msgs_i*:**
if *awake* then
    case
        $round = 1$:
            send *val* to all nodes in *rem-nbrs*
        $round = 2$:
            if $status = winner$ then
            send *winner* to all nodes in *rem-nbrs*
        $round = 3$:
            if $status = loser$ then
            send *loser* to all nodes in *rem-nbrs*
    endcase

在以下代码中，我们按模 3 计数，用 0 来标识 3。

***trans_i*:**
if *awake* then
    case
        $round = 1$:
            if $val > v$ for all incoming values v then $status := winner$
        $round = 2$:
            if a *winner* message arrives then $status := loser$
        $round = 3$:
            if $status \in \{winner, loser\}$ then $awake := false$
            $rem\text{-}nbrs := rem\text{-}nbrs - \{j : $ a *loser* message arrives from $j\}$
    endcase
    $round := (round + 1 \bmod 3)$

注意，如果在某些阶段，某些相邻进程选择了相同的随机值，那么 LubyMIS 仍可以正确地运行。

4.5.3 分析 *

我们已经指出，如果 LubyMIS 算法不停滞在无用阶段中运行，它将会产生一个 MIS。

现在我们声明事实上这个算法不会停滞的概率为 1。更确切地说，我们声明在算法的任一阶段，预期从剩余的图中删除的边数，至少占剩下的总边数中一个不变的比例，也就是说有恒定的概率表明，至少会有占不变比例的一部分边被删除。因此，这意味着直到终止算法的期望运行轮数为 $O(\log n)$。它还表明这个算法的确会终止。

对 LubyMIS 算法的完整分析可以在 Luby 最初的论文中找到，论文中包含很多关于图的计数证明。我们只是列出主要的引理，但不给出证明，并指出怎样用它获得所需的结果。对下面的三个引理，我们固定 $G=(V,E)$，并且对于任意的节点 $i \in V$，定义

$$sum(i) = \sum_{j \in nbrs_i} \frac{1}{d(j)}$$

其中 $d(j)$ 是 j 在 G 中的度数。下面是引理：

引理 4.6 设 I' 是 LubyMIS 算法在某个阶段中的集合，那么对于图中的每个 i，在该阶段之前，

$$\Pr[i \in nbrs(I')] \geq \frac{1}{4} min\left(\frac{sum(i)}{2}, 1\right)$$

用引理 4.6，我们得到从图中删除边数的期望值的界限：

引理 4.7 在 LubyMIS 算法的一个阶段中，从 G 中删除边数的期望值至少是 $|E|/8$。

证明 算法保证那些至少有一个端点在 $nbrs(I')$ 中的边都会被删除。因此期望删除的边数至少为

$$\frac{1}{2} \sum_{i \in V} d(i) \cdot \Pr[i \in nbrs(I')]$$

这是因为每一个顶点 i 都有一个指定的概率表明其在 I' 中有一个邻接节点；如果确是如此，则删除 i，这会导致它的 $d(i)$ 条邻接边都被删除。引入因子 1/2 是考虑到被删除边有可能被重复计数而做的补偿，因为每条边的两个端点都可能导致它被删除。

接下来我们代入引理 4.6 中的界限，可得被删除边数的期望值至少为

$$\frac{1}{8} \sum_{i \in V} d(i) \cdot min\left(\frac{sum(i)}{2}, 1\right)$$

根据 min 中的最小项，分解上式，得

$$\frac{1}{8}\left(\frac{1}{2} \sum_{i:sum(i)<2} d(i) \cdot sum(i) + \sum_{i:sum(i)\geq 2} d(i)\right)$$

现在，我们扩展 $sum(i)$ 的定义并且把 $d(i)$ 写为和式，得到

$$\frac{1}{8}\left(\frac{1}{2} \sum_{i:sum(i)<2} \sum_{j \in nbrs_i} \frac{d(i)}{d(j)} + \sum_{i:sum(i)\geq 2} \sum_{j \in nbrs_i} 1\right)$$

注意，每一条无向边 (i, j) 都会产生扩号中的两个和式，一个方向一个和式；无论在哪种情况下，两个和式的和都将大于 1。所以总和至少为 $|E|/8$。

由引理 4.7 可以得到

引理 4.8 在 LubyMIS 的单个阶段中，从图 G 中删除的边数至少为 $|E|/16$ 的概率至少为 $1/16$。

根据引理 4.7 和引理 4.8，可得：

定理 4.9 算法 LubyMIS 最后终止运行，而且直至终止时的期望轮数为 $O(\log n)$ 的概率为 1。

随机化的算法 在分布式算法中经常用到随机化的方法，它的主要用途就是打破对称性。例如，在一般的图中，不具有 UID 的确定性进程不能解决领导者选举和 MIS 问题，原因在于无法打破对称性。这样的问题在使用随机化以后就可以解决。即使进程有 UID，使用随机化也可能更快地打破对称性。

但是，随机化算法的一个问题就是，它们只能以比较高的概率来保证正确性和 / 或性能，不能完全确定。在设计这样的算法时，重要的是应该保证算法的关键属性是确定的，而不是概率性的。举个例子，不管随机选择的输出是什么，LubyMIS 算法的每一个运行都保证产生一个独立集。然而，性能却依赖于随机选择的运气。甚至有一种（近乎于零的）概率使得所有的进程都会反复选择相同的值，这样程序就会永远停滞。这些是否属于算法的严重缺点取决于算法的具体应用。

4.6 参考文献注释

FloodMax 和 OptFloodMax 算法很早就产生了。Afek 和 Gafni[6] 研究了在完全同步网络系统中领导者选举问题的复杂度界限。SynchBFS 算法基于标准的串行广度优先搜索算法，如 [83] 中有这样的算法。BellmanFord 算法是串行算法的分布式版本，分别由 Bellman 和 Ford[43, 125] 提出。

SynchGHS 算法是著名的异步 MST 算法的并行版本（因此做了很大简化），由 Gallager、Humblet 和 Spira 提出。Luby[200] 的论文提出了 LubyMIS 算法和对该算法的分析。

[271] 给出了一个随机化算法（概率几乎为 0）运行的例子，其中进程总是做出相同的选择。

4.7 习题

4.1 详细证明 FloodMax 算法的正确性。

4.2 就 n 来讲，易于看出 FloodMax 算法中用到的消息数 $diam|E|$ 为 $O(n^3)$。构造一类有向图，使其中的 $diam|E|$ 为 $\Omega(n^3)$，或者证明这样的有向图不存在。

4.3 对于 OptFloodMax 算法，证明一个小于 $O(n^3)$ 的消息数的上限，或者给出一类有向图及其对应的 UID 赋值，使其中的消息数为 $\Omega(n^3)$。

4.4 对 4.1.3 节中的 OptFloodMax 算法做进一步优化，防止进程又向先前收到 *max-uid* 消息的进程发送相同的 *max-uid* 信息。

　　a）用本章的代码格式给出该算法的代码。

　　b）使用证明 OptFloodMax 算法正确性的模拟策略（在定理 4.2 的证明中），通过联系 OptFloodMax，证明算法的正确性。

4.5 a）写出 SynchBFS 算法的代码。

　　b）用不变式断言证明算法的正确性。

　　c）对有子节点指针的 SynchBFS 算法进行 a）和 b）操作。

　　d）对有子节点指针和完成构造通知的 SynchBFS 算法进行 a）和 b）操作。

4.6 考虑 4.2.2 节中描述的 SynchBFS 的优化版本，它防止进程向先前收到 *search* 消息的进程发送同样的消息。

　　a）给出算法的代码。

　　b）使用证明 OptFloodMax 算法正确性的模拟策略（在定理 4.2 的证明中），通过联系 SynchBFS，证明算法的正确性。

4.7 详细描述一个扩展的 SynchBFS 算法，它不仅产生子节点指针，而且产生从 BFS 树中的子节点到父节点的最短路径的信息。这些信息分布在路径上，使得路径上的每一进程知道路径上的下一进程。分析其时间和通信复杂度。

4.8 详细描述一个扩展的 SynchBFS 算法，它使得源进程 i_0 向其他所有进程广播消息，并得到所有进程已经收到消息的确认。算法用 $O(|E|)$ 条消息和 $O(diam)$ 的时间开销。可以假设网络是无向图。

4.9 对 4.2 节结尾的全局计算模式、选举领导者模式和计算直径模式，分析时间和通信复杂度，假设某些邻接节点之间允许单向通信。

4.10 给定一个强连通的有向图，其中进程具有 UID 但不知道进程数和网络直径，设计出所能想到的最高效的领导者选举算法。
a）假设每一对邻接节点之间的通信都是双向的，即网络是无向图，完成上述任务。
b）不做上面的假设，完成上述任务。
分析这个算法。

4.11 在进程拥有 UID 的强连通有向图中，设计所能想到的最高效的计算节点数的算法。
a）假设每一对邻接节点之间的通信都是双向的，即网络是无向图，完成上述任务。
b）不做上面的假设，完成上述任务。
分析这个算法。

4.12 在进程拥有 UID 的强连通的有向图中，设计所能想到的最高效的计算边数的算法。
a）假设每一对邻接节点之间的通信都是双向的，即网络是无向图，完成上述任务。
b）不做上面的假设，完成上述任务。
分析这个算法。

4.13 在任意无向图中设计一个所能想到的最高效的算法，确定具有最小高度的带根的生成树。假设进程具有 UID，但是没有独特的领导节点。

4.14 a）给出 BellmanFord 最短路径算法的代码。
b）利用不变式断言证明其正确性。

4.15 给出 SynchGHS 算法的代码。

4.16 证明引理 4.5。

4.17 在 SynchGHS 算法中，证明 $O(diam)$ 轮并不总是足以满足每一轮计算。

4.18 证明在用边标识符代替边权的 SynchGHS 版本中（在 4.4 节结尾处有描述），的确能够生成 MST。

4.19 研究性问题：设计一个最小生成树算法，使它的时间复杂度、通信复杂度或者这两者均好于 SynchGHS 算法。

4.20 给出 4.4 节最后聚播算法的代码，给定一个无向图网络的任意生成树，选出领导者。

4.21 对于在无向图网络中构造任意生成树的问题，给出最大的上限和最小的下限。假设进程有 UID，边没有权。仔细说明所用到的有关图的进程知识。

4.22 考虑一个线形网络，也就是 $1,\cdots,n$ 个进程的线性集合，其中每个进程和它的邻接节点双向连接。假设每一进程能区分它的左右邻接节点，并且知道它是否为端点。
假设每一进程 i 在初始时有一个很大的整数值 v_i，而且任意时刻只能在它的内存中保存常数个这样的值。设计一个算法在进程间对这些值排序，也就是说，每个进程返回一个输出值 o_i，其输出集合等价于输入集合，并且 $o_1 \leqslant \cdots \leqslant o_n$。依据消息数和轮数，设计所能想到的最有效的算法。证明你的结论。

4.23 在 4.5 节的假设条件下证明，如果进程是确定性的而不是概率性的，那么在有些图中不可能解决 MIS 问题。对你的不可能结果，找出满足它的最大的图类。

4.24 假设在一个大小为 n 的环网中执行 LubyMIS。估计在算法的一次循环中，将某一特定的边从图中删除的概率。

链路故障时的分布式一致性

在这一章和下面两章中，我们将要学习分布式网络中达成一致（reaching consensus）的问题。在这个问题中，网络中的每个进程最初都有特定类型的初始值，最终各个进程输出相同类型的值。输出值类型必须是相同的——各进程必须统一意见（agree）——虽然输入可以是任意的。对于每种输入模式，通常有一个有效性条件（validity condition）来描述允许的输出值。

当系统的组成部分不存在故障时，一致性问题很容易解决，用一些简单的消息交换就可以了。为了使得事情更有趣，我们一般在存在故障的环境中考虑这个问题。在这一章中，我们考虑存在通信故障时的基本一致性问题；在第 6 章中，我们将考虑进程故障。第 7 章中包括一些基本问题的变形，此时进程故障也是存在的。

在许多的分布式计算应用中都存在一致性问题。举个例子，各进程可能会试图就是否接受分布式数据库事务处理的结果达成一致意见；或者各进程可能试图就基于多个高度计的度数来对飞机高度进行估计，达成一致意见；或者各进程试图在给定不同进程给出的不同测试结果之后，就是否把一个系统组成部分确定为存在故障而达成一致。

在这一章我们提出的特殊的一致性问题叫作协同攻击问题（coordinated attack problem），这是在消息可能丢失的环境中达成一致的基本问题。首先我们给出一个针对确定性系统的不可能性结果，然后探索随机化解法的可能性。我们会证明该问题可以使用一个随机化算法来解决，但是有一定的出错概率，而且出现错误是不可避免的。

5.1 协同攻击问题——确定性版本

首先我们利用战场场景来给出一个非形式化的（事实上是含糊的）问题叙述。

几位将军想要从不同的方向对同一个目标发起协同攻击。他们知道取胜的唯一方法就是所有将军一起攻击；如果只是其中几位进行了攻击，那么他们的军队会被消灭。每个将军最初都会有一个做好的决定，即军队是否做好了进攻的准备。

将军们处在不同的地点。相邻的将军可以互相通信，但是只能靠通信兵步行传递消息。而通信兵有可能会迷失或者被捕，导致消息有可能会丢失。依靠这样不可靠的通信，将军们必须为是否要攻击达成一致。而且，如果有可能的话，他们就发动攻击。

（我们假设将军的"通信图"是无向连通图，所有的将军都知道这张图，并且假定一个通信兵成功传递消息的时间上限。）

如果所有的通信兵都是可靠的，那么将军可以派他们向其他所有将军传递消息（可能经过几站），告诉他们是否愿意进攻。在经过与"通信图"的直径相等的"轮"数后，所有的将军都会知道这个信息。那么他们可以用一个大家都同意的原则来决定是否攻击：比如，如果所有的将军都愿意发动攻击，就决定发动攻击。

在通信兵可能迷失的模型中，这个简单算法就不能采用了。其实，并不只是这个算法存在这种问题，我们将说明没有一个算法能够一直正确地解决这个问题。

上述问题背后的实际计算机科学问题是分布式数据库的提交问题。这个问题涉及那些参与数据库事务处理的进程集合。在事务处理之后，对要提交（即结果是永久性的且释放给其他事务使用）还是要取消处理结果（即丢弃结果），每个进程都会形成一个最初"意见"。如果一个进程中代表那个事务的所有局部计算成功完成，它可能会趋向于提交这个事务，否则趋向于取消事务。各进程会互相通信并且最终同意其中一个结果（提交或取消）。如果可能的话，结果应该是提交。

在证明这个不可能性结果之前，我们先来更形式化地叙述协同攻击问题并去除含糊的地方。我们考虑在一个任意的无向图网络中，有 n 个进程，其索引是 $1, \cdots, n$，并且所有的进程都知道整个图，包括进程的索引。每个进程在开始时，其指定的状态分量中有一个属于 $\{0, 1\}$ 的输入。我们用 1 来表示"进攻"或者提交，用 0 来表示"不进攻"或者取消。我们采用先前一直使用的同步模型，只是允许在运行过程中丢失任意数量的消息（见 2.2 节中的定义）。我们的目标在于让进程通过把特定 *decision* 状态分量设置为 0 或 1，最终输出一个属于 $\{0, 1\}$ 的决定。进程所做的决定必须满足三个条件：

一致性　没有两个进程决定出不同的值。

有效性

1）如果所有进程都以 0 开始，那么 0 是唯一可能的决定值。

2）如果所有进程都以 1 开始而且所有消息都成功传递，那么 1 是唯一可能的决定值。

终止性　所有进程最后都会做出决定。

其中一致性和终止性的条件都是很自然的，有效性的条件则只是一种可能——还存在其他几种可能。一般说来，有效性条件表明所有的决定值都应该是"合理的"。比如，在这种情况下，根据有效性条件的第 2）点，总是决定出 0 的协议就被排除了。我们上述的有效性条件是很弱的。举例来说，如果有一个进程以 1 开始，那么算法允许可以决定出 1，如果所有的进程都以 1 开始但是丢失了一个消息，那么算法可以决定出 0。由于本章重点放在不可能性结果上，因此这个弱表达式是适当的。其实，即使是这样的弱表达式也不可能在含有两个或者更多节点的图中解决。

我们来证明针对只有两个节点和连接这两个节点的一条边这种特殊情况的不可能性结果。我们把证明针对两个或者多于两个节点的情况的不可能性结果留为一道习题。在这个证明中，我们使用在第 2 章中给出的运行和不可区分性（~）的形式定义。

定理 5.1　令 G 是由节点 1、节点 2 和连接这两个节点的一条边组成的图，则不存在可以解决 G 上协同攻击问题的算法。

证明　采用反证法。假设存在一个解，如算法 A。不失一般性，我们可以假设对于每个进程，每个输入值只含于一个开始状态中。这意味着对于固定的输入赋值和固定的成功消息模式，系统只有一个运行与之对应。我们再假设在 A 中的每一轮中两个进程都发送消息，这是因为我们可以强迫它们发送虚拟（dummy）消息。

令 α 为当两个进程都从 1 开始，并且所有的消息都成功传递时所得到的运行。根据终止性要求，两个进程最终都做决定；又根据有效性条件的第 2）点，两个进程都决定出 1。假设两个进程都在 r 轮内做出决定。现在令 α_1 和 α 相同，但是在 r 轮后所有消息都丢失了。那么在 α_1 中，两个进程在 r 轮内还是决定出 1。α_1 中的通信模式见图 5-1，其中边表示传递的消息，发出但是没有传递的消息没有在图中画出。

从 α_1 开始，我们现在来构造一系列运行，每个运行与它在序列中的前一个运行对于一个进程是不可区分的。因此，这些运行必然决定出相同的值。

令 α_2 和 α_1 是一样的运行，只是进程 1 向进程 2 发送的最后一个（第 r 轮）消息没有传递到（见图 5-2）。那么在 α_1 和 α_2 中，虽然在 r 轮以后进程 2 的状态可能不同，但是这种不同与进程 1 无关，所以 $\alpha_1 \overset{1}{\sim} \alpha_2$。进程 1 在 α_1 中决定出 1，它在 α_2 中还是决定出 1。根据终止性和一致性，在 α_2 中进程 2（最后）也决定出 1。

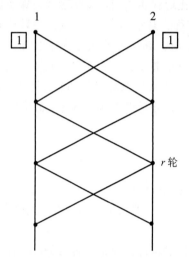

图 5-1　运行 α_1 中的消息交换模式　　　　图 5-2　运行 α_2 中的消息交换模式

下一步，让 α_3 和 α_2 相同，只是最后从进程 2 发送到进程 1 的消息丢失了。因为 $\alpha_2 \overset{2}{\sim} \alpha_3$，在 α_3 中进程 2 决定出 1，所以根据终止性和一致性，进程 1 也决定出 1。

继续这个过程，我们交替去掉从进程 1 发送给进程 2 的最后一条消息，最后可以得到一个运行 α'，两个进程都由 1 开始但是没有消息发送。就像上述原因，两个进程都决定出 1。

现在我们考虑运行 α''，其中进程 1 是从 1 开始的，进程 2 是从 0 开始的，而且没有消息传递。那么 $\alpha_1'' \overset{1}{\sim} \alpha_2'$，所以进程 1 在 α'' 中还是决定出 1，根据终止性和一致性，进程 2 也决定出 1。但是 $\alpha'' \overset{2}{\sim} \alpha'''$，其中 α''' 是两个进程都由 0 开始并且没有消息传递的运行。所以进程 2 在 α''' 中决定出 1。但这就产生了矛盾，因为有效性的第 1）点说明，在 α''' 中两个进程都决定出 0。

定理 5.1 描述了分布式网络能力的一个基本限制。我们对解决诸如不可靠通信的分布式数据库提交问题等基本一致性问题能做的努力很少。但是在实际系统中这个问题的某些版本必须解决。为了能够突破定理 5.1 的限制，我们有必要加强模型或者放松问题的要求。

一种方法是在保持进程确定性的同时，对消息丢失做某些概率性假设。然后，我们必须允许以一定概率来违反一致性和有效性条件。我们把这种环境中的算法设计留为一道习题。第二种方法是允许进程使用随机化，并且允许以一定概率来违反一致性和有效性条件。我们将在 5.2 节中讨论这种方法。

5.2　协同攻击问题——随机化版本

在这一节中，我们考虑在进程可被随机化的前提下的协同攻击问题。与上一节中一样，

我们考虑一个包含 n 个进程的、任意的、已知的无向图网络。每个进程在开始时，在其特定的状态分量中有一个属于 $\{0, 1\}$ 的输入。我们假设对于每个进程，每个输入值只含于一个开始状态中。在本节中，我们还假设协议在固定的 r 轮内终止，$r \geq 1$，准确点说，在 r 轮结束以后，每个进程都通过把其特定 *decision* 状态分量设置为 0 或 1，来输出一个属于 $\{0, 1\}$ 的决定。我们假设在第 k 轮中消息沿着各条边发送，$1 \leq k \leq r$，而且可能有任意数量的消息丢失。

目标还是像以前那样，只是我们弱化了问题的叙述，允许出现错误。也就是说，我们还是保持以前的有效性条件，只是弱化一致性条件，允许以小概率 ε 发生不一致。我们根据轮数 r 来得到 ε 的可取值的上限和下限结果，你将会看到 ε 的这个可取值并不小。

5.2.1 形式化模型

为了将问题形式化，我们必须搞清楚概率性声明的意义——这里的情况比在 4.5 节中讲到的 MIS 问题的情况还要复杂。复杂性在于产生的运行不仅依赖于随机化选择的结果，还依赖于丢失的消息是哪些。我们并不假定丢失的消息也是随机确定的，而是想象它们由"对手"确定，这些对手试图给算法增加尽可能大的难度。我们通过考虑在所有可能对手上的最坏情况时的行为来评估算法。

通信模式的形式化定义为以下集合的任一子集：

$$\{(i, j, k) : (i, j) \text{ 是图中的一条边，且 } 1 \leq k\}。$$

如果对于每个 $(i, j, k) \in \gamma$，都有 $k \leq r$，则通信模式 γ 被定义为良好的（该概念只适用于本章，在第 6 章中我们将使用另一个"良好性"的概念）。一个良好的通信模式代表了在某个运行中被传递的消息的集合：如果 (i, j, k) 在通信模式中，就表示一个在第 k 轮从 i 发送到 j 的消息被成功传递了。

我们在这里用的"对手"的概念是以下两种情况之一：

1）一个赋给所有进程的输入值。

2）一个良好的通信模式。

对于任意的对手，进程所做的任意一组随机选择就决定了一个唯一的运行。所以对任一特定对手，进程所做的随机选择导致了运行集合上的一个概率分布。利用这个概率分布，我们可以表达诸如所有进程达成一致等事件的概率。为了强调对手的作用，我们用记号 Pr^B 来表示由给定对手 B 产生的概率函数。

现在，我们在这种概率化环境中重新叙述协同攻击问题，其中用到了参数 ε，$0 \leq \varepsilon \leq 1$。

一致性 对于任一对手 B，$\mathrm{Pr}^B[\,$ 某些进程决定出 0 而某些进程决定出 1$\,] \leq \varepsilon$。

有效性 和前面一样。

我们并没有要求终止性条件，因为我们已经假设了所有的进程都在 r 轮之内做出决定。我们的目标就是找到一个算法使它有最小的 ε 值，并且证明不会有更小的 ε。

5.2.2 算法

为了简单，在这一节和下一小节中，我们将注意力集中在拥有 n 节点的完全图的特殊情况。把任意图的情况留为一道习题。对于这种特殊情况，我们提供一种简单的算法，其 ε 为 $1/r$。

这个算法的前提是进程知道彼此的初值以及初值的相关内容等。我们需要一些定义来捕捉这些内容。

首先，对任意通信模式 γ，我们定义一个 (i, k) 对上的自反的偏序关系 $\leqslant_\gamma$，其中 i 是进程索引，k 是时间，$0 \leqslant k$（回忆第 2 章中，时间 k 是指在运行中，经过 k 轮后到达的一点）。这种偏序代表了在不同时刻、不同处理器之间的信息流。我们定义其关系如下：

1）对所有的 $i (1 \leqslant i \leqslant n)$ 和所有的 k、$k' (0 \leqslant k \leqslant k')$，有 $(i, k) \leqslant_\gamma (i, k')$。

2）若 $(i, j, k) \in \gamma$，则 $(i, k-1) \leqslant_\gamma (j, k)$。

3）若 $(i, k) \leqslant_\gamma (i', k')$ 且 $(i', k') \leqslant_\gamma (i'', k'')$，则 $(i, k) \leqslant_\gamma (i'', k'')$。

第 1）种情况描述了在同一个进程中的信息流。第 2）种情况描述了从消息的发送者到接收者的信息流。第 3）种情况采取了一个传递闭包。相似的信息流思想会在本书的后面几章中讲到，如在第 14、16、18 和 19 章。

现在对任意良好的通信模式 γ，我们递归地定义在任意时间 k 的任一进程 i 的信息等级 $level_\gamma(i, k)$，其中 $0 \leqslant k \leqslant r$。这里分三种情况：

1）$k=0$：定义 $level_\gamma(i, k)$ 为 0。

2）$k > 0$ 且存在某个 $j \neq i$ 使得 $(j, 0) \not\leqslant_\gamma (i, k)$ 不成立：定义 $level_\gamma(i, k)$ 为 0。

3）$k > 0$ 且对于任意 $j \neq i$，$(j, 0) \leqslant_\gamma (i, k)$。

对于每个 $j \neq i$，令 l_j 代表 $\max\{level_\gamma(j, k'): (j, k') \leqslant_\gamma (i, k)\}$。

（这是 i 知道的 j 达到的最大等级）。注意对于所有 j，有 $0 \leqslant l_j \leqslant k-1$。定义 $level_\gamma(i, k)$ 为 $1+\min\{l_j: j \neq i\}$。

换句话说，每一个进程从 0 级开始，当它收到其他所有进程的消息后，就进入等级 1。当它知道所有其他的进程都已经到了 1，那么它就进入 2，依此类推。如果 B 是通信模式 γ 的一个对手，我们有时用 $level_B(i, k)$ 来表示 $level_\gamma(i, k)$。

例 5.2.1 信息级别

设 $n=2$ 和 $r=6$。令 γ 为良好的通信模式，它由以下三元组组成：

$(1, 2, 1)$，$(1, 2, 2)$，$(2, 1, 2)$，$(1, 2, 3)$，$(2, 1, 4)$，$(1, 2, 5)$，$(2, 1, 5)$，$(1, 2, 6)$。

通信模式 γ 见图 5-3。在时间 k，$0 \leqslant k \leqslant 6$，进程 1 和 2 的信息级别见图中标号。

以下的引理说明不同进程的信息级别的差不会超过 1。

引理 5.2 对于任一良好的通信模式 γ 和 k（$0 \leqslant k \leqslant r$），以及任意的 i 和 j，有 $|level_\gamma(i, k)-level_\gamma(j, k)| \leqslant 1$。

证明 此证明留为一道习题。

接下来的引理说明，在所有的信息都传递成功的情况下，信息级别等于轮数。

引理 5.3 如果 γ 是一个由所有 (i, j, k)（其中 $1 \leqslant k \leqslant r$）组成的"完整"通信模式，那么对于所有 i 和 k，有 $level_\gamma(i, k)=k$。

证明 此证明留为一道习题。

随机攻击算法（RandomAttack）的思想如下：

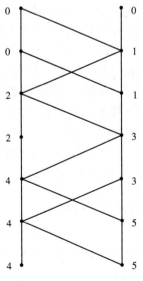

图 5-3 良好的通信模式

RandomAttack 算法（非形式化）：

每个进程 i 都根据在运行中产生的通信模式，明确地把自己的级别保存在变量 $level$ 中。进程 1 从 $[1, r]$ 中选择一个随机的整数 key 值，这个值附于所有消息中。另外，所有进程的初值也附于所有消息中。

在 r 轮之后，如果每个进程计算出来的 $level$ 值都不小于 key，且它知道所有进程的初值都是 1，那么它决定出 1。

RandomAttack 算法（形式化）：

消息表由形如 (L, V, k) 的三元组组成，其中 L 是一个向量，负责将 $[0, r]$ 中的整数赋值给每个进程索引，V 是一个向量，负责将 $\{0, 1, undefined\}$ 中的值赋值给每个进程索引，k 要么是 $[1, r]$ 中的一个整数，要么是 $undefined$（未定义）。

> $states_i$:
> $rounds \in \mathbb{N}$, initially 0
> $decision \in \{unknown, 0, 1\}$, initially $unknown$
> $key \in [1, r] \cup undefined$, initially $undefined$
> for every j, $1 \le j \le n$:
> $val(j) \in \{0, 1, undefined\}$; initially $val(i)$ is i's initial value and
> $val(j) = undefined$ for all $j \ne i$
> $level(j) \in [-1, r]$; initially $level(i) = 0$ and $level(j) = -1$ for all $j \ne i$

变量 $level(j)$ 用来记录已被进程 i 所知（通过消息链）的进程 j 的最大等级。对于 $j \ne i$，在 i 接收到来自 j 中的消息前，$level(j)$ 的默认值为 -1。在随机化函数 $rand_i$ 中，随机表示使用均匀分布从 $[1, r]$ 中随机选出一个整数。

> $rand_i$:
> if $i = 1$ and $rounds = 0$ then $key := random$

> $msgs_i$:
> send (L, V, key) to all j, where L is the $level$ vector and V is the val vector

> $trans_i$:
> $rounds := rounds + 1$
> let (L_j, V_j, k_j) be the message from j, for each j from which a message arrives
> if, for some j, $k_j \ne undefined$ then $key := k_j$
> for all $j \ne i$ do
>   if, for some i', $V_{i'}(j) \ne undefined$ then $val(j) := V_{i'}(j)$
>   if, for some i', $L_{i'}(j) > level(j)$ then $level(j) := \max_{i'}\{L_{i'}(j)\}$
> $level(i) := 1 + \min\{level(j) : j \ne i\}$
> if $rounds = r$ then
>   if $key \ne undefined$ and $level(i) \ge key$ and $val(j) = 1$ for all j then
> $decision := 1$
>   else $decision := 0$

在第一段代码中，第三行用来设置 key 分量。对 key 设置多次并不要紧，因为所有通过的 key 值都是一样的。第五行为不等于 i 的进程 j 设置 val 分量，同样不会有赋值冲突。第七行为不等于 i 的进程 j 更新 $level$ 分量，目的在于包含 i 知道的其他进程的最大级别。在第二段代码中，i 更新自己的 $level$ 分量，设置成比 i 所知的其他进程的最小级别大一级。最后，如果这是在最后的第 r 轮，那么 i 根据前面所说的原则做出决定。

定理 5.4 RandomAttack 算法是 $\varepsilon = 1/r$ 时的协同攻击问题的随机化版本。

证明 证明这个定理的关键是证明算法能够正确地计算 *level*。换言之，在 RandomAttack 算法的任意运行中，在良好的通信模式 γ 下，对于任意 k（$0 \le k \le r$）和任意 i，在 k 轮以后，$level(i)_i$ 的值等于 $level_\gamma(i, k)$。同样，在 k 轮以后，如果 $level(i)_i \ge 1$，那么 key_i 已被定义；对于所有 j，$val(j)_i$ 也已被定义。而且，它们的值分别和进程 1 所选择的实际 *key* 值以及实际初始值相等。

RandomAttack 算法的终止性是很明显的。对于有效性来说，如果所有的进程都有初始值 0，那么很明显决定值只可能是 0。现在假设所有进程以 1 开始，而且所有的消息都被传递了。那么引理 5.3 和算法能够正确计算级别的事实就意味着对于任意 i，在做出决定的第 r 轮，$level(i)_i = r$。因为 $level(i)_i = r \ge 1$，所以 key_i 已被定义；对于所有 j，$val(j)_i$ 也已被定义。因为所有可能的 *key* 的值小于等于 r，所以 1 是唯一可能的决定值。

最后，我们考虑一致性。令 B 为任意对手，我们证明

$$\Pr^B[\text{某些进程决定出 0 且某些进程决定出 1}] \le \varepsilon。$$

对于每个 i，令 l_i 代表当进程 i（在 r 轮内）做决定时的 $level(i)_i$ 值。那么引理 5.2 意味着所有的 l_i 值都是相差不超过 1 的。如果选择的 *key* 值严格大于 $\max\{l_i\}$，或者某些进程初值为 0，那么所有进程都决定出 0。另一方面，如果 $key \le \min\{l_i\}$，且所有进程初值为 1，那么所有进程都决定出 1。所以只有当 $key = \max\{l_i\}$ 时才可能出现不一致，这种情况的概率为 $\varepsilon = 1/r$，因为 $\max\{l_i\}$ 是由对手 B 决定的，而且 *key* 在 $[0, r]$ 中均匀分布。

例 5.2.2   RandomAttack 算法的行为

考虑当 $n = 2$ 和 $r = 6$ 时的情况。假设对手 B 为两个进程提供了输入 1，并且具有例题 5.2.1 中的良好通信模式 γ。令 $\varepsilon = 1/6$。定理 5.4 说明对手 B 的不一致概率最多为 ε。事实上，这个概率正好是 ε：如果进程 1 所选择的 *key* 值为 5，那么进程 1 决定出 0 而进程 2 决定出 1；如果 $key \le 4$，那么两个进程都决定出 1；如果 $key = 6$，那么两个进程都决定出 0。

另一方面，如果对手 B 提供了其他输入组合和通信模式 γ，那么不一致的概率为 0，因为两个进程都决定出 0。

使用定理 5.4 的证明中的思想，我们可以看出 RandomAttack 相比我们原来的声明具有更强的有效性条件。也就是说：

有效性：

1）如果任意进程以 0 为初值，那么 0 是唯一可能的决定值。

2）对于所有初值都为 1 的任意对手 B，

$$\Pr^B[\text{所有进程决定出 1}] \ge l\varepsilon$$

其中 l 是在 r 轮时 B 中的任意进程的最小等级。

性质 2）对于某些应用来说是很有用的，如分布式数据库的提交，这样的环境中人们希望有肯定结果。举个例子，如果只有一个消息丢失了，那么协同攻击的概率保证很高，至少有 $(r-1)/r$。RandomAttack 算法能够满足更强的有效性条件，其证明留为一道简单的习题。

5.2.3   不一致的下限

本节我们来证明不存在下限比定理 5.4 给出的下限更好（回想在上一节我们仅考虑了含 n 个节点的完全图）。

定理 5.5 任何解决随机化协同攻击问题的 r 轮算法，其不一致概率至少为 $1/(r+1)$。

在这一节剩下的部分中，我们假设有一个 r 轮算法 A，它以 ε 的不一致概率解决了 n 个节点的完全图中的协同攻击问题。我们来证明 $\varepsilon \geqslant 1/(r+1)$。

为了证明这个定理，我们先给出一些定义。令 B 是任意对手，γ 是它的通信模式，i 是任意进程，我们定义另一个对手 $prune(B, i)$，它"裁剪" i 在 B 中没有收到的信息。$B' = prune(B, i)$，定义如下：

1）如果 $(j, 0) \leqslant_\gamma (i, r)$，那么 j 在 B' 中的输入和在 B 中的输入是相同的，否则为 0。

2）如果 (j, j', k) 在 B 的通信模式中且 $(j', k) \leqslant_\gamma (i, r)$，那么 (j, j', k) 就在 B' 的通信模式中。

这就是说，对手 B' 包括了 B 中 i 知道的所有消息，但是没有其他的，而且 B' 指出，所有 B 中 i 不知道的输入都为 0。下面的引理说明对手裁剪版本便足以确定输出的概率分布。

引理 5.6 如果 B 和 B' 是两个对手，i 是一个进程，而且 $prune(B, i) = prune(B', i)$，那么 $\Pr^B[i$ 决定出 $1] = \Pr^{B'}[i$ 决定出 $1]$。

证明 此证明留为一道习题。

定理 5.5 的证明依赖于以下引理。

引理 5.7 令 B 为所有初值都为 1 的任意对手，i 是任意进程，那么有

$$\Pr^B[i \text{ 决定出 } 1] \leqslant \varepsilon(level_B(i, r) + 1)$$

证明 对 $level_B(i, r)$ 做归纳。

基础 设 $level_B(i, r) = 0$，定义 $B' = prune(B, i)$，那么有 $prune(B', i) = B' = prune(B, i)$，所以由引理 5.6，

$$\Pr^B[i \text{ 决定出 } 1] = \Pr^{B'}[i \text{ 决定出 } 1] \tag{5-1}$$

因为 $level_B(i, r) = 0$，所以一定存在某个进程 j（$j \neq i$），使得 $(j, 0) \leqslant_\gamma (i, r)$ 不成立，其中 γ 是 B 的通信模式。那么 B' 就规定了 j 的初值为 0，而且它的通信模式不包含接收者为 j 的消息。因此 $prune(B', j)$ 是所有初值为 0 且通信模式中没有消息的对手。令 B'' 来代表这个对手，那么 $prune(B'', j) = B'' = prune(B', j)$，所以由引理 5.6 得

$$\Pr^{B'}[j \text{ 决定出 } 1] = \Pr^{B''}[j \text{ 决定出 } 1]$$

根据有效性条件

$$\Pr^{B''}[j \text{ 决定出 } 1] = 0$$

所以

$$\Pr^{B'}[j \text{ 决定出 } 1] = 0$$

但是因为不一致概率最多为 ε，所以有

$$|\Pr^{B'}[i \text{ 决定出 } 1] - \Pr^{B'}[j \text{ 决定出 } 1]| \leqslant \varepsilon$$

所以

$$\Pr^{B'}[i \text{ 决定出 } 1] \leqslant \varepsilon$$

由式（5-1）得到

$$\mathrm{Pr}^B [i \text{ 决定出 } 1] \leqslant \varepsilon$$

得证。

归纳步：设 $level_B(i, r)=l >0$，并设引理对小于 1 的所有等级都成立。定义 $B'=prune\,(B, i)$。那么引理 5.6 意味着

$$\mathrm{Pr}^B[i \text{ 决定出 } 1]=\mathrm{Pr}^{B'}[i \text{ 决定出 } 1] \tag{5-2}$$

因为 $level_B(i, r)=l$，所以由 $level$ 的定义可知，一定有某个进程 j 使得 $level_B(j, r) \leqslant l-1$。由归纳假设得到

$$\mathrm{Pr}^{B'}[j \text{ 决定出 } 1] \leqslant \varepsilon(level_{B'}(j, r)+1) \leqslant \varepsilon l$$

但是因为存在一个最大不一致概率 ε，我们有

$$|\mathrm{Pr}^{B'}[i \text{ 决定出 } 1]-\mathrm{Pr}^{B'}[j \text{ 决定出 } 1]| \leqslant \varepsilon$$

所以

$$\mathrm{Pr}^{B'}[i \text{ 决定出 } 1] \leqslant \varepsilon(l+1)$$

由式 (5-2) 可得

$$\mathrm{Pr}^B[i \text{ 决定出 } 1] \leqslant \varepsilon(l+1)$$

得证。

现在我们可以证明定理了。

（定理 5.5 的）证明　令 B 为所有输入都是 1 且没有消息丢失的对手。所有进程都决定出 1 的最大概率不大于其中任意进程决定出 1 的概率。如引理 5.7 所说，最多为 $\varepsilon(level_B(i, r)+1) \leqslant \varepsilon(r+1)$，但是得满足有效性条件，在这个对手 B 产生的运行中所有的进程都必须决定出 1，所以所有进程决定出 1 的概率为 1。这意味着 $\varepsilon(r+1) \geqslant 1$，也就是 $\varepsilon \geqslant 1/r+1$，得证。

5.3   参考文献注释

协同攻击问题是由 Gray[142] 提出来的，目的是表示分布式数据库的提交问题。该问题的确定性版本的不可能性结果也归功于 Gray[142]，随机化版本协同攻击问题的结论来自 Varghese 和 Lynch[281]。

5.4   习题

5.1 证明：对任意非平凡连接图中（确定性版本）协同攻击问题存在一个解法，意味着在包括两个节点和一条连接它们的边的简单图中，也存在一个解法。（因此，协同攻击问题在任何非平凡图中都是不可解决的。）

5.2 考虑以下（确定性版本）协同攻击问题的变形。假设网络是含 n 个节点（$n>2$）的完全图，终止性和有效性要求和 5.1 节一样。但是一致性要求削弱为：如果任意进程决定出 1，那么至少有两个进程决定出 1。（即我们排除一个将军单独进攻的情况，允许两个或更多将军一起进攻。）这个问题是否可解？给出证明。

5.3 对两个进程用一条边连起来的简单情况，考虑有链路故障时的协同攻击问题。假设进程是确定性的，但消息系统是概率性的。每条消息都有一个独立的成功传递的概率 p，$0<p<1$。（和往常一样，在每轮中我们只允许进程发送一条消息。）

在这种情况下，设计一个算法，它在固定轮数 r 内终止，最大的不一致概率是 ε，同样，违反有效性条件的概率也是 ε。尽量得到最小的 ε。

5.4 在上题描述的环境中，证明可以得到的 ε 的下限。

5.5 证明引理 5.2。

5.6 证明引理 5.3。

5.7 详细证明定理 5.4 的证明过程中的第一个论断，即 RandomAttack 算法正确地计算 level 值，并正确传递初始值和 key 值。

5.8 对 RandomAttack 问题，证明 5.2.2 节末尾给出的更强的有效性。即证明以下两点。

　　a）如果任意一个进程以 0 为初始值，那么 0 是唯一可能的决定值。

　　b）对初始值是 1 的任意对手 B，$\Pr^B$[所有进程决定出 1] $\geqslant l\varepsilon$，其中 l 是 B 中任意进程在时间 r 的最小等级。

5.9 扩展协同攻击问题的随机化版本，使其允许以 ε 的概率违反有效性条件和一致性条件。根据修改后的问题描述调整 RandomAttack 算法，使其得到尽可能小的 ε。做相应分析。

5.10 把 RandomAttack 算法扩展到任意的无向图（不一定是完全图）中，并做分析。

5.11 证明引理 5.6。

5.12 把定理 5.5 的下限结论扩展到任意的无向图（不一定是完全图）中。

5.13 如果对手决定的通信模式并不像我们假设的那样是预先确定的，而是在线确定的，那么本章中随机化环境中的结论将会怎样？精确点说，就是对手在决定某一个第 k 轮传递消息之前，可以检查 k 轮之前所有的运行。

　　a）在有任意的在线对手的情况下，RandomAttack 算法可以保证的不一致界限 ε 是什么？

　　b）对于能得到的 ε 的值，你能证明它的下限吗？

进程故障下的分布式一致性

在这一章中，我们继续学习在第 5 章提出的同步模型中的一致性问题。这次我们来考虑进程故障而不是链路故障的情况。当然，讨论物理"处理器"的故障比逻辑"进程"的故障更有道理，但是为了保持本书中的术语一致性，我们就用进程这个词。我们研究两种故障模型：停止故障模型（进程会在没有警告的前提下停止）和 Byzantine 故障模型（故障进程可能会出现各种各样的无法预测的错误）。停止故障模型可以用来表示不可预测的进程崩溃；Byzantine 故障模型可以用来表示任意类型的处理器功能紊乱，如处理器中单个组件的故障。

Byzantine 这个术语最初在 Lamport、Pease 和 Shostak 的一篇论文中用作描述故障类型，这篇论文利用 Byzantine 将军对一致性问题做形式化。就像第 5 章中的协同攻击问题，Byzantine 将军们想就是否应该发起进攻达成一致。这次不用担心消息会丢失，但要注意某些将军可能的叛国行为。Byzantine 可以作为双关语——在古代 Byzantium 帝国的战场中，某些叛变的将军的行为也被称为 Byzantine。

在本章考虑的我们称之为一致性问题（agreement problem）的特定一致性问题中，进程的初始输入都来自一个特定的值集合 V。所有的无故障进程都被要求从同一个值集合 V 中产生输出，并且符合简单的一致性和有效性条件（对于有效性来说，我们假设所有的进程都是以相同的值 v 开始的，那么唯一允许的决定值也是 v）。

一致性问题是最初开发飞机控制系统时产生的问题的一个简化版本。在这个问题中，有一个处理器的集合，每个处理器都可以访问一个分离的高度计，其中一些可能发生故障，这些处理器试图就飞机的高度达成一致。Byzantine 一致性算法已经被加到容错的多处理器系统的硬件中，其中少数处理器执行相同的计算，就每一步的结果达成一致，这种冗余可使处理器忍受一个处理器的（Byzantine）故障。Byzantine 一致性算法在处理器故障诊断中也很有用，可以使处理器集合就哪些处理器发生了故障达成一致（应该替换或者忽略这些处理器）。

在两种故障模型中，我们需要对进程故障发生频率的界限做出假设。怎样来表达这样的界限呢？在其他对有处理器故障的系统的分析中，这些限制总是以控制故障发生的概率分布的形式出现。在这里，我们不用概率的形式，而是简单地预设一个故障数的上限为一个确定的数字 f。这是一个比较简单的假设，这样就可以避免讨论复杂的故障发生概率了。在实践中，这个假设可以是实际的，因为不大可能会有超过 f 个故障发生。但是我们必须记住这个假设是有问题的，在大部分的实践中，如果故障的数目已经很大，那么很有可能会发生更多的故障。对故障数目的假设意味着故障是负相关的（negatively correlated），但是故障往往是相互独立或者正相关的。

在定义了一致性问题后，我们将对停止故障和 Byzantine 故障给出一系列算法。然后证明解决 Byzantine 故障所需要的进程数目的下限和解决每种故障类型所需要的轮数的下限。

6.1 问题

我们假设网络是一个由 n 个节点组成的无向连通图，各节点分别代表进程 $1, \cdots, n$，而且每个进程都知道整张图。每个进程开始时都有一个来自固定集合 V 的输入值，放在指定的状态分量中。我们假设对于每个进程来说，每个开始状态只包含一个输入值。所有进程旨在通过把 *decision* 状态分量设置为 V 中的值，最终输出集合 V 中的决定值。我们使用与第 3～5 章中相同的同步模型，只是这次我们允许其中有限数目（最多为 f）的进程发生故障。在本章中，我们假设所有的链路都是极可靠的——所有发送的消息都能被传递。我们来考虑两种不同的进程故障：停止故障和 Byzantine 故障。

在停止故障模型中，在算法执行的任意一点上，进程都有可能停止。特别地，进程有可能在发送消息的过程中停止。也就是说，在进程停止的时候，进程应当发送的消息中只有一部分被实际发送了。在这种情况下，我们假设消息的任何子集都有可能被发送。一个进程有可能在某一轮消息发送完，但是还没有进行那一轮的状态转换时停止。

对于停止故障模型，一致性问题的正确性条件是：

一致性 没有两个进程会决定出不同的值。

有效性 如果所有的进程都是从相同的初始值 $v \in V$ 开始的，那么 v 就是唯一可能的决定值。

终止性 所有无故障的进程最后都要做出决定。

在 Byzantine 故障模型中，一个进程故障不仅表现为停止，还有可能出现任意的行为。也就是说，它可能会从任意一个状态启动，而不是从它的开始状态之一启动；有可能发送任意的消息，而不是发送由消息函数规定的那些消息；还有可能表现出任意的状态转换，而不像转换函数规定的那样。（作为技术上的一个方便的特例，我们允许 Byzantine 进程的行为可能完全正常。）唯一的对故障进程的行为的限制是它只能影响它能够控制的系统组件，也就是它自己发出的消息和它自己的状态。比如，它不能破坏另一个进程的状态，修改或者替换另一个进程的消息。

对于 Byzantine 故障模型，一致性和有效性条件和停止故障模型稍微有点不同：

一致性 没有两个无故障进程会决定出不同的值。

有效性 如果所有无故障进程都以相同的初始值 $v \in V$ 开始，那么对于无故障进程来说，v 就是唯一可能的决定值。

终止性 这个条件与以前的相同。

上述修改过的条件反映了在 Byzantine 模型中，不可能对故障进程如何开始和做出什么决定施加限制。我们把对于 Byzantine 故障模型的一致性问题称为 Byzantine 一致性问题。

停止故障和 Byzantine 故障一致性问题之间的关系 不能说能够解决 Byzantine 一致性问题的算法就一定能够自动解决停止故障的一致性问题。区别在于，在停止模型中，我们要求所有做出决定的进程都必须达到一致，即使那些随后发生故障的进程也必须一致。如果停止故障模型的一致性条件被 Byzantine 故障的一致性条件代替，那么这个可以满足。或者，如果在 Byzantine 算法中所有无故障进程都在相同的轮上做出决定，那么算法也对停止故障适用。其证明留为习题。

停止故障的更强有效性条件 另一个有时会用到的停止故障模型的有效性条件如下所述：

有效性 任何进程的决定值都是某个进程的初始值。

容易看出，这个条件隐含着我们已经描述过的有效性条件。在第 7 章对一致性问题的扩展中，我们会在定义 k 一致性问题时用到这个强化的条件。在这一章中，我们用所给出的弱一点的条件，这样会稍稍减弱算法的结论，并且会稍稍加强不可能性结果。对于这一章的算法，我们会指出它们是否能够满足这个加强的有效性条件。

复杂度　对于时间复杂度，我们会计算直到所有无故障进程都做出决定时经过的轮数。对于通信复杂度，我们会计算消息的数目和通信的位数。在停止模型中，我们的计算基于所有进程发送的消息进行。在 Byzantine 模型中，我们仅仅基于无故障进程发送的消息。因为在 Byzantine 模型中，没有办法对故障进程的通信加以限制。

6.2　针对停止故障的算法

在这一节中，我们在特殊的 n 节点完全图中，给出针对停止故障模型的一致性算法。我们从一个基本算法开始，在这个算法中每一个进程只是重复地广播它所见到的所有值。我们将继续看到这个基本算法的一些更低复杂度的版本。最后我们给出一个使用了一种叫作指数信息收集（Exponential Information Gathering，EIG）策略的算法。EIG 算法虽然花销大而且有点复杂，但是可以扩展到表现更差的故障模型中。

约定　在本节和下节中，我们用 v_0 来表示输入集合 V 中的一个默认值。将表示 V 中任意值所需的位数的上界定义为 b。

6.2.1　基本算法

对于停止故障的一致性问题，有一个简单的算法叫作 FloodSet。进程只是传播它们看见的所有的 V 中的值，而且在最后使用一个简单的规则。

FloodSet 算法（非形式化）:

每个进程都有一个变量 W，它包含 V 的一个子集。开始时，进程 i 的变量 W 只包含 i 的初始值。在 $f+1$ 轮中的每一轮，每个进程都广播 W，然后把所接收到的元素加到 W 中。

在 $f+1$ 轮后，进程 i 使用下面的决定规则。如果 W 是一个单元素集合（singleton set），那么 i 就决定出 W 中的唯一元素；否则 i 决定出默认值 v_0。

代码如下：

FloodSet 算法（形式化）:

包含 V 子集的消息要素。

states$_i$:
$rounds \in \mathbb{N}$, initially 0
$decision \in V \cup \{unknown\}$, initially *unknown*
$W \subseteq V$, initially the singleton set consisting of i's initial value

msgs$_i$:
if $rounds \le f$ then send W to all other processes

trans$_i$:
$rounds := rounds + 1$
let X_j be the message from j, for each j from which a message arrives
$W := W \cup \bigcup_j X_j$
if $rounds = f + 1$ then
　　if $|W| = 1$ then $decision := v$, where $W = \{v\}$
　　else $decision := v_0$

为了检验 FloodSet 算法的正确性，我们用符号 $W_i(r)$ 来表示进程 i 中的变量 W 在 r 轮后的值。和往常一样，我们用下标 i 来表示一个状态分量的实例是属于进程 i 的。如果一个进程在 r 轮结束以后没有出错，那么称它是*活动的*。

第一个简单引理说明，如果存在一轮其中没有一个进程出错，那么在此轮之后所有活动的进程都有相同的 W 值。

引理 6.1　如果在某一轮 r 中，其中 $1 \leqslant r \leqslant f+1$，没有一个进程发生故障，那么对于 r 轮以后仍活动的所有 i 和 j，$W_i(r)=W_j(r)$。

证明　假设没有进程在第 r 轮出错，令 I 为在 r 轮后（或者，在 $r-1$ 轮之后）所有活动进程的集合。那么因为在 I 中的每个进程都会发送自己的 W 集合到别的进程中，所以在 r 轮以后，I 中每个进程的 W 集合就是在 r 轮前 I 中所有进程包含的值的集合。

下一个结论是，如果在 r 轮以后所有的活动的进程都有相同的 W 值，那么在以后的轮中，情况是相同的。

引理 6.2　假设对所有在 r 轮后都是活动的进程 i 和进程 j 来说，$W_i(r)=W_j(r)$。那么对于任意的 r' 轮，其中 $r \leqslant r' \leqslant f+1$，都有相同的结论。也就是说，对于所有的活动的进程 i 和进程 j，在 r' 轮之后，$W_i(r') = W_j(r')$ 同样成立。

证明　此证明留为一道习题。

下面的引理在一致性问题中是至关重要的。

引理 6.3　如果进程 i 和进程 j 在 $f+1$ 轮后都是活动的，那么在 $f+1$ 轮结束后，有 $W_i=W_j$。

证明　因为最多只有 f 个故障进程，所以必然存在某一轮 r（$1 \leqslant r \leqslant f+1$），在这一轮中没有进程发生故障。引理 6.1 说明，对于所有活动的进程 i 和进程 j，在 r 轮以后有 $W_i(r)=W_j(r)$。那么引理 6.2 说明对于所有的活动的进程 i 和进程 j，在 $f+1$ 轮以后有 $W_i(f+1) = W_j(f+1)$。

定理 6.4　FloodSet 算法解决了停止故障的一致性问题。

证明　从决定规则来看，终止性条件是很明显的。对于有效性，假设所有的初始值都是 v，那么 v 就是可以发送到任何地方的唯一一值。每个 $W_i(f+1)$ 都是非空的，因为它包含 i 的初始值。所以每个 $W_i(f+1)$ 都必然是 $\{v\}$，所以我们由决定规则得到 v 是唯一可能的决定值。

对于一致性来说，让 i 和 j 为任意两个做出决定的进程。既然决定只在 $f+1$ 轮之后发生，这就意味着进程 i 和进程 j 在 $f+1$ 轮之后都是活动的。引理 6.3 说明 $W_i(f+1) = W_j(f+1)$。由决定规则得进程 i 和进程 j 做出相同决定。

复杂度分析　FloodSet 算法中，直到所有的无故障进程做出决定，需要 $f+1$ 轮，总共的消息的数目是 $O((f+1)n^2)$。每个消息包含了至少 n 个元素（因为每个元素都是某个进程的初始值），所以每个消息的位数是 $O(nb)$，总共的通信位数是 $O(f+1)n^3b)$。

另一个决定规则　FloodSet 的决定规则有点随意。因为 FloodSet 算法保证了所有的无故障进程在 $f+1$ 轮后都有相同的集合 W 值，所以只要所有的进程都使用相同的规则，那么其他不同的决定规则也会正确工作。举个例子，如果值集合 V 有一个全序关系，那么所有的进程就可以在 W 中选择一个最小的值。这个替代规则有一个优点，就是它能够保证在 6.1 节中提到的加强的有效性条件。FloodSet 算法的决定规则没有保证这个加强条件，因为默认值 v_0 可能不是任何进程的初始值。

进程故障与通信故障　FloodSet 算法表明，对于停止故障，一致性问题是可以解决的。这个结果应该和有通信故障的环境中的协同攻击问题的不可能性结果做对比。（见定理 5.1 和习题 5.1。）

6.2.2　减少通信

FloodSet 算法用到的消息数是 $O((f+1)n^2)$，消息位数是 $O((f+1)n^3b)$，要减少它的通信量是可能的。比如，通过使用以下的办法，消息的个数可以减少到 $2n^2$，通信的位数可以减少到 $O(n^2b)$。注意到在最后，如果 $|W_i|=1$，那么每个进程 i 只需要知道 W_i 的确切元素，否则 i 仅仅需要知道 $|W_i| \geq 2$ 的事实。所以，如果所有的进程都只广播自己看到的前两个值，而不是所有值，那么结果会更好。这个思想是以下算法的基础：

OptFloodSet 算法：

进程就像 FloodSet 算法中的进程一样操作，只是此时每个进程 i 最多广播两个值。第一次广播发生在第 1 轮，每个进程 i 都广播自己的初始值。第二次广播发生在第 r 轮，$2 \leq r \leq f+1$（如果这样的轮存在），其中在第 r 轮的开始，i 知道某个 v 的值和自己的初始值不同，那么 i 就广播这个新值 v。（如果在这一轮有两个或两个以上的新值，可以选择其中的任意一个广播。）

在 FloodSet 算法中，如果最后的 W_i 是单元素的集合 $\{v\}$，进程 i 就决定出 v，否则决定出 v_0。

复杂度分析　OptFloodSet 算法的轮数也和 FloodSet 算法一样，是 $f+1$。消息的数目最多是 $2n^2$，因为每个进程最多发送两条非空消息给其他的进程。通信的位数是 $O(n^2b)$。

我们通过用模拟关系（simulation relation），把 OptFloodSet 算法和 FloodSet 算法相联系，来证明 OptFloodSet 算法的正确性（在 4.1.3 节中我们曾使用相似的策略，通过把 OptFloodMax 与 FloodMax 相联系来证明前者的正确性）。这首先需要像 FloodSet 中那样详细地描述 OptFloodSet 算法，包括轮（round）、决定（decision），以及 W 变量。分别用 $W_i(r)$ 和 $OW_i(r)$ 表示经过 r 轮后 OptFloodSet 算法和 FloodSet 算法中的 W_i。下面的引理描述了 FloodSet 中的消息的广播。

引理 6.5　在 FloodSet 算法中，假设进程 i 把第 $r+1$ 轮的消息发送给进程 j，进程 j 接收到并处理了这个消息。那么 $W_i(r) \subseteq W_j(r+1)$。

证明　此证明留为习题练习。

OptFloodSet 算法的最重要的性质是由以下引理得到的。

引理 6.6　在 OptFloodSet 算法中，假设进程 i 把第 $r+1$ 轮的消息发送给进程 j，进程 j 接收到并处理了这个消息。那么有

1）如果 $|OW_i(r)|=1$，那么 $OW_i(r) \subseteq OW_j(r+1)$。

2）如果 $|OW_i(r)| \geq 2$，那么 $|OW_j(r+1)| \geq 2$。

而且，如果进程 i 在开始的 r 轮中没有出错，而且没有发送第 $r+1$ 轮的消息给进程 j，而只是因为 OptFloodMax 算法没有指定任何消息要被发送，那么这两个结论也成立。

证明　此证明留为一道习题。

现在我们用相同的输入和相同的故障模式，一起运行 OptFloodSet 算法和 FloodSet 算法。也就是说，在两个不同的运行中，相同的进程故障会发生在相同的轮中。而且，如果在一个算法中进程 i 只发送了一些第 r 轮的消息，那么在另一个算法中它会把第 r 轮的消息发

送给相同的进程。更准确地说，如果进程 i 在一个算法中想要给进程 j 发送一个消息但是失败了，那么在另一个算法中也不会成功发送。我们给出联系两个算法状态的不变式断言。

引理 6.7 在任意的 r 轮后，$0 \leqslant r \leqslant f+1$：

1）$OW_i(r) \subseteq W_i(r)$。

2）如果 $|W_i(r)|=1$，那么 $OW_i(r)=W_i(r)$。

证明 此证明留为一道习题。

引理 6.8 在任意的 r 轮后，$0 \leqslant r \leqslant f+1$：如果 $|W_i(r)| \geqslant 2$，那么 $|OW_i(r)| \geqslant 2$。

证明 用归纳法证明。$r=0$ 时的基本情况是正确的。假设现在引理对于 r 是正确的，那么我们来证明引理对于 $r+1$ 也是正确的。假设 $|W_i(r+1)| \geqslant 2$。如果 $|W_i(r)| \geqslant 2$，那么用归纳假设可以得到 $|OW_i(r)| \geqslant 2$，也就是说 $|OW_i(r+1)| \geqslant 2$。

假设 $|W_i(r)|=1$。引理 6.7 说明 $OW_i(r)=W_i(r)$。我们来考虑下面两种情况：

1）对于所有在 FloodSet 算法中发送第 $r+1$ 轮消息给进程 i 的进程 j，$|W_j(r)|=1$ 成立。则对于所有进程 j，我们根据引理 6.7 有 $OW_j(r)=W_j(r)$，所以有 $|OW_j(r)|=1$。引理 6.6 告诉我们对于所有进程 j，$OW_j(r) \subseteq OW_i(r+1)$。于是我们有 $OW_i(r+1)=W_i(r+1)$，这个足以用来证明归纳步骤。

2）对于一些在 FloodSet 算法中发送第 $r+1$ 轮消息给进程 i 的进程 j，$|W_j(r)| \geqslant 2$ 成立。则由归纳假设得到，$|OW_j(r)| \geqslant 2$。然后由引理 6.6 得到 $|OW_i(r+1)| \geqslant 2$。

引理 6.9 在任意的 r 轮后，其中 $0 \leqslant r \leqslant f+1$，*rounds* 和 *decision* 变量在 FloodSet 算法和 OptFloodSet 算法中都有相同的值。

证明概要 有趣的事情是在两个算法中，进程 i 在第 $f+1$ 轮会做相同的决定。这只需对 $r=f+1$ 和两个算法的决定规则应用引理 6.7 和引理 6.8 就行了。

定理 6.10 OptFloodSet 算法解决了停止故障的一致性问题。

证明 由引理 6.9 和定理 6.4（FloodSet 的正确性理论）可得。

减少通信复杂度的其他办法 减少 FloodSet 算法的通信复杂度有其他的方法。比如，如果 V 有一个全序，那么可以把决定规则修改成在 W 中简单选择一个最小的值。于是就有可能修改 FloodSet 算法，使得每个节点都只要记住并传递它遇到的最小值，而不是所有值。这个算法用了 $O((f+1)n^2b)$ 的通信位数。可以通过把它和（修改了决定规则的）FloodSet 算法相联系，用模拟关系来证明它的正确性。这个算法可以满足 6.1 节中提到的加强有效性条件。

6.2.3 指数信息收集算法

在这一节中，我们给出一个解决停止故障一致性问题的策略—EIG 算法。在 EIG 算法中，进程在几轮中发送和传递初始值，把它们从不同通信链路接收到的值记录在一个特殊的数据结构中，该结构称为 EIG 树。最后，它们根据记录在树中的数据，使用一个通用的决定规则。

无论是从通信位数还是从本地存储量来说，使用 EIG 算法解决停止故障的一致性问题的开销都是很大的。我们给出这个算法的主要原因是 EIG 树这个数据结构的使用也可以用来解决 Byzantine 一致性问题，这将在 6.3.2 节中给出。停止故障模型对这个数据结构给出了一个简单的介绍。我们给出这个算法的第二个原因是 EIG 算法很容易在经过修改后用来解决 Byzantine 故障模型的受限形式的一致性问题，称为带鉴别的 Byzantine 故障（authenticated Byzantine failure）模型。

EIG 算法的一个基本的数据结构是带标号的 EIG 树 $T=T_{n,f}$，其源自根节点的路径代表初始值在进程中的传播链。所有的链都由不同的进程组成。树 T 有 $f+2$ 层，从第 0 层（根）开始一直到第 $f+1$ 层（叶子）。在 k 层上的每个节点，其中 $0 \leqslant k \leqslant f$，都有 $n-k$ 个子节点。树 T 中的每个节点都标注着一个序号。根节点以一个空串 λ 标注，每个节点的标号为 $i_1\cdots i_k$，每个节点有 $n-k$ 个子节点，标号为 $i_1\cdots i_k j$。其中 j 的取值范围是 $\{1, \cdots, n\} - \{i_1, \cdots, i_k\}$。如图 6-1 所示。

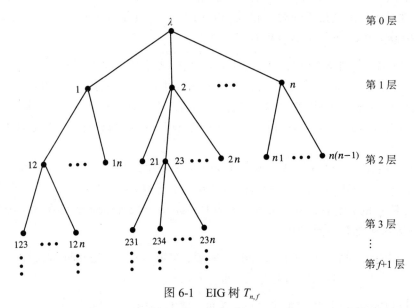

图 6-1   EIG 树 $T_{n,f}$

在我们称之为 EIGStop 的针对停止故障的 EIG 算法中，进程在所有可能的路径上传递值。每个进程维护一个 EIG 树 $T=T_{n,f}$ 的副本。计算会持续 $f+1$ 轮。在计算过程中，进程会在 k 轮后为所有 k 层节点标注上 V 中的值或 $null$。进程 i 的树的根节点以 i 的输入值标注。在进程 i 的树中，如果标号为 $i_1\cdots i_k(1 \leqslant k \leqslant f+1)$ 的节点有标注值 $v \in V$，就意味着在第 k 轮 i_k 已经告知了 i，在第 $k-1$ 轮 i_{k-1} 已经告知了 i_k，……，在第 1 轮 i_1 已经告知了 i_2 这一信息：i_1 的初始值为 v。另一方面，如果标号为 $i_1\cdots i_k$ 的节点有标注值 $null$，就意味着通信链 i_1, i_2, …, i_k, i 被某个故障打断了。在 $f+1$ 轮后，进程使用各自标注了的树来决定出 V 中的一个值，这基于（以下描述的）通用的一致决定规则。接下来我们给出更细致的算法描述。

在这个算法的描述和以后的一些描述中，我们假设每个进程 i 除了向其他进程发送信息之外还能向自己发送信息。这可使得算法的描述更加统一。这些消息在这个模型中是不被允许的，但是这样做并无害处，因为虚构的传递可以用本地计算来模拟。

EIGStop 算法：

对于每个作为 T 的节点的标号串 x 来说，每个进程都有一个变量 $val(x)$。$val(x)$ 用来存放标号为 x 的节点的标注值。最初，每个进程 i 把自己的树的根节点标注上自己的初始值，也就是给 $val(\lambda)$ 赋值。

第 1 轮：进程 i 对所有的进程广播 $val(\lambda)$，包括 i 自己。然后进程 i 记录下接收到的信息。

　　1）如果有一个带着 $v \in V$ 的消息从 j 到达 i，那么 i 把 $val(j)$ 设置为 v。

　　2）如果没有带着 $v \in V$ 的消息从 j 到达 i，那么 i 把 $val(j)$ 设置为 $null$。

　　第 k 轮（$2 \leqslant k \leqslant f+1$）：进程 i 广播所有数对 (x, v)，其中 x 是不包含索引 i 的 T 中第 $k-1$ 层的标号，其中 $v \in V$，且 $v = val(x)^{\ominus}$。然后进程 i 记录下接收到的信息。

　　1）如果 xj 是 T 中第 k 层节点的标号，其中 x 是一个进程索引串，j 是一个单独索引，且有一个从 j 到达 i 的携带 $val(x)=v \in V$ 的消息，则 i 把 $val(xj)$ 设置为 v。

　　2）如果 xj 是第 k 层节点的标号，但没有从 j 到达 i 的携带 V 中值的消息，则 i 把 $val(xj)$ 设置为 $null$。

　　在 $f+1$ 轮之后，进程 i 应用一个决定规则。令 W 为 i 的树中节点的非空值的集合。如果 W 是一个单元素集合，那么 i 的决定值是 W 中的唯一值；否则，i 决定出 v_0。

　　不难看出，树会被标注上我们先前指出的值。也就是说，进程 i 的根节点被标注上 i 的输入值，而且如果标号为 $i_1 \cdots i_k$（$1 \leqslant k \leqslant f+1$）的节点有标注值 $v \in V$，那么意味着在第 k 轮 i_k 已经告知了 i，在 $k-1$ 轮 i_{k-1} 已经告知了 i_k，……，在第 1 轮 i_1 已经告知了 i_2 这一信息：i_1 的初始值是 v。而且，如果标号为 $i_1 \cdots i_k$（$1 \leqslant k \leqslant f+1$）的节点有一个标注值 $null$，那么意味着在第 k 轮 i_k 没有将 $i_1 \cdots i_{k-1}$ 的值发送给 i。

例 6.2.1　EIGStop 的运行

　　这是一个展示 EIGStop 算法如何运行的例子，考虑有三个进程（$n=3$）的情况，其中可能有一个故障进程（$f=1$）。那么会执行两轮，树有三层。这棵 EIG 树 $T_{3,1}$ 结构如图 6-2 所示。

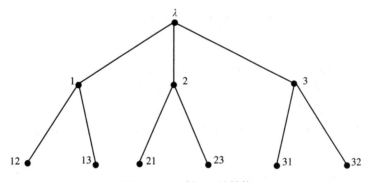

图 6-2　EIG 树 $T_{3,1}$ 的结构

　　假设进程 1、2、3 的初始值分别为 0、0、1。假设进程 3 出了故障，而且它是在第一轮发送消息给进程 1 之后和发送消息给进程 2 之前出的故障。那么三个进程的树如图 6-3 所示。

　　注意，在第 2 轮收到从 1 发来的消息之前，进程 2 并不知道进程 3 的初始值是 1。

　　为了弄清 EIGStop 算法的正确性，我们首先给出两个引理，它们给出了不同树中的值的关系。第一个引理给出了初始化内容，还给出了树中相邻层上不同进程的 val 间的关系。

引理 6.11　在 EIGStop 算法中，$f+1$ 轮后，以下三点成立：

　　1）$val(\lambda)_i$ 是 i 的输入值。

　　2）如果 xj 是一个节点的标号而且 $val(xj)_i=v \in V$，那么 $val(x)_j=v$。

　　3）如果 xj 是一个节点的标号而且 $val(xj)_i$ 为 $null$，那么或者 $val(x)_j$ 为 $null$，或者 j 在第

　　$\ominus$　为了适合我们的形式化模型，其中每一轮只有一条消息从 i 发送到其他每个进程，我们把目的地址相同的所有消息包装在一起，构成一条大的消息。

|x|+1 轮给 i 发送消息失败。

证明 此证明留为一道习题。

第二个引理描述了在树中不一定相邻的层上的 val 间的关系。前两种情况追溯树中任意地方出现的值的来源。第三种情况是技术性的，说明树中出现的任意值 v，一定在树中某个标号不包含索引 i 的节点上出现。简略点说，这意味着进程 i 第一次得知的值不会是它向自己传播值的结果。

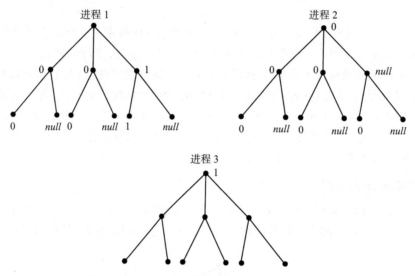

图 6-3   EIGStop 的运行；进程 3 在第一轮失败

引理 6.12   在 EIGStop 算法中，f+1 轮后，以下三点成立：

1）如果 y 是一个节点的标号，$val(y)_i = v \in V$，而且 xj 是 y 的前缀，那么 $val(x)_j = v$。

2）如果 $v \in V$ 出现在任意进程的 val 中，那么对于某些 i 来说 $v = val(\lambda)_i$。

3）如果 $v \in V$ 出现在进程 i 的 val 集合中，那么一定有一个不包括 i 的标号 y，使得 $v = val(y)_i$。

证明   第 1）点可以再次使用引理 6.11 的第 2）点得到。

对于第 2）点，假设 $v = val(y)_i$。如果 $y = \lambda$，得证。否则，让 j 成为 y 中的第一个索引。第一部分证明了 $v = val(\lambda)_j$。

对于第 3）点，我们做相反的假设，令 v 只是包含 i 的标号的 val 值，令 y 是满足 $v = val(y)_i$ 的最短标号。那么 y 有形如 xi 的一个前缀。但是第 1）点意味着 $val(x)_i = v$，这就和 y 的选择相矛盾了。

下面一个引理提供了一致性的关键。

引理 6.13   如果进程 i 和 j 都无故障，那么 $W_i = W_j$。

证明   不妨假设 $i \neq j$，我们从两方面来证明。

1）$W_i \subseteq W_j$

假设 $v \in W_i$，那么引理 6.12 意味着对于一些不包含 i 的标号 x 来说，$v = val(x)_i$ 成立。我们考虑以下两种情况。

a）$|x| \leq f$

意味着 $|xi| \leq f+1$，那么因为串 x 没有包含索引 i，所以（无故障的）进程 i 会在第 $|xi|$ 轮把 v 传递给进程 j。这就是说 $val(xi)_j=v$，所以 $v \in W_j$。

b）$|x|=f+1$

因为最多只有 f 个故障进程和所有在 x 中的索引都是不同的，所以一定有某个无故障进程 l，它的索引是存在于 x 中的。因此，x 有形如 yl 的前缀，其中 y 是一个字符串。那么引理 6.12 意味着 $val(y)=v$。既然进程 l 是无故障的，那么它就是在第 $|yl|$ 轮给进程 j 传递消息，所以 $val(yl)_j=v$，再一次有 $v \in W_j$。

2）$W_j \subseteq W_i$

和前面的情况对称。

两种情况合在一起证明了需要证明的等式。

例 6.2.2 证明引理 6.13 中的情况

例 6.2.1 说明了两种情况，即 a）和 b），在证明引理 6.13 时也那样考虑。进程 1 首先在第一轮给自己的树标志上 1，就像在情况 a）中那样。进程 2 在第二轮给自己的树标志上 1。特别地，$val(3)_1=1$，所以 $val(31)_2=1$。

另一方面，在最后一轮，即第二轮，进程 2 首先给自己的树标志上 1，设置 $val(31)_2=1$。这就意味着某个无故障进程索引在这种情况下是 1，一定会出现在节点的标号中。在情况 b）中，1 出现在进程 1 树的节点 31 上，也就是 $val(31)_2=1$，所以 $val(31)_1=1$。

定理 6.14 EIGStop 算法解决了停止故障的一致性问题。

证明 从决定规则来看，终止性是显然的。

对于有效性条件，假设所有的初始值都是 v，那么由引理 6.12，标识任意进程的树的值只可能是 v 或者 $null$。每个 W_i 都是非空的，因为都包含了 i 的初始值。因此，每个 W_i 必须是 $\{v\}$，故根据决定规则得 v 是唯一可能的决定值。

对于一致性条件，令 i 和 j 是任意两个做出决定的进程。因为决定只是在最后才做出，也就是说 i 和 j 是正确的。那么由引理 6.13 得，$W_i=W_j$。根据决定规则得 i 和 j 都做出了相同的决定。

复杂度分析 轮数是 $f+1$，发送的消息数是 $O((f+1)n^2)$。（这种计算把任意进程在任意轮中发送给任意其他进程的组合消息作为单个消息。）通信位数与故障数呈指数关系是 $O(n^{f+1}b)$。

其他决定规则 因为 EIGStop 算法保证了相同的 W 出现在无故障进程的树中，其他决定规则也可以正确地起作用。举个例子，如果 V 有一个全序，那么所有的进程就可以在 W 中选择一个最小值。和以前一样，这有一个优点，就是可以保证 6.1 节中提到的加强的有效性条件。

就像我们在 FloodSet 算法中做的那样，可以减少 EIGStop 算法的通信开销。和以前一样，在 $|W_i|=1$ 的情况下，每个进程 i 只需要知道 W_i 的元素。所以进程就可能只需要广播它们遇到的开始的两个值。

OptEIGStop 算法：

进程就像 EIGStop 算法中的进程一样操作，只是每个进程 i 最多广播两个值。第一次广播是在第一轮，进程 i 广播它的初始值。第二次广播是在第一个 r 轮，$2 \leq r \leq f+1$，使得在第 r 轮的开始，进程 i 知道了某个和自己的初始值不同的 v 值（如果任意这样的轮存在）。于

是 i 就会广播这个新的 v 值和在 $r-1$ 层上任何标志上 v 的节点 x。（如果有两个以上的 (x, v) 可以选择，那么可以任选一个。）

就像在 EIGStop 算法中一样，令 W 为标志 i 树节点的非空 val 的集合。如果 W 是一个单元素集合，i 就决定出 W 的唯一元素；否则，i 决定出 v_0。

复杂度分析   OptEIGStop 算法用了 $f+1$ 轮。消息数最多是 $2n^2$，因为每个进程最多只能发送两个非空的消息给其他进程。通信位数是 $O(n^2(b+(f+1)\log n))$，每个消息的值部分使用 $O(b)$ 位，标号部分使用 $O((f+1)\log n)$ 位。

OptEIGStop 算法的正确性可以使用模拟关系的方法，通过联系其与 EIGStop 算法来证明。证明过程和 OptFloodSet 算法的正确性证明过程差不多。此外，存在给出将 OptEIGStop 和 OptFloodSet 联系的正确性证明，具体的留为一道题。

6.2.4   带鉴别的 Byzantine 一致性

虽然 EIG 算法在本节仅仅被设计成仅能容忍停止故障，其实它也能解决一些更差类型的故障。它虽不能应付 Byzantine 故障模型的全部困难，其中进程可能表现出任意行为。但是它能够应付一种有趣的受限的 Byzantine 故障模型，其中进程有特殊的能力，可以通过数字签名来鉴别通信。所谓进程 i 的一个数字签名，就是进程 i 可以应用在任意出向消息上的一种转换，用来证明消息的确是来自进程 i 的。其他的进程在没有 i 的合作下都不能产生 i 的数字签名。在现代通信网络中，数字签名是一个应当具备的能力。

我们不提供形式化的带鉴别的 Byzantine 模型的定义（事实上我们没有一个完美的形式化定义），只是非形式化地描述它。在这个模型中，假设任何进程都可以用数字签名来鉴别自己发送的消息。从字面上，通常假设有某个公共的数据源，初始值从它产生，并由它签名。这里，我们假设非故障进程都从一个初始状态开始，其中包含单个被数据源签名的输入值；而故障进程从某个状态开始，其中包含某个被数据源签名的输入值集合。故障进程可以发送任意的消息和进行任意的状态转换，唯一的限制是它不能产生非故障进程或数据源的签名。

这个模型满足的正确性条件有：Byzantine 一致性问题的终止性和一致性条件，再加上如下的有效性条件。

有效性   如果所有进程都从一个初始值 $v \in V$ 开始，并被数据源签名，那么 v 就是无故障进程的唯一可能决定值。

不难看出做出如此改动（所有的消息被签名，而且只有被正确签名的消息才可以被接收）的 EIGStop 算法和 OptEIGStop 算法可以解决带鉴别的 Byzantine 故障模型的一致性问题。证明过程就和停止故障模型的证明过程差不多，我们将其留为一道习题。

6.3   针对 Byzantine 故障的算法

在本节中，我们给出 Byzantine 一致性问题的算法，对于特殊的 n 节点完全图来说。我们从使用 EIG 的一个算法开始。然后我们介绍一个在二值集合 $V=\{0, 1\}$ 上解决 Byzantine 一致性问题的算法，如何被用来解决一般值集合 V 上的 Byzantine 一致性问题的"子过程"。最后我们讨论减少了通信复杂度的 Byzantine 一致性算法。

所有算法的一个共同特点就是，它们使用的进程数目要大于出错进程数目的三倍，$n>3f$。这个情况与我们在停止故障中看到的不同，因为那里没有对 n 和 f 的关系做特定的要求。这个进程界限反映了 Byzantine 故障模型所增加的难度。事实上，我们将在 6.7 节中看到该特点是固有的。这个乍看起来可能有点奇怪，因为你可能想到，使用某种多数选举算法，$2f+1$ 个进程可以容许 f 个 Byzantine 故障。（有一种标准的容错技术称模 3 冗余，其中任务数乘以 3，占多数的结果被接收。你可能以为这种方法可以解决只有一个故障进程的 Byzantine 一致性问题，但你之后会看到它不能。）

6.3.1　举例

在给出 EIG Byzantine 一致性算法前，我们先来说明一下为什么 Byzantine 一致性问题会比停止故障的一致性问题更难。特别地，我们给出了一个例子，表明（不是证明）如果三个进程中的一个可能发生故障，则 Byzantine 一致性问题不能被解决。

假设进程 1、2 和 3 解决了 Byzantine 一致性问题，允许其有一个出错。假设它们在第二轮结束后决定，而且它们用一个特殊的方法来处理：在第一轮，每个进程都简单地广播自己的初始值，在第二轮每个进程向其他的进程报告它们在第一轮中接到了第三个进程的什么信息。考虑以下运行：

运行 α_1：

进程 1 和 2 都是正确的，而且初始值都为 1；进程 3 是出错的，而且初始值是 0。在第一轮中，所有的进程都正确地广播自己的初始值。在第二轮中，进程 1 和 2 正确地报告它们在第一轮中所接收的消息，但进程 3（错误地）告诉进程 1"进程 2 在第一轮发送了 0"，或做出正确的报告。图 6-4 显示了在运行 α_1 中发送的消息。在这个运行中，有效性条件要求进程 1 和 2 都决定出 1。

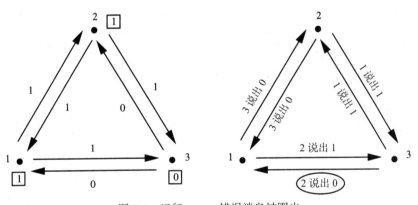

图 6-4　运行 α_1——错误消息被圈出

现在考虑第二种运行情况：

运行 α_2：

这个和 α_1 相对称。这次，进程 2、3 都是无故障进程，而且初始值都为 0；进程 1 发生故障，初始值为 1。第一轮时，所有进程都正确地报告自己的值。第二轮时，进程 2、3 正确地报告它们在第一轮中所接收的消息，但进程 1（错误地）告诉进程 3"进程 2 在第一轮给它发送了 1"，或做出正确的报告。图 6-5 显示了在运行 α_2 中发送的消息。在这个运行中，有效性条件要求进程 2 和 3 都决定出 0。

为了能得到矛盾，我们来考虑第三种运行情况：

运行 α_3：

现在假设进程 1、3 都是无故障的，初始值分别是 1 和 0。进程 2 发生故障，它告诉进程 1 其初始值为 1，并告诉进程 3 其初始值为 0。所有进程的行为在第二轮中都是正确的。
图 6-6 显示了这种情况。

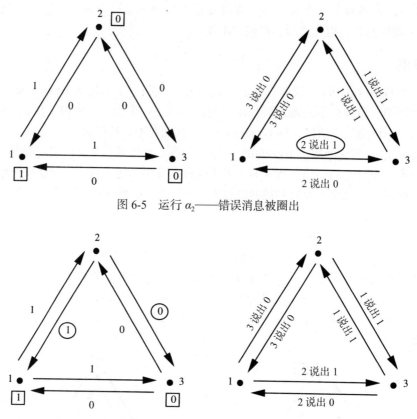

图 6-5   运行 α_2——错误消息被圈出

图 6-6   运行 α_3——冲突消息被圈出

注意进程 2 在运行 α_1 和运行 α_3 中发送了相同的消息给进程 1，在运行 α_3 和运行 α_2 中发送了相同的消息给进程 3。事实上，很容易可以知道运行 α_1 和运行 α_3 对于进程 1 来说是不可区分的，即 $\alpha_3 \overset{1}{\sim} \alpha_1$。运行 α_3 和运行 α_2 对于进程 3 来说也如此，即 $\alpha_3 \overset{3}{\sim} \alpha_2$。因为进程 1 在运行 α_1 中决定出 1，它在运行 α_3 中也如此，而且进程 3 在运行 α_2 中决定出 0，它在运行 α_3 中也如此；但是这样就违反了运行 α_3 的一致性条件，这就和进程 1、2、3 能解决 Byzantine 一致性问题产生了矛盾，所以我们已经表明了没有一个简单形式的算法可以解决 Byzantine 一致性问题。

注意进程 1 在运行 α_3 中可以说出某个进程出错，因为进程 2 告诉进程 1 它的值是 1，但是进程 3 告诉进程 1 进程 2 的值是 0。问题就是进程 1 无法知道进程 2 和 3 到底哪个出错。

这个例子不能证明：三个进程，其中一个可能发生故障，不能解决 Byzantine 一致性问题。因为以上的讨论预先假设算法仅使用两轮，并且发送特定类型的消息。但是有可能把它扩展到更多的轮数和任意的消息类型。事实上，在第 6.4 节我们将会看到，这里的思想可以被扩展为，在有 f 个故障出现的情况下，需要有 $n>3f$ 个进程才能解决 Byzantine 一致性问题。

6.3.2   Byzantine 一致性问题的 EIG 算法

我们现在给出 Byzantine 一致性问题的 EIG 算法，叫作 EIGByz。不像 EIGStop 算法，

EIGByz 算法预先假设的进程数目比故障数目大很多，特别有 $n>3f$。这个是必须的，因为有 6.31 节和 6.4 节中描述的限制。在你读这个算法之前，我们建议你先自己试着构造一个特殊情况下的算法，如 $n=7$、$f=2$。

EIGByz 算法对于有 f 个故障的 n 个进程，使用与 EIGStop 相同的 EIG 树数据结构 $T_{n,f}$。使用的传播策略本质上和 EIGStop 算法使用的是一样的；唯一的区别在于此处进程收到错误形式的消息后会把它改得看起来正确。然而，决定规则是大不相同的，进程不再相信出现在树中任意地方的值。现在进程必须采取措施来屏蔽那些错误消息传来的值。

EIGByz 算法：

进程在 $f+1$ 轮中传播消息就像在 EIGStop 算法中一样，但有以下例外：如果进程 i 曾经从其他进程 j 那里收到一个非规定形式的消息（例如，消息包含垃圾或包含 j 的树中相同节点的重复值），那么进程 i 会丢弃那个消息，就像进程 j 在那一轮没有给进程 i 发送过消息一样。

在 $f+1$ 轮的最后，进程 i 调整自己的 val，使得所有 $null$ 都被默认值 v_0 代替。

然后做出决定，进程 i 在它的进程调整并做了标注的树中，从叶子节点向上遍历，用一个 $newval$ 标注每一个节点，过程如下：对每一个标注为 x 的叶子，有 $newval(x):=val(x)$。对每一个标注为 x 的非叶子节点，$newval(x)$ 定义为 x 的大多数子节点持有的 $newval$ 值，也就是如果存在大多数形式为 xj 的节点满足 $newval(xj)=v$，$v \in V$，则 $newval(x)=v$。如果没有这样的大多数节点存在，则进程 i 令 $newval(x):=v_0$。进程 i 的最终决定是 $newval(\lambda)$。

为了证明 EIGByz 算法的正确性，我们从一些预备断言开始。第一个说的是所有无故障进程都会就无故障进程直接传来的值达成一致。

引理 6.15 EIGByz 算法中，在 $f+1$ 轮以后，有以下结论成立。如果 i、j 和 k 都是无故障进程，$i \neq j$，那么对于所有以 k 结尾的标号 x 来说，有 $val(x)_i=val(x)_j$。

证明 如果 $k \notin \{i, j\}$，那么结论就会由以下事实得到：因为 k 是无故障的，所以它会在第 $|x|$ 轮给 i 和 j 发送相同的消息。如果 $k \in \{i, j\}$，那么可以从进程将值传给自身的假设得出结论。

下一个引理声明，所有无故障进程就某些节点计算出来的 $newvals$ 达成一致，其中节点的标号以无故障进程索引结尾。

引理 6.16 在 EIGByz 算法中，在 $f+1$ 轮以后，以下结论成立。假设 x 是一个以无故障进程的索引作为结尾的标号，那么对于所有无故障进程 i 来说，存在一个值 $v \in V$，使得 $val(x)_i=newval(x)_i=v$。

证明 通过对树的标号进行归纳来证明，归纳从树的叶子节点开始向上进行，也就是从长度为 $f+1$ 的标号开始一直到长度为 1 的标号。

基础：假设 x 是叶子，也就是说 $|x|=f+1$。那么引理 6.15 意味着所有无故障进程 i 都有相同的 $val(x)_i$，我们称之为公共值 v。而且对于每个无故障进程 i，由 $newval$ 的定义可知 $newval(x)_i=v$。所以 v 是所需的值。

归纳步：假设 $|x|=r$，$1 \leqslant r \leqslant f$。那么引理 6.15 意味着所有无故障进程 i 都有相同的值 $val(x)_i$，我们称之为 v。因此，在第 $r+1$ 轮的时候，每个无故障进程 l 都会发送相同的 x 的值 v 到所有进程，所以对于所有无故障进程 i 和 l 来说，有 $val(xl)_i=v$。那么根据归纳假设，对

于所有无故障进程 i 和 l，$newval(xl)_i=v$ 成立。

我们现在可以说节点 x 的大部分子节点的标号都是以无故障进程的索引为结尾的。这是正确的，因为 x 的子节点的个数是 $n-r \geq n-f$。因为我们已经假设了 $n>3f$，所以这个数字必须严格大于 $2f$。因为最多有 f 个子节点的标号以故障进程的索引结尾，所以我们有所需的大多数节点。

故此，对于任意无故障进程 i，对节点 x 的多数子节点 xl，有 $newval(xl)_i=v$。那么对于所有无故障进程，算法中大多数的规则意味着 $newval(x)_i=v$。所以 v 是所需的值。

现在我们来讨论有效性。

引理 6.17 如果所有的无故障进程都以相同的初始值 $v \in V$ 开始，那么对于一个无故障进程来说，v 是唯一可能的决定值。

证明 如果所有的无故障进程都以 v 为初始值，那么所有的无故障进程就会在第一轮广播 v，所以对于任意的无故障进程 i 和 j 来说，$val(j)_i=v$。引理 6.16 意味着对于任意无故障进程 i 和 j，有 $newval(j)_i=v$。那么算法中使用的多数规则决定了对所有的无故障进程 i，$newval\lambda_i=v$。所以，i 的决定值就是 v。

为了说明一致性，我们先给出两个定义。第一，一棵有根树的节点的子集 C 叫作路径覆盖，从根节点到叶子节点的每条路径上都至少包含 C 中的一个节点。

第二，考虑 EIGByz 算法的任意一个运行 α。如果在 α 中 $f+1$ 轮之后，所有的无故障进程 i 有相同的 $newval(x)_i$，那么树节点 x 被称为公共的。如果 α 中一棵树的节点集合中的所有节点都是公共的，那么树节点集合（如一个路径覆盖）被称为公共的。注意引理 6.16 意味着，如果 i 是正确的，那么对任意 x 而言，xi 是一个公共节点。

引理 6.18 在 EIGByz 算法的任意运行 α 中，在 $f+1$ 轮过后，存在一个公共的路径覆盖。

证明 令 C 为形如 xi 的节点的一个集合，其中 i 是无故障进程。就像上面所说的，C 中所有的节点都是公共的。为什么 C 是一条路径覆盖呢？考虑任意一条从根节点到叶子节点的路径。它正好包含 $f+1$ 个非根节点，而且根据 T 的构造，每个这样的节点都以一个不同的进程索引结尾。因为最多只有 f 个故障进程，所以一定有某个节点的标号是以非故障进程的索引结尾的。这个节点一定在于 C 中。

下面的引理显示了公共的节点怎样在树中传播。

引理 6.19 在 EIGByz 算法中，在 $f+1$ 轮以后，有以下的结论成立。令 x 为 EIG 树中任意节点的标号。如果在以 x 为根节点的子树中有一个公共的路径覆盖，那么 x 是公共的。

证明 对树标号用归纳法证明，从叶节点开始。

基础：假设 x 是叶子，那么覆盖 x 的子树的唯一的路径就是由 x 自己组成的。所以 x 是公共的。

归纳步：假设 $|x|=r$，$0 \leq r \leq f$。假设 x 的子树中有一个公共的路径覆盖。如果 x 本身在 C 中，那么 x 是公共的。所以假设 $x \notin C$。

考虑 x 的任意子节点 xl。因为 $x \notin C$，对 xl 为根节点的子树，C 产生了一个公共的路径覆盖。所以由归纳假设得到，xl 是公共的。因为 xl 是 x 的任意选择的子节点，所以所有的 x 的子节点都是公共的。那么 $newval(x)$ 的定义就意味着 x 是公共的。

作为一个简单的结果，我们得到

引理 6.20　EIGByz 算法中，在 $f+1$ 轮以后，根节点 λ 是公共的。

证明　可以由引理 6.18、6.19 直接得到。

我们现在把这些引理合在一起形成主要的正确性定理。

定理 6.21　在 n 个进程、f 个故障进程、$n>3f$ 的情况下，EIGByz 算法能够解决 Byzantine 一致性问题。

证明　终止条件是显而易见的。有效性条件可以由引理 6.17 得到。一致性条件可以由引理 6.20 和决定规则得到。

复杂度分析　这个算法的开销和 EIGStop 算法一样，共有 $f+1$ 轮、$O((f+1)n^2)$ 的消息数和 $O(n^{f+1}b)$ 的通信位数。另外增加的要求是，进程数目相比故障数目很大：$n>3f$。

6.3.3　使用二元 Byzantine 一致性的一般 Byzantine 一致性问题

在这一节中，我们来说明怎样将一个解决了输入在 $\{0, 1\}$ 中的 Byzantine 一致性问题的算法用作解决一般的 Byzantine 一致性问题的"子例程"。额外开销为 2 轮、消息数为 $2n^2$，但总共只需 $O(n^2b)$ 的位通信数。这会极大节省通信所需的位数。因为执行子过程的时候，它不需要发送 V 中的值，仅仅需要发送二进制的值。然而，这个改进不足以将通信位数从指数级减小到 f 的多项式级。

根据算法的设计者，我们把它叫作 TurpinCoan 算法。这个算法假设 $n>3f$。像以前一样，我们假设每个进程都可以把消息像发送给其他进程一样发送给自己。

TurpinCoan 算法：

每个进程都有局部变量 x、y、z 和 $vote$，其中 x 被初始化为进程的输入值，y、z 和 $vote$ 被初始化为任意值。

第 1 轮：进程 i 给所有进程（包括自己）发送 x 的值。如果在本轮收到的消息中，有不小于 $n-f$ 个特定值 $v \in V$ 的副本，那么 i 将设置 $y:=v$，否则设置 $y:=null$。

第 2 轮：进程 i 给所有进程发送 y 的值，包括它自己。如果在本轮收到的消息中，有不小于 $n-f$ 个 V 中特定值的副本，那么 i 将设置 $vote:=1$，否则设置 $vote:=0$。同样进程 i 把 z 设置成 i 在本轮接到的所有消息中最常出现的非 $null$ 值。如果所有的消息都是 $null$，那么 z 保持为未定义的。

第 r 轮，$r \geqslant 3$：进程运行二元 Byzantine 一致子例程，使用 $vote$ 作为输入值。如果在子例程中进程 i 决定了 1，并且 z 已经有定义，那么算法最后的决定值就是 z，否则是默认值 v_0。

TurpinCoan 算法的关键事实是：

引理 6.22　在第二轮中至多有一个 $v \in V$ 的值被无故障进程发送。

证明　为了构造矛盾，假设进程 i 和 j 在第二轮的时候分别发送了包含 v 和 w 的消息，而且 v 和 w 都属于 V，$v \neq w$。那么进程 i 接收到了至少 $n-f$ 个第一轮的包含 v 的消息。因为最多只有 f 个故障进程，而且无故障进程在第一轮向所有进程发送相同的消息，所以进程 j 一定是接收到至少 $n-2f$ 个包含 v 的消息。因为 $n>3f$，也就是说 j 接收到了至少 $f+1$ 个包含 v 的消息。

但是，因为进程 j 在第二轮发送了 w，进程 j 接收了至少 $n-f$ 个第一轮的包含 w 的消息。所以一共有 $(f+1)+(n-f) >n$ 条消息。但是进程 j 收到的第一轮消息总共只有 n 个，所以这是一个矛盾。

定理 6.23   如果给定一个二元 Byzantine 一致性算法作为子例程，且 $n>3f$，那么 TurpinCoan 算法能解决一般 Byzantine 一致性问题。

证明   终止性条件很容易看到。

为了证明有效性条件，我们必须证明，如果所有的无故障进程都以相同的初始值 v 开始，那么所有的无故障进程都会决定出 v。所以假设所有的无故障进程都以 v 开始，那么有不少于 $n-f$ 个无故障进程在第一轮向所有进程成功地广播了包含有 v 的消息。所以在第一轮，所有无故障进程都把自己的 y 设置成了 v。然后在第二轮，每个无故障进程接收到了至少 $n-f$ 个包含 v 的消息，也就是说会把 z 设置成 v，把 $vote$ 设置成 1。因为所有无故障进程都用输入值 1 作为二元 Byzantine 一致子例程的输入，所以根据二元算法的有效性条件，它们的子例程的最后决定值都是 1。这就是说它们都在主算法中决定了 v，这就证明了有效性。

最后，我们来看一致性条件。如果子例程的决定值为 0，那么 v_0 就被所有无故障进程选择为最后的决定值，默认地保持了一致性。

假设子例程的决定值是 1，那么根据它的有效性条件，某个无故障进程 i 必须从 $vote_i=1$ 开始子例程。这意味着进程 i 收到了至少 $n-f$ 个第二轮包含特定值 $v \in V$ 的消息。因为最多只有 f 个有故障的进程 i，所以进程 i 接收到了至少 $n-2f$ 个第二轮的包含 v 的从无故障进程发送的消息。如果 j 是任意的无故障进程，那么 j 必然也收到至少 $n-2f$ 个第二轮的包含 v 的从那些相同无故障进程发送的消息。根据引理 6.22，在第二轮中，除了 v，V 中没有其他的值被任何无故障进程发送，所以进程 j 收到的第二轮的不是 v 的 V 中的值不多于 f 个（它们必须是从故障进程来的）。因为 $n>3f$，我们有 $n-2f>f$，所以 v 是 j 收到的第二轮消息中最经常出现的值。因此在第二轮中，j 设置 $z:=v$。因为子例程的决定值为 1，这意味着 j 决定 v。因为这里的讨论对任意无故障进程 j 都成立，所以一致性成立。

在 TurpinCoan 算法的证明中，对故障进程的数目 f 进行限制用来得到一个运行中不同进程的视图之间的相似性。这样的讨论同样也出现在其他的一致性算法的证明中，如 7.2 节的近似一致性算法。

复杂度分析   轮数是 $r+2$，其中 r 是二元 Byzantine 一致性子例程所用的轮数。TurpinCoan 算法用的额外通信加上子例程用的额外通信，是 $2n^2$ 个消息，每个至多 b 位，一共有 $O(n^2 b)$ 位。

6.3.4   减少通信开销

虽然 TurpinCoan 算法在一定程度上可以减少 Byzantine 一致的通信位复杂度，但是它的开销仍然与故障进程数目 f 成指数关系。在 Byzantine 模型中比在停止故障模型中更难得到与故障进程数目成多项式关系的算法。在这一节中，我们给出了一个例子，就时间复杂度来讲，这个算法不是最佳的，但是它确实比较简单，而且用了一些有趣的技巧。这个算法是针对在 {0, 1} 中的一个值上的 Byzantine 一致的特殊情况。6.3.3 节中的结论说明了怎样使用这个算法来得到一个针对一般值域的多项式的算法。

这个算法用了一个叫作一致广播的机制，这种机制能够保证不同进程接收的消息满足一定量的一致性。用了这种机制，进程 i 在第 r 轮可以广播一条 (m, i, r) 形式的消息，而且在以后的任意轮中，任意进程（包括 i 自己）都可以接收该消息。一致广播的机制要求满足以下的三个条件：

1）如果无故障进程 i 在第 r 轮广播了消息 (m, i, r)，那么消息就在第 $r+1$ 轮被所有无故障进程接收（也就是说，它在第 r 轮或第 $r+1$ 轮被接收）。

2）如果无故障进程 i 没有在第 r 轮广播消息 (m, i, r)，那么 (m, i, r) 就不会被任何无故障进程接收。

3）如果在第 r' 轮，任意一个消息 (m, i, r) 被任意无故障进程 j 接收，那么在第 $r'+1$ 轮，它会被所有的无故障进程接收。

条件 1）说的是无故障进程的广播会很快被接收，而条件 2）说的是没有一个消息会被错误地发给无故障进程。条件 3）说的是一个被无故障进程接收的消息（无论来自无故障进程还是故障进程）应该立刻就会被其他的所有无故障进程接收。

一致广播机制可以很容易地实现。

一致广播算法：

为了在第 r 轮广播 (m, i, r)，进程 i 在第 r 轮给所有的进程发送消息（"$init$", m, i, r）。如果进程 j 在第 r 轮接收到了进程 i 发送的（"$init$", m, i, r）消息，那它就在第 $r+1$ 轮发送（"$echo$", m, i, r）消息给所有的进程。

如果在第 r' 轮以前，其中 $r' \geq r+2$，进程 j 就至少接收到了 $f+1$ 个进程发送的（"$echo$", m, i, r）消息，那么进程 j 在第 r' 轮发送（"$echo$", m, i, r）消息（如果它以前没有这样做过的话）。

如果在第 r' 轮最后，其中 $r' \geq r+1$，进程 j 至少接收到了 $n-f$ 个进程发送的（"$echo$", m, i, r）消息，那么进程 j 在第 r' 轮接收通信（如果它以前没有这样做过的话）。

定理 6.24 当 $n>3f$ 时，一致广播算法解决了一致广播问题。

证明 我们来验证这三个性质。

1）假设无故障进程 i 在第 r 轮广播 (m, i, r) 消息。在 r 轮，进程 i 就发送（"$init$", m, i, r）给所有的进程，而且不小于 $n-f$ 个无故障进程中的每一个进程都在第 $r+1$ 轮向所有的进程发送（"$echo$", m, i, r）消息。那么在第 $r+1$ 轮最后，每个无故障进程至少接收到了 $n-f$ 个进程发送的（"$echo$", m, i, r）消息并且接受了这个消息。

2）如果无故障进程 i 在第 r 轮没有广播 (m, i, r) 消息，它就不发送（"$init$", m, i, r）消息，所以就没有无故障进程发送（"$echo$", m, i, r）消息。故而没有无故障进程接收消息，因为接受消息要求从至少 $n-f > f$ 个进程收到 echo 消息。

3）假设消息 (m, i, r) 被无故障进程 j 在第 r' 轮接收。那么在 r' 轮之前，j 从至少 $n-f$ 个进程接收到了（"$echo$", m, i, r）消息。在这 $n-f$ 个进程中，至少有 $n-2f \geq f+1$ 个无故障进程。因为无故障进程对所有进程都发送相同的消息，所以每个无故障进程在 r' 轮之前至少接收到了 $f+1$ 个（"$echo$", m, i, r）消息。这就说明了每个无故障进程在第 $r'+1$ 轮之前发送了（"$echo$", m, i, r）消息，所以在第 $r'+1$ 轮之前，每个进程至少接收到了 $n-f$ 个（"$echo$", m, i, r）消息。所以在第 $r'+1$ 轮之前，消息被所有的无故障进程接受。

复杂度分析 一个消息的一致广播算法用了 $O(n^2)$ 个消息。

现在我们来描述一个简单的二元 Byzantine 一致性算法，其中对它的所有通信都使用一致广播，这个算法叫作 PolyByz 算法。它只发送初始值为 1 的信息。它对广播消息使用增长的阈值。

PolyByz 算法：

这个算法在 $f+1$ 个阶段中完成，每一阶段都由两轮组成。所有（使用一致广播）发送的

消息都是 $(1, i, r)$ 的形式,其中 i 是进程的索引,r 是为奇数的轮数。也就是说,消息只是在每一阶段的第一轮中发送,而且发送的唯一信息就是 1。

进程 i 广播消息的情况如下:在第一轮,如果进程 i 的初始值就是 1,那么它广播消息 $(1, i, 1)$。在第 $2s-1$ 轮,就是 s 阶段的第一轮,其中 $2 \leqslant s \leqslant f+1$,如果进程 i 在 $2s-1$ 轮以前,已经从至少 $f+s-1$ 个不同的进程接收了消息,并且 i 并没有广播消息,那么进程 i 只广播消息 $(1, i, 2s-1)$。

在 $2(f+1)$ 轮的最后,如果在这之前进程 i 已经接收了至少 $2f+1$ 个不同进程的消息,进程 i 决定值为 1。否则,进程 i 决定值为 0。

定理 6.25 当 $n>3f$ 时,PolyByz 算法解决了二元 Byzantine 一致性问题。

证明 终止性条件是显而易见的。

对于有效性条件,分两种情况。第一种,如果所有的无故障进程都以 1 为初始值,那么至少有 $n-f \geqslant 2f+1$ 个进程在第一轮广播。根据一致广播的性质 1),在第二轮之前所有无故障进程都接收这些消息,使得在第二轮最后,每一个无故障进程至少接收到了 $2f+1$ 个不同进程发送的消息。这足以说明每一个无故障进程都决定出 1。

另一方面,如果所有的进程都从初始值 0 开始,那么没有无故障进程做广播。这是因为,能引起广播的最小进程接收数目是 $f+1$,如果先前没有无故障进程广播,那这个条件不可能达到。(这里我们使用了一致广播的性质 2)。)这就意味着每一个无故障进程都决定出 0。

最后,我们讨论一致性。假设无故障进程 i 决定出 1,那么只要证明其他的每一个无故障进程也决定出 1 就够了。因为 i 决定出 1,所以在 $2(f+1)$ 轮最后,i 必须从至少 $2f+1$ 个不同的进程接收消息。令 I 为其中无故障进程的集合,那么 $|I| \geqslant f+1$。

如果 I 中所有进程初始值都为 1,那么根据一致广播的性质 1),它们在第一轮广播消息,并且所有的无故障进程在第二轮之前接收这些消息。所以在第三轮$^\ominus$之前,每一个无故障进程至少从 $f+1$ 个不同的进程接收了消息,这足以引发第三轮的广播。同样根据一致广播的性质 1),在第四轮之前,所有的无故障进程接收了这些消息。所以在第四轮最后,每一个无故障进程至少从 $n-f \geqslant 2f+1$ 个不同的进程接收了消息,因此决定出 1。

另一方面,假设 I 中的一个进程,如 j,没有初始值 1。那么 j 必然在某个 $2s-1$ 轮广播消息,其中 $2 \leqslant s \leqslant f+1$,这意味着在 $2s-1$ 轮之前,j 至少接收到了 $f+s-1$ 个不同的进程发送的消息;而且这些消息中没有一个是从 j 自己发出的。根据一致广播的性质 3),在第 $2s-1$ 轮最后,所有这 $f+s-1$ 个进程被所有的无故障进程接收,同时根据性质 1),在第 $2s$ 轮最后,j 广播的消息被所有的无故障进程接收。因此,在第 $2s$ 轮最后,每一个无故障进程至少从 $(f+s-1)+1=f+s$ 个不同的进程接收了消息。

现在有两种情况。如果 $s=f+1$,那么在 $2(f+1)$ 轮最后,每一个无故障进程至少从 $2f+1$ 个不同的进程接收了消息,这足以保证它们都决定出 1。另一方面,如果 $s \leqslant f$,那么每一个无故障进程在第 $2s+1$ 轮之前接收了足够多的消息,使得它如果没有广播过消息,就在第 $2s+1$ 轮广播。那么根据一致广播的性质 1),在第 $2s+2$ 轮最后,所有的无故障进程从所有的无故障进程接收消息。同样,这足以保证它们都决定出 1。

复杂度分析 PolyByz 算法要求 $2f+2$ 轮。最多有 n 个广播,每个要求 $O(n^2)$ 的消息数,所以总消息数是 $O(n^3)$。因为消息包含进程的索引,所以每个消息的位数是 $O(\log n)$。因此总的位

$\ominus$ 我们假设 $f \geqslant 1$,使得的确存在第三轮。

复杂度为 $O(n^3 \log n)$。

与带鉴别的 Byzantine 故障模型的关系 如果给普通的二元 Byzantine 模型增加一个一致广播能力，就产生了一个模型类似于 6.2.4 节讨论的带鉴别的 Byzantine 故障模型。但是两个模型不是完全相同的。比如，一致广播只用于广播，不用于发送单个消息。更重要的是，一致广播不会防止进程 i 广播一条（错误的）消息，这个消息声称无故障进程 j 以前发送了一条消息；无故障进程会接收这条消息，即使这条消息的内容是错误的。在带鉴别的 Byzantine 故障模型中，数字签名可以使它立即拒绝这样的消息。但尽管两个模型是不同的，一致广播也有足够强大的能力使得它可以用于在普通 Byzantine 模型中实现一些为带鉴别的 Byzantine 故障模型设计的算法。

6.4 Byzantine 一致性问题中进程的个数

对于存在停止故障甚至 Byzantine 故障的完全网络图中的一致性问题，我们已经给出了一个解决算法。你可能已经注意到这些算法的开销都比较大。对于停止故障模型来说，我们给出的最好的算法就是 OptFloodSet 算法，它需要 $f+1$ 轮、$2n^2$ 个消息和 $O(n^2 b)$ 的通信位数。对于 Byzantine 故障模型，EIGByz 算法用了 $f+1$ 轮和一个指数级的通信量，而 PolyByz 算法用了 $2(f+1)$ 轮和一个多项式级的通信量。两个 Byzantine 一致性算法都要求 $n>3f$。

在这一章的剩余部分，我们将会指出这些大开销不是无关紧要的。首先，在这一节中，我们说明 $n>3f$ 这个限制对于解决任意的 Byzantine 一致性问题都是必须的。后面的两节包含了相关的结论：6.5 节描述了在一个非完全网络图中为了解决 Byzantine 一致性问题所需要的连接量。6.6 节说明 $n>3f$ 这个界限可以扩展到比 Byzantine 一致性问题较弱的问题中。本章的最后一节说明，即使对于简单的停止故障情况来说，轮数的下界 $f+1$ 也是必要的。

为了证明在故障进程数为 f 的情况下，$n \leq 3f$ 的进程数不能解决 Byzantine 一致性问题，我们先给出一个最简单的特殊例子：在有一个可能故障进程的情况下，三个进程不能解决 Byzantine 一致性问题。这个结果在 6.3.1 的例子中已经说明了，尽管那个例子不能构成证明。接下来我们对于任意的 n 和 f，$n \leq 3f$，通过把问题减小为只有三个进程的情况，给出一般的结论。

引理 6.26 三个进程中有一个进程发生故障的情况下，不能解决 Byzantine 一致性问题。

证明 用反证法。假设有一个三进程算法 A 可以解决 Byzantine 一致性问题，三个进程分别为进程 1、2、3，其中一个可能为故障进程。我们用算法 A 的两个副本来建立一个新的系统 S，并显示 S 必定会表现出矛盾的行为。也就是说，算法 A 是不存在的。

特别地，我们取 A 中每个进程的两个副本，并把它们配置在一个六角形的系统 S 中。开始时，我们把进程 1、2、3 的一个不重要的副本的输入值设为 0，另一个重要副本的输入值设为 1。如图 6-7 所示。

什么是系统 S 呢？形式化讲，它是一个同步系统，建立在一个六角形的网络上，属于第 2 章中的通用模型。注意这不是用来解决 Byzantine 一致性问题的系统——我们并不关心它做了什么，事实上，它只是某种类型的同步系统。我们不会在 S 中考虑任何故障进程的行为。

记住，在我们用作 Byzantine 一致性问题的解法的系统中，我们假设进程都"知道"整个网络的情况。比如，在 A 中，进程 1 知道 2 和 3 的名字，并且预先假定有三个节点，叫作 1、2、3，被安排在三角形中。在 S 中，我们并没有假设进程知道整个（六角形）网络图的情况，但是每个进程都有对于它的邻居进程的本地名字。比如，在 S 中，进程 1 知道它有两个邻居，并且知道名字是 2 和 3，即使其中一个的名字是 3′。它不知道在网络中有两份副本。这种情况也和第 4 章的差不多，每个进程只知道网络中的本地情况。特别地，注意 S 中的网络对于每个进程来说就像 A 中的网络一样。

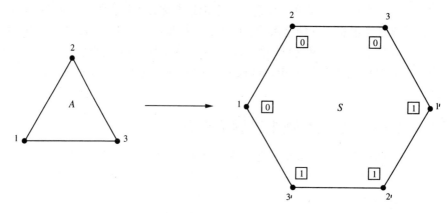

图 6-7　合并 A 的两个副本得到 S

我们不要求系统 S 表现任何特殊的行为。但是注意，S 有了特殊的输入值就会展现出某种定义良好的行为。我们会通过说明对于以上指出的特定的输入值，这样的定义良好的行为是不存在的，从而得到一个矛盾。

假设 S 中的进程开始时有图 6-7 中的输入值，也就是名字带撇的进程是 1，名字不带撇的进程是 0。令 α 为 S 的运行结果。

先从进程 2、3 的角度考虑运行 α。对于进程 2 和 3 来说，它们在运行 α_1 中就好像在一个三角形系统 A 中运行一样，在运行 α_1 中，进程 1 会发生故障。也就是说，根据 2.4 节中定义的"不可区分"，α 和 α_1 对于进程 2 和 3 来说是不可区分的，即 $\alpha \overset{2}{\sim} \alpha_1$ 和 $\alpha \overset{3}{\sim} \alpha_1$，如图 6-8 所示。在 α_1 中，进程 1 表现了一个特殊的故障行为，就像它是进程 1′、2′、3′ 的结合一样，而且进程 1 在 α 中。尽管这种行为很特殊，但是根据 Byzantine 故障的假设，允许 A 中的一个故障进程有这样的行为。

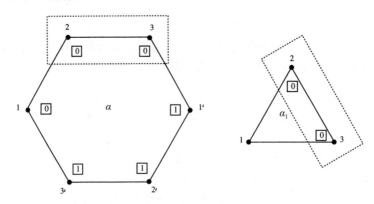

图 6-8　对于进程 2 和 3 来说 α 和 α_1 是不可区分的

因为 α_1 是 A 的一个运行，其中进程 1 发生故障，进程 2 和 3 都以 0 开始，而且因为我们假设 A 是可以解决 Byzantine 一致性问题的，所以 Byzantine 一致性的正确性条件就意味

着在 α_1 中，进程 2 和 3 必然决定出 0。因为 α 和 α_1 对于进程 2 和 3 是不可区分的，所以在 α 中两个进程也都决定出 0。

接下来从进程 1′ 和 2′ 的角度考虑运行 α。对于进程 1′ 和 2′ 来说，它们在运行 α_2 中就好像在一个三角系统 A 中运行一样，在运行 α_2 中，进程 3 会发生故障。也就是 $\alpha \overset{1'}{\sim} \alpha_2$ 和 $\alpha \overset{2'}{\sim} \alpha_2$。如图 6-9 所示。由如上的讨论，在 α 中进程 1′ 和 2′ 最终决定出 1。

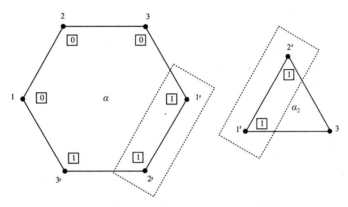

图 6-9 α 和 α_2 对于进程 1′ 和 2′ 来说是不可区分的

最后从进程 3 和 1′ 的角度考虑运行 α。对于进程 3 和 1′ 来说，它们在运行 α_3 中就好像在三角系统 A 中运行一样，在运行 α_3 中，进程 2 发生故障。也就是 $\alpha \overset{3}{\sim} \alpha_3$ 和 $\alpha \overset{1'}{\sim} \alpha_3$，如图 6-10 所示。根据 Byzantine 一致性问题的正确性，进程 3 和 1′ 必须最终在 α_3 中做出决定，而且它们的决定必须是相同的。因为进程 3 开始的输入值是 0 而进程 1′ 的是 1，并没有要求它们决定于什么值，但是一致性条件要求它们必须要一致。因此，它们也在 α 中决定了相同的值。

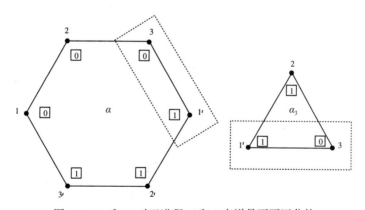

图 6-10 α 和 α_3 对于进程 1′ 和 3 来说是不可区分的

但是这是一个矛盾，因为我们已观察到在 α 中，进程 3 决定出 0 而进程 1′ 决定出 1。

我们现在用引理 6.26 来说明，当有 $n \leqslant 3f$ 进程时，Byzantine 一致性问题是不可能解决的。说明过程是：如果存在针对 $n \leqslant 3f$ 进程的能容许 f 个 Byzantine 故障的解法，那么暗示着存在针对三个进程的能容许一个 Byzantine 故障的解法，这与引理 6.26 矛盾。

定理 6.27 如果一共有 n 个进程，其中有 f 个 Byzantine 故障进程，而且 $2 \leqslant n \leqslant 3f$，那么 Byzantine 一致性问题是不可解的。

证明 先考虑当 $n=2$ 时的特殊情况，容易看到，这个问题是不能解的。简单点说，假设一个进程是以 0 开始，而另一个进程是以 1 开始，那么每个进程都存在着必须允许另一个进程出错且决定自己的值的可能性。但是如果没有一个进程出错，就违反了一致性。所以我们可以假设 $n \geqslant 3$。

为构造矛盾，假设存在一个 Byzantine 一致性问题的解法 A，而且 $3 \leqslant n \leqslant 3f$。我们来看怎样把 A 转换成 B，B 是针对进程 1、2 和 3（其中一个发生故障）的 Byzantine 一致性解法。B 中三个进程中的每个进程分别会近似地模拟 A 中三分之一的进程。

特别地，我们把 A 中的进程分成三个非空的子集 I_1、I_2、I_3，每个子集的大小至多是 f。我们让 B 中的进程 i 模拟 I_i 中的进程。如下所示：

B:

进程 i 保持 I_i 中所有进程的状态，把它的初始值分配给 I_i 的每个成员，模拟 I_i 中所有进程的每个步骤，以及 I_i 中进程对之间的消息。进程 i 把从 I_i 中的进程发送到 $I_j(i \neq j)$ 中的进程的消息发送到进程 j。如果 I_i 中任意被模拟的进程决定了值 v，那么 i 就决定出 v。（如果有多于一个这样的值，i 就任意选择一个。）

我们来说明 B 能够正确地解决针对三个进程的 Byzantine 一致性问题。指定 A 中的故障进程就是 B 中故障进程模拟的那些进程 $^\ominus$。固定 B 的某个特定的运行 α，其中最多有一个故障进程，并且令 α' 为 A 的模拟运行。因为 B 的每一个进程最多模拟 A 的 f 个进程，所以 α' 中最多有 f 个故障进程。因为假设 A 能解决针对最多包含 f 个故障的 n 个进程的 Byzantine 一致性问题，所以 Byzantine 一致性问题中一般的一致性、有效性和终止性条件在 α' 中成立。

我们说明这些条件可以在 α 中满足。对终止性，令 i 为 B 中的一个无故障进程。那么 i 至少模拟 A 中的一个进程 j，并且因为 i 是无故障的，j 也必然是无故障的。α' 的终止性条件意味着 j 最终必然做出决定。只要 j 做出了决定，i 就会做出决定（如果它以前没有做过的话）。

对于有效性，如果 B 中所有的无故障进程都从一个 v 值开始，那么 A 的所有的无故障进程也会从 v 开始。α' 的有效性意味着对 α' 中一个无故障进程来说，v 是唯一的决定值。那么对 α 中一个无故障进程来说，v 是唯一的决定值。

对于一致性，假设 i 和 j 是 B 中的无故障进程，那么它们仅仅模拟 A 中的无故障进程。α' 的一致性意味着所有这些被模拟的进程是一致的，因此 i 和 j 也是一致的。

我们得到的结论是，B 能够解决针对三个进程的 Byzantine 一致性问题，可以容许一个故障进程。但是，这与引理 6.26 矛盾。

6.5   一般图中的 Byzantine 一致性问题

本章到目前为止只在完全图中考虑了一致性问题。对于 n 节点完全图来说，我们在 6.3 节和 6.4 节中说明了 Byzantine 一致性问题只能在 $n>3f$ 的情况下得到解决。在本节中，考虑在一般网络图中的 Byzantine 一致性问题。我们描述了可解 Byzantine 一致性问题的图的特征。

首先，如果网络图是一个有至少三个节点的树，那么即使只有一个故障进程，我们也不能期待它能够解决 Byzantine 一致性问题，因为任意非叶子节点故障进程都可能把树中的一部分进程和其他的进程"断开"。不同部分中的无故障进程甚至不能可靠地联系，更不用说达成一致了。与之相似，如果 f 个节点能够断开网络图，那么有 f 个故障进程的 Byzantine

---

$\ominus$ 为了适合这里的分类，我们使用的技术允许 Byzantinc 故障进程的行为完全正确。

一致性问题就无法解决。

为了把这个直觉形式化，我们使用图论中的以下概念。图 G 的连通性，即 $conn(G)$ 被定义为最小的节点数，这种节点满足：如果移去这些节点，图形就变成非连通图或者平凡的只有一个节点的图。如果 $conn(G) \geqslant c$，就称图 G 是 c 连通的。

例 6.5.1　连通性

任何至少含有两个节点的树都是 1 连通的，一个 n 节点的完全图的连通性是 $n-1$。图 6-11 显示了一个 2 连通的图。如果节点 2 和节点 4 移走了，就只剩下两个孤立的节点 1 和 3 了。

我们使用图论中一个叫作 Menger 定理的经典定理。

定理 6.28（Menger 定理）　图 G 是 c 连通的，当且仅当 G 中的每对节点之间都有至少 c 条节点不相交的路径。

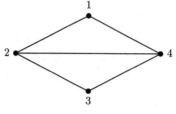

图 6-11　$conn(G)=2$ 的图 G

现在我们可以来描述那些给定故障进程数的可能解决 Byzantine 一致性问题的图，体现在图的节点数和连通性两方面。这个描述中不可能性部分的证明方法和在 6.4 节中用于证明故障进程数的下限的方法很相似。

定理 6.29　Byzantine 一致性问题可以在一个 n 节点的网络图 G 中解决，图中允许有 f 个故障进程，当且仅当以下的两个条件都得到满足：

1）$n>3f$

2）$conn(G)>2f$

证明　在定理 6.27 中，我们已经证明了，要在完全图中解决 Byzantine 一致性问题，就必须有 $n>3f$。那么在一个任意的（不必是完全的）网络图中，不难想象也是需要 $n>3f$。这是因为一个非完全图中的 $n \leqslant 3f$ 的算法也可以在一个 n 节点完全图中运行。

下面我们给出充分性的证明，即 Byzantine 一致性问题在 $n>3f$ 和 $conn(G)>2f$ 的条件下是可能解决的。因为 G 是 $2f+1$ 连通的，那么由 Menger 定理和定理 6.28 得，在 G 中的任意两个节点间必定存在着至少 $2f+1$ 条节点不相交的路径。所以在任意一对无故障节点 i 和 j 之间，i 可以沿它和 j 之间的 $2f+1$ 条路径发送消息，从而可能实现可靠的通信。因为最多只有 f 个故障进程，所以 j 沿着大多数路径接收到的消息一定是正确的。

我们一旦可以在每对无故障进程之间建立可靠的通信，就可以模拟 n 节点完全图中的任意可以解决问题的算法，从而解决 Byzantine 一致性问题。上面给出的可靠通信的实现办法是用来代替完全图中点对点通信的。当然，复杂度会有所增加，但那不是这里要解决的问题，这里算法依然能够正确地工作。

我们现在转到证明中最有趣的部分，说明 Byzantine 一致性问题只能在 $conn(G)>2f$ 的情况下解决。为了简化问题我们只讨论 $f=1$ 的情况，对更大的 f 值的（相似）讨论留为一道习题。

假设有一个图，其 $conn(G) \leqslant 2$，在有一个故障进程的情况下，Byzantine 一致性问题能用算法 A 解决。那么在 G 中有两个节点或者断开 G，或者缩减成一个节点。但是如果缩减成一个节点，就意味着 G 只有三个节点，我们已经知道，在有一个故障进程的情况下，Byzantine 一致性问题在三个节点的图中是不能解决的。所以我们假设这两个节点断开 G。

那么这个图就一定如图 6-11 所示，只是有可能节点 1 和 3 被任意的连通子图代替，在节点 2 和 4 与两个连通子图之间可能有一些边。（节点 2 和 4 之间的链路也可能出错，但这会使问题更复杂。）同样为了简单，我们只考虑节点 1 和 3 是单独的节点的情况。我们通过

合并 A 的两个副本来建立一个系统 S。开始时，每一个进程的一个副本的输入值为 0，另一个副本的输入值是 1，如图 6-12 所示。正如引理 6.26 的证明，给定输入的 S 会表现出定义良好的行为。同样我们会指出这样的良好行为是不可能的。

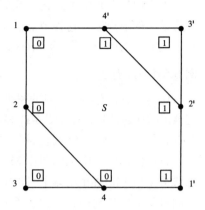

图 6-12　把 A 的两个副本合并得到 S

假设 S 中的进程都以图 6-12 中指示的输入值开始，也就是名字不带撇的进程输入值为 0，名字带撇的进程输入值为 1。令 α 为 S 的一个运行。

我们从进程 1、2、3 的角度考虑 α。这些进程在 α_1 中运行就好像运行在系统 A 中，进程 4 在 α_1 中会发生故障，如图 6-13 所示。那么 Byzantine 一致性的正确性条件意味着在 α_1 中，最后进程 1、2、3 都必须决定出 0。因为对进程 1、2、3 来说，α 和 α_1 是不可区分的，所以最终决定出 0。

下面从进程 $1'$、$2'$、$3'$ 的角度考虑 α。这些进程在 α_2 中运行就好像运行在系统 A 中，进程 4 在 α_2 中会发生故障，如图 6-14 所示。由相同的讨论，进程 $1'$、$2'$、$3'$ 最终都决定出 1。

最后我们从进程 3、4 和 $1'$ 的角度考虑 α。这些进程在 α_3 中运行就好像运行在系统 A 中，进程 2 在 α_3 中会发生故障，如图 6-15 所示。那么 Byzantine 一致性的正确性条件意味着在 α_3 中，最终进程 3、4 和 $1'$ 都必须做出同一决定。在 α 中有同样的情况。

但这反映了一个矛盾，因为我们已经说明了在 α 中，进程 3 必须决定出 0 而进程 $1'$ 必须决定出 1。所以在 $conn(G) \leqslant 2$ 和 $f=1$ 的情况下 Byzantine 一致性问题是不可解决的。

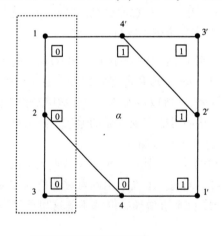

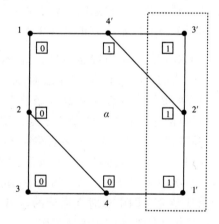

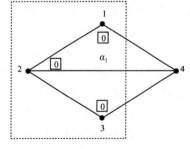

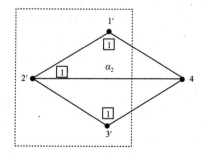

图 6-13　运行 α 和 α_1 对进程 1、2 和 3 是不可区分的

图 6-14　运行 α 和 α_2 对进程 $1'$、$2'$ 和 $3'$ 是不可区分的

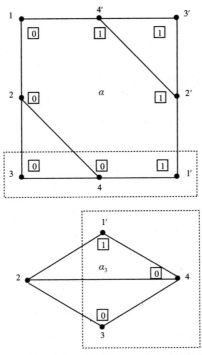

图 6-15　运行 α 和 α_3 对进程 3、4 和 1' 是不可区分的

为了能够得到 $f>1$ 时的结论，我们可以使用相同的图，其中进程 2 和 4 被最多有 f 个节点的集合 I_2 和 I_4 代替，进程 1 和 3 被任意的节点集合 I_1 和 I_3 代替。移去 I_2 和 I_4 中的所有节点，使得 I_1 和 I_3 被孤立。图 6-11 中的边可以看作代表不同节点组 I_1、I_2、I_3 和 I_4 之间的一束边。

6.6　弱 Byzantine 一致性

在 6.4、6.5 节中用到的证明 Byzantine 一致性问题在 $n \leqslant 3f$ 或 $conn \leqslant 2f$ 的情况下不可解的方法也可以用来证明其他一致性问题的不可能性结果。作为一个例子，在本节中，我们来证明 Byzantine 一致性问题的一个弱变形的不可能性结果，这个结果称为弱 Byzantine 一致性问题。

弱 Byzantine 一致性问题和原始 Byzantine 一致性问题的唯一区别在于有效性条件。弱 Byzantine 一致性问题的有效性条件是：

有效性条件　如果没有故障进程，而且所有进程都以相同初始值 $v \in V$ 开始，那么 v 是唯一可能的决定值。

在原始 Byzantine 一致性问题中，如果所有无故障进程都以同一初始值 v 开始，那么即使故障进程存在，这些无故障进程也都必然决定出 v。在弱 Byzantine 一致性问题中，只有在不存在故障进程的情况下它们才需要决定出 v。

因为新问题比原来的要弱，所以我们为原始 Byzantine 一致性问题给出的算法同样适用于弱 Byzantine 一致性问题。但是，不可能解的结果不能直接拿过来用，因为对于弱 Byzantine 一致性问题，可能存在更有效的算法。事实证明（除了有一点技术性要求）对进程的数目和图的连通性的限制倒是还成立。（技术性要求是：现在我们需要假设 $n \geqslant 3$，因为对于 $n=2$ 的弱 Byzantine 一致性问题，存在一个平凡解法。）

定理 6.30　假设 $n \geqslant 3$。在一个允许 f 个故障进程的 n 节点网络图 G 中，弱 Byzantine 一致

性问题是可解的，当且仅当：

1）$n>3f$

2）$conn\ (G) >2f$

证明 正如定理 6.29 所说，充分性条件可通过对于普通 Byzantine 一致性的协议的存在性得到证明。这里证明对于三个进程，其中一个发生故障的情况下，弱 Byzantine 一致性问题是不可解的；对 $f>1$ 的情况和连通性的证明则留为练习。为了简单，我们假设 $V=\{0,1\}$。

假设存在一个三进程算法 A 可以解决弱 Byzantine 一致性问题，三个进程分别为进程 1、2、3，且其中可能有一个故障进程。令 α_0 为 A 的一个运行，其中三个进程都是以 0 开始的，而且没有出故障的进程。终止性和有效性条件意味着在 α_0 中三个进程最后都决定出 0。令 r_0 为所有进程都做出决定所需的最小轮数。与之类似，令 α_1 为 A 的一个运行，其中三个进程都是以 1 开始，而且没有出故障的进程。则所有进程最后在 α_1 中都决定出 1。令 r_1 为所需的轮数，并选取 $r \geq \max\{r_0, r_1, 1\}$。

通过把 A 的 $2r$ 个副本放到一共有 $6r$ 个进程的环中，其中 $3r$ 个在"上半部分"，$3r$ 个在"下半部分"，来建立一个新系统 S。在上半部分的进程都以输入值 0 开始，在下半部分的进程都以输入值 1 开始。如图 6-16 所示。（这里，对 A 的相同进程的多个副本，我们不再使用带撇的符号或者其他用于区别的标记。）令 α 为 S 的一个运行。

通过像引理 6.26 的证明中一样的讨论，我们可以证明 S 中任意两个相邻进程在运行 α 中必须都决定出相同的值；因为在这两个进程看来，它们是在一个三角形中，且与第三个进程（出故障的进程）交互。因此，S 中所有进程必然在 α 中做出相同决定。（不失一般性）假设它们都决定出 1。

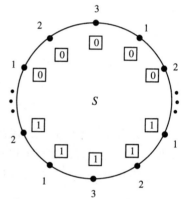

图 6-16 合并 A 的 $2r$ 个副本得到 S

现在来导出一个矛盾，我们证明在上半部分的某个进程必然决定出 0。让 B 为 S 的上半部分任意 $2r+1$ 个连续进程的"块"；在 α 中它们都是以初值 0 开始的。现在 B 中的所有进程在 α 中的开始状态与同名进程在 α_0 中的相同，而且在第一轮发送相同的消息。因此，在两个运行中的第一轮，B 中的所有进程（可能要除了两个端点中的一个）收到的消息与它们的同名进程在 α_0 中收到的一样，也就与同名进程处于相同的状态，并在第二轮发送相同的消息。在两个运行的第二轮，B 中除了两个端点，所有进程接收相同的消息并处于相同的状态。如此继续下去，我们看到在第 k 轮，其中 $1 \leqslant k \leqslant r$，$B$ 中除了端点处的 k 个进程，其他所有进程都在 α 与 α_0 中收到相同消息并处于相同状态。也就是说，在第 k 轮，对于 B 中除了端点处 k 个进程之外的所有进程，α 与 α_0 是不可区分的。简单点说，这是因为信息来不及从 B 块外传播到那些进程。

特别地，在第 r 轮，对于块 B 中间的进程 i 来说，α 和 α_0 是不可区分的，但是因为在 α_0 中，进程 i 在 r 轮的最后决定出 0，故它在 α 中也决定出 0。这与进程 i 在 α 中决定出 1 相矛盾。

6.7 有停止故障时的轮数

在这章的最后，我们来证明在少于 $f+1$ 轮的情况下一致性问题是不能解决的，这对

Byzantine 故障或停止故障都成立。也就是说，对于每种故障，不存在一个一致性算法使得所有无故障进程都在第 f 轮做出决定。

我们采用的方法是：假设存在一个 f 轮的一致性算法，然后导出矛盾。对于我们来说，给假设的算法加上限制是很容易的，不会使之失去一般性。首先，我们假设网络图是全连接的，用在非完全图的快速算法在完全图中也可以用，这种限制就不会失去一般性。我们还假设所有的进程在第 f 轮末做决定，然后马上停止。在这种情况下，一个 Byzantine 一致性问题的算法就必然就是一个停止一致性问题的算法（参考 6.1 节中对两个问题关系的说明）。所以，为了得到一个不可能解，我们可以把注意力只放在停止一致性问题上。我们还假设每个进程都在每 k 轮，其中 $1 \leq k \leq f$，向其他进程发送消息（除非它发生故障）。最后我们把注意力放在 $V=\{0,1\}$ 情况上。

就像第 5 章中的协同攻击问题一样，我们使用通信模式的概念，指出在每一轮哪个进程向其他哪个进程发送消息。把以前的定义特殊化为完全图中的情况，我们定义通信模式为如下集合的任意子集

$$\{(i, j, k) : 1 \leq i, j \leq n, i \neq j, 1 \leq k\}$$

一个通信模式并不描述消息的内容，它只是描述在哪一轮从哪一个进程向另外哪一个进程发送消息。

我们在通信模式上考虑三个限制。第一，因为我们考虑的算法有 f 轮，所以在我们考虑的通信模式中，所有的三元组 (i, j, k) 都满足 $k \leq f$。第二，因为我们考虑停止故障模型，所以所有的通信模式都满足以下的限制：如果任意三元组 (i, j, k) 在通信模式中丢失了，那么所有 (i, j', k') 也丢失了，其中 $k' > k$。也就是说，如果进程 i 在第 k 轮没有成功地发送消息，那么它就不会在以后的轮中发送消息。第三，因为我们考虑的运行最多有 f 个故障进程，所以所有的通信模式最多含有 f 个故障进程（我们定义"通信模式中的一个进程 i 是有故障的"为某个形如 (i, j, k) 的元组在模式中丢失了，其中 $k \leq f$）。我们把满足以上三个条件的通信模式（仅仅在本章的剩余部分中）称为良好的通信模式。

例 6.7.1 良好的通信模式

一个良好的通信模式（$n=f=4$）的例子如图 6-17 所示。在这个模式中，进程 3 在第一轮给进程 4 发送消息，但是给进程 1 和 2 发送消息时失败了。所以，进程 3 一定是在第一轮停止，并且在后来的轮中没有发送消息。同样，进程 2 在第二轮末尾停止。进程 1 和 4 是无故障的。

现在我们定义运动为以下两条性质的结合：

1）一个对所有进程的输入值的赋值。

2）一个良好的通信模式。

（这与 5.2.1 节中的对手相似。）

对于一个特定一致性算法 A，每个运动 ρ 都定义了相应的运行 $exec(\rho)$。通过根据 ρ 中给出的输入赋值来设置进程的输入状态分量，从而定义进程的初始状态。发送的消息由 ρ 的通信模式决定，这需要对发送进程的先前状态使用 A 的消息转移函数；初始状态之后的状态由 A 的状态转移函数决定。（但是，当有进程发送消息失败后，就不再使用它的状态转移函数。）

为了给出下界的直观认识，我们先证明 $f=1$ 的特殊情况。

定理 6.31 假设 $n \geq 3$，那么不存在能够容忍一个故障的 n 进程停止一致性算法，所有无故障进程都在第一轮结束前做出决定。

进程

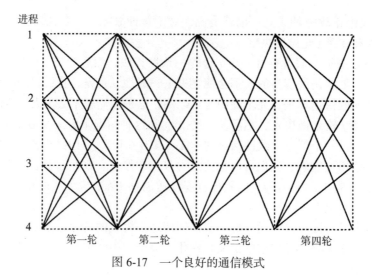

图 6-17　一个良好的通信模式

证明　为了导出矛盾，假设存在一个这样的算法 A，它满足本节开始列出的所有限制。

构造 A 的一个运行链，其中每个运行至多包含一个故障进程，满足 1）链的第一个运行用 0 作为它自己唯一的决定值；2）链的最后一个运行用 1 作为自己唯一的决定值；3）对在两个运行中都不出故障的某个进程来说，链中任意两个连续运行都是不可区分的。那么因为任意两个连续运行对于某个无故障进程 i 来说是一样的，所以进程 i 在两个运行中必须做出相同的决定，也就是这两个运行必须有相同的唯一决定值。因此链中的每个运行必须有相同的唯一决定值，这就和性质 1）、2）矛盾了。

链的开始为由运动 ρ_0 决定的运行 $exec(\rho_0)$，其中所有进程的输入值都是 0 并且没有故障进程。运动如图 6-18 所示。根据有效性，$exec(\rho_0)$ 中唯一决定值必然是 0。从运行 $exec(\rho_0)$ 开始，我们通过删除一条消息构造下一运行，删的消息是从进程 1 发送到进程 2 的。结果如图 6-19 所示。对于除了进程 1 和 2 之外的所有进程来说，这个运行和 $exec(\rho_0)$ 是不可区分的。因为 $n \geqslant 3$，故至少存在一个这样的进程，它在两个运行中都没有发生故障。

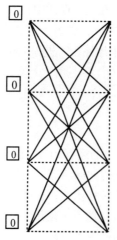

图 6-18　运动 ρ_0——所有输入值均为 0，
　　　　　并且没有故障进程

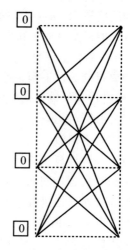

图 6-19　从 ρ_0 中删除一条消息的结果

下面，我们删除从进程 1 发送到 3 的消息；对于除了进程 1 和 3 之外的所有进程来说，这个运行和先前运行是不可区分的，而且至少有一个这样的进程。继续这样的做法，每次删除一条从进程 1 发送的消息，使得对于某个无故障进程来说，每两个连续的运行都是不可区分的。

当移走所有从进程 1 发送的消息后，我们把进程 1 的输入值从 0 改为 1。当然，除了进程 1，对于每个进程来说，最后得到的运行和先前运行是不可区分的，原因在于进程 1 没有在运行中发送消息。接着，我们来逐个替代进程 1 的消息，同样对于某个无故障进程来说，每一对连续运行都是不可区分的。采用这种方法，我们以 $exec(\rho_1)$ 结束，其中 ρ_1 是这样的运动：其中进程 1 有输入值 1，其他进程输入值为 0，并且没有故障进程。

之后，我们对进程 2 重复上述过程，首先逐个移走所有的从进程 2 发送的消息，然后把进程 2 的输入值从 0 改为 1，再替代它的消息。得到的运动是 $exec(\rho_2)$，ρ_2 运动是这样的：其中进程 1 和 2 输入值为 1，其他进程输入值为 0，并且没有故障进程。对进程 3 到 n 重复上述构造过程，最后得到 $exec(\rho_n)$，ρ_n 运动中所有进程从输入值 1 开始且没有故障进程。

所以我们就构造了一条从 $exec(\rho_0)$ 到 $exec(\rho_n)$ 的链，它满足性质 3）。但是有效性条件意味着在 $exec(\rho_0)$ 中唯一的决定值是 0，在 $exec(\rho_n)$ 中唯一的决定值是 1，这产生了 1）和 2）。所以我们就有了导出矛盾所需的链。

在说明一般情况之前，我们再做一步预备工作，说明 $f=2$ 时的情况。

定理 6.32 假设 $n \geq 4$，那么不存在能够容忍两个故障的 n 进程停止一致性算法，所有无故障进程都在第二轮结束前做出决定。

证明 同样假设存在一个这样的算法。和前面证明中一样，我们用类似的方法构造一条链，使得它满足性质 1）、2）、3）。对于每个进程 i 来说，其中 $0 \leq i \leq n$，令 ρ_i 代表（两轮的）运动，其中进程 $1, \cdots, i$ 有输入值 1，进程 $i+1, \cdots, n$ 有输入值 0，并且没有故障进程。链以 $exec(\rho_0)$ 开始，以 $exec(\rho_n)$ 结束，之间的运行是 $exec(\rho_i)$。

从 $exec(\rho_0)$ 开始，我们想要在开始时就删除进程 1。当我们在处理一轮的时候，可以简单地逐条删除从进程 1 发送的消息。现在逐条删除进程 1 的第二轮消息是没有问题的。但是，如果在链的一步中，我们删除了进程 1 在第一轮从进程 1 发给其他某个进程 i 的消息，那么对于某个无故障进程来说，这两个连续运行就不再是不可区分的了。这是因为在第二轮中，进程 i 可以告诉其他的进程是否在第一轮中接收到了进程 1 发送的消息。

我们分几步来删除从进程 1 到进程 i 的第一轮的消息，从而解决这个问题。在链中间的运行中，进程 1 和进程 i 都是发生故障的；因为 $f = 2$，这是允许的。特别是在我们开始的运行中，进程 1 在第一轮给进程 i 发送消息，而且进程 i 是无故障的。我们逐条删除进程 i 发送的第二轮的消息，直到得到一个运行，其中进程 1 在第一轮给进程 i 发送消息，而进程 i 在第二轮没有发送消息。接着，我们删除从进程 1 到进程 i 的第一轮的消息；对于除了进程 1 和 i 之外的所有进程来说，得到的运行和先前运行是不可区分的。然后我们替代进程 i 在第二轮中发送的消息，直到我们得到一个运行，其中进程 1 在第一轮不给进程 i 发送消息，而且进程 i 是无故障的。这就实现了我们要移走从进程 1 到进程 i 的第一轮消息的目的，同时保证了对于某个无故障进程来说，每对连续的运行是不可区分的。

按照这样的方法，我们逐条删除进程 1 发送的第一轮的消息，直到进程 1 不发送消息为止。然后和以前一样把进程 1 的输入值从 0 改为 1。我们"按相反的方向"继续这个过程，逐条替代进程 1 的第一轮的消息。对进程 2,…,n 重复这样的过程，从而得到所需的链。

现在我们来给出一般的定理。

定理 6.33   假设 $n \geq f+2$。那么不存在能够容忍 f 个故障的 n 进程停止一致性算法，所有无故障进程都在第 r 轮结束前做出决定。

定理 6.31 和定理 6.32 的证明包含了证明定理 6.33 的主要思想。在这个通用证明中，我们使用 f 个故障进程来构造一个更长的链。相对于定理 6.31 和定理 6.32，下面给出更加形式化的证明。因此我们需要一些记号。

首先，如果 ρ 和 ρ' 是两个运动，其中进程 i 是无故障进程，那么我们用 $\rho \overset{i}{\sim} \rho'$ 表示 $exec(\rho) \overset{i}{\sim} exec(\rho')$，亦即由运动 ρ 和 ρ' 产生的运行对于进程 i 是不可区分的。如果对于某个在 ρ 和 ρ' 中都没有发生故障的进程 i 有 $\rho \overset{i}{\sim} \rho'$，则记作 $\rho \sim \rho'$。$\sim$ 关系的传递闭包记为 $\rho \approx \rho'$。

其次，注意在定理 6.31 和 6.32 的证明中，链中产生的所有通信模式都有一个特别简单的形式。我们把这个形式定义如下：若对于每一个 k，其中 $0 \leq k \leq f$，在 k 轮结束之前最多有 k 个进程出现故障（至少发送一条消息），就定义一个良好的通信模式是规则的；如果一个运动或一个运行的通信模式是规则的，那我们说这个运动或运行是规则的。

最后，如果 ρ 是一个运动，并且 $0 \leq k \leq f$，那么定义 $ff(\rho, k)$ 为 ρ 的变形。它和 ρ 有相同的输入赋值，在时间 k 后没有故障发生，在前 k 轮中和 ρ 有相同的通信模式且之后不再发生故障。下面是关于 ff 的一些明显事实。

引理 6.34   如果 ρ 是一个规则的运动，那么

1）对于任意的 k，其中 $0 \leq k \leq f$，$ff(\rho, k)$ 是规则的。

2）如果除了在 ρ 中会出错的某个进程 i 也会在 ρ' 中的以后轮中出错之外，ρ' 和 ρ 是相同的，那么 ρ' 是规则的。

3）如果没有进程在第 $k+1$ 轮出错，那么 $ff(\rho, k) = ff(\rho, k+1)$。

定理 6.33 的证明核心部分在于以下的强引理，它说明有可能在任意两个具有相同输入赋值的规则运动之间构造一个链。

引理 6.35   假设 A 是一个能够容忍 f 个故障的 n 进程停止一致性算法，所有无故障进程都在第 f 轮结束前做出决定。令 ρ 和 ρ' 为 A 的两个具有相同输入赋值的规则运动，那么 $\rho \approx \rho'$。

证明   我们通过证明以下参数化声明来证明这个引理。$k=0$ 的情况就直接证明了上述引理。

声明 6.36   令 k 为一个整数，$0 \leq k \leq f$。让 ρ 和 ρ' 是 A 的两个规则运动，它们具有相同的输入赋值，而且在前 k 轮中有相同的通信模式。那么有 $\rho \approx \rho'$。

证明   声明 6.36 的证明是通过对 k 做反向归纳来完成的，从 $k=f$ 开始，以 $k=0$ 结束。

基础：$k=f$。因为我们假设在 f 轮之前 ρ 和 ρ' 具有相同的输入值和相同的通信模式，这就意味着 ρ 和 ρ' 是相同的。显然此时声明成立。

归纳步：假设声明对 $k+1$ 成立，现在来证明 $0 \leq k \leq f-1$ 的情况。在这种情况下，只要证明任意规则的运动 ρ 都满足 $\rho \approx ff(\rho, k)$ 就足够了。因为我们可以把这个结果应用两次来得到所需声明，所以固定某个规则的运动 ρ，由引理 6.34 得到 $ff(\rho, k)$ 是规则的。

由归纳假设得，$ff(\rho, k+1) \approx \rho$，所以只需要证明 $ff(\rho, k) \approx ff(\rho, k+1)$ 就足够了。如果没有

进程在 ρ 中的第 $k+1$ 轮发生故障，那么引理 6.34 意味着 $f\!f(\rho,k) \approx f\!f(\rho,k+1)$。所以我们假设至少有一个进程在 ρ 中的第 $k+1$ 轮中发生故障。令 I 为这些进程的集合。

令 ρ_0 为除了 I 中所有进程在 $k+1$ 轮后发生故障之外，其他均与 $f\!f(\rho,k)$ 相同的运动。那么引理 6.34 的第 2）条（用于 ρ）意味着 ρ_0 是规则的。

因为 ρ_0 和 $f\!f(\rho,k)$ 是前 $k+1$ 轮都相同的两个规则运动，所以我们可以用归纳假设来证明 $\rho_0 \approx f\!f(\rho,k)$。因此，要证明 $f\!f(\rho,k) \approx f\!f(\rho,k+1)$，只需证明 $\rho_0 \approx f\!f(\rho,k+1)$。

现在，我们构造一个从 ρ_0 到 $f\!f(\rho,k+1)$ 的规则运动的链。ρ_0 和 $f\!f(\rho,k+1)$ 的唯一区别是：I 中进程在 ρ_0 中的第 $k+1$ 轮发送的消息在 $f\!f(\rho,k+1)$ 中会丢失，我们不妨把那些消息一次性删除，以保持运动不变。

例如，考虑删除从 i 发送到 j 的一条消息，其中 $i \in I$。令 σ 为包含这条消息的运动，令 τ 为不包含这条消息的运动；我们必须证明 $\sigma \approx \tau$。如果 $k+1=f$，那么对于除了 i 和 j 之外的所有进程来说，σ 和 τ 是不可区分的；因为 $n \geqslant f+2$，并且 i 是故障进程，所以这必然包括至少一个无故障进程。故有 $\sigma \approx \tau$，得证。

另一方面，如果 $k+1 \leqslant f-1$，那么定义 σ' 与 τ' 分别和 σ 与 τ 相同——除了在 σ' 与 τ' 中，进程 j 在第 $k+2$ 轮的开始发生故障之外（如果它以前没有发生故障的话）。如图 6-20 所示。

σ' 与 τ' 都是规则的，原因在于 σ 与 τ 都最多包含 $k+1 \leqslant f-1$ 个故障，而且在第 $k+2$ 轮中我们只引入一个新故障。那么根据归纳假设：$\sigma \approx \sigma'$，$\tau \approx \tau'$。同时有 $\sigma' \approx \tau'$，原因在于它们对于除了 i 和 j 之外的所有进程都是不可区分的。故此，我们又得到 $\sigma \approx \tau$。

这说明了可以构造从 ρ_0 到 $f\!f(\rho,k+1)$ 的链，因此 $\rho_0 \approx f\!f(\rho,k+1)$，所以 $\rho \approx f\!f(\rho,k)$，得证。

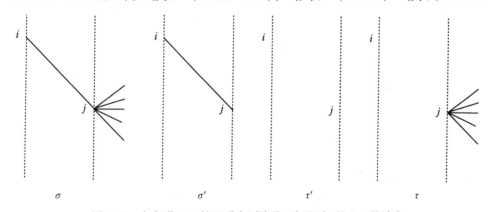

图 6-20 在声明 6.36 的证明中删除从 i 发送到 j 的 $k+1$ 轮消息

正如以前提到的，由声明 6.36 可以直接得到引理 6.35。

现在我们把引理 6.35 扩展到不同输入赋值的情况。

引理 6.37 假设 A 是一个能够容忍 f 个故障的 n 进程停止一致性算法，所有无故障进程都在第 f 轮结束前做出决定。令 ρ 和 ρ' 为 A 的两个规则运动，那么 $\rho \approx \rho'$。

证明 根据引理 6.35，每个 ρ 都和它的无故障版本相关联，也就是 $\rho \approx f\!f(\rho,0)$。所以在不失一般性的情况下，我们可以假设引理中叙述的 ρ 和 ρ' 都是无故障的。

如果 ρ 和 ρ' 是有相同的输入赋值，那么它们是相同的，这不需要什么证明。

假设 ρ 和 ρ' 只在一个进程 i 的输入值上是不同的；比如，i 在 ρ 中的输入值是 0，而在 ρ' 中的输入值是 1。那么定义 σ 和 σ' 为分别与 ρ 和 ρ' 相同的运动，只是 i 在一开始就发生故障。那么由引理 6.35 可知，$\rho \approx \sigma$，$\rho' \approx \sigma'$。同样有 $\sigma \approx \sigma'$，因为对于除了进程 i 之外的所有进程来说，σ 和 σ' 是不可区分的。所以 $\rho \approx \rho'$。

最后，假设 ρ 和 ρ' 在多于一个进程的输入值上是不同的，那么我们可以构造一个从 ρ 到 ρ' 的无故障运动的链，链中的每一步都只改变一个进程的输入值。把前面的情况用于链中的每一步，我们又得到 $\rho \approx \rho'$。

使用引理 6.37，很容易证明定理 6.33。我们已经知道，所有规则的运动都因链相联系；现在我们考虑在这些运动中的决定值。假设 $n > f$，终止性和一致性性质意味着对于每个 ρ，$exec(\rho)$ 中都产生唯一的决定值 $dec(\rho)$。以下的引理说明，满足 ~ 或 ≈ 关系的运动必然产生相同的决定值。

引理 6.38

1）如果 $\rho \sim \rho'$，那么 $dec(\rho) = dec(\rho')$。

2）如果 $\rho \approx \rho'$，那么 $dec(\rho) = dec(\rho')$。

证明 对于 1），回忆 $\rho \sim \rho'$ 意味着在 ρ 和 ρ' 中都存在一个无故障进程 i，使得 $exec(\rho) \overset{i}{\sim} exec(\rho')$。这说明进程 i 在 $exec(\rho)$ 和 $exec(\rho')$ 中决定出相同的值。因此 $dec(\rho) = dec(\rho')$。

2）可以从 1）得到。

（定理 6.33 的）证明 假设存在这样一个算法 A；我们假设 A 满足本节开始所列出的限制。

令 ρ_0 为 A 的一个运动，其中所有进程都是以 0 开始，而且没有故障进程；令 ρ_1 为 A 的另一个运动，其中所有进程都是以 1 开始，而且没有故障进程。由引理 6.37 可知，$\rho_0 \approx \rho_1$。由引理 6.38 的 2）可知，$dec(\rho) = dec(\rho')$。但是有效性条件意味着 $dec(\rho_0) = 0$，$dec(\rho_1) = 1$。矛盾。

弱有效性条件 注意，如果我们把有效性条件降到 6.6 节中用于弱 Byzantine 一致性问题的那种程度，这里不可能性的证明还是可以用的。也就是说，假设 $n \geqslant f+2$，我们已经证明了解决弱 Byzantine 一致性问题也至少需要 $f+1$ 轮。

6.8 参考文献注释

本章中的许多思想源于两篇奠基性的论文，一篇来自 Pease、Shostak 和 Lamport[237]，另一篇来自 Lamport、Shostak 和 Pease[187]。这两篇论文包含了 Byzantine 一致性要求的进程数目的上下限 $3f+1$，以及一个带鉴别的一致性算法，所有这些都是针对全连通图的。第二篇论文中的描述使用了攻击将军而不是进程的形式。正是第二篇论文为这种故障模型创造了术语 Byzantine。

更详细地说，这两篇论文定义了 Byzantine 一致性问题，并且使它成为软件实现的容错（Software-Implemented Fault Tolerance，SIFT）飞行器控制系统中出现的问题的一种抽象[289]。[237] 中算法使用的指数数据结构与 EIG 树相似；Byzantine 一致性算法与 EIGByz 算法相似，而带鉴别的算法与 EIGStop 相似。[187] 中的算法几乎与它们完全相同，但采用了递归的形式。[237] 中的 $n \leqslant 3f$ 个进程的不可能性证明涉及详细情况的明确构造。[187] 中的不可能性证明介绍了缩减到三对一情况的方法，这在定理 6.27 的证明中出现了。

对于带鉴别的 Byzantine 一致性问题，Dolev 和 Strong[93] 给出了与 FloodSet 和 OptFloodSet 算法相似的算法。Dolev[94] 考虑了在不一定是全连通图中的 Byzantine 一致性问题。他用清晰的构造方法，证明了定理 6.29 中给出的连通性界限。Dolev、Reischuk 和 Strong[99] 针对特定的通信模式，给出了"提前停止"的算法。其他提前停止算法由 Dwork 和 Moses[105]，以及 Halpern、Moses 和 Waarts[145] 开发。

Bar-Noy、Dolev、Dwork 以及 Strong 定义了 EIG 树的数据结构，并给出了 EIGByz 算法，本质上其形式与本书一样 [39]。TurpinCoan 算法来自 [279]。

对 Byzantine 一致性问题的第一个多项式通信复杂度的算法是 Dolev 和 Strong[101] 提出的，接着得益于 Dolev、Fischer、Fowler、Lynch 和 Strong[96] 的提高得到了 2f+3 的时间界限。Coan[82] 开发了一个折衷算法，其中对任意 $\varepsilon>0$，轮数降低为 $(1+\varepsilon)f$；通信复杂度是多项式级，但多项式的级数取决于 ε。一致广播原语和 ConsistentBroadcast 算法是 Srikanth 和 Toueg[269] 提出的。PolyByz 算法的基础是 Srikanth、Toueg[269] 以及 Dolev 等人[96] 提出的算法。接下来，Moses 和 Waarts[231]，Berman 和 Garay[49] 以及 Garay 和 Moses[133] 的研究产生了 f+1 轮的多项式级通信度的 Byzantine 一致性算法；其中 Garay 和 Moses[133] 的研究得到了进程数的下限 $n=3f+1$。然而这些算法都很复杂。

正如已经提到的，Byzantine 一致性要求的进程数下限 $n>3f$ 最初在 [237，187] 中得以证明，而连通性的下限最初是在 [94] 证明的。然而本书中给出的证明是由 Fischer、Lynch 和 Merritt[122] 提出的。Menger 定理最初是由 Menger[225] 证明的，在 Harary 的书 [147] 中可以看到。

弱 Byzantine 一致性问题是 Lamport[178] 定义的。他还给出了进程数下限的结论。但本书中给出的证明是由 Fischer、Lynch 和 Merritt[122] 提出的。

对 Byzantine 故障，达成一致所需轮数的第一个下限结论是由 Fischer 和 Lynch[119] 证明的。以后又被 Dolev 和 Strong[93]，以及 DeMillo、Lynch 和 Merritt[88] 扩展到带鉴别的 Byzantine 故障中。Merritt[226] 第一个把 Dolev 和 Strong[101] 的思想用于停止故障。Dwork 和 Moses[105] 给出了对这个结果的另一种证明；他们的证明更好地分析了不同运动所需的时间。Feldman 和 Micali[113] 使用"秘密共享"技术来获得一个常数时间随机化解法。

Fischer[117] 的一篇论文总结了关于一致性问题的大量早期工作。

Draper 实验室的大量工作 [172，173] 涉及利用 Byzantine 一致性来设计容错多处理器和处理器故障诊断算法。这些设计已经被用于一些安全性要求很高的应用程序，如无人海底运输器、核攻击潜艇以及核电站控制。

6.9 习题

6.1 把停止故障的有效性条件改为只要求无故障进程达成一致，证明任意解决 Byzantine 一致性问题的算法可以解决停止一致性问题。

6.2 证明对于任意解决了 Byzantine 一致性问题，且其中所有无故障进程总是在同一轮中做出决定的算法也可以解决停止一致性问题。

6.3 证明引理 6.2。

6.4 追踪存在四个进程和两个故障进程情况下的 FloodSet 算法的运行，其中进程的初始值分别为 1、0、0 和 0。假设故障进程为 1 和 2，进程 1 在第一轮中只向进程 2 发送消息后失败，进程 2 在第二轮中只向进程 1 和 3 而不是进程 4 发送消息后失败。

6.5 考虑 f 个故障的 FloodSet 算法。假设算法仅仅运行 f 轮，而不是 f+1 轮，决定规则相同。描述违反正确性要求的一个特定运行。

6.6 a) 除了课本中讨论的决定规则，描述另一个决定规则，使它可以在 FloodSet 算法中正确工作。

　　　b）对可以正确工作的决定规则的集合，给出其准确特征。

6.7 把 FloodSet 算法扩展到任意（不必是完全）连通图中，对它进行分析，并证明其正确性。

6.8 给出 OptFloodSet 算法的代码，通过证明引理 6.5、6.6 和 6.7 来完成课本中给出的证明。

6.9 在一个值域 V 中，考虑下面的简单算法，它是针对存在停止故障的一致性的算法。每一个进程都维护一个变量 min-val，初始值为它自己的初始值。在 $f+1$ 轮中的每一轮，所有的进程广播它们的 min-val，然后在它原来的 min-val 和收到的消息中的所有 min-val 中选择一个最小的，设置为它的 min-val 的新值。最后的决定值是 min-val。给出算法的代码，并证明（直接证明或通过模拟证明）其正确性。

6.10 追踪针对四个进程和两个故障情况的 EIGStop 算法的运行，其中进程的初始值分别为 1、0、0 和 0。假设故障进程为 1 和 2，进程 1 在第一轮中只向 2 发送消息后失败，进程 2 在第二轮中只向进程 1 和 3 而不是进程 4 发送消息后失败。

6.11 证明引理 6.11。

6.12 证明引理 6.12 的 1）。

6.13 考虑 f 个故障的 EIGStop 算法。假设算法仅仅运行 f 轮，而不是 $f+1$ 轮，决定规则相同。描述违反正确性要求的一个特定运行。

6.14 证明 FloodSet 算法正确性的另一种方法是通过模拟关系把它和 EIGStop 相联系。为此，我们首先扩展 EIGStop 算法，允许每个进程 i 在所有轮中广播所有的值，而不仅仅是那些与标号不包含 i 的节点相联系的值。必须说明这种扩展不会影响算法的正确性。另外，在 EIGStop 算法的描述中必须加入一些细节，如 $rounds$ 和 $decision$ 变量必须显式地操作。那么 FloodSet 和修改后的 EIGStop 就可以并排运行，它们从相同的初始值集合开始，而且故障在相同进程中同时发生。

　　　用这种方法证明 FloodSet 算法的正确性。证明的核心是下面的模拟关系，它与两个算法在相同轮数后的状态相关。

　　　断言 6.9.1 对任意 r，其中 $0 \leqslant r \leqslant f+1$，在 r 轮之后，下列结论成立。

　　　a）在两个算法的状态中，变量 $rounds$ 和 $decision$ 的值是相同的。

　　　b）对每一个 i，在 EIGStop 中标注 i 的树的节点的值 $vals$ 的集合与 FloodSet 中的集合 W_i 相等。

对于建立模拟关系所需的 EIGStop 的任意附加不变式，确保包括了它们的描述和证明。

6.15 使用下列两种方法之一，证明 OptEIGStop 的正确性。

　　　a）通过 EIGStop 模拟方法，使用的证明方法与联系 OptFloodSet 和 FloodSet 的模拟证明方法类似。

　　　b）通过把它和 OptFloodSet 联系。

6.16 对于带鉴别的 Byzantine 故障模型，证明 EIGStop 算法和 OptEIGStop 算法的正确性。可以用于证明 EIGStop 的一些重要事实在下面的断言中，与引理 6.12 的叙述类似。

　　　断言 6.9.2 在 $f+1$ 轮之后：

a）如果 i 和 j 是非故障进程，$val(y)_i = v \in V$，而且 xj 是 y 的前缀，那么 $val(x)_j = v$。

b）如果 v 在任意无故障进程的 $vals$ 集合中，那么 v 是某个进程的初始值。

c）如果 i 是一个无故障进程，$v \in V$ 在 i 的 $vals$ 集合中，那么必然存在某个不包含 i 的标号 y，使得 $v = val(y)_i$。

这些事实可以从数字签名的性质得到。

6.17 研究问题：形式化地定义带鉴别的 Byzantine 故障模型，并对它的能力和局限的有关结论进行证明。

6.18 给出 EIGStop 的一个运行例子，以说明对 Byzantine 故障 EIGStop 不能解决一致性问题。

6.19 考虑七个进程的三轮的 EIGByz 算法。任选两个进程作为故障进程，并假设所有进程的输入和故障进程的消息值都是随机选择的。计算运行中产生的所有信息，并证明它满足正确性条件。

6.20 证明在 EIGByz 算法中，并不需要 EIG 树中的每一个节点都是公共的。

6.21 考虑 EIGByz 算法。构造一个明确的运行，说明在下列情况下运行时，算法会产生错误的结果。

　　a）七个节点，两个故障，两轮。

　　b）六个节点，两个故障，三轮。

6.22 TurpinCoan 算法在第一轮和第二轮使用了阈值 $n-f$，有哪些能使算法正确工作的其他阈值对？

6.23 假设我们考虑 TurpinCoan 算法有两个故障进程集合 F 和 G，而不是只有一个。每一个集合最多有 f 个进程。F 中的进程除了能在第 1、2 轮发送错误消息外，没有其他的故障。G 中的进程只允许在运行二元 Byzantine 一致子例程时有错误行为。在这些故障假设下，组合算法怎样保证正确性条件呢？给出证明。

6.24 现在我们假设 $n>4f$。使用二元 Byzantine 一致子例程，解决一个算法多值的 Byzantine 一致性问题。算法通过要求一个额外轮，而不是两个额外轮，来改善 TurpinCoan 算法。

6.25 证明 ConsistentBroadcast 算法中，在一个无故障进程接收到 (m, i, r) 消息之前，不存在时间上限。也就是说，对任意 t，有一个 ConsistentBroadcast 的运行，其中某个无故障进程在 $r' \geqslant r+t$ 轮收到消息。

6.26 你能够给出一个在 Byzantine 故障模型中实现一致广播机制的满足以下要求的算法吗？要求故障 $f \gg 1$，而且在 $r+1$ 轮之后，没有无故障进程严格地接收 (m, i, r) 消息。

　　要么给出这样的算法并证明其正确性，要么说明为什么不存在这样的算法。

6.27 描述一个 PolyByz 的最坏情况下的运行，也就是说在这个运行中，存在某个无故障进程 i，使得进程 i 从 $2f+1$ 个不同的进程接收消息的最早轮数恰是 $2(f+1)$。

6.28 Flaky 计算机公司的一个程序员修改了 PolyByz 算法的实现，使得形如 $2s-1$ 的每一轮的接收阈值为 $s-1$，而不是 $f+s-1$，而且决定阈值从 $2f+1$ 变为 $f+1$。这种修改正确吗？给出证明或者反例。

6.29 不要使用二元 Byzantine 一致的子例程，为通用输入值集合的 Byzantine 一致性问题设计一个多项式级通信复杂度的算法。你的算法会用到一致广播机制，但你必须设计一个比 ConsistentBroadcast 算法更好的实现。

6.30 为停止一致性问题设计一个算法，使它满足以下的提前停止（early stopping）性质：如果在算法的运行中，仅仅 $f' < f$ 个进程发生故障，那么在所有的无故障进程做出决定之前，所需时间最多是 kf'，其中 k 是某个常数。对 Byzantine 一致性问题做同样的操作。

6.31 为全连通图中的四个进程设计一个算法，要求能够容忍一个 Byzantine 故障，或者三个停止故障。尽量减小轮数。

6.32 研究问题：设计一个解决 Byzantine 一致性问题的简单的 $f+1$ 轮的协议，要求只有 $3f+1$ 个进程，通信复杂度是多项式级。

6.33 这个练习是为了弄清引理 6.26 中的构造方法，它把两个三角形系统粘贴在一起构成一个六角形系统。

　　a）对三个进程的完全图，详细描述一个解决无故障一致性问题的算法 A。即 Byzantine 一致性问题在没有故障进程时的特殊情况。

　　b）现在像引理 6.26 证明中那样，通过把算法 A 的两个副本合起来构造系统 S。详细描述 S 的一个运行，其中进程 1、2、3 从输入值 0 开始，$1'$、$2'$、$3'$ 从 1 开始。

　　c）S（在六角形系统中）能否解决无故障一致性问题？或者给出它能解决的证明，或者给出说明它不能解决的一个运行。

　　d）是否存在一个三进程的算法 A，使得 A 的任意多个副本可以合成一个环，而且这个环可以解决无故障一致性问题？

6.34 在如下网络图中运行的 Byzantine 一致性算法，可以容许的最大故障进程数分别是多少？

　　a）大小为 n 的环。

b）三维立方体，一个面上 m 个节点，其中节点仅仅在三个维度上与它们的邻接节点相连。

c）完全二分图，其中每一部分有 m 个节点。

6.35 对 $n=2$，$f=1$ 时的 Byzantine 一致性问题，给出更详细的不可能性证明。

6.36 对定理 6.29 中描述的一般图的 Byzantine 一致性算法，分析其时间、消息数以及通信位数。你能对它们进行改善吗？

6.37 详细说明在定理 6.29 证明中的假设的简化，证明当 $f=1$ 时不可能解决 Byzantine 一致性问题，而且 $conn(G) \leqslant 2$ 实际上是合理的。也就是说，在进程 1 和 3 被任意连通子图取代的情况下，如果存在一个算法，就意味着在单节点情况下也存在一个算法。

6.38 重新考虑不能在图 6-11 的网络中达到 Byzantine 一致的证明。为什么此证明不能扩展到图 6-21 所示的网络中呢？

6.39 证明有 f 个故障进程的 Byzantine 一致性，其中 $f>1$，不能在 $conn(G) \leqslant 2f$ 的图中解决。证明可以使用在定理 6.29 的证明的最后给出的进程分组的方法，也可以使用在定理 6.27 中的证明相似的缩减方法。

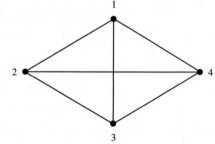

图 6-21　习题 6.38 的网络图

6.40 在由两个节点和一条连接节点的边构成的网络中，给出一个弱 Byzantine 一致性的简单算法。

6.41 完成定理 6.30 的不可能性证明

a）当 $n \leqslant 3f$，$f>1$ 时。

b）当 $conn(G) \leqslant 2f$ 时。

6.42 考虑 Byzantine 射击队问题，问题定义如下。在一个全连通网络中有 n 个进程，没有输入值，开始时间可变。即每一个进程从一个安静（quiescent）状态开始，其中安静状态不包含信息，只发送 null 消息。除非从外面收到一个特殊的 wakeup 消息，或者从其他进程收到一个非空消息，安静状态才会改变。当进程被唤醒时，它不知道当前的轮数。模型与第 2.1 节的很相似，但是这里我们并不假设所有的进程都收到 wakeup 消息，只要求进程的任意子集如此。而且，我们允许 Byzantine 故障。

问题针对发送 fire 信号的进程，这种进程要满足下列条件：

一致性　如果在某一轮任意无故障进程都发送了 fire 信号，那么所有的无故障进程在同一轮发送 fire 信号，而在任意其他轮，没有无故障进程发送 fire 信号。

有效性　如果所有无故障进程都收到 wakeup 消息，那么所有无故障进程最终开火；如果没有无故障进程收到 wakeup 消息，那么没有无故障进程会开火。

a）设计一个算法解决 $n>3f$ 的 Byzantine 射击队问题。

b）证明如果 $n \leqslant 3f$，那么问题不能解决。

6.43 对 $f=3$ 的特殊情况，叙述定理 6.33，并给出直接证明。

6.44 如果不要求运行是规则的，引理 6.37 还成立吗？给出证明或反例。

6.45 在 6.7 节中，我们已经证明了允许 f 个故障进程的停止一致性问题不能在 f 轮中解决。这包括构造连接两个运行的链，其中所有进程都是正确的，并且有相同的输入。然而链只能隐含地构造。

a）运行链有多长？

b）如果针对 Byzantine 故障而不是停止故障，你能把链缩短多少？

6.46 研究问题：在一般（不必是完全）网络图中，推导解决停止一致性问题和 / 或 Byzantine 一致性问题所需时间的下限。

更多的一致性问题

在前面两章中我们都在研究一致性问题——第 5 章研究协同攻击问题，第 6 章研究一致性问题。在这一章中，我们学习同步分布式一致性问题，考虑另外三种一致性问题：k 一致性问题、近似一致性问题和分布式数据库提交问题。就像在第 6 章中一样，我们只考虑进程故障。

7.1 k 一致性问题

首先我们来考虑 k 一致性问题，其中 k 是非负整数。k 一致性问题是在第 6 章中考虑的一致性问题的自然扩充。但是现在，我们不需要所有进程都只决定出相同的值，而是要求它们的决定值限于 k 个不同的值，其中 k 是一个很小的数值。

这个问题源于一个纯粹的数学问题——当第 6 章中问题的要求以这种简单方式变化时，其结果到底会怎么变化。我们可以想像出这个算法的实际用途。比如，考虑分配共享资源（如通信网络中的广播频率）的问题。对于一些进程来说，用少数广播频率来广播大量的数据（如录像带）是有必要的。因为通信是通过广播进行的，任意数量的进程都可以接收到采用相同频率的数据。为了使总的通信负载最小，我们倾向于保留一个小的频率数 k。

在本节中，我们在一个完全图网络中，在只有停止故障的情况下，证明解决 k 一致性问题所需要的轮数的上界和下界。这些界限是根据进程的数目 n、可以容忍的进程故障数 f 和允许的决定值个数 k 来给出的。

7.1.1 问题

就像在普通一致性问题中一样，在 k 一致性问题中，我们假设网络为 n 个节点组成的无向图，进程为 $1,\cdots,n$，并且每个进程知道整张图。每个进程都以固定集合 V 中的一个输入值开始，并且最终输出集合 V 中的一个值。（同样，我们假设对于每一个进程，每个开始状态包含每个输入值。）我们假设最多可能有 f 个进程发生故障。我们只考虑停止故障。所需条件如下：

一致性 存在 V 的一个子集 W，$|W|=k$，所有的决定值都在 W 中。

有效性 任意进程的任意决定值都是某个进程的初始值。

终止性 最后所有无故障进程都做出决定。

这里的一致性条件是普通一致性问题的一致性条件的自然扩展。注意，在 6.1 节的最后，我们对停止故障使用了更强的有效性条件，而不是我们在第 6 章大部分内容中所用的较弱的有效性条件；在证明 7.1.3 节中的下界时，我们需要这个更强的条件。具有更强一致性条件的普通一致性问题，事实上就是 k 一致性问题在 $k=1$ 时的特殊情况。

对于我们在本节中给出的结果，我们考虑完全图网络的特殊情况。我们还假设 V 是全序的。

像在 6.2.1 节中一样，如果一个进程在 r 轮结束之前不出故障，其中 $0 \leqslant r$，我们就定义它在 r 轮后是活动的。

7.1.2 算法

我们提出一个非常简单的算法，叫作 FloodMin 算法，事实上它就是我们在习题 6.9 中描述的算法，只是它运行轮数更少。正如我们在习题 6.9 中说明的，当算法执行了 $f+1$ 轮后，它会保证通常的停止一致性。结果表明，在只执行了 $\left\lfloor \dfrac{f}{k} \right\rfloor +1$ 轮后，它能保证 k 一致性。

因此，粗略地说，允许 k 个而不是 1 个决定值，使得运行时间减小为原来的 k 分之一。

FloodMin 算法（非形式化）：

每个进程都有一个变量 *min-val*，开始时将其设置成自己的初始值。对每个 $\left\lfloor \dfrac{f}{k} \right\rfloor +1$ 轮，所有进程都广播它们的 *min-val* 值，然后每个进程都在自己原来的 *min-val* 值和收到的消息的所有值中选择最小者设置为自己的新 *min-val* 值。最后，决定值为 *min-val*。

代码如下：（把它的结构与 6.2.1 节的 FloodSet 相比较。）

FloodMin 算法（形式化）：

消息字母表是 V。

states$_i$:
$rounds \in \mathbb{N}$, initially 0
$decision \in V \cup \{unknown\}$, initially *unknown*
$min\text{-}val \in V$, initially i's initial value

msgs$_i$:
if $rounds \leq \lfloor \frac{f}{k} \rfloor$ then send *min-val* to all other processes

trans$_i$:
$rounds := rounds + 1$
let m_j be the message from j, for each j from which a message arrives
$min\text{-}val := \min(\{min\text{-}val\} \cup \{m_j : j \neq i\})$
if $rounds = \lfloor \frac{f}{k} \rfloor + 1$ then $decision := min\text{-}val$

我们讨论正确性；证明和在 6.2.1 中的 FloodSet 算法的证明相类似。令 $M(r)$ 为在 r 轮后活动进程的 *min-val* 值集合。我们首先观察到 *min-val* 值只能随着时间递减。

引理 7.1 对所有的 r，其中 $1 \leqslant r \leqslant \left\lfloor \dfrac{f}{k} \right\rfloor +1$，有 $M(r) \subseteq M(r-1)$。

证明 假设 $m \in M(r)$。那么在 r 轮以后，对于某个在 r 轮以后活动的进程 i 来说，m 就是在 r 轮以后 $min\text{-}val_i$ 的值。那么，要么在 r 轮之前 $m=min\text{-}val_i$，要么 m 在 r 轮的某个消息中从 j 发送到 i。但是在这种情况下，在 $r-1$ 轮后，$min\text{-}val_j=m$，而且 j 在 $r-1$ 轮后必然是活动的，因为它在 r 轮发送了消息。因此有 $m \in M(r-1)$。

引理 7.2 令 $d \in \mathbb{N}^+$。如果在一个特定轮 $r\left(1 \leqslant r \leqslant \left\lfloor \dfrac{f}{k} \right\rfloor +1\right)$ 中，最多有 $d-1$ 个进程发生故障，那么 $|M(r)| \leqslant d$，也就是说，在 r 轮后的活动进程中，最多有 d 个不同的 *min-val*。

证明 为了构造矛盾，假设在 r 轮中最多只有 $d-1$ 个进程发生故障，但 $|M(r)|>d$。令 m 为 $M(r)$ 中的最大元素，令 $m' \neq m$ 是 $M(r)$ 中其他任意元素。由引理 7.1 可知，m' 是 $M(r-1)$ 中的元素。令 i 为在 $r-1$ 轮后的任意活动进程，并且 $m'=min\text{-}val_i$。如果 i 没有在 r 轮中发生故

障，那么在 r 轮中，每个进程都会收到来自 i 的包含 m' 的消息。但是这是不可能发生的，因为某个进程在 r 轮以后把 $m>m'$ 作为它的 min-val。于是 i 在 r 轮中就发生故障。

但是 m' 是在 $M(r)$ 中的除了最大值 m 之外的任意元素。所以对于 $M(r)$ 中每个元素 $m' \neq m$ 来说，在 $r-1$ 轮之后就有某个活动进程的 min-val 值和 m' 一样大，而且这个进程在 r 轮中发生故障。根据假设，在 r 轮中最多只有 $d-1$ 个进程发生故障，所以在 $M(r)$ 中除了 m 之外最多可能有 $d-1$ 个元素。所以 $|M(r)| \leq d$，得到矛盾。

现在我们来证明主要的正确性定理。

定理 7.3 FloodMin 算法解决了停止故障模型的 k 一致性问题。

证明 其中终止性和有效性是显而易见的，我们来证明新的一致性条件。为了得到矛盾，我们假设在一个最多有 f 个故障的特定运行中，不同决定值的数目大于 k。那么在 $\left\lfloor \dfrac{f}{k} \right\rfloor + 1$ 轮之后，活动进程的 min-val 的数目至少是 $k+1$，也就是 $\left| M\left(\left\lfloor \dfrac{f}{k} \right\rfloor + 1 \right) \right| \geq k+1$。由引理 7.1，对于所有的 r $\left(0 \leq r \leq \left\lfloor \dfrac{f}{k} \right\rfloor + 1 \right)$，有 $|M(r)| \geq k+1$。那么引理 7.2 意味着在第 r $\left(1 \leq r \leq \left\lfloor \dfrac{f}{k} \right\rfloor + 1 \right)$ 轮中，最少有 k 个进程发生故障。这导致总故障数最少是 $\left(\left\lfloor \dfrac{f}{k} \right\rfloor + 1 \right) k$。但这是严格大于 f 的，因此产生了矛盾。

复杂度分析 轮数是 $\left\lfloor \dfrac{f}{k} \right\rfloor + 1$。消息数最多是 $\left(\left\lfloor \dfrac{f}{k} \right\rfloor + 1 \right) n^2$，消息位数最多为 $\left(\left\lfloor \dfrac{f}{k} \right\rfloor + 1 \right) n^2 b$，其中 b 表示 V 中的一个元素所需位数的上界。

7.1.3 下界 *

在本节中，我们来说明上界 $\left\lfloor \dfrac{f}{k} \right\rfloor + 1$ 是严格的，我们将证明在 $|V| \geq k+1$ 时，它也是一个下界。这给出了通过允许 k 个而不是 1 个输出值而得到的加速比的特征——本质上讲，时间除以 k。你可能会预料到，证明思想源于定理 6.33 中对普通一致性的下界的证明，但此处更先进、更有趣。事实上，它涉及代数拓扑学领域。

在本节的剩余部分，我们固定 A 为一个解决 k 一致性问题的 n 进程算法，它最多可以容许 f 个进程的停止故障。假设 A 在 $r < \left\lfloor \dfrac{f}{k} \right\rfloor + 1$ 轮中停止，也就是说 $r \leq \left\lfloor \dfrac{f}{k} \right\rfloor$。为了得到矛盾，我们需要进一步假设 $n \geq f+k+1$，这就意味着至少 $k+1$ 个进程从不发生故障。

不失一般性，我们假设所有进程都在 r 轮的最后做出决定，并且马上停止。我们还假设在每 k 轮中，其中 $1 \leq k \leq r$，每个进程都给其他进程发送消息（除非它发生故障）。最后，我们假设值域 V 恰包含 $k+1$ 个元素 $0,1,\cdots,k$，这就是我们要得出矛盾的地方。

在 A 的一个运行中（最多有 f 个故障），$k+1$ 个进程选择了 $k+1$ 个不同的值，这违反了 k 一致性，从而得到了矛盾。

概括 回想定理 6.33 的证明，其中我们证明普通停止一致性问题的轮数下界为 $f+1$。当时使用了链证明（chain argument），产生了一个运行链，范围从一个运行（其中：0 是唯一允许的决定值）到另一个运行（其中：1是唯一允许的决定值）。我们来把这个证明扩展到其他的 k 值。不幸的是，在 k 一致性问题中，不像通常的一致性问题，进程在一个运行中的决定值并不可以决定其他紧密相关的运行中的决定值。例如，在普通一致性算法中，如果两个运行 α 和 α' 对非故障进程 i 来说是不可区分的，那么不仅 i 的决定值一样，其他所有无故障进程的决定值在两个运行中都是一样的。但是在 k 一致性算法中，如果两个运行 α 和 α' 对进程 i 来说是不可区分的，那么 i 的决定值在两个运行中保证相等，其他进程就不确定了。即使 α 和 α' 对 $n-1$ 个进程来说是不可区分的，剩下的进程也还是不能确定。

我们使用的关键思想就是构造一个 k 维的运行集合，而不是一个（一维的）链，其中相邻运行对于特定的无故障进程来说是不可区分的。我们把组织这些运行的 k 维结构称为 Bermuda 三角形（因为任意假设的 k 一致性算法都会消失在它内部某个地方）。

例 7.1.1　Bermuda 三角形

图 7-1 是 Bermuda 三角形的一个例子，其中 $k=2$。图中包含一个大三角形，它被分割成很多小三角形。

对于 $k>2$，我们需要一个 k 维的三角形。幸运的是，这样的图形在代数拓扑学中早已存在了，它叫作 k 维的单纯形（simplex）。比如，一维的单纯形是一条边，二维的单纯形是一个三角形，三维的单纯形是一个四面体。（到了三维以上，单纯形就很难想像了。）

所以对于任意 k，我们从 k 维欧几里得空间中的 k 维单纯形开始。这些单纯形包含一些格点（grid point），格点是欧氏空间中有

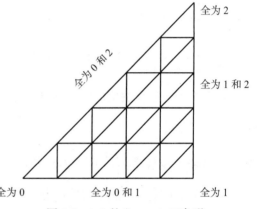

图 7-1　$k=2$ 的 Bermuda 三角形

整数坐标的点。要得到 k 维 Bermuda 三角形 B，可以根据这些格点来对这个单纯形进行三角分割，从而得到小的 k 维单纯形的集合。

证明中首先为 B 中的每一个顶点（格点）分配一个运行。在这些运行中，所有进程从来自 $\{0,1,\cdots,k\}$ 的相同输入开始，而且在 B 的 $k+1$ 个角顶点上没有故障。例如，当 $k=2$ 时，我们为左下角顶点分配一个所有进程输入值为 0 的运行，为右下角顶点分配一个所有进程输入值为 1 的运行，为右上角顶点分配一个所有进程输入值为 2 的运行（如图 7-1 所示）。而且，对于 B 的（任意维的）任意面上的任一顶点 x 来说，分配给 x 运行的那些输入值就是那些出现在分配给这个面的角顶点的运行中的值。例如，当 $k=2$ 时，分配给底边顶点的所有运行的输入值都是从 $\{0,1\}$ 中选取的。

接下来，对 B 中的每一个顶点，我们给它分配某个无故障进程的索引，其中进程处于分配给这个顶点运行中。进程分配方法使得对于每一个小单纯形 T，存在一个运行 α，它最多有 f 个故障，而且它与分配给 T 的角顶点上的运行和进程满足下列关系：

1）分配给 T 的角顶点上的所有进程在 α 中是无故障的。

2）如果运行 α' 和进程 i 被分配给 T 的某个角顶点上，那么对于进程 i 来说，α 和 α' 是不可区分的。

这种对 B 的顶点的运行和进程的分配有一些很好的性质。假设 α 和 i 与顶点 x 相联系。

如果 x 是 B 的一个角顶点，那么 α 中所有的进程以相同的输入值开始，因此根据有效性条件，i 在 α 中必然决定出这个值。如果 x 在 B 的外边的一条边上，那么在 α 中，每一个进程的输入值都是与边的两个（在 B 的角顶点上的）端点相联系的两个输入值之一；有效性条件意味着 i 必须决定出这两个值之一。更一般讲，如果 x 在 B 的（任意维的）任意面上，那么在 α 中，每一个进程开始时的输入值都是与这个面上的角顶点相联系的输入值之一；有效性条件意味着进程 i 必须决定出这些值之一。最后，如果 x 在 B 的内部，那进程 i 允许决定出 $k+1$ 个值中的任意一个。

我们按以上描述给顶点分配运行和索引的能力依赖于在每一个运行中轮数 r 最多为 $\left\lfloor \dfrac{f}{k} \right\rfloor$ 的事实，也就是说，$f \geqslant rk$。这是因为运行的分配使用了定理 6.33 的证明中讨论的链的 k 维一般化。构造过程对 k 维中的每一维都使用了 r 个进程故障。

在给节点分配运行和索引之后，我们分别用集合 $\{0, \cdots, k\}$ 中的一种"颜色"给每一个顶点着了色。也就是说，对于和运行 α、进程 i 相联系的角顶点 x，我们用对应 α 中 i 的决定值的颜色对 x 进行了着色。这种着色有以下性质：

1）B 的 $k+1$ 个角顶点上的颜色都不同。

2）B 的外部边上的每一个节点的颜色，与边的某一端点处角顶点的颜色相同。

3）更一般而言，在 B 的（任意维的）任意外部面上，每一个节点的颜色都是这个面的某一角顶点的颜色。

在代数拓扑学领域，已经对具备这些性质的 k 单纯形着色问题进行了研究，叫作 Sperner 着色。

在这里，我们先使用一个著名的组合学结论，就是在 1928 年证明的 Sperner 引理，这个引理说明，对一个三角分割的 k 维单纯形的任意 Sperner 着色，必然包含至少一个小单纯形，它的 $k+1$ 个角顶点被染上 $k+1$ 种不同的颜色。在这里，这个单纯形对应一个运行，其中最多有 f 个故障进程，$k+1$ 进程选择 $k+1$ 个不同的值。但是这与 k 一致性问题的一致性条件相矛盾。

因此假设的算法不存在，也就是说，对 k 一致性问题，不存在一个算法可以容许 f 个故障进程并在 $r \leqslant \left\lfloor \dfrac{f}{k} \right\rfloor$ 轮内停止。本节剩余部分会讲述更多的细节。

定义　我们使用 6.7 节中的通信模式定义。现在我们重新定义良好的通信模式为：对所有的三元组 (i, j, k) 有 $k \leqslant r$，并且丢失的元组和停止故障模型是一致的。（也就是说，我们使用 6.7 节中良好的通信模型的定义中的前两个条件，但现在轮数的上界是 r 而不是 f。目前，我们不限制故障进程的数目。）基于这个良好通信模式的新定义，我们定义运动 ρ 和 $exec(\rho)$，使用的方法和 6.7 节相同。如果一个进程 i 在某个 $t+1$ 轮或这以后的轮不发送消息，我们就说在一个运动中 t 轮后 i 是安静的。

Bermuda 三角形　我们从 k 维欧氏空间中的 k 单纯形开始，它的角顶点是长度为 k 的向量 $(0, \cdots, 0), (N, 0, \cdots, 0), (N, N, 0, \cdots, 0), \cdots, (N, \cdots, N)$，其中 N 是下面要定义的大的整数。Bermuda 三角形 B 是这个单纯形加上如下分割的小单纯形。B 的顶点是包含在单纯形内的格点，即形如 $x=(x_1, \cdots, x_k)$ 的点，其中向量的分量是 0 到 N 之间满足 $x_1 \geqslant x_2 \geqslant \cdots \geqslant x_k$ 的整数。小单纯形定义如下：选取任意一个格点，以任意顺序在每一维上沿正方向走一步；将在走动过程中遍历的点定义为小单纯形的顶点。

例 7.1.2　Bermuda 三角形中节点的坐标

二维 Bermuda 三角形如图 7-2 所示。

用运行和运动标注 B　在本节中，我们描述怎样为 B 中的顶点分配运行（即用运行"标注"顶点）。首先我们要扩展运行，给运行中的某个（进程，轮数）对 (i,t) 附上令牌 (token)。这样的令牌被认作允许进程 i 在 t 轮或以后发生故障。可能有一个以上的令牌被附在相同的数对 (i,t) 上。

更准确点说，对任意 $l>0$，我们定义 l 运动（l-run）为一个扩展的运动，其中对于每一轮 t（$1 \le t \le r$），有 l 个令牌。扩展的方法是如果进程 i 在某个 t 轮失败，

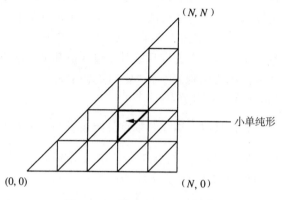

图 7-2　二维 Bermuda 三角形

就把一个令牌附到某个数对 (i, t') 上，其中 $t' \le t$。一个 l 运动共包含 lr 个令牌。我们只关心 $l=1$ 和 $l=k$ 的两种情况，即 1 运动和 k 运动。我们定义无故障 l 运动（failure-free l-run）为没有故障并且所有令牌附在形如 $(1,t)$ 的数对上（也就是说只允许进程 1 失败）的 l 运动。

因为每一个扩展运动都是由一个运动构造的，所以每个扩展运动都明显地产生一个运行。我们扩展记号 $exec(\rho)$，以前它是为运动定义的，现在 ρ 是扩展的运动。为了用运行标注 B 的顶点，我们用 k 运动来标注它们。

现在我们定义 l 运动上的四个操作，它们只有很小的差别。每一个操作只能删除或添加一个三元组，改变一个进程的输入值，或者在同一轮中有相邻索引的进程之间移动令牌。这些操作与定理 6.33 的证明中用到的很相似。四种操作定义如下：

1）$remove(i, j, t)$，其中 i 是进程索引，t 是轮数，$1 \le t \le r$。

如果元组 (i, j, t) 存在（元组表示 t 轮中从 i 发送到 j 的消息），那么这个操作会删除它，否则没有影响。只有当 i 和 j 在 t 轮之后是安静的，并且有一个令牌附在某个 (i,t') 上时（$t' \le t$），才能使用这个操作。

2）$add(i, j, t)$。

如果元组 (i, j, t) 不存在，那么这个操作会增加元组，否则没有影响。只有当 i 和 j 在 t 轮之后是安静的，并且 i 在 $t-1$ 轮之后是活动的，才能使用这个操作。

3）$change(i,v)$。

如果 i 的输入值是 v，那么这个操作没有影响，否则它把 i 的输入值变成 v。只有当 i 在 0 轮之后是安静的，并且 $(i,1)$ 有一个令牌时，才能使用这个操作。

4）$move(i, j, t)$。

这个操作把一个令牌从 (i,t) 移动到 (j,t)，其中 j 是 $i+1$ 或者 $i-1$，只有当 (i,t) 有一个令牌，并且所有的故障都能从其他令牌得到允许时，才能使用这个操作。

从这些定义可以明显看出，当把这些操作的任意一个用于 l 运动时，结果仍然是 l 运动。

现在，对任意 $v \in \{1,\cdots, k\}$，我们可以定义一个 $remove$、add、$change$ 和 $move$ 四种操作的序列 $seq(v)$，这些操作可以用于任意无故障 1 运动 ρ，把 ρ 转换成所有进程输入值都为 v 的无故障 1 运动。事实上，同一序列 $seq(v)$ 可以用于所有的无故障 1 运动 ρ。这可以通过

定理 6.33 证明中所用的方法得到；主要的区别是明确移动允许故障的令牌。在这个构造过程中，从进程 1 开始，每一次有一个进程的输入变成 v。和以前一样，构造过程在 r 轮中使用了 r 个故障。

结果表明，对不同的 v，构造的序列 $seq(v)$ 是同构的——也就是说，除了 v 的选择，它们是相同的。现在我们可以对定义 B 的大小时用到的参数 N 做出定义：N 是（对任意 v）序列 $seq(v)$ 的长度。

我们将用几个序列 $seq(v)$ 来标注 B 的顶点。元素的值域是 $0,1,\cdots,k$。对每一个 $v \in \{0,1,\cdots,k\}$，定义 τ_v 为所有进程初始值为 v 的无故障 1 运动。对无故障 1 运动 τ_{v-1}，我们使用每一个序列 $seq(v)$，$1 \leqslant v \leqslant k$，产生一个 1 运动的序列以作为第 v 维（v 轴）的 B 的边上的顶点的初步标号（preliminary label）。把 B 的每一个顶点 x 在 k 轴上的投影的初步标号的 k 个 1 运动合并起来，得到 k 运动，并分配给顶点 x。

例 7.1.3　用 k 运行标注 Bermuda 三角形

为了直观地说明合并过程，我们对 $k=2$（因此 $V=\{0,1,2\}$）和 $n=5$ 时的情况给出一个简单的图形。如图 7-3 所示。

图形中没有描绘出所有顶点，只画出了那些用无故障 k 运动标注的顶点。这样我们需要提供的信息只是每一个画出的顶点的输入值的向量。标注 B 的每一个角的 k 运动是一个无故障 k 运动，其中所有的输入值相等，0 在左下角，1 在右下角，2 在左上角。沿着水平轴的序列是由 $seq(1)$ 构造的，从全是 0 到全是 1；沿着垂直轴的序列是由 $seq(2)$ 构造的，从全是 1 到全是 2。

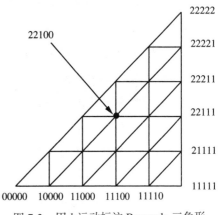

图 7-3　用 k 运动标注 Bermuda 三角形

注意 B 中出现的输入模式。沿着水平轴，从进程 1 开始，进程的输入从 0 变到 1。沿着垂直轴，从进程 1 开始，进程的输入从 1 变到 2。在 B 的内部，同时在两个方向上发生变化。例如，考虑由输入变量 22100 指出的内部顶点。标注它在水平轴和垂直轴上的投影的向量分别是 11100 和 22111。通过把最后两个进程的输入从 0 改为 1，在 B 中水平移动，向量 22100 可以变成 22111。同样，通过把开始两个进程的输入从 1 改为 2，在 B 中垂直移动，向量 11100 可以变成 22100。标注 B 中每一个节点的向量由 $\{0,1,2\}$ 中的值组成，而且以非递增顺序出现。

现在我们给出合并的形式化定义。1 运动的序列 $\sigma_1,\cdots,\sigma_k$ 的合并是符合如下定义的 k 运动 ρ。

1）在 ρ 中进程 i 有输入值 v，其中 v 是 $\{1,\cdots,k\}$ 中的使 i 在 σ_v 中有输入值 v 的最大值；如果没有这样的 v，则为 0。

2）如果三元组 (i,j,t) 包含在所有的 σ_v 中，$1 \leqslant v \leqslant k$，那么它也包含在 ρ 中。

3）在 ρ 中分配给数对 (i,t) 的令牌数，是所有的 σ_v 中分配给数对 (i,t) 的令牌数之和。

对于第一个条件，我们重新考虑所用的合并操作。每个 σ_v 是通过对 τ_{v-1} 使用 $seq(v)$ 的一个前缀得到的。在这个序列中的某一点，进程 i 的输入值从 $v-1$ 变成 v。如果这在 σ_v 中已经发生了，那么我们说进程 i 在 v 维中已经"转变"了。第一个条件就是选择使进程 i 在 v 维转变的最大的 v（如果有的话）。

第二个条件是说，一条消息在新的运动 ρ 中丢失，当且仅当这条消息在某个被合并的运动 σ_v 中丢失。第三个条件说明了令牌的累积。不难看出一系列 1 运动的合并实际上是一个 k 运动。

现在，我们概括起来，说明怎样用 k 运动来标注 B 的顶点。令 $x=(x_1,\cdots,x_k)$ 为 B 的任意顶点。对每一 $v\in\{1,\cdots,k\}$，令 σ_v 为通过对 τ_{v-1} 使用 $seq(v)$ 的前 x_v 个操作得到的 1 运动。那么标注 x 的 k 运动是 $\sigma_1,\cdots,\sigma_k$ 的合并。注意，在合并的运动中最多有 $rk\leqslant f$ 个令牌，因此最多有 f 个故障进程。在证明的剩余部分，我们固定用 k 运动（和运行）来标注 B。

在本小节的最后，对于标注 B 中任意小单纯形 T 的节点的 k 运动，我们给出它们之间的紧密联系。令 $y_0,\cdots,y_k$ 为 T 的顶点，其顺序是由（在 Bermuda 三角形的定义中描述的）产生 T 的方法决定的。令 $\rho_0,\cdots,\rho_k$ 为标注这些顶点的 k 运动。

第一个引理说明，任意一个在这些 k 运动中的其中一个运动中出故障的进程，它必然在所有的 k 运动中有一个令牌。

引理 7.4   如果进程 i 在某个 $\rho_v (0\leqslant v\leqslant k)$ 中发生故障，那么 i 在每一个 ρ_v 中都有一个令牌。

证明概要   这是因为在每一个序列 seq 中的变化都是逐步进行的，特别是因为令牌的移动和三元组的删除发生在两个分开的步骤中。详细的证明留为一道习题。

第二个引理限制了所有运行中的总故障进程数。

引理 7.5   对任意 $v\in\{0,\cdots,k\}$，令 F_v 表示在 ρ_v 中发生故障的进程的集合。令 $F=\cup_v F_v$。那么 $|F|\leqslant rk\leqslant f$。

证明   留为一道习题。证明中要使用引理 7.4。

最后，我们考虑用进程的索引来标注 T 的顶点。T 的本地进程标注（local process labelling）是指把不同进程的索引 $i_0,\cdots,i_k$ 分配给 T 的顶点 $y_1,\cdots,y_k$，使得对每一个 v，i_v 在 ρ_v 中没有令牌。标注 T 的顶点的 k 运动的最后一个重要性质是，如果 T 有一个本地进程标注，那么 T 和一个运行一致。

引理 7.6   令 $i_0,\cdots,i_k$ 是 T 的本地进程标注。那么存在一个运动 ρ，它最多有 f 个故障进程；对所有的 v，i_v 在 ρ 中是无故障的，并且 $exec(\rho_v)$ 和 $exec(\rho)$ 对进程 i_v 是不可区分的。

证明概要   我们定义 ρ 如下。对 ρ 中的每个进程 i，我们定义其初始值为任意一个 ρ_v 中的 i 的初始值。对 $1\leqslant t\leqslant r-1$，如果三元组 (i,j,t) 在所有的 ρ_v 中，那么定义它也包含在 ρ 中。同样，如果 (i,j,r) 在所有的 ρ_v 中，接收者 j 不是进程 i_v 中的一个，那么定义 (i,j,r) 也包含在 ρ 中。最后，对 (i,j,r)，其中（对特定的 v）$j=i_v$，如果它（对同一 v）在 ρ_v 中，我们也把它包含进来。

对 ρ 的性质的证明留为一道习题：它的确是一个运动，最多有 f 个故障，对每个 v，i_v 在 ρ 中是无故障的，$exec(\rho_v)$ 和 $exec(\rho)$ 对进程 i_v 是不可区分的。证明使用引理 7.5 来限制故障数。

以进程索引标注 B   我们要做的是给 B 的顶点分配进程索引，使得对每一个小单纯形 T，存在一个运行，它与标注 T 的顶点的运行和进程兼容。引理 7.6 给出了一种做法：对 B 的每个顶点，我们选取一个在对应 k 运动中没有令牌的进程，使得为任意小单纯形的顶点选取的进程都不相同。那么，引理 7.6 就意味着对每个小单纯形满足兼容性条件。

我们定义 B 的全局进程标注（global process labelling）为 B 的节点的一个进程分配，使得对每个顶点 x，分配给 x 的进程在标注 x 的 k 运动中没有令牌，并且对每个小单纯形 T，分配给 T 的顶点的所有进程是不同的。对 B 的全局进程标注，会产生对 B 的每个小单纯形的本地进程标注。

现在我们构造一个 B 的全局进程标注。（因为这种构造是理论上的，你可以在第一次阅读时跳过这部分，直接看引理 7.10。）在构造过程中，我们首先把一个进程的集合 $live(\rho)$ 和标注 B 的顶点的每个 k 运动 ρ 联系起来。然后从每个 $live(\rho)$ 集合中选择一个进程。集合 $live(\rho)$ 满足如下性质：

1）每个集合 $live(\rho)$ 包含 $n-rk$ 个进程。（因为我们已经假设 $n \geqslant f+k+1$ 和 $f \geqslant rk$，所以每个 $live(\rho)$ 集合最多包含 $k+1$ 个进程。）

2）$live(\rho)$ 中的进程是从那些在 ρ 中没有令牌的进程中选取的。

3）如果 ρ 和 ρ' 是标注 B 中同一个小单纯形的两个顶点的两个 k 运动，如果进程 $i \in live(\rho) \cap live(\rho')$，那么 i 在两个集合中有相同的等级[⊖]。

所以固定某个 k 运动 ρ。它包含 rk 个令牌；令 $tokens$ 为进程索引的多元素集合，描述与每个进程相联系的令牌数。我们把多元素集合 $tokens$ "压扁"，得到一个新的多元素集合 $newtokens$，它们有相同的令牌数，只是新集合中只有一个令牌和某个进程相联系。并且，任意在 $tokens$ 中有一个令牌的进程也在 $newtokens$ 中有一个令牌。这个压扁的过程如下：

压扁的过程

$newtokens := tokens$
while $newtokens$ has a duplicate element do
    select such an element, say i

    if there exists $j < i$ such that $newtokens(j) = 0$, then
    move a token from i to the largest such j
    else move a token from i to the smallest $j > i$ such that $newtokens(j) = 0$

然后我们定义 $live(\rho)$ 为使 $newtokens(i)=0$ 的所有进程 i。

容易看出，$live$ 的这个定义满足以上要求的前两个性质。对性质 3），我们固定一个小单纯形 T，令 $y_0,\cdots,y_k$ 为 T 的顶点，顺序由产生 T 的过程决定，并且令 $\rho_0,\cdots,\rho_k$ 为标注这些顶点的 k 运动。首先，我们注意到，当我们按顺序遍历 T 的节点的时候，如果进程 i 得到一个令牌，那么在以后的遍历中它总是有令牌。

引理 7.7 令 $v<v'<v''$。如果进程 i 在 ρ_v 中没有令牌，但在 $\rho_{v'}$ 中有一个令牌，那么 i 在 $\rho_{v''}$ 中有一个令牌。

证明 留为一道习题。

现在我们可以证明 $live$ 集合的性质 3）。

引理 7.8 如果 $i \in live(\rho_v) \cap live(\rho_w)$，那么 i 在 $live(\rho_v)$ 和 $live(\rho_w)$ 中有相同的等级。

证明 不失一般性，假设 $v<w$，因为 $i \in live(\rho_v)$ 并且 $i \in live(\rho_w)$，所以 i 在 ρ_v 和 ρ_w 中都没有令牌。那么由引理 7.7，i 在 $\rho_v,\cdots,\rho_w$ 中的任意一个运动中都没有令牌。

因为放在相邻 k 运动中的令牌的区别最多是一个令牌从一个进程到相邻进程的移动，而且 i 在这些运动中的任意一个中都没有令牌，所以在比 i 小的进程上的总令牌数，如 s，在

⊖ 元素 i 在一个有限的全序的集合 L 中的等级，是指 L 中小于或者等于 i 的元素数。

所有的运动 $\rho_v, \cdots, \rho_w$ 中是相等的。因为 $i \in live(\rho_v)$，压扁过程的工作方法意味着 $s<i$。（如果 $s \geq i$，那么在比 i 小进程处开始的令牌将在压扁过程中溢出，使得总有一个令牌会在 i 处结束。）因此，i 在 $live(\rho_v)$ 和 $live(\rho_w)$ 中有相同的等级 $i-s$。

现在我们可以用进程的索引来标注 B 的顶点。令 $x=(x_1, \cdots, x_k)$ 是 B 的任意顶点，令 ρ 是它的 k 运动；我们从集合 $live(\rho)$ 中选择一个特殊进程索引。也就是说，令 $plane(x) = \sum_{i=1}^{k} x_i(\bmod k+1)$；我们用 $live(\rho)$ 中等级为 $plane(x)$ 的进程来标注 x。这种选择是由以下关于 B 的事实得到的。

引理 7.9 如果 x 和 y 是同一小单纯形的不同顶点，那么 $plane(x) \neq plane(y)$。

现在我们达到目的。

引理 7.10 B 的这个用进程索引的标注是一个全局进程标注。

证明 因为每个节点 x 的索引是从集合 $live(\rho)$ 中选取的，其中 ρ 与 k 运动相联系，所以那个索引在 ρ 中必然没有令牌。对任意固定的小单纯形 T 来说，引理 7.8、引理 7.9 放在一起意味着选取的索引都不相同。

我们总结一下，对于我们构造的标注，我们知道什么。

引理 7.11 给定的 B 的用 k 运动和进程的标注有以下性质。对每个运动标号为 $\rho_0, \cdots, \rho_k$，且进程标号为 $i_0, \cdots, i_k$ 的小单纯形 T，存在一个运动 ρ，它最多有 f 个故障；对所有 v，i_v 在 ρ 中无故障的，$exec(\rho_v)$ 和 $exec(\rho)$ 对进程 i_v 是不可区分的。

证明 这个可以由引理 7.6、引理 7.10 得到。

Sperner 引理 我们即将得出证明了。只剩下描述 Sperner 引理（用于 Bermuda 三角形的特殊情况），并且用它得到一个矛盾。这将会得到解决 k 一致性问题所需轮数的下界。B 的一个 Sperner 着色是给 B 的每个顶点分配 $k+1$ 种颜色中的一种，使得

1）B 的 $k+1$ 个角上的颜色都不相同。

2）在 B 的外部边上的每个点的颜色，是边的两个端点的角的颜色之一。

3）更一般而言，在 B 的（任意维的）一个外部面上的每个内部节点的颜色，是 B 的相邻的角的颜色之一。

Sperner 着色有一个重要的性质：必然存在至少一个小单纯形，它的 $k+1$ 个顶点用所有 $k+1$ 种颜色着色。

引理 7.12（B 的 Sperner 引理） 对 B 的任意 Sperner 着色，在 B 中至少存在一个小单纯形，它的 $k+1$ 个角都用不同的颜色着色。

现在回想假定的 k 一致性算法 A，假定它容许 f 个故障进程，并且最多在 $\left\lfloor \dfrac{f}{k} \right\rfloor$ 轮停止。

我们定义 B 的一个着色 C_A 如下。给定一个用运动 ρ 和进程 i 标注的顶点 x，用进程 i 在 A 的运行 $exec(\rho)$ 中的决定对 x 着色。

引理 7.13 如果 A 是 k 一致性算法，它容许 f 个故障进程，并且在 $\left\lfloor \dfrac{f}{k} \right\rfloor$ 轮停止，那么 C_A 是 B 的一个 Sperner 着色。

证明 根据 k 一致性问题的有效性条件证明。

现在我们证明主要的定理。

定理 7.14 假设 $n \geqslant f+k+1$，那么不存在 n 个进程的 k 一致性算法，它容许 f 个故障进程，所有的无故障进程总是在 $\left\lfloor \dfrac{f}{k} \right\rfloor$ 轮内做出决定。

证明 引理 7.13 暗示 C_A 是一个 Sperner 着色，所以 Sperner 引理和引理 7.12 意味着存在一个小单纯形 T，它的所有顶点通过 C_A 染上了不同的颜色。

假设 T 的 k 运动的标号是 $\rho_0,\cdots,\rho_k$，它的进程标号是 $i_0,\cdots,i_k$。根据 C_A 的定义，这意味着所有的 $k+1$ 个不同决定是由 $k+1$ 个进程 i_v 分别在运行 $exec(\rho_v)$ 中做出的。但是引理 7.11 指出，存在一个最多有 f 个故障进程的运动 ρ，使得对所有的 v，在 ρ 中 i_v 是无故障的，并且对进程 i_v 来说，$exec(\rho_v)$ 和 $exec(\rho)$ 是不可区分的。但是这意味着在 ρ_v 中，$k+1$ 个进程 $i_0,\cdots,i_k$ 决定出 $k+1$ 个不同的值，从而违反了 k 一致性问题的一致性条件。

7.2 近似一致性

现在我们考虑存在 Byzantine 故障时的近似一致性问题。在这个问题中，进程从实数值输入开始，最终要决定出实数值的输出。它们可以在消息中发送实数值数据。这里的要求不像是在普通一致性问题中那样必须达成确切的一致，而是要求它们的决定值都在一个小的正实数范围 ε 内。更精确点说，这里要求：

一致性 任意一对无故障进程的决定值，相互之间的差别都在 ε 内。

有效性 任意无故障进程的决定值都在无故障进程的初始值范围之内。

终止性 所有的无故障进程最终做出决定。

例如，这个问题会在时钟同步算法中出现，其中每个进程需要保持一个时钟值，这些值很接近，但不必确切一致。许多实际的分布式网络算法在有近似同步时钟的情况下工作，所以时钟值的近似一致通常很重要。

这里我们只考虑在完全图中的近似一致性问题。解决问题的一种方法就是用普通 Byzantine 一致性算法作为子例程。解决方案假设 $n>3f$。

ByzApproxAgreement 算法：

每个进程运行普通 Byzantine 一致性算法决定一个值。所有这些算法并行运行。在进程 i 的算法中，i 在第一轮中向所有进程发送消息，然后所有进程把收到的值作为它们在 Byzantine 一致性算法中的输入。当这些算法终止时，所有无故障进程对所有进程有相同的决定值。每一个进程在其决定值多元素集合中选出第 $\left\lfloor \dfrac{n}{2} \right\rfloor$ 个最大值来作为最终决定值。

要说明它的正确性，注意如果 i 是无故障的，那么 Byzantine 一致的有效性条件保证所有无故障进程得到的 i 的值都是 i 的实际输入值。因为 $n>3f$，所以多元素集合中的中间值必然在所有无故障进程的初始值范围内。

定理 7.15 ByzApproxAgreement 解决了 n 节点完全图的近似一致性问题，其中 $n>3f$。

现在我们给出第二种解法，它不使用 Byzantine 一致。我们给出这种解法的主要原因是它很容易扩展到异步网络模型中，这会在第 21 章中讲到。而 Byzantine 一致性问题不能在异步网络中解决。第二种解法还有一个性质，就是有时它能在少于 Byzantine 一致所需的轮数内终止，这取决于无故障进程的初始值距离多么远。这个算法是基于连续近似的。简单起见，我们先描述算法的不终止情况，然后再讨论终止性。算法同样假设 $n>3f$。

我们还需要一些记号和术语：首先，如果 U 是一个至少有 $2f$ 个元素的有限实数值多元素集合，$u_1,\cdots,u_k$ 是 U 的元素按非递减顺序的排序，那么令 $reduce(U)$ 表示从 U 中删除 f 个最小的和 f 个最大的元素后的结果，即 $u_{f+1},\cdots,u_{k-f}$ 组成的多元素集合。同样，如果 U 是一个非空有限实数值多元素集合，$u_1,\cdots,u_k$ 是 U 的元素按非递减顺序的排序，那么令 $select(U)$ 为 $u_1,u_{f+1},u_{2f+1},\cdots$ 组成的多元素集合，即它包含 U 的最小元素和以后的每第 f 个元素。最后，如果 U 是一个非空有限实数值多元素集合，那么 $mean(U)$ 是 U 中元素的平均值。

我们也说，一个实数的非空有限多元素集合的范围（range）是包含所有元素的最小区间，这个多值集的宽度（width）是范围区间的大小。

第二种解法如下：

ConvergeApproxAgreement 算法：

进程 i 保存一个包含它最新的预测值的变量 val。开始时，val_i 包含 i 的初始值。在每一轮，进程 i 执行如下操作。

首先，它向所有的进程，包括它自己⊖，广播它的 val 值。然后把那一轮收到的所有值加到多元素集合 W 中；如果进程 i 没有收到另外某个进程的值，那么它选择任一默认值分配给多元素集合中的那个进程，从而保证 $|W|=n$。

然后，进程 i 把 val 设置为 $mean\,(select\,(reduce\,(W)))$。也就是说，进程 i 去掉 W 中 f 个最大的和 f 个最小的元素。从剩下的元素中，进程 i 选出最小的元素和以后每第 f 个元素。最后 val 设置为选取的元素的平均值。

我们要证明：在任意轮中，所有无故障进程的 val 都在上一轮的无故障进程的 val 范围内。而且，在每一轮中，无故障进程的 val 的多元素集合的宽度，被一个至少为 $\left\lfloor \dfrac{n-2f-1}{f} \right\rfloor+1$ 的因子缩减。如果 $n>3f$，这个因子大于 1。

引理 7.16   假设在 ConvergeApproxAgreement 的一个运行中，第 r 轮后有 $val_i=v$，其中 i 是无故障进程。那么在 r 轮之前，v 在无故障进程的 val 的范围之内。

证明   如果 W_i 是进程 i 在 r 轮得到的多元素集合，那么 W_i 中最多有 f 个元素不是无故障进程发送来的值。那么在 r 轮之前，$reduce(W_i)$ 中的所有元素在无故障进程的 val 的范围之内。因此对于 val_i 的新值 $mean(select(reduce(W_i)))$，情况是相同的。

引理 7.17   假设在 ConvergeApproxAgreement 的一个运行中，第 r 轮后有 $val_i=v$，$val_{i'}=v'$，其中 i 和 i' 是无故障进程。那么

$$|v-v'|\leqslant \frac{d}{\left\lfloor \dfrac{n-2f-1}{f} \right\rfloor+1}$$

其中 d 是 r 轮前无故障进程的 val 范围的宽度。

证明   令 W_i 和 $W_{i'}$ 分别为 r 轮中进程 i 和 i' 得到的多元素集合。令 S_i 和 $S_{i'}$ 分别是多元素集合 $select(reduce(W_i))$ 和 $select(reduce(W_{i'}))$。令 $c=\left\lfloor \dfrac{n-2f-1}{f} \right\rfloor+1$。注意，$c$ 是 S_i 和 $S_{i'}$ 中的元素数。令 S_i 中的元素用 $u_1,\cdots,u_c$ 表示，$S_{i'}$ 中的元素用 $u'_1,\cdots,u'_c$ 表示，两者都以非递减序排列。

⊖　和通常一样，给自己发送消息是通过本地转换模拟的。

首先我们给出一个断言，说明缩减的多元素集合最多有 f 个元素不同。

声明 7.18 $|reduce(W_i) - reduce(W_{i'})| \leq f$。

证明 因为无故障进程向 W_i 和 $W_{i'}$ 提供相同的值，所以 $|W_i - W_{i'}| \leq f$。可以证明，从两个多元素集合中删除最小元素不会使不同元素的数目增加，而且删除最大元素也如此。使用这两个事实 f 次就得到了结论。

声明 7.18 可以用来证明

声明 7.19 对于所有的 j，$1 \leq j \leq c-1$，有 $u_j \leq u'_{j+1}$ 和 $u'_j \leq u_{j+1}$。

证明 我们只证明第一个结论，第二个结论是对称的。注意，u_j 是 $reduce(W_i)$ 中由小到大第 $((j-1)f+1)$ 个元素，而 u'_{j+1} 是 $reduce(W_{i'})$ 中由小到大第 $(jf+1)$ 个元素。根据声明 7.18，因为最多有 f 个 $reduce(W_{i'})$ 中的元素不是 $reduce(W_i)$ 中的元素，所以必然有 $u_j \leq u'_{j+1}$。

现在我们通过计算所需的轮数来完成对引理 7.17 的证明，我们有

$$|v-v'| = |mean(S_i) - mean(S_{i'})|$$
$$= \frac{1}{c} |(\sum_{j=1}^{c} (u_j - u'_j))|$$
$$\leq \frac{1}{c} (\sum_{j=1}^{c} |u_j - u'_j|)$$
$$= \frac{1}{c} (\sum_{j=1}^{c} (\max(u_j, u'_j) - \min(u_j, u'_j)))$$

根据声明 7.19，对于所有的 j，$1 \leq j \leq c-1$，有 $\max(u_j, u'_j) \leq \min(u_{j+1}, u'_{j+1})$。所以后面的表达式小于或等于

$$\frac{1}{c} (\sum_{j=1}^{c-1} (\min(u_{j+1}, u'_{j+1}) - \min(u_j, u'_j))) + \frac{1}{c} (\max(u_c, u'_c) - \min(u_c, u'_c)) ,$$

这就得到

$$\frac{1}{c} (\max(u_c, u'_c) - \min(u_1, u'_1))$$

但是，在第 r 轮之前，所有的值 u_c、u'_c、u_1 和 u'_1 都在无故障进程的 val 的范围之内，原因在于 $reduce(W_i)$ 和 $reduce(W_{i'})$ 中所有的元素都在这个范围之内。因此，最后的表达式小于或等于 $\dfrac{d}{c}$。

终止性 我们把 ConvergeApproxAgreement 算法改成一个终止性算法，其中所有进程最终都做出决定。（实际上，所有的进程最终停止。）每个无故障进程使用它在第一轮收到的所有值的范围来计算一个轮数，确保在这轮之前任意两个无故障进程的 val 最多相距 ε。每个进程都能做到这一点，因为它知道 ε 的值，知道可以保证的收敛速率，而且，它知道它在第一轮收到的值的范围包含所有无故障进程的初始值。然而，不同的无故障进程可能计算出不同的轮数。

任意一个进程 i，达到它计算的轮数时决定它自己当前的 val。在这之后，进程 i 广播它的 val，其中带一个特殊的 $halting$ 标记，然后停止。任意进程 j 收到 i 的带有 $halting$ 标记的 val 之后，j 就把这个 val 作为它从 i 中收到的消息，不仅在当前这一轮，而且在以后的所有轮中都如此。（直到 j 根据它自己计算的轮数决定停止。）

尽管无故障进程计算的轮数可能不同，但是这样的最小的估计是正确的。因此，在第一个无故障进程停止的时候，*val* 的范围已经足够小了。在以后的轮中，尽管不能保证无故障进程的 *val* 的范围不断减小，但是这个范围绝不会增大。

定理 7.20 有了上面加上的终止性，在 $n>3f$ 的情况下，ConvergeApproxAgreement 算法可以解决 n 个节点的完全图中的近似一致性问题。

复杂度分析 在 ConvergeApproxAgreement 算法中，对于所有无故障进程做出决定的时间，不存在一个依赖于 n、f、ε 和无故障进程的初始值的宽度的上界。这是因为故障进程可以在第一轮发送随意的值，这可能导致无故障进程计算任意多轮数才终止。

习题讨论了解决近似一致性问题所需的进程数和连接度的限制。我们将在第 21 章的异步网络环境中再次考虑这个问题。

7.3 提交问题

在关于同步系统的分布式一致性问题的最后一节中，我们给出关于分布式数据库提交问题的一些关键思想。正如在 5.1 节中讨论的，当一个进程集合参与数据库事务处理时，就会有这个问题。处理完成之后，每个进程就这个事务是要提交（即它的结果永久确定，并且发送给其他事务使用）还是中止（即丢弃它的结果）形成初始"意见"。如果一个进程的所有的代表那个事务的本地计算已经成功完成，那么它倾向于提交事务，否则它倾向于中止事务。进程要互相通信，最终就提交和中止中的一个输出达成一致。如果可能的话，输出应该是提交。

对于实际的分布式网络，这个问题已经有了解法，其中可以同时有进程故障和链路故障。然而，第 5 章说明，在链路故障不受限制的情况下，不存在这样的解法。因此必须假设消息的丢失有一定限制。

7.3.1 问题

我们考虑一个简化的提交问题，网络中没有消息丢失，只有进程故障。如果你有兴趣在一个实际系统中实现本章的算法，那么你必须增加一些其他的机制（如重复事务处理）来处理丢失的消息。我们允许任意数量的停止故障。

我们假设输入域是 {0,1}，其中 1 代表提交、0 代表中止。在这里，我们把注意力集中在网络是完全图的情况。正确性条件是

一致性 没有两个进程决定出不同的值。

有效性

1）如果任一进程从 0 开始，那么 0 是唯一可能的决定值。

2）如果所有的进程从 1 开始，并且没有故障发生，那么 1 是唯一可能的决定值。

终止性 这里有两种形式。弱终止性条件，即如果没有故障，那么所有的进程最终做出决定。强终止性条件（也称非阻塞条件），即所有的无故障进程最终做出决定。

满足强终止性条件的提交算法有时被称为非阻塞提交算法，满足弱终止性条件而不满足强终止性条件的提交算法有时被称为阻塞提交算法。

注意，我们的一致性条件是，没有两个进程决定出不同的值。因此，即使是故障进程，我们也不允许它的决定值与其他进程不同。我们做这样的要求是因为，在一个提交协议的实际应用中，一个进程可能发生故障然后恢复。举个例子，假设进程 i 在它发生故障之前决定提交，之后另一个进程决定中止。如果进程 i 恢复并保持它的决定为提交，那么将会产生不

一致。

这个问题的形式化描述和我们已经考虑过的另外两个——5.1节的协同攻击问题和6.1节的停止故障的一致性问题——是很相似的。提交问题和协同攻击问题的最大区别是，这里我们考虑的是进程故障，而不是链路故障；有效性条件也有区别。提交问题和停止一致性问题之间的最重要的区别是：特殊的有效性条件的选择；考虑到弱终止性。6.7节中的关于停止一致性问题的结论意味着，要解决有强终止性条件的提交问题，需要的轮数的下界是$n-1$。（注意，对提交的有效性条件，定理6.33的证明仍然起作用。）

在本节的剩余部分，我们（对只有进程故障的简化的环境）给出两个标准实用提交算法。第一个是两阶段提交，这是一个阻塞算法；第二个是三阶段提交，这是一个非阻塞算法。然后我们给出解决问题（即使只要求弱一致性）所需消息数的下界。

7.3.2 两阶段提交

最著名的实用的提交算法是两阶段提交（TwoPhaseCommit算法），毋庸讳言，这个简单的算法只能保证弱终止性。

TwoPhaseCommit 算法：

算法假设有一个与众不同的进程，如进程1。

第一轮：除了进程1，所有进程都向进程1发送它们的初始值，任意初始值为0的进程决定出0。进程1把所有收到的值和它自己的初始值放入一个向量中。如果这个向量中的所有位置都是1，那么进程1决定出1。如果向量中某个位置包含0，或者某个位置没有填充（因为没有从对应的进程收到消息），那么进程1决定出0。

第二轮：进程1向其他所有进程广播它的决定值。除了进程1，任意在第2轮中收到消息并且在第1轮不做决定的进程都决定出它收到的消息中的值。

见图7-4，它给出了一个例子，说明在TwoPhaseCommit算法的无故障运行中的通信模式。[⊖]

定理 7.21 TwoPhaseCommit算法解决了弱终止条件下的提交问题。

证明 一致性、有效性和弱终止性都容易证明。

然而，TwoPhaseCommit算法不满足强一致性条件，也就是说，它是一个阻塞算法。这是因为如果进程1在第二轮开始广播之前发生故障，就没有初始值为1的无故障进程做出决定了。实际上，如果进程1发生故障，余下的进程通常使用它们之间的某种终止协议，并且有时能做出决定。例如，如果进程1发生故障，但另外某个进程i已经在第一轮决定了0，那么进程i可以告诉剩下的无故障进程它的决定是0，因此它们也可以安全地决定0。但是，终止协议不是在所有的情况下都能成功。例如，假设除了进程1之外，所有进程从输入1开始，但

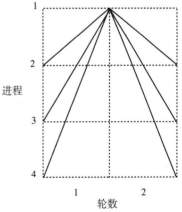

图 7-4　TwoPhaseCommit 算法中的通信模式

⊖ 我们轮数的指定不确切对应通常的两阶段提交协议的阶段的指定。一般情况下，开始时要加一个额外的轮，在这轮中，进程1从其他进程要求提交或中止值。那么第一阶段由这个额外的轮和我们的第1轮组成。对我们的简化模型和问题描述，不需要这个额外的轮。

是进程 1 在没有发送任何消息之前就发生故障了。那么就没有其他进程知道进程 1 的初始值，所以根据有效性条件，没有进程决定出 1。另一方面，没有进程决定出 0，因为就其他进程所知，进程 1 可能在发生故障之前就决定出 1，这里的不一致将违反一致性条件。

复杂度分析 TwoPhaseCommit 算法只使用了两轮。回忆停止一致性问题的轮数下界，在定理 6.33 中给出的是 $f+1$。TwoPhaseCommit 算法的时间界限与这个下界并不矛盾，因为 TwoPhaseCommit 算法只满足弱终止性条件。通信复杂度就是在任一运行中最坏情况下发送的非空消息数，它是 $2n-2$；特别注意，这个消息数是在无故障运行中发送的。

7.3.3 三阶段提交

本节我们描述的提交算法是三阶段提交（ThreePhaseCommit 算法）；它是对 TwoPhaseCommit 算法的修饰，可以保证强终止性。

这里的关键是，除非所有还没有发生故障的进程都做好了决定出 1 的"准备"，否则进程 1 不会决定出 1。要确保它们做好了准备，就需要一个额外轮。我们首先描述和分析算法的前三轮，算法的剩余部分需要获得非阻塞性质，这在后面描述。

ThreePhaseCommit 算法的前三轮：

第一轮：除了进程 1 之外，所有进程都向进程 1 发送它们的初始值，而且任意初始值为 0 的进程决定出 0。进程 1 把所有收到的值和它自己的初始值放入一个向量。如果这个向量中的所有位置都是 1，那么进程 1 做好了决定的准备，但不做出决定。如果向量中某个位置包含 0，或者某个位置没有填充（即没有从对应的进程收到消息），那么进程 1 决定出 0。

第二轮：如果进程 1 决定了 0，那么它广播 *decide*(0)。否则，进程 1 广播 *ready*。收到 *decide*(0) 的任意进程决定出 0。收到 *ready* 的任意进程变为 *ready*。如果进程 1 还没有决定，它就决定出 1。

第三轮：如果进程 1 决定出 1，它就广播 *decide*(1)。收到 *decide*(1) 的任意进程决定出 1。

见图 7-5，它给出了一个例子，说明在 ThreePhaseCommit 算法的无故障运行中的通信模式。[⊖]

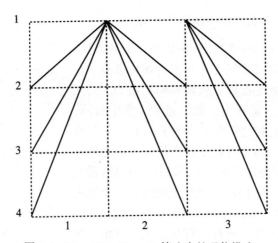

图 7-5 ThreePhaseCommit 算法中的通信模式

⊖ 同样，我们轮数的指定不确切地对成通常的三阶段提交协议的阶段的指定。开始时要加一个额外的请求轮，还有一些显式的确认。

在给出终止协议之前，我们先分析前三轮之后的情况。我们把每个进程（不管是否发生故障）的状态分成 4 个排斥与穷举类型。

1）*dec*0：其中的进程决定出 0。

2）*dec*1：其中的进程决定出 1。

3）*ready*：其中的进程没有决定，但是做好了决定的准备。

4）*uncertain*：其中的进程没有决定，也没有做好决定的准备。

下面的引理给出了 ThreePhaseCommit 算法的关键性质，它描述了不能共存的特定状态组合。

引理 7.22　在 ThreePhaseCommit 算法的三轮之后，以下性质成立：

1）如果任意进程的状态是 *ready* 或 *dec*1，那么所有进程的初始值都为 1。

2）如果任意进程的状态是 *dec*0，那么没有进程的状态是 *dec*1，而且没有无故障进程的状态是 *ready*。

3）如果任意进程的状态是 *dec*1，那么没有进程的状态是 *dec*0，而且没有无故障进程的状态是 *uncertain*。

证明　证明很直接。最有意思的部分是第三个条件的证明。我们注意到在第二轮的最后，进程 1 在广播了 *ready* 消息之后只能决定出 1。这意味着在第二轮最后，进程 1 知道其他进程或者接收并处理了 *ready*，然后进入 *ready* 状态或者已经发生故障了。（这里模型的同步性很重要。）

现在我们可以证明，在前三轮之后，大部分条件仍然成立。

引理 7.23　在 ThreePhaseCommit 算法的三轮之后，有下面的结论成立：

1）一致性条件成立。

2）有效性条件成立。

3）如果进程 1 没有发生故障，那么所有无故障进程已经做出了决定。

证明　一致性条件可以从引理 7.22 得到。同样，有效性条件的一半——如果某个进程从 0 开始，那么 0 是唯一可能的决定值——也可以从这个引理得到。有效性条件的另一半可以通过检验得到。

最后，如果进程 1 没有发生故障，那么所有无故障进程都已经做出了决定。这是因为：进程 1 的决定不能被其他进程的任意行为阻止，而且一旦进程 1 做出了决定，就立即向其他进程广播它的决定。其他进程以同样的方法做出决定。

然而，因为这三轮不能保证强终止性，所以它们不足以解决非阻塞提交问题。正如引理 7.32 所述，如果进程 1 不发生故障，那么每个无故障进程都会做出决定。但是，如果进程 1 发生故障了，那么其他进程可能处于不确定的状态。考虑到这种情况，其他进程必须在前三轮之后执行一个终止协议，执行细节可能有所不同，下面我们描述了一种。

ThreePhaseCommit 算法，终止协议：

第四轮：所有（还未发生故障的）进程向进程 2 发送它们当前的状态，可以是 *dec*0、*dec*1、*ready* 或 *uncertain*。进程 2 把这些状态值和自己的状态值放入一个向量。向量中的位置不需要全部填满，进程 2 可以忽略那些没有填充的位置。如果向量任意位置包含 *dec*0 并且进程 2 还没有做出决定，那么进程 2 决定出 0。如果向量任意位置包含 *dec*1 并且进程 2

还没有做出决定，那么进程 2 决定出 1。如果向量中填充的位置包含的值都是 *uncertain*，那么进程 2 决定出 0。如果向量中的值只有 *uncertain* 和 *ready*，并且至少有一个 *ready*，那么进程 2 变成 *ready*，但不做出决定。

第五轮：在这一轮和下一轮，进程 2 的行为和进程 1 在第二轮和第三轮中的行为很相似。如果进程 2 已经做出决定，那么它在一个 *decide* 消息中广播它的决定值。否则，进程 2 广播 *ready*。任意没有做出决定的进程收到 *decide*(0) 或 *decide*(1) 之后，决定出 0 或 1。任意收到 *ready* 的进程变成 *ready*。如果进程 2 还没有做出决定，那么它决定出 1。

第六轮：如果进程 2 已经决定出 1，它就广播 *decide*(1)。任意没有做出决定的进程收到 *decide*(1) 之后，决定出 1。

第六轮之后，协议继续，进程 3,…, *n* 分别执行相似的三轮。

定理 7.24 包含了终止协议的完整的 ThreePhaseCommit 算法，是一个非阻塞提交算法。

证明概要 我们首先证明，在完整的 ThreePhaseCommit 算法中，不仅在前三轮，在任意轮数之后，引理 7.22 中列出的三个性质总是成立的。这可以通过对轮数的归纳来证明。

然后和以前一样，一致性条件可以从扩展的引理 7.22 得到。同样，有效性条件的一半——如果某个进程从 0 开始，那么 0 是唯一可能的决定值——也可以从这个引理 7.22 得到。有效性条件的另一半也是正确的，因为如果没有故障发生，那么所有进程都会在前三轮中做出决定。

我们来讨论强终止性。如果所有进程都发生故障，那么这个性质是正确的。否则，假设 *i* 是一个无故障进程，那么当 *i* 作为一个协调者的时候，每个无故障进程都做出决定。

复杂度分析 在这里给出的 ThreePhaseCommit 算法中，需要的轮数为 3*n*。即使我们允许所有进程发生故障，相对于第 6 章学习的停止一致性算法，这里的轮数也仍然高于那里近似为 *n* 轮的界限。当然，停止一致性算法导致了一个不同的有效性条件，但是我们可以稍加修改得到提交有效性条件。那么在实际中，为什么像 ThreePhaseCommit 这样的算法被认为更好呢？

主要的原因是：在没有故障的情况下，ThreePhaseCommit 算法可以改为复杂度很低的算法。如果没有进程发生故障，那么所有的进程在第三轮之前做出决定。那么就有可能增加一个简单的协议，使得进程可以探测到每一个进程做出了决定，然后不再参与以后的终止协议。经过这样的修改之后，整个算法只需要一个小且为常数的轮数和 $O(n)$ 的消息数。

7.3.4 消息数的下界

在本章（和第一部分）的最后，我们考虑解决提交问题所需发送的消息数。回想在无故障的情况下，TwoPhaseCommit 算法使用了 2*n*-2 条消息。ThreePhaseCommit 算法使用的消息多一些，但是如果算法被修改成提前停止，那么复杂度仍然是 $O(n)$。在本节中，我们将证明，即使是一个阻塞算法，在无故障的情况下，也不可能有比 2*n*-2 好的结果。

定理 7.25 任意解决提交一致性问题的算法，即使满足弱终止性，在所有输入都为 1 的无故障运行中，也要至少使用 2*n*-2 条消息。

在本节的剩余部分，我们固定一个特定的提交算法 *A*，并令 α_1 为 *A* 的一个无故障运行，其中所有的输入都是 1。我们的目的是证明 α_1 至少包含 2*n*-2 条消息。

我们还要用到 6.7 节中的通信模式的定义。这里，我们用通信模式描述在无故障运行中发送的消息的集合。（与过去不同，我们并不假设在每一轮所有进程都向其他所有进程发送消息。）对于 A 的任意无故障运行 α，我们从中显式地提取出通信模式 $patt(\alpha)$。

对一个通信模式 γ，我们还使用了 5.2.2 节给出的排序 $\leq_\gamma$ 的定义，用来获取不同时刻不同进程之间的信息流。如果对某个 k，有 $(i,0) \leq_\gamma (j,k)$，我们就说在通信模式 γ 中进程 i 影响进程 j。下面的引理叙述了关于下界的关键思想。

引理 7.26 对任意两个进程 i 和 j，在 $patt(\alpha_1)$ 中，i 影响 j。

例 7.3.1　提交的下界

在证明引理 7.26 之前，我们给一个例子来说明为什么它是正确的。假设 α_1（所有输入都为 1 的 A 的无故障运行）恰好包含图 7-6 左图描绘的消息。

根据有效性和弱终止性条件，α_1 中的所有进程最终必然都决定出 1。注意在 $patt(\alpha_1)$ 中，进程 4 不影响进程 1；让我们看一下结果将会产生什么问题。考虑另一个运行 α_1'，它与 α_1 除了进程 4 的输入是 0，而且每个进程在第一次受到进程 4 的影响之后发生故障之外都相同。运行 α_1' 在图 7-6 右图中描绘出来了，各故障用 X 表示。可以直观地看出 $\alpha_1 \overset{1}{\sim} \alpha_1'$，这意味着在 α_1' 中进程 1 也决定出 1。但这是违反了 α_1' 的有效性条件，矛盾。

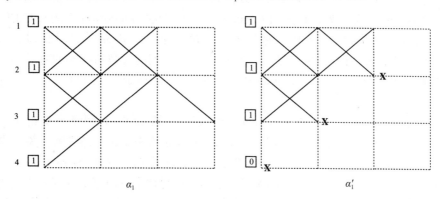

图 7-6　α_1 和 α_1' 中发送的消息

引理 7.26 的证明使用了和例 7.3.1 中相同的证明方法。

证明 根据有效性和弱终止性条件，α_1 中所有进程最终必然都决定出 1。假设引理是错误的，固定两个进程 i 和 j，使得在 $patt(\alpha_1)$ 中 i 不影响 j。根据定义必然有 $i \neq j$。构造 α_1'，其中进程 i 的输入变为 0，每个进程在第一次受到进程 i 的影响之后发生故障。那么 $\alpha_1 \overset{j}{\sim} \alpha_1'$，所以进程 j 在 α_1' 中也决定出 1。这违反了有效性条件，矛盾。

为了完成定理 7.25 的证明，我们必须明确每个进程影响其他每个进程的前提是总共至少要有 $2n-2$ 条消息。我们会使用如下关于通信模式的引理。

引理 7.27 令 γ 为任一通信模式。如果在 γ 中，一个包含 m（$m \geq 1$）个进程的集合中的每一个进程都会对系统中 n 个进程中的任一个进程产生影响，那么在 γ 中至少有 $n+m-2$ 条消息（三元组）。

证明 通过对 m 归纳。

基础：$m=1$。令 i 为我们假设的进程，它会影响 n 个进程中的每一个。由于 i 影响所有的 n 个进程，因此 γ 中必然包含发送给除了 i 之外的 $n-1$ 个进程的消息。总消息数至少为 $n-1$。

归纳步：假设引理对 m 成立，我们证明 $m+1$ 的情况。令 I 为 $m+1$ 个进程的集合，其中的每个进程都影响 γ 中的所有 n 个进程。不失一般性，我们可以假设在第一轮中，I 中至少有一个进程向某个进程发送消息。因为如果不是这样，我们就能去掉那些 I 中没有进程发送消息的开始轮；在剩余的通信模式中，I 中所有进程仍然会影响所有 n 个进程。令 i 是 I 中的某个进程，它在 γ 中的第一轮发送消息。

现在考虑通信模式 γ'，它是通过从 γ 中去掉 i 在第一轮发送的消息得到的。那么在 γ' 中，$I-\{i\}$ 中的所有进程会影响所有 n 个进程。根据归纳假设，在 γ' 中至少有 $n+m-2$ 条消息。所以 γ 至少包含 $n+m-1=n+(m+1)-2$ 条消息。得证。

现在我们来完成定理 7.25 的证明。

（定理 7.25 的）证明　根据引理 7.26，对于每两个进程 i 和 j，在 $patt(\alpha_1)$ 中 i 影响 j。然后引理 7.27 意味着在 $patt(\alpha_1)$ 中至少有 $2n-2$ 条消息。

7.4　参考文献注释

k 一致性问题通常被称为"k 集合一致性问题"。这个问题是在以前研究的基础上作为普通一致性问题的自然扩展，首先由 Chaudhuri[73] 提出的。FloodMin 算法来自 Chaudhuri、Herlihy、Lynch 和 Tuttle[75] 的著作，它基于一个最初由 Chaudhuri[73] 设计的算法。对 k 一致性的下界的讨论来自 [75，76，77]。在讨论下界时用到的代数拓扑学的背景知识可以在 Spanier 的教科书 [266] 中找到。Sperner 引理首先是由 Sperner[267] 提出的，在 [266] 中进行了讨论。

近似一致性的问题源于 Dolev、Lynch、Pinter、Stark 和 Weihl[98] 的一篇论文。关于这个问题的其他工作是 Fekete[110-111]，以及 Attiya、Lynch 和 Shavit[24] 完成的。关于提交问题的资料，包括 TwoPhaseCommit 和 ThreePhaseCommit 算法，来自 Bernstein、Hadzilacos 和 Goodman[50] 的一本关于数据库理论的书。这本书讲得比本章内容更加深入，它讨论了协议在实际实现中的问题，包括怎样恢复故障进程。提交问题的消息数的下界来自 Dwork 和 Skeen[106] 的著作。

7.5　习题

7.1　如果 k 一致性问题的 FloodMin 算法只执行 $\left\lfloor \dfrac{f}{k} \right\rfloor$ 轮，而不是 $\left\lfloor \dfrac{f}{k} \right\rfloor +1$ 轮，那么无故障进程得到的不同决定数最多是多少？

7.2　在定理 7.14 的证明中，给出序列 $seq(v)$ 的长度的上界。为此，你需要明确描述序列的构造。

7.3　证明一系列 1 运动的合并实际上是一个 k 运动，这需要说明它满足运动的定义中要求的条件，以及有关令牌的条件。

7.4　证明引理 7.4。

7.5　证明引理 7.5。

7.6　证明引理 7.6。

7.7　证明引理 7.7。

7.8　令 $n=5$，$k=f=2$，$r=1$。

　　a）对于这些参数值，详细描述 Bermuda 三角形，以及它的 k 运动和进程索引标注。

　　b）考虑一个算法 A，它执行后面的操作：所有进程交换一次值，每个进程都选择它收到的最小值。描述 Sperner 着色 C_A。

c) 对算法 A，你能否找出一个特定的小单纯形，其中有三个不同的决定值？

7.9 固定任意 n 和 f，其中 $n>3f$，任意 ε，任意 $w \in \mathbb{R}^{\geqslant 0}$，以及任意 $r \in \mathbb{N}$。对 n、f 和 ε，描述有终止性的 ConvergeApproxAgreement 算法的一个特定运行，其中无故障进程的初始值多元素集合的宽度最多为 w，终止需要的轮数大于 r。

7.10 研究问题：修改 ConvergeApproxAgreement 算法，使得所有进程做出决定的时间受一个函数限制，该函数根据 n、f、ε 和无故障进程初始值多元素集合的宽度 w 所得。

7.11 假设在 ConvergeApproxAgreement 中，进程不是计算 $mean(select(reduce(W)))$，而是计算以下三项之一：

a) $mean(select(W))$

b) $mean(reduce(W))$

c) $mean(W)$

算法仍然能够解决近似一致性问题吗？请阐释原因。

7.12 证明容许 f 个 Byzantine 故障的近似一致性问题能够在网络图 G 中解决，当且仅当以下条件成立：

a) $n>3f$

b) $conn\,(G)>2f$

7.13 为停止故障设计一个近似一致性算法。

a) 相对于故障数，所需的进程数尽量最小化。

b) 所需轮数尽量最小化。

7.14 构造近似一致性问题的一个变形，它具有固定的轮数 r，且 ε 不是预先确定的。和以前一样，每个进程从一个实数值开始。在 r 轮后，进程要输出最终值。有效性条件和以前一样。这里的目的是保证最大可能的一致性，即无故障进程最终值的宽度与无故障进程初始值宽度的比率的上界。

a) 根据已知条件，ConvergeApproxAgreement 算法能得到什么样的比率？

b) 证明可以得到的比率的下界，用 n、f 和 r 表示。（提示：与定理 6.33 的证明相似，用链证明的思想。你得到的上界和下界可能并不匹配。）

7.15 写出完整的（包括终止协议的）ThreePhaseCommit 算法的代码。

7.16 详细证明引理 7.22 可以扩展到 ThreePhaseCommit 的任意轮数的情况。

7.17 修改 ThreePhaseCommit 算法，以在无故障的情况下进程做出决定并很快停止。详细描述这种修改。在无故障的情况下，你的算法使用的轮数应该是一个小的常数，消息数应该为 $O(n)$。证明其正确性。

7.18 按第 6 章中停止一致性算法的样子设计一个算法来解决有强终止性的提交问题。尽量减小轮数。

7.19 研究问题：设计一个算法来解决有强终止性的提交问题。同时，你能否得到一个最坏情况下的轮数 $n+k$（对于某个常数 k）？你能否得到在无故障的情况下做出决定和停止所需的小且为常数的轮数？你能否在无故障的情况下得到一个较低的通信复杂度？

7.20 给出引理 7.26 的详细证明。如果我们构造 α'_i 时不强迫任何进程发生故障，而只是把进程 i 的初始值从 1 变为 0，这样的话证明将在哪一步失败？

7.21 设计一个非阻塞提交算法，对于无故障运动，它使用尽可能少的消息。你能证明这个消息数是最优的吗？

异 步 算 法

第二部分包括第 8 ~ 22 章，是该书的主要部分。这些章的计算对象从第 2 ~ 7 章中讨论的锁步同步模型转变为异步模型。在异步模型中，系统组件以任意速度运行。

与同步模型一样，异步模型不难描述。该模型与前者之间的细微差别主要在于它涉及到活性条件，例如，该模型要求每一组件不断地得到机会来运行。然而，由于事件发生顺序的额外不确定性，该模型比同步模型更难编程。与典型分布式系统所能提供的相比，异步模型对时间的要求更低。因而，为异步模型所设计的算法是通用的、可移植的，能够保证在具有任意时序行为的网络中正确运行。

第二部分的第 1 章，即本书第 8 章，提出了一个异步系统的通用模型——输入 / 输出自动机模型。你可先快速浏览此章，然后在必要时查阅具体内容。其余各章再分为两部分：一部分是第 9 ~ 13 章，覆盖异步共享存储器算法；另一部分是第 14 ~ 22 章，覆盖异步网络算法。

建模 II：异步系统模型

本章的目的是介绍一种异步计算的形式化模型：输入 / 输出（I/O）自动机模型。这是一种非常通用的模型，适合于描述几乎任意类型的异步并发系统，其中包括将要在本书中学习的异步共享存储器系统和异步网络系统这两类系统。I/O 自动机模型本身的结构极为简单，可用于表示多种不同类型的分布式系统。该模型在描述特殊类型的异步系统时，必须在基础模型之上补充附加结构。该模型本身则提供一种用以精确描述和推理那些彼此交互的、以任意相对速度操作的系统组件（如进程通道或通信通道）的方法。

本章，我们首先给出 I/O 自动机及其运行的定义，然后给出合成操作的定义，该操作能将多个 I/O 自动机合成为一个代表并发系统的较大型自动机。我们将展示合成操作应有的优良属性。再次，我们引入"公平性"这一重要概念，规定系统中所有的组件都有"公平"的机会来频繁地执行操作。公平性代表着对系统组件的任意相对速度的一个限制——它排除了某些组件永远无法执行操作的可能性。我们将展示"公平性"与合成操作是如何交互的。本章其余内容则描述了一些通俗约定来阐明 I/O 自动机描述的系统所要解决的问题，以及一些用以证明该系统具有解决这些问题的能力的方法。

本章旨在为模拟异步系统的方法提供参考，这些方法不仅包括本书中提到的异步系统，也包括许多其他系统。从这一点来说，你并不需要仔细阅读本章。我们建议你先阅读后面关于算法的那些章，如第 10、11、12、15 章，然后在必要时返回本章（以及第 9、14 章）以获取形式化基础知识。

8.1 输入 / 输出自动机

输入 / 输出（I/O）自动机用来表示可以与其他系统组件交互的分布式系统组件。它是一种简单的状态机，其中事务与带名字的动作相关。动作可以分成输入动作、输出动作和内部动作三种。其中，输入动作和输出动作用于自动机与外部环境的交流，内部动作则只对自动机本身可见。输入动作来自外部，不受自动机控制；而输出动作和内部动作由自动机本身规定。

一个典型的 I/O 自动机例子是异步分布式系统中的一个进程。图 8-1 显示了一个典型的进程自动机与其环境之间的接口。图中，自动机 P_i 被画成一个圆，指向圆的箭头代表输入动作，离开圆方向的箭头代表输出动作。内部动作则未在图中加以说明。自动机从外部环境接收形如 $init(v)_i$ 的输入，代表着对输入值 v 的接收；自动机具有形如 $decide(v)_i$ 的输出，用来表示决定出 v。为了得出决定，P_i 可能需要使用消息系统来与其他进程通信。它与消息系统之间的接口包括形如 $send(m)_{i,j}$

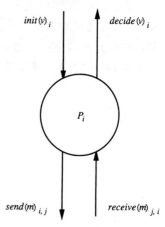

图 8-1 一个进程 I/O 自动机

的输出动作和形如 $receive(m)_{j,i}$ 的输入动作，进程 P_i 使用前者来将内容为 m 的消息发送给进程 P_j，使用后者来接收进程 P_j 发来的内容为 m 的消息。当自动机执行消息指示的动作（或任意内部动作）时，其状态有可能随之改变。

另外一个典型的 I/O 自动机例子是 FIFO 消息通道。图 8-2 显示了一个名为 $C_{i,j}$ 的典型通道自动机，其输入动作的形式为 $send(m)_{i,j}$，输出动作的形式为 $receive(m)_{i,j}$。通常，在使用 I/O

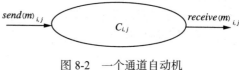

图 8-2 一个通道自动机

自动机来描述分布式系统时，系统包括一系列的进程自动机和通道自动机，其中一个自动机的输出与另一个自动机的同名输入相匹配。由此，进程 P_i 执行的 $send_{i,j}$ 输出动作与通道 $C_{i,j}$ 执行的 $send_{i,j}$ 输出动作相一致（亦即同时执行）。值得注意的是，不同的动作以不可预知的顺序执行，且每次只执行一个动作。这与同步系统相悖，在同步系统中，所有的程序在每一轮的运算中都同时发送消息，随后又同时接收消息。

形式化地，I/O 自动机中首先被详述的元素是它的"签名"，即对它的输入、输出和内部动作的描述。我们假定存在一个动作全集。签名 S 是一个三元组，由三个互不相交的动作集合组成：输入动作集合 $in(S)$、输出动作集合 $out(S)$ 和内部动作集合 $int(S)$。外部动作集合 $ext(S)$ 被定义为 $in(S) \cup out(S)$；局部控制动作集合 $local(S)$ 被定义为 $out(S) \cup int(S)$；$acts(S)$ 则包括 S 中所有的动作。外部签名 $extsig(S)$ 被定义为签名 $(in(S), out(S), \varnothing)$。我们通常把外部签名称为外部接口（external interface）。

一个 I/O 自动机 A，简称为自动机 A，由五部分组成。

- $sig(A)$：一个签名。
- $states(A)$：一个状态集合（不一定是有限的）。
- $start(A)$：$states(A)$ 的一个非空子集，被称为起始状态或初始状态。
- $trans(A)$：状态转移关系，这里 $trans(A) \subseteq states(A) \times acts(sig(A)) \times states(A)$；对于任意状态 s 及任意输入动作 π，都有 $transition(s, \pi, s') \in trans(A)$。
- $task(A)$：一个任务分割，是 $local(sig(A))$ 上的一个等价关系，拥有可数的等价类。

我们将 $acts(sig(A))$ 简写成 $acts(A)$，同理将 $in(sig(A))$ 简写成 $in(A)$，如此类推。如果 A 没有输入，即 $in(A) = \varnothing$，则称它是封闭的。

该定义看起来与第 2 章的同步网络模型中进程自动机的定义相似。然而，这里的签名允许使用更通用的动作类型，而不仅仅是同步系统中的消息发送和消息接收动作。与同步网络模型进程状态集合一样，异步网络模型的进程状态集合不必是有限的。这种通用性非常重要，因为此时系统可以具有无界数据结构，如计数器和无界长度队列等。与同步情况的情况一样，我们允许存在多个起始状态，这样起始状态可以包括一些输入信息。

我们把 $trans(A)$ 中的一个元素 (s, π, s') 称为 A 的一个转移或转移函数，或是 A 的一步。根据动作 π 是输入动作，还是输出动作等，我们将转移 (s, π, s') 相应地称为输入转移、输出转移等。与同步模型不同，这些转移不一定与一系列消息的接收相关，而是可以与任意动作相关。

如果对于一个特定的状态 s 与动作 π，A 的转移的形式为 (s, π, s')，则称 π 在 s 中是使能的。由于我们要求每种输入动作都必须在每个状态中使能，故称自动机为输入使能的。输入使能的假设意味着自动机不能"阻止"输入动作发生，例如，当消息到达时，进程不得不准备以某种方式来处理任意可能的消息值。当在 s 中使能的唯一动作是输入动作时，认为状态

s 是静态的。

你可能会认为这种输入使能的属性给通用模型施加了太多的限制，因为很多系统组件被设定为特定输入只在特定时间发生。例如，一台表示资源分配系统的自动机（在第 11 章中提及）被设定为在系统完成第一条请求的应答之前，用户不会连续地提交第二个请求。然而，我们可以使用其他方式来表达这些施加在环境之上的限制，没有必要去禁止环境执行输入操作。例如，在资源分配的例子中，我们可以认为在接收到第一个请求的应答之前，环境不会提交第二个请求，万一出现意外输入，我们也不限制系统的行为。或者，我们可以要求系统进行意外输入检测，并在检测到意外输入时返回一个错误消息。

拥有输入使能属性具有两大优点。首先，系统组件开发中的一个严重错误源在于当意外输入发生时组件们往往不知所措。如果模型允许任意输入，则有助于这些错误的消除。其次，允许输入使能使得模型的理论基础更为扎实；尤其是，允许输入使能使得采用简单概念来描述自动机的外部行为更为合理（定理 8.4 就是在未假定输入使能时出错的一个例子）。

I/O 自动机定义的第五个组件，即任务分割 tasks(A)，是对自动机中的"任务（task）"或"控制线程"的一个抽象描述。此任务分割用于定义自动机运行中任务的公平性条件，即在自动机执行任务时，自动机必须能够一直给每个任务赋予公平的执行机会。这对于执行多个作业的系统组件的表示是很有用的。这些组件的例子包括：某组件在参与一个持续运行的算法的同时又周期性地向其环境报告状态信息。在几个自动机组合成一个大自动机以代表整个系统的情况下，任务分割也是有用的，它能够表明参与合成的每个自动机都可以继续在合成系统中运行。任务分割的另一用途是表示异步共享存储器算法（见第 9 章）。通常我们将任务分割类称为任务。

如果任务 C 中的某些动作在状态 s 中使能，则称任务 C 某些动作在状态 s 中使能，这是一种简便说法。

下面是一个简单 I/O 自动机的例子。在大部分对 I/O 自动机的描述中，包括在本例中，我们都以前提－结果的形式来表示转移关系。与每种特定动作类型相关的所有转移都被合成一组，每组以一段代码来表示。代码使用前置状态谓词 s 表达式来表明允许动作发生的条件，随后，它以一个简单程序的形式来描述动作所导致的变化，此程序被应用在 s 上来产生 s'。整段代码作为一个单独的、不可分割的转移来执行。根据动作类型来对转移分组有助于代码的简化，因为与每种动作相关的转移只涉及一小部分状态。

以前提－结果形式写成的程序通常只使用非常简单的控制结构，这使得从程序到自动机的转换相当透明，且使对自动机的形式化推理变得更为容易。

例 8.1.1 通道 I/O 自动机

作为 I/O 自动机的例子，考虑一个通信通道自动机 $C_{i,j}$。令 M 是一个固定的消息字母表。首先给出签名 $sig(C_{i,j})$。现在约定：如果不提及某种签名组件（通常是内部动作），则该动作集合是空集。

Signature:

Input: Output:
    $send(m)_{i,j}, m \in M$ $receive(m)_{i,j}, m \in M$

状态 $states(C_{i,j})$ 与开始状态 $start(C_{i,j})$ 通常以状态变量及其初始值的列表来描述，这与同步环境中的情况是一样的。

States:

queue, a FIFO queue of elements of M, initially empty

$C_{i,j}$ 的转移函数的代码如下：

Transitions:

$send(m)_{i,j}$
    Effect:
        add m to *queue*

$receive(m)_{i,j}$
    Precondition:
        m is first on *queue*
    Effect:
        remove first element of *queue*

代码的意思很明显：动作 *send* 可以在任意时间发生，执行结果是将消息添加到 *queue* 的尾部；而动作 *receive* 只有在当前消息 m 处于 *queue* 的头部时才能发生，其执行结果是从 *queue* 删除该消息。

任务分割 $task(C_{i,j})$ 将所有 *receive* 动作归成一个单独任务，亦即所有接收（传送）信息的作业被视为一个单独任务。

Tasks:

$\{receive(m)_{i,j} : m \in M\}$

例 8.1.2 进程 I/O 自动机

I/O 自动机的第二个例子是进程自动机 P_i。该自动机的外部接口如下，其中 V 是一个固定的值集合，*null* 是一个不在 V 中的特殊值，而 f 是一个固定函数（$f : V^n \to V$）。

Signature:

Input:
    $init(v)_i, v \in V$
    $receive(v)_{j,i}, v \in V, 1 \leq j \leq n, j \neq i$

Output:
    $decide(v)_i, v \in V$
    $send(v)_{i,j}, v \in V, 1 \leq j \leq n, j \neq i$

状态与开始状态如下：

States:

val, a vector indexed by $\{1, \ldots, n\}$ of elements in $V \cup \{null\}$, all initially *null*

转移函数如下：

Transitions:

$init(v)_i, v \in V$
    Effect:
        $val(i) := v$

$send(v)_{i,j}, v \in V$
    Precondition:
        $val(i) = v$
    Effect:
        none

$receive(v)_{j,i}, v \in V$
    Effect:
        $val(j) := v$

$decide(v)_i, v \in V$
    Precondition:
        for all $j, 1 \leq j \leq n$:
            $val(j) \neq null$
            $v = f(val(1), \ldots, val(n))$
    Effect:
        none

P_i 使用 *init* 动作来在向量 *val* 中它的所属位置填入指定值，*receive* 动作则用于对其他位置填值，这些值可以通过多个 *init* 动作或 *receive* 动作来更新任意多次。P_i 可以任意次地将值发送到任意通道中去，还可以任意次地根据 f 在向量上的应用来做决定。

任务分割 *task*(P_i) 包含 n 个任务：所有 $j \neq i$ 的 $send_{i,j}$ 动作都被归为一个任务，另一个任务由所有的 *decide* 动作组成。因此，所有在通道上发送消息的动作被认作一个单独任务，所有报告决定的动作也被认为是一个单独任务。

Tasks:
for every $j \neq i$:
    $\{send(v)_{i,j} : v \in V\}$
$\{decide(v)_i : v \in V\}$

现在来描述 I/O 自动机 A 是如何运行的。A 的一个运行片段是 A 中一个状态和动作交替出现的有限序列 $s_0, \pi_1, s_1, \pi_2, \cdots, \pi_r, s_r$，或者是一个无限序列 $s_0, \pi_1, s_1, \pi_2, \cdots, \pi_r, s_r, \cdots$，这里 $(s_k, \pi_{k+1}, s_{k+1})$ 是 A 中的一个转移，其中 $k \geq 0$。注意当一个序列是有限的时候，序列的结尾必为状态。一个从初始状态开始的运行片段称为运行。A 的运行集合以 *execs*(A) 来表示。如果 A 中的一个状态是 A 的一个有限运行的最终状态，则称该状态是可达的。

如果 α 是 A 的一个有限运行片段，α' 是 A 的另一个有限运行片段，α' 以 α 的最终状态作为开始状态，则 $\alpha \cdot \alpha'$ 代表由 α 和 α' 连接而成的序列，其中 α 的最终状态因重复出现而被删除。显然，$\alpha \cdot \alpha'$ 也是 A 的一个运行片段。

有时，我们只对 I/O 自动机的外部行为感兴趣。因此，A 的运行 α 的轨迹，用 *trace*(α) 来表示，它是 α 的子序列，包含所有外部动作。如果 β 是 A 的运行轨迹，则称 β 是 A 的轨迹。我们用 *traces*(A) 表示 A 的轨迹集合。

例 8.1.3 运行

以下是例 8.1.1 中的自动机 $C_{i,j}$ 的三种运行（假设信息字母表 M 为集合 $\{1,2\}$）。方括号里面的是队列的状态序列，λ 表示空序列。

$$[\lambda], send(1)_{i,j}, [1], receive(1)_{i,j}, [\lambda], send(2)_{i,j}, [2], receive(2)_{i,j}, [\lambda]$$

$$[\lambda], send(1)_{i,j}, [1], receive(1)_{i,j}, [\lambda], send(2)_{i,j}, [2]$$

$$[\lambda], send(1)_{i,j}, [1], send(1)_{i,j}, [11], send(1)_{i,j}, [111], \ldots$$

后两个即使它们包含已被发送但未被接收的消息也是合法的，因为我们没有规定使能的动作必定在运行中发生。为了表达这种规定，我们将在 8.3 节中介绍公平性要求。

8.2 自动机的操作

本节定义 I/O 自动机的合成操作和隐藏输出动作的操作。

8.2.1 合成

合成操作允许一个自动机表示由多个自动机组成的复杂系统，其中每个自动机分别代表各个系统组件。合成操作标识出不同组件自动机中具有相同名字的动作。当任意一个组件自动机执行与 π 相关的一步时，签名中具有 π 的所有组件自动机也执行该步。

我们对要合成的自动机加以一定的限制。首先，由于自动机 A 的内部动作不愿被其他自动机所见，因此除非 A 的内部动作与 B 的动作互不相交，否则我们不允许 A 与 B 合成（不这样做 A 中内部动作的执行会迫使 B 执行一步）。其次，为了让合成操作具有良好的性质（如以后的定理 8.4 所示），我们约定：给定一个动作，最多一个组件自动机能够"控制"这个动作的性能，即只有 A 和 B 的输出动作不相交时，才能合成 A 和 B。再次，我们并不排除会有对可数的无限自动机集合进行合成的可能性，但在这种情况下我们要求每个动作都最多属于有限多个组件自动机，否则定理 8.3 将不成立。

为什么我们不简单地禁止无限多个自动机的合成呢？毕竟物理计算机系统是由有限多个组件（计算机、消息通道等）组成的。原因在于 I/O 自动机既用来模拟逻辑系统，又用来模拟物理系统。一个逻辑系统可以包含大量的逻辑组件，并在拥有更少组件的物理系统上实现。事实上，一些逻辑系统允许在运行过程中动态地创建组件，使得在一个无限运行的轨迹上可能有无限多个组件（例如，数据库系统允许在系统运行时创建新的事务实例）。我们使用 I/O 自动机来表示模型组件，这种方法认为：所有可能被创建的组件事实上一开始便存在，只不过在组件需要被建立的时候系统才使用特定的 *wakeup* 输入动作来唤醒它们。通过这种技巧，一般的合成操作符便足以描述动态建立的组件与系统其他部分进行交互的方法。

形式化地，对于所有的 $i, j \in I$ 以及 $i \neq j$，如果下列所有条件成立，则称可数签名集合 $\{S_i\}_{i \in I}$ 是兼容的：

1）$int(S_i) \cap acts(S_j) = \varnothing$。

2）$out(S_i) \cap out(S_j) = \varnothing$。

3）没有动作被包含在无限多个 $acts(S_i)$ 集合中。

如果一个自动机集合中的相应自动机签名集合是兼容的，则该自动机集合是兼容的。

当我们合成一个自动机集合时，原来组件的输出动作变成合成自动机的输出动作，原来组件的内部动作变成合成自动机的内部动作，那些既非任一组件的输出动作又是某些组件的输入动作的动作则变成合成自动机的输入动作。形式化地，可数兼容签名集合 $\{S_i\}_{i \in I}$ 的合成 $S = \prod_{i \in I} S_i$ 是具有以下组件的签名：

- $out(S) = \cup_{i \in I} out(S_i)$。
- $int(S) = \cup_{i \in I} int(S_i)$。
- $in(S) = \cup_{i \in I} in(S_i) - \cup_{i \in I} out(S_i)$。

现在，定义可数兼容自动机集合 $\{A_i\}_{i \in I}$ 的合成 $A = \prod_{i \in I} A_i$ 如下[$\ominus$]：

- $sig(A) = \prod_{i \in I} sig(A_i)$。
- $states(A) = \prod_{i \in I} states(A_i)$。
- $start(A) = \prod_{i \in I} start(A_i)$。
- $trans(A)$ 是三元组 (s, π, s') 的集合，其中对于所有 $i \in I$，如果 $\pi \in acts(A_i)$，则 $(s_i, \pi, s'_i) \in trans(A_i)$；否则 $s_i = s'_i$。
- $tasks(A) = \cup_{i \in I} tasks(A_i)$。

因此，合成自动机的状态是各个组件自动机的状态上的笛卡儿积（也称为向量），合成自动机的开始状态是各个组件自动机的开始状态的上的笛卡儿积（也称为向量）。合成的转移函数为：所有签名中具有特定动作 π 的组件自动机同时执行涉及 π 的步，而其他自动机不参与执行。合成自动机中局部控制动作的任务分割是各组件的任务分割的并集，即每个组件自动机的每个等价类都是合成自动机的一个等价类，这意味着当组件被合成时各个组件的任务结构被保持。注意自动机 A_i 是输入使能的，其合成也是输入使能的。因此 $\prod_{i \in I} A_i$ 也是一个 I/O 自动机。

$\ominus$ 在 *start(A)* 和 *states(A)* 的定义中的记号 $\prod$ 指通常的笛卡儿积，而在 *sig(A)* 定义中的记号 $\prod$ 指以上定义的符号合成操作。另外，这里使用记号 s_i 来表示状态向量 s 的第 i 个元素。

当 I 是一个有限集合时，可用中缀操作符 $\times$ 来表示合成。例如，若 $I = \{1,\cdots, n\}$，可用 $A_1 \times \cdots \times A_n$ 来表示 $\prod_{i \in I} A_i$。

注意，当一个动作 π 是一个组件的输出和另一个组件的输入时，在合成中它被归为输出动作而不是内部动作。原因在于 π 被允许用作进一步的通信。例如，假设 π 在自动机 A 中是输出动作，而在自动机 B 和 C 中是输入动作。则在三个自动机的合成 $A \times B \times C$ 中，π 是一个从 A 到 B 和 C 的广播动作。我们以模块化的方式来看待这次合成，首先构造 $A \times B$，然后将所得结果与 C 合成。根据合成的定义，$A \times B \times C$ 与 $(A \times B) \times C$ 同构，后者是先合成 A 与 B，再将结果与 C 合成。如果 π 在 $A \times B$ 中被归为内部动作，则模块性不复存在：合成 $A \times B$ 不能够与 C 合成，因为这会违反第一个兼容性条件。

用于组件间通信的动作可以被"隐藏"，从而避免它们被用于以后的通信。这可以通过合成操作和 8.2.2 节中定义的隐藏操作来实现。

例 8.2.1　自动机的合成

设有一个固定的编号集合 $I = \{1,\cdots, n\}$，令 A 是例 8.1.2 中所有进程自动机 P_i（$i \in I$），和例 8.1.1 中所有通道自动机 $C_{i,j}$（$i,j \in I$）的合成。为了合成它们，我们必须假定通道自动机的消息字母表 M 包含进程自动机的值集合 V。图 8-3 显示了 $n = 3$ 时合成的"体系结构"。

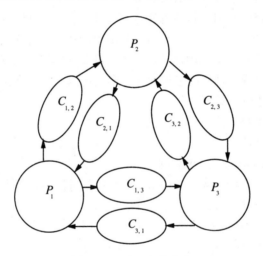

图 8-3　P_i 和 $C_{i,j}$ 的合成

由此生成的合成是一个表示分布式系统的单个自动机。系统的状态由每个进程的所有状态（所有值向量）和每个通道的所有状态（所有处于转换之中的消息队列）组成。系统的每个转移涉及以下动作中的一个：

1）一个 $init\,(v)_i$ 输入动作，将一个值存放在 P_i 的变量 $val(i)$ 中，即 $val(i)_i^{\ominus}$。

2）一个 $send(v)_{i,j}$ 输出动作，将 P_i 的值 $val(i)_i$ 送到通道 $C_{i,j}$ 中。

3）一个 $receive(v)_{i,j}$ 输出动作，将 $C_{i,j}$ 的第一个消息移除，同时将消息值存放在 P_i 的变量 $val(i)_j$ 中。

4）一个 $decide(v)_i$ 输出动作，被 P_i 用来宣布当前的计算值。

该合成的一个简单轨迹如下，其中 $n = 2$，值集合 V 为 $\mathbb{N}$，f 是加法：

$\ominus$　与同步模型中一样，变量下标是变量所在进程的索引。

$init(2)_1, init(1)_2, send(2)_{1,2}, receive(2)_{1,2}, send(1)_{2,1},$

$receive(1)_{2,1}, init(4)_1, init(0)_2, decide(5)_1, decide(2)_2$

在此轨迹到达的唯一状态中，P_1 拥有 val 向量 (4,1)，P_2 拥有 val 向量 (2,0)，而两个通道都是空的。当然，该合成系统的运行还可以生成很多其他轨迹。

本节以三个与组件自动机合成的运行和轨迹相关的基本结论结尾。第一个结论指出我们可以通过"投影"合成的一个运行或轨迹来产生组件自动机的多个运行或轨迹。给出一个 A 的运行 $\alpha = s_0, \pi_1, s_1, \cdots$，令 $\alpha | A_i$ 是通过删除所有 π_r, s_r 对（这里 π_r 不是 A_i 的一个动作）并以 $(s_r)_i$（即自动机 A_i 的状态 s_r）替代每个剩下的 s_r 而得的序列。给出 A 的一个轨迹 β（或者更通用的，给出任意动作序列），令 $\beta | A_i$ 是由 β 中 A_i 的所有动作组成的 β 的子序列。记号"|"用来代表序列 β 的一个子序列，该子序列由 β 中给定集合中的所有动作组成。

定理 8.1 令 $\{A_i\}_{i \in I}$ 是一个兼容自动机集合，令 $A = \prod_{i \in I} A_i$。

1）如果 $\alpha \in execs(A)$，则对于任意 $i \in I$，$\alpha | A_i \in execs(A_i)$。

2）如果 $\alpha \in traces(A)$，则对于任意 $i \in I$，$\beta | A_i \in traces(A_i)$。

证明 此证明留为一道习题。

另外两个定理是定理 8.1 的逆定理。定理 8.2 指出：在特定条件下，组件自动机的运行能够被"粘贴"成为合成的一个运行。

定理 8.2 令 $\{A_i\}_{i \in I}$ 是一个兼容自动机集合，令 $A = \prod_{i \in I} A_i$。对于任意 $i \in I$，设 α_i 是 A_i 的一个运行，β 是一个由 $ext(A)$ 中动作组成的序列，使得对于任意 $i \in I$，$\beta | A_i = trace(\alpha_i)$ 成立，则存在 A 的一个运行 α，使得对于任意 $i \in I$，$\beta = trace(\alpha)$ 且 $\alpha_i = \alpha | A_i$ 成立。

证明 此证明留为一道习题。

定理 8.3 令 $\{A_i\}_{i \in I}$ 是一个兼容自动机集合，令 $A = \prod_{i \in I} A_i$。设 β 是一个由 $ext(A)$ 中动作组成的序列。如果对于任意 $i \in I$，有 $\beta | A_i \in traces(A_i)$，则 $\beta \in traces(A)$。

证明 此证明留为一道习题。

定理 8.3 意味着：为了显示一个序列是系统的一个轨迹，只要说明其在每个单独的系统组件上的投影是该组件的一个轨迹就行了。

8.2.2 隐藏

现在我们定义一种操作来"隐藏"I/O 自动机的输出动作，这通过将输出操作归为内部动作来实现。该操作防止这些输出动作被用来进行进一步的通信，即它们不能在以后的轨迹中出现。

我们来定义签名的隐藏操作：如果 S 是一个签名且 $\Phi \subseteq out(S)$，则 $hide_\Phi(S)$ 是一个新签名 S'，$in(S') = in(S)$，$out(S') = out(S) - \Phi$，$int(S') = int(S) \cup \Phi$。

I/O 自动机的隐藏操作很容易定义：如果 A 是一个自动机且 $\Phi \subseteq out(A)$，则 $hide_\Phi(A)$ 是一个以 $sig(A') = hide_\Phi(sig(A))$ 代替 $sig(A)$ 而得的自动机 A'。

8.3 公平性

在分布式系统中，我们通常仅对其中所有组件都得到公平执行机会的合成的运行感兴趣。在本节中，我们定义了 I/O 自动机的公平性概念。

如前所述，每个 I/O 自动机都有一个对局部控制动作的分割，分割中的每个等价类代表了自动机准备执行的一些任务。这里的公平性概念指的是让每个任务都得到无限多的机会来执行一个动作。

形式化地，倘若 $tasks(A)$ 中的每个类 C 都满足以下条件，则 I/O 自动机 A 的运行片段 α 是公平的。

1）如果 α 是有限的，则 C 在 α 的最终状态中不是使能的。

2）如果 α 是无限的，则 α 要么包含无限多 C 中的事件；要么包含某些状态的无限次发生，C 在这些状态中不是使能的。

这里，序列（如运行或者轨迹）中一个动作的发生以术语事件（event）来表示。

公平性的定义易于明白：每个任务（即等价任务）C 都可以被轮到无限回。当一个回合到来时，C 或者执行一个动作，或者由于没有使能的动作而不执行任何动作。如果在一个运行中，自动机反复地以轮换的顺序来给予所有任务执行机会，但由于不存在使能的动作而导致没有动作被成功执行时，它是一个公平的运行。

A 的公平运行的集合记为 $fairexecs(A)$。如果 β 是 A 的一个公平运行的轨迹，则称 β 为 A 的一个公平轨迹；A 的公平轨迹的集合记为 $fairtraces(A)$。

例 8.3.1　公平性

在例 8.1.3 中，第一个运行是公平的，因为在结束状态中没有使能的 *receive* 动作。第二个不是公平的，因为它是有限的，且在结束状态中有一个 *receive* 动作是使能的。第三个也不是公平的，因为它是无限的且不包含 *receive* 事件，但在第一步之后的每个点上都有一个 *receive* 动作是使能的。

例 8.3.2　公平性

为了进一步说明公平性的定义，考虑以下的时钟 I/O 自动机，该自动机代表一个离散时钟。

***Clock* 自动机：**

Signature:

Input:　　　　　　　　Internal:
　　request　　　　　　　*tick*
Output:
　　clock(t), $t \in \mathbb{N}$

States:
counter $\in \mathbb{N}$, initially 0
flag, a Boolean, initially *false*

Transitions:

tick　　　　　　　　　　　*clock(t)*
　　Precondition:　　　　　　　Precondition:
　　　　true　　　　　　　　　　*flag* = *true*
　　Effect:　　　　　　　　　　*counter* = *t*
　　　　counter := *counter* + 1　　Effect:
　　　　　　　　　　　　　　　flag := *false*

request

Effect:
　　flag := *true*

Tasks:
{*tick*}
{*clock*(*t*) : *t* ∈ ℕ}

这个时钟自动机简单地一直"跳动"，不断增加计数器的值。当一个需求到达时，*Clock*（在独立的一步中）返回计数器的当前值。以下是 *Clock* 的一次公平运行中的动作序列：

tick, tick, tick, ⋯

以下是一次不公平运行中的动作序列：

tick, tick, tick

事实上，*Clock* 不存在有限的公平运行，因为 *tick* 动作总是使能的。如下是公平的：

tick, tick, request, tick, tick, clock(4)*, tick, tick,* ⋯，

这是因为一旦 *Clock* 对单个需求做出应答，就没有 *clock* 动作是使能的。最后，以下是不公平的：

tick, tick, request, tick, tick, tick, ⋯，

因为在 *request* 事件之后，*clock* 任务是使能的，但一直没有 *clock* 动作发生。

以下定理类似于定理 8.1 ～定理 8.3。

定理 8.4　令 {A_i}$_{i \in I}$ 是一个兼容自动机集合，$A = \prod_{i \in I} A_i$

1. 如果 $\alpha \in fairexecs(A)$，则对于任意 $i \in I$，$\alpha|A_i \in fairexecs(A_i)$。
2. 如果 $\beta \in fairtraces(A)$，则对于任意 $i \in I$，$\beta|A_i \in fairtraces(A_i)$。

定理 8.5　令 {A_i}$_{i \in I}$ 是一个兼容自动机集合，令 $A = \prod_{i \in I} A_i$。对于任意 $i \in I$，设 α_i 是 A_i 的一个运行，β 是一个由 $ext(A)$ 中动作组成的序列，使得对于任意 $i \in I$，$\beta|A_i = trace(\alpha_i)$ 成立，则存在一个 A 的公平运行 α，使得对于任意 $i \in I$，$\beta = trace(\alpha)$ 且 $\alpha_i = \alpha|A_i$ 成立。

定理 8.6　令 {A_i}$_{i \in I}$ 是一个兼容自动机集合，$A = \prod_{i \in I} A_i$。设 β 是一个由 $ext(A)$ 中动作组成的序列。如果对于任意 $i \in I$，有 $\beta|A_i \in fairtraces(A_i)$，则 $\beta \in fairtraces(A)$。

证明　此证明留为一道习题。

使用合成来表示分布式系统时，根据定理 8.1 ～定理 8.3 和定理 8.4 ～定理 8.6，我们可以使用模块化的方法来对系统的行为进行推理。

例 8.3.3　公平性

我们考虑例子 8.2.1 中由三个进程和三个通道组成的系统的公平运行。在每个公平运行中，每个被发送的消息最终都被收到。对于任意 i，在包含至少一个 $init_i$ 事件的公平运行中，每个进程都发送无限多的消息给其他所有进程，每个进程执行无限多次 *decide* 步。

另一方面，在不包含至少一个 *init* 事件的公平运行中，没有进程执行 *decide* 步。注意公平性并不对 *init* 事件的发生做任何要求，与 P_i 相关的 $init_i$ 事件的数目既可以是有限的（甚至为 0），也可以是无限的。

我们以定理 8.7 结束本节，这个定理说明每个有限运行（或轨迹）都可扩展成一个公平运行（或轨迹）。

定理 8.7　令 A 为任意的 I/O 自动机。

1）如果 α 是 A 的一个有限运行，则存在 A 的一个公平运行，该运行以 α 开始。

2）如果 β 是 A 的一个有限轨迹，则存在 A 的一个公平轨迹，该轨迹以 β 开始。

3）如果 α 是 A 的一个有限运行而 β 是由 A 的输入动作组成的任意（有限或无限）序列，则存在 A 的一个公平运行 $\alpha \cdot \alpha'$ 使得由 α' 中输入动作组成的序列正好是 β。

4）如果 β 是 A 的一个有限运行，而 β' 是由 A 的输入动作组成的任意（有限或无限）序列，则存在 A 的一个公平运行 $\alpha \cdot \alpha'$ 使得 $trace(\alpha) = \beta$ 且由 α' 中输入动作组成的序列正好是 β'。

证明 具体证明留为一道习题。

8.4 问题的输入和输出

能用 I/O 自动机解决的问题都有某种类型的输入和输出。在同步模型中，我们一般使用特殊的状态变量来表示这些输入和输出，在初始状态中输入值被存放到指定的变量中，输出值则在指定的"写一次"变量中出现。异步模型也可以采用这种方法。然而，由于 I/O 自动机具有输入和输出动作，利用它的输入输出动作来表示系统的输入和输出显得更为自然。

8.5 属性与证明方法

I/O 自动机不但能够用来精确地描述异步系统，还可以对描述系统工作的断言进行阐述和证明。在本节中，我们描述一些异步系统的典型属性和一些证明这些属性的典型方法。

在有关异步算法的几章中（第 10～13 章、第 15～22 章），我们在这儿使用方法（和特别的参数）来证明异步算法的属性。参数是否使用一个典型的方法，它们都可使用 I/O 自动机。

8.5.1 不变式断言

需要证明的最基本属性是不变式断言，或简称为不变式。在本书中，自动机 A 的不变式断言被定义为对 A 的所有可达状态都为真的属性。

当前问题的状态经由一定的运行步数产生，若要证明不变式，可对这些运行步数进行归纳。更一般而言，利用已证的不变式并进行归纳证明，可以证明另一个（或几个）不变式。

如前所述，不变式断言也用来证明同步算法的性质。在同步环境中，不变式的证明与任意轮数之后的系统状态相关。而在异步环境中，不变式的证明与任意步数之后的系统状态相关。由于异步算法的推理粒度更小，其证明通常更长、更详细和更困难。

8.5.2 轨迹属性

从用户的角度来看，I/O 自动机可被视为"黑盒子"。用户只能看见自动机运行（或公平运行）的轨迹。自然，一些待证的 I/O 自动机属性被形式化成其轨迹或公平轨迹的属性。

形式化地，一个轨迹属性 P 由如下两项组成。

- $sig(P)$：一个不包含内部动作的签名。
- $traces(P)$：一个动作序列（有限或无限）集合，这些动作在 $acts(sig(P))$ 中。

也就是说，一个轨迹属性指定了一个外部接口和一个在该接口中可见的序列的集合，也可以干脆把序列集合称为轨迹属性。将 $acts(sig(P))$ 简写成 $acts(P)$，将 $in(sig(P))$ 简写成 $in(P)$，如此类推。

当以下条件中的一个（至少一个）成立时，称 I/O 自动机 A 满足轨迹属性 P：

1）$extsig(A) = sig(P)$ 且 $traces(A) \subseteq traces(P)$。

2）$extsig(A) = sig(P)$ 且 $fairtraces(A) \subseteq traces(P)$。

在任一条件中，一个直观的想法是属性 P 允许 A 能够产生的每个外部行为。注意，我们并不要求该命题的逆命题也成立，即不要求 P 的所有轨迹都能在 A 中呈现。然而，这里给出的包含性语句并不简单：A 是输入使能的这一事实确保对于任意可能的输入动作序列，$fairtraces(A)$（和 $traces(A)$）中都必须含有 A 的一个应答与之对应。如果 $fairtraces(A) \subseteq traces(P)$，则所有结果序列都必须包含在属性 P 中。

由于自动机"满足一个轨迹属性"这种说法具有一定的歧义性，我们将在提到它时加以明确说明。

例 8.5.1 自动机和轨迹属性

考虑输入集为 $\{0\}$ 和输出集为 $\{1,2\}$ 的自动机及其轨迹属性。首先假定 $traces(P)$ 是一个由 $\{0,1,2\}$ 上至少包含一个 1 的序列组成的集合。则 $fairtraces(A) \subseteq traces(P)$ 的意思是：在每个公平运行中，A 必须输出至少一个 1。很容易设计出一个相应的 I/O 自动机——例如，它可以包括一个全部作业就是输出 1 的任务。公平性条件确保这个任务能够得到机会去输出 1。另一方面，并不存在自动机 A 使得 $traces(A) \subseteq traces(P)$，因为 $traces(A)$ 总是包含空字符串 λ，而空字符串不包含 1。

现在假设 $traces(P)$ 是由 $\{0,1,2\}$ 上至少包含一个 0 的序列组成的集合。这种情况下，则不存在自动机 A（和给定的外部接口）使得 $fairtraces(A) \subseteq traces(P)$，因为 $fairtraces(A)$ 必然包含某个不包含任何输入的序列。

现在来定义轨迹属性的合成。当可数集合 $\{P_i\}_{i \in I}$ 中的进程都是兼容的时候，该集合的轨迹属性是兼容的。合成 $P = \prod_{i \in I} P_i$ 是满足如下条件的轨迹属性：

- $sig(P) = \prod_{i \in I} sig(P_i)$。
- $traces(P)$ 是由 P 中外部动作序列组成的集合 β，使得对于任意 $i \in I$，$b|acts(P_i) \in traces(P_i)$。

8.5.3 安全与活性属性

本节定义两种重要而特殊的轨迹属性：安全属性（safety properties）与活性属性（liveness properties），并给出涉及这些属性的两个基本结果及其证明方法。

安全属性 如果轨迹属性 P 满足以下条件，则 P 是一个轨迹安全属性，简称为安全属性：

1）$traces(P)$ 非空。

2）$traces(P)$ 是前缀封闭的，即如果 $\beta \in traces(P)$ 且 β' 是 β 的一个有限前缀，则 $\beta' \in traces(P)$。

3）$traces(P)$ 是极限封闭的，即如果无数个序列 $\beta_1, \beta_2, \cdots$，都是 $traces(P)$ 中的有限序列，且对于任意 i，β_i 是 β_{i+1} 的前缀，令序列 β 是这些连续序列 β_i 的极限，则 β 也在 $traces(P)$ 中。

安全属性常常被解释为一些特定的"坏"事从不发生。如果轨迹中发生一件坏事，则它是由轨迹中某一特定事件引起的，因此将极限封闭条件包含在定义中是合理的。而且，如果轨迹中没有坏事发生，则轨迹的任意前缀中也没有坏事发生，因此加入前缀封闭条件是合理的。最后，坏事必然可能发生在某一事件之后，即没有坏事可以在空序列 λ 中发生，因此非空性条件也是一个合理的条件。

例 8.5.2 轨迹安全属性

设 $sig(P)$ 由输入 $init(v)$ 和输出 $decide(v)$ 组成，其中 $v \in V$。假设 $traces(P)$ 是由 $init$ 和

decide 动作组成的序列的集合，其中 *decide*(*v*) 只能在 *init*(*v*) 之后发生（*v* ∈ *V*），则 *P* 是一个安全属性。

如果 *P* 是一个安全属性，则语句 *traces*(*A*) ⊆ *traces*(*P*) 等价于语句 *fairtraces*(*A*) ⊆ *traces*(*P*)，或者又等价于这样的语句：*A* 的有限轨迹全在 *traces*(*P*) 中（具体证明留为一道习题）。对于一个给定的自动机 *A*，证明这三个语句的最简单方法通常是去证明 *A* 的有限轨迹都在 *traces*(*P*) 中。这一般通过对产生给定轨迹的有限运行的长度进行归纳来证明。其策略与证明不变式的策略相似。事实上，通过增加一个状态变量到 *A* 中来跟踪当前产生的轨迹，安全属性 *P* 可以被转换成一个关于该自动机状态的不变式。

活性属性 对于一个轨迹属性 *P*，如果 *acts*(*P*) 上的每个有限序列在 *traces*(*P*) 中都有某个扩展，则 *P* 被称为轨迹活性属性，或者简称为活性属性。

活性属性常常被非形式化地解释为一些特定的"好"事总是发生（尽管形式化的定义包含比这更复杂的命题）。我们假设无论当前发生什么，好事总会在未来的某一时刻发生。

例 8.5.3 轨迹活性属性

设 *sig*(*P*) 由输入 *init*(*v*) 和输出 *decide*(*v*)（其中 *v* ∈ *V*）组成，*traces*(*P*) 是由 *init* 和 *decide* 动作的序列 *β* 组成的集合。如果对于 *β* 中的每个 *init* 事件，都有某个 *β* 中的 *decide* 事件在其后发生，则 *P* 是一个活性属性。如果对于 *β* 中的每个 *init* 事件，都有无数个 *β* 中的 *decide* 事件在其之后发生，则 *P* 也是一个活性属性。

若要证明对于自动机 *A* 和活性属性 *P*，*fairtraces*(*A*) ⊆ *traces*(*P*)，即 *A* 的公平轨迹都满足轨迹属性。可以使用基于时序逻辑（temporal logic）的方法来加以证明。一个时序逻辑由一种逻辑语言和一个证明规则的集合组成，逻辑语言包括诸如"eventually"和"always"等时序概念的签名，证明规则用于描述和证明运行属性。

另外一种用于证明活性的方法是演进函数方法，该方法专门为证明某些特定目标最终可达而设计。它定义一种从自动机状态到合式集的"进程函数"，并确保特定动作能够不断地减少函数的值直至达到目标。可以使用时序逻辑来对演进函数方法进行形式化。在本书中，活性属性被非形式化地证明，但所有活性证明都可以使用时序逻辑来形式化。

下面两个定理说明了安全属性和活性属性之间的基本连接。第一个定理说明不存在非平凡的轨迹属性，它既具有安全属性，又有活性属性。

定理 8.8 如果 *P* 既是安全属性又是活性属性，则 *P* 是 *acts*(*P*) 中所有（有限或无限）动作序列的集合。

证明 设 *P* 既是安全属性又是活性属性，令 *β* 是 *acts*(*P*) 中动作的任意序列。如果 *β* 是有限的，由 *P* 是活性属性得知，*traces*(*P*) 必有 *β* 的扩展 *β*′。因为 *P* 是安全属性——特别有，*traces*(*P*) 是前缀封闭的——所以 *β* ∈ *traces*(*P*)。因此，*acts*(*P*) 中动作的任意序列都在 *traces*(*P*) 中。

另外，如果 *β* 是无限的，则对于任意 *i* ⩾ 1，将 *β* 的长度为 *i* 的前缀定义为 *βᵢ*。如前所述，每个 *βᵢ* 都在 *traces*(*P*) 中。因为 *P* 是安全属性——特别地，由于 *traces*(*P*) 是极限封闭的——可得 *β* ∈ *traces*(*P*)。

第二个定理指出每个轨迹属性都可以由一个安全属性和一个活性属性的交集（或合取）来表达。

定理 8.9 若 *P* 是满足 *traces*(*P*) ≠ ∅ 的任一轨迹属性，则存在安全属性 *S* 和活性属性 *L* 使得：

1）$sig(S) = sig(L) = sig(P)$。

2）$traces(P) = traces(S) \cap traces(L)$。

证明　令 $traces(S)$ 是 $traces(P)$ 的前缀封闭和极限封闭，即 $acts(P)$ 上包含 $traces(P)$ 的序列且满足前缀封闭和极限封闭条件的最小集。显然，S 是安全属性。令

$$traces(L) = traces(P) \cup \{\beta：\beta \text{一个有限序列且} traces(P) \text{中不包含} \beta \text{的扩展}\}。$$

则 L 是一个活性属性。为了说明这点，考虑 $acts(P)$ 中一个动作有限序列 β，如果 $traces(P)$ 中有 β 的某个扩展，则由于 $traces(P) \subseteq traces(L)$，该扩展肯定也在 $traces(L)$ 中。另一方面，如果 $traces(P)$ 中没有 β 的扩展，则 β 在 $traces(L)$ 中被显式地定义。在这两种情况中，$traces(L)$ 中存在一个 β 的扩展，所以 L 是一个活性属性。

现在来证明 $traces(P) = traces(S) \cap traces(L)$。显然 $traces(P) \subseteq traces(S) \cap traces(L)$，这是因为 S 和 L 的轨迹被显式地定义为必须包括 P 的轨迹。下一步要证明 $traces(S) \cap traces(L) \subseteq traces(P)$。使用反证法，假设 $\beta \in traces(S) \cap traces(L)$，但 $\beta \notin traces(P)$，根据 L 的定义，β 是一个在 $traces(P)$ 中不存在扩展的序列。但是，$\beta \in traces(S)$，而 $traces(S)$ 是 $traces(P)$ 的前缀极限封闭；由于 β 是有限序列，则 β 必是 $traces(P)$ 中一个动作序列的前缀。矛盾。

到此为止，我们只定义了轨迹的安全属性和活性属性，可以类似地定义运行的安全属性和活性属性，其结论与轨迹的结论类似。在以后的儿章中，运行属性常常被分为安全属性和活性属性。

8.5.4　合成推理

逐一地对组件自动机进行推理，常常有助于自动机合成系统属性的证明。本节给出一些这种"合成"推理的例子。

首先，如果 $A = \prod_{i \in I} A_i$ 且 A_i 满足轨迹属性 P_i，则 A 满足乘积轨迹属性 $P = \prod_{i \in I} P_i$。定理 8.10 对此进行了详细说明。

定理 8.10　令 $\{A_i\}_{i \in I}$ 是一个兼容自动机集合，令 $A = \prod_{i \in I} A_i$。令 $\{P_i\}_{i \in I}$ 是一个（兼容的）轨迹属性集合，$P = \prod_{i \in I} P_i$。

1）如果对于任意 i，$extsig(A_i) = sig(P_i)$ 且 $traces(A_i) \subseteq traces(P_i)$，则 $extsig(A) = sig(P)$ 且 $traces(A) \subseteq traces(P)$。

2）如 果 对 于 任 意 i，$extsig(A_i) = sig(P_i)$ 且 $fairtraces(A_i) \subseteq traces(P_i)$，则 $extsig(A) = sig(P)$ 且 $fairtraces(A) \subseteq traces(P)$。

证明概要　可以利用定理 8.1（即 A_i 的轨迹由合成系统 A 的轨迹在 A_i 上的投影而得）来证明 1）点；对 2）的证明与对定理 8.4 的证明类似。

例 8.5.4　满足乘积轨迹属性

考察例了 8.2.1 中的合成系统，每个进程自动机 P_i（以轨迹包含的方式）满足这样的轨迹属性：任意 $decide_i$ 事件都有一个前驱 $init_i$ 事件。另外，每个通道自动机 $C_{i,j}$ 满足这样的轨迹属性：$receive_{i,j}$ 事件中消息的序列是 $send_{i,j}$ 事件中消息的序列的一个前缀。

由定理 8.10 得知，合成系统满足乘积轨迹安全属性，这意味着在合成系统的任意轨迹中，以下条件成立：

1）对于任意 i，任意 $decide_i$ 事件都有一个前驱 $init_i$ 事件。

2）对于任意 i 和 j，$i \neq j$，$receive_{i,j}$ 事件中消息的序列是 $send_{i,j}$ 事件中消息的序列的一个前缀。

其次，若要表明一个特定的动作序列是合成系统 $A = \prod_{i \in I} A_i$ 的一个轨迹（这常见于 A 是一个用作问题阐述的抽象系统的时候），根据定理 8.3，只需表明该序列在每个系统组件上的投影是该组件的一个轨迹就足够了。根据定理 8.6，公平轨迹的情况与之类似。

再次，考虑安全属性的合成证明。若要表明一个合成系统 $A = \prod_{i \in I} A_i$ 满足安全属性 P，可采用的一个策略是去表明组件 A 中没有组件首先违反 P。该策略是有用的，例如，若要证明一对组件在交替地发收信号的时候遵守彼此之间的“握手协议”。如果能够证明这两个组件都不会首先违反握手协议，则可以得出该协议被遵守的结论。

形式化地，先来定义自动机“保持”安全属性的概念。设 A 是一个 I/O 自动机，P 是一个满足 $acts(P) \cap int(A) = \varnothing$ 和 $in(P) \cap out(A) = \varnothing$ 的安全属性。对于任意 $\pi \in out(A)$ 和每个不包含 A 中内部动作的动作序列 β，如果 $\beta|acts(P) \in traces(P)$ 且 $\beta\pi|A \in traces(A)$，则 $\beta\pi|acts(P) \in traces(P)$。这说明了 A 不会第一个违反 P：只要 A 的环境给 A 提供输入时，累计行为满足 P，则 A 执行输出动作时累计行为必然满足 P。

保持安全属性的关键是如果合成系统中的所有组件都保持一个安全属性，则整个系统也保持该属性。此外，如果合成系统是封闭的，则它实质上满足安全属性。

定理 8.11 令 $\{A_i\}_{i \in I}$ 是一个兼容自动机集合，令 $A = \prod_{i \in I} A_i$。令 P 是一个满足 $acts(P) \cap int(A) = \varnothing$ 和 $in(P) \cap out(A) = \varnothing$ 的轨迹属性。

1）如果对于任一 $i \in I$，A_i 保持 P，则 A 保持 P。

2）如果 A 是一个封闭自动机，A 保持 P，且 $acts(P) \subseteq ext(A)$，则 $traces(A)|acts(P) \subseteq traces(P)$。

3）如果 A 是一个封闭自动机，A 保持 P，且 $acts(P)=ext(A)$，则 $traces(A) \subseteq traces(P)$。

证明 此证明留为一道习题。

例 8.5.5 自动机保持属性

设 A 是一个带有输出 a 和输入 b 的自动机，而 B 是一个带有输出 b 和输入 a 的自动机。考虑这样一个安全属性 P：$sig(P)$ 没有输入，a 和 b 都是其输出；$traces(P)$ 是由所有从 a 开始的 a 和 b 交替出现的有限或无限序列（加上空序列 λ）组成的集合。令 P 代表 A 与 B 之间的握手协议，由 A 启动握手操作。

假设 A 有一个变量 $turn$，其值在集合 $\{a, b\}$ 中，初值为 a。A 的转换函数如下：

Transitions:

a
    Precondition:
       $turn = a$
    Effect:
       $turn := b$

b
    Effect:
       $turn := a$

所以，A 能够在开始时以及在每次接收到一个 b 输入时运行 a。如果 A 在得到机会对下一个 a 做出反应之前已经连续接收到两个 b，则只对一个 a 做出反应。

自动机 B 有一个变量 $turn$，其值在集合 $\{a, b\}$ 中，初值为 a，另有一个初值为 $false$ 的布尔变量 $error$。B 的转换函数如下：

Transitions:

b

 Precondition:
  $turn = b$ or $error = true$
 Effect:
  if $error = false$ then $turn := a$

a

 Effect:
  if $error = false$ then
   if $turn = a$ then $turn := b$
   else $error := true$

因此，只要 B 的环境不连续提交两个 a，B 就只在接收到一个输入 a 时执行一次 b。如果 B 的环境连续提交两个 a，则 B 设置一个 $error$ 标志，用于允许 B 在任意时间输出 b。

A 和 B 都保持 P，由定理 8.11 可知合成 $A \times B$ 的所有轨迹都在 $traces(P)$ 中。

8.5.5 层次化证明

本节描述一个基于自动机层次的重要证明策略。自动机层次代表在不同抽象层对系统或算法的一系列描述。在抽象系列中从高层到低层的移动被称为连续求精。顶层可能只是以自动机形式编写的问题阐述。其下一层通常是系统的一个高度抽象描述：系统可能是集中式而不是分布式的，或者可能具有大粒度的动作或简单而低效的数据结构。更低层越来越像实际的系统或算法：可能更为分布和具有较小粒度的动作，还可能包含优化工作。鉴于这些额外的细节，低层通常比高层更难明白。证明低层自动机属性的最好方法是将它们与高层自动机相联，而不是直接进行证明。

第 4、6 章包含在同步环境中进行这种求精过程的例子。例如，第 6 章首先提出一个针对停止故障的算法 FloodSet，其形式类似于通信描述形式；然后提出一个该算法的改进（"低层"）版本 optFloodSet，在该版本中许多消息被删除，使得通信范围更窄。两个算法相关状态之间的模拟关系被用来证明改进算法的正确性。证明过程通过对回合数的迭代来表明模拟关系在整个计算过程得到保持，关键在于使用相同的输入和故障模式来同时运行两个算法，并观察两种运行之间的相似性。

如何将这种模拟手段扩展到异步系统中呢？与同步模型相比，异步模型在组件执行顺序和伴随每次动作的状态变化方面拥有更多的自由。故更难决定应该比较哪些运行。其实只需建立两种算法之间的一对一关系就足够了，即对于低层自动机的任意运行都有一个高层自动机的运行与之对应。我们通过定义两个自动机之间的模拟关系来达到这种目的。

令 A 和 B 是两个具有相同外部签名的 I/O 自动机，A 为低层自动机而 B 为高层自动机。设 f 是建立在 $states(A)$ 和 $states(B)$ 上的二元关系，即 $f \subseteq states(A) \times states(B)$，$(s, u) \in f$ 可用 $u \in f(s)$ 表示。如果以下条件成立，则 f 是从 A 到 B 的模拟关系。

1）若 $s \in start(A)$，则 $f(s) \cap start(B) \neq \varnothing$。

2）若 s 是 A 的可达状态，$u \in f(s)$ 是 B 的可达状态，且 $(s, \pi, s') \in trans(A)$，则存在一个以 u 开头并以 $u' \in f(s')$ 结尾的 B 的运行片段 α，使得 $trace(\alpha) = trace(\pi)$。

条件 1），即开始条件，指出 A 的任意开始状态都有 B 中的开始状态与之对应。条件 2），即步条件，指出对于 A 的任意步和 B 中与该步的初始状态对应的任意状态，都有 B 中的一个步序列与之对应。这种对应序列可以由一步、多步或者零步组成，只要保持状态之间的对应关系且两自动机的外部动作相同。图 8-4 显示了一个

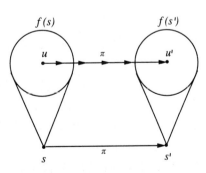

图 8-4 模拟关系的步对应关系

当 π 是外部动作时的步对象。以下定理给出了模拟关系的关键属性。

定理 8.12 如果存在一个从 A 到 B 的模拟属性，则 $traces(A) \subseteq traces(B)$。

证明 此证明留为一道习题。

特别有，定理 8.12 意味着被 B 满足的安全属性也被 A 满足：如果 P 是一个轨迹安全属性使得 $extsig(A) = sig(P)$ 且 $traces(A) \subseteq traces(P)$，则 $extsig(B) = sig(P)$ 且 $traces(B) \subseteq traces(P)$。由于模拟关系的式样整齐，因此可以应用计算机来辅助证明其正确性。

例 8.5.6 模拟证明

一个模拟证明的简单例子是将两个通道自动机进行合成来实现另外一个通道自动机。

令 C 是例 8.1.1 中的自动机（在本例中省略下标）。重命名 C 中的某些动作来分别得到 A 和 B：把 B 的输出 $receive(m)$ 重命名为 $pass(m)$，把 A 的输入 $send(m)$ 重命名为 $pass(m)$。令 D 是合成 A 和 B 并隐藏 $pass$ 动作而得到的自动机，注意 C 和 D 具有相同的外部接口。

现在来证明 $traces(D) \subseteq traces(C)$，为此，定义如图 8-5 所示的从 D 到 C 的模拟关系。

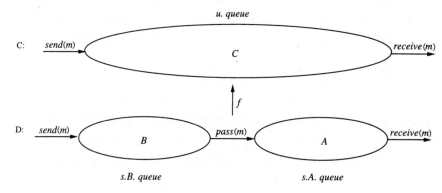

图 8-5 从 D 到 C 的模拟关系

如果 s 是 D 的状态，u 是 C 的状态，假设如下条件成立，则 $(s, u) \in f$（我们在条件中使用点号，它可以表示状态中变量的给定值和合成中给定的自动机）。

条件：$u.queue$ 是 $s.A.queue$ 和 $s.B.queue$ 的连接（$s.A.queue$ 在前）。

为了证明 f 实质上是一个模拟关系，我们需要检查定义中的两个条件。第一个条件易于证明，因为 A、B 和 C 的开始状态都是空队列。对于第二个条件，设 s 是 D 的状态，$u \in f(s)$ 是 C 的状态，$(s, \pi, s') \in trans(D)$。下面根据被执行动作的类型来分情况考虑。

1）$\pi = send(m)$。

令 C 中对应的运行片段由单个 $send(m)$ 步组成，D 中的给定步将 m 加到 $s.B.queue$ 的尾部，C 中的步将 m 加到 $u.queue$ 的尾部，这保持了 f 的定义中的状态对应关系。

2）$\pi = receive(m)$。

令 C 中对应的运行片段由单个 $receive(m)$ 步组成，D 中的给定步从 $s.A.queue$ 的头部删除 m。s 和 u 的对应关系意味着 m 也在 $u.queue$ 的头部，所以 $receive(m)$ 动作实际上在 u 中使能。然后 C 中的步从 $u.queue$ 的头部删除 m，这保持了 f 的定义中的状态对应关系。

3）$\pi = pass(m)$。

令 C 中对应的运行片段由 0 步组成。由于 D 的步不会影响两个队列的连接，因此状态对应关系得到保持。

因此 f 是一个模拟关系，由定理 8.12 可知，$traces(D) \subseteq traces(C)$。

模拟关系有时可以用于证明 A 满足 B 的活性属性，其思想在于：从 A 到 B 的模拟关系不仅意味着轨迹包含——还意味着在 A 的每个运行和 B 的某些运行之间涉及轨迹和状态的紧密关系。这种紧密关系和 A 的公平性假设可一起用于证明所需的活性属性。

例如，这里介绍一个运行之间更强对应关系的形式化描述方法。设 A 和 B 是两个具有相同输入和输出的 I/O 自动机，α 和 α' 分别是 A 和 B 的运行，f 是建立在 $states(A)$ 和 $states(B)$ 上的二元关系。如果存在一个从 α 中状态的下标（发生）到 α' 中状态的下标的映射关系 g 满足以下属性，则称 α 和 α' 对应于 f：

1）g 单调非递减。

2）g 覆盖所有 α'（即 g 的范围上限是 α' 中状态的下标的上限）。

3）g 对应的状态对都与 f 相关。

4）在连续的 g 对应状态对中，α 和 α' 中的轨迹是相同的。

不难看出模拟关系产生了运行之间的这种对应关系。

定理 8.13 如果 f 是从 A 到 B 的模拟关系，则对于 A 的任意运行 α，存在 B 的运行 α' 使得 α 和 α' 对应于 f。

定理 8.13 可用来根据 B 的活性属性来证明 A 的类似活性属性。例如，我们在互斥算法（TicketME，定理 10.40）和数据链协议（Stenning，引理 22.2）的证明概要中运用了该策略。

8.6 复杂度衡量

即使 I/O 自动机模型是异步的，它也仍有时间复杂度这一自然概念。给定自动机 A，我们为任务分割 $task(A)$ 中等价类的每一个子集定义时间上界。特别有，为任意任务 C 定义值为正实数或 ∞ 的上界 $upper_C$。对于 A 的任意公平运行 α，遵循以下条件，一个实数值时间可以与 α 中任一事件关联：

1）α 中事件的时间单调非递减。

2）若 α 是无限的，则时间逼近 ∞。

3）从 α 的任意点开始，在 C 的动作发生之前，任务 C 的使能时间最多为 $upper_C$。

粗略地说，任务 C 的连续执行机会之间的时间间隔有一个上限 $upper_C$，以这种方式来与时间关联的运行被称为定时运行。

注意，给定 $upper_C$ 上界的集合，将时间与 α 中事件关联的方法有许多，即有许多定时运行。在所有定时运行中 π 可能被赋予不同的时间，α 中指定事件 π 的时间以这些时间的上界来衡量。与之类似，两个事件可能被分别赋予时间，α 中两个事件之间的时间通过两个时间之差的上界来衡量。

例 8.6.1 时间分析

令 α 是例 8.2.1 中系统中的任意公平运行，系统中所有进程都接收 $init$ 输入。每个进程中的每个任务的时间上界为 ℓ，每个通道中的每个任务的时间上界为 d。则从最后一个进程接收 α 中第一个 $init$ 输入开始，到所有进程执行 $decide$ 输出为止，所花的时间为 $\ell + d + \ell = d + 2\ell$。原因在于：接收 $init$ 输入的最后一个进程对所有邻居执行 $send$ 事件，最多需要时间 ℓ，所有信息的传送时间最多为 d，每个进程执行 $decide$ 输出的时间最多为 ℓ。

8.7　不可区分的运行

现在来定义不可区分（或称为不可分）概念，该概念将会在某些不可能性证明中用到。它类似于在 2.4 节中针对同步系统的运行而定义的不可分概念。

设 α 和 α' 分别是两个合成自动机系统的运行，其中每个系统都包含 A，若 $\alpha|A = \alpha'|A$，则称 α 和 α' 对于 A 不可分。

8.8　随机化

和同步系统的情况一样，允许异步系统中的组件基于一些给定的概率分布来做随机选择有时是有用的。为了表示这种随机选择，我们将 I/O 自动机模型扩展成一种新的模型——概率 I/O 自动机。概率 I/O 自动机与 I/O 自动机相似，不同之处在于其转换：它的转移的形式为 (s, π, P) 而不是 (s, π, s')，其中 P 是在状态子集上的概率分布。（如果有并不涉及随机选择的步，则使用一个平常分布 P 来表示它。）每个概率 I/O 自动机 A 都有一个不确定版本 $\mathcal{N}(A)$，该版本通过将每个转换 (s, π, s') 替换成 (s, π, P) 而得，其中 s' 是 P 的值域中的一个元素。因此，$\mathcal{N}(A)$ 只是将随机选择换成不确定选择，它还是一种普通的自动机。

概率 I/O 自动机 A 的运行包含一系列选择对。在每一选择对中，不确定选择在前，并决定下一个转换 (s, π, P)；随机选择在后，并使用 P 来决定下一个状态。关于选择的限制只有一个：不确定选择（确定下一个转换）必须是"公平"的，即所有可能的随机选择序列产生的所有运行都必须是 I/O 自动机 $\mathcal{N}(A)$ 的公平运行。

和同步系统的情况一样，关于随机系统计算内容的说法通常是概率化的。当一个说法被提出时，其意图通常是：这个说法对于所有输入和所有不确定选择的公平模式都成立。如同第 5 章中的做法，我们假想"对手"来描述这些输入和不确定选择，我们要求自动机在与任意假想对手的竞争中表现良好。

8.9　参考文献注释

I/O 自动机模型最先在 Tuttle 的硕士论文 [217] 中提出，Lynch 和 Tuttle[217-218] 的论文总结了这一模型的重要特征，对用 I/O 自动机表示算法的描述和证明零星地散布在关于分布式算法的研究文献中；Afek 等和 Bloom 提出了一些代表性例子 [3, 4, 53]。一个使用 I/O 自动机来表示允许动态进程创建的系统的例子出现在 Lynch, Merritt, Weihl 和 Fekete[207] 编写的书 *Atomic Transactions* 中，该例子提出一个表示数据库并发控制算法的框架。I/O 自动机模型受许多其他分布式系统模型的影响，其中最著名的是 Lynch 和 Fischer[216] 的异步共享存储器模型、Hewitt 的 Actor 模型 [7, 81] 和 Hoare 的通信顺序处理模型 [159]。

在第 2 章结尾的参考资料部分我们讨论了不变式断言概念的来源。轨迹属性这一概念来自"调度模块"的定义 [217-218]。安全属性和活性属性的概念来自 Lamport[175] 以及 Alpern 和 Scheneider[8] 的工作。定理 8.9 来自 Scheneider[8]。

Manna 和 Pnueli[219] 的书是时序逻辑方面极好的参考资料。Lamport 在动作时序逻辑 (TLA) 方面的工作包括提出一个有用的时序逻辑框架 [184]，以及使用该框架来验证算法的成熟方法论。

文献 [207] 提出一个策略，其中序列通过投影来给出合成系统 A 中所有组件的轨迹，从而证明序列实际上是整个系统 A 的轨迹，其中系统 A 是对串行地运行所有事务的数据库系统的一个抽象说明。通过分析投影，可以证明那些并发地运行事务的数据库系统产生的特定序列事实上是 *A* 的轨迹。这对于这些数据库系统的正确性来说是非常关键的。关于保持安全属性的工作来源于 [218]。

模拟关系的来源很多，包括：将 Lamport[177] 中使用的求精映射概念进行一般化，对 Owicki 和 Gries[235] 的历史变量的抽象，并且他们与 Park[236] 的模拟很相似，Lynch[203, 214] 以及 Lynch 和 Tuttle[217-218] 的可能性映射，以及 Jonsson[165] 的模拟。使用模拟方法来验证异步系统安全性的价值已经得到公认。许多论文和书，如 [217, 288, 69, 233, 214, 207, 189, 190]，包含大量的实用例子。现在相当多的模拟证明依靠计算机辅助和计算机检查来进行，代表性例子包括 Nipkow[233] 的工作和 Sogaard-Andersen、Garland、Guttag、Lynch 和 Pogosyants[265] 的工作，前者使用 Isabelle 证明器，后者使用 Larch 证明器。

对随机系统的模拟来源于 Segala 和 Lynch[257] 的工作。

并发理论年会上陈述了关于并发系统模型的一般结果。

8.10 习题

8.1 对于例 8.2.1 中的自动机 P_i 和 $C_{i,j}$，其中 $1 \leqslant i, j \leqslant n$，考虑它们的合成：

  a）例子（$n = 2$ 时）给出的轨迹有唯一一运行，描述出现在该运行中的所有状态。

  b）令 $n = 3$，设 m 是任一自然数，描述一个运行，其中所有进程都对 m 做决定。在给出的运行中，连续 $init_1$ 值组成的串是序列 0, 4, 8, 12, … 的前缀，连续 $init_2$ 值组成的串是序列 0, 2, 0, 2, … 的前缀，连续 $init_3$ 值组成的串是序列 0, 1, 0, 1, … 的前缀。

  c）令 $n = 3$，设 m_1, m_2, m_3 是任意三个自然数。找出一个运行，其中进程 P_i 对 m_i 做决定，$i \in \{1, 2, 3\}$。$init$ 值的情况与 b）中的一样。

8.2 证明定理 8.1、8.2 和 8.3。应在何处使用兼容性条件？

8.3 证明定理 8.4、8.5 和 8.6。应在何处使用兼容性条件？应在何处使用输入使能条件？

8.4 考察以下两个 I/O 自动机，注意它们并不使用前提 – 结果的形式来书写，而是暴力列出了所有组件。

- 自动机 A：

$$in(A) = int(A) = \emptyset, out(A) = \{go\},$$
$$states(A) = \{s, t\},$$
$$start(A) = \{s\},$$
$$trans(A) = \{(s, go, t)\}, \text{ and}$$
$$tasks(A) = \{\{go\}\}.$$

- 自动机 B：

$$in(B) = \{go\}, out(B) = \{ack\}, int(B) = \{increment\},$$
$$states(B) = \{on, off\} \times \mathbb{N},$$
$$start(B) = \{(on, 0)\},$$
$$trans(B)) = \{((on, i), increment, (on, i+1)), i \in \mathbb{N}\} \cup$$
$$\{((on, i), go, (off, i)), i \in \mathbb{N}\} \cup$$
$$\{((off, i), go, (off, 0)), i \in \mathbb{N}\} \cup$$
$$\{((off, i), ack, (off, i-1)), i \in \mathbb{N} - \{0\}\}, \text{ and}$$
$$tasks(B) = \{\{increment\}, \{ack\}\}.$$

描述自动机 A、自动机 B 和自动机 $A \times B$ 的轨迹和公平轨迹的集合。

8.5 a）定义代表可靠消息通道的 I/O 自动机 A，A 接收并传递来自字母表 M_1 和字母表 M_2 的并集的消息。设在消息通道中，同一字母表的消息保持原来的顺序。而且，如果一个来自字母表 M_1 的消息在另一来自字母表 M_2 的消息之前发送，则对应的传递中消息的顺序保持不变。但是如果一个来自 M_1 的消息在另一来自 M_2 的消息之后发送的话，则对应的传递中消息的顺序逆转。给出的自动机必须能够呈现所有被允许的外部行为。给出 A 的所有组件：签名、状态、开始状态、步和任务。

  b）对于给出的自动机，给出以下部分的例子：一个公平运行、一条公平轨迹、一个非公平运行和一条非公平轨迹。

8.6 描述这样一个 I/O 自动机：它没有输入动作，输出动作是 $\{0, 1, 2, \cdots\}$，公平轨迹是集合 S 中的序列，其中 S 由输出集合上长度为 1 的所有序列组成，也就是说，每个序列由一个非负整数构成。

8.7 证明定理 8.7。

8.8 设 A 为任意自动机，证明存在另一个只包含一个任务的 I/O 自动机 B 使得 $fairtraces(B) \subseteq fairtraces(A)$（证明包含关系就足够了，不需要证明 $fairtraces(B) = fairtraces(A)$）。

8.9 设 A 为任意自动机，证明存在另一个只包含一个任务的 I/O 自动机 B，B 是"确定性"的，即 B 满足以下条件：

  a）有且只有一个初始状态。

  b）对任意状态 s 和任意动作 π，最多有一个形如 (s, π, s') 的转换。

  c）在任意状态中，最多有一个局部控制动作是使能的。

  另外，$fairtraces(B) \subseteq fairtraces(A)$。（只需证明包含关系，不需要证明 $fairtraces(B) = fairtraces(A)$）。

8.10 给出并证明一条综合了习题 8.8 和习题 8.9 的定理。

8.11 重新考虑习题 8.8、习题 8.9 和习题 8.10，要求 $fairtraces(B) = faritraces(A)$ 成立。如果这些习题在这个条件下可解，则求解。否则，证明它们是不可解的。

8.12 设 P 是一个安全属性，证明以下三个关于 I/O 自动机 A 的命题等价：

  a）$traces(A) \subseteq traces(P)$。

  b）$fairtraces(A) \subseteq traces(P)$。

  c）A 的有限轨迹全在 $traces(P)$ 中。

8.13 考虑以下情况的轨迹属性 P，在每种情况中，$sig(P)$ 是没有输入和输出为 $\{1,2\}$ 的签名：

  a）设 $traces(P)$ 是建立在 $\{1, 2\}$ 上的序列集合，其中 2 不能立即在 1 之后出现，证明 P 是活性属性。

  b）设 $traces(P)$ 是建立在 $\{1, 2\}$ 上的序列集合，其中在每个 1 之后，最终都有一个 2 出现，证明 P 是活性属性。

  c）设 $traces(P)$ 是建立在 $\{1, 2\}$ 上的序列集合，其中在每个 1 之后都紧跟着一个 2，证明 P 既不是安全属性也不是活性属性。要求明确地用一个安全属性和一个活性属性的交集来表示 P。

8.14 参照形式化轨迹的做法，将运行的安全属性和活性属性的定义形式化。证明定理 8.8 和定理 8.9 之间的类似性。

8.15 证明定理 8.11。

8.16 证明定理 8.12。

异步共享存储器算法

以下几章，从第 9 ～ 13 章，研究针对异步共享存储器模型的算法，其中进程异步地执行，并通过共享存储器通信。

这个部分的第 1 章，即本书第 9 章，简单地描述异步共享存储器系统的形式模型。与以前一样，你可先快速浏览此章，然后在必要时查阅具体内容。第 10 章研究关于**互斥**的基本问题。第 11 章研究更通用的**分布式资源分配**问题。第 12 章包含针对易错异步系统中**一致性**问题的基本结论。最后，第 13 章对原子对象（用于对分布式系统编程的强力抽象对象）进行了研究。

建模 III：异步共享存储器模型

在本章中，我们给出异步共享存储器系统的形式化模型。与第 8 章中的异步系统一样，该模型采用通用的 I/O 自动机模型来描述。

与网络系统一样，一个共享存储器系统由一个通信进程集合组成。不同的是，这里的进程在共享变量上执行即时操作，而不是在通信通道上发送和接收消息。

9.1　共享存储器系统

非形式化地，一个异步共享存储器系统由一个有限的进程集合组成，这些进程在一个有限的共享变量集合上进行交互。变量只用来协助系统中的进程通信。为了使得其他部分也能够与共享存储器系统交互，假定每个进程都拥有一个端口，通过这个端口，进程能够使用输入和输出动作来与外部环境交互。交互过程如图 9-1 所示。

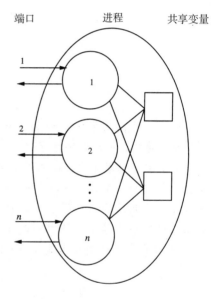

端口　　　　进程　　　　共享变量

图 9-1　一个异步共享存储器系统

我们使用 I/O 自动机来表示共享存储器系统，事实上，我们只使用单个 I/O 自动机，其外部接口由所有端口上的输入动作和输出动作构成。如果使用多个自动机（为每个进程和每个共享变量分别设置一个自动机），可能显得更为自然，但这将引起不必要的复杂化，故我们不采用这种方式。例如，若每个进程和每个共享变量都是一个 I/O 自动机，则使用通常的 I/O 自动机合成方法来将它们混合起来后，我们可得到一个系统。在该系统中，进程 i 在共享变量 x 上的一个操作可以用一对事件来建模：一个调用事件，作为进程 i 的输出和变量 x 的输入；和随后的一个应答事件，作为变量 x 的输出和进程 i 的输入。但系统中可能有一些运行，在其中这些事件对被拆开。例如，在第一个调用返回之前可能又有几个调用发生。这种行为不应该在我们对之进行建模的共享存储器系统中出现。

摆脱这种困境的方法之一是只考虑所有可能运行的特定子集，在其中调用和相应的应答连续发生。另外一种方法是只有进程被表示成 I/O 自动机，而共享变量以其他类型的状态机（其中调用和应答合起来作为一个事件）表示。这样，必须定义一种将进程和变量自动机合成为 I/O 自动机的合成操作。由于这两种方法都引入了各自的复杂性，如运行集合的受限子集、事件对、新类型状态机或者新操作等，我们采用另一方法：用一个大 I/O 自动机 A 来表示整个系统。我们通过在事件上施加局部性限制来捕捉自动机 A 中进程和变量结构的信息。

与同步网络模型相似，对系统中的进程从 1 到 n 编号。进程 i 的状态集为 $state_i$，其中

包含初始状态 $start_i$；系统中每个共享变量 x 的值集合为 $value_x$，其中包含初始值 $initial_x$。在系统自动机 A 的状态集合 $states(A)$ 中，每个状态都由任意进程 i 的状态集合 $state_i$ 中的一个状态和任意共享变量 x 的值集合 $value_x$ 中的一个值组成。与之类似，$start(A)$ 中的每个状态都由任意进程 i 的 $start_i$ 中的一个状态和任意共享变量 x 的 $initial_x$ 中的一个值组成。

$act(A)$ 中的每个动作都与某一进程相关。此外，$int(A)$ 中的某些内部动作可能与某个共享变量相关。进程 i 使用相关的输入动作和输出动作与外界交互，我们称这些动作在端口 i 上发生。进程 i 中不与共享变量相关的内部动作用于局部计算与共享变量 x 相关的内部动作则用于在 x 上执行操作。

转移集合 $tran(A)$ 拥有一些局部性限制，用于表示系统中的进程和共享变量结构。首先，考虑与进程 i 相关但不与任意变量相关的动作 π。如前文所述，π 用于局部计算，任意 π 步都只涉及进程 i 的状态。也就是说，π 转移集合可由一些形如 (s, π, s')，其中 $s, s' \in state_i$ 的三元组生成，其中其他进程的状态和共享变量的值的合成被粘贴到 s 和 s' 中（相同的合成被粘贴到 s 和 s' 中）。

另一方面，考虑既与进程 i 相关又与变量 x 相关的动作 π。如前文所述，π 被进程 i 用于在变量 x 上执行操作。任意 π 步都只涉及进程 i 的状态和变量 x 的值。即 π 转移集合由一些形如 $((s, v), \pi, (s', v'))$（其中 $s, s' \in state_i$，$v, v' \in value_x$）的三元组组成，其中其他进程的状态和其他共享变量的值的合成被粘贴到 s 和 s' 中。这里有一个技巧：如果 π 既涉及进程 i 的状态又涉及变量 x 的值，尽管最终变化可能取决于 x 的值，但 π 能否使能只取决于进程 i 的状态。即如果当 i 的状态是 s 而变量 x 的值是 v 的时候，π 是使能的，则当 i 的状态是 s 而变量 x 变成其他值 v' 时 π 也是使能的。

任务分割 $task(A)$ 必须与进程结构一致：即每个等价类（任务）只能包括一个进程的若干局部控制动作。很多时候进程和任务一一对应，如进程是串行程序时。这样，在 8.3 节中给出的 I/O 自动机公平性标准定义指明每个进程都得到无限多步的执行机会。更一般的情况是当每个进程都有几个任务时，公平性定义指明每个任务都得到无限多的执行机会。

例 9.1.1 共享存储器系统

设 V 为一个固定的值集合。共享存储器系统由 n 个从 1 到 n 编号的进程和一个共享变量 x 组成，其中 x 的值在 $V \cup \{unknown\}$ 之中，且初始值为 $unknown$。输入形式为 $init(v)_i$，其中 $v \in V$，i 是进程的编号；输出形式为 $decide(v)_i$；内部动作的形式为 $access_i$。所有下标为 i 的动作都与进程 i 相关；另外，$access$ 动作与变量 x 相关。

进程 i 接收一个 $init(v)_i$ 输入后访问变量 x，如果它发现 x 的值是 $unknown$，则将值 v 写到变量 x 中并决定 v 的值；如果它发现 x 的值是 w（这里 $w \in V$），则不把任何值写入到变量 x 中，但决定 w 的值。

形式化地，每个集合 $states_i$ 都由局部变量组成。

States of i:
$status \in \{idle, access, decide, done\}$, initially $idle$
$input \in V \cup \{unknown\}$, initially $unknown$
$output \in V \cup \{unknown\}$, initially $unknown$

转移函数为：

Transitions of i:

$init(v)_i$ $decide(v)_i$

Effect:
  $input := v$
  if $status = idle$ then
   $status := access$

$access_i$
 Precondition:
  $status = access$
 Effect:
  if $x = unknown$ then $x := input$
  $output := x$
  $status := decide$

Precondition:
  $status = decide$
  $output = v$
Effect:
  $status := done$

任务与进程一一对应，任务中包含进程的全部 *access* 和 *decide* 动作。

不难看出，在 *A* 的每个公平运行 α 中，任意接收 *init* 输入的进程最终都产生一个 *decide* 输出。此外，每个运行（无论公平与否，且任意数目的 *init* 事件可以发生在任何位置）都满足"一致性条件"（即没有两个进程决定出不同的值）和"有效性条件"（即每个决定值都是某个进程的初始值）。

我们可以根据 8.5.2 节中的定义，用轨迹属性来对这些正确性声明进行阐述。例如，令 *P* 是这样的轨迹属性：$sig(P) = extsig(A)$，且 $trace(P)$ 是由 $act(P)$ 中动作组成的、满足以下条件的序列 β 的集合。

1）对于任意 i，如果有且只有一个 $init_i$ 事件出现在 β 中，则有且只有一个 $decide_i$ 事件出现在 β 中。

2）对于任意 i，如果没有 $init_i$ 事件出现在 β 中，则没有 $decide_i$ 事件出现在 β 中。

3）（一致性）如果 $decide(v)_i$ 事件和 $decide(w)_j$ 事件都出现在 β 中，则 $v = w$。

4）（有效性）如果 $decide(v)_i$ 事件出现在 β 中，则某个 $init(v)_j$ 事件（对于同一个 v）出现在 β 中。

然后可以证明 $fairtrace(A) \subseteq trace(P)$。具体证明留为一道习题。

9.2　环境模型

有时候，把系统的环境也模拟成以自动机来表示是有用的。这提供了一种简单的方法来描述那些关于环境行为的假设。例如，在例 9.1.1 中，我们希望阐述：对于每个 i，环境只提交一次 $init_i$ 输入，或者至少提交一次 $init_i$ 输入。对于现实中的共享存储器系统，环境常常可以被描述成互不相关的用户自动机的集合，其中每个端口各对应一个自动机。

例 9.2.1　环境模型

我们来描述一个在例 9.1.1 中描述过的共享存储器系统 *A*。环境以单个 I/O 自动机表示，该自动机由一个用户自动机 U_i 组成（使用 8.2.1 节中针对 I/O 自动机定义的合成操作），其中每个进程 i 都有一个用户自动机 U_i。U_i 的代码如下：

U_i automaton:

Signature:

Input:　　　　　　　　　　Internal:
 $decide(v)_i, v \in V$　　　　$dummy_i$
Output:
 $init(v)_i, v \in V$

States:

$status \in \{request, wait, done\}$, initially *request*

$decision \in V \cup \{unknown\}$, initially *unknown*

error, a Boolean, initially *false*

Transitions:

$init(v)_i$

 Precondition:

  $status = request$ or $error = true$

 Effect:

  if $error = false$ then $status := wait$

$dummy_i$

 Precondition:

  $error = true$

 Effect:

  none

$decide(v)_i$

 Effect:

  if $error = false$ then

   if $status = wait$ then

   $decision := v$

   $status := done$

  else $error := true$

Tasks:

All locally controlled actions are in one class.

因此，U_i 最先执行一个 $init_i$ 动作，然后等待一个决定。如果共享存储器系统产生的是一个没有对应前继 $init_i$ 的决定，或者产生的是两个决定，则 U_i 设置一个 *error* 标志，该标志允许系统在任意时刻输出任意数目的 $init$（$dummy_i$ 动作允许 U_i 选择不产生输出）。当然，给出的共享存储器系统不会产生这些错误。

图 9-2 显示了共享储器系统 A 和所有 U_i（$1 \leq i \leq n$）的合成图。这种合成表现良好：在合成的每个公平运行中，对于所有 i，都有且只有一个 $init_i$ 事件和一个 $decide_i$ 事件。另外，$decide$ 事件满足相应的一致性条件和有效性条件。

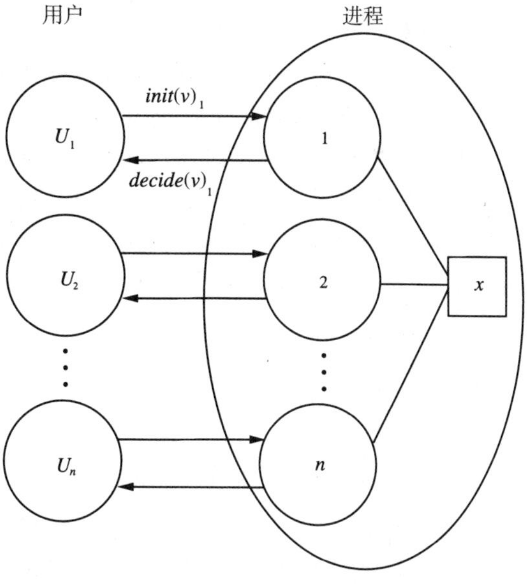

更形式化地，令 Q 是一个轨迹属性，其中 $sig(Q)$ 由所有 i 和 u 的输出 $init(v)_i$ 和 $decide(v)_i$ 组成，且 $trace(Q)$ 是由 $act(Q)$ 中动作组成的、满足以下条件的序列 β 的集合。

1）对于任意 i，β 中有且只有一个 $init_i$ 事件，随后有且只有一个 $decide_i$ 事件。

2）（一致性）若 $decide(v)_i$ 和 $decide(w)_j$ 都出现在 β 中，则 $v = w$。

3）（有效性）如果 $decide(v)_i$ 事件出现在 β 中，则某个 $init(v)_j$ 事件（对于同一个 v）出现在 β 中。

图 9-2　用户和共享存储器系统

然后可以证明 $fairtrace(A \times \prod_{1 \leq i \leq n} U_i) \subseteq trace(Q)$。具体证明留为一道习题。

9.3　不可区分状态

我们定义一个在第 10 章的一些不可能性证明中会用到的概念——不可区分性。

对于一个 n 进程共享存储器系统 A 和一个由用户 U_i（$1 \leqslant i \leqslant n$）组成的集合，令 s 和 s' 是合成系统 $A \times \prod_{1 \leqslant i \leqslant n} U_i$ 的两个状态。如果进程 i 的状态、U_i 的状态和所有共享变量的值在 s 和 s' 中都是相同的，则称 s 和 s' 对于进程 i 是不可区分的，记为 $s \overset{i}{\sim} s'$。

9.4　共享变量类型

在给出的共享存储器系统的通用定义中，我们并没有限制进程访问共享变量时所执行操作的类型。也就是说，当一个进程 i 访问变量 x 时，根据 i 的旧状态和 x 的旧值，可以随意地改变 i 的状态和 x 的值。但实际上，共享变量一般只支持一些固定操作，例如读 – 写操作或者混合读 – 改 – 写操作等。在本节中，我们定义了变量类型的概念，对于共享存储器系统来说，变量存取必须遵守类型限制$^{\ominus}$。

一个变量类型包括以下内容。

- 一个值集合 V。
- 一个初始值 $v_0 \in V$。
- 一个调用集合。
- 一个应答集合。
- 一个函数 f：调用 $\times V \to$ 应答 $\times V$。

函数 f 说明当一个给定的调用到达一个已有给定值的变量时发生的情况，它描述了变量的新值和返回的应答。注意一个变量类型并不是一个 I/O 自动机，即使它的一些组件看起来颇像 I/O 自动机组件。更重要的是，在变量类型中，调用和应答都是函数的一部分，在函数应用中一起发生；而在 I/O 自动机模型中，输入和输出是相互独立的动作（其他动作可能在它们之间发生）。

设有一个共享存储器系统 A，称系统 A 中的共享变量 x 属于给定类型是什么意思呢？首先，这意味着集合 $value_x$ 必须等于该类型的值集合 V，x 的初始值集合 $initials_x$ 也只包含一个元素 v_0。另外，所有涉及 x 的转移都必须能够使用该类型允许的调用和应答来描述。换而言之，所有涉及 x 的动作都必须与该变量类型的某个调用 a 相关，涉及 i 和 a 的转移的集合必须能够使用以下形式来描述，其中 p 是 $state_i$ 上的某个谓词表达式，而 g 是满足 $g \subseteq state_i \times responses \times states_i$ 的某个关系（代码中记号 $state_i$ 代表进程 i 的状态）。

```
Transitions involving i and a
    Precondition:
        p(state_i)
    Effect:
        (b, x) := f(a, x)
        state_i := any s such that (state_i, b, s) ∈ g
```

这些代码意味着，当进程 i 决定使用调用 a 来访问变量 x 时，这个决定是根据谓词表达式 p（与 i 的状态相关）而做出的。若要实施这种访问，变量类型的函数 f 应用在调用 a 和变量 x 的值上，以决定应答 b 和变量 x 的新值；然后在关系 g 的允许下，进程 i 使用应答 b 来更新状态。

在本书对共享存储器模型的描述中，涉及访问特定类型共享变量的转换并不以上述谓词表达式 p 和关系 g 的形式来书写。但是，理论上它们都可以用这种方式表达。

$\ominus$　这里的定义要求变量的行为是确定性的。可以扩充到非确定性的情况，但本书的结果并不需要这种扩充，故我们避免了这种复杂性。

例 9.4.1　读 / 写共享变量（寄存器）

在多处理机中使用得最频繁的变量类型是只支持读写操作的类型。这种类型的变量被称为读 / 写变量，或读 / 写寄存器，或干脆称为寄存器。

一个读 / 写寄存器具有任一值集合 V 和任一初始值 $v_0 \in V$，其调用是 $read$ 和 $write(v)$，$v \in V$，应答是 $v \in V$ 和 $ack^{\ominus}$，函数 f 被定义为 $f(read, v) = (v, v)$ 和 $f(write(v), w) = (ack, v)$。

注意例 9.1.1 中的 x 不能被描述成读 / 写寄存器，因为例子中给定的进程不能使用上述形式来编写。可以通过重写算法，例如，将每次访问分成读步骤和写步骤，来使 x 成为一个寄存器，结果的进程代码如下所示。$status$ 的值 $access$ 被两个新的 $status$ 值（即 $read$ 和 $write$）替代。

Transitions:

$init(v)_i$
　　Effect:
　　　　$input := v$
　　　　if $status = idle$ then $status := read$

$read_i$
　　Precondition:
　　　　$status = read$
　　Effect:
　　　　if $x = unknown$ then
　　　　　　$output := input$
　　　　　　$status := write$
　　　　else
　　　　　　$output := x$
　　　　　　$status := decide$

$write(v)_i$
　　Precondition:
　　　　$status = write$
　　　　$v = input$
　　Effect:
　　　　$x := v$
　　　　$status := decide$

$decide(v)_i$
　　Precondition:
　　　　$status = decide$
　　　　$output = v$
　　Effect:
　　　　$status := done$

进程 i 的所有局部控制动作再次组成一个任务分割。尽管这些代码并不以谓词表达式 p 和关系 g 的形式来书写，但要以这种形式书写也是很简单的。例如，对于动作 $read_i$，谓词表达式 p 为 "$status = read$"，关系 g 为三元组 (s, b, s') 的集合，其中 $(s, b, s') \in states_i \times (V \cup \{unknown\}) \times state_i$，$s'$ 由以下代码从 s 取得：

　　if $b = unknown$ then
　　　　$output := input$
　　　　$status := write$
　　else
　　　　$output := b$
　　　　$status := decide$

对于动作 $write(v)_i$，谓词表达式 p 为 "$status = write$" 和 "$v=input$"，关系 g 是三元组 (s, b, s') 的集合，其中 $(s, b, s') \in states_i \times (V \cup \{unknown\}) \times states_i$，$s'$ 由以下代码从 s 取得：

　　$status := decide$

所以 x 是一个读 / 写共享变量。

注意以这种方式来重写算法时，不能继续保证例 9.1.1 中的一致性条件。

例 9.4.2　读 - 改 - 写共享变量

另一重要变量类型允许强大的读 - 改 - 写操作。在一个对共享变量 x 的即时读 - 改 - 写操作中，进程 i 能够做以下所有动作。

　⊖　调用和应答有时候也包括诸如寄存器名字等附加信息。这里忽略这种复杂性。

1）读 x。

2）进行计算，可能用 x 的值来修改 i 的状态并决定 x 的新值。

3）将新值写回 x。

使用多处理机提供的一般原语来实现通用的读 – 改 – 写操作并不容易。共享存储器模型不但要求对变量的每个访问都不可分割，还要求所有进程都应该得到公平的机会来进行访问操作。实现这种公平性需要某些低层仲裁机制。

如前所述，以变量类型来表示读 – 改 – 写变量的可能性并不明显：读 – 改 – 写操作看起来涉及对变量的两种访问（而不是所需的一种访问）。一种方法是让意欲访问变量的进程根据自身状态在调用变量时使用一个函数 h。函数 h 以应用在变量上的形式来表达，它提供进程状态信息以决定转移。函数 h 在值为 v 的变量上的应用结果是将变量的值改为 $h(v)$ 并返回变量的旧值 v 给进程，然后进程根据自己的旧状态和 v 来改变自己的状态。

形式化地，一个读 – 改 – 写变量包括任一值集合 V 和任一初始值 $v_0 \in V$，其调用是所有函数 h，其中 $h : V \to V$；回应为 $v \in V$；函数 f 为 $f(h, v) = (v, h(v))$。换而言之，f 返回旧值并根据提交的函数来更新变量的值。

例如，在例 9.1.1 中，由进程提交给变量的函数的形式为 h_v，这里

$$h_v(x) = \begin{cases} v, & x = unknown \\ x, & \text{其他} \end{cases}$$

进程提交的特定 h_v 将进程的输入作为 v 的值。返回值 $unknown$ 导致输出值等于输入值，而返回值 $v \in V$ 导致输出值等于 v。两种情况都相应地修改进程状态 $status$。

例 9.4.3　其他变量类型

在共享存储器多处理器中，许多变量类型都包括读 – 改 – 写的受限形式以及读写等基本操作。读 – 改 – 写的一些通用受限形式包括比较 – 交换（compare-and-swap）、交换（swap）、测试 – 设置（test-and-set）、取 – 加（fetch-and-add）操作。这些操作的定义如下，其中集合 V 和初始值 v_0 是固定的。

比较 – 交换操作的调用形式为 $compare\text{-}and\text{-}swap(u, v)$，其中 $u, v \in V$，而应答是 V 中的元素。其函数 f 的定义如下：

$$f(compare\text{-}and\text{-}swap(u, v), w) = \begin{cases} (w, v), & u = w \\ (w, w), & \text{其他} \end{cases}$$

也就是说，如果变量的值与第一个参数 u 相等，则该操作将变量的值置为第二个参数 v；否则，该操作不改变变量的值。无论如何，变量的原值被返回。

交换操作的调用形式为 $swap(u)$，其中 $u \in V$，而应答是 V 中的元素。针对交换调用的函数 f 被定义为

$$f(swap(u), v) = (v, u)$$

也就是说，该操作将输入值 u 写到变量中并返回变量的原值 v。

测试 – 设置操作的调用形式为 $test\text{-}and\text{-}set$，而应答是 V 中的元素。针对测试 – 设置调用的函数 f 被定义为

$$f(test\text{-}and\text{-}set, v) = (v, 1)$$

也就是说，该操作将 1 写到变量中并返回变量的原值 v（假定 $1 \in V$）。

最后，取 – 加操作的调用形式为 *fetch-and-add(u)*，其中 $u \in V$，而应答是 V 中的元素。针对取 – 加调用的函数 f 被定义为

$$f(\textit{fetch-and-add}(u), v) = (v, v+u)$$

也就是说，该操作将输入值 u 加到变量 v 中并返回变量的原值 v（该操作要求集合 V 支持加法）。

我们以一种很自然的方式来定义变量类型的运行。变量类型的运行是有限序列 $v_0, a_1, b_1, v_1, a_2, b_2, v_2, \cdots, v_r$ 或者无限序列 $v_0, a_1, b_1, v_1, a_2, b_2, v_2, \cdots$。其中 v 是 V 中的值，v_0 是变量类型的初始值，a 是调用，b 是应答，而四元组 $v_k, a_{k+1}, b_{k+1}, v_{k+1}$ 满足该类型的函数（亦即 $(b_{k+1}, v_{k+1}) = f(a_{k+1}, v_k)$）。另外，变量类型的轨迹是从该类型的运行中得到的 a 和 b 的序列。

例 9.4.4 读 / 写变量类型的轨迹

以下是满足 $V = \mathbb{N}$ 和 $v_0 = 0$ 的读 / 写变量类型的轨迹：

$$\textit{read}, 0, \textit{write}(8), \textit{ack}, \textit{read}, 8$$

作为本节的结尾，我们为变量类型定义一种简单的合成操作，使得一个独立变量类型集合可被视为一个简单变量类型，其中独立变量类型具有各自的操作，而简单变量类型拥有几个组件，且拥有作用在各个组件之上的操作。

对于一个变量类型的可数集合 $\{T_i\}_{i \in I}$，如果所有调用集合和应答集合是互不相交的，则称它为兼容的。一个变量类型的可数兼容集合的合成 $T = \prod_{i \in I} T_i$ 的定义如下：

- 集合 V 是 T_i 值集合的笛卡儿积。
- 初始值 v_0 由 T_i 中的初始值组成。
- 调用集合是 T_i 中调用集合的并集。
- 应答集合是 T_i 中应答集合的并集。
- 函数 f "组件状的"操作。换而言之，考虑 $f(a, w)$，其中 a 是 T_i 的一个调用。函数 f 将 a 应用到 w 的第 i 个组件中，并使用 T_i 的函数来获取 (b, v)；它返回 b 并将 w 的第 i 个组件的值设置为 v。

当 I 是一个有限集时，可以使用中缀操作符 $\times$ 来表示合成操作。

例 9.4.5 变量类型的合成

我们来描述两个读 / 写变量类型 T_x 和 T_y 的合成（你可以认为 x 和 y 是两个寄存器的名字）。设 T_x 和 T_y 的值集分别为 V_x 和 V_y，初始值分别为 $v_{0,x}$ 和 $v_{0,y}$。

只有兼容的类型才能被合成。我们通过（文字）下标 x 或 y 来区分不同类型的调用和应答。合成类型 $T_x \times T_y$ 的值集为 $V_x \times V_y$，初始值为 $(v_{0,x} v_{0,y})$；其调用为 $\textit{read}_x, \textit{read}_y, \textit{write}(v)_x$（$v \in V_x$）和 $\textit{write}(v)_y$（$v \in V_y$）。应答为 v_x（$v \in V_x$）和 v_y（$v \in V_y$），以及 $\textit{ack}_x$ 和 $\textit{ack}_y$。

现在考虑函数 f。设 $w = (v, v')$ 是 $V_x \times V_y$ 中的任意元素，则对于 w，f 为 $f(\textit{read}_x, w) = (v_x, w)$，$f(\textit{read}_y, w) = (v'_y, w)$，$f(\textit{write}(v'')_x, w) = (\textit{ack}_x, (v'', v'))$ 和 $f(\textit{write}(v'')_y, w) = (\textit{ack}_y, (v, v''))$。因此，读操作返回向量中所指的组件，而写操作更新所指的组件。

9.5 复杂度衡量

为了衡量异步共享存储器系统的复杂度，设进程步时间的上界为 ℓ，该上界用于证明事件的发生所需时间的上界（例如，进程接收 $\textit{init}_i$ 输入来产生 $\textit{decide}_i$ 输出）。

更精确讲，共享存储器系统的时间复杂度衡量是 8.6 节中定义的通用 I/O 自动机的时间

复杂度衡量的一个特例。即我们为每个进程的任务 C 设定一个上界 ℓ，该上界是任务 C 在两次连续执行步之间的时间的上限。我们用遵循时间上界要求而赋予指定事件 π 的时间上限来衡量直到 π 为止的时间；类似地，用能够赋予两个事件的时间之间的间隔的上限来衡量两个事件之间的时间。

注意，我们的时间衡量并不考虑进程间访问共同变量时引起的冲突的开销。在考虑了冲突的多处理器环境中，必须对时间衡量方法做相应的改动。

共享存储器系统其他有意义的衡量还包括静态的衡量（如共享变量的数量及其值集的大小）。

9.6　故障

我们以输入动作 $stop_i$ 来建立共享存储器系统中进程 i 的停止故障模型，该故障使得进程 i 的所有任务都失败，但它不会影响其他进程。更精确讲，即使我们不给状态变化以任何限制（除了要求状态变化会导致进程 i 的所有任务永久失效之外），一个 $stop_i$ 事件也只能改变进程 i 的状态。对于一些问题诸如：进程 i 之后的输入是被忽略，还是会引起进程 i 发生如同 $stop_i$ 没有发生时的同样变化，或者是会引起其他状态变化，等等，都作为公开问题。答案如何并不要紧，因为这些状态变化的效果不会传送给其他进程。

图 9-3 描述了具有停止故障的异步共享存储器系统的体系结构。

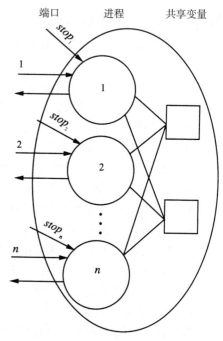

图 9-3　具有停止故障的异步共享存储器系统的体系结构

9.7　随机化

在 8.8 节中的概率 I/O 自动机通用模型的定义中，当 I/O 自动机是共享存储器系统时，所得的系统便是概率共享存储器系统。

9.8　参考文献注释

本章描述的基本模型并没有具体的相关文献。它是一种使用 I/O 自动机结构来进行形式描述的 garden-variety 共享存储器模型。Lynch 和 Fischer [216] 定义了另一种共享存储器系统模型，其中进程通过对共享变量的瞬时访问而不是通过外部事件来相互通信。Kruskal、Rudolph 和 Snir [171] 定义了在共享存储器多处理器中使用的多种变量类型。

Dwork、Herlihy 和 Waarts [103] 提出了一种将共享存储器访问冲突考虑在内的时间复杂度衡量方法。概率共享存储器系统的形式定义来源于 Lynch，Saias，and Segala [208] 的工作。

9.9　习题

9.1 令 A 是例 9.1.1 中描述的共享存储器系统

a）证明 $fairtraces(A) \subseteq traces(P)$，其中 P 是例 9.1.1 描述的轨迹属性。

b）定义一种有趣的轨迹安全属性 Q，并表明 A 的（不一定公平的）轨迹满足它。即表明 $traces(A) \subseteq$

$traces(Q)$。该属性必须提到当同一个进程 i 具有多个 $init_i$ 动作时会发生什么。

9.2 证明 $fairtraces(A \times \prod_{1 \leqslant i \leqslant n} U_i) \subseteq traces(Q)$，其中 A 是例 9.1.1 中描述的共享存储器系统，Q 是例 9.1.2 中描述的轨迹属性。

一种证明方法是重新将 Q 表示为安全属性 S 和活动属性 L 的交集。S 能够包含一致性条件和有效性条件，还能够包含一致性条件的一部分，即对于所有 i，i 的动作序列是形如 $init_i$ 和 $decide_i$ 的序列的前缀。对于每个 i，L 认为有至少有一个 $init_i$ 事件和至少一个 $decide_i$ 事件发生。给出保持 S 的所有组件，并利用定理 8.11 来证明 $(A \times \prod_{1 \leqslant i \leqslant n} U_i) \subseteq traces(S)$（可以从 $traces(A) \subseteq traces(P)$ 来推出 A 保持 S）。然后使用公平性假设来证明其活性属性。

9.3 证明以下是例 9.2.1 中系统 $A \times \prod_{1 \leqslant i \leqslant n} U_i$ 的一个不变式：如果 $decision_{U_i} \neq unknown$ 和 $decision_{U_j} \neq unknown$，则 $decision_{U_i} = decision_{U_j}^{\ominus}$。用两种方法来证明：

a）基于习题 9.2 中证明的 $(A \times \prod_{1 \leqslant i \leqslant n} U_i) \subseteq traces(S)$；

b）使用证明不变式的通用方法——对产生给定的系统状态的运行长度进行归纳来完成。

9.4 例 9.4.1 中基于读/写寄存器的系统是否满足与例 9.1.1 中系统相同的轨迹属性 P？如果满足，给出证明；否则给出一个反例并证明你所能给出的关于系统行为的最强论断。

9.5 研究问题。使用以下方式来为共享存储器系统定义另一种模型：使用 I/O 自动机来模拟进程，并为共享变量定义一种新的状态机（类似于变量类型的模型）。定义一种相关的合成操作来将"兼容"的进程和共享变量自动机合成为单个 I/O 自动机以表示整个系统。需要做出什么样的修改使其合乎以后几章所使用的新定义？

⊖ 我们使用下标来指定属于特定自动机的变量。

互　斥

本章开始学习异步算法。由于异步算法必须处理由异步性和分布性带来的不确定性，因此它与同步算法在总体上有很大的差别。例如，在异步网络中，进程步与信息传送无须在锁－步同步中发生，而是可能以任意顺序发生。

在直接进入异步网络算法的学习之前，我们先学习在异步共享存储器环境中的算法。这主要是因为这种环境相对简单一些。当然，如第 17 章所述，异步共享存储器模型和异步网络模型之间存在着紧密联系。例如，可以把为异步共享存储器模型所写的算法转换成能在异步网络模型中运行的算法。在本章及第 11 章中，我们将不过多地考虑故障问题，因为光异步性就足够复杂了。

本章讨论的是互斥（mutual exclusion）问题，即对单个不可分资源（如打印机）的访问进行管理的问题，该资源每次只能支持一个用户访问。另外，互斥也被视为这样一个问题：程序代码的特定部分在临界区中运行，在同一时刻不允许有两个程序在临界区中运行。哪些用户将要求使用资源，以及他们将何时发出要求都是不可知的。这个问题在集中式操作系统和分布式操作系统中都存在。

首先，我们在 Dijkstra 提出的早期算法的基础上提出几个针对读/写共享存储器模型的互斥算法，并通过确保不同用户之间的公平性和削弱所用的共享存储器类型来对后来的算法进行提高。随后，我们给出解决问题所需的读/写共享变量的数目的一个基本下限。最后，我们给出针对特定存储器的一系列上限和下限结果，这种共享存储器包含更强大的读－改－写共享变量。

本章篇幅较长，其主要原因在于我们不仅要在这一章中提出一组算法和不可能性结果，而且要介绍在其余几章中会用到的很多思想。其中包括表示共享存储器系统和其环境的技术、证明异步算法的正确性条件（包括安全性、演进性和公平性条件）、对异步算法的证明技术（包括操作式断言、不变式断言和模拟关系证明）、定义和分析异步算法中时间复杂度的方法，以及证明下界的技术。

10.1　异步共享存储器模型

在描述算法之前，我们先来描述一下在本章和随后三章中所要用到的计算模型。由于第 9 章已经全面、形式化地描述了此模型，我们在此只做简单、粗略的介绍。

系统被建模为一组进程和共享变量，两者之间的交互关系如图 10-1 所示。与同步系统类似，每个进程 i 都是一种状态机，拥有一个状态集合 $states_i$ 和一个代表开始状态的 $states_i$ 的子集 $start_i$。然而，现在进程 i 具有带标记的动作，用来描述它所参与的活动。这些动作被分为输入动作、输出动作和内部动作。在图 10-1 中，进入和离开进程环的箭头分别表示不同进程的输入和输出动作。我们进一步区分两种不同类型的内部动作：涉及共享存储器的动作和严格涉及局部运算的动作。如果一个动作涉及共享存储器，那么我们假定它仅涉及一个共享变量。

与同步系统不同，在异步模型中没有任何消息，因而也没有信息生成函数。进程之间的所有交流都是通过共享存储器来进行的。

整个系统有一个转移关系 *trans*，它是一个由三元组 (s, π, s') 组成的集合，其中 s 和 s' 是自动机状态，也就是所有进程的状态和所有共享变量的值的组合；π 则是输入、输出或者内部动作的标记。我们将进程状态和变量值的这些组合称为"自动机状态"，是因为在第 9 章的形式化模型中，整个系统都以单个自动机来表示。状态 $(s, \pi, s') \in$ *trans* 意味着在执行了动作 π 之后，从自动机状态 s 到达自动机状态 s' 是可能的。值得注意的是，*trans* 是一种关系，而非一种函数——简单起见，我们允许模型中包含不确定性。

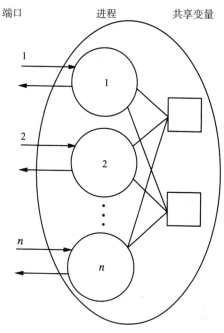

图 10-1 一个异步共享存储器系统

我们假定在系统中输入动作始终可以发生，即该系统是输入使能的。形式化地，这意味着对于每一个自动机状态 s 和输入动作 π，都存在着一个 s'，使得 $(s, \pi, s') \in$ *trans*。相反，输出步和内部步可能只在状态的一个子集中使能。输入使能属性的直观含义是输入动作由任一外部用户控制，内部动作和输出动作则由系统本身控制。

这些转移具有某些"局部性"限制。首先，如果某个转移并不涉及共享存储器，那么它只涉及执行该动作的进程的状态。相反，如果某个转移涉及进程 i 和共享变量 x，那么它只与进程 i 的状态和变量 x 的值相关。我们假定共享存储器动作的使能与否只与进程状态相关，而与被访问的共享变量的值无关。然而，由此带来的进程状态和变量值的变化可能还是与变量值相关的。

我们通常对共享变量步做进一步的限制，使得运行只包括特定类型的操作，如读操作和写操作。对变量 x 的读步根据进程以前的状态和 x 中的值来改变进程的状态，但变量 x 的值保持不变。写步涉及在一个共享变量上写入一个给定值，变量以前的值将被覆盖。我们将主要考虑以读操作和写操作来访问变量的系统，但同时也会考虑一些功能更为强大的操作，如读－改－写。

异步共享存储器系统的运行大大不同于同步系统的运行。在这种模型中，进程以任意顺序而非按照同步轮来执行步。任意顺序是对异步模型的硬性要求。一个运行被形式化为一个自动机状态和自动机动作交替出现的序列：$s_0, \pi_1, s_1, \cdots$。其中每个动作都属于一个特定进程，且连续的 (状态, 动作, 状态) 三元组满足转移关系。每一个运行都可能是有限序列或无限序列。

进程步顺序的任意性存在一个重要的例外情况。当一个进程应该执行步的时候，即当这个进程状态中的局部控制动作（即非输入动作）是使能的时候，我们不允许进程停止执行步。（虽然输入动作总是使能的，但我们并不假设它们发生过这种情况）。精确地描述这种情况需要一定的技巧。

例如，我们可能尝试这样去描述：如果一个进程只执行有限多步，则在它的最终状态中，没有使能的局部控制动作。但是这并不足够——我们可能也想排除这种情况：一个进程执行了无限多步，但在某一点之后，所有剩下的步都是输入步。我们必须保证进程本身也得到机会来执行局部控制动作。

所以，我们可能尝试这样描述：如果一个进程只执行有限多步，则在它的最终状态中，没有使能的局部控制动作；如果一个进程执行许多无限多步，则其中包含无限多的局部控制步。然而，这又可能不尽正确——考虑这种情况：进程接收到无限多输入，且未执行任何局部控制动作，但事实上没有局部控制动作是使能的。这种情况看起来是合理的，因为如果我们可以说"轮到"这个进程来执行局部控制步，但仅仅是它没有"想"执行的步。

以下定义考虑了所有这些可能性。对于每一个进程 i，我们假定以下条件中有一个成立：

1）整个运行是有限的，在最后的状态中，进程 i 中没有局部控制动作是使能的。

2）整个运行是无限的，要么运行中进程 i 的局部控制动作发生无限多次；要么运行中有无限多的位置，这些位置中没有使能的局部控制动作。

我们将这种条件称为这个共享存储器系统的公平性条件。（用第 8 章中的输入 / 输出自动机定义来解释，这种"公平性条件"将一个进程中所有局部控制的动作都归到同一任务中。）

10.2 问题

互斥涉及将单个的、不可分的、不可共享的资源分配给 n 个用户（$U_1, \cdots, U_n$）。可以把这些用户看作应用程序。这种资源可以是一台打印机或其他外设，为了保证输出的正确性，必须排它地访问这些外设。这种资源也可以是一个数据库，或其他数据结构，为了避免不同用户的操作互相干扰，也要求排它地访问它们。

访问资源的用户处于一个临界区中，即用户状态的一个指定子集。而当用户与资源没有任何关系时，它处于剩余区中。为了进入它的临界区，用户执行一个尝试协议。在使用完资源后，用户执行一个退出协议。这个过程是可以重复的，因此每个用户都遵循一个循环，即从它的剩余区（R）移动到尝试区（T），随后是临界区（C）、退出区（E），最后又到它的剩余区。图 10-2 显示了这一循环。

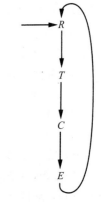

我们考虑如上所述的共享存储器模型中的互斥算法，系统结构参见图 10-1。共享存储器系统包含 n 个进程，编号为 1, …, n, 其中每一个进程都对应于一个用户 U_i。进程 i 的输入包括 try_i 动作及 $exit_i$ 动作，前者表示用户 U_i 访问这个资源的要求，后者表示用户 U_i 宣布完成对资源的操作。进程 i 的输出是 $crit_i$ 和 rem_i，前者表示将资源提供给用户 U_i，后者告诉 U_i 它可以继续余下的工作。try、$crit$、$exit$ 及 rem 等动作是共享存储器系统中仅有的外部动作。这些进程负责执行尝试和退出协议。每一个进程 i 都是用户 U_i 的"代理"。

图 10-2 单个用户的区域循环

每一个用户 U_i（$1 \leqslant i \leqslant n$）都被描述为一个使用 try_i、$crit_i$、$exit_i$ 及 rem_i 动作与它的代理进程进行通信的状态机（形式化说法是 I/O 自动机）。U_i 的外部界面（形式化说法是外部签名）见图 10-3。

我们认为每一个用户 U_i 都在执行一些应用程序。我们对于用户 U_i 所做的唯一假设是它遵循循环区域协议，也就是说，在它与它的代理进程之间，用户 U_i 不会首先违反 try_i, $crit_i$, $exit_i$, …

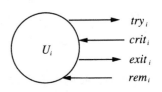

图 10-3 用户 U_i 的外部界面

（以 try_i 开始）的动作循环顺序。形式化地，对于一个 try_i、$crit_i$、$exit_i$ 和 rem_i 动作序列，如果它是循环排序序列 try_i, $crit_i$, $exit_i$, rem_i, try_i, …的一个前缀，则我们将这个序列定义为对用户 i 是良构的。然后，我们要求 U_i 保持由一个序列集合所定义的轨迹属性，其中集合中的序列对用户 i 是良构的。（这里我们使用了 8.5.4 节中轨迹属性和保持的定义。）

在遵循动作循环顺序的 U_i 的运行中，我们称 U_i：

- 起始时处于剩余区，且处在任意 rem_i 事件和随后的 try_i 事件之间。
- 处在尝试区，且处于任意 try_i 事件和随后的 $crit_i$ 事件之间。
- 处在临界区，且处于任意 $crit_i$ 事件和随后的 $exit_i$ 事件之间。在这段时间内，U_i 可以随意使用资源（虽然我们并不明确地把资源表示出来）。
- 处在退出区，且处于任意 $exit_i$ 事件和随后的 rem_i 事件之间。

图 10-4 描述了在系统中的所有交互。

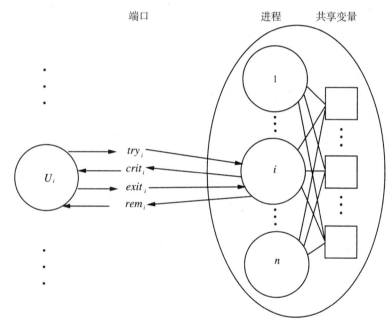

图 10-4　互斥问题的各组件之间的交互

现在，我们可以说明共享存储器系统 A 解决了给定用户集合的互斥问题的含义。也就是说，A 与用户的合并（形式化说法是合成）必须满足下列条件：

良构性　在任何运行中，对于任意 i，描述 U_i 和 A 之间交互的子序列对 i 是良构的。

互斥性　不存在可达系统状态（即 A 的一个自动机状态和所有 U_i 的状态的合成），其中一个以上的用户处于临界区 C 中。

演进性　在一个公平运行的任一点中。

1）（尝试区的演进）如果全少有一个用户在 T 中而没有用户在 C 中，则在其后的某一点中某用户进入 C。

2）（退出区的演进）如果至少有一个用户在 E 中，则在其后的某一点中某用户进入 R。

如果共享存储器系统 A 解决了所有用户集合的互斥问题，则称它解决了互斥问题。

注意我们已经根据用户区域说明了正确性条件。形式化地，进程状态也可以根据其区域来分类，且这些区域与用户区域一一对应。故此我们可以等价地根据进程区域来说明正确性条件。在本章的余下部分我们不再区分用户区域和进程区域。

注意演进性条件假定系统的运行是公平的，即假设所有进程（和用户）继续执行步。如果不做此假定，则要求 *crit* 或 *rem* 输出最终被执行是不合理的。另一方面，为了需要系统保证良构性和互斥性条件并不要求系统的公平性。区别在于良构性或互斥性条件是安全属性（即声称特定"坏"事情从不发生的属性），而演进性条件是活性属性（即声称某件"好"事情必将发生的属性）。

轨迹属性   如同 8.5.2 节定义的，有另外一种根据轨迹属性来表示这些正确性条件的等价方法。例如，我们可以定义一个轨迹属性 P，其中 $sig(P)$ 以所有 *try*、*crit*、*exit* 和 *rem* 动作作为输出，而 $trace(P)$ 是满足以下三个条件的动作序列 β 的集合。

1）β 对于任意 i 是良构的。

2）β 不包含没有 *exit* 事件夹在中间的两个 *crit* 事件。

3）在 β 的任一点中：

    a）如果某个进程的最后事件是 *try*，而没有进程的最后事件是 *crit*，则之后必有一个 *crit* 事件；

    b）如果某个进程的最后事件是 *exit*，则之后必有一个 *rem* 事件。

然后，互斥问题的一个等价描述是这样一个要求：对于 A 与用户的所有组合 B，$fairtrace(B) \subseteq trace(P)$。（注意 B 的外部动作是 *try*、*crit*、*exit* 和 *rem* 动作）。轨迹属性 P 可以分成两部分：一个包含良构性条件和互斥性条件的安全属性，以及一个针对演进性条件的活性属性。

演进的共同责任   根据我们给出的正确性条件，整个系统持续演进的责任不但依赖于协议，还依赖于用户。如果一个用户 U_i 得到资源（通过一个 *crit*$_i$ 事件）但不归还它（通过一个 *exit*$_i$ 事件），则整个系统被迫停止。但如果每个用户最终都归还所得的资源，则演进性条件意味着这个系统继续演进，不停地将进程移至新区域（除非从某点之后所有用户都停留在剩余区中）。

锁定   我们声明的演进性条件并不意味着任一特定用户曾经成功地到达其临界区。相反，演进性是一个"全局"概念，只声称某个用户到达其临界区。例如，如下情形并不违反演进性条件：从一个初始状态开始，用户 U_1 进入 T。然后用户 U_2 在其四个区域中循环无数多次，而 U_1 留在 T 中，且剩下的进程仍然在 R 中。我们的演进性条件并不保证 U_1 曾经到达 C。

限制进程的活动   在本章中我们还假设存在一个其他限制，这个限制是技术上的：对于共享存储器系统中的一个进程，只有它的用户处于尝试区或退出区中时，它才能够拥有一个使能的局部动作。这是说一个进程收到具有活动的请求时才能运行协议。这与每个用户只是其相应用户的一个代理这一观点相一致。

在实际环境中，这种假设既可能是合理的，也可能是不合理的。互斥问题最先出现在分时单处理器环境下的研究中，其中用户是对一个单处理器进行共享的逻辑独立进程。在这种环境下，如果允许一个永久进程去管理用户对资源的访问，那将在管理者进程和用户进程之间引起额外的上下文切换。在真正的多处理器环境中，可以使用一个专用的处理器来管理资源，从而有可能避免上下文切换。然而，通常有很多资源需要管理，且专用于资源管理的处理器将无法参与其他计算任务。

读 / 写共享变量   在本章的绝大部分（除了 10.9 节）中我们假设共享变量是读 / 写变量，即寄存器。在一步中，进程可以读或者写单个共享变量，但不能同时进行读和写。因此，涉及

进程 i 和寄存器 x 的两个动作是:

1)(读)进程 i 读寄存器 x,并使用读回的值来改变进程 i 的状态。

2)(写)进程 i 将进程 i 的状态决定的一个值写到寄存器 x 中。

我们以一条简单的引理来结束本节,该引理声称当进程处于尝试区或退出区时,它们不能够停止执行步。

引理 10.1 令 A 是一个(对于所有用户集合)解决了互斥问题的算法。令 U_1, …, U_n 是特定的一组用户,而 B 是 A 与给定的一组用户的组合。令 s 是 B 的一个可达状态。

如果进程 i 在状态 s 中处于尝试区或退出区,则进程 i 的某个局部控制动作在 s 中是使能的。

证明 不失一般性,我们假设所有用户 U_1, …, U_n 都总是归还资源。

令 α 是结尾为 s 的 B 的有限运行,用反证法,假设在状态 s 中,进程 i 要么在尝试区中,要么在退出区中,且没有进程 i 的局部控制动作在 s 中使能。则在作为 α 的扩展的 B 的任一运行中,在前缀 α 之后,涉及 i 的事件不再发生。这是因为局部扩展动作的使能与否只决定于局部进程状态,且当进程 i 处于 T 或 E 中时,良构性条件阻止了对进程 i 的输入。

现在令 α' 是对 α 进行扩展的 B 的一个公平运行,其中在前缀 α 之后没有 try 事件发生。由反复使用演进性条件和用户总是返回资源的事实,可知进程 i 最终必然执行一个 $crit_i$ 动作或者一个 rem_i 动作。但这与 α' 不包含 i 的进一步动作的事实相矛盾。

10.3 Dijkstra 的互斥算法

第一个适用于异步读/写共享存储器模型的互斥算法是由 Edsger Dijkstra 于 1965 年提出的,该算法建立在 Dekker 于早先提出的双进程解法之上。这个算法并不是到目前为止最优美、最有效的算法,也不能满足最强条件。然而,由于以下几个原因,我们给出这个算法。首先,它是可以归为"分布式"算法的最早的例子。其次,此算法中包含几个有趣的算法思想。再次,对于演示异步存储器算法的基本推理技巧来说,此算法是一个极好的例子。

10.3.1 算法

与 Dijkstra 的原论文一样,我们先以传统的"伪码"风格来给出这个算法的代码。虽然这个代码看似行得通,但在如何把它转换成我们模型的一个实例这一点上,也许并不是非常清楚。我们将此算法称为 DijkstraME 算法。

DijkstraME 算法:

Shared variables:
$turn \in \{1, \dots, n\}$, initially arbitrary, writable and readable by all processes
for every i, $1 \leqslant i \leqslant n$:
    $flag(i) \in \{0, 1, 2\}$, initially 0, writable by process i and readable by all processes
Process i:

    ** Remainder region **

    try_i

```
L:    flag(i) := 1
      while turn ≠ i do
           if flag(turn) = 0 then turn := i
      flag(i) := 2
      for j ≠ i do
           if flag(j) = 2 then goto L
      criti

      ** Critical region **

      exiti
      flag(i) := 0
      remi
```

共享变量为 $turn$（它是一个属于 $\{1,\cdots,n\}$ 的整数）和 $flag(i)$，其中 $1 \leqslant i \leqslant n$，每个进程都有一个 $flag(i)$ 变量，变量值属于 $\{0,1,2\}$，初始值为 0。变量 $turn$ 是一个多写者 / 多读者寄存器，可被所有进程读写。每个 $flag(i)$ 都是一个单写者 / 多读者寄存器，只能由进程 i 写入，但可被所有进程读。

在进程 i 的第一阶段，它首先将 $flag$ 设为 1，然后重复检查变量 $turn$，看变量 $turn$ 是否等于 i。如变量 $turn$ 不等于 i，并且 $turn$ 的当前拥有者看起来并不活动，则进程 i 将 $turn$ 设为 $turn:=i$。一旦看到 $turn = i$，进程 i 便前进到第二阶段。

在第二阶段中，进程 i 再次设定 $flag$，将它设为 2，然后检测是否没有其他变量的 $flag = 2$。这种对其他进程的 $flag$ 的检测可以以任何顺序进行。如果检测顺利结束，进程 i 进入临界区；否则，它将重新回到第一阶段。在离开临界区时，进程 i 将它的 $flag$ 重新设为 0。

在对 DijkstraME 算法进行证明之前，我们需要将之理解为我们的形式化状态机模型的一个实例。如何将代码转换为一个自动机这一点并不明显。

首先，你可以想到，每个进程的状态都应该包括其局部变量的值，还有一些在代码中没有明确写出的其他信息，包括：

- 用以存储刚从共享变量中读出的值的临时变量。
- 一个程序计数器，用于说明进程处于代码的什么位置。
- 由程序的控制流引入的临时变量（例如，for 循环可以引入一个集合变量来跟踪已经被成功检测过的进程的索引）。
- 一个区域指定，用于指定进程处于区域 R、T、C 或 E（R 指剩余区，T 指从 try_i 事件直到下一个 $crit_i$ 事件之间的代码部分，C 指临界区，而 E 指从 $exit_i$ 事件直到下一个 rem_i 事件之间的代码部分）中的一个。

每个进程的唯一开始状态必然由局部变量的指定初值、临时变量的任意值、程序计数器和用于说明进程处于剩余区的区域指定组成。每个共享变量的初值如代码所示。

自动机的步依照代码来执行；然而，自动机必须处理代码中某些含糊之处。尽管代码描述了局部变量和共享变量的变化情况，但它没有明确描述隐含变量（临时变量、程序计数器和区域指定）所发生的情况。例如，当一个 try_i 动作发生时，i 的程序计数器将会移到代码中的语句 L 处，且 i 的区域指定将变为 T。这些改变在自动机中必须显式地描述。

代码也没有明确指出不可分割步由代码的哪些部分组成。然而，这一点对于仔细地对算法进行推理是必要的。对于 DijkstraME 算法，不可分割步由处于用户界面的 try、$crit$、$exit$ 和 rem 步、对共享变量的各自读写以及某些局部计算步组成。这里有个巧妙之处：对

flag(*turn*)=0 的测试并不需要两次独立的读操作——由于 *turn* 刚刚在前一行中被读过，故可以使用 *turn* 的一个局部副本。

我们采用第 8 章中的前提 – 结果风格，对 DijkstraME 算法进行手工重写以搞清这些含糊之处。这种重写使得代码大大变长，但所有的转移都被明确地描述出来。鉴于对可读性的考虑，我们将实现不同动作的代码大体上按照它们的执行顺序来排放；但是，在形式化模型中这种顺序并无意义——每个动作都可以在使能时发生。区域指定 R、T、C 和 E 被编入程序计数器的值中：R 对应 *rem*；T 对应 *set-flag-1*, *test-turn*, *test-flag*, *set-turn*, *set-flag-2*, *check* 和 *leave-try*；C 对应 *crit*；而 E 则对应 *reset* 和 *leave-exit*。注意每个代码段都是不可分割地执行。

DijkstraME 算法（重写）：

Shared variables:
$turn \in \{1, \ldots, n\}$, initially arbitrary
for every i, $1 \leq i \leq n$:
    $flag(i) \in \{0, 1, 2\}$, initially 0

Actions of i:

Input:	Internal:
try_i	$set\text{-}flag\text{-}1_i$
$exit_i$	$test\text{-}turn_i$
Output:	$test\text{-}flag(j)_i$, $1 \leq j \leq n$, $j \neq i$
$crit_i$	$set\text{-}turn_i$
rem_i	$set\text{-}flag\text{-}2_i$
	$check(j)_i$, $1 \leq j \leq n$, $j \neq i$
	$reset_i$

States of i:
$pc \in \{rem, set\text{-}flag\text{-}1, test\text{-}turn, test\text{-}flag(j), set\text{-}turn, set\text{-}flag\text{-}2, check, leave\text{-}try, crit,$
    $reset, leave\text{-}exit\}$, initially rem
S, a set of process indices, initially $\emptyset$

Transitions of i:

try_i
    Effect:
        $pc := set\text{-}flag\text{-}1$

$set\text{-}flag\text{-}1_i$
    Precondition:
        $pc = set\text{-}flag\text{-}1$
    Effect:
        $flag(i) := 1$
        $pc := test\text{-}turn$

$test\text{-}turn_i$
    Precondition:
        $pc = test\text{-}turn$
    Effect:
        if $turn = i$ then $pc := set\text{-}flag\text{-}2$
        else $pc := test\text{-}flag(turn)$

$set\text{-}turn_i$
    Precondition:
        $pc = set\text{-}turn$
    Effect:
        $turn := i$
        $pc := set\text{-}flag\text{-}2$

$set\text{-}flag\text{-}2_i$
    Precondition:
        $pc = set\text{-}flag\text{-}2$
    Effect:
        $flag(i) := 2$
        $S := \{i\}$
        $pc := check$

$check(j)_i$
    Precondition:
        $pc = check$

test-flag(*j*)$_i$
    Precondition:
        pc = *test-flag*(*j*)
    Effect:
        if *flag*(*j*) = 0 then *pc* := *set-turn*
        else *pc* := *test-turn*

crit$_i$
    Precondition:
        pc = *leave-try*
    Effect:
        pc := *crit*

exit$_i$
    Effect:
        pc := *reset*

    j ∉ *S*
    Effect:
        if *flag*(*j*) = 2 then
            S := ∅
            pc := *set-flag-1*
        else
            S := *S* ∪ {*j*}
            if |*S*| = *n* then *pc* := *leave-try*

reset$_i$
    Precondition:
        pc = *reset*
    Effect:
        flag(*i*) := 0
        S := ∅
        pc := *leave-exit*

rem$_i$
    Precondition:
        pc = *leave-exit*
    Effect:
        pc := *rem*

转移代码大部分是清晰易明的。注意这种新的风格易于表示轻微的改进；例如，动作 *set-turn*$_i$ 可以允许进程 *i* 直接到达第二阶段，而无须重新测试 *turn* 的值。

10.3.2 正确性证明

在本节中我们粗略地给出一个对 DijkstraME 算法的正确性证明。这种方法是一种蛮力操作式证明，即由关于运行的特别论证组成的证明。在接下来的 10.3.3 节中，我们使用不变式断言来给出另外一个更流行的互斥条件证明。

我们来给出三条表明 DijkstraME 算法满足所求的引理。

引理 10.2 DijkstraME 算法保证了对于任意用户的良构性。

更确切地说，在 DijkstraME 算法与任意一组用户的组合（合成）的任一运行中，对任意用户 U_i 和 DijkstraME 算法之间的交互进行描述的子序列对于用户 *i* 是良构的。

证明 通过观察代码，容易证实 DijkstraME 算法对于任意用户都保留了良构性，因为由假设可知，用户也保留了良构性。定理 8.11 意味着系统只产生良构的序列。

引理 10.3 DijkstraME 算法满足互斥性。

更确切地说，在 DijkstraME 算法与任意一组用户的组合的任一运行中，不存在一个可达状态，使得其中有一个以上的用户处于临界区 *C*。

证明 采用反证法。假设在某个可达状态中，U_i 和 U_j（*i* ≠ *j*）同时处于临界区 *C*。考虑一个导致该状态产生的运行。根据代码，进程 *i* 和进程 *j* 都在进入临界区前执行了 *set-flag-2* 步。考虑每个进程最后执行的 *set-flag-2* 步，为了不失一般性，可设 *set-flag-2*$_i$ 先执行。则从这点起直至进程 *i* 离开 *C* 为止都有 *flag*(*i*) = 2。因为根据两个进程同时处于 *C* 的假设，必在进程 *j* 进入 *C* 之后进程 *i* 才能离开 *C*，所以从 *set-flag-2*$_j$ 执行直至进程 *j* 进入 *C* 这一时间段内，恒有 *flag*(*i*)=2。参见图 10-5。但是，在这个时间段内，进程 *j* 必然测试 *flag*(*i*) 的值并发现它不等于 2。矛盾。

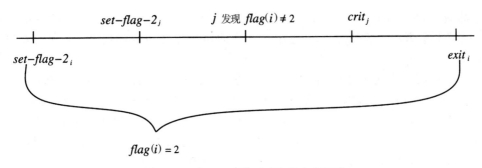

图 10-5 引理 10.3 的证明中的事件顺序

引理 10.4 DijkstraME 算法保证演进性。

证明 对于退出区的证明很容易：如果在一个公平运行的任意点中，U_i 都处于退出区，则进程 i 继续执行步。在最多执行额外两步后，进程 i 将执行一个 rem_i 动作，将 U_i 送入剩余区。

现在来考虑尝试区的演进。采用反证法。假设 α 是一个公平运行，在其到达的一点中，最少一个用户处于 T 中且没有用户处于 C 中，并假设在该点之后，没有用户会进入 C。

我们从去除某些复杂性开始。首先，E 中的每个进程都不断执行步，在最多两步后，这些进程必然到达 R。故此，在 α 中的某点之后，每个进程都在 T 或 R 中。其次，由于系统中只有有限多个进程，因此在 α 中的某点之后，没有进程进入 T。更进一步，在 α 中的某点之后，每个进程或在 T 中或在 R 中，且没有进程会再次改变所在区域。这意味着 α 有一个后缀 α_1，包含一个由处于 T 中的进程组成的非空集合，这些进程永远不停地执行步，且没有区域变化发生。把这些进程称为竞争者。

在 α_1 中的最多一步之后，每个竞争者 i 都保持 $flag(i) \geq 1$，且在 α_1 的余下部分中都保持 ≥ 1。故此，不失一般性，我们可以假设在整个 α_1 中，所有竞争者都保持 $flag(i) \geq 1$。

显然，如果在 α_1 期间 $turn$ 被修改过，则它将等于某一竞争者的索引。另外，我们给出以下声明。

声明 10.5 在 α_1 中，$turn$ 最终等于某个竞争者的索引。

证明 假设在整个在 α_1 中，$turn$ 的值始终等于某个非竞争者的索引。考虑任意竞争者 i。

如果 pc_i 曾经到达 $test\text{-}turn$（即原来代码中 while 循环的开始处），则我们声明 i 将会把 $turn$ 设为 i。这是因为 i 最先执行 $test\text{-}turn_i$ 并发现 $turn$ 等于某个 $j \neq i$。然后它执行 $test\text{-}flag(j)_i$ 并发现 $flag(j) = 0$，这是因为 j 是一个非竞争者。进程 i 因此执行 $set\text{-}turn_i$，将 $turn$ 设为 i。

现在来证明 i 将到达 $test\text{-}turn$。i 不能到达 $test\text{-}turn$ 的唯一可能是 i 成功地测试出其他进程的 $flags$ 都不为 2（在原来代码的第二阶段），故 i 前进到 $leave\text{-}try$。但是根据对 α_1 的假设，我们知道 i 不到达 C。所以一定有某些测试失败，使得 i 回到 $set\text{-}flag\text{-}1$ 并前进到 $test\text{-}turn$。

故此，i 到达 $test\text{-}turn$ 且设置 $turn := i$。由于 i 是一个竞争者，故这就是所需的矛盾。

一旦 $turn$ 被设置成一个竞争者的索引，则其后它也必将等于某个竞争者的索引，尽管 $turn$ 的值可能变成不同竞争者的索引。（这是因为有可能几个进程同时进行 $set\text{-}turn$。）然后任意之后的 $test\text{-}turn$ 和 $test\text{-}flag$ 会导致 $flag(turn) \geq 1$，这是因为所有竞

争者 i 都满足 $flag(i) \geq 1$。因此，作为这些测试的结果，$turn$ 不会改变。最终 $turn$ 将稳定成一个（竞争者的）索引。令 α_2 是 α_1 的一个后缀，其中 $turn$ 的值稳定成某个竞争者的索引，如 i。

下一步我们声明在 α_2 中，对于任意非 i 的竞争者 j，其程序计数器最终在 $test$-$turn$ 和 $test$-$flag$ 之间死循环。（即在 while 循环中永久循环。）原因在于如果它曾经到达 $check$（在第二阶段），则由于它不到达 C，因此最终必会回到 set-$flag$-1。之后它处于死循环中，因为在整个 α_2 中 $turn = i$（$i \neq j$）且 $flag(i) \neq 0$。令 α_3 是 α_2 的一个后缀，其中除了 i 之外的所有竞争者都在 $test$-$turn$ 和 $test$-$flag$ 之间循环。这意味着在整个 α_3 中除了 i 之外的所有竞争者的 $flag$ 变量都等于 1。

在 α_3 中，没有任意障碍能够阻止进程 i（其索引在 $turn$ 中）到达 C。例如，如果 i 执行 $test$-$turn$，则 i 发现 $turn = i$ 并前进到 set-$flag$-2。然后，由于没有进程的 $flag$ 等于 2，因此进程 i 第二阶段的检查都成功并进入 C。

图 10-6 描述了在上述证明中出现的一系列后缀。

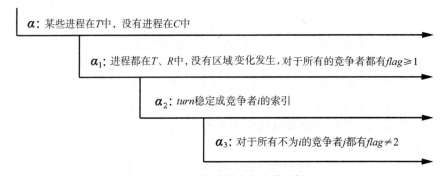

图 10-6 上述证明中的连续后缀

定理 10.6 DijkstraME 算法解决了互斥问题。

尽管上述的证明是正确的，而且相当复杂和特别，但采用更系统化的证明无疑会更好。在下一节中，我们使用不变式断言来给出另一个对互斥条件的证明。可以使用时序逻辑来更系统化地证明演进性条件，但在本书中我们不这样做。

10.3.3 互斥条件的一个断言式证明

在同步网络模型中，许多最整洁、最系统化的证明是基于在某轮之后系统状态的不变式断言的。异步系统中不存在轮的概念，但不变式断言依然适用。这里需要以更细粒度来应用该方法以证明关于任意独立进程步数之后系统状态的声明。当然，对任意步数之后异步系统状态的声明一般比对任意轮数之后同步系统状态的声明要难，证明起来也更难。但是鉴于不变式断言的优点，这种努力还是值得的。不变式断言是对异步算法的正确性进行推理的单独且最重要的形式化工具。

现在来给出 DijkstraME 算法的互斥条件的不变式断言证明。

（引理 10.3 的）证明 为了证明互斥性，我们必须已知

断言 10.3.1 在任意的可达系统状态[⊖]中，$|\{i : pc_i = crit\}| \leq 1$。

可以对运行中的步数进行归纳来证明该断言。先前给出的声明并没有强大到可以单独证

⊖ 系统状态是用户状态、进程状态和共享变量值的组合。

明所需的结论，故我们需要某些辅助不变式断言。断言 10.3.1 是以下两个不变式断言的推论。

断言 10.3.2 在任意的可达系统状态中，如果 $pc_i \in \{leave\text{-}try, crit, reset\}$，则 $|S_i| = n$。

断言 10.3.3 在任意的可达系统状态中，不存在 i 和 j（$i \neq j$），使得 $i \in S_j$ 和 $j \in S_i$。

如果断言 10.3.2 和断言 10.3.3 为真，则断言 10.3.1 为真：采用反证法，假设在某个可达系统状态中，存在两个不同进程 i 和 j，使得 $pc_i = pc_j = crit$。则根据断言 10.3.2，$|S_i| = |S_j| = n$。则有 $i \in S_j$ 和 $j \in S_i$，这与断言 10.3.3 矛盾。

可以对运行的长度做归纳来轻松证明断言 10.3.2。基础步是显然的，因为在初始系统状态中所有进程都处于 R 中。归纳步分情况讨论，对发生的所有动作类型一次考虑一种。此时，唯一能够违反断言的步是那些使得 pc_i 进入所示值集合的步和那些将 S_i 重置为 ϕ 的步，即 $check_i$ 和 $reset_i$。对于 $check_i$，在该步之后条件 $pc_i \in \{leave\text{-}try, crit, reset\}$ 为真的唯一可能是当 $|S_i| = n$ 时，得证。对于 $reset_i$，进程在该步之后离开所示的值集合，结论成立。

接下来是要证明断言 10.3.3，这需要用到两个事实。第一个事实限制了在 $S_i = \phi$ 时进程 i 可在代码的什么位置。

断言 10.3.4 在任意的可达系统状态中，如果 $S_i = \phi$，则 $pc_i \in \{check, leave\text{-}try, crit, reset\}$。

也可以对运行的长度做归纳来证明该断言。基础步是显然的，因为在初始系统状态中 S_i 等于 ϕ。在归纳步中，能够导致违反断言的唯一事件是那些使得 S_i 变成不等于 ϕ 的事件和那些使得 pc_i 离开所示值集合的事件，即 $set\text{-}flag\text{-}2_i$、$check_i$ 和 $reset_i$。但是 $set\text{-}flag\text{-}2_i$ 设置 $pc_i := check$。还有，当 $check_i$ 导致 pc_i 离开所示值集合时，它也设置 $S_i := \phi$。最后，$reset$ 设置 $S_i := \phi$。因此，所有事件都保持了对条件的满足。

第二个事实说明当进程 i 处于代码的特定位置时，$flag(i) = 2$。

断言 10.3.5 在任意的可达系统状态中，如果 $pc_i \in \{check, leave\text{-}try, crit, reset\}$，则 $flag(i) = 2$。

同样可以对运行的长度做归纳来证明该断言。综合这两个事实，可得：

断言 10.3.6 在任意的可达系统状态中，如果 $S_i \neq \phi$，则 $flag(i) = 2$。

现在通过对运行长度的归纳来证明断言 10.3.3。基础步是显然的，因为在初始系统状态中所有 S_i 集合都为空。在归纳步中，能够导致违反断言的唯一事件是对于某个 i 和某个 j（$i \neq j$），将元素 j 加到 S_i 中，即对于某个 i 和某个 j 的 $check(j)_i$ 事件。考虑 $check(j)_i$ 事件之后 j 被加到 S_i 中的情况，这个情况发生时必有 $flag(j) \neq 2$。但是断言 10.3.6 意味着 $S_j = \phi$，故 $i \notin S_j$。因此，该步不能导致对断言的违反。

10.3.4 运行时间

在本节中，我们证明在运行中，从有某个进程处于 T 中但没有进程处于 C 中到有某个进程进入 C 中之间的时间上界。

要证明这样的上界，我们面对的第一个困难是我们并不清楚这种"时间"是什么意思——与同步系统不同，这里没有轮数可以计算。这里我们只是假设运行从时间 0 开始，每一步分别在某点实时发生。我们为每个进程的连续步（当这些步是使能的时候）之间的时间赋予一个上界 1；试回想一个动作的所有前提 - 后果代码被视为一步。我们还假设任意用户花在临界区中的最大时间有一个上界 c。根据这些假设的上界，我们可以推导出要使我们感兴趣的活动发生所需时间的上界。

定理 10.7 在 DijkstraME 算法中，假设在一个特定时间，有某个用户处于 T 中且没有用户处于 C 中，则在时间 $O(\ell n)$ 之内，有某个用户进入 C。

大 O 涉及的常数与 ℓ，c 和 n 无关。这个证明有点特别，需要一些技巧，会借用演进性条件证明中的思想。

证明 假设引理为假，考虑一个运行，在该运行的某点中，进程 i 处于 T 中但没有进程处于 C 中，而且在最少 $k\ell n$ 时间内没有进程进入 C 中，这里 k 是一个特定的大常数。在以下的分析中，选出的常数 k 比大 O 中的常数要大得多。

第一，容易看出，从分析的起始点到没有进程处于 C 或 E 中，这之间的时间最多为 $O(\ell)$。

第二，我们来证明直到进程 i 执行 *test-turn*$_i$ 为止的额外时间最多为 $O(\ell n)$。这是因为进程 i 在返回 *set-flag*-1 之前，在第二阶段最多花费这么多时间来测试 *flag*。我们知道它必然会回到 *set-flag*-1，因为如若不然它将进入 C，而我们并不假设它这么快便进入 C。

第三，我们声明从进程 i 执行 *test-turn*$_i$ 到 *turn* 的值变成某个竞争者的索引的额外时间为 $O(\ell)$。我们需要分情况讨论。如果在进程 i 执行 *test-turn*$_i$ 的时候，*turn* 已经拥有某个竞争者的索引，则得证。所以我们假设这一点不成立，即假设 *turn* $= j$，其中 j 是一个非竞争者的索引。在该测试之后的 $O(\ell)$ 时间之内，i 执行 *test-flag*$(j)_i$。如果进程 i 发现 *flag*$(j) = 0$，则 i 将 *turn* 设为 i，由于 i 是竞争者的索引，故得证。如果它发现 *flag*$(j) \neq 0$，则在 *test-turn*$_i$ 和 *test-flag*$(j)_i$ 之间，进程 j 进入尝试区并变成一个竞争者：如果在此期间 *turn* 的值没有发生改变，则 *turn* 的值等于竞争者（j）的索引，得证；如果在此期间 *turn* 的值发生了改变，则它必然被设置成了某个竞争者的索引，得证。

第四，在额外的 $O(\ell)$ 时间之后，必存在某点，在此点 *turn* 的值稳定为某个特定竞争者的索引，如 j 的索引，然后没有进程能够再次前进到 *set-turn* 或 *set-flag*-2（至少到从分析的起始点开始数的 $k\ell n$ 时间内不会。

第五，在额外 $O(\ell n)$ 时间之内，除了 j 之外的所有竞争者的程序计数器都在 {*test-turn*, *test-flag*} 中。如若不然它们将到达 C，但我们不希望这种情况会很快发生。

第六，在额外 $O(\ell n)$ 时间之内，j 必定成功进入 C。这与在这些时间内没有进程进入 C 的假设矛盾。

证明中的事件顺序和事件之间的时间界限参见图 10-7。

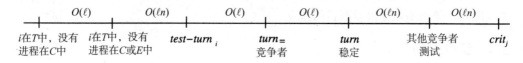

图 10-7 定理 10.7 的证明中的事件顺序和时间界限

10.4 互斥算法的更强条件

尽管 DijkstraME 算法保证了互斥性和演进性，但它不能保证我们期待的另外一些条件。它不能保证临界区被公平地分给不同用户。例如，它允许一个用户反复地得到授权来访问其临界区，而其他用户永远无法得到访问的机会。这种情况有时称为锁定（lockout）或者饿死（starvation）。

注意这里讨论的公平性与之前讨论的不同。到目前为止，我们已经讨论了进程步（和用户自动机步）的公平执行，但现在我们要讨论对资源的公平分配。为了区分这两种公平性，我们把进程步和用户自动机步的公平执行称为低层次公平，把资源的公平分配称为高层次公平。实际上，高层次公平可能并不重要；在许多使用了互斥的实际情形中，用户间的冲突并不常见，一个用户可以一直等到所有冲突用户都得到机会。高层次公平考虑的重要性依赖于资源冲突的程度和各个用户程序的敏感程度。

Dijkstra 的算法还有一个不怎么吸引人的属性——它使用了共享的多写者 / 多读者寄存器（turn）。在许多类型的多处理器系统（和绝大部分信息传送系统）中实现这种变量是困难且开销较高的。最好设计出只使用单写者 / 多读者寄存器甚至单写者 / 单读者寄存器的算法。

现在有许多互斥算法以不同方法来改进 DijkstraME 算法。本章的余下部分对这些算法进行概览。

在介绍这些算法之前，我们先详细定义互斥算法保证高层次公平的意思。根据算法所在的上下文，可能会用到不同的高层次公平概念。我们来定义三种概念，每种概念都是针对特定的互斥算法 A 与特定用户 $U_1, \cdots, U_n$ 的集合的合成来声明的。

锁定权　在任意的低层次公平运行中，以下内容成立：

1）（尝试区的锁定权）如果所有用户都总是归还资源，则任意到达 T 的用户最终都进入 C。

2）（退出区的锁定权）任意到达 E 的用户最终都进入 R。

如同基本的良构性条件、互斥性条件和演进性条件一样，锁定权条件也可以使用轨迹属性来表达。

时间界限 b　在任意带时间信息的低层次公平运行中，以下内容成立：

1）（尝试区的时间界限 b）如果所有用户都总是在得到资源之后的时间 c 内归还资源，且每个在 T 或 E 中进程的连续步之间的时间间隔最多为 ℓ，则任意到达 T 的用户最终在时间 b 内进入 C。

2）（退出区的时间界限 b）如果每个在 T 或 E 中进程的连续步之间的时间间隔最多为 ℓ，则任意到达 E 的用户最终在时间 b 内进入 R。

（注意，这里 b 的值是 ℓ 和 c 的函数。）

绕过次数 a　考虑运行中的任意满足后面条件的时间间隔：该间隔从进程 i 在 T 中执行一个局部控制步开始，这期间进程 i 一直在 T 中。在此间隔内，任意其他用户 j（$j \neq i$）进入 C 的次数最多为 a。

在前两种概念中，退出区的高层次公平条件与尝试区的类似。然而，在大多数算法中，退出区是不重要的。

如果算法 A 对所有用户集合都保证锁定权，则称它为具有锁定权。与之类似，我们扩展其他高层次公平性的定义。在这些公平性条件中有一些简单的含义：

定理 10.8　令 A 为一个互斥算法，令 $U_1, \cdots, U_n$ 为一个用户集合，令 B 为 A 与 $U_1, \cdots, U_n$ 的合成。如果 B 具有任一有限的绕过次数界限，且对于退出区具有锁定权，则称 B 是具有锁定权的。

证明　考虑 B 的一个低层次公平运行，其中所有用户总是归还资源，且假设在运行中的某一点，i 处于 T 中。采用反证法，假设 i 从不进入 C。

引理 10.1 意味着最终 i 必定在尝试区中执行局部控制动作。反复使用演进性条件和反复做出用户总是归还资源的假设，意味着会有无限多的区域发生变化。则当 i 处于 C 中时，除

了 i 之外的某个进程进入 C 无限多次，这与绕过次数的界限相冲突。

定理 10.9 令 A 为一个互斥算法，令 $U_1,\cdots,U_n$ 为一个用户集合，令 B 为 A 与 $U_1,\cdots,U_n$ 的合成。如果 B 具有时间界限 b（既对于尝试区也对于退出区），则称 B 是具有锁定权的。

证明 考虑 B 的一个低层次公平运行，其中所有用户总是归还资源，且假设在运行中的某一点，i 处于 T 中。

为运行中的事件分配单调非降低的无界时间值，使得每个进程步的时间最多为 ℓ，而所有针对临界区的时间最多为 c。

由于算法满足时间界限 b，因此 i 最多在时间 b 进入 C，特别地，i 最终进入 C，从而满足锁定权条件。

在后几节中，我们将介绍一些满足这些更强高层次公平性条件中的一些条件的算法。

10.5 锁定权互斥算法

我们给出的对 DijkstraME 算法的第一个改进是由 Peterson 提出的三个算法，这三个算法都保证了锁定权。第一个算法只针对两个进程，但是它涵盖了基本思想的大部分。这个算法可以以两种方法来扩充到 $n > 2$ 的情况：第一种是在 $n-1$ 次竞争中使用双进程算法，第二种是在选出胜者的锦标赛中使用双进程算法。

10.5.1 双进程算法

我们从双进程的解法开始，该解法被称为 Peterson2P 算法。通常，双进程系统中的两个进程被命名为进程 1 和进程 2。这一次，我们将进程对 2 取模，进程 2 与进程 0 是一样的。所以我们把两个进程分别称为进程 0 和进程 1。如果 $i \in \{0,1\}$，则令 $\bar{i} = 1-i$，这是另一进程的索引。传统风格的代码如下。

Peterson2P 算法：

Shared variables:
$turn \in \{0,1\}$, initially arbitrary, writable and readable by all processes
for every $i \in \{0,1\}$:
  $flag(i) \in \{0,1\}$, initially 0, writable by i and readable by $\bar{i}$

Process i:

  ** Remainder region **

  try_i
  $flag(i) := 1$
  $turn := i$
  waitfor $flag(\bar{i}) = 0$ or $turn \neq i$
  $crit_i$

  ** Critical region **

  $exit_i$
  $flag(i) := 0$
  rem_i

在 Peterson2P 算法中，进程 i 开始时把其 *flag* 设置为 1，这与 DijkstraME 算法中进程所做的一样。但是在这里，进程 i 立刻前进到语句 *turn* := i。然后它等到另一进程的 *flag* 变为 0 或者 *turn* $\neq i$。也就是说，要么另一进程目前根本不参与竞争，要么自从进程 i 最近对变量 *turn* 的值进行设置之后，另一进程又设置了 *turn* 的值。然后（有点奇怪地），如果变量 *turn* 的值等于另一进程的索引，则 i 进入该进程的临界区。

如何将这个程序转换成形式化模型中的状态机呢？与前面一样，我们需要引入程序计数器、临时变量和区域指定。代码中需要解决的一个含糊性之处在于进程在 waitfor 语句中是先检查 *flag* 变量还是先检查 *turn* 变量。为了保证正确性，两种检查都必须反复地进行；为了保证简单性，我们假设两个检查交替地进行，尽管采用更松的假设也没有问题。

为了令证明更为容易，我们采用前提–结果风格来重写这个算法。在这里，R 对应 *rem*；T 对应 *set-flag, set-turn, check-flag, check-turn* 和 *leave-try*；C 对应 *crit*；而 E 对应 *reset* 和 *leave-exit*。

Peterson2P 算法（重写）：

Shared variables:
$turn \in \{0, 1\}$, initially arbitrary
for every $i \in \{0, 1\}$:
    $flag(i) \in \{0, 1\}$, initially 0

Actions of i:

Input:	Internal:
try_i	$set\text{-}flag_i$
$exit_i$	$set\text{-}turn_i$
Output:	$check\text{-}flag_i$
$crit_i$	$check\text{-}turn_i$
rem_i	$reset_i$

States of i:
$pc \in \{rem, set\text{-}flag, set\text{-}turn, check\text{-}flag, check\text{-}turn, leave\text{-}try, crit, reset, leave\text{-}exit\}$,
    initially *rem*

Transitions of i:

try_i
    Effect:
        $pc := set\text{-}flag$

$set\text{-}flag_i$
    Precondition:
        $pc := set\text{-}flag$
    Effect:
        $flag(i) := 1$
        $pc := set\text{-}turn$

$set\text{-}turn_i$
    Precondition:
        $pc = set\text{-}turn$
    Effect:
        $turn := i$
        $pc := check\text{-}flag$

$check\text{-}flag_i$
    Precondition:
        $pc = check\text{-}flag$
    Effect:
        if $flag(\bar{i}) = 0$ then
            $pc := leave\text{-}try$
        else
            $pc := check\text{-}turn$

$check\text{-}turn_i$
    Precondition:
        $pc = check\text{-}turn$
    Effect:
        if $turn \neq i$ then
            $pc := leave\text{-}try$
        else
            $pc := check\text{-}flag$

$crit_i$
　Precondition:
　　$pc = leave\text{-}try$
　Effect:
　　$pc := crit$

$exit_i$
　Effect:
　　$pc := reset$

$reset_i$
　Precondition:
　　$pc = reset$
　Effect:
　　$flag(i) := 0$
　　$pc := leave\text{-}exit$

rem_i
　Precondition:
　　$pc = leave\text{-}exit$
　Effect:
　　$pc := rem$

引理 10.10 Peterson2P 算法满足互斥性。

证明 我们采用基于不变式断言的证明。很容易通过归纳法来证明以下断言

断言 10.5.1 在任意的可达系统状态中，如果 $flag(i) = 0$，则 $pc_i \in$ {*leave-exit, rem, set-flag*}。

使用断言 10.5.1，可以归纳证明以下断言：

断言 10.5.2 在任意的可达系统状态中，如果 $pc_i \in$ {*leave-try, crit, reset*}，而且 $pc_{\bar{i}} \in$ {*check-flag, check-turn, leave-try, crit, reset* }，则 $turn \neq i$。

也就是说，如果 $\bar{i}$ 是竞争者，且 i 在竞争中取胜，则变量 *turn* 被设置为 i 受青睐的情况，即设为 $\bar{i}$ 的值。在断言 10.5.2 的证明的归纳步中，要检查的关键事件包括：

1）"成功的" $check\text{-}flag_i$ 事件，即那些导致 pc_i 到达 *leave-try* 的事件。

2）"成功的" $check\text{-}turn_i$ 事件。

3）$set\text{-}turn_{\bar{i}}$ 事件，该事件导致 $pc_{\bar{i}}$ 的值为 *check-flag*。

4）$set\text{-}turn_i$ 事件，该事件使得结论 $turn \neq i$ 不成立。

当 i 的 $check\text{-}flag_i$ 成功时，必有 $flag(\bar{i}) = 0$，则断言 10.5.1 意味着 $pc_{\bar{i}} \notin$ {*check-flag, check-turn, leave-try, crit, reset*}，从而结论成立。当 i 的 $check\text{-}turn_i$ 成功时，必有 $turn \neq i$，得证。当 $\bar{i}$ 执行 $set\text{-}turn_{\bar{i}}$ 时，它明确地设置 $turn \neq i$，得证。最后，当 i 执行 $set\text{-}turn_i$ 时，可得 $pc_i = check\text{-}flag$，结论显然成立。

如此断言 10.5.2 得证。现在互斥性条件是显而易见的：假设在某可达状态中，i 和 $\bar{i}$ 都在 C 中，则应用断言 10.5.2 两次——对 i 和 $\bar{i}$ 各一次——可得 $turn \neq i$ 和 $turn \neq \bar{i}$。矛盾。

引理 10.11 Peterson2P 算法保证演进性。

证明 采用反证法，假设 α 是一个低层次公平运行，它到达某点，在这点中至少有一个进程（如 i）在 T 中且没有进程在 C 中；且假设在这点之后没有进程会进入 C。分两种情况来讨论。一方面，如果在 α 中给定点之后的某个时候进程 $\bar{i}$ 处于 T 中，则由于两个进程都不会进入 C，故它们都必然永远陷于各自的 *check* 循环中。但这是不可能发生的，因为 *turn* 的值必然稳定为一个受青睐进程的索引。

另一方面，如果在 α 中给定点之后的进程 $\bar{i}$ 始终不在 T 中，那我们可以证明 $flag(\bar{i})$ 最终变成并保持为 0，这与 i 陷于 *check* 循环中的假设相矛盾。

引理 10.12 Peterson2P 算法具有锁定权。

证明　对于退出区的证明很容易，故我们来考虑尝试区。我们来展示双界限绕过的更强条件并引用定理 10.8。

假设 Peterson2P 算法不具有锁定权，即在运行 α 的某点中，进程 i 在执行 $set\text{-}flag_i$ 之后处于 T 中，其后当 i 留在 T 中时，进程 i 三次进入 C。注意，在第二次和第三次中，$\bar{\imath}$ 必然先设置 $turn := \bar{\imath}$，然后看见 $turn = i$；它看不到 $flag(i) = 0$，因为 $flag(i)$ 仍为 1。这意味着在 α 中的给定点之后 $set\text{-}turn_i$ 最少发生两次，因为只有进程 i 才能把 $turn$ 设置为 i。但 $set\text{-}turn_i$ 只在 i 的一个尝试区中执行了一次。矛盾。

这样我们得到定理 10.13。

定理 10.13　Peterson2P 算法解决了互斥问题并保证锁定权。

复杂度分析　如同对 DijkstraME 算法的分析，令 ℓ 和 c 分别为进程步时间和临界区时间的上界。你可以重读 10.3.4 节开头部分的讨论以保证你准确地理解这些界限的意思。

定理 10.14　在 Peterson2P 算法中，一个特定进程 i 从进入 T 到进入 C 之间的时间最多为 $c + O(\ell)$。

证明概要　假设这个界限不成立，考虑一个运行，其中在某点进程 i 处于 T 中，且在该点之后的至少 $c + k\ell$ 时间内不进入 C，这里 k 是一个特定的大常数，它比以下分析中的大 O 中的常数要大得多。

首先，在最多 3ℓ 时间内，进程 i 执行 $check\text{-}flag_i$。这可以根据 i 在其尝试区中的不同位置分情况讨论。注意在这个时间段内 i 的任一测试都不会成功，否则它会在时间 $O(\ell)$ 内进入 C，我们假设这种情况不会很快就发生。那么当进程 i 完成 $check\text{-}flag_i$，它一定会找到 $flag(\bar{\imath})=1$，否则 i 将在 $O(\ell)$ 时间内到达 C。根据断言 10.5.1，在该点中必有 $pc_{\bar{\imath}} \in \{set\text{-}turn, check\text{-}flag, check\text{-}turn, leave\text{-}try, crit, reset\}$。

然后我们来证明要么 $crit_i$ 在额外的 $O(\ell)$ 时间内发生，要么 $reset_i$ 在额外的 $c + O(\ell)$ 时间内发生。这可以根据 $turn$ 的值和进程在代码中的位置分情况讨论来证明；关键在于一旦 $turn$ 变量稳定下来，其中一个进程将会受到青睐。前一种情况意味着 i 很快到达 C，故考虑后一种情况，即 $reset_{\bar{\imath}}$ 在额外的 $c + O(\ell)$ 时间内发生。

现在在额外的 $O(\ell)$ 时间内 i 又一次执行 $check\text{-}flag_i$，它再次发现 $flag(\bar{\imath}) = 1$。这意味着 $\bar{\imath}$ 已经在 $reset_{\bar{\imath}}$ 之后再次进入 T。那么要么 $turn$ 的值已经为 $\bar{\imath}$，要么在额外的时间 ℓ 内 $turn$ 的值变为 $\bar{\imath}$。然后，在另一时间 $O(\ell)$ 内，进程 i 发现它得到青睐可以进入 C。这与在所给的时间内 i 不进入 C 的假设矛盾。图 10-8 显示了证明中的事件顺序和事件之间的时间界限。

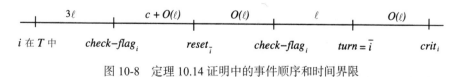

图 10-8　定理 10.14 证明中的事件顺序和时间界限

10.5.2　n 进程算法

对于 n 个进程，我们可以在一系列 $n-1$ 次竞争中，在 1, 2, $\cdots$, $n-1$ 层上反复使用 Peterson2P 算法的思想。在每个相继竞争中，算法保证至少有一个输者。所以，所有进程都可以参与 1 层的竞争，但最多只有 $n-1$ 个进程能够获胜。一般而言，在 k 层上最多有 $n-k$

个进程能够获胜。所以在 $n-1$ 层上最多只有一个进程能够获胜，从而产生互斥条件。

代码如下。在这里我们采用以前的约定，进程的编号（索引）为 $1, \cdots, n$。我们把该算法称为 PetersonNP 算法。

PetersonNP 算法：

Shared variables:
for every $k \in \{1, \ldots, n-1\}$:
　　$turn(k) \in \{1, \ldots, n\}$, initially arbitrary, writable and readable by all processes
for every i, $1 \quad i \quad n$:
　　$flag(i) \in \{0, \ldots, n-1\}$, initially 0, writable by i and readable by all $j \neq i$

Process i:

　　** Remainder region **

　　try_i
　　for $k = 1$ to $n-1$ do
　　　　$flag(i) := k$
　　　　$turn(k) := i$
　　　　waitfor $[\forall j \neq i : flag(j) < k]$ or $[turn(k) \neq i]$
　　$crit_i$

　　** Critical region **

　　$exit_i$
　　$flag(i) := 0$
　　rem_i

进程 i 参与每一层 k（$1 \leqslant k \leqslant n-1$）上的竞争。每一层 k 都有自己的 $turn$ 变量，即 $turn(k)$。在每一层 k 上，进程 i 的行为与 Peterson2P 算法中进程的行为相似：它设置 $turn(k) := i$，然后等到所有其他进程的 $flag$ 变量都严格小于 k 或者 $turn(k) \neq i$。也就是说，要么当前没有其他进程参与 k 层的竞争，要么在 i 最近设置 $turn(k)$ 变量之后其他变量也设置了 $turn(k)$ 变量。

与前面一样，代码中也有需要解决的含糊之处。首先，waitfor 语句中的其中一个条件涉及所有其他进程的 $flag$ 变量。在我们的模型中，这些变量不能同时检测。我们希望的是逐个检查变量，当所有被检测变量的所见值都小于 k 的时候，条件便满足。其次，我们必须明确在 waitfor 语句中进程 i 检测不同的 $flag$ 变量和检测 $turn(k)$ 变量的顺序。为了简单起见，我们假设进程 i 循环地进行检测，在每个循环中先以任意顺序检测所有 $flag$ 变量，然后检测 $turn(k)$ 变量。

细节如下。代码类似于 Peterson2P 算法的代码。局部变量 $level$ 用于跟踪进程参与（或准备参与）哪个竞争，S 用于跟踪那些已被观察到其 $flag$ 值小于 k 的进程。

PetersonNP 算法（重写）：

Shared variables:
for every $k \in \{1, \cdots, n-1\}$:
　　$turn(k) \in \{1, \cdots, n\}$, initially arbitrary
for every i, $1 \leqslant i \leqslant n$:
　　$flag(i) \in \{0, \cdots, n-1\}$, initially 0

Actions of i:

Input: Internal:

   try_i $set\text{-}flag_i$

   $exit_i$ $set\text{-}turn_i$

Output: $check\text{-}flag(j)_i,\ 1 \leqslant j \leqslant n,\ j \neq i$

   $crit_i$ $check\text{-}turn_i$

   rem_i $reset_i$

States of i:

$pc \in \{rem, set\text{-}flag, set\text{-}turn, check\text{-}flag, check\text{-}turn, leave\text{-}try, crit, reset, leave\text{-}exit\}$, initially rem

$level \in \{1, \cdots, n-1\}$, initially 1

S, a set of process indices, initially $\emptyset$

Transitions of i:

try_i

  Effect:

    $pc := set\text{-}flag$

$set\text{-}flag_i$

  Precondition:

    $pc := set\text{-}flag$

  Effect:

    $flag(i) := level$

    $pc := set\text{-}turn$

$set\text{-}turn_i$

  Precondition:

    $pc = set\text{-}turn$

  Effect:

    $turn(level) := i$

    $S := \{i\}$

    $pc := check\text{-}flag$

$check\text{-}flag(j)_i$

  Precondition:

    $pc = check\text{-}flag$

    $j \notin S$

  Effect:

    if $flag(j) < level$ then

      $S := S \cup \{j\}$

      if $|S| = n$ then

        $S := \emptyset$

        if $level < n-1$ then

          $level := level + 1$

          $pc := set\text{-}flag$

        else

          $pc := leave\text{-}try$

    else

      $S := \emptyset$

      $pc := check\text{-}turn$

$check\text{-}turn_i$

  Precondition:

    $pc = check\text{-}turn$

  Effect:

    if $turn(level) \neq i$ then

      if $level < n-1$ then

        $level := level + 1$

        $pc := set\text{-}flag$

      else

        $pc := leave\text{-}try$

    else

      $S := \{i\}$

      $pc := check\text{-}flag$

$crit_i$

  Precondition:

    $pc = leave\text{-}try$

  Effect:

    $pc := crit$

$exit_i$

  Effect:

    $pc := reset$

$reset_i$

  Precondition:

    $pc = reset$

  Effect:

    $flag(i) := 0$

    $level := 1$

    $pc := leave\text{-}exit$

rem_i

  Precondition:

    $pc = leave\text{-}exit$

  Effect:

    $pc := rem$

现在我们来证明 PetersonNP 算法的正确性。良构性是显然的。对于互斥性，关键思想在于 k 层上的竞争只允许产生 $n-k$ 个胜者。

在 PetersonNP 算法的任意系统状态中，如果 $level_i > k$ 或者 $level_i = k$，且 $pc_i \in \{leave-try, crit, reset\}$，则称进程 i 为一个 k 层上的胜者（后一个条件只有当 $k = n-1$ 时才会出现）。如果进程 i 是一个 k 层上的胜者，或者 $level_i = k$ 且 $pc_i \in \{check-flag, check-turn\}$，则称进程 i 为 k 层上的竞争者。

引理 10.15 PetersonNP 算法满足互斥性。

证明 为了证明互斥性，我们来证明以下与 Peterson2P 算法中的断言 10.5.2 类似的断言。一个重要的区别在于现在的断言必须在检测标志的过程中处理中间阶段。

> **断言 10.5.3** 在 PetersonNP 算法的任意可达系统状态中，以下内容成立：
> 1）如果进程 i 是 k 层上的竞争者，$pc_i = check-flag$，且 S_i 中任意不等于 i 的进程 j 都是 k 层上的竞争者，则 $turn(k) \neq i$。
> 2）如果进程 i 是 k 层上的胜者且其他进程都是 k 层上的竞争者，则 $turn(k) \neq i$。

证明通常使用归纳法来完成，具体过程留为一道习题。使用断言 10.5.3，我们可以证明：

> **断言 10.5.4** 在 PetersonNP 算法的任意可达系统状态中，如果存在 k 层上的竞争者，则 $turn(k)$ 的值是 k 层上某个竞争者的索引。

基于归纳法的具体证明也留为一道习题。最后，我们证明以下断言，它直接意味着互斥性条件的成立。

> **断言 10.5.5** 在 PetersonNP 算法的任意可达系统状态中，对于任意 k（$1 \leq k \leq n-1$），最多存在 $n-k$ 个 k 层上的胜者。

断言 10.5.5 也是使用归纳法证明的，但不是基于运行的长度，而是基于 k 的值。

基础：$k = 1$。如果 $k = 1$ 时命题为假，即所有 n 个进程都是 1 层上的胜者。则断言 10.5.3 意味着 $turn(1)$ 的值不能为任何进程的索引，矛盾。

归纳步：假设对于 k（$1 \leq k \leq n-2$）命题成立，现在欲证明对于 $k + 1$ 命题也成立。采用反证法，假设命题对于 $k + 1$ 为假，即存在严格多于 $n-(k + 1)$ 个 $k + 1$ 层上的胜者；令 W 为由这些胜者组成的集合。每个 $k + 1$ 层上的胜者也是 k 层上的胜者，根据归纳假设，k 层上的胜者数目最多为 $n-k$。所以 W 也是 k 层上的胜者的集合，且 $|W| = n-k \geq 2$。

则断言 10.5.3 意味着 $turn(k+1)$ 的值不可能等于 W 中进程的索引。而断言 10.5.4 意味着 $turn(k+1)$ 的值等于 $k + 1$ 层上某个竞争者的索引。但是 $k + 1$ 层上的每个竞争者都是 k 层上的胜利者，故都在 W 中。这是一个矛盾。

为了证明演进性，证明锁定权（见习题 10.6）就足够了。定理 10.9 意味着锁定权是轮流具有的，用一个时间界限来保证。针对退出区的时间界限是不重要的；以下定理给出针对尝试区的时间界限。警告：我们并没有声称这个界限是严格的——严格化这个界限的任务留为一道习题——但是任一界限都足以证明锁定权。

定理 10.16 在 PetersonNP 算法中，一个特定进程 i 从进入 T 到进入 C 之间的时间最多为 $2^{n-1}c + O(2^n n \ell)$。

证明 我们使用递归来证明这个界限。定义 $T(0)$ 为一个进程从进入 T 到进入 C 之间的最大时间。对于 k（$1 \leq k \leq n-1$），定义 $T(k)$ 为从进程从成为 k 层的胜利者到进入 C 之间的最大时间。我们希望界定 $T(0)$ 的大小。

根据代码，我们知道 $T(n-1) \leqslant \ell$，因为在赢得最后的竞争之后进程进入 C 只需一步。为了界定 $T(0)$，我们根据 $T(k+1)$ 来建立 $T(k)$ 的递归式，其中 $0 \leqslant k \leqslant n-2$。

假设进程 i 刚刚在 k 层（如果 $k \geqslant 1$）上获胜，或者它刚刚进入 T（此时 $k = 0$）。则在时间 2ℓ 之内，进程 i 执行 $set\text{-}turn_i$，设置 $turn(k+1) := i$。以 π 来表示这个 $set\text{-}turn_i$ 事件。我们考虑两种情况。

第一种情况，如果 $turn(k+1)$ 在 π 之后的时间 $T(k+1) + c + (2n+2)\ell$ 内被设为除了 i 之外的值，则 i 在额外时间 $n\ell$ 内在 $k+1$ 层获胜。然后在额外的时间 $T(k+1)$ 内，i 进入 C。在这种情况下，从 π 事件发生到 i 进入 C 的总共时间最多为 $2T(k+1) + c + (3n+2)\ell$。

第二种情况，假设 $turn(k+1)$ 在 π 之后的时间 $T(k+1) + c + (2n+2)\ell$ 内没有被设为除了 i 之外的任意值，则没有进程能够在时间 $T(k+1) + c + (2n+1)\ell$ 之内把其 $flag$ 的值设置为 $k+1$。令 I 为由不同于 i 的进程 j 组成的集合，其中当 π 发生时 $flag(j) \geqslant k+1$。则 I 中的每个进程都在 π 之后（自从它发现 $turn(k+1)$ 不等于其索引之后）的最多时间 $n\ell$ 内在 $k+1$ 层上获胜，然后在额外时间 $T(k+1)$ 内进入 C，之后在额外的时间 c 内离开 C 并在额外的时间 ℓ 内执行 $reset$。故此，在 π 之后的时间 $n\ell + T(k+1) + c + \ell = T(k+1) + c + (n+1)\ell$ 内，I 中的所有进程都把它们的 $flag$ 值设置为 0。

因此，在 π 之后的时间 $T(k+1) + c + (n+1)\ell$ 内，那些当 π 发生时满足 $flag(j) \geqslant k+1$ 的所有不同于 i 的进程 j 都把它们的 $flag$ 值设置为 0。根据我们以上所做的假设，在此后的额外时间 $n\ell$ 内，没有进程把其 $flag$ 值设为 $k+1$。进程 i 有足够的时间来检测出所有 $flag$ 变量的值都小于 $k+1$ 并在 $k+1$ 层上获胜。故此，进程 i 在 π 之后的时间 $T(k+1) + c + (2n+1)\ell$ 内获胜。进程 i 在另一时间 $T(k+1)$ 内又进入 C。在这种情况下，从 π 发生到 i 进入 C 的总共时间最多为 $2T(k+1) + c + (2n+1)\ell$。

因此最坏情况下的时间是以上两种情况的最大时间再最多加上 2ℓ，即 $2T(k+1) + c + (3n+4)\ell$。我们需要求解如下 $T(0)$ 的递归式：

$$T(k) \leqslant 2T(k+1) + c + (3n+4)\ell，对于 0 \leqslant k \leqslant n-2$$
$$T(n-1) \leqslant \ell$$

解出这个递归式便可得到所需的时间界限。（参见 10.5.3 节中的一个类似递归式的更详细解法）

可得：

定理 10.17 PetersonNP 算法解决了互斥问题且是具有锁定权的。

10.5.3　锦标赛算法

另一种将 Peterson2P 算法扩充到更多进程中的方法是把基本双进程算法作为锦标赛中的建造砖块。简单起见，我们假设进程数目 n 是 2 的幂。进程的编号依然是从 0 开始，为 $0, \cdots, n-1$，而不是 $1, \cdots, n$。为了得到资源，每个进程参与 $\log n$ 个竞争。你可以把这些竞争想象为一个拥有 n 个叶子节点的完全二叉锦标赛树中的叶子节点，树的 n 个叶子节点从左到右分别对应 n 个进程 $0, \cdots, n-1$。

我们需要某些记号来命名不同竞争、在所有竞争中进程的角色和所有进程在所有竞争中的潜在对手集合。对于 $0 \leqslant i \leqslant n-1$ 和 $1 \leqslant k \leqslant \log n$，定义以下记号：

- $comp(i, k)$，进程 i 的 k 层上的竞争，是由 i 的二进制表示中的前 $\log n - k$ 位组成的字符串。在锦标赛树中，$comp(i, k)$ 可用作叶子节点 i 在 k 层上的内部节点的名字。特别地，根的名字为空字符串 λ。

- $role(i, k)$，进程 i 在 i 的 k 层竞争中的角色，是 i 的二进制表示中的第 $(\log n - k + 1)$ 位。在锦标赛树中，$role(i, k)$ 指出叶子 i 是竞争 $comp(i, k)$ 的左孩子的后代还是右孩子的后代。

- $opponents(i, k)$，进程 i 在 i 的 k 层竞争中的对手，是一些进程组成的集合，这些进程的索引与 i 的索引相比，前 $\log n - k$ 位相同，第 $\log n - k + 1$ 位相反。在锦标赛树中，$opponents(i, k)$ 中的进程是节点 $comp(i, k)$ 的另一孩子的后代，注意这个 $comp(i, k)$ 的另一孩子不是叶子节点 i 的祖先节点。

例 10.5.1 锦标赛树

图 10-9 显示了 $n = 8$ 时的锦标赛树。例如，$comp(5, 2) = 1$，$role(5, 2) = 0$ 且 $opponents(5, 2) = \{6, 7\}$。

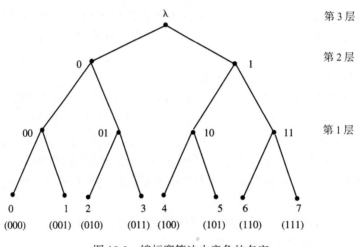

图 10-9 锦标赛算法中竞争的名字

我们把如下算法称为锦标赛算法（Tournament algorithm）。

锦标赛算法：

Shared variables:
for every binary string x of length at most $\log n - 1$:
    $turn(x) \in \{0, 1\}$, initially arbitrary, writable and readable by exactly those
        processes i for which x is a prefix of the binary representation of i
for every i, $0 \leqslant i \leqslant n - 1$:
    $flag(i) \in \{0, \dots, \log n\}$, initially 0, writable by i and readable by all $j \neq i$

Process i:

    ** Remainder region **

    try_i
    for $k = 1$ to $\log n$ do
        $flag(i) := k$
        $turn(comp(i, k)) := role(i, k)$
        waitfor $[\forall j \in opponents(i, k) : flag(j) < k]$ or $[turn(comp(i, k)) \neq role(i, k)]$
    $crit_i$

```
** Critical region **

exit_i
flag(i) := 0
rem_i
```

这段代码与 PetersonNP 算法的代码非常相似。主要不同在于：在每个竞争中，进程只检查其竞争对手的标志。如同 PetersonNP 算法中，我们假设进程以任意顺序来检测对手，每次检测一个。检测以某种系统化的形式交替进行；例如，可以在所有 *flag* 都被检测的循环之后检测 *turn*。由于锦标赛算法的证明思想与 Peterson2P 和 PetersonNP 算法的类似，我们只给出粗略证明。

首先，可以采用前提 – 结果的风格来重写算法，从而明确表示出程序计数器和那些把已经检测过 *flag* 的进程集合起来的变量。锦标赛算法必须定义诸如"k 层上的胜利者"和"k 层上的竞争者"等概念，这可以参考 PetersonNP 算法。

引理 10.18 锦标赛算法满足互斥性。

证明概要 这里的证明与 Peterson2P 和 PetersonNP 算法的证明一样，也用到了不变式断言证明的思想。这次的关键不变式断言为：

断言 10.5.6 在锦标赛算法的任意可达系统状态中，对于任意 k（$1 \leqslant k \leqslant \log n$），以 k 层上节点为根的任一子树中最多有一个进程能够成为 k 层上的胜利者。

接下来是从不变式断言模拟到断言 10.5.3 的 2）。

断言 10.5.7 如果进程 i 是 k 层上的胜利者，并且如果 i 在 k 层上的任意对手都是 k 层的竞争者，那么 $turn(comp\,(i,\,k)) \neq role(i,\,k)$。

如同断言 10.5.3 的 2）中的做法，我们不能直接使用归纳法来证明断言 10.5.7。我们必须增加以下信息来增强它：在进程发现它的某些对手的 *flag* 变量值严格小于 k 时，在 waitfor 循环中会发生什么。具体的增强与归纳证明任务留为一道习题。

为了证明演进性和锁定权，我们先证明一个时间界限。

定理 10.19 在锦标赛算法中，特定进程 i 从进入 T 到进入 C 之间的时间最多为 $(n-1)c + O(n^2 \ell)$。

证明 这里的证明与定理 10.16 的证明类似。定义 $T(0)$ 为一个进程从进入 T 到进入 C 之间的最大时间。对于 k（$1 \leqslant k \leqslant \log n$），定义 $T(k)$ 为进程从在 k 层上获胜到进入 C 之间的最大时间。我们希望界定 $T(0)$ 的大小。根据代码，我们知道 $T(\log n) \leqslant \ell$，因为在赢得最后的竞争之后进程进入 C 只需一步。我们根据 $T(k+1)$ 来界定 $T(k)$，其中 $0 \leqslant k \leqslant \log n - 1$。

假设进程 i 刚刚在 k 层（如果 $k \geqslant 1$）上获胜，或者刚刚进入 T（此时 $k = 0$）。令 x 代表 $comp(i,\,k+1)$。则在时间 2ℓ 之内，进程 i 将变量 $turn(x)$ 的值设置为 $role(i,\,k+1)$。以 π 来表示这个事件。我们考虑两种情况。

第一种情况，如果 $turn(x)$ 在 π 之后的时间 $T(k+1) + c + (2^{k+1} + 4)\,\ell$ 内发生改变，则 i 在额外时间 $(2^k+1)\,\ell$ 内在 $k+1$ 层获胜。然后在额外的时间 $T(k+1)$ 内，i 进入 C。在这种情况中，从 π 发生到 i 进入 C 的总共时间最多为 $2T(k+1) + c + (2^{k+1} + 2^k + 5)\,\ell$。

第二种情况，假设 $turn(x)$ 在 π 之后的时间 $T(k+1) + c + (2^{k+1} + 4)\,\ell$ 内没有发生改变，则没有 k 层上的对手能够在 π 之后的时间 $T(k+1) + c + (2^{k+1} + 3)\,\ell$ 内把其 *flag* 的值设置为 $k+1$。如果 j 是 i 在 $k+1$ 层上的对手，且当 π 发生时有 $flag(j) \geqslant k+1$。则在 π 发生之后的时间

(2^k+1) $\ell + T(k + 1) + c + \ell = T(k + 1) + c + (2^k+2)$ ℓ 内，进程 j 把它的 *flag* 值设置为 0。

因此，在 π 之后的时间 $T(k + 1) + c + (2^k+2)$ ℓ 内，那些当 π 发生时满足 $flag(j) \geqslant k +1$ 的 $k+1$ 层上的 i 的对手都把它们的 *flag* 值设置为 0。根据我们以上所做的假设，在此后的额外时间 (2^k+1) ℓ 内，没有进程把其 *flag* 值设为 $k + 1$。进程 i 有足够的时间来检测出所有 $k+1$ 层上 i 的对手的 *flag* 值都小于 $k + 1$ 并在 $k +1$ 层上获胜。故此，进程 i 在 π 之后的时间 $T(k + 1) + c + (2^{k+1} + 3)$ ℓ 内获胜。进程 i 在另一个 $T(k + 1)$ 内又进入 C。在这种情况中，从 π 到 i 进入 C 的总共时间最多为 $2T(k + 1) + c + (2^{k+1} + 3)$ ℓ。

因此最坏情况的时间是以上两种情况的最大时间再加上最多 2ℓ，即 $2T(k + 1) + c + (2^{k+1} + 2^k + 7)$ ℓ。我们需要求解如下 $T(0)$ 的递归式：

$$T(k) \leqslant 2T(k + 1) + c + (2^{k+1} + 2^k + 7)\ell, \text{对于 } 0 \leqslant k \leqslant \log n-1$$
$$T(\log n) \leqslant 1$$

选出某个常数 α，使得 $(2^{k+1} + 2^k + 7) \leqslant \alpha \cdot 2^k$。然后，

$$\begin{aligned}
T(0) &\leqslant 2T(1) + 2^0 c + a2^0\ell \\
&\leqslant 2^2 T(2) + (2^0 + 2^1)c + a(2^0 + 2^2)\ell \\
&\leqslant 2^3 T(3) + (2^0 + 2^1 + 2^2)c + a(2^0 + 2^2 + 2^4)\ell \\
&\quad \vdots \\
&\leqslant 2^k T(k) + (2^0 + 2^1 + \cdots + 2^{k-1})c + a(2^0 + 2^2 + \cdots + 2^{2k-2})\ell \\
&\quad \vdots \\
&\leqslant 2^{\log n} T(\log n) + (2^0 + 2^1 + \cdots + 2^{\log n-1})c + a(2^0 + 2^2 + \cdots 2^{2(\log n-1)})\ell \\
&\leqslant (n - 1)c + n\ell + O\left(n^2\ell\right) \\
&= (n - 1)c + O\left(n^2\ell\right)
\end{aligned}$$

定理 10.20   锦标赛算法解决了互斥问题且是具有锁定权的。

有界绕过次数   锦标赛算法并不保证绕过次数有任意界限。为了证明这一点，考虑一个运行，其中进程 0 作为锦标赛树的叶子节点，并以假定的上界 ℓ 来执行中间步。同时，进程 $n-1$ 作为锦标赛树的叶子节点，并执行得更快。进程 $n-1$ 可以到达树顶部并获胜，且在进程 0 在 1 层上获胜之前，它可以重复这个过程很多次。由于我们不假定进程步时间的下界，因此这是可能的。

注意在无界绕过次数和时间上界之间并无矛盾。没有进程会永远等待——无界绕过次数只有在某个进程非常快地操作时才会产生。

10.6   使用单写者共享寄存器的算法

目前为止，我们研究的算法使用的都是多写者共享寄存器（变量 *turn*）和单写者共享寄存器（变量 *flag*）。因为多写者寄存器常常难于实现，所以设计只使用单写者共享寄存器的算法是值得的。在本节和下一节中，我们给出两个这样的算法。

本节的算法解决了互斥问题（和演进性问题），但不保证任何高层次公平性条件。该算法的共享寄存器都是二进制的。10.7 节中的算法是具有锁定权的，但其缺点是使用了无界大小的变量。

我们称介绍的第一个算法为 BurnsME。

BurnsME algorithm:

Shared variables:
for every i, $1 \le i \le n$:
    $flag(i) \in \{0, 1\}$, initially 0, writable by i and readable by all $j \ne i$

Process i:

    ** Remainder region **

    try_i
L: $flag(i) := 0$
    for j, $1 \le j \le i - 1$ do
        if $flag(j) = 1$ then goto L
    $flag(i) := 1$
    for j, $1 \le j \le i - 1$ do
        if $flag(j) = 1$ then goto L
M: for j, $i + 1 \le j \le n$ do
        if $flag(j) = 1$ then goto M
    $crit_i$

    ** Critical region **

    $exit_i$
    $flag(i) := 0$
    rem_i

BurnsME 算法中的 $flag$ 值是 0 和 1，而不是 DijkstraME 算法中的 0、1 和 2。每个进程执行三个循环。前两个循环检测那些索引比当前进程的索引小的进程的 $flag$ 值，而第三个循环检测索引更大的进程的 $flag$ 值。如果进程 i 通过三个循环中的所有检测，则进入临界区。

引理 10.21　BurnsME 算法满足互斥性。

证明　这里的证明与满足互斥性的 DijkstraME 算法（见引理 10.3）的第一个（操作式）证明相类似。不同之处在于现在 $flag$ 变量被设为 1，而在 DijkstraME 算法中被设为 2。

因此，如果进程 i 和 j 同时处于 C 中，则假设 i 先把其 $flag$ 设为 1。然后直至进程 i 离开 C 为止，$flag(i)$ 保持为 1。但在 j 把 $flag(j)$ 设为 1 之后，j 能够进入 C 之前，j 必须检测到 $flag(i) = 0$。（如果 $i < j$，则这一步在第二个循环中完成；如果 $i > j$，则在第三个循环中完成。）该检测必然在 $flag(i) = 1$ 时的时间间隔中发生，从而产生矛盾。

注意第一个循环的代码对于互斥性条件来说是不必要的。

引理 10.22　BurnsME 算法保证演进性。

证明　对于退出区的证明相当容易。对于尝试区，采用反证法，假设 α 是一个低层次公平运行，在其到达的某点中，最少有一个进程处于 T 中且没有进程处于 C 中，并假设在该点之后，没有进程会进入 C。与引理 10.4 的证明相似，不失一般性，假设在 α 中每个进程都在 T 或 R 中，且没有进程改变在 α 中的区域。把在 T 中的进程称为竞争者（contender）。

现在把竞争者分成两个集合：曾经到达标号 M 的集合和未曾到达标号 M 的集合。把第一个集合称为 P，把第二个集合称为 Q。则 α 中必有一点，在该点之前所有 P 中的进程已经

到达标号 M；注意它们再也不会回到标号 M 之前的代码中去。令 α_1 为 α 的一个后缀，在 α_1 中，标号 M 之后 P 中的所有进程都处于最后一个循环。

我们来证明最少一个进程在 P 中。特别地，所有竞争者中具有最小索引的那个进程自从到达标号 M 之后不会被阻塞。

令 i 为 P 中具有最大索引的进程。我们来证明最终在 α_1 中，任意满足 $j > i$ 的进程 $j \in Q$ 都永久地把 $flag(j)$ 设置为 0。这是因为：每当 j 执行前两个循环中的一个时，它发现最小索引竞争者的存在并返回 L。每当它这样做的时候，它设置 $flag(j) := 0$，而且，一旦它这样做，之后就再也不能前进到设置 $flag(j) := 1$。令 α_2 为 α_1 的一个后缀，在 α_2 的 Q 中所有索引大于 i 的进程都总是把它们的 $flag$ 设为 0。

在 α_2 中，没有东西能够阻止进程 i 到达 C：每个更大索引的进程 j 的 $flag(j)$ 都为 0，故 i 成功地完成第三个循环。因此，i 进入 C，矛盾。

定理 10.23   BurnsME 算法解决了互斥问题。

10.7   Bakery 算法

本节给出针对互斥问题的 Bakery 算法。它的工作方式与面包坊的工作方式相似，客户进入面包坊时得到面包票，面包坊按照票号的顺序为客户提供服务。

Bakery 算法只使用单写者 / 多读者共享寄存器。事实上，它使用一种称为安全寄存器的更弱形式的寄存器，当读和写同时进行时，这种寄存器允许为读操作提供任意回应。

Bakery 算法保证锁定权且具有一个良好的时间界限。它保证有界绕过次数，还满足一个相关条件：它满足"无等待门廊之后的 FIFO"（定义见下面）。Bakery 算法的一个缺点是它使用了无界大小的寄存器。

代码如下。如果我们只对正常的寄存器（而不是诸如安全寄存器等更弱类型的寄存器）感兴趣，那么代码可以简化。我们把简化任务留为习题。

Bakery算法:

Shared variables:
for every i, $1 \leq i \leq n$:
    $choosing(i) \in \{0, 1\}$, initially 0, writable by i and readable by all $j \neq i$
    $number(i) \in \mathbb{N}$, initially 0, writable by i and readable by all $j \neq i$

Process i:

    ** Remainder region **

    try_i
    $choosing(i) := 1$
    $number(i) := 1 + \max_{j \neq i} number(j)$
    $choosing(i) := 0$
    for $j \neq i$ do
        waitfor $choosing(j) = 0$
        waitfor $number(j) = 0$ or $(number(i), i) < (number(j), j)$
    $crit_i$

    ** Critical region **

    $exit_i$

$$number(i) := 0$$
$$rem_i$$

在 Bakery 算法中，尝试区中直至进程 i 设置 $choosing(i) := 0$ 为止的代码部分被称为门廊（doorway）。在门廊中，进程 i 选出一个比它读到的所有其他进程的号码更大的 $number$。它以任意顺序逐个读取其他进程的 $number$ 值，然后写自己的 $number$ 值。当进程 i 读取并选出 $number$ 时，它确保 $choosing(i) = 1$，这作为给其他进程的信号。

注意可能有两个进程同时处于门廊中，这样会导致它们选出同一个 $number$。为了避免这种情况，进程不是只比较它们的 $number$，而是比较它们的 $(number, index)$ 对。比较按字典顺序进行，$number$ 相同时具有更小 $index$ 的进程受到青睐。

在尝试区的余下部分，进程等待其他进程完成选择并等待其 $(number, index)$ 对变得最小。

为了证明正确性，用 D 来表示门廊（即由处于门廊中的进程的状态组成的集合），用 $T-D$ 来表示尝试区的余下部分。良构性是易见的。为了证明互斥性条件，我们用到一条引理。

引理 10.24 在 Bakery 算法的任意可达系统状态中，对于任意进程 i 和 j（$i \neq j$），以下内容成立：如果 i 在 C 中且 j 在 $(T-D) \cup C$ 中，则 $(number(i), i) < (number(j), j)$。

我们给出一个操作式证明，因为它更容易被扩充到安全寄存器中。

证明 固定一个运行中的某点 s，其中 i 在 C 中且 j 在 $(T-D) \cup C$ 中（形式化地，s 指某个系统状态的发生点）。把在点 s 中的 $number(i)$ 和 $number(j)$ 的值称为它们的当前值。

在进入 C 之前，进程 i 在第一个循环中必然读到 $choosing(j) = 0$。用 π 来表示这个事件，则 π 在 s 之前发生。当 π 发生时，j 不在"选择区"（即在设置 $choosing(j) := 1$ 之后的门廊部分）中。但是由于 j 在 $(T-D) \cup C$ 中，因此 j 必然在某一点中通过选择区。分两种情况来考虑。

1）j 在 π 之后进入选择区。则在 j 开始选择之前正确的 $number(i)$ 被选出，保证 j 在进行选择的时候会看到正确的 $number(i)$ 值。因此，在点 s 中，$number(j) > number(i)$ 成立，得证。

2）j 在 π 之前离开选择区。则只要 i 在第二个循环中读取 j 的 $number$ 值，它就得到正确的 $number(j)$ 值。但是由于 i 决定进入 C，则必有 $(number(i), i) < (number(j), j)$。得证。

引理 10.25 Bakery 算法满足互斥性。

证明 假设在某个系统可达状态中，进程 i 和进程 j 都在 C 中。则应用引理 10.24 两次，可得 $(number(i), i) < (number(j), j)$ 和 $(number(j), j) < (number(i), i)$。矛盾。

引理 10.26 Bakery 算法保证演进性。

证明 通常，对于退出区的证明很容易。对于尝试区，我们再次采用反证法来证明。假设演进性得不到满足。则最终到达一点，其中所有进程都在 T 或 R 中，且没有新的区域变化发生。根据代码，T 中的所有进程最终完成门廊并到达 $T-D$。然后具有最小 $(number, index)$ 对的进程毫无阻碍地到达 C。

引理 10.27 Bakery 算法保证锁定权。

证明 考虑在 T 中的特定进程 i，假设它从未到达 C。进程 i 最终完成门廊并到达 $T-D$。之后，任意进入门廊的新进程都看见 i 的最新 $number$ 并选出更高的号码。因此，i 不到达 C，这些新进程就不会到达 C，因为每个新进程都在第二个等待循环中检测 $number(i)$ 时被阻塞。

但是，反复应用引理 10.26，可知必有进程不断地执行，无数多的 *crit* 事件发生，这与所有进入尝试区的新进程都被阻塞的事实相矛盾。

定理 10.28 Bakery 算法解决了互斥问题且是具有锁定权的。

复杂度分析 进程 i 从进入尝试区到进入临界区的时间上界为 $(n-1)c + O(n^2\ell)$。这不易证明，我们只给出大概的证明，具体细节留为一道习题。

首先，进程 i 完成门廊需要 $O(n\ell)$ 时间；我们必须界定 i 花在 *T–D* 中的时间间隔 I 的长度。令 P 为在 i 时进入 *T–D* 时已经处于 *T* 中的其他进程组成的集合。则在 i 进入 *C* 之前，只有 P 中的进程能够进入 *C*，且每个这样的进程只能进入一次。在时间间隔 I 中，有某个进程处于 *C* 中这一情形的总时间最多为 $(n-1)c$，而有某个进程处于门廊中的情形的总时间最多为 $O(n^2\ell)$。

现在来界定时间间隔 I 中的驻留时间，即没有进程在 *C* 或门廊中的总时间。我们通过考虑 $P \cup \{i\}$ 中进程的演进来界定这段驻留时间。在这段时间内，$P \cup \{i\}$ 中的进程不会被阻塞在第一个 waitfor 循环中，原因在于所有的 *choosing* 变量都为 0。另外，$P \cup \{i\}$ 中的某进程没有被阻塞在第二个 waitfor 循环中，它将在时间 $O(n\ell)$ 之内进入 *C*。在它完成之后，$P \cup \{i\}$ 中的另一个进程不会被阻塞，它将在额外的 $O(n\ell)$ 时间内进入 *C*，如此类推。这种过程一直重复，直到 i 进入 *C*。总的驻留时间为 $O(n^2\ell)$。

无等待门廊之后的 FIFO Bakery 算法保证一个比锁定权更强的高层次公平性条件。也就是说，如果进程 i 在 j 进入 *T* 之前完成门廊，则在 i 进入 *C* 之前 j 不能进入 *C*。注意算法的 FIFO 特性并不是真正基于进程进入 *T* 的时间或进程在 *T* 中执行第一个局部控制步的时间。例如，进程 1 进入 *T* 并设置 *choosing*(1) := 1；然后进程 2 进入 *T*，选出一个 *number*，完成门廊；然后进程 1 选出自己的 *number*。在这种情况下，进程 1 将选出一个比进程 2 的 *number* 更大的号码，使得进程 2 首先进入 *C*。

声明一个算法满足"门廊之后 FIFO"属性可能并无用处，因为我们没有限制门廊可以在什么地方结束。（如果门廊在进入 *C* 后立刻结束，则这个声明完全是平凡的）。然而，在 Bakery 算法中的门廊拥有一个有意思的属性：它是无等待的，即如果一个进程继续执行步，那么它保证最终完成门廊，不管其他进程是否继续执行步。

因此，Bakery 算法满足"无等待门廊之后的 FIFO"属性，该属性是一个非平凡且有意思的高层次公平条件。

10.8 寄存器数量的下界

我们已经给出几个使用读 / 写共享存储器的互斥算法。这些算法都保证了互斥性和演进性的基本条件，且大多数算法保证了某种高层次公平性条件：锁定权、时间界限或绕过次数界限。所有算法的一个共同点是它们都使用了最少 n 个共享变量。

本节将证明这不是偶然的：解决互斥问题最少需要 n 个读 / 写共享变量！即使只要求基本的条件——互斥性和演进性——不要求高层次公平性，该结论也成立。另外，这个不可能性结果与共享变量的大小（以所容纳的变量数目来衡量）无关——共享变量的大小可以只是一个单独位或者甚至可以是无界的。这个结果代表了共享存储器系统的一个根本限制。

我们需要两个定义。第一个定义，如同 9.3 节中的做法，对于两个系统状态 s 和 s'，如果进程 i 的状态、U_i 的状态和所有共享变量的值在 s 和 s' 中都是相同的，则称 s 和 s' 对于进程 i 是不可区分的，记作 $s \overset{i}{\sim} s'$。第二个定义，如果在一个系统状态 s 中，所有进程都处于剩余区中，则定义这个状态为空闲的。

在证明中，我们考虑一个固定的用户自动机集合。我们假设每个用户 U_i 都是尽可能地不确定的——在遵循良构性条件的前提下，它可以随时执行 *try* 和 *exit* 输出。把注意力限制在这个用户集合中并不会导致一般性的丢失。对于每个 i，事实上都有一个单独的 I/O 自动机 U_i 确实表现出所允许的不确定性，具体证明留为一道习题。

10.8.1 基本事实

证明中用到两个基本事实。第一个基本事实是从空闲状态开始，一个运行着的进程能够到达临界区。

引理 10.29 假设算法 A 只使用读 / 写共享变量来解决 $n \geqslant 2$ 个进程的互斥问题（即保证良构性、互斥性和演进性）。并假设 s 是一个可达的空闲系统状态，令 i 是任意进程。

则存在一个从状态 s 开始的且只涉及进程 i 的步的运行片段$^{\ominus}$，其中进程 i 到达 C。

证明 根据演进性条件可得。（形式化地，演进性条件被应用到一个包含 s 的低层次公平运行上，其中 i 在 s 发生后进入 C。）

作为一个简单的推论，我们知道从某个将会变成空闲状态的系统状态开始，一个运行着的进程能够到达 C。

引理 10.30 假设算法 A 只使用读 / 写共享变量来解决 $n \geqslant 2$ 个进程的互斥问题。令 s 和 s' 为对于进程 i 不可区分的可达系统状态，假设 s' 是一个空闲状态。

则存在一个从状态 s 开始的且只涉及进程 i 的步的运行片段，其中进程 i 到达 C。

第二个基本事实是任意到达 C 的进程之前必然对共享存储器执行了写操作。

引理 10.31 假设算法 A 只使用读 / 写共享变量来解决 $n \geqslant 2$ 个进程的互斥问题。假设 s 是一个可达的空闲系统状态，其中进程 i 处于剩余区中。假设在一个从状态 s 开始的且只涉及 i 的步的运行片段中，进程 i 到达 C。这期间 i 必然写入某个共享变量。

证明 令 α_1 为任意有限运行片段，它从状态 s 开始，只涉及 i 的步，且以进程 i 在 C 中作为结束。采用反证法，假设 α_1 不包含对任何共享变量的写操作。用 s' 来表示 α_1 的结尾状态。由于进程 i 不写入任何共享变量，因此 s 和 s' 之间的唯一区别在于进程 i 的状态和用户 U_i 的状态不同。所以对于任意 $j \neq i$，有 $s \stackrel{j}{\sim} s'$。

反复使用演进性条件，可知存在一个从状态 s 开始但不包含进程 i 的步的运行片段，其中某个进程进入 C。因为对于任意 $j \neq i$，有 $s \stackrel{j}{\sim} s'$，所以也存在从状态 s' 开始的这样一个运行片段。

但是这样很容易产生一个反例运行 α。运行 α 以导致可达状态 s 的一个有限运行片段作为开始，随后为 α_1，使得 i 不写入任意共享变量就进入 C。则从 s' 开始，另一进程无须经过 i 的任意步就进入 C。这违反了互斥性条件，因为在 α 的结尾有两个进程进入 C。

10.8.2 单写者共享变量

如果共享变量被限定为单写者 / 多读者的读 / 写寄存器（如在 BurnsME 算法和 Bakery 算法中使用的变量），则引理 10.29 和引理 10.31 立刻意味着一个下界：

定理 10.32 如果算法 A 只使用单写者 / 多读者的读 / 写共享变量来解决 $n \geqslant 2$ 个进程的互

$\ominus$ 即从任意状态开始（不必从算法的初始状态开始）的运行。

斥问题，则 A 最少使用 n 个共享变量。

证明 考虑任意进程 i。根据引理 10.29，从 A 的一个初始（空闲）系统状态开始，i 自己进入 C。然后引理 10.31 意味着期间 i 必定写入某个共享变量。因为该结论对于任意进程 i 成立，且每个共享变量只有一个写者，所以必然最少有 n 个共享变量。

10.8.3 多写者共享变量

注意在我们给出的算法中，即使是那些使用了多写者寄存器的算法（例如，DijkstraME 算法和 Peterson 算法）也需要最少 n 个变量。在本节中，我们把定理 10.32 扩充到多写者寄存器的情况。也就是说，我们来证明：

定理 10.33 如果算法 A 只使用读/写共享变量来解决 $n \geqslant 2$ 个进程的互斥问题，则 A 最少使用 n 个共享变量。

为了给出直观证明，我们从对两种特殊情况的证明开始。首先我们证明针对两个进程和一个变量的不可能性结果，然后针对三个进程和两个变量来证明。之后，我们把这些思想推广到一般情况。

两个进程和一个变量 证明中将多次用到以下定义：如果在系统状态 s 中进程 i 能够写入 x（即进程 i 能够在下一步中写入 x），则称 i 覆盖 s 中的共享变量 x。

定理 10.34 没有算法能够只使用一个读/写共享变量来解决两个进程的互斥问题。

证明 采用反证法。假设存在一个只使用了单个共享变量 x 的算法 A。令 s 为一个初始（空闲）系统状态。我们来构造一个违反互斥性的 A 的运行。

引理 10.29 和引理 10.30 意味着存在一个只涉及进程 1 的运行，该运行从状态 s 开始，其中进程 1 进入 C，且在此之前进程 1 写入单个共享变量 x。在进程 1 写入 x 之前的一步，它覆盖 x。令 α_1 是该运行的一个前缀，其结束点是进程 1 覆盖 x 的第一点；令 α_1 的最后状态为 s'。由于在 α_1 中进程 1 没有把任何东西写入共享存储器中，所以 $s \stackrel{2}{\sim} s'$。则引理 10.30 意味着从状态 s' 开始，进程 2 可以独自到达 C。

反例运行 α 以 α_1 开始，它将进程 1 带至状态 s'，此时进程 1 覆盖 x。然后它令进程 2 从 s' 开始运行到 C。接着运行进程 1，允许它写入 x，即对进程 2 在到达 C 的过程中可能写入的任意值进行改写。这消除了进程 2 的运行的所有轨迹。则进程 1 可以像只有自己在运行一样继续运行到 C。这导致两个进程都处于 C 中，从而与互斥条件矛盾。

图 10-10 描绘了运行 α。它把进程 2 的几步"连接"成一个只涉及进程 1 的步的运行。

三个进程和两个变量 现在给出针对三个进程和两个变量的不可能性结果。

定理 10.35 没有算法能够只使用两个读/写共享变量来解决三个进程的互斥问题。

证明 采用反证法。假设存在一个只使用了共享变量 x 和 y 的算法 A。令 s 为一个初始（空闲）系统状态。我们来构造一个违反互斥性的 A 的运行。

我们使用以下策略。从 s 开始，我们只操作进程 1 和 2，直到在一点中每个进程都分别覆盖一个变量（x 或 y）；另外，对进程 3 来说，这个结果状态 s' 与一个可达空闲状态是不可分的。然后进程 3 从状态 s' 开始自己运行到 C，引理 10.30 意味着这是可能的。

接着，让进程 1 和 2 都执行一步。由于每个进程分别覆盖一个共享变量，因此可以消除进程 3 的运行的所有轨迹。让进程 1 和 2 都继续执行步，由于已经消除了进程 3 的所有轨迹，故此可以认为进程 3 从未进入其尝试区。因此，根据演进性条件，进程 1 或者进程 2 最终到达 C。但这样的话两个进程都在 C 中，这与互斥条件相矛盾。

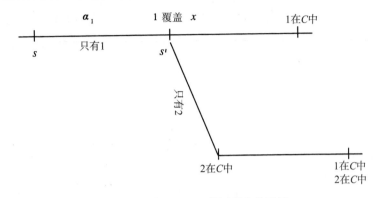

图 10-10 定理 10.34 的证明中的运行 α

剩下的工作是显示如何操作进程 1 和 2，使得当进程 3 仍处于 R 中时，进程 1 和 2 覆盖两个共享变量。过程如下（见图 10-11）。

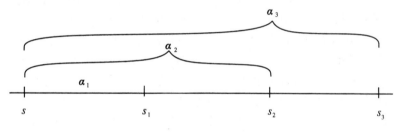

图 10-11 进程 1 独自运行

首先，通过从 s 独自运行进程 1 直至它第一次覆盖一个共享变量为止，构造一个运行 α_1。然后，通过继续独自运行进程 1 直至它进入 C，再到 E，再到 R，又到 T，又一次覆盖某个共享变量为止，将 α_1 扩展为 α_2。以同样方法把 α_2 扩展为 α_3。令 α_1、α_2 和 α_3 的最终状态分别为 s_1、s_2 和 s_3。

由于只有两个共享变量，因此在状态 s_1、s_2 和 s_3 的任两个状态中，进程 1 必然覆盖同一个变量。假设在 s_2 和 s_3 中，进程 1 覆盖变量 x。（其他情况的证明是类似的）。

现在来考虑从状态 s_2 开始单独运行进程 2 的情况。根据引理 10.30，因为状态 s_2 和 α（其中进程 1 在 R 中）之前的最后状态对于进程 2 来说是不可区分的，所以进程 2 将会进入 C。另外，这期间进程 2 必定写入另一个共享变量 y。否则，进程 2 会到达 C，然后进程 1 执行一步，把进程 2 对变量 x 的写入结果进行改写，从而消除进程 2 的所有轨迹，之后进程 1 继续执行并违反互斥性条件。

现在来构造一个反例运行 α（见图 10-12），它以 α_2 开始，然后把进程 1 带到覆盖 x 的一点，再令进程 2 运行到它首次覆盖 y 的一点。在这一点中，进程 1 和 2 分别覆盖变量 x 和 y。但是任务还未完成，因为对于进程 3 来说，结果状态与某个空闲状态必须是不可区分的。（到目前为止，自进程 2 最后一次离开 R 之后它可能写入 x，这可能被进程 3 检测到。）

所以我们继续构造过程；从进程 2 覆盖 y 的那一点开始，我们继续运行进程 1。进程 1 首先写入 x，从而消除进程 2 的所有轨迹。然后进程 1 可以像只有自己在运行一样继续运行并到达一点，该点看起来像是 α_3 之后的一点，其中进程 1 又一次覆盖 x。现在对 α 的构造完成；令 s' 为 α 的最后状态。

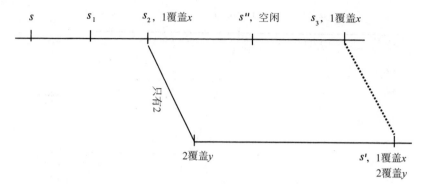

图 10-12 α 的构造

我们来证明 α 具有我们希望的所有属性。显然在状态 s' 中，进程 1 和 2 分别覆盖变量 x 和 y。剩下要证明的是对于进程 3 来说，s' 与某个空闲状态必然是不可区分的。令 s'' 为在 α_3 中发生的最后一个空闲状态，则 s'' 与 s_3 的唯一区别在于进程 1 和用户 U_1 的状态不同，而 s' 与 s_3 的唯一区别在于进程 2 和用户 U_2 的状态不同。故有 $s' \overset{3}{\sim} s''$，得证。

一般情况   对一般情况的证明是对上述两种特殊情况的证明的自然扩充，基于对变量数目的归纳来完成。我们需要另外一个基本事实——引理 10.31 的增强版本。该事实说明一个进程不仅在到达 C 的过程中必然写入某个变量，它还必然写入一个不被其他进程所覆盖的变量。在定理 10.35 的证明中，我们已经应用了这种思想。

引理 10.36   假设算法 A 只使用读 / 写共享变量来解决 $n \geq 2$ 个进程的互斥问题。假设 s 是一个可达的系统状态，其中进程 i 处于剩余区中。假设在一个从状态 s 开始的且只涉及 i 的步的运行片段中，进程 i 到达 C。则进程 i 必然写入某个不被 s 中其他进程所覆盖的共享变量。

证明概要   与引理 10.31 的证明类似。主要不同在于现在我们必须保证那个涉及其他进程的运行片段以每个进程的单独步开始，这些步覆盖一个共享变量，并因而改写这个变量。这允许其他进程删除 i 的计算的所有轨迹。详细证明留为一道习题。

现在来证明一条主要引理。对于任意 k（$1 \leq k \leq n$），如果从一个状态 s 开始，我们能够只使用进程 $1, \cdots, k$ 的步来到达一个系统状态 s'，则称 s' 为从 s 开始 k 可达的。

引理 10.37   假设算法 A 只使用读 / 写共享变量来解决 $n \geq 2$ 个进程的互斥问题。假设恰好有 $n-1$ 个共享变量。令 s 为任一可达空闲系统状态。设 $1 \leq k \leq n-1$。则存在两个满足以下属性的系统状态 s' 和 s''，其中每个状态都是从 s 开始 k 可达的。

1）在 s' 中进程 $1, \cdots, k$ 覆盖 k 个不同的变量。

2）s'' 是一个空闲状态。

3）对于所有 $i, k+1 \leq i \leq n$，有 $s' \overset{i}{\sim} s''$。

证明   对 k 做归纳。

基础：$k = 1$。从 s 开始独自运行进程 1 直至它第一次覆盖一个共享变量，引理 10.29 和引理 10.31 意味着这是可能的。将结果状态记为 s'，而 $s'' = s$，命题成立。

归纳步：假设引理对 k（$1 \leqslant k \leqslant n-2$）成立，我们来证明它对 $k+1$ 也成立。使用归纳假设，我们得到一个从 s 开始 k 可达的状态 t_1，其中进程 $1, \cdots, k$ 覆盖 k 个不同变量；然而，对于进程 $k+1, \cdots, n$ 来说，t_1 和某个也从 s 开始 k 可达的空闲状态是不可区分的。接着，令所有进程 $1, \cdots, k$ 都从 t_1 开始执行一步，从而写入其覆盖的变量。之后令所有进程 $1, \cdots, k$ 前进到 R，得到一个新空闲可达状态 u_1。

现在再次使用归纳假设来得到一个从 u_1 开始 k 可达的状态 t_2，其中进程 $1, \cdots, k$ 覆盖 k 个不同变量；然而，对于进程 $k+1, \cdots, n$ 来说，t_2 和某个也从 u_1 开始 k 可达的空闲状态是不可区分的。接着，也令所有进程 $1, \cdots, k$ 写入其覆盖的变量并回到一个空闲状态 u_2 中。

我们将该过程重复 $\binom{n-1}{k}+1$ 次，产生"覆盖状态" $t_1, \cdots, t_{\binom{n-1}{k}+1}$。现在，根据鸽巢原理，在这 $\binom{n-1}{k}+1$ 个覆盖状态中，必定存在两个覆盖状态，在这两个状态中进程 $1, \cdots, k$ 覆盖相同的 k 个共享变量。把这 k 个变量组成的集合记为 X。对于这两个覆盖状态，第一个记作 s_1，第二个记作 s_2。又令 s_1' 和 s_2' 为分别对应 s_1 和 s_2 构造的空闲状态。因此，对于所有 i（$k+1 \leqslant i \leqslant n$），有 $s_1 \overset{i}{\sim} s_1'$ 和 $s_2 \overset{i}{\sim} s_2'$。

现在考虑从状态 s_1 开始单独运行进程 $k+1$ 时的情况。由于 $s_1 \overset{k+1}{\sim} s_1'$ 且 s_1' 是一个可达空闲状态，因此引理 10.30 意味着进程 $k+1$ 能够最终进入 C。根据引理 10.36，期间进程 $k+1$ 必然写入某个不在 X 中的变量。

现在着手定义两个所需的从原始状态 s 开始 $k+1$ 可达的状态 s' 和 s''（见图 10-13）。首先，为了定义 s'（其中 $k+1$ 个变量被覆盖），从 s_1 开始，运行进程 $k+1$ 直至它第一次覆盖某个不在 X 中的变量。然后继续运行进程 $1, \cdots, k$，让它们先写入覆盖变量，再前进到与 s_2 对应的点，其中它们又覆盖 X。结果状态记为 s'。注意除了进程 $k+1$ 的状态之外，s' 与 s_2 是相同的。为了定义 s''（空闲状态），我们简单地令 $s'' = s_2'$。

我们声明 s' 和 s'' 具有所有所需性质。首先，注意构造（包括归纳假设）中只涉及进程 $1, \cdots, k+1$，所以 s' 和 s'' 都是从 s 开始 $k+1$ 可达的。而且，容易看出在 s' 中 $k+1$ 个变量被覆盖：X 中的 k 个变量加上进程 $k+1$ 覆盖的新变量 x。另外，根据 s_2' 的定义，$s'' = s_2'$ 是一个空闲状态。

剩下的工作是证明 s' 和 s'' 对于所有进程 i（$k+2 \leqslant i \leqslant n$）是不可区分的。但是 s_2 和 s_2' 的定义意味着对于所有进程 i（$k+1 \leqslant i \leqslant n$）来说，$s_2$ 和 $s'' = s_2'$ 是不可区分的。另外，我们已经注意到 s_2 和 s' 对于除了进程 $k+1$ 之外的进程都是不可区分的。综合这两个事实可得所需条件。

现在来证明定理 10.33。

（定理 10.33 的）证明　采用反证法，假设算法 A 使用最多 $n-1$ 个读 / 写共享变量来解决 $n \geqslant 2$ 个进程的互斥问题。不失一般性，假设 A 有且只有 $n-1$ 共享变量。

令 s 为 A 的任意初始系统状态。则引理 10.37 意味着存在两个从 s 开始 $n-1$ 可达的系统状态 s' 和 s''，使得所有 $n-1$ 个共享变量被 s' 中的进程 $1, \cdots, n-1$ 覆盖，而 s'' 是一个满足 $s' \overset{n}{\sim} s''$ 的空闲状态。引理 10.30 意味着存在一个从 s' 开始且只涉及进程 n 的步的运行片段，其中进程 n 到达 C。引理 10.36 意味着在这个运行片段中，进程 n 必定写入某个在 s' 中不被覆盖的变量。但是在 s' 中所有 $n-1$ 个变量都被覆盖，从而产生矛盾。

我们再次强调不管共享变量的大小如何，定理 10.33 都成立：共享变量的大小甚至可以是无界的。另外，这里并不需要高层次公平性的假设，演进性条件是这个不可能性结果所需的唯一活性条件。

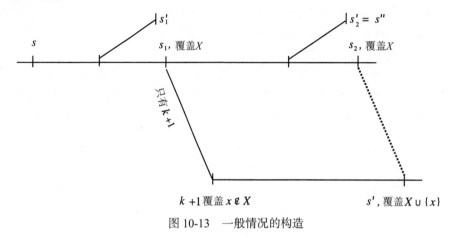

图 10-13   一般情况的构造

10.9   使用读 – 改 – 写共享变量的互斥

本节考虑使用读 – 改 – 写共享存储器的互斥问题。也就是说，在一个瞬时步中，进程可以访问一个共享变量并使用变量的值和进程状态来决定变量的新值和新进程状态。9.4 节中给出了形式化定义。

你可能认为在读 – 改 – 写模型中考虑互斥问题是很容易的，因为这种模型相当强大。读 – 改 – 写模型为每个共享变量都提供了公平互斥的访问——每个进程都得到公平机会来访问变量，且在释放变量前可以执行任意计算。这非常接近于公平互斥算法的要求，即对临界区的公平互斥访问。这看起来正是我们尝试解决的问题的一个解。

实际上，拥有如此强大的共享存储器确实令情况大大简化，但并没有消灭所有困难。我们会给出一组算法，以及一些非平凡的下界结果。

我们首先考虑基本互斥问题，然后考虑当加入高层次公平性要求（有界绕过次数或锁定权）时的情形。

在本节的余下部分，我们假设共享存储器系统只包含一个共享变量。这并不会导致读 – 改 – 写模型丧失一般性，因为几个读 – 改 – 写变量可以合并为单个多部分读 – 改 – 写变量。这与读 – 写模型不同，对于读 – 写模型，我们已经证明了互斥问题解法的存在与否对读 – 写变量的个数是很敏感的。

10.9.1   基本问题

为了说明读 – 改 – 写模型和读 – 写模型的不同，考虑以下简单的单变量算法——TrivialME 算法。在这个算法中，如果资源已经被分配给某个进程，则共享变量 x 的值为 1。所有在尝试区中的进程都简单地测试 x 的值直至发现 $x = 0$，之后立刻设置 $x := 1$。在退出前，进程重新设置 $x := 0$。容易看出 TrivialME 算法解决了互斥问题。

TrivialME 算法：

Shared variables:
$x \in \{0, 1\}$, initially 0

Actions of i:

Input: Internal:
    try_i $test_i$
    $exit_i$ $reset_i$
Output:
    $crit_i$
    rem_i

States of i:

$pc \in \{rem, test, leave\text{-}try, crit, reset, leave\text{-}exit\}$, initially rem

Transitions of i:

try_i
  Effect:
    $pc := test$

$test_i$
  Precondition:
    $pc = test$
  Effect:
    if $x = 0$ then
      $x := 1$
      $pc := leave\text{-}try$

$reset_i$
  Precondition:
    $pc = reset$
  Effect:
    $x := 0$
    $pc := leave\text{-}exit$

$crit_i$
  Precondition:
    $pc = leave\text{-}try$
  Effect:
    $pc := crit$

$exit_i$
  Effect:
    $pc := reset$

rem_i
  Precondition:
    $pc = leave\text{-}exit$
  Effect:
    $pc := rem$

定理 10.38 TrivialME 算法解决了互斥问题。

10.9.2 有界绕过次数

TrivialME 算法不保证任意高层次公平性条件。然而，我们仍然可以使用单个共享变量来很容易地获得非常强的高层次公平性条件，甚至可以获得 FIFO 条件（基于每个进程在其尝试区中执行的第一个局部控制步）。例如，下面的 QueueME 算法。

QueueME 算法（非形式化）：

进程在共享变量中保持一个进程索引队列，该队列初始时为空。进入 T 的进程把其索引添到队列的尾部；发现自己在队列头部的进程进入 C；一个进程离开 C 时，它把自己的索引从队列中删除。

以下用前提－结果风格来更形式化地表示这个算法。

QueueME 算法（形式化）：

Shared variables:

$queue$, a FIFO queue of process indices, initially empty

Actions of i:

Input: Internal:

```
        try_i            enter_i
        exit_i           test_i
Output:                  reset_i
        crit_i
        rem_i
```

States of i:

$pc \in \{rem, enter, test, leave\text{-}try, crit, reset, leave\text{-}exit\}$, initially rem

Transitions of i:

try_i
    Effect:
        $pc := enter$

$enter_i$
    Precondition:
        $pc = enter$
    Effect:
        add i to $queue$
        if i is first on $queue$ then
          $pc := leave\text{-}try$
        else $pc := test$

$test_i$
    Precondition:
        $pc = test$
    Effect:
        if i is first on $queue$ then
          $pc := leave\text{-}try$

$crit_i$
    Precondition:
        $pc = leave\text{-}try$
    Effect:
        $pc = crit$

$exit_i$
    Effect:
        $pc := reset$

$reset_i$
    Precondition:
        $pc = reset$
    Effect:
        remove first element of $queue$
        $pc := leave\text{-}exit$

rem_i
    Precondition:
        $pc = leave\text{-}exit$
    Effect:
        $pc := rem$

    容易看出 QueueME 算法保证良构性、互斥性和演进性。它还满足高层次公平性条件，临界区的进入是根据每个进程在其尝试区（*enter* 动作）中执行的第一个局部控制步，以 FIFO 的顺序进行的。这意味着 QueueME 算法保证有界绕过次数（界限为 1）。

定理 10.39　QueueME 算法解决了互斥问题且保证有界绕过次数。

    QueueME 算法简单且快，至少根据我们的时间衡量方法是这样，但它确实存在共享变量过大这一问题。由于有 $n!+(n-1)!+\cdots$ 个包含最多 n 个不同索引的不同队列，所以变量有许多不同的值。这需要占用 $\Omega(n\log n)$ 位。最好能够减少共享变量的大小，这不但出自节省共享存储器的需要，还因为对如此大的变量进行瞬间访问是不合理的。一个有意思的问题是需要多大的共享存储器以保证高层次公平性。当变量的个数和 n 为线性关系的时候能否解决这个问题？如果只使用常数个值呢？

    不难使用一个只有 n^2 个值（$2\log n$ 位）的变量来获得在 QueueME 算法中所表现的相同类型的 FIFO 行为。例如，我们可以使用一个基于为临界区派发"票"的算法。

TicketME 算法（非形式化）:

共享变量保持一个（*next, granted*）对，初值为 $(0, 0)$，其中 *next* 和 *granted* 的值取自 $\{0, \cdots, n-1\}$。*next* 部分代表将要发给进程的、允许进程进入临界区的下一张"票"，*granted* 部分代表已经授权许可进入临界区的最后一张"票"。当一个进程进入尝试区时，它"拿到一张票"，也就是说，它以 *next* 部分的值作为票号，并将 *next* 部分的值加 1。如果一个进程的票号等于 *granted* 部分的值，则它进入临界区。如果进程离开，则它将 *granted* 部分的值加 1，并对 n 取模。

现在我们给出前提 – 结果风格的代码。

TicketME 算法（形式化）:

Shared variables:
(*next, granted*), a pair of elements of $\{0, \ldots, n-1\}$, initially $(0, 0)$

Actions of i:

Input:	Internal:
try_i	$enter_i$
$exit_i$	$test_i$
Output:	$reset_i$
$crit_i$	
rem_i	

States of i:
$pc \in \{rem, enter, test, leave\text{-}try, crit, reset, leave\text{-}exit\}$, initially rem
$ticket \in \{0, \ldots, n-1\} \cup \{null\}$, initially $null$

Transitions of i:

try_i
    Effect:
        $pc := enter$

$enter_i$
    Precondition:
        $pc = enter$
    Effect:
        $ticket := next$
        $next := next + 1 \bmod n$
        if $ticket = granted$ then
            $pc := leave\text{-}try$
        else $pc := test$

$test_i$
    Precondition:
        $pc = test$
    Effect:
        if $ticket = granted$ then
            $pc := leave\text{-}try$

$reset_i$
    Precondition:
        $pc = reset$
    Effect:
        $granted := granted + 1 \bmod n$
        $ticket := null$
        $pc := leave\text{-}exit$

$crit_i$
    Precondition:
        $pc = leave\text{-}try$
    Effect:
        $pc := crit$

rem_i
    Precondition:
        $pc = leave\text{-}exit$
    Effect:
        $pc := rem$

$exit_i$
    Effect:
        $pc := reset$

TicketME 算法和 QueueME 算法满足相同的正确性条件，包括基于每个进程在其尝试区中执行的第一个局部控制步的 FIFO 属性。以下定理的证明出现在 10.9.4 节中。

定理 10.40   TicketME 算法使用 n^2 个共享变量值来解决互斥问题且保证有界绕过次数。

是否有更好的算法使用更少的共享变量值？以下定理给出解决互斥问题（保证有界绕过次数）所需的共享变量值数的一个简单下界——n。

定理 10.41   令 A 为一个使用单个读－改－写共享变量并保证有界绕过次数的 n 进程互斥算法，则不同变量值的个数最少为 n。

证明   设 A 为一个保证有界绕过次数的 n 进程互斥算法，绕过次数界限为 a。不失一般性（如同 10.8 节中的情况），设用户 U_i 可能是最不确定的。我们采用反证法来证明，构造一个其中某个进程绕过次数多于 a 的运行。

我们先定义一系列有限运行 α_1, α_2, $\cdots$, α_n，其中每个运行都是前一运行的扩展。运行 α_1 通过令进程 1 单独地从一个初始系统状态一直运行到进入 C 而得。（演进性条件意味着这是可能的。）α_2 通过令进程 2 进入尝试区并执行一个局部控制步来扩展 α_1 而得。显然，为了避免违反互斥性条件，进程 2 在 α_2 之后停留在尝试区中。然后以类似方式构造 α_i（$3 \leq i \leq n$）：从 α_{i-1} 的尾部开始，令进程 i 进入尝试区并执行一个局部控制步。进程 i（$3 \leq i \leq n$）也都停留在尝试区中。

把 α_i（$1 \leq i \leq n$）之后的系统状态和共享变量值分别记为 s_i 和 v_i。我们来证明对于 $1 \leq i, j \leq n$，其中 $i \neq j$，有 $v_i \neq v_j$，从而证明所需结论。

采用反证法，假设对于特定的 i 和 j（$i \neq j$），$v_i = v_j$ 成立，且不失一般性，设 $i < j$，则对于任意进程 k（$1 \leq k \leq i$），$s_i \overset{k}{\sim} s_j$ 成立。（也就是说，对于进程和用户 1, $\cdots$, i，α_i 和 α_j 之后的系统状态包括了相同的状态和相同的共享变量值。）

现在，存在某个只涉及进程 1, $\cdots$, i 的扩展了 α_i 的低层次公平运行，使得某个进程无数多次进入 C。这由演进性假设（只适用于低层次公平运行）可得。可以在 α_i 之后应用同样的步，则又产生一个运行，其中同一进程无数多次进入 C。注意这个新的运行不是低层次公平的：进程 $i+1$, $\cdots$, j 在 α_j 之后的运行部分中不再执行任何步，即使它们全部在 T 中。但这并不要紧：超过绕过次数界限不一定是因为低层次公平性。运行这个运行中足够大的部分就足以使得进程 j 的绕过次数比某个其他进程的多 a 次，这就产生了所需的矛盾。

图 10-14 显示了构造过程。

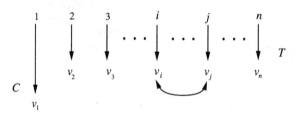

图 10-14   构造定理 10.41 的证明中的运行

这个界限是否严格呢？能否提高这个界限，如提高到 $\Omega(n^2)$？这是不行的——存在一个反例算法（即本身并不有意思的算法，它既不实用，也不优雅，但是能够作为一个不可能假设的反例），它只要求 $O(n)$ 个值。实际上，这个算法只需要 $n+k$ 个值，这里的 k 是一个小常数。我们把这个算法称为 BufferMainME 算法，命名原因很快会讲到。

BufferMainME 算法：

BufferMainME 算法的基本思想如下。尝试区被分为**缓冲区**和**主区**两部分。当一个进程进入尝试区时，它进入缓冲区；缓冲区并不保持各进程的顺序信息。当主区变空时，缓冲区中的所有进程都进入主区，然后缓冲区清空。主区中的进程以任意顺序逐个进入临界区。

实现这个思想需要某些通信机制，使得进程能够知道何时变换区域。在第一个具体实现中，除了一般的"代理"进程 $1, \cdots, n$，我们引入一个总是执行步的专一**主管**（supervisor）进程。我们来设计一个方法，把系统控制集中在主管进程上：主管对进程应该何时变换区域进行跟踪，并相应地通知它们。之后，我们会描述不使用特定主管进程的实现。

后面为使用主管的实现。首先，令共享变量包括两部分：计数值 $count \in \{0, \cdots, n\}$ 和从指定控制消息有限集中选出的消息 $message$。对于某个恒整数 k，变量共有 kn 个值，但我们可以使用优先权机制，允许根据不同的通信类型来复用变量，从而把值的个数优化为 $n + k$。

主管拥有局部变量 $buffer\text{-}count$ 和 $main\text{-}count$，分别用来保存它得到的缓冲区和主区中进程的数目。当一个进程进入尝试区时，该进程把共享变量中 $count$ 部分的值加 1，以通知主管某个新进程已经进入，然后这个进程在缓冲区中等待。只要主管看到在共享变量中有一个非零 $count$，它就把这个 $count$ 值提取到自己的 $buffer\text{-}count$ 中，并把变量的 $count$ 部分的值清零。

主管能够计算出应该在什么时候把缓冲区中的进程移动主区中，具体地，在它的 $main\text{-}count$ 为 0 之后把缓冲区中的进程移到主区中。它通过把 $enter\text{-}main$ 消息放在共享变量的 $message$ 部分来移动这些进程，每次移动一个。当主管看到它的 $buffer\text{-}count$ 和变量中的 $count$ 值都等于 0 的时候，它停止把进程从缓冲区移到主区的工作。然后主管通过把 $enter\text{-}crit$ 消息放在共享变量的 $message$ 部分中，把进程从主区移到临界区。

所用的控制消息为以下几种。

- $enter\text{-}main$：主管把这个信息放到共享变量的 $message$ 部分中，从而把进程从缓冲区移到主区。缓冲区中收到这个消息的第一个进程保存这个消息并前进到主区。
- $ack\text{-}main$：从共享变量中保存 $enter\text{-}main$ 消息的进程把 $ack\text{-}main$ 信息作为对主管的确认。主管保存这个消息。
- $enter\text{-}crit$：主管把这个消息放到共享变量的 $message$ 部分，从而把进程从主区移到临界区。主区中收到这个消息的第一个进程保存这个消息并前进到临界区。
- $ack\text{-}crit$：从共享变量中保存 $enter\text{-}crit$ 消息的进程把 $ack\text{-}crit$ 消息作为对主管的确认。
- $done$：在临界区中的进程把这个消息放到共享变量的 $message$ 部分中，从而宣布它已经完成工作了。

现在我们来说明怎样避免在共享变量中出现两个独立部分的情况。注意共享变量有以下两个作用：记录新进入的进程的数目和负责控制消息的通信。我们将"分时使用"这个共享变量，使得它自己实现这两个作用，但不是同时实现。在任意一点中，共享变量的值或者是一个 $count$ 消息，或者是一个控制消息，在这两个信息不会同时出现。

注意，在目前为止描述的算法中，是使用一个单独串行"控制线程"来控制消息通信的，参见图 10-15。

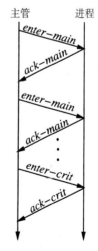

图 10-15 有界绕过次数互斥算法的控制线程

假设这条线程被新进入的进程 i 打断，进程 i 把其中一个控制消息改写成了一个计数值（计数值 1，用于宣布进程自己的到达）。然后（因为只有有限多的进程能够进入系统），系统最终到达一个稳定状态。主管最终汇总共享变量中的所有 *count* 信息，使得共享变量中的 *count* 值永远为 0。在这一点中，进程 i 可能会把重写后的消息放回共享变量中，从而允许控制线程延续下去。

更确切地说，当进程 i 进入尝式区并看到共享变量中的一个控制消息时，它记住这个消息并以计数值 1 来代替这个消息。进程 i 一直保持这个消息，直至它看到 *count* 为 0，之后它以刚记住的消息来重写 0。假设专用主管进程可用的情况下，结果为一个互斥算法，其有界绕过次数会使用 $n+6$ 个共享变量值。

现在修改这个算法，使它可以用在我们研究的模型中——即不要主管进程。思想在于允许进程协作地分布式模拟主管（模拟是分布式的，由于没有进程能够保证一直可用）。进程通过简单地执行步来模拟；特别地，只要进程处于临界区中，它就将作为模拟主管的进程。

模拟的主要难点是离开 C 的进程必须把主管模拟的任务传递给下一个进入 C 的进程。这涉及把主管需要的所有状态信息（特别是 *buffer-count* 和 *main-count* 的值）通知下一个进程。我们必须基于这种新通信类型和其他两种已经讨论过的通信类型来考虑如何使用共享变量。我们再次使用分时技术。注意新的状态通信和控制消息通信不同时进行，所以现在没有干扰发生。另外，我们可以采用方法计数消息和控制消息之间的干扰进行管理，来解决新到达进程的计数消息和状态信息的通信之间的干扰问题。

最后一个细节：有时，当进程离开 C 时，不存在能够模拟主管的候选进程。此时，没有进程处于尝试区中。也正因如此，之后主管状态中没有有意义的信息，所以进程能够放弃传递主管模拟责任，并在共享变量中留下一个特定标志。

定理 10.42 BufferMainME 算法使用一个读 – 改 – 写共享变量来解决互斥问题，并保证有界绕过次数，其中的共享变量只有 $n+k$ 个值（k 为某个小常数）。

10.9.3 锁定权

只有当高层次公平性要求是有界绕过次数时，定理 10.41 中的下界才成立。对于更弱的锁定权要求，以上证明便行不通了。问题在于锁定权是低层次公平运行的一个属性，而证明中构造的坏运行对进程 $i+1, \cdots, j$ 并不公平。事实上，定理 10.41 对锁定权并不成立。我们给出另一个反例算法，这个算法具有一个小且令人吃惊的界限。我们把它称为 Executive 算法。

Executive 算法：

算法的思想如下。如同 BufferMainME 算法中的情况，每个到来的进程都将共享变量中的 *count* 值加 1，但这一次 *count* 的值在折回 0 之前只能为 $0, \cdots, \dfrac{n}{2}$。与前面一样，一个（模拟）主管会提取（*count* 值）。

当 *count* 折回 0 的时候，$\dfrac{n}{2}+1$ 个进程从系统的余下部分中暂时"隐藏"起来；对于所有其他进程来说，此时的系统状态与这些隐藏进程到来之前的系统状态是不可分区的。如果这些隐藏进程不执行更多的步，则系统的余下部分继续前进，好像所有隐藏进程仍然在 R 中。然而，在一个低层次公平运行中，隐藏进程会执行更多的步，系统终会知道它们的存在。

为了确保进程不会一直隐藏，我们把执行了从 $\frac{n}{2}$ 到 0 的迁移的进程指定为执行官（executive），它负责管理隐藏进程。执行官发送特别的 *sleep* 消息给处于缓冲区中的（任意）$\frac{n}{2}$ 个进程，让它们休眠一段时间。接着，把 $\frac{n}{2}$ 个进程从竞争中去除之后，执行官重新进入系统，再次代表自己把 *count* 值加 1。现在，$\frac{n}{2}$ 个进程在休眠，算法的运行正像 BufferMainME 算法一样；共享变量现在不会溢出，因为最多剩下 $\frac{n}{2}$ 个活动进程，而变量中的计数值允许为 $\frac{n}{2}$。特别地，不会建立第二个并发的执行官。根据 BufferMainME 算法的行为可知，执行官最终到达 C。

当执行官到达 C 时，它发送 *wakeup* 消息给休眠进程并通知主管。我们必须再次基于这些新通信类型来分时使用共享变量，不过这次需要一个稍微复杂些的优先级方案。

定理 10.43 Executive 算法使用一个读–改–写共享变量来解决互斥问题，并保证锁定权，其中的共享变量只有 $\frac{n}{2}+k$ 个值（k 为某个小常数）。

本小节的结尾部分给出锁定权互斥条件所需的共享变量值数目的一个下界，约为 $\sqrt{n}$。根据 $\frac{n}{2}+k$ 的上界可知，这个下界并不严格，但其证明的确给出了一个构造坏低层次公平运行的方法。

定理 10.44 令 $k \geqslant 2$。令 A 是使用单个读–改–写共享变量、解决了互斥问题、保证锁定权、包含 $n \geqslant \frac{k^2-k}{2}+1$ 个进程的任意系统，则在 A 的可达状态中变量最少能取 k 个不同值。

证明 我们再次假设用户可能是最不确定的。证明以对 k 的归纳来进行。

基础：$k = 2$。则定理描述中的不等式说明 $n \geqslant 2$。容易证明变量必然取最少两个值，否则进程无法通信。形式化证明类似于引理 10.31 中的证明。

归纳步：假设结果对 $k \geqslant 2$ 成立，以下证明对 $k+1$ 也成立。设 $n \geqslant \frac{(k+1)^2-(k+1)}{2}+1$，采用反证法，设共享变量值的数目严格小于 $k+1$。根据归纳假设，值数目最少为 k，故此值数目等于 k。现在构造一个坏运行来导出矛盾。

通过一直运行进程 1 直至它进入 C 来定义有限运行 α_1，结果系统状态记为 s_1。然后通过运行进程 2 直至系统状态到达 s_2 来将 α_1 扩展成为 α_2，在 s_2 中共享变量有一个值，进程 2 能够通过从状态 s_2 开始运行来令这个值重复无数次。由于共享变量只可以假设有限个值，因此这样的状态必定存在。类似地，通过在 α_{i-1} 之后运行进程 i 直至系统状态到达 s_i 来定义 α_i，其中 $3 \leqslant i \leqslant n$，在 s_i 中共享变量有一个值，进程 i 能够通过从状态 s_i 开始运行来令这个值重复无数次。对于 i，其中 $1 \leqslant i \leqslant n$，令 v_i 是在状态 s_i 中共享变量的值。由于共享变量只能取 k 个值，因此根据鸽巢原理，必有两个进程 i 和 j，其中 $n-k \leqslant i < j \leqslant n$，使得 $v_i = v_j$。固定 i 和 j。注意对于所有进程 m，其中 $1 \leqslant m \leqslant i$，有 $s_i \overset{m}{\sim} s_j$。

现在，进程 1, …, i 组成了一个最少包括 $\frac{k^2-k}{2}+1$ 个进程的系统，该系统解决了锁定权互斥问题。所以，根据归纳假设，它们必然使用了共享存储器的所有 k 个值。事实上，我们可以更精确地描述这个声明：对于每个从系统状态 s_i 开始 i 可达的⊖系统状态 s 和共享存储器的每个值 v，必然存在一个从 s 开始 i 可达的系统状态，其中共享变量的值为 v。（否则，对于一个涉及进程 $1, \cdots, i$ 的系统，其中共享变量取值少于 k 个，我们可以使用任一从 s 开始 i 可达的空闲状态作为开始状态。）使用这种描述，我们可以生成一个扩展了 α_i 的、涉及进程 $1, \cdots, i$ 的低层次公平运行，其中共享变量的所有 k 个值都重复无限多次。

现在来构造所需的坏运行 α。α 以 α_j 开始，将进程 $1, \cdots, j$ 带到系统中，并将系统状态带到 s_j 中，而变量的值 $v_j = v_i$。然后，按照上述方法运行进程 $1, \cdots, i$，不过这次从状态 s_j 而不是状态 s_i 开始；这些进程再次导致共享变量的所有 k 个值都重复无数次。

现在回想从 s_m 中的局部状态开始，每个进程 m（$i+1 \leqslant m \leqslant j$）都能够导致状态 s_m 中的共享变量的值重复无数次。然后我们将进程 $1, \cdots, i$ 的主运行和进程 $i+1, \cdots, j$ 的某些步按以下方式连接：在主运行中共享变量每次都被设为某个值 v_m（$i+1 \leqslant m \leqslant j$），令进程 n 恰好运行足够多步（最少要运行一步），使得它把共享变量的值返回给 v_m。这些插入产生了一个无限运行，它对所有进程都是公平的，且所有进程 m（$i+1 \leqslant m \leqslant j$）被锁定。

定理 10.44 的证明中的关键思想是通过连接运行片段来构造坏的低层次公平运行。而且，注意定理 10.44 乍看之下将导致一个悖论。也就是说，解决锁定权互斥问题需要非平凡的内在代价，即使我们的模型已经包含与目标很相近的东西——任意计算对共享变量的公平互斥访问。

注意在定理 10.43 的上界和定理 10.44 的下界之间的差异。如何缩小这个差异可作为一个研究问题。

10.9.4   模拟证明

本节给出对前节介绍的 TicketME 算法的正确性证明。证明中用到了 8.5.5 节中描述的模拟方法。我们已经使用这种模拟方法证明了同步模型中几个算法的正确性——例如，OptFloodSet 算法的正确性；然而，这里我们首次使用这个方法来证明异步算法的正确性。

我们希望证明 TicketME 算法保证了 QueueME 算法所保证的正确性条件：良构性、互斥性、演进性和基于 T 中第一个局部控制事件的 FIFO 行为。证明了这些属性之后，定理 10.40 就成立了。一种了解 TicketME 算法的好方法是将它和一个新的 InfiniteTicketME 算法（而不是 QueueME 算法）联系起来。除了使用一个无限票队列而不是对 n 取模之外，InfiniteTicketME 算法与 TicketME 算法是相同的。那么 TicketME 算法可被视为 InfiniteTicket 算法的低复杂度版本。为了得到 InfiniteTicketME 算法，需对 TicketME 算法做以下修改：

Infinite TicketME 算法：

Shared variables:
$(next, granted) \in \mathbb{N} \times \mathbb{N}$, initially $(0,0)$

Actions of i:
As for *TicketME*.

⊖ 在 10.8 节，我们只使用进程 $1, \cdots, i$ 的步定义这个概念，表示状态 s 是可达的。

States of i:
$ticket \in \mathbb{N} \cup \{null\}$, initially $null$

Transitions of i:

$enter_i$
    Precondition:
        $pc = enter$
    Effect:
        $ticket := next$
        $next := next + 1$
        if $ticket = granted$ then
          $pc := leave\text{-}try$
        else $pc := test$

$reset_i$
    Precondition:
        $pc = reset$
    Effect:
        $granted := granted + 1$
        $ticket := null$
        $pc := leave\text{-}exit$

容易证明 InfiniteTicketME 算法满足 TicketME 算法的所有相关属性，原因在于它每次只能派出一张票，且票不能重复使用。然后我们可以使用模拟方法将 TicketME 算法和 InfiniteTicketME 算法形式化地联系起来，以证明 TicketME 算法的正确性。思想是令两个算法一起运行，证明两种运行之间的特定关系。

InfiniteTicketME 算法的某些不变式断言是有用的。（在证实算法属性的过程中自然会证明它们。）

引理 10.45 在 InfiniteTicketME 算法的任意可达系统状态中，以下内容成立：

1）如果 $pc_i \in \{test, leave\text{-}try, crit, reset\}$，则进程 i 拥有一张非空票。

2）非空票的票号是取自区间 $[granted, next)$ 的整数，且每个值都属于一个进程。

3）$granted \leqslant next \leqslant granted + n$。

4）如果 $pc_i \in \{leave\text{-}try, crit, exit\}$，则 $ticket_i = granted$。

下一步是当两个算法和同一用户集合进行组合时，定义 TicketME 和 InfiniteTicketME 的系统状态之间的一个模拟关系 f。对应关系相当简单：如果除了对对应的票号取模 n 后是相同的外，对应状态的其他也是完全相同的，则定义 $(s, u) \in f$（或者写成 $u \in f(s)$）。我们使用以下的点记号来指出给定状态中给定变量的值：

1）在 s 和 u 中所有用户状态都是相同的。

2）对于每个 i，$s.pc_i = u.pc_i$。

3）$s.granted = u.granted$ mod n。

4）$s.next = u.next$ mod n。

5）对于每个 i，$s.ticket_i = u.ticket_i$ mod n。

现在来证明 f 是一个模拟关系。更精确地说，定义 T 和 I 分别为 TicketME 系统和 InfiniteTicketME 系统，其中每个系统都被稍微修改过，使得所有动作都被归为外部动作。我们来证明 f 是一个从 T 到 I 的模拟关系。我们所需的两个条件为：

1）如果 s 是 T 的一个初始状态，则 $f(s)$ 包含 I 的一个初始状态。

2）如果 s 是 T 的一个可达状态，$u \in f(s)$ 是 I 的一个可达状态，且 (s, π, s') 是 T 的一个迁移，则存在 I 的一步 (u, π, u')，其中 $u' \in f(s')$。

引理 10.46 f 是一个从 T 到 I 的模拟关系。

证明 很容易证明上面给出的两个条件。对于第一个条件，亦即开始条件，T 的一个开始状态由 TicketME 算法的唯一一个开始状态和用户的任意开始状态组成。容易看出 InfiniteTicketME

算法的唯一一个开始状态和用户有相同开始状态，并且都在 $f(s)$ 中。

第二个条件，也就是步条件，则可以根据所执行的动作的类型分情况讨论。用户的任意局部控制动作都被精确模仿。对于算法的每个局部控制动作，步 (s, π, s') 在 T 中的存在直接意味着在 I 的相应状态中同一动作 π 是使能的，原因在于使能条件都基于 pc 的值。另外，在每种情况下，新状态 u' 由 InfiniteTicketME 的定义唯一决定。剩下要证明的是 $u' \in f(s')$。

但这很容易证明。唯一有意思的动作是形如 $test_i$ 的动作，其中进程 i 基于 $ticket_i = granted$ 是否成立来决定是否应该进入 C。我们必须证明两个算法不会做出不同决定。因为只使用了票值 $0, \cdots, n-1$，且在 s 和 u 中的对应值对 m 取模后是相同的，做出不同决定的唯一方法是上述等式在 TicketME 中成立但在 InfiniteTicketME 中不成立。也就是说，危险来自于票值增大并对 n 取模后可能会导致某些差异变得模糊，而这些差异对于 InfiniteTicketME 的行为的决定来说是重要的。

但是这个问题其实不会出现。假设 $s.ticket_i = s.granted$，则 $u \in f(s)$ 的事实意味着 $u.ticket_i = u.granted \bmod n$。引理 10.45 中证明的不变式意味着 $u.granted \leqslant u.ticket_i < u.next$ 和 $u.next \leqslant u.granted + n$。因此，$u.granted \leqslant u.ticket_i \leqslant u.granted + n$。故有 $u.ticket_i = u.granted$，得证。

那么如何使用引理 10.46 来证明 TicketME 算法的正确性呢？

（定理 10.40 的）证明概要   引理 10.46 和定理 8.12 意味着 $traces(T) \subseteq traces(I)$。良构性、互斥性和 FIFO 条件都可以表达成轨迹属性（正如这里所做的，当所有动作都被包括进来时）。所以这三个条件对 I 成立的事实意味着它们对 T 也成立。可得 TicketME 算法保证良构性、互斥性和 FIFO 条件。

但这还没有证明 TicketME 算法保证演进性。演进性条件与上述三个条件不同，它只对算法的公平运行成立。为了将演进性条件从 InfiniteTicketME 算法移到 TicketME 算法中，我们需要知道 $fairtraces(T) \subseteq fairtraces(I)$。模拟关系 f 能够用来证明这个结论。

关键思想在于模拟关系并不只包含轨迹集合，它实际上会建立两个算法的运行之间的紧密对应关系。这种对应关系的形式化定义见 8.5.5 节。目前，定理 8.13 和 8.5.5 节意味着对于 T 的任意运行 α，存在 I 的一个运行 α' 按照以下形式与之对应：

1）α 和 α' 中的动作序列相同。

2）α 和 α' 中的同一位置的状态以 f 关联。

因为 T 和 I 的所有动作都是外部动作，所以我们得到这种强对应关系。

现在来证明 $fairtraces(T) \subseteq fairtraces(I)$。令 $\beta \in fairtraces(T)$，而 α 是满足 $\beta = trace(\alpha)$ 的 T 的任意公平运行。则根据定理 8.13，存在满足以上两个条件的 I 的一个对应运行 α'。特别地，α 和 α' 的轨迹是相同的，所以 $\beta = trace(\alpha')$。我们来证明 α' 是 I 的一个公平运行。

有两种情况可能导致不公平的发生。在第一种情况中，可能从 α' 中的某点开始，某个进程 I 是使能（以执行局部控制步）的，但在该点之后这种步却没有发生过。那么强对应关系意味着进程 i 从 α 中的同一点开始是使能的，但在 α 中该点之后这种步却没有发生过。这违反了 α 的公平性，从而产生矛盾。在第二种情况中，可能某个用户任务从 α' 中的某点开始是使能的，但在该点之后这种任务却没有发生过。同样，强对应关系意味着 α 中发生了同样的情况，从而违反了 α 的公平性。

所以 α' 是 I 的一个公平运行，可得 $\beta \in fairtraces(I)$。因此，$fairtraces(T) \subseteq fairtraces(I)$。

由于演进性条件可以表示成公平性轨迹的属性（正如这里所做的，当所有动作都被包括进来时），因此演进性条件从 InfiniteTicketME 算法移到了 TicketME 算法中。

10.10 参考文献注释

DijkstraME 算法出自 Dijkstra[90] 的笔记中。它把之前的 Dekker 双进程算法扩展为适用于任意进程数的情况。在这些成果出现之前，大家甚至并不清楚能否只使用读－写共享存储器来解决互斥问题。参照 Goldman 和 Lynch 关于共享存储器模型的论文 [141]，我们断言式证明了 DijkstraME 算法满足互斥条件。Knuth、de Bruijn 和 Eisenberg 以及 McGuire [168, 86, 108] 给出了 Dijkstra 算法的一系列扩展，每一个扩展都通过加入新的高层次公平性条件或更好的性能属性来对前一个扩展进行提高。

Peterson2P 和 PetersonNP 算法是由 Peterson[238] 设计的。锦标赛算法是基于 Peterson2P 算法的思想以及 Peterson 和 Fischer[242] 的锦标赛协议思想的。我们的锦标赛算法比 [242] 中的锦标赛算法更为简单，且其正确性更容易证明；然而，其缺点是使用了多写者变量，而 [242] 中的算法只使用了单写者变量。

BurnsME 算法归功于 Burns[60]，Bakery 算法归功于 Lamport[174]。Lamport 后来的一篇论文 [180] 给出了额外的改进互斥算法。解决互斥问题所需的寄存器数目的下限由 Burns 和 Lynch[63] 提出。

TicketME 算法归功于 Fischer、Lynch、Burns 和 Borodin[120-121]。绕过次数界限和针对读－改－写共享存储器的锁定权互斥算法都出自 Burns、Fischer、Jackson、Lynch 和 Peterson[62] 的一篇论文。这些成果建立在 Cremers 和 Hibbard[84] 的早期成果上；特别地，BufferMainME 算法类似于 [84] 中的算法。本章没有讨论 [62] 中给出的另外一个成果，即假设进程只有单个剩余区状态时，锁定权互斥需要最少 $\frac{n}{2}$ 个共享存储器值。（也就是说，它们不保存算法以前运行中的存储器值。）Cremers 和 Hibbard[85] 也设计了一个 $n+k$ 算法以取得对临界区的 FIFO 访问，该算法使用读－改－写共享存储器。

Manna 和 Pnueli[219] 的书是时序逻辑方面极好的参考书。时序逻辑能够用来对本章和其他章中的活性条件进行形式化。

Fischer、Lynch、Burns 和 Borodin[120] 首先定义了习题 10.13 中考虑的 k 互斥问题，之后 Shavit[261] 研究了这个问题。Raynal[249] 的一本书包含许多针对异步共享存储器模型和异步网络模型的互斥算法的描述。Ben-Ari[45] 的书和 Peterson 与 Silberschatz[262] 的书中也讨论了互斥问题。

10.11 习题

10.1 考虑另一种根据共享存储器系统 A 的轨迹而不是根据 A 和用户的组合来定义互斥问题的方法。也就是说，定义一个轨迹属性 Q，使得 $traces(Q)$ 是由满足如下三个条件的序列 β 组成的集合，其中 β 是由 $try, crit, exit$ 和 rem 动作组成的序列。

a) 在 β 中，系统不会首先违反对于任意 i 的良构性；

b) 如果 β 对于每个 i 都是良构的，则 β 不包含没有干涉 $exit$ 事件存在的两个 $crit$ 事件；

c) 如果 β 对于每个 i 都是良构的，那么以下两点成立：

　i) 如果在 β 的某点中，某个进程的最后事件是 try，且没有进程的最后事件是 $crit$，那么之后

必有一个 *crit* 事件。

ⅱ）如果在 β 的某点中，某个进程的最后事件是 *exit*，那么之后必有一个 *rem* 事件。

证明：如果 *fairtraces*(A) $\subseteq$ *traces*(Q)，则与任意一组用户组合起来的 A 满足 10.2 节给出的互斥问题的定义。

10.2 定义 DijkstraME 算法的一个公平运行，其中一个特定进程发生锁定。

10.3 证明：为了正确地解决互斥问题，DijkstraME 算法的第二阶段（其中 *flag* 变为 2 且其他进程的 *flag* 需要测试）是必需的。

10.4 填入对 DijkstraME 算法互斥性的归纳证明中的细节。

10.5 考虑 DijkstraME 算法的定时分析，即从有某个用户处于 T 中但没有用户处于 C 中的一点到其中某个用户进入 C 中的一点之间的时间。

　　a）以形式 $k_1 n\ell + k_2 \ell$ 来表示界限，其中 k_1 和 k_2 是特定的常数。令 k_1 和 k_2 尽可能小。

　　b）构造 DijkstraME 算法的一个运行，其时间界限尽可能大；尽量与你计算出来的上界匹配。

10.6 锁定权条件只对于那些保证良构性但不一定保证互斥性或演进性的算法有意义。请详细证明如果一个算法保证良构性和锁定权（对于所有用户的集合），则它同时也保证演进性（对于所有用户的集合）。

10.7 修改 Peterson2P 算法中的进程，使之无须严格交替执行 *check-flag* 和 *check-turn*，而是遵守某个更宽松的规则。确定你最终的算法仍然是一个锁定权互斥算法。证明该算法的正确性，并分析其时间复杂度。

10.8 为两个仅使用单写者 / 多读者读 - 写寄存器的进程设计一种锁定权互斥算法。证明算法的正确性，且最好使用不变式断言来证明。（提示：如果感到困难，那么可以参考 [242] 中的双进程解法。但是你必须给出自己的不变式断言证明。）

10.9 证明断言 10.5.3。

10.10 证明断言 10.5.4。

10.11 对于 PetersonNP 算法，重新考虑定理 10.16 中已经证明出来的时间界限。这个界限是否严格？要么明确给出一个运行，其中包含定理 10.16 中描述的指数式行为；要么详细分析一个更小的复杂度界限。

10.12 PetersonNP 算法是否保证有界绕过？给出证明或反例。

10.13 修改 PetersonNP 算法以得出 k 互斥问题的解法，其中 $2 \leqslant k \leqslant n$。这个问题允许有 k 个进程在临界区中同时共存。形式化地，互斥条件被修改为禁止有多于 k 个用户同时处于 C 中。对于尝试区的演进性也要修改：如果至少有一个用户在 T 中，至多有 $k-1$ 个用户在 C 中，则某个用户最终进入 C。证明此算法的正确性。详细阐述该算法满足的高层次公平性条件。

10.14 a）以前提 - 结果形式重写锦标赛算法。

　　b）根据这种重写，详细定义"胜利者"和"竞争者"的概念。

　　c）证明断言 10.5.7。（提示：增强这个断言，使之包括在进程已发现它的一些组件的 *flag* 变量严格小于 k 之后，当进程处于 waitfor 循环中时会发生什么情况的信息。然后用归纳法来证明增强后的不变式断言和原来的不变式断言。）

　　d）完成对锦标赛算法保证互斥性的证明。

10.15 显示如何改写锦标赛算法使之适用于 n 个进程，其中 n 不是 2 的幂。时间复杂度会发生怎样的变化？

10.16 研究问题：设计一个使用单写者 / 多读者的寄存器而不是多写者 / 多读者寄存器的锦标赛算法的变式。给出完整的正确性证明和分析。

10.17 如果将 BurnsME 算法中循环的第二部分删除，那么此算法的行为有何改变？证明修改后的算法仍然可以解决互斥问题，或者给出反例运行。

10.18 给出一个断言式证明来说明 BurnsME 算法满足互斥条件。为此，你必须把算法改写成前提 - 结果形式，并定义具体的变量来跟踪 for 循环内的被检查进程。

10.19 给出 BurnsME 算法的一个低层次公平运行，其中某个进程发生锁定。

10.20 对 BurnsME 算法的演进性条件进行时间复杂度分析。也就是说，假设 c 和 ℓ 分别是临界区时间和进程步时间的上界，考虑从有一个进程处于 T 中和没有进程处于 C 中直到某个进程进入 C 之间的时间间隔。

 a）证明这个间隔的一个上界。

 b）给出一个特别运行，其间隔尽可能长。

 使 a）和 b）中的界限尽量精确。

10.21 描述 Bakery 算法的一个运行，其中的计数（number）寄存器所取的值是无界的。

10.22 为什么当 Bakery 算法中的整数对 b（对于某个很大的 b）取模后，此算法无效？描述一个具体的反例运行。

10.23 以前提 – 结果形式重写 Bakery 算法。同时，通过允许动作顺序中的最大不确定性来略微扩展此算法。（前提 – 结果记号通常比控制流记号更容易表达这种不确定性。）给出一个一般算法的互斥条件的断言式证明。

10.24 证明在以下弱得多的模型中，Bakery 算法仍然正常工作。假设读和写不再是瞬时发生的，而是会延续一段时间。假设共享寄存器只被保证为安全的，换言之，它只在读写不会同时发生的情况下才能产生正确的值。在读和写都有的事件中，读操作结果可能会是任意值。

10.25 当所有的共享寄存器都是安全寄存器时（如习题 10.24 中定义的那样），Burns 互斥算法是否仍然正确？为什么？

10.26 假设 Bakery 算法只在瞬时访问共享存储器的情况中工作，而不是在具有安全寄存器的更通用模型中工作。给出此算法的一个简化版本，它保证与原来 Bakery 算法一样的互斥性和高层次公平性条件。证明你的结论。

10.27 详细分析 Bakery 算法的复杂性，注意在 10.7 节的结尾有一个粗略的分析。

10.28 给出一个特定用户自动机 U_i 的代码，其中 U_i 呈现了用户 i 的所有合法非确定性——只要符合良构性条件的要求，它就可以在任意时间执行 try_i 和 $exit_i$ 动作，或者从不执行这些动作。你的自动机应该具有这一属性：对于任意其他的进程 i 用户自动机 V_i，$fairtraces(V_i) \subseteq fairtraces(U_i)$ 成立。

10.29 给出引理 10.36 的详细证明。

10.30 研究问题：如果我们考虑以下问题而不是互斥问题，10.8 节中的结果会受什么影响？

 a）在习题 10.13 中定义的 k 互斥问题，$2 \leq k \leq n$。

 b）k 互斥问题的一个更弱版本，它采用如上经修改的互斥条件，但保留原来的演进性条件。

10.31 Flaky 计算机公司的程序员设计了以下 n 进程互斥算法。他们声称他们的算法保证了互斥性和演进性，但没有声明任何高层次公平性条件。

A:

Shared variables:
$x \in \{1, \ldots, n\}$, initially arbitrary
$y \in \{0, 1\}$, initially 0

Process i:

 ** Remainder region **

 try_i
L: $x := i$
 if $y \neq 0$ then goto L
 $y := 1$

> if $x \neq i$ then goto L
> $crit_i$
>
> ** Critical region **
>
> $exit_i$
> $y := 0$
> rem_i

这个协议满足所声称的两个条件吗？给出证明或明确的反例运行。

10.32 研究问题：考虑将演进性条件扩展为 k 并发演进性（k-concurrent progress）条件。要求如果处于 R 之外的用户并发数少于 k 个，那么做：

k **并发演进性**：在任意公平运行中，其中同时处于 R 之外的用户数少于 k。

　　a）（尝试区的 k 并发演进性）如果有至少一个用户处于 T 中且没有用户处于 C 中，则在之后某点中某个用户进入 C。

　　b）（退出区的 k 并发演进性）如果有至少一个用户处于 E 中，则在之后某点中某个用户进入 R。
　　给出为了保证良构性、互斥性和 k 并发演进性所需的共享读 / 写变量的数目上界和下界。

10.33 为一个稍微不同于本章所用模型的读 / 写共享存储器模型设计一个好的互斥算法。在这个新模型中，除了通常的"代理"进程 $1, \cdots, n$ 之外，还有一个额外的进程——允许永远执行步的主管进程。模型应该使用单写者 / 多读者共享变量。证明你的算法的正确性并分析它的复杂度。

10.34 证明所有声称的 QueueME 算法的属性。你应该从标识并证明关键的系统不变式断言开始，然后使用这些不变式断言来证明互斥条件。可以使用反证法来证明演进性。FIFO 条件可以使用特定操作式证明。特别地，你的证明应该导出定理 10.39。

10.35 在 Bakery 算法中，不能通过对任意整数取模来减少票的无界值；然而，这种技巧可用于 TicketME 算法。解释区别产生的原因。

10.36 考虑 BufferMainME 算法。

　　a）对于具有主管进程的算法版本，写出主管进程和"代理"进程的前提 – 结果代码。证明算法的正确性。

　　b）对于没有主管进程的算法最终版本，做同样的工作。（提示：你可以使用模拟证明来把这个版本与具有主管进程的算法版本联系起来。）

10.37 设计一个使用单个读 – 改 – 写共享变量来解决互斥问题的算法，且它是 FIFO 的（基于尝试区中第一个局部控制步）。尽量减少共享变量所取的值的数目。你可以假定有一个专用主管进程。（提示：对于一个小常数 k，$n + k$ 是可得的。）

10.38 证明 Executive 算法不保证有界绕过。

10.39 研究问题：写出 Executive 算法的代码并证明其正确性。它的证明能否形式化地基于 BufferMainME 算法的正确性？能否使用模拟证明？

10.40 对于以下算法，给出一个从有进程进入 T 到有进程进入 C 之间的时间间隔上界：

　　a）BufferMainME 算法。

　　b）Executive 算法。

　　你的分析应该基于底层 I/O 自动机而不是代码。你可能发现写出算法的前提 – 后果代码后，分析起来更为方便。

10.41 为什么不能将 Executive 算法的思想扩展到允许变量只有 $n/3$ 个值的情况中？

10.42 研究问题：缩小定理 10.43 和定理 10.44 中的上界和下界结果之间的差距。（提示：部分结果出现在 [62] 中。）

10.43 详细证明引理 10.46。

10.44 研究问题：使用形式化时序逻辑来重新证明本章中的活性条件（演进性和锁定权）。

资 源 分 配

在第 10 章中，我们考虑了互斥问题，它是一个涉及并发用户访问单个非共享资源的抽象问题。在本章中，我们将该问题推广到包括许多资源而不是只包括一个资源的情况。该推广可用于描述那些在运行中需要用到多个资源（如一台打印机加上一个数据库，再加上一个网络端口）的应用程序。

本章不考虑资源分配问题的一些更通用类型，例如：

1）本章不考虑（除非在一些通用定义和习题中）用户愿意接受其他资源组合的可能性。例如，用户可能要求"某台打印机"而不是一台特定的打印机。

2）本章不考虑资源共享的可能性。例如，数据库中的各个数据对象可被视为分配给数据库事务的资源，此时某些共享是允许的；例如，两个只读对象的事务能够同时访问对象。

我们首先定义通用资源分配问题，以哲学家用餐问题作为例子；然后给出几个典型的解法；最后的解法是一个随机算法——针对异步环境的随机算法的第一个例子。

11.1 问题

在本节中，我们首先给出说明用户间冲突关系的两种方法，然后描述如何使用这些方法来定义资源分配问题，最后定义哲学家用餐问题。

11.1.1 显式资源规格说明和互斥规格说明

可以从两个角度来看待互斥问题：对明确描述的资源进行分配的问题，以及保证在某时刻只有一个用户进入临界区的问题。也可以同时从这两个角度来看待通用的资源分配问题。因此，显式资源规格说明（explicit resource specifications）和互斥规格说明（exclusion specifications）是描述用户间冲突关系的两种方法。

对 n 用户的一个显式资源规格说明 $\mathcal{R}$ 包括：

1）一个通用有限对象集合 R（即资源）；

2）一个集合 $R_i \subseteq R$，其中 $1 \leqslant i \leqslant n$。

R_i 中的资源是用户 U_i 执行任务时需要的资源。对于一个给定的显式资源规格说明，如果两个用户 U_i 和 U_j 需要一些公用的资源，即如果 $R_i \cap R_j \neq \varnothing$，则称它们是冲突的。

例 11.1.1 显式资源规格说明

考虑一个针对四个用户 U_1、U_2、U_3 和 U_4 的显式资源规格说明。资源集 R 为 $\{r(1), r(2), r(3), r(4)\}$。四个用户的资源需求分别为：

U_1: $\{r(1), r(2)\}$

U_2: $\{r(1), r(3)\}$

U_3: $\{r(2), r(4)\}$

U_4: $\{r(3), r(4)\}$

由此，U_1 需要互斥地占有资源 $r(1)$ 和 $r(2)$ 来执行任务，其他用户的情况与此类似。用户 U_1 和 U_2，U_1 和 U_3，U_2 和 U_4，U_3 和 U_4 之间都会发生冲突。

互斥规格说明根本不涉及资源，会涉及的是一个由用户编号的"坏集"组成的集合 ε。一个"坏集"是一个由不能同时执行任务的用户的编号组成的集合。互斥规格说明有一个限制：坏集集合在其超集上是封闭的。换而言之，如果用户的特定坏集 E 属于互斥规格说明 ε，则 E 的任何超集都属于 ε。

例 11.1.2   互斥规格说明

互斥条件可以通过互斥规格说明 $\varepsilon = \{E \subseteq \{1, \cdots, n\} : |E| > 1\}$ 来描述。

例 11.1.3   另一个互斥规格说明

k- 互斥条件（在任意时刻，临界区中的用户个数最多为 k）能够以互斥规格说明 $\varepsilon = \{E \subseteq \{1, \cdots, n\} : |E| > k\}$ 来描述。k- 互斥条件在习题 10.13 中介绍。

例 11.1.4   又一个互斥规格说明

对于 $n = 4$，考虑由二元集合 $\{1,2\}$、$\{1,3\}$、$\{2,4\}$ 和 $\{3,4\}$，以及包含这四个二元集合的所有集合组成的互斥规格说明 ε。这里用户 U_1 并不排斥 U_4，用户 U_2 也不排斥 U_3，这意味着 U_1 与 U_4 可以同时工作，U_2 与 U_3 也如此。

注意任意的显式资源规格说明都产生一个等价的互斥规格说明，它们拥有相同的用户组合，这些用户能同时运行。互斥规格说明由用户集合组成，每个用户集合最少包含两个用户，其中用户的资源需求发生重叠。

例 11.1.5   对应的规格说明

与例 11.1.1 中的显式资源规格说明对应的互斥规格说明由二元集合 $\{1,2\}$、$\{1,3\}$、$\{2,4\}$ 和 $\{3,4\}$，以及包含这四个二元集合的所有集合组成。

然而，并不是每个互斥规格说明都有一个对应的显式资源规格说明。我们将它留为习题。

11.1.2   资源分配问题

现在我们来描述如何将显式资源规格说明和互斥规格说明结合到由共享存储器系统解决的资源分配问题中去。具体地，考虑一个固定的互斥规格说明 ε（也可从显式资源规格说明中获得）。

这里体系结构与在第 10 章的互斥问题中的体系结构相同，即用户自动机和一个共享存储器自动机的合成（参见图 10-4）。同样，如图 10-2 所示，用户在区域 remainder (R)、trying (T)、critical (C) 和 exit (E)（分别称为剩余区、尝试区、临界区和退出区）中循环。如果 U_i 和共享存储器系统之间的交互序列遵循这种循环次序，则称该序列是良构的。

合成系统中的良构性条件与以前定义的相同。

良构性   在任意运行中，对于任意 i，描述 U_i 与 A 之间交互情况的子序列对 i 是良构的。

原来的互斥性条件被更通用的互斥性条件替代。

互斥性   不存在一个可达系统状态，其中由处于临界区的用户组成的集合是 ε 中的一个集合。

演进性条件与以前定义的相同。

演进性　在一个公平运行的任一点中，

1）（尝试区的演进性）如果最少有一个用户在 T 中，且没有用户在 C 中，则在以后的某点中某个用户进入 C。

2）（退出区的演进性）如果最少有一个用户在 E 中，则在以后的某点中某个用户进入 R。

如果共享存储器系统 A 与用户一起满足良构性、互斥性和演进性条件，则称 A 对于给定的用户集合解决了通用资源分配问题。如果 A 对于每个用户集合都解决了通用资源分配问题，则称 A 解决了通用资源分配问题。

尝试区的演进性条件比我们所希望的弱。对于通用资源分配问题，我们认为彼此不冲突的用户不应该妨碍彼此进入临界区，即使这些用户永久地拥有资源。对于任意互斥规格说明，我们没有声明这种条件的好方法。但是，对于显式资源规格说明，我们至少能够声明以下条件。

独立演进性　在一个公平运行的任一点中，

1）（尝试区的独立演进性）如果 U_i 在 T 中，且所有存在冲突的用户都在 R 中，则在以后某点中，或者 U_i 进入 C，或者某个冲突用户进入 T。

2）（退出区的独立演进性）如果 U_i 在 E 中，且所有存在冲突的用户都在 R 中，则在以后某点中，或者 U_i 进入 R，或者某个冲突用户进入 T。

对于高层次公平性条件，我们在互斥问题中定义的锁定权和时间界限条件也适用于通用资源分配问题。这里不讨论有界绕过次数条件。下面给出了这些属性之间的一些简单关系（试与定理 10.9 和习题 10.6 做比较）。

引理 11.1

1）若一个通用资源分配算法具有任意时间界限 b，则它是具有锁定权的。

2）若在本章模型中的一个算法保证良构性和锁定权，则它也保证演进性。

证明　该证明留为一道习题。

轨迹属性　如同第 10 章中的做法，我们可以根据轨迹属性来表示良构性、互斥性、演进性、独立演进性和锁定权条件。每个轨迹属性 P 都有一个由 try、$crit$、$exit$ 和 rem 输出（没有输入）组成的签名。合成系统的外部动作就是这些动作。对于各个条件，我们需要证明合成系统的公平轨迹都在 $traces(P)$ 中。

限制进程活动　如同第 10 章中的做法，本章假设共享存储器系统中的进程只有在处于尝试区或者退出区中的时候局部控制动作才是使能的。因此，只有当活动需求存在时，进程才能够运行算法。

11.1.3　哲学家用餐问题

哲学家用餐问题是分布式计算理论中最著名的问题之一，它是本章的通用资源分配问题的一个简单特例，通常以显式资源规格说明来形式化描述。

传统上，该问题的非形式化描述如下。n 个哲学家（即用户）坐在一张圆桌旁边，他们平时要做的是进行思考（即在 R 中）。每两个哲学家之间有一个叉子（即资源）。有时，一个哲学家可能感到饥饿（即进入 T）并试图用餐（即进入 C）。为了用餐，哲学家必须互斥地使用两把相邻的叉子，在用餐之后，哲学家放回两把叉子（即执行退出算法 E）并重新进入思考状态（R）。

对于哲学家 p_i，右边（逆时钟方向）的叉子的标号为 $f(i)$，左边（顺时钟方向）的叉子的标号为 $f(i+1)$（与平常一样，加法对 n 取模，n 的取模结果为 0）。图 11-1 显示了 $n = 5$ 时哲学家和叉子的位置情况。

在形式化模型中，每个哲学家都有一个用户和一个代理进程。通常，用户用于决定何时要求和归还资源，代理进程用于执行算法。

n 个哲学家用餐问题的互斥规格说明由二元集合 $\{\{i, i+1\} : 1 \leq i \leq n\}$ 和所有包含这些二元集的集合组成。

11.1.4　解法的受限形式

本章中的所有解法都拥有一种特定形式：每个资源都有且只有一个相关的读－改－写共享变量。只有那些需要相应资源的进程才能访问与资源相关的变量。

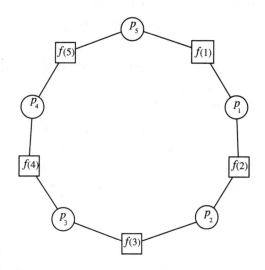

图 11-1　哲学家用餐问题（$n=5$）

这种用来解决受限形式的哲学家用餐问题的体系结构如图 11-2 所示。注意该图与图 11-1 非常相似，只不过该图包括用户 U_i，且以用户编号来标记进程。共享变量与叉子变量 $f(1), \cdots, f(5)$ 一一对应。注意进程 i 访问叉子变量 $f(i)$ 和 $f(i+1)$。

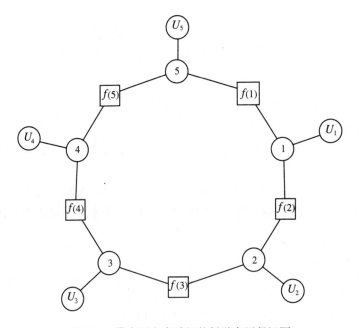

图 11-2　带有用户自动机的哲学家用餐问题

11.2　对称哲学家用餐算法的不存在性

一类有意思的哲学家用餐算法是对称算法。对于给定体系结构中的一个算法，如果所有进程都是相同的，那么进程通过局部名字 $f(left)$ 和 $f(right)$ 引用它可以访问的叉子变量，且如果所有叉子变量的初值相同，则称该算法是对称的。与第 3 章中的领导者选举问题一样，不难看出哲学家用餐算法在对称环境中是不可解的。证明过程与定理 3.1 的证明过程相同。

定理 11.2 不存在哲学家用餐算法的对称解法。

证明 采用反证法。对于 n 个进程，假设存在一个对称算法 A。考虑 A 的一个运行 α，其中开始时所有进程状态相同，所有共享变量的初始值相同。运行 α 以"轮换"的顺序执行进程步，即进程步按顺序 $1, \cdots, n, 1, \cdots$ 进行，其中每个进程都以 *try* 步开始。另外，所有非决定性选择都以同一方式解决。

例如，当一个 *try*$_1$ 动作发生时，其他每个进程也执行一个 *try* 动作，这些动作所导致的局部状态变化都与进程 1 的相同。又如，若进程 1 访问其左叉子变量，则其他所有进程也访问它们的左叉子变量，状态变化情况和叉子变量值变化情况也都与进程 1 的相同。

通过对轮换次数 r 的归纳，很容易证明在 r 轮之后所有进程都处于同一状态且所有叉子变量都有相同值。但演进性说明某个进程最终进入 C。这意味着其他所有进程也在同一轮中进入 C。这与互斥性相矛盾。

例如，考虑以下简单的对称算法。

WrongDP 算法（非形式化）：

在进入尝试区之前，每个进程都首先等待右叉子变量，然后等待左叉子变量。在得到两个叉子变量之后，进程进入 C。当一个进程退出 C 时，它在返回到 R 之前先放下两个叉子变量。

形式化代码如下：进程 i 分别使用局部名字 *right* 和 *left* 来表示编号 i 和 $i+1$（它的两个叉子变量的编号）。

WrongDP 算法（形式化）：

Shared variables:
for every i, $1 \leq i \leq n$:
　$f(i)$, a Boolean, initially *false*, accessible by processes i and $i-1$

Actions of i:
Input:　　　Internal:
　try$_i$　　　*test-right*$_i$
　exit$_i$　　　*test-left*$_i$
Output:　　　*reset-right*$_i$
　crit$_i$　　　*reset-left*$_i$
　rem$_i$

States of i:
$pc \in \{$*rem, test-right, test-left, leave-try, crit, reset-right, reset-left, leave-exit*$\}$, initially *rem*

Transitions of i:
try$_i$　　　　　　　　　　*exit*$_i$
　Effect:　　　　　　　　　　Effect:
　　$pc := $*test-right*　　　　　　$pc := $*reset-right*

test-right$_i$　　　　　　　　*reset-right*$_i$

Precondition:
　　$pc = test\text{-}right$
Effect:
　　if $f(right) = false$ then
　　　　$f(right) := true$
　　　　$pc := test\text{-}left$

$test\text{-}left_i$
　Precondition:
　　$pc = test\text{-}left$
　Effect:
　　if $f(left) = false$ then
　　　　$f(left) := true$
　　　　$pc := leave\text{-}try$

$crit_i$
　Precondition:
　　$pc = leave\text{-}try$
　Effect:
　　$pc := crit$

Precondition:
　　$pc = reset\text{-}right$
Effect:
　　$f(right) := false$
　　$pc := reset\text{-}left$

$reset\text{-}left_i$
　Precondition:
　　$pc = reset\text{-}left$
　Effect:
　　$f(left) := false$
　　$pc := leave\text{-}exit$

rem_i
　Precondition:
　　$pc = leave\text{-}exit$
　Effect:
　　$pc := rem$

WrongDP 算法是对称的，定理 11.2 意味着它不能解决哲学家用餐问题。我们看看问题出在哪里。显然 WrongDP 保证良构性；并满足互斥性条件，因为代码保证进入 C 的进程已经明确地"获得"了其邻近的两个叉子变量。

但是算法不满足演进性。设有一个运行，其中所有进程挨个地进入自己的尝试区；然后，所有进程都访问自己的右叉子变量。同时，每个进程还都准备访问自己的左叉子变量。但由于所有叉子变量都已经被访问，故没有进程能够成功访问左叉子变量。系统现在死锁——不能做进一步的演进。

定理 11.2 意味着为了解决哲学家用餐问题，必须打破环网络的对称性。具体方法有几种：各进程可以执行不同的程序，或者使用相同的进程和不同的初始状态或唯一的标识符。也可以令叉子变量的初值不同；或者使用随机化。本章的余下部分介绍这些方法。

11.3　右 – 左哲学家用餐算法

本节给出一个名为 RightLeftDP 算法的（正确的）哲学家算法。除了满足所需的基本属性之外，该算法还保证锁定权。它有一个良好的最坏时间界限，该界限是一个常数，与环的大小无关。RightLeftDP 算法打破对称性的方法是将进程分成两类："右"和"左"。两类进程执行稍微不同的程序。进程的类别用来标识进程该先访问哪个邻近叉子变量。

11.3.1　等待链

常数时间界限属性特别值得注意。在分布式系统中，与系统的大小无关的时间性能是令人向往的。但如何得到这种小的时间界限呢？

RightLeftDP 算法是这样的通用算法中的一种：进程串行地先等待一个叉子变量，然后等待另一个叉子变量。在这些算法中，必须注意访问叉子变量的顺序。例如，如果所有进程都访问右叉子变量，则会存在类似于 WrongDP 算法中的死锁可能性。有些顺序不存在死锁可能性，但会导致运行的时间性能很差。特别地，某些顺序会导致长进程等待链的出现，其中每个进程都等待链中前面进程拥有的资源。

例 11.3.1 等待链

设有一个由五个节点组成的环，在环上算法的一个运行中，事件按以下的顺序发生：

- 进程 5 成功访问自己邻近的两个叉子变量；
- 进程 4 成功访问其右叉子变量，然后等待其左叉子变量；
- 进程 3 成功访问其右叉子变量，然后等待其左叉子变量；
- 进程 2 成功访问其右叉子变量，然后等待其左叉子变量。

这产生了一条链：进程 2 等待进程 3 拥有的叉子变量，进程 3 等待进程 4 拥有的叉子变量，进程 4 等待进程 5 拥有的叉子变量。它是一条长度为 3 的等待链。见图 11-3。

当 $n \geq 3$ 时，以上算法产生长度为 $n-2$ 的等待链。

注意等待链中的进程必须串行地进入临界区。因此，对于这种一般类型的任意算法，尝试区进程进入临界区所需的最坏时间与等待链的最大长度成正比。为了获得小的时间界限，我们必须获得等待链最大长度的小界限。实际上，RightLeftDP 产生的等待链的最大长度为 3。

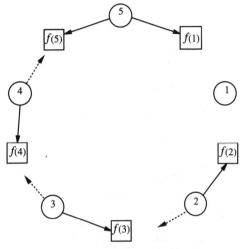

图 11-3　等待链。实现箭头代表拥有叉子变量，虚线箭头代表等待叉子变量

11.3.2　基本算法

在 RightLeftDP 算法中，每个叉子变量都包含一个长度最多为 2 的进程编号队列。该队列保存那些想访问叉子变量的进程的编号，且按照进程开始尝试访问叉子变量的顺序来存放编号。由于问题要求使用同一个叉子的哲学家有两个，故此处进程队列的长度为 2 就足够了。

简便起见，设环中进程数是偶数。进程数为奇数时只需做简单修改即可，具体修改留为一道习题。

RightLeftDP 算法（n 为偶数）：

有两种不同的程序：奇数编号的进程和偶数编号的进程。基本策略相当简单：奇数编号进程先尝试访问右叉子变量，偶数进程先尝试访问左叉子变量。当进程尝试访问叉子变量时，将其编号放在该叉子变量的队列的尾部。当进程的编号到达叉子变量的队列的头部时，进程成功访问叉子变量。在进程退出 C，进入 R 之前，它通过从叉子变量的队列中删除自己的编号来释放叉子变量。

奇数编号进程 i 的代码以前提 - 结果形式来书写。偶数进程的代码是对称的。

RightLeftDP算法（偶数n，奇数i）：

Shared variables:
for every i, $1 \leq i \leq n$:
    $f(i)$, a queue of process indices of length at most 2, initially empty,
        accessible by processes i and $i-1$

Actions of i:
Input: Internal:
    try_i $test\text{-}right$
    $exit_i$ $test\text{-}left$
Output: $reset\text{-}right$
    $crit_i$ $reset\text{-}left$
    rem_i

States of i:
$pc \in \{rem, test\text{-}right, test\text{-}left, leave\text{-}try, crit, reset\text{-}right, reset\text{-}left, leave\text{-}exit\}$, initially rem

Transitions of i:

try_i
    Effect:
        $pc := test\text{-}right$

$test\text{-}right_i$
    Precondition:
        $pc = test\text{-}right$
    Effect:
        if i is not on $f(i).queue$ then
            add i to $f(i).queue$
        if i is first on $f(i).queue$ then
            $pc := test\text{-}left$

$test\text{-}left_i$
    Precondition:
        $pc = test\text{-}left$
    Effect:
        if i is not on $f(i+1).queue$ then
            add i to $f(i+1).queue$
        if i is first on $f(i+1).queue$ then
            $pc := leave\text{-}try$

$crit_i$
    Precondition:
        $pc = leave\text{-}try$
    Effect:
        $pc := crit$

$exit_i$
    Effect:
        $pc := reset\text{-}right$

$reset\text{-}right_i$
    Precondition:
        $pc = reset\text{-}right$
    Effect:
        remove i from $f(i).queue$
        $pc := reset\text{-}left$

$reset\text{-}left_i$
    Precondition:
        $pc = reset\text{-}left$
    Effect:
        remove i from $f(i+1).queue$
        $pc := leave\text{-}exit$

rem_i
    Precondition:
        $pc = leave\text{-}exit$
    Effect:
        $pc := rem$

现在来证明正确性。良构性是显然的。互斥性也是易见的，因为代码能够保证一个到达 C 的进程在它成功访问的两个叉子变量的队列中都处于头部。我们将给出任一尝试区进程到达临界区所需的确切时间上界。退出区的小时间上界（独立于 n）也是易见的。根据引理 11.1，这些界限足以保证锁定权，从而又足以证明演进性。

对于时间界限，如前所述，假设 ℓ 是每个进程的每步时间的上界，c 是任意用户花在临界区中的时间的上界。

引理 11.3 在 RightLeftDP 算法中，特定进程从进入 T 到进入 C 之间的时间最多为 $3c+18\,\ell$。

证明 关键在于：两个进程都会访问的叉子变量或者是这两个进程的第一个叉子变量，或者是第二个叉子变量。这意味着（在假设的情况中，当 n 是偶数时）等待链的最大长度为 2。

定义 T 为任意进程 i 从进入尝试区到进入临界区之间的最长时间。我们的目标在于求出

T 的界限。作为辅助，定义 S 为任意进程从访问第一个叉子变量到进入临界区之间的最长时间。形式化地，当进程 i 处于叉子变量的队列的头部时它访问第一个叉子变量（此时执行了 i 的一步或者与 i 共享该叉子变量的邻居进程的一步）。

我们根据 S 来求 T 的界限。设进程 i 进入尝试区，在时间 ℓ 之内，它执行测试事件 π 来尝试获得第一个叉子变量。如果它立刻就能访问这个叉子变量，则在额外的时间 S 之内，进程 i 进入临界区。所以总共的时间最多为 $\ell + S$。

如果进程 i 不能立刻访问叉子变量，则在 π 发生时，和 i 共享该叉子变量的邻居进程——如进程 j——访问叉子变量。直到 j 释放叉子变量为止最多需要时间 $S + c + \ell$（该时间足以让进程 j 到达临界区、离开临界区和释放第一个叉子变量）。在 j 释放叉子变量的瞬间，进程 i 就能访问叉子变量；原因在于"能够访问叉子变量"的定义，以及进程 i 在事件 π 中将其编号放进了该变量的队列。然后，在额外时间 S 内，i 到达临界区。所以进程 i 最多在时间 $\ell + (S + c + \ell) + S = c + 2\ell + 2S$ 内进入临界区。

可得：

$$T \leqslant \max\{\ell + S, \ c + 2\ell + 2S\} = c + 2\ell + 2S \tag{11-1}$$

然后我们来求 S 的界限。设进程 i 刚刚获得访问第一个叉子变量的机会（即处于该叉子变量的队列头部）。它在时间 ℓ 之内发现这一事实，又在另一时间 ℓ 内，对第二个叉子变量执行测试操作。如果它立刻能够访问第二个叉子变量，则在之后的时间 ℓ 之内到达临界区，故全部时间最多为 3ℓ。

如果它不能立刻访问第二个叉子变量，则和 i 共享该叉子变量的邻居进程能够访问该叉子变量，且该叉子变量是邻居进程的第二个叉子变量。直到邻居进程释放叉子变量为止最多需要时间 $2\ell + c + 2\ell$（该时间足以让邻居进程发现叉子变量、到达临界区、离开临界区和释放第二个叉子变量）。从邻居进程释放叉子变量的那一刻开始，进程 i 最多需要时间 ℓ 来发现叉子，再用时间 ℓ 来进入临界区。所以进程 i 最多在时间 $2\ell + (2\ell + c + 2\ell) + 2\ell = c + 8\ell$ 之内进入临界区。

可得

$$S \leqslant \max\{3\ell, \ c + 8\ell\} = c + 8\ell \tag{11-2}$$

结合 (11-1) 和式 (11-2) 得

$$T \leqslant 3c + 18\ell$$

容易看出该算法还满足独立演进性条件，故得到

定理 11.4 RightLeftDP 算法解决了哲学家用餐问题，并保证锁定权和独立演进性，尝试区的时间界限 $3c + 18\ell$，退出区的时间界限为 3ℓ。

故此，RightLeftDP 算法通过区分奇数编号进程和偶数编号进程来打破对称性。根据算法运行环境的不同，进程是否能实现该区分也有所不同（即区分编号是奇数还是偶数）。例如，如果算法在分布式网络（见第 17 章）上运行，则可能需要一个额外的算法来决定这种奇偶信息（奇数编号还是偶数编号）并将结果通知给所有进程。

11.3.3 扩展

以下描述一种简单直接的方法来将 RightLeftDP 中的策略扩展到任意资源分配问题（以

任意显式资源规格说明来描述）中去。扩展也具有一个时间界限，也与进程数目无关；但其界限并不小——性能方面仍有改进的余地。

我们继续假设每个资源都有一个相关的共享变量，需要某一资源的所有进程共享其相关变量。如在 RightLeftDP 中一样，设每个变量都包含一个队列来记录等待相关资源的进程；每个进程在某一时间只等待一个它所需的资源。然而，为了避免死锁，对全部资源进行排序，每个进程按次序来获得它所需的资源——号码最小的进程最迟获得资源。这种策略被称为分级资源分配。

不难看出分级资源分配保证演进性。粗略地说，如果进程 i 等待进程 j 持有的资源，则进程 j 等待的资源的编号只能严格大于（按照资源次序）i 等待的资源的编号；由于只有有限多的进程，因此持有最大资源的进程必然不会被阻塞。队列的 FIFO 属性也防止了死锁的发生。

尽管分级资源分配保证演进性和锁定权，可其时间性能并不好。等待队列的长度的唯一上界是进程的数目 n，使得时间复杂度最少正比于 n。例如，例 11.3.1 中描述的链能以一个分级资源分配算法生成，其中资源次序为 $f(1)$、$f(2)$、$f(3)$、$f(4)$、$f(5)$。

我们希望得到一个"好"的资源全序，且时间界限越小越好。一个合理的策略是尝试将生成的等待链的长度最小化。

假设一个特定的包含通用资源集合 R 和独立进程资源需求 R_i 的显式资源规格说明 $\mathcal{R}$，为了构造一个好的资源全序，我们首先为该规格说明构造资源图。图的节点代表资源，如果某一进程使用两个相关的资源，则有一条从一个相应节点到另一个相应节点的边。

例 11.3.2   资源图

具有六个节点的哲学家用餐问题的资源图如图 11-4 所示。

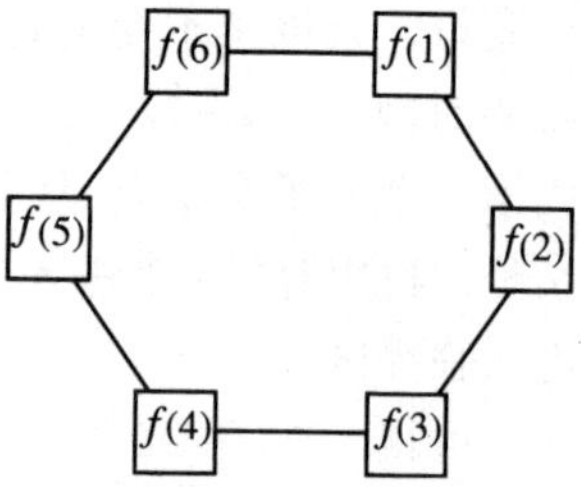

把图的节点着色，相邻节点的颜色不同。尽量令所需颜色的数目最小化（这里不考虑如何获得着色的最小颜色数，实际上，获得最小数目的问题是一个 NP 完全性问题。此处找到一个较小的着色数目就足够了。例如，可以使用贪婪算法来以不多于 $d+1$ 种颜色对图着色，其中 d 是图中任意节点度数的上界）。

例 11.3.3   资源图的着色

图 11-4 中的资源图可以用两种颜色来着色，例如，奇数编号的资源用颜色 1，偶数编号的资源用颜色 2。

图 11-4   哲学家 (n=6) 用餐问题的资源图

现在以任意方式对颜色排序，从而引入针对资源的偏序关系：$r(i) < r(j)$，当且仅当 $r(i)$ 的颜色值排在 $r(j)$ 的颜色值之前。尽管这是一种偏序关系，但每个单独进程需要的资源之间是全序关系。由于我们需要所有资源上的全序关系，故简单地以任意方式（使用偏序关系的拓扑排序）来把偏序关系补全为全序关系。

例 11.3.4   资源的偏序关系

例 11.3.3 中的着色引入了如图 11-5 所示的资源上的偏序关系。"更小"的资源出现在示意图的顶部。

现在来描述着色使用算法。

Coloring 算法：

根据以上基于着色构造的全序，每个进程按升序来寻找资

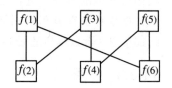

图 11-5   资源上的偏序关系

源。进程通过将编号放在资源队列的尾部来寻找资源。当其编号到达资源队列的头部时进程获得资源。当进程退出 C 时，它通过在队列中删除自己的编号来释放所有占用资源。

由于同一进程所需的两个资源的颜色不同，因此 Coloring 算法的一个等价描述是：每个进程根据偏序关系按升序寻找其资源。注意，对于偶数进程环上哲学家用餐问题这一特例，Coloring 算法变成 RightLeftDP 算法。

在 Coloring 算法中，等待链的最大长度最多等于不同颜色的数目，原因在于如果进程 i 等待进程 j 持有的资源，则 j 只能等待"更大"颜色的资源。

Coloring 算法一个有意思的属性是时间界限与进程和资源的总数无关。通常，令 ℓ 为进程步时间的上界，c 为临界区时间的上界，k 为用于对资源着色的颜色的总数，m 为需要任意单个资源的最大进程数。我们来证明最坏时间界限 $O(m^k c + km^k \ell)$，原因在于颜色数目和每个资源上的进程数目并不依赖于系统的规模，故时间只依赖于"局部"参数。如果 m 和 k 相对于 n（系统的进程总数）来说较小，则这个界限代表该策略提高了任意全序的分级资源分配策略（通用策略的等待链长度约为 n）。但是，这个界限可能不像希望中的那样小——它不正比于等待链的最大长度（即不正比于 k），而是 k 的指数。

引理 11.5 在 Coloring 算法的任意实例中，k 是颜色总数，m 是单个资源上进程数的上界，则特定进程 i 从进入 T 到进入 C 之间的时间为 $O(m^k c + km^k \ell)$。

证明概要 设颜色值为整数 $1, \cdots, k$。定义 $T(i, j)$，其中 $1 \leq i \leq k$ 且 $1 \leq j \leq m$，为这样一个时间：对于颜色值不小于 i 的资源队列，从进程到达该队列中任意不大于 j（$\leq j$）的位置开始，直到它到达临界区之间所需的最坏时间。我们希望求出 T 的界限，即从进入尝试区到进入临界区之间的最坏时间。从进程进入尝试区开始，直到它的编号被放在某个资源队列中时，最多需要时间 ℓ。因此，

$$\mathrm{T} \leq \ell + T(1, m)$$

如同 RightLeftDP 算法中的做法，我们建立递归等式来求出 $T(i, j)$ 的界限。基本情况是当进程处于具有最大颜色值的资源队列中时：

$$T(k, 1) \leq 2\ell$$

在该时间内，进程发现自己处于队列头部，然后进入临界区。

另一种情况是当进程处于具有非最大颜色值的资源的队列头部时：

对于任意 i，即 $1 \leq i < k$，有 $T(i, 1) \leq \max(2\ell, 2\ell + T(i+1, m)) = 2\ell + T(i+1, m)$

在该时间内，进程发现自己处于队列头部，然后或者进入临界区，或者到达具有更大颜色值的资源的队列。

最后一种情况是当进程处于某队列的非队列头部位置时，

对于任意 j，即 $1 < j \leq m$，有 $T(i, j) \leq T(i, j-1) + c + k\ell + T(i, 1)$

在该时间内，队列中当前进程的前驱到达其临界区，然后完成临界区中的操作，再释放其占用的所有 $\leq k$ 个资源（使原来进程处于给定队列的头部）；之后处于队列头部的当前进程到达临界区。

求解这些不等式来得到所需的界限。对于任意 i（$1 \leq i \leq k$），可得

$$T(i, m) \leq (m-1)(c + k\ell) + mT(i, 1)$$

对于任意 i（$1 \leq i < k$），可得

$$T(i, m) \leq m(c + (k+2)\ell) + mT(i+1, m)$$

和

$$T\,(k,m)\leqslant m\,(c+\,(k+2\,)\ell\,)$$

故

$$T\,(1,m)\leqslant (c+\,(k+2\,)\ell\,)\sum_{i=1}^{k} m^{i}$$
$$=O\,(m^{k}\,(c+\,(k+2\,)\ell\,))$$

从而，

$$T=O\,(m^{k}\,(c+\,(k+2\,)\ell\,))=O\,(m^{k}c+km^{k}\ell\,)$$

定理 11.6 Coloring 算法解决了资源分配问题并保证锁定权和独立演进性，尝试区的时间界限为 $O(m^{k}c+km^{k}\ell)$，退出区的时间界限为 $O(k\ell)$。

存在 Coloring 算法的某些运行，其时间性能接近该指数界限。把找出这些运行的任务留为习题。当然，将时间界限从指数级颜色数降为线性级颜色数会更好，但这需要不同的算法。

11.4　随机哲学家用餐算法 *

我们最后提出一个随机哲学家用餐算法，它（肯定）保证互斥，保证演进性的概率为 1。根据其发明者来将它命名为 LehmannRabin 算法。在该算法中，所有进程都是相同的，我们使用随机化来打破对称性。

该算法有几点需要注意。首先，随机算法既可以在异步环境中使用，也可以在同步环境中使用，它有时可以完成非随机算法不能完成的工作。例如，即使进程是相同的时候，LehmannRabin 算法也能解决哲学家用餐问题，而定理 11.2 意味着非随机算法不能完成这个任务。实际上，当说这个算法"解决了哲学家用餐问题"时要小心：此时满足的正确性条件与以前阐述的不完全相同，此时进程只需以概率 1 而不需以绝对确定性来保证演进性条件。

其次，我们来示范如何对随机异步系统做出有意义的概率断言。如何做出这些断言并不明显，因为随机算法本身并没有给出运行上的随机分布。例如，进程在异步算法中执行步的顺序是相当任意的，不是随机确定的。为了定义一个概率分布，必须确定这种顺序。

再次，我们使用一种马尔可夫形式的分析技术来证明概率时间界限属性。这种属性可用于证明概率活性属性。

11.4.1　算法 *

由于进程是相同的，故假设它们通过局部名字来找到叉子变量。与以前一样，每个进程通过局部名字 *f(right)* 和 *f(left)* 来引用叉子变量。采用以下记号：

$$\bar{j}=\begin{cases} left, & \text{如果}\,j=right \\ right, & \text{如果}\,j=left \end{cases}$$

语句 *first := random* 的意思是 *first* 变量被设为 *right* 或 *left* 的概率都是 1/2。一个 LehmannRabin 算法的非形式化描述如下。

LehmannRabin 算法:

Shared variables:
for every i, $1 \le i \le n$:
$f(i)$, a Boolean, initially *false*, accessible by processes i and $i-1$

Process i:

    ** Remainder region **

    try_i
    do forever
        $first := random$
        wait until $f(first) = false$
        $f(first) := true$
        if $f(\overline{first}) = false$ then
            $f(\overline{first}) := true$
            goto L
        else $f(first) := false$
L:
    $crit_i$

    ** Critical region **

    $exit_i$
    put down both forks
    rem_i

因此，尝试区进程 i 执行一个循环，在每步中尝试访问两个叉子变量。在每步中，它首先随机地选择第一个叉子变量并一直等到访问这个叉子变量为止。之后，它不会一直等待第二个叉子变量，而是检查第二个叉子变量是否可用。如果可用，则进程 i 访问该叉子变量并进入 C；否则进程 i 放弃这一步，释放第一个叉子变量，然后在下一步中重新尝试。

为了防止含糊性，我们给出前提 – 结果代码。

LehmannRabin 算法（重写）:

Shared variables:
for every i, $1 \le i \le n$:
$f(i)$, a Boolean, initially *false*

Actions of i:

Input:	Internal:
try_i	$flip_i$
$exit_i$	$wait_i$
Output:	$second_i$
$crit_i$	$drop_i$
rem_i	$reset\text{-}right_i$
	$reset\text{-}left_i$

States of i:
$pc \in \{rem, flip, wait, second, drop, leave\text{-}try, crit, reset\text{-}right, reset\text{-}left, leave\text{-}exit\}$, initially rem
$first \in \{right, left\}$, initially arbitrary

Transitions of *i*:

*try*ᵢ
Effect:
$pc := flip$

*flip*ᵢ
Precondition:
$pc := flip$
Effect:
$first := random$
$pc := wait$

*wait*ᵢ
Precondition:
$pc = wait$
Effect:
if $f(first) = false$ then
$f(first) := true$
$pc := second$

*second*ᵢ
Precondition:
$pc = second$
Effect:
if $f(\overline{first}) = false$ then
$f(\overline{first}) := true$
$pc := leave\text{-}try$
else $pc := drop$

*reset-left*ᵢ
Precondition:
$pc = reset\text{-}left$
Effect:
$f(left) := false$
$pc := leave\text{-}exit$

*drop*ᵢ
Precondition:
$pc = drop$
Effect:
$f(first) := false$
$pc := flip$

*crit*ᵢ
Precondition:
$pc = leave\text{-}try$
Effect:
$pc := crit$

*exit*ᵢ
Effect:
$pc := reset\text{-}right$

*reset-right*ᵢ
Precondition:
$pc = reset\text{-}right$
Effect:
$f(right) := false$
$pc := reset\text{-}left$

*rem*ᵢ
Precondition:
$pc = leave\text{-}exit$
Effect:
$pc := rem$

形式化地，代码中描述的对象是 8.8 节中定义的概率 I/O 自动机。随机选择步就是 *flip* 步。每步都有一个概率分布，分布中包含两个可能状态而不只是一个新状态，每个状态的概率都是 1/2。注意系统的运行通过将非确定选择和概率选择组合起来进行。非确定选择决定应由哪个进程执行下一步，从而决定下一步是什么；而概率选择决定 *flip* 步的新状态。

11.4.2   正确性 *

容易看出 LehmannRabin 算法保证良构性、互斥性和独立演进性；这些断言并不涉及概率。形式化地，它们是 8.8 节中定义的系统的非确定性版本。然而演进性条件并不肯定成立。

例 11.4.1   不做演进的 LehmannRabin 算法的运行

考虑 LehmannRabin 算法的一个运行 α，其中进程按轮换顺序执行步，并一直做出相同的随机选择。注意 α 是一个（系统的非确定版本的）公平运行。在 α 中，没有进程能够到达 C。

有意思的是证明 LehmannRabin 算法保证概率为 1 的演进性。实际上，我们不去证明概率为 1 的演进性，而去证明形如 $\mathcal{T} \xrightarrow{t}_p \mathcal{C}$ 的更强概率时间界限。非形式化地，这意味着从处

于 T 中的某个进程的任意可达状态开始，在时间 t 之内，某进程在 C 中的最小概率为 p。通过反复应用这个断言，可以证明概率为 1 的演进性条件。

为了做出与特定事件相关的断言，我们需要运行上的概率分布。到目前为止，系统包含非确定选择（即由哪个进程执行下一步）和概率选择。实际上，无论如何进行非确定选择，系统都具有所希望的属性。

将非确定选择视为置于对手（adversary）的控制之下是有用的。只要对手允许在尝试区或退出区中的每个进程都有公平的执行机会，则对手可以选择任意进程。事实上，由于我们的目标在于证明概率时间界限的论断，因此对手不但要选出一个进程来执行下一步，还要决定这一步发生的时间。发生时间取决于进程步时间的上界 ℓ 和临界区时间的上界 c，而且如果运行是无限的，这该时间必然是无穷大的。为了得到最强的结果，对手应该尽量强大；因此，当决定由谁来执行下一步和在何时执行这一步时，它具有以往运行的完整信息——包括进程状态和以往随机选择的信息。

形式化地，对手 $\mathcal{A}$ 是一个将有限运行映射到（进程，时间）对上的函数，它指出由哪个进程来执行下一步和在何时执行这一步。对于每个特定的随机序列 D，具有由 D 给出的随机选择的对手 $\mathcal{A}$ 产生唯一一个定时运行 $exec(A, D)$。对手必须符合这样一个条件：所有在 $exec(A, D)$ 中的定时运行都具有在先前段落中描述的公平性和定时属性。

一个固定的对手 $\mathcal{A}$ 决定了在算法的定时运行集合上的一个概率分布，由于每个随机选择仅是"右"或"左"，且概率都是 1/2，故每个序列（的可数集合）都有一个相关概率。在序列 D 上的概率分布指出了在定时运行 $exec(A, \mathcal{D})$ 上的概率分布。

我们的证明还需要一个概念。如果 $\mathcal{U}$ 和 $\mathcal{U}'$ 都是状态集，则 $\mathcal{U} \xrightarrow[p]{t} \mathcal{U}'$ 的意思如下：对于任意对 $\mathcal{A}$，如果算法以 $\mathcal{U}$ 的一个状态开始，则在 $\mathcal{A}$ 决定的运行概率分布中，在时间 t 内 $\mathcal{U}'$ 的一个状态被达到的概率最小为 p。可以把这些断言结合起来，例如：

引理 11.7

1）如果 $\mathcal{U} \xrightarrow[p]{t} \mathcal{U}'$ 且 $\mathcal{U}' \xrightarrow[p']{t'} \mathcal{U}''$，则 $\mathcal{U} \xrightarrow[pp']{t+t'} \mathcal{U}''$。

2）如果 $\mathcal{U} \xrightarrow[p]{t} \mathcal{U}'$ 则 $\mathcal{U} \cup \mathcal{U}'' \xrightarrow[p]{t} \mathcal{U}' \cup \mathcal{U}''$。

现在我们有足够的工具来证明演进性。一个技术问题是：证明中的某些构造只适用于环的大小 n 最小为 3 的情况。从这里开始，我们假设环的大小 n 最小为 3，$n = 2$ 时的证明留为一道习题。

定义：

- 令 T 是 LehmannRabin 算法的可达状态集合，在它包含的状态中，某个进程在 T 中。
- 令 C 是可达状态集合，在它包含的状态中，某个进程在 C 中。

我们来证明 $T \xrightarrow[\frac{1}{16}]{14\ell} C$，即从处于 T 中的某个进程的任意可达状态开始，在时间 14ℓ 之内，某进程将进入 C 的概率最小为 1/16。我们通过五条由引理 11.8～引理 11.12 表达的五个辅助断言，来证明这个断言。这些引理的表达规则与引理 11.7 的相同。

我们使用一些简写来对进程状态分类。令 F、W、S、D 和 L 来分别表示进程状态 $pc=flip$、$wait$、$second$、$drop$ 和 $leave\text{-}try$。这五个状态集分割了尝试区 T。根据 $first$ 的值来进一步分割 W、S 和 D：$\overrightarrow{W}$、$\overrightarrow{S}$、$\overrightarrow{D}$ 分别代表了 $first = right$ 时 W、S、D 的子集，$\overleftarrow{W}$、$\overleftarrow{S}$、$\overleftarrow{D}$ 分别代表了 $first = left$ 时 W、S、D 的子集，记号 $\overrightarrow{*}$ 代表 $\overrightarrow{W} \cup \overrightarrow{S} \cup \overrightarrow{D}$，同样 $\overleftarrow{*}$ 代表 $\overleftarrow{W} \cup \overleftarrow{S} \cup \overleftarrow{D}$。现在来定义辅助引理所需的系统状态集合。

令：

- $\mathcal{L}$ 是可达状态集合，在它包含的状态中，某个进程在 L 中（即在 *leave-try* 中）。
- $\mathcal{RT}$ 是 $\mathcal{T}$ 的子集，在它包含的状态中，所有进程都在剩余区或尝试区中。
- $\mathcal{F}$ 是 $\mathcal{RT}$ 的子集，在它包含的状态中，某个进程在 F 中（即在 *flip* 中）。
- $\mathcal{G}$ 是 $\mathcal{RT}$ 的子集，在它包含的状态中，存在满足下列条件之一的进程 i：

  —— $i \in \overleftarrow{W} \cup \overleftarrow{S}$ 且 $i-1 \in \overrightarrow{*} \cup R \cup F$

  —— $i \in \overrightarrow{W} \cup \overrightarrow{S}$ 且 $i+1 \in \overleftarrow{*} \cup R \cup F$

以上前三个集合的意思很明显。最后一个集合 $\mathcal{G}$ 是"好"状态集合，其中两个进程处于这样一种状态之中：一个进程很可能很快就访问到两个叉子变量。图 11-6 显示了 $\mathcal{G}$ 允许的两个状态。直观上，在好状态中，两个相邻进程共享第二个叉子变量的概率很大。如果它们共享第二个叉子变量，则谁先尝试访问这个叉子变量，谁就访问到它并成功地到达 C。

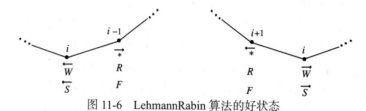

图 11-6　LehmannRabin 算法的好状态

然后我们来证明下列断言：

- $\mathcal{T} \xrightarrow[1]{3\ell} \mathcal{RT} \cup \mathcal{C}$

- $\mathcal{RT} \xrightarrow[1]{3\ell} \mathcal{F} \cup \mathcal{L}$

- $\mathcal{F} \xrightarrow[\frac{1}{4}]{2\ell} \mathcal{G} \cup \mathcal{L}$

- $\mathcal{G} \xrightarrow[\frac{1}{4}]{5\ell} \mathcal{L}$

- $\mathcal{L} \xrightarrow[1]{\ell} \mathcal{C}$

引理 11.7 允许我们合成这些断言来产生所需的结论 $\mathcal{T} \xrightarrow[\frac{1}{16}]{14\ell} \mathcal{C}$。

我们首先证明三个概率为 1 的断言，因为它们最容易证明。事实上，它们不但以概率 1 成立，而且肯定成立。

引理 11.8　$\mathcal{L} \xrightarrow[1]{\ell} \mathcal{C}$

证明　如果进程处于 *leave-trying* 中，则在时间 ℓ 之内，同一进程将执行一步并进入 C。

引理 11.9　$\mathcal{T} \xrightarrow[1]{3\ell} \mathcal{RT} \cup \mathcal{C}$

证明　如果任一进程初始时在 C 中，或者在时间 3ℓ 内进入 C，则得证，所以我们不考虑这种情况。然后，任意进程在 $R \cup T \cup E$ 中的停留时间最少为 3ℓ，且没有进程在该时间内进入 E（因为没有进程在 C 中）。但是，初始时在 E 中的任意进程在时间 3ℓ 内返回到 R 中，这迫使所有进程在时间 3ℓ 之内进入 $R \cup T$。得证。

引理 11.10 $\mathcal{RT} \xrightarrow[1]{3\ell} \mathcal{F} \cup \mathcal{L}$

证明 如果任意进程开始时在 $F \cup L$ 中，或者在时间 3ℓ 之内进入 L，则得证，所以我们不考虑这种情况。然后，没有进程在时间 3ℓ 之内进入 C，故在时间 3ℓ 之内发生的所有系统状态都在 $\mathcal{RT}$ 中。之后如果一个进程在时间 3ℓ 之内进入 F，则它导致系统处于 $\mathcal{F}$ 中，我们也不考虑这种情况。故此没有进程在时间 3ℓ 之内进入尝试区。

经过排除，现在所有进程都在 $R \cup W \cup S \cup D$ 中。如果一个进程开始时在 $S \cup D$ 中，或者在时间 ℓ 之内到达 $S \cup D$，则在额外的时间 2ℓ 之内，该进程进入 $F \cup L$，矛盾。故唯一的可能是所有进程开始时都在 $R \cup W$ 中，且（由于 $\mathcal{RT} \subseteq \mathcal{T}$）某个进程在 W 中。另外，没有进程在时间 ℓ 之内到达 $S \cup D$。这意味着在开始时没有叉子变量被进程占用。

因为某个进程在 W 中，某个进程在时间 ℓ 之内必然执行一步。令 i 为第一个执行步的进程。如果 i 开始时在 R 中，则它进入尝试区，矛盾。另外，如果 i 开始时在 W 中，则由于没有叉子变量被占用，故 i 立刻成功访问第一个叉子变量。但这会导致 i 在 S 中，又产生一个矛盾。

到此为止，我们还没有讨论与概率相关的证明。剩下的两个断言涉及这种证明。第一个断言给出了解释：从任意其中某个进程正在跳跃（flipping）的状态开始，很快一个好状态到达或者某个进程很快到达 *leave-try* 的概率最小为 1/4。

引理 11.11 $\mathcal{F} \xrightarrow[\frac{1}{4}]{2\ell} \mathcal{G} \cup \mathcal{L}$

证明 如果所有进程初始时都在 L 中，则证明完成，所以我们不考虑这种情况。令 i 是初始时在 F 中的任意进程。则初始时下列情况之一成立：

1）$i-1 \in \overset{\rightarrow}{*} \cup R \cup F$

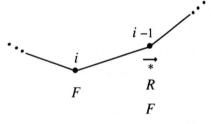

图 11-7 引理 11.11 的证明中第 1) 种情况的初始状态

见图 11-7。i 的下一个随机选择是 *left* 且 $i-1$ 的下一个随机选择是 *right* 的概率为 1/4。故我们做以下假设。

在时间 ℓ 内，i 跳跃，因为它的下一个随机选择是 *left*，故它进入状态 $\overset{\leftarrow}{W}$ 中。分两种情况：

a）期间 $i-1$ 不访问共享的叉子变量。则 $i-1$ 的状态必然在集合 $\overset{\rightarrow}{*} \cup R \cup F$ 中，可以利用 $i-1$ 的下一个随机选择是 *right* 这一事实，检查该状态集合之外的可能转换来证明这一点。这导致系统状态进入 $\mathcal{G}$，得证。

b）期间 $i-1$ 访问共享的叉子变量。在 $i-1$ 第一次访问叉子变量时，该叉子变量必是 $i-1$ 的第二个叉子变量（在 $\overset{\rightarrow}{*}$、R 和 F 情况下，因为 $i-1$ 的下一个随机选择是 *right*）。则 $i-1$ 获得第二个叉子变量并进入 L，得证。

2）$i+1 \in \overset{\leftarrow}{*} \cup R \cup F$

见图 11-8。这与第 1) 种情况是对称的。

3）$i-1 \in \overset{\leftarrow}{*}$ 和 $i+1 \in \overset{\rightarrow}{*}$

见图 11-9。

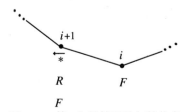

图 11-8 第 2) 种情况的初始状态

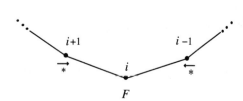

图 11-9 第 3) 种情况的初始状态

这种情况很有意思，因为它看起来与在好状态中发生的情况完全不同。但由于我们讨论的是一个环，如果 i 周围的环境是不利的话，则在此环中另一处肯定存在另一个进程 j 满足 $j+1 \in \overleftarrow{*}$ 和 $j \in \overrightarrow{*} \cup R \cup F$。（证明留为一道简单的习题。）见图 11-10。进程 j 周围的情况看起来要好很多。

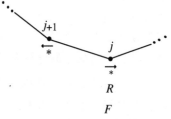

图 11-10 环中的其他地方

如果 $j+1 \in \overleftarrow{W} \cup \overleftarrow{S}$，则初始状态已经在 $\mathcal{G}$ 中，得证。

另外一种唯一的可能性是 $j+1 \in \overrightarrow{D}$ 且 $j \in \overrightarrow{*} \cup R \cup F$。然而在这种情况下，$j+1$ 的下一个随机选择是 *left* 且 j 的下一个随机选择是 *right* 的概率为 1/4。假设这种情况成立。接着，在时间 2ℓ 内，进程 $j+1$ 执行两步，从而进入 $\overleftarrow{W}$。这意味着系统状态最终在 $\mathcal{G}$ 中，除非在这段时间内进程 j 离开集合 $\overrightarrow{*} \cup R \cup F$。但如果 j 离开，则已经访问第二个叉子变量并到达 L，得证。

最后的引理表明好状态好在哪里：从好状态开始，某个进程很快到达 L 的概率至少为 1/4。

引理 11.12 $\mathcal{G} \xrightarrow[\frac{1}{4}]{5\ell} \mathcal{L}$

证明 初始状态在 $\mathcal{G}$ 中，则它也在 $\mathcal{RT}$ 中，且 $\mathcal{G}$ 的定义中的两个条件（最少）有一个成立。不失一般性，假设第一个条件成立，即存在进程 i 使得 $i \in \overleftarrow{W} \cup \overleftarrow{S}$ 和 $i-1 \in \overrightarrow{*} \cup R \cup F$ 成立。对第二个条件的证明是对称的。

我们引入三个基本声明。这些声明并不明确涉及概率，而是通过引用确定的未来随机选择的值来隐含地涉及概率。第一个声明给出了当定位出受青睐邻居时进程可以一直等待第一个叉子变量的时间界限。

声明 11.13 如果 $i+1 \in R \cup T$，其下一个随机选择为 *left*，且 $i \in \overleftarrow{W}$，则在时间 4ℓ 内，$i \in \overleftarrow{S}$ 或者 $i+1 \in L$ 成立。

见图 11-11。

证明 这是基于进程 $i+1$ 的状态而做出的一个（比较冗长）证明。

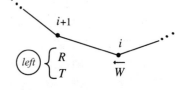

图 11-11 声明 11.13 的情况

1）$i+1 \in L$

得证。

2）$i+1 \in \overleftarrow{*} \cup R \cup F$

初始时，$i+1$ 不占有共享的叉子变量。在时间 ℓ 之内，i 检查叉子变量。如果与此同时 $i+1$ 没有访问这个叉子变量，则 i 访问叉子变量并到达 $\overleftarrow{S}$，得证。

假设同时 $i+1$ 已经访问了叉子变量。鉴于 $i+1$ 的状态，叉子变量必然是 $i+1$ 的第二个叉子变量。（在 $\overleftarrow{D}$、R 和 F 的情况下，因为 $i+1$ 的下一个随机选择为 *left*。）由于 $i+1$ 访问了这个叉子变量，因此它成功地到达 L，得证。此时所需时间最多为 ℓ。

3）$i+1 \in \overrightarrow{D}$

在时间 ℓ 之内，$i+1$ 释放叉子变量，然后 $i+1 \in F$，其下一个随机选择为 *left*；且 $i \in \overleftarrow{W}$。

（进程 i 必然还在 $\overleftarrow{W}$ 中，因为在 $i+1$ 释放叉子变量之前它不能访问叉子变量。）结果状态与前面所述的情况相似，故此，在额外的时间 ℓ 之内，$i \in \overleftarrow{S}$ 或 $i+1 \in L$ 成立。这次所需的时间最多为 2ℓ。

4）$i+1 \in \overrightarrow{S}$

在时间 ℓ 之内，$i+1$ 检查左叉子变量。如果条件成立，则立即到达 L，变成前面所述的情况；否则到达 $\overrightarrow{D}$。这种情况所需的时间最多为 3ℓ。

5）$i+1 \in \overrightarrow{*}$

在时间 ℓ 内，i 与 $i+1$ 都检查它们共享的叉子变量。先检查的进程先得到该叉子变量的访问权。如果进程 i 先得到，则有 $i \in \overleftarrow{S}$，得证；否则，有 $i+1 \in \overrightarrow{S}$，变成前面所述的情况。这种情况所需时间最多为 4ℓ。

第二个声明给出了从一个进程准备测试第二个叉子变量（且定位出一个受青睐邻居）到有某个进程到达 L 之间的时间界限。

声明 11.14 设 $i \in \overleftarrow{S}$，$i-1 \in \overrightarrow{W} \cup \overrightarrow{S}$ 或 $i-1 \in \overrightarrow{D} \cup R \cup F$，$i-1$ 的下一个随机选择为 $right$。则在时间 ℓ 内，某个进程在 L 中。

见图 11-12。

证明 在时间 ℓ 内，i 检查共享的叉子变量；除非 $i-1$ 在此时间内访问该叉子变量，否则 i 访问叉子变量并到达 L。但是如果 $i-1$ 已经访问到叉子变量，则由于该叉子变量肯定是 $i-1$ 的第二个叉子变量，故 i 已经到达 L。

最后的声明结合了前面两个声明，它给出了从进程 i 等待第一个叉子变量（且定位出两个受青睐的邻居）到有某个进程到达 L 之间的时间界限

声明 11.15 若 $i+1 \in R \cup T$，其下一个随机选择为 $left$；$i \in \overleftarrow{W}$；且 $i-1 \in \overrightarrow{*} \cup R \cup F$，其下一个随机选择为 $right$，则在时间 5ℓ 之内，某个进程在 L 中。

见图 11-13。

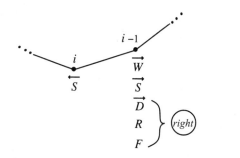

图 11-12　声明 11.14 的情况

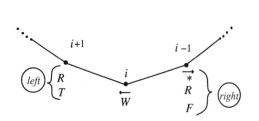

图 11-13　声明 11.15 的情况

证明 声明 11.13 表明在时间 4ℓ 内，i 到达 $\overleftarrow{S}$ 或 $i+1$ 到达 L。后一种情况已被证明。因此假设 i 到达 $\overleftarrow{S}$。

在该时间之内 $i-1$ 到达 L 的情况也已经被证明，故假设它还未到达 L，则 $i-1$ 必定还在 $\overrightarrow{*} \cup R \cup F$ 中。此外，如果 $i-1$ 仍在 $\overrightarrow{D} \cup R \cup F$ 中，则它的下一步随机选择仍然是向右的。此时，根据声明 11.14，至多在额外时间 ℓ 内，某个进程到达 L。

现在我们回到了引理 11.12 的证明过程。我们已经假定有一个进程 i 使得 $i \in \overleftarrow{W} \cup \overleftarrow{S}$ 和 $i-1 \in \overrightarrow{\star} \cup R \cup F$ 成立。见图 11-6 中左面的图。如果 $i \in \overleftarrow{W}$，则根据声明 11.15 可以得出结论——概率为 1/4，等于 $i+1$ 的下一个随机选择是 *left* 且 $i-1$ 的下一个随机选择是 *right* 时的概率。另一方面，如果 $i \in \overleftarrow{S}$，则根据声明 11.14 可以得出结论——概率为 1/2，等于 $i-1$ 的下一个随机选择是 *right* 时的概率。

由此我们得出：

定理 11.16 对于 $n \geqslant 3$，算法 LehmannRabin 满足属性 $\mathcal{T} \xrightarrow{\frac{14\ell}{16}} \mathcal{C}$。

我们可以反复使用定理 11.16 来证明最终某个进程到达临界区的概率为 1。具体证明留为一道习题。

定理 11.17 LehmannRabin 算法保证良构性、互斥性和独立演进性。它同时还保证概率为 1 的演进性。

11.5 参考文献注释

Dijkstra[91] 首先定义了哲学家用餐问题，他还针对包含全局共享信号量变量的异步共享存储器模型给出了一个解法。RightLeftDP 算法看来来自民间，Lynch[213] 将它扩展到 Coloring 算法中。

Lehmann 和 Rabin[192] 设计了 LehmannRabin 算法，并给出了一个非形式化的证明概要，但没有确切说明如何对该概要进行形式化。本书的证明来自于 Lynch、Saias 和 Segala[208]，类似风格的早期证明来自于 Pnueli 和 Zuck[244]。Lehmann 和 Rabin[192] 修改了 LehmannRabin 算法，从而以高概率保证锁定权。

本章的所有算法都使用共享变量；此外还有大量算法也是针对异步网络模型中资源分配问题的，见第 20 章。例如，Chandy 和 Misra[67] 提出的一个解决异步网络中通用资源分配问题的方法，以及一个扩展来解决哲学家用餐问题的一个更动态版本——哲学家饮水问题——其中进程的资源需求随着时间动态变化。Choy 和 Singh[80]、Awerbuch 和 Saks[37] 给出了异步网络上的资源分配算法，这些算法具有良好的时间复杂度。

11.6 习题

11.1 证明并非每个互斥规格说明都有一个等价的显式资源规格说明。

11.2 扩展显式资源规格说明的定义以容纳其他资源可能性。也就是说，对于任意 i，规格说明包括形式为集合 R 上的单调布尔公式（即只涉及 $\wedge$ 和 $\vee$）的资源需求描述。公式 $f(R_1, R_2, \cdots, R_k)$ 明确地阐明了一个由"可接受"资源集组成的集合：对于资源集 S，如果 S 中的所有状态的值都为真，其他状态的值都为假，而公式 $f(R_1, R_2, \cdots, R_k)$ 的值为真，则 S 是可接受的。该公式的意思是：可接受资源集合是由那些授权用户进入临界区的互斥性所有权组成的集合。

  a）给出适合于描述第 10 章的习题 10.13 中定义的 k- 互斥问题的扩展显式资源规格说明。

  b）证明任一扩展显式资源规格说明都有一个等价的互斥规格说明。

  c）证明任一互斥规格说明都有一个等价的扩展显式资源规格说明。

11.3 证明引理 11.1。

11.4 研究问题：定义一个独立演进性概念，该概念适用于以通用互斥条件来表达资源分配问题。

11.5 扩展定理 11.2，使之适用于比哲学家用餐问题更广的资源分配问题。尽量找出符合要求的最大的资源分配问题类。

11.6 RightLeftDP 算法的时间上界是否严格？给出一个运行，其时间接近计算出来的界限 $3c + 18\ell$。

11.7 修改 RightLeftDP 算法，使之能在进程数为奇数的环上工作。求出修改后算法的一个时间复杂度上界。这个上界应该与 n 无关。

11.8 构造 Coloring 资源分配算法的一个运行，其时间复杂度接近计算出来的上界 $O(m^k c + km^k \ell)$。

11.9 研究问题：为本章的通用资源分配算法构造一个新算法，在采用的模型中，每个资源都有一个读－改－写变量与之相关，只有需要资源的进程才能够访问相关变量。你的新算法的时间性能应该比 Coloring 算法的高。

将你的算法扩展到更多类型的资源分配问题中，如本章开始时介绍的两种类型。

11.10 证明存在随机哲学家用餐算法 LehmannRabin 的一个对手，其中一个特定进程锁定的概率不等于 0。你能得到的最高概率是多少？

11.11 证明在引理 11.11 的证明中的第三种情况中提出的声明，即必定有进程 j 满足 $j + 1 \in \overleftarrow{\ast}$ 并且 $j \in \overrightarrow{\ast} \cup R \cup F$。

11.12 使用定理 11.16 来证明关于 LehmannRabin 算法的下列结论：

a）从某个进程处于 T 中的任意状态开始，某个进程最终到达 C 中的概率为 1；

b）从某个进程处于 T 中的任意状态开始，对于任意 $t \geqslant 0$，某个进程在时间 t 之内到达 C 中概率为 $f(t)$。（你自己定义 f，越小越好。）

11.13 考虑 $n=2$ 时的 LehmannRabin 算法，给出并证明一个形如 $\mathcal{T} \xrightarrow[p]{t} \mathcal{C}$ 的有意思断言。

11.14 Flaky 计算机公司的一个初级程序员在学习 LehmannRabin 算法时，提出通过删除对第一个叉子变量的等待操作来减少时间复杂度。进程现在不等待第一个叉子变量，而是在测试第二个叉子变量的同时也测试第一个叉子变量。如果叉子变量不可用，则进程回到初始状态并重新跳跃。耐心地向该程序员解释他的算法错在什么地方。

11.15 研究问题：能否将 LehmannRabin 算法的思想扩展到比哲学家用餐问题更通用的资源分配问题中去，且保持互斥性、独立演进性和概率为 1 的演进性？

一 致 性

在本章中，我们为异步共享存储器系统的研究引入另一复杂因素：故障可能性。我们只考虑进程故障，不考虑存储器故障。实际上，我们只考虑最简单的一种进程故障：停止故障，其中进程在未给出警告的情况下停止执行。

本章研究的问题是一种一致性问题。在第 5、6 和 7 章中我们已经仔细分析了同步消息传递系统环境中的一致性问题。对于进程故障的情况，我们已经证明了基本一致性问题是可解决的，这不但对于停止故障成立，对于表现更差的 Byzantine 故障也成立。然而，我们给出几个结果表明求解的开销（以所需进程数和所需时间来衡量）是很大的。

也许令人惊奇的是，在异步环境中，至少对于读 / 写共享存储器，情况变得大为不同。我们给出一个基本的不可能性结果，认为在异步读 / 写共享存储器环境中，即使最多有一个进程发生故障，基本一致性问题也是根本不可解的。我们将在第 17、21 章中看到，这个结果在异步网络环境中也成立。

一致性不可能性结果被认为分布式计算理论的最基本结论之一，对任意需要某种类型一致性的分布式应用程序有着实际意义。例如，数据库系统中的各进程可能会就是否提交事务进行协商；通信系统中的各进程可能就是否收到了一个消息进行协商；控制系统中的各进程可能就特定的进程是否出错进行协商。不可能性结果意味着根本不存在能够达成一致性并容忍故障的异步算法。

这意味着，在实际情况中，设计者必须脱离异步模型来解决这种问题，例如，依靠定时信息或只要求以一定概率的正确性来解决。

12.1 问题

我们来定义共享存储器环境中的特定一致性问题。这里的描述不是形式化的，可以使用第 9 章中定义的模型来形式化。第 10 章介绍过一个针对互斥问题的类似的非形式化描述，以及如何将其形式化。现在你可以去略读一下 10.1 节、10.2 节。

这里使用的模型与第 9~11 章中的模型一样，进程通过端口来与环境交互，并通过共享变量来相互通信。见图 10-1 的例子。设 $n \geq 2$，其中 n 是端口的数目。进程与变量的合成以单个 I/O 自动机表示。如在第 10、11 章中的做法一样，我们用自动机 U_i 表示用户。一个针对一致性问题的用户集合例子见例 9.2.1。输入和决定的值集合都为 V, $|V| \geq 2$。

这次我们假定用户 U_i 的外部接口由输出动作 $init(v)_i$（其中 $v \in V$ 是共享存储器的一个输入值，i 是一个端口名，即进程索引）和输入动作 $decide(v)_i$（其中 $v \in V$ 是一个决定值，i 是一个端口名）组成。共享存储器系统的外部接口包括所有输入动作 $init(v)_i$（其中 $v \in V$ 是共享存储器系统的一个输入值）和所有输出动作 $decide(v)_i$（其中 $v \in V$ 是一个决定值，i 是端口名）组成。因此，这里假设问题的输入来源于输入动作中的用户（注意该领域中的大部分研究论文假定初始值出现在初始进程状态中的指定变量中）。每个用户自动机都必须满足一个限制：在每个运行中它最多只能执行一个 $init_i$ 事件，即每个进程最多接收一个输入。

采用第 10、11 章中的方法，可以轻松地以 I/O 自动机来表示上述各项。在本章中，我们假设每个进程有且只有一个任务；而在习题 8.8 中，打破这个限制。

假设进程会遭受停止故障，即进程会在毫无警告的情况下停止执行。形式化地，我们建模这种情况，通过让共享存储器系统的外部接口（外部签名）中包括特殊的 $stop_i$ 输入动作，这些动作与进程一一对应。$stop_i$ 事件将会令进程 i 中所有之后的局部控制动作失效。$stop_i$ 动作并不是用户自动机外部接口的一部分，它们只是来自某个不确定的外部环境（见 9.6 节）。图 12-1 显示了完整的模型。通过这种故障表示方法，并根据第 8 章中的形式化定义，系统的公平运行是这样的运行：所有不出故障的进程和任务都得到无限多的机会来执行局部控制步。如果一个系统的运行不包括 $stop$ 事件，则称它为无故障的。

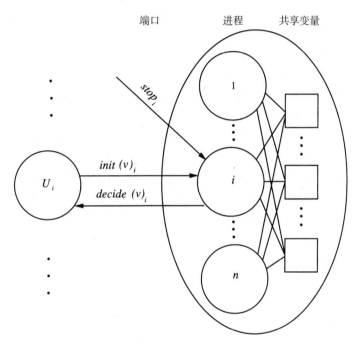

图 12-1　针对一致性问题的共享存储器系统

如果一个由 $init_i$ 和 $decide_i$ 动作组成的序列是形如 $init(v)_i$, $decide(w)_i$ 的序列（即空序列，由一个 $init(v)_i$ 组成的序列，或由 $init(v)_i$、$decide(w)_i$ 组成的双动作序列）的前缀，则称它是良构的。特别地，它不包含端口 i 上的连续输入和连续决定，也不包括那些前面没有输入与之对应的决定。这里对用户自动机的假设意味着每个用户 U_i 都保持良构性（采用 8.5.4 节中的"保持"定义）。

合成系统中的运行，无论公平与否，都必须具有以下属性：

良构性　对于任意 i，U_i 和系统之间的交互对 i 来说是良构的。

一致性　所有进程的决定值都是相同的。

有效性　若所有发生的 $init$ 动作都包含同一值 v，则 v 是唯一可能的决定值。

这里一致性和有效性条件的定义与 6.1 节中同步模型上的停止一致性问题中这两个条件的定义类似，主要区别在于输入 / 输出约定的不同。

我们也需要某种终止性条件。对于无故障运行，最基本的需求如下：

无故障终止性   对于任意其中所有端口上都发生 *init* 事件的公平运行，最终所有端口上都发生 *decide* 事件。

给定一个特殊的用户 U_i 的集合，如果共享存储器系统 A 保证对 U_i 的良构性、一致性、有效性和无故障终止性条件，则称 A 解决了该用户集合上的一致性问题。如果 A 解决了所有用户集合上的一致性问题，则称它解决了一致性问题。

对于包含任意数目的可能出错的进程的运行，以下考虑了一些涉及容错的更强终止性条件：

无等待终止性   对于任意其中所有端口上都发生 *init* 事件的公平运行，最终所有不故障的端口（即没有 $stop_i$ 事件发生的端口 i）上都发生 *decide* 事件。

也就是说，不管其他进程是否发生故障，不故障的进程最终都做出决定。这与 6.1 节中针对同步环境中的停止一致性问题给出的终止条件类似。该条件被称为无等待终止性，因为没有进程会被阻塞，从而不会无休止地等待其他进程的帮助。

注意在无等待终止性条件的声明中，所有端口都会收到输入，另一种等价的声明只要求端口 i 收到输入，对两者之间等价性的证明留为一道习题。

因为本章中主要的不可能性结果只涉及单个进程出故障（而不是任意个进程出故障）的情况，我们还需要另一个终止性条件。

f 故障终止性（$0 \leqslant f \leqslant n$）   对于任意其中所有端口上都发生 *init* 事件的公平运行，如果 *stop* 事件最多在 f 个端口上发生，则最终 *decide* 事件在每个无障端口上发生。

容易看出无故障终止性条件和无等待终止性条件分别是 f 等于 0 和 f 等于 n 时的 f 故障终止性条件的特例。单故障终止条件是 f 等于 1 时的特例。

引理 12.1   设 A 是给定的模型中的算法，设 U_i（$1 \leqslant i \leqslant n$），是用户集合。

1）若 A 保证针对用户 U_i 的无等待终止性条件，则对于任意 f（$0 \leqslant f \leqslant n$），$A$ 保证针对 U_i 的 f 故障终止性条件；

2）若对于任意 f（$0 \leqslant f \leqslant n$），$A$ 都保证针对用户 U_i 的 f 故障终止性条件，则 A 保证针对 U_i 的无等待终止性条件。

如果共享存储器系统保证针对所有用户集合的无等待终止性条件和 f 故障终止性条件，则称该系统保证无等待终止性条件和 f 故障终止性条件，依此类推。

轨迹属性   如同第 10、11 章中的做法，我们以轨迹属性来表示本章中的正确性条件。每个轨迹属性 P 都有一个由 $init(v)_i$、$decide(v)_i$ 输出和 $stop_i$ 输入组成的签名。这些动作就是合成系统的外部动作。为了证明正确性条件，我们需要证明合成系统中的公平轨迹都在 $traces(P)$ 中。

同步终止性   这里的无等待条件与在 6.1 节的同步模型中用于讨论停止一致性问题的终止性条件类似，与 7.3 节中用于提交问题的强终止性条件也类似。而无故障终止性条件则与 7.3 节中的弱终止性条件类似。

本章的大部分内容致力于读 / 写共享存储器的情况，因为不可能性结果在这种情况中成立。变量可以是多写者 / 多读者寄存器。在本章结尾部分的 12.3 节和 12.4 节中，我们会简要地讨论其他变量类型的情况。

12.2   使用读 / 写共享存储器的一致性问题

在本节中，我们假设 A 是一个在读 / 写共享存储器上解决了一致性问题，并且保证单故障终止性条件的算法。我们的目标在于导出矛盾，从而证明 A 根本不存在。

首先，不失一般性，我们对 A 做一些简化性限制，并给出一些所需的术语。然后，证明关于输入值的一个结果。接着，证明当强无等待终止性条件成立时，一致性问题在读/写共享存储器上是不可解的，这较为简单。最后，证明主要结果——系统甚至不能容忍单个故障发生。

12.2.1 限制

简单起见且为了不失一般性，我们给出以下四个假设。第一，值集合 V 为 $\{0, 1\}$。第二，A 和特定用户集合以及平凡自动机合成在一起，其中每个自动机除了产生单个（任意）*init* 事件之外不做其他事情。

第三，A 是"确定的"，自动机只有一个初始状态；自任意自动机状态起，任意进程都最多有一个局部控制步；对于任意自动机状态和任意 *init* 输入，都只有一个结果自动机状态与之对应。这里并没有限制一般性，因为如果得到不确定解法，那么可以保留每种情况中的一个状态，并删除其他所有状态（这与习题 8.9 中描述的确定性概念相似）。

最后，每个无故障进程都总有一个使能的局部控制步，即使在它做决定之后也如此。这也不会限制一般性，因为我们总是包括假内部步。

12.2.2 术语

*初始化*被定义为 A 与用户的合成的一个运行，其中用户由 n 个 *init* 步组成，一个步对应一个端口，并按索引排序。则一个初始化的轨迹具有如下形式：

$$init(v_1)_1, init(v_2)_2, \cdots, init(v_n)_n$$

这里 $v_1, \cdots, v_n \in V$。如果运行 α 的开始部分是一个初始化，则称它是*输入起始*的。我们的证明只涉及输入起始的运行。

对于有限运行 α，如果在 α 中或在对 α 进行扩展的任意运行中，在 *decide* 事件中出现的值只有 0，则称 α 为 *0 价*的。另外，我们坚持认为值 0 实际上肯定出现在这种 *decide* 事件中。在一个 0 价运行之后，算法会以 0 作为唯一的决定值，即使 *decide*(0) 事件实际上并没有发生也是如此。类似地，如果这种值为 1，则 α 是 *1 价*的。当 α 是 0 价或 1 价时，称它为*单价*的；当 0 和 1 都出现在某运行中时，称该运行是*双价*的。图 12-2 显示了一个双价运行。

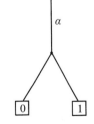

图 12-2 双价运行 α

以下引理指出在无故障时这种分类是完备的，亦即不能做出决定的有限无故障运行是不存在的。

引理 12.2 A 的每个有限无故障运行 α 不是单价的，就是双价的。

证明 任意这样的 α 都可以被扩展成一个无故障公平运行 α'。A 保证的无故障终止性条件意味着：在 α' 中，所有进程最终都将做决定。

假如 α 是一个有限无故障运行，且 i 是任意进程，则定义 *extension*(α, i) 为通过执行 i 的一步来对运行 α 进行扩展而得的运行。这里要用到以前所做的两个限制：每个无故障进程都总有一个使能的局部控制步，并且系统是确定性的。这个概念很容易扩展到进程索引序列中，例如，*extension*(α, ij) = *extension*(*extension*(α, i), j)。

12.2.3　双价初始化

我们首先证明 A 肯定有一个双价初始化，这意味着最终的决定值并不仅仅取决于输入。而如果算法不需要容忍任何故障，则存在简单的一致性算法，使得最终决定值完全取决于输入。寻找这些算法的任务留为一道习题。

引理 12.3　A 有一个双价初始化。

证明　如果没有，则所有初始化都是单价的。若初始化 α_0 全部由 0 组成，那么根据有效性条件，α_0 必然是 0 价的；类似地，全部由 1 组成的初始化 α_1 必然是 1 价的。

现在来构造一条跨越从 α_0 到 α_1 整个过程的初始化链⊖。在链中的每一步中，我们将一个进程的初始值从 0 改成 1，因此链中两个相邻的初始化之间的唯一区别在于它们对一个进程的输入是不同的。由假设可知，链中的每个初始化都是单价的，则链中必有两个相邻的初始化，例如，α 和 α'，α 是 0 价的而 α' 是 1 价的。设它们的不同之处在于进程 i 的初始值不同。

现在考虑扩展自 α 的任意公平运行，其中 i 在原来的初始化之后立即失效（即下个动作为 $stop_i$），且没有其他进程失效。根据单故障终止性条件，除了 i 之外的进程最终都会做出决定。由于 α 是 0 价的，故这个决定值必然是 0。

现在使用相同的方法来扩展 α'，可以得到决定值 0。这是由于 α 和 α' 之间的唯一区别在于进程 i 的初始值不同，以及 i 在两种扩展中都是在原来的初始化之后立即失效，因此剩下的进程在 α' 后的表现应该与在 α 后的表现一样。参见图 12-3。

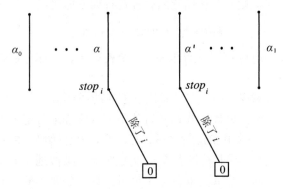

图 12-3　引理 12.3 的构造

这与 α' 是 1 价的这一假设矛盾。

12.2.4　无等待终止性的不可能性

现在来证明第一个（最简单的）不可能性结果——无等待终止性的不可能性。在本节中，假设算法 A 具有无等待终止性属性。该属性比以前假设的单故障终止性属性更强。我们将用无等待终止性条件来导出矛盾。

要导出矛盾，需要精确寻找一种做决定的方法。特别地，我们定义一个决定者运行 α 为满足以下条件的有限无故障输入起始运行：

1）α 是双价的。

2）对于所有 i，$extension(\alpha, i)$ 是单价的。

⊖　这个链的结构与定理 6.33 证明中用到的链类似。算法需要的轮数下界在同步环境下设置。

因此，在一个决定者运行之后，不会做出决定，任意其他（非 *stop*）进程步将确定决定值。我们来证明 A（具有无等待终止性属性）必有一个决定者运行。

引理 12.4 A 有一个决定者运行。

证明 假设该引理不成立，即任意双价无故障输入起始运行都有一个双价无故障扩展。

从一个双价初始化（引理 12.3 保证该初始化是存在的）开始，可以生成一个无限的无故障输入起始运行 α，其中 α 的所有前缀都是双价的。因此，在 α 中，没有进程曾经做出决定。构造 α 的过程很简单：在每一阶段，都从一个双价无故障输入起始运行开始，然后执行一步将该运行扩展成另一个双价无故障运行。由上面的假设可知，这种构造是可行的。

由于 α 是无限的，因此它必然包含无限多的某进程步，设该进程为进程 i。下面我们来证明 i 必然在 α 中做出决定，从而产生矛盾。

将 *stop*_j（j 为 P₁ 执行有限多步的进程）事件插入 α 中，将其放在进程 j 的最后一步之后的第一个位置。称产生的运行为 α′，则 α′ 是一个其中进程 i 不出故障的公平运行。然后，无等待终止性条件意味着 i 必然在 α′ 中做决定。但是，由于在进程 i 眼中 α 和 α′ 是一样的，因此 i 也在 α 中做决定。这就产生了证明该引理所需的矛盾。

现在导出矛盾来证明无等待终止性条件的不可能性结果。

引理 12.5 A 并不存在。

证明 根据引理 12.4，固定一个决定者运行 α。由于 α 是双价的，故存在两个进程，如 i 和 j，使得在 α 之后，i 的一步导致一个 0 价运行，j 的一步导致一个 1 价运行。也就是说，*extension*(α, i) 是 0 价的，而 *extension*(α, j) 是 1 价的。显然 i ≠ j，参见图 12-4。

以下分情况来完成证明，每种情况都产生矛盾：

1）进程 i 的步是一个读步。

对 *extension*(α, j) 进行扩展，使其中没有进程出故障，进程 i 不执行任何步，而其他进程执行无限多步。对于除了 i 之外的所有进程，该运行看起来类似于一个其中进程 i 立即出故障，而其他进程不会出故障的公平运行。因此，根据无等待终止性条件（事实上，单故障终止性条件就足够了），除了 i 之外的所有进程最终都会做出决定；又因为 *extension*(α, j) 是 1 价的，所以这些进程必然决定出 1。

现在，对于除了 i 之外的进程来说，α 之后的状态和 *extension*(α, i) 之后的状态是不可区分的（见 9.3 节中的定义）。这是由于 i 的步是一个读步，故它只能改变进程 i 的状态。将以前在 α 之后运行的同一后缀（该后缀以 j 的步开始）取出来后放在 *extension*(α, i) 之后。此时，除了 i 之外的所有进程都决定出 1，这与 *extension*(α, i) 是 0 价的这一假设相矛盾。参见图 12-5。

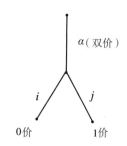

图 12-4 α 是一个决定者运行，*extension*(α, i) 是 0 价的，*extension*(α, j) 是 1 价的

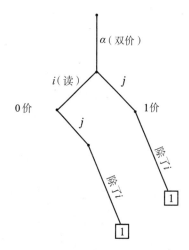

图 12-5 第 1 种情况的构造

2）进程 j 的步是一个读步。

这种情况与第 1 种情况对称，证明过程类似。

3）进程 i 的步和进程 j 的步都是写步。

分两种情况考虑：

a）进程 i 和 j 写不同的变量。

考虑两种对 α 进行扩展而得的运行，在第一种中 i 先执行步，j 后执行步；在另一种中 j 先执行步，i 后执行步。由于这两步涉及不同的进程和不同的变量，因此在每个运行之后的系统状态是相同的。参见图 12-6。

这样在 0 价运行之后或者在 1 价运行之后到达同一系统状态。如果从该状态开始无故障地运行所有进程，则这些进程必须做出决定。然而，不论何种决定都将产生矛盾。例如，如果决定值是 0，则我们得到一个从 1 价前缀扩展而来的运行，其决定值为 0。

b）进程 i 和 j 写相同的变量。

如第 1 种情况中的做法，在 $extension(\alpha, j)$ 之后运行除了 i 之外的所有进程，直到它们决定出 1。此时，对于除了 i 之外的进程，$extension(\alpha, j)$ 之后的状态和 $extension(\alpha, ij)$ 之后的状态是不可区分的，原因在于 j 的步改写了 i 先前写入的值，故 i 的步只在进程 i 的状态中留下记忆。将以前在 $extension(\alpha, j)$ 之后运行的同一后缀取出来后放在 $extension(\alpha, ij)$ 之后。此时，除了 i 之外的所有进程都决定出 1，这与 $extension(\alpha, i)$ 是 0 价的这一假设相矛盾。参见图 12-7。

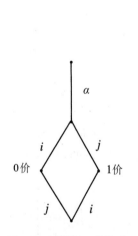

图 12-6　情况 3a 的构造

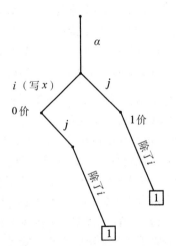

图 12-7　情况 3b 的构造

在所有情况中我们都导出了矛盾，因此不存在算法 A。

这样我们证明了第一个不可能性定理：

定理 12.6 对于 $n \geq 2$，不存在一个针对读 / 写共享存储器来解决一致性问题且保证无等待终止性的算法。

12.2.5 单故障终止性的不可能性结果

注意前一节中的定理 12.6 并不适用于单故障终止性的情况，问题出现在引理 12.4 的证明中，在那里使用无等待终止性条件来断定进程 i 在不出故障的一个公平运行中必须做出决定。在本节中，我们增强定理 12.6 以取得针对单故障终止性的系统的相应定理。

这次的证明基于以下引理。该引理指出：可以对一个双价运行进行扩展，使得在保持双价性的同时，一个给定的进程执行一步。

引理 12.7 如果 α 是 A 的一个双价无故障输入起始运行，且 i 是任意进程，则存在 α 的一个无故障扩展 α' 使得 $extension(\alpha', i)$ 是双价的。

参见图 12-8。

在钻研本引理的证明之前，你可以跳到定理 12.8 的证明中去看看引理 12.7 如何被用于证明不可能性结果。

证明 通过反证法来证明。假设该引理不成立，即必然存在 A 上的双价无故障输入起始运行 α 和进程 i，使得对于 α 的任意无故障扩展 α'，$extension(\alpha', i)$ 是单价的。这意味着 $extension(\alpha, i)$ 是单价的。不失一般性，设 $extension(\alpha, i)$ 是 0 价的。

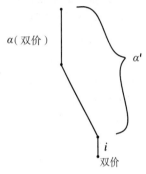

图 12-8 允许进程 i 执行步时保持双价

由于 α 是双价的，α 有一个包含决定值 1 的扩展 α''。不失一般性，设 $extension(\alpha, i)$ 是无故障的，因为否则可以删除任意 *stop* 动作，而决定不受影响。则 $extension(\alpha'', i)$ 必然是 1 价的。当 i 在从 α 到 α'' 的路径上的任意一点上执行一步时，看看会发生什么？参见图 12-9。

在路径的开始，i 的步是 0 价的；在结尾则是 1 价的；在中间点上是单价的。因此，路径上必有两个相邻点使得第一点是 0 价的而第二点是 1 价的。令 α' 是到第一点为止的运行，见图 12-10。

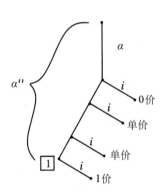

图 12-9 进程 i 的步导致单价

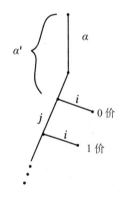

图 12-10 i 产生不同价的连续两点

设 j 是执行中间步的进程，我们认为 $j \neq i$，因为如果 $j = i$，则有 i 的一步导致 0 价而 i 的两步导致 1 价；由于进程是确定性的，因此这给出了一个具有 1 价扩展的 0 价运行，而这是不合理的。

与引理 12.5 的证明类似，以下分情况来完成证明，每种情况都产生矛盾：

1）进程 i 的步是读步。

容易证明在 $extension(\alpha', ji)$ 和 $extension(\alpha', ij)$ 之后的状态对于除了 i 之外的所有进程都是不可区分的。这是因为两种运行涉及的 i 的步都是读步，只会影响进程 i 的状态。

按照以下方式来扩展 $extension(\alpha', ij)$：i 不再执行任何步，而其他所有进程都执行无限步。根据单故障终止性条件，除了 i 之外的所有进程最终都必须做出决定，又因为

extension(α', *i*) 是 0 价的，故必然决定出 0。由上述的不可区分性证明可知，只需将以前在 *extension*(α', *ij*) 之后运行的同一后缀取出来放在 *extension*(α', *ji*) 之后就足够了。此时，进程也决定出 0，这与 *extension*(α', *ji*) 是 1 价的这一假设相矛盾，参见图 12-11。

2）进程 *j* 的步是读步。

这种情况的证明过程与第 1 种情况的证明过程类似。此时，在 *extension*(α',*i*) 和 *extension*(α', *ji*) 之后的状态对于除了 *j* 之外的所有进程都是不可区分的。让除了 *j* 之外的所有进程在 *extension*(α', *i*) 之后运行，迫使它们最终决定出 0。然后在 *extension*(α', *ji*) 之后以相同方法运行这些进程，它们又决定出 0，从而与 *extension*(α', *ji*) 是 1 价的这一假设矛盾。

3）进程 *i* 的步和进程 *j* 的步都是写步。

分两种情况考虑：

a）进程 *i* 和 *j* 写不同的变量。

这种情况的证明可以采用引理 12.5 的证明过程中的相同技术来进行，参见图 12-6。相同的矛盾将被导出。

b）进程 *i* 和 *j* 写相同的变量。

在这种情况中，在 *extension*(α', *i*) 和 *extension*(α', *ji*) 之后的状态对于除了 *j* 之外的进程是不可区分的，原因在于 *i* 的步改写了 *j* 的先前步。让除了 *j* 之外的所有进程在 *extension*(α',*i*) 和 *extension*(α', *ji*) 之后运行，将产生与前面相同的矛盾。参见图 12-12。

现在可以证明出主要定理。

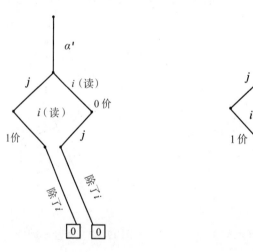

图 12-11　第 1 种情况的构造　　　　图 12-12　情况 3b 的构造

定理 12.8　对于 $n \geq 2$，不存在一个针对读 / 写共享存储器来解决一致性问题且保证单故障终止性的算法。

证明　我们利用引理 12.7 来构造一个公平无故障输入起始运行，其中没有进程做出过决定。这与无故障终止性条件的要求相矛盾。

构造过程从一个双价初始化开始，引理 12.3 保证这样的初始化是存在的。然后反复地扩展当前运行：以轮换的顺序，第一个扩展至少包含进程 1 的一步，第二个扩展至少包含进程 2 的一步，依此类推；所有扩展都保持双价性且无故障发生。根据引理 12.7，每次扩展都是可行的。

所得的运行是公平的，因为每个进程都执行无限多步。然而，没有进程做出过决定。这就导出了所需的矛盾。

12.3 读 / 改 / 写共享存储器上的一致性问题

与读 / 写共享存储器的情况相比，使用读 - 改 - 写共享存储器来解决一致性问题并保证无等待终止性条件是很容易的。实际上，一个单独的读 - 改 - 写共享变量就足够了。

RMWAgreement 算法：

共享变量的初始值为 $unknown$。每个进程都访问这个变量，如果访问时变量的值为 $unknown$，则进程将此值改成进程的初值并将其作为决定值。如果访问时变量的值为 $v \in V$，则进程不改变原先变量的值，并且会把这个值作为决定值。

除增加了一些故障处理的代码外，进程 i 的 RMWAgreement 算法的前提 - 结果代码与例 9.1.1 中的代码相同。也就是说，在 RMWAgreement 算法的状态中包含额外的 $stopped$ 部分，$stopped$ 部分是一个进程集合，其初值为空集；还包含一个负责将 i 加到 $stopped$ 部分中去的 $stop_i$ 动作。$access_i$ 和 $decide_i$ 动作具有额外的前提：$i \notin stopped$，且 $init_i$ 动作只在 $i \notin stopped$ 时发生变化。

定理 12.9 RMWAgreement 算法解决了一致性问题并保证无等待终止性。

证明 这是很浅易的。无等待终止性条件成立，因为进程 i 在接收到一个 $init_i$ 输入之后能够立刻执行一个 $access_i$ 动作，接着执行一个 $decide_i$ 动作。一致性条件和有效性条件也成立，因为第一个执行 $access$ 动作的进程建立了公共的决定值。

12.4 其他共享存储器类型

我们还可以考虑除了针对读 / 写共享存储器和读 - 改 - 写共享存储器之外的其他类型的共享存储器的一致性问题。例如，考虑变量具有交换、测试 - 设置、取 - 加、和比较 - 交换操作时的情况。这些操作已在例 9.4.3 中定义。以下定理是已经取得的著名结果：

定理 12.10 使用单个只允许比较 - 交换操作的共享变量，对于任意 n，保持无等待终止性条件的一致性问题都是可解的。

定理 12.11 如果 $n \geq 3$，且共享变量允许交换、测试 - 设置、取 - 加、读和写操作的任意组合，则使用这种共享变量来解决保持无等待终止性条件的一致性问题是不可能的。

证明 该证明留为一道习题。

12.5 异步共享存储器系统中的可计算性 *

针对具有停止故障的异步共享存储器模型的"决定问题"，一致性问题只是其中一个例子。在本节中，我们定义决定问题的通用概念，给出一些例子，并给出（但不证明）一些典型的可计算性结果。

我们对决定问题的定义基于先前对决定映射的初步定义。设输入的固定值集为 V，对于长度为 n 的输入向量，一个决定映射 D 是由长度为 n 的合法决定向量组成的非空集合 $D(w)$。向量 w 代表了进程 $1, \cdots, n$ 的输入，向量中的元素按进程索引排序；类似地，$D(w)$ 中的每个

向量都代表了进程 $1, \cdots, n$ 的决定值，向量中的元素也按进程索引排序。

我们用决定映射 D 阐述用异步共享存储器模型可解的问题。与一致性问题中的情况一样，共享存储器模型的外部接口由 $init(v)_i$、$decide(v)_i$、$stop_i$ 动作组成，良构性条件和各个终止性条件的定义与一致性问题中的相应定义一模一样。不过，与一致性问题同时定义了一致性条件和有效性条件不同，这里只需要有效性条件：

有效性 在任意其中 $init$ 事件发生在所有端口的运行中，进程做出的决定值组成了 $D(w)$ 中的某个向量，其中 w 是给定的输入向量。

例 12.5.1 作为决定问题的一致性问题

基于以下定义的决定映射 D，一致性问题是决定问题的一个例子。对于任一向量 $w = v_1, \cdots, v_n$，其中 $v_1, \cdots, v_n$ 是 V 中的输入，由合法决定向量组成的非空集合 $D(w)$ 的定义如下：

1）如果 $v_1 = v_2 = \cdots = v_n = v$，则 $D(w)$ 包含单个向量 $x_1, x_2, \cdots, x_n$，其中 $x_1 = x_2 = \cdots = x_n = v$。

2）如果对于某个 i 和某个 j，有 $v_i \neq v_j$，则 $D(w)$ 由向量 $x_1, x_2, \cdots, x_n$ 组成，其中 $x_1 = x_2 = \cdots = x_n$。

容易看出基于 D 的决定问题等同于一致性问题（一个显著的差异在于：通用决定问题的定义中只提到了那些其中 $init$ 输入会到达所有端口的运行，而一致性问题的定义还涉及其他运行。但这个差异并不重要，因为任意有限运行都可以被扩展成其中输入会到达所有端口的运行）。

决定性问题的另外两个重要例子是 k 一致性问题和近似一致性问题，我们已经在第 7 章的同步网络模型中研究了这两个问题。在 k 一致性问题（k 是任意正整数）中，一致性问题的一致性条件和有效性条件变成：

一致性 在任意运行中，存在 V 的一个子集 W，$|W| = k$，使得所有决定值都在 W 中。

有效性 在任意运行中，任意进程的任意决定值都是某一进程的初始值。

这里的一致性条件比一般的一致性条件弱，因为它允许 k 个而不是 1 个决定值。有效性条件比针对一般一致性的有效性条件强一点。将 k 一致性问题形式化为决定问题是容易的。见以下定理，其证明过程留为一道习题。

定理 12.12 在使用单写者 / 多读者寄存器的异步读 / 写共享存储器模型中，保持 $k-1$ 故障终止性条件的 k 一致性问题是可解的。

定理 12.13 在使用多写者 / 多读者寄存器的异步读 / 写共享存储器模型中，保持 k 故障终止性条件的 k 一致性问题是不可解的。

在近似一致性问题中，值集合 V 是实数集合，进程可以在消息中发送实数值的数据。与一致性问题中进程必须达成一致的情况不同，这里要求进程近似地（在一个小的正容差 ε 之内）达成一致就行了。换而言之，一致性条件和有效性条件变成：

一致性 对于任意运行中的任意两个决定值，其中一个必在另一个的容差 ε 之内。

有效性 在任意运行中，任意决定值都在初始值的范围之内。

与前面一样，将近似一致性问题形式化为决定问题是容易的。

定理 12.14 在使用单写者 / 多读者寄存器的异步读 / 写共享存储器模型中，保持无等待终止性条件的近似一致性问题是可解的。

证明 该证明留为一道习题。

作为本章的结束，我们给出一条定理来说明保持单故障终止性的决定性问题是不可解的。该定理是定理 12.8 的扩展。

对于任意由长度为 n 的向量组成的集合，其中向量的元素是 V 中的元素，我们定义一个图。该图的顶点是长度为 n 的向量；边是向量对，其中两个向量只有一个元素值是不同的。

定理 12.15 令 D 是这样一个决定映射：在异步读 / 写共享存储器模型中，与之相关的保持单故障终止性条件的决定性问题是可解的。则必然存在一个决定映射 D'，对于所有 w，有 $D'(w) \subseteq D(w)$，且以下条件成立：

1）如果输入向量 w 和 w' 只有一个元素值不同，则存在 $y \in D'(w)$ 和 $y' \in D'(w')$，使得 y 和 y' 最多有一个元素值不同。

2）对于任意 w，由 $D'(w)$ 定义的图是连通的。

定理 12.15 的证明留为一道习题；其证明思想类似于定理 12.8 的证明思想。

12.6 参考文献注释

Fischer、Lynch 和 Paterson[123] 最先证明了容错系统中一致性问题的不可能性，其结果是针对单故障终止性的异步消息传送环境的。后来，该结果及其证明被 Loui 和 Abu-Amara[199] 扩展到异步共享存储器模型（一个稍强的模型）上（见第 17 章中介绍的异步共享存储器模型与异步网络模型的关系）。Loui 和 Abu-Amara[199]，以及 Herlihy[150] 相互独立地证明了无等待一致性的不可能性结果。本章的阐述基于 [199] 中的证明。

使用除了读 / 写变量之外其他共享变量类型的一致性问题的结果来自 Herlihy[150] 的成果。Herlihy 的论文不但对能够解决一致性问题的变量类型进行了分类，还决定了哪些类型能够"实现"哪些其他类型。

k 一致性问题最先由 Chaudhuri[73] 在异步网络环境中提出。Chaudhuri 证明了保持 $k-1$ 障终止性条件的 k 一致性问题是可解的，但没有回答保持 k 故障终止性条件的 k 一致性问题是否可解。该问题的（否定）答案由 Herlihy 与 Shavit[152]、Borowsky 与 Gafni[55] 和 Saks 与 Zaharoglou[253] 给出。对于能在易错异步读 / 写共享存储器系统解决的问题，Herlihy 与 Shavit 在这些问题的拓扑特征上下文中给出了结果。他们进一步在 [151] 中扩展了这种特征。特征考虑了输入向量的受限集，而不只是本书中的完全集。

近似一致性问题最先由 Dolev、Lynch、Pinter、Start 和 Weihl[98] 定义，他们的研究针对异步网络系统。Attiya、Lynch 和 Shavit[24] 为近似一致性问题设计了一个无等待异步共享存储器算法。

基于 Moran 和 Wolfstahl[230] 早期取得的不可能性结果，Biran、Moran 和 Zaks[51] 描述了那些能在异步读 / 写共享存储器环境中解决的保持单故障终止性条件的决定问题。这种描述考虑了输入向量的受限集。定理 12.15 来自于这两篇论文的结果。这些结果首先在异步网络环境中得到证明，然后被扩展到异步读 / 写共享存储器环境中。

Chor、Israeli 与 Li[78]，Abrahamson[2]，和 Aspnes 与 Herlihy[16] 给出了使用读 / 写共享存储器的一致性问题的随机化解法。

12.7 习题

12.1 证明无等待终止性条件的更强形式——其中输入只需到达端口 i——与书中给定的形式等价。更确切地，示范如何修改给定的保证良构性、一致性、有效性和无等待终止性条件的算法 A，使得修改后的版本除了保证这些相同条件之外，还保证更强无等待终止性条件。

12.2 描述一个在读/写共享存储器模型中解决一致性问题的算法（没有任何容错要求），且

    a）其中存在一个双价初始化。

    b）其中所有初始化都是单价的。

12.3 判断题。

    a）如果 A 是一个在满足 12.1 节中限制的读/写共享存储器模型中的（无容错）一致性算法，且 A 拥有一个双价的初始化，则 A 必定有一个决定者运行。

    b）如果 A 是一个如 a 所说的一致性算法，且是一个双进程算法，则 A 必有一个决定者运行。

12.4 证明：我们用以下更弱的条件来代替定理 12.8 中的有效性条件，定理 12.8 仍然成立：存在两个输入起始运行 α_0 和 α_1，其中 α_0 的某些进程决定出 0，而 α_1 的某些进程决定出 1。

12.5 重新考虑使用读/写共享存储器的一致性问题。这次考虑一个比通用停止故障更受限的模型，其中进程只能在每次计算开始时发生故障（也就是说，所有 *stop* 事件在其他所有事件之前发生）。能否在该模型上解决一致性问题，且保证

    a）单故障终止？

    b）无等待终止？

    在两种情况中，分别给出一个算法或者不可能性结果。

12.6 证明：在读/写共享存储器中保证单故障终止条件的任意一致性算法都必然具有一个双价初始化。

12.7 证明定理 12.10。

12.8 证明对于 $n \geqslant 3$，使用任意数目的共享变量都不能解决保证无等待终止性的 n 进程一致性问题，其中每种变量都是干扰（interfering）类型，即如果 a 和 b 是变量类型的调用，则令 $f_2(a, v)$ 代表 $f(a, v)$ 的第二个投影（即变量的新值），以下条件中至少有一个成立：

    a）（a 和 b 可交换）对于所有 $v \in V$，$f_2(a, f_2(b, v)) = f_2(b, f_2(a, v))$。

    b）（a 改写 b）对于所有 $v \in V$，$f_2(a, f_2(b, v)) = f_2(a, v)$。

    c）（b 改写 a）对于所有 $v \in V$，$f_2(b, f_2(a, v)) = f_2(b, v)$。

    这里使用了 9.4 节中的概念。

12.9 利用习题 12.8 的结果来证明定理 12.11。

12.10 给出决定映射以将以下问题形式化为决定问题：

    a）k 一致性问题。

    b）近似一致性问题。

12.11 证明定理 12.12。

12.12 证明定理 12.13（提醒：本题难度较高）。

12.13 考虑 $n = 2$（进程）时的近似一致性问题。给出一个在使用单写者/多读者寄存器的异步共享存储器模型中解决该问题的无故障算法。证明其正确性，并给出时间复杂度。

12.14 将习题 12.13 中的结果扩展到任意进程数目 n 的情况，即证明定理 12.14。

12.15 Flaky 计算机公司中一个有经验的软件设计者想出了一个解决本章中一致性问题（对于任意数目的停止故障，$V = \{0, 1\}$）的绝妙主意：将 0 和 1 视为实数，将近似一致性问题的无等待解法作为一个"子过程"。一旦进程获得近似一致性问题子过程的答案，就简单地将答案舍入为 0 或者 1，从而得到最终决定。解释为什么她的主意是错误的。

12.16 考虑你在习题 12.13 中设计的双进程无等待近似一致性算法（如同 12.2.1 节中的定义，假设你的算法是确定性的）。对于任一向量 (v_1, v_2)，$D'(v_1, v_2)$ 是这样的决定向量集合：向量实际上从输入起始运行中获得，其中进程 1 具有输入 v_1，进程 2 具有输入 v_2。

    a）描述集合 $D'(0, 1)$ 和其相关图（在定理 12.15 前定义）。

    b）考虑无故障无限运行，其中进程 1 和进程 2 首先分别接收输入 0 和 1，然后交替地执行步 1，

2, 1, …。对于该运行的每个输入起始前缀 α，描述实际上从 α 的扩展中获得的决定向量的集合。

c) 对于任意输入向量 (v_1, v_2)，描述 $D'(v_1, v_2)$。

d) 证明对于任意 (v_1, v_2)，$D'(v_1, v_2)$ 定义的图是连通的。

12.17 证明定理 12.15。（提示：固定在读 / 写共享存储器模型中解决了保持单故障终止性条件的 D 的任意算法 A。对于任意输入向量 w，定义 $D'(w)$ 为实际上从 A（具有输入向量 w）的输入起始运行中获得的向量的集合。）第 1 部分的证明类似于引理 12.13 的证明。第 2 部分使用反证法，其过程与定理 12.8 的证明过程相似。在每个有限无故障输入起始运行之后，考虑可获得的决定向量的集合是否连通。使用类似于引理 12.7 的方法（通过允许任意给定进程 i 执行一步，将任意"不连通"的 α 扩展为另一"非连通"的 α'）。

12.18 使用定理 12.15 来证明定理 12.8。

12.19 使用定理 12.15 来证明：除了一般一致性问题之外的其他保持单故障终止性条件的决定问题，在异步读 / 写共享存储器模型中都是不可解的。尽量找出所有有趣问题，这些问题能以这种方法来证明其不可能性。

12.20 扩展定理 12.15 中的条件来得到决定问题的一个通用特征，使之保持单故障终止性条件时在异步读 / 写共享存储器模型中是可解的（提醒：本题难度很高）。

原 子 对 象

这一章是异步共享存储器模型的最后一章，在这里我们介绍原子对象。特定类型的原子对象很像与其同一类型的普通共享变量。区别在于原子对象可以被几个进程同时访问，而对共享变量的访问只能不可分割地进行。虽然对原子对象的访问是并发的，但是原子对象可以保证当进程获得应答时，在进程看来每个时刻只发生一次访问，且应答的顺序和调用的顺序相一致。原子对象有时候也被称作可线性化对象。

除了具有原子性的属性之外，绝大多数已研究过的原子对象还满足有意思的容错条件。其中最强的条件是无等待终止性条件。它要求在无故障端口上的任何调用最终都会获得一个应答。这个属性可以弱化为：仅当所有故障被限定在某一指定的端口集合 I 或某一数量 f 的端口上时，应答才是必须的。我们在这一章考虑的唯一故障类型是停止故障。

有人建议把原子对象作为构造多处理器系统的构件。其思想是，从基本的原子对象开始，如单写者/单读者的读/写原子对象，它们比较简单，且可以由硬件来提供。随后，从这些基本的原子对象开始，构造功能更强的原子对象。最后的系统结构应该是简单的、模块化的、正确的。然而，尚未解决的问题是如何构造原子对象来在实践中提供足够快的、有用的应答。

作为异步网络系统的构件，原子对象的有用性是无可争辩的。很多分布式网络算法被设计成能够给用户提供一种类似于集中的、一致的共享存储器的东西。形式上，其中很多可以被视为原子对象的分布式实现。我们将在 17.1 节和 18.3.3 节中看到有关这种现象的几个例子。

在 13.1 节，我们引入形式框架用来研究原子对象。也就是说，我们定义原子对象并给出它们的基本性质，尤其是它们和同类型共享变量之间联系的结果，以及表明它们如何用于系统构建方面的结论。

然后在本章的余下部分，我们将给出一些算法，这些算法根据其他类型的原子对象（即共享变量）来实现一些特殊类型的原子对象。我们考虑的原子对象的种类有读/写对象、读-改-写对象和快照对象。我们给出的结果仅仅是一些例子——在相关的研究文献中还有很多这样的结果，在这个领域中也还有很多研究工作要做。

13.1 定义和基本结论

我们首先定义原子对象和它们的基本属性，然后给出一个用来构造给定类型的规范无等待原子对象的方法。然后再证明一些关于构造原子对象的基本结论，以及使用它们来代替共享存储器系统的共享变量的结论。这些结论可以用来证明从其他原子对象来分级构造原子对象的正确性。

这一节中的许多概念是相当难以理解的。但是它们对本章中的结论，对第 17 章、第 21 章中涉及容错性的内容都很重要。所以我们会在这儿放慢步骤，比平常更形式化地展现我们要传达的思想。第一次阅读的时候，你可以跳过证明只读定义和结论。事实上，你可以只读 13.1.1 节的定义，然后跳到 13.2 节，在需要的时候再回到本节。

13.1.1 原子对象的定义

原子对象的定义基于 9.4 节中变量类型的定义。你现在应该重新读一下 9.4 节。回忆一下，一个变量类型包括一个值集合 V、一个初始值 v_0、一个调用集合、一个应答集合和一个函数 f：调用 $\times V \to$ 应答 $\times V$。当在一个有特定值的变量上有一个特定的调用时，f 指定应答和新的值作为结果。

再回忆一下，一个变量类型的运行就是有限序列 $v_0, a_1, b_1, v_1, a_2, b_2, v_2, \cdots, v_r$ 和无限序列 $v_0, a_1, b_1, v_1, a_2, b_2, v_2, \cdots$，其中 a 和 b 分别是调用和应答，并且相邻四元组与 f 一致。另外，这个变量类型的轨迹就是从这个变量类型的运行中提取出来的 a 和 b 序列。

如果 T 是一个变量类型，则一个类型 T 的原子对象 A 被定义为一个 I/O 自动机（应用第 8 章对 I/O 自动机的通用定义），它满足我们将在以下几页中描述的一系列性质。尤其是，它必须拥有特定类型的外部接口（外部签名），且必须满足特定的"良构性"、"原子性"和活性条件。

我们从描述外部接口开始。假设 A 通过编号为 $1, \cdots, n$ 的 n 个端口来访问。对每个端口 i，A 有一些形如 a_i 的输入动作，其中 a 是变量类型的一个调用。还有一些形如 b_i 的输出动作，其中 b 是变量类型的一个应答。如果 a_i 是一个输入动作，那么意味着在端口 i 上 a 是一个允许的（或称为合法的）调用；而如果 b_i 是一个输出动作，那么意味着在端口 i 上 b 是一个合法的应答。我们假设一个技术性条件：如果 a_i 是端口 i 上的一个输入，并且 $f(a, v) = (b, w)$ 对于某个 v 和 w 成立，那么 b_i 就是端口 i 上的一个输出。也就是说，如果调用 a 在端口 i 上是合法的，那么对 a 的所有可能应答在端口 i 上也是合法的。

另外，由于我们将考虑原子对象对于停止故障的复原性，所以我们假设每一个端口 i 上都有一个输入 $stop_i$。原子对象的外部接口如图 13-1 所示。

例 13.1.1 读 / 写原子对象的外部接口

我们描述一个在域 V 上的 1- 写者 /2- 读者原子对象的外部接口。这个对象有三个端口，我们依次标为 1、2、3。端口 1 是写端口，仅支持写操作；端口 2 和端口 3 是读端口，仅支持读操作。更精确地说，在端口 1 上，有对于所有 $v \in V$ 的形如 $write(v)_1$ 的输入动作和简单的输出动作 ack_1。在端口 2 上，有简单的输入动作 $read_2$ 和对于所有 $v \in V$ 的形如 v_2 的输出动作，端口 3 的情况同端口 2 的情况类似。在端口 1、2、3 上，分别有 $stop_1$、$stop_2$、$stop_3$ 输入动作。外部接口如图 13-2 所示。

接下来，我们描述特定变量类型 T 的原子对象自动机 A 的所需行为。在第 10 ~ 12 章中我们假设 A 由一组用户自动机 U_i 合成，其中用户自动机与端口一一对应。U_i 的输出被认作 A 在端口 i 上的调用，U_i 的输入则被认作 A 在端口 i 上的应答。$stop_i$ 动作不是 U_i 的签名的一部分。我们认为它不是由 U_i 产生的，而是来自于未指定的外部源。

还有一个需要为 U_i 假设的属性是"良构性"，其定义如下：对于一个用户 U_i 的外部动作序列，如果序列以一个调用开始，且序列中调用和应答交替出现，则称它为良构的。我们假设对于任意 i，U_i 保持良构性（参照 8.5.4 节中"保持"的形式化定义）。也就是说，我们假设在每一个端口上的调用操作是严格串行的，每一个调用都等待对前一个调用的应答。注意这个串行要求仅针对单个端口，我们允许在不同端口上调用的并发性。[⊖]在本章中，我们用 U 来代表各独立用户自动机 U_i 的合成，$U = \prod U_i$。

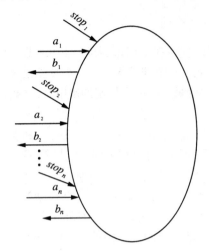

图 13-1　一个原子对象的外部接口

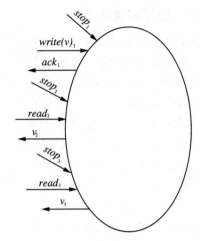

图 13-2　一个 1- 写者 /2- 读者的读 / 写原子对象的外部接口

我们要求包含 A 和 U 的合成系统 $A \times U$ 满足几个属性。首先，它的良构性条件与第 10、11、12 章中用到良构性条件相似。

良构性　在 $A \times U$ 的任意运行中，U_i 和 A 之间的交互对于任意 i 都是良构的。

因为我们已经假定用户都保持良构性，这相当于 A 也保持良构性，所以在合成系统 $A \times U$ 中，每一个端口都是从一个调用开始，调用和应答交替出现。

接下来的条件是最难理解的。对某个特定的变量类型 T，这个条件描述了操作的显著原子性。注意：T 的一条轨迹描述了所有操作串行执行时对调用序列的正确应答，也就是说，其中第一个调用之后的每一个调用都在等待对前一个调用的应答。原子性条件说明合成系统产生的每一条轨迹——允许不同端口上操作的并发调用——"看起来好像是" T 的某一条轨迹。

这些条件的形式化表述稍微有点复杂，因为即使在 $A \times U$ 的运行中某些调用——某些端口上的最后一些调用——未完成时（即无应答时），这些条件也必须成立。因此，我们规定在每个运行中，已经完成操作和某些未完成操作好像是在它们的时间间隔中的某一点上瞬时执行的。

为了定义 $A \times U$ 系统的原子性，我们首先给出一个更基本的定义——用户动作序列的原子性。设 β 是一个对每个 i 都良构的 $A \times U$ 外部动作（有限或无限）序列（也就是说，对每个 i，$\beta|ext (U_i)$ 对 i 是良构的）。如果能够做到以下各点，则称 β 满足 T 的原子性：

1）对于每一个完成的操作 π，在 β 中 π 的调用和应答之间某处插入序列化点 $*_\pi$。

2）选出一个未完成的操作的子集 Φ。

3）对于每一个操作 $\pi \in \Phi$，选出一个应答。

4）对于每一个操作 $\pi \in \Phi$，在 β 中 π 的调用之后某处插入序列化点 $*_\pi$。

我们选择操作和应答并插入序列化点，使得按如下方法构造的调用和应答序列正好是变量类

⊖　实际上，你可能想要允许对各个端口的并发访问。这需要对本章给出的定义做某些扩展。我们避免了这些复杂性，这样就可以相当简单地展现这些思想。

型 T 的一条轨迹:

对每个完成的操作 π, 将在 β 中出现的调用和应答事件 (按照其原来顺序) 移到序列化点 $*_\pi$ 处。(也就是说,"缩小"操作 π 与它的序列化点之间的间隔。) 同样, 对每一个操作 π $\in \Phi$ 中出现的调用放在 $*_\pi$ 处, 其后跟着选出的应答。最后移除所有不属于 Φ 的未完成的操作 π (即 $\pi \notin \Phi$) 的调用。

注意原子性条件只依赖于调用和应答事件——并不涉及 *stop* 事件。我们很容易把这个定义扩展到 A 和 $A \times U$ 的运行中去。具体地, 设 α 是一个对每个 i 都良构的运行 (也就是说, 对每个 i, $\alpha|ext(U_i)$ 对 i 是良构的), 如果 α 的外部动作的序列 $trace(\alpha)$ 满足 T 的原子性, 我们就说 α 也满足 T 的原子性。

例 13.1.2　带序列化点的运行

图 13-3 显示了一个域 $V = \mathbb{N}$、初始值 $v_0=0$ 的单写者 / 单读者的读 / 写对象的某些运行, 且该对象满足读 / 写寄存器变量类型的原子性。序列化点用星号表示。假设端口 1 和端口 2 分别用于写和读。

在图 13-3a 中, 一个返回 0 的读操作和一个 *write*(8) 操作重叠, 而读的序列化点被放在 *write*(8) 序列化点的前面, 如果操作间隔收缩到它们的序列化点上, 那么调用和应答的结果序列就是 $read_2, 0_2, write(8)_1, ack_1$。这是变量类型的一条轨迹 (参见例 9.4.4)。

在图 13-3b 中, 与图 13-3a 中的相比, 同一操作间隔被赋予相反顺序的序列化点, 那么调用和回应的结果序列就是 $write(8)_1, ack_1, read_2, 8_2$, 这又是变量类型的一条轨迹。

图 13-3c 和图 13-3d 中的运行都包含一个未完成的操作 *write*(8)。在每种情况下, 一个序列化点被分配给 *write*(8), 原因在于它的结果可以通过读操作看出来。对于图 13-3c, 收缩操作间隔的结果序列是 $write(8)_1, ack_1, read_2, 8_2$。而对于图 13-3d, 其结果序列为 $read_2, 0_2,$ $write(8)_1, ack_1, read_2, 8_2$。两者都是变量类型的轨迹 (参见例 9.4.4)。

在图 13-3e 中, 有无限多的读操作返回 0, 因此, 不能给未完成的操作 *write*(8) 分配序列化点。

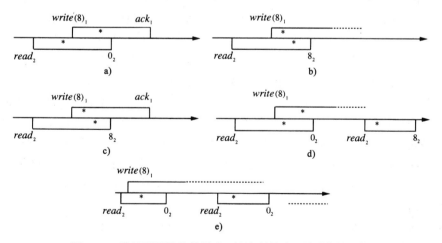

图 13-3　满足原子性的单写者 / 单读者的读 / 写对象的运行

例 13.1.3　无序列化点的运行

图 13-4 说明了单写者 / 单读者的读 / 写对象的一些运行, 该对象不满足原子性。在图

13-4a 中,没有办法插入序列化点来解释为何一个读操作返回 8,其后一个读操作却返回 0。在图 13-4b 中,没有办法解释为何一个 $write(8)$ 操作完成后读操作还会返回 0。

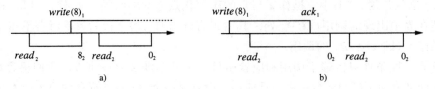

图 13-4   不满足原子性的单写者 / 单读者的读 / 写对象运行

现在我们(最终)来定义合成系统 $A \times U$ 的原子性条件。

原子性: 令 α 是一个对任意 i 都良构的 $A \times U$ 的(有限或无限)运行,则 α 满足原子性(如例 13.1.2 之前的定义)。

我们也可以用轨迹属性来表述原子性条件(轨迹属性的定义见 8.5.2 节)。即定义轨迹属性 P,使得其签名 $sig(P)$ 就是 $A \times U$ 的外部接口,并且它的轨迹集合 $traces(P)$ 正好是满足以下两个属性的序列集合:

1)对每个 i 的良构性。

2)对 T 的原子性。

(简单起见,我们把 $stop$ 动作也包括在 P 的签名中,虽然在良构性和原子性中并没有提到它们)。有意思的是,P 是一个安全属性,其定义见 8.5.3 节。也就是说,$traces(P)$ 是非空的、前缀封闭的、极限封闭的。这并不明显,因为原子性的定义更为复杂,涉及对序列化点的恰当排列以及对操作和应答的选择。

定理 13.1 P(上面定义的轨迹属性,表示良构性和原子性的组合)是一个安全属性。

定理 13.1 的证明用到了 könig 引理,一个关于无穷树的基础组合引理:

引理 13.2(könig 引理)   如果 G 是一棵无穷树,其上每一个节点只有有穷多个孩子,则 G 有一条从根开始的无穷路径。

(定理 13.1 的)证明概要   非空性是显然的,因为 $\lambda \in trace(P)$。

对于前缀封闭,假设 $\beta \in trace(P)$ 并令 β' 是 β 的一个有限前缀。因为 $\beta \in trace(P)$,所以可以选出一个未完成的操作的集合 Φ、一个对 Φ 中操作的应答的集合和一个序列化点的集合,它们一起用来证明 β 的正确性。我们来看如何为 β' 进行这些选择。

定义 γ 为通过插入选出的序列化点来从 β 中取得的序列。令 γ' 是 γ 的前缀,且它以 β' 的最后一个元素结尾。则对于 β' 中的所有完成的操作和某个由未完成的操作组成的子集,γ' 含有相应的序列化点。选出由 β' 中由未完成的操作组成的集合 Φ',其中未完成的操作在 γ' 中具有序列化点。按照以下方法来为每一个操作 $\pi \in \Phi'$ 选出一个应答:如果在 β 中 π 是未完成的,也就是说,如果 $\pi \in \Phi$,那么选择 β 中已为 π 选出的同一应答;否则选择确实在 β 中出现的应答。不难看出,集合 Φ'、选出的应答和 γ' 中的序列化点共同表明了 β' 的正确性。这就证明了前缀封闭。

最后,我们证明极限封闭。考虑一个无限序列 β,并假设 β 的所有有限前缀都在 $trace(P)$ 中,我们使用 könig 引理。

为了使用 könig 引理,我们构造一棵树 G,它描述了 β 中序列化点的可能位置。G 的每一个节点都以 β 的一个有限前缀作为标记,其中序列化点针对在 β 中被调用的某些操作来插入。我们只包括"正确的"标记,即满足以下三个条件的标记:

1）每一个完成的操作都正好有一个序列化点，而且序列化点出现在操作的调用和应答之间。

2）每个未完成的操作都至多有一个序列化点，而且序列化点出现在操作的调用之后。

3）对操作 π 的每一个应答恰好就是那个在序列化点上使用给定变量类型 T 的函数对 π 计算出来的应答。（以初始值 v_0 开始，在每一个序列化点上依次使用一次函数，相应的调用作为第一个参数。对 π 计算出的应答就是当函数应用于序列化点 $*_\pi$ 时得到的应答。）

此外，在 G 中：

1）根节点的标记是 λ。

2）每一个非根节点的标记是它双亲节点标记的扩展。

3）每一个非根节点的标记以 β 中的一个元素结尾。

4）每一个非根节点的标记比它双亲节点的标记恰好多包含一个 β 中的元素（可能还包含一些更加序列化的点）。

这样，在 G 中的每一个分支点上，就可以决定在 β 的两个特定标记之间，以何种顺序插入哪一个序列化点。通过考虑上面的前缀封闭构造，我们可以构造出 G，使得 β 的每一个有限前缀 β' 都是 G 中某一节点的标记，并且 β' 中最后一个标记之前的序列化点都被"正确"赋值。

现在我们在树 G 上使用 könig 引理。首先，容易看出 G 中每个节点只有有限多个子节点。这是因为只有那些已经被调用操作的序列化点才可以被插入，而只有有限多个位置可以插入这些序列化点。

其次，我们说 G 包含从根节点开始的任意长的路径。这是因为无限序列 β 的每一个有限前缀 β' 都在 $trace(P)$ 中，这意味着 β' 有一个对序列化点的恰当的赋值。这个赋值在 G 中生成一条长度为 $|\beta'|$ 的相应路径。

由于 G 包含从根节点开始的任意长的路径，因此是无限的。由 könig 引理（引理 13.2）可知，G 包含一条从根节点开始的无限路径。对整个序列 β，路径上的节点标记产生了一个正确的对整个序列 β 的序列化点（以及未完成的操作和应答）选择。

我们已经为原子对象定义了安全属性——良构性和原子性——现在来看活性属性。我们考虑的活性属性是与 12.1 节中针对一致性问题给出的终止性条件相似的终止性条件。最简单的要求是针对无故障运行的，即那些没有 stop 事件发生的运行。

无故障终止性 在 $A \times U$ 的任意公平无故障运行中，每个调用都有一个应答。

有了这个活性属性，我们就可以定义"原子对象"。即如果 A 保证对 T 的良构性条件和原子性条件以及对所有用户集合的无故障终止性条件，则我们称 A 是变量类型 T 的一个原子对象。

注意，如果我们只考虑无故障的情况，那么我们可以简化原子性条件的陈述，因为根本用不着考虑未完成的操作。我们之所以给出较复杂的原子性条件陈述，是因为我们还要考虑故障。

如同 10.2 节中的互斥问题一样，我们可以根据轨迹属性 P 来等价地重新阐述原子对象的整个定义。这次，$sig(P)$ 包括原子对象的所有外部接口动作，其中除了调用和应答外，还包括停止动作；并且 $trace(P)$ 表达了良构性、原子性和无故障终止性。那么，仅当 $fairtrace(A \times U) \subseteq trace(P)$ 对所有用户集合都成立时，具有正确接口的自动机 A 就是类型 T 的一个原子对象。

我们也考虑一些涉及容错性的更强终止性条件。

无等待终止性   在 $A \times U$ 的任意公平运行中，在无故障端口上的任意调用都有一个应答。
也就是说，没有故障发生的端口对所有调用都提供应答，它不管在其他端口上发生的故障。
我们扩展这个属性以描述有任意数目的故障出现时的终止性条件。

f 故障终止性（$0 \leqslant f \leqslant n$）   在 $A \times U$ 的任意公平运行中，其中 *stop* 事件最多发生在 f 个端
口上，无故障端口上的每一个调用都有一个应答。

无故障终止性和无等待终止性是 f 故障终止性条件的特殊情况，其中 f 分别等于 0 和 n。一
个进一步的推论允许我们讨论任意特定端口集合上的故障。

I 故障终止性（$I \subseteq \{1, \cdots, n\}$）   在 $A \times U$ 的任意公平运行中，*stop* 事件仅发生在 I 中的端口上，
无故障端口上的每一个调用都有一个应答。

这样，当所有端口集 I 的规模不超过 f 时，f 故障终止性和 I 故障终止性是一样的。如果 A
对所有用户集合都保证相应的条件，则我们称 A 保证无等待终止性、保证 I 故障终止性，
等等。

我们用一个共享存储器系统的简单例子来结束本节，它是一个原子对象。

例 13.1.4   一个读 / 递增原子对象

这个读 / 递增变量类型的域为 $\mathbb{N}$，初始值为 0，操作包括读和递增。

令 A 是一个共享存储器系统，它有 n 个进程，其中每一个端口 i 既支持读操作也支持递
增操作。A 有 n 个共享读 / 写寄存器 $x(i)$，其中 $1 \leqslant i \leqslant n$，每一个的域为 $\mathbb{N}$，初始值为 0。
共享变量 $x(i)$ 对于进程 i 可写，对于所有进程可读。

当一个 *increment$_i$* 输入发生在端口 i 上时，进程 i 只递增它自己的共享变量 $x(i)$。通过记
住本地状态 $x(i)$ 的值，它只要用一个写操作就可以完成这个调用。当一个 *read$_i$* 发生在端口 i
上时，进程 i 以任意顺序逐个读取共享变量 $x(j)$，并返回它们的和。

不难看出 A 是一个读 / 递增原子对象并且保证无等待终止性。举例来说，为了证明它的
原子性条件，我们考虑 $A \times U$ 的任意运行。令 Φ 是由对于写操作发生在共享变量上的未完成
的递增操作组成的集合。对于每个完成的或在 Φ 中的递增操作 π，把序列化点 $*_{\pi}$ 放置在写
操作的位置上。

现在，注意任意完成的（高层的）读操作 π 返回一个值 v，v 不小于读操作被调用时所有
$x(i)$ 的和，也不大于读操作完成时所有 $x(i)$ 的和。因为每一个递增操作仅使和增加 1，所以
在 π 的间隔中必定存在一点，其上 $x(i)$ 的和正好等于返回值 v。我们就把序列化点 $*_{\pi}$ 放置在
这个点上。这些选择就产生了原子性所需的收缩。

13.1.2   规范无等待原子对象自动机

在本节中，对给定的变量类型 T 和给定的外部接口，我们给出原子对象自动机 C 的例
子。自动机 C 保证无等待终止性。C 是高度非确定的，有时被认作给定类型和外部接口的
"规范无等待原子对象自动机"。它可以用来证明其他自动机是无等待的原子对象。

C 自动机（非形式化）：

C 拥有类型为 T 的共享变量的一份内部副本，变量的初始值为 v_0。它还有两个缓冲区，
inv-buffer 用来存放待定的调用，*resp-buffer* 用来存放待定的应答，初始时都为空。最后，它
跟踪有停止动作发生的端口，并将这些端口加入 *stopped* 集合中。该集合初始时为空。

当一个调用到达时，C 仅将它记录在 *inv-buffer* 中。C 随时可以把待定的调用从 *inv-buffer* 中移出，然后在共享变量的内部副本上执行要求的操作。完成了要求的操作以后，它

把所得应答放入 *resp-buffer* 中。同样，*C* 随时可以把待定的应答从 *resp-buffer* 中移出，传送给用户。

一个 *stop*$_i$ 事件仅把 i 加入到 *stopped* 中，从而令一个特定的 *dummy*$_i$ 动作（该动作对系统毫无影响）使能。然而，它不会导致涉及 i 的其他局部控制动作失效。涉及端口 i 的所有局部控制动作——包括 *dummy*$_i$ 动作——都被归为一个任务。这意味着一个 *stop*$_i$ 之后，涉及 i 的动作可以（但不必要）停止。

C 自动机（形式化）:

Signature:

Input:

a_i's as in the given external interface

$stop_i$, $1 \le i \le n$

Output:

b_i's as in the given external interface

Internal:

$perform(a)_i$, a_i in the external interface,

$1 \le i \le n$

$dummy_i$, $1 \le i \le n$

States:

val, a value in V, initially v_0

inv-buffer, a set of pairs (i, a), for a_i in the external interface

resp-buffer, a set of pairs (i, b), for b_i in the external interface

$stopped \subseteq \{1, \dots, n\}$, initially empty

Transitions:

a_i

    Effect:

        $inv\text{-}buffer := inv\text{-}buffer \cup \{(i, a)\}$

b_i

    Precondition:

        $(i, b) \in resp\text{-}buffer$

    Effect:

        $resp\text{-}buffer := resp\text{-}buffer - \{(i, b)\}$

$perform(a)_i$

    Precondition:

        $(i, a) \in inv\text{-}buffer$

    Effect:

        $inv\text{-}buffer := inv\text{-}buffer - \{(i, a)\}$

        $(b, val) := f(a, val)$

        $resp\text{-}buffer := resp\text{-}buffer \cup \{(i, b)\}$

$stop_i$

    Effect:

        $stopped := stopped \cup \{i\}$

$dummy_i$

    Precondition:

        $i \in stopped$

    Effect:

        none

Tasks:

for every i:

    $\{perform(a)_i : a_i \text{ is an input}\} \cup \{b_i : b_i \text{ is an output}\} \cup \{dummy_i\}$

定理 13.3 *C* 是具有给定类型和外部接口的一个原子对象，且（对所有的用户集合）保证无等待终止性。

证明概要 良构性是显而易见的。要证明无等待终止性，我们考虑 $C \times U$ 的任意公平运行 α，并假设在 α 中端口 i 上没有发生故障。这样，*dummy*$_i$ 动作在 α 中从来就不是使能的。α 的公平性表明，端口 i 上的每一个调用都会触发一个 *perform*$_i$ 事件和随后的一个应答。

接下来证明原子性。考虑 $C \times U$ 的任一运行 α，令 Φ 是由对于 perform 在 α 中发生的未完成的操作组成的集合。为每一个操作 π 指定一个序列化点 $*_\pi$，π 或者是在 α 中完成的，或者是在 Φ 中：把 $*_\pi$ 放置在 perform 的那个点上。对每一个 $\pi \in \Phi$，选择 perform 返回的应答作为操作的应答。这些选择产生了证明原子性所需的收缩。

C 可以用来证明其他自动机也是无等待原子对象，如下所述。

定理 13.4   假设 A 是一个具有和 C 一样的外部接口的 I/O 自动机。如果对于每个用户自动机合成 U，都有 $fairtraces(A \times U) \subseteq fairtraces(C \times U)$ 成立，那么 A 是一个保证无等待终止性的原子对象。

证明概要   这是定理 13.3 的推理。对于良构性和原子性，我们可以利用这两个条件的组合是安全属性（见定理 13.1）的事实，加上每一个有限轨迹都可被扩展成一个公平轨迹（见定理 8.7）的事实来证明。无等待终止性条件可直接由定义得到。

定理 13.4 的逆定理也成立。即一个保证无等待终止性的原子对象允许的每条公平轨迹实际上都是由 C 产生的。

定理 13.5   假设 A 是一个具有和 C 一样的外部接口的 I/O 自动机。假设 A 是一个保证无等待终止性的原子对象。则对于每一个用户自动机合成 U，都有 $fairtraces(A \times U) \subseteq fairtraces(C \times U)$。

证明   该证明留为一道习题。

13.1.3　原子对象的合成

在本节中，我们给出一个定理来说明原子对象的合成（采用 8.2.1 节中定义的普通 I/O 自动机合成的定义）也是一个原子对象。试回忆一下 9.4 节尾对兼容变量类型和变量类型合成的定义。

定理 13.6   令 $\{A_j\}_{j \in J}$ 是一个兼容变量类型 $\{T_j\}_{j \in J}$ 上的可数原子对象集合，并且所有的 A_j 都有相同的端口集合 $\{1, \cdots, n\}$。则合成 $A = \prod_{j \in J} A_j$ 是一个变量类型 $T = \prod_{j \in J} T_j$ 和端口 $\{1, \cdots, n\}$ 上的原子对象。

此外，如果 A_j 保证 I 故障终止（对所有的用户集合），则 A 也保证 I 故障终止。

在原子对象 A 中，端口 i 处理任意 A_j 中端口 i 上的所有调用和应答。根据合成的定义，每个 A_j 都作为 A 的状态中的一部分。来自 A_j 的调用和应答只涉及 A 的状态中与 A_j 有关的那一部分。然而，$stop_i$ 动作影响状态的所有部分。我们把定理 13.6 的证明留为一道习题。

13.1.4　原子对象和共享变量

原子对象的定义表明它的轨迹"看起来像"一个对底层共享变量进行顺序访问的轨迹，这有什么好处呢？

从系统构造的观点来看，关于原子对象最重要的事实是它们可以代替共享存储器系统中的共享变量。这允许系统的积木式构造：可以先设计出一个共享存储器系统，然后用给定类型的任意原子对象去代替其中的共享变量。在某种情况下，对于用户来说，所得系统和原来的共享存储器系统"表现相同"。

在本节中，我们描述这种代替技术。我们首先给出一些技术条件，这些条件对需要被代替的原来共享存储器系统的正常工作是必要的。接下来，我们给出代替的构造方法。最后我们定义如何确定结果系统和原来系统具有相同的行为，并且证明在给定的条件下，所得系统确实和原来系统具有相同的行为。虽然基本概念相当简单，但是为了令代替正常工作，一些细节需要小心处理。

我们从第 9 章共享存储器模型中的任意一个算法 A 开始。假设 A 和用户自动机 $U_i(1 \leq i \leq n)$ 相交互，A 中每一进程 i 有任意数目的任务。如同 9.6 节中的讨论，我们引入 $stop_i$ 动作，并且假设 $stop_i$ 事件会使进程 i 的所有任务永久失效。

现在，考查我们上面提到过的技术条件。考虑 A 与用户自动机 U_i 的任意组合。我们假设对于端口 i，存在一个函数 $turn_i$，对于合成系统的任意有限运行 α，这个函数的输出值是 system 或者 user。这是用来指出在 α 之后轮到谁来运行下一步。特别地，如果 $turn_i (\alpha)=$ system，则 U_i 在 α 之后的状态中没有使能的输出步；而当 $turn_i(\alpha)=$ user 时，A 的进程 i 没有输出步和内部步，也就是说，A 在 α 之后的状态中没有使能的局部控制步。

举例来说，第 10 章中所有的互斥算法和第 11 章中所有的资源分配算法都满足这些条件（如果我们加上 stop 动作的话）。在这些情况中，在 α 之后 U_i 处于尝试区或者退出区时，$turn_i (\alpha) =$ system，而当 U_i 处于临界区或者其他区域时，$turn_i (\alpha) =$ user。实际上，所要求的条件已经蕴涵在对进程活动的限制中了，这些限制见 10.2 节尾和 11.1.2 节尾。

对于在第 12 章研究过的一致性算法，我们可以定义：当 α 中含一个 $init_i$ 事件时，$turn_i(\alpha) =$ system，否则 $turn_i (\alpha) =$ user。为了满足这里需要的条件，我们必须加上一个限制，即进程 i 在一个 $init_i$ 发生之前不能做任何事。只有第 12 章的 RMWAgreement 算法满足这个条件。

现在我们进行代替。假设对于 A 中的每一个共享变量 x，我们都有一个原子对象自动机 B_x，它们具有相同的类型和恰当的外部接口。也就是说，B_x 有端口 $1, \cdots, n$，每一个端口对应 A 中的一个进程。在每一个端口上，算法 A 中进程 i 用来与共享变量 x 进行交互的所有调用和应答都是合法的。和往常一样，它也有 $stop_i$ 输入，这些输入和端口一一对应。

然后，将用原子对象 B_x 代替共享变量而得的 A 的变换版本 $Trans(A)$ 定义为如下自动机。

$Trans(A)$ 自动机：

$Trans(A)$ 是 I/O 自动机的合成，其中一个自动机对应一个进程 i，一个自动机对应算法 A 中的一个共享变量 x。针对每个变量 x 的自动机就是原子对象自动机 B_x。针对进程 i 的自动机就是以下定义的 P_i。

P_i 的输入包括 A 在端口 i 上的输入、每个 B_x 在端口 i 上的应答和 $stop_i$ 动作。P_i 的输出就是 A 在端口 i 上的输出再加上每个 B_x 在端口 i 上的调用。

P_i 的步直接模仿 A 中进程 i 的步，以下除外：当 A 中的进程访问共享变量 x 时，P_i 代之给 B_x 发送恰当的调用。之后，它暂停自己的活动，等待 B_x 对调用的一个应答。当一个应答到达时，P_i 像平常一样模仿 A 中的进程 i。对 A 中进程 i 的每个任务，P_i 也有一个任务与之对应。

如果一个 $stop_i$ 事件发生，则 P_i 的所有任务都随之失效。

例 13.1.5 A 和 $Trans(A)$

考虑一个双进程共享存储器系统 A，它使用两个读 / 写共享变量 x 和 y 来解决某类一致性问题。我们假设进程 1 写 x、读 y，进程 2 写 y、读 x。A 和 U_i 之间的接口由形如 $init(v)_i$ 的

动作和形如 $decide(v)_i$ 的动作组成，$init(v)_i$ 是 U_i 的输出和 A 的输入，而 $decide(v)_i$ 是 A 的输出 U_i 的输入。此外，$stop_i(i \in \{1, 2\})$ 也是 A 的一个输入。这个系统的体系结构如图 13-5a 所示。

变形后的系统 $Trans(A)$ 的模型如图 13-5b 所示。注意自动机 B_x 和 B_y 的外部接口。举例来说，B_x 具有输入 $write(v)_1$ 和 $read_2$、输出 ack_1 和 v_2。$^{\ominus}$ B_x 还有输入 $stop_1$ 和 $stop_2$，$stop_1$ 是对 P_1 的输入，$stop_2$ 是对 P_2 的输入。这也意味着 $stop_1$ 除了令 P_1 的所有任务失效之外，还同时作用于 B_x。

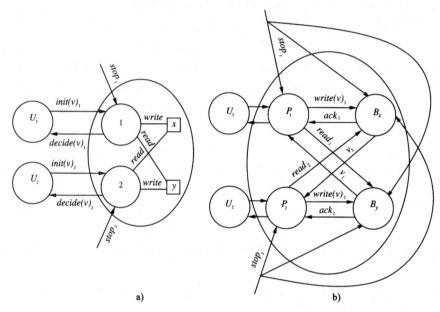

图 13-5　将一个共享存储器系统转换得包含原子对象

现在我们给出一个定理来描述变形版本 $Trans$ 所具有的性质。定理 13.7 首先描述了对 $Trans(A)$ 中任意运行 α 都成立的条件。要使这些条件成立，运行 α 不一定要是公平的。这些条件表明在用户看来 α 像是 A 的一个运行 α'。此外，在 α 和 α' 中会发生同样的 $stop$ 事件，尽管我们允许两个运行中的 $stop$ 事件可能发生在不同的位置。

然后定理 13.7 继续标识出一些条件，在这些条件下，系统 A 的模拟运行 α' 肯定是一个公平运行。正如你所期望的，其中一个条件就是：α 本身就是系统 $Trans(A)$ 的一个公平运行。但这还不够——我们还要保证对象自动机 B_x 不会导致处理停止。因此，我们加入其他两个条件，它们一起保证这不会发生，即 α 中的所有故障被限制在一个特定的端口集合 I 上，而所有的对象自动机 B_x 可以忍受 I 上的故障（形式化地说，它们保证 I 故障终止性）。

定理 13.7　假设 α 是系统 $Trans(A) \times U$ 中的任意运行，则存在 $A \times U$ 的一个运行 α'，使得下列条件成立：

1）α 和 α' 对 U 是不可区分$^{\ominus}$的。

2）对每个 i，如果一个 $stop_i$ 发生在 α' 中，则恰好有一个 $stop_i$ 发生在 α 中。

此外，如果 α 是一个公平运行，每个有 $stop_i$ 出现在 α 中的 i 都在 I 中，且每个 B_x 保证 I

$\ominus$　为了消除歧义，这样的调用和应答可以用对象的名字做下标，此处为 x 和 y。在这个例子中，我们避免使用这种细节，因为这儿碰巧没有歧义。

$\ominus$　我们使用 8.7 节给出的不可区分的定义。

故障终止（对所有的用户集合），则 α' 也是一个公平运行。

证明概要 我们按后面的做法修改 α 来得到 α'。首先，由于每个 B_x 都是原子对象，我们可以在 α 中 B_x 上的每个完成的操作 π 的调用和应答之间插入序列化点 $*_\pi$，还可以在 B_x 上由未完成的操作组成的子集 Φ 中的每一个调用之后插入序列化点 $*_\pi$。我们还获得对 Φ 中所有操作的应答。这些序列化点和应答可确保原子性条件中描述的"收缩"属性得到满足。

接下来，我们移动 B_x 上的所有完成的操作 π 的调用和应答，使得它们相邻且恰好发生在 $*_\pi$ 处。同样，对 Φ 中的每一个未完成的操作——即被分配了一个序列化点的未完成的操作——我们把调用和新取得的应答放置在 $*_\pi$ 处。而对不在 Φ 中的未完成的操作——即未被分配序列化点的未完成的操作——我们只简单地移除调用事件。另外还有一个技术问题：如果 α 中任意一个 $stop_i$ 事件发生在进程 i 的一个调用之后，以及调用要移到的序列化点之前，则 $stop_i$ 事件也移到这个序列化点上，且正好放在这个调用和应答之后。对所有的共享变量 x，我们就以这样的方式移动、增加和移除事件。

我们来证明：可以不改变任意 P_i 中事件的顺序（有一个例外：某个 B_x 对 P_i 的一个应答可能被移到一个 $stop_i$ 的前面），按照上面的构造方法来移动所有的事件。原因在于两个事实。首先，根据构造可知，当 P_i 在等待对一个调用的应答时，它不执行任何局部控制动作。其次，当 P_i 在等待应答时，轮到 $system$ 来执行步。这意味着 U_i 不执行任何输出步，所以 P_i 也没有收到任何输入。

同样，我们来证明：可以在这个构造中加入那些已经加入的应答并移除那些已经移除的调用，而 P_i 的行为不受影响。这是因为如果 P_i 在 α 中执行了一个未完成的操作，那么此操作后它不做任何事情。P_i 是在发送调用之前停止，还是在等待应答之时停止，或是在收到应答之后停止，都无关紧要。

由于我们在移动、增加和移除事件时并未改变重要的东西，因此可以简单地如同在 α 中一样填入进程 P_i 的状态（一个例外情况是：如果对 P_i 的应答被移到一个 $stop_i$ 之前，则可能会导致 P_i 状态与 α 中的状态不同）。结果得到系统 $Trans(A) \times U$ 的一个新运行 α_1。此外，显然 α 和 α_1 对于 U 来说是不可区分的，而且 α 和 α_1 对于相同端口有相同的 $stop$ 事件。

现在 α_1 是 $Trans(A) \times U$ 的一个运行，这不是我们想要的，我们需要的是系统 $A \times U$ 的一个运行。但是注意在 α_1 中，对于对象自动机 B_x 的所有调用和应答都在连续匹配对中出现。我们用对相应共享变量的瞬时访问来代替这些调用和应答对，得到系统 $A \times U$ 的一个运行 α'。那么 α 和 α' 对于 U 是不可区分的，而且它们对于相同端口有相同的 $stop$ 事件。这证明了定理的前半部分。

对于定理的后半部分，假设 α 是 $Trans(A) \times U$ 的一个公平运行，$I \subseteq \{1, \cdots, n\}$，满足 $stop_i$ 出现在 α 中这一条件的 i 都在 I 中，且每个 B_x 都保证 I 故障终止性。那么任意 B_x 接收到的唯一 $stop_i$ 输入必然是针对端口 $i \in I$ 的。这样，因为每个 B_x 都保证 I 故障终止性，所以 B_x 为那些在 α 中没有 $stop_i$ 事件发生的进程 P_i 的每个调用都提供了应答。这个事实，连同对进程 P_i 的公平性假设，足以表明 α' 是 $A \times U$ 的一个公平运行。

因此，定理 13.7 意味着针对共享存储器模型（带有一些简单限制）的任意算法都可改为使用原子对象而不是共享变量的变形算法，而用户无法区分这两个算法。

我们以推论的形式给出定理 13.7 的特殊情况，其中 B_x 都保证无等待终止性。在这种情况下，我们可以得出推论：如果 α 是公平的，那么 α' 也是公平的。

推论 13.8   假设所有的 B_x 都保证无等待终止性。如果 α 是 $Trans(A) \times U$ 的任意公平运行，则存在 $A \times U$ 的一个公平运行 α' 使得以下条件成立：

1) α 和 α' 对 U 是不可区分的。

2) 对任意 i，如果一个 $stop_i$ 出现在 α' 中，则恰有一个 $stop_i$ 出现在 α 中。

证明   令 $I = \{1, \cdots, n\}$，直接从定理 13.7 可得。

在 A 本身就是一个原子对象的特殊情况中，定理 13.7 表明 $Trans(A)$ 也是一个原子对象。考虑故障时，我们得到如下推论。

推论 13.9   假设 A 和所有 B_x 都是保证 I 故障终止性的原子对象，则 $Trans(A)$ 也是保证 I 故障终止性的原子对象。

证明   首先令 α 是 $Trans(A)$ 和用户集合 U_i 的任意一个运行，则由定理 13.7 可得 $A \times U$ 的一个运行 α' 使得 α 和 α' 对 U 是不可区分的。由于 A 是一个原子对象，因此 α' 满足良构性和原子性属性。由于这两者都是 U 的外部接口的属性，而 α 和 α' 对 U 是不可区分的，因此 α 也满足良构性和原子性属性。

其次考虑 I 故障终止性条件。令 α 是 $Trans(A)$ 和用户集合 U_i 的任意一个公平运行，使得每个满足 $stop_i$ 出现在 α 中这一条件的 i 都在 I 中。因为所有的 B_x 都保证 I 故障终止性，所以根据定理 13.7 可得 $A \times U$ 的一个公平运行 α'，α 和 α' 对 U 是不可区分的，且它们在相同的端口集合上有相同的 $stop$ 事件。这样，满足 $stop_i$ 出现在 α' 中这一条件的 i 都在 I 中。

现在考虑 α 中端口 i 上的任意一个调用，此端口上没有 $stop_i$ 事件发生——即处于一个无故障端口。由于 α 和 α' 对 U 是不可区分的，因此同样的调用出现在 α' 中。因为 A 保证 I 故障终止性，所以在 α' 中有一个相应的应答事件。又由于 α 和 α' 对 U 是不可区分的，因此这个应答同样出现在 α 中。这足以证明 I 故障终止性条件。

共享存储器系统的分级构造   在每一个原子对象 B_x 本身就是一个共享存储器系统的特殊情况中，我们来证明 $Trans(A)$ 也可以被看作一个共享存储器系统。即 $Trans(A)$（视为一个共享存储器系统）的每一个进程 i 都是 $Trans(A)$ 的进程 P_i 和所有共享存储器系统 B_x 中索引为 i 的进程的合成。这个合成并不是一个 I/O 自动机合成，因为 B_x 中的进程不是 I/O 自动机。不过，这个合成很容易描述：$Trans(A)$ 中进程 i 的状态集合恰好是 P_i 的状态集合和 B_x 中所有索引为 i 的进程的状态集合的笛卡儿乘积，开始状态的情况也同样如此。与 $Trans(A)$ 中进程 i 相关的动作正好就是所有组件进程 i 的动作，任务的情况也类似。

图 13-6a 描述了 $Trans(A)$，包括指向 A 的所有共享变量 x 的共享存储器系统 B_x。（为了简单，我们没有画出 $stop$ 输入的箭头。）所有的阴影进程都与端口 1 相关。图 13-6b 显示了和图 13-6a 相同的系统，其中对要合成的进程进行了归组。这样图 13-6a 中所有阴影进程就合并成为图 13-6b 中的一个简单进程。

由 $Trans(A)$ 的定义可知，图 13-6a 的系统中 $stop_i$ 事件的作用是立即结束所有与端口 i 相关的进程的任务——P_i 的任务和 B_x 的所有进程 i 的任务。也可以说 $stop_i$ 停止了图 13-6b 的系统中的合成进程 i 的所有任务，这正好是当把系统看作一个共享存储器系统时，$stop_i$ 要做的。

原子对象的分级构造   最后我们考虑非常特殊的情况：共享存储器系统 A 是一个保证 I 故障终止性的原子对象，每一个原子对象 B_x 都是保证 I 故障终止性的共享存储器系统。则推论

13.9 和前面的段落表明 $Trans(A)$ 是一个保证 I 故障终止性的原子对象，也是一个共享存储器系统。以上观察表明，共享存储器系统模型中原子对象实现的两个连续层可以压缩为一层。

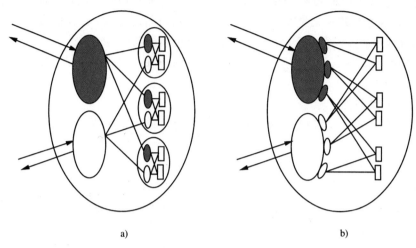

a)   b)

图 13-6　共享存储器系统的分级构造

13.1.5　显示原子性的一个充分条件

在给出特定的原子对象构造方法之前，我们给出一个充分条件以表明共享存储器系统保证原子性条件。这个引理可以使我们避免对（在证明对象是原子对象过程中的）许多未完成的操作进行明确推理。

对于这个引理，我们假设 A 是一个共享存储器系统，它具有针对变量类型 T 的原子对象的合适外部接口。我们还假设 $U_i (1 \le i \le n)$ 是对 A 的任意用户集合；通常，$U = \prod U_i$。

引理 13.10　假设合成系统 $A \times U$ 保证良构性和无故障终止性，且 $A \times U$ 的任意不包含未完成的操作的（有限或者无限）运行 α 都满足原子性，则 $A \times U$ 的每一个运行（包括那些具有未完成的操作的运行）也都保证原子性。

证明　令 α 为 $A \times U$ 的任意有限或无限运行，它可能包含未完成的操作。我们必须证明 α 满足原子性，即 $\alpha|ext(U)$ 满足原子性。

如果 α 是有限的，则在一个共享存储器系统中对 $stop$ 事件的处理表明，存在一个有限的无故障运行 α_1，它可以通过从 α 中移除 $stop$ 事件（并可能改动一些状态变化，这些变化和会发生 $stop$ 事件的端口上的输入有关）来得到，这样，$\alpha_1|ext(U)=\alpha|ext(U)$。由 I/O 自动机的基本属性（特别是定理 8.7）可知，α_1 可被扩展成 $A \times U$ 中的一个公平无故障运行 α_2。由于 A 保证无故障终止性，所以 α_2 中的每一个操作都是完成的。由假设可知，α_2 满足原子性，即 $\alpha_2|ext(U)$ 满足原子性。但是 $\alpha_1|ext(U)$ 是 $\alpha_2|ext(U)$ 的一个前缀。所以根据定理 13.1，原子性和良构性都是安全属性，并因此保证前缀封闭，故此 $\alpha_1|ext(U)$ 也满足原子性。因为 $\alpha_1|ext(U)=\alpha|ext(U)$，所以 $\alpha|ext(U)$ 满足原子性，得证。

另外，假设 α 是无限的。由我们刚才证明可知，α 的任意一个有限前缀 α_1 具有以下性质：$\alpha_1|ext(U)$ 满足原子性。但是 $\alpha|ext(U)$ 是形如 $\alpha_1|ext(U)$ 的序列的极限。因为由定理 13.1 可知，原子性和良构性都是安全属性，并因此保证极限封闭，所以 $\alpha|ext(U)$ 满足原子性，得证。

13.2　用读 / 写变量实现读 – 改 – 写原子对象

本节考虑在共享存储器模型中用读 / 写共享变量来实现读 – 改 – 写原子对象的问题。（读 – 改 – 写变量类型的定义见 9.4 节。）特别地，我们固定任意 n，并假设正要实现的读 – 改 – 写对象有 n 个端口，每一个端口都支持以任意更新函数作为输入。

如果我们所需要的是一个原子对象，并且我们不关心容错性，则存在简单的解决方法。例如，

RMWfromRW 算法：

将与正要实现的对象相对应的读—改—写变量的最近值保存在一个读 / 写共享变量 x 中。当进程们希望在原子对象上执行操作时，它们使用一系列不同于 x 的读 / 写共享变量，进入一个锁定权互斥算法（例如，10.5.2 节的 PetersonNP 算法）的尝试区。当进程 i 进入这个互斥算法的临界区时，它对 x 进行独占性访问。然后，进程 i 用一个**读**步后面紧跟一个独立的**写**步来执行它的读—改—写操作。完成这些步之后，进程 i 进入这个互斥算法的退出区。

然而，这个算法不是容错的：进程可能在临界区中发生故障，因此要防止其他任意进程访问这个模拟的读 – 改 – 写变量。实际上，这个限制不是偶然的。我们将给出一个不可能性结果，即使只有一个故障发生，这个结果也成立。

定理 13.11　不存在使用读 / 写共享变量来实现读 – 改 – 写原子对象并保证单故障终止性的共享存储器系统。

证明　采用反证法。假设存在一个系统，称为 B。令 A 是 12.3 节给出的读 – 改 – 写共享变量模型中的 RMWAgreement 算法，它满足一致性。由定理 12.9 可知，A 保证无等待终止性并因此保证单故障终止性（见 12.1 节中一致性算法的定义）。我们现在对 A 应用 13.1.4 节的变换，用 B 来代替 A 的共享读—改—写变量。用 $Trans(A)$ 来代表所得的系统。

声明 13.12　$Trans(A)$ 解决了第 12 章中的一致性问题并保证单故障终止性。

证明　这个证明同推论 13.9 的证明相似。首先，令 α 是 $Trans(A)$ 和用户集合 U_i 的任意运行。则根据定理 13.7 可得到 $A \times U$ 的一个运行 α'，使得 α 和 α' 对 U 是不可区分的。由于 A 解决了一致性问题，所以 α' 满足良构性、一致性和有效性。又因为 α 和 α' 对 U 是不可区分的，所以 α 也满足良构性、一致性和有效性。

接下来考虑单故障终止性条件。令 α 是 $Trans(A)$ 和用户集合 U_i 的任意运行，其中 $init$ 事件发生在所有端口上，$stop$ 事件至多发生在一个端口上。由于 B 保证单故障终止性，因此由定理 13.7 可得到 $A \times U$ 的一个公平运行 α'，α' 和 α 对 U 是不可区分的，并且 $stop$ 事件发生在相同的端口集合上。这样，α' 中的 $init$ 事件发生在所有的端口上，而 α' 中的 $stop$ 事件至多发生在一个端口上。

现在考虑 α 中的任意没有 $stop_i$ 事件发生的端口 i。由于 α 和 α' 的 $stop$ 事件发生在相同的端口上，所以 α' 中也没有 $stop_i$ 事件。因为 A 保证单故障终止性，所以 α' 中存在一个 $decide_i$ 事件。又由于 α 和 α' 对 U 是不可区分的，因此这个 $decide_i$ 也出现在 α 中。这足以证明单故障终止性。

然而，由 13.1 节末的段落可知，$Trans(A)$ 本身就是读 / 写共享存储器模型中的一个共享存储器系统。这样，$Trans(A)$ 就和定理 12.8 相矛盾，所以在读 / 写共享存储器模型中不可能

既满足一致性又保证单故障终止性。

13.3 共享存储器的原子快照

在这一章的剩余部分，我们考虑使用其他类型的原子对象（或者等价地，使用共享变量）来实现特定类型的原子对象。这节主要讨论快照原子对象，下节主要讨论读/写原子对象。

在读/写共享存储器模型中，如果一个进程能够得到共享存储器整个状态的瞬时快照，那么将是很有用的。当然，读/写模型并不直接提供这种能力——它只允许对单个共享变量的读。

在这一节，我们考虑这种快照的实现。我们把这个问题描述为使用读/写共享存储器模型来实现一个名为快照原子对象的原子对象特定类型。快照原子对象的变量类型的域 V 是由一个更基本的域 W 上的某一确定长度的向量组成的集合。操作有两种：对单个向量分量的写，我们称之为更新操作；对整个向量的读，我们称之为快照操作。通过让进程把整个共享存储器看作以这些强大操作来访问的向量，快照原子对象可以简化对读/写系统的编程。

我们从问题描述开始，然后给出一个使用无界大小读/写共享变量的简单解法。之后说明如何改动这个解法以使它可以对有界大小共享变量生效。13.4.5 节介绍了一个用快照原子对象实现读/写原子对象的应用。

13.3.1 问题

首先定义快照原子对象对应的变量类型 $\mathcal{T}$，我们称这种类型为快照变量类型。

定义从基本域 W 开始，初始值为 w_0。$\mathcal{T}$ 的域 V 是由 W 中元素的向量组成的集合，其中 W 的固定长度为 m。初始值 v_0 是一个其中所有分量的值都为 w_0 的向量。存在形如 $update(i, w)$ 的调用，其中 $1 \leq i \leq m$ 和 $w \in W$，与之对应的应答为 ack；还有调用 $snap$，与之对应的应答为 $v \in V$。一个 $update(i, w)$ 调用的作用是把当前向量的第 i 个分量的值赋为 w，并触发一个 ack 应答。一个 $snap$ 调用不引起向量的任何变化，但会触发一个包含整个向量当前值的应答。

接下来，定义我们将要考虑的外部接口。我们假设恰好存在 $n=m+p$ 个端口，其中 m 是向量的固定长度，p 是某一任意正整数。前面的 m 个端口是 $update$ 端口，后面的 p 个端口是 $snap$ 端口。在每一个端口 i $(1 \leq i \leq m)$ 上，我们只允许形如 $update(i, w)$ 的调用——即只有对向量的第 i 个分量进行更新时才在端口 i 上处理。我们有时候把冗余标记 $update(i, w)_i$（它表示一个发生在端口 i 的 $update(i, w)$ 调用）简写为 $update(w)_i$。在每一个端口 i $(m+1 \leq i \leq n)$ 上，我们只允许 $snap$ 调用。见图 13-7。

注意，我们现在考虑的只是普遍问题的一种特殊情况，即对向量中每个分量的更新操作顺序地发生在同一个指定的端口上。可以考虑更为通用的情况，如许多端口允许对同一向量分量进行更新。当然，我们也可以考虑更新和快照操作发生在同一个端口上的情况。

我们考虑使用一个有 n 个进程（一个端口对应一个进程）的共享存储器系统来实现与这个变量类型和外部接口对应的原子对象。我们假设所有的共享变量都是 1 写者/n 读者的读/写共享变量。我们描述的实现保证无等待终止性。

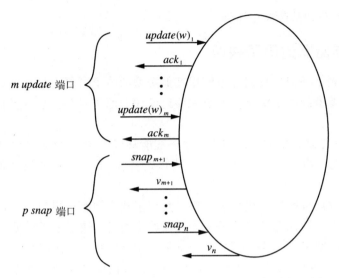

图 13-7   一个快照原子对象的外部接口（*stop* 动作没有画出）

13.3.2   带无界变量的一个算法

UnboundedSnapshot 算法用到了 m 个 1 写者 /n 读者的读 / 写共享变量 $x(i)$，其中 $1 \leqslant i$ $\leqslant m$。变量 $x(i)$ 对于进程 i（与端口 i 相连的进程，这个端口用于 *update*(i, w) 操作）可写，对于所有进程可读。算法模型见图 13-8。变量 $x(i)$ 拥有一些值，每个值都由 W 中的一个元素和算法需要的某些附加值组成。其中一种附加值是无界整数"标签（tag）"。

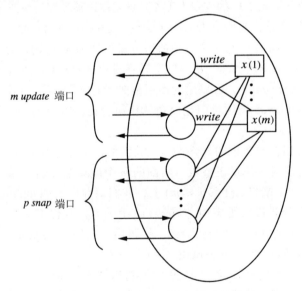

图 13-8   UnboundedSnapshot 算法的模型

在 UnboundedSnapshot 算法中，进程 i 把从 *update*$_i$ 调用中得到的值写入共享变量 $x(i)$ 中。执行 *snap* 操作的进程必须以某种方式从所有共享变量取得一致值，也就是说，出现的值必须在某一时刻共存在存储器中。实现方法基于以下的两点观察。

观察 1：假设每当进程 i 执行 *update*$(w)_i$ 操作时，它不仅把值 w 写入了 $x(i)$，还写入了

一个唯一标识这个 *update* 操作的"标签"。然后，如果尝试执行 *snap* 操作的进程 *j* 把所有共享变量读了两遍，第二遍读在第一遍读结束后开始，如果它发现变量 *x(i)* 中的标签在第一遍读和第二遍读中是相同的，则两遍读中返回的共同向量实际上就是在整个 *snap* 操作期间的某一点上出现在共享存储器中的那个向量。特别地，这个向量就是第一遍读完成之后，第二遍读开始之前任意点上的值向量。

观察 1 让我们想到如下简单算法。每个执行 *update(w)* 操作的进程 *i* 都把 *w* 和一个唯一的本地标签写入 *x(i)*，其中，第一次更新 *i* 时标签为 1，随后每次连续更新 *i* 时标签都加 1。

每一个执行 *snap* 的进程 *j* 反复执行一遍读操作，对每个共享变量都读一次，直到连续的两遍读是"一致的"，即它们返回对于每个 *x(i)* 的相同标签。此时，第二遍读返回的值向量（它和第一遍读返回的值向量必定相同）作为对 *snap* 操作的应答返回。

显而易见，只要这个简单算法完成一个操作，应答就总是"正确的"，也就是说，它满足良构性和原子性条件。然而，它甚至不能保证无故障终止性：当 *snap* 是活动的时候，如果新的 *update* 操作一直被调用，那么即使没有进程故障发生，*snap* 也有可能永远不会返回。一种解决这种困难的方法由观察 2 提供。

观察 2：如果进程 *j* 为执行 *snap* 操作而反复执行读操作时，看到了同一变量 *x(i)* 的四个不同的标签——tag_1、tag_2、tag_3 和 tag_4——那么，它知道某个 $update_i$ 操作完整发生在当前 *snap* 操作的间隔中。特别地，写 tag_3 的 $update_i$ 操作一定完整发生在当前的 *snap* 操作中。

为了说明为什么这样，我们首先证明写 tag_3 的 *update* 操作一定在 *snap* 操作开始之后开始。这是因为它在写 tag_2 的 *update* 操作完成之后开始，而写 tag_2 的 *update* 操作的完成一定在 *snap* 操作的间隔开始之后发生（因为 *snap* 看到了 tag_1）。

然后，我们证明写 tag_3 的 *update* 一定在 *snap* 完成之前完成。这是因为它在写 tag_4 的 *update* 开始之前完成，而 *snap* 看到了 tag_4。

观察 1、2 使人想到 UnboundedSnapshot 算法。它扩展上面的简单算法，使得一个 *update* 进程 *i* 在写 *x(i)* 之前，首先运行自己的嵌入 *snap* 子例程，这个子例程与 *snap* 操作相似。然后，当它把值和标签写入 *x(i)* 时，它也把嵌入 *snap* 的结果放入 *x(i)*。在多次的反复尝试后，如果 *snap* 不能发现具有相同标签的两遍读时，它可以用一个嵌入 *snap* 的结果作为默认的快照值。一个更详细的描述如下。在这个描述中，每一个共享变量都是一个具有多个域的记录，我们用点标记表示这些域。

UnboundedSnapshot 算法：

每一个共享变量 *x(i)*（$1 \leqslant i \leqslant m$）可被进程 *i* 写，可被所有进程读。它包括下列域：

val $\in W$，初值为 w_0

tag $\in \mathbb{N}$，初值为 0

view，*w* 中元素组成的向量，下标为 $\{1, \cdots, m\}$，元素初值全为 w_0

当一个 $snap_j$ 输入发生在端口 *j*（$m+1 \leqslant i \leqslant n$）上时，进程 *j* 的行为如下：它反复执行读操作，每一遍都包括 *m* 个读，每个读都以任意顺序将所有共享变量 *x(i)* 读一遍，其中 $1 \leqslant i \leqslant m$。直到下列之一的情况发生：

1）对于每个 *i*，两遍读返回相同的 *x(i).tag*。

　　在这种情况下，*snap* 返回第二遍读返回的向量值 *x(i).val*，其中 $1 \leqslant i \leqslant m$。（它与第一遍读返回的向量值是相同的。）

2）对于某些 *i*，已经看到四个不同的 *x(i).tag* 值。

在这种情况下，*snap* 返回和与第三个 $x(i).tag$ 值相关的 $x(i).view$ 中的向量值。

当一个 *update(w)*$_i$ 输入发生时，进程 i 的操作如下。首先执行一个嵌入 *snap*，其作用与一个 *snap* 操作类似，只不过它决定出来的向量被进程 i 记录在本地，而不是返回给用户。其次，进程 i 对 $x(i)$ 执行一个写操作，设置 $x(i)$ 的三个域如下：

1）$x(i).val := w$。

2）$x(i).tag$ 设置为 i 上的最小未用标签。

3）$x(i).view$ 设置为嵌入 *snap* 返回的向量。

最后进程 i 输出 *ack*$_i$。

定理 13.13 UnboundedSnapshot 算法是一个保证无等待终止性的快照原子对象。

证明 良构性是显然的。无等待终止性也是易见的：关键在于每个 *snap* 和嵌入 *snap* 都必定在最多 $3m+1$ 遍读操作之后终止。这是因为 $3m+1$ 遍读之后，要么存在没有变化的连续两遍，要么存在某个至少具有四个不同标签的变量 $x(i)$。无论如何，操作都将终止。

接下来证明原子性，给定 UnboundedSnapshot 算法和用户集合的任意运行 α。根据引理 13.10，我们可以不失一般性地假设 α 不包含未完成的操作，我们来描述如何为所有操作插入序列化点。

我们为每个 *update* 操作在其写操作发生的位置插入序列化点。为 *snap* 操作插入序列化点有点复杂。为了描述这种插入，除了给 *snap* 操作分配序列化点之外，给嵌入 *snap* 操作分配序列化点也是很有用的。

首先，考虑任意通过找到两遍一致读而终止的 *snap* 或嵌入 *snap*。对每一个这样的操作，我们把序列化点插入第一遍读结束之后和第二遍读开始之前的任意位置。

其次，考虑那些通过在同一变量中发现四个不同标签而终止的 *snap* 或嵌入 *snap* 操作。我们按照它们应答事件的顺序来逐个为这些操作插入序列化点。对每一个这样的操作 π，注意它返回的向量是一个嵌入 *snap* ϕ 的结果，其中 ϕ 的时间间隔完全包含在操作 π 的时间间隔内。注意这个操作 ϕ 已经被分配了一个序列化点，因为它比 π 完成得更早。我们把对 π 的序列化点插入 ϕ 的序列化点处。

容易看出所有序列化点都在要求的时间间隔内。对于 *update* 操作和通过找到两遍一致读而终止的 *snap* 和嵌入 *snap* 操作来说，这是显然的。对通过在同一变量中发现四个不同标签而终止的 *snap* 和嵌入 *snap* 操作来说，可以通过对 α 中这种操作的应答事件的数目进行归纳来证明。

余下要证明的是将操作间隔收缩到各自的序列化点上的结果是底层快照变量类型的一条轨迹。为此，首先注意在 α 的任意有限前缀 α' 之后，存在唯一一个 V 中的向量，它是由 α' 中的写事件得到的，称之为 α' 之后的正确向量（correct vector）。只要证明在 α 的前缀（直到序列化点为止）之后，每一个 *snap* 操作都返回正确向量就足够了。更进一步，我们证明每个 *snap* 和嵌入 *snap* 操作对其序列化点都返回正确向量。

对于通过找到两遍一致读而终止的操作，这是显然的。对于其他 *snap* 和嵌入 *snap* 操作，可以通过对 α 中这种操作的应答事件的数目进行归纳来证明。

复杂性分析 UnboundedSnapshot 算法使用了 m 个共享变量，每一个变量都在一个无界值集合中取值。虽然底层域 W 是有限的，但因为标签是无界的，所以变量仍然是无界的。对于时间复杂度，一个执行 *snap* 的无故障进程最多执行 $3m+1$ 遍读，或至多访问 $(3m+1)m$ 个共享变量, 总时间为 $O(m^2 \ell)$, 其中 ℓ 是进程步时间的一个上界。一个执行 *update* 的无故障进程也访问了 $O(m^2)$ 个共享变量, 总时间为 $O(m^2 \ell)$; 这是因为嵌入 *snap* 操作的存在。

13.3.3 带有界变量的一个算法 *

UnboundedSnapshot 算法的主要问题是用无界大小的共享变量来存储无界标签。在本节中, 我们概述一种称为 BoundedSnapshot 的改进算法, 它用有界数据代替了无界标签。为了有效地获得这种改进, BoundedSnapshot 算法使用了一些比简单标签复杂得多的机制。

注意在 UnboundedSnapshot 算法中, 无界标签只是用来允许进程执行 *snap* 和嵌入 *snap* 操作以查明新的 *update* 操作在何时发生的。然而这个信息可以用一个比标签弱的机制来传达, 特别地, 可以使用握手位 (handshake bit) 和开关位 (toggle bit) 的组合。

握手位的工作方式如下。和 UnboundedSnapshot 算法一样, 存在 $n+m$ 个变量: 变量 $x(i)$, 其中 $1 \leqslant i \leqslant m$; 和新变量 $y(j)$, 其中 $1 \leqslant j \leqslant n$。和前面一样, 变量 $x(i)$ 对于 *update* 进程 i 可写, 对于所有进程可读。变量 $y(j)$, 其中 $1 \leqslant j \leqslant m$, 对于 *update* 进程 j 可写 (特别地, 被 *update* 进程 j 的嵌入 *snap* 部分写), 对于所有的 *update* 进程可读; 变量 $y(j)$, 其中 $m+1 \leqslant j \leqslant n$, 对于 *snap* 进程 j 可写, 对于所有 *update* 进程可读。注意, 和 UnboundedSnapshot 算法不一样, BoundedSnapshot 中 *snap* 和嵌入 *snap* 操作的执行涉及对共享存储器的写。

对于每一个 *update* 进程 i, 其中 $1 \leqslant i \leqslant m$, 存在 n 对握手位。一个进程 j 一对。(i, j) 这一对允许进程 i 告诉进程 j 它执行的新 *update*, 也允许进程 j 确认自己看到了这条信息。特别地, $x(i)$ 包含一个 n 位向量 *comm*, 其中变量 $x(i)$ 中的分量 *comm(j)*——我们标记为 $x(i).comm(j)$——被进程 i 用来向进程 j 传达它的新 *update* 信息。$y(j)$ 包含一个 m 位向量 *ack*, 其中变量 $y(j)$ 中的元素 *ack(i)*——标记为 $y(j).ack(i)$——被进程 j 用来向进程 i 确认它已经看到了进程 i 的新 *update* 这一信息。因此, (i, j) 对的两个握手位就是 $x(i).comm(j)$ 和 $y(j).ack(i)$。

这些握手位的使用方式大致如下。当一个进程 i 运行一个 *update(w)* 时, 它首先读取所有的握手位 $y(j).ack(i)$。然后对 $x(i)$ 进行写; 在此期间, 它写入值 w 和嵌入 *snap* 应答的 *view*, 这和 UnboundedSnapshot 中的做法是一样的, 另外再把握手位写入 *comm*。特别地, 对每个 j, 把 *comm(j)* 位设置为一个与操作开始时读到的 $y(j).ack(i)$ 不同的值。

执行 *snap* 和嵌入 *snap* 操作的进程 j 反复尝试执行两遍读, 寻找两遍读之间没有变化发生的情况。但是这次, 变化是通过握手位而不是整数标签来发现的。特别地, 在每次尝试发现两遍一致读之前, 进程 j 首先读取所有握手位 $x(i).comm(j)$ 并把每一个握手位 $y(j).ack(i)$ 设置为与刚才读到的 $x(i).comm(j)$ 相同的值。(这样的话, *update* 操作试图把握手位设置为不同的, 而 *snap* 和嵌入 *snap* 试图把它们设置为相同的。) 进程 j 寻找两遍读之间握手位 *comm(j)* 上的变化; 如果它在 $2m+1$ 次独立尝试中发现了这种变化, 则它知道它看到了同一进程 j 执行的四个独立 *update* 操作的结果。并且可以采纳第三个操作产生的向量 *view*。

目前描述的握手协议是简单的, 感觉上是 "正确的": 每当一个执行 *snap* 和嵌入 *snap* 的进程发现一个变化时, 就会发生一个新的 *update*。然而, 握手协议并不足以发现每一个 *update*——有可能进程 i 的两个连续 *update* 对其他进程 j 来说是不可区分的。例如, 考虑下面的情况。

例 13.3.1 握手位的不足

假设在一个运行中的某一点中, $x(i).comm(j) = 0$, $y(j).ack(i) = 1$, 也就是说, 握手位用

来告诉 j "i 的 *update* 是不相同的" 这一信息。然而下列事件可能以指定的顺序发生。(涉及进程 i 和 j 的动作出现在不同的列中。)

$update(w_1)_i$
i reads $y(j).ack(i) = 1$
i writes w_1 and sets $x(i).comm(j) := 0$
ack_i
$update(w_2)_i$
i reads $y(j).ack(i) = 1$
　　$snap_j$
　　j reads $x(i).comm(j) = 0$
　　j sets $y(j).ack(i) := 0$
　　j reads $x(i).comm(j) = 0$
i writes w_2 and sets $x(i).comm(j) := 0$
ack_i
　　j reads $x(i).comm(j) = 0$ and decides that no updates have
　　　occurred since its previous *read* of $x(i)$

在这个事件序列中，进程 j 对 $x(i).comm(j)$ 执行三次读。第一次只是一个初步测试，第二次和第三次是尝试发现两遍一致读的部分。这里进程 j 判定在第二次和第三次读之间没有 *update* 发生。这是错误的。

为了解决这个问题，我们用第二个机制来扩充握手协议：$x(i)$ 包含一个附加的开关位，在进程 i 的每个写步中，都会切换其值。这保证了每个 *update* 都改变共享变量 $x(i)$ 的值。更详细的算法工作方式如下：

BoundedSnapshot 算法：

对于共享变量 $x(i)$，其中 $1 \leqslant i \leqslant m$，可被进程 i 写和被所有进程读。它包含以下域：

　　$val \in W$，初值为 w_0

　　$comm$，是 $\{0,1\}$ 上的一个向量，索引为 $\{1, \cdots, n\}$，向量元素的初值全部为 0

　　$toggle \in \{0,1\}$，初值为 0

　　$view$，W 上的一个向量，索引为 $\{1, \cdots, m\}$，向量元素的初值全部为 w_0

同样，对于变量 $y(j)$，可被进程 j 写和被进程 i 读，其中 $1 \leqslant j \leqslant n$，$1 \leqslant i \leqslant m$。它包含以下域：

　　ack，$\{0,1\}$ 上的一个向量，索引为 $\{1, \cdots, m\}$，向量元素的初值全部为 0

当一个 $snap_j$ 输入发生在端口 j 上，其中 $m+1 \leqslant j \leqslant n$，进程 j 操作如下。它反复尝试去获取两遍看起来 "一致" 的读。特别地，在每一个尝试中，对所有 i ($1 \leqslant i \leqslant m$)，进程 j 首先以任意顺序读取所有的相关握手位 $x(i).comm(j)$。然后，对于每一个 i，进程 j 把 $y(j).ack(i)$ 设置为与刚才读到的 $x(i).comm(j)$ 相同的值。它以一个简单的写步完成这些工作。然后进程 j 执行两遍完整的读，第一遍读在第二遍读开始之前结束。如果对于每个 i，两次读到的 $x(i)$ 中 $x(i).comm(j)$ 和 $x(i).toggle$ 是相同的，此外，如果这个 $comm(j)$ 共同值和进程 j 在开始时读取到的值是一样的，那么 $snap$ 的返回值为最后一遍**读**获得的向量 $x(i).val$。否则，进程 j 记录哪个变量 $x(i)$ 发生了变化。

如果进程 j 曾在三次独立的尝试中记录到同一变量 $x(i)$ 发生了变化，那么考虑这三次尝试中的第二次。$snap_j$ 操作返回那次尝试中最后一个**读**获得的 $x(i).view$ 中的向量值。(这个向量肯定是在一个 *update* 操作期间写入的，而这个 *update* 的时间间隔完全包含在给定的 $snap_j$ 的时间间隔中。)

当一个 $update(w)_i$ 输入发生在端口 i（其中：$1 \leq i \leq m$）上时，进程 i 操作如下。首先，它读取所有的相关握手位 $y(j).ack(i)$（$1 \leq j \leq n$）。其次，它执行一个嵌入 $snap$，除了决定出的向量不返回给用户之外，这个嵌入 $snap$ 和一个 $snap$ 是相同的。最后，进程 i 对 $x(i)$ 执行单写，设置 $x(i)$ 的四个域如下：

1）$x(j).val := w$。

2）对于每个 j，$x(i).comm(j)$ 被设置为与起始读 $y(j)$ 时取得的 $y(j).ack(i)$ 不同的值。

3）$x(i).toggle$ 被设置为与它的前一个值不同的值。

4）$x(i).view$ 被设置为嵌入 $snap$ 返回的向量。

最后，进程 i 输出 ack_i。

定理 13.14 BoundedSnapshot 算法是一个保证无等待终止性的快照原子对象。

证明概要 与定理 13.13 对 UnboundedSnapshot 算法中的证明一样，良构性和无等待性是易见的。剩下的工作是证明原子性。这个证明同 UnboundedSnapshot 算法中原子性的证明类似。

我们再次给定运行 α，并（由引理 13.10 可知）不失一般性地假设 α 中不包含未完成的操作。序列化点的插入方法同 UnboundedSnapshot 算法中的完全一样。例如，对通过找到两遍一致读而终止的 $snap$ 和嵌入 $snap$ 操作来说，我们在第一遍读结束到第二遍读开始之间选择任意一点。与前面一样，容易看出序列化点处于所需的时间间隔中。余下要证明的是将操作间隔收缩到各自的序列化点上的结果是底层快照变量类型的一条轨迹。与前面一样，也很容易表明在 α 的前缀（直到序列化点为止）之后，每一个完成的 $snap$ 和嵌入 $snap$ 操作都返回正确向量。

这次，对于通过找到两遍一致读而终止的 $snap$ 和嵌入 $snap$ 操作来说，这个性质是不易证明的。为此，证明下面的声明就足够了。

声明 13.15 如果一个 $snap$ 和内嵌 $snap$ 通过找到两遍一致读而终止，则以下内容对所有 i 都为真：在对 $x(i)$ 的第一次读和第二次读之间，没有进程 i 的写事件发生。

证明 采用反证法，使用一个详细一点的操作式证明。假设端口 j 上的一个 $snap$ 通过找到两遍一致读而终止，然而进程 i 的写事件发生在第一次对 $x(i)$ 的读 π_1 和第二次对 $x(i)$ 的读 π_2 之间。（对嵌入 $snap$ 操作的证明是一样的。）令 ϕ 是最后一次这样的写，亦即发生在 π_2 前面的对 $x(i)$ 的最后一次写。

由两遍读为一致的这一事实可知，在 π_1 和 π_2 中读取的 $x(i).comm(j)$ 的值是相等的，而且这个值和 π_1 之前最后写入 $y(j).ack(i)$ 的值是相同的（π_1 是进程 j 成功找到一致读的一部分）。将这个值记为 b，最后的写事件记为 π_0。同样由一致性可知，从 π_1 和 π_2 读到的 $x(i).toggle$ 的值是相等的。把这个值记为 t。

因为 ϕ 是 π_2 之前对 $x(i)$ 的最后一个写操作，所以它一定会设置 $x(i).comm(j) := b$ 和 $x(i).toggle := t$。包含 ϕ 的 $update$ 操作必定包含一个更早的对 $y(j)$ 的读事件 ψ。由 $update$ 操作的工作方式可知，ψ 读到的 $y(j).ack(i)$ 的值一定是 $\bar{b}$。（我们使用横杆来表示二进制制补。）这意味着 ψ 一定在 π_0 之前。

那么，各个读和写事件的顺序必然如下。（与前面一样，涉及两个进程 i 和 j 的动作显示在不同的栏中。）

ψ：i 的一个读看到 $y(j).ack(i) = \bar{b}$。

π_0：j 的一个写设置 $y(j).ack(i):=b$。

π_1：j 的一个读看到 $x(i).comm(j)=b$ 和 $x(i).toggle=t$。

ϕ：i 的一个写设置 $x(i).comm(j):=b$ 和 $x(i).toggle:=t$。

π_2：j 的一个读看到 $x(i).comm(j)=b$ 和 $x(i).toggle=t$。

但是注意到，与写事件 ϕ 一样，读事件 ψ 也是 *update* 操作的一部分。这意味着两个读事件 π_1 和 π_2 必然会返回进程 i 的两个连续写的结果。然而，π_1 和 π_2 返回的开关位是相同的，这和开关位的工作方式矛盾。

这就证明了声明 13.15，它表明每一个通过找到两遍一致读而终止的 *snap* 和嵌入 *snap* 操作，在 α 的前缀（直到它的序列化点为止）之后都返回正确向量。对于其他的 *snap* 和嵌入 *snap* 操作来说，如同 UnboundedSnapshot 算法一样，原子性的证明是通过对 α 中这种操作的应答事件的数目进行归纳而得的。

复杂性分析　BoundedSnapshot 算法使用了 $m+n$ 个共享变量。变量 $x(i)$ 可取 $|W|^{m+1}2^{n+1}$ 种值，而变量 $y(j)$ 可取 2^m 种值。对于时间复杂度，一个执行 *snap* 操作的无故障进程最多执行 $2m+1$ 次尝试以找到两遍一致读。对于每一次尝试，最多有 $4m$ 次对共享存储器的访问，总时间为 $O(m^2\ell)$。这个界限对 *update* 操作也同样适用。

在对读/写共享存储器系统的编程中使用快照　快照共享变量代表一个强大的共享存储器类型。举例来说，使用单个快照共享变量，可以大大简化 10.7 节中的 Bakery 互斥算法。我们把这留为一道习题。

使用 13.1.4 节中的技术和本节中的快照算法，可以把一个使用快照共享变量的算法 A 变换为一个只使用单写者/多读者的读/写共享变量的算法。这个变换需要对 A 做一些简单限制，这在 13.1.4 节讨论过。（而且，从技术上讲，对于 A 中的每一个进程，变换中用到的快照原子对象都有一个相应的端口；A 中的进程 i 可以在同一个端口 i 上递交 *update* 和 *snap* 操作。但是我们可以改动快照原子对象的外部接口和实现以允许这种情况。）

read/update/snap 变量　它是原来只支持 *update* 和 *snap* 操作的快照共享变量的有用变种。read/update/snap 共享变量除了支持能够返回整个向量的 *snap* 操作之外，还支持在共享向量的各个位置执行 *read* 操作。当然，一个使用 read/update/snap 共享变量的模型并不比一个只使用快照变量的模型更强大，因为 *read* 操作可以用 *snap* 操作来实现。然而，使用 read/update/snap 共享变量可以更有效地编程，因为实现一个 read/update/snap 原子对象来加快 *read* 操作是可能的。我们把它留为一道习题。

13.4　读/写原子对象

读/写共享变量（寄存器）是共享存储器多处理器最基本的一种构件。在这一节，我们考虑用功能弱一些的寄存器（如单写者/单读者寄存器）来实现功能强大的多写者/多读者寄存器。更确切地，我们考虑用单写者/单读者共享变量来实现多写者/多读者的读/写原子对象的问题。

13.4.1　问题

给定一个域 V 和一个初始值 $v_0 \in V$。

在例 13.1.1 中，我们描述了域 V 上一个 1 写者/2 读者的读/写原子对象的外部接口。通常，域 V 上的一个 m 写者/p 读者的读/写原子对象具有相似的外部接口，其中端口 $1,\cdots,$

m 是写端口，而端口 $m+1, \cdots, m+p$ 是读端口。我们再次令 $n=m+p$。

由于我们使用读 / 写共享变量来实现读 / 写原子对象，因此需要一种方法来将用户在端口上提交的高级读写操作和在读 / 写共享变量上执行的低级读写操作区分开来。我们约定高级读写操作的名字要大写。这样，在端口 i（其中 $1 \leqslant i \leqslant m$）上有 $WRITE(v)_i$ 输入和 ACK_i 输出，而在端口 j（其中 $m+1 \leqslant j \leqslant n$）上有 $READ_j$ 输入和 v_j 输出，其中 $v \in V$。（我们不想把 V 中的值也大写。）当然还有 $STOP_i$ 输入，其中 $1 \leqslant i \leqslant n$。

我们考虑使用一个具有 n 个进程的共享存储器系统（一个进程对应一个端口）来实现 m 写者 /p 读者原子对象，其中 $n=m+p$。我们假设这个系统中的所有共享变量都是读 / 写共享变量，但是读者和写者的数目在我们给出的不同算法中将会不同。我们所描述的所有实现都保证无等待终止性。

13.4.2 证明原子性的其他引理

我们以一个技术性引理开始，它可以用来证明读 / 写原子对象外部接口的一个动作序列 β 满足读 / 写对象的原子性。这个引理列出了四个条件，涉及 β 中的操作的偏序关系。如果有满足这四个条件的顺序存在，那么一定有某种办法能通过插入序列化点使得 β 满足原子性。当对算法进行推理时，表明存在这样的偏序通常要比证明确定义序列化点简单。

引理 13.16 令 β 是读 / 写原子对象外部接口的一个（有限或无限）动作序列。假设 β 对每一个 i 都是良构的，而且它不包含未完成的操作。令 $\prod$ 是由 β 中所有操作组成的集合。

假设 $\prec$ 是一个满足下列属性的 $\prod$ 中所有操作的非自反偏序关系：

1）对任意操作 $\pi \in \prod$，只存在有限多个操作 ϕ，使得 $\phi \prec \pi$。

2）如果在 β 中对 π 的应答事件发生在对 ϕ 的调用事件之前，那么 $\phi \prec \pi$ 不成立。

3）如果 π 是 $\prod$ 中的一个 $WRITE$ 操作，而 ϕ 是 $\prod$ 中的任意操作，则要么 $\pi \prec \phi$，要么 $\phi \prec \pi$。

4）每个 $READ$ 操作返回的值都是由之前最后一个 $WRITE$ 操作根据 $\prec$ 所写的值（如果没有这样的 $WRITE$，那么为 v_0）。

那么 β 满足原子性属性。

条件 1）是一个技术性条件，它排除了在一些特定的操作之前有无限多个操作的奇怪顺序。条件 2）说明 $\prec$ 排序一定和用户的调用和应答顺序相一致。条件 3）说明 $\prec$ 对所有 $WRITE$ 操作排序，并根据 $WRITE$ 操作对所有 $READ$ 操作排序。条件 4）说明对各 $READ$ 的应答与 $\prec$ 是一致的。

证明 我们描述如何为每个操作 $\pi \in \prod$ 插入序列化点 $*_\pi$。也就是说，我们把序列化点 $*_\pi$ 插到紧跟在对 π 和对所有操作 ϕ 的最后调用之后的一点上，使得 $\phi \prec \pi$。条件 1）意味着这个位置是良好定义的。我们对 $*$ 排序，使得它们以某种方式相邻放置，这种方式与相关操作上的排序 $\prec$ 是一致的；也就是说，如果 π 和 ϕ 的 $*$ 相邻放置，且 $\phi \prec \pi$，则 $*_\phi$ 在 $*_\pi$ 之前。

我们来证明序列化点的全序与 $\prec$ 是一致的；也就是说，对于 $\prod$ 中的任意操作 π 和 ϕ，如果 $\phi \prec \pi$，那么 $*_\phi$ 在 $*_\pi$ 之前。为此，假设 $\phi \prec \pi$。由构造过程可知，$*_\phi$ 被放置在对 ϕ 和对所有在 $\prec$ 顺序中处于 ϕ 之前的操作的最后一个调用之后；$*_\pi$ 被放置在对 π 和对所有在 $\prec$ 顺序中处于 π 之前的操作的最后一个调用之后。但是因为 $\phi \prec \pi$，所以在 $\prec$ 中处于 ϕ 之前的任意操作必然也在 π 之前。因为把 $*_\pi$ 排在 $*_\phi$ 之前会打破上述关系，故 $*_\phi$ 在 $*_\pi$ 之前，得证。

我们接下来证明这些序列化点在所需的时间间隔内。为此，考虑任意操作 $\pi \in \prod$。由构造过程可知，π 的序列化点 $*_\pi$ 一定出现在对 π 的调用之后。我们来证明 $*_\pi$ 出现在对 π 的应答之前。采用反证法，假设它出现在 π 的应答之后。则根据构造过程可知，（在 β 中）对 π 的应答一定出现在对某些操作 ϕ 的调用之前，其中 $\phi \prec \pi$。但是这和条件 2）相矛盾。

余下要证明将操作间隔收缩到各自的序列化点上的结果是底层快照变量类型的一条轨迹。这意味着每个 *READ* 操作 π 返回的值都是 *WRITE* 的值，其中 *WRITE* 的序列化点是在 $*_\pi$ 之前的最后一个序列化点（如果没有这样的 *WRITE*，则返回的值为 v_0）。

但是条件 3）表明 $\prec$ 根据 $\prod$ 中的所有操作，对所有 *WRITE* 操作都进行了排序。而且根据针对 *READ* 操作的条件 4）可知，任意 *READ* 操作 π 返回的值都是之前最后一个 *WRITE* 操作根据 $\prec$ 写入的值（如果没有这样的 *WRITE*，则为 v_0）。由于序列化点的全序与 $\prec$ 相一致，所以 π 必然返回所需的值。

在这一节的剩余部分，我们用引理 13.16 来证明对象保证原子性。

13.4.3　带无界变量的一个算法

第一个算法是 VitanyiAwerbuch 算法，它用单写者/单读者寄存器来实现 m 写者/p 读者的读/写原子对象。（回忆一下 $n = m + p$。）这个算法相当简单，它的缺点是使用了无界大小的共享变量。

VitanyiAwerbuch 算法：

这个算法使用了 n^2 个共享变量，我们可以想象这些向量被组织在一个 $n \times n$ 的矩阵 X 中，见图 13-9。变量命名为 $x(i, j)$：$1 \leqslant i, j \leqslant n$。变量 $x(i, j)$ 只对进程 i 可读且只对进程 j 可写，意味着进程 i 可以读 X 中第 i 行的所有变量，以及可以写第 i 列中的所有变量。

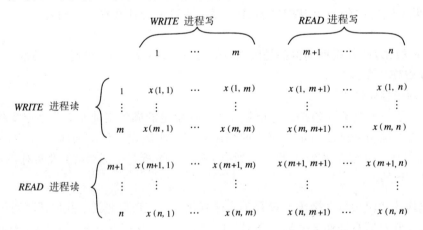

图 13-9　VitanyiAwerbuch 算法中使用的共享寄存器矩阵 X

共享寄存器 $x(i, j)$ 有下列的域：

　　$val \in V$，初值为 v_0

　　$tag \in \mathbb{N}$，初值为 0

　　$index \in \{1, \cdots, m\}$，初值为 1

把 $(tag, index)$ 对缩写为 *tagpair*。我们按词典顺序来对 *tagpair* 排序。

当一个 *WRITE(v)*$_i$ 输入发生时，进程 i 的行为如下。首先，它读取所有变量 $x(i, j)$，其中

$1 \leqslant j \leqslant n$（以任意顺序）。令 k 是它发现的最大 tag。其次，进程 i 对每一个 $x(j, i)$（$1 \leqslant j \leqslant n$）执行单个 $write$，设置 $x(j, i)$ 的三个域如下：

1）$x(j,i).val := v$

2）$x(j,i).tag := k+1$

3）$x(j,i).index := i$

最后，进程 i 输出 ACK_i。

当一个 $READ_i$ 输入发生时，进程 i 的行为如下。首先，它读取所有变量 $x(i, j)$，其中 $1 \leqslant j \leqslant n$（以任意顺序）。将它发现的与最大 $tagpair = (tag, index)$ 对应的 $(val, tag, index)$ 三元组记为 (v, k, j)。其次，进程 i 对每一个 $x(j,i)$（$1 \leqslant j \leqslant n$），执行单个 $write$，设置 $x(j, i)$ 的三个域如下：

1）$x(j,i).val := v$

2）$x(j,i).tag := k$

3）$x(j,i).index := j$

（即它把读到的最好信息传播给它能够写入的所有变量。）最后，进程 i 输出 v_i（即在端口 i 上输出值 v）。

定理 13.17 VitanyiAwerbuch 算法是一个保证无等待终止性的读 / 写原子对象。

为了证明 VitanyiAwerbuch 算法的正确性，我们可以像证明快照算法那样明确插入序列化点，然后证明原子性得到满足。然而，对于 VitanyiAwerbuch 算法，不容易看出（相对于前面的算法）序列化点到底应该放置在何处。一个更自然的证明策略是建立一个基于 $tagpair$ 值的操作偏序，然后证明这个偏序满足引理 13.16 的条件。

证明 良构性和无等待终止是易见的。对原子性，我们使用引理 13.16。

令 α 是 VitanyiAwerbuch 算法的任意一个运行。由引理 13.10 可知，我们可以不失一般性地假设 α 不包含未完成的操作。我们以一个简单的声明开始。

声明 13.18 对于任意变量 $x(i, j)$，$tagpair = (tag, index)$ 的值在 α 中是单调不减的。

证明 固定 i 和 j。注意变量 $x(i, j)$ 只对进程 j 可写，由良构性可知，进程 j 的所有操作必定串行发生。此外，在 j 完成了任意个操作之后，第 j 列上的所有变量包含相同的 $tagpair$。

每当 j 执行一个操作时，它首先读取第 j 行上的所有变量，包含 "对角线" 上的变量 $x(j, j)$。然后它所写的 $tagpair$ 至少和它在 $x(j, j)$ 中发现的 $tagpair$ 一样大。但它在 $x(j, j)$ 中发现的 $tagpair$ 与操作之前 $x(i, j)$ 中的 $tagpair$ 相等。因此，这个操作之后 $x(i, j)$ 中的 $tagpair$ 至少和操作之前的一样大。这足以证明这个声明。

接下来，将由在 α 中发生的操作组成的集合记为 $\prod$。对每个（$WRITE$ 或 $READ$）操作 $\pi \in \prod$，将它写入的唯一 $tagpair$ 值记为 $tagpair(\pi)$。

声明 13.19 α 中不同 $WRITE$ 操作对应的 $tagpair(\pi)$ 值都是不同的。

证明 对发生在不同端口上的 $WRITE$ 操作，这显然是正确的，因为 $tagpair$ 中的 $index$ 域是不同的。

因此我们考虑发生在同一端口上的操作；根据良构性，这些操作串行发生。令 π 和 ϕ 是端口 i 上的两个 $WRITE$ 操作，并且不失一般性地假设 π 处于 ϕ 之前。那么在 ϕ 开始读第 i 行上的变量之前，π 就完成了对第 i 列上所有变量的写。特别地，ϕ 在 "对角线" 上的变量 $x(i, i)$

中看到了 π 或一个更后操作写入的 *tagpair*。由声明 13.18 可知，这个 *tagpair* 至少和 π 中的一样大。那么 ϕ 为自己选择一个更大的，因此也是不同的 *tagpair*。

现在我们来定义 $\prod$ 中操作的一个偏序。即当下面两者中的一个成立时，我们就说 $\pi \prec \phi$：

1）*tagpair*(π) < *tagpair*(ϕ)。

2）*tagpair*(π) = *tagpair*(ϕ)，π 是一个 *WRITE* 操作而 ϕ 是一个 *READ* 操作。

只要证明这满足引理 13.16 要求的四个条件就足够了（其中 $\beta = trace(\alpha) = \alpha|ext(A \times U)$）。

1）对任意操作 $\pi \in \prod$，只存在有限多个操作 ϕ 使得 $\phi \prec \pi$。

采用反证法，假设操作 π 有无限多个 $\prec$ 前驱。声明 13.19 表明，它不可能有无限多个 *WRITE* 操作前驱，因此它必定有无限多个 *READ* 操作前驱。不失一般性，我们可以假设 π 是一个 *WRITE* 操作。

那么无限多个 *READ* 操作具有相同的 *tagpair*、t，其中 t 比 *tagpair*(π) 小。但是 π 在 α 中完成的事实意味着 *tagpair*(π) 最终被写入每一行的某个变量中。之后，声明 13.18 表明随后调用的任意 *READ* 操作肯定会看到（也因此得到）一个 $\geq$ *tagpair*(π) > t 的 *tagpair*。这与存在无限多个 *tagpair* 为 t 的 *READ* 操作相矛盾。

2）在 β 中，如果对 π 的应答事件处于对 ϕ 的调用事件之前，那么 $\phi \prec \pi$ 不成立。

假设对 π 的应答在对 ϕ 的调用之前。当 π 完成时，它的 *tagpair* 已经都写到了它的所有列变量上。因此由声明 13.18 可知，当 ϕ 读它的行变量时，它读到的 *tagpair* 至少和 *tagpair*(π) 一样大。所以，*tagpair*(ϕ) 被选得至少和 *tagpair*(π) 一样大。此外，如果 ϕ 是一个 *WRITE* 操作，那么 *tagpair*(ϕ) 严格大于 *tagpair*(π)。

由于 *tagpair*(ϕ) $\leq$ *tagpair*(π)，因此使 $\phi \prec \pi$ 的唯一途径是当 *tagpair*(ϕ) = *tagpair*(π) 时，让 π 是一个 *READ* 操作而 ϕ 是一个 *WRITE* 操作。但是这是不可能的，因为如果 ϕ 是一个 *WRITE* 操作，那么根据上面提到的，我们有 *tagpair*(ϕ) > *tagpair*(π)。所以 $\phi \prec \pi$ 不成立。

3）如果 π 是 $\prod$ 中的一个 *WRITE* 操作而 ϕ 是 $\prod$ 中的任意操作，则要么 $\pi \prec \phi$，要么 $\phi \prec \pi$。

由声明 13.19 可知，所有的 *WRITE* 操作都取得不同的 *tagpair*。这表明所有 *WRITE* 操作都是完全有序的，所有和 *WRITE* 操作有关的 *READ* 操作也都是完成有序的。

4）每一个 *READ* 操作返回的值都是基于 $\prec$ 的倒数第一个 *WRITE* 操作写入的值（如果没有这样的 *WRITE* 操作，则值为 v_0）。

令 π 是一个 *READ* 操作。π 返回的值 v 正好就是它在行变量中找的与最大 *tagpair*，即与 t 相关的值。存在两种情况：

a）值 v 是被具有 *tagpair* t 的某一 *WRITE* 操作 ϕ 写入的。

在这种情况下，排序的定义保证 ϕ 是 $\prec$ 顺序中 π 之前的最后一个 *WRITE* 操作，得证。

b）$v = v_0$ 并且 $t = 0$。

在这种情况下，排序的定义保证 $\prec$ 顺序中 π 之前没有 *WRITE* 操作，得证。

复杂性分析　VitanyiAwerbuch 算法用到了 n^2 个共享变量，每一个的大小都是无界的，尽管底层的域 V 是有限的。每个完成的 *READ* 和 *WRITE* 操作都涉及 $4n$ 次对共享存储器的访问，

总时间复杂度为 $O(n\ell)$。

13.4.4 两个写者的有界算法

和 UnboundedSnapshot 算法一样，VitanyiAwerbuch 算法也有不足，它使用大小无界的共享变量来存储无界的标签。很多其他算法已经设计成只使用有界数据，但遗憾的是，它们中大多数很复杂（效率也太低，以致不实用）。在这一节，我们只针对一种特殊情况来给出一个非常简单的算法。

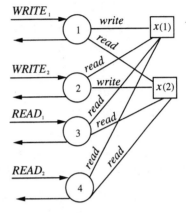

我们将要描述的 Bloom 算法使用两个 1 写者 $/p+1$ 读者的寄存器 $x(1)$ 和 $x(2)$ 来实现一个 2 写者 $/p$ 读者的读 / 写原子对象。（现在 $n=2+p$。）$x(i)$ 对 WRITE 进程 i 可写和对其他进程可读。图 13-10 描述了在有两个读者的特殊情况下的算法模型。这个算法相当简单，但难以扩充到有更多写者的情况中。

图 13-10 有两个写者的 Bloom 算法的模型

Bloom 算法：

这个算法用到了两个共享变量 $x(1)$ 和 $x(2)$，其中 $x(i)$ 对进程 i 可写和对其他进程可读。在这里，如果 $i=1$，$\bar{i}$ 就代表 2；如果 $i=2$，$\bar{i}$ 就代表 1。寄存器 $x(i)$ 有以下域：

$val \in V$，初值为 v_0

$tag \in \{0, 1\}$，初值为 0

当一个 $WRITE(v)_i$ 发生在端口 i 上时，其中 $i \in \{1, 2\}$，进程 i 的行为如下。首先，它读 $x(\bar{i})$；将它发现的 tag 记为 b。然后它写 $x(i)$，按如下这样设置域：

1）$x(i).val:=v$

2）$x(i).tag:=b+i \bmod 2$

最后，它输出 ACK_i。

这样，当 WRITE 进程 i 执行一个 WRITE 操作时，它不仅把新值写入它的变量，还试图让这两个变量中的 tag 值之和等于它的索引对 2 取模之后的值。也就是说，进程 1 总是试图让这两个变量中的 tag 不相等，而进程 2 总是试图让它们相等。

当一个 $READ_i$ 发生在端口 i 上时，其中 $3 \leqslant i \leqslant n$，进程 i 的行为如下。首先，它读取两个寄存器；将它找到的两个 tag 之和对 2 取模，得到的值记为 b。那么如果 $b=1$，它就重读寄存器 $x(1)$；如果 $b=0$，它就重读寄存器 $x(2)$；并返回它找到的 val。

这样，所有的 READ 进程以完全一样的方式运作。每个 READ 进程都读取两个寄存器以决定它们是否包含相等的 tag。如果 tag 是相等的，则进程从 $x(2)$ 取得返回值，否则从 $x(1)$ 取得返回值。

定理 13.20 Bloom 算法是一个保证无等待终止性的读 / 写原子对象。

为了证明这个算法的正确性，我们可以明确插入序列化点，然后表明它满足原子性。然而，这次我们使用一个有趣的策略，它基于引理 13.16 和 8.5.5 节定义的模拟证明的组合。我们首先定义 Bloom 算法的一个变量 IntegerBloom，它使用整数值的 tag 而不是位值的 tag。我们使用引理 13.16 来证明 IntegerBloom 是正确的。然后使用从 Bloom 到 IntegerBloom 的模拟关系来证明 Bloom 的正确性。

IntegerBloom 算法:

这个算法使用了两个共享变量 $x(1)$ 和 $x(2)$，其中 $x(i)$ 对进程 i 可写和对其他进程可读。寄存器 $x(i)$ 有以下域:

$val \in V$，初值为 v_0

$tag \in \mathbb{N}$，当 $i = 1$ 时，初值为 0; $i = 2$ 时，初值为 1

当一个 $WRITE(v)_i$ 发生在端口 i 上时，其中 $i \in \{1, 2\}$，进程 i 的行为如下。首先，它读取 $x(\bar{i})$; 将它发现的 tag 记为 b。然后它写 $x(i)$，设置字段如下:

1) $x(i).val := v$

2) $x(i).tag := t + 1$

最后，它输出 ACK_i。

当一个 $READ_i$ 发生在端口 i 上时，其中 $3 \leqslant i \leqslant n$，进程 i 的行为如下。首先，它读取两个寄存器; 令 t_1 和 t_2 是它发现的各自的 tag。存在两种情况: 如果 $|t_1 - t_2| \leqslant 1$，那么进程 i 重新读取拥有较大 tag 的那个寄存器并返回它找到的 val。(这个寄存器必定是唯一的，原因在于: 正如我们在下面的引理 13.21 中陈述的那样，$x(1)$ 中的 tag 始终是偶数，而 $x(2)$ 中的 tag 始终是奇数。) 否则——即如果 $|t_1 - t_2| > 1$——进程 i 非确定地任选一个寄存器来重读并返回它找到的 val。

以下引理给出了 IntegerBloom 的一些基本属性。这很容易证明。

引理 13.21 在 IntegerBloom 的任意可达状态中，下列项为真:

1) $x(1).tag$ 是偶数。

2) $x(2).tag$ 是奇数。

3) $|x(1).tag - x(2).tag| \leqslant 1$。

定理 13.22 IntegerBloom 算法是一个保证无等待终止性的读/写原子对象。

证明 同定理 13.17 的证明相似。良构性和无等待终止性是易见的。对原子性，我们使用引理 13.16。令 α 是 IntegerBloom 算法的任意运行。和前面一样，我们不失一般性地假设 α 不包含未完成的操作。

声明 13.23 对每一个变量 $x(i)$，α 中的 tag 值是单调不减的。

把由 α 中发生的操作组成的集合记为 $\prod$。对 $\prod$ 中的每一个 $WRITE$ 操作 π，我们定义 $tag(\pi)$ 为 π 在它的写步中写入的 tag 值。

现在我们定义 $\prod$ 中操作上的一个偏序关系。首先，我们按 tag 值来排列所有的 $WRITE$ 操作。如果两个 $WRITE$ 操作有相同的 tag 值，那么它们一定属于同一个写者，我们按发生顺序来排列它们。接下来，我们将 $\prod$ 中的每个 $READ$ 操作恰好排在那个写入它所获得的值的 $WRITE$ 之后 (如果没有这样的 $WRITE$ 时，将其排在所有的 $WRITE$ 之前)。

这足以满足引理 13.16 要求的四个条件 (其中 $\beta = trace(\alpha) = \alpha | ext(A \times U)$)。条件 3) 和 4) 是直接的，所以我们来证明条件 1) 和 2)。以下声明对于我们的证明是有用的:

声明 13.24 如果 $WRITE$ 操作 π 的写步处于对 $WRITE$ 操作 ϕ 的调用之前，那么 $\pi \prec \phi$。

证明 如果 π 和 ϕ 发生在同一个端口上，则由声明 13.23 可知 $tag(\pi) \leqslant tag(\phi)$，又由 $\prec$ 的定义可知 $\pi \prec \phi$。另一方面，如果 π 和 ϕ 发生在不同的端口上，那么 ϕ 在 π 的端口上读取 π 或一个更后 $WRITE$ 的结果。由声明 13.23 可知，ϕ 读取的 tag 大于或等于 $tag(\pi)$。因此，$tag(\pi) <$

$tag(\phi)$，故又有 $\pi \prec \phi$。

声明 13.25 如果 *WRITE* 操作 π 的写步处于对 *READ* 操作 ϕ 的调用之前，那么 $\pi \prec \phi$。

证明 我们必须证明 ϕ 返回 π 的结果，或者返回其他某一满足 $\pi \prec \psi$ 的 *WRITE* ψ 的结果。令 $t = tag(\pi)$，且假设 π 发生在端口 i 上。

当 ϕ 被调用时，声明 13.23 意味着 $x(i).tag \geqslant t$，而且引理 13.21 意味着 $|x(1).tag - x(2).tag| \leqslant 1$。因此，当 ϕ 被调用时，有 $x(\bar{i}).tag \geqslant t-1$。由 $\prec$ 的定义和声明 13.23 可知，唯一的问题是 ϕ 返回某一个带有 $tag = t-1$ 的 *WRITE* 的值。假设就是这种情况。

那么在 ϕ 的第一次读或第二次读中，它一定会看到 $x(\bar{i}).tag=t-1$，并在它的第三次读时也一定会看到。如果 ϕ 在它的第一次和第二次读时看到 $x(i).tag=t$，那么 tag 的 $t-1$ 和 t 的组合将导致 ϕ 去重读寄存器 $x(i)$，而不是寄存器 $x(\bar{i})$，矛盾。因此 ϕ 一定会看到 $x(i).tag > t$。但是引理 13.21 意味着当 ϕ 看到 $x(i).tag>t$ 之前，$x(\bar{i})>t-1$ 必定成立。这表明 ϕ 不可能在它的第三次读时看到 $x(\bar{i})=t-1$，矛盾。

使用声明 13.24、声明 13.25，条件 1）很容易证明；我们把它留为一道习题。

对条件 2），假设在 β 中对 π 的应答事件处于对 ϕ 的调用之前。如果 π 是 *WRITE* 操作，那么声明 13.24、声明 13.25 表明 $\pi \prec \phi$。因此假设 π 是 *READ* 操作。采用反证法，假设 $\phi \prec \pi$。

如果 ϕ 是 *WRITE* 操作，那么显然 π 不可能返回 ϕ 的结果，因为直到 ϕ 完成时 ϕ 才执行它的写步。因此唯一的问题是 π 返回其他某一满足 $\phi \prec \psi$ 的 *WRITE* ψ 的结果。但是在这种情况下，ψ 中的写步处于 π 的结束之前，因此也处于对 ϕ 的调用之前。但声明 13.24 意味着 $\psi \prec \phi$，矛盾。

另一方面，如果 ϕ 是 *READ* 操作，则 $\phi \prec \pi$ 的假设意味着一定存在某一个 *WRITE* 操作 ψ，使得 $\phi \prec \psi$ 而 π 获得 ψ 的结果。由于 π 获得 ψ 的结果，因此 ψ 中的写步必然在 π 的结束之前，也因此在对 ϕ 的调用之前。但是声明 13.25 意味着 $\psi \prec \phi$，矛盾。

现在我们使用一个模拟关系来证明 Bloom 算法和 IntegerBloom 算法之间的对应关系。8.5.5 节描述了通用策略，在例 8.5.6 的证明和 10.9.4 节的证明中我们曾经用过这种方法。

两个算法的对应关系是（非常奇怪）：Bloom 算法中用到的从 $\{0, 1\}$ 中取值的 tag 就是 IntegerBloom 算法中用到的整数值 tag 的倒数第二位。

例 13.4.1 Bloom 算法中的位和整数

考虑 IntegerBloom 算法的一个运行，其中 *WRITE* 操作在端口 1 和 2 上交替发生，开始时发生在端口 1 上；一个 *WRITE* 操作只有在前一个 *WRITE* 操作完成后才开始。每个 *WRITE* 操作都产生一个持续增大的 tag。我们把两个寄存器中的 tag 值写为二进制，见图 13-11。最初，$x(1)$ 和 $x(2)$ 的 tag 值分别为 0 和 1。$WRITE_1$ 设置 $x(1).tag:=2$，随后的 $WRITE_2$ 设置 $x(2).tag:=3$，依此类推。

在 Bloom 的相应运行中，两个寄存器中的 tag 值见图 13-12。两个寄存器都以 $tag = 0$ 作为开始。每个 $WRITE_1$ 设置 $x(1).tag$ 为不等于 $x(2).tag$ 的值，每个 $WRITE_2$ 设置 $x(2).tag$ 为等于 $x(1).tag$ 的值。

注意：在每种情况中，Bloom 运行中的 tag 正好就是 IntegerBloom 运行中对应的 tag 的倒数第二位。

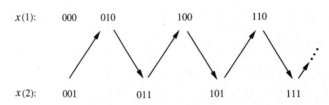

图 13-11 在 IntegerBloom 算法中，两个寄存器中的连续 *tag* 值

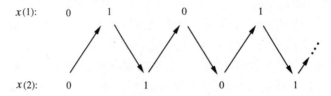

图 13-12 在 Bloom 算法中，两个寄存器中的连续 *tag* 值

例 13.4.1 中描述的对应关系对两个算法中的所有运行都成立。假如 s 和 u 分别是 Bloom 和 IntegerBloom 系统（算法加上用户）的状态，如果以下条件成立，则定义 $(s, u) \in f$（或 $u \in f(s)$）：除了 u 有一个整数值的 *tag*、t，s 有一个其值等于 t 的倒数第二位的 *tag* 之外，u 和 t 的所有其他状态部分都是相同的。

引理 13.26 f 描述了从 Bloom 算法到 IntegerBloom 算法的模拟关系。

证明概要 由于这两个算法的唯一初始状态都与 f 相关，所以定义模拟关系的开始条件直接可得。有趣的是步条件。对于 Bloom 中的任意步 (s, π, s') 和任意 $u \in f(s)$，其中 s 和 u 是可达状态，如果在 IntegerBloom 中存在对应的一步 (u, ϕ, u')（其中 $u' \in f(s')$ 且 ϕ' "几乎" 和 π 一样），那么结论就成立了。更精确地，除了 ϕ 涉及一个整数值，π 涉及倒数第二位之外，ϕ 和 π 是一样的。我们基于 π 来进行讨论。如果 π 是一个调用或应答事件，那么证明起来很简单。有趣的步是那些在 *WRITE* 操作内的写步和在 *READ* 操作内的第三个读步。

假设 (s, π, s') 是 Bloom 中的一步，其中作为 *WRITE*₁ 操作的一部分，进程 1 写入 $x(1)$。进程 1 令 $x(1).tag$ 不等于值 b，这个 b 是它读 $x(2).tag$ 后记住的值。也就是说，$s'. x(1).$ $tag \neq b$。在 IntegerBloom 的对应状态 u 中，进程 i 记住从 $x(2).tag$ 读取的整数值 *tag* t；鉴于 $u \in f(s)$，b 必然是 t 的倒数第二位。令 u' 是 IntegerBloom 中生成的唯一状态。则有 $u'. x(1).$ $tag = t+1$。为了证明 $u' \in f(s')$，我们需要证明 $u'. x(1).tag$ 的倒数第二位等于 $s'. x(1).tag$。也就是说，$t+1$ 的倒数第二位不等于 b。这成为 t 是奇数（由引理 13.21）和 b 是 t 的倒数第二位这两个事实的必然结果。

对于其中进程 2 写入 $x(2)$ 的 (s, π, s') 的情况，证明过程类似。

现在假设 (s, π, s') 是 Bloom 的一步，其中进程 2 执行了 *READ* 之内的第三个读步。关键在于 IntegerBloom 允许进程 i 读同一个寄存器，$x(1)$ 或 $x(2)$。假设在状态 s 中，Bloom 的进程 i 记得在 $x(1)$ 和 $x(2)$ 中读取的 *tag* 分别为 b_1 和 b_2；类似地，假设在状态 u 中，IntegerBloom 中的进程 i 记得在 $x(1)$ 和 $x(2)$ 中读取的 *tag* 分别是 t_1 和 t_2。由于 $u \in f(s)$，我们知道 b_1 是 t_1 的倒数第二位，而 b_2 是 t_2 的倒数第二位。存在三种情况。

1）$t_1 = t_2 + 1$

则引理 13.21 表明 t_1 和 t_2 的倒数第二位是不相等的。在这种情况下，Bloom 和

IntegerBloom 都读寄存器 $x(1)$。

2）$t_2 = t_1 + 1$

引理 13.21 表明 t_1 和 t_2 的倒数第二位是相等的。在这种情况下，Bloom 和 IntegerBloom 都读寄存器 $x(2)$。

3）$t_1 \neq t_2 + 1$ 且 $t_2 \neq t_1 + 1$

引理 13.21 表明 $|t_1 - t_2| > 1$。在这种情况下，IntegerBloom 可以读任意一个寄存器。

现在我们证明定理 13.20，它断定了 Bloom 算法的正确性。

（定理 13.20 的）证明 引理 13.26 和定理 8.12 表明 Bloom 系统的每一条轨迹都是 IntegerBloom 系统中的一条轨迹。（回忆一下，这儿的轨迹包括端口上的调用和应答，以及 *stop* 事件。）定理 13.22 表明良构性和原子性条件对 IntegerBloom 成立。因为良构性和原子性条件可以表达为轨迹属性，它们被传到了 Bloom 算法。无等待终止性条件是易见的。

复杂性分析 Bloom 算法用到了两个共享变量，每个可取 $2|V|$ 个值。每个操作对共享存储器的访问次数都是一个常数，时间复杂度为 $O(\ell)$。

13.4.5 使用快照的算法

在这最后一小节中，我们使用一个快照共享变量来实现一个无等待的 m 写者 $/p$ 读者的读 / 写原子对象 SnapshotRegister。（令 $n = m + p$。）把 SnapshotRegister 和 13.3 节中快照原子对象的实现组合起来，并使用推论 13.9，我们就可以使用 1 写者 $/n$ 读者共享寄存器来实现无等待 m 写者 $/p$ 读者原子对象。

尽管针对将要实现的读 / 写原子对象的底层域 V 是有界的，但 SnapshotRegister 用到的快照共享变量的大小还是无界的。即便有一定难度，我们也还是可以修改 SnapshotRegister 算法，使它只使用一个有界的快照共享变量。

SnapshotRegister 算法：

这个算法使用单个共享变量 x，它是一个基于长度为 m 的向量的快照对象。对于 x 的每一个分量，其域 W 由 (*val*, *tag*) 对组成，其中 $val \in V$ 而 $tag \in \mathbb{N}$；初始值 w_0 为 $(v_0, 0)$。

WRITE 进程 i（$1 \leq i \leq m$）在 x 上执行 *update*(i,w) 和 *snap* 操作，*READ* 进程 i（$m+1 \leq i \leq n$）只在 x 上执行 *snap* 操作。

当一个 $READ_i$（$m+1 \leq i \leq n$）输入发生在端口 i 上时，进程 i 的行为如下。首先，它在 x 上执行一个 *snap* 操作，由此确定一个向量 u。令 j（$1 \leq j \leq m$），是具有最大 ($u(j).tag$, j) 对（按字典顺序）的进程的索引。那么进程 i 返回相关的值 $u(j).val$。

当一个 $WRITE(v)_i$ 输入发生在端口 i 上时，其中 $1 \leq i \leq m$，进程 i 首先对 x 执行一个 *snap* 操作，由此确定一个向量 u。和上面一样，令 j（$1 \leq j \leq m$）是具有最大 ($u(j).tag$, j) 对（按字典顺序）的进程的索引；然后执行一个 *update*(i, (v, $u(j).tag$+1)) 操作；最后输出 ACK_i。

SnapshotRegister 算法和 VitanyiAwerbuch 算法有点相似。但它更加简单，因为快照共享存储器提供了额外的功能。

定理 13.27 SnapshotRegister 算法是一个保证无等待终止性的读 / 写原子对象。

证明概要 使用引理 13.16，这里的证明与对 VitanyiAwerbuch 算法和 IntegerBloom 算法的证明类似，且更加简单。具体证明留为一道习题。

复杂性分析 即使底层的域 V 是有限的，SnapshotRegister 算法使用的快照共享变量也还是无界大小的。每个操作对共享存储器的访问次数都是一个常数，时间复杂度为 $O(\ell)$。

分级构造　定理 13.27 与快照原子对象的任意无等待实现一起使用 1 写者 /$m+p$ 读者共享寄存器来实现 m 写者 /p 读者的读 / 写原子对象，这个实现是无等待的。它的证明基于推论 13.9。（从技术上讲，为了应用推论 13.9，我们需要一个带 $n = m+p$ 个端口的快照原子对象，一个端口对应一个进程——举例来说，$WRITE$ 进程 i 要在同一个端口上执行它的 $update$ 和 $snap$ 操作。改动快照原子对象的外部接口和实现以满足这个要求是没有问题的。）

扩展　存在 SnapshotRegister 算法的几个有趣的扩展，它们也能正确地工作。首先，在一个 $WRITE_i$ 期间，如果 $i=j$——即如果进程 i 自己拥有最大的 tag 对——那么它可以使用自己上次用过的那个 tag。其次，i 可以使用非负实数值的 tag 而不是整数值的 tag。这样写者 i 选出的 tag 可以是严格大于它看到的最大 tag 的任意实数。如果 i 自己拥有最大的 tag 对，那么它可以重用它前面的 tag。在证明使用快照共享变量来实现读 / 写原子对象的方法的正确性时，这些扩展都是很有用的。

13.5　参考文献注释

"原子对象"的思想首先出现在 Lamport[181-182] 关于读 / 写原子对象的工作中。Herlihy 和 Wing[153] 把原子性的概念扩展到任意变量类型并将它重新命名为可线性化。König 引理最初由 König[170] 证明，在 Knuth[169] 的书中也有一个证明。规范的无等待原子对象自动机来自 Merritt[3] 的工作。原子对象和共享变量之间的联系来自 Lamport 和 Schneider[186] 的工作和 Goldman 和 Yelick[139] 的工作。用读 / 写对象实现读－改－写原子对象的不可能性结果归功于 Herlihy[150]。

快照原子对象的思想归功于 Afek、Attiya、Dolev、Gafni、Merritt 和 Shavit[3]，还归功于 Anderson[11-12]，这受到 Chandy 和 Lamport[68] 关于分布网络中一致全局快照方面工作的启发。这儿给出的快照原子对象的实现，包括 UnboundedSnapshot 和 BoundedSnapshot，归功于 Afek 等。用于 BoundedSnapshot 协议的握手策略归功于 Peterson[240]。后来 Attiya and Rachman[26] 设计出一个原子快照算法，它只要求 $O(n\ell\log n)$ 的时间而不是 $O(n^2)$ 的时间。

现在有很多算法使用更简单类型的读 / 写寄存器来实现读 / 写原子对象。VitanyiAwerbuch 算法出现在 Vitanyi 和 Awerbuch[283] 的论文中。这篇论文还包括一个使用有界共享变量的算法，可惜那个算法是错误的。Bloom 算法归功于 Bloom[53]，而 SnapshotRegister 算法来源于 Gawlick, Lynch 和 Shavit[135] 的工作。用单写者 / 单读者寄存器实现单写者 / 多读者原子对象的有界算法已经被 Singh，Anderson 和 Gouda[263] 以及 Haldar 和 Vidyasankar[144] 设计出来了。使用单写者 / 多读者寄存器实现多写者 / 多读者原子对象的有界算法已经被 Peterson 和 Burns[241]；Schaffer[254]；Israeli 和 Li[162]；Li, Tromp, 和 Vitanyi[196]；Dolev 和 Shavit[100] 设计出来了。特别地，Schaffer 的算法改正了 Peterson 和 Burns 算法中的错误。Gawlick，Lynch，和 Shavit[135] 描述了使用有界快照变量的多写者 / 多读者原子对象的实现，并通过把它与 SnapshotRegister 算法的扩展版本联系起来，使用模拟证明方法来证明了这个算法的正确性。这些构造中有几个使用了"有界时戳"的概念。有界时戳算法已经由 Israeli 和 Li[162]；Dolev 和 Shavit[100]；Gawlick，Lynch，Shavit[135]；Israeli 和 Pinchasov[163]；Dwork 和 Waarts[107]；Dwork，Herlihy，Plotkin 和 Waarts[102] 提出。

Attiya 和 Welch[28] 将读 / 写原子对象的实现成本和具有更弱一致性要求的读 / 写对象的实现成本进行了比较，这是针对异步网络模型的。

13.6 习题

13.1 为一个 2 写者 /1 读者原子对象定义外部接口，并针对这个外部接口分别给出几个有趣的满足原子性和不满足原子性的序列例子。必须包括有限序列和无限序列，以及包含未完成的操作的序列。

13.2 考虑一个读 – 改 – 写原子对象，它的域 V 是整数集，它的初始值是 0（见 9.4 节读 – 改 – 写变量类型的定义——回忆一下，一个读 – 改 – 写共享变量的返回值是这个操作之前变量中的值。）

这个对象有两个端口：端口 1 只支持递增操作（它把对象中的值加 1），端口 2 只支持递减操作（它减 1）。下面序列中哪一个满足原子性？

a）$increment_1, decrement_2, 0_1, 0_2$

b）$increment_1, decrement_2, -1_1, 0_2$

c）$increment_1, decrement_2, 0_1, 1_2$

d）$decrement_2, increment_1, 0_1, increment_1, 1_1, increment_1, 2_1, increment_1, 3_1\ldots$

e）$decrement_2, increment_1, 0_1, increment_1, 0_1, increment_1, 1_1, increment_1, 2_1\ldots$

13.3 对定理 13.1 做出更详细的证明。特别地，对文中提到的"存在从根开始的任意长的路径、并且一条无限路径可以产生针对整个序列 β 的一个正确选择"做出更详细的描述。

13.4 扩展变量类型的定义以允许初始值的数量为有限个而不是只有一个，并允许有限的非确定选择而不只是一个函数。扩展定理 13.1 和它的证明以适应这种新设置。如果我们允许无限的非确定性又将如何？

13.5 假设我们修改例 13.1.4，使得系统除了支持读和递增操作之外还支持递减操作。除了增加如下一点之外，算法和以前的相同：当一个 $decrement_i$ 输入发生在端口 i 上时，进程 i 递减 $x(i)$。

所得的系统是一个读 / 递加 / 递减原子对象吗？给出证明，或给出一个反例运行。

13.6 证明定理 13.4。

13.7 证明定理 13.5。

13.8 证明定理 13.6。

13.9 证明：如果我们不加入关于 A 的 turn 函数的特别假设，那么定理 13.7 是错误的。

13.10 给出 RMWfromRW 算法的前提 – 结果代码。你的描述应该模块化，把互斥组件描述成独立的自动机，并使用 I/O 自动机合成来把它和 RMWfromRW 算法的主要部分组成起来。证明你的算法正确工作（假设互斥组件是正确的）。

13.11 考虑 UnboundedSnapshot 算法的一个改动，其中每个 snap 和嵌入 snap 都寻找某一 $x(i)$ 的三个不同标签而不是书中所说的四个。这个改动的算法仍然正确吗？证明此算法是正确的，或者给出一个反例运行。

13.12 考虑 UnboundedSnapshot 算法的一个改动，其中当进程 i 运行一个 snap 操作以及运行一个 update 操作时，它将 $x(i).tag$ 加 1。（其中，$x(i).val$ 和 $x(i).view$ 不变，嵌入 snap 操作不做任何改动。）

这个改动过的算法仍然正确吗？证明此算法是正确的，或给出一个反例运行。

13.13 研究问题：你能基于 UnboundedSnapshot 算法与合适的规范无等待原子对象自动机的形式化关系，给出 UnboundedSnapshot 算法的另一个证明吗？

13.14 设计 BoundedSnapshot 算法的一个改动，它没有 toggle 位。在你的算法中，snap 进程不仅基于握手位，还基于 val 域来确定两遍读的一致性。证明你的算法是正确的。

13.15 研究问题：设计一个比 BoundedSnapshot 算法更为有效的无等待快照原子对象的实现，要使用有界大小的单写者 / 多读者的读 / 写共享变量。你能设计一个在进程数的线性时间内而不是在二次方时间内终止的这种快照原子对象吗？

13.16 研究问题：设计一个快照原子对象的良好实现，它允许对同一向量分量的更新操作发生在不同的端口上（因此，更新操作是并发的）。

13.17 给出 10.7 节中 Bakery 算法的简化版本，这个版本使用快照共享变量。证明其正确性。

13.18 详细陈述并证明：使用快照原子对象来解决带单故障终止性的一致性问题是不可能的。

13.19 使用单写者 / 多读者的读 / 写共享变量，给出 read/update/snap 原子对象的一个有效实现。证明它的正确性并分析它的复杂性。

13.20 给出 10.7 节中 Barkery 算法的简化版本，这个版本使用 read/update/snap 共享变量。尽可能地使你的算法简单有效。证明它的正确性并分析它的复杂性。在你的复杂性分析中，根据一个底层模型来考虑实现 read/update/snap 变量的代价，其中这个底层模型基于习题 13.19 中的单写者 / 多读者的读 / 写共享变量。

13.21 扩展引理 13.16 以处理任意变量类型而不仅仅是读 / 写类型。

13.22 VitanyiAwerbuch 算法中 *READ* 协议的"传播阶段"是否是必须的？证明没有它算法也正常工作，或者给出一个反例。

13.23 将序列化点明确插入到任意运行中，其中运行中所有操作都是完成的，从而给出对 VitanyiAwerbuch 算法的另一个正确性证明。然后证明原子性得到满足。

13.24 针对读 / 写共享变量是单写者 / 多读者变量的情况，设计 VitanyiAwerbuch 算法的一个简化版本。*READ* 协议的传播阶段是必要的吗？证明正确性并分析复杂性。

13.25 证明 Bloom 算法中 *READ* 协议内的第三个读是必须的。也就是说，修改算法，使得其中每个 *READ* 都简单地返回它从适当的寄存器（在第一次或第二次）中刚刚读取的值。给出修改后的算法的一个错误运行。

13.26 IntegerBloom 算法描述的结尾处指明当 $|t_1 - t_2| > 1$ 时，进程 i 不确定地任意选出一个寄存器来进行重读。给出发生这种情况的一个特殊运行。

13.27 在定理 13.22 的证明中，证明引理 13.16 的条件 1）成立。

13.28 完善引理 13.26 的证明。要求写出 Bloom 和 IntegerBloom 算法的前提 – 结果代码。

13.29 研究问题：将 Bloom 算法扩展到有多于两个写者的情况。

13.30 证明定理 13.27。

13.31 给出运行例子以表明当按以下任意一种方法放置序列化点时，SnapshotRegister 算法没有被正确序列化。

a）对于 *READ*：放在它的 snap 操作的那个点上；对于 *WRITE*：放在它 update 操作的那个点上。

b）对每个操作：放在它 snap 操作的那个点上。

13.32 描述一个使用在 13.4.5 节末提到的两个方法来扩展 SnapshotRegister 的算法。也就是说，自身 tag 最大的那个 *WRITE* 进程可以（但不是必须）重用它的 tag，且允许实数值的 tag。令你的算法尽可能不确定。

13.33 设计一个算法，使用快照共享变量来实现一个域为 V 和初始值为 v_0 的 m 读者 /p 写者的读 / 写原子对象。与 SnapshotRegister 算法不同，在 V 是有限的情况下，你的快照变量应该是有界的。（警告：这非常困难。）

13.34 研究问题：使用引理 13.16 来证明在研究文献中出现的某些其他原子寄存器实现的正确性。

13.35 研究问题：设计高效简单的算法以使用大小有界的单写者 / 单读者寄存器来实现多写者 / 多读者的读 / 写原子对象。

13.36 研究问题：设计一个高效简单的原子对象分级结构以用作开发实际多处理器系统的基础。

异步网络算法

第 14 ～ 22 章将介绍针对异步网络模型的算法。在这种模型中，进程的执行是异步的，通过消息交换进行通信。这些章的思想以很多有趣的方式来融合了第一部分和第二部分 A 中提出的思想。

按照惯例，该部分首先在第 14 章介绍一个形式化的模型。接下来在第 15 章中对异步网络的基本算法进行概述，这些算法均直接根据模型来编程。因为有些算法相当复杂，所以我们在第 16 ～ 19 章介绍简化异步网络编程的四种技巧。第一种技巧是引入同步器，在第 16 章中描述。第二种技巧是在异步网络模型中模拟异步共享存储模型，在第 17 章中描述。第三种技巧是在异步分布式网络中给事件分配一致的逻辑时间，在第 18 章中描述。第 19 章介绍第四种技巧，即在运行时监测异步网络算法。

然后，我们继续研究异步网络环境中的特定问题。第 20 章研究异步网络中的资源分配问题。第 21 章在有故障的异步网络中讨论计算问题。最后，在第 22 章讨论数据链接问题，即在一个不可靠的网络中如何实现可靠的通信。

建模 IV：异步网络模型

在本章，我们再一次改变计算范例，以异步网络模型代替异步共享存储系统。一个异步网络由一组依靠通信子系统来相互通信的进程构成。在该模型的最常见版本中，进程通信采用的是使用发送和接收操作的点对点模式。此模型的其他版本允许广播操作，即一个进程可以把某个消息发送给网络的所有进程（包括它自己）；或允许多播操作，即一个进程把某个消息发送给一个进程子集。也存在多播模型的特殊情况，例如，允许广播通信和点对点通信的组合情况。在每种情况下，都要考虑各种各样的网络故障行为，包括消息的丢失和重复。

本章包括三个主要小节，分别阐述发送 / 接收系统、广播系统和多播系统。

14.1 发送 / 接收系统

像第 2 章中定义的同步网络模型一样，我们从一个 n 节点有向图 $G = (V, E)$ 开始。同前面一样，我们分别用符号 $out\text{-}nbrs_i$ 和 $in\text{-}nbrs_i$ 表示图中节点 i 的出向邻接节点和入向邻接节点，用 $distance(i, j)$ 表示 G 中从 i 到 j 的最短有向路径，用 $diam$ 表示从任意节点到任意其他节点的最大距离。

像同步网络模型中一样，我们用 G 中的节点表示进程，并允许这些进程通过有向边代表的通道进行通信。不同的是，这里的发送 / 接收系统中没有通信同步环：现在在进程步和通信两方面都允许异步。为描述这种异步，我们将进程和通道表示成 I/O 自动机。以 M 作为固定的消息字母表。

14.1.1 进程

把与节点 i 相联系的进程表示成 I/O 自动机 P_i。P_i 通常有一些输入输出动作，用来与外界用户进行通信，这使得我们能够使用在 "用户接口" 上的轨迹来表达需要由异步网络解决的问题。另外，P_i 还有 $send(m)_{i,j}$ 形式的输出，其中 j 是 i 的出向邻接节点，m 是一个消息（是 M 的一个元素）；以及 $receive(m)_{j,i}$ 形式的输入，其中 j 是 i 的入向邻接节点。除了这些外部接口的限制外，P_i 可以是一个任意的 I/O 自动机。（为得到一些特定的结果，我们有时可能会在 P_i 上增加一些额外限制，如限制任务的数量或限制状态的数量。）例 8.1.2 是 I/O 自动机进程的一个例子。

在节点进程部分，我们考虑两种类型的故障行为：停止故障和 Byzantine 故障。把 P_i 的停止故障表示成 P_i 外部接口中的一个 $stop_i$ 输入动作，该操作的作用是永久停止 P_i 的所有任务。（这里不限制 $stop_i$ 所引起的状态改变，也不限制后续输入行为导致的状态改变。限制这些状态改变并不重要，因为它们的影响在 P_i 之外永远都是不可见的。）把 P_i 的 Byzantine 故障表示成允许用任意一个与 P_i 有相同外部接口的 I/O 自动机替代 P_i。

14.1.2 发送 / 接收通道

把与 G 中每条有向边 (i, j) 相关的通道表示成 I/O 自动机 $C_{i,j}$。通道的外部接口由一组 $send(m)_{i,j}$ 形式的输入和一组 $receive(m)_{i,j}$ 形式的输出组成,其中 $m \in M$。通常,除了这些外部接口规格说明外,通道可以是任意的 I/O 自动机。然而,我们关心的通信通道对其外部行为有约束,例如,任何消息都必须先被发送,后被接收。这种对通道外部行为的必要约束通常可以表示成 8.5.2 节中定义的轨迹属性 P。合法通道必须是那些外部签名为 $sig(P)$、公平轨迹属于 $traces(P)$ 的 I/O 自动机。

轨迹属性 P 通常有两种表示方式:一种方式是用公理集合列表表示;另一种方式是用给定的 I/O 自动机表示,该 I/O 自动机的外部接口为 $sig(P)$,并且它的公平轨迹恰好为 $traces(P)$。使用公理列表的一个优点是定义各种通道时更容易,一种通道满足一个公理子集。使用给定 I/O 自动机的优点是整个系统由一系列进程组成,而最常见的合法通道被描述成一组 I/O 自动机的合成,该合成本身是另一个 I/O 自动机。这样,我们可以使用针对 I/O 自动机所开发的证明方法。例如,可以用"状态"符号表示整个系统,包括进程和通道,这种状态符号可以用在不变式断言和模拟证明中。

有时可能需要做一些烦琐的编程,以用 I/O 自动机说明预期的轨迹属性,这在轨迹属性涉及复杂的活性约束(liveness constraint)时尤其必要。这样经常导致一种混合策略(mixed strategy),这种策略将安全属性描述成一组基本自动机(提供支持不变式证明和模拟证明所需要的自动机),而用特定的活性公理来描述活性属性。这样,整个轨迹属性 P 就有了自己的轨迹,它们正好是基本自动机中满足活性公理的轨迹。

在本小节的剩余部分,将描述一些特殊的发送 / 接收通道,在第 15 ~ 22 章中我们将会用到这些通道。

可靠 FIFO 通道 无论在学术著作中,还是在我们这里,使用最频繁的通信通道都是可靠的 FIFO 通道。可以把这种通道所容许的行为简单地描述为一个有着恰当外部接口的 I/O 自动机的公平轨迹,其状态是一个消息队列。$send(m)_{i,j}$ 操作把 m 添加到队列的末端。如果 m 位于队列的前端,则激活 $receive(m)_{i,j}$ 操作,从队列中移出首条消息。任务分割将所有局部控制操作归为一组。例 8.1.1 中已经给出了这种自动机的形式化定义。

这种自动机不仅是一个关于可靠 FIFO 通道的合法行为的规格说明,它自己也是可靠 FIFO 通道的一个例子。我们将它称作具有给定有外部接口的通用可靠 FIFO 自动机。

现在我们使用公理来给出关于可靠 FIFO 通道合法行为的另一种规格说明。即定义一个轨迹属性 P,其中 $sig(P)$ 等价于给定的签名,$traces(P)$ 等价于一组动作序列 β,β 由 $sig(P)$ 中满足下列条件的动作组成。

存在一个函数 $cause$,将 β 中的每个 $receive$ 事件都映射为它之前一个 $send$ 事件,使得:

1)对于每个 $receive$ 事件 π,π 和 $cause(\pi)$ 包含相同的消息参数。

2)$cause$ 是满射函数。

3)$cause$ 是单射函数(一对一)。

4)$cause$ 具有保序性,即在 β 中不存在 $receive$ 事件 π_1 和 π_2,使得 π_1 位于 π_2 前面而 $cause(\pi_2)$ 位于 $cause(\pi_1)$ 之前。

$cause$ 函数是识别"导致"每个 $receive$ 事件产生的 $send$ 事件的工具。条件 1)要求只有正确的消息才能被传递,条件 2)的意思是消息不会丢失,条件 3)的意思是消息不被复制,条件 4）的意思是不对消息进行重排序。

需要指出的是（对于这一特定的轨迹属性 P），$traces(P)$ 中每个序列的 $cause$ 函数都是唯一的。

可靠重排序通道 另一种经常涉及的通道类型保证所有消息的传递，每个消息只传递一次，但不一定能保留消息的顺序。这种通道类型所容许的行为无法简单地用一个 I/O 自动机来说明，因此我们使用公理来说明。即除了要去掉 $cause$ 函数的条件 4）之外，这种规格说明与上述关于可靠 FIFO 通道的公理规格说明 P 完全一致。

使用上面提到的混合策略，可以得到另外一个等价的规格说明——用一个基本的 I/O 自动机 A 来描述安全属性而用附加公理来描述活性属性。这个基本的自动机 A 如下所示。（这里，$\cup$ 和 $\in$ 是多集合操作符。）

A 自动机：

Signature:

Input:
$send(m)_{i,j}, m \in M$

Output:
$receive(m)_{i,j}, m \in M$

States:
in-transit, a multiset of elements of M, initially empty

Transitions:

$send(m)_{i,j}$
  Effect:
    $in\text{-}transit := in\text{-}transit \cup \{m\}$

$receive(m)_{i,j}$
  Precondition:
    $m \in in\text{-}transit$
  Effect:
    remove one copy of m from *in-transit*

Tasks:
Arbitrary.

任务分割方法是随意的，因为在这里用不到它。使用自动机 A，我们定义了一个轨迹属性 P。其签名与 $sig(A)$ 完全相同，$traces(P)$ 是由 A 的满足下列条件的运行 α（α 不一定是公平的）组成的轨迹集合：

如果对于 α 中任意一点和任意一个 $m \in M$ 都有 $m \in in\text{-}transit$，那么在 α 中的某个后续点处将发生 $receive(m)$ 事件。

有故障的通道 我们也可以考虑会发生某些故障的发送/接收通道。在本书中，我们只讨论消息丢失和消息复制两种类型的通道故障。

当一个通道允许随机的消息丢失但不允许消息重复，或允许随机的消息重复但不允许消息丢失，或随机的消息重复和消息丢失都允许时，就可以用 $cause$ 函数说明这个通道，说明方法与可靠重排序通道的说明方法相同。我们所要做的只是适当地删除条件 2）和（或）条件 3）。

然而，我们常希望能假设一个关于消息丢失和（或）消息重复的数量范围。例如，在考虑消息丢失的时候，我们通常不希望考虑所有消息都丢失的情况，因为这种情况下不能保证一定会发生什么事情。典型的消息丢失限制条件是一个被无数次发送的消息必然被无数次接收。为形式化地说明这个问题，我们对 $cause$ 函数使用下面的条件。

强丢失限制（SLL）（对某个特定的 m）如果在 β 中有无数个 $send(m)$ 事件，那么在 $cause$ 函数的值域内就有无数个 *send(m)* 事件。

必须指出的是, 这个条件表明有无数个不同的 *send* 事件成功地完成了它们的消息传递。这个条件并不总是能够得到满足, 例如, 如果在一个有无数次 *receive* 事件的序列中, 全部 *receive* 事件都是由同一个 *send* 事件引起的, 那么该序列就满足不了这个条件。

另一个典型的消息丢失限制条件不涉及任何特定的 *m*, 而仅要求无数次的 *send* 事件引起无数个消息的 *receive* 事件。

弱丢失限制 (WLL) 如果在 β 中有无数个 *send* 事件, 那么 *cause* 函数的值域是无限的。

对于消息重复, 我们可能希望限制每个消息的副本数量都是有限的, 或将副本数量限制在某个特定的数量 *k* 之内。例如:

有限重复 *cause* 函数仅把有限数量的 *receive* 事件映射到某个特定的 *send* 事件上。

到现在为止, 我们已经使用公理描述了所有会产生故障的通道。下面使用混合策略说明两个这样的通道。

例 14.1.1 损耗式 FIFO 通道

下面定义一个允许有限丢失、有限重复和无重排序的通道。(在 22.3 节的位变换协议描述中将用到该通道。) 其自动机如下:

A 自动机:

Signature:
As usual.

States:
queue, a FIFO queue of elements of M, initially empty

Transitions:

$send(m)_{i,j}$
    Effect:
        add any finite number of copies
           of *m* to *queue*

$receive(m)_{i,j}$
    Precondition:
        m is first on *queue*
    Effect:
        remove first element of *queue*

Tasks:
Arbitrary.

自动机 *A* 的定义保证通道不对消息进行重排序, 而且只传递每个消息的有限个副本。然而, 我们需要附加两个额外的活性条件。

1) 如果在某点 *queue* 非空, 那么在后续的另外一点将发生一个 *receive* 事件。

2) 如果有无限数量的 *send* 事件, 那么其中成功地将其消息 (至少是一个副本) 放到 *queue* 中的 *send* 事件也是无限的。

像以前一样, 用 *A* 和活性条件的组合来定义一个轨迹属性。这个轨迹属性表明, 如果有无限数量的 *send* 事件, 那么其中有相应 *receive* 事件的 *send* 事件的数量也是无限的, 也就是说, 它隐含了弱丢失限制 (WLL) 条件。

例 14.1.2 损耗式重排序通道

下面定义一个允许有限丢失、有限重复和重排序的通道。(在 22.2 节的 Stenning 协议描述中将用到该通道。) 其自动机表示如下：

A 自动机：

Signature:
As usual.

States:
in-transit, a multiset of elements of M, initially empty

Transitions:

$send(m)_{i,j}$
　Effect:
　　add any finite number of copies
　　　of m to *in-transit*

$receive(m)_{i,j}$
　Precondition:
　　$m \in in\text{-}transit$
　Effect:
　　remove one copy of m from *in-transit*

Tasks:
Arbitrary.

我们增加两个活性条件。

1) 如果在某点 *in-transit* 非空，那么在后续的另外一点将发生一个 *receive* 事件。

2) 如果有无限数量的 *send* 事件，那么其中成功地将其消息（至少是一个副本）放到 *in-transit* 中的 *send* 事件也是无限的。

像例 14.1.1 中一样，所得到的轨迹属性表明，如果有无限数量的 *send* 事件，那么其中有相应的 *receive* 事件的 *send* 事件的数量也无限，也就是说，它意味着弱丢失限制条件。

需要提示的是，本例中的规格说明也允许例 14.1.1 中规格说明所允许的每个轨迹。但是，上一个规格说明并不能支持本例中规格说明所允许的全部轨迹。

14.1.3　异步发送 / 接收系统

采用通常的 I/O 自动机合成方法，对进程和通道 I/O 自动机进行合成，即可获得有向图 G 的一个异步发送 / 接收网络系统。图 8-3 所示的就是这种系统的一个模型示例。这种合成定义允许各个组件之间的正确交互，例如，当进程 P_i 执行一个 $send(m)_{i,j}$ 输出动作时，通道 $C_{i,j}$ 同时执行一个 $send(m)_{i,j}$ 输入动作。两个组件的状态都发生相应的改变。

有时，把一个发送 / 接收系统的用户表示成另一个 I/O 自动机 U 会很方便。U 的外部动作正好是进程的用户接口处的动作。用户自动机 U 通常被描述成一组用户自动机 U_i 的合成，每个 U_i 对应相应有向图的一个节点 i。在这种情况下，U_i 的外部动作与 P_i 用户接口的动作相同。（如果考虑停止故障的情况，用户动作将不包括 *stop* 动作。）

14.1.4　使用可靠 FIFO 通道的发送 / 接收系统的属性

下面给出一个关于异步发送 / 接收网络系统的基本定理，将在第 18、19 章使用，定理中的网络系统采用通用可靠 FIFO 通道。它确定在什么环境下，可以通过对一个公平轨迹中事件的重排序得到另一个公平轨迹。（需要提醒的是，依照 I/O 自动机合成的形式化定义，轨迹既包括发送和接收事件，也包括用户接口的事件。）要求是重排序要满足一定的基本依赖：*receive* 事件对相应 *send* 事件的依赖（依赖是由 *cause* 函数唯一决定的）和任意事件对同一节点进程中所有前驱事件的（可能的）依赖。

任取一个采用通用可靠 FIFO 通道的异步发送 / 接收系统 A。令 β 为 A 的某个轨迹。我们定义 β 中事件的非自反偏序关系 $\to_\beta$ 如下。如果 π 和 ϕ 是 β 中的两个事件，π 在 ϕ 之前，那么当下列条件之一成立时称 $\pi \to_\beta \phi$，或 ϕ 依赖于 π：

1）π 和 ϕ 是同一进程 P_i 的两个事件。

2）π 的形式为 $send(m)_{i,j}$，且 ϕ 是相应的 $receive(m)_{i,j}$ 事件。

3）π 和 ϕ 由 1）和 2）中两类关系组成的关系链所关联。

定理 14.1　令 A 为一个采用通用可靠 FIFO 通道的异步发送 / 接收系统，β 是 A 的一个公平轨迹。令 γ 是对 β 中事件重排序后获得的一个序列，且 γ 中保持了 β 中的偏序关系 $\to_\beta$。那么 γ 也是 A 的一个公平轨迹。

证明　根据定理 8.4 可知，对于 i 有 $\beta\,|\,P_i \in fairtraces(P_i)$。又因为对于 i 有 $\gamma\,|\,P_i = \beta\,|\,P_i$，所以 $\gamma\,|\,P_i \in fairtraces(P_i)$。

根据定理 8.4 同样可知，对于每个 i 和 j 有 $\beta|C_{i,j} \in fairtraces(C_{i,j})$。因为 $\gamma\,|\,C_{i,j}$ 与 $\beta|C_{i,j}$ 有相同的事件集合，而且重排序保持了 P_i 中的事件次序、P_j 中的事件次序，以及 $receive$ 事件位于相应 $send$ 事件之后，所以 $\gamma\,|\,C_{i,j} \in fairtraces(C_{i,j})$。

所以根据定理 8.6 可知 $\gamma \in fairtraces(A)$。

定理 14.1 表明，对公平运行进行特定的重排序后，其结果还是公平运行。我们可得到下列推论。

推论 14.2　令 A 是一个采用通用可靠 FIFO 通道的异步发送 / 接收系统，α 为 A 的一个公平运行。令 γ 是对 $\beta = trace(\alpha)$ 中的事件进行重排序所得到的结果，且在 γ 中保持了偏序关系 $\to_\beta$。那么存在 A 的一个公平运行 α'，使得 $trace(\alpha') = \gamma$，并且对任意进程 P_i 而言 α 和 α' 都是不可区分的[注]。

证明概要　根据定理 14.1 可知 $\gamma \in fairtraces(A)$。用定理 8.4 和定理 8.5 可以证明存在这样的 α'。

系统 A 的进程不能将推论 14.2 所证明存在的运行 α' 与原始运行 α 区分开来（即使它们附带了各自的信息）。这意味着进程不清楚一个运行中各事件的整体排序。当事件不与消息以及由偏序关系 $\to_\beta$ 所描述的进程依赖相联系时，进程将确定不了不同进程中事件的顺序。

14.1.5　复杂度度量

我们根据所发送和（或）所接收消息的数量来度量通信复杂度。在度量通信复杂度的同时也可以考虑消息中二进制位的数量。

为度量时间的复杂度，我们采用 8.6 节为 I/O 自动机定义的通用时间复杂度度量法的一个特例。具体来讲，就是为每个进程的每个任务设置一个上限 ℓ，从而为该任务执行一步的连续两个机会之间的时间设置上限 ℓ。我们同样需要关于消息传递时间的假设。对于这一通用可靠 FIFO 通道的特例，通常为由每个通道的 $receive$ 操作组成的单一任务设置一个上限 d，从而为通道中最早消息的传递时间设置上限 d。这样，在我们通常的时间复杂度度量中考虑了通道中消息堆积的开销——在 kd 时间内确保完成通道队列中第 k 个消息的传递。

⊖ 这里使用的是 8.7 节中"不可区分"的定义。

关于消息传递时间，我们有时也采用一个不太现实但更简单的假设：赋予通道中各消息的传递时间一个上限 d，而不考虑消息堆积的影响。这个假设不能通过将时间界限与任务相关联来表达（但还是有意义的）。而且，我们显然可以把通道时间域假设推广到非通用 FIFO 通道。

14.2   广播系统

一个广播系统由一组索引从 1 到 n 的进程和一个广播通道组成，以表示广播通信子系统。同样，我们用 M 表示一个固定的消息字母表。

14.2.1   进程

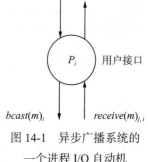

图 14-1   异步广播系统的
一个进程 I/O 自动机

在广播系统中，把进程 i 表示为一个 I/O 自动机 P_i。像发送 / 接收网络系统中的进程一样，P_i 通常具备若干与外部用户进行交互的输入和输出动作。并且，P_i 的输出表示形式为 $bcast(m)_i$，其中 $m \in M$；（同前面一样）输入的表示形式为 $receive(m)_{j,i}$，其中 $m \in M$。除了这些外部接口的限制外，P_i 可以是任意的 I/O 自动机，参见图 14-1。

14.2.2   广播通道

把一个广播通道表示为一个单一的 I/O 自动机。它的外部接口由一组 $bcast(m)_i$ 形式的输入和 $receive(m)_{i,j}$ 形式的输出组成，其中 $m \in M$。在本书中，只考虑可靠的广播通道，但是定义表明包含各种形式故障的其他广播通道类型也是存在的。

可靠广播通道　一个可靠广播通道将每个被广播的消息传递给每个进程，包括发送者本身。我们对消息的发送顺序做一个假设：在每一特定的进程对之间，消息按照 FIFO 的顺序传递。可以把这样一个通道所允许的行为简单地描述为单个 I/O 自动机 B 的公平轨迹，其中自动机 B 为每个有序进程对维护一个独立的队列。

B 自动机：

Signature:

Input:
$bcast(m)_i$, $m \in M$, $1 \le i \le n$

Output:
$receive(m)_{i,j}$, $m \in M$, $1 \le i,j \le n$

States:
for every i, j, $1 \le i,j \le n$:
　$queue(i,j)$, a FIFO queue of elements of M, initially empty

Transitions:

$bcast(m)_i$
　Effect:
　　for all j do
　　　add m to $queue(i,j)$

$receive(m)_{i,j}$
　Precondition:
　　m is first on $queue(i,j)$
　Effect:
　　remove first element of $queue(i,j)$

Tasks:
for every i, j:
　$\{receive(m)_{i,j} : m \in M\}$

我们称 B 为有指定外部接口的通用可靠广播通道。

14.2.3 异步广播系统

将进程和一组广播通道 I/O 自动机组合在一起，即得到一个异步广播系统。

14.2.4 采用可靠广播通道的广播系统的属性

14.1.4 节中的定义和结论经修改后可适用于采用通用可靠广播通道的异步广播系统。这里的依赖是指一个 receive 事件对相应 bcast 事件的依赖，以及任意事件对同一节点进程中所有前驱事件的（可能的）依赖。

任取一个采用通用可靠广播通道的异步广播系统 A。令 β 表示 A 的某个轨迹。我们定义 β 中事件的非自反偏序关系如下。如果 π 和 ϕ 是 β 中的两个事件，π 位于 ϕ 之前，那么当下列条件之一成立时，称 $\pi \to_\beta \phi$、或 ϕ 依赖于 π:

1）π 和 ϕ 是同一进程 P_i 的两个事件。

2）π 的形式为 $bcast(m)_i$，且 ϕ 是相应的 $receive(m)_{i,j}$ 事件。

3）π 和 ϕ 由 1）和 2）中两类关系组成的关系链所关联。

定理 14.3 令 A 为采用通用可靠广播通道的异步广播系统，β 是 A 的一个公平轨迹。令 γ 表示对 β 中事件进行重排序后得到的序列，且 γ 保持了 β 中的偏序关系 $\to_\beta$。那么 γ 也是 A 的一个公平轨迹。

证明 此证明留为一道习题。

推论 14.4 令 A 为采用通用可靠广播通道的异步广播系统，α 是 A 的一个公平运行。令 γ 是对 $\beta=trace(\alpha)$ 中事件进行重排序后得到的序列，且 γ 保持了排序关系 $\to_\beta$。那么存在 A 的一个公平运行 α'，使得 $trace(\alpha')=\gamma$，并且对任意进程 P_i 而言，α 和 α' 是不可区分的。

证明 此证明留为一道习题。

14.2.5 复杂度度量

我们可以用 bcast 事件的数量或 receive 事件的数量来度量通信复杂度。

为度量时间的复杂度，我们采用一种特殊的 I/O 自动机时间复杂度度量法。具体来讲，就是为每个进程的每个任务设定一个上限 ℓ。并且针对通用可靠广播通道这一特例，我们通常为每个任务设定一个上限 d，从而为处于从 P_i 到 P_j 传递途中的最早消息的传递时间设置上限 d。这样，我们再次考虑了消息堆积的开销。

对每个消息的传递时间上限 d，我们偶尔也会做更严格的假设，并将通道时间界限的假设推广到非通用的可靠广播通道。

14.3 多播系统

发送 / 接收系统和广播系统是多播系统的特例，多播系统允许系统中的进程将消息发送给网络中的一个进程子集。一个多播系统包括一组索引为从 1 到 n 的进程，以及一个多播通道，以表示多播通信子系统。这个系统被参数化成 (i, I) 形式的二元组的集合 $\mathcal{I}$，其中 i 是一个进程的索引，I 是一组进程索引的集合。二元组 (i, I) 表示进程 i 可以使用集合 I 作为多播的目的进程集合。同样，M 是一个固定的消息字母表。

14.3.1   进程

我们还是使用 I/O 自动机 P_i。除了用户接口处的若干动作之外，P_i 还有 $mcast(m)_{i,I}$ 形式的输出，其中 m 是一个消息，$(i, I) \in \mathcal{I}$；以及 $receive(m)_{j,i}$ 形式的输入。除了这些外部接口的限制外，P_i 可以是任意的 I/O 自动机。

14.3.2   多播通道

把一个多播通道表示成一个 I/O 自动机。它的外部接口组成包括 $mcast(m)_{i,I}$ 形式的输入，其中 $(i, I) \in \mathcal{I}$，以及 $receive(m)_{i,j}$ 形式的输出。我们仅考虑可靠的多播通道。

可靠多播通道   一个二元组集合为 $\mathcal{I}$ 的可靠多播通道所允许的行为可以简单地表示为下面 I/O 自动机 B 的公平轨迹集合。

B 自动机：

Signature:

Input:

 $mcast(m)_{i,I}, m \in M, (i, I) \in \mathcal{I}$

Output:

 $receive(m)_{i,j}, m \in M, 1 \leq i, j \leq n$

States:
for every $i, j, 1 \leq i, j \leq n$:
 $queue(i, j)$, a FIFO queue of elements of M, initially empty

Transitions:

$mcast(m)_{i,I}$
 Effect:
  for all $j \in I$ do
   add m to $queue(i, j)$

$receive(m)_{i,j}$
 Precondition:
  m is first on $queue(i, j)$
 Effect:
  remove first element of $queue(i, j)$

Tasks:
for every i, j:
 $\{receive(m)_{i,j} : m \in M\}$

我们称 B 为给定外部接口的通用可靠多播通道。

有一类值得注意的特殊可靠多播通道，只有单元素集合和所有进程索引的集合 $\{1, \cdots, n\}$ 才是它允许的目的进程集合。这种通道支持点到点通信和广播通信的组合。需要注意的是，即使在广播通信的消息和点到点通信的消息之间，通信也是按照 FIFO 的顺序执行的。

14.3.3   异步多播系统

将进程和一组多播通道 I/O 自动机合成起来，即得到一个异步多播系统。14.1.4 节的定义和结论能够直接推广到基于通用可靠多播通道的多播系统。同样，广播系统的复杂度度量方法也可以推广到多播系统上。

14.4 参考文献注释

通常，在表示异步发送 / 接收网络、广播网络和多播网络时，我们不引用特定的文献，在许多关于分布式算法和网络协议形式证明的文章中有类似资料。用 *cause* 函数描述消息发送和接收事件之间的显式联系的方法源自下列人员的成果：Fekete，Lynch，Mansour，and Spinelli[112] 以及 Afek，Attiya，Fekete，Fischer，Lynch，Mansour，Wang，and Zuck[4]。

我们的广播和多播通道表示中只包括了基本的正确性和复杂度属性。在实现和使用具有更强属性的广播和多播通道方面已有很多成果，包括更强的排序需求和容错属性。Hadzilacos 和 Toueg 的论文 [143] 对此做了一个很好的概括。

14.5 习题

14.1 令 P 为 14.1.2 节定义的轨迹属性，它描述了一个可靠 FIFO 发送 / 接收通道所允许的行为。证明：$traces(P)$ 恰好等价于具有相同外部接口的通用可靠 FIFO 通道自动机的公平轨迹集合。

14.2 令 A 为实现通用可靠 FIFO 发送 / 接收通道 B 的某 I/O 自动机——也就是说，A 有与 B 相同的外部签名，并且 $fairtraces(A) \subseteq fairtraces(B)$。证明：$fairtraces(A) = fairtraces(B)$。（从这个意义上讲，可靠 FIFO 通道一定是通用的。）

14.3 考虑另一个轨迹属性 Q，Q 也可以作为可靠 FIFO 发送 / 接收通道所允许行为的规格说明。除了不需要 $cause(\pi)$ 位于 π 之前之外，Q 与 P 相同。证明：对于每个有合适外部接口的 I/O 自动机 A，当且仅当 $fairtraces(A) \subseteq traces(P)$ 时，$fairtraces(A) \subseteq traces(Q)$。

14.4 发送 / 接收通道 C 会丢失消息，但不会对消息进行重复或重排序，请用显式 I/O 自动机给出 C 的详细描述。假设 C 在极端情况下可以丢失所有消息，但是 C 必须列出满足这一条件的全部可能轨迹，例如，不必要求它丢失消息。定义一个从 14.1.2 节中的通用可靠 FIFO 发送 / 接收通道到 C 的模拟关系（参见 8.5.5 节的定义），并且证明这个模拟关系。

14.5 a）证明：同一个可靠重排序发送 / 接收通道所允许行为的两个规格说明是等价的。

b）可靠重排序发送 / 接收通道所允许的行为能够等价地用一个 I/O 自动机定义吗？也就是说，是否存在一个具有适当外部签名的 I/O 自动机，其公平轨迹正好是指定的动作序列？

14.6（通道复用技术）用单个"实际的"发送 / 接收通道能够实现两个或多个"逻辑的"发送 / 接收通道，每个"逻辑的"发送 / 接收通道分别用于一个独立的算法或算法的一个独立片段。假设 P_1 和 P_2 分别是描述两个独立通道的正确性需求的轨迹属性，而且它们的消息字母表 M_1 和 M_2 也不相交。那么乘积轨迹属性 $P_1 \times P_2$（乘积轨迹属性的定义见 8.5.2 节）可以被看作另一个通道的规格说明，同时满足二者的需求。

例如，令 P_1 和 P_2 分别描述消息字母表 M_1 和 M_2 的可靠 FIFO 通道所允许的行为。令 P 描述消息字母表 $M=M_1 \cup M_2$ 的可靠 FIFO 通道所允许的行为。

a）证明：$traces(P) \subseteq traces(P_1 \times P_2)$。

这意味着实现 P 的任何 I/O 自动机 A（即 $extsig(A)=sig(P)$ 且 $fairtraces(A) \subseteq traces(P)$）实际上实现了 P_1 和 P_2 两个通道（即 $extsig(A)=sig(P_1 \times P_2)$ 且 $fairtraces(A) \subseteq traces(P_1 \times P_2)$）。

b）论述 $traces(P) \neq traces(P_1 \times P_2)$。

这也就是说，为了实现 P_1 和 P_2 两个通道，对 P 的行为做了比实际需要更多的限制。

14.7 重做习题 14.6，但替换其中的可靠 FIFO 发送 / 接收通道，代之以允许随机重排序、强丢失限制（SLL）和下列条件之一的通道：

a）无重复。

b）有限重复。

　　　c) 任意重复。

14.8 证明：对可靠发送 / 接收通道而言，FIFO 假设是不必要的。确切地说，就是要论述如何将一个基于可靠 FIFO 通道的发送 / 接收系统 A 转换成基于重排序通道的发送 / 接收系统 $T(A)$，A 和 $T(A)$ 对外界而言是相同的。对 $T(A)$ 的每个公平运行 α，存在 A 的一个公平运行 α'，在用户接口处 α' 提供与 α 同样的动作序列。请精确阐述你的结论。

14.9 证明：对可靠广播通道而言，FIFO 假设是不必要的。也就是说，有这种假设的系统 A 可以被转换成没有这种假设的系统 $T(A)$，A 和 $T(A)$ 对外界而言是相同的。请精确阐述你的结论。

14.10 对定理 14.1 进行强化，使其包括一个关于在用户接口需要保持什么样的断言。

14.11 证明定理 14.3。

14.12 证明推论 14.4。

基本异步网络算法

在本章中，我们描述一组算法并用它们解决在具有可靠 FIFO 发送 / 接收通道的异步网络模型中的一些基本问题——领导者选举、构造任意生成树、广播和敛播、广度优先搜索、寻找最短路径以及构造最小生成树。上述问题的大多数与第 4 章中同步网络模型所考虑的问题相同。与前面一样，提出这些问题是由于需要选出一个进程来负责网络计算，并且需要建立合适的数据结构来支持高效通信。本章中我们不考虑故障。

本章中所有的算法都建立在对"裸"异步网络模型的直接编程基础之上。不久我们将看到对这个模型的编程比起同步网络模型要困难得多。这使得我们去探索一些将编程简化和系统化的方法。在本章之后的四章（即第 16～19 章）中，将介绍四种这样的简化技术：同步器、模拟共享存储器、逻辑时间和运行时监控。

15.1 环中的领导者选举

考虑在第 3 章同步环中的领导者选举问题。对于这个问题的异步版本，底层无向图仍是具有 n 个进程的环，按照顺时针方向进程的索引依次是 1 到 n。与前面一样，我们通常对 n 取模，使得进程 n 的编号为 0，依此类推。这个环可以是单向的，也可以是双向的。图 15-1 给出异步单向环网络的模型，其中包括进程和通道。

进程和通道在模型中以 I/O 自动机来表示。与在同步环境中一样，进程既不知道自己的索引，也不知道邻居的索引，使用局部的、相对的名字来访问邻居。这使得任意进程都能以任意顺序加到环中。另外，除了有 *send* 和 *receive* 指令用作进程 P_i 和通道的交互之外，P_i 还有用于宣布成为领导者的输出动作 *leader*$_i$。在本章和以后各章中，均假设通道是可靠的 FIFO 发送 / 接收通道。我们还假设进程都有 UID。问题是最终只有一个进程产生 *leader* 输出。

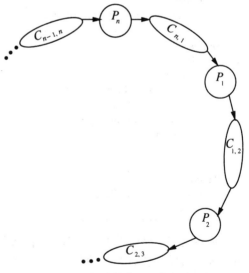

图 15-1 异步单向环网络的模型

15.1.1 LCR 算法

可以很容易地修改在 3.3 节中描述的 LCR 算法，使其在异步网络中运行。在 LCR 算法中，所有进程都在环中发送自己的标识符，当进程收到其他进程的标识符后，它将该标识符和自己的标识符比较：如果收到的标识符大于自己的标识符，则让它通过；如果小于，则将该标识符丢弃；如果相等，则进程输出领导者。

在异步网络算法中采用同样的思路；主要的不同之处是现在每个进程的发送缓冲区中必须可以存放任意数目（最大为 n）的消息，而不是仅仅一个消息。这一区别产生的原因在于：异步性会导致节点处 UID 的堆积。我们将修改后的算法称为 AsynchLCR 算法。

在以下代码中，我们把 $AsynchLCR_i$ 作为算法 AsynchLCR 中进程 P_i 的另一名字。为了方便，讨论算法时使用 $AsynchLCR_i$ 和 P_i 这两个名字；有时干脆称之为"进程 i"。在其他地方我们也遵循类似约定。

$AsynchLCR_i$ 自动机：

Signature:

Input:
$receive(v)_{i-1,i}$, v a UID

Output:
$send(v)_{i,i+1}$, v a UID
$leader_i$

States:
u, a UID, initially i's UID
$send$, a FIFO queue of UIDs, initially containing only i's UID
$status$, with values in $\{unknown, chosen, reported\}$, initially $unknown$

Transitions:

$send(v)_{i,i+1}$
　　Precondition:
　　　　v is first on $send$
　　Effect:
　　　　remove first element of $send$

$receive(v)_{i-1,i}$
　　Effect:
　　　　case
　　　　　　$v > u$: add v to $send$
　　　　　　$v = u$: $status := chosen$
　　　　　　$v < u$: do nothing
　　　　endcase

$leader_i$
　　Precondition:
　　　　$status = chosen$
　　Effect:
　　　　$status := reported$

Tasks:
$\{send(v)_{i,i+1} : v$ a UID$\}$
$\{leader_i\}$

转移应该是显而易见的。进程 i 负责执行两个任务：发送消息给进程 $i+1$ 和宣布自己是领导者。这样它就有两个动作：一个针对所有进程的 $send$ 动作和一个针对自己的 $leader$ 动作。AsynchLCR 的行为基本上和 LCR 的行为相同，只是可能在时间上是"歪斜的"。

为了证明 AsynchLCR 能解决领导者选举问题，如同同步 LCR 算法中的做法，我们也使用不变式断言。不变式断言证明在异步网络中的使用与在同步网络中的使用大体一样；主要的区别是现在必须以更细粒度，对单个事件而不是轮进行推导。

技术上，为了应用不变式断言证明，我们必须知道每个通道自动机的状态的结构。为了方便，假设通道 $C_{i,i+1}$ 都是如 14.4.1 节中定义的通用可靠 FIFO 通道。然后我们知道 $C_{i,i+1}$ 的

状态都是由单个 *queue* 组件组成的, 我们称这个组件为 $queue_{i,i+1}$。这个假设并没有限制结论的通用性, 因为一个对通用可靠 FIFO 通道工作正常的算法对任意可靠 FIFO 通道也必然工作正常。在对具有可靠 FIFO 通道的发送 / 接收系统的正确性证明中, 我们将做出同样的假设。

令 i_{max} 表示具有最大 UID 的进程的下标, u_{max} 表示该 UID。这里和同步情况一样, 我们要证明两点:

1) 除了 i_{max} 之外没有其他进程执行 *leader* 输出;

2) 进程 i_{max} 最终执行 *leader* 输出。

两个条件中的第一个是安全属性, 而第二个是活性属性。

引理 15.1 除了 i_{max} 之外没有其他进程执行 *leader* 输出。

证明 我们使用和同步情况中断言 3.3.3 类似的不变式断言。断言 3.3.3 指出没有 UID v 能够到达处于 i_{max} 和 v 的原始位置 i 之间的任意 *send* 队列。现在, 由于 AsynchLCR 算法包含通道自动机, 因此我们需要一个略强的断言, 它不仅涉及进程状态中的 UID, 还涉及通道状态中的 UID。通常, 把进程索引作为进程状态组件的下标; 并把通道的双索引作为通道状态组件的下标。

断言 15.1.1 下列情况在任意可达状态中成立:

1) 如果 $i \neq i_{max}$ 并且 $j \in [i_{max}, i)$, 则 u_i 在 $send_j$ 中不出现;

2) 如果 $i \neq i_{max}$ 并且 $j \in [i_{max}, i)$, 则 u_i 在 $queue_{j,j+1}$ 中不出现。

断言 15.1.1 可以通过对导致给定状态的一个有限运行的步数进行归纳来证明。该证明大体上与断言 3.3.3 的证明相同。这次, 我们基于 *send*、*receive* 和 *leader* 事件来进行分情况讨论。关键是 $receive(v)_{j-1,j}$ 事件的情况, 其中 $j=i_{max}$; 此时, 我们必须证明如果 $v=u_i$ 成立, 其中 $i \neq i_{max}$, 则 v 被丢弃。

断言 15.1.1 可用来证明断言 15.1.2。

断言 15.1.2 下列情况在任意可达状态中成立:

如果 $i \neq i_{max}$, 则 $status_i=unknown$。

由于这个动作的前提条件永远得不到满足, 因此容易看出除了 i_{max} 之外没有其他进程执行一个 $leader_i$ 输出。

现在我们来看活性属性。注意, 需要假设 AsynchLCR 的运行是公平的。这个形式化概念意味着进程和通道继续执行任务。

引理 15.2 在任意公平运行中, 进程 i_{max} 最终输出 *leader*。

证明 AsynchLCR 的这一属性的证明与同步 LCR 算法对相关结果的证明 (引理 3.2) 区别很大。在同步情况下, 我们使用一个非常强的不变式断言——断言 3.3.2——来精确描述在任意 r 轮之后最大 UID 处于环中的位置。现在我们没有轮的概念。并且, 也不可能精确描述在计算中发生了什么, 因为异步性引入了很大的不确定性。所以我们必须使用不同的方法。

我们的证明基于建立中间里程碑来达到选出领导者的主要目的。特别地, 我们对 r (其中 $0 \leqslant r \leqslant n-1$) 进行归纳, 证明 u_{max} 最终出现在缓冲区 $send_{i_{max}+r}$ 中。对 $r=n-1$ 应用该结论, 我们证明 u_{max} 最终被安置在通道 $C_{i_{max}-1,i_{max}}$ 中, 然后 u_{max} 最终被进程 i_{max} 接收, 之后进程 i_{max} 最终输出 *leader*。在证明这些最终结论时用到了进程 I/O 自动机和通道 I/O 自动机的公平性属性。

例如，考虑在一个公平运行 α 中的状态 s，其中在 α 中任意 UID v 出现于 $send_i$ 缓冲区的头部。我们来证明 $send(v)_i$ 最终会出现。如果不出现，那么进程 $AsynchLCR_i$ 的转移检测将显示 v 永远保留在 $send_i$ 缓冲区的头部。这也意味着任务 $send_i$ 永远使能，根据公平性可知，之后一些 $send_i$ 事件必然发生。但由于 v 是在 $send_i$ 缓冲区头部的消息，因此 $send(v)_i$ 最终也会发生。

另外，如果对于任意 $k>1$，v 出现在 $send_i$ 缓冲区的第 k 个位置，则可以证明 $send(v)_i$ 最终发生。这可以通过对 k 的归纳来完成，其中基础 $k=1$ 的情况已在上面给出。对于归纳步，当缓冲区的头部被移去时，在位置 $k>1$ 上的 UID v 最终到达位置 $k-1$，然后根据归纳假设知 $send(v)_i$ 最终发生。

可对通道中 UID 做类似证明。

将这些证明放到一起，我们得到：

定理 15.3 AsynchLCR 解决了领导者选举问题。

接下来我们考虑 AsynchLCR 算法的复杂度。和同步 LCR 算法一样，消息的数量是 $O(n^2)$。LCR 的时间界限是 n 轮。对 AsynchLCR 进行时间复杂度分析时，假定每一进程的每一任务的时间上界为 ℓ，在每一通道队列中传递最早消息的时间上界为 d。

通过将时间界限整合进引理 15.2 的证明中，可以得到一个粗略的时间界限 $O(n^2(\ell+d))$。也就是说，每一进程的 $send$ 缓冲区的最大长度和每一通道 $queue$ 的最大长度都为 n。所以，将进程的 $send$ 缓冲区中的 UID 放在相邻通道中最多需要时间 $n\ell$，而在通道 $queue$ 中的 UID 被下一进程接收所需的时间最多为 nd。因此，总共的时间复杂度是 $O(n^2(\ell+d))$。

然而，可以进行更加精确的分析，得出时间上界仅为 $O(n(\ell+d))$。关键在于，虽然一些 $send$ 缓冲区和通道 $queue$ 的长度可以达到 n，但是不可能每个缓冲区和通道 $queue$ 的长度都为 n。要形成堆积的话，一些 UID 的传送速度必须比最坏情况上界所规定的速度要快，才能赶上其他 UID。这样所用的时间不比当 UID 以相同速度来传送时的时间多。我们得到：

引理 15.4 在任意公平运行中，对于任意 r（其中 $0 \leqslant r \leqslant n-1$）和对于任意 i，以下结论成立：

1）到时间 $r(\ell+d)$ 为止，UID u_i 要么到达 $send_{i+r}$ 缓冲区，要么被删除。

2）到时间 $r(\ell+d)+\ell$ 为止，UID u_i 要么到达 $queue_{i+r,i+r+1}$，要么被删除。

证明 对 r 进行归纳。

基础：$r=0$。UID 在 $send_i$ 中开始，在时间 ℓ 之内被放在 $queue_{i,i+1}$ 中，得证。

归纳步：假设引理对 $r-1$ 成立，现要证明对 r 也成立。固定任意一个 i。对于1）来说，假设 u_i 到时间 $r(\ell+d)$ 为止还没有被删除。这样，归纳假设意味着到时间 $t=(r-1)(\ell+d)+\ell$ 为止，UID u_i 到达 $queue_{i+r-1,i+r}$。

声明 15.5 如果 u_i 到时间 t 为止没有被传送到进程 $i+r$，那么 u_i 到时间 t 为止已经到达 $queue_{i+r-1,i+r}$ 的头部。

证明 采用反证法。假设 u_i 到时间 t 为止还没有被传送到进程 $i+r$，u_i 到时间 t 为止也没有到达 $queue_{i+r-1,i+r}$ 的头部。那么一定存在另一 UID，即 u_j，在 t 时的 $queue_{i+r-1,i+r}$ 中，u_j 在 u_i 之前。这是一个堆积，其中 u_i 追上 u_j；既然 u_i 在环中走过的距离小于 r，那么 u_j 在环中走过的距离小于 $r-1$。

然而，归纳假设意味着到时间 $(r-1)(\ell+d)<t$ 为止，u_j 要么到达 $send_{j+r-1}$（即走过的距离

至少为 $r-1$），要么被删除。这也意味着在 t 时 u_j 不可能仍在 $queue_{i+r-1,i+r}$ 中，这是一个矛盾。

因此到时间 t 为止，u_i 要么被传送到进程 $i+r$，要么已到达 $queue_{i+r-1,i+r}$ 的头部。在后一种情况下，在额外时间 d 内，u_i 被传送到进程 $i+r$。在任意一种情况中，u_i 在时间 $t+d=r(\ell+d)$ 内被传送到进程 $i+r$，并被放在 $send_{i+r}$ 缓冲区中。

对于 2）的证明与上述证明类似。

定理 15.6 在 AsynchLCR 的任意公平运行中，直到领导者事件出现为止的所需时间最多为 $n(\ell+d)+\ell$，或 $O(n(\ell+d))$。

证明 当 $r=n-1$ 时，引理 15.4 意味着在时间 $(n-1)(\ell+d)+\ell$ 之内 UID u_{max} 到达 $queue_{i_{max}-1,i_{max}}$，采用类似于引理 15.4 的证明的方法，可以证明此时它到达此队列的头部。这样在额外时间 d 内，u_{max} 被传送到进程 i_{max}，然后进程 i_{max} 在额外时间 ℓ 内输出 $leader$。共花时间 $n(\ell+d)+\ell$，得证。

唤醒 我们可以修改领导者选举问题的输入 / 输出约定，使得输入（这里是 UID）通过特定消息 $wakeup(v)_i$ 而不是初始状态来到达进程，这些信息来自外部用户 U。正确性条件应做修改，使得对于每个 i 都恰好有一个 $wakeup(v)_i$。这样就很容易地修改 AsynchLCR 算法以满足新的正确性条件：每一进程 P_i 推迟执行任意局部控制动作，直到接收到其 $wakeup$ 信息为止。如果 P_i 在收到它的 $wakeup$ 之前接收到其他消息，则将这些消息放在一个新的接收缓冲区中，在收到 $wakeup$ 后再对它们进行处理。

对本节之后的领导者选举算法也可做类似修改。更一般地，在初始状态中表示输入的分布式问题都可以转换成在消息 $wakeup$ 中表示输入的等价问题。使用上述的策略，我们可以修改所有解决了原来问题的算法，使之满足新的正确性条件。

15.1.2 HS 算法

在 3.4 节的同步 HS 算法中，每一进程都不断地向两个方向发送试探消息，并不断倍增尝试的距离（如果成功的话）。显而易见，用进程 I/O 自动机重写后，这一算法对于异步网络模型同样适用。和前面一样，它的通信复杂度也是 $O(n\log n)$。时间复杂度上界的确定任务留为一道习题。

15.1.3 PetersonLeader 算法

HS 算法（不论同步版还是异步版）只需要 $O(n\log n)$ 条消息并使用双向通信。本小节介绍 PetersonLeader 算法，它只使用单向通信，通信复杂度是 $O(n\log n)$。这一算法不依赖于环中节点的数目 n。它仅仅对 UID 进行比较。它选出任意一个进程作为领导者，而不是选出具有最大或最小 UID 的进程。$O(n\log n)$ 的通信复杂度只有一个很小的常数因子（约为 2）。

PetersonLeader 算法（非形式化）：

算法运行时，每一进程都被指定为处于*活动状态*或者*转发状态*。起始时所有进程都是活动的。活动进程执行算法的"实质性工作"；转发进程只是传递消息。PetersonLeader 算法的运行分为若干（异步决定的）阶段。在每个阶段中，活动进程的数目至少减半，因此阶段数最多为 $\log n$。

在算法的第一个阶段中，每一进程 i 都将它的 UID 顺时针发送两步。然后进程 i 将它的 UID 和逆时针方向的两个前驱进程的 UID 进行比较。如果逆时针邻居的 UID 是三者中的最大者，即如果 $u_{i-1} > u_{i-2}$ 且 $u_{i-1} > u_i$，那么进程 i 仍处于活动状态，并采用逆时针方向邻居的 UID u_{i-1} 作为新的"暂时 UID"。另一方面，如果另外两个 UID 中的一个是三者中的最大者，则进程 i 简单地变为运行的余下部分的转发者。

每个后续阶段都以相同方式前进。现在每个活动进程 i 都把暂时 UID 发送给顺时针方向的下一个和再下一个活动进程，然后等待逆时针方向的两个前驱活动进程发来暂时 UID。如果第一个前驱活动进程的 UID 是三个 UID 中的最大值，则进程 i 仍保持活动状态，并采用前驱 UID 作为新的暂时 UID。另一方面，如果另两个 UID 中的一个是三者中的最大者，则进程 i 变为转发状态。

另外，不管在哪个阶段中，只要进程 i 发现接收到的从直接前驱发来的 UID 等于自己的 UID，它就知道自己是唯一剩下的活动进程。在这种情况下，进程 i 将自己选为领导者。

显而易见，在任意拥有一个以上活动进程的阶段中，至少有一个进程会发现一个 UID 组合，这个组合允许它在下一阶段中保持活动状态。并且，顶多有一半的 UID 可以在一个给定阶段中生存下来，因为每个保持活动状态的进程都必然有一个变成转发者的直接活动前驱。

$PetersonLeader_i$ 自动机（形式化）：

Signature:

Input:
    $receive(v)_{i-1,i}$, v a UID
Output:
    $send(v)_{i,i+1}$, v a UID
    $leader_i$

Internal:
    $get\text{-}second\text{-}uid_i$
    $get\text{-}third\text{-}uid_i$
    $advance\text{-}phase_i$
    $become\text{-}relay_i$
    $relay_i$

States:
$mode \in \{active, relay\}$, initially $active$
$status \in \{unknown, chosen, reported\}$, initially $unknown$
$uid(j)$, $j \in \{1, 2, 3\}$, each a UID or $null$; initially $uid(1) = i$'s UID, $uid(2) = uid(3) = null$
$send$, a FIFO queue of UIDs, initially containing i's UID
$receive$, a FIFO queue of UIDs, initially empty

Transitions:

$get\text{-}second\text{-}uid_i$
    Precondition:
        $mode = active$
        $receive$ is nonempty
        $uid(2) = null$
    Effect:
        $uid(2) :=$ first element of $receive$
        remove first element of $receive$
        add $uid(2)$ to $send$
        if $uid(2) = uid(1)$ then $status := chosen$

$get\text{-}third\text{-}uid_i$
    Precondition:
        $mode = active$
        $receive$ is nonempty

$become\text{-}relay_i$
    Precondition:
        $mode = active$
        $uid(3) \neq null$
        $uid(2) \leq max\{uid(1), uid(3)\}$
    Effect:
        $mode := relay$

$relay_i$
    Precondition:
        $mode = relay$
        $receive$ is nonempty
    Effect:
        move first element of $receive$
          to $send$

$uid(2) \neq null$
$uid(3) = null$
Effect:
$uid(3) :=$ first element of $receive$
remove first element of $receive$

$advance\text{-}phase_i$
Precondition:
$mode = active$
$uid(3) \neq null$
$uid(2) > max\{uid(1), uid(3)\}$
Effect:
$uid(1) := uid(2)$
$uid(2) := null$
$uid(3) := null$
add $uid(1)$ to $send$

$leader_i$
Precondition:
$status = chosen$
Effect:
$status := reported$

$send(v)_i$
Precondition:
v is first on $send$
Effect:
remove first element of $send$

$receive_i(v)$
Effect:
add v to $receive$

Tasks:
$\{send(v)_{i,i+1} : v$ is a UID$\}$
$\{get\text{-}second\text{-}uid_i, get\text{-}third\text{-}uid_i, advance\text{-}phase_i, become\text{-}relay_i, relay_i\}$
$\{leader_i\}$

定理 15.7 PetersonLeader 解决了领导者选举问题。

现在我们来分析复杂度。如前所述，每一阶段中的活动进程数目至少减半，直到只剩下一个活动进程为止。这意味着：到领导者被选出时，阶段总数最多为 $\lfloor \log n \rfloor + 1$。在每个阶段中，每个进程（活动的或转发的）最多发送两个消息。所以，在算法的任意运行中，最多 $2n(\lfloor \log n \rfloor + 1)$ 个消息被发送。复杂度为 $O(n\log n)$，它有一个比 HS 算法中好得多的常数因子。

关于时间复杂度，不难证明一个未证明过的上界 $O(n\log n(\ell+d))$。这是因为有 $O(\log n)$ 个阶段，而且我们可以证明对于任意 p，前 p 个阶段在时间 $O(pn(\ell+d))$ 内完成。（在每个阶段中，每个 UID 沿着环走过 $O(n)$ 的距离。如果一个信息没有被堆积阻塞，则它从一个节点到达另一节点至多花费 $\ell+d$ 的时间。引理 15.4 证明中的方法也可以用来证明堆积不会损害最坏情况的界限。）

进行更加精确的分析后，可以得出一个上界 $O(n(\ell+d))$：

定理 15.8 在 PetersonLeader 算法的任意公平运行中，直到领导者事件产生为止所需的时间最多为 $O(n(\ell+d))$。

这里只给出主要思路，具体证明留为一道稍微复杂的习题。

证明概要 首先，我们可以忽略堆积，因为引理 15.4 的证明中的方法可以用来证明堆积不会影响最坏情况的界限。下面的声明对分析是有用的。

声明 15.9 如果进程 i 和 j 在阶段 p 中都是活动的不同进程，那么一定存在某个进程 k，使得从顺时针方向看 k 严格地在 i 之后和在 j 之前，且进程 k 在阶段 $p-1$ 中是活动的。

时间复杂度正比于特定消息链的长度。这个链的最后一个消息是在最后阶段 p 中导致 i_p 被选成领导者的那个消息。这个信息中的 UID 源自阶段 p 中的 i_p，且在阶段 p 时它已经走过的总距离为 n。进程 i_p 在进入阶段 p 时启动该 UID，这刚好在 i_p 在阶段 $p-1$ 接收到 $uid(3)$ 之后。而这个 $uid(3)$ 源自当 i_{p-1} 进入阶段 $p-1$ 时 i_p 的第二个前驱 i_{p-1}，这个前驱在阶段 $p-1$

中是活动的。由声明 15.9 可知，某个不是 i_p 的进程到达阶段 $p-1$，这意味着在阶段 $p-1$ 时这个 UID 能够走动的最大可能距离是 n。

我们继续沿着这条链来进行回溯。当进程 i_{p-1} 在阶段 $p-2$ 收到它的 $uid(3)$ 的时候，它进入阶段 $p-1$。而这个 $uid(3)$ 源自当 i_{p-2} 进入阶段 $p-2$ 时 i_{p-1} 的第二个前驱 i_{p-2}，且这个前驱在阶段 $p-2$ 中是活动的。声明 15.9 可以用来证明：相对 i_{p-1} 的位置，i_{p-2} 不比 i_{p-1} 在阶段 $p-1$ 的第一个活动前驱更靠后。继续回溯，定义 $i_{p-3}, \cdots, i_1$，使得：相对 i_q 的位置，每个 i_{q-1} 不比 i_q 在阶段 q 的第一个活动前驱更靠后。

现在重复使用声明 15.9，可以说明从 i_{p-1} 退回到 i_1 的链的总长最多为 n。这意味着链的总长为 $3n$，转换为时间界限的话就是 $O(n(\ell + d))$。

15.1.4   通信复杂度的下界

我们描述了两种异步网络领导者选举算法：PetersonLeader 和 HS 的异步版本。它们的通信复杂度是 $O(n\log n)$。在本节中，我们将证明这一问题具有更低的下界 $\Omega(n\log n)$。为了不失一般性，本节我们假设通道是通用可靠 FIFO 通道。

我们已经在定理 3.9 和定理 3.11 中给出针对同步环境中领导者选举问题的两个 $\Omega(n\log n)$ 下界结果。定理 3.9 给出基于比较算法的下界；它允许双向通信，允许进程知道网络中节点的数目。这一结果可以直接用于异步环境，因为可以将同步模型视为异步模型的一种限制模型。

定理 15.10   设 A 是在大小为 n 的异步环网络中选出领导者的基于比较的算法，其中通信是双向的，且 n 为进程所知。那么存在 A 的一个公平运行，直到领导者被选出为止，其中有 $\Omega(n\log n)$ 条消息被发送。

定理 3.11 给出某类算法的下界，这类算法以任意方式来使用 UID，但具有固定时间界限和一个大的标识符空间。另外，它允许双向通信，允许进程知道节点数目。我们也将此结果的一个版本应用于异步环境。

定理 15.11   令 A 是在大小为 n 的异步环中选出领导者的任意（不一定是基于比较的）算法，其中 UID 的空间是无穷大的，通信是双向的，且 n 为进程所知。那么存在 A 的一个公平运行，其中直至领导者被选出为止，有 $\Omega(n\log n)$ 条消息被发送。

证明概要   如果存在 A 的任意运行，直到领导者被选出为止，有多于 $n\log n$ 条消息被发送，则证明完成，所以我们假设不存在这种情况。我们"限制" A 来产生一个同步算法 S，其中每轮都有某个消息被发送。既然在 A 的任意公平运行中，直到领导者被选出为止，顶多有 $n\log n$ 条消息被发送，那么 S 选出领导者的所需轮数最多为 $n\log n$。由于 UID 的空间是无穷大的，因此定理 3.11 就可以用来证明存在 S 的一个运行，其中直到领导者被选出为止共有 $\Omega(n\log n)$ 条消息被发送。这可以转化成 A 的一个公平运行，其中直到领导者被选出为止共有 $\Omega(n\log n)$ 条消息被发送。

由于定理 3.11 在本书的起始章中出现，因此我们为非基于比较的算法给出另一个更基本的下界证明。这个证明跟定理 3.9 和定理 3.11 的证明区别很大，因为它是基于异步的，并且假设进程不知道环的大小。

定理 15.12   设 A 为从任意大小的环中选出领导者的任意（不一定是基于比较的）算法，其中 UID 的空间是无穷大的，通信是双向的，进程不知环的大小。那么存在 A 的一个公平运行，其中有 $\Omega(n\log n)$ 条消息被发送。

证明需要一些基本定义。假设我们有一个通用无穷进程自动机集合 $\mathcal{P}$。$\mathcal{P}$ 中的所有进程除了 UID 之外都相同；另外，假设它们只根据本地名字（即"右"和"左"）来访问它们的邻居。

我们的主要兴趣在于观察当 $\mathcal{P}$ 中的一组进程自动机被放在环中时它们是如何运作的；然而，观察它们被放在一条直线上时的行为也是有用的，见图 15-2。线被定义为 $\mathcal{P}$ 中不同进程的线性合成（采用 I/O 自动机合成），其中每个进程都与两个方向上的可靠 FIFO 发送 / 接收双向通道相关。

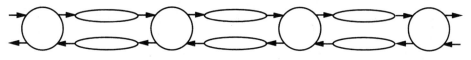

图 15-2　自动机线

如果两条线不包含相同的进程自动机，即不包含相同的 UID，则称它们是互不相交的。设 L 和 M 是两条互不相交的自动机线，定义 $join(L, M)$ 为由 L 和 M 连接而成的线，其中新的可靠 FIFO 发送 / 接收通道插在 L 的最右端进程和 M 的最左端进程之间。$join$ 操作是可结合的，因此可以把它扩展到任意数目的线中。如果 L 是任意一条自动机线，则我们定义 $ring(L)$ 为将 L 围住的环，其中新的可靠 FIFO 发送 / 接收通道插在 L 的最右端和最左端进程之间。线中每个进程的右邻居变为它在环中的顺时针方向的领导。$join$ 和 $ring$ 操作如图 15-3 所示。（我们现在将通道表示为箭头，而不是椭圆。）

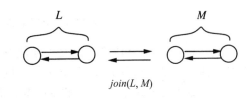

$join(L, M)$

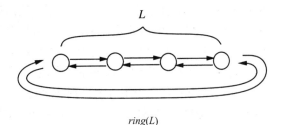

$ring(L)$

图 15-3　$join$ 和 $ring$ 操作

如果 α 是线或环中的一个运行，则我们定义 $C(\alpha)$ 为 α 中发送的消息的数目。如果 R 是环，则我们定义 $C(R)$ 为 $sup\{C(\alpha)：\alpha$ 是 R 的一个运行 $\}$，即在 R 的任意运行中被发送的消息的数目上界。对于线，我们考虑当线"孤立地"工作、没有消息从线外环境来到末端进程时发送消息的数目。因此，如果 L 是线，则我们定义 $C(L)$ 为 $sup\{C(\alpha)：\alpha$ 为 L 的一个无输入运行 $\}$，即在 L 的任意运行中被发送的消息的数目上界，其中在这些运行中没有信息从线之外的地方来到 L 的末端。

对于状态 s，如果不存在以 s 开始的、有新消息被发送的运行片段，则称环的状态 s 是安静的。如果不存在以 s 开始的、有新消息被发送的无输入运行片段，则称线的状态 s 是安静的。注意，环或线处于安静状态并不意味着不可能出现进一步的活动——它仅仅意味着不会发生进一步的消息发送事件。进程仍旧可能收到消息并且执行内部步和 $leader$ 输出。

我们以一个初步引理开始。

引理 15.13　存在一个由 $\mathcal{P}$ 中进程自动机组成的无穷集合，其中每个进程都可以在没有收到任何消息之前发送至少一条消息。

证明 我们进一步给出：$\mathcal{P}$ 中所有进程自动机（可能一个除外）在没有收到任何消息之前都可发送至少一条消息。

为了得到矛盾，假设 $\mathcal{P}$ 中存在两个进程 i 和 j，它们都只有在收到消息之后才能发送消息。然后考虑图 15-4 中所示的三个环 R_1、R_2 和 R_3。（现在，为了简单，我们不再描绘通道自动机）。

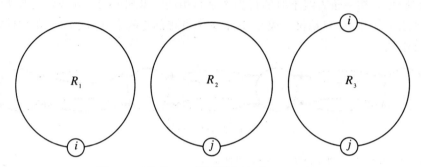

图 15-4   引理 15.3 的证明中的环 R_1、R_2 和 R_3

既然 i 和 j 只有在收到消息之后才能发送消息，那么在这三个环的运行中都没有任何消息被发送。因此，进程 i 和 j 独立运行，执行局部计算和 *leader* 动作，但是没有执行任何通信动作。既然 R_1 可解决领导者选举问题，那么 i 最终在 R_1 的任何公平运行中都选出领导者。同样地，既然 R_2 可解决领导者选举问题，那么 j 最终在 R_2 的任何公平运行中都选出领导者。现在考虑 R_3 的任意公平运行 α。因为没有通信，α 和 R_1 的某个公平运行对于进程 i 是不可区分的（用到 8.7 节中形式化定义的 "不可区分" 概念），所以，i 最终在 α 里选出领导者。同样地，α 和 R_2 的某个公平运行对于进程 j 是不可区分的。所以，j 最终在 α 里选出领导者。但是这使得 R_3 中选出两个领导者，矛盾。

我们已经证明 $\mathcal{P}$ 中不可能出现两个进程 i 和 j，它们只能在收到消息之后才能发送消息。也就是说，$\mathcal{P}$ 中最多只有一个进程不能在收到消息之前发送消息。$\mathcal{P}$ 是个无穷集合，从中去掉一个进程后仍旧是进程的无穷集合，其中每个进程都可以在没有收到消息之前发送消息。

定理 15.12 的证明会用到下面的关键引理。

引理 15.14   对所有 $r \geqslant 0$，存在一个由互不相交的线组成的无穷集合 $\mathcal{L}_r$，使得对每个 $L \in \mathcal{L}_r$，$|L| = 2^r$ 和 $C(L) \geqslant r2^{r-2}$ 成立。

证明 对 r 进行归纳。

基础：$r=0$。令 $\mathcal{L}_0$ 为由所有与 P 中所有进程对应的单节点线组成的集合。结果显而易见。

基础：$r=1$。令 $\mathcal{L}_1$ 为由互不相交的双节点线组成的任意无穷集合，其中双节点线由那些能够在事先没有收到消息的情况下发送消息的进程组成。引理 15.13 已经暗示这一集合的存在。那么如果 L 是 $\mathcal{L}_1$ 中的任意线，则一定存在 L 的无输入运行，其中至少一条消息被发送：简单地令两个进程中的一个在事先没有收到消息的情况下发送一条消息。得证。

归纳步：假设 $r \geqslant 2$ 并且该引理对 $r-1$ 成立，即存在由互不相交线组成的无穷集合 $\mathcal{L}_{r-1}$，使得对于所有 $L \in \mathcal{L}_{r-1}$，$|L| = 2^{r-1}$ 和 $C(L) \geqslant (r-1)2^{r-3}$ 成立。令 $n=2^r$。

令 L、M 和 N 为 $\mathcal{L}_{r-1}$ 中的任意三条线，我们考虑由这三条线中的两条线组成的六种可能连接：$join(L, M)$、$join(M, L)$、$join(L, N)$、$join(N, L)$、$join(M, N)$ 和 $join(N, M)$。我们来证明

以下声明。

声明 15.15　这六条线中至少有一条拥有其中至少有 $\frac{n}{4}\log n = r2^{r-2}$ 条消息被发送的无输入运行。

上面的引理可以从声明 15.15 中导出，因为可以从 $\mathcal{L}_{r-1}$ 的进程中选取无穷多个三线集合，其中没有进程被重用。

（声明 15.15 的）证明　假设声明不成立，六条线中甚至没有一条可以发送 $\frac{n}{4}\log n$ 条消息。

根据归纳假设，存在一个满足 $C(\alpha_L) \geq (r-1)2^{r-3} = \frac{n}{8}\log\frac{n}{2}$ 的 L 的有穷无输入运行 α_L。为了不失一般性，我们可以假定 α_L 的最终状态是安静的，否则 α_L 可以被扩展为更长的有穷运行，其中更多的消息被产生。（这一扩展不能无止境继续下去，因为我们知道 L 自己不能发送出 $\frac{n}{4}\log n$ 条消息。）类似地，我们获得具有同样性质的 M 的有穷无输入运行 α_M 和 N 的有穷无输入运行 α_N。

现在我们构造线 $join(L, M)$ 的一个有穷运行 $\alpha_{L,M}$。运行 $\alpha_{L,M}$ 以在 L 上运行 α_L 和在 M 上运行 α_M 开始，把那些发送到线 L 和 M 之间通道上的所有消息进行延迟。在 $\alpha_{L,M}$ 的这个前缀中，至少有 $2\left(\frac{n}{8}\right)\log\frac{n}{2} = \frac{n}{4}(\log n - 1)$ 条消息被发送。

接下来，$\alpha_{L,M}$ 仍保持安静状态。注意，无论这一过程如何发生，在扩展中发送的额外消息条数一定严格小于 $\frac{n}{4}$，不然的话，$\alpha_{L,M}$ 中的消息总数至少为 $\frac{n}{4}\log n$，与我们的假设矛盾。

我们做这一扩展的具体方法是：只允许 L 中离 L 和 M 的连接点最近的 $\frac{n}{4}-1$ 个进程和 M 的 $\frac{n}{4}-1$ 个进程在 α_L 和 α_M 后执行步，直到系统到达一个状态，从这个状态开始这些进程都不能再发送任何消息。我们声明 $join(L, M)$ 的所得状态一定是安静的。因为不然的话，在初始的 α_L 和 α_M 后会有至少 $\frac{n}{4}-1$ 条消息被发送，这些信息会将与连接点有关的信息带到距离连接点 $\frac{n}{4}$ 处的地方，并使得进程发送另一条消息。（说服你自己这一点是正确的。）但是这使得在 α_L 和 α_M 的扩展中至少 $\frac{n}{4}$ 条额外消息被发送，这是不可能的。所以说 $join(L, M)$ 的状态一定是安静的。

非形式化地讲，在 $\alpha_{L,M}$ 之后，有关线 L 和 M 的连接点的信息既没有到达 L 的中点，也没有到达 M 的中点。连接点的每边都只有距离在 $\frac{n}{4}$ 之内的进程知道连接点的信息，并且在刚好距离连接点 $\frac{n}{4}$ 处的两个进程知道此信息后，不会再发送任何新消息。图 15-5 描述 $n=16$ 的情况下 L 和 M 的连接点。

用类似的方法，我们定义有穷运行 $\alpha_{M,L}$、$\alpha_{L,N}$ 等。

现在我们将 L、M 和 N 合成为几个不同的环以得到矛盾。首先，定义 R_1 为 $ring(join(L, M, N))$，如图 15-6 所示。定义 R_1 的一个公平运行 α_1 如下。运行 α_1 从 α_L、α_M 和 α_N 开始，因此使得三个独立线 L、M 和 N 都处于安静状态。然后 α_1 以 $\alpha_{L,M}$、$\alpha_{M,N}$ 和 $\alpha_{N,L}$ 继续。由于知道每个连接点的进程最多扩展到离连接线一半距离的地方，因此在这三个运行中没有相互干扰。而且，在这三个运行之后，整个环处于安静状态。然后 α_1 以任何公平形式继续。正确性条件意味着在 α_1 中某一领导者 i_1 被选出。为了不失一般性，我们假设进程 i_1 在 L 的中点和 M 的中点之间，如图 15-6 所示。

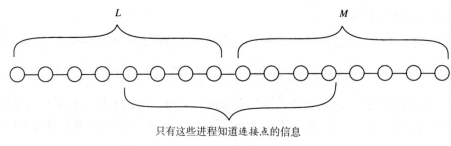

只有这些进程知道连接点的信息

图 15-5　$\alpha_{L,M}$

接下来定义 $R_2=ring(join(L, N, M))$，并且定义类似于 α_1 的 R_2 的一个公平运行 α_2（这一次使用 α_L、α_M、α_N、$\alpha_{L,N}$、$\alpha_{N,M}$ 和 $\alpha_{M,L}$）。然后在 α_2 中选出某一领导者 i_2（如图 15-7 所示）。

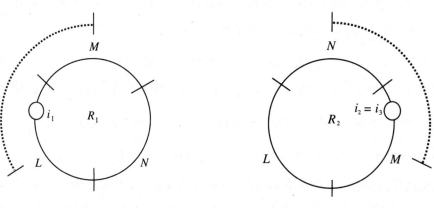

图 15-6　$R_1=ring(join(L, M, N))$　　　　　图 15-7　$R_2=ring(join(L, N, M))$

接下来定义 $R_3=ring(join(M, N))$，并且定义 R_3 的一个公平运行 α_3（使用 α_M、α_N、$\alpha_{M,N}$ 和 $\alpha_{N,M}$）。在 α_3 上一定可以选出某个领导者 i_3（如图 15-8 所示）。我们声称 i_3 一定在 R_3 的下半圈，如图 15-8 所示，即在 M 的中点和 N 的中点之间（按顺时针方向）。因为如果 i_3 在 R_3 的上半圈，那么 α_1 和 α_3 对于进程 i_3 是不可区分的，这样 i_3 也会在 α_1 中被选出。但是这样的话两个不同进程 i_1 和 i_3 都在 α_1 中被选出，矛盾。（进程 i_1 和 i_3 是不同的，因为 i_1 在 L 和 M 的中点之间，而 i_3 在 M 和 N 的中点之间。）

由于 i_3 在 R_3 的下半圈，α_2 和 α_3 对 i_3 来说是不可区分的，因此 i_3 在 R_2 中也被选出。注意，i_3 在 R_2 中 N 的中点和 M 的中点之间。既然 α_2 中只能选出一个领导者，那么我们得出 $i_2=i_3$。见图 15-7。

最后，我们定义 $R_4=ring(join(L, N))$，并且定义 R_4 的一个公平运行 α_4（用 α_L、α_N、$\alpha_{L,N}$ 和 $\alpha_{N,L}$）。见图 15-9。我们说在 α_4 中没有领导者被选出。因为如果领导者在 R_4 的上半圈中被选出，那么该领导者也会被 α_2 选出，这样在 α_2 中就产生了两个领导者。如果领导者在 R_4 的下半圈中被选出，那么该领导者也会被 α_1 选中，在 α_1 中就产生了两个领导者。两种情况都产生矛盾。

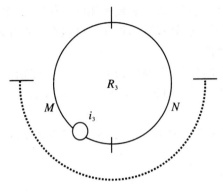

图 15-8　$R_3=ring(join(M, N))$

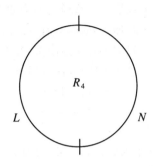

图 15-9　$R_4=ring(join(L, N))$

但是，在 α_4 中没有选出领导者这一事实违反了问题要求，从而产生证明该声明所需的矛盾。

正如以前声明的证明所描述的，根据声明 15.15，引理得证。

现在使用引理 15.14，可以轻易地完成定理 15.12 的证明。

（定理 15.12 的）证明　首先假设 n 是 2 的幂，如 $n= 2^r$。令 L 为 $\mathcal{L}_r$ 中的任意一条线。引理 15.14 意味着 $|L|= n$ 和 $C(L) \geqslant \dfrac{n}{4}\log n$。令 α 为满足 $C(\alpha) \geqslant \dfrac{n}{4}\log n$ 的 L 的一个无输入运行。定义 $R = ring(L)$，也就是说，将 L 粘贴到一个环中。定义 R 的一个运行 α'，它运作得和 L 上的 α 一样，它将经过 L 的末端之间的连接点的所有信息进行延迟，直到最少看见 $\dfrac{n}{4}\log n$ 条信息为止。然后 $C(\alpha') \geqslant \dfrac{n}{4}\log n$，这证明了 $C(R) \geqslant \dfrac{n}{4}\log n$。

对于 n 不为 2 的幂的情况，具体证明留为一道习题。

注意定理 15.12 证明中的关键部分在于对异步性和未知环大小的处理。

15.2　任意网络中的领导者选举

本节到此为止分析了在异步环网络中选举领导者的算法。本节我们分析在更加通用的图网络中的领导者选举问题。在本节中我们假定底层图是无向的，即可以在所有边上进行双向通信，并且图是连通的。假定进程除了 UID 之外都是相同的。

考虑 4.1.2 节中针对同步网络的 FloodMax 算法。它要求进程知道网络的直径 *diam*。在这个算法中，每个进程都保存到目前为止它所见到的最大 UID。在每一同步轮中，进程在所有通道中发送该最大值。算法在 *diam* 轮后结束；其 UID 等于最大 UID 的唯一进程宣布自己为领导者。

FloodMax 算法不能直接扩展到异步环境中，因为在异步模型中没有轮。但是，有可能异步地模拟轮。我们只要求每个发送第 r 轮消息的进程将轮号 r 标到消息上。接收者在执行第 r 轮转移之前，等待来自它的所有邻居的第 r 轮消息。通过模拟 *diam* 轮，算法可以正确终止。

在同步环境中，我们描述一个 FloodMax 的优化算法，名为 OptFloodMax 算法，其中每个进程只在有新消息时才发送消息，即在它的最大 UID 发生变化时才发送消息。如何在异步网络中模拟这个优化版本还不是很清楚。如果与 FloodMax 一样仅仅将轮号标于消息上，

那么对于一个在第 r 轮中没有收到所有邻居的消息的进程来说，它便不能确定何时收到所有第 r 轮的流入消息，这样它不会知道应在何时执行第 r 轮转移。当然我们可以在不相互通信的邻居对之间加入 *dummy* 消息，但这样会破坏最优性。

或者，我们纯异步地模拟 OptFloodMax——只要进程得到新的最大 UID，它就在以后某个时间发送这个 UID 给它的邻居。这一策略最终会将最大值传给所有进程。但是有个问题：现在进程无法知道应在何时停止。

使用以后章节中的许多技术，我们可以开发许多针对通用异步网络中领导者选举问题的解法。这些技术包括：

1）基于搜索算法的异步广播和敛播（见 15.3 节）。

2）利用生成树的敛播（见 15.5 节）。

3）利用同步器来模拟同步算法（见 16.5.1 节）。

4）利用一致性全局快照来检测异步算法的终止性（见 19.2.3 节）。

15.3 生成树的构造、广播和敛播

异步网络中最基本的任务之一是为网络构造一棵以所给源节点 i_0 为根的生成树，并且利用这一生成树进行广播和敛播通信。在本小节中，我们描述针对这些任务的算法。我们再次假设底层图 $G=(V,E)$ 是无向的、连通的。进程无须知道网络的大小或直径。不需要 UID。

对生成树问题，要求是网络中每个进程通过 *parent* 输出动作来最终报告它在图 G 的生成树中的父节点的名字。4.2 节中描述了同步算法 SynchBFS，该算法构造以 i_0 为根的广度优先生成树。SynchBFS 算法从 i_0 开始同步地搜索图，让每个非源进程把它听到的第一个邻居报告为它的父节点。这个算法可以在异步环境中运行，并仍然可以保证构造出一棵生成树，但不一定是广度优先生成树。异步算法的代码如下：

***AsynchSpanningTree$_i$* 自动机：**

Signature:

Input:
 $receive(\text{“}search\text{”})_{j,i}, j \in nbrs$

Output:
 $send(\text{“}search\text{”})_{i,j}, j \in nbrs$
 $parent(j)_i, j \in nbrs$

States:
$parent \in nbrs \cup \{null\}$, initially $null$
$reported$, a Boolean, initially $false$
for every $j \in nbrs$:
 $send(j) \in \{search, null\}$, initially $search$ if $i = i_0$, else $null$

Transitions:

$send(\text{“}search\text{”})_{i,j}$
 Precondition:
  $send(j) = search$
 Effect:
  $send(j) := null$

$receive(\text{“}search\text{”})_{j,i}$
 Effect:
  if $i \neq i_0$ and $parent = null$ then

$parent(j)_i$
 Precondition:
  $parent = j$
  $reported = false$
 Effect:
  $reported := true$

$parent := j$
for all $k \in nbrs - \{j\}$ do
　$send(k) := search$

Tasks:
$\{parent(j)_i : j \in nbrs\}$
for every $j \in nbrs$:
　$\{send(\text{"search"})_{i,j}\}$

定理 15.16　AsynchSpanningTree 算法构造出一棵生成树。

证明概要　证明的关键断言是:

　　断言 15.3.1　在任意可达状态中, 由所有 $parent$ 变量定义的边形成包含 i_0 的 G 的子图的生成树; 并且, 如果任意通道 $C_{i,j}$ 中存在消息, 那么 i 在生成树中。

通常这可以用归纳法证明。为了说明活性条件——每个节点最终都将包含于生成树中——我们用到另外一个不变式断言:

　　断言 15.3.2　在任意可达状态中, 如果 $i = i_0$ 或 $parent_i \neq null$, 并且如果 $j \in nbrs_i - \{i_0\}$,

　　则 $parent_j \neq null$, 或者 $C_{i,j}$ 包含一条 $search$ 消息, 或者 $send(j)_i$ 包含一条 $search$ 消息。

这样我们可以证明对于任意 $i \neq i_0$, 在时间 $distance(i_0,i) \cdot (\ell+d)$ 内都会有 $parent_i \neq null$, 这暗示了活性条件。

复杂度分析　在 AsynchSpanningTree 的任意公平运行中, 消息的总数目是 $O(|E|)$, 并且除了 i_0 之外的所有进程在时间 $diam(\ell+d)+\ell$ 内都产生 $parent$ 输出。(这里不存在堆积问题, 因为在每一通道上只有一条消息被发送。)

　　注意, AsynchSpanningTree 算法中产生的路径可能比网络的直径长。这是因为在异步网络中, 消息有时在较长的路径上比在较短的路径上传得更快。尽管如此, 产生树的时间仍然以直径为界, 因为每个进程收到第一个 $search$ 消息的时间不大于一条消息从 i_0 沿着最短路径传送到它所需的时间。

消息广播　如同 SynchBFS 的情况, 很容易通过增强 AsynchSpanningTree 算法来实现从 i_0 开始的消息广播。在生成树的构造过程中, 消息只需被放到所有 $search$ 消息的尾部。因此广播的通信复杂度是 $O(|E|)$, 所需时间是 $O(diam(\ell+d))$。

儿子指针　通过增强 AsynchSpanningTree 算法来让父节点知道自己的孩子节点是谁也很容易。既然这里假定通信是双向的。那么 $search$ 消息的接收者所要做的就是以 $parent$ 或 non-$parent$ 消息来做出合适的回应。

　　预先计算好的具有孩子指针的生成树可用来从进程 i_0 对网络中所有其他进程广播消息。每条消息由 i_0 发送给它的所有孩子节点, 然后继续由父节点发送给它的孩子节点, 直到消息到达树的叶子节点。每次广播的消息数目是 $O(n)$, 时间复杂度是 $O(h(\ell+d))$, 其中 h 是生成树的高度。有一个有趣的时间异常: 如果树是由 AsynchSpanningTree 算法生成, 那么广播的时间复杂度是 $O(n(\ell+d))$; 即使 AsynchSpanningTree 算法本身所用时间以直径为界, 广播也不需要 $O(diam(\ell+d))$ 的时间。这是因为 AsynchSpanningTree 产生的树的高度有可能大于直径。

　　预先计算好的具有孩子指针的生成树也可用来从树中所有进程敛播消息到 i_0。这个工作方式和同步环境中一样: 每个叶节点上的进程将信息发送给父亲节点。除 i_0 外的每个内部节点上的进程在收到所有孩子节点的信息之前一直等待, 收到之后将自己的信息与之合并, 然后将结果发送给它的父节点。最后，i_0 在收到它的所有儿子的信息之后将它们与自己的信息合并，产生出最终结果。消息的数目是 $O(n)$，所用时间为 $O(h(\ell+d))$。和同步环境中一样，这一方案可以用于对基于分布输入的函数进行计算。

广播和敛播的结合可以用于：让 i_0 给所有其他进程发送一条消息，然后它接收所有进程的应答，应答表示进程成功地接收到信息。每一叶节点在收到广播消息后简单地开始敛播。消息的总条数仍是 $O(n)$，所用时间仍是 $O(h(\ell+d))$。

在生成树构造过程中我们也可以让 i_0 广播一条消息并且接收所有进程的应答。令 W 为能被广播的值的集合。消息集合 M 为 $\{(\text{``}bcast\text{''},w):w \in W\} \cup \{\text{``}ack\text{''}\}$。

$AsynchBcastAck_i$ 自动机：

Signature:

Input:
$\qquad receive(m)_{j,i}, \ m \in M, \ j \in nbrs$
Output:
$\qquad send(m)_{i,j}, \ m \in M, \ j \in nbrs$

Internal:
$\qquad report_i$

States:

$val \in W \cup \{null\}$, initially the value to be broadcast if $i = i_0$, else $null$
$parent \in nbrs \cup \{null\}$, initially $null$
$reported$, a Boolean, initially $false$
$acked$, a subset of $nbrs$, initially $\emptyset$
for every $j \in nbrs$:
$\qquad send(j)$, a FIFO queue of messages in M; if $i = i_0$ then this initially contains the
$\qquad\quad$ single element $(\text{``}bcast\text{''}, w)$, where $w \in W$ is the value to be broadcast; otherwise
$\qquad\quad$ this is empty

Transitions:

$send(m)_{i,j}$
$\quad$ Precondition:
$\qquad m$ is first on $send(j)$
$\quad$ Effect:
$\qquad$ remove first element of $send(j)$

$receive(\text{``}bcast\text{''}, w)_{j,i}$
$\quad$ Effect:
$\qquad$ if $val = null$ then
$\qquad\quad val := w$
$\qquad\quad parent := j$
$\qquad\quad$ for all $k \in nbrs - \{j\}$ do
$\qquad\qquad$ add $(\text{``}bcast\text{''}, w)$ to $send(k)$
$\qquad$ else add $\text{``}ack\text{''}$ to $send(j)$

$receive(\text{``}ack\text{''})_{j,i}$
$\quad$ Effect:
$\qquad acked := acked \cup \{j\}$

$report_i$ (for $i = i_0$)
$\quad$ Precondition:
$\qquad acked = nbrs$
$\qquad reported = false$
$\quad$ Effect:
$\qquad reported := true$

$report_i$ (for $i \neq i_0$)
$\quad$ Precondition:
$\qquad parent \neq null$
$\qquad acked = nbrs - \{parent\}$
$\qquad reported = false$
$\quad$ Effect:
$\qquad$ add $\text{``}ack\text{''}$ to $send(parent)$
$\qquad reported := true$

Tasks:

$\{report_i\}$

```
for every j ∈ nbrs:
    {send(m)_{i,j} : m ∈ M}
```

复杂度分析　总共的通信为 $O(|E|)$，时间为 $O(n(\ell+d))$。时间的上界依赖于 n 而不是 $diam$，因为前面所说的时间异常——广播有可能在较长路径上传得很快，而应答有可能沿着同一条路径传送得很慢。在 16 章中，将看到如何得到时间复杂度只依赖于 $diam$ 的算法。

垃圾回收　如果 AsynchBcastAck 中的树只用来发送并且确认一条消息，那么每个进程都可以在执行 *report* 指令和发出 *acks* 之后删除与算法有关的所有信息。我们将这一修改及其正确性的证明留为一道习题。

在领导者选举中的应用　对于其中没有独一无二源节点并且进程不知道节点数目或网络直径的任意图，异步广播和敛播可以用来解决领导者选举问题。现在进程需要 UID。为了得到网络中最大的 UID，我们允许每个节点都启动广播 – 敛播以找出网络中的最大 UID。发现最大UID 和自己的 UID 相等的那个节点宣布自己为领导者。这一算法用了 $O(n|E|)$ 条消息。我们把时间复杂度的分析工作留为一道习题。

在本节最后，在只有局部知识、除非用 UID 否则没有可区分节点的情况下，我们指出在无向连通图网络中两个基本问题之间的紧密联系：

1）为图找出一棵（无根的）生成树。

2）选出领导者节点。

首先，如果给定一棵无根生成树，则有可能按如下方法选出领导者。思路与 4.4 节最后讨论的同步情况时的思路是一样的。

STtoLeader 算法：

该算法使用从叶节点开始的 *elect* 消息敛播。每个叶节点初始时都给它唯一的邻居发送一条 *elect* 消息。从所有其他邻居接收到 *elect* 消息的任意节点都将一条 *elect* 消息发送给剩下的那个邻居。

最后有两种可能：要么有一个特定进程在发送 *elect* 消息之前收到它的所有通道的消息，要么 *elect* 消息从两个方向发送到一条特定边上。在第一种情况中，*elect* 消息敛播到的进程将自己选为领导者。在第二种情况中，与这条边相邻的具有较大 UID 的那个进程将自己选为领导者。

定理 15.17　STtoLeader 算法能够在进程只具有局部知识和 UID 的情况下，在带生成树的无向图网络中选出领导者。

复杂度分析　STtoLeader 算法用了最多 n 条消息，仅用时 $O(n(\ell+d))$。

相反地，如果领导者已给出，那么我们已经显示怎样用 AsynchSpanningTree 来构造一棵生成树。这需要 $O(|E|)$ 条消息和 $O(diam(\ell+d))$ 时间。所以，对这两种基本算法的（相当小）代价取模后，领导者选举问题和寻找任意生成树问题是等价的。

15.4　广度优先搜索和最短路径

我们在 4.2 节中考虑了广度优先搜索（BFS）的问题，在 4.3 节中考虑了寻找最短路径的问题，现在我们在异步网络中重新考虑这些问题。现在我们假定底层图 $G=(V, E)$ 是连通无向图并且有可区分的源节点 i_0。对于最短路径问题，我们还假定每条无向边 $(i, j) \in E$ 都有一个非负实数权 $weight(i, j)$，并且边两端的进程都知道这个权值。我们假定进程不知道网络的大小或直径，并且没有 UID。

对广度优先搜索来说，问题是网络中每个进程如何通过 *parent* 输出动作来报告出在广度优先树中它的父节点的名字。回忆在同步情况中，是通过简单的 SynchBFS 算法来完成的。SynchBFS 算法的异步版本是 15.3 节中的 AsynchSpanningTree 算法；它可以确保构造出一棵生成树，但是不一定是广度优先生成树。

可以对 AsynchSpanningTree 算法进行修改，使得进程对错误的 *parent* 指定进行修正。也就是说，如果进程 *i* 起始时把它的一个邻居 *j* 识别为父亲，之后在一条更短路径上找到另外一个邻居 *k* 的信息，那么进程 *i* 把它的 *parent* 指定改为 *k*。在这种情况中，进程 *i* 必须将它的修改通知给其他邻居，以便它们也可以修正自己的 *parent* 指定。代码如下：

AsynchBFS$_i$ 自动机：

Signature:

Input:
$receive(m)_{j,i}, m \in \mathbb{N}, j \in nbrs$

Output:
$send(m)_{i,j}, m \in \mathbb{N}, j \in nbrs$

States:
$dist \in \mathbb{N} \cup \{\infty\}$, initially 0 if $i = i_0$, ∞ otherwise
$parent \in nbrs \cup \{null\}$, initially $null$
for every $j \in nbrs$:
    $send(j)$, a FIFO queue of elements of $\mathbb{N}$, initially containing the single element 0 if $i = i_0$,
      else empty

Transitions:

$send(m)_{i,j}$
  Precondition:
    m is first on $send(j)$
  Effect:
    remove first element of $send(j)$

$receive(m)_{j,i}$
  Effect:
    if $m + 1 < dist$ then
      $dist := m + 1$
      $parent := j$
      for all $k \in nbrs - \{j\}$ do
        add $dist$ to $send(k)$

Tasks:
for every $j \in nbrs$:
    $\{send(m)_{i,j} : m \in \mathbb{N}\}$

定理 15.18   在 AsynchBFS 算法的任意公平运行中，系统最终稳定在一个状态，其中 *parent* 变量代表一棵广度优先生成树。

证明概要   首先证明：

断言 15.4.1   在任意可达状态中，以下都为真。

1）对于每一个进程 $i \neq i_0$，如果 $dist_i \neq \infty$，那么 $dist_i$ 是 G 中某条从 i_0 到 i 的路径 p 的长度，其中 i 的前驱是 $parent_i$。

2）对于通道 $C_{i,j}$ 中的每一消息 m，m 是某条从 i_0 到 i 的路径 p 的长度。

这意味着每个进程 *i* 总是拥有关于某条从 i_0 到 i 的路径的正确信息。但是为了证明活性属性——每一个进程最终都获得关于最短路径的信息——我们需要另一个不变式断言，这意味着关于最短路径的信息是被"保存"了的。

断言 15.4.2   在任意可达状态中，对于每对邻居 *i* 和 *j*，要么 $dist_j \leqslant dist_i + 1$，要么

$send(j)_i$ 或 $C_{i,j}$ 包含值 $dist_i$。

然后我们可以证明对于任意 i，在时间 $distance(i_0, i) \cdot n(\ell+d)$ 内我们有 $dist_i = distance$ (i_0, i)；这个证明可由对 $distance(i_0, i)$ 的归纳得出。（这里我们考虑了堆积）这足以证明活性需求。

复杂度分析　在异步 BFS 算法的一个运行中发送的消息的数量是 $O(n|E|)$；这是因为每一个节点可以获得最多 n 个对它与 i_0 的距离的不同估值，每个估值导致恒定数量的消息通过它的邻边。直到系统达到一个稳定状态为止的时间是 $O(diam \cdot n(\ell+d))$；这是因为从 i_0 到任意节点的最短路径的长度最多是 $diam$，并且任意通道中最多有 n 个消息。（这里我们又考虑了堆积。）

终止性　AsynchBFS 算法的一个问题是：进程没有办法得知在什么时候就不需要做更多修正了（即使网络的大小是已知的）。因此，在技术上，这个算法不是 BFS 问题的一个解法，因为它永远不能产生所需的 *parent* 输出。通过增加对所有消息的确认，并像在 AsynchBcastAck 算法一样将确认敛播给 i_0，从而增强 AsynchBFS 算法来产生输出是可能的。这使得 i_0 知道系统何时到达稳定状态，然后它广播一个信号给所有进程以令进程执行 *parent* 输出。

这个敛播有点复杂，因为，与 AsynchBcastAck 算法不同，一个进程 i 可能需要参加多次。每当进程 i 从邻居 j 得到一个新 *dist* 估值并发送修正到所有其他邻居时，它一直等待所有这些邻居的相应确认，然后发送确认给 j。簿记（bookkeeping）用于分离不同的确认。我们将这个留为一道习题。

已知直径　如果 *diam* 是已知的，那么通过仅允许小于或等于 *diam* 的距离估值可以改善 AsynchBFS 算法。通过这个更改，对于它与 i_0 之间的距离，每个节点仅得到最多 *diam* 个不同估值，使得通信复杂度为 $O(diam|E|)$，时间复杂度为 $O(diam^2(\ell+d))$。加上上述终止性的话，复杂度界限不变。

现在给出另一个解法，它产生所需的 *parent* 输出，且不需要已知网络图直径或大小的相关内容。这个解法的通信复杂度比任意版 AsynchBFS 算法的都低，但时间复杂度比具有已知 *diam* 的 AsynchBFS 算法的高。

LayeredBFS 算法：

BFS 树是在层中构造的，第 k 层由树中深度为 k 的节点组成。这些层构建在一系列阶段中，一层对应一个阶段，所有层都由进程 i_0 调控。

在第一阶段中，进程 i_0 发送 *search* 消息给它的所有邻居并且等待接收确认消息。收到第一阶段的 *search* 消息的进程发送一条肯定的确认消息。这使得树中深度为 1 的所有进程都能够确定它们的父进程，即 i_0，并且理所当然地，i_0 也知道它的子女。这样构造了第一层。

由上述归纳，我们假定 k 个阶段已经完成并且前面 k 层已经构建好：深度至多为 k 的每个进程都知道 BFS 树中它的父进程，并且深度至多为 $k-1$ 的每个进程都知道它的子进程。此外，源节点 i_0 知道所有这些都已完成。为了在第 $k+1$ 阶段中构建第 $k+1$ 层，进程 i_0 沿着已构建出的生成树的所有边广播分别一条 *newphase* 消息，目的进程是深度为 k 的进程。

一旦接收到一条 *newphase* 消息，每个深度为 k 的进程都给它的所有邻居（除了父母之外）发送 *search* 消息并且等待接收确认消息。当一个非 i_0 进程在一个运行中接收到它的第一条 *search* 消息时，它指定此发送者为它的父进程并且返回一条肯定的确认消息。当一个非 i_0 进程收到一条后来的 *search* 消息时，它返回一个否定的确认消息。当 i_0 收到任意 *search* 消息时，它返回一条否定的确认消息。当一个深度为 k 的进程接收到它所有 *search* 消息的确认消息时，它指定那些发送给它肯定确认消息的进程为它的子进程。

然后，深度为 k 的进程沿着深度为 k 的生成树的边，将它们已经完成对子进程的确认的消息敛播给 i_0。它们还敛播一位，说明是否发现深度为 $k+1$ 的节点。在没有新节点被发现的阶段之后，进程 i_0 便终止这个算法。

定理 15.19   LayeredBFS 算法产生一棵广度优先生成树。

复杂度分析   LayeredBFS 算法使用 $O(|E|+n \cdot diam)$ 条消息。总共有 $O(|E|)$ 条 *search* 和确认消息，原因在于每条边在每个方向上最多探测一次。而且，在每个阶段中，树的每条边最多被 *newphase* 和敛播消息通过一次；由于最多有 $diam+1$ 个阶段，故总共产生最多 $O(n \cdot diam)$ 条这样的消息。每个阶段用时 $O(diam(\ell+d))$，因此时间复杂度为 $O(diam^2(\ell+d))$。

$diam$ 已知的 AsynchBFS 算法和 LayeredBFS 算法揭示了通信量和时间复杂度之间的一种平衡。这一平衡将在下面的 AsynchBFS 和 LayeredBFS 混合算法中得到进一步印证。HybridBFS 算法使用一个参数 m（$1 \le m \le diam$）。如果 $m = 1$，那么 HybridBFS 和 LayeredBFS 是一样的；如果 $m = diam$，那么 HybridBFS 与已知 $diam$ 的 AsynchBFS 算法类似；对于 m 剩下的那些取值，通信和时间复杂度估量则介于 LayeredBFS 算法和已知 $diam$ 的 AsynchBFS 算法的相应值之间。

HybridBFS 算法：

该算法执行在阶段中。在每个阶段中，BFS 树中有 m 个确定的层（而不像 LayeredBFS 中那样只有一个层是确定的）。在每个阶段中，我们使用如同 AsynchBFS 中的那些修正来异步地探测下一个 m 层。确认消息被敛播回进程 i_0。到一次敛播完成的时候，进程 i_0 知道在正被探测的层中，所有进程都已稳定在正确的距离估值上。

复杂度分析   HybridBFS 算法的通信复杂度为 $O\left(m|E|+\dfrac{n \cdot diam}{m}\right)$。共有 $O(m|E|)$ 条 *search* 和确认消息，原因在于每条边只携带至多 m 个不同距离估值信息。并且，在每个阶段中，树的每条边至多被 *newphase* 和敛播消息通过一次；由于至多有 $O\dfrac{diam}{m}$ 个阶段，所以至多有 $O\left(\dfrac{n \cdot diam}{m}\right)$ 条这样的消息。每个阶段用时 $O(diam(\ell+d)+m^2(\ell+d))$。（$m^2$ 来自一个通道中 m 条消息堆积的可能性。）这样，总时间复杂度为 $O\left(\dfrac{diam^2}{m}(\ell+d)+diam \cdot m(\ell+d)\right)$。

我们已经给出三种算法来解决 BFS 问题：AsynchBFS 算法（带终止性）、LayeredBFS 算法和 HybridBFS 算法。为了对这三种算法进行简单比较，我们考虑带终止性的且 $diam$ 已知的 AsynchBFS 算法。我们忽略本地处理时间 ℓ 并且忽略链路中堆积的影响，使用 d 作为在通道中传送每条消息的时间上界。我们得到

	消息数	时间
AsynchBFS:	$O(diam|E|)$	$O(diam \cdot d)$
LayeredBFS:	$O(|E|+n \cdot diam)$	$O(diam^2 d)$
HybridBFS:	$O\left(m|E|+\dfrac{n \cdot diam}{m}\right)$	$O\left(\dfrac{diam^2}{m}d\right)$

现在我们将视线转到在基于带权无向图的异步网络中寻找最短路径的问题：在一条距源

节点 i_0 的最短路径树中，为网络中的每个进程确定并输出它的父进程和它到 i_0 的距离。广度优先搜索问题便是所有的权值均为 1 的最短路径问题的特殊情况。

回忆在同步系统中，BellmanFord 算法解决了寻找最短路径的问题。尽管这个算法是同步的，但它仍需要修正错误的路径估值。BellmanFord 算法可以使用以下代码来异步地运行，这些代码是 AsynchBFS 代码的自然扩展。AsynchBellmanFord 算法是 1969 年至 1980 年间 ARPANET 中用来建立路由的算法。

AsynchBellmanFord$_i$ 自动机：

Signature:

Input:
　　$receive(w)_{j,i}$, $w \in R^{\geq 0}$, $j \in nbrs$
Output:
　　$send(w)_{i,j}$, $w \in R^{\geq 0}$, $j \in nbrs$

States:

$dist \in R^{\geq 0} \cup \{\infty\}$, initially 0 if $i = i_0$, ∞ otherwise
$parent \in nbrs \cup \{null\}$, initially $null$
for every $j \in nbrs$:
　　$send(j)$, a FIFO queue of elements of $R^{\geq 0}$, initially containing the single element 0 if $i = i_0$,
　　　　else empty

Transitions:

$send(w)_{i,j}$
　　Precondition:
　　　　w is first on $send(j)$
　　Effect:
　　　　remove first element of $send(j)$

$receive(w)_{j,i}$
　　Effect:
　　　　if $w + weight(j,i) < dist$ then
　　　　　　$dist := w + weight(j,i)$
　　　　　　$parent := j$
　　　　　　for all $k \in nbrs - \{j\}$ do
　　　　　　　　add $dist$ to $send(k)$

Tasks:

for every $j \in nbrs$:
　　$\{send(w)_{i,j} : w \in R^{\geq 0}\}$

定理 15.20　在 AsynchBellmanFord 算法的任意公平运行中，系统最终稳定在一个状态，其中 $parent$ 变量代表一棵以 i_0 为根的最短路径树，并且 $dist$ 变量包含节点到 i_0 的正确距离。

如同对 AsynchBFS 一样，AsynchBellmanFord 的一个问题是进程无法知道在什么时候就不需要做进一步的修正。因此，该算法并不是严格正确的，因为它永远不能产生所需的输出。我们可以用在 AsynchBFS 中使用过的方法（即通过敛播确认来增强 AsynchBellmanFord），以获得所需的输出。

对 AsynchBellmanFord 的复杂度分析是有趣的，主要是因为最坏情况下消息数和所需时间都极其糟糕——它们都达到 n 指数级。作为对比，回忆同步 BellmanFord 算法仅需要 $(n-1)|E|$ 条消息和 $n-1$ 轮，而 AsynchBFS 算法（不知道直径的值也不满足终止性）仅需要 $O(n|E|)$ 条消息和 $O(diam \cdot n(\ell + d))$ 的时间。

定理 15.21　令 n 为任意偶数，$n \geq 4$。存在一个 n 节点带权图，其中在最坏情况下，AsynchBellmanFord 算法发送至少 $\Omega(c^n)$ 条消息并且花费至少 $\Omega(c^n d)$ 的时间才能稳定下来，

这里的常量 $c>1$。（我们可取 $c = 2^{\frac{1}{2}}$。）

证明   我们假定通道是通用 FIFO 可靠通道。令 $k = \frac{n-2}{2}$。令 G 为图 15-10 中描绘的带权图。图 G 的大多数边的权值为 0；仅有的权值不为 0 的边是右边的斜边，且它们的权值以 2 的次幂递减。

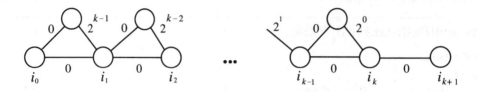

图 15-10   AsynchBellmanFord 算法的坏有权边

我们来证明在图 G 上的 AsynchBellmanFord 算法的一个运行中，进程 i_k 可能取的有限 *dist* 估值恰好是集合 $\{2^k-1, 2^k-2, \cdots, 3, 2, 1, 0\}$ 中的值。每个值都可由沿着 i_0 到 i_k 的一条特定路径的消息流产生。并且，我们证明在同一运行中，强行使 i_k 按最大值到最小值的顺序来取这些估值是可能的。

假设在上面的路径中消息传播得很快，这样 i_k 的估值为 2^k-1。接着，从 i_{k-1} 到 i_k 的消息沿着下面的路径到达 i_k，使得 i_k 的新估值为 2^k-2。再接着从 i_{k-2} 到 i_{k-1} 的消息沿着在下面的路径到达 i_{k-1}，使得 i_{k-1} 将它的估值减少了 2，从 2^k-2 减至 2^k-4。进程 i_{k-1} 然后将这个减少了的估值从两条路径发送给 i_k。再一次假设在上面路径中消息传递得更快，这样进程 i_k 接着获得估值 2^k-3，之后为 2^k-4。

接着，从 i_{k-3} 到 i_{k-2} 的消息沿着下面的路径到达 i_{k-2}，使 i_{k-2} 减少它的估值。以这样的方法继续下去，我们可以使进程 i_k 依次获得全部的估值 2^k-1，$\cdots$，0。

以这样一种方式运行系统是可能的，其中所有进程和所有除了 $C_{ik,ik+1}$ 之外的通道迅速地操作。这导致 $C_{ik,ik+1}$ 中产生一个由 2^k 条消息组成的队列，消息数为 $\Omega(2^{\frac{n}{2}})$，或 $\Omega(c^n)$。此外，如果所有消息都花费最大时间来传送的话，那么时间复杂度为 $\Omega(c^n d)$，得证。

下面我们来考虑 AsynchBellmanFord 的算法复杂度上界。通道 $C_{i,j}$ 发送的消息数与发送进程 i 所获得的不同估值的数量成正比。这种估值必然不大于图中从 i_0 到 i 的不同简单路径的条数，即 $O(n^n)$。（实际上，它更小，我们将此改进留为一道习题。）因此，总通信复杂度为 $O(n^n|E|)$。鉴于一个通道中消息数的界限为 n^n，时间复杂度的一个上界为 $O(n^{n+1}(\ell+d))$。

注意时间界限依赖于消息通道中的堆积。如果我们采用更简单的假设（这种假设有时会在理论研究文献中用到），即任意消息从开始发送到被接收为止最多花费时间 d（不考虑本地处理时间），那么通过计算可知 AsynchBellmanFord 算法的时间界限仅为 $O(nd)$。这显然不是一个对这个算法的现实分析。

15.5   最小生成树

在本章的最后部分，我们来考虑如何为基于任意无向连通图的网络构造一棵最小权值生成树。在 4.4 节，我们曾给出一个算法——SynchGHS——来解决同步系统中的这一问题；现在我们示范如何修改这一算法以使它适用于异步系统。最终得出的算法称为 GHS 算法，这种算法以其发现者 Gallager、Humblet 和 Spira 的名字命名，是分布式计算理论中著名的算法之一。该算法是经过严格设计的复杂算法，非常有趣，可以作为算法证明方法的一个案例研究。

我们建议此时你重新读一下 4.4 节；4.4 节包含 GHS 算法所基于的基本原理以及 SynchGHS 算法，其中 SynchGHS 算法包含 GHS 算法所需的许多思想。

15.5.1　问题描述

如前，我们假设基本图 $G=(V, E)$ 是连通且无向的，并且假设每条边都有权值。我们希望进程互相协作来构造图 G 的一棵最小权值生成树（MST），即包含 G 中所有顶点的一棵生成树，其所有边的权值之和小于或等于 G 的任意其他生成树的所有边的权值之和。

我们假设进程具有 UID，并且与连接节点相关的进程都知道每条边的权值。我们给出一个技术性假设：所有边的权值都是唯一的。4.4 节末的讨论显示这个唯一性假设并没多大意义——可以通过使用邻近进程的 UID 来破坏具有相同权值的边之间的联系。我们假设这些进程仅具有图的局部知识；特别地，它们既不知道节点数目也不知道直径。

我们假设进程初始是静止的，这就是说，在初始状态下没有局部控制动作是允许的。我们假设每个进程都有一个唤醒输入动作，环境通过该动作来发信号以告知进程开始执行 MST 算法。我们允许任意数量的进程在一个运行中接收唤醒输入；这样，不管开始计算的进程数目为多少，也不管这些进程何时开始计算，该算法都能正常工作。注意我们假定只有进程的初始状态是静止的；我们允许进程在收到任意种类的输入（一条唤醒消息或来自另一个进程的消息）时苏醒[⊖]。算法的输出是由组成一棵 MST 的边组成的集合，特别地，每一个进程需要输出在 MST 中与它相邻的边的集合。

15.5.2　同步算法：回顾

SynchGHS 算法基于最小生成树的两个基本属性（由引理 4.3 和引理 4.4 给出）。这两个属性用于证明后述策略的正确性：在任意中间状态中，该算法构造一个生成森林，森林中的所有边都在最小生成树中。那么这个生成森林组件的任意子集可以独立确定它的最小权值出向边（minimum-weight outgoing edge，简称 MWOE），所有这些边都必定包含在唯一一棵最小生成树中。

SynchGHS 算法按"层"工作。0 层生成森林包含各个节点且不包含边。给定 k 层生成森林，算法通过允许 k 层生成树的所有组件确定它们的 MWOE，并沿着这些 MWOE 合并组件来构造 $k+1$ 层生成森林。于是每个层 k 组件包含至少 2^k 个节点。

一个组件的 MWOE 的确定是由该组件唯一的领导者节点控制的，这个领导者节点的 UID 用作组件的标识符。领导者节点沿着组件的边广播一条请求消息以确定 MWOE，然后进程使用一个询问算法以获知哪些邻居处于同一组件中和哪些邻居不处于同一组件中，然后进程将它们的信息敛播回领导者节点。组件的合并涉及从领导者节点到与 MWOE 相邻的进程之间的通信。使用优化的簿记，进程可以确保通信复杂度保持在 $O(n\log n+|E|)$ 并且轮数保持在 $O(n\log n)$。

如果试着在一个异步网络中运行 SynchGHS，就会有一些难点出现。比如下面三点。

⊖　我们在此所做的关于 *wakeup* 消息的假设与 15.1.1 节最后所做的假设不同。在那里，我们假设 *wakeup* 消息到达所有的进程。

难点 1：在 SynchGHS 中，当一个进程 i 询问邻居 j 以了解在当前生成树林中 j 是否和 i 处于同一组件中时，它知道 j 处于同一构造层。因此，如果进程 j 具有一个不同的组件标识符，那 j 和 i 必定不在同一个组件中。然而在异步环境中，会出现这样一种情况：进程 j 和 i 确实在同一个组件中，但进程 j 还不知道这一点（因为包含最近组件标识符的消息还未到达）。

难点 2：鉴于层是同步的这一事实，SynchGHS 算法的一条消息花费时间 $O(n\log n+|E|)$。每个 k 层组件至少拥有 2^k 个节点，故总层数最多为 $\log n$。在异步环境中，存在以不平衡方式构造组件的危险，从而导致产生更多的消息。组件发送的用来寻找其 MWOE 的消息数目至少正比于组件中的节点数目。我们必须避免的一种状况是其中一个大组件不断发现其 MWOE 指向一个单节点组件并且它和该单节点合并（如图 15-11 所示），因为这样的话将需要 $\Omega(n^2)$ 条消息。

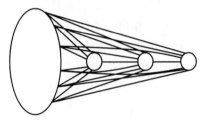

难点 3：在 SynchGHS 中，层保持同步，然而在异步环境中一些组件会到达比其他组件更高的层。这样，我们无法得知当不同层上的相邻组件同时搜索 MWOE 时会发生什么样的冲突。

图 15-11　一个大组件可能每次增加一个节点

15.5.3　GHS 算法：概要

GHS 算法与 SynchGHS 算法很相似。特别地，它们具有相同的通信复杂度 $O(n\log n+|E|)$，并且具有相当的时间界限 $O(n\log n(\ell+d))$。

在 GHS 算法中，进程们自己构成组件，组件再合并成更大的组件。初始的组件仅仅由单个节点组成。每个组件都拥有一个区别于其他组件的领导者节点和最小生成树的一个子图。

在任意组件内，各进程通过某一算法互相协作来寻找整个组件的 MWOE。这涉及从领导者节点开始进行广播，该广播要求组件中的所有进程去确定它们的 MWOE。与所有这些边相关的信息被敛播回领导者节点，领导者节点就可以确定这个组件的 MWOE。这个 MWOE 将被包含进最小生成树中。

一旦找到 MWOE，就沿着该边发送一条消息到位于另一端的组件。这两个组件可以合并成一个新的更大的组件。如此，重复整个过程以得到一个新组件。执行足够的合并之后，图中所有的节点最终被包含到一个组件中，这个组件的生成树就是所求的最小生成树。

为使这个算法正确运行，还需要做一些工作。首先，进程 i 如何得知它的哪条边指向当前组件的外部？当然，我们需要给出某种命名组件的方法，这样两个进程可以通过名字来确定它们是否在同一个组件中。但是，这个问题比以下这种情况更复杂：有可能像在难点 1 中描述的那样，一个有着不同组件名字的邻近进程 j 实际上已经和询问进程 i 处于同一组件中，但由于通信延迟它尚未了解这一点。我们需要某种同步来确保进程 j 除非已经拥有所在组件的名字的当前信息，否则不做出"它在另一组件中"的应答。

其次，正如上面难点 2 中提到的，一个不平衡的组件合并可能会产生过多的消息。为了解决这个难点，我们将尽量使合并起来的组件的大小保持大致相等。更精确地说，我们将像 SynchGHS 中一样为每个组件都赋予一个层。如同在 SynchGHS 中一样，所有初始单节点组件都有 $level = 0$，一个 k 层组件中的节点数至少为 2^k。一个 $k+1$ 层的组件可以通过合并两个 k 层组件而得，从而满足容量要求。这种策略和 SynchGHS 算法中的策略稍有不同。在 SynchGHS 中，任意多个 k 层组件都可以被合并到一个 $k+1$ 层组件中去。

结果证明，这些层不仅有利于保持合并平衡，还提供一些鉴别消息来帮助进程确定它们是否属于同一组件。

再次，一些组件可以比其他组件到达更高的层，这可能导致一些不同层的相邻组件在同时寻找 MWOE 时发送冲突。为了防止这种情况的发生就要求某种同步。

15.5.4 更详细的算法

GHS 算法通过两种途径来合并组件，分别是：归并（merging）和吸收（absorbing）。

归并：这种合并操作可以作用于两个组件 C 和 C' 上，其中 C 的层与 C' 的层相等且 C 和 C' 具有一条公共 MWOE。归并的结果是得到一个新组件，该组件包含 C 和 C' 中所有的节点和边以及公共的 MWOE。新组件的层为 $level(C)$ +1。

吸收：这种合并操作也适用于两个组件 C 和 C'，其中 C 的层低于 C' 的层且 C 的 MWOE 指向 C' 中的一个节点。吸收的结果是得到一个新组件，该组件包含 C 和 C' 中的所有节点和边以及 C 的 MWOE。新组件的层与 C' 的层相同。事实上，我们一般认为吸收不是产生了一个新组件，而是把一个组件 C 添加到另一个已经存在的组件 C' 中去。

吸收操作适用于某些进程落后于其他进程的情况。假设我们通过一系列归并操作，将一大堆节点合并成一个高层的大组件 C'，那么其他一些低层的小组件就落后了。如果其中一个小组件 C 发现它的 MWOE 指向 C'，那么 C 可以被吸收到 C' 中而无须知道关于 C' 的 MWOE 信息。这个操作耗费较小。

图 15-12 展示这两种合并策略。注意，吸收操作中 C 的等级小于 C' 的并不意味着 C 中节点数就少于 C' 中的节点数。图中所示的只是一种"典型"情况。

归并和吸收操作操纵层来处理难点 2。特别地，它们保证任意 k 层组件都至少有 2^k 个节点。现在我们来证明归并和吸收操作足以将整张图的所有组件合并成一棵最小生成树。

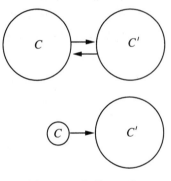

图 15-12 归并和吸收

引理 15.22 假设我们从一个初始状态开始，其中每个组件都由单个 0 层节点组成。执行有限次归并和吸收操作之后，要么只剩下一个组件，要么使用其他某个归并或吸收操作。

证明 假设在一系列归并和吸收操作之后还剩下两个以上的组件。下面我们将证明还存在可用的操作。

我们考虑组件图 G'，其节点数为当前组件数，其有向边对应于各 MWOE；每条边都从组件出发，对此组件来说，该边就是 MWOE。引理 4.5 指出在 G' 的任意一个弱连通分量中，都存在唯一一个长度为 2 的环，也就是说，存在两个组件 C 和 C'，它们的 MWOE 均指向对方。但是很容易看出，这种情况下这两条 MWOE 都必须是源图 G 中的同一条边。

现在我们来证明可以使用一个归并或一个吸收操作将 C 和 C' 合并起来。如果 $level(C)=level(C')$，那么归并操作是可用的；反之如果 C 和 C' 具有不同的层值，那么具有较低层值的组件可被吸收至具有较高层值的组件中去。

现在我们更详细地考虑如何找到一个给定组件的 MWOE。具体地，每个组件中的各进程 i 分别确定出从该组件流出的最小权值边（如果有的话）$mwoe(i)$，然后所有进程将其信息发送给一个领导者节点，由领导者节点选出 MWOE。这需要一些附加机制。首先，我们需要一种能够选出每个组件的领导者节点的机制；其次，对每个进程而言，我们需要一种方法来确定一条给定的边是否是从组件流出的。

为了实现这些任务，对于 1 层或者更高层的每个组件，我们标识出一条称为核心边的特殊边。这条边是根据一系列用于构造组件的归并和吸收操作来确定的。

- 在一个归并操作后，核心边是两个初始组件的共同 MWOE。
- 在一个吸收操作后，核心边是最高层初始组件的核心边。

这样，一个组件的核心边是这样的一条边：最后一个用于构造组件的归并操作沿着它发生。

对于 1 层或更高层组件，我们将核心边对（从技术上讲，是核心边权值对）和层作为组件标识符。这是合理的，因为边的权值被假定为唯一的。我们也可以将核心边的其中一端指定为领导者节点，例如，将带有更高 UID 的那一端作为领导者节点。对于 0 层组件来说，其中的唯一节点当然就是领导者节点。

现在假设进程 i 希望确定它的一条通向邻居进程 j 的边是否是从进程 i 的当前组件流出的。如果进程 j 的当前组件标识符与进程 i 的一样，那么进程 i 能够确定进程 j 与它处于相同组件中。但是，如果进程 j 的当前组件标识符与进程 i 的不一样，那么进程 i 和进程 j 仍然可能处于相同组件中，只不过进程 j 尚未收到当前组件标识符的通知。我们可以解决一种特殊情况：如果进程 j 的组件标识符与进程 i 的不同，而且进程 j 最后得知的层至少和进程 i 的一样高，那么我们能够确定进程 j 和进程 i 不可能处于相同组件中。这是因为在一个运行中，一个节点在每层中最多有一个组件标识符，而且当进程 i 正积极地搜寻它的出向边时，进程 i 的组件标识符必定是最新的。

于是，如果 i 和 j 具有相同的组件标识符，那么 j 应答它也在相同的组件中。同样地，如果 i 和 j 具有不同的组件标识符且 j 的层至少跟 i 的一样大，那么 j 应答与 i 在不同的组件中。剩下的一种情况就是 j 的层严格小于 i 的层；在这种情况下，进程 j 就会简单地延迟应答 i，直到它自己的层上升到至少和 i 一样大。这就解决了难点 1。

然而，注意我们现在不得不重新考虑演进性证明，因为这个新的延迟确实会导致演进性被阻塞。组件中某些进程对 MWOE 的寻找可能被延迟这一事实意味着组件作为一个整体会延迟对 MWOE 的寻找；我们必须考虑这是否会导致系统进入一个状态，在这个状态中不再能运行归并和吸收操作。

为了证明这种情况不会发生，我们还是采用与前面本质上一样的演进性证明方法，但是这次我们仅仅考虑那些具有当前最低层（称之为 k）的组件。在这些组件中的所有进程都必须成功地确定出其 MWOE，因此，这些组件也必须成功地确定出它们的 MWOE。如果有 k 层组件发现它的 MWOE 指向一个更高层组件，那么它可能要执行吸收操作。而如果有 k 层组件发现它的 MWOE 指向另一个 k 层组件，那么定理 4.5 意味着我们必然得到一个涉及 k 层组件的长度为 2 的环，而且它可能要执行归并操作。这样，即使是新类型延迟存在，算法也继续演进，直到整棵最小生成树被找到为止。

我们已经看到每个进程是如何确定其 MWOE（如果有的话）的。然后，就像上面描述的那样，组件的领导者节点通过广播和敛播来确定组件的 MWOE，从而选出整体的 MWOE。

我们仍然必须考虑难点 3：不同层的邻近组件同时搜寻 MWOE 时可能会相互干扰。特别地，我们考虑在一个低层组件 C 被一个更高层组件 C' 吸收进去而 C' 正在确定其 MWOE 时会发生什么样的情况。假设 C 的 MWOE 将 C 的节点 i 和 C' 的节点 j 连接起来。见图 15-13。

有两种情况需要考虑。第一种，假设在执行吸收操作时进程 j 还没有确定 MWOE。这种情况下，算法会同时在 C 和 C' 中寻找合并组件的 MWOE。j 尚未有确定 $mwoe(j)$ 的事实意味着在搜索前它不会被包括在 C 中。

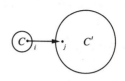

第二种，假设在执行吸收操作时进程 j 已经确定了 $mwoe(j)$。这种情况下，我们要求 $mwoe(j) \neq (i,j)$，也就是说，j 的 MWOE 不可能和 C 的 MWOE 相同。原因在于 $mwoe(j)$ 已经被确定的事实意味着它指向一个其层至

图 15-13　当 C' 在搜索自己的 MWOE 时，组件 C 被吸收进 C'

少跟 C' 的层一样大的组件。（一个技术点：由 $mwoe(j)$ 的另一端点告诉 j 的那个层值至少和 C' 的层值一样大，这意味着它至少也这么大，因为进程得知的层值不会减少。）然而，因为 C 被吸收进 C'，所以我们知道 $level(C)$ 严格小于 $level(C')$。故得 $mwoe(j) \neq (i,j)$。这也意味着 $mwoe(j)$ 的权值严格小于 (i,j) 的权值。

然后我们来证明合并组件的 MWOE 不可能与 C 中的节点相连。这是因为 (i,j) 是 C 的 MWOE，因此不可能有权值比 (i,j) 的权值更小的 C 的出向边，也不可能有权值比已经发现的 $mwoe(j)$ 的权值更小的 C 的出向边。于是，如果 $mwoe(j)$ 在吸收操作期间已被确定，那么算法无须在 C 中寻找合并组件的 MWOE。这是很幸运的，因为在 C 中搜索的话可能太迟了——进程 j 可能已经报告它的 MWOE，而组件 C' 在不知道新吸收进来的节点的情况下正处于对 MWOE 的确定过程中。

15.5.5　特殊消息

现在我们给出关于在 GHS 算法中发送的特殊消息的更多细节。这些消息属于如下类型：

- *initiate*（初始）。*initiate* 消息在所有组件中广播，从领导者节点开始沿着组件生成树的边传播。通常[⊖]，它触发进程开始寻找自己的 MWOE。它还携带组件标识符（*core* 和 *level* 表示核心边和层）。
- *report*（报告）。*report* 消息将 MWOE 的信息敛播回领导者节点。
- *test*（测试）。进程 i 给邻居 j 发送一条 *test* 消息来确定 j 是否与 i 处于同一组件中。这是进程 i 寻找它的 MWOE 的过程的一部分。
- *accept* 和 *reject*（接收和拒绝）。它们是对 *test* 消息的应答。它们告知测试节点应答节点是在不同组件中（*accept*）还是在同一组件中（*reject*）。
- *changeroot*（改变根）。组件的领导者节点在确定 MWOE 之后发送 *changeroot* 消息给与 MWOE 相连的进程。它用来告知进程去与 MWOE 另一端的组件合并。
- *connect*（连接）。当组件 C 试图与另一个组件合并的时候，它在 MWOE 上发送 *connect* 消息。当 *connect* 消息沿着同一条边的两个方向都发送后，一个归并操作就发生。当发送方将 *connect* 消息沿着边的一个方向发送给更高层进程时，一个吸收操作就发生。

在 *test-accept-reject* 协议中，测试进程 i 必须做一些簿记以使通信量复杂度保持较低水平；这与早些时候在 SynchGHS 中提及的簿记相类似。也就是说，进程 i 按权值的递增顺序来维持一个连接边列表。这些连接边可分为以下三类：

　　⊖　这里有一个例外情况，我们将在下面提到。

- *branch* 边是那些已被确定属于最小生成树的边。
- *reject* 边是那些已被确定不属于最小生成树的边，因为它们指向同一组件中的其他节点。
- *basic* 边是其他所有边。它们是进程 *i* 不能确定是属于还是不属于最小生成树的那些边。

开始时所有边都属于 *basic* 边。

当进程 *i* 寻找它的 MWOE 时，它仅需沿着 *basic* 边发送 *test* 消息。接着按最小权值到最大权值的顺序来测试 *basic* 边。对每一个 *basic* 边，进程 *i* 发送一条含有组件 *C* 的标识符（*core* 和 *level*）的 *test* 消息。接收到 *test* 消息的进程 *j* 检查它最近一次确定的组件标识符是否和发送者 *i* 的一样。如果一样，它就发送一条 *reject* 消息来应答。当 *i* 收到这条 *reject* 消息，它将这条边重新归类为 *rejected* 边。另外，如果接收进程 *j* 的 *core* 值和 *i* 的不同，并且它的 *level* 至少和 *i* 的一样大，那么它发送一条 *accept* 消息来应答。(这并不导致 *i* 将这条边重新归类。) 最后，如果 *j* 的 *core* 值与 *i* 的不同，并且它的 *level* 严格小于 *i* 的，那么进程 *j* 简单地延迟应答，直到根据上面规则它能够发回一条 *reject* 或 *accept* 消息为止。

注意 *i* 可能收到边 (*i,j*) 的一条 *accept* 消息，但边 (*i,j*) 最终并非是整个组件 *C* 的 MWOE。在这种情况下，同一条边 (*i,j*) 可能被进程 *i* 在接下来的搜索中重复测试。进程 *i* 只会在它发现某条边的确属于最小生成树时，如当进程 *i* 收到一条指向该边的 *changeroot* 消息或从该边收到一条 *connect* 消息时，才会将其重新归类为 *branch* 边。

当两条 *connect* 消息通过同一条边时，一个归并操作发生。然后该公共边被标识为新核心边，层增加 1，并且具有较大 UID 的端点被选作新领导者节点。然后新领导者节点广播 *initiate* 消息，开始寻找通过归并操作构成的新组件的 MWOE。当一个组件从更低层组件中收到一条 *connect* 消息时，一个吸收操作发生。接收进程知道它是否已找到它的 MWOE，从而知道是否需要在这个新吸收组件中触发一次搜索。无论如何，都将广播一条 *initiate* 消息给组件的进程，以告知最新组件标识符。

注意，一旦一个进程再也不将任意连接边归为 *basic* 边的时候，其便都可执行输出 *branch* 边集合。

定理 15.23　GHS 算法解决了任意无向连通带权图网络中的最小生成树问题。

15.5.6　复杂度分析

通信复杂度的分析与 SynchGHS 的类似，界限同样为 $O(n\log n+|E|)$。我们将消息分成两个集合，其消息数目分别为 $O(n\log n)$ 和 $O(|E|)$。$O(|E|)$ 来自所有边上导致拒绝的 *test* 消息数加上 *reject* 消息数。共有 $O(|E|)$ 条，因为每条边最多被拒绝一次：当进程 *i* 接收到一条边上的 *reject* 消息之后，*i* 不会再次测试这条边。

所有其他消息——使进程接受一条边为其 MWOE 的 *test-accept* 对、用作广播和敛播的 *initiate* 和 *report* 消息、在组件已经确定其 MWOE 之后用到的 *changeroot* 和 *connect* 消息——用于为一个特定组件（即特定的核心边和层）寻找 MWOE。在一个组件的此类任务中，这些消息按照如下方式与节点关联：每个节点至多与一种类型的消息关联。（特别地，每个进程发送至多一个成功的 *test* 消息。）这样，组件 *C* 使用的消息数为 $O(|C|)$，其中 $|C|$ 用来表示组件 *C* 中节点的个数。因此，总消息数正比于

$$\sum_{C}|C|$$

根据组件层来组织组件，重写表达式如下：

$$\sum_{k:0 \leqslant k \leqslant \log n} \left(\sum_{C:level(C)=k} |C| \right)$$

对每个层 k，表达式内部和最多为 n，因为节点至多出现在一个 k 层组件中。因此，表达式的值最多为

$$\sum_{0}^{\log n} n = O(n \log n)$$

这样算法的总通信复杂度为 $O(n\log n + |E|)$。

考虑到时间复杂度，有一个初步协议来尽快唤醒所有进程是方便的。那么通过对 k 进行归纳可得：到所有进程都至少到达层 k 为止所需的时间为 $O(kn(l+d))$。这样，总时间便为 $O(n\log n(l+d))$。

下界 注意至少对于一些图，通信复杂度需为 $\Omega(n\log n)$。例如，如果环中的 MST 通信复杂度比这个少，那么就有可能通过将一种高效通信的 MST 算法和 STtoLeader 算法合并起来，以获得一个通信复杂度也比这个小的领导者选举算法。但这样将与定理 15.12 矛盾，因为定理 15.12 说明对于大小为 n 的环的领导者选举算法，$\Omega(n\log n)$ 条消息是必要的。

15.5.7 GHS 算法的正确性证明

GHS 算法是本书中第一个没有给出正确性证明的算法，原因在于目前还没有简单的证明方法。通过各种各样的方法，该算法已被证明了至少四次，但是没有一种方法能够在短短几页内很好地说清楚。

一种有效方法是通常的不变式断言声明方法，这需要收集大量的不变式断言和描述算法执行的所有不同任务。例如，有对广播和敛播任务的正确操作进行描述的不变式断言；有对 *test-accept-reject* 协议进行描述的不变式断言；还有对 *changeroot-connect* 协议进行描述的不变式断言。所有这些不变式断言可以通过大量的归纳证明来证明。这样的证明涉及大量实例和大量乏味冗长的细节，但是原则上是十分直截了当的。

这种蛮力证明似乎并没有充分利用算法中存在的模块化优点。例如，算法可以被分解成诸如广播－敛播和测试等的独立任务，就是这种分解还没有被形式化地描述出来（如使用 I/O 自动机合成操作）。所以我们并不清楚应该如何证明单独任务的正确性并把结果综合起来。

而且，这种蛮力不变式断言证明方法没有充分利用关于算法的高层次直觉知识。要注意的是，当讨论这种算法时，我们更多的使用图、组件、层和 MWOE 等高层次的概念，而不是使用消息和局部变量等低层次的概念。看来一个好的证明应该尽可能使用高层次概念。事实上，第二种证明方法就如同用自动机来操纵图、组件等一样，给这个算法一个更高层次的描述并使用不变式断言来证明它的正确性。然后有可能证明详细算法正确地模拟了高层次描述。低层次和高层次算法之间的形式化对应关系正如 8.5.5 节中定义的模拟关系。模拟证明方面的例子可参见 10.9.4 节中对 Infinite TicketME 互斥算法的证明以及第 16 章中对 SimpleSynch 和 SafeSynch 同步算法的证明。对同步算法的证明优雅地示范了如何使用两种方法来分解某些复杂的异步网络算法：对单独进行推理的任务使用 I/O 自动机合成，使用模

拟关系以允许在最高抽象层次上进行推理。

　　另一种证明 GHS 正确性的方法是尝试把它的行为与算法的同步版本（即 SynchGHS）形式化地联系起来。非形式化地，两者十分接近。要注意的是，这种关系不是简单的模拟关系，因为在异步算法中，网络的不同部分远远不是同步的，就像它们是由当前层来决定的那样。无论使用什么对应方式，都必须允许对在网络上不同位置发生的活动进行某种重排序。

　　把寻找 GHS 算法正确性的精确分解证明方法的任务作为一个有趣的开放问题。为了获得模块性，轻微地修改算法是可以接受的，只要修改不会影响到重要的算法思想和复杂度即可。

　　在第 16 章到第 22 章，你会看到各种各样的异步网络算法，它们使用各种各样的方法来进行分解。我们希望诸如 GHS 算法的复杂性能够使你相信去寻找这些分解方法是很重要的。

15.5.8　简单"同步"策略

　　GHS 算法有很多 SynchGHS 算法没有的复杂因素，其中绝大部分来自于网络的不同部分可能远远不是同步的，它们的行为是由当前层来决定的。一种避免这些复杂因素的方法是尽可能接近地模拟 SynchGHS，保持邻近进程的层大致相等。

SimpleMST 算法：

　　这种算法基于组件的合并，每个组件都有一个相关层。初始组件都是 0 层单独节点。现在，使用与 SynchGHS 中相同的通用策略，k 层组件只能合并到 $k+1$ 层层组件中。

　　每个进程 i 都保存一个 *local-level* 变量，这个变量跟踪组件知道的最高层进程 i。起初，*local-level* 等于 0，当进程 i 知道它处于新 k 层组件中时，它就把 *local-level* 增为 k。

　　关键思想在于直到网络中所有进程的 *local-level* 都至少为 k 为止，k 层进程 i 尽量不去参与对其 k 层组件的 MWOE 寻找过程。实现这一点需要高开销的全局同步。但是事实上，弱一些的本地同步就足够了：每一个进程只是等待所有邻居的 *local-level* 至少为 k。结果是所有进程都会发现这一点，每当进程的 *local-level* 增加时，进程就在每条连接边上发送一条信息。

　　SimpleMST 算法具有与 GHS 一样的时间复杂度上界，即 $O(n\log n(l+d))$，当然，它比 GHS 要简单得多。然而，通信复杂度会更差，因为在每一层都使用同步消息：现在通信复杂度为 $O(|E|\log n)$。

15.5.9　应用到领导者选举算法中

　　MST 算法可以用来解决在一个带有 UID 的任意无向连接带权图中的领导者选举问题。也就是说，建构完一棵最小生成树以后，进程参与 STtoLeader 算法来选出领导者。

　　注意，进程不需要知道 MST 算法何时完成在整个网络中的运行过程。对于每个进程 i 来说，只要等到它的局部任务完成，即输出它在 MST 中的连接边集合就足够了。如果进程 i 在执行 MST 算法的输出之前收到一条消息，而这条消息是 STtoLeader 算法的一部分，则它只是简单地延迟这条消息，直到 MST 算法完成为止。这里的思想与 15.1.1 节结尾中讲到的在 *wakeup* 消息中处理输入的通用策略的思想相同。

　　如果使用 GHS 算法来建立最小生成树，那么选出领导者所需的消息总数为 $O(n\log n+|E|)$，所需的总时间为 $O(n\log n(l+d))$。

15.6　参考文献注释

AsynchLCR 算法和 HS 算法的异步版本，与这些算法的同步版本一样，都来源于 LeLann[191]，Chang 和 Roberts[71] 以及 Hischberg 和 Sinclair[156] 的论文。Peterson Leader 算法由 Peterson 提出并出现在 [239] 中。获得 $O(nlogn)$ 通信复杂度的另一个单向算法是 Dolev、Klawe 和 Rodeh 在 [97] 中提出来的。Higham 和 Przytycka[155] 提出异步环中领导者选举问题的目前为止最小的上界 $1.271nlogn+O(n)$。

15.1.4 节开始部分中的讨论，即如何将领导者选举问题的同步通信复杂度下界带到异步环境中，出自 Gafni[129]。Burns 在 [61] 中直接证明了针对异步环境的下界。

Afek 和 Gafni[6] 提出在完全异步的网络结构中领导者选举问题的复杂度界限。

SMT、广播和敛播算法最早出现在 Segall[258] 和 Chang[72] 的论文中。AsynchBFS 和 AsynchBellmanFord 算法是在 Bellman 和 Ford[43,125] 的串行最短路径算法的基础上提出的。AsynchBellmanFord 算法本质上就是在 1969 年到 1980 年间用来建立 ARPANET 网中的路由的算法 [223]。本章中提到的 AsynchBFS 和 AsynchBellmanFord 算法的终止协议基于 Dijkstra 和 Scholten 对"扩散计算"（diffusing computation）的终止检测方面的工作 [92]；我们在 19.1 节中阐述该工作。LayeredBFS 算法和它的 m 层版本受到 Gallager[131] 的工作的启发，这些结果后来被 Awerbuch 和 Gallager[33] 加以改进。还有一个有趣的最短路径算法是由 Gabow[128] 设计的。

Gallager、Humblet 和 Spira 在 [130] 中提出 GHS 协议。他们那篇文章中的代码和本书的前提－结果代码有些不同。一个与本书的风格更接近的版本出现在 Welch 的博士论文 [287] 中。现在已经有几篇发表的论文针对 GHS 算法及其变种的正确性证明。Welch、Lamport 和 Lynch[288] 使用模拟方法来证明正确性。Chou 和 Gafni[79] 使用与同步算法的对应关系来证明该算法的一个轻微改进版本的正确性。Stomp 和 de Roever[87]，Janssen 和 Zwiers[164] 也进行了证明。Awerbuch[31] 设计一个时间复杂度为 $O(nd)$、通信消息量为 $O(nlogn)$ 的 MST 算法。Garay、Kutten 和 Peleg[132] 设计一个时间复杂度为 $O((diam+\sqrt{n})d)$ 的算法。Awerbuch、Goldreich、Peleg 和 Vainish[34] 证明建立一棵最小生成树所需消息数为 $\Omega(|E|)$ 的下界结果；这个结果假定消息的长度是有界的。SimpleMST 算法出自 Awerbuch 的研究。

Humblet[160] 设计一个异步分布式算法来在无向图网络中寻找最小生成树。

15.7　习题

15.1 将 AsynchLCR 算法与同步 LCR 算法形式化地联系起来，给出另一个针对 AsynchLCR 算法的正确性证明。

15.2 给出在 15.1.1 节结尾中描述的改进 AsynchLCR 算法的前提－结果代码，其中算法包括 *wakeup* 输入和 *receive* 缓冲区。

15.3 对于 HS 算法的异步版本：

　　a）给出前提－结果代码。

　　b）基于代码来证明算法的正确性。

　　c）假定每个进程的每个任务的时间上界为 ℓ，在任意通道中最早消息的传递时间上界为 d，分析算法的时间复杂度。

　　d）假定任意消息的传递时间上界为 ℓ，忽略局部处理时间，分析算法的时间复杂度。

15.4 考虑一个在具有 15 个节点的环中的 PetersonLeader 算法，其中进程 P_1、P_2、…、P_{16} 的 UID 分别

为 25、3、6、15、19、8、7、14、4、22、21、18、24、1、10、23。哪个进程将被选为领导者？

15.5 为第 2 章和第 3 章中描述的同步网络模型设计一个 PetersonLeader 算法版本。在你的算法中进程可以知道 n。尽量让你的算法（编写和理解）简单，要求保持单向性和 $O(n\log n)$ 的通信复杂度。分析你的算法的时间复杂度。

15.6 详细证明 PetersonLeader 算法的时间复杂度上界为 $O(n\,(l+d))$。

15.7 为双向通信的环设计一个 PetersonLeader 领导者选举算法。在新算法版本中，仍在竞争的 UID 不需要在环中流动，而是可以停留在其产生的地方；每个进程在各个阶段都只是简单地从它的两个活动邻居中收集 UID。给出你的算法的前提–结果代码，并分析它的时间复杂度和通信复杂度。

15.8 对 AsynchLCR 算法、异步 HS 算法和 PetersonLeader 算法进行扩展，使得非领导者通过 $non\text{-}leader_i$ 输出动作来声明它不是领导者。分析这些算法的时间复杂度和通信复杂度。

15.9 详细证明定理 15.11。

15.10 对声明 15.15 的证明的归纳步中的命题进行详细证明，即 $\alpha_{L,M}$ 之后的状态是安静的。

15.11 扩展定理 15.12 的证明，使之对大小不是 2 的幂的环也适用。你能得到的最佳下界是多少？

15.12 考虑在基于双向线图的网络中的领导者选举问题；这种图由进程 $1,2,\cdots,n$ 组成，它们排成一条直线，邻居之间以双向边连接。假定进程通过局部变量 right 和 left 来识别它的邻居。每个进程都知道自己是否在末端上，且进程不知道 n 的大小：

　　a）使用很少数量的消息，针对这种网络来给出一个领导选举算法。

　　b）为什么这个结果和引理 15.14 中给出的下界不矛盾？

15.13 考虑 15.2 小节中描述的 OptFloodMax 算法的异步模拟，其中进程并不知道何时终止：

　　a）写出该异步模拟的前提–结果代码。

　　b）对于任意图 G 和 UID 分配，比较你的模拟算法和同步 OptFloodMax 算法的最大发送消息数量。

15.14 详细证明定理 15.16。

15.15 详细证明 AsynchBcastAck 算法的正确性。

15.16 写出改进 AsynchBcastAck 算法的前提–结果代码，其中每个进程在执行一个报告动作和送出确认之后对关于算法的所有信息进行垃圾回收。证明它的正确性并分析它的复杂度。

15.17 为异步网络中的广播和确认设计一个算法，其时间复杂度依赖于网络直径而非节点总数。

15.18 把 15.3 节中的生成树、广播和敛播算法扩展到基于有向强连通图的网络中去。分析你的算法的复杂度。

15.19 对在 AsynchBcastAck 的描述之后的领导者选举策略进行详细描述和复杂度分析。分析在以下两种不同假设情况中的时间复杂度：每个通道中最早消息的传递时间上界为 d；每个通道中任意消息的传递时间上界为 d。在第二种情况下，你可以忽略局部处理时间。

15.20 详细描述一个针对基于任意无向连接图 G 的异步网络的算法。该算法允许一个唯一的进程 i 计算 G 中的节点数，并证明其正确性。

15.21 详细证明定理 15.18。

15.22 对于 AsynchBFS 算法：

　　a）构造一个运行，它使用尽可能多的消息；尝试获得给定的上界 $O(n|E|)$。

　　b）构造一个运行，直到到达一个稳定状态为止，它花费尽可能长的时间。尝试获得给定的上界 $O(diam \cdot n(\ell + d))$。

15.23 写出改进 AsynchBFS 算法的前提–结果代码，其中进程通过确认协议来产生 parent 输出。不要对网络图的大小和直径做任何假设。

证明你的协议的正确性并分析其复杂度。（提示：通信复杂度应与基本 AsynchBFS 算法的相同。鉴于在 AsynchSpanningTree 和 AsynchBcastAck 算法中讨论的定时异常，时间复杂度会变大。）

15.24 假定 *diam* 已知且进程产生 *parent* 输出，重新给出习题 15.23 中的改进 AsynchBFS 算法。

15.25 写出 LayeredBFS 算法的前提 – 结果代码，并证明其正确性。

15.26 使用自然语言或前提 – 结果代码来详细描述 HybridBFS 算法，并证明其正确性。

15.27 设计一个有效算法，允许在基于任意无向连接图 G 的异步网络中的一个唯一的进程 i_0 确定从 i_0 到网络中最远节点的最大距离 k。分析它的时间复杂度和通信复杂度。

15.28 给出 AsynchBellmanFord 最短路径算法的尽可能严格的时间复杂度上界。

15.29 写出改进 AsynchBellmanFord 算法的前提 – 结果代码。其中进程通过确认协议来产生 *parent* 输出和距离输出。证明你的协议的正确性并分析其复杂度。

15.30 设计一个算法来找出从给定节点 i_0 到网络中其余节点的最短距离。你的算法的时间界限应该大大优于 AsynchBellmanFord 算法的时间界限 $O(n(\ell + d))$。

15.31 扩展 15.4 节中的广度优先搜索算法和最短路径算法，使之适用于基于有向强连通图的网络。

15.32 给出完整的 GHS 最小生成树算法前提 – 结果代码。

15.33 考虑 GHS 最小生成树算法：

a）详细叙述并证明从第一个进程被唤醒到最后一个进程宣布结果之间的时间的界限。你可以假设使用一个初级协议来尽快地唤醒所有节点。

b）在 a）中证明的上界有多严格？也就是说，描述给出算法的一个特定运行，该运行花费的时间接近你得到的时间上界。

15.34 描述 GHS 算法的一个运行，其中当进程 i 把边 (i,j) 归类为 *branch* 边时，作为对 i 的 *test* 消息的回应，*reject* 消息沿着通道 (i,j) 到达进程 i。证明算法能够正确地处理这种情况。

15.35 假定在 GHS 算法的一个运行的某点中，组件 C 中的进程 i 沿着某条边 (i,j) 发送出一条 *connect* 消息，其中边 (i,j) 通向一个与 C 处于同一层中的另一组件 C'。证明组件 C 最终合并进 C' 或者被吸入某个包含 C' 的组件中。

15.36 研究问题：试比较 GHS 最小生成树算法的操作和 SynchGHS 的操作。例如，在这两种情况中产生的组件之间的关系如何？（在对 GHS 正确性的形式化证明中，有可能探索出这样一种联系）。

15.37 研究问题：试为本章和 [130] 中讲述的 GHS 算法寻找一个简单优美的正确性证明。你可以在需要的情况下稍微修改这个算法，只要你保持基本算法思想不变以及时间和消息复杂度不变。

15.38 对于 SimpleMST 算法：

a）写出前提 – 结果代码。

b）证明其正确性。

15.39 研究问题：试找出一个 MST 算法，其时间复杂度近似为 $O(diam \cdot d)$，消息量为 $O(\log n)$。

15.40 给出 15.5.9 小节中描述的领导者选举策略的形式化描述，即作为生成 MST 的 I/O 自动机和使用 MST 来进行领导者选举的 I/O 自动机的合成。详细描述这个自动机集合的交互情况，标识出哪些动作用于两个自动机集合之间的通信，并标识出每个自动机集合需要另一集合的哪些行为。

15.41 考虑习题 15.12 中描述的基于线图的网络。也就是说，图由进程 $1,2,\cdots,n$ 组成，它们排成一条直线，邻居之间以双向边连接。假定进程通过局部变量 right 和 left 来识别它的邻居。每个进程都知道自己是否在末端上，且进程不知道 n 的大小。

假设某个进程开始时都有一个很大的整数值 v_i，且在任一时刻它只能在存储器中保存常数个这样的值。设计一个算法来在进程中对值进行排序，也就是说，使得某个进程 i 返回一个输出值 o_i，其中输出集等于输入集且 $o_1 \leq o_2 \leq \cdots \leq o_n$。尽量设计出最高效（以消息量和时间来衡量）的算法，并给出证明。

15.42 考虑一个基于任意拓扑结构的异步无向连接网络，其中每个进程都有一个 UID。假定每个进程 i 开始时都接收到某个整数值 v_i 作为输入。设计一个算法，使得每个进程都返回网络中所有输入的总和。尽量使通信复杂度（以消息量来衡量）最少，并给出证明。

15.43 考虑一个银行系统，其中每个进程都保存一个数字以指示钱数。为简单起见，我们假定，不会发生外部存款或是提款，但是消息在任意时间中在进程之间传递，它包含着从一个地点"转移"到另一个地点的钱数。通道遵循 FIFO 顺序。

设计一个分布式网络算法，允许每个进程决定（即输出）自己的余额，所有余额的总和等于系统中钱的总额。假定算法的运行是由从（一个或多个系统地点中）外部到达的信号来触发的。（这些信号可在任意时刻发生，也可以在不同时间在不同地点发生。）

你的算法不应该会"不必要地"停止或延迟转账的进行。给出一个有说服力的证明，证明你的算法正确地工作。

15.44 设计一个在异步网络中工作的 4.5 节中描述的 LubyMIS 算法版本。给出并证明一个关于你的算法能够保证什么的严密声明。

同 步 器

在第 15 章中，我们给出了几个在"裸"异步网络模型上直接编程的分布式算法示例。很显然，这种模型具有相当大的不确定性，使得直接编程非常困难。因此，我们希望得到便于编程的简化模型，该模型的程序能够被翻译成针对通用异步网络模型的程序。

我们已经提出两种比异步网络模型更简单的模型——同步网络模型和异步共享存储器模型——并给出这两种模型的许多示例。在本章中，我们将示范如何把针对同步网络模型的算法转换为针对异步网络模型的算法；在第 17 章中，我们将示范如何把针对异步共享存储器模型的算法转换为针对异步网络模型的算法。由于存在这些转换，因此针对两种简单模型的算法能够在异步网络上运行。

第 15 章中的某些算法已经提及把针对同步网络模型的算法转换为针对异步网络模型的算法的想法，如在 15.2 节中，我们使用所有消息上的轮数来模拟 FloodMax 算法，又如 15.5.8 节中 SimpleMST 算法的情况。

从同步网络模型算法到异步网络模型算法的转换只适用于非容错算法。事实上，如第 21 章所述，由于同步网络和异步网络的容错能力大相径庭，因此这种转换并不适用于容错算法。

用一个称为（局部）同步器的系统模块来表示从同步网络模型到异步网络模型的转换，然后描述同步器的几种分布式实现方法。这些实现方法涉及在每一个同步轮中对系统进行同步，这是必须要做的，因为转换对象是任意同步算法。能否以更低频率进行同步（如 SimpleMST 算法的情况）取决于算法是否具有这样的特殊属性：在允许进程步在同步点之间任意交错后，算法仍能正常工作。

同步器的实现是一个对分布式系统进行模块分解的极好例子。我们使用几种算法分解技巧，大部分技巧在第 8 章中描述。开始时我们以 I/O 自动机来表示"全局"正确性规格说明，然后抽象地定义一个实现全局规格说明的局部同步器，这种技巧基于事件的偏序关系。之后描述实现同步器的其他几种方法，每种方法都可以使用 8.5.5 节的模拟方法来证明其正确性。然而，大多数实现可以利用附加的分解步骤来进行。因此，我们定义另一个称为安全同步器的系统模块，并对该模块如何实现局部同步器进行示范，还开发出几个分布式算法来实现安全同步器。整个开发过程充分显示了分解手段在简化描述复杂的分布式算法方面的有效性。

结束部分给出在异步网络模型上运行同步网络算法（假设同步性要求很强）时所需的时间开销的下界。

16.1 问题

本节描述将由同步器解决的问题。初始有同步网络模型和由 n 个同步进程组成的集合，进程在无向图 $G = (V, E)$ 的节点上运行，并在边上发送消息来进行通信。这种模型的形式化表示见第 2 章，其中每个进程都以一种带有消息生成函数和状态转移函数的状态自动机来表示。

这里不沿用前面的表示方法，而是将每个进程都表示成为一个"用户进程"[⊖] I/O 自动机 U_i。

令 M 是在同步系统中使用的固定消息字母表。带标志消息被定义成 (m, i) 对，其中 $m \in M$，$1 \leqslant i \leqslant n$。

用户自动机 U_i 具有形式为 $user\text{-}send(T, r)_i$ 的输出动作，其中 T 是带标志消息的集合，$r \in \mathbb{N}^+$，自动机通过该动作来发送消息给它的邻居。带标志消息中的标志指定消息的目的地，r 参数指定轮数。如果 U_i 在第 r 轮中没有消息要发送，它就执行 $user\text{-}send(\phi, r)_i$。$U_i$ 还有形式为 $user\text{-}receive(T, r)_i$ 的输入动作，其中 T 是带标志消息的集合，$r \in \mathbb{N}^+$，自动机通过该动作来接收邻居的消息。带标志消息中的标志指定消息的来源，r 参数仍指定轮数。U_i 还可能有其他用于与外部世界交互的外部动作。与将输入和输出编码到状态中的做法（见第 2 章）不同，这里使用输入动作和输出动作来表示用户自动机的输入和输出。

例 16.1.1　*user-send* 和 *user-receive* 动作

设 $n=4$。$user\text{-}send(\{(m_1, 1), (m_2, 2)\},3)_4$ 指在第 3 轮中，用户 U_4 将消息 m_1 和 m_2 分别发送给用户 U_1 和 U_2，且没有发送其他消息。另外，$user\text{-}receive(\{(m_1, 1), (m_2, 2)\},3)_4$ 指在第 3 轮中，用户 U_4 分别接收来自用户 U_1 和 U_2 的消息 m_1 和 m_2，且没有接收其他消息。

U_i 满足良构性条件：从 $user\text{-}send_i$ 动作开始，$user\text{-}send_i$ 和 $user\text{-}receive_i$ 动作交替出现，且动作对在轮中连续出现。即该动作序列是具有以下形式的无限序列的前缀：

$$user\text{-}send(T_1, 1)_i, user\text{-}receive(T_1', 1)_i, user\text{-}send(T_2, 2)_i, user\text{-}receive(T_2', 2)_i,$$
$$user\text{-}send(T_3, 3), \cdots$$

U_i 还必须满足一个活性条件：在任意一个良构公平运行中，如果对于每个第 r 轮，其之前所有轮的 $user\text{-}receive_i$ 事件都已经发生，那么 U_i 最终执行 $user\text{-}send_i$ 动作。也就是说，只要系统保持应答，用户就继续在无数轮中发送消息。

将系统的剩余部分描述为全局同步器 GlobSynch，其任务是在每轮中收集用户自动机在该轮中使用 *user-send* 动作发送的所有消息，并将这些消息传送给在该轮中执行了 *user-receive* 动作的所有用户自动机。它在每一轮的所有 *user-send* 事件之后、所有 *user-receive* 事件之前进行全局同步。图 16-1 是一张用户和 GlobSynch 自动机的合成图，即 GlobSynch 系统图。注意：*user-send* 动作是 GlobSynch 的输入动作，而 *user-receive* 是 GlobSynch 的输出动作。

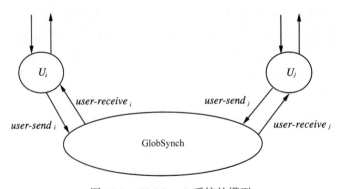

图 16-1　GlobSynch 系统的模型

⊖　我们在这里称这些进程为"用户进程"，原因是它们是同步器系统（这是我们正在学习的主要的系统部分）的用户。

可以容易地将 GlobSynch 表示为 I/O 自动机。

GlobSynch 自动机:

Signature:

Input:
    user-send$(T,r)_i$, T a set of tagged messages, $r \in \mathbb{N}^+$, $1 \leqslant i \leqslant n$
Output:
    user-receive$(T,r)_i$, T a set of tagged messages, $r \in \mathbb{N}^+$, $1 \leqslant i \leqslant n$

States:
tray, an array indexed by $\{1,\ldots,n\} \times \mathbb{N}^+$ of sets of tagged messages, initially all $\emptyset$
user-sent, *user-rcvd*, each an array indexed by $\{1,\ldots,n\} \times \mathbb{N}^+$ of Booleans, initially all *false*

Transitions:

user-send$(T,r)_i$
  Effect:
    user-sent$(i,r) := true$
    for all $j \neq i$ do
      tray$(j,r) := tray(j,r) \cup \{(m,i)|(m,j) \in T\}$

user-receive$(T,r)_i$
  Precondition:
    for all j
      user-sent$(j,r) = true$
    user-rcvd$(i,r) = false$
    $T = tray(i,r)$
  Effect:
    user-rcvd$(i,r) := true$

Tasks:
for every i, r:
  $\{$*user-receive*$(T,r)_i : T$ a set of tagged messages$\}$

在上述代码中,*tray*(i, r) 用来保存 U_i 的所有邻居提交给 U_i 的消息,这些消息中的标志是发送者的索引。*user-sent* 和 *user-rcvd* 组件分别用于跟踪 *user-send* 和 *user-receive* 事件是否发生。

不难看出第 2 章中的同步网络模型上的任意算法都可以以新的风格——用户自动机 U_i 和 GlobSynch 自动机的合成来表示。具体证明留为一道习题。

同步器问题的定义是:用图 G 中节点上的进程 P_i 和边 (i, j) 的每个方向上的可靠 FIFO 发送 / 接收通道 $C_{i,j}$,以及一个异步网络算法来"实现"GlobSynch 自动机。这种实现必须保证单个用户自动机 U_i 分不清在实现系统(即用户自动机加上分布式算法)中的运行和在 GlobSynch 系统中的运行。也就是说,如果 α 是实现系统中的一个公平运行,则 GlobSynch 系统中必有一个公平运行 α' 使得对于任意 i,α 与 α' 对于 U_i 是不可区分的[⊖]。

注意该要求只限于每个单独用户,我们并不要求不同用户的事件相对次序必须得到保持。我们将在 16.6 节中讨论这点。

16.2 局部同步器

我们描述的所有同步器实现都是"局部"的,它们只涉及网络中邻居的同步而不是任意节点的同步。只使用局部同步器的优点在于能够减小通信和时间复杂度。本节定义 GlobSynch 的一个局部版本——LocSynch。我们将以 LocSynch 的实现来表达算法。

LocSynch 几乎与 GlobSynch 一模一样,唯一的区别在于如下的 *user-receive* 转换:

⊖ 这里采用 8.7 节中的"不可区分"定义,即两个运行投影后得出 U_i 的两个相同运行。

LocSynch 自动机：

Transitions:
$user\text{-}receive(T,r)_i$
  Precondition:
    for all $j \in nbrs \cup \{i\}$
      $user\text{-}sent(j,r) = true$
    $user\text{-}rcvd(i,r) = false$
    $T = tray(i,r)$
  Effect:
    $user\text{-}rcvd(i,r) := true$

因此，在 LocSynch 中，只要已经从 U_i 及其邻居中接收到第 r 轮的消息，该消息就可以被发送给 U_i，并没有必要等待来自整个网络中所有用户的消息。

引理 16.1   如果 α 是 LocSynch 系统（即用户加上 LocSynch）的一个公平运行，则存在 GlobSynch 系统的一个公平运行 α'，α 和 α' 对于每个 U_i 都是不可区分的。

不同于对 10.9 节中 TicketME 的证明，这里不能像往常一样使用模拟技术来证明这条引理，因为在不同节点间发生的外部动作的相对次序在两个系统中是不同的。这里使用一种基于事件偏序关系的证明方法。

证明概要   令 L 和 G 分别代表 LocSynch 和 GlobSynch 系统，只不过 L 和 G 将用户自动机的所有内部动作归成输出动作（因此每个系统的外部动作由用户自动机的所有动作组成）。L 的特定事件"依赖于"其他事件：$user\text{-}receive$ 事件依赖于同一节点或者邻居节点上的同一轮的 $user\text{-}send$ 事件，用户自动机的任意事件可能依赖于同一自动机的以前事件。设 β 是 L 的任意轨迹，则定义 β 的事件的非自反偏序关系 $\rightarrow_\beta$ 如下（这与在 14.1.4 节和 14.2.4 节中定义的依赖关系相似）。如果 π 和 ϕ 是 β 中的两个事件，π 先于 ϕ，则倘若以下条件成立，那么可以说 $\pi \rightarrow_\beta \phi$，或 ϕ 依赖于 π。

1）π 和 ϕ 是同一用户 U_i 的事件。
2）$\pi = user\text{-}send(T,r)_i$ 且 $\phi = user\text{-}receive(T',r)_j$，这里 $j \in nbrs_i$。
3）π 和 ϕ 的关系遵循 1）和 2）组成的关系链。

这些关系的关键为：$\rightarrow_\beta$ 关系充分捕捉了公平轨迹 β 的依赖关系，从而确保任意保持这些依赖关系的重排得到的仍是一个公平轨迹。（这与定理 14.1 和定理 14.3 类似。）

声明 16.2   如果 β 是 L 的一条公平轨迹，而 γ 是在保持 $\rightarrow_\beta$ 次序的情况下通过重排 β 中事件的次序得到的序列，则 γ 也是 L 的一条公平轨迹。

为了利用声明 16.2 来证明引理 16.1，我们从 L 的任意公平运行 α 开始，令 $\beta = trace(\alpha)$。重排 β 的事件来得到新轨迹 γ，其中以轮为单位进行全局"排队"：把特定轮 r 中所有 $user\text{-}send$ 事件放在同一轮的所有 $user\text{-}receive$ 事件之前。新次序仍然满足 $\rightarrow_\beta$，原因在于 $user\text{-}send$ 事件和 $user\text{-}receive$ 事件的次序并没有逆转。根据声明 16.2，γ 也是 L 的一条公平轨迹。另外，由于每个第 r 轮中所有 $user\text{-}send$ 事件都处在同一轮的所有 $user\text{-}receive$ 事件之前，因此不难证明 γ 是 G 的一条轨迹。为了完成证明，如同在 α 中填入用户状态一样，我们填充 γ 的状态以获取 G 的一条轨迹。形式上，这种填充可以使用与 I/O 自动机合成相关的通用定理（如定理 8.4 和定理 8.5）来完成。

一个实现 LocSynch 的简单分布式算法如下：

SimpleSynch 算法 (非形式化):

在任意第 r 轮, 在接收一个形式为 *user-send*$(T, r)_i$ 的输入之后, 进程 *SimpleSynch*$_i$ 首先发送一个消息给每个邻居 *SimpleSynch*$_j$, 该消息中包含轮数 r, 以及在 T 中出现的从 U_i 发送到 U_j 的任意消息。当 *SimpleSynch*$_i$ 接收完每个邻居的第 r 轮消息之后, 它输出 *user-receive*$(T', r)_i$, 其中 T' 是所收消息的集合, 每个消息都带有发送者的标志。

更加形式化一些, *SimpleSynch*$_i$ 是如下的自动机:

SimpleSynch$_i$ 自动机 (形式化):

Signature:

Input:

    user-send$(T, r)_i$, T a set of tagged messages, $r \in \mathbb{N}^+$

    receive$(N, r)_{j,i}$, N a set of messages, $r \in \mathbb{N}^+$, $j \in nbrs$

Output:

    user-receive$(T, r)_i$, T a set of tagged messages, $r \in \mathbb{N}^+$

    send$(N, r)_{i,j}$, N a set of messages, $r \in \mathbb{N}^+$, $j \in nbrs$

States:

user-sent, *user-rcvd*, each a vector indexed by $\mathbb{N}^+$ of Booleans, initially all *false*

pkt-sent, *pkt-rcvd*, each an array indexed by $nbrs \times \mathbb{N}^+$ of Booleans, initially all *false*

outbox, an array indexed by $nbrs \times \mathbb{N}^+$ of sets of messages, initially all $\emptyset$

inbox, a vector indexed by $\mathbb{N}^+$ of sets of tagged messages, initially all $\emptyset$

Transitions:

user-send$(T, r)_i$

    Effect:

        user-sent$(r) := true$

        for all $j \in nbrs$ do

            outbox$(j, r) := \{m | (m, j) \in T\}$

send$(N, r)_{i,j}$

    Precondition:

        user-sent$(r) = true$

        pkt-sent$(j, r) = false$

        $N = outbox(j, r)$

    Effect:

        pkt-sent$(j, r) := true$

receive$(N, r)_{j,i}$

    Effect:

        inbox$(r) := inbox(r) \cup \{(m, j) | m \in N\}$

        pkt-rcvd$(j, r) := true$

user-receive$(T, r)_i$

    Precondition:

        user-sent$(r) = true$

        for all $j \in nbrs$

            pkt-rcvd$(j, r) = true$

        $T = inbox(r)$

        user-rcvd$(r) = false$

    Effect:

        user-rcvd$(r) := true$

Tasks:

for every r:

    $\{user\text{-}receive(T, r)_i : T$ a set of tagged messages$\}$

for every $j \in nbrs$ and every r:

    $\{send(N, r)_{i,j} : N$ a set of messages$\}$

SimpleSynch 系统由 *SimpleSynch*$_i$ 进程、所有边的可靠 FIFO 发送 / 接收通道 $C_{i,j}$ 和用户合成而得, 见图 16-2。

引理 16.3 如果 α 是 SimpleSynch 系统的任意公平运行, 则存在 LocSynch 系统的一个公平运行 α', 使得 α 与 α' 对于每个 U_i 都是不可区分的。

证明概要 不同于引理 16.1 的证明，这次不用重排不同用户的事件，并且使用模拟方法来证明事件关系。令 S 和 L 分别为 SimpleSynch 和 LocSynch 系统，略微改动它们使得被归为外部动作的那些动作刚是用户自动机的所有动作。（也就是说，用户的内部动作被重新归为输出动作，*send* 和 *receive* 动作被隐藏——重新归为内部动作。）令 s 和 u 分别是 S 和 L 的状态，如果以下各点成立，则称 $(s, u) \in f$：

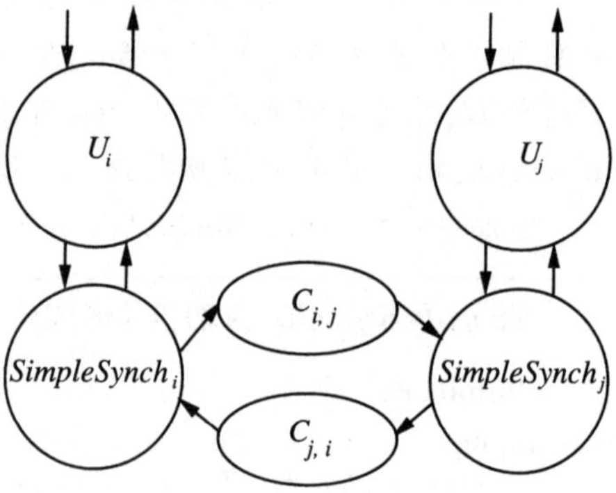

1）s 的所有用户状态和 u 的所有用户状态相同

2）$u.user\text{-}sent(i, r) = s.user\text{-}sent(r)_i$

3）$u.user\text{-}rcvd(i,r) = s.user\text{-}rcvd(r)_i$

图 16-2 SimpleSynch 系统的模型

4）$u.tray(i, r) = \cup_{j \neq i}\{(m, j) : m \in s.outbox(i,r)_j\}$

为了证明 f 是一种模拟关系，我们需要以下关于 S 的不变式断言。

断言 16.2.1 在 SimpleSynch 系统的任意可达状态中，如果 $pkt\text{-}rcvd(j, r)_i = true$，则

1）$user\text{-}sent(r)_j = true$

2）$\{m : (m, j) \in inbox(r)_i\} = outbox(i, r)_j$

这个不变式断言的证明用到了其他中间不变式断言，并涉及对转换中消息的正确性证明（如前，我们假定在对这种不变式断言的声明和证明中提到的通道都是通用可靠 FIFO 通道）。给定断言 16.2.1 后，证明 f 是一种模拟关系是直截了当的；唯一有趣的是对 *user-receive* 的证明需要利用断言 16.2.1。我们将不变式和模拟证明的细节留为一道习题。

模拟关系的存在意味着 S 的任意轨迹都是 L 的一条轨迹（如前，包含在这些轨迹中的动作是自动机的动作）。但我们需要进一步确认 S 的公平性条件可以导出 L 的公平性条件。我们来证明 $fairtraces(S) \subseteq fairtraces(L)$，然后应用关于 I/O 自动机的通用合成定理（定理 8.4 和定理 8.5）来填充用户状态，从而获得所需的运行之间的关系。

为了证明公平轨迹的包含关系，我们利用模拟关系的一个事实：除了保证轨迹包含之外，模拟关系还能保证运行之间的密切对应关系，这种关系曾在 8.5.5 节中定义。令 $\beta \in fairtraces(S)$，α 是 S 的满足 $\beta = trace(\alpha)$ 的任意运行，则定理 8.13 意味着存在 L 的一个运行 α' 与 α 对应，对应关系为 f。我们称 α' 是 L 的一个公平运行。

有两种情况将导致不公平的发生。在第一种情况中，可能存在一个在 α' 的某点中使能的用户任务，该任务的步没有发生在 α' 以后的点中。这样根据对应关系，该任务在 α 的某点中也是使能的，但其任务步没有发生，这与 α 的公平性相矛盾。

在第二种情况中，可能存在 i 和 r 使得第 r 轮的 *user-receive$_i$* 任务在 α' 的某点中是使能的，但该任务的步没有发生。这意味着，从 α' 的给定点开始，对于所有 $j \in nbrs_i \cup \{i\}$，有 $user\text{-}sent(j, r) = true$ 和 $user\text{-}rcvd(i, r) = false$。则对应关系意味着从 α 的对应点开始，对于所有 $j \in nbrs_i \cup \{i\}$，有 $user\text{-}sent(r)_j = true$ 和 $user\text{-}rcvd(r)_i = false$。

我们使用以下断言。

断言 16.2.2 在 SimpleSynch 系统的任意可达状态中，若 $pkt\text{-}sent(i, r)_j = true$，则通道 $C_{j, i}$ 包含一个消息或者 $pkt\text{-}rcvd(j, r)_i = true$。

然后，对于任意 $j \in nbrs_i$，*send* 任务在第 r 轮的公平性意味着在 α 中，$pkt\text{-}sent(j, r)_i$ 最终变

为 *true*。断言 16.2.2 和通道公平性意味着 $pkt\text{-}rcvd(j, r)_i$ 最终变为 *ture*。而 $user\text{-}receive_i$ 任务在 S 中第 r 轮的公平性意味着该任务的一步最终会在 α 中发生，如此，由对应关系可知该任务的一步最终也会在 α' 中发生。矛盾。

注意引理 16.3 的证明实际上揭示了 $fairtraces(S) \subseteq fairtraces(L)$，并揭示了对单独用户的不可区分性。从引理 16.1 和引理 16.3 可以导出：

定理 16.4 如果 α 是 SimpleSynch 系统的任意公平运行，则存在 GlobSynch 系统的一个公平运行 α'，α 和 α' 对于 U_i 是不可区分的。

复杂性分析 每轮需要 $2|E|$ 条消息，因为图中每条边的每个方向上都有一个消息。假设 c 是从更小轮中的所有 $user\text{-}receive_i$ 事件都发生到第 r 轮中有 $user\text{-}send_i$ 事件发生之间的时间上界，ℓ 是任意进程的任意任务的时间上界，d 是在任意通道中传送最早消息的时间上界，则模拟 r 轮所需的总时间最多为 $r(c+d+O(\ell))$。

16.3 安全同步器

尽管要明显地减小 SimpleSynch 算法的时间复杂度是不可能的，但减小其通信复杂度是有可能的。换而言之，如果原来同步算法的第 r 轮中没有从 U_i 到邻居 U_j 的消息，则也许可以在异步算法中避免（但不是简单地忽略）第 r 轮中从进程 i 到进程 j 的消息。在执行第 r 轮的 $user\text{-}receive$ 输出之前，进程需要确定自己已经收到到邻居会在第 r 轮发给它的所有消息。在 SimpleSynch 算法中，进程既利用消息来做出这种确定，又要传送用户的消息。减小通信复杂度的基本策略在于将这两种功能分开。

因此，我们将 LocSynch 的实现分为几部分：每个节点都有的"前端"FrontEnd，它通过特定的通道 $D_{i,j}$ 与邻居节点的 FrontEnd 通信；以及"安全同步器"SafeSynch。图 16-3 显示了这种新的模型。$FrontEnd_i$ 的任务是传递那些从本地用户 U_i 接收过来的在 $user\text{-}send_i$ 事件中的消息。在特定的第 r 轮中，在接收到 $user\text{-}send_i$ 后，$FrontEnd_i$ 将所有要发送的消息排序后放到"发件箱"中，然后将发件箱中的非空项经由通道 $D_{i,j}$ 发送给相应的邻居 j，之后等待 $D_{j,i}$ 的确认。若 $FrontEnd_i$ 收到所有消息的确认，则称它为安全的，这意味着进程 i 的所有消息都已被相应邻居的 FrontEnd 接收。同时，$FrontEnd_i$ 收集并确认其各邻居 FrontEnd 发来的消息。

在第 r 轮中，$FrontEnd_i$ 应在何时执行 $user\text{-}receive_i$ 呢？即

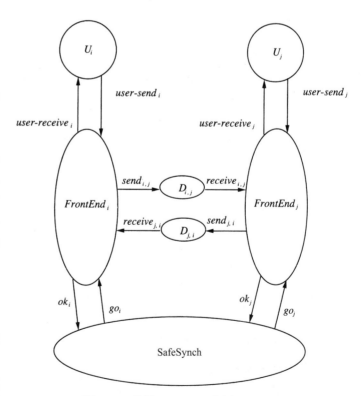

图 16-3 使用 SafeSynch 分解 LocSynch

应何时将从邻居那里收集到的所有第 r 轮消息传送给 U_i 呢？只有当 $FrontEnd_i$ 知道自己已经收到所有第 r 轮的消息后，它才能这样做。如果 $FrontEnd_i$ 确定它的所有邻居 FrontEnd 在第 r 轮中都是安全的，那就足够了，此时所有邻居都知道自己的所有第 r 轮消息都已经被相应的 FrontEnd 自动机接收。

因此，安全同步器自动机 SafeSynch 的任务是告诉每个 FrontEnd 自动机它的所有邻居是安全的。为此，SafeSynch 具有 ok 输入动作（FrontEnd 自动机的输出作为该输入），FrontEnd 自动机通过这些动作来告诉 SafeSynch 它们是安全的。在接收到进程 i 的所有邻居和进程 i 本身发来的 ok 后，SafeSynch 就发送 go_i 给 $FrontEnd_i$。$FrontEnd_i$ 接收到 go_i 后，可以执行 $user\text{-}receive_i$。在本节的余下部分中，将更为详细地描述这种分解。

16.3.1　前端自动机

$FrontEnd_i$ 自动机：

Signature:

Input:
> $user\text{-}send(T, r)_i$, T a set of tagged messages, $r \in \mathbb{N}^+$
> $receive(\text{"}msgs\text{"}, N, r)_{j,i}$, N a set of messages, $r \in \mathbb{N}^+$, $j \in nbrs$
> $receive(\text{"}ack\text{"}, r)_{j,i}$, $r \in \mathbb{N}^+$, $j \in nbrs$
> $go(r)_i$, $r \in \mathbb{N}^+$

Output:
> $user\text{-}receive(T, r)_i$, T a set of tagged messages, $r \in \mathbb{N}^+$
> $send(\text{"}msgs\text{"}, N, r)_{i,j}$, N a set of messages, $r \in \mathbb{N}^+$, $j \in nbrs$
> $send(\text{"}ack\text{"}, r)_{i,j}$, $r \in \mathbb{N}^+$, $j \in nbrs$
> $ok(r)_i$, $r \in \mathbb{N}^+$

States:

$user\text{-}sent$, $user\text{-}rcvd$, each a vector indexed by $\mathbb{N}^+$ of Booleans, initially all *false*
$pkt\text{-}for$, $pkt\text{-}sent$, $pkt\text{-}rcvd$, $ack\text{-}rcvd$, each an array indexed by $nbrs \times \mathbb{N}^+$ of Booleans, initially all *false*
$ack\text{-}sent$, an array indexed by $nbrs \times \mathbb{N}^+$ of Booleans, initially all *false*
$outbox$, an array indexed by $nbrs \times \mathbb{N}^+$ of sets of messages, initially all $\emptyset$
$inbox$, a vector indexed by $\mathbb{N}^+$ of sets of tagged messages, initially all $\emptyset$
$ok\text{-}given$, $go\text{-}seen$, each a vector indexed by $\mathbb{N}^+$ of Booleans, initially all *false*

Transitions:

$user\text{-}send(T, r)_i$
> Effect:
> > $user\text{-}sent(r) := true$
> > for all $j \in nbrs$ such that $\exists m, (m, j) \in T$ do
> > > $outbox(j, r) := \{m | (m, j) \in T\}$
> > > $pkt\text{-}for(j, r) := true$

$send(\text{"}msgs\text{"}, N, r)_{i,j}$
> Precondition:
> > $pkt\text{-}sent(j, r) = false$
> > $pkt\text{-}for(j, r) = true$
> > $N = outbox(j, r)$
> Effect:

$send(\text{"}ack\text{"}, r)_{i,j}$
> Precondition:
> > $pkt\text{-}rcvd(j, r) = true$
> > $ack\text{-}sent(j, r) = false$
> Effect:
> > $ack\text{-}sent(j, r) := true$

$ok(r)_i$
> Precondition:
> > $user\text{-}sent(r) = true$
> > for all $j \in nbrs$
> > > if $pkt\text{-}for(j, r) = true$ then
> > > > $ack\text{-}rcvd(j, r) = true$

$$pkt\text{-}sent(j, r) := true$$

$receive(\text{``ack''}, r)_{j,i}$
    Effect:
        $ack\text{-}rcvd(j, r) := true$

$receive(\text{``msgs''}, N, r)_{j,i}$
    Effect:
        $inbox(r) := inbox(r) \cup \{(m, j) | m \in N\}$
        $pkt\text{-}rcvd(j, r) := true$

$ok\text{-}given(r) = false$
Effect:
    $ok\text{-}given(r) := true$

$go(r)_i$
    Effect:
        $go\text{-}seen(r) := true$

$user\text{-}receive(T, r)_i$
    Precondition:
        $go\text{-}seen(r) = true$
        $T = inbox(r)$
        $user\text{-}rcvd(r) = false$
    Effect:
        $user\text{-}rcvd(r) := true$

Tasks:
for every r:
    $\{user\text{-}receive(T, r)_i : T$ a set of tagged messages$\}$
    $\{ok(r)_i\}$
for every j and every r:
    $\{send(\text{``msgs''}, N, r)_{i,j} : N$ a set of messages$\}$
    $\{send(\text{``ack''}, r)_{i,j}\}$

16.3.2　通道自动机

每对前端自动机 $FrontEnd_i$ 和 $FrontEnd_j$ 都使用两个通道自动机 $D_{i,j}$ 和 $D_{j,i}$ 进行通信。根据 14.1.2 节中的定义，它们分别是从 i 到 j 和从 j 到 i 的可靠发送 / 接收通道。

16.3.3　安全同步器的任务

安全同步器 SafeSynch 的全部任务是：等待 $FrontEnd_i$ 的所有邻居和 $FrontEnd_i$ 本身都发来 ok，然后执行 go_i。

SafeSynch 自动机：

Signature:

Input:
    $ok(r)_i, r \in \mathbb{N}^+, 1 \le i \le n$

Output:
    $go(r)_i, r \in \mathbb{N}^+, 1 \le i \le n$

States:
$ok\text{-}seen, go\text{-}given$, each an array indexed by $\{1, \cdots, n\} \times \mathbb{N}^+$ of Booleans, initially all *false*

Transitions:

$ok(r)_i$
    Effect:
        $ok\text{-}seen(i, r) := true$

$go(r)_i$
    Precondition:
        for all $j \in nbrs_i \cup \{i\}$
            $ok\text{-}seen(j, r) = true$
        $go\text{-}given(i, r) = false$
    Effect:
        $go\text{-}given(i, r) := true$

Tasks:
for every i, r:
$\{go(r)_i\}$

16.3.4 正确性

引理 16.5 如果 α 是 SafeSynch 系统（即图 16-3 中的 FrontEnd、通道自动机、SafeSynch 和用户自动机）的任意公平运行，则存在 LocSynch 系统的一个公平运行 α'，α 和 α' 对每个 U_i 都是不可区分的。

证明概要 使用从 SafeSynch 系统到 LocSynch 系统的模拟关系来证明，证明策略与引理 16.3（该引理针对 SimpleSynch 算法）的证明策略相同，都使用模拟关系 f。但由于本算法较为复杂，故具体的证明也更为复杂。同样，该模拟证明中唯一有趣的是 *user-receive* 动作的情况，其中需要用到以下的不变式断言。

> **断言 16.3.1** 在 SafeSynch 系统的所有可达状态中，如果 $go\text{-}seen(r)_i = true$，则对于所有 $j \in nbrs_i$，有
>
> 1) $user\text{-}sent(r)_j = true$
>
> 2) $\{m : (m, j) \in inbox(r)_i\} = outbox(i, r)_j$

该断言的证明需要用到一些辅助的不变式断言，例如

> **断言 16.3.2** 在 SafeSynch 系统的所有可达状态中，如果 $ok\text{-}seen(j, r) = true^{\ominus}$，则
>
> 1) $user\text{-}sent(r)_j = true$
>
> 2) 对于所有 $i \in nbrs_j$，$\{m : (m, j) \in inbox(r)_i\} = outbox(i, r)_j$

进一步的证明细节留给读者去做。

从引理 16.1 和引理 16.5 可以导出引理 16.6。

引理 16.6 如果 α 是 SafeSynch 系统的任意公平运行，则存在 GlobSynch 系统的一个公平运行 α'，α 和 α' 对任意 U_i 都是不可区分的。

剩下的任务是使用分布式算法来实现 SafeSynch 自动机。在接下来的几节中将描述几种实现方法。另外有必要使用实际的发送／接收通道 $C_{i,j}$ 来实现 $D_{i,j}$，这可以通过"复用" $C_{i,j}$ 来完成：$C_{i,j}$ 既用来实现 SafeSynch 的分布式实现中的通道，又用来实现 $D_{i,j}$。复用策略参见习题 14.6。

16.4 安全同步器的实现

本节给出几种以分布式算法实现 SafeSynch 的方法。主要的两种实现是 Alpha 和 Beta，还有一种是将 Alpha 和 Beta 混合而得的混合实现 Gamma。

如前所述，安全同步器 SafeSynch 的全部任务是：等待 $FrontEnd_i$ 的所有邻居和 $FrontEnd_i$ 本身都发来 ok，然后执行 go_i。

16.4.1 同步器 Alpha

SafeSynch 最简单的实现是 Alpha 同步器，其工作原理如下：

$\ominus$　*ok-seen* 是 *SafeSynch* 组件的状态的一部分。

Alpha 同步器：

当进程 $Alpha_i$ 在任意轮 r 接收到一个 ok_i 时，它将该消息发送给所有邻居。当 $Alpha_i$ 确认所有邻居都已经收到第 r 轮的 ok 且 $Alpha_i$ 本身也收到第 r 轮的 ok 时，$Alpha_i$ 输出 go_i。

我们把编写 $Alpha_i$ 的前提 - 结果代码的任务留给读者，代码的结构有点类似于 $SimpleSynch_i$ 的结构。正确性——安全性和活性——易于证明，只需使用将 Alpha 系统（$Alpha_i$、FrontEnd、$D_{i,j}$ 和用户自动机）与 SafeSynch 系统关联起来的模拟技术。[○] 可得

定理 16.7 如果 α 是 Alpha 系统的任意公平运行，则存在 GlobSynch 系统的一个公平运行 α'，α 和 α' 对于每个 U_i 都是不可区分的。

复杂度分析 我们分析整个 Alpha 系统的复杂度。通信复杂度依赖于原来同步算法发送的消息数：如果同步算法在第 r 轮共发送 m 条非空消息，则为了模拟 r 轮，Alpha 系统最多发送 $2m+2r|E|$ 条消息，其中 $2m$ 是 FrontEnd 发送的 $msgs$ 和 ack 消息数，$2r|E|$ 是 Alpha 本身发送的消息数——在每一轮中的每条边的每个方向上都有一条消息。

如果 c、ℓ 和 d 采用 SimpleSynch 算法中的定义，则模拟 r 轮所需的总时间最多为 $r(c+3d+O(\ell))$。（这考虑了原来通道中的堆积。）因此，Alpha 的通信复杂度和时间复杂度都比 SimpleSynch 的高。

与 SimpleSynch 相似，Alpha 的时间复杂度是合理的，但通信复杂度高。在以下的子节中，我们将给出具有更低通信复杂度但时间复杂度更高的另一 SafeSynch 实现。

16.4.2　同步器 Beta

同步器 Beta 假设图 G 存在一棵带根的生成树，树的高度越低越好。

Beta 同步器：

在第 r 轮，所有进程都通过生成树的边将 ok 消息敛播给根。根在收集到所有进程的 ok 消息之后，它沿着生成树的边广播许可消息，许可消息允许进程执行 go 输出。

同样，我们把编写 Beta 中 $Beta_i$ 进程的前提 - 结果代码的任务留给读者，其思想类似于 15.3 节中描述的广播和敛播思想。正确性也同样易于证明，只需使用将 Beta 系统与 SafeSynch 系统关联起来的模拟技术。

定理 16.8 如果 α 是 Beta 系统（$Beta_i$、FrontEnd、$D_{i,j}$ 和用户自动机）的任意公平运行，则存在 GlobSynch 系统的一个公平运行 α'，α 和 α' 对于每个 U_i 都是不可区分的。

复杂度分析 如果原来的同步算法在 r 轮中共发送 m 条非空消息，则为了模拟 r 轮，Beta 系统最多发送 $2m+2rn$ 条消息，其中 $2m$ 的来源同 Alpha，$2rn$ 是广播和敛播消息数。另外，h 是生成树高度的上界，故模拟 r 轮所需的总时间最多为 $r(c+2d+O(\ell)+2h(d+O(\ell)))$，或 $r(c+O(hd)+O(h\ell))$。

16.4.3　同步器 Gamma

我们将同步器 Alpha 和 Beta 的思想混合起来得到混合算法 Gamma，Gamma（依赖于图 G 的结构）既具有 Alpha 算法在时间上的优点又具有 Beta 在通信上的优点。

算法 Gamma 假定 G 的一个生成森林，森林中每棵树都是带根的。我们称一棵树为一个

○　这个策略看来并不可能非常模块化，因为相同的用户（FrontEnd 和 $D_{i,j}$ 自动机）出现在两个系统中。然而，可以用平常的方式处理它们，保持模拟关系不变。一种替代的方法可以是为 SafeSynch 自动机制定一个更抽象（和更普通）的环境。

簇（cluster），簇 C 的节点集合为 $nodes(C)$。（如何构建一个合适的生成森林本身是一个有趣的问题，但在这里不讨论。）在 Gamma 中，簇内节点以 Beta 算法来同步，簇之间则以 Alpha 算法来同步。

在每个簇只包含一个节点的极端情况中，Gamma 等同于 Alpha。在只有一个簇的情况中，Gamma 等同于 Beta。在其他情况中，Gamma 的通信复杂度和时间复杂度介于 Alpha 的复杂度和 Beta 的复杂度之间。

例 16.4.1　簇分解

设有一个由 p 个完全图组成的网络图 G，其中每个完全图的节点数为 k。将完全图排列成行，相邻两个完全图的所有节点互相连接。图 16-4 显示的是 $p=5$ 和 $k=4$ 时的情形（有一些边在其他边之"下"，故在此图中不可见）。现在考虑图 16-5 中 G 的簇分解。

分解后的每个簇 C 都是 G 中某个 k 节点完全图的一棵树。每棵簇树的根都是在顶部的节点。算法 Gamma 使用 Beta 算法来同步每个 k 节点树内的节点，使用 Alpha 算法来同步 p 棵树。

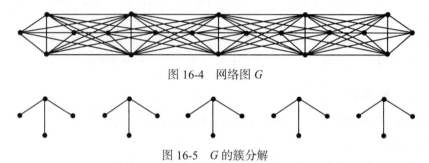

图 16-4　网络图 G

图 16-5　G 的簇分解

鉴于 Gamma 是两个算法的混合，我们先进行高层分解，将 SafeSynch 分解为两种自动机：ClusterSynch 自动机和 ForestSynch 自动机。每个簇 C_k 都有一个 $ClusterSynch_k$ 自动机，而系统还有一个单独的 ForestSynch 自动机。其模型如图 16-6 所示。

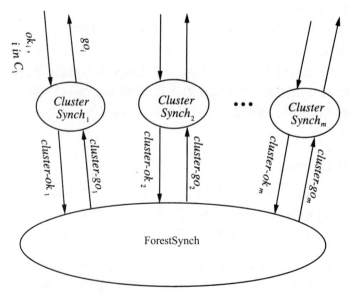

图 16-6　将 SafeSynch 分解为 ClusterSynch 自动机和 ForestSynch 自动机

对于每个簇 C_k 和每个轮 r，自动机 $ClusterSynch_k$ 有两个任务：第一个是在接收到 C_k 中任意节点 i 的 ok_i 输入之后，输出单个 $cluster\text{-}ok_k$ 给 ForestSynch；第二个（在一个完全独立的任务中）是当一个 $cluster\text{-}go_k$ 输入到达 ForestSynch 时，$ClusterSynch_k$ 为 C_k 中的每个节点 i 产生一个 go_i。两个任务结合在一起类似于 Beta 的行为，以抽象自动机表达：

$ClusterSynch_k$ 自动机：

Signature:

Input:

    $ok(r)_i$, $r \in \mathbb{N}^+$, $i \in nodes(C_k)$

    $cluster\text{-}go(r)_k$, $r \in \mathbb{N}^+$

Output:

    $go(r)_i$, $r \in \mathbb{N}^+$, $i \in nodes(C_k)$

    $cluster\text{-}ok(r)_k$, $r \in \mathbb{N}^+$

States:

$ok\text{-}seen$, $go\text{-}given$, each an array indexed by $nodes(C_k) \times \mathbb{N}^+$ of Booleans, initially all *false*

$cluster\text{-}ok\text{-}given$, $cluster\text{-}go\text{-}seen$, each a vector indexed by $\mathbb{N}^+$ of Booleans, initially all *false*

Transitions:

$ok(r)_i$
    Effect:
        $ok\text{-}seen(i, r) := true$

$cluster\text{-}go(r)_k$
    Effect:
        $cluster\text{-}go\text{-}seen(r) := true$

$cluster\text{-}ok(r)_k$
    Precondition:
        for all $i \in nodes(C_k)$
            $ok\text{-}seen(i, r) = true$
        $cluster\text{-}ok\text{-}given(r) = false$
    Effect:
        $cluster\text{-}ok\text{-}given(r) := true$

$go(r)_i$
    Precondition:
        $cluster\text{-}go\text{-}seen(r) = true$
        $go\text{-}given(i, r) = false$
    Effect:
        $go\text{-}given(i, r) := true$

Tasks:

for every r:
    $\{cluster\text{-}ok(r)_k\}$
for every i, r:
    $\{go(r)_i\}$

ForestSynch 自动机（外部动作改名之后）是 G 的簇图 G' 的安全同步器，其中 G' 的节点对应于 G 的簇。如果 G 中有一条从 C_k 的某点到 C_ℓ 的某点的边，则 G' 中存在一条从 C_k 到 C_ℓ 的边。定义 ClusterForest 系统由 ClusterSynch、ForestSynch、FrontEnd、$D_{i,j}$ 和用户自动机组成。

引理 16.9 如果 α 是 ClusterForest 系统的任意公平运行，则存在 SafeSynch 系统的一个公平运行 α'，α 和 α' 对于任意 U_i 都是不可区分的。

证明概要 可以使用模拟证明的方法，但是为了多样性，我们给出基于运行的运算证明方法。证明的关键在于：对于任意 $j \in nbrs_i \cup \{i\}$，如果 $go(r)_i$ 发生，则在此之前 $ok(r)_j$ 必然发生。分两种情况：

1）i 和 j 在同一簇 C_k 中（有可能 $i = j$）。

    根据 $ClusterSynch_k$ 的代码，在 $go(r)_i$ 之前必有一个 $cluster\text{-}go(r)_k$ 出现。由 ForestSynch

的定义可知，在 $cluster\text{-}go(r)_k$ 之前，必有一个 $cluster\text{-}ok(r)_k$ 出现，这又意味着之前有一个 $ok(r)_j$ 出现，得证。

2）i 在簇 C_k 中，j 在簇 C_ℓ 中，$k \neq \ell$。

由于 $j \in nbrs_i$，因此簇 C_k 和簇 C_ℓ 在簇图 G' 中必为邻居（参考对簇图中邻居簇的定义）。如前，在 $go(r)_i$ 之前必有一个 $cluster\text{-}go(r)_k$ 出现。根据 ForestSynch 的定义，在 $cluster\text{-}go(r)_k$ 之前，必有一个 $cluster\text{-}ok_\ell$ 出现。这又意味着之前有一个 $ok(r)_j$ 出现。

为了完成对同步器 Gamma 的描述，我们示范如何用分布式算法来实现 ForestSynch 自动机和 ClusterSynch 自动机。我们可以使用在带根树 C_k 上的同步器 Beta 的变种来实现 $ClusterSynch_k$ 自动机。也就是说，先执行敛播，根先收集 ok 消息，然后输出 $cluster\text{-}ok$ 消息。根还接收 $cluster\text{-}go$，然后对 $nodes(C_k)$ 中的所有节点进行广播，通知它们执行 go。（实际上，我们以两个独立的自动机来形式化这两种操作。）

对 SafeSynch 的任意实现经过适当改名后都可用来实现 ForestSynch，这里选用同步器 Alpha。这里有一个技术难点：我们不能将 Alpha 直接运行在给定的分布式网络上，因为 Alpha 运行在那些与参与同步的实体（这里是整个簇）相对应的进程上，并使用那些与相邻实体（这里是簇）之间的边相对应的通道。而给定的模型只允许使用与 G 中节点和边对应的进程和通道。然而，不难实现所需的进程和通道：将每个簇的进程运行在簇的根节点上，并使用簇的根之间的指定路径来模拟相邻簇的进程之间的直接通信。这样的路径是存在的，因为簇是相连的，且两簇中有些节点在 G 中是相邻的。同样，需要采用预处理来确定这些路径，但在这里我们不讨论。$cluster\text{-}ok$ 和 $cluster\text{-}go$ 动作被实现成簇的根节点上的进程的内部动作。

例 16.4.2   实现 Alpha

考虑例 16.4.1 中的网络图 G 和簇分解。针对这种图及其分解，我们在每个簇的根节点（图 16-5 中的顶部节点）上运行 Alpha 进程。Alpha 进程与相邻簇的通信可以用原来图 G（图 16-4）中簇的根节点之间的有向边来模拟。

在 Gamma 的完整实现中，与 G 中节点 i 相关的进程是三个进程的合成：$FrontEnd_i$、ClusterSynch 实现中的进程 i、ForestSynch 实现中的进程 i。每个通道 $C_{i,j}$ 用于实现三个通道：$D_{i,j}$、ClusterSynch 实现中的从 i 到 j 的通道、ForestSynch 实现中的从 i 到 j 的通道。Gamma 系统被定义为整个实现，可以使用模拟技术来证明以下定理：

定理 16.10   如果 α 是 Gamma 系统的任意公平运行，则存在 GlobSynch 系统的一个公平运行 α'，α 和 α' 对于每个 U_i 都是不可区分的。

正交分解   完整的 Gamma 系统有两种自然的分解：一种是基于功能（数据通信、簇同步和森林同步）的逻辑分解；另一种是基于完整实现中进程和通道的空间分解。这两种分解方法与组成算法的原始 I/O 自动机的不同合成顺序相对应。由于合成操作是可结合的，因此两种分解方法的结果相同。

复杂度分析   令所有簇树的最大高度为 h，用于根间通信的所有路径的总边数为 e'。如果原来同步算法在 r 轮中发送了总数最多为 m 的非空消息，则 Gamma 系统发送了总数最多为 $2m + O(r(n+e'))$ 的消息，其中 $O(rn)$ 是 ClusterSynch 实现中所有簇树内发送的消息数；$O(re')$ 是 ForestSynch 实现中根之间发送的消息数。模拟 r 轮所需的时间为 $O(r(c + O(hd) + O(h\ell)))$。如果 $n + e' \ll |E|$，则 Gamma 的消息数比 Alpha 的消息数少，如果单个簇生成树的最大高度

比整个网络的生成树的高度小，则 Gamma 比 Beta 省时间。

例 16.4.3 Alpha、Beta 和 Gamma 的复杂度比较

对于例 16.4.1 中的网络图 G 及其簇分解，我们对给出的三种安全同步器实现的代价进行比较。代价的单位为轮。忽略用户、FrontEnd 和 $D_{i,j}$ 带来的代价，因为在三种算法中它们都是一样的。忽略局部处理时间。对于 Beta，设树具有最小可能的高度，近似为 p。

	消息	时间
Alpha:	$O(pk^2)$	$O(d)$
Beta:	$O(pk)$	$O(pd)$
Gamma:	$O(pk)$	$O(d)$

如果 p 和 k 近似相等，那么与 Alpha 和 Beta 相比，Gamma 代表一种数量级提高。

16.5 应用

前面给出的同步器算法允许无错异步网络实现任意的无容错同步网络算法（同步器不适用于第 6 章中的容错算法）。在本节中，我们给出使用同步器建造异步算法的几个例子。

如前所述，在本章中我们只考虑无向网络。在本节的所有分析中，我们均忽略局部进程步时间。

16.5.1 领导者选举

使用同步器后，诸如 LCR 和 HS 等的同步环领导者选举算法就可以在异步环上运行。但这并不吸引人，因为这些算法已经在异步网络上工作（不需要同步器）且没有同步器引起的开销。

在基于任意无向图（已知直径为 $diam$）的异步网络上，同步器可用来运行 FloodMax 同步领导者选举算法。使用同步器 Alpha 时，所得算法会发送 $O(|E| \cdot diam)$ 条消息并需要 $O(diam \cdot d)$ 的时间来模拟所需的 $diam$ 个同步轮。

与 FloodMax 算法相似，OptFloodMax 同步领导者选举算法也可以使用同步器来运行，只不过它的节点只在有新消息要发送的时候才发送消息。如果使用同步器 Alpha，则优化带来的好处将消失殆尽，因为同步器本身在所有轮都发送消息给全部通道。如果使用同步器 Beta，则通信复杂度是相当低的（花费额外的时间）。

16.5.2 广度优先搜索

在直径为 $diam$ 的网络上，4.2 节中的 SynchBFS 算法会发送 $O(|E|)$ 条消息，共运行 $O(diam)$ 轮，其中所有进程并不需要知道 $diam$ 的值。使用同步器，SynchBFS 算法能够在异步网络上运行。使用同步器 Alpha 时，算法发送 $O(|E| \cdot diam)$ 条消息并需要 $O(diam \cdot d)$ 的时间来模拟 $diam$ 轮，其中所有进程均输出自己父进程的消息。使用同步器 Beta（树的高最多为 $diam$）时，与 15.4 节中的 LayeredBFS 算法一样，算法只需发送 $O(|E|+n \cdot diam)$ 条消息和需要 $O(diam^2 \cdot d)$ 的时间。也可以使用同步器 Gamma 来在增加通信复杂度的情况下减少算法的时间复杂度。

这里有一个技术难点：使用同步器而得的 BFS 算法是如何结束运行的？如前所述，算法的实现不停地模拟轮，并产生无限多的消息（如果进程得知 $diam$ 的值，则它们会在模拟

diam 轮之后停止，但我们这里假设进程并不知道 *diam* 的值）。一种特殊的解法是令每个决定父进程的用户自动机只执行额外一轮来通知其邻居，然后停止。

16.5.3   最短路径

对于寻找从指定点开始的最短路径问题，使用同步器非常有利。如前所述，Asynch-BellmanFord 算法的消息和时间复杂度是节点数的指数。然而，对于已知大小为 n 的网络，同步 BellmanFord 算法只有值为 $O(n|E|)$ 的通信复杂度和值为 $O(n)$ 的轮复杂度。我们可以使用同步器 Alpha 来运行 BellmanFord 算法，从而得到一个发送 $O(n|E|)$ 条消息和使用 $O(nd)$ 的时间模拟所需 n 轮的算法；也可以采用同步器 SimpleSynch。

16.5.4   广播与确认

可以设计一个允许进程广播消息到其他所有进程并接收其他进程的确认的同步算法，该算法发送 $O|E|$ 条消息并运行 $O(diam)$ 轮（见习题 4.8）。可以采用同步器 Alpha 来运行这个算法，从而得到一个发送 $O(|E| \cdot diam)$ 条消息和运行 $O(diam \cdot d)$ 轮的广播与确认算法。比较该算法与 15.3 节中的 AsynchBcastAck 算法的复杂度。

16.5.5   最大独立集

同步器可用于 LubyMIS 等随机同步算法。我们将实现细节留给读者完成。

16.6   时间下界

对同步器的一个非形式化解述如下：

任意（无容错）同步算法都可以以不大的代价被转换成相应的异步算法。

特别地，通过使用同步器 Alpha 或者 SimpleSynch，时间复杂度根本不会增加。本节给出用异步网络算法解决特定问题时所需时间的下界，从而揭示同步方法的一个局限。对于同一问题，有些同步求解算法的速度很快，故

并非每个同步算法都可以被转换成为与之具有相同时间复杂度的异步算法。

这两种非形式化的解述似乎相互矛盾，原因在于同步器所能保证的正确性条件的局部性不同。我们将在给出下界证明后回来讨论这个问题。

本节所得的结果是本书针对异步分布式系统中的时间复杂度问题给出的唯一下界。

我们考虑的问题称为"对话问题"。令 $G = (V, E)$ 是一个图，*diam* 是其直径。系统与环境的接口包括 *flash$_i$* 输出动作，其中 G 中每个节点都有一个 *flash$_i$* 输出动作。*flash$_i$* 是节点 i 的进程自动机的一个输出。我们可以将 *flash* 动作视为抽象动作，或者相应进程已经完成计算任务的信号。

定义一个对话是 *flash* 事件的任意序列，对于任意 i，序列中都至少包含一个 *flash$_i$*。对于任意非负整数 k，k- 对话问题要求在任意的公平运行中，算法至少运行 k 个互不相交的对话。

例 16.6.1   *k*- 对话问题的起因

k- 对话问题来源于异步共享存储器模型上的矩阵计算问题。考虑一组异步并行进程协作计算 $m \times m$ 布尔矩阵的传递闭包，开始时矩阵存放在共享存储器中，所有部分结果和最终输出都被写到共享存储器中。

有一个进程 $P_{i,j,k}$，其中 $1 \leqslant i, j, k \leqslant m$。如果位置 (i, k) 和 (k, j) 处的值都为 1，则进程 $P_{i,j,k}$ 负责将 1 写入输出矩阵的位置 (i, j) 处。因此，每个进程在一轮循环中读取位置 (i, k) 和 (k, j) 中的值，然后（可能地）写入 (i, j)。每个在共享存储器上的读操作或者写操作都被抽象成一个 *flash* 输出。

如果进程步之间有"足够"的交互，则矩阵的基本属性保证计算的运行是正确的。特别地，执行 $O(\log n)$ 个对话就足够了。进程是否去做更多的读或写并不要紧——只要足够的交互发生，就会产生正确的输出。

在该问题的一个具有类似下界的简化版本中，要求每个进程在每个对话中只执行一次 *flash*。我们使用的版本限制更少，故可以得到更强的下界结果。

求解同步网络环境中的 k- 对话问题相当容易，我们只需让每个进程 i 在 k 轮的每一轮中都执行一个单独的 $flash_i$ 输出即可。进程间的通信是不必要的。所需的轮数为 k。

在异步网络环境中，进程以 I/O 自动机表示，进程由可靠 FIFO 发送 / 接收通道连接。为了不失一般性，设通道是通用的。与往常一样，时间与事件相关，ℓ 是每个进程任务的时间上界，而 d 是每个通道中最早消息的传送时间的上界。假定 $\ell \ll d$，故在结果和证明中通常忽略 ℓ。我们曾在 8.6 节中提到，那些在给定限制下，时间与事件相关联的公平运行被称为定时运行。

接着来定义算法 A 的时间衡量 $T(A)$，对于 A 的任意定时运行 α，定义 $T(\alpha)$ 为 *flash* 事件在 α 中发生的时间的上界（采用上界而不是最大值的原因在于这些事件的数目可能是无限的）。然后定义：

$$T(A) = \sup\{T(\alpha) : \alpha \text{ 是 } A \text{ 的一个定时运行}\}$$

也就是说，$T(A)$ 是 A 的定时运行的时间上界，其中 *flash* 事件发生在所有这些定时运行中。

现在我们给出并证明下界。

定理 16.11 假设 A 是一个解决了图 G 上 k- 对话问题的异步网络算法，则 $T(A) \geqslant (k-1)$ $diam \cdot d$。

为了将这个结果与同步环境中 k 轮所需的简单上界相比较，我们指定每轮中的最大消息传送时间为 d。定理 16.11 中的下界与 kd 的下界之差约等于 $diam$ 的某个因子，这证明对于对话问题，异步性带来的内在开销是 $diam$ 的一个因子。

证明 为了不失一般性，假定 A 的所有动作都是外部动作。采用反证法来证明。

假设存在满足 $T(A) < (k-1) \cdot diam \cdot d$ 的算法 A，如果所有的消息传送都要花费最大时间 d，则定义 A 的定时运行为慢的。令 α 是 A 的任意慢定时运行，注意带有时间信息的 α 必然是 A 的公平运行。由于 A 是正确的，则 α 必须包含 k 个对话。根据假设，从时刻 $(k-1) \cdot diam \cdot d$ 开始，α 中没有 *flash* 事件发生。故可以将 α 写成 $\alpha' \cdot \alpha''$，其中 α' 中最后一个事件的时间严格地少于 $(k-1) \cdot diam \cdot d$，且 α'' 中没有 *flash* 事件发生。另外，可以将 α' 分解成 $k-1$ 块，就像 $\alpha_1 \cdot \alpha_2 \cdots \alpha_{k-1}$，在每个块 α_r（$1 \leqslant r \leqslant k-1$）中，第一个事件与最后一个事件的时间之差严格少于 $diam \cdot d$。

现在来构造 A 的一个公平轨迹 β，β 是一个不定时公平轨迹，即其中的事件不与时间相关，其形如 $\beta = \beta_1 \cdot \beta_2 \cdots \beta_{k-1}\beta''$，每个 β_r 通过重排 α_r 中的动作序列（并删除时间信息）产生，β'' 是 α'' 中的动作序列（时间信息被删除）。我们将证明 β 包含的对话数少于 k 个，从而

与 A 的正确性相矛盾。

构造 β 时使用的重排都将保留 α 的动作之间的重要依赖关系，特别是 receive 事件对相应 send 事件的依赖和任意进程 i 的任意事件对同一进程中其之前事件的依赖。我们使用非自反偏序关系来描述这些依赖关系，并使用 14.1.4 节中定义的记号 $\rightarrow_{trace(\alpha)}$ 来表示它们。定理 14.1 表明 β 实际上是 A 的一个公平轨迹。

以下声明描述重排后的序列 β_r 的属性。设 j_0 和 j_1 是 G 中距离为 diam 的固定两点，定义：

$$
i_r = \begin{cases} j_0, & \text{如果} r \text{是偶数} \\ j_1, & \text{如果} r \text{是奇数} \end{cases}
$$

声明 16.12   对于任意 r（$1 \leqslant r \leqslant k-1$），存在一个由 A 的动作组成的具有以下属性的序列 β_r。

1）β_r 由重排 α_r 中的动作序列而得，并保持 $\rightarrow_{trace(\alpha)}$ 顺序。

2）β_r 可以写成 $\gamma_r \delta_r$，其中 γ_r 不包含进程 i_{r-1} 的事件且 δ_r 不包含进程 i_r 的事件。

我们首先示范如何利用声明 16.12 来证明定理。由于动作的重排只发生在单独的 β_r 序列上，而且遵守依赖关系 $\rightarrow_{trace(\alpha)}$，所以定理 14.1 意味着 β 是 A 的一条公平轨迹。但是我们能够证明 β 包含最多 $k-1$ 个对话：没有对话能够整个地被包含到 γ_1 中，因为 γ_1 不包含事件 i_0；类似地，没有对话能够整个地被包含在 $\delta_{r-1}\gamma_r$ 的任意片段中。这意味着每个对话都必须包含处在 γ_r-δ_r 边界两边的事件。但只有 $k-1$ 个这样的边界，故最多有 $k-1$ 个对话。因此，β 违反了 A 的正确性，从而产生矛盾。

剩下的任务是构造声明 16.12 中需要的序列 β_r。固定任意 r（$1 \leqslant r \leqslant k-1$），考虑以下情况：

1）α_r 不包含 i_{r-1} 的事件。

则令 β_r 是 α_r 中动作的不重排序列，令 $\gamma_r = \beta_r$ 和 $\delta_r = \lambda$（空序列）便得到所需属性。

2）α_r 不包含 i_r 的事件。

则令 β_r 是 α_r 中动作的不重排序列，令 $\gamma_r = \lambda$ 和 $\delta_r = \beta_r$ 即可。

3）α_r 包含至少一个 i_{r-1} 事件和至少一个 i_r 事件。

则令 ϕ 是 α_r 中 i_{r-1} 的第一个事件，是 α_r 中 i_r 的最后一个事件。我们认为不可能有 $\pi \rightarrow_{trace(\alpha)} \phi$，即 π 不会依赖于 ϕ，原因在于：α 是一个慢运行，消息从 α 中的进程 i_{r-1} 传播到进程 i_r 所需的时间最少为 $diam \cdot d$；然而，α_r 中第一个事件与最后一个事件的时间差严格少于 $diam \cdot d$。

然后，我们可以（具体证明留为一道习题）在保持偏序关系 $\rightarrow_{trace(\alpha)}$ 的情况下重排 α_r 的事件，使得 ϕ 在 π 之前。令 β_r 是得到的事件序列，γ_r 是以 ϕ 结尾的 β_r 的前缀，而 δ_r 是 β_r 的余下部分。这些序列具有所需的所有属性。

我们再一次强调，在定理 16.11 的证明中构造的轨迹 β 没有让事件与时间相关联。主要矛盾在于 β 不包含足够的对话，而不是 β 的任意定时属性。在证明过程中定时信息用于推导在慢定时运行 α 中的事件不依赖其他事件的结论。

正确性的局部概念   定理 16.11 看起来与一些关于同步器的结论相矛盾——这些结论表明从同步算法到异步算法的转换只需常数时间开销。不同之处在于同步器只保证正确性的"局部"概念。与整个地保留用户集合的行为不同，它们只保留每个单独用户的行为，并允许重排不同用户的事件。

对于许多分布式应用程序，不同用户的事件顺序并不要紧，例如，典型的数据处理应用程序和财务应用程序能够经受住对不同用户事务的乱序处理。然而，对于那些在分布式系统之外的用户之间具有大量通信的应用程序，不同用户的事件顺序可能是相当重要的。

16.7 参考文献注释

Awerbuch[29]介绍了同步器的一般概念，并介绍了将同步器问题分解成为数据通信和安全同步器两部分。Awerbuch 的论文还定义了 Alpha、Beta 和 Gamma 同步器，并包括有效的 Gamma 簇分解算法。对于针对广度优先搜索和最大流问题的有效异步算法，其同步器应用程序出现在 [29-30] 中。有效簇分解方面的进一步研究出现在 [35, 36, 32] 中。使用 I/O 自动机来表示同步器的研究出自 Devarajan[89]，随后 Fekete、Lynch 和 Shrira[109] 进行了早期的开发。

下界证明来自 Arjomandi、Fischer 和 Lynch[14]，他们给出了针对共享存储器模型的结果。本章中的描述采用 Attiya 和 Mavronicolas[17] 提出的一些简化结果。Attiya 和 Mavronicolas[17] 还将下界的结果推广到了部分同步系统中。Raynal 写了一本完全讨论同步器的书 [250]。

16.8 习题

16.1 对于第 2 章中的同步模型和 16.1 节中给出的由用户自动机 U_i 与 GlobSynch 组成的异步模型，给出并证明两者之间的一种密切对应关系。

16.2 补充引理 16.1 的证明细节。特别地，需要证明声明 16.2，还要证明有可能在不违反 $\rightarrow_\beta$ 次序的情况下重排 β 的事件来获取 γ。

16.3 令 L 和 G 分别代表 LocSynch 系统和 GlobSynch 系统，只不过 L 和 G 的输出动作是用户自动机的所有动作（因此用户的内部动作被归为输出动作）。举出反例来证明 $fairtraces(L) \subseteq fairtraces(G)$ 是不可能的。

16.4 补充 SimpleSynch 系统的证明细节和复杂度分析。特别地，

a）给出并证明所有需要的不变式断言。

b）证明 f 是一个模拟关系。

c）根据定理 8.13 来证明公平性。

d）给出复杂度声明的详细证明。（注意，d 的假定界限只是指在任意通道中最早消息的传送。）

16.5 令 S 和 G 分别代表 SimpleSynch 系统和 GlobSynch 系统，只不过 L 和 G 的输出动作是用户自动机的所有动作。（因此用户的内部动作被归为输出动作，而 *send* 和 *receive* 动作被"隐藏"——被归为内部动作）。

a）举出反例来证明 $fairtraces(S) \subseteq fairtraces(G)$ 不成立。

b）修改 S 来得到新系统 S'，S' 由用户自动机和分布式算法组成，使得 $fairtraces(S') \subseteq fairtraces(G)$。分析其复杂性。

16.6 补充引理 16.5 的证明细节。

16.7 写出 $Alpha_i$ 自动机的前提-结果代码，并证明其正确性定理——定理 16.7。使用从 Alpha 系统到 SafeSynch 系统的模拟关系。

16.8 写出 $Beta_i$ 自动机的前提-结果代码，并证明其正确性定理——定理 16.8。使用从 Beta 系统到 SafeSynch 系统的模拟关系。

16.9 判断题。

令 B 和 G 分别代表 Beta 和 GlobSynch 系统，只不过 B 和 G 的输出动作是用户自动机的所有动

作。则有 *fairtraces*(B) ⊆ *fairtraces*(G)。

证明你的结论。

16.10 在 Gamma 同步器中，给出 ClusterSynch 自动机和 ForestSynch 自动机实现中的节点进程的前提 – 结果代码。证明定理 16.10。

16.11 给出一个分布式算法，该算法操作在网络图 G 上，且产生 Beta 同步器所需的最小高度带根生成树。可以假定节点具有 UID，但节点都是一样的。你设计的算法的效率如何？

16.12 给出一个分布式算法，该算法操作在网络图 G 上，且产生 Gamma 同步器所需的"好"生成森林。另外，找出用于相邻簇的根之间通信的不同路径。可以假定节点具有 UID，但节点都是一样的。你的算法应该能够生成高度较小的树并找出短通信路径。

16.13 考虑一个由 $\sqrt{n} \times \sqrt{n}$ 个节点组成的平方网格图 G，通过将每条边分成 k 等份得到划分 P_k，P_k 有 k^2 个大小相同的簇。根据 n 和 k，基于 P_k 的同步器 Gamma 的通信复杂度和事件复杂度如何（针对分解的最优生成树和最优通信路径）？

16.14 一个在 Flaky 计算机公司工作的程序员具有无故障方面的大量经验，他刚刚想出一个用于无故障异步网络编程的同步器的绝妙主意。他也认为此主意只适用于完全图 G，但仍然觉得此主意大大有用。

他的同步器与 GlobSynch 相似，不同之处在于：对于每个第 r 轮，在执行第 r 轮的 *user-receive*$_i$ 事件之前，同步器等待来自至少 n-f 个进程（包括 i）的第 r 轮的 *user-send*，而不是等待来自全部 n 个进程的 *user-send*。

在他的算法被安装到一个容错飞行器控制系统前，证明给他的上司看他的算法是错误的 [提示：将一个正确的同步协议算法（如 FloodSet）与提出的算法进行合成，然后找出合成算法的一个错误运行]。

16.15 证明具有同步器的 SynchBFS 算法的终止策略是正确的。

16.16 将 LubyMIS 运行在你喜欢的同步器上，对于得到的异步算法，给出和证明一个结果，该结果给出该异步算法保证的重要属性。

16.17 证明：例 16.6.1 中描述的布尔矩阵传递闭包问题的求解需要 O(log*n*) 个对话。你能够证明的最佳常数是什么？

16.18 证明定理 16.11 的证明中所缺的声明，即有可能在保持 →$_{trace(\alpha)}$ 的情况下重排 α_r 的事件，使得 φ 在 π 之前。

16.19 对于 k- 对话问题的异步求解，求出你能够得到的最好的时间复杂度上界。将你的算法扩展到任意同步算法的异步实现中去。哪些正确性条件将得到保证？

16.20 重做习题 15.40，这次使用本章中的一些算法分解思想。尽量使用所有的模块。例如，你应该给出抽象自动机来表示：MST 算法所需的行为和使用 MST 来进行领导者选举的那些算法所需的行为。

共享存储器与网络

在前一章中我们描述了同步器，其提供了一种简化异步网络编程的方法。此方法使得诸如第 4 章中的（非容错）同步网络算法能够在异步网络中使用。在本章中，描述第二种简化异步网络编程的方法：利用异步网络来模拟异步共享存储器系统。这个方法使得诸如第 10 章、第 11 章和第 13 章中的异步共享存储器算法能够在异步网络中使用。许多其他的异步共享存储器算法（包括针对科学编程和财务数据库的实用算法等）能够被调整到异步网络中运行。这个策略基于这样的假设：异步共享存储器系统比异步网络系统更易编程。

更一般地，本章将处理异步共享存储器模型与异步网络模型之间的转换关系。在两个转换方向上都将得出很好的结果，有些结果甚至保留一些容错属性。最后我们会得出结论：（除了在效率方面的不同）两个模型是相当相似的。

除了提供异步网络的简化编程模型之外，这些转换结果还有其他的意义。例如，从异步网络模型到异步共享存储器模型的容错转换意味着我们可以根据异步共享存储器模型中的特定不可能结果来推出异步网络模型的相应不可能结果。

从异步共享存储器模型到异步网络模型的另一种转换方法出现在 18.3.3 节中，这种方法依赖于在异步网络中建立逻辑时间的概念。

17.1 从异步共享存储器模型到异步网络模型的转换

在本节中，我们描述几种从异步共享存储器模型转换到异步发送/接收网络模型的方法。17.1.1 节给出这种转换必须满足的正确性条件。17.1.2 节包含非容错策略，17.1.3 节包含容错策略。我们只考虑一种故障类型——进程停止故障。

17.1.1 问题

我们从第 9 章的模型中的共享存储器系统 A 出发。与往常一样，假设 A 使用由 n 个编号从 0 到 n 的端口组成的集合来与环境交互，在端口 i 上，A 与用户自动机 U_i 交互。对于第 10 ~ 13 章中的用户自动机，我们假定每个 U_i 的外部动作都是那些被 U_i 用于与 A 交互的动作。在本章中，A 的进程可以具有任意数量的任务。由于某些转换保持容错性，因此我们加入在 9.6 节中讨论的 $stop_i$ 输入动作，每个 $stop_i$ 事件将永久性地令进程 i 的所有任务失效。

为了正确地实施这种转换，我们需要用到一个曾在 13.1.4 节中用在 A 上的技术限制：对于 A 与任意用户自动机集合的组合，设每个端口 i 都有一个函数 $turn_i$，对于组合系统的每个公平运行 α，该函数都产生值 $system$ 或者值 $user$。它用来标识在 α 之后轮到谁来执行一步。如果 $turn_i(\alpha) = system$，则在 α 之后的状态中 U_i 没有可执行的输出步；如果 $turn_i(\alpha) = user$，则在 α 之后的状态中 A 的进程 i 没有可执行的输出步或内部步——即没有可执行的局部控制步。因此，我们假设与 13.1.4 节中相同的共享存储器模型。

这里的通用问题（包括对任意端口集合 I 的容错要求）是设计进程 P_i 的异步发送/接收

网络系统 B，其中 $1 \leqslant i \leqslant n$，这是 A 的一个 I 模拟。I 模拟的定义如下：设 B 是由用户 U_i 组成的任意集合上的网络系统，对于 B 的任意运行 α，存在同一用户集合上的 A 的一个满足以下条件的运行 α'：

1）α 和 α' 对 U（用户 U_i 的合成）是不可区分的[⊖]；

2）对于任意 i，如果 $stop_i$ 在 α' 中发生，则 $stop_i$ 也在 α 中发生。

另外，如果 α 是一个公平运行，且那些其中 $stop_i$ 出现在 α 中的所有 i 都在 I 中，则 α' 也是一个公平运行。如果对于任意满足 $|I| \leqslant f$ 的 I，B 都是 A 的一个 I 模拟，则称 B 是 A 的一个 f 模拟。

你可能意识到这些条件与定理 13.7 中的条件相似，我们将在本章中证明特定网络系统模拟了共享存储器系统的时候挖掘两者之间的关系。

如 14.1.1 节所述，在系统 B 中，$stop_i$ 事件会令进程 P_i 中的任务永久失效。然而，$stop$ 事件并不影响通道。

17.1.2　无故障时的策略

在无故障发生时，我们可以使用简单的策略。根据共享变量在网络中的副本个数，大多数策略可以分为单副本（single-copy）方案和多副本（multi-copy）方案两种。

单副本方案　这种最简单的策略只涉及将 A 的共享变量任意地分配给 B 的各进程，其中每个共享变量都在单个进程中。该策略适用于任意类型的共享变量。

SimpleShVarSim 算法：

A 的共享变量 x 被"分给" B 的单个进程 P_i。P_i 的任务有两个：模拟 A 的相应进程 i，并管理它拥有的共享变量。

对于任意 i，进程 P_i 在用户接口中的动作与 A 的进程 i 的动作相同。P_i 的步直接模拟进程 i 的步，除非：当 A 的进程 i 访问共享变量 x 时，P_i 发送一个调用信息给拥有 x 的进程 P_j（如果 P_i 本身拥有 x，则它将调用请求传给一个"子程序"）；然后 P_i 暂停对进程 i 的模拟中的所有局部控制动作，等待调用的结果。当应答到达时，P_i 继续模拟 A 的进程 i。

当共享变量 x 的拥有者接收到要求调用 x 的消息（或者一个局部调用请求）时，它在不可分割的一步中将调用作用于 x，把结果放入应答消息并发给调用的发送者（如果调用是本地的，则传回给主模拟任务）。

SimpleShVarSim 算法具有一些有趣的模块化性质。我们可以将进程 P_i 表示成一个 I/O 自动机 Q_i 和一个 I/O 自动机 $R_{x,i}$ 的合成，其中 Q_i 负责模拟 A 的进程 i，$R_{x,i}$ 负责模拟共享变量 x。[⊜]

我们将 13.1.4 节中 $Trans(A)$ 算法的自动机 P_i 作为 Q_i。更精确地，设自动机 Q_i 的输出包括形式为 $a_{x,i}$ 的动作而输入包括形式为 $b_{x,i}$ 的动作，其中 a 是 A 的进程 i 对共享变量 x 的一个调用，b 是共享变量 x 对进程 i 的调用做出的一个应答。

每个 $R_{x,i}$ 都有输入 $a_{x,i}$ 和输出 $b_{x,i}$。为了方便，我们假设对于任意特定的共享变量 x，所有自动机 $R_{x,i}$ 都有用于互相通信的 FIFO 发送 / 接收通道。如习题 14.6 所示，我们可以使用给定的 FIFO 可靠通道来模拟单个 x 的通道。对于每个 x，所有自动机 $R_{x,i}$ 和它们之间的通道

⊖　这使用了 8.7 节中的形式化概念"不可区分"。

⊜　我们还隐藏了它们之间的通信动作。

的合成组成 x 的变量类型的原子对象。

图 17-1 显示的是包含两个进程和两个共享变量的 SimpleShVarSim 的模型，我们并不明确给出 stop 动作——假定每个 $stop_i$ 都是对 Q_i 和对所有 $R_{x,i}$ 的输入。

$R_{x,i}$ 的代码如下。代码根据 P_i 是否为 x 的拥有者分成两个部分。由于 $stop_i$ 动作包括在 $R_{x,i}$ 的签名之中，因此我们明确描述对 $stop_i$ 动作的处理：该动作设置一个 stopped 标志，使得所有局部控制动作失效，并防止任意与输入动作有关的变化。（这种处理并不有趣，因为我们没有指出算法在发生故障时的行为。）为了清晰，通道动作的下标包括变量的名字和两端节点的名字。

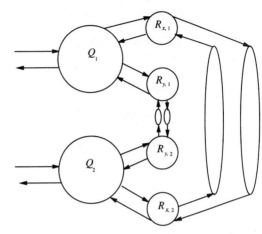

图 17-1　包含两个进程和两个共享变量的 SimpleShVarSim 的模型

$R_{x,i}$, P_i the owner of x:

Signature:

Input:

    $a_{x,i}$, a an invocation of x by process i

    $receive(\text{``invoke''}, a)_{x,j,i}$, a an invocation of x by j, $j \neq i$

    $stop_i$

Output:

    $b_{x,i}$, b a response of x to process i

    $send(\text{``respond''}, b)_{x,i,j}$, b a response of x to j, $j \neq i$

Internal:

    $perform(a, j)_{x,i}$, a an invocation of x, $1 \leq j \leq n$

States:

val, a value in the domain of x, initially the initial value of x

$inv\text{-}buffer$, a set of pairs (a, j), a an invocation, $1 \leq j \leq n$, initially empty

$resp\text{-}buffer$, a set of responses b, initially empty

$stopped$, a Boolean, initially $false$

for every $j \neq i$:

    $send\text{-}buffer(j)$, a FIFO queue of responses, initially empty

Transitions:

$a_{x,i}$

    Effect:

        if $stopped = false$ then

            $inv\text{-}buffer := inv\text{-}buffer \cup \{(a, i)\}$

$perform(a, j)_{x,i}$

    Precondition:

        $stopped = false$

        $(a, j) \in inv\text{-}buffer$

    Effect:

        $inv\text{-}buffer := inv\text{-}buffer - \{(a, j)\}$

        $(b, val) := f(a, val)$

$receive(\text{``invoke''}, a)_{x,j,i}$

    Effect:

        if $stopped = false$ then

            $inv\text{-}buffer := inv\text{-}buffer \cup \{(a, j)\}$

$send(\text{``respond''}, b)_{x,i,j}$

    Precondition:

        $stopped = false$

        b is first on $send\text{-}buffer(j)$

    Effect:

        remove first element of $send\text{-}buffer(j)$

$$\text{if } j = i \text{ then}$$
$$\qquad resp\text{-}buffer := resp\text{-}buffer \cup \{b\}$$
$$\text{else}$$
$$\qquad \text{add } b \text{ to } send\text{-}buffer(j)$$

$stop_i$
    Effect:
        $stopped := true$

$b_{x,i}$
    Precondition:
        $stopped = false$
        $b \in resp\text{-}buffer$
    Effect:
        $resp\text{-}buffer := resp\text{-}buffer - \{b\}$

Tasks:
$\{b_{x,i} : b \text{ is a response}\}$
for every j:
    $\{send(\text{``respond''}, b)_{x,i,j} : b \text{ is a response}\}$
    $\{perform(a, j)_{x,i} : a \text{ is an invocation}\}$

$R_{x,i}$, P_i not the owner of x:

Signature:

Input:
    $a_{x,i}$, a an invocation of x by process i
    $receive(\text{``respond''}, b)_{x,j,i}$, b a response of x to i, j the owner of x
    $stop_i$
Output:
    $b_{x,i}$, b a response of x to process i
    $send(\text{``invoke''}, a)_{x,i,j}$, a an invocation of x by i, j the owner of x

States:
$resp\text{-}buffer$, a set of responses b, initially empty
$send\text{-}buffer$, a FIFO queue of invocations, initially empty
$stopped$, a Boolean, initially $false$

Transitions:

$a_{x,i}$
    Effect:
        if $stopped = false$ then
            add a to $send\text{-}buffer$

$receive(\text{``respond''}, b)_{x,j,i}$
    Effect:
        if $stopped = false$ then
            $resp\text{-}buffer := resp\text{-}buffer \cup \{b\}$

$send(\text{``invoke''}, a)_{x,i,j}$
    Precondition:
        $stopped = false$
        a is first on $send\text{-}buffer$
    Effect:
        remove first element of $send\text{-}buffer$

$b_{x,i}$
    Precondition:
        $stopped = false$
        $b \in resp\text{-}buffer$
    Effect:
        $resp\text{-}buffer := resp\text{-}buffer - \{b\}$

$stop_i$
    Effect:
        $stopped := true$

Tasks:
$\{b_{x,i} : b$ is a response$\}$
$\{send(\textit{"invoke"}, a)_{x,i,j} : a$ is an invocation$\}$

定理 17.1　基于 A 的 SimpleShVarSim 算法是 A 的一个 0 模拟。(我们并不声明任意容错性)。

证明概要　首先，对于每个 x，所有自动机 $R_{x,i}$($1 \leqslant i \leqslant n$) 的合成，加上它们之间的通道(隐藏了 *send* 和 *receive* 动作)，组成一个 x 的变量类型和 13.1.4 节的 *Trans* 定义所指定接口的原子对象 B_x。(然而，这里不提及 B_x 的容错属性。) 带有这些原子对象 B_x 的系统 B 就是系统 *Trans(A)*。这使我们可以应用定理 13.7，其中 $I = \phi$：如果 α 是带有用户 U_i 的 B 的任意运行，则定理 13.7 产生带有相同用户的 A 的一个运行 α'，α' 满足 0 模拟定义中的所有条件。

共享变量的位置　SimpleShVarSim 算法允许将共享变量分配给任意进程。然而，当放在对共享变量的访问频率最高的进程中时，性能最佳。

　　例如，对于单写者/多读者的读/写共享变量 x，其写操作比读操作多得多，则应将它放在与写者对应的进程中。这样写操作在局部执行，故速度很快。当然，此时除了写者之外的所有进程的读操作都比较慢，因为它们涉及网络上消息的交换。如果写操作比读操作频繁，则这种安排是合适的；但当写操作比较罕见时，这种安排不是最好的。

容错性　有趣的是，SimpleShVarSim 算法没有容错性。例如，如果 $stop_i$ 发生，则所有之后的进程都不能访问进程 P_i 拥有的共享变量。

忙-等待　一些共享存储器算法，例如 10.7 节中的 Bakery 互斥算法和 11.3 节中的 RightLeftDP 哲学家用餐算法，采用忙-等待循环来令进程反复检查一个共享变量，直到特定条件被满足。为了删除这些循环，可以修改 SimpleShVarSim 算法，即让共享变量的拥有者在变量值发生变化时(或者等待的条件变为真时)通知忙-等待进程。这样可以减小通信复杂度。

多副本方案　让几个进程同时拥有同一共享变量 x 的副本有时是有用的。例如，当 x 是一个读操作多于写操作的读/写共享变量时(这多见于许多数据库)，如果有许多进程存有 x 的"缓冲"副本，则大量读操作可以在本地进行，使得代价较低。不过此时写操作必须作用于 x 的所有副本，即写进程必须发送消息给所有拥有 x 副本的进程，因此代价变高。

　　还有更复杂的情况。例如，假设 x 是一个多写者寄存器，则进程 P_1 和 P_2 可以同时尝试写 x，而存有 x 副本的进程 P_3 和 P_4 可能以相反的顺序来接收来自 P_1 和 P_2 的消息，那么以后的读操作便会得到和此次读操作不一致的结果。

　　即使 x 是单写者存储器，异常也仍然会发生。在写者发送写消息后，这些消息可能先到达进程 P_1，然后到达 P_2。P_1 在接收到消息后执行的本地读操作并取回新值，而 P_2 在接收到消息之前执行的本地读操作可能还是取回旧值。倘若 P_1 的读操作在 P_2 的读操作开始之前完成，则这种行为在读/写原子对象中是被禁止的。

　　因此，需要一种更明智的算法来管理写操作。例如，写者可以分两个阶段工作：第一阶段"上锁"并修改 x 的所有副本，第二阶段进行解锁。当本地副本被上锁后，其上的读操作就会延迟执行。注意必须保证这些操作最终能得到执行。

　　这种类型的算法属于并发控制算法。我们刚才浅谈过的算法是一个读/写上锁算法，该算法实现了一个原子事务——写 x 的所有副本。这意味着在写操作的间隔之中的某个"序列化点"上，操作 x 的进程即时地写 x 的所有副本。还有许多其他类型的并发控制算法，包括针对除了读 / 写变量之外的其他类型共享变量的上锁算法、基于时戳的算法、结合使用上锁和时戳的混合算法以及乐观算法等，这里不一一介绍，请参考 Lynch、Merritt、Weihl 和 Fekete 编写的书 *Atomic Transactions*（该书的风格与本书相似）来了解详细内容。

一个流行的读 / 写共享变量多副本算法是 MajorityVoting 算法，其核心是为每个读 / 写共享变量 x 实现了读 / 写原子对象，而原子对象的实现基于底层原子事务的实现。

MajorityVoting 算法（非形式化）：

有 n 个进程，它们都保存着 x 的一个副本和一个非负整数 *tag*，副本的初值等于 x 的初值，*tag* 的初值为 0。

想要读或写 x 的进程执行一个涉及 x 的某些副本的操作。原子事务由一系列操作组成，这些操作在事务的执行过程中的某个"序列化点"上即时地进行（未完成的操作可能有或没有序列化点）。可以使用两阶段上锁算法、基于时戳的算法、混合算法、或乐观算法等来实现事务，还要加上优先权机制来保证每个事务最终都能够完成。

P_i 执行读 x 操作时，它至少读取 x 的大多数副本，然后从中选出 *tag* 值最大的一个并返回其 x 值。这些步骤都是同一原子事务的一部分，看起来"好像"即时地执行。

P_i 执行写 x 操作时，它首先执行一个如上所述的内嵌读操作，从而得到最大的 *tag* 值 t，然后将 $(v, t+1)$ 写入至少 x 的大多数副本中。这些步骤——包括内嵌读副本和写副本——都是同一原子事务的一部分，看起来"好像"即时地执行。

引理 17.2   MajorityVoting 算法是一个读 / 写原子对象。

证明概要   我们来验证 13.1.1 节的原子对象定义中的条件。良构性和无故障终止性是显然的。对于原子性条件，固定 MajorityVoting 算法（采用任意自动机集合）的一个运行 α，选出一个不完全操作子集 Φ（其中的操作在事务实现中被赋予序列化点），且采用对 Φ 中操作的应答和来自事务实现的序列化点。为了证明收缩属性成立，对于每个读操作，如果之前被序列化的写操作写入了值，则读操作获取该值；否则读操作获取初始值 v_0。

关键在于如下事实：

1）按照序列化点的次序，写操作获取 *tag* 1, 2, ⋯。

2）每个读操作或者内嵌读操作都获取之前写操作写入的最大 *tag*（如果写操作不存在，则取 0）和相应值。

因为每个读操作或者内嵌读操作都读了大多数副本，而最大 *tag* 已被写入大多数副本中，又因为大多数副本必然相互重叠，所以这些事实成立。

现在，如果共享存储器系统 A 使用读 / 写共享变量，那么我们把基于 A 的 Majority-Voting 算法定义为由 Q_i 组件（与在 SimpleShVarSim 算法中使用的相同）和针对所有读 / 写共享变量的 MajorityVotingObject 组成。则引理 17.2 意味着：

定理 17.3   假设 A 使用读 / 写共享变量，则基于 A 的 MajorityVoting 算法是 A 的一个 0 模拟。

容错性   尽管 MajorityVotingObject 算法在选择哪些大多数副本进行读和写方面具有灵活性，但它一般不提供对 x 的原子对象的容错实现。原因在于标准的事务实现是非容错的。例如，在读 / 写上锁算法中，执行读事务的进程可能发送消息来读取大多数副本，使得大多数副本被上锁。如果进程在没有解锁的情况下发生故障，则以后的写事务再也得不到所需的锁。实际上，为了应付这个问题，可以使用超时机制来检测进程故障（我们不能在异步网络模型中这样做），也可以弱化故障回复性要求。

17.1.3 容忍进程故障的算法

17.1.2 节考虑的是没有故障时的情况。本节介绍 Attiya、Bar-Noy 和 Dolev 提出的 ABD 算法，假设进程故障数为 f，且网络是可靠的。设总进程数 n 严格大于 $2f$，即大多数进程不出故障。我们只考虑单写者 / 多读者的读 / 写共享存储器的情况。

ABD 算法的核心在于对任意读 / 写共享变量都实现了保证 f 故障终止性的读 / 写原子对象。为了简单，先假设在实现中端口 1 上只有写操作发生，端口 $2,\cdots,n$ 上只有读操作发生，以后再对此进行轻微修改以用于通用模拟。算法利用了 MajorityVoting 算法和 13.4.3 节中 VitanyiAwerbuch 算法的思想，关键在于每次写的结果都在写操作完成之前被保存在网络的大多数节点中。

ABDObject 算法（非形式化）：

有 n 个进程，它们都保存着 x 的一个副本和一个非负整数 tag，副本的初值等于 x 的初值，tag 的初值为 0。

当唯一的写者想要执行 x 上的 $write(v)$ 操作时，先令 t 为尚未赋给任意写操作的最小 tag，然后将本地 x 副本的值和本地 tag 值分别设为 v 和 t，并发送消息 ("$write$", v, t) 给所有其他进程。如果收到该消息的进程发现 t 值大于自己的 tag 的当前值，则以同样的方式更新其 x 副本和 tag。无论如何，进程都发送一个确认消息给写者。当写者知道（通过确认消息和本地行为）大多数进程的 tag 值等于 t 时，返回 ack。

当任意进程 P_i 想要执行读 x 操作时，它发送读消息给其他所有进程并读取本身的 x 值和 tag 值。接收到该消息的进程返回 x 和 tag 的最新值。当 P_i 得知大多数进程的 x 值和 tag 值后，它准备返回与最大 tag 值相关的那个 x 的值 v，不过之前 P_i 先将 (v, t) 广播给大多数进程：它更新自身的 x 值和 tag 值并将一个第二轮消息发送给其他所有进程（写者除外）。如果收到该消息的进程发现 t 值大于进程的 tag 的当前值，则相应地更新其 x 副本和 tag。无论如何，它都发送一个确认消息给 P_i。当 P_i 知道（通过确认消息和本地行为）大多数进程的 tag 值等于 t 时，返回 v。

具体代码如下。ABD_1 是写者，$ABD_2,\cdots,ABD_n$ 是读者。为了简单，我们不提及 $stop$ 动作，对该动作的处理与 SimpleShVarSim 中的情况类似。我们还省略了不同动作的显式下标 x。（具体代码已经足够长，可以不用带这些细节。）设 V 是值的域，v_0 是 x 的初始值。

$\boldsymbol{ABDObject_1}$ 自动机（形式化）：

Signature:

Input:
 $write(v)_1,\ v \in V$
 $receive(\text{``write-ack''}, t)_{j,1},\ t \in \mathbb{N}^+,\ j \neq 1$
 $receive(\text{``read''}, u)_{j,1},\ u \in \mathbb{N}^+,\ j \neq 1$

Output:
 ack_1
 $send(\text{``write''}, v, t)_{1,j},\ v \in V,\ t \in \mathbb{N}^+,\ j \neq 1$
 $send(\text{``read-ack''}, v, t, u)_{1,j},\ v \in V,\ t \in \mathbb{N},\ u \in \mathbb{N}^+,\ j \neq 1$

States:
$val \in V$, initially v_0

$tag \in \mathbb{N}$, initially 0
$status \in \{idle, active\}$, initially $idle$
$count \in \mathbb{N}$, initially 0
for every $j \neq 1$:
    $send\text{-}buffer(j)$, a FIFO queue of messages, initially empty

Transitions:

$write(v)_1$
    Effect:
        $val := v$
        $tag := tag + 1$
        $status := active$
        $count := 1$
        for all $j \neq 1$ do
            add (*"write"*, v, tag) to $send\text{-}buffer(j)$

$send(m)_{1,j}$
    Precondition:
        m is first on $send\text{-}buffer(j)$
    Effect:
        remove first element of $send\text{-}buffer(j)$

$receive(\text{"}write\text{-}ack\text{"}, t)_{j,1}$
    Effect:
        if $status = active$ and $t = tag$ then
            $count := count + 1$

ack_1
    Precondition:
        $status = active$
        $count > \frac{n}{2}$
    Effect:
        $count := 0$
        $status := idle$

$receive(\text{"}read\text{"}, u)_{j,1}$
    Effect:
        add (*"read-ack"*, val, tag, u)
            to $send\text{-}buffer(j)$

Tasks:
$\{ack_1\}$
for every j:
    $\{send(m)_{1,j} : m$ a message$\}$

注意：相比 MajorityVoting 和 VitanyiAwerbuch 算法，在 ABDObject 算法中选择一个新 tag 是简单的，因为只有一个写者。下面的代码是读者的代码。

$ABDObject_i$ 自动机, $2 \leqslant i \leqslant n$（形式化）:

Signature:

Input:
    $read_i$
    $receive(\text{"}write\text{"}, v, t)_{1,i}, v \in V, t \in \mathbb{N}^+$
    $receive(\text{"}read\text{-}ack\text{"}, v, t, u)_{j,i}, v \in V, t \in \mathbb{N}, u \in \mathbb{N}^+, j \neq i$
    $receive(\text{"}prop\text{-}ack\text{"}, u)_{j,i}, u \in \mathbb{N}^+, j \notin \{1, i\}$
    $receive(\text{"}read\text{"}, u)_{j,i}, u \in \mathbb{N}^+, j \notin \{1, i\}$
    $receive(\text{"}propagate\text{"}, v, t, u)_{j,i}, v \in V, t \in \mathbb{N}, u \in \mathbb{N}^+, j \notin \{1, i\}$
Output:
    $v_i, v \in V$
    $send(\text{"}write\text{-}ack\text{"}, t)_{i,1}, t \in \mathbb{N}^+$
    $send(\text{"}read\text{"}, u)_{i,j}, u \in \mathbb{N}^+, j \neq i$
    $send(\text{"}propagate\text{"}, v, t, u)_{i,j}, v \in V, t \in \mathbb{N}, u \in \mathbb{N}^+, j \notin \{1, i\}$
    $send(\text{"}read\text{-}ack\text{"}, v, t, u)_{i,j}, v \in V, t \in \mathbb{N}, u \in \mathbb{N}^+, j \notin \{1, i\}$
    $send(\text{"}prop\text{-}ack\text{"}, u)_{i,j}, u \in \mathbb{N}^+, j \notin \{1, i\}$

States:
$val \in V$, initially v_0

$tag \in \mathbb{N}$, initially 0
$response\text{-}val \in V$, initially v_0
$read\text{-}tag \in \mathbb{N}$, initially 0
$status \in \{idle, active1, active2\}$, initially $idle$
$count \in \mathbb{N}$, initially 0
for every $j \neq i$:
    $send\text{-}buffer(j)$, a FIFO queue of messages, initially empty

Transitions:

$read_i$
    Effect:
        $read\text{-}tag := read\text{-}tag + 1$
        $status := active1$
        $count := 1$
        for all $j \neq i$ do
            add (*"read"*, $read\text{-}tag$)
                to $send\text{-}buffer(j)$

$send(m)_{i,j}$
    Precondition:
        m is first on $send\text{-}buffer(j)$
    Effect:
        remove first element of $send\text{-}buffer(j)$

$receive(\text{"read-ack"}, v, t, u)_{j,i}$
    Effect:
        if $status = active1$ and $u = read\text{-}tag$ then
            $count := count + 1$
            if $t > tag$ then
                $val := v$
                $tag := t$
            if $count > \frac{n}{2}$ then
                $response\text{-}val := val$
                $status := active2$
                $count := 1$
                for all $j \notin \{1, i\}$ do
                    add (*"propagate"*, $val, tag, read\text{-}tag$)
                        to $send\text{-}buffer(j)$

$receive(\text{"prop-ack"}, u)_{j,i}$
    Effect:
        if $status = active2$ and $u = read\text{-}tag$
            then $count := count + 1$

v_i
    Precondition:
        $status = active2$
        $count > \frac{n}{2}$
        $v = response\text{-}val$
    Effect:
        $count := 0$
        $status := idle$

$receive(\text{"write"}, v, t)_{1,i}$
    Effect:
        if $t > tag$ then
            $val := v$
            $tag := t$
            add (*"write-ack"*, t) to $send\text{-}buffer(1)$

$receive(\text{"read"}, u)_{j,i}$
    Effect:
        add (*"read-ack"*, val, tag, u)
            to $send\text{-}buffer(j)$

$receive(\text{"propagate"}, v, t, u)_{j,i}$
    Effect:
        if $t > tag$ then
            $val := v$
            $tag := t$
            add (*"prop-ack"*, u) to $send\text{-}buffer(j)$

Tasks:
$\{v_i\}$
for every j:
    $\{send(m)_{i,j} : m$ a message$\}$

在上面的代码中，*read-tag* 用于跟踪哪个确认属于当前操作，*response-val* 用于记住在广播时要返回的值。注意无需将回应值广播给写者，因为写者肯定已经知道最新值。

定理 17.4 当 $n > 2f$ 时，ABDObject 算法是一个保证 f 故障终止的读 / 写原子对象。

证明概要 这类似于第 13 章中 VitanyiAwerbuch 和 IntergerBloom 算法的证明。良构性是显而易见的。f 故障终止性也易于证明，因为每个操作只需要大多数进程的参与而 $n > 2f$。故此，原子性是要证明的核心。我们需要利用引理 13.16。

令 α 是 ABDObject 算法的任一运行，使用针对异步网络环境来重新描述引理 13.10，为了保持一般性，我们可以假设 α 不包含未完成的操作。

将 Π 定义为由 α 中出现的操作组成的集合，定义 Π 的偏序关系如下：首先根据执行顺序（即 tag 值）来对写操作排序，然后如果读操作的 tag 值是从写操作中取得的，则将它紧挨着放在该写操作之后，否则将它放在所有写操作之前。

需要证明的核心属性是：

1）如果带有 $tag = t$ 的写操作 π 在读操作 ϕ 被调用之前完成，则 ϕ 包含一个至少与 t 一样大的 tag。

这是因为 π 的 tag 被大多数副本接收，而 ϕ 读取大多数副本，这两个大多数副本必然相交。

2）如果读操作 π 在读操作 ϕ 被调用之前完成，则 ϕ 得到的 tag 至少与 π 得到的 tag 一样大。

与 1）类似，这是因为 π 将其信息广播给大多数副本。

使用这两点，可以很容易地证明引理 13.16 的四个条件成立，则原子性条件也成立。

显然，我们可以修改 ABDObject 算法，使得任意端口 i（而不只是端口 1）都可以是写端口；读操作也可以被允许发生在单个写端口上。这些修改仍然保证 f 故障终止性。可以像 SimpleShVarSim 和 MajorityVoting 算法一样，使用 $Trans(A)$ 的进程和每个共享变量的原子对象，来构造完整的基于 A 的 ABD 算法，其中原子对象是 ABDObject 的相应修改版本。

定理 17.5 假设 A 使用单写者／多读者的读／写共享存储器且 $n > 2f$，则基于 A 的 ABD 算法是 A 的一个 f 模拟。

证明 根据定理 17.4 和定理 13.7 来证明。

有界 tag ABD 算法使用的是无界 tag 值，可以修改算法以让它使用有界 tag，具体修改细节留为一道习题。

应用 ABD 算法可用于实现许多有趣的基于单写者／多读者寄存器的容错共享存储器算法。例如，可以使用 ABD 算法来将第 13 章中的原子快照和原子多写者寄存器算法转换成为在异步发送／接收网络模型上实现相同对象的算法。不过，要注意的是，原来的算法保证无等待终止性，而转换后的算法只能容忍 f 故障，其中 $n > 2f$。

17.1.4 对于 $n/2$ 故障的不可能性结果

当 $n \leqslant 2f$ 时，不难看出 ABD 算法不能容忍 f 故障，原因在于：当 f 个进程发生故障时，其他进程永远不能得到完成自身工作所需的大多数副本。这种局限是内在的，关键是给出了关于异步网络中读／写原子对象实现的容错性的一个关键局限。为了得到更强的结论，我们给出适用于广播系统而不是发送／接收系统的结果。

定理 17.6 令 $n = m + p$，其中 $m, p \geqslant 1$。假设 $n \leqslant 2f$，则不存在异步广播模型（具有可靠广播通道）中的一个算法，该算法实现了具有 m 个写者和 p 个读者的读／写原子对象，并保证 f 终止。

证明 采用反证法，假设存在这样一个算法 A。如同往常一样，假设用户尽可能地不确定。

令 G_1 是由 $1, \cdots, n-f$ 组成的集合，G_2 是由 $n-f+1, \cdots, n$ 组成的集合。由假设得知，$|G_1| \leqslant f$，$|G_2| \leqslant f$。

考虑系统（A 加上用户）的一个公平运行 α_1，该运行只包含一个端口 1 上的调用 $write(v)_1$，其中 $v \neq v_0$。假设 $stop$ 输入发生在 G_2 中的端口上且恰好在运行的开始部分出现，这意味着索引在 G_2 中的进程从不执行局部控制动作。根据 f 故障终止性条件，写操作最终以一个匹配的 ack_1 结束。令 α_1' 是以 ack_1 结尾的 α_1 的前缀。

现在考虑第二个公平运行 α_2，该运行只包含一个在端口 n 上的调用 $read_n$。假设 $stop$ 输入发生在 G_1 中的端口上且恰好在运行的开始部分出现。根据 f 故障终止性条件，这个读操作最终必然终止，且应答值必为 v_0。令 α_2' 是以这个应答结尾的 α_2 的前缀。

现在构造一个不满足原子性的有限运行 α，从而产生矛盾。运行 α 满足以下条件：

1）α 与 α_1' 对于索引在 G_1 中的进程是不可区分的；

2）α 与 α_2' 对于索引在 G_2 中的进程是不可区分的；

3）在 α 中，应答事件 ack_1 出现在调用事件 $read_n$ 之前。

因此读操作返回由写操作写入的值 v，而不是初值 v_0，这违反了原子性条件。

以如下方法来构造运行 α：它不包含 $stop$ 事件。除了索引在 G_2 中的进程的 $stop$ 事件和 $receive$ 事件之外，α_1' 的所有其他事件组成 α 的起始部分。由于索引在 G_2 中的进程刚好在 α_1' 的开始部分出错，因此删除这些事件之后仍然得到一个运行，该运行与 α_1' 对 G_1 中的进程是不可区分的。运行 α 接着以 α_2' 中除了索引在 G_1 中的进程的 $stop$ 事件和 $receive$ 事件之外的事件结束。

因此，在 α 中，索引在 G_1 或者索引在 G_2 中的进程与另一组中的进程相互独立，索引在 G_1 中的进程广播的消息不会被传送到索引在 G_2 的进程中去，反之亦然。容易看出 α 满足所需条件。

定理 17.6 指出，对于任意给定的 n 和 f（$n \geqslant 2$，$f \geqslant n/2$），即使共享变量被限为单写者/单读者寄存器，也不存在一种通用方法能够产生 n 进程共享存储器算法的 f 模拟。若要理解这个结论，则必须注意：对于任意这样的 n，存在一个无等待共享存储器算法 A，该算法使用单个 1 写者/$n-1$ 读者的读/写寄存器来实现 1 写者/$n-1$ 读者的读/写原子对象；而 A 的 f 模拟要求产生一个发送/接收网络算法，该算法实现了满足 f 故障终止性条件的 1 写者/$n-1$ 读者的读/写原子对象（证明过程与推论 13.9 的证明过程相似），这与定理 17.6 矛盾。

17.2　从异步网络模型到异步共享存储器模型的转换

现在我们描述相反方向的转换，即从异步网络模型到异步共享存储器模型的转换。该转换能够容忍进程停止故障：进程故障数最多为 f 的共享存储器系统能够模拟进程故障数最多为 f 的网络系统（网络具有可靠通道）。现在对故障数目不做特殊要求——这与相反方向的转换情况不同，即使 $n \leqslant 2f$ 时也可以构造可行的转换。另外，这些构造比相反方向转换的构造简单得多。

这些构造更为简单且功能更强，这得益于异步共享存储器模型比异步网络模型强大，原因在于共享存储器具有可靠性。

可以使用这些转换来将异步网络算法运行在异步共享存储器系统上。但是吸引力可能不大，因为共享存储器模型更易编程。一个更重要的用途是将异步共享存储器模型上的不可能性结果应用到异步网络模型中。例如，可以使用这些转换来将针对共享存储器模型的故障存在时的一致性不可能性结果（在定理 12.8 中证明）扩展到异步网络模型中。

我们提出两种转换方法：一种针对发送/接收系统，另一种针对广播系统。

17.2.1   发送 / 接收系统

给定第 14 章中的基于有向图的异步发送 / 接收系统 A，系统具有进程 P_i（$1 \leqslant i \leqslant n$）和可靠 FIFO 通道 $C_{i,j}$。与以前一样，每个 $stop_i$ 事件都能立刻令 P_i 的所有任务失效，但不影响通道。

问题（包括容错要求）是去产生一个具有 n 个进程的共享存储器系统 B，该系统使用单写者 / 单读者共享寄存器来"模拟" A。这与相反方向的转换类似。对于用户集合 U_i 上的 B 的任意运行 α，必然存在相同用户集合上的 A 的运行 α'，使得以下条件成立：

1）α 和 α' 对于 U 是不可区分的。

2）对于任意 i，如果 $stop_i$ 在 α 中发生，则 $stop_i$ 也在 α' 中发生。

另外，如果 α 是公平运行且在 α 中出现的 $stop_i$ 事件的下标 i 在 I 中，则 α' 也是一个公平运行。如果对于特定的 I，B 以这种方式模拟 A，则称 B 是 A 的一个 I 模拟。如果对于任意满足 $|I| \leqslant f$ 的 I，B 都是 A 的一个 I 模拟，则称 B 是 A 的一个 f 模拟。

我们给出一个算法 SimpleSRSim，它能容忍任意故障，即它是一个 n 模拟。

SimpleSRSim 算法（非形式化）：

对于有向图 G 中的每条边 (i, j)，B 都包含一个可被进程 i 写和进程 j 读的单写者 / 单读者的读 / 写共享变量 $x(i,j)$。它包含一个初始为空的消息队列。进程 i 只能增加消息到这个队列中，没有消息会被删除。

B 的进程 i 模拟 A 的进程 P_i。对 P_i 的用户接口步和内部步的模拟是很直接的。为了模拟 P_i 的 $send(m)_{i,j}$ 动作，A 的进程 i 将消息 m 添加到在变量 $x(i,j)$ 中的队列的尾部（可以通过在本地保存一个队列的副本，然后使用一个写操作来实现）。另外，进程 i 常常检查所有到来的变量 $x(j,i)$，以决定在上次检查之后是否有新消息到达。如果有，则进程 i 以 P_i 处理这些消息的方法来处理它们。

具体代码如下。注意每个进程都有几个任务。在 $check(j)_i$ 的代码中，使用 $receive(M)_{j,i}$ 作为动作序列 $receive(m_1)_{j,i}$，$receive(m_2)_{j,i}$，$\cdots$ 的简写，其中 M 是消息队列 m_1，m_2，$\cdots$。在该代码片段中，序列 M 包含自进程 i 上次检查之后被放在 $x(j,i)$ 中的新消息。

SimpleSRSim 算法（形式化）：

Shared variables:
for every edge (i, j) of G:
    $x(i, j)$, a FIFO queue of messages, initially empty

Actions of i:
As for P_i, except:

Input:	Internal:
Omit all *receive* actions.	$send(m, j)_i$ for every $send(m)_{i,j} \in out(P_i)$
Output:	$check(j)_i$ for every $j \in$ *in-nbrs*
Omit all *send* actions.	

States of i:
$pstate \in states(P_i)$, initially a start state
for every $j \in$ *out-nbrs*:
    out-msgs(j), a FIFO queue of messages, initially empty
for every $j \in$ *in-nbrs*:
    in-msgs(j), a FIFO queue of messages, initially empty

processed-msgs(*j*), a FIFO queue of messages, initially empty

Transitions of *i*:

π, an input of $P_i \neq receive$
    Effect:
        pstate := any *s* such that
            $(pstate, \pi, s) \in trans(P_i)$

π, a locally controlled action of $P_i \neq send$
    Precondition:
        π is enabled in *pstate*
    Effect:
        pstate := any *s* such that
            $(pstate, \pi, s) \in trans(P_i)$

$send(m, j)_i$
    Precondition:
        $send(m)_{i,j}$ is enabled in *pstate*
    Effect:
        add *m* to *out-msgs*(*j*)
        $x(i, j) := out\text{-}msgs(j)$
        pstate := any *s* such that
            $(pstate, send(m)_{i,j}, s) \in trans(P_i)$

$check(j)_i$
    Precondition:
        true
    Effect:
        $processed\text{-}msgs(j) := in\text{-}msgs(j)$
        $in\text{-}msgs(j) := x(j, i)$
        pstate := last state of any execution
            fragment starting with *pstate* and
            with action sequence $receive(M)_{j,i}$,
            where $processed\text{-}msgs(j) \cdot M = in\text{-}msgs(j)$

Tasks of *i*:
As for P_i, except:
    replace each $send(m)_{i,j}$ by $send(m, j)_i$
    add, for every *j*:
        $\{check(j)_i\}$

应该不难看出该模拟是正确的。

定理 17.7 如果 A 是一个具有可靠 FIFO 发送/接收通道的异步发送/接收系统，则 SimpleSRSim 算法是 A 的一个 n 模拟。

证明 具体证明留为一道习题。

17.2.2 广播系统

可以使用类似于 SimpleSRSim 的构造方法来模拟具有可靠广播通道的异步广播系统。模拟的正确性条件与对发送/接收系统的模拟的正确性相同。主要区别在于新的模拟使用单写者/多读者寄存器而不是单写者/单读者寄存器。

SimpleBcastSim 算法：

对于任意 i（$1 \leq i \leq n$），B 包含一个可被进程 i 写和所有进程（包括 i）读的单写者/多读者共享变量 $x(i)$。B 包含一个初始为空的消息队列。

与以前一样，B 的进程 i 模拟 A 的进程 P_i，B 直接模拟 P_i 的用户接口步和内部步。为了模拟 P_i 的 $bcast(m)_i$ 动作，A 的进程 i 将消息 m 添加到在变量 $x(i)$ 中的队列的尾部。另外，进程 i 常常检查所有变量 $x(j)$（包括变量 $x(i)$），以决定是否有新的消息。如果有，则进程 i 以 P_i 处理这些消息的方法来处理它们。

定理 17.8 如果 A 是一个具有可靠广播通道的异步广播系统，则 SimpleBcastRim 算法是 A 的一个 n 模拟。

17.2.3 异步网络中一致性的不可能性

定理 17.8 可用于证明试图在异步网络中解决第 12 章中的基本一致性问题是不可能的，即使网络保证：可靠广播、不超过一个进程出故障、唯一的故障类型是停止故障！这个不可能性结果反映了异步网络计算能力的一个局限。

这个结果应该与第 6 章中针对同步模型中的停止一致性问题的结果进行对比。在那种环境，问题是可解的，尽管内在时间开销取决于能被容忍的故障的数目。在定理 6.33 的证明中，时间的下界基于这样一种可能性：进程可能在广播的途中停止。而在异步模型中，即使不存在局部广播的可能性，这个不可能性结果也仍然成立。

我们使用 12.1 节中给出的问题声明方法来描述具有单故障终止性的一致性问题。（注意这种声明可以使用轨迹属性来进行形式化描述，使得它适用于异步网络系统和异步共享存储器系统。）

定理 17.9 在具有可靠广播通道的异步广播系统中，不存在能够解决一致性问题并保证单故障终止性的算法。

证明 假设存在这样一个算法 A，根据定理 17.8 产生一个在单写者 / 多读者共享存储器模型中的算法 B，使得 B 是 A 的一个 n 模拟。由 n 模拟的定义可知，B 是一致性问题的一个解法，且它保证单故障终止性条件。这与定理 12.8 矛盾，因为定理 12.8 指出在读 / 写共享存储器模型中解决一致性问题是不可能的。

17.3 参考文献注释

Lynch、Merritt、Weihl 和 Fekete[207] 以 及 Bernstein、Hadzilacos 和 Goodman[50] 的 书 是实现原子事务的并发控制算法方面较好的参考资料。

MajorityVoting 算法来自 Gifford[137]，并分别由 Herlihy[154,149] 以及 Goldman 和 Lynch[140] 做了扩展，后一个扩展还出现在 [207] 中。

ABD 算法出自 Attiya、Bar-Noy 和 Dolev[18]。他们的论文中还包括一个使用有界标志的算法和 ABD 模拟的一些应用，此算法基于 Israeli 和 Li[162] 提出的思想。在本章中 $n \leq 2f$ 时的不可能性结果是在 Bracha 和 Toueg[56] 以及 Attiya、Bar-Noy、Dolev、Peleg 和 Reischuk[20] 的类似证明的基础上做了少量修改而得到的。

定理 17.9，即容错异步网络中的一致性不可能性，来自 Fischer、Lynch 和 Paterson[123] 的研究。他们直接在网络模型上证明了这个结果，而不是像本章一样通过转换来证明。

17.4 习题

17.1 对定理 17.1 的证明概要中的声明进行证明——即对于任意 x，所有自动机 $R_{x,i}$ 与其间通道（隐藏了 *send* 和 *receive* 动作）的合成组成一个相应类型和接口上的原子对象 B_x。

17.2 将 SimpleShVarSim 算法应用到共享存储器系统 A 中来产生系统 B，找出并证明 A 的时间复杂度与 B 的时间复杂度之间的关系。对所做的假设做详细说明。

17.3 令 B 是将 SimpleShVarSim 算法应用到 10.5.2 节中的 PetersonNP 算法上而得到的异步网络算法。求出你能得到的 B 的时间复杂度的最佳上界，即求出从任意 try_i 事件到相应的 $crit_i$ 事件所需的时间的最佳上界。你的结果与习题 17.2 中得到的一般上界有何不同？

17.4 研究问题：当 SimpleShVarSim 转换被应用在随机共享存储器系统（如 11.4 节中的 LehmannRabin

算法）上时，能够保证什么？证明你的结论。

17.5 写出 17.1.2 节中概述的读 / 写上锁算法（算法的概述出现在 MajorityVotingObject 算法的描述之前的几段中）的前提 – 结果代码，该算法在异步网络中模拟了单写者 / 多读者共享存储器算法。共享变量 x 的每个读者都应该保存 x 的一个本地副本并读取这个副本（当副本可用时）。写者应该使用双阶段算法来对各个副本执行写操作。所有操作都保证能够终止性。给出并证明正确性结果。

17.6 将习题 17.5 中的答案扩展到多写者 / 多读者共享存储器算法中。

17.7 使用以下两种不同方法来将 10.7 节中给出的 Bakery 互斥算法转换到在异步网络上运行：

　　a）使用 SimpleShVarSim 算法；

　　b）使用习题 17.5 中求出的双阶段上锁算法。

　　比较两种结果算法的时间复杂度和通信复杂度。

17.8 扩展 MajorityVotingObject 算法，允许每个读操作访问一定读配额（read quorum）的副本，而不是读大多数副本；每个写操作访问一定写配额（write quorum）的副本。读配额和写配额不必要是严格的大多数。它们应该满足什么条件？使用前提 – 结果记号来描述算法，并证明其正确性。

17.9 在 ABDObject 实现中的读者代码中的 "广播阶段" 是必要的吗？如果不是，那么描述去除它后算法如何运行；否则给出反例。

17.10 扩展 ABD 算法，使得它实现一个多写者 / 多读者的读 / 写原子对象，且当 $n > 2f$ 时，保证 f 故障终止性。示范如何将该扩展结合到具有多写者 / 多读者寄存器的共享存储器模型的容错异步网络模拟中。

17.11 修改 ABDOject 算法，使得它使用有界而不是无界 *tag*（提示：采用对固定 k 取模的方法是不够的，需要使用一个具有更有趣结构的有限数据类型 D。参考 [162] 来看看一种数据类型如何工作的。写者进程需要根据数据类型 D 来不断地选择 "更大的" *tag*，并知道由慢进程保存的所有旧 *tag* 都可以被那些 *tag* "小于" 新 *tag* 的进程检测到。所以，当写者选择一个新 *tag* 时，它需要将由任意进程保存的所有 *tag* 考虑进去。为了让写者跟踪这个集合，当一个进程修改它的局部 *tag* 时，它首先保证大多数进程知道它采用了新的 *tag*。然后写者总是能够决定所有进程中的可能 *tag*，这可以通过向大多数进程查询消息来做到。若要更多的提示，参考 [18]）。

17.12 对在满足 $n \leqslant 2f$ 的异步网络中实现快照原子对象的问题，给出并证明类似于定理 17.6 的结果。

17.13 证明定理 17.7。

17.14 参照 SimpleSRSim 算法的代码风格，写出 SimpleBcastSim 算法的前提 – 结果代码。证明其正确性（定理 17.8）。

逻 辑 时 间

在这一章里阐述简化异步网络编程工作的第三种主要方法：引入逻辑时间的概念。在我们的异步网络模型中，并没有实际时间的内建概念。然而，通过特殊的算法有可能提出逻辑时间的概念。如果系统的用户不太在意发生在不同网络位置的事件的相关次序，那么逻辑时间有时候是可以代替实际时间的。

18.1 异步网络的逻辑时间

基本思想是给一个异步网络系统 A 的每个运行的每个事件赋予一个"逻辑时间"，这个"逻辑时间"是某一固定全序集合 $T^{\ominus}$ 的一个元素。典型地，这个集合 T 要么是一个非负整数集，要么是一个非负实数集（也可能附加其他类型的值，如进程索引）。这些逻辑时间不需要和实际时间有任何特殊的关系。然而，不同事件的逻辑时间必须能够表达这些事件在系统 A 中所有可能的依赖关系，就如 14.1.4 节中所述的那样。基于这样的假设，能够证明：对于进程来说，逻辑时间赋值看起来就和实际时间赋值一样。

我们将分别考虑发送/接受系统的逻辑时间和广播系统的逻辑时间。在这一章里，假设所有的通道都是第 14 章中定义的特殊的通用通道。我们不考虑故障的情况。

18.1.1 发送/接收系统

考虑一个具有通用的可靠 FIFO 发送/接收通道的异步发送/接收系统。假设底层的网络图是任意强连通有向图。这样一个系统有以下几种类型的事件：用户接口事件——使进程自动机和系统用户通信，发送和接收事件——使进程自动机和通道自动机交互，还有进程自动机的内部事件。（我们不需要考虑通道的内部事件，因为我们使用的特殊通用通道没有内部事件。）

令 α 是异步发送/接收网络系统 A 的一个运行，那么对 α 的一次逻辑时间赋值的定义为给属于 α 的每一个事件都赋予一个 T 中的值，而且这种赋值必须按照一种能够和 α 中事件之间依赖关系保持一致的方式进行。特别地，要求满足以下四个属性：

1）没有两个事件会被赋予同样的逻辑时间。

2）每一进程中，事件的逻辑时间必须按照它们在 α 中的发生次序严格递增。

3）任意发送事件的逻辑时间必须严格小于相应的接收事件的逻辑时间。

4）对任意给定的值 $t \in T$，只能有有限多个事件的逻辑时间值小于 t。

属性 2 和属性 3 暗示逻辑时间顺序必须和 $\rightarrow_{trace(\alpha)}$ 保持一致，就如 14.1.4 节中定义的那样。然而，我们允许在不同进程中的一些事件的逻辑时间顺序和它们在 α 中的顺序相反。

我们强调对网络中的所有进程的任何逻辑时间赋值都要"看起来"像实际时间赋值一样。

$\ominus$　T 必须满足一个技术上的假设：必须存在一个递增的 T 元素的序列 $t_1, t_2, \cdots$，使得每一个 $t \in T$ 都有某个上界 t_i。

特别地，对于所有进程来说，任何一个具有逻辑时间赋值 *ltime* 的公平运行 α 看起来都像另一个公平运行 α′，在 α′ 里 *ltime* 表现得就像实际时间一样，也就是说，在 α′ 里所有事件按它们的 *ltime* 的顺序发生。

定理 18.1 令 α 是具有通用可靠 FIFO 通道的发送 / 接收网络系统 *A* 的一个公平运行，*ltime* 是对 α 的一次逻辑时间赋值。那么存在 *A* 的另一个公平运行 α′，使得：

1）α′ 包含和 α 一样的事件。

2）α′ 中事件按它们在 α 中的 *ltime* 的顺序发生。

3）α′ 和 α 对于每个进程自动机都是不可区分⊖的。

定理 18.1 规定在 α 和 α′ 中每个特定进程中的事件必须按同样的顺序发生，不过，它允许属于不同进程的事件能够按不同的顺序发生。

证明 令 γ 为根据 α 中事件的 *ltime* 的顺序重新排列 α 中事件得到的序列。逻辑时间定义的属性 1 到属性 4 暗示这个序列是唯一的。那么我们可以使用推论 14.2 来推导所需的公平运行 α′ 的存在。在应用推论 14.2 的时候，我们把所有的进程动作都看作外部的（如通过重新分类）。由逻辑时间定义的属性 2 和属性 3 可以得到重新排列后序列仍然保持 →_{*trace*(α)}。这一点也是推论 14.2 需要的。

例 18.1.1 发送 / 接收图

考虑一个基于三节点完全无向图的发送 / 接收系统 *A*，在 *A* 的一个运行 α 中，消息按照图 18-1 所示的模式被发送和接收。

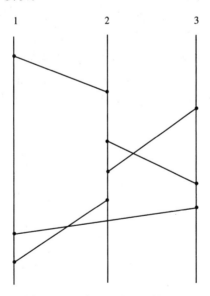

图 18-1 运行 α 的发送 / 接收图

在这个发送 / 接收图中，用一条垂直线表示一个进程的运行，时间的方向向下。圆点表示发送和接收事件，斜线连接一条消息的发送事件和接收事件。在这里我们没有描述进程内部事件和进程与用户的通信事件等其他事件，它们可以由垂直线上的其他圆点表示。

图 18-2 展示对 α 的一个逻辑时间赋值 *ltime*（假设 α 仅仅包含发送和接收事件）。因为时

⊖ 这果我们使用 8.7 节中"不可区分"的形式化定义。

间按向下的方向进行，所以 *ltime* 并不符合事件在 α 中的次序，不过，它和 α 中事件间所有可能的依赖关系是相符合的。

图 18-3 描述对 α 中事件以它们 *ltimes* 的次序重新排列，从而产生定理 18.1 中描述的 α'。注意在 α 和 α' 中每个进程中事件的顺序是一样的。

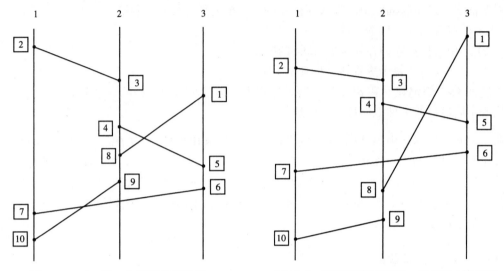

图 18-2　对 α 的一个逻辑时间赋值　　　　　　图 18-3　重新排序后运行 α 的发送 / 接收图

注意，这一节的思想跟 16.2 节中关于本地和全局同步器的思想是紧密相关的。每种情形下都通过捕获运行中事件之间所有可能的依赖关系定义一个依赖性次序。从而，在各个情形下，运行中的事件被重新排序，这是保持了所有依赖关系并且按照一个全局概念的时间（同步周期或者逻辑时间）进行的重新排列。（本地同步器或者逻辑时间的定义能够证明这是可行的。）在每种情况下，结论都是在本地重新排序后的运行与原来运行是不可区分的。这样，对原来运行中的所有参与者来说，它们看起来就好像在全局同步下运行。

18.1.2　广播系统

我们也可以为具有通用可靠广播通道的可靠异步广播系统定义逻辑时间。在这里，事件包括用户接口事件、广播和接收事件以及进程内部事件。

令 α 是一个异步广播系统的一个运行。对 α 的一个逻辑时间赋值定义为对 α 中的每个事件分别赋予一个 T 中的值，并且仍要满足之前在发送 / 接收系统中定义的属性，除了属性 3 现在为：

3'）广播事件的逻辑时间严格小于相应的每一个接收事件的逻辑时间。

如同发送 / 接收系统一样，我们有：

定理 18.2　令 α 是广播系统 A 的一个具有通用可靠广播通道的公平运行，令 *ltime* 是对 α 的一个逻辑时间赋值。则存在这样一个公平运行 α'：

1）α' 包含和 α 一样的事件。

2）α' 中事件以它们在 α 中 *ltime* 的次序发生。

3）α' 和 α 对于任意进程自动机都是不可区分的。

证明概要　类似于定理 18.1 的证明，但是这次是基于推论 14.4。具体证明留为一道习题。

18.2 使用逻辑时间的异步算法

在上一节中，我们为异步发送 / 接收和广播系统定义了逻辑时间这个概念。现在我们给出两个算法来为一个给定的异步发送 / 接收网络算法 A 中的事件产生逻辑时间。这两个算法实际上都是算法变换，这个变换基于同样的底层网络有向图将给定的算法 A "变换"为一个新的异步发送 / 接收算法 $L(A)$。这个变换一个进程一个进程地进行，根据 A_i（A 系统的进程 i）来定义 $L(A)_i$（$L(A)$ 系统的进程 i）。$L(A)$ 中的进程以某种方式合作来"模拟" A 的一个公平运行，这里每个 $L(A)_i$ 模拟相应的 A_i。当 $L(A)$ 中的一个进程模拟 A 的一步时，这个进程同时也"产生"一个逻辑时间值。我们在一些术语上使用引号（比如"变换""模拟""产生"）表示我们并没有这些术语的唯一清楚的含意，在不同的情况下会对这些术语做出稍微不同的解释。

上面我们描述的两个算法都可以修改后应用到广播系统中。

18.2.1 时钟的走动

下面是一个简单的算法变换，用来为一个给定的异步发送 / 接收网络算法 A 的一个运行产生逻辑时间。我们用算法发明人 Lamport 的名字来命名这个变换为 LamportTime 变换。变换的基本原理是维护本地时钟，当收到消息时使时钟向前走动，从而使所有的本地时钟能够达到足够的同步。这里逻辑时间域 T 是二元组 (c, i) 的集合，其中 c 是一个非负整数，i 是一个进程索引；这些二元组是按照字典顺序排序的。

LamportTime 变换：

进程 *LamportTime*$(A)_i$ 中保存着进程 A_i 的状态以及一个取非负整数值、初始值为 0 的本地变量 *clock*。每当进程 i 中发生一个事件时（包括用户接口事件、发送和接收事件以及内部事件）时，这个 *clock* 变量就至少增加 1。一个事件的逻辑时间就定义为由这个事件刚刚发生后的变量 *clock* 的值和作为附加属性的进程索引 i 组成的二元组。

每当进程 i 产生一个发送事件，它首先将它的 *clock* 变量的值加 1 来得到发送事件的 *clock* 值 v，然后它将值 v 作为时戳添加到即将发送的消息中。而当进程 i 产生一个接收事件时，它增加它的 *clock* 变量的值，增加后的 *clock* 值不仅要严格大于原来 *clock* 的值，还要严格大于接收的消息的时戳。这样得到的新 *clock* 的值就是接收事件的 *clock* 值。

更精确地，进程 i 中 *LamportTime*(A) 算法的代码如下所示：

LamportTime(A)$_i$:

Signature:

As for A_i, except that $send(m)_i$ and $receive(m)_i$ actions are replaced,
respectively, with $send(m, c)_i$ and $receive(m, c)_i$ actions, where $c \in \mathbb{N}$.

States:
As for A_i, plus:
$clock \in \mathbb{N}$, initially 0

Transitions:
As for A_i, with the following modifications:
Input action $\neq$ *receive* $send(m, c)_i$

Effect:
 As for A_i, plus:
 $clock := clock + 1$

Locally controlled action $\neq$ send
 Precondition:
  As for A_i.
 Effect:
  As for A_i, plus:
  $clock := clock + 1$

Precondition:
 As for $send(m)_i$ in A_i, plus:
 $c = clock + 1$
Effect:
 As for $send(m)_i$ in A_i, plus:
 $clock := c$

$receive(m,c)_i$
 Effect:
  As for $receive(m)_i$ in A_i, plus:
  $clock := \max(clock, c) + 1$

Tasks:
As for A_i (modulo the replacements).

因为每个进程每一步都增加它的 $clock$ 值，又因为附加判断值，所以 $LamportTime(A)$ 明显满足逻辑时间定义的属性 1 和属性 2。由对接收事件的处理可以得到属性 3。由每一个事件都促使和它关联的 $clock$ 变量至少加 1 这一点可以得到属性 4。

根据在这一节开始时提到的非形式化条件，每个 A_i 的产生 $LamportTime(A)_i$ 的"变换"只是简单地添加新的 $clock$ 组件，再加上维护它的一些代码段。这并没有添加全新类型的操作或者延迟事件。这个"模拟"逐步进行，直接得到 A 的一个公平运行。当进程 $LamportTime(A)_i$ 模拟 A_i 的一步时，"产生"的逻辑时间正是二元组 (c, i)，其中 c 就是执行完这一步后的 $clock$ 的值。

广播 可以很容易地修改 LamportTime 变换以将其应用到异步广播系统中。

18.2.2　延迟未来事件

现在我们给出另一个为发送 / 接收网络算法 A 的一个运行产生逻辑时间的算法变换。根据算法发明人 Welch 的名字，我们命名它为 WelchTime 变换。与 LamportTime 变换类似，WelchTime 变换也是基于维护本地时钟的，只不过这次并不是一收到消息就使时钟前进，而是延迟"太快"到达的消息。从某种意义上说，这个变换比 LamportTime 更具有"侵略性"，因为它在底层执行的事件中引入了延迟。这里逻辑时间域 T 是三元组 (c, i, k)，其中 c 是非负实数，i 是一个进程索引，$k \in \mathbf{N}^+$；三元组是按字典顺序排列的。

WelchTime 变换：

一个进程 $WelchTime(A)_i$ 维护一个本地变量 $clock$，它的值是非负实数。我们假设进程 i 的 $clock$ 值是由一个单独的任务维护的，这样就可以保证 $clock$ 的值是单调非递减的并且可以是无限大的。

一个事件的逻辑时间包括事件发生时的 $clock$ 值，进程索引作为第一个附加判断值（当同一进程中的事件具有相同的 $clock$ 值的时候）以及一个表示执行次序的序列号码作为第二个附加判断值。注意：在算法 A 的任意事件的执行期间 $clock$ 值都是不会变化的。一个发送事件的 $clock$ 值作为一个时戳被附加到即将发出的消息上。

每个进程 i 都维护着一个 FIFO 队列 $receive$-$buffer$，用来保存那些时戳大于等于本地当前 $clock$ 值的消息。当一个消息到达进程 i 时，首先检查它的时戳。如果时戳小于本地当前 $clock$ 值，则立刻处理这个消息；否则，把这个消息放入 $receive$-$buffer$。在每一个本地控制的非时钟步中，进程 i 首先取出并处理 $receive$-$buffer$ 中所有时戳小于当前本地 $clock$ 值的消息；这些消息按照它们在 *receive-buffer* 中出现的次序被处理。

这个算法模拟了当 *A* 中相应消息被处理时（而不是当这个消息刚到达进程 *i* 的时候）的一个 *receive(m)*$_i$ 事件。和这个接收事件相关联的 *clock* 值是这个消息被处理时 *clock* 值。

WelchTime(A) 的属性 4 可以由本地 *clock* 变量的无上界属性得到。本地 *clock* 变量的无上界属性也意味着在一个 *receive-buffer* 中的每个消息最终都会被处理，所以每个接收事件最终都会被模拟并被赋予一个逻辑时间。这样，每一个事件都确实拥有一个逻辑时间。属性 1 和属性 2 可以由附加条件和本地时钟的单调性得到。属性 3 可以由 *receive-buffer* 的属性保证。

根据前面提到的非形式化条件，每个 *A*$_i$ 的用于产生 *WelchTime(A)*$_i$ 的"变换"都是加入并管理 *clock*、*receive-buffer* 和序列号码附加判断值。在这个变换中，*A*$_i$ 的接收动作可以被延迟。这样这个"模拟"产生一个 *A* 的公平运行，这个公平运行根据一些其他的事件重新对 *A* 中的一些接收事件排序。每当进程 *i* 模拟 *A* 的一步时，"产生"的逻辑时间正是三元组 (*clock*, *i*, *k*)，其中 *k* 是作为第二附加判断值的一个序列号码。

需要注意的是，当本地时钟远远不能同步的时候，由 *WelchTime* 变换引入的延迟量将会非常大。这个算法在时钟紧密同步的情况下工作得最好。

广播 可以很容易地修改 *WelchTime* 变换以使其在异步广播系统中工作。

18.3 应用

这一节中，我们给出一些将逻辑时间用于异步网络算法的简单应用。

18.3.1 银行系统

我们考虑在习题 15.43 中给出的问题，计算一个银行系统中所有钱款的总数，这个银行系统没有外来的存款或者提款，钱款只是通过消息在进程之间转移。

这个银行系统可以用一个用户接口中没有动作的异步发送/接收网络算法 *A* 来表示。每个进程都有一个本地变量 *money* 来保存当前存在本地的钱款数量。发送和接收动作使用参数来表示要操作的钱款数量。*A* 中的进程决定何时以及向何地发送多少数量的钱款。我们做一个技术上的假设：每个进程发送给它的每个邻居的消息的数量不受限制。这不是一个严格的限制——加入包含 0 块钱的哑元消息总是可能的。

我们希望有一个异步发送/接收网络算法，其中每个进程决定一个本地的余额，所有余额的总和就是系统中正确的钱款数量。这个算法的运行是由系统中一个或者多个位置收到的外部信号触发的。（这些信号可以随时发生，可以在不同时间发生在不同的地点。）

所以，我们假设算法 *A* 以某种方式（如使用 LamportTime 或者 WelchTime）变换成一个新的系统 *L(A)*，这个新的系统模拟 *A* 并且为 *A* 的事件产生逻辑时间。然后，从 *L(A)* 的更进一步的变换可以得到所需的算法 CountMoney，这里 CountMoney 的每一个进程 *CountMoney*$_i$ 负责"监视"相应 *L(A)* 的进程 *L(A)*$_i$ 的工作。[○]

CountMoney 算法：

算法的核心是一个使用预先决定的逻辑时间 *t* ∈ *T* 的"子例程"，假设 *t* 对所有进程是已知的。假设 *t* 已知，算法细节是：

1）对 *A* 的每个进程，在所有逻辑时间小于等于 *t* 的事件之后和所有逻辑时间大于 *t* 的

○ 这个结构对变换后的算法 *L(A)* 做了一些技术上的假设：这个模拟是一步一步的，并且以一种 CountMoney 的进程能够识别的格式产生 *A* 的每一步和逻辑时间。

事件之前决定 *money* 变量的值。

2）对每个通道，决定所有在逻辑时间小于等于 t 时发送但是在逻辑时间严格大于 t 时接收的消息所包含的钱款数量。

特别地，$CountMoney_i$ 进程负责决定进程 A_i 的 *money* 变量的值以及所有流入 A_i 的通道所包含的钱款总数量。

要决定这些量，进程 $CountMoney_i$ 将每个发送事件的逻辑时间附加到即将发送的消息上，作为时戳。为了决定进程 A_i 的 *money* 变量的值，进程 $CountMoney_i$ 跟踪 A_i 最近模拟的事件之前和之后的 *money* 的值。当模拟 A_i 的第一个逻辑时间严格大于 t 的事件时，$CountMoney_i$ 返回记录的这个事件之前的 *money* 变量的值。（肯定存在这样一个事件，因为 A_i 执行无限多个事件，而逻辑时间小于等于 t 的事件只有限个。）

为了决定从 j 到 i 的通道中的钱款数量，进程 $CountMoney_i$ 需要确定哪些消息是其中 $send_j$ 事件的逻辑时间小于等于 t 的消息、哪些消息是其中 $receive_i$ 事件的时间严格大于 t 的消息。这样，由 A_i 的第一个逻辑时间超过 t 的事件（如其中 $CountMoney_i$ 决定 A_i 的 *money* 值的那个事件）开始，进程 $CountMoney_i$ 记录从通道中到达的消息。只要消息的时戳小于等于 t，它就持续记录这些消息。当一个时戳严格大于 t 的消息到达时，$CountMoney_i$ 返回所有记录的消息的钱款数量的总和。（这样一个消息肯定会到达，因为 A_j 发送无限多条消息给 A_i。）

进程 $CountMoney_i$（在子例程中）计算得到的余额是进程 A_i 和所有入向通道决定的值的总和。

记住所有这些都假定有一个预先决定的逻辑时间 t。由于实际上并不存在这样一个预先决定的 t，因此进程需要一些机制来得到一个。（选择一个任意的 t 是行不通的，因为这个逻辑时间可能在执行子例程之前就已经通过某个进程。）比如，进程可能使用一些预先决定的递增的逻辑时间序列 $t_1, t_2, \cdots$，其中每一个 $t \in T$ 都对某些 i 有 $t \leqslant t_i$，并且进程试图完成所有处于这些逻辑时间的子例程（并行地）。通过广播它们的结果，进程可以确定第一个子例程在所有地方都成功了的 t_i，并且使用那个子例程的结果。

我们讨论对任意给定的 t 的子例程的正确性。首先，对任意固定的 CountMoney 的公平运行，可以看到算法细节都可以产生正确的钱款总数量。这个运行模拟了 A 的一个公平运行 α，并给 α 赋予一个逻辑时间 *ltime*。定理 18.1 暗示存在 A 的另一个包含和 α 相同事件的公平运行 α'，并且对所有的进程 A_i 来说，α' 与 α 是不可区分的，在 α' 中所有的事件是根据它们的 *ltime* 值的次序发生的。算法细节所做的就是在发生任何 *ltime*=t 的事件后立即"切开"运行 α' 并记录这种情况下在所有进程和所有通道中的钱款数量。这样，算法细节在运行 α' 中给出整个系统的一个瞬时全局快照，这个快照当然能得出银行系统的正确钱款总数量。

应该可以直接看出分布式算法实际上正确地实现了算法细节。

例 18.3.1   CountMoney 算法的运行

图 18-4 显示银行算法 A 的一个公平运行 α 的一个接收/发送图，其中 $L(A)$ 赋予了相关联的逻辑时间，在每个进程的相应时间线的顶部都有初始的钱款数量，而在每条消息的边上都标有传输的钱款的数量。

现在考虑模拟运行 α 的 CountMoney 算法的一个公平运行。假设这次运行使用了值 t=7.5。图 18-5 在前一幅图的基础上加上虚线来表示（连接）逻辑时间 7.5 与进程时间线相交的地方。

在 CountMoney 的运行中，进程 1 确定进程 A_1 的 *money* 值为 \$10-\$1+\$5=\$14；进程 2 确定 A_2 的 *money* 值为 \$20+\$1-\$3=\$18；进程 3 确定 A_3 的 *money* 值为 \$30-\$2+\$3-\$5=\$26。

除了进程 3 到进程 2 的通道包含 $2 以外，所有的通道都被确定为空的。钱款总数量可以确定为 $14+ $18+ $26+ $2 =$60，这也是正确的总和。

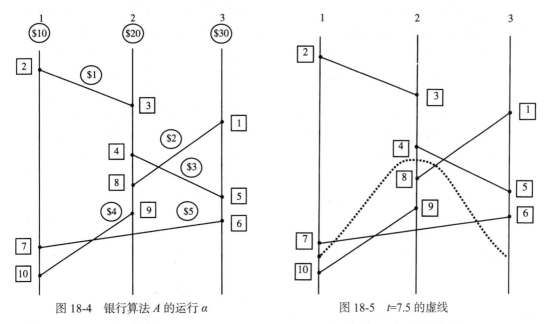

图 18-4　银行算法 A 的运行 α　　　　　　　图 18-5　t=7.5 的虚线

图 18-6 包含被记录的运行 α' 的发送 / 接收图，事件按照逻辑时间的次序发生。这里，与 t=7.5 对应的虚线是水平的并且切到一条边，就是从进程 3 到进程 2 的那条边。可以很容易地看到：计算出的总和精确地刻画了 7.5 时刻 α' 中所有进程和通道的情况。

我们强调在 A 的操作中，除了那些 $L(A)$ 已经引入的延迟之外，CountMoney 算法没有引入新的延迟。

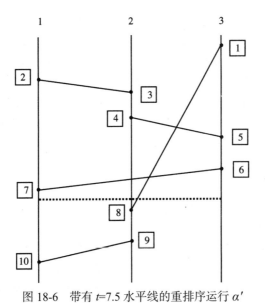

图 18-6　带有 t=7.5 水平线的重排序运行 α'

18.3.2　全局快照

CountMoney 算法的思想可以推广到银行系统外的任意异步发送 / 接收系统。（像前面一样，我们假设每一个进程 A_i 向它的每一个邻居发送消息的数量都是不受限制的。）设想我们要得到 A 的运行过程中某一点的系统状态的瞬时全局快照。这可能是很有用的，比如，用于调试、用于防止系统失败而建立系统状态的一个备份版本、或者用于检测算法是否在所有地方都结束了等全局属性。通过延迟所有的进程和消息是有可能得到一个瞬时全局快照的，因为只要记录下所有需要的信息即可；不过，这种策略在任意实际大小的分布式系统中都是不实用的。

但是对某些应用，可能并不需要一个真实的瞬时全局快照；一个对所有进程"看起来像是"瞬时全局快照的系统状态就已经足够好。我们在上一段列举了一些这种应用的例子；在第19章中将给出其他的例子。在这种情况下，获得整个银行系统的钱款总数量的算法可以改为提供一个异步发送/接收网络系统 A 的可以接受的全局快照。如前所述，A 首先是按逻辑时间前进的。

LogicalTimeSnapShot 算法：

如同 CountMoney 一样，这个算法的核心是一个使用一个预先决定的逻辑时间 $t \in T$ 的子例程，假设 t 被所有进程已知。假设 t 是已知的，则算法细节为：

1）确定所有逻辑时间小于等于 t 的事件之后和所有逻辑时间大于 t 的事件之前的 A 的每一个进程的状态。

2）对每一个通道，决定在逻辑时间小于等于 t 时发送而在逻辑时间严格大于 t 时接收的消息序列。

这些信息是采用与 CountMoney 中使用的分布式算法相同的算法确定的。

每个 LogicalTimeSnapshot 的公平运行都模拟 A 的一个公平运行 α，并对 α 进行逻辑时间赋值 *ltime*。由定理18.1可以得出返回的全局状态是对 A 的另一个公平运行 α' 的一个瞬时全局快照，这个 α' 包含和 α 一样的事件，这些事件按 *ltime* 排序，并且 α' 和 α 对所有进程来说都是不可区分的。这些已经足够用来（比如说）建立系统状态的一个可以接受的备份版本。

18.3.3   模拟一台单状态机

逻辑时间也可以用来使一个分布式系统去模拟一台集中式状态机，或者一个共享的单一变量。回忆一下9.4节中关于变量类型的形式化概念，它由一个值集合 V、一个初始值 v_0、调用和应答的集合以及一个函数 f：调用 $\times V \to$ 应答 $\times V$ 组成。我们现在展示如何在异步广播网络模型中"实现"给定变量类型的一个共享变量 x。

我们考虑这样一种情况，有 n 个用户进程向 x 提交调用并从 x 处得到应答，网络中的节点 i 与用户进程 U_i 一一对应。我们假设各个用户进程串行地发出调用，也就是说，进程一直等待直到收到上一次调用的应答之后才发出新的调用。我们希望用户得到的视图是所有的的操作都应用于一份单独的 x 副本。更精确地，网络作为一个整体（包括隐含的发送/接收操作）应该是一个给定类型的原子对象，就像13.1节中定义的那样。我们没有强加弹性要求；我们只要求良构性、原子性和无故障终止性。

对这个问题有多种可能的解法，其中一些在17.1节中讨论过。比如，一个进程可以维护一份单独的 x 副本，并在这份副本上执行所有的操作——见 SimpleShVarSim 算法。这里我们考虑这样一种解法，每个进程都持有一份私有的 x 副本；每个调用都被广播给所有的进程，然后进程在各自的副本上执行。发起操作的进程在自己的本地副本上执行操作，并可以决定所需的回应。为了使这种算法正确工作——保证所有的进程按照一样的次序在自己的副本上执行操作，并且这些操作发生的点应该在各自的调用–应答间隔内——需要某些同步。我们使用逻辑时间概念来获得所需的同步。

ReplicatedStateMachine 算法：

这个算法由一个琐碎的算法 A 开始。进程 A_i 收到来自用户 U_i 的调用并广播它们。（当进程收到这些调用时如何处理它们并不重要。）另外，如果有必要的话，A_i 广播哑元消息，来保证它可以无限频繁地广播。和之前一样，通过一个变换将逻辑时间加入 A 中，产生 $L(A)$。

主要的算法使用 $L(A)$。除了本地的 x 副本外，每个进程 i 还使用本地变量 *invocation-buffer* 来保存它曾经收到的所有调用以及它的 *bcast* 事件的逻辑时间。进程 i 在执行一个本地调用的 *bcast* 时将这个本地调用放入它的 *invocation-buffer*，在对一个远程调用（也就是发生在另一个进程中）执行 *receive* 时将这个远程调用放入它的 *invocation-buffer*。

进程 i 还维护一个初始为 0 的向量 *known-time*，以跟踪它所收到的每个进程的最大逻辑时间。这样，*known-time*$(i)_i$ 就是进程 i 中最近发生的事件的逻辑时间，*known-time*$(j)_i$ 就是 i 从 j 收到的最后一个消息的 *bcast* 事件的逻辑时间，其中 $j \neq i$。

当下列条件都为真时，进程 i 可以在它的 *invocation-buffer* 中执行一个对它的 x 副本的调用 π。

1）调用 π 在（还没有被进程 i 应用到 x 上的）*invocation-buffer*$_i$ 中的所有调用中逻辑时间最小。

2）对每个 j，*known-time*$(j)_i$ 至少和 π 的逻辑时间一样大。

当进程 i 将一个本地调用的操作应用于它的 x 副本时，它将 x 的应答返回给用户。

引理 18.3 ReplicatedStateMachine 算法实现一个原子对象。

证明 良构性是显而易见的。我们讨论终止性。考虑任意公平运行 α，逻辑时间的属性 1 表示 α 的每一次调用都被赋予一个唯一的逻辑时间。属性 4 表示对任意特定的 t，α 中只有有限多个调用的逻辑时间小于 t。这样，只存在一个唯一定义的 α 中的调用序列 $\prod$，其中调用按照它们 *bcast* 事件的逻辑时间来排序。

可靠广播保证每个进程最终总能将每个调用都放入自己的 *invocation-buffer*。因为 A 的每个进程中发生事件的数量是不受限制的，所以属性 4 意味着每个进程的逻辑时间都会无限地增加。每个进程可以广播无限多次的事实意味着每个进程的 *known-time* 向量中的每个分量也是可以无限增加的。这样我们可以说，通过归纳序列 $\prod$ 中调用的位置，每个调用最终都可以被应用到 x 的每份副本上。这表示每个调用都产生一个应答，终止性得证。

现在我们讨论原子性。考虑任意（有限或无限）运行 α。如前所述（比如，定理 17.4 的证明），我们可以假设 α 中不存在未完成的操作。

我们首先说明每个进程按照操作的逻辑时间的次序无间隔地将这些操作应用到它的本地 x 副本上。这是因为当进程 i 应用一个逻辑时间为 t 的操作 π 到 x 的时候，它会仔细确认没有逻辑时间小于 t 的未决操作，并且它对所有进程的 *known-times* 都至少等于 t。并且任意一对进程之间广播通道的 FIFO 属性意味着进程 i 决不会收到逻辑时间小于 t 的调用。

现在我们为 α 的每一操作定义一个串行化点。也就是说，为在进程 i 中发起的并且其 *bcast* 事件的逻辑时间为 t 的操作 π，选择最早的点（在这些点上，系统中所有进程的逻辑时间都达到大于等于 t）为串行化点。（通过按照逻辑时间的次序排列串行化点来打破点间关联。）我们知道在 α 中迟早会到达这样一个点，因为我们已经讨论过进程 i 必定要应用操作 π 到它的本地 x 副本上。然而，在它的所有 *known-times* 都至少是 t 之前它是不可能做到这一点的，它的所有 *known-times* 都至少是 t 意味着所有的进程逻辑时间都至少达到 t。

注意因为逻辑时间的属性 2 以及 t 是 π 的 bcast 事件的逻辑时间，所以操作 π 的串行化点不可能发生在对 π 的调用之前。另外，π 的串行化点不可能发生在 π 的应答之后，因为发起 π 的那个进程在所有它的 known-times 都至少是 t 之前是不会向用户应答的。这样，串行化点发生在操作的间隔里。

因为串行化点以逻辑时间的次序出现，这也是在本地副本上执行的操作的次序，所以原子性所要求的"收缩"属性满足了。

我们并不能很明显地看出 ReplicatedStateMachine 算法比简单的集中式算法 SimpleShVarSim 优越在哪里；毕竟，ReplicatedStateMachine 算法本质上要求每个进程都要做集中式算法中一个进程所做的工作。在不同进程的逻辑时间正好紧密同步的情况下我们可以看到一个优点。具体地，在 SimpleShVarSim 算法中执行一个操作的时间大致相当于一个双向消息延迟；而在 ReplicatedStateMachine 算法中，只要进程 i 发现所有其他进程都达到由它发起的操作 π 的 bcast 事件赋予的逻辑时间，它就可以立即执行操作 π，如果时钟被紧密同步，那么这需要的时间大致相当于一个单向消息延迟。

ReplicatedStateMachine 算法可以用来实现共享存储器系统的分布式实现中的所有共享变量。这种方法是 17.1 节中建议的实现技巧之外的另一种选择。

对读操作的特别处理　假设在共享变量 x 上实现的一些操作是读操作（或者，更通俗地，不修改变量的值而是返回一个应答的操作）。那么可以修改 ReplicatedStateMachine 算法，使得无须使用 invocation-buffer 机制，在本地执行这些操作。这个修改与那些原子对象相比，正确性保证稍弱，但是对很多应用来说仍然是很合理的。

银行分布式数据库　ReplicatedStateMachine 算法可以在共享变量 x 代表整个银行数据库的环境下使用。这种情况下，典型的操作是存款、取款、增加利息等。这个数据库可能被复制到银行的每一个支行。对这样一个数据库的很多操作，修改次序是非常重要的。比如，当余额低的时候，在存款操作之前或者之后调用取款操作，将会产生不同的结果。这样，由 ReplicatedStateMachine 算法保证的操作应用的一致性的次序是很重要的。

支行常常需要从数据库的本地副本中读取信息，即使这些信息并不完全是最新的。这种情况下，上面所述的对读操作的特别处理是很有用的。

互斥　我们已经在第 10 章针对异步共享存储器模型和在第 20 章中针对异步网络模型定义过互斥问题。简单地说，用户通过 try 动作来请求对一个资源进行独占使用，而系统通过 crit 动作进行授权。用户通过 exit 动作释放资源，系统通过 rem 动作做出应答。假设系统保证任意时刻最多只有一个用户拥有某个资源，并且只要有请求，资源就会不停被授权出去。这里，我们也要求 lockout-freedom，也就是说，每一个请求最终都会被满足。

ReplicatedStateMachine 算法可以被使用到广播网络中来解决互斥问题。这时，共享变量 x 是一个元素为进程索引的队列，支持的操作有 $add(i)$、$first(i)$ 以及 $remove(i)$。$add(i)$ 操作用于将指定的索引添加到队列的尾部。$first(i)$ 操作用于查询，如果 i 是队列的第一个元素就返回 true，否则返回 false。$remove(i)$ 操作用于从队列中删除所有索引 i。令 B_x 是 x 的一个原子对象，这里接口 i 支持所有带有参数 i 的操作。

当用户 i 通过 try_i 事件请求进入临界区时，进程 i 在原子对象 B_x 上调用 $add(i)$ 操作，将 i 添加到队列尾部。然后进程 i 不停地重复调用 $first(i)$ 操作直到返回的结果为 true，这表示 i 到达队列的第一个位置。当 i 收到为 true 的结果时，它允许用户 i 进入临界区并产生事件 $crit_i$。当用户 i 通过 $exit_i$ 事件离开临界区时，进程 i 在原子对象 B_x 上调用

remove(*i*) 操作。当这个操作返回后，进程 *i* 通过 *rem*ᵢ 操作允许用户 *i* 进入剩余区。(这本质上是 10.9.2. 节的 QueueME 算法。)这样通过使用原子对象 *Bₓ* 的实现，特别地，通过使用 ReplicatedStateMachine 算法解决了互斥问题(带有锁定权)。

然而，如果使用 ReplicatedStateMachine 算法，那么一点简单的优化是可能实现的。也就是，修改 *add*(*i*) 操作使它返回一个值：如果队列里 *i* 有前驱 *j* 的话，就返回 *j*，否则返回 *null*。如果返回值是 *null*，那么 *i* 没有前驱，进程 *i* 就可以立刻执行 *crit*ᵢ。否则，进程 *i* 简单地等待直到它在队列的本地副本上对 *i* 的前驱 *j* 执行 *remove*(*j*)(这时它知道用户 *j* 已经释放了资源)。接着它就可以执行 *crit*ᵢ，而 *exit*ᵢ 在之前就已经被处理。

18.4 从实际时间算法到逻辑时间算法的变换 *

到目前为止，我们所论述的每个算法都是建立在一个由逻辑时间加持的异步算法 *A* 的基础上。另外一个策略是使用"实际时间"的概念来设计一个算法，然后用逻辑时间替代实际时间来将其变换成另一个算法。

假设我们从一个异步发送 / 接收网络系统 *A* 开始，这里每个进程 *Aᵢ* 都有一个初始为 0，值域为 $R^{\geq 0}$ 的本地变量 *real-time*。假设所有进程的 *real-time* 变量都由一个全局的实时 I/O 自动机，通过 *tick*(*t*) 输出同时设置所有进程的 *real-time* 变量为 *t* 来维护。(这个 I/O 自动机模型允许一个单独的输出动作和多个的输入动作同步。)对这个实时自动机的唯一要求是作为输出事件的参数出现的时间在任意公平运行中都应该是非递减且无上界的。[⊖]进程 *Aᵢ* 不能修改 *real-time* 变量。

然后就有可能将进程 *Aᵢ* 变换成进程 *Bᵢ*，*Bᵢ* 不使用实际时间，而是使用逻辑时间。*Bᵢ* 没有 *real-time* 变量，而使用 *clock* 变量代替，并且就像 *Aᵢ* 使用 *real-time* 变量一样使用 *clock* 变量。*clock* 变量由 *Bᵢ* 通过逻辑时间的一个实现来维护，这里逻辑时间域是 $R^{\geq 0}$(或者 $R^{\geq 0}$ 的一个子集)。

为了描述这个变换能保证什么，我们考虑系统 *A* 及它的变换版本 *B*，每个都和(每个节点 *i* 一个的)用户自动机 *Uᵢ* 组合起来。我们可以得到：

定理 18.4 对系统 *B* 的每一个公平运行 *α*(比如，*B* 加上用户自动机)，都存在一个对每个 *Uᵢ* 来说都是不可区分的系统 *A*(*A* 加上实时自动机加上用户)的公平运行 *α'*。

这就是说，对每个单独的用户，*B* 的每个公平运行看起来都像是 *A* 的一个运行。

例 18.4.1 银行系统

可以设计一个类似于 CountMoney 但是使用实际时间的算法来计算一个银行的钱款总数量。也就是说，每个进程在发现它的 *real-time* 变量超过 *t* 的那步之前记录它的 *money* 变量的值。然后它记录所有那些具有以下属性的入向消息，这些消息在发送者的 *real-time* 变量小于等于 *t* 时被发送，在进程 *i* 的 *real-time* 变量大于 *t* 时被接收。

可以像上述那样将所得到的算法变换成一个使用逻辑时间的算法。

18.5 参考文献注释

逻辑时间的概念是 Lamport 在他著名的论文 " Time, Clocks and the Ordering of Events

---

⊖ 实时自动机只是一个普通的 I/O 自动机，我们不能对它的输出"频率"做出任意假设。在第 23 ～ 25 章中，我们考虑一个可以表达这种频率假设的模型。

in a Distributed System"[176]中提出的。这篇论文也包括 LamportTime 算法变换以及对 ReplicatedStateMachine 算法核心思想的一小段描述。Lamport 后来扩展了复杂状态机方法以使其能够容忍有限数量的故障[179]。Schneider[255]写了一篇关于使用复杂状态机来实现容错服务的综述。

WelchTime 算法变换由 Welch[286]引入；Neiger 和 Toueg[232]也研究了同一变换，Chaudhuri、Gawlick 和 Lynch[74]则将这个算法扩展成一个部分同步的模型。

CountMoney 和 LogicalTimeSnapshot 算法与 Chandy 和 Lamport[68]的一致全局快照算法紧密相关。

这一章中诸如银行数据库这样的例子由 Lynch、Merritt、Fekete 和 Weihl 在 [207] 中进行了广泛的讨论，讨论集中在银行和其他数据库中的原子操作。

习题 18.17 中刻画的"向量时钟"算法参见 Mattern[222]，Liskov 和 Ladin[197]，以及 Fidge[115]。它应用在 Isis 系统[52]中。对向量时钟应用的综述参见 [256]。

18.6   习题

18.1 证明定理 18.2。

18.2 为 WelchTime 算法变换编写和 LamportTime 代码一样风格的"代码"。

18.3 描述一个发送 / 接收网络的逻辑时间的实现，逻辑时间的值域是 $R^{\geq 0}$。

18.4 在一个周五深夜工作会议上，吃着比萨饼，几个 Flaky 计算机公司的程序员发明了 4 个异步发送 / 接收网络系统的"逻辑时间"概念。这四个概念中的每一个都是通过删去逻辑时间的四个属性中的一个得到的。他们认为这些概念对某些应用可能会很有用。对他们这 4 个概念中的每一个，都做如下操作。

　　a）描述加入这种逻辑时间概念到在一个给定的异步网络算法 A 的运行上的算法变换。

　　b）描述可能的应用。

18.5 CountMoney 算法被明确表达为一个应用到底层银行系统 A 的双重算法变换，这样可能很难看出发生了什么。这道习题中，你整合一个单独的算法。

　　a）针对 18.3.1 节中的银行系统 A，编写前提－结果代码。也就是，你要设定所有进程初始的钱款数量，一些确定何时向谁传送钱款以及传送多少的规则。

　　b）针对 a 中加入逻辑时间后的修订版的算法 A，编写前提－结果代码。你可以选择你喜欢的算法来产生逻辑时间。

　　c）针对 b 使用 CountMoney 算法来产生所需余额的算法的修改版本，编写前提－结果代码。注意加入用来确定一个适当的逻辑时间 t 的机制。

18.6 重新考虑 18.3.1 节中的银行系统例子。现在假设底层的银行系统 A 除了传送外还允许存款和取款（建模为系统用户接口的输入操作）。如果我们如前一般应用同样的 CountMoney 变换，那么产生的系统输出是什么？

18.7 修改 LogicalTimeSnapshot 算法，使其适应广播系统而不是发送 / 接收系统。仔细表述你的算法能够保证什么？

18.8 在 CountMoney 和 LogicalTimeSnapshot 算法中，逻辑时间是附加在每条消息上的。开发另外一种算法，并不将逻辑时间附加在消息上，而是在每条通道发送一条单独的额外 *marker* 消息来表示在逻辑时间小于等于 t 发送的消息和逻辑时间大于 t 发送的消息之间的分隔点。并证明你的算法的正确性。

18.9 在习题 13.21 的基础上给出引理 18.3 的另一种证明。

18.10 假设在 ReplicatedStateMachine 算法中使用"逻辑时间",一种满足属性 1、2 和 4 但是不满足属性 3' 的逻辑时间。那么能得到什么属性?

18.11 开发 18.3.3 节中描述共享变量的修改实现,使其能本地处理读操作。总而言之,证明它并没有实现一个原子对象。详细陈述有哪些正确性条件它没有满足。

18.12 在 18.3.3 节最后部分的优化的互斥算法是分成几部分描述的:一个加入逻辑时间的简单的异步算法 A,ReplicatedStateMachine 算法,以及一个使用重复队列的主算法。将这几部分组合成一个单独的算法。为你的算法编写预处理代码并给出你的算法的证明概要。

18.13 ReplicatedStateMachine 算法使用逻辑时间来在广播网络模型中实现一个原子对象。你怎样修改它以使其工作在发送 / 接收网络模型中?

18.14 给出定理 18.4 的详细证明;这需要准确地描述变换。

18.15 为模拟异步发送 / 接收网络中的单写者 / 多读者共享存储器算法编写一个基于逻辑时间的算法。这必须与 17.1.2 节中的两阶段锁算法不同。共享变量 x 的每个读者都保持 x 的一份本地副本。每个对 x 的读和写操作都要被赋予一个逻辑时间,并且每个操作都必须按照它们逻辑时间的顺序在本地副本上执行。所有的操作都要保证能够结束。

给出前提 – 结果代码,描述结果并证明之,最后分析复杂度。

18.16 如果习题 18.15 变为多写者 / 多读者共享存储器算法,概括你的答案。

18.17 考虑通过将 T 由一个全序集合改为一个偏序集合来弱化逻辑时间的定义为弱逻辑时间。但是,逻辑时间定义的属性 1 ~ 4 必须满足。这样,就不是所有时间都必须按逻辑时间次序相关,但是相互依赖的事件(位于同一节点的事件,或者发送事件的相应的接收事件)必须仍然相关。

a) 给出使用弱逻辑时间的定理 18.1 的版本。它必须根据和给定偏序一致的一个任意的全序来陈述。证明你的结果。

b) 为一个给定异步网络算法 A 的运行开发一个产生弱逻辑时间赋值的算法变换。如果事件之间有依赖性,那么和事件关联的时间只能是与底层偏序 T 相关的。(提示:一个基于长度为 n 的非负整数的集合 T 的算法。如果对所有的 i 有 $C(i) \leqslant C'(i)$ 并且对某些 i 有 $C(i) < C'(i)$,则我们说 $C <_T C'$;也就是说,向量 C' 的所有元素都至少和 C 的相应元素一样大,在某些元素上 C' 严格大于 C。

进程 i 维护一个本地时钟,是 T 中的一个向量,初始全为 0。当进程 i 发生事件时,$clock_i(i)$ 至少增加 1。当进程 i 发送一个消息时,它首先增加 $clock_i(i)$,然后将得到的向量作为时戳附加在消息上。当进程 i 收到一个消息时,它首先增加 $clock_i(i)$,然后将它的时钟向量设置为新增加的时钟向量和消息时戳向量中最大的一个。)

证明你的变换实际上产生了一个弱时间赋值并且如果时间之间有依赖的话则事件的时间是按 T 相关的。

一致全局快照和稳定属性检测

在这一章里，阐述四种简化异步网络编程方法中的最后一种，即对运行中的异步网络算法 A 进行监测。比如，一个监测算法可以：

- 通过检查有没有违反想要得到的不变式断言来协助对 A 的调试
- 产生 A 的全局状态备份版本
- 检测 A 何时终止运行
- 检测 A 的某些进程是否陷入"死锁"，这是一种几个进程都在互相等待对方的状况
- 计算由 A 管理的一些全局量（比如，钱款的总数量）

本章聚焦在两个概念上：一致全局快照和稳定属性检测。一个全局快照返回 A 的一个全局状态，即由 A 的所有进程和通道的状态组成的一个集合。如果在一个进程看来，一个快照是在系统中的同一瞬时到处发生的，那么就说这个快照是"一致的"。这样一个快照对上面所列的所有任务都是有用的。A 的稳定属性是 A 的全局状态的一个属性，如果这个属性曾经是真的，那么它将保持永远为真。稳定属性的例子有系统终止和死锁。

每个监测算法都被描述成原始算法 A 的一个变换版本 $B(A)$；更详细地，$B(A)$ 基于和 A 一样的底层图，并且 $B(A)_i$ 进程是根据相应的 A_i 进程定义的。不把 $B(A)_i$ 表达为一些新的 I/O 自动机和 A_i 的简单组合，因为这个新的 $B(A)_i$ 需要获取 A_i 的状态。更确切地，$B(A)_i$ 被描述为添加了一些新的状态组件和动作并且对旧的动作做了一些修改。我们限制这些变化以使得它们不会过多干扰 A 的操作。

19.1 发散算法的终止检测

我们以考虑一个异步发送 / 接收算法 A 的终止检测问题开始，算法 A 类型特别简单，称作发散算法。

19.1.1 问题

我们假设底层图 G 是任意无向连通图。我们假设在算法 A 中，所有进程的初始状态都是安静的（如 8.1 节中所定义）。也就是说，只有输入动作是允许的。我们考虑这样一种环境下的 A，即对一个单独的（任意的）进程仅仅供给一个单独的输入事件。根据 I/O 自动机的定义，对一个进程来说这样一个输入的到达可以使这个进程执行局部控制动作，包括发送消息给其他的进程。这些消息随后就会唤醒接收进程，而接收进程又会发送更多的消息，如此下去。算法 A 被称为是发散的，因为所有活动都是从输入发生的地方开始并且通过消息"发散"到网络的某些部分中。

如果在 A 的一个全局状态中，没有进程可以执行局部控制动作，并且通道中没有消息，则称这个全局状态是安静的。（这再次和 8.1 节中关于安静的定义一致，只不过这次是应用于

代表整个算法 A 的单个 I/O 自动机。）A 的终止检测问题$^{\ominus}$定义如下：如果在某个进程 A_i 上发生某个输入之后，算法 A 曾经达到一个安静的全局状态，那么最终一个特殊的 $done_i$ 输出在节点 i 上执行。

实际的终止检测包括 $done$ 输出，将由一个监测算法 $B(A)$ 来执行。$B(A)$ 是一个发送 / 接收网络算法，和 A 一样基于图 G。监测算法 $B(A)$ 的进程自动机 $B(A)_i$ 根据相应的进程自动机 A_i 来定义。为了得到 $B(A)_i$，我们允许对 A_i 做如下改变。

- 除了 A_i 的所有状态分量外，$B(A)_i$ 还可以包含新的状态分量。
- $B(A)_i$ 的开始状态在 A_i 的状态分量上的投影必须正好是 A_i 的开始状态。
- 除了 A_i 的动作之外，$B(A)_i$ 可以包含新的输入、输出以及内部动作。
- 原来 A_i 的动作在 $B(A)_i$ 中可能包含新的信息。比如，一个 $send(m)_i$ 动作可能被变换为一个 $send(m,c)_i$ 动作。在 $B(A)_i$ 中 A_i 的动作保持原来的前提条件并且属于和原来一样的任务分割类。它们对 A_i 的状态分量的作用和以前一样，但是它们可能还会作用在新的分量上。
- $B(A)_i$ 的新输入动作只能改变 $B(A)_i$ 的新分量的值。
- $B(A)_i$ 的新局部控制动作的前提条件可能会牵涉到 $B(A)_i$ 的整个状态，包括所有旧的和新的状态分量。但是，新的局部控制动作只能影响 $B(A)_i$ 的新状态分量。它们被归类到 $B(A)_i$ 的新任务分割类中。

19.1.2　DijkstraScholten 算法

我们阐述解决发散算法终止检测问题的 DijkstraScholten 算法。算法的思想是改进底层的算法 A，通过创建和维护一个当前 A 牵涉到的图的节点的生成树。这棵树的根是源节点，即输入发生的那个节点。生成树的创建与 15.3 节中的 AsynchSpanningTree 算法相似，但是更复杂，因为它允许这棵树反复地收缩和生长，并多次融入同一个节点。（同样的复杂性出现在 15.4 节中 AsynchBFS 算法的终止性要求中。）

DijkstraScholten 算法（非形式化）：

算法使用的消息是 A 的消息加上一个 ack 消息。A 中的消息被看作 AsynchSpanningTree 算法中的搜索消息。除了源进程之外的每个进程都指定从哪个邻居接收第一条 A 的消息并将它作为生成树中的父节点。任何随后的 A 的消息都立刻得到确认；只有第一条 A 的消息保持不被确认（目前）。还有，源进程在收到任何 A 的消息后都立刻给予确认。这样，随着 A 的消息在网络中的发送，算法涉及的节点的生成树就创建成功。

现在，我们允许生成树可以"收缩"，通过一个敛播过程来向源进程报告终止。特别地，$DijkstraScholten(A)_i$ 进程期待以下局部条件同时成立：

1）A_i 的状态是安静的；

2）A 的所有出向消息都得到确认。

当它发现这样一个情况，它就"清理"：非源进程向它的父进程发送一个确认消息并且删除所有与这个算法有关的消息，源进程报告它完成了任务。

类似的清理过程在 15.4 节的 AsynchBcastAck 算法中描述过。但是在这里，当一个进程清理后，它可能收到另一个 A 消息，从而促使它再一次加入生成树的创建。实际上，取决于底层算法 A 的消息传递模式，这可能发生任意多次。也就是说，$DijkstraScholten(A)$ 算法的

$\ominus$　这一章中，"终止"表示安静；在这本书的大多数其他地方它表示系统产生一个应答。

生成树可以反复生长和收缩，并且可以在不同的时间以不同的方式生长。

例 19.1.1   生成树的生长和收缩

假设底层图 G 由四个节点 1、2、3 和 4 组成，如图 19-1 所示，考虑以下情形。这里我们使用 $DS(A)_i$ 来作为进程 $DijkstraScholten(A)_i$ 的速记。

a）进程 A_1 收到一个输入，被唤醒，并且向它的邻居 A_2 和 A_3 发送消息。

b）进程 $DS(A)_2$ 和 $DS(A)_3$ 收到从 A_1 来的消息并且设置它们的 $parent$ 指针指向节点 1，随后 A_2 和 A_3 醒来并互相发送消息。因为 $DS(A)_2$ 和 $DS(A)_3$ 都已经有了父进程，所以它们应答确认。接着，A_2 和 A_3 都发送一个消息给 A_4。

c）A_2 的消息首先到达进程 $DS(A)_4$，所以 $DS(A)_4$ 设置它的 $parent$ 指针指向节点 2 并立刻确认 A_3 发来的消息。现在进程 A_1、A_2、A_3 和 A_4 继续执行各自的任务一段时间，在需要的时候互相发送消息；每个消息都立刻得到确认。接着，A_2 达到一个安静状态。但 $DS(A)_2$ 还不能清理，因为它仍然没有收到它发给 A_4 的初始消息的确认。

d）现在 A_4 达到一个安静状态。因为 $DS(A)_4$ 没有未被确认的 A 消息，所以它发送一个确认给它的父进程，接着 $DS(A)_2$ 清理，忘记所有关于这个算法的一切。当 $DS(A)_2$ 收到这个确认时，A_2 仍然处于安静状态并且 $DS(A)_2$ 现在收到它发出的所有 A 消息的确认；因此，$DS(A)_2$ 发送一个确认给它的父进程，然后 $DS(A)_1$ 清理。接着，A_3 发送消息给 A_2 和 A_4。

e）当 A_2 和 A_4 收到这些消息，它们如同以前一样醒来，重置它们的 $parent$ 指针指向节点 3，并继续执行算法 A。

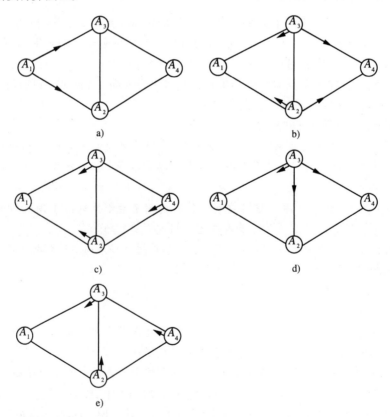

图 19-1 $DijkstraScholten(A)$ 的一个运行。边上的箭头代表正在传递的消息；平行于边的箭头代表 $parent$ 指针

这个执行可以以这种方式无限地继续下去，随着算法 A 相应部分的安静，生成树的一些部分生长和收缩。但是如果全部算法 A 都曾经变得安静，那么这棵树最终会收缩到源节点 1。如果 A_1 到达一个安静状态并且 $DS(A)_1$ 收到所有发出去的消息的确认，那么 $DS(A)_1$ 可以宣布终止。

$DijkstraScholten(A)$ 中进程 i 的代码如下所示。变量 $deficit$ 用来跟踪确认消息的数目。

$DijkstraScholten(A)_i$ 自动机（形式化）：

Signature:

As for A_i, plus:
Input:
 $receive(\text{“}ack\text{”})_{j,i}, j \in nbrs$
Output:
 $send(\text{“}ack\text{”})_{i,j}, j \in nbrs$
 $done_i$

Internal:
 $cleanup_i$

States:

As for A_i, plus:
$status \in \{idle, source, non\text{-}source\}$, initially $idle$
$parent \in nbrs \cup \{null\}$, initially $null$
for every $j \in nbrs$:
 $send\text{-}buffer(j)$, a FIFO queue of ack messages, initially empty
 $deficit(j) \in \mathbb{N}$, initially 0

Transitions:

Input of $A_i \neq receive$
 Effect:
  As for A_i, plus:
  $status := source$

$receive(m)_{j,i}$, m an A message
 Effect:
  As for A_i, plus:
  if $status = idle$ then
   $status := non\text{-}source$
   $parent := j$
  else add $\text{“}ack\text{”}$ to $send\text{-}buffer(j)$

Locally controlled action of $A_i \neq send$
 Precondition:
  As for A_i.
 Effect:
  As for A_i.

$send(m)_{i,j}$, m an A message
 Precondition:
  As for A_i.
 Effect:
  As for A_i, plus:
  $deficit(j) := deficit(j) + 1$

$send(\text{“}ack\text{”})_{i,j}$
 Precondition:
  $\text{“}ack\text{”}$ is first on $send\text{-}buffer(j)$
 Effect:
  remove first element of $send\text{-}buffer(j)$

$receive(\text{“}ack\text{”})_{j,i}$
 Effect:
  $deficit(j) := deficit(j) - 1$

$cleanup_i$
 Precondition:
  $status = non\text{-}source$
  state of A_i is quiescent
  for all $k \in nbrs$
   $deficit(k) = 0$
 Effect:
  add $\text{“}ack\text{”}$ to $send\text{-}buffer(parent)$
  $status := idle$
  $parent := null$

$done_i$
 Precondition:
  $status = source$
  state of A_i is quiescent
  for all $k \in nbrs$
   $deficit(k) = 0$

$$\text{Effect:}$$
$$status := idle$$

Tasks:
As for A_i, plus:
$\{done_i\}$
$\{cleanup_i\}$
for every $j \in nbrs$:
　　$\{send(\text{"}ack\text{"})_{i,j}\}$

可以很清楚地看到 *DijkstraScholten(A)* 的任意全局状态都投影出 *A* 的一个全局状态，*DijkstraScholten(A)* 的任意公平运行都投影出 *A* 的一个公平运行。为了证明 *DijkstraScholten(A)* 正确地检测出 *A* 的终止，我们首先证明一个包含多个不变式断言的引理。关键的不变式断言是最后两个：倒数第二个表明 *parent* 指针构成了非空闲进程的一棵生成树，最后一个表明 *done* 事件表示 *A* 已经达到安静状态。

引理 19.1　在一个包含节点 i 上的输入的运行之后的 *DijkstraScholten(A)* 的任意状态中，以下为真：

1）$status_i \in \{source, idle\}$ 并且 $parent_i = null$。

2）对每个 $j \neq i$，有 $status_j \in \{idle, non\text{-}source\}$，并且如果 $status_j = non\text{-}source$，那么 $parent_j \neq null$。

3）如果 $status_j = idle$，那么 A_j 的投影状态是安静的，$parent_j = null$，并且有 $deficit(k)_j = 0$，其中 j，k 取任意值。

4）对于任意 j 和 k，$deficit(k)_j$ 是下面四项的和：从 j 到 k 的通道里的 A 消息的数量，$send\text{-}buffer(j)_k$ 里的 ack 的数量，从 k 到 j 的通道里的 ack 的数量，1（如果 $parent_k = j$）。

5）如果 $status_i = source$，那么 *parent* 指针构成了一棵以 i 为根的有向树并且刚好是由 $status \neq idle$ 的节点集合组成的。

6）如果 $status_i = idle$，那么对所有的 j 和所有空的通道都有 $status_j = idle$。

证明　此证明留为一道习题。

定理 19.2　*DijkstraScholten(A)* 算法检测到发散算法 *A* 的终止。

证明　引理 19.1 的第 6 点和第 3 点暗示着如果 *DijkstraScholten(A)* 宣布终止，那么实际上 *A* 已经达到安静状态。我们还必须证明所需的活性属性：如果 *A* 达到安静状态，那么最终 *DijkstraScholten(A)* 会宣布终止。

采用反证法。假设在 *DijkstraScholten(A)* 的一个公平运行 α 中，算法 *A* 达到安静状态并且没有 *done* 事件发生。那么，在安静点之后，不会再有 *A* 消息被发送和接收，意味着由 *parent* 指针构建的树（如引理 19.1 第 5 点所述）不会再进一步生长。最终，这棵树必然停止收缩，稳定为一棵固定的树 T。（这棵树 T 必然至少包含源节点，因为我们假设没有 *done* 事件曾经发生过。）既然不会再有 *A* 消息，这棵树也不会再变化，那么最终在全局状态里也不会再有 *ack* 消息。因此，引理 19.1 第 4 点所述的构成 $deficit(k)_j$ 的和的前三项必然是 0，并且任何 $deficit(k)_j$ 可能是非 0 的唯一途径是 $parent_k = j$。但是那样的话 T 的任意叶节点 i 都可以执行清理，所以它最终也这么做。不过这表示 T 进一步收缩，这是一个矛盾。由此可以得到在 α 中最终必然有一个 *done* 事件发生。

复杂度分析　考虑包含 *done* 事件的 *DijkstraScholten(A)* 算法的一个运行。在 α 中发送的消

息总数是 $2m$，其中 m 是被包含的 A 的运行中发送的消息数。从 A 安静到 $done$ 事件发生的时间上界是 $O(m(\ell + d))$，ℓ 和 d 如常一样定义。注意通信和时间复杂度并不直接取决于网络的大小，而是取决于发送的 A 消息数。如果 A 仅仅在网络的一小部分执行一小段时间，那么它通常将发送很小数目的消息，所以 $DijkstraScholten(A)$ 仅仅花费相对较小的开销。另一方面，如果 A 发送大量的消息那么 $DijkstraScholten(A)$ 开销会十分昂贵。

例 19.1.2 广度优先搜索

回想 15.4 节的 AsynchBFS 算法，其中进程修正错误的 $parent$ 信息直到这些信息稳定为止。如阐述的那样，这个算法不会终止，因为进程无法知道算法什么时候会达到安静状态。

为了将 AsynchBFS 算法表达为一个发散算法，我们做一个微小的变动，令进程 i_0 初始时为安静的并且以一个唤醒输入动作来唤醒它。然后我们应用 DijkstraScholten 算法来得到一个会终止的 BFS 算法。这是为 AsynchBFS 介绍的特殊终止算法的系统化版本。

19.2 一致全局快照

现在我们回到为一个运行着的异步发送 / 接收网络算法 A 拍摄一致全局快照的问题。非形式化地说，如果一个快照对系统内各处的所有进程来说都好像是在同一时间拍摄的，那么我们就说这个快照是"一致的"。

19.2.1 问题

再一次地，我们假设底层图 G 是一个任意连通无向图。这里的底层算法 A 是一个发送 / 接收网络算法。快照是由监测算法 $B(A)$ 拍摄的，$B(A)$ 也是一个基于图 G 的发送 / 接收网络算法。同样地，监测算法 $B(A)$ 的进程自动机 $B(A)_i$ 根据相应的 A_i 来定义。

这次我们允许的变化类型和 19.1.1 节中我们允许的那些变化类型相比更一般化一些，但是仍然足以保证 $B(A)$ 的任意公平运行都"包含" A 的一个公平运行。不同的地方在于现在我们允许 $B(A)_i$ "延迟"一个 A_i 的 $send(m)_{i,j}$ 动作，直到 $B(A)_i$ 在从 i 到 j 的通道中在 m 前面放置另外一个消息为止。

我们假设每个 $B(A)_i$ 都有一个输入动作 $snap_i$，该动作给 $B(A)_i$ 发信号来告知其快照拍摄开始。我们要求在 $B(A)$ 的任意公平运行中都包含至少一个 $snap$ 输入事件，最终每个 $B(A)_i$ 都将执行一个 $report_i$ 输出，这个 $report_i$ 输出包含 A_i 的状态以及所有通向 A_i 的 A 的通道的状态。

由所有 $B(A)_i$ 报告的不同状态组成 A 的一个全局状态。我们要求这个状态满足一致性属性。也就是说，令 α 为 A 的一个公平运行，它被包含在一个给定的 $B(A)$ 的公平运行中。存在另一个满足以下所有条件的 A 的公平运行 α'：

1）对每一个 A_i 进程来说，α' 与 α 是不可区分的。

2）α' 的开始部分是 α 的一个前缀 α_1，这个 α_1 发生在给定的 $B(A)$ 运行的第一个 $snap$ 事件之前。

3）α' 的结束部分是 α 的一个后缀 α_2，这个 α_2 发生在给定的 $B(A)$ 运行的最后一个 $snap$ 事件之后。

4）返回的状态正是 α' 的一个前缀之后的全局状态，其中这个前缀包括整个 α_1 但不包括 α_2 的任意事件。

这样，由进程可知，返回的全局状态是在 A 的运行过程中的某一点同时拍摄的。而且，这一点处于快照算法的运行的开始和结束之间的某处。

例 19.2.1　银行系统

令 A 为例 18.3.1 中的银行系统。图 18-4 描绘 A 的一个运行，它包含系统中 3 个进程之间的 5 次钱款转移。（忽略图中的逻辑时间标志。）假设监测算法 $B(A)$ 的一些进程在运行开始的时候收到一个 snap 输入。那么一致全局快照算法可能返回的一个全局状态例子如图 18-5 所示。即，作为 A_1、A_2 和 A_3 各自的状态，$B(A)_1$、$B(A)_2$ 和 $B(A)_3$ 返回 \$14、\$18 和 \$26。除了从 A_3 到 A_2 的那个通道（那里 $B(A)_2$ 报告包含一个值为 \$2 的消息）之外，所有其他通道都被判定为空。所需的另一个运行 α' 如图 18-6 所示。

19.2.2　ChandyLamport 算法

我们已经阐述了一致全局快照问题的一个解法——18.3.2 节中的 LogicalTimeSnapshot 算法。现在我们给出另一个算法——ChandyLamport 全局快照算法，它和 LogicalTimeSnapshot 算法非常相似但是不使用显式的逻辑时间 t。相反地（如习题 18.8 所建议），它使用新的 marker 消息来指出在时间 $\leqslant t$ 时发送的消息和在时间 $>t$ 时发送的消息之间的区分点。

ChandyLamport 算法（非形式化）：

当一个先前还没有涉及快照算法的 $ChandyLamport(A)_i$ 进程收到一个 $snap_i$ 输入时，它记录当前 A_i 的状态。然后它立刻向它的所有出向通道发送一条 marker 消息；这个 marker 消息指出在本地状态被记录之前和之后发送出去的消息之间的边界。[⊖]

然后 $ChandyLamport(A)_i$ 开始记录到达每个入向通道的消息以获得通道的状态；它记录这个通道里的消息直到遇到一个 marker。这个时候，在通道另一端的邻居记录它的本地状态之前，$ChandyLamport(A)_i$ 已经记录了这个通道里发送的所有消息。[⊖]

还剩下一种情况要考虑：设想进程 $ChandyLamport(A)_i$ 在完成记录 A_i 的状态之前收到一个 marker 消息。在这种情况下，一旦收到第一个 marker 消息，$ChandyLamport(A)_i$ 就立刻记录 A_i 的当前状态，发出 marker 消息，并且开始记录入向消息。它收到 marker 消息的那条通道被记录为空。

代码如下。

$ChandyLamport(A)_i$ 自动机（形式化）：

Signature:
As for A_i, plus:

Input:
　$snap_i$
　$receive(\text{"marker"})_{j,i},\ j \in nbrs$
Output:
　$report(s, C)_i,\ s \in states(A_i),\ C$ a mapping from $nbrs$ to finite sequences of A messages

---

⊖　比如，如果 A 是一个例 19.2.1 那样的银行系统，那么在 marker 之前发送的钱款并不包括在发送者记录的本地状态里，但是在 marker 之后发送的钱款包括在内。

⊖　在银行系统的例子中，有些钱款是邻居节点在记录它的本地状态之前发出的，因此没有被邻居节点计算在内，所注内容表示 $ChandyLamport(A)_i$ 已经计算了所有这样的钱款数目。

$send(\textit{“marker”})_{i,j}, j \in nbrs$

Internal:

$internal\text{-}send(m)_{i,j}, j \in nbrs, m$ a message of A

States:

As for A_i, plus:

$status \in \{start, snapping, reported\}$, initially $start$

$snap\text{-}state$, a state of A_i or $null$, initially $null$

for every $j \in nbrs$:

$channel\text{-}snapped(j)$, a Boolean, initially $false$

$send\text{-}buffer(j)$, a FIFO queue of A messages and $markers$, initially empty

$snap\text{-}channel(j)$, a FIFO queue of A messages, initially empty

Transitions:

$snap_i$

Effect:

if $status = start$ then

$snap\text{-}state :=$ state of A_i

$status := snapping$

for all $j \in nbrs$ do

add $\textit{“marker”}$ to $send\text{-}buffer(j)$

Input of $A_i \neq receive$

Effect:

As for A_i.

$receive(m)_{j,i}, m$ an A message

Effect:

As for A_i, plus:

if $status = snapping$

and $channel\text{-}snapped(j) = false$ then

add m to $snap\text{-}channel(j)$

$send(m)_{i,j}$

Precondition:

m is first on $send\text{-}buffer(j)$

Effect:

remove first element of $send\text{-}buffer(j)$

$receive(\textit{“marker”})_{j,i}$

Effect:

if $status = start$ then

$snap\text{-}state :=$ state of A_i

$status := snapping$

for all $j \in nbrs$ do

add $\textit{“marker”}$ to $send\text{-}buffer(j)$

$channel\text{-}snapped(j) := true$

Locally controlled action of $A_i \neq send$

Precondition:

As for A_i.

Effect:

As for A_i.

$internal\text{-}send(m)_{i,j}$

Precondition:

As for $send(m)_{i,j}$ in A_i.

Effect:

add m to $send\text{-}buffer(j)$

$report(s, C)_i$

Precondition:

$status = snapping$

for all $j \in nbrs$

$channel\text{-}snapped(j) = true$

$s = snap\text{-}state$

for all $j \in nbrs$

$C(j) = snap\text{-}channel(j)$

Effect:

$status := reported$

Tasks:

As for A_i, except:

$internal\text{-}send$s are in tasks corresponding to $send$s in A_i,

plus there are new tasks:

$\{report(s, C)_i : s \in states(A_i), C$ a mapping$\}$

for every $j \in nbrs$:

$\{send(m)_{i,j} : m$ a message$\}$

定理 19.3   *ChandyLamport*(A) 算法确定 A 的一个一致全局快照。

证明   固定 *ChandyLamport*(A) 的任意一个公平运行, 其中某个进程收到 *snap* 输入。我们首先证明每个进程最终都会执行一个 *report* 输出。一旦有 *snap* 输入发生在某个 *ChandyLamport*(A)$_i$ 进程中, 这个进程就记录 A_i 的状态并向它的所有通道发送 *marker*。当有其他 *ChandyLamport*(A)$_j$ 进程从某个通道收到一个 *marker* 时, 如果它还没有记录 A_i 的状态和发送 *marker* 到它的所有通道, 它就执行这些动作。鉴于图的连通性, *marker* 最终会传播到所有进程, 所有进程也都会记录它们的本地状态。还有, 每个 *ChandyLamport*(A)$_i$ 进程最终都会收集成它的所有入向通道里的消息 (当它从每个通道都收到一个 *marker* 时)。那么每个 *ChandyLamport*(A)$_i$ 最终都会执行一个 *report* 输出, 得证。

现在我们证明返回的全局状态是一致的。首先, 我们令 α 表示 A 的一个公平运行 (α 中的 *send* 事件和 *ChandyLamport*(A) 的运行中的 *internal-send* 事件相对应), 然后我们构造所需的另一个运行 α' 和它所需的前缀。即令 α_1 为 α 中第一个 *snap* 之前的部分, α_2 为 α 中最后一个 *report* 之后的部分。运行 α' 以 α_1 开始以 α_2 结束; 唯一的重排涉及处在第一个 *snap* 和最后一个 *report* 之间的 α 中的事件。

第一个 *snap* 和最后一个 *report* 之间的每个 α 中的事件都发生在某个 *ChandyLamport*(A)$_i$ 进程中。这些事件可以分为两个集合: S_1 代表在 *ChandyLamport*(A)$_i$ 的用于记录 A_i 状态的事件 (*snap*$_i$ 或者 *receive*(*marker*)$_{j,i}$) 之前发生的那些事件, 和 S_2 代表在这些事件之后发生的那些事件。重排将所有的 S_1 事件放置在所有的 S_2 事件之前, 同时保持每个 A_i 事件的次序以及和每个相应 *receive* 相对的 *send* (由一个 *internal-send* 得到) 的次序。这样一个重排是可能的, 原因在于: 在对 A_i 的状态的记录之后没有 *internal-send*(m)$_{i,j}$ 事件发生, 并且和 *internal-send*(m)$_{i,j}$ 相对应的 *receive*(m)$_{i,j}$ 事件发生在对 A_j 的状态记录之前。(如果一个 *internal-send*(m)$_{i,j}$ 事件是在对 A_i 的状态记录之后发生的, 那么在 *send-buffer*(j) 中 m 被放置在 *marker* 之后。但是这意味着 *marker* 在 m 之前到达 *ChandyLamport*(A)$_j$, 这表示在 m 到达时 A_j 的状态已经被记录。) 以这种方式重排 α 的事件并填写 α 中每个 A_i 的状态产生了序列 α'。

现在考虑正好在 S_1 中所有的事件之后结束的 α' 的前缀 α_3。我们声明 α' 和它的前缀 α_3 满足所有所需的属性; 关键因素是所有进程返回的结果准确地组成了 α_3 之后的 A 的全局状态。很明显, 返回的每个 A_i 的状态正好是 α_3 之后的 A_i 的状态, 因为 α_3 被定义为刚好包括那些在记录 A_i 状态之前的 A_i 的事件。我们还必须验证对通道的记录刚好给出 α_3 之后在 A 的通道里传送的消息。但是 α_3 之后从 i 向 j 传送的消息刚好是其 *internal-send*(m)$_{i,j}$ 事件在记录 A_i 的状态之前发生, 且其 *receive*(m)$_{i,j}$ 事件在记录 A_i 的状态之后发生的那些消息。这些消息刚好就是那些在 *marker* 之前而在 *ChandyLamport*(A)$_j$ 记录 A_j 的状态之后从 *ChandyLamport*(A)$_i$ 到达 *ChandyLamport*(A)$_j$ 的消息, 也刚好是这个通道里被 *ChandyLamport*(A)$_j$ 记录的那些消息。

有向图   很容易看出 ChandyLamport 算法在有向强连通图中工作得和在无向连通图中一样好。

例 19.2.2   两美元银行

令 A 是例 18.3.1 中银行系统的一个简单特例, 这里底层图 G 只有两个节点 1 和 2, 系统中钱款的总数量为 \$2。假设每个进程开始时都有 \$1。我们把 $CL(A)_i$ 作为进程 *ChandyLamport*(A)$_i$ 的速记。

考虑图 19-2 中描绘的 *ChandyLamport(A)* 的公平运行。在这个图中，# 符号代表 *marker*。

a）*snap₁* 发生，导致 $CL(A)_1$ 记录 A_1 的状态为 \$1。然后 $CL(A)_1$ 发送一个 *marker* 给 $CL(A)_2$ 并开始记录收到的消息。

b）A_1 发送 \$1 给 A_2；这个 \$1 进入从 $CL(A)_1$ 到 $CL(A)_2$ 的通道，在 *marker* 之后。

c）A_2 发送 \$1 给 A_1。

d）A_1 收到 \$1 并且 $CL(A)_1$ 将它记录在 *snap-channel*(2)₁ 中。

e）$CL(A)_2$ 收到从 $CL(A)_1$ 来的 *marker*，记录 A_2 的状态为 \$0，发送一个 *marker* 给 $CL(A)_1$，记录输入通道的状态为空，并报告结果。

f）$CL(A)_1$ 收到从 $CL(A)_2$ 来的 *marker*，记录输入通道的状态为一个消息（在 *marker* 之前收到的 \$1）构成的序列，并报告它的结果。

g）A_2 收到 \$1。

算法返回的全局状态如图 19-2h 所示。它由以下部分组成：\$1 在 A_1 中、\$1 在从 A_2 到 A_1 的通道中、没有钱款在 A_2 中或者在从 A_1 到 A_2 的通道中。这产生了正确的钱款总数量 \$2。

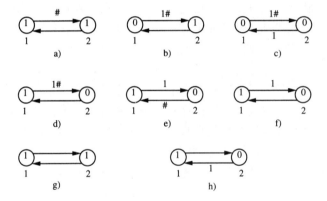

图 19-2　针对两美元银行，*ChandyLamport(A)* 算法的运行

注意：快照算法返回的全局状态实际上没有在 A 的被包含的公平运行 α 中表现出来。然而，它在 A 的另一个公平运行 α' 中表现出来了，在 α' 中事件按照下面的顺序发生：a）A_2 发送 \$1 给 A_1；b）A_1 发送 \$1 给 A_2；c）A_1 收到 \$1；d）A_2 收到 \$1。图 19-3 展示 α 和 α' 的发送 / 接收图。α 的图包括在运行 *ChandyLamport(A)* 中，A_1 和 A_2 的状态被记录在何处。α' 的图展示在 α' 的创建中，这两个记录点是如何排列的。快照算法返回的状态是第二幅图里由水平线表示的状态。

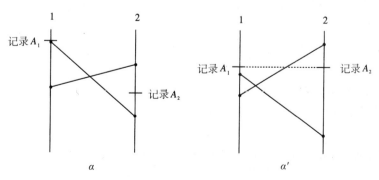

图 19-3　α 和 α' 的发送 / 接收图

复杂度分析 除了 A 的消息之外，*ChandyLamport*(*A*) 算法还使用 $O(|E|)$ 条消息。从第一个 *snap* 事件直到最后一个 *report* 事件之间的时间取决于通道和 *send-buffer* 里堆积的 A 消息数。如果我们忽略这些堆积，那么我们得到的时间上界仅仅是 $O(diam(\ell + d))$，但是忽略它们是不合理的。更实际的时间界限可以根据在快照时间里全局状态中各处出现的 A 消息的总数得到。

19.2.3   应用

在这一小节里，我们给出一致全局快照的一些应用。

银行系统 ChandyLamport 算法（或者其他能够产生一致全局快照的算法）可以用来计算在这一章中描述的银行系统里的钱款总数量。可以被推广这个算法从而允许底层算法 A 管理其他数量的计算。

分布式调试 一致全局快照算法可以用来协助调试分布式算法。分布式算法 A 的设计者可以（而且应该）通过关于 A 的全局状态的不变式断言来描述 A 的关键属性。调试器可以允许 A 运行，不时地获得一致全局快照并且检查对每个快照来说不变式断言是否为真。因为由快照算法返回的每个全局状态都是 A 的一个可达全局状态，所以对这些状态来说不变式断言应该为真。设计者可以在试图详细地推导证明这些不变式断言之前执行这些检查。比如，15.3 节的 AsynchSpanningTree 算法有两个不变式断言，15.3.1 和 15.3.2，它们应该按这种方式得到检查。

需要做些事情来验证返回的全局状态中不变式断言是为真的。比如，全局状态信息可以传送给一个单独的进程，由它在本地验证这些不变式断言。或者，可以通过一个分布式算法使用快照算法返回的信息作为输入数据来验证。比如，断言 15.3.1 可以通过使用一个分布式算法来验证，即验证给定的 *parent* 指针集合构成了一棵以一个给定的节点 i_0 为根的有向生成树；我们将编写这样一个算法的任务留为一道习题。断言 15.3.2 也可以由一个分布式算法来验证。此时的分布式算法特别简单，因为不变式断言可以表达为一系列属性的关联，其中每个属性都可以在本地验证。（本地验证的结果可以敛播给 i_0。）

另一种调试策略是在单独一台处理机上使用 A 的一个集中化模拟。使用 A 的模拟状态，不变式断言可以在 A 的每个模拟步后（或者经常地）得到验证。这种情况下不需要全局快照算法，缺点是模拟会更耗时，因为全部工作都是在单独一台处理机上进行的。

稳定属性检测 异步发送／接收算法 A 的稳定属性 P 是满足下列条件的 A 的全局状态的一个属性：如果对 A 的任何可达状态 s，P 都为真，那么 P 对所有从 s 开始可达的状态 P 也为真。非形式化地说，就是如果在 A 的一个运行中 P 曾经为真，那么从那一刻起 P 就一直保持为真。

确定算法 A 的全局状态的稳定属性 P 是否为真的一个简单策略是使用一个全局快照算法获取一个一致全局快照，然后判断返回的全局状态中 P 是为真还是为假。同样地，这个判断可以通过在一个单独的进程中进行信息收集做出，这个进程可以在本地对 P 做出判断，或者通过一个分布式算法使用快照算法返回的信息作为输入数据做出。一个一致全局快照的正确性条件意味着下面两点：

1）如果快照状态中 P 为真，那么在快照算法的最后一个 *report* 之后的 A 的全局状态中 P 也为真；

2）如果快照状态中 P 为假，那么在快照算法的第一个 *snap* 之前的 A 的全局状态中 P 也为假。

以上第 1 点为真是因为最后一个 *report* 之后的 A 的状态是从快照状态开始可达的，而第 2

点为真是因为快照状态是可以从首次 *snap* 之前的 *A* 的状态开始可达的。这个算法没有提供任何有关当快照算法在进行过程中 *A* 的全局状态中 *P* 是否为真的信息。

终止检测　现在我们回到终止检测问题。这次，考虑一个没有外部输入但是开始状态不一定必须是安静的发送/接收算法 *A*。如果 *A* 曾经到达过一个安静的全局状态（其中没有进程能够执行局部控制动作并且通道中没有消息），那么终止检测算法最终应该输出 *done*。

因为 *A* 没有外部输入，安静是一个稳定属性，所以可以通过使用检测稳定属性的通用策略检测到终止：拍摄一个全局快照，然后判断返回的全局状态是不是安静的。在这种情况下，一旦快照再次被进行，进程 *i* 就可以判断它记录的 A_i 的状态是否是安静以及它记录的入向通道的状态是否是为空。然后这个结果（一个每个进程都有的，用于说明它的信息是否表示安静的二进制位）可以被敛播给生成树中某个独一无二的进程。实际上，每个进程只需要敛播一个单独的二进制位，说明所有在它这个子树中的进程是否报告了安静状态。

如果这个策略总结得出 *A* 已经终止，那么可以保证确实是这样的。而且，如果快照被重复地进行，那么这个策略可以保证最终会检测到终止。

例 19.2.3　广度优先搜索和最短路径

刚才阐述的策略可以用来为 AsynchBFS 和 AsynchBellmanFord 算法检测终止。快照可以由源节点 i_0 初始化。如果检测结果是肯定的，就说明底层的算法已经终止，那么进程 i_0 可以向其他所有进程广播一个消息，告诉它们输出它们的结果。如果检测结果是否定的，就说明底层的算法还没有终止，那么进程 i_0 必须继续执行快照直到某一次返回一个肯定的检测结果。

例 19.2.4　领导者选举

可以使用基于 ChandyLamport 快照算法的终止检测来改进 15.2 节中的异步 OptFloodMax 领导者选举算法，从而得到一个对任意无向连通图都能够终止的领导者选举算法。比如，快照可以由任意其中最大已知 UID 改变了的进程来初始化。在终止被检测到之前可能要执行一些快照。不同快照产生的消息可以加上这个快照的数字标识，从而可以区分不同的快照。

比较这个快照策略以及 DijkstraScholten 算法的开销是十分有趣的，尽管它们用于不同类型的算法。回想一下，*DijkstraScholten(A)* 的通信和时间复杂度依赖于发送的 *A* 消息的总数，而不是网络的大小。这样，如果 *A* 仅仅在网络的一小部分工作一小段时间，那么 *DijkstraScholten(A)* 的开销是比较小的。另外，快照策略总是涉及网络中所有的进程，所以它的开销依赖于网络的大小。但是在快照仅仅需要执行一次（没有堆积的 *A* 消息）的情况下，快照策略的开销并不依赖于发送的 *A* 消息的总数。这样，如果 *A* 工作的时间比较长，发送的消息数量比较多，那么快照策略应该比 *DijkstraScholten(A)* 工作得更好一点。

死锁检测　我们仅仅给出死锁检测问题的一个版本，实际上死锁问题存在很多变式。考虑一个发送/接收网络算法 *A*，其中每个 A_i 进程都有本地状态来指示它是否正在"等待"邻居进程的某个子集（比方说，释放资源）。我们假设当 A_i 在等待一个非空邻居集合时，它处于安静状态；实际上，在它从每一个它等待的邻居那收到一条消息（比方说，告诉它一个资源已经被释放）之前，它不能够执行任何局部控制步。在进程 A_i 收到每一个它等待的进程发送的消息后，它继续等待剩余的进程。我们进一步假设 *A* 没有外部的输入。

在 *A* 的全局状态中，死锁是由两个或多个进程组成的环造成的，每个进程都在等待环中的下一个进程，从任何进程到它环中的前驱的路上也没有消息。死锁是一个稳定属性，因为一旦这样一个环模式被建立，环中就没有进程可以再执行任何局部控制步。这样，我们可以使用检测稳定属性的通用策略来检测死锁：拍摄一个全局快照，然后判断返回的全局状态中是否有死锁。这个判断可以通过在一个单独的进程上收集信息并执行一个顺序的环检测算法做出（比如，使用深度优先搜索）。另外，这个判断也可以通过作用于快照结果的分布式环检测算法做出。

这个策略可以保证仅仅检测真实的死锁。而且，如果反复地进行快照，那么可以保证最终会检测到所有发生了的死锁。

19.3 参考文献注释

DijkstraScholten 算法是由 Dijkstra 和 Scholten[92] 提出的。他们论文中的阐述与这里的有很大不同；他们的论文提供算法的一个"衍生"和证明。DijkstraScholten 的通用化是 Francez 和 Shavit 研究的，其中活动被允许在多个地点开始。其他关于终止检测的工作见 Francez 的论文 [126]。ChandyLamport 一致全局快照算法及其在稳定属性检测中的应用归功于 Chandy 和 Lamport[68]。这个算法是根据 Lamport 早期在逻辑时间 [176] 上的工作衍生而来的。Fischer，Griffetch 和 Lynch[118] 设计了另一个一致全局快照算法，这个算法适合于基于事务的系统（如习题 19.8 讨论的那样）。

我们列出的对底层算法 A 的修改限制来自于程序语言 Unity 中对 *superposition* 操作的定义，这种语言是由 Chandy 和 Misra[69] 设计的。有关分布式死锁检测的代表性的论文来自 Isloor 和 Marsland[161]，Menasce 和 Muntz[224]，Gligor 和 Shattuck[138]，Obermarck[234]，Ho 和 Ramamoorthy[157]，Chandy，Misra 和 Haas[70] 以及 Bracha 和 Toueg[57]。这一章中的死锁检测方法和 Bracha 还有 Toueg[57] 的提出的方法很相近。Tay 和 Loke 设计了一个模型可以用来理解某些死锁检测算法 [274]。

19.4 习题

19.1 在 DijkstraScholten 算法里，算法涉及的进程生成树可以反复地生长和收缩，包含同一个进程很多次。在垃圾回收版本的 AsynchBcastAck 里没有这种行为——那里，一旦一个进程清理了自己的状态，它将永远不会再次加入这个算法中。造成这种行为差异的原因是什么？

19.2 证明引理 19.1。

19.3 对 19.1 节中可终止的广度优先搜索算法，通过应用 DijkstraScholten 到 AsynchBFS，给出你能给出的最好的通信和时间复杂度上界。

19.4 描述如果通过同时使用 DijkstraScholten 算法和 15.4 节中的 AsynchBellmanFord 算法来得到一个可终止的最短路径算法。给出你能给出的最好通信和时间复杂度上界。

19.5 考虑一个以安静全局状态（如发散法中一样）开始的算法 A，使用一个可以在任意多个地点（每地点一个）提交输入的环境。设计一个算法来检测 A 何时到达一个安静的全局状态。这里我们说，当所有从环境中收到输入的进程都执行了 *done* 输出时，终止就被检测到了。

19.6 给出定理 19.3 的证明的更多细节。

19.7 例 19.2.1 给出了银行系统 A 的一个运行 α，以及一个作为一致全局快照算法正确结果的全局状态。

    a）描述一个特殊的返回这个全局快照的 *ChandyLamport(A)* 运行。你可以允许 *snap* 输入随时发生在进程的任意子集上。

    b）将 a 中的结果通用化。

19.8 我们考虑这一章中讨论的银行系统的扩展。假设给出一个发送／接收系统 A，其中每个进程都管理一些数据项，所有进程维护一个分布式数据库。A 运行的唯一动作就是事务。这里，我们简单地定义一个事务为由一系列在数据项上的操作组成的串行程序；整个事务的原子性不是必须的。问题是设计一个作为 A 的变换的新系统 $B(A)$，来判断一个 "合理的" A 的事务一致快照。事务一致快照由某组事务完成后得到的每个 A_i 的一个状态组成。如果一个快照包括所有在快照算法开始之前结束的事务，以及在快照结束之前开始的其他事务的任意子集，那么说这个快照是合理的。

变换 B 不应该过多干涉 A 的操作；比如，当 A 在获取快照的时候 B 不能停止所有的事务。

19.9 根据快照期间出现在全局状态里的 A 消息的数量，证明 $ChandyLamport(A)$ 算法的时间复杂度上界。

19.10 考虑一个带有唯一节点 i_0 的连通无向图 G。设计一个基于图 G 的异步发送/接收算法 A 来验证一个给定的固定 *parent* 指针集合组成了 G 的一个子图的以 i_0 为根的有向生成树。更精确地，假设 A 的每个进程都有一个 *parent* 指针，其值要么为一个邻居进程的索引，要么为 *null*。输出应该是由进程 i_0 产生的。给出你的算法的前提 – 结果代码，证明其正确性，并分析其复杂度。

19.11 如例 19.2.3 所述，使用 ChandyLamport 快照算法来增强 AsynchBFS 算法以进行终止检测。

a）描述一个明确运行（对一个你选择的图 G），其中进程 i_0 首先初始化 AsynchBFS，然后初始化一个快照，并且由快照返回的状态不是安静的。

b）假设每当前一个快照返回一个否定的结果时，i_0 就初始化另一个快照。在成功地返回一个肯定的回答之前调用的快照的数目有上界吗？

19.12 对终止的 DijkstraScholten 和快照策略的比较仅仅对某种算法 A 有意义，其中两种终止策略都能在 A 中应用。描述你可以找到的两种策略都适用的算法的最大类别。

19.13 考虑一组进程，其中每一个都可能在等待它的一些邻居。也就是说，每个进程都有一个固定的本地值 *waiting-for* 来指明这个进程等待的邻居集合。

a）为这些进程设计（比如，给出前提 – 结果代码）一个分布式的环检测算法。你的算法应该判断是否有由两个或更多进程组成的环，环中每个进程都在等待下一个进程，而任何进程到环中它的前驱的路径上也没有消息。

b）证明你算法的正确性并分析它的复杂度。

c）参照 19.2.3 节中描述的问题，展示如何将你的算法用在一个底层异步算法 A 中来检测死锁。

19.14 在死锁问题的另一个版本里，进程如 19.2.3 节所说那样等待一些邻居，不过此时等待的进程仅仅需要从其中一个邻居那收到消息即可，不必收到所有这些邻居的消息。为这个版本的问题定义一个合适的死锁概念，并基于一致全局快照设计一个算法来检测这种新死锁类型。

19.15 描述用于监测发送/接收网络算法的一致全局快照的其他一些应用。

网络资源分配

在第 16 ～ 19 章中完成对异步网络编程通用方法的描述之后，现在继续研究异步网络中的特定问题。在本章中，再一次研究互斥问题以及更通用的资源分配问题，在第 10 章和第 11 章中已经研究过异步共享存储器环境中的这些问题。接着，在第 21 章中，考虑在某些进程可能失效情况下的异步网络中的一致性问题和其他一些问题。第 22 章是研究异步计算的最后一章，其中将研究在不可靠通道上的可靠通信问题。

20.1　互斥

我们从互斥问题开始。

20.1.1　问题

问题陈述和 10.2 节中的问题陈述差不多。和在 10.2 节中一样，用户 $U_1, \cdots, U_n$ 被定义为保持良构性的 I/O 自动机。接着我们假设将要使用的系统 A 是一个异步网络系统，在 A 中每个用户 U_i 都有一个相对应的进程 P_i。动作 try_i、$crit_i$、$exit_i$ 和 rem_i 用于 I/O 自动机 U_i 与进程 P_i 的通信。在发送 / 接收网络环境下，进程 P_i 之间使用图 20-1 中描述的可靠的 FIFO 通道 $C_{i,j}$ 通信。我们同样也将考虑广播系统以及由发送 / 接收系统和广播系统组合而成的系统。（可以把这样一个组合看作多播通道的一个特例——见 14.3.2 节。）

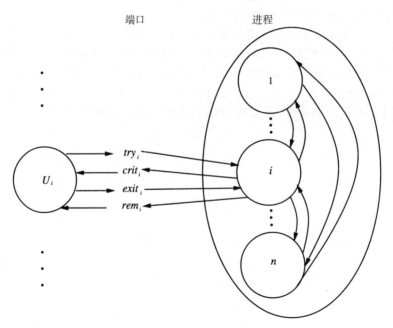

图 20-1　针对互斥问题的组件之间的交互。椭圆内的箭头代表发送 / 接收通道

系统所能保证的基本正确性条件和我们在 10.2 节中定义的一样。也就是说，我们要求系统 A 和用户的组合必须满足下列属性：

良构性　在任意运行中，对任意 i，描述 U_i 和 A 之间交互的序列对 U_i 来说必须是良构的。

互斥性　不存在其中有一个以上的用户同时进入临界区 C 的系统状态（即 A 的全局状态以及所有 U_i 的状态的组合）。

演进性　在一个公平运行的任一时刻，

1）（尝试区的演进性）如果至少有一个用户处于 T，但是没有用户处于 C，那么之后某一点中某个用户进入 C。

2）（退出区的演进性）如果至少有一个用户处于 E，那么之后某一点中某个用户进入 R。

如果对任意的用户组合，异步网络系统 A 都解决互斥问题，那么我们称 A 解决了互斥问题。

在这一章里，我们取消在 10.2 节中所做的限制，即仅当一个进程的用户处于尝试区或者退出区时它才可以执行局部控制动作。这个限制在共享存储器环境下是可行的，因为那里共享变量维护信息，使得这些信息对所有进程来说总是可用的。然而，在网络环境下，不存在共享变量，所以由进程做维护这些信息的工作并且在需要的时候和其他进程交流这些信息。

我们也使用与 10.4 节一样的锁定权条件，即：

锁定权　在任意公平运行中，必须满足下列属性：

1）（尝试区的锁定权）如果所有用户总是释放资源，那么到达 T 的用户最终总会进入 C。

2）（退出区的锁定权）到达 E 的用户最终总会进入 R。

在这一章里，我们有时会分析那些"以隔离方式"操作的请求的通信复杂度和时间复杂度。如果对一个用户发出的请求来说，在它从 *try* 到 *crit* 的这段时间里，其他用户都停留在剩余区中，那么我们就说这个请求是隔离的。

在这一节的剩余篇幅中，我们描述异步网络中的几种互斥算法。

20.1.2　模拟共享存储器

第 10 章给出了很多共享存储器中的互斥算法。使用第 17 章中的技术，我们可以将这些算法变换成异步网络模型中的互斥算法。比如，可以有效地在异步发送 / 接收网络中实现 10.7 节中的 Bakery 算法。

20.1.3　循环令牌算法

异步发送 / 接收网络环境中最简单的互斥算法工作在单向环网络上。

CirculatingToken 算法（非形式化）：

一个代表对资源控制的令牌在环中不停流转。当进程 P_i 收到令牌时，它检查是否有来自用户 U_i 的显著请求。如果没有这样的请求，P_i 就将令牌传给 P_{i+1}。否则，P_i 将资源授权给 U_i，并持有令牌直到 U_i 释放资源。当 U_i 归还资源后，P_i 将令牌传给 P_{i+1}。

形式化代码如下。

CirculatingToken$_i$ 自动机（形式化）：

Signature:

Input:　　　　　　　　Output:
　try$_i$　　　　　　　　*crit$_i$*
　exit$_i$　　　　　　　　*rem$_i$*

$$receive(\text{``}token\text{''})_{i-1,i} \qquad send(\text{``}token\text{''})_{i,i+1}$$

States:

$token\text{-}status \in \{not\text{-}here, available, in\text{-}use, used\}$, initially $available$ if $i = 1$, $not\text{-}here$ otherwise

$region \in \{R, T, C, E\}$, initially R

Transitions:

try_i
    Effect:
        $region := T$

$crit_i$
    Precondition:
        $region = T$
        $token\text{-}status = available$
    Effect:
        $region := C$
        $token\text{-}status := in\text{-}use$

$exit_i$
    Effect:
        $region := E$

rem_i
    Precondition:
        $region = E$
    Effect:
        $region := R$
        $token\text{-}status := used$

$receive(\text{``}token\text{''})_{i-1,i}$
    Effect:
        $token\text{-}status := available$

$send(\text{``}token\text{''})_{i,i+1}$
    Precondition:
        $token\text{-}status = used$ or
           ($token\text{-}status = available$ and $region = R$)
    Effect:
        $token\text{-}status := not\text{-}here$

Tasks:

Each locally controlled action comprises a task by itself.

定理 20.1 CirculatingToken 算法解决互斥问题并且保证锁定权。

证明概要 证明是直截了当的。因为只有一个令牌，而且只有持有令牌的用户才可以进入 C，所以互斥性是得到保证的。因为令牌一直流转直到发现一个请求为止，所以演进性是可以保证的。在令牌在环中流转一圈之前，同一进程的两个连续请求不能都得到满足，所以每个进程都有机会获得令牌，可以保证锁定权。

复杂度分析 首先我们考虑 CirculatingToken 算法的通信复杂度。我们并不清楚应该分析什么，因为消息不是很自然地分给特定请求的。比如，在没有活动请求时仍然有消息在发送。我们只能说在一个 try_i 和相应的 $crit_i$ 之间发送的消息总数最多是 n。我们还可以为"重负载"情况给出分阶段分析，"重负载"是指在每个节点上总是有一个活动请求。（形式化地说，即每个 rem_i 后面都紧接着一个 $try_{i\circ}$）这种情况下，每个请求都只有恒定数量的消息。

对于时间复杂度，我们照常假设 ℓ 是每个进程的任务时间的上界而 d 是任意通道中最早消息的延迟上界。我们还假设 c 是任意用户花在临界区中的时间的上界。那么从一个 try_i 事件到相应的 $crit_i$ 事件所花的时间最多是 $c(n-1) + dn + O(\ell n)$。注意，这个时间范围包含一个 dn 项，这个项即使在负载很轻（比如，隔离请求）的时候也会出现。

虚拟环 如果进程被配置成一个虚拟环，那么 CirculatingToken 算法可以用于任意一个基于强连通有向图 G 的发送/接收网络中。在环上相邻的进程在 G 中不一定非要是相邻的——任意一对进程之间的通信可以由沿着底层网络上的一条有向路径的一系列通信来模拟，这一点可以由 G 的强连通性保障。所得算法的性能则很大程度上取决于图 G 以及进程按照什么样的顺序被安排在环上——这对于在模拟中最小化总路径长度是非常重要的。

容错 在实际应用中，CirculatingToken 算法可以从某些类型的故障中恢复过来。比如，如果一个进程发生故障，且其他进程可以探测到这一信息，那么其他进程能重新配置自己以组成一个新环。再比如，如果令牌丢失，且其他进程可以探测到这一点，则在环上可以使用领导者选举算法产生一个新令牌，领导者选举算法可以是 15.1 节中的任意一个。

在异步模型中，不能检测普遍进程的停止故障和消息丢失，因为进程没有办法从进程或消息仅是被延迟的情形中区分出这种故障。因此，为了达到容错，有必要假定一个更强的模型，这个模型中包含可以宣告这种故障的事件。实际上，这些事件通常是由超时来实现的。

20.1.4　基于逻辑时间的算法

在 18.3.3 节中，我们为异步网络系统（特别是一个广播网络系统）中的互斥问题给出另一种解法。这个方法使用 ReplicatedStateMachine 算法来实现一个代表请求进程索引队列的原子对象。而 ReplicatedStateMachine 算法又使用逻辑时间。这样，这个算法是分成几块来描述的。

这一节介绍一个类似的算法，不过为了更容易地和本章的其他算法比较，我们将算法的几块放到一起描述。为了简单，我们不以 18.3.3 中描述的那种特殊方式来处理本地操作。我们将得到的算法称为 LogicalTimeME 算法。

LogicalTimeME 算法（非形式化）：

这个算法基于本地非负整数的 *clock* 值，使用 LamportTime 变换来产生事件的逻辑时间。逻辑时间是一个二元组（c,i），其中 $c \in \mathbb{N}$ 而 i 是一个进程索引；逻辑时间是按字典序排序的。

算法同时使用广播系统和发送/接收系统通信，且所有互不相同的一对进程之间都可以使用发送/接收系统通信。进程 P_i 维护一个单独的 *history* 数据结构来代替独立的 *invocation-buffer* 和队列。对每个 j，*history*$(j)_i$ 记录着 P_i 收到的来自 P_j 的所有消息，每个消息都包含一个非负整数 c，c 是和这条消息的 *bcast* 事件或 *send* 事件相关的 *clock* 值。和以前一样，*try* 和 *exit* 请求是广播的。每个进程通过一个 *ack* 消息确认每个 *try* 请求，而不再广播哑元消息。

在进程 P_i 的最近一个 *try* 请求到达它的 *history*(i)，并且 P_i 收到的所有其他具有更小逻辑时间的请求都被已处理，以及 P_i 收到来自所有其他进程的一个有更大逻辑时间的消息的情况下，P_i 可以执行一个 *crit*$_i$。（后两个属性一起保证当前不会有具有更小逻辑时间的请求，而且以后也不会有。）只要 P_i 的最近的 *exit* 请求到达它的 *history*(i)，P_i 就可以立刻执行 *rem*$_i$。

在下述代码中，我们令 $\leqslant$ 代表逻辑时间二元组的字典顺序。

LogicalTimeME$_i$ 自动机（形式化）：

Signature:

Input:
 try$_i$
 exit$_i$
 receive$(m)_{j,i}$, $m \in \{$ "try", "exit", "ack" $\}$
  $\times \mathbb{N}$, $1 \leqslant j \leqslant n$,

Output:
 crit$_i$
 rem$_i$
 send$(m)_{i,j}$, $m \in \{$ "ack" $\} \times \mathbb{N}$, $j \neq i$
 bcast$(m)_i$, $m \in \{$ "try", "exit" $\} \times \mathbb{N}$

States:
$region \in \{R, T, C, E\}$, initially R
$clock \in \mathbb{N}$, initially 0
$bcast\text{-}buffer$, a FIFO queue of $\{$ *"try"*, *"exit"*$\}$, initially empty
for every $j, 1 \leqslant j \leqslant n$:
    $history(j)$, a subset of $\{$ *"try"*, *"exit"*, *"ack"*$\} \times \mathbb{N}$, initially $\emptyset$
for every $j \neq i$:
    $send\text{-}buffer(j)$, a FIFO queue of $\{$ *"ack"*$\} \times \mathbb{N}$, initially empty

Transitions:

try_i
    Effect:
        $clock := clock + 1$
        $region := T$
        add *"try"* to $bcast\text{-}buffer$

$bcast(m, c)_i$
    Precondition:
        m is first on $bcast\text{-}buffer$
        $c = clock + 1$
    Effect:
        $clock := c$
        remove first element of $bcast\text{-}buffer$

$receive(m, c)_{j,i}$
    Effect:
        $clock := \max(clock, c) + 1$
        $history(j) := history(j) \cup \{(m, c)\}$
        if $m =$ *"try"* and $j \neq i$ then
            add *"ack"* to $send\text{-}buffer(j)$

$exit_i$
    Effect:
        $clock := clock + 1$
        $region := E$
        add *"exit"* to $bcast\text{-}buffer$

$send(m, c)_{i,j}$
    Precondition:
        m is first on $send\text{-}buffer(j)$
        $c = clock + 1$
    Effect:
        $clock := c$
        remove first element of $send\text{-}buffer(j)$

$crit_i$
    Precondition:
        $region = T$
        $($ *"try"*$, c) \in history(i)$
        $\nexists ($ *"exit"*$, c') \in history(i)$ with $c' > c$
        for all $j \neq i$
            if $($ *"try"*$, c') \in history(j)$, $(c', j) < (c, i)$
            then
                $\exists ($ *"exit"*$, c'') \in history(j)$ with $c'' > c'$
                $\exists (m, c') \in history(j)$ with $(c, i) < (c', j)$
    Effect:
        $clock := clock + 1$
        $region := C$

rem_i
    Precondition:
        $region = E$
        $($ *"exit"*$, c) \in history(i)$
        $\nexists ($ *"try"*$, c') \in history(i)$ with $c' > c$
    Effect:
        $clock := clock + 1$
        $region := R$

Tasks:
$\{crit_i\}$
$\{rem_i\}$
$\{bcast(m)_i : m \in \{$ *"try"*, *"exit"*$\} \times \mathbb{N}\}$
for every $j \neq i$:
    $\{send(m)_{i,j} : m \in \{$ *"ack"*$\} \times \mathbb{N}\}$

定理 20.2 LogicalTimeMe 算法解决互斥问题并且保证锁定权。

证明 我们给出一个操作式证明。为了证明这个算法保证互斥性，我们使用反证法。假设在某个可达系统状态中，进程 P_i 和 P_j 同时处于 C 中。假设（为了不失一般性）P_i 的最近 try 消息的逻辑时间 t_i 小于 P_j 的最近 try 消息的逻辑时间 t_j。那么为了执行 $crit_j$ 并进入 C，P_j 必须看到在它的 $history(i)$ 中有一个来自 P_i 的消息，其逻辑时间大于 t_j，从而也大于 t_i。而从

P_i 到 P_j 的通信通道的 FIFO 属性意味着在 P_j 执行 $crit_j$ 时它必须已经看到 P_i 的当前 try 消息。但是 $crit_j$ 的前提条件规定 P_j 必须已经看到一条来自 P_i 的随后 $exit$ 消息。这意味着当 P_j 执行 $crit_j$ 时 P_i 必须已经离开 C。矛盾。

接着,我们讨论锁定权,这意味着演进性。try 区的锁定权可以由请求是根据它们的 try 消息的逻辑时间的顺序获得服务这一事实得出。我们强调一个具有当前请求中最小逻辑时间的 try 消息最终总会收到一个 $crit$ 回应。那么既然对任意一个特定的 try 消息来说,只有有限多条 try 消息逻辑时间小于它,那么可以归纳得出每个请求都会得到授权响应。

现在假设 P_i 处于 T 并且有当前请求中逻辑时间最小的 try 消息。我们认为 $crit_i$ 的前提条件最终总会得到满足并且保持满足直到 $crit_i$ 发生。广播通道的公平特性意味着 P_i 最终总会收到自己的 try 消息并将其置于自己的 $history(i)_i$ 中。并且,因为 try 消息会收到相应的应答,且 $clock$ 变量是根据 LamportTime 方式来管理的,那么 P_i 最终将从每个其他进程那收到一个逻辑时间大于 t_i 的消息。最后,既然 P_i 的请求是当前逻辑时间最小的请求,那么任何逻辑时间更小的请求肯定已经有一个相应的 $exit$ 事件。那么广播通道的公平性意味着最终 P_i 会收到这些 $exit$ 消息。通过这种方式,$crit_i$ 的所有前提条件最后都得到满足。

退出区的锁定权可以直接得到。

复杂度分析　对于通信复杂度,我们注意到,和 CirculatingToken 算法不一样,在 LogicalTimeME 算法中,消息很自然地分派给特定请求。所以我们计算每个请求的消息数目。对每个请求,只有一个 try 广播和一个 $exit$ 广播,共有 $2n$ 条消息,加上 $n-1$ 条应答 try 消息的 ack 消息。因此准确地说每个请求有 $3n-1$ 条消息。

对于时间复杂度,我们首先考虑用户 U_i 发出隔离请求的情况。实际上,我们考虑"强隔离"请求,这是指我们还要求当 try_i 事件发生时前面请求残留下来的消息不会保存在系统状态中。在这种情况下,从 try_i 到 $crit_i$ 的时间至多只需要 $2d + O(\ell)$,这里 d 是从任意进程 i 到任意其他进程 j 的最早消息(广播或者点对点)的传递时间上界。比较而言,CirculatingToken 算法的时间复杂度有一个 dn 项,即使在隔离请求的情况下也是如此。

我们把从一个 try_i 事件到相应的 $crit_i$ 事件的最坏情况下的时间上界作为一道习题留给读者。

20.1.5　LogicalTimeME 算法的改进

现在我们描述被设计来降低通信复杂度的 LogicalTimeME 算法的一个简单变形。根据设计者把它命名为 RicartAgrawalaME 算法,它的每个请求只使用 $2n-1$ 条消息。它通过以一种更仔细的方式来对请求进行确认以省略 $exit$ 消息,从而改进 LogicalTimeME 算法。这个算法同时使用广播系统和发送 / 接收系统通信,这里任意一对互不相同的进程之间都可以进行发送 / 接收通信。

RicartAgrawalaME 算法:

事件逻辑时间的产生和 LogicalTimeME 算法中的一样。唯一需要广播的消息是 try,而唯一在发送 / 接收通道里发送的消息是 ok。每条消息都携带它的 $bcast$ 事件或者 $send$ 事件的 $clock$ 值。

在一个 try_i 输入后,P_i 像在 LogicalTimeME 里一样广播 try 并且在收到从其他所有进程来的相应的 ok 消息后可以进入 C。这个算法的有趣之处在于它规定了一个进程 P_i 何时发送一条 ok 消息给另一个进程 P_j 的规则。基本思想是使用一个优先级方案。为了应答来自 P_j 的一条 try_j 消息,P_i 会做以下工作:

1）如果 P_i 处于 E 或者 R，或者处于 T 且还没有广播当前请求的 *try* 消息，那么 P_i 应答 *ok*。

2）如果 P_i 处于 C，那么推迟应答直至它到达 E，此时它立即发送所有推迟的 *ok*。

3）如果 P_i 处于 T 并且当前的请求已经广播出去，那么 P_i 把它自己请求的逻辑时间 t_i（*bcast* 事件的）和收到的 P_j 的 *try* 消息相关联的逻辑时间 t_j 进行比较。如果 $t_i > t_j$，那么 P_i 自己的请求被给予一个较低的优先级，P_i 应答一个 *ok* 消息。否则，P_i 自己的请求拥有较高的优先级，它推迟应答直到它完成下一个临界区。这时，它立即发送所有推迟的 *ok*。P_i 可以在收到一个 *exit_i* 之后的任意时间执行一个 *rem_i*。

也就是说，当存在冲突的时候，RicartAgrawalaME 算法通过偏爱由逻辑时间决定的"更早"请求来解决冲突。

定理 20.3 RicartAgrawalaME 算法解决互斥问题并且保证锁定权。

证明 我们给出一个操作式证明。首先我们通过反证法来证明互斥性。假设在某个可达系统状态中，两个进程 P_i 和 P_j 同时处于 C。假设（为了不失一般性）P_i 的最近 *try* 消息的逻辑时间 t_i 小于 P_j 的最近 *try* 消息的逻辑时间 t_j。那么在它们进入 C 之前，P_i 和 P_j 之间肯定互相发送 *try* 消息和 *ok* 消息。另外，在每一个进程中，接收另一个进程发来的 *try* 消息是在它自己发送相应的 *ok* 消息之前的。但这仍然会使不同的事件有几种可能的不同次序，具体请参见图 20-2。

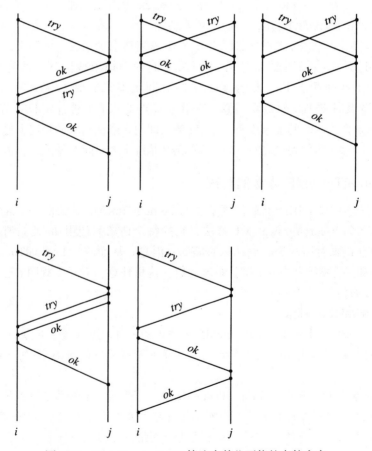

图 20-2   RicartAgrawalaME 算法中某些可能的事件次序

现在我们断定 P_j 的最近 *try* 消息的 *receive* 事件发生在 P_i 广播它自己的最近 *try* 消息之后。否则，逻辑时间的属性意味着这个 *receive* 事件的逻辑时间大于 t_j，且 P_i 产生的 *bcast* 事件的逻辑时间 t_i 大于这个 *receive* 事件的逻辑时间。这样一来有 $t_i > t_j$，矛盾。

因此，在 P_i 收到 P_j 的 *try* 消息的时候，P_i 要么处于 T 要么处于 C。但是在每一种情况中，P_i 的规则规定它应该推迟发送 *ok* 消息直到它完成自己的临界区。这样，在 P_i 离开 C 之前 P_j 是不能进入 C 的，矛盾。

现在我们证明演进性，同样使用反证法。退出区的演进性是显然的。假设在公平运行 α 的某点中，某个用户处于 T 但没有用户处于 C，而在该点之后没有用户曾经进入过 C。那么（如同引理 10.4 的证明），在 α 的某个扩展 α_1 中，所有用户要么在 R 要么在 T，且没有进一步的区域变化发生。那么在 α_1 的某个扩展 α_2 中，所有在 T 中的进程都被赋予一个根据它们最近请求得到的逻辑时间，并且没有消息曾经传送过。在 α_2 中，对于所有处于 T 的进程，令 P_i 是最近请求逻辑时间最小的那个进程，令这个最小的逻辑时间为 t_i。

既然 P_i 一直陷于 T 中，那么肯定有其他某个进程从来没有对 P_i 的最后一个 *try* 消息应答以 *ok* 消息。只可能有两个原因使得 P_j 在收到 P_i 来的 *try* 消息后不立即发出 *ok* 消息：

1）P_j 收到 *try* 消息时处于 C。在这种情况下，因为在 α_2 中没有进程处于 C 中，所以 P_j 必须在 α_2 开始之前完成自己的临界区，并且在这之后发送推迟的 *ok* 消息给 P_i。

2）P_j 在 T 中收到一个请求的逻辑时间为 $t_j < t_i$ 的 *try* 消息。这时，在 α_2 中，对陷于 T 的所有进程，P_i 的请求的逻辑时间是最小的，所以 P_j 肯定是在收到从 P_i 来的 *try* 消息之后，在 α_2 开始之前，进入并完成它的临界区的。但是又一次地，这意味着 P_j 必须发送推迟的 *ok* 消息给 P_i。

在两种情况中，P_i 都收到所有所需的 *ok* 消息并演进到 C，矛盾。

我们把对锁定权属性的证明留为一道习题。

复杂度分析 很容易看出，每个请求都有 $2n-1$ 条消息被发送。对时间复杂度的分析留为一道习题。

另一种优化 通过给 *ok* 消息以不同的解释还可能进一步改进 RicartAgrawalaME 算法。当某个进程 P_i 发送 *ok* 消息给另外一个进程 P_j 时，它不仅同意 P_j 当前的请求，而且允许 P_j 重新进入 C 任意多次——直到 P_j 发送 *ok* 给 P_i 以应答来自 P_i 的 *try* 消息。应答 *try* 消息的规则和 RicartAgrawalaME 算法中的一样。

当一个用户在没有其他用户发出干扰请求的情况下重复请求资源时，这版算法运行得最好。此时，发出请求的用户可以重复地进入它的临界区，不需要在第一个请求发出后再发送其他消息。

20.2 通用资源分配

现在我们考虑异步网络中的更为通用的资源分配问题。

20.2.1 问题

如同 11.1 节中一样，这里的问题定义采用显式资源规格说明和互斥规格说明。我们假设用户自动机和 20.1 节中的一样。

系统保证的基本正确性条件和 11.1 节中的一样。即，对于一个给定的互斥规格说明 ε，我们要求系统和用户的组合满足以下属性：

良构性   在任意运行中，对任意 i，描述 U_i 和 A 之间交互的序列对 U_i 来说必须是良构的。

互斥性   不存在一个可达的系统状态，其中由处于临界区的用户组成的集合是 ε 的一个子集。

演进性   在一个公平运行的任一点中，

1）（尝试区的演进性）如果至少有一个用户处于 T 而没有用户处于 C，那么在之后某点中某个用户进入 C。

2）（退出区的演进性）如果至少一个用户处于 E，那么在之后某点中某个用户进入 R。

如果一个异步网络系统解决了任意用户集合的通用资源分配问题，我们就称它解决了通用资源分配问题。对于显式资源规格说明，我们还考虑：

独立演进性   在一个公平运行的任一点中，

1）（尝试区的独立演进性）如果 U_i 处于 T 并且所有冲突用户都处于 R，那么在之后某点中 U_i 进入 C 或者某个冲突用户进入 T。

2）（退出区的独立演进性）如果 U_i 处于 E 且所有冲突用户都处于 R，那么在之后某点中 U_i 进入 R 或者某个冲突用户进入 T。

我们还要考虑锁定权条件。如同实现互斥性所做的那样，我们取消只有当一个进程的用户处于尝试区或者退出区时它才能够执行局部控制动作的限制。

对于一个给定的资源规格说明 $\mathcal{R}$，只有满足从 try 到 $crit$ 的这段时间所有有冲突请求的其他用户都处于它们的剩余区的条件下，我们才说一个用户请求是隔离的。

哲学家饮水   在 20.2.5 节中我们将要考虑的一个通用资源分配问题的变种涉及同一个用户 U_i 在不同的时间请求不同的资源。这个版本的问题基于一个给定的资源规格说明 $\mathcal{R}$，而且我们假设对每个 i，try_i 动作是由 R_i 的一个任意子集参数化的，R_i 是指定给用户 U_i 的资源集合。互斥性条件被重新解释为针对那个最近被请求的实际资源，而不是由 $\mathcal{R}$ 描述的潜在资源。这就是说，我们要求不存在这样的可达系统状态——两个最近请求集合相交的用户同时处于它们的临界区。演进性条件和锁定权条件都和前面一样。独立演进性条件和隔离请求的定义都重新解释为针对那些实际请求。

这个版本的资源分配问题有时被称为哲学家饮水问题，此时资源被称为瓶子。

20.2.2 着色算法

可以修改 11.3.3 节的着色算法来解决在一个基于无向连通图 G 的异步发送 / 接收网络和一个给定的资源规格说明 $\mathcal{R}$ 的情况中的通用资源分配问题。做到这一点的一种方法是使用第 17 章中描述的某个共享存储器算法模拟。不过，一个目标特定的模拟可以更有效地工作。

着色算法：

除了模拟共享存储器着色算法进程的进程之外，我们再加入一个管理每个资源的进程。这个网络算法的每个进程正确地模拟一个共享存储器算法的进程及资源进程的某个子集。当用户 U_i 执行 try_i 时，进程 P_i 按照以前的颜色升序且一次一个地收集所需资源，这次收集依靠发送消息给相应资源进程来进行。每发送完一条消息，P_i 都等待接收一个应答。每个资源进程都维护一个请求用户队列，将新收到的请求加到队列的尾端。当索引 i 到达一个资源进程的队列头部时，这个资源进程就向 P_i 发回一条消息，然后 P_i 转向请求下一项资源。当 P_i 获得所有所需资源时，它就可以执行 $crit_i$。当 $exit_i$ 发生时，P_i 向所有有关的资源进程发送消息通知它们从各自的队列里移去索引 i。在发送完所有这些消息之后，P_i 就可以执行 rem_i，无须等待资源进程的应答。

这个算法要求进程 P_i 能够和所有进程 P_j 通信, 其中 P_j 负责管理那些根据给定资源规格说明 $\mathcal{R}$ 赋予 i 的资源。通常, 如果相关节点在底层图 G 里都是直接相连的话, 那么这个通信可以直接进行, 否则可以通过将 G 中的边组成一条路径来模拟。

对这个版本的着色算法的分析和 11.3.3 节的共享存储器中的分析差不多。这一次, 时间范围取决于进程步时间的上限、消息传递时间、临界区时间、用于给资源图着色的颜色数量以及请求同一个单独资源的最大的用户数量。不过, 和前面一样, 时间范围不是直接取决于底层图 G 的大小的。

20.2.3 基于逻辑时间的算法

可以推广 RicartAgrawalaME 算法来解决对任意一个资源规格说明 $\mathcal{R}$ 的资源分配问题。现在假设我们使用多播系统和发送 / 接收系统的组合通信。(技术上说, 可以将这看作多播通信的一个特例——见 14.3.2 节。) 必须允许任意进程可以向所有与之共享资源的进程集合进行多播, 而任意两个共享资源的进程之间可以进行发送 / 接收通信。

RicartAgrawalaRA 算法:

进程使用 LamportTime 算法来计算逻辑时间。

在收到一个 try_i 输入后, 进程 i 向所有与之共享资源的进程多播一个带有相关联的 $clock$ 值的 try 消息。当收到从所有这些进程发来的应答消息 ok 后, 进程 i 可以进入 C。进程使用和 RicartAgrawalaME 算法一样的规则来发送 ok 消息, 根据逻辑时间来决定优先级。

进程 i 在收到一个 $exit_i$ 后可以随时执行一个 rem_i。

定理 20.4 对任意给定的资源规格说明, RicartAgrawalaRA 算法都能够解决通用资源分配问题并保证锁定权和独立演进性。

像对 RicartAgrawalaME 算法一样, 我们可以修改 RicartAgrawalaRA 算法以使 ok 消息可以延长许可, 直到被明显撤销为止。

20.2.4 无环有向图算法

在 RicartAgrawalaRA 算法里, 逻辑时间被用来给冲突的请求赋予优先级, 从而打破僵局。还有其他的算法可以用来打破僵局, 比如, 维护一个包含所有进程的无环有向图。

为简单起见, 我们考虑一个满足以下两个限制的显式资源规格说明 $\mathcal{R}$:

1) 每个资源都在正好两个用户的资源集合里。

2) 每对用户至多共享一个资源。

我们将取消这些限制的扩展留为一道习题。

我们假设有一个基于无向连通图 G 的发送 / 接收网络, 每两个共享同一资源的进程在 G 里都有一条边直接相连。同样, 为简单起见, 我们假设在 G 中的所有边都在共享资源的进程之间。

AcyclicDigraphRA 算法:

这个算法以这样一种方式维护 G 中所有边的方向: 在任意时刻, 包含所有有向边的有向图 H 是没有环的。每条边的方向存储在两个端点进程的本地 $orientation$ 变量中, 通过从有向边的头部进程向尾部进程发送 $change$ 消息的方式来改变边的方向。我们必须假设由初始边的方向决定的有向图是无环的。

如果进程 i 处于尝试区并且所有它连着的边的方向都是向内的, 那么它可以执行一个

crit$_i$ 输出。如果进程 i 处于退出区，那么它可以执行 *rem*$_i$，将它所有的 *orientation* 变量都设置为向外，并向所有向内的边发送一条 *change* 消息，这些都是一步完成的。（*change* 消息被同时放入指向所有邻居的本地 *send-buffer* 中。）还有，如果进程 i 处于剩余区并且它的所有边都是向内的，那么进程 i 将它的所有 *orientation* 变量设置为向外，并向它的每条向内边发送一条 *change* 消息，这也是一步完成的。

定理 20.5 AcyclicDigraphRA 算法解决资源分配问题（在上面的限制 1 和 2 下）并保证锁定权。

证明概要 我们以给出在任何一个可达状态中对每条边方向的一个更详细定义开始，对一条边 (i, j)，当 P_i 的关于此边的 *orientation* 变量为"向外"并且 P_j 的 *orientation* 变量为"向内"，或者有一条 *change* 消息在从 P_i 发向 P_j（在 *send-buffer*$(j)_i$ 或者在从 i 到 j 的通道里）时，我们说边 (i, j) 是从 i 指向 j 的。一个不变式断言可以用来说明这个规则在每个可达状态中为每条边确定唯一的方向。

那么我们证明这个不变式断言，即当一个进程 P_i 处于临界区时，所有和它关联的边都是向内的，并且没有 *change* 消息在这些边的任一个方向上传送。这意味着互斥属性。

下面我们证明关键的不变式断言，即有向图 H 是无环的。我们已经假设在初始时这是真的，唯一可以使这个断言不成立的步是改变某些边方向的那些步。但是每个改变边的方向的步同时也会改变一些特定节点上的相关联的所有边的方向，使这些边在这一步之后都是指向外的。因为这步之后没有边向内指向 i，所以这一产生新方向的边的步之后肯定也是没有环的。从而不会产生环。

接着我们证明锁定权，这意味着演进性。我们只考虑尝试区的锁定权；通常，退出区的演进性条件是显然的。因为图是无环的，所以在一个运行的任一点中，我们可以定义图的一个节点 i 的高度为在有向图 H 中从 i 开始的一条有向路径的最大长度。我们首先注意到一个节点的高度永远不会增加，除非它的高度是 0（给此节点上的进程一个机会进入临界区）。我们从而可以得到任何高度为 0 的节点最终都会将所有指向它的边的方向变为向外。使用这些论据，我们得到每个高度 $h > 0$ 的节点最终会拥有一个小一些的高度 h'，这意味着任何高度 $h > 0$ 的节点最终高度会变为 0。这样给予这个节点上的进程一个机会可以进入临界区。

相同进程 AcyclicDigraphRA 算法的一个有趣属性是进程"几乎"都是一样的：除了所有边的初始方向之外它们不使用 UID 或者其他可以相互区别的信息。为了在任意图中解决这个问题，像定理 11.2 那样的论断意味着需要一些打破对称性的方法。这里，对称性是通过有向图 H 初始是无环的这样一个条件来打破的。

20.2.5 哲学家饮水 *

在一个基于无向连通图 G 的具有可靠 FIFO 通道的发送 / 接收网络中，对于一个给定的资源规格说明 $\mathcal{R}$，我们给出一个特别的哲学家饮水问题的解法。这个解法是模块化的——它使用任意一个解决了关于 $\mathcal{R}$ 的资源分配问题的锁定权算法。这个算法我们称为 ModularDP，它的体系结构如图 20-3 所示。每个 U_i 和相应的 D_i 之间使用 *try*(B)、*crit*$_i$、*exit*$_i$ 和 *rem*$_i$ 动作通信。这里，$B \subseteq B_i$，其中 B_i 是由 $\mathcal{R}$ 说明的瓶子（资源）的集合（i 取任意值）。

D_i 和通用资源分配算法之间使用 *internal-try*$_i$、*internal-crit*$_i$、*internal-exit*$_i$ 和 *internal-rem*$_i$ 动作通信；为了避免混淆，我们重命名了这些动作。

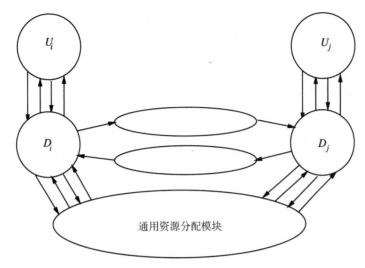

图 20-3　ModularDP 的体系结构

在给定模型下对哲学家饮水问题的一个完全解法必须包括图 20-3 中的综合资源分配模块的一个实现，这个实现是由基于同样的底层图 G 的一个发送 / 接收网络算法 A 完成。完全解法中的进程 P_i 是 D_i 和相应的 A 进程的组合体，通道 $C_{i,j}$ 必须同时实现图 20-3 中的从 D_i 到 D_j 的通道以及 A 中相应的通道。

为简单起见，我们再次对 *AcyclicDigraphRA* 做出关于 R 的一个假设：每个瓶子都属于两个用户的资源集合。我们还假设每两个共享同一瓶子的进程在 G 中都有一条边相连。

ModularDP 算法：

当 D_i 收到 $try(B)_i$ 时，它发送请求消息来请求那些需要但是当前没有的瓶子。请求的接收者 D_j 在 U_j 处于 E 或 R 时满足这个请求。如果 U_j 处于 T 或者 C，那么 D_j 推迟请求，等 U_j 完成它的临界区后再满足这个请求。

为了防止两个进程互相推迟对方的请求从而阻塞算法演进，使用通用资源分配模块来建立进程间的优先级。这样，当处在尝试区的进程 D_i 能够获取优先级时，它就调用 *internal-try_i* 来试图获取。当 D_i 收到一个 *internal-crit_i* 输入而它仍处于尝试区，即当它进入自己的内部临界区时，它发送 *demand* 消息请求所需要的但现在还没有的瓶子。*demand* 消息的接收者 D_j 在拥有这个瓶子的情况下总是满足这个请求，除非 U_j 正好处于使用这个瓶子的临界区；在这种情况下，D_j 推迟这个 *demand* 并在 U_j 完成自己的临界区后满足它。

一旦 D_i 处于自己的内部临界区，我们就可以证明它最终将收到所有它所需的瓶子。当 D_i 处于尝试区并拥有所有的瓶子时，它可以进入自己的临界区。一旦 D_i 进入自己的临界区，它就可以输出 *internal-exit_i*，因为它不再需要和内部临界区相关联的优先级。

D_i 自动机：

Signature:

Input:
　$try(B)_i, B \subseteq B_i$
　$exit_i$
　$internal\text{-}crit_i$
　$internal\text{-}rem_i$
　$receive(m)_{j,i}, m \in \{ \text{"request"}, \text{"bottle"}, \text{"demand"} \} \times (B_i \cap B_j), j \in nbrs$

Output:
> $crit_i$
> rem_i
> $internal\text{-}try_i$
> $internal\text{-}exit_i$
> $send(m)_{i,j}$, $m \in \{$ "request", "bottle", "demand"$\} \times (B_i \cap B_j)$, $j \in nbrs$

States:
$region \in \{R, T, C, E\}$, initially R
$internal\text{-}region \in \{R, T, C, E\}$, initially R
$need \subseteq B_i$, initially $\emptyset$
$bottles \subseteq B_i$; initially arbitrary, subject to the global restriction that the $bottle$ sets for
>   all processes partition the set of all bottles of $\mathcal{R}$.

$deferred \subseteq B_i$, initially $\emptyset$
$current$, a Boolean, initially $false$
for every $j \in nbrs$:
> $send\text{-}buffer(j)$, a FIFO queue of messages in $\{$ "request", "bottle", "demand"$\} \times (B_i \cap B_j)$,
>   initially empty

Transitions:
$try(B)_i$
>   Effect:
> $\quad region := T$
> $\quad need := B$
> $\quad$ for all $j \in nbrs$,
> $\quad\quad$ all $b \in (need \cap B_j) - bottles$, do
> $\quad\quad$ add ("request", b) to $send\text{-}buffer(j)$

$send(m)_{i,j}$
>   Precondition:
> $\quad m$ is first on $send\text{-}buffer(j)$
>   Effect:
> $\quad$ remove first element of $send\text{-}buffer(j)$

$internal\text{-}try_i$
>   Precondition:
> $\quad region = T$
> $\quad internal\text{-}region = R$
>   Effect:
> $\quad internal\text{-}region := T$

$receive($ "demand"$, b)_{j,i}$
>   Effect:
> $\quad$ if $b \in bottles$ and $(region \neq C$ or $b \notin need)$
> $\quad$ then
> $\quad\quad$ add ("bottle", b) to $send\text{-}buffer(j)$
> $\quad\quad bottles := bottles - \{b\}$
> $\quad\quad deferred := deferred - \{b\}$

$receive($ "bottle"$, b)_{j,i}$
>   Effect:
> $\quad bottles := bottles \cup \{b\}$

$crit_i$
>   Precondition:
> $\quad region = T$

$receive($ "request"$, b)_{j,i}$
>   Effect:
> $\quad$ if $region \in \{T, C\}$ and $b \in need$ then
> $\quad\quad deferred := deferred \cup \{b\}$
> $\quad$ else
> $\quad\quad$ add ("bottle", b) to $send\text{-}buffer(j)$
> $\quad\quad bottles := bottles - \{b\}$

$internal\text{-}crit_i$
>   Effect:
> $\quad internal\text{-}region := C$
> $\quad$ if $region = T$ then
> $\quad\quad current := true$
> $\quad\quad$ for all $j \in nbrs$,
> $\quad\quad\quad$ all $b \in (need \cap B_j) - bottles$, do
> $\quad\quad\quad$ add ("demand", b) to $send\text{-}buffer(j)$

$internal\text{-}exit_i$
>   Precondition:
> $\quad internal\text{-}region = C$
> $\quad current = false$
>   Effect:
> $\quad internal\text{-}region = E$

$internal\text{-}rem_i$
>   Effect:
> $\quad internal\text{-}region := R$

$exit_i$
>   Effect:
> $\quad region := E$
> $\quad$ for all $j \in nbrs$,

$$need \subseteq bottles$$

Effect:
　$region := C$
　$current := false$

all $b \in deferred \cap B_j$ do
　add $(\text{"}bottle\text{"}, b)$ to $send\text{-}buffer(j)$
$bottles := bottles - deferred$
$deferred := \emptyset$

rem_i
　Precondition:
　　$region = E$
　Effect:
　　$region := R$

Tasks:
$\{crit_i\}$
$\{exit_i\}$
$\{internal\text{-}try_i\}$
$\{internal\text{-}exit_i\}$
for every $j \in nbrs$:
　$\{send(m)_{i,j} : m \in \{\text{"}request\text{"}, \text{"}bottle\text{"}, \text{"}demand\text{"}\} \times (B_i \cap B_j)\}$

对这段代码需要做出两点解释。第一，我们可以证明当 D_i 收到 $(\text{"}request\text{"}, b)$ 消息时，它确实拥有瓶子 b。这样，在满足或者推迟这个 $request$ 之前 D_i 就不需要去确认 $b \in bottles$。同时，这也使得当 D_i 没有瓶子 b 时可能会收到 $(\text{"}demand\text{"}, b)$ 消息。所以在满足这个 $demand$ 之前，D_i 要确认 $b \in bottles$。

第二，标志 $current_i$ 监视当前是否仍然有一个内部临界区被使用来给当前 U_i 发来的请求赋予优先级。当一个 $internal\text{-}crit_i$ 发生而 $region_i{=}T$ 时 $current_i$ 标志被设为 $true$。当 $crit_i$ 发生时它被设为 $false$。当 $current_i{=}false$ 时，D_i 可以执行 $internal\text{-}exit_i$ 来结束内部临界区。

定理 20.6　通过使用任意锁定权到通用资源分配问题上，ModularDP 算法解决哲学家饮水问题并保证锁定权。

证明概要　良构性很容易得到。互斥性条件源自以下事实：瓶子集合和瓶子消息明确代表瓶子，而且为了执行 $crit$ 输出，进程必须拥有所有所需瓶子。接着我们证明锁定权，这意味着演进性。我们使用通用资源分配模块的特性来证明。

首先，从这段代码可以很容易看出资源分配模块的环境保持了模块的良构性。其次，模块的特性意味着系统的每一次运行都满足模块的良构性和互斥性。还有，每次公平运行都满足模块的锁定权条件。

声明 20.7　在 ModularDP 系统的任意公平运行中，如果每个 $crit$ 后面都紧跟着一个与之对应的 $exit$，那么每个 $internal\text{-}crit$ 后面也都紧跟着一个与之对应的 $internal\text{-}exit$。

证明概要　假设 $internal\text{-}crit_i$ 在一次公平运行 α 的某个时刻发生，且此后 $internal\text{-}exit_i$ 不再发生；令 α_1 是 $internal\text{-}crit_i$ 发生之后立刻开始的 α 的后缀。那么 $current_i$ 在整个 α_1 中肯定始终保持为 $true$。因为如果 $current_i$ 为 $false$，那么 $internal\text{-}exit_i$ 的前提条件就为 $true$，表示 $internal\text{-}exit_i$ 最终必然会发生。还有，根据模块的互斥性条件，在 α_1 过程中没有 D_i 的邻居可以进入自己的内部临界区。

当 $internal\text{-}crit_i$ 事件发生时，必然有 $region_i{=}T$，因为 $current_i$ 为 $true$。因此，作为 $internal\text{-}crit_i$ 事件的一部分，D_i 发送 $demand$ 消息请求所有需要的瓶子。考虑 $(\text{"}demand\text{"}, b)$

消息的接收者 D_j。如果 D_j 拥有瓶子 b 并且没有真正在使用它（比如，不是在 $b \in need_j$ 时进入自己的临界区），那么它发送 ("$bottle$", b) 给 D_i。另外，如果 D_j 正在使用 b，那么既然每个 $crit_j$ 都紧跟着一个 $exit_j$，则 D_j 最终会完成临界区并满足这个推迟的 $demand$。这样，D_i 最终会得到所有所需的瓶子。我们断言它必须占有这些瓶子直到执行 $crit_i$ 为止。这是因为在 α_1 过程中它不再接收请求这些瓶子的 $demand$ 消息；这可以由在 α_1 过程中没有 D_i 的邻居进入自己的内部临界区证明。（这里需要某些不变式断言。）

因为 D_i 获得所有需要的瓶子，所以它最终会执行 $crit_i$。但是这个事件导致 $current$ 被设为 $false$，导出矛盾。

声明 20.7 使我们能够证明下面这个关键的声明。

声明 20.8 在 ModularDP 系统的任意公平运行中，如果每个 $crit$ 后面都紧跟着一个与之对应的 $exit$，那么每个 try 后面也都紧跟着有一个与之对应的 $crit$（比如，每个请求都获得授权）。

证明概要 假设 try_i 在公平运行 α 的某个时刻发生，且此后没有发生过 $crit_i$；令 α_1 是 try_i 发生后立刻开始的 α 的后缀。

如果在 α_1 中发生一个 $internal\text{-}crit$，那么声明 20.7 暗示有一个紧接着的 $internal\text{-}exit$。但是鉴于对 $current$ 标志的处理，上述情况可能发生的唯一途径是在间隙里有一个 $crit_i$ 发生。这是矛盾的。所以我们可以假设在 α_1 中没有 $internal\text{-}crit$ 发生。

如果在 α_1 中 $internal\text{-}region$ 曾经等于 T，那么模块的锁定权属性意味着一个 $internal\text{-}crit$ 最终肯定会发生，矛盾。所以我们可以假设在 α_1 中自始至终有 $internal\text{-}region \neq T$。如果在 α_1 中 $internal\text{-}region$ 曾经等于 R，那么最终会有一个 $internal\text{-}try_i$ 发生，导致 $internal\text{-}region = T$，又构成一个矛盾。所以我们可以假设在 α_1 中自始至终有 $internal\text{-}region \neq R$。使用模块的锁定权属性，我们可以得到在 α_1 中自始至终有 $internal\text{-}region \neq E$。

那么在 α_1 中自始至终唯一的可能性是 $internal\text{-}region = C$。但是因为 α_1 是在一个 try_i 事件之后立刻发生的，所以在整个 α_1 中必然有 $current = false$。而这意味着最终会有一个 $internal\text{-}exit_i$ 发生，导致 $internal\text{-}region = E$，矛盾。

声明 20.8 确定了 ModularDP 系统在尝试区的锁定权；退出区的锁定权是很容易得出的。

复杂度分析 ModularDP 的复杂度范围取决于实现通用资源分配模块的开销。如果底层图 G 的每个节点的最大度数都是 k，那么算法的 D_i 组件的每个请求最多发送 $3k$ 个消息。

对于时间复杂度，像前面一样定义 ℓ 和 d，并且令 c 为 U_i 的临界区长度的上界。假设 T_1 和 T_2 是单个进程在它的内部尝试区和内部退出区分别花费的时间的上界。（T_1 一般来说是一个关于内部临界区长度上界的函数。内部临界区的长度上界为 $c + 3d + O(\ell)$。）那么从一个 try 到与之对应的 $exit$ 的时间界限为 $T_1 + T_2 + c + 3d + O(\ell)$。

对一个"强隔离的"请求，也就是说一个其中所有之前请求的残留消息都已发送出去的隔离请求，时间复杂度至多为 $2d + O(\ell)$。

20.3 参考文献注释

CirculatingToken 算法来自 Le Lann[19]。他的论文讨论了关于互斥算法的不同容错形式，其中包括使用领导者选举算法来重新生成一个丢失的令牌。LogicalTimeME 算法来自 Lamport[176]，RicartAgrawalaME 算法来自 Ricart 和 Agrawala[252]。20.1 节结尾的优化来自 Carvalho

和 Roucairol[64]。Raynal 的书 [250] 包含大量针对异步网络模型和异步共享存储器模型的互斥算法。

哲学家饮水问题是由 Chandy 和 Misra[67] 定义的。他们的论文还提出了一个和 AcyclicDigraphRA 算法非常相似的通用资源分配算法，以及一个通过修改他们的通用资源分配算法构成的哲学家饮水问题的解法。Welch 和 Lynch[285] 开发了以这里这种形式出现的 ModularDP 算法，这个算法基于 Chandy 和 Misra 的思想。特别地，他们将隐含在 Chandy-Misra 算法中的模块化明确表示出来。

其他的网络资源分配问题的研究来自 Styer 和 Peterson[272]，Choy 和 Singh[80]，以及 Awerbuch 和 Saks[37]，他们的论文主要研究如何对运行时间和容错进行改进。

20.4 习题

20.1 给出异步发送 / 接收网络环境下 Bakery 互斥算法的一个实现的前提 − 结果代码。分析你的算法的复杂度。（注意：你的算法可以但不一定非要是通过扩展原始的 Bakery 算法实现的。）

20.2 给出异步发送 / 接收网络环境下 PertersonNP 互斥算法的一个实现的前提 − 结果代码。分析你的算法的复杂度。

20.3 给出定理 20.1 的详细证明。

20.4 假设 G 是一个无向连通图。设计一个基于 G 的有效发送 / 接收网络算法，使得网络中所有进程配置它们自己以形成一个虚拟的环。特别地，假设这些进程有 UID。每个进程必须输出自己在环上的后继进程的 UID，以及一条通向这个后继进程的路径上的所有进程的 UID。尝试最小化所有路径的总长度。

20.5 将 G 换成有向强连通图，重做习题 20.4。

20.6 对 LogicalTimeME 算法的互斥属性给出一个不变式断言证明。（提示：关键不变式断言表示如果进程 i 处于 C，那么和它的 *try* 消息关联的逻辑时间小于任何其他没有后继 *exit* 消息的 *try* 消息的逻辑时间。）

20.7 对 LogicalTimeME 算法，证明一般最坏情况下一个 try_i 事件和与之对应的 $crit_i$ 事件之间时间的界限。记住不要忽略可能的通道堆积。

20.8 "优化" LogicalTimeME 算法以使 *history* 变量不再保存所有曾经收到的消息。也就是说，在压缩保存的消息的同时，使每个进程保持和以前一样的行为。使用一个涉及 LogicalTimeME 的模拟关系来证明你优化后算法的正确性。

20.9 假设我们修改 LogicalTimeME 算法，使得每个进程在收到一条消息后增加它的本地时钟，但是这个增加并不保证新的时钟大于收到的消息所携带的时钟。（这就得到习题 18.4 中的"非逻辑时钟"。）这个修改后的算法还保持哪些正确性？证明你的声明（肯定的和否定的）。

20.10 给出 RicartAgrawalaME 算法的前提 − 结果代码并以之作为一个形式化正确性证明的基础。在你的对互斥性的证明中使用不变式断言。

20.11 证明 RicartAgrawalaME 算法是具有锁定权的并证明从 try_i 事件到相应的 $crit_i$ 事件之间时间的上限。

20.12 给出改进版本的 RicartAgrawalaME 算法的前提 − 结果代码，在这个版本的算法里，*ok* 消息携带可以重复访问临界区的许可。证明你的代码的正确性。

20.13 分析 20.2.2 节中的改进的着色算法的通信复杂度和时间复杂度。

20.14 对于 RicartAgrawalaME 算法做以下工作：

a）写出前提 − 结果代码。

b）证明算法的正确性。

  c）分析算法的复杂度。

  d）构建一个运行使得从一个 try_i 事件到与之对应的 $crit_i$ 事件的时间尽可能长。

20.15 给出改进版本的 RicartAgrawalaRA 算法的前提 - 结果代码，在这个版本的算法里，ok 消息携带可以重复访问临界区的许可。证明你的代码的正确性。

20.16 对于 AcyclicDigraphRA 算法做以下工作：

  a）写出前提 - 结果代码。

  b）给出正确性的详细证明。

  c）判断算法是否保证独立演进性。

  d）分析算法的复杂度。

  e）构建一个运行使得从一个 try 事件到与之对应的 $crit$ 事件的时间尽可能长。

  f）证明一个隔离请求的时间上限。

20.17 解释为什么可以把 CirculatingToken 算法看作 AcyclicDigraphRA 算法的一个特例。

20.18 消除资源规格说明的两个限制以推广 AcyclicDigraphRA 算法。

20.19 给出基于无向连通图 G 的发送 / 接收网络的一个有效算法，对所有边进行定向以形成一个无环有向图 H。你必须假设进程是有 UID 的。

20.20 陈述异步网络环境下的定理 11.2 并给出证明。

20.21 定义一个和 11.3.1 节中类似的等待链概念，不过这次针对 RicartAgrawalaRA 和 Acyclic-DigraphRA 之类的算法，其中每个进程并不明确要求独立的资源。使用你的定义来分析这一章中的资源分配算法的等待链的长度。

20.22 Flaky 计算机公司的程序员决定尝试去改进 AcyclicDigraphRA 算法。即对于处于剩余区的进程，除非收到从某个邻居发来的一个明确 try 消息，否则它的所有向内的边都不会将边的方向改为向外。在从用户 U_i 收到一个 try_i 输入后进程 P_i 向所有邻居发送 try 消息。这个策略有什么错误？

20.23 研究问题：基于给定的资源规格说明 $\mathcal{R}$，为通用资源分配问题设计一个发送 / 接收网络算法。假设任何两个共享资源的进程在底层图中都有一条边相连。你的算法设计应该使某类请求的时间复杂度比较低，其中这类请求具有较小数量 k 的"重叠"冲突请求。尝试令这个时间界限线性于 k。

20.24 研究问题：基于给定的资源规格说明 $\mathcal{R}$，为通用资源分配问题设计一个发送 / 接收网络算法。假设任何两个共享资源的进程在底层图中都有一条边相连。即使是在 G 中与 i 的距离大于等于 k 的进程发生停止故障的情况下，你的算法设计也应该能够保证任意特定进程 i 的锁定权。尝试最小化 k。

20.25 给出定理 20.6 的证明的所有细节。特别地，你要证明一些不变式断言，包括

  断言 20.4.1　如果 $b \in bottles_i$ 且一条（" $demand$ "，b）消息正由 D_j 传向 D_i，那么 $region_j = T$ 和 $internal\text{-}region_j = C$，并且 $current_j = true$。

20.26 证明 ModularDP 的时间复杂度是 $T_1 + T_2 + c + 3d + O(\ell)$。

20.27 考虑使用着色算法（网络版）来实现通用资源分配模块的 ModularDP 哲学家饮水算法。陈述并证明用户在请求得到满足之前的等待时间的上限。

20.28 消除对资源规格说明的限制来推广 ModularDP 算法。

带进程故障的异步网络计算

本章考虑在带进程停止故障的异步网络模型中，能够计算什么和不能够计算什么。在此，假设通信是可靠的，且只考虑进程故障。

首先，我们会证明最终获得的计算性能结果与我们所考虑的系统是发送 / 接收系统还是广播系统没有关系。

接着，我们将针对异步网络模型中的分布式一致性问题，（重新）阐述基本的不可能性结果。这一结论表明，在异步网络模型中，只要存在进程故障，即使能够保证最多只有一个进程故障，也无法解决一致性问题。在第 12 章，曾经讨论这个问题，并针对异步共享存储器环境给出了一个类似的不可能性结果。正如我们在第 12 章的开始所述，对于那些需要一致性的分布式应用，这种不可能性结果有现实的意义。这些应用包括需要就事务提交达成一致性的数据库系统、需要就消息传递达成一致性的通信系统以及需要就故障诊断达成一致性的进程控制系统。这一不可能性结果表明，纯粹的异步算法都是不能够正确工作的。

在余下部分，我们将描述一些绕过这一根本难题的方法：随机选择法、用故障检测机制强化模型法、允许用一组值的一致性而不是一个值、允许使用近似值而不是精确值。

本章对前述章节的依赖性很强，特别是第 7、12 和 17 章。具体来说，异步网络中关于计算性能的许多结果，是通过对异步读 / 写共享存储器系统中关于计算性能的类似结果进行普通变换直接得来的。

21.1 网络模型

我们假定，本章中的模型是一个异步广播系统，该系统采用可靠的广播通道，但会出现进程停止故障（用停止事件表示）。同样，也可以在所有的不同进程对之间考虑采用可靠 FIFO 发送 / 接收通道的发送 / 接收系统：事实表明，从计算性能的角度看，这两个模型是相同的。不难看出，广播模型至少与发送 / 接收模型有同样的功能。下面的定理表明：广播模型的功能并不更强大。

定理 21.1 如果 A 是某个具有可靠广播通道的异步广播系统，那么存在一个具有可靠 FIFO 发送 / 接收通道的异步发送 / 接收系统 B，B 与 A 有相同的用户接口并按照如下方法"模拟" A。对于 B 的每个运行 α，存在 A 的一个运行 α'，使得下列条件成立：

1）α 和 α' 对 U 而言是不可区分的（U 是用户群 U_i 的组合）。

2）任取 i，仅当 α' 中发生停止事件 $stop_i$ 时，α 中才发生该事件。

并且，如果 α 是公平的，那么 α' 也是公平的。

证明概要 对 A 的每个进程 P_i，系统 B 都有一个进程 Q_i。Q_i 负责模拟 P_i，并参加广播通道的模拟。

Q_i 执行 $send(m, t)_{ij}$ 输出，并且执行一个模拟 $receive(m)_{i,i}$ 的内部步，来模拟 P_i 的一个

$bcast(m)_i$ 输出，其中 t 是一个局部整型 tag，$j \neq i$。Q_i 所使用的 tag 值从 1 开始，随每个后续的 $bcast$ 而递增。如果 Q_i 接收 Q_j 所发送的一个消息 (m, t)，通过传递该消息，Q_i 协助模拟 P_j 的广播——确切地讲，它向进程 i 和进程 j 之外的其他所有进程发送 (m, t, j)。Q_i 从 k 接收到 (m, t, j) 后，它继续协助向除进程 i、进程 j、进程 k 之外的 Q_i 还没有向其发送 (m, t, j) 的所有进程发送 (m, t, j)。

同时，Q_i 收集最初从每个 P_j 广播出来的已标记消息 (m, t)，其中 $j \neq i$；这些消息或者直接从 P_j 收到、或者是通过其他进程传递来的。在一个特定时间，允许 Q_i 执行一个内部步，以模拟 A 系统的 $receive(m)_{j,i}$ 事件。具体说，在下面的条件下 Q_i 可以执行这个事件：Q_i 有一个最初从 P_j 广播出来的消息 (m, t)，Q_i 已经将 (m, t, j) 传递给除进程 i 和进程 j 之外的所有进程，且 Q_i 对来自 P_j、所有 tag 值严格小于 t 的消息都已经模拟 $receive_{j,i}$ 事件。

这一证明需要若干关键事实。首先，对于任意的 j，每个进程 Q_i 只有在成功地向其他所有进程发送相应的 (m, t)，从而保证所有进程都将最终从进程 j 收到 (m, t) 之后，才会模拟 $receive(m)_{j,i}$ 事件。其次，尽管进程 Q_i 在接收最初由 P_j 广播的消息时，接收消息的顺序可能与 P_j 广播消息的顺序不同，但 $tags$ 使 Q_i 可以对这些消息进行正确的排序。再次，如果一个 tag 值为 t 的消息是由某个进程 Q_i 发送的，那么来源于 P_i 且其 tag 值小于 t 的消息必定已经发送给所有的进程。

定理 21.1 表明，从计算性能的角度看，无论考虑广播系统还是发送/接收系统都没有关系。当然，这两种系统的复杂性不一样——在上面的模拟中，$receive$ 事件的总数相差大约 n 倍——但本章对复杂性问题涉及不多。由于广播系统中的不可能性结果看起来要略微强烈一些，也简化了算法的书写，因此本章选择广播系统。

21.2 有故障环境中一致性的不可能性

我们采用 12.1 节中的一致性问题定义。尽管该定义是针对共享存储器系统给出的，但它对异步（广播或发送/接收）网络系统同样适用。在此回顾一下这个定义。

系统 A 的用户界面由输入动作 $init(v)_i$ 和输出动作 $decide(v)_i$ 组成，其中 $v \in V$、$1 \leq i \leq n$；同时，A 还有输入动作 $stop_i$。所有下标为 i 的动作在端口 i 处发生。用户 U_i 有输出动作 $init(v)_i$ 和输入动作 $decide(v)_i$，$v \in V$。在每个运行中，假定 U_i 最多执行一个 $init_i$ 动作。

对于一个由 $init_i$ 和 $decide_i$ 动作组成的序列，当它是形式为 $init_i (v), decide_i (w)$ 的序列的某前缀时，称它对 i 来说是良构的。在由 A 和用户 U_i 组成的合成系统中，考虑下面的条件：

良构性条件 在任意一个运行中，任取 i，U_i 和 A 之间的交互对 i 来说是良构的

一致性条件 在任意一个运行中，所有决定值是同样的。

有效性条件 在任意一个运行中，如果所发生的全部 $init$ 动作都包含同一个值 v，那么 v 是唯一可能的决定值。

无故障终止性条件 在所有端口上都发生 $init$ 事件的任意一个公平无故障运行中，每个端口上都发生一个 $decide$ 事件。

如果一个异步网络系统（对所有用户集合）满足良构性条件、一致性条件、有效性条件和无故障终止性条件，我们就说这个系统解决了一致性问题。同样考虑下面的条件。

f 故障终止性条件 $(0 \leq f \leq n)$ 在所有端口上都发生 $init$ 事件的任意一个公平运行中，如果在最多 f 个端口上有 $stop$ 事件，那么在每个无故障端口上都发生一个 $decide$ 事件。

无等待终止性是当 $f=n$ 时的 f 故障终止性的特殊情况。

当然，如果没有容错需求，在异步广播模型中解决一致性问题就很容易。例如，每个进程可以简单地广播其初始值，并对其收到的初始值向量应用某个适当的、共同认可的函数。由于所有进程都保证能收到同样的向量值，因此这些进程将获得同样的结果。

关于广播系统的主要不可能性结果（重复 17.2.3 节）是：

定理 21.2　在采用可靠广播通道的异步广播模型中，没有算法能解决一致性问题和保证单故障终止性。

17.2.3 节给出的证明基于异步广播系统到异步共享存储器系统的变换（定理 17.8）以及一个关于异步共享存储器模型中一致性问题的不可能性结果（定理 12.8）。使用类似于定理 12.8 的证明方式也可以直接证明这个不可能性结果。这个证明留为一道习题。

21.3　随机算法

定理 21.2 阐述在异步网络系统中不可能解决一致性问题，即使这个系统中仅有一个停止故障。然而，这个问题对分布式计算而言是根本性问题，找到绕过这一内在限制的方法非常重要。为获得绕过这一限制的算法，我们要么弱化正确性需求，要么强化模型，要么两者同时进行。

在本节，选择同时弱化正确性需求和强化模型。我们将说明在随机异步网络模型中可以解决一致性问题。这个模型比普通的异步网络模型功能更强，因为它允许进程在计算过程中做随机的选择。另外，有效性条件比以前要略微弱化一些：尽管良构性条件、一致性条件和有效性条件仍需要保证，但终止性条件是概率性的。即所有无故障进程在全部输入都到达之后将在时间 t 内做出决定的概率至少为 $p(t)$，其中 p 是一个特殊的、单调非递减的无界函数。这意味着最终终止性的概率为 1。

在接下来几节，讨论绕过由定理 21.2 阐述的内在限制的其他方法，包括使用故障检测器、允许一个以上的决定值、允许以近似一致性替代精确一致性。

下面的算法是 Ben-Or 提出的，该算法在 $n > 3f$ 和 $V=\{0,1\}$ 条件下有效。形式化地，该算法是 8.8 节中描述的概率化模型的一个实例。

BenOr 算法：

进程 P_i 有两个局部变量 x 和 y，它们的初始值都为 $null$。$init(v)_i$ 输入使进程 P_i 设置 $x :=v$。P_i 执行一组阶段，这些阶段的编号依次为 1、2、$\cdots$，每个阶段由两个回合组成。P_i 从一个 $init_i$ 输入收到它的初始值后，开始执行阶段 1。它将不停地执行这个算法，即使在它做出决定之后。

对每个阶段 $s \geqslant 1$，P_i 执行如下操作：

回合 1：P_i 广播（"$first$"，s，v）消息，其中 v 是 x 的当前值，然后等待获得 $n-f$ 个形式为（"$first$"，s，*）的消息。如果所有消息都有相同的值 v，那么 P_i 设置 $y := v$，否则设置 $y := null$。

回合 2：P_i 广播（"$second$"，s，v）消息，其中 v 是 y 的当前值，然后等待获得 $n-f$ 个形式为（"$second$"，s，*）的消息。会有三种情况。第一种情况是：如果所有消息都有相同的值 v，且 $v \neq null$，那么 P_i 设置 $x := v$，并且如果 P_i 还未执行任意 $decide(v)$ 操作，则执行一个 $decide(v)_i$。第二种情况是：如果不是所有的消息都有相同的值，但至少有 $n-2f$ 个消息有相同值 $v \neq null$，那么 P_i 设置 $x := v$（但不做决定）。（根据假设 $n > 3f$ 可知，不可能存在两个满足这种条件的不同 v 值。）否则，P_i 按相同概率随机设置 x 为 0 或 1。

需要提醒读者注意的是，BenOr 算法的组织和 6.3.3 节 TurpinCoan 算法的组织之间存在相似性。

引理 21.3   BenOr 算法保证良构性条件、一致性条件和有效性条件。

证明   良构性条件是显面易见的。对于有效性条件，假设在一个执行中所发生的全部 *init* 事件都包含同一个值 v。那么显然，任意完成了阶段 1 的进程都必须在这个阶段决定出值 v。这是因为每个进程在（"*first*"，1,*）消息中发送或接收的值都是 v，所以在（"*second*"，1,*）消息中发送的值也只能是 v。

对于一致性条件，假设进程 P_i 在阶段 s 决定出值 v，并且没有进程在比编号 s 更前的阶段决定 v。那么 P_i 一定接收了 $n-f$ 个（"*second*"，s，v）消息。这意味着其他完成了阶段 s 的进程 P_j 都至少收到了 $n-2f$ 个（"*second*"，s，v）消息，因为 P_i 收到其消息的全部进程，而 P_j 收到其消息的进程数不超过 f 个。这意味着在阶段 s，P_j 不能决定出不同于 v 的值；而且 P_j 在阶段 s 设置 $x := v$。因为这一情形对所有完成阶段 s 的进程 P_j 都成立，所以（和有效性条件的证明一样）完成阶段 $s+1$ 的进程都一定在阶段 $s+1$ 决定出 v。

下面考虑终止性条件。首先，不难看出算法将在后续阶段中继续演进；这个事实并不依赖于概率。

引理 21.4   在 BenOr 算法的其中 *init* 事件发生在所有端口上的公平运行中，每个无故障进程都完成无限多个阶段。而且，如果 ℓ 是每个进程任务的时间上界，且 d 是最早消息处在从每个 P_i 到每个 P_j 传递途中的传递时间上界，那么在最后的 *init* 事件后，每个无故障进程在 $O(s(d+\ell))$ 时间内完成阶段 s。

然而，引理 21.4 并不意味着每个无故障进程最终都会做出决定。事实上，BenOr 算法并不保证点，它只是概率性成立。

例 21.3.1   一个无决定值的运行

令 $n = 3f + 1$，我们来描述 BenOr 算法的一个公平运行，该运行中没有进程做出决定。每个阶段 s 的过程也一样，如下所述：

有 m 个进程从 $x = 0$ 开始，$f + 1 \leqslant m \leqslant 2f$，其余进程从 $x = 1$ 开始。在第 1 回合后，所有进程有 $y = null$，且在第 2 回合，所有进程都随机选择自己的新 x 值。其中 m' 个进程的随机选择为 0，$f + 1 \leqslant m' \leqslant 2f$，其余为 1，导致 m' 个进程以 $x = 0$ 开始阶段 $s + 1$，其余进程以 $x = 1$ 开始阶段 $s + 1$。

与 11.4 节相同，我们假设算法中的所有非确定性选择（这里指下一步发生哪个动作、什么时候执行、结果状态如何）都受一个对手的控制。我们强制这个对手来加强所有进程 I/O 自动机和广播通道自动机的公平性条件。我们同时还强制该对手遵从常用的时间限制：进程内任务的时间上界 ℓ，以及最早消息处于从每个 P_i 到每个 P_j 传递途中的传递时间上界 d。最后，我们需要该对手允许在所有端口上发生 *init* 事件。假设该对手知道全部的过去执行。任意一个这样的对手可决定算法执行的概率分布。

引理 21.5   对于任意一个对手和任意 $s \geqslant 0$，所有无故障进程在 $s + 1$ 个阶段内做出决定的概率至少为 $1 - \left(1 - \dfrac{1}{2^n}\right)^s$。

证明概要 在 $s = 0$ 时比较简单。考虑 $s \geqslant 1$ 的阶段。我们论述所有无故障进程在阶段 s 结束时选择同样值 x 的概率至少为 $\frac{1}{2^n}$（不必考虑在其他阶段如何解决随机选择）。这种情况下，根据一致性，所有无故障进程在阶段 $s + 1$ 结束时做出选择。

对于阶段 s，考虑任意一个最短有限运行 α，某个无故障进程 P_i 在 α 中已经收到 $n-f$ 个（"$first$"，s，*）消息。（因此，α 在结束时发送其中的一个消息。）如果在这些消息中至少有 $f + 1$ 个消息包含一个特殊的值 v，那么在运行 α 后定义 v 为一个优选值，这样的优选值可能有一到两个。我们有下述结论：如果在运行 α 后只有一个优选值 v，那么在 α 的任意扩展中所发送的每个消息（"$second$"，s，*）一定都包含值 v 或 $null$。这是因为如果 P_i 收到 v 的 $f+1$ 个副本，那么其他每个进程至少收到 v 的一个副本，因此不会发送消息（"$second$"，s，$\overline{v}$）。（这里我们用符号 $\overline{v}$ 表示值 $1-v$。）同样，如果在运行 α 后有两个优选值，那么在 α 的任意扩展中所发送的每个消息（"$second$"，s，*）中一定包含值 $null$。

因此，如果只有一个优选值 v，那么在 α 的任意扩展中，阶段 s 结束时，v 可以被"强制"作为任意进程的 x 值的唯一值，这一"强制"赋值由一个随机赋值操作完成。同样，如果有两个优选值，那么不能用这种方法进行强制赋值。因为没有进程为 α 中的阶段 s 做随机选择，因此在进行阶段 s 的随机选择前，所有能在阶段 s 中进行强制赋值的变量值就已经确定。

所以，如果只有一个优选值，那么所有随机选择其 x 值的进程将选择这个优选值的概至少为 $\frac{1}{2^n}$，从而与那些非随机选择的进程一致。同样，如果有两个优选值，那么所有进程将（随机）选择相同 x 值的概至少为 $\frac{1}{2^n}$。无论是哪种情况，在阶段 s 结束时，所有无故障进程有相同 x 值的概率都至少为 $\frac{1}{2^n}$。

至此，对每个阶段 s 的讨论仅与本阶段的随机选择有关，而与其他阶段的选择无关。因此我们可以将不同阶段的概率值综合起来，可以看出在阶段 s' 结束时，所有无故障进程获得相同 x 值的概率至少为 $1-\left(1-\frac{1}{2^n}\right)^s$，其中 $1 \leqslant s' \leqslant s$。因此，所有无故障进程在阶段 $s + 1$ 内做出选择的概率至少为 $1-\left(1-\frac{1}{2^n}\right)^s$。

下面定义一个从 $\mathbb{N}^+$ 到 $R^{\geqslant 0}$ 的函数 T，使得在最后一个 $init$ 事件后，每个无故障进程在 $T(s)$ 时间内完成阶段 s。根据引理 21.4，可以选择 $O(s(d + \ell))$ 作为 $T(s)$。同样，如果 $t < T(1)$ 则定义 $p(t)$ 为 0，如果 $s \geqslant 1$、$T(s) \leqslant t < T(s + 1)$，则定义 $p(t)$ 为 $1-\left(1-\frac{1}{2^n}\right)^{s-1}$。那么根据引理 21.5 和引理 21.4 可导出：

引理 21.6 对任意一个对手和任意 $t \geqslant 0$，在最后一个 $init$ 事件后，所有无故障进程在时间 t 内做出选择的概率为 $p(t)$。

主要的正确性结果如下：

定理 21.7 Benor 算法保证良构性条件、一致性条件和有效性条件。它同样保证所有无故障进程最终做出选择的概率为 1。

证明 根据引理 21.3、引理 21.6 和引理 21.4。（为证明 $p(t)$ 是无限的，需要引理 21.4。）

随机一致性与非随机一致性   BenOr 算法之所以重要的一个原因是它证实了随机异步网络模型和非随机异步网络模型间的一个本质差别。具体来说，在会出现进程故障的非随机模型中，根本不可能解决一致性问题，而这个问题在随机模型中可以被轻松解决（概率为 1）。11.4 节中的 LehmannRabin 算法给出一个类似的对比。

减少复杂性   BenOr 算法并不实用，因为它的概率时间限制太高。通过提高不同进程在同一阶段有相同随机值的概率，可以降低 BenOr 算法的时间复杂度。但是，需要使用密码技术，对该技术的讨论超出了这里所给模型的范围。

21.4   故障检测器

在容易发生故障的异步网络模型中，解决一致性问题的另一种方法是增加一种被称为故障检测器的新型系统组件，对模型进行强化。故障检测器是一个模块，用于向异步网络模型中的进程提供关于以前的进程停止故障的信息。根据所提供的信息是否总是正确以及是否完整，可将故障检测器分为多种类型。最简单的一类故障检测器是完美故障检测器，这种故障检测器只报告那些确实已经发生的故障，并保证最终将所有故障的信息报告给其他所有无故障进程。

为给出完美故障检测器的形式化表示，我们考虑一个系统 A，A 的结构与异步网络系统的结构相同，但对每个由端口 i 和 j 组成的端口对都增加一个附加输入操作 $inform\text{-}stopped(j)_i$，其中 $i \neq j$。系统 A 的完美故障检测器是一个有输入操作 $stop_i$（$1 \leqslant i \leqslant n$）和输出操作 $inform\text{-}stopped(j)_i$（$1 \leqslant i, j \leqslant n$，$i \neq j$）的 I/O 自动机。这一自动机的构造思想是使得故障检测器可以知道发生在网络任意地方的停止故障，并将这些故障通知给其他进程。$inform\text{-}stopped(j)_i$ 操作表示端口 i 处的一个关于进程 j 已经停止的断言。一个简单的三进程系统的模型如图 21-1 所示。下面的算法在与完美故障检测器一起使用时可解决一致性问题。

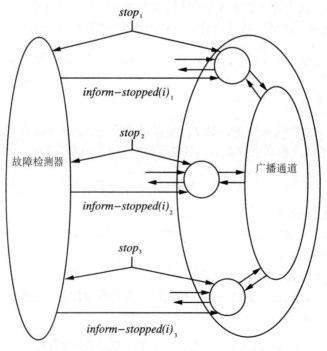

图 21-1   带完美故障检测器的异步广播系统的模型

PerfectFDAgreement 算法（非形式化）：

每个进程 P_i 都尽量使下列两部分数据稳定不变：

1）向量 val，索引为 $\{1,\cdots,n\}$，其中的值属于 $V \cup \{null\}$。当 $val(j)=v \in V$ 时，则表明 P_i 已经知道 P_j 的初始值为 v。

2）进程索引的集合 $stopped$。当 $j \in stopped$ 时，则表明 P_i 知道 P_j 已经停止。

进程 P_i 不断地广播当前的 val 和 $stopped$ 数据，并从那些不属于 $stopped$ 的进程接收数据，根据所接收的数据对 val 和 $stopped$ 数据进行更新。但 P_i 忽略从那些已经属于 $stopped$ 的进程发来的消息。同时，P_i 还保留那些"批准"其数据的进程的踪迹。当一个进程发送给 P_i 的（$val, stopped$）数据与 P_i 自己的（$val, stopped$）数据相同时，则表示该进程"批准" P_i 的数据。当 P_i 达到一个其数据已经"稳定"的状态时，即当它从所有未停止的进程都收到对其当前数据的批准时，P_i 将以与其 val 向量中的最小索引所对应的非空值作为选择。

具体代码如下。令 W 表示一组向量的集合，用 $\{1,\cdots, n\}$ 对这些向量进行索引，向量的元素属于 $V \cup \{null\}$。我们定义一个关于二元组 (w, I) 的偏序关系，其中 $w \in W$、$I \subseteq \{1,\cdots, n\}$。具体说，当下述两个条件满足时，我们记 $(w, I) \leq_d (w', I')$ 并称 (w', I') 支配 (w, I)。

1）对所有 k，如果 $w(k) \in V$，那么 $w(k) = w'(k)$。

2）$I \subseteq I'$。

这一偏序关系表达的意思是 (w', I') 至少包含 (w, I) 的所有信息。

为避免混淆，我们不具体描述发生一个 $stop_i$ 事件后 P_i 的行为。就像通常一样，进程 P_i 因为 $stop_i$ 事件而停止。

PerfectFDAgreement$_i$ automaton（形式化）：

Signature:

Input:
$\quad init(v)_i, v \in V$
$\quad receive(w, I)_{j,i}, w \in W, I \subseteq \{1, \ldots, n\},$
$\qquad 1 \leq j \leq n$
$\quad inform\text{-}stopped(j)_i, j \neq i$

Output:
$\quad bcast(w, I)_i, w \in W, I \subseteq \{1, \ldots, n\}$
$\quad decide(v)_i, v \in V$

States:

$val \in W$, initially identically $null$
$stopped \subseteq \{1, \ldots, n\}$, initially $\emptyset$
$ratified \subseteq \{1, \ldots, n\}$, initially $\emptyset$
$decided$, a Boolean, initially $false$

Transitions:

$init(v)_i$
$\quad$ Effect:
$\qquad val(i) := v$
$\qquad ratified := \{i\}$

$inform\text{-}stopped(j)_i$
$\quad$ Effect:
$\qquad stopped := stopped \cup \{j\}$
$\qquad ratified := \{i\}$

$bcast(w, I)_i$
$\quad$ Precondition:

$receive(w, I)_{j,i}$
$\quad$ Effect:
$\qquad$ if $j \notin stopped$ then
$\qquad\quad$ if $(w, I) = (val, stopped)$ then
$\qquad\qquad ratified := ratified \cup \{j\}$
$\qquad\quad$ else if $(w, I) \not\leq_d (val, stopped)$ then
$\qquad\qquad stopped := stopped \cup I$
$\qquad\qquad$ for all $k, 1 \leq k \leq n$, do
$\qquad\qquad\quad$ if $val(k) = null$ then $val(k) := w(k)$
$\qquad\qquad ratified := \{i\}$

$decide(v)_i$

$$w = val$$
$$I = stopped$$
$$val(i) \neq null$$

Effect:

Precondition:

　　$ratified \cup stopped = \{1, \ldots, n\}$

　　$v = val(j)$, where j is the smallest index

　　　　with $v(j) \neq null$

　　$decided = false$

Effect:

　　$decided := true$

Tasks:

$\{bcast(w, I)_i : w \in W, I \subseteq \{1, \ldots, n\}\}$

$\{decide(v)_i : v \in V\}$

定理 21.8　当与任意一个完美故障检测器一起使用时，PerfectFDAgreement 算法解决一致性问题并保证无等待终止。

证明　良构性条件和有效性条件是显而易见的，无须证明。对于无等待终止条件，我们考虑一个在所有端口都发生 *init* 事件的公平运行 α，并令 i 表示某个无故障端口；我们要证明 P_i 最终在运行 α 中做出选择。需要指出的是，P_i 的 $(val_i, stopped_i)$ 数据每次在 α 中改变时，一定是新的 (w, I) 支配旧的 (w, I)。由于所有可能二元组 (w, I) 的总量有限，因此 $(val_i, stopped_i)$ 数据一定会达到最终值 (w_{final}, I_{final})。如果 P_i 在此之前做出选择，则定理得证，因此假设 P_i 在此之前没有做出选择。于是我们给出一个命题，在此之后最终有 $ratified_i \cup stopped_i = \{1, \cdots, n\}$，依据这一命题足以说明会发生一个 $decide_i$ 事件。只要证明每个没有故障的进程 $j \neq i$ 最终都批准这个 (w_{final}, I_{final}) 对，就证明了该命题。

因此我们考虑任意一个无故障的进程 $j \neq i$。最终，P_j 会收到一个由 P_i 广播的包含 (w_{final}, I_{final}) 的消息，在此之后 P_j 的二元组 (w, I) 将总是支配 (w_{final}, I_{final})。但是 P_j 的二元组 (w, I) 不能永远严格支配 (w_{final}, I_{final})，因为否则 P_j 最终会将这个新信息传递给 P_i。因此，P_j 的二元组 (w, I) 最终将与 (w_{final}, I_{final}) 相等并且不再改变。这样，P_i 最终会收到从 P_j 广播的一个包含 (w_{final}, I_{final}) 的消息。从而将 j 放入 $ratified_i$，这正是我们期望的结果。

最后我们证明一致性条件。假设 P_i 是第一个做出选择的进程，令 w 和 I 分别是 $decide_i$ 事件 π 发生时 val_i 和 $stopped_i$ 的值。那么在运行 α 中，I 中的所有进程在 π 之前都已经出现故障，因此都再也不可能做出选择。令 $J = \{1, \cdots, n\} - I$；我们要证明 J 中所有做出选择的进程必定与 P_i 选择相同的值。

在 π 发生时，J 中的每个进程 j 必定也属于 $ratified_i$，因此在 π 之前的某个点 t_j 一定已经以 (w, I) 作为其局部数据。我们的命题是：在 α 中的 t_j 点后，J 的每个进程 j 一定有 $val = w$ 并始终保持这一结果，这就意味着如果它做出选择，则它与 P_i 保持一致。

我们假设这一命题不成立，并令 j 是 J 中第一个获得包含不属于 w 的信息的 val 向量（例如，向量的某些元素属于 V，而对应的 w 元素却为 $null$）。那么这种 val 向量的获得必定是因为在点 t_j 后发生一个 $receive_{k,j}$ 事件，这一 $receive_{kj}$ 事件发生时，广播进程 P_k 有一个包含不属于 w 的信息的 val 向量。由于在点 t_j 后，P_j 忽略 I 中的所有进程，因此广播进程 P_k 一定属于 J。但是这与进程 j 是 J 中第一个获得不属于 w 的信息的进程相矛盾。

复杂性　PerfectFDAgreement 算法的通信复杂性和时间复杂性是无上界的。这并不可怕，因为在本章只讨论计算能力问题。但是，设计复杂性有限的类似一致性的可能性是存在的。我们将其留为一道题。

21.5 k 一致性

下面我们考虑对问题陈述进行弱化。像 7.1 节和 12.5 节分别针对同步网络环境和异步共享存储环境所描述的一样，k 一致性问题是一致性问题的一个变种，在异步网络中只要限制故障的数量 ($f < k$) 就可以解决该问题。我们采用与 12.5 节中相同的问题定义：具体说，这个问题与普通的一致性问题有相同的良构性条件和终止条件，而一致性条件和有效性条件则用下面的条件定义代替，其中 k 是某个整数且 $k \geqslant 1$。

一致性条件 在任意运行中，存在 V 的一个子集 W，$|W| = k$，使得所有决定值都属于 W。

有效性条件 在任意运行中，任意进程的任意决定值都是某个进程的初始值。

这个一致性条件比一般一致性问题的一致性条件要弱一些，表现在该一致性条件允许 k 个决定值，而不只是 1 个决定值。有效性条件比通常一致性的有效性条件略微有所加强。下面是一个用于解决异步广播网络中的 k- 集合一致性问题的简单算法，其中 $f < k$。

TrivialKAgreement 算法：

进程 $P_1, P_2, \cdots, P_k$（只）广播它们的初始值。每个进程 P_i 以它所接收的第一个值为决定值。

定理 21.9 当 $f < k$ 时，TrivialKAgreement 算法解决 k 一致性问题并保证 f 故障终止。

基于稳定的向量，不难设计出一个类似于 PerfectFDAgreement 的 k 一致性算法。我们将该问题留做一道习题。另外，用定理 17.5 把异步共享存储模型转化为异步网络模型，我们可以根据异步共享存储模型的算法获得异步网络模型的 k 一致性算法；但是，这个方法的缺点是必须在 $n > 2f$ 时才有效，而 TrivialKAgreement 和基于稳定向量的算法在 $n \leqslant 2f$ 时仍然有效。

事实上，故障数 $\geqslant k$ 时不能解决 k 一致性问题。

定理 21.10 在异步广播模型中，k 故障终止时 k 一致性问题是无解的。

证明 根据定理 12.13 和定理 17.8。

21.6 近似一致性

我们再次弱化问题陈述。像 7.2 节和 12.5 节分别针对同步网络环境和异步共享存储环境所描述的一样，一致性问题的另一个变种是近似一致性问题。采用 12.5 节中同样的问题定义。具体说，值的集合 V 是实数的集合，并允许进程在消息中发送实数型数据。与一致性问题中要求完全一致不同，近似一致性问题的要求是各自之间的相差值不能大于一个绝对公差 ε。这个问题与普通一致性问题有相同的良构性条件和终止性条件，而一致性条件和有效性条件则定义如下。

一致性条件 在任意运行中，任意两个决定值都在彼此的公差 ε 范围内。

有效性条件 在任意运行中，任意决定值都在初始值的范围内。

在会出现停止故障的异步环境中，存在一个类似于 7.2 节中 ConvergeApproxAgreement 算法的算法，该算法在 $n > 3f$ 条件下有效。每个进程 P_i 执行一组阶段，在每个阶段它不需要等待接收来自全部 n 个进程的消息，而只是等待接收来自其中任意 $n-f$ 个进程的消息。（它不能等待接收来自全部进程的消息，因为有多达 f 个的进程可能停止。）因为我们现在只考虑停止故障，所以 P_i 不需要丢弃极端值以"减小"其值的多集。下面描述中使用的 *mean* 函数和 *select* 函数以及像实数多集的 *width* 这样的符号，都是在 7.2 节中定义的。

AsynchApproxAgreement 算法：

假设 $n > 3f$。每个 P_i 维护一个变量 val，用于记录其最近的估算。该变量被初始化为在一个 $init(v)_i$ 输入中到达的值 v。在每个阶段，P_i 进行如下操作：首先，广播 val 值，并用阶段号 s 对这个值进行标记。然后，它将在阶段 s 所接收的前 $n-f$ 个值放入多集 W。最后，它将 val 置为 $mean(select(W))$。

显然，任意进程在任意阶段 s 所选择的 val 在所有进程在阶段 $s-1$ 所选择的全部 val 的范围内（当 $s = 1$ 时，就在全部初始 val 值的范围内）。我们的命题是，在每个阶段，val 多集的宽度按照一个至少为 $\left\lfloor \dfrac{n-f-1}{f} \right\rfloor + 1$ 的因子收缩。因为 $n > 3f$，所以这个区域是不断收敛的。

引理 21.11   在一个 AsynchApproxAgreement 运行的阶段 s，令 v 和 v' 分别是进程 P_i 和 P_i' 所选择的 val_i 和 val_i' 的值，那么

$$|v-v'| \leqslant \frac{d}{\left\lfloor \dfrac{n-f-1}{f} \right\rfloor + 1}$$

其中，当 $s \geqslant 2$ 时，d 是在阶段 $s-1$ 所选择的 val 值的范围的宽度；当 $s = 1$ 时，d 是初始值的宽度。

证明   与引理 7.17 的证明类似。

终止条件   到此为止，我们关于 AsynchApproxAgreement 所介绍的每个结论都只有在假定 $n > 2f$（而不是 $n > 3f$）满足时才有效。但还没有一个完整的算法，因为我们还没有说进程何时真正做出选择。我们使用额外的进程来帮助达到终止。

在 ConvergeApproxAgreement 中使用的简单终止策略在这里不能使用，因为一个进程不能在阶段 1 等待从所有进程收到消息，所以不能确定初始值多集的范围上界。然而，可以对这个策略做少许修改，在算法的开始增加一个特殊的初始化阶段 0。在阶段 0，每个进程 P_i 广播其 val，搜集 $n-f$ 个 $vals$ 的多集，并选择多集的中间值作为阶段 1 所用的新 val。因为 $n > 3f$，所以很容易验证这一点：在阶段 0，任意进程 P_i 选择的任意 val 位于任意进程 P_j 在阶段 0 所搜集的多集范围内。因此，每个 P_i 都可以用其在阶段 0 所搜集多集的范围计算一个阶段号，根据这个阶段号可以确定在阶段 s 时任意两个进程的 val 值的公差最大为 ε。这一策略的剩下部分与 ConvergeApproxAgreement 的相同。

AsynchApproxAgreement 算法也不是最佳算法，理由是该问题实际上对任意 $n > 2f$ 都是可解的。但需要一个更复杂的算法。例如，根据一个基于单写 / 多读共享寄存器并保证无等待终止的共享存储近似一致性算法 A，可获得一个能在 $n > 2f$ 时有效的算法。定理 12.14 断言存在这样的算法 A（也可以在 [24] 中找到）。使用定理 17.5，可以推导在 $n > 2f$ 时解决近似一致性问题并保证 f 故障终止的异步网络算法的存在性。$^{\ominus}$ 另一方面，不难看出在 $n \leqslant 2f$ 时是无法解决近似一致性问题的。

定理 21.12   当 $n \leqslant 2f$ 时，在会出现 f 故障终止的异步广播模型中，近似一致性问题无解。

证明概要   这一证明与定理 17.6 的证明相似。简单地讲，假设存在这样的一个算法，并令

$\ominus$ 为应用定理 17.5，A 必须满足 17.1.1 节中所给的"轮换"限制。可以构造共享存储近似一致性算法以满足这一条件。

G_1 为 1, $\cdots$, $n-f$ 的集合，G_2 为集合 $n-f+1$, $\cdots$, n。考虑一个公平运行 α_1，其中的所有进程以值 v_1 开始，并且所有索引属于 G_2 的进程在开始时即发生故障。根据 f 故障终止条件可知，G_1 中的所有进程必定最终做出选择，而有效性条件表明它们必定选择 v_1。与此对应，考虑另一个公平运行 α_2，其中的所有进程以值 v_2 开始，这里 $|v_1-v_2| > \varepsilon$，并且所有索引属于 G_1 的进程在开始时即发生故障。在 α_2 中，G_2 中的所有进程必定最终选择 v_2。

像在定理 17.6 的证明中一样，我们接下来将 α_1 和 α_2 结合来构造一个有限运行 α。在 α 中，属于 G_1 的进程选择 v_1，属于 G_2 的进程选择 v_2，从而与一致性条件矛盾。

21.7 异步网络的计算能力 *

采用与在定理 17.6 和定理 21.12 的证明中使用的相同构造方法，可以证明在异步网络中，如果半数进程可能发生故障，那么许多其他全局协调问题都是无解的。

同在 12.5 节中一样，我们可以考虑异步网络中任意的决定问题的可解性。普通一致性问题、k 一致性和近似一致性问题都是决定问题的例子，并且我们已经给出这些问题在异步网络中计算能力的主要结果。至于读 / 写共享存储模型，我们给一个定理，该定理给出一些条件，根据这些条件可知有一个问题在 1- 故障终止的异步网络模型中是无解的。

定理 21.13 令 D 为一个决定映射，在异步广播模型中，它的决定问题在 1- 故障终止时是可解的。那么一定存在一个决定映射 D'，对所有 w 都有 $D'(w) \subseteq D(w)$，使得下列两个结论都成立：

1）如果输入向量 w 和 w' 只在一个位置不同，那么存在 $y \in D'(w)$ 和 $y' \in D'(w')$，使得 y 和 y' 至多只在一个位置不同。

2）对每个 w，$D'(w)$ 所定义的图是连通的。

证明 根据定理 12.15 和定理 17.8。

通常，用定理 17.8，可以将读 / 写共享存储环境中计算能力的不可能性结果转换为适用于异步网络的结论。用定理 17.5 也可以对算法进行相应的转换，但只能在定理 17.5 的限制条件下进行这种转换，其中包括 $n > 2f$ 的要求。

21.8 参考文献注释

定理 21.2 首先是由 Fischer、Lynch 和 Paterson[123] 证明的，这一定理描述在会出现停止故障时的一致性不可能性[123]。他们三人的原始证明是直接根据异步广播模型给出的，没有借助转换。Loui 和 Abu-Amara[199] 发现使用同样的证明方法，可以将定理 21.2 拓展到读 / 写共享存储模型。我们对定理 12.8 的证明使用的就是 Loui 和 Abu-Amara 的发现。在习题 21.2、习题 21.3 和习题 21.4 中概述 Fischer、Lynch 和 Paterson 所提出的原始证明，但根据 Bridgland 和 Watro[58] 的建议重新进行一些调整。

Benor 算法是 Ben-Or[46] 发明的。后来 Rabin[248] 和 Feldman[114] 所做的工作得出其他具有更好时间复杂性（实际为常数）的随机算法。这些算法使用"机密共享"技术，以提高在同一阶段不同进程选择相同随机值的概率。

故障检测器的概念是由 Chandra 和 Toueg[66] 以及由 Chandra、Hadzilacos 和 Toueg[65] 所定义和完善的。这些文章不仅描述这里讨论的完美故障检测器，而且讨论其他完美性略弱些的变种，包括错误地将进程识别为故障的故障检测器、以及未成功地向所有进程通报故障的故障检测器。这些相对弱一些的故障检测器也可以用于解决一致性问题，并且在实际的分布式系统，可以采用超时机制实现其中的某些故障检测器。Hadzilacos 和 Toueg[143] 也对故障检测器进行讨论。

在第 7 章和第 12 章的参考文献注释中，我们已经讨论了 k 一致性问题和近似一致性问题的起源。Attiya、Bar-Noy、Dolev、Koller、Peleg 和 Reischuk[19-20,40] 描述另外一些在有故障的异步网络中可解的有意义问题，包括进程重命名问题和插入式排除问题。Bridgland 和 Watro[58] 描述资源分配问题，该问题在带有故障的异步网络中是可解的。稳定向量算法的思想应归功于 Attiya 等 [20]。

定理 21.12 的证明采用的是由 Bracha 和 Toueg[56] 以及由 Attiya、Bar-Noy、Dolev、Peleg 和 Reischuk[20] 提出的证明方法。基于 Moran 和 Wolfstahl[230] 早先提出的不可能性结果，Biran、Moran 和 Zaks[51] 描述在 1- 故障终止的异步网络中可解决的决定问题的特征。定理 21.13 就来自这两篇论文。

21.9 习题

21.1 证明定理 21.1。

21.2 假设 $V=\{0, 1\}$。如果 A 是一个可解决一致性问题的异步广播系统，那么采用 12.2.2 节中同样的方法，定义 A 的有限运行的 0 价、1 价、单价和双价，并定义 A 的初试化操作。

　　a）给出这样一个系统 A 的一个例子，其中有一个双价初始化操作。

　　b）给出这样一个系统 A 的一个例子，其中的全部初始化操作都是单价的。

　　c）证明：如果 A 保证 1- 故障终止性，那么就存在一个双价初始化操作。

21.3 令 V、A 同习题 21.2。当一个有限无故障、输入优先的运行 α 对某个 i 满足下列条件时，则称运行 α 是一个决定者（decider）：

　　a）α 是双价的。

　　b）存在 α 的一个 0 价无故障扩展 α_0，使得 α_0 中位于 α 之后的部分仅由进程 i 的步组成。

　　c）存在 α 的一个 1 价无故障扩展 α_1，使得 α_1 中位于 α 之后的部分仅由进程 i 的步组成。即，单个进程 i 可以用两种不同的方式工作（例如，用两种不同的方式交替局部控制的消息接收步，或接收两个不同的消息序列），以用两种不同的方式解决最终选择。

　　证明：如果 A 有一个双价初始化操作，那么 A 有一个决定者。需要提醒的是，我们只假设 A 解决一致性问题，并没有给出容错假设。（提示：参考引理 12.7 的证明。）

21.4 使用习题 21.2 和习题 21.3 的结果证明定理 21.2。

21.5 用广播模型重新考虑本章的一致性问题。考虑一个比通常停止故障更加受限制的故障模型，该模型中进程只能在计算开始时发生故障。（换句话说，所有的 stop 事件都发生在所有其他事件之前。）在这个模型中是否能解决一致性问题，以保证：

　　a）1- 故障终止性？

　　b）当 $n > 2f$ 时 f 故障终止性？

　　c）无等待终止性？

　　在每种情况下，给出实现算法或不可能性的证明。

21.6 设计 BenOr 算法的一个变种，使得其中所有无故障进程都将最终停止。

21.7 针对下列情况，分别设计 BenOr 随机一致性算法的变种：

　　a）带停止故障的同步网络模型。

b）带 Byzantine 故障的同步网络模型。

c）带 Byzantine 故障的异步网络模型。（如 14.1.1 节所述，通过允许用一个与进程 P_i 有相同外部接口的任意 I/O 自动机代替 P_i，可以模型化 P_i 的一个 Byzantine 故障。）

在每种情况下，尽可能设计一个能为尽可能少进程工作的算法，进程的数量是与所容忍故障数量 f 相比较而言的。

21.8 采用一个任意值的集合 V 代替 $\{0, 1\}$，为带停止故障的一致性设计一个随机异步算法。请使用尽可能少的进程。（提示：将 TurpinCoan 算法和 BenOr 算法的思想结合起来。）

21.9 在 Byzantine 故障的情况下重复习题 21.8。

21.10 给 PerfectFDAgreement 设计一个可替代的一致性，该一致性也使用完美故障检测器获得无等待一致性，但它的通信和时间复杂性"小"。请尽量获得尽可能小的通信和时间复杂性。

21.11 定义一个非完美故障检测器如下。它拥有与完美故障检测器相同的外部接口，并为每个 j 和 i 都增加一个 $inform\text{-}not\text{-}stopped(j)_i$ 操作，其中 $j \neq i$。这个操作用于纠正前面的 $inform\text{-}stopped(j)_i$ 操作，即：通知进程 P_i 应忽略前面的错误通知，P_j 实际上并没有停止。一个非完美故障检测器可以交替发生任意次数的 $inform\text{-}stopped(j)_i$ 和 $inform\text{-}not\text{-}stopped(j)_i$ 事件。但在该故障检测器的任意公平运行 α 中，对任意 i 和 j 只能有有限多个这种事件，并且其中的最后事件必须包含正确的信息——说明在 α 中是否发生事件 $stop_j$。

假设 $n > 2f$。使用某个非完美故障检测器，设计一个算法，解决保证 f 故障终止的一致性问题。

21.12 证明：当 $n \leqslant 2f$ 时，使用习题 21.11 中定义的任意一个非完美故障检测器，不存在算法能够解决保证 f 故障终止的一致性问题。

21.13 给出"稳定向量"算法一个类似于 PerfectFDAgreement 的前提 - 结果代码，以解决 k 一致性问题。证明：在 $f < k$ 时该代码能正确工作。（提示：状态只包含组件 val、$ratified$ 和 $decided$，不包含 $stopped$ 组件。当 $|ratified| \geqslant n\text{-}f$ 时，可以做出一个决定。）

21.14 对于一个 k 一致性算法的一个有限运行 α，如果出现在 α 扩展中不同决定值的数量正好为 m，则称 α 是 m 价的，并像在 12.2.2 节中一样定义一个 $initialization$。证明（不使用定理 21.10）：在异步广播模型中，保证 k 故障终止的任意 k 一致性算法一定有一个 $(k + 1)$ 价的初始运行。（提示：使用 7.1 节中的思想，包括 Sperner 引理。）

21.15 给出 AsynchApproxAgreement 算法的完整前提 - 结果代码，包括终止一致性。证明其正确性。

21.16 修改 AsynchApproxAgreement 算法及其证明，使其能够用于 Byzantine 故障的情况。需要多少进程？（提示：采用同步 Byzantine 环境的 ConvergeApproxAgreement 算法的思想。）

21.17 用定理 21.12 的证明中的构造方法，证明一个你能够证明的最通用的不可能性结果。

21.18 给出一个在 1- 故障终止的异步网络中可以解决的决定问题（见 12.5 节中定义）的全面描述。（警告：这非常困难。）

数据链路协议

本章考虑用不可靠通道实现可靠 FIFO 通信的问题。这是通信网络解决的最基本问题之一。这里所讲的"不可靠通道"包括两种类型：一种是会出现消息丢失或重复类故障的通道，另一类是对消息重排序的通道。还要考虑进程崩溃的情况，这种情况下会丢失进程的状态信息。我们只在有两个节点的特殊网络环境中考虑这个问题。

我们会首先介绍两个简单而著名的协议：Stenning 协议和位交换协议。在 Stenning 协议中，发送端进程将（无界）整数 *tag* 添加到用户提交的消息中；协议容忍通道中的消息丢失、重复和重排序。而位交换协议不同，它只使用有界 *tag*，容忍消息丢失和重复，但不能容忍对消息重排序。接着，考虑在有界 *tag* 情况下，是否可以容许消息重排序。最后，考虑因进程崩溃而丢失状态信息的情况。

本章将从两个层次来讨论消息：通信系统的用户层和传递消息的底层通道层。为了区别这两类消息，分别将它们称作"高层消息"和"低层消息"。通常用 M 和 M' 分别表示高层消息和低层消息的字母表。另外，用大写字母（如 *SEND* 和 *RECEIVE*）表示用户接口的动作，仍然用小写字母（如 *send* 和 *receive*）表示通道接口的动作。

本章用于算法建模的技术（用 I/O 自动机、合成和模拟关系）也适合于分层通信结构（如 ISO 分层结构）的建模。

22.1 问题阐述

本章考虑问题的环境是一个异步发送/接收网络，包括节点 1 和 2，两个节点用一条无向边连接。需要解决的问题是：在这两个节点端的用户 U_1 和 U_2 之间，实现可靠的 FIFO 通信。节点 1 上，U_1 把消息提交给进程 P_1，希望随后能将消息传递给 U_2。每个消息只能传递一次，而且消息要按照被提交的顺序传递。

像 14.1.2 节和例 8.1.1 中定义的那样，用 F 表示字母表为 M 且方向是从节点 1 到 2 的通用可靠 FIFO 发送/接收通道；这里将外部动作重命名为 $SEND(m)_{1,2}$ 和 $RECEIVE(m)_{1,2}$，其中 $m \in M$。这样，协议的正确性需求就是它必须"实现"F，也就是说，当把它的任意一个公平运行 α 投影到 F 的外部动作上时，都要产生一个 F 的公平轨迹。采用第 8 章介绍的 I/O 自动机符号，这一需求可以更精确地表示为 $\alpha|ext(F) \in fairtraces(F)$。

这个通用可靠 FIFO 通道 F 实质上是一个无界队列，因此 F 的任意实现都需要无界的存储空间。这个问题的另一个建模方法是用 U_1 与通道的显式握手，通道通过握手通知 U_1 何时可以提交下一个高层消息。这样虽然可以避免需要无界的存储空间，但是引入了握手协议建模的复杂性。

用于运行实现 F 的代码的两个进程用 I/O 自动机模拟。两个方向上连接它们的通道也都是 I/O 自动机，但这两个通道通常不是可靠 FIFO 通道。它们可能会丢失、重复或重排序低层消息。

我们不考虑其他特定类型的不可靠性，如制造伪消息。另外，我们对消息丢失也进行限制——通常假定这样的活性属性：

有无限数量的消息被发送，就有无限数量的消息被传递。

可以用两种方法对这一属性进行形式化——用 14.1.2 节定义的强丢失限制（SLL）和弱丢失限制（WLL）条件。二者的区别在于 SLL 条件指明通道对每个特定的消息类型都是公平的。本章将根据需要使用这两个条件，并常对消息重复设定有限的范围。

本章所需大部分通道的被允许行为的形式化描述已经在 14.1.2 节中出现过。其中有些描述本身就是 I/O 自动机（并使用 I/O 自动机的公平性表达所需要的活性条件）。有些描述是公理性的，采用从 *receive* 事件到 *send* 事件的 *cause* 函数形式。还有些描述是一个自动机与一组附加活性条件的合成。本章将视情况使用这三种类型的描述，哪种方便就用哪种。

贯穿本章的模型如图 22-1 所示，包括两个进程自动机 P_1 和 P_2，两个通道自动机 $C_{1,2}$ 和 $C_{2,1}$，一个通道对应一个方向。进程通过 *SEND* 和 *RECEIVE* 动作与用户交互，通过 *send* 和 *receive* 动作与通道交互。在 22.5 节，还将引入新的动作来模拟进程崩溃。

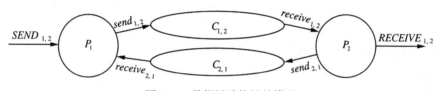

图 22-1 数据链路协议的模型

22.2 Stenning 协议

在不可靠的通道上保证可靠 FIFO 消息传递的最简单协议应是 Stenning 协议。该协议能容忍三种类型的通道不可靠性：（有限）丢失、（有限）重复和重排序。

Stenning 协议（非形式化）：

进程 P_1 将用户 U_1 提交的高层消息放入缓冲区 $buffer_1$，并对它们加上从 1 开始的连续整数 *tag*。P_1 不断将缓冲区 $buffer_1$ 中的第一条消息及其 *tag* 发送给 P_2。进程 P_2 首先从它所收到的消息中接收 *tag* 为 1 的消息。然后，P_2 接收后续消息，并且每次所接收消息的 *tag* 正好比前一个被接收消息的 *tag* 大 1。P_2 把接收到的消息放入缓冲区 $buffer_2$，并按照顺序将 $buffer_2$ 中的消息传递给 U_2。

P_2 每接收一条高层消息，就将该消息的 *tag* 发回 P_1 作为确认。当 P_1 收到当前 *tag* 的确认后前移，开始处理下一条高层消息。

下面是 Stenning 协议中进程 P_1 的代码。

***Stenning*$_1$ 自动机（形式化）：**

Signature:

Input:
 $SEND(m)_{1,2}, m \in M$
 $receive(k)_{2,1}, k \in \mathbb{N}$

Output:
 $send(m,k)_{1,2}, m \in M, k \in \mathbb{N}$

States:
buffer, a FIFO queue of elements of M, initially empty
tag $\in \mathbb{N}$, initially 1

Transitions:

$SEND(m)_{1,2}$
    Effect:
        add m to *buffer*

$send(m, k)_{1,2}$
    Precondition:
        m is first on *buffer*
        $k = tag$
    Effect:
        none

$receive(k)_{2,1}$
    Effect:
        if $k = tag$ then
            remove first element (if any) of *buffer*
        $tag := tag + 1$

Tasks:
$\{send(m, k)_{1,2} : m \in M, k \in \mathbb{N}\}$

下面是进程 P_2 的代码。

*Stenning*₂ 自动机（形式化）:

Signature:

Input:
    $receive(m, k)_{1,2}, m \in M, k \in \mathbb{N}$

Output:
    $RECEIVE(m)_{1,2}, m \in M$
    $send(k)_{2,1}, k \in \mathbb{N}$

States:
buffer, a FIFO queue of elements of M, initially empty
$tag \in \mathbb{N}$, initially 0

Transitions:

$RECEIVE(m)_{1,2}$
    Precondition:
        m is first on *buffer*
    Effect:
        remove first element of *buffer*

$receive(m, k)_{1,2}$
    Effect:
        if $k = tag + 1$ then
            add m to *buffer*
            $tag := tag + 1$

$send(k)_{2,1}$
    Precondition:
        $k = tag$
    Effect:
        none

Tasks:
$\{RECEIVE(m)_{1,2} : m \in M\}$
$\{send(k)_{2,1} : k \in \mathbb{N}\}$

Stenning 协议中的通道 $C_{1,2}$ 和 $C_{2,1}$ 是满足例 14.1.2 所给损耗式重排序通道规范的 I/O 自动机（动作被重命名）。也就是说，它们允许消息的有限丢失、有限重复和重排序。在例 14.1.2 中，用一个基本自动机和一组附加活性属性的合成给出了所允许的通道行为。我们之所以采用这种形式的规格说明，是因为它能够产生我们可在不变式断言和模拟关系中使用的一种显式状态。合成 P_1、P_2、$C_{1,2}$ 和 $C_{2,1}$ 就得到了完整的 Stenning 协议。

为了证明 Stenning 协议的正确性，我们先介绍几个不变式断言。但必须注意这样一个学术原则：由于我们需要的不变式断言涉及通道状态，因此这些不变式断言必须以通道自动机的形式给出。因而，我们在陈述不变式断言时，采用例 14.1.2 中定义的基本 I/O 自动机 $A_{1,2}$ 和 $A_{2,1}$。其中 *in-transit* 变量是自动机 $A_{1,2}$ 和 $A_{2,1}$ 的状态分量。

引理 22.1 对于使用通道 $A_{1,2}$ 和 $A_{2,1}$ 的 Stenning 协议，在它的每个可达状态中，下列断言为真：

1）$tag_2 \leq tag_1 \leq tag_2+1$。

2）如果 (m, k) 在 *in-transit*$_{1,2}$ 中，那么 $k \leq tag_1$。

3）如果 (m, tag_1) 在 *in-transit*$_{1,2}$ 中，那么 m 是 *buffer*$_1$ 的第一个元素。

4）如果 k 在 *in-transit*$_{2,1}$ 中，那么 $k \leq tag_2$。

5）如果 $tag_2=tag_1$，或者在 *in-transit*$_{1,2}$ 或 *in-transit*$_{2,1}$ 中存在一条 *tag* 值等于 tag_1 的消息，那么 *buffer*$_1$ 非空。

证明 直接推导，留为一道习题。

我们的目标是要证明使用任意合法的通道，Stenning 协议都能够保证可靠的 FIFO 消息传递。首先介绍一个技术性的引理，该引理采用通道规格说明的形式断言正确性，而不是采用任意合法通道。这一引理隐含任意合法通道的结果。

引理 22.2 的陈述使用稍微难懂一点的符号，但也不是真的很复杂。引理的假设是说对 α 映射，使节点进程 P_1 和 P_2 得到公平、且被损耗式重排序通道规格说明允许的运行。结论是说 α 产生 F 的公平轨迹，也就是说它执行可靠的 FIFO 消息传递。

引理 22.2 令 α 是 Stenning 协议的一个运行，且该协议有 $A_{1,2}$ 和 $A_{2,1}$。假设：

1）$\alpha|P_1$ 和 $\alpha|P_2$ 是公平的。

2）$\alpha|A_{1,2}$ 和 $\alpha|A_{2,1}$ 满足例 14.1.2 中的活性属性。

那么，$\alpha|ext(F) \in fairtraces(F)$。

证明概要 令 $\beta=trace(\alpha)$。显然 $\beta \in traces(F)$，也就是说，β 的 *RECEIVE* 事件中高层消息序列是它的 *SEND* 事件中高层消息序列的前缀。证明方法是，先用一个从有 $A_{1,2}$ 和 $A_{2,1}$ 的 Stenning 协议到 F 的（单值的）模拟关系，然后调用定理 8.13。用引理 22.1 证明模拟关系。由于引理中的假设条件 1 和 2 只与活性有关，因此在这部分证明中甚至不需要使用这两条假设。我们把这个证明留为一道习题。

剩下的是要证明 F 的公平性条件，即提交给 P_1 的任意高层消息最终都能传递到 P_2。（发送和传递事件的对应关系由 F 的定义唯一确定。）采用反证法，假设 m 是第一个已经提交但未传递的高层消息，k 是 m 的 *tag*。这个消息不能够被 P_2 接收，因为如果被接收，那么 P_2 的公平性属性意味着应该把这条消息传递给 U_2，会增加 P_2 的 *buffer*。因此，tag_2 总是 $\leq k-1$。

我们声明消息 m 最终将到达 *buffer*$_1$ 的前端。当 $k=1$ 时，m 是所发送的第一条消息，这个结论是显然的。当 $k \geq 1$ 时，由于以前的消息已传递给 U_2，因此最终必定被 P_2 接收。这样，tag_2 的值最终变成并保持与 $k-1$ 相等。而 P_2 的公平性属性意味着 P_2 不断重复发送 $k-1$

消息，$A_{2,1}$ 的弱丢失限制条件则保证 P_1 能收到其中的一个消息。因此，$tag=k-1$ 的消息被从 $buffer_1$ 中删除，m 到达 $buffer_1$ 的前端。

当消息 m 到达 $buffer_1$ 的前端后，它将一直停留在这里（因为 P_2 没有接收它）。P_1 的公平性意味着 P_1 将一直发送消息 (m, k)，而 $A_{1,2}$ 的弱丢失限制条件保证最终有一个 (m, k) 消息到达并被 P_2 接收。与假设矛盾。

用定理 8.13 和一个从 Stenning 到 F 的模拟，通过运行的对应关系也能证明这个公平性条件。这个证明留为一道习题。

引理 22.2 隐含 Stenning 协议的主要正确性结果，如下面的定理所述。这一定理说明，采用损耗式重排序通道的 Stenning 协议保证可靠 FIFO 消息传递。

定理 22.3　采用任意的损耗式重排序通道（如例 14.1.2 中所定义），Stenning 协议可实现 F，即对（该协议及其通道的）每个公平运行 α，有 $\alpha|ext(F) \in fairtraces(F)$。

证明概要　根据引理 22.2 以及定理 8.4 和定理 8.2 中 I/O 自动机合成的基本属性，可得到本定理。具体证明留为一道习题。

22.3　位变换协议

Stenning 协议的一个很有意思的变种是位变换协议（Alternating Bit Protocol），简记为 ABP。ABP 的行为与 Stenning 协议非常相似，但 ABP 只使用 $\{0,1\}$ 型值的 tag，而不是整型值的 tag。实际上，ABP 可以看作 Stenning 的一个优化版本，用低阶的位来替换其中的整型值 tag。当然，这也意味着为了正常工作，ABP 对底层的通道要求更为严格。

除了协议本身的意义外，多年来，ABP 一直被作为演示多种协议证明技巧的标准例子之一。

ABP（非形式化）：

进程 P_1 将用户 U_1 提交的高层消息放入缓冲区 $buffer_1$，并以交替方式为每个消息加上一个 0 或 1 的二进制值作为 tag。P_1 不断将它的缓冲区 $buffer_1$ 中的第一条消息及其 tag 发送给 P_2。进程 P_2 首先从它所收到的消息中接收第一个 tag 为 1 的消息。然后，P_2 接收后续消息，并且每次所接收消息的 tag 与前一个被接收消息的 tag 不同。P_2 把接收到的消息放入缓冲区 $buffer_2$，并按照顺序将 $buffer_2$ 中的消息传递给 U_2。

P_2 每接收一条高层消息，就将该消息的 tag 发回 P_1 作为确认。当 P_1 收到当前 tag 的确认后前移，开始处理下一条高层消息。

下面是进程 P_1 的代码。

ABP_1 自动机（形式化）：

Signature:

Input:
$SEND(m)_{1,2}, m \in M$
$receive(b)_{2,1}, b \in \{0,1\}$

Output:
$send(m,b)_{1,2}, m \in M, b \in \{0,1\}$

States:
$buffer$, a FIFO queue of elements of M, initially empty
$tag \in \{0,1\}$, initially 1.

Transitions:

$SEND(m)_{1,2}$
 Effect:
  add m to *buffer*

$send(m,b)_{1,2}$
 Precondition:
  m is first on *buffer*
  $b = tag$
 Effect:
  none

$receive(b)_{2,1}$
 Effect:
  if $b = tag$ then
   remove first element (if any) of *buffer*
   $tag := tag + 1 \bmod 2$

Tasks:
$\{send(m,b)_{1,2} : m \in M, b \in \{0,1\}\}$

现在给出进程 P_2 的代码。

ABP_2 自动机（形式化）：

Signature:

Input:
 $receive(m,b)_{1,2}, m \in M, b \in \{0,1\}$

Output:
 $RECEIVE(m)_{1,2}, m \in M$
 $send(b)_{2,1}, b \in \{0,1\}$

States:
buffer, a FIFO queue of elements of M, initially empty
$tag \in \{0,1\}$, initially 0.

Transitions:

$RECEIVE(m)_{1,2}$
 Precondition:
  m is first on *buffer*
 Effect:
  remove first element of *buffer*

$receive(m,b)_{1,2}$
 Effect:
  if $b \neq tag$ then
   add m to *buffer*
   $tag := tag + 1 \bmod 2$

$send(b)_{2,1}$
 Precondition:
  $b = tag$
 Effect:
  none

Tasks:
$\{RECEIVE(m)_{1,2} : m \in M\}$
$\{send(b)_{2,1} : b \in \{0,1\}\}$

与我们在 Stenning 协议中假定的通道可靠性条件相比，ABP 的要求更高：现在要假定通道不会对低层消息进行重排序，但仍然允许丢失和重复消息。这样，通道 $C_{1,2}$ 和 $C_{2,1}$ 是满足例 14.1.1 所给损耗式 FIFO 通道规格说明的 I/O 自动机（动作被重命名）。也就是说，它们允许消息的有限丢失、有限重复，但不允许有消息的重排序。与以前一样，用一个基本自动机和一组附加活性属性的合成描述所允许的通道行为。通过合成 P_1、P_2、$C_{1,2}$ 和 $C_{2,1}$，得到完整的 ABP。

我们证明 ABP 正确性的策略是：用一个模拟关系，将 ABP 与 Stenning 协议联系起来。在这个模拟中，我们与损耗式 FIFO 通道结合来考虑 Stenning 进程，而不采用 22.2 节中考虑的更通用的损耗式重排序通道。

本节的余下部分，我们用 $A_{1,2}$ 和 $A_{2,1}$ 表示来源于例 14.1.1、具有适合 ABP 外部接口的基本自动机。对于相同的自动机，如果提供的外部接口是适合于 Stenning 协议的，则用 $A'_{1,2}$ 和 $A'_{2,1}$ 表示。最后，我们分别用 P'_1 和 P'_2 表示进程 $Stenning_1$ 和 $Stenning_2$，以区别于 ABP 的进程 P_1 和 P_2。

这一模拟证明的关键在于 Stenning 协议的一个新不变式断言，其中协议使用通道 $A'_{1,2}$ 和 $A'_{2,1}$。

引理 22.4   对于使用通道 $A'_{1,2}$ 和 $A'_{2,1}$ 的 Stenning 协议，在它的每个可达状态中，下列断言为真：

记 T 为一整数序列，其组成依次是 $queue_{2,1}$ 中的 tag（按照队列中从前到后的顺序）、tag_2、$queue_{1,2}$ 中元素的 tag 部分、tag_1。则 T 中的整数是非降序的，且 T 中第一个整数和最后一个整数相差不超过 1。

证明   该证明留为一道习题。

现在可以建立 ABP 与 Stenning 协议的联系。引理 22.5 告诉我们，对于采用损耗式 FIFO 通道的 ABP 协议的每个运行 α，都存在一个采用损耗式 FIFO 通道的 Stenning 协议的运行 α'，使得在外部接口处看到的 α 和 α' 相同。

引理 22.5   令 α 是 ABP 协议的一个运行，且该 ABP 协议有通道 $A_{1,2}$ 和 $A_{2,1}$。假设：

1）$\alpha|P_1$ 和 $\alpha|P_2$ 是公平的。

2）$\alpha|A_{1,2}$ 和 $\alpha|A_{2,1}$ 满足例 14.1.1 中的活性条件。

那么存在 Stenning 协议的一个运行 α'，该 Stenning 协议采用通道 $A'_{1,2}$ 和 $A'_{2,1}$，使得

1）$\alpha|P'_1$ 和 $\alpha|P'_2$ 是公平的。

2）$\alpha|A'_{1,2}$ 和 $\alpha|A'_{2,1}$ 满足例 14.1.1 中的活性条件。

3）$\alpha|ext(F)=\alpha'|ext(F)$。

证明概要   首先创建一个从 ABP 到 Stenning 协议的模拟关系 f，其中 ABP 采用通道 $A_{1,2}$ 和 $A_{2,1}$，Stenning 协议采用相应 $A'_{1,2}$ 和 $A'_{2,1}$。这一关系表达一个事实，即 ABP 中的二进制 tag 就直接是 Stenning 协议中整数 tag 的低端二进制位。具体来说，如果 s 和 u 分别是 ABP 和 Stenning 协议的状态，那么仅在下列情况下我们定义 $(s, u) \in f$。

1）$s.buffer_1 = u.buffer_1$ 且 $s.buffer_2 = u.buffer_2$。

2）$s.tag_1 = u.tag_1 \bmod 2$ 且 $s.tag_2 = u.tag_2 \bmod 2$。

3）$s.queue_{1,2}$ 与 $u.queue_{1,2}$ 拥有相同数量的元素。并且，对于任意的 j，如果 (m, k) 是 $u.queue_{1,2}$ 的第 j 个元素，那么 $(m, k \bmod 2)$ 是 $s.queue_{1,2}$ 的第 j 个元素。

4）$s.queue_{2,1}$ 与 $u.queue_{2,1}$ 拥有相同数量的元素。并且，对于任意的 j，如果 k 是 $u.queue_{2,1}$ 的第 j 个元素，那么 $(k \bmod 2)$ 是 $s.queue_{2,1}$ 的第 j 个元素。

显然易证 f 是一个模拟关系。大部分我们需要证明的内容是从 f 的定义以及 ABP 和 Stenning 的变换直接推导而来的。在证明模拟关系定义的条件 2（步条件）时，引理 22.4 用于 $receive$ 动作的证明。特别是，对于 ABP 接收消息的每个 $receive$ 步，我们必须说明

Stenning 协议的相应 *receive* 步也将促使消息被接收。以 ABP 的一个步 $(s, receive(m, b)_{1,2}, s')$ 为例，在这一步中 m 被 P_2 接收。促使 m 被接收的条件是 $b \neq s.tag_2$。在 Stenning 协议的相应状态 u 中，模拟条件意味着入向的低层消息带有一个与 $u.tag_2$（取模 2 结果）不同的 *tag* k。但为了证明 m 在状态 u 中被接收，我们必须证明 $k = tag_2 + 1$。引理 22.4 能够用来证明这一点。

然而，仅仅创建一个模拟关系并不足以证明活性条件。它也表明 f 比通常的模拟关系更加严格：它将 ABP 的每个步都映射到一个有相同类型动作的 Stenning 协议步上。事实上，除 *Stenning* 动作包含一个整数 k 而相应 ABP 动作包含低阶二进制位 b 外，这些动作都是相同的。

现在，将 α 固定在定理的假设中。模拟关系 f 生成 Stenning 系统的一个"对应"运行 α'。这种对应关系保证下列两结论成立：

1）除上述的一个特例外，α 和 α' 有相同的动作序列。

2）α 和 α' 中同一个位置的两个状态由 f 关联。

这些条件已经足够让我们根据 α 的条件推导出所需的 α' 的条件。

请参考 8.5.5 节中关于这一运行对应关系的思想的另一个版本，以及 10.9.4 节和第 16 章中涉及运行对应关系的类似证明。

引理 22.5 隐含了下述关于 ABP 的技术性引理。该引理表明，对于通道行为是由损耗式 FIFO 通道的规格说明所允许的 ABP 协议，它的任意公平运行都展现可靠的 FIFO 消息传递。

引理 22.6　令 α 是 ABP 协议的一个运行，该协议有通道 $A_{1,2}$ 和 $A_{2,1}$。假设：

1）$\alpha|P_1$ 和 $\alpha|P_2$ 是公平的。

2）$\alpha|A_{1,2}$ 和 $\alpha|A_{2,1}$ 满足例 14.1.1 中的活性条件。

那么，$\alpha|ext(F) \in fairtraces(F)$。

证明概要　由引理 22.5 和引理 22.2 可证。

引理 22.6 隐含下述定理中关于 ABP 的主要正确性结果。该定理表达的是采用损耗式 FIFO 通道的 ABP 保证可靠的 FIFO 消息传递。

定理 22.7　ABP 协议采用任意的损耗式 FIFO 通道（如例 14.1.1 中所定义）实现 F，即对（该协议及其通道的）每个公平运行 α，有 $\alpha|ext(F) \in fairtraces(F)$。

证明概要　根据引理 22.6 以及定理 8.4 和定理 8.2 中组合自动机的基本属性，可得到本定理。具体证明留为一道习题。

无限重复　需要注意的是，采用那些允许无限重复的略微更通用些的通道，ABP 仍然可正常工作。这些通道也不对消息进行重排序，由弱丢失限制条件对消息丢失进行限制。这种通道与上述损耗式 FIFO 通道的唯一实质差别在于当所发送消息的数量有限时，新通道会对最后被发送的消息进行无限重复。我们之所以没有采用这种更加通用的通道来阐述引理 22.5、引理 22.6 和定理 22.7，是因为想在证明中使用不变式断言和模拟关系，描述这些更通用的通道时使用公理比使用自动机更容易。

22.4　可容忍消息重排序的有界 *tag* 协议

至此，我们已经看到，使用带无界 *tag* 的 Stenning 协议，在低层消息有限丢失、有限重复和随机重排序的情况下，是可以获得可靠 FIFO 通信的。用 ABP 协议以及有界 *tag*，可以容忍有限丢失和有限重复，但不能对消息重排序。在本节，我们考虑是否可以设计容忍低层消息重排序的有界 *tag* 协议。

首先考虑当 ABP 与能对低层消息重排序的通道一起使用时会出现什么问题：如果一个老的高层消息 m 恰好到达进程 P_2 并且其 *tag* 与当前所期待的消息 *tag* 相同，那么 P_2 会错误地接收 m。这种行为将导致同一个高层消息被重复传递给 U_2，从而违反可靠通信的要求。

例如，图 22-2 中的发送 / 接收示意图描述的就是这样的一个运行，其中的 P_2 在接收完上一个消息 m' 后接收 m 的一个副本（重复）。

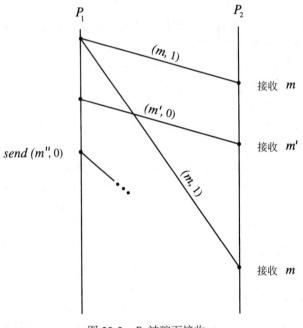

图 22-2 P_2 被骗而接收 m

至此，我们看出 ABP 不能采用允许低层消息重排序的通道，但这并不意味着没有其他可容忍重排序的有界 *tag* 协议。

我们给出三个结果。首先，22.4.1 节中将证明不存在同时容忍消息重排序和重复的有界 *tag* 协议。接着在 22.4.2 节，给出一个容忍消息丢失和重排序、但不容忍消息重复的有界 *tag* 协议。不足之处是，该协议很复杂。最后，在 22.4.3 节中，证明不存在容忍消息丢失和重排序的"高效"协议。这也意味着无法避免 22.4.2 节所给协议的高复杂性。

在本节中，我们假定高层消息字母表 M 和低层消息字母表 M' 都是有限的，以形式化一个"有界 *tag*"协议的概念。

22.4.1   关于可容忍消息重排序和重复的不可能性结论

本节将论述若采用同时允许对低层消息进行重排序和重复的通道，则没有协议能够解决可靠 FIFO 通信的问题。为了方便，我们的形式化陈述将基于合法通道行为的公理性规格说明。

我们需要某种通用的术语来描述进程自动机与通道轨迹属性间的交互。即如果 P_1 和 P_2 组成一个协议，且 $Q_{1,2}$ 和 $Q_{2,1}$ 是关于 P_1 和 P_2 间两个通道的轨迹属性，当 $\alpha|ext(Q_{1,2}) \in traces(Q_{1,2})$ 时我们称 $P_1 \times P_2$ 的运行 α 是与 $Q_{1,2}$ 一致的。我们采用类似的方式定义与 $Q_{2,1}$ 的

一致性。同样，当 $\alpha|ext(Q_{1,2})$ 是 $traces(Q_{1,2})$ 中某个序列的有限前缀时，我们称 $P_1 \times P_2$ 的运行 α 与 $Q_{1,2}$ 是有限一致的，关于 $Q_{2,1}$ 的有限一致性定义与此类似。

例 22.4.1 一致性与 I/O 自动机

考虑一种特殊情况，其中 $A_{1,2}$ 和 $A_{2,1}$ 是具有合适通道外部接口的任意 I/O 自动机，$traces(Q_{1,2})$ 和 $traces(Q_{2,1})$ 分别被定义为 $A_{1,2}$ 和 $A_{2,1}$ 的公平轨迹。

那么在 $P_1 \times P_2$ 的公平轨迹中，与 $Q_{1,2}$ 和 $Q_{2,1}$ 一致的那部分轨迹恰好是 $P_1 \times P_2 \times A_{1,2} \times A_{2,1}$ 这一合成的公平轨迹。同样，在 $P_1 \times P_2$ 的有限运行中，与 $Q_{1,2}$ 和 $Q_{2,1}$ 有限一致的那部分运行恰好是合成 $P_1 \times P_2 \times A_{1,2} \times A_{2,1}$ 的有限轨迹。

根据第 8 章中的合成性结论，包括定理 8.1、定理 8.3、定理 8.4 和定理 8.6，可以证明这些事实。

在本小节的结论中，令 $Q_{1,2}$ 为具有输入 $send(m)_{1,2}$、输出 $receive(m)_{1,2}$ 的轨迹属性，且它的全部轨迹都不包含消息丢失、只有有限的消息重复，其中 $m \in M'$。这些轨迹可容忍随机重排序。（形式化地，存在一个 14.1.2 节中的多到一的 $cause$ 函数，而且每个 $send$ 事件所对应的 $receive$ 事件数是有限的。）令 $Q_{2,1}$ 为相反通道方向的类似轨迹属性。当运行与 $Q_{1,2}$ 和 $Q_{2,1}$ 一致或有限一致时，简称该运动是一致的或有限一致的。

下面定理的意思是，采用允许消息重排序和重复的通道，任意有界 tag 协议都不能确保可靠的 FIFO 消息传递。

定理 22.8 不存在采用重排序、重复通道 $Q_{1,2}$ 和 $Q_{2,1}$ 来实现 F 的有界 tag 协议 (P_1, P_2)（即如果 α 是 $P_1 \times P_2$ 的一致公平运行，那么 $\alpha|ext(F) \in fairtraces(F)$）。

证明 为了导出矛盾，假设存在这样的一个实现 (P_1, P_2)，下面我们构造一个有错误行为的运行。

首先，我们尽量运行该系统，直到 P_1 不能再发送任意具有新值的低层消息。形式化地，我们构造一个 $P_1 \times P_2$ 的有限一致运行 α_1，使得当在 α_1 的任意有限一致扩展中发生某个 $send(m)_{1,2}$ 事件时，α_1 中也发生一个 $send(m)_{1,2}$ 事件。通过连续扩展可以完成这一构造，在每个扩展中都发送一个新的低层消息，直到不能继续这一扩展为止；根据低层消息字母表 M' 的有限性可知，这一扩展过程一定会终止。假设在 α_1 中有 n 个（用户接口）$SEND$ 事件。

令 α_2 为 α_1 的一个公平、一致的扩展，α_2 中 $SEND$ 事件的数量比 α_1 中 $SEND$ 事件的数量多 1，正好有 $n+1$ 个 $SEND$ 事件。根据正确性条件，由 U_1 在 α_2 中提交的所有消息最终都将被传递给 U_2，所以在 α_2 中恰好有 $n+1$ 个 $RECEIVE$ 事件。令 α_3 为 α_2 中包含最后一个 $RECEIVE$ 事件的有限前缀。

现在构造一个具有下列属性的有限一致运行 α_4：

1）α_4 是 α_1 的扩展。

2）对 P_1 而言，α_4 与 α_1 是不可区分的。

3）对 P_2 而言，α_4 与 α_3 是不可区分的。

我们构造 α_4 的方法是，阻止紧跟 α_1 之后涉及 P_1 的全部事件并允许 P_2 的全部事件像在 α_3 中一样继续执行。P_2 的额外事件可包括 $receive$ 事件、$send$ 事件、内部事件以及我们所需要的 $RECEIVE$ 事件。在证明 α_4 是一个有限一致运行时，唯一困难在于 $receive$ 事件：我们必须证明，尽管 P_1 在 α_1 之后未发送任意另外的低层消息，在 α_1 之后 P_2 也能够像在 α_3 中一样接收低层消息。但这种情况是可能发生的，因为在 α_1 之后，P_1 在 α_3 中所发送的全部低层消息都包含 P_1 在 α_1 中已经发送的值。因此，P_2 在 α_1 之后接收的任意低层消息都可以看作在 α_1 中所发送某个低层消息的副本。

在 α_4 中，共有 n 个 *SEND* 事件和 $n+1$ 个 *RECEIVE* 事件。为了完成这一矛盾的构造，我们在不引入任意新 *SEND* 事件的情况下，将 α_4 扩展成一个公平、一致的运行。最终运行中的 *RECEIVE* 事件比 *SEND* 事件多，与正确性条件矛盾。

因此，如果通道允许低层消息的有限重复和随机重排序，那么即使没有低层消息丢失，高层消息的可靠 FIFO 传递也是不可能的。

22.4.2　可容忍消息丢失和重排序的有界 *tag* 协议

尽管非常不明显，但事实证明有可能采用有界 *tag* 来容忍消息的丢失和重排序（当然，不能容忍消息的重复）。我们介绍一个实现这一目标的算法——Probe 算法。Probe 算法并不是一个实用的算法；它只是一个反例算法，目的是说明不存在这一问题的不可能性证明。

Probe 算法（非形式化）：

这一算法容易表示为两个层次，它们使用 I/O 自动机合成相结合。第 1 层用给定的通道实现中间通道 $I_{1,2}$ 和 $I_{2,1}$，它们不对消息进行重排序，但可以丢失消息或对消息进行重复。更精确地讲，两个中间通道都满足 14.1.2 节所定义 *cause* 函数形式的公理性规格说明。这种情况下，不要求 *cause* 函数对消息进行重排序，但其必须满足弱丢失限制条件。无限重复是允许的。第 2 层用所得到的 FIFO 通道实现可靠 FIFO 通信。

第 1 层和第 2 层的组合方式如图 22-3 所示，第 2 层协议所需要的每个通道分别由第 1 层协议的一个实例实现。把第 2 层协议的进程 P_1 与第 1 层中 $I_{1,2}$ 实现的发送进程、第 1 层中 $I_{2,1}$ 实现的接收进程组合起来，即得到整个算法的进程 P_1。与此对称，把第 2 层协议的进程 P_2 与第 1 层中 $I_{1,2}$ 实现的接收进程、第 1 层中 $I_{2,1}$ 实现的发送进程组合起来，即得到整个算法的进程 P_2。同样，对于每个第 1 层实现的通道，实现该通道都必须对整个算法中的各个通道进行"复合"。

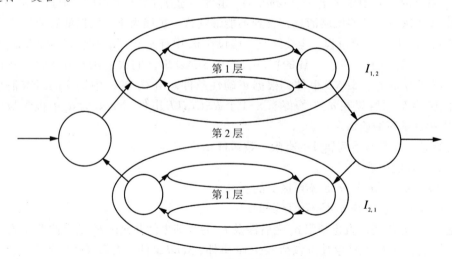

图 22-3　Probe 协议的分层结构

第 2 层是显而易见的——例如，可以用 ABP。（注意，与我们在 22.3 节中考虑的损耗式

FIFO 通道相比, 通道 $I_{1,2}$ 和 $I_{2,1}$ 要略微更通用些, 具体表现在它们允许消息的无限重复; 但是, 22.3 节末尾的注释表明采用这种更通用的通道, ABP 仍然可以正常工作。) 第 1 层涉及根据给定通道 (它们可以丢失消息、对消息重排序, 但不允许消息重复) 实现中间通道, 比第 2 层要困难。

每个第 1 层实现的工作过程如下。仅当应答一个来自 P_2 的显式 *probe* 消息时, P_1 才向 P_2 发送一个低层消息。P_1 所发送的低层消息中通常包含它从 U_1 处接收的最近一个高层消息的值, P_1 将这个高层消息的路径保留在 *latest* 中。因此, 在这一协议中, P_1 不记 U_1 提交的所有消息, 而只记 U_1 最近一次提交的消息。(这样做的理由是, 协议所要实现的中间通道被容许丢失部分高层消息。) 为了保证 P_1 仅在应答 *probe* 消息时才发送消息, P_1 中维持一个变量 *unanswered*。P_1 每接收一个 *probe* 消息就对该变量加 1, 每发送一个低层消息就对该变量减 1。

P_2 不断向 P_1 发送 *probe* 消息, 并将它所发送 *probe* 消息的数量记录在 *pending* 中。同时, P_2 在 count(m) 中统计自它最后一次向 U_2 传递高层消息以来 (或者, 如果还没有消息被传递给 U_2, 就统计自它运行开始以来), 所收到每个高层消息 m 的副本数。开始时, 以及每次向 U_2 传递一个消息时, P_2 将 *pending* 设为 *old*。当 count(m) 超出 *old* 时, P_2 可以输出 m。

下面是第 1 层协议实现 $I_{1,2}$ 的代码。当然, $I_{2,1}$ 的代码与该代码是对称的。在这一描述中, 我们采用 M 代表第 1 层协议的高层消息字母表。

第 1 层 *Probe* 协议, 进程 P_1:

Signature:

Input:
  $SEND(m)_{1,2}, m \in M$
  $receive(\text{"probe"})_{2,1}$

Output:
  $send(m)_{1,2}, m \in M$

States:
$latest \in M \cup \{null\}$, initially *null*
$unanswered \in \mathbb{N}$, initially 0

Transitions:

$SEND(m)_{1,2}$
  Effect:
    $latest := m$

$receive(\text{"probe"})_{2,1}$
  Effect:
    $unanswered := unanswered + 1$

$send(m)_{1,2}$
  Precondition:
    $unanswered > 0$
    $m = latest$
  Effect:
    $unanswered := unanswered - 1$

Tasks:
$\{send(m)_{1,2} : m \in M\}$

第 1 层 *Probe* 协议, 进程 P_2:

Signature:

Input:
  $receive(m)_{1,2}, m \in M$

Output:
  $RECEIVE(m)_{1,2}, m \in M$
  $send(\text{"probe"})_{2,1}$

States:
$pending \in \mathbb{N}$, initially 0
$old \in \mathbb{N}$, initially 0
for every $m \in M$:
　　$count(m) \in \mathbb{N}$, initially 0

Transitions:

$RECEIVE(m)_{1,2}$
　　Precondition:
　　　　$count(m) > old$
　　Effect:
　　　　for all $m' \in M$ do
　　　　　　$count(m') := 0$
　　　　$old := pending$

$send(\text{``probe''})_{2,1}$
　　Precondition:
　　　　$true$
　　Effect:
　　　　$pending := pending + 1$

$receive(m)_{1,2}$
　　Effect:
　　　　$count(m) := count(m) + 1$

Tasks:
$\{RECEIVE(m)_{1,2} : m \in M\}$
$\{send(\text{``probe''})_{2,1}\}$

第 1 层协议所使用的通道 $C_{1,2}$ 和 $C_{2,1}$ 不能容忍消息重复，但能容忍消息重排序和消息丢失。也就是说，它们的规格说明是以 *cause* 函数的形式给出的，如 14.1.2 节所示。这种情况下，*cause* 函数必须是一对一的，但不要求是单调的。然而，消息丢失是受弱丢失限制条件限制的。通道 $C_{1,2}$ 和 $C_{2,1}$ 是其公平轨迹满足这一规格说明的任意 I/O 自动机（具有合适的外部接口）。通过合成 P_1、P_2 以及这两个通道，即得到完整的第 1 层协议。

下面引理的意思是，Probe 协议的第 1 层采用给定的无重复通道实现中间通道 $I_{1,2}$。

引理 22.9　Probe 协议的第 1 层采用任意的无重复通道（如上述 $C_{1,2}$ 和 $C_{2,1}$ 所定义）实现中间通道 $I_{1,2}$，即对每个公平运行 α，有 $\alpha|ext(I_{1,2}) \in traces(I_{1,2})$。

证明概要　首先证明 $I_{1,2}$ 不会对消息进行重排序。为说明这一点，请注意 P_2 在执行第一个 *RECEIVE* 后，每执行一个 *RECEIVE* 时都要检查 $count(m)>old$，其中 m 是被传递的高层消息。根据 *old* 变量的管理，再加上 P_1 只在应答 *probe* 消息时才发送消息和通道不重复消息的事实，可知在上一个 *RECEIVE* 事件处最多只有 *old* 个低层消息正处在从 P_1 到 P_2 的传递途中。因此，自上一个 *RECEIVE* 事件以来，至少有一个包含 m 的消息被 P_1 发送。这也就意味着 m 一定是 $lastest_1$ 在上一个 *RECEIVE* 事件后某一点的值。从而表明没有发生重排序。

剩下的是要证明 $I_{1,2}$ 保证弱丢失限制条件——当有无限数量的 *SEND* 事件时，其中一定有无限数量的 *SEND* 事件有与之对应的 *RECEIVE* 事件。因此假设有无限数量的 *SEND* 事件。下列事实综合表明 P_2 执行了无限数量的 *RECEIVE* 事件：P_2 一直在发送 *probe* 消息、P_1 一直在应答所接收的 *probe* 消息、对通道的活性假设以及高层消息字母表 M 的有限性。但如在上一段所述，事实上在第一个消息之后，传递给 U_2 的任意消息一定是 $latest_1$ 在上一个 *RECEIVE* 事件后某一点的值。这就足以表明 *RECEIVE* 事件一定对应无限个不同的 *SEND* 事件。

现在考虑完整的 Probe 协议。如前所述，每个进程都是一个第 2 层进程和两个第 1 层进程的合成，如图 22-3 所示。每个通道都参与 "复合"，以分别实现这两个第 1 层协议的通道。

完整 Probe 协议所需要的通道与第 1 层实现所采用的通道 $C_{1,2}$ 和 $C_{2,1}$ 类似，都不允许对消息进行重复，但可以重排序和丢失消息。也就是说，通道的规格说明采用 14.1.2 节中 *cause* 函数的方式给出。像 $C_{1,2}$ 和 $C_{2,1}$ 中的一样，*cause* 函数必须是一对一的，但不要求是单调的。

然后，事实表明我们需要一个比通道 $C_{1,2}$ 和 $C_{2,1}$ 中所采用的弱丢失限制条件更严格的丢失限制条件。确切地说，对完整 Probe 协议的通道所实现的两个通道中的任意一个而言，完整 Probe 协议的每个通道都必须满足弱丢失限制条件。我们采用一种更简单和更保守的策略——强丢失限制条件。（这样确实能为所实现的两个通道分别保证强丢失限制。）关于通道多路复合技术参见习题 14.7。

现在，通道已经是其公平轨迹满足这些新通道规格说明的（具有合适外部接口的）任意 I/O 自动机。通过合成 P_1、P_2 以及这两个通道，即得到完整的 Probe 协议。

下面的定理指出，采用给定的无重复强丢失限制通道，完整的 Probe 协议确保可靠 FIFO 传递。

定理 22.10 采用任意的无重复强丢失限制通道（如上所述），Probe 协议实现可靠的 FIFO 通道 F，即对每个公平运行 α，有 $\alpha|ext(F) \in fairtraces(F)$。

证明 这一结论是由第 1 层（参见引理 22.9 中的证明）和第 2 层实现的正确性推导而来的。需要注意的是，根据每个给定通道的强丢失限制条件，可得到它实现的两个第 1 层通道的弱丢失限制条件。

复杂性分析 这里并不是试图对 Probe 协议进行一个形式化的复杂性分析（也不对本章中其他协议进行形式化的复杂性分析）。但必须注意，Probe 协议有一个严重的复杂性问题：越是后面的高层消息，其完成传递需要的低层消息越多。更确切地讲，在第 1 层协议中，一旦有 k 个低层消息丢失，那么在传递每个后续高层消息时，即使再没有消息丢失，也将至少需要 $k+1$ 个低层消息。在下一小节，讨论是否可以避免这种开销。

22.4.3 不存在可容忍消息丢失和重排序的高效协议

我们刚描述了 Probe 协议，该协议采用可容忍消息丢失和重排序、但不可容忍消息重复的通道实现可靠 FIFO 通信。在这一节中，我们将证明任意实现这一功能的协议都需要与 Probe 协议类似的开销，越是在传递后面的高层消息时需要的低层消息越多。

像前面的关于不可能性结论的定理 22.8 一样，我们的陈述以定义合法通道行为的公理性轨迹属性描述为基础。我们采用 22.4.1 节中介绍的通用术语来描述进程自动机与通道轨迹属性间的交互，特别是对与两个通道接口的轨迹属性均一致的 $P_1 \times P_2$ 的运行的定义，以及对与某个轨迹属性有限一致的 $P_1 \times P_2$ 的有限运行 α 的定义。

本节中，令 $Q_{1,2}$ 为输入为 $send(m)_{1,2}$、输出为 $receive(m)_{1,2}$ 的轨迹属性，其中 $m \in M'$，且它的全部轨迹都不包含消息重复，而消息丢失受强丢失限制条件的限制。这些轨迹中可以有随机重排序动作。令 $Q_{2,1}$ 为相反通道方向的类似轨迹属性。我们将不明确提到通道轨迹属性，只说运行是一致的或有限一致的。

采用任意满足这些规格说明的通道时，Probe 协议就能够发挥作用（例如，实现可靠 FIFO 通信）。我们将证明，从传递稍后的高层消息所需要低层消息的数量这个角度来说，任意达到这一目的的协议都需要高昂的开销。为此，我们需要一个关于开销的精确定义。

首先，对于 $P_1 \times P_2$ 的一个有限一致运行 α，当其中的 $SEND$ 事件与 $RECEIVE$ 事件数量相等时，我们称 α 是完整的。这也就是说，该协议将 U_1 所提交的全部高层消息都成功地传递给 U_2。

下面定义所表达的基本思想是为了成功传递每个高层消息，在最好情况下，该协议只需要发送一个有限数量的低层消息。如果 α 是一个完整的运行、$k \in \mathbb{N}^+$、$m \in M$，那么当下列条件成立时我们称扩展 α' 是 α 的 k 扩展：

1）在 α' 中位于 α 之后的部分，只有 $SEND(m)_{1,2}$ 与 $RECEIVE(m)_{1,2}$ 两个用户接口事件。（这意味着在 α' 中位于 α 之后的部分，用户 U_1 只发送一个高层消息 m，并且该消息也成功地传递到 U_2。这一条件表明 α' 也是一个完整运行。）

2）在 α' 中位于 α 之后的部分，所有由 P_2 接收的低层消息都是在 α 之后发送的。（即没有老的高层消息被接收。）

3）在 α' 中位于 α 之后的部分，$receive_{1,2}$ 事件的数量小于或等于 k。

对于一个协议，如果任取完整运行 α 和 $m \in M$，对 m 都存在 α 的一个 k 扩展，则该协议是 k- 消息有界的（k-message-bounded）。对于某个 $k \in \mathbb{N}^+$，如果一个协议是 k- 消息有界的，则该协议是消息有界的（message-bounded）。

因此，一个消息有界的协议在其开销方面仅满足一个非常小的要求：在预期没有进一步低层消息丢失的最佳情况下，传递一个高层消息所需要低层消息的数量不能无限制增长。但是，尽管这一要求很弱，我们仍然可以证明：没有任意消息有界的协议能够采用允许消息丢失和重复的通道实现可靠 FIFO 通信。

定理 22.11   不存在消息有界的有界 *tag* 协议 (P_1, P_2)，使得 (P_1, P_2) 采用损耗式重排序通道 $Q_{1,2}$ 和 $Q_{2,1}$ 实现 F（意思是如果 α 是 $P_1 \times P_2$ 的一个一致公平运行，那么 $\alpha|ext(F) \in fairtraces(F)$）。

证明   用反证法，假定存在满足上述定理的一个协议 (P_1, P_2)，并取一个 k，使得 (P_1, P_2) 是 k- 消息有界的。

假设我们能够生成一个 M' 元素的多集 T、一个 $P_1 \times P_2$ 的完整运行 α 以及 α 的一个 k 扩展 α'，它们同时满足下列两个条件：

1）在运行 α 之后，T 中的全部消息都处在从 P_1 到 P_2 的 "传递途中"（例如，它们已经被发送出来但还未被接收）。$^{\ominus}$

2）由 P_2 在 α' 的位于 α 之后部分所接收的低层消息多集是 T 的一个子多集。

在这种情况下，就能导出一个矛盾，方法如下。采用类似于定理 22.8 证明中的构造方法，构造另外一个有限一致运行 α_1，使得下列结论成立：

1）α_1 是 α 的一个扩展。

2）对 P_1 而言，α_1 与 α 是不可区分的。

3）对 P_2 而言，α_1 与 α' 是不可区分的。

我们的做法是，阻止紧跟 α 之后涉及 P_1 的所有事件，同时允许 P_2 的所有事件像在 α' 中一样继续执行。我们这样做是可行的，因为 P_2 的额外 *receive* 事件可以由 α 之后、正处在从 P_1 到 P_2 途中的低层消息产生。通过生成一个 $RECEIVE$ 事件比 $SEND$ 事件多的公平、一致运

$\ominus$ 已经被发送但还未被接收的消息多集是由运行 α 唯一决定的。

行，就得到一个如同定理 22.8 的证明中一样的矛盾。

这样，就具备了产生这种矛盾的充分条件。下面的重要断言指出，如果一个低层消息多集 T 正处在从 P_1 到 P_2 的传递途中，那么或者这一矛盾已经存在，或者我们能够将 T 扩大成一个更大的多集 T'。

声明 22.12 假设 α 是一个完整运行，T 是一个位于 α 之后处于从 P_1 到 P_2 传递途中的低层消息多集，其中 T 包含任意元素的最多 k 个副本。那么下列两条件中至少有一个是成立的：

1）存在 α 的一个 k 扩展 α'（对某个 m），使得 P_2 在 α' 中位于 α 之后所接收的低层消息多集是 T 的一个子多集。

2）存在 α 的一个完整运行 α' 以及一个在 α' 之后处于从 P_1 到 P_2 传递途中的新低层消息多集 T'，其中 T' 包含任意元素的至多 k 个副本、$T \subset T'$。⊖

首先假定声明 22.12 为真。证明在这种情况下能够构造上述的矛盾，我们已经说明这一矛盾可充分证明定理。为此，定义两个序列：一个完整运行的序列 α_0、α_1、…；一个低层消息的多集序列 T_0、T_1、…，其中每个多集最多包含 k 个相同的元素。α_i 是 α_{i-1} 的扩展，并且有 $T_i \subset T_{i+1}$。而且，对每个 i，在 α_i 之后多集 T_i 处于从 P_1 到 P_2 的传递途中。

我们从 α_0 和 T_0 开始，其中 α_0 由 P_1 和 P_2 的初始状态组成，T_0 为空。如果声明 22.12 中的条件 1 为真，我们就已经生成矛盾，得证。否则，声明 22.12 中的条件 2 必然成立。在这种情况下，令 $\alpha_1 = \alpha'$、$T_1 = T'$。通常，如果在 α_i 和 T_i 情况下条件 1 成立，那么得证；否则我们可以根据条件 2 定义 α_{i+1} 和 T_{i+1}。

现在证明条件 1 最终一定成立。因为如果不是这样，那么对每个 i 都有条件 2 成立，并且我们定义的是两个无限序列。具体讲，我们得到一个无限链 $T_0 \subset T_1 \subset T_2 \subset \cdots$。但由于根据每个 T_i 的定义，T_i 中最多包含 k 个相同的 M' 元素，因此该链中多集的数量不可能多于 $k|M'|+1$。由于 $|M'|$ 是有限的，因此该链中多集的数量也是有限的。因此条件 1 最终一定成立。

剩下的只要证明声明 22.12。

（声明 22.12 的）证明 任取 $m \in M$，并为消息 m 获得 α 的一个 k 扩展 α'；由于假定该协议是 k- 消息限制的，因此能够得到这一 k 扩展。如果 P_2 在 α' 的位于 α 之后的部分接收的低层消息多集是多集 T 的子集，那么条件 1 成立，证明结束。因此假定这种情况不成立。这样就存在 $p \in M'$，使得 α' 中位于 α 之后的 $receive(p)_{1,2}$ 事件的数量多于 T 中 p 副本的数量。令 $T' = T \cup \{p\}$（用多集的并动作）。由于 α' 是一个 k 扩展，因此这一新 $receive(p)_{1,2}$ 事件的数量不超过 k，这就说明在 T' 中每个元素的副本数量最多为 k。这样，我们就得到 α 的一个完整运行，该运行使得 T' 在传递途中。

我们知道，在 α' 的位于 α 之后的部分至少有一个 $send(p)_{1,2}$ 事件，因为 P_2 在 α' 之后所接收的全部低层消息都被假定是在 α' 之后发送的。令 α_1 是 α' 的前缀，并以第一个这样的 $send(p)_{1,2}$ 事件为结尾；那么 α_1 是 α 的一个有限一致扩展。因此，在 α_1 之后低层消息多集 T' 处于传递途中。如果 α_1 同时包括新 $SEND(m)_{1,2}$ 事件与 $RECEIVE(m)_{1,2}$ 事件，或者既不包括 $SEND(m)_{1,2}$ 事件也不包括 $RECEIVE(m)_{1,2}$ 事件，那么 α_1 是完整的，因而满足条件 2。

剩下的情形是 α_1 只包括 $SEND(m)_{1,2}$ 事件，而不包括 $RECEIVE(m)_{1,2}$ 事件。这种情况下，我们将 α_1 扩展成一个有限一致的 α_2，α_2 包含一个附加的 $RECEIVE(m)_{1,2}$ 事件，但其中没有任意来自 T' 的低层消息被 P_2 接收。基于下列事实，我们是能够构造这样的一个 α_2 的：

⊖ 这就是说，T 是 T' 的一个真子多集，即至少有一个 M' 元素，在 T' 中至少比 T 中多一个它的副本。

$P_1 \times P_2$ 的任意一个有限一致运行都能够扩展成一个公平一致运行，使得无新的 $SEND_{1,2}$ 事件发生，且所有新 $receive_{1,2}$ 事件都是由新 $send_{1,2}$ 事件引起的。将这一事实用于 α_1，我们就得到 α_1 的一个公平一致扩展 α_3，根据正确性条件限制可知 α_3 必定包含一个与最后 $SEND(m)_{1,2}$ 所对应的 $RECEIVE(m)_{1,2}$ 事件。我们所需要的完整运行 α_2 就是 α_3 中以该 $RECEIVE$ 事件结尾的前缀。

至此，完成定理 22.11 的证明。

22.5 可容忍进程崩溃

至此为止，本章中所给出的结果几乎解决了采用不可靠通道实现可靠 FIFO 通信所涉及的所有问题，至少在假定进程是可靠的情况下解决了这种实现涉及的各个问题。当只有两个节点时，考虑进程的停止故障或 Byzantine 故障的意义不大。然而，分析在进程崩溃以及后来恢复崩溃进程时所发生的事情是有用的。当一个进程崩溃可简单地归结为停止故障，随后的恢复动作也仅涉及从进程停止处的简单复原时，一个崩溃后又恢复的进程与一个中止了一段时间的正确进程并没有什么差别。但是，如果一个进程崩溃涉及状态信息的部分或全部丢失，则会引起新的问题。

在这一节，将在进程会出现崩溃且丢失信息，而后又恢复执行的情况下，考虑可靠 FIFO 通信问题。这种设置下的进程模拟的是那种有易失性存储器，或同时有易失性存储器和稳定存储器的物理处理器。这样的一个处理器崩溃时，易失性存储器的全部内容都将丢失。进程恢复时，稳定存储器从前一个状态继续执行，易失性存储器则使用默认状态。当一个处理器恢复时，通常所做的第一件事情是运行一个恢复协议，使用稳定存储器中的信息把易失性存储器恢复到某个合法的状态。在形式化模型中，我们将整个恢复协议看作单个的恢复步。

在 22.5.1 节中，将阐述在有进程崩溃的情况下，实现可靠 FIFO 通信的不可能性，而这种可靠 FIFO 通信在可靠进程的情况下是能够实现的。这样就促使我们弱化新环境下的问题需求。在 22.5.2 节给出另一个不可能性结论，该结论适用于更加弱化的问题陈述。最后在 22.5.3 节中，介绍一个同时容忍进程崩溃和不可靠通道的实用算法。

在本节中，我们假定进程 P_i 新增了输入动作 $CRASH_i$ 和输出动作 $RECOVER_i$，并在稍后用后者组成一个新的任务。一个 $CRASH_i$ 事件激发一个相应的 $RECOVER_i$，同时暂停所有其他的局部控制动作直至一个 $RECOVER_i$ 发生。这就要求在 P_i 的任意一个公平运行中，最终必须发生这样的一个 $RECOVER_i$ 事件。我们假定，在 $CRASH_i$ 事件及其之后的那个 $RECOVER_i$ 之间发生的事件（包括其他的 $CRASH_i$ 事件）对状态不产生任意影响。

新的接口如图 22-4 所示。

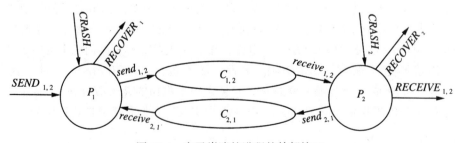

图 22-4   容忍崩溃的进程的外部接口

22.5.1　简单的不可能性结论

考虑 $RECOVER_i$ 动作将进程 P_i 的状态设置回随机初始状态的情况。因此，这种情况下，$CRASH_i$ 以及随后的 $RECOVER_i$ 将使得进程状态的全部信息都丢失。在这一模型中，显然无法解决可靠 FIFO 通信问题，即使支撑通道本身是可靠 FIFO 通道！

定理 22.13　在给定的崩溃故障模型中，不存在使用可靠 FIFO 通道实现 F 的协议（意思是对任意一个公平运行 α，都有 $\alpha|ext(F) \in fairtraces(F)$）。

证明　为了导出矛盾，假设存在这样的协议。在 P_2 的一个崩溃事件之后，该协议无法判断一个高层消息是否已经被传递给 U_2。

令 α_1 为协议的任意一个公平运行，其中只有一个 $SEND$ 事件而无 $CRASH$ 事件发生。那么根据正确性可知，在 $SEND$ 事件之后有一个相应的 $RECEIVE$ 事件。令 α_2 和 $\alpha_2{}'$ 分别是 α_1 的两个前缀，α_2 恰好在该 $RECEIVE$ 事件之前结束，$\alpha_2{}'$ 恰好在该 $RECEIVE$ 事件之后结束。

同时令 α_3 为 α_2 的一个扩展，其中只有一个 $CRASH_2$ 事件，相应的 $RECOVER_2$ 事件紧随 $CRASH_2$ 之后。那么 α_3 可扩展成一个不包含任意 $SEND$ 事件或崩溃的公平运行 α_4。由于 α_4 也必须满足正确性条件，因此 α_4 中必定包含一个与其中 $SEND$ 事件对应的 $RECEIVE$ 事件，且该 $RECEIVE$ 事件要发生在 $CRASH$ 事件和 $RECOVER$ 事件之后。

现在构造另一个能够替换 α_4 的公平运行 α_5。运行 α_5 以 $\alpha_2{}'$ 开始，接着是 $CRASH_2$ 和 $RECOVER_2$，最后以 α_4 中 $RECOVER$ 之后部分结束。那么 α_5 也是一个公平运行。但 α_5 中包含两个 $RECEIVE$ 事件而仅有一个 $SEND$ 事件，从而与正确性条件矛盾。

需要指出的是，在一个 $CRASH$ 和 $RECOVER$ 事件总是连续发生，且仅有有限个崩溃事件发生的更强模型中，仍然可用上述的证明方法证明定理 22.13。

22.5.2　更复杂的不可能性结论

定理 22.13 表明，我们前面所使用的问题陈述对容许进程崩溃的环境而言太强硬。合理的做法是尽量弱化这一问题陈述，以得到一个在这一环境中也能够解决的协议问题版本。不幸的是，事实证明即使对问题陈述进行大量弱化，这一问题仍然无法解决。本节中，我们针对该问题的一个更加弱化版本，介绍一个不可能性结论。（当然，证明起来也更加困难。）

我们使用的崩溃模型与 22.5.1 节中的相同——具体说，当一个进程崩溃时，会丢失所有的状态信息。

我们减少对外部接口的要求，以弱化问题陈述。即所要实现的通道不允许消息重复，但可以对消息重排序。至于消息丢失，我们现在只要求如果一个消息的 $SEND$ 事件之后没有跟随 $RECOVER$ 事件，则该消息一定被传递。这就是说，对任意消息，当其 $SEND$ 事件在某个 $RECOVER$ 事件之前时，我们能容忍该消息丢失。因此，当有无限数量的 $CRASH$ 和 $RECOVER$ 事件时，根本就没有任意消息被要求传递。但是，如果只有有限数量的这种事件，那么在最后一个 $RECOVER$ 事件之后发送的任意消息都必须被传递。我们用 B 来表示这一规格说明（形式化的说法是轨迹属性）。

我们弱化问题陈述的另一途径是，对实现中采用的通道做更多的假设。所增加的具体假设包括：不允许消息重复或者重排序，只允许通道丢失消息，并且这种丢失受强丢失限制条件限制。我们分别用 $Q_{1,2}$ 和 $Q_{2,1}$ 来表示两个通道的规格说明。我们现在说一个协议的某个运行是一致的或有限一致的时，意思是对通道 $Q_{1,2}$ 和 $Q_{2,1}$ 来说它都有这些属性。

对通道规范说明 $Q_{1,2}$ 和 $Q_{2,1}$ 中的任意一个而言，都可以说在一个有限一致运行的某个点，一个消息序列 T 是"在途的"。这句话的意思是，T 是某个已经发送消息序列的子序列，且 T 是在（为某个 cause 函数所传递的）最后一个被传递的消息之后发送的。根据这一定义可得到的一个结论是，即使没有新的 send 事件，任意在途消息序列 T 都可能是下一个被通道传递的消息序列。

下面是我们在本节中阐述的不可能性结论。该结论表明，使用损耗式低层通道，任意协议都不能保证无消息重复、在全部进程崩溃和恢复都已停止后无消息丢失的通信。

定理 22.14　在给定的崩溃故障模型中，不存在使用损耗式通道 $Q_{1,2}$ 和 $Q_{2,1}$ 实现 B 的协议 (P_1, P_2)（意思是如果 α 是 $P_1 \times P_2$ 的一个公平一致运行，那么 $\alpha|ext(B) \in traces(B)$）。

在这一定理的证明中，我们用符号 $\bar{i}$ 表示与进程 i 相对的进程，即 $\bar{1}=2$，$\bar{2}=1$。同样，如果 α 是 $P_1 \times P_2$ 的某个有限一致运行且 $i \in \{1, 2\}$，则我们定义：

- $in(\alpha, i)$ 为 P_i 在 α 期间接收的低层消息序列。
- $out(\alpha, i)$ 为 P_i 在 α 期间发送的低层消息序列。
- $state(\alpha, i)$ 为 P_i 在 α 之后的状态。

证明　为了导出矛盾，假定存在这样的协议。这一证明的关键是下述断言。该断言阐述的是对任意一个无崩溃的有限一致运行 α，都能够使用进程崩溃产生一种情形，使得两个进程的状态都与它们在 α 结束时的状态相同，而在其中一个通道中有一个在途消息序列，该序列中包含 α 中沿着该通道所发送的全部低层消息。

声明 22.15　令 α 为某个无崩溃有限一致运行。令 $i \in \{1, 2\}$。假设 α 不包含任意步或者 α 的最后一个步是 P_i 的一个步。那么存在 $P_1 \times P_2$ 的一个有限一致运行 α'，在 α' 结束时下列结论成立：

1) P_i 的状态为 $state(\alpha, i)$。

2) $P_{\bar{i}}$ 的状态为 $state(\alpha, \bar{i})$。

3) 序列 $out(\alpha, i)$ 处在从 P_i 到 $P_{\bar{i}}$ 的传递途中。

运行 α' 可以包含 CRASH 和 RECOVER 事件，但不存在未匹配的 CRASH 事件——即每个 CRASH 后都有一个相应的 RECOVER。

（声明 22.15 的）证明　证明的方法是归纳 α 中步的数量。

基础：0 步。那么 $\alpha'=\alpha$，证明结束。

归纳步：k 步，$k>0$。

如果 α 不包含 $P_{\bar{i}}$ 的步，那么 $\alpha'=\alpha$，证明结束。因此假设 α 至少包含 $P_{\bar{i}}$ 的一个步。那么令 α_1 为 α 中以 $P_{\bar{i}}$ 的一个步结尾的最长前缀。显然 α_1 是 α 的严格意义上的前缀，因为我们已经假定 α 的最后一步是 P_i 的一个步。显然 $state(\alpha, \bar{i})= state(\alpha_1, \bar{i})$。同样，$in(\alpha, i)$ 是 $out(\alpha_1, \bar{i})$ 的子序列。

那么根据归纳假设，存在一个有限一致运行 α_1'，在 α_1' 结束时下列结论成立：

1) P_i 的状态为 $state(\alpha_1, i)$。

2) $P_{\bar{i}}$ 的状态为 $state(\alpha_1, \bar{i})$。

3) 序列 $out(\alpha_1, \bar{i})$ 处在从 $P_{\bar{i}}$ 到 P_i 的传递途中。

并且，α_1' 中不包含任意未匹配的 CRASH 事件。由于 $in(\alpha, i)$ 是 $out(\alpha_1, \bar{i})$ 的子序列，因此在

α'_1 之后 $in(\alpha, i)$ 也处在从 $P_{\bar{i}}$ 到 P_i 的传递途中。

现在我们构造证明需要的运行 α'。运行 α' 以 α'_1 开始。α' 的其余部分只涉及 P_i（因为 $P_{\bar{i}}$ 已经处于证明需要的最终状态）。首先，发生一个 $CRASH_i$ 和一个 $RECOVER_i$，使得 P_i 回到它在 α 中的初始状态。接着 P_i 像在 α 中一样开始自己的运行，必要时从入向通道提取低层消息。因为在 α'_1 之后 $in(\alpha, i)$ 处在从 $P_{\bar{i}}$ 到 P_i 的传递途中，所以 P_i 提取消息是可能的。从而使得 P_i 进入状态 $state(\alpha, i)$，并把所需要的位于 $out(\alpha, i)$ 中的低层消息放入出向通道。同样，α' 中不包含未匹配的 $CRASH$ 事件。

图 22-5 所示的是 P_i 在 α'_1 之后运行时的系统状态变化示意图。

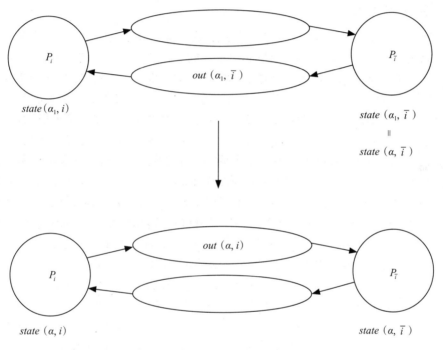

图 22-5　从 α'_1 到 α' 的系统状态变化

现在我们用声明 22.15 来完成定理 22.14 的证明。令 α 为某个无崩溃的有限一致运行，且 α 只包含一个 $SEND$ 事件及相应的 $RECEIVE$ 事件，同时为了不失一般性，假定 α 以该 $RECEIVE$ 事件结束。

我们构造一个运行 α_1，其进程最终状态与 α 的进程最终状态相同，但 α_1 包含一个作为其最后外部接口事件的 $SEND$。换句更精确的话说，就是没有后续的 $SEND$、$RECEIVE$、$CRASH$ 或 $RECOVER$ 事件，也没有未匹配的 $CRASH$ 事件。首先，依据声明 22.15 派生一个有限一致运行 α'，α' 以分别等价于 $state(\alpha, 1)$ 和 $state(\alpha, 2)$ 的进程状态结束，且 $out(\alpha,2)$ 处在从 P_2 到 P_1 的传递途中，同时 α' 中没有未匹配的 $CRASH$ 事件。接着构造 α_1，先采用声明 22.15 中归纳步的方法扩展 α'，然后对 P_1 执行进程崩溃和恢复，接着像在 α 中一样运行 P_1。（同样，所需要的输入序列 $in(\alpha, 1)$ 正在流入通道中处于在途状态。）这样就使得 P_1 再次到达 $state(\alpha, 1)$。同时，在 α_1 的位于 α' 之后部分，有一个 $SEND$ 步，但没有其他用户接口步。从而得到预期的 α_1 属性。

至此可以得到一个矛盾。令 α_2 为 α_1 的一个扩展，是一个未增加任意新 $SEND$、$CRASH$

或 *RECOVER* 事件的公平一致运行，其中每个在 α_1 之后接收的低层消息都是在 α_1 之后发送的。(也就是说，所有老的低层消息都丢失。)根据正确性要求，在后缀中至少有一个 *RECEIVE* 事件与 α_1 中的最后 *SEND* 事件对应。同时，α_2 中位于 α_1 之后部分也可以添加于 α 之后，同样得到一个公平一致运行；这是因为在 α 和 α_1 之后这两个进程都处在相同的状态，并且所有老的低层消息都丢失。但这就违背了正确性要求，因为 α 中已经有相同数量的 *SEND* 和 *RECEIVE* 事件、而该后缀中还包含至少一个 *RECEIVE* 而没有 *SEND*。

定理 22.14 表明，如果要允许丢失全部状态信息的进程崩溃，无论如何弱化容许崩溃的条件，都不可能解决可靠 FIFO 的消息传递问题。

22.5.3 实用的协议

尽管存在上两小节中给出的不可能性结论，在进程崩溃情况下能够确保某种可靠 FIFO 消息传递的消息传递协议在实际中仍是非常重要的。在这一节，介绍一个重要的协议——FivePacketHandshake 协议。该协议是建立网络连接的标准方法，被 TCP、ISO TP-4 以及许多其他重要传递协议采用。在本小节中，使用"包"作为"低层消息"的同义词。

FivePacketHandshake 协议满足 22.5.2 节中的正确性规格说明 B，该规格说明不允许消息重复、并要求在最后一个 *RECOVER* 之后提交的消息不被丢失。事实上，该协议还不对消息重排序。它不但容许进程崩溃，还容许范围广泛的通道故障。这一属性与定理 22.14 的不可能性结论之所以不矛盾，其原因在于 FivePacketHandshake 协议依赖于系统为消息提供唯一标识符（UID）的能力，这种标识符可看作（以及模型化为）某种形式的稳定存储器。

为什么能用稳定存储器来模型化 UID 呢？ UID 的关键属性是任意 UID 最多只会被生成一次，即使发生强制性崩溃也是如此。在形式化模型中，我们可抽象地将这一属性表示成允许该协议即使在一个进程崩溃之后也能记录前面已经产生的每个 UID，并检查这一记录以确保不会第二次生成同一个 UID。换句更确切的话说，我们可以在协议状态中保留一个组件 *used*，用来保存所生成的每个 UID。当协议选择一个新 UID 时，挑选一个不在 *used* 集合中的 UID。我们假定 *used* 集合不会由于进程崩溃而被破坏，即它存储在稳定存储器中。

在实际中，有许多产生 UID 的不同方法——例如，使用随机数发生器或者实时时钟。但是，事实证明以在稳定存储器中保留已使用 UID 的方式来模型化这些技巧既简单又易懂。

我们允许所使用的通道丢失、重复以及重排序消息。但是，我们只允许有限重复，且消息丢失也受强丢失限制条件限制。

FivePacketHandshake 协议（非形式化）：

像在 Stenning 协议和 *ABP* 协议中一样，P_1 维护一个由 U_1 所提交高层消息的缓冲区，并不断将这些消息传递给 P_2，每次传递一个消息。

对于 P_1 试图发送的每个消息，在 P_1 和 P_2 之间有一个初始的双向包（低层消息）交换，以建立一个共同接受的消息标识符。在这一交换过程中，首先由 P_1 在（" *needuid*",v）包中把一个新的 UID v 发送给 P_2。P_2 将这个 UID v 与另一个新 UID u 组成二元组 (u,v)，并在（" *accept*",u,v）包中把二元组 (u, v) 发回给 P_1。P_1 可识别出这个包是最新的，因为其中包含 P_1 的最后 UID v。然后 P_1 选择 u 作为它所试图发送高层消息的 UID。

现在 P_1 向 P_2 发送最近的高层消息 m，把 m 和 u 组成一组作为（" *send*",m,u）包，一同发送给 P_2。P_2 可识别出这个包是最新的，因为其中包含 P_2 的最后 UID u。接收一个消息之后，P_2 发送一个 ("ack",u) 形式的确认包。

第 5 个包的形式为 ("cleanup",u)，由 P_1 用来通知 P_2 何时丢弃当前的 UID。

FivePacketHandshake 协议的 5 个包如图 22-6 所示。

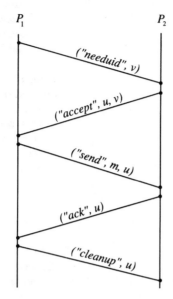

图 22-6　FivePacketHandshake 协议的 5 个包

协议代码如下。为了方便，在每个进程状态中都包括一个分量 *used*，以记录已经被该进程生成的全部 UID。*used* 分量是唯一不受进程崩溃破坏的分量。

FivePacketHandshake, 进程 P_1:

Signature:

Input:
 $SEND(m)_{1,2}, m \in M$
 $receive(p)_{2,1}, p \in \{("accept", u, v) : u, v \text{ UIDs}\} \cup \{("ack", u) : u \text{ a UID}\}$
 $CRASH_1$

Output:
 $send(p)_{1,2}, p \in \{("needuid", v) : v \text{ a UID}\} \cup \{("send", m, u) : m \in M, u \text{ a UID}\}$
  $\cup \{("cleanup", u) : u \text{ a UID}\}$
 $RECOVER_1$

Internal:
 $choose(v)_i, v \text{ a UID}$

States:

$status \in \{idle, needuid, send, crashed\}$, initially *idle*
buffer, a FIFO queue of M, initially empty
uid-v, a UID or *null*, initially *null*
uid-u, a UID or *null*, initially *null*
used, a set of UIDs, initially empty
send-buffer, a FIFO queue of packets, initially empty

Transitions:

$SEND(m)_{1,2}$ $receive("accept", u, v)_{2,1}$

Effect:
 if $status \neq crashed$ then
  add m to $buffer$

$choose(v)_1$
 Precondition:
  $status = idle$
  $buffer$ is nonempty
  $v \notin used$
 Effect:
  $uid\text{-}v := v$
  $used := used \cup \{v\}$
  $status := needuid$

$send(\text{``needuid''}, v)_{1,2}$
 Precondition:
  $status = needuid$
  $v = uid\text{-}v$
 Effect:
  none

$receive(\text{``ack''}, u)_{2,1}$
 Effect:
  if $status \neq crashed$ then
   if $status = send$
    and $u = uid\text{-}u$ then
    remove first element of $buffer$
    $uid\text{-}v := null$
    $uid\text{-}u := null$
    $status := idle$
    add $(\text{``cleanup''}, u)$ to $send\text{-}buffer$

$send(\text{``cleanup''}, u)_{1,2}$
 Precondition:
  $status \neq crashed$
  $(\text{``cleanup''}, u)$ is first on $send\text{-}buffer$
 Effect:
  remove first element of $send\text{-}buffer$

Effect:
 if $status \neq crashed$ then
  if $status = needuid$
   and $uid\text{-}v = v$ then
   $uid\text{-}u := u$
   $status := send$
  else if $uid\text{-}u \neq u$ then
   add $(\text{``cleanup''}, u)$ to $send\text{-}buffer$

$send(\text{``send''}, m, u)_{1,2}$
 Precondition:
  $status = send$
  m is first on $buffer$
  $u = uid\text{-}u$
 Effect:
  none

$CRASH_1$
 Effect:
  $status := crashed$

$RECOVER_1$
 Precondition:
  $status = crashed$
 Effect:
  $buffer :=$ empty sequence
  $uid\text{-}v := null$
  $uid\text{-}u := null$
  $send\text{-}buffer :=$ empty sequence
  $status := idle$

Tasks:
$\{send(\text{``needuid''}, v)_{1,2} : v$ a UID$\}$
$\{send(\text{``send''}, m, u)_{1,2} : m \in M, u$ a UID$\}$
$\{send(\text{``cleanup''}, u)_{1,2} : u$ a UID$\}$
$\{RECOVER_1\}$
$\{choose(v)_1 : v$ a UID$\}$

FivePacketHandshake, 进程 P_2:

Signature:

Input:
 $receive(p)_{1,2}, p \in \{(\text{``needuid''}, v) : v$ a UID$\} \cup \{(\text{``send''}, m, u) : m \in M, u$ a UID$\}$
  $\cup \{(\text{``cleanup''}, u) : u$ a UID$\}$
 $CRASH_2$
Output:
 $RECEIVE(m)_{1,2}, m \in M$

$send(p)_{2,1}$, $p \in \{(\text{"}accept\text{"}, u, v) : u, v \text{ UIDs}\} \cup \{(\text{"}ack\text{"}, u) : u \text{ a UID}\}$
$RECOVER_1$

States:
$status \in \{idle, accept, rcvd, ack, crashed\}$, initially $idle$
$buffer$, a FIFO queue of M, initially empty
$uid\text{-}v$, a UID or $null$, initially $null$
$uid\text{-}u$, a UID or $null$, initially $null$
$last$, a UID or $null$, initially $null$
$used$, a set of UIDs, initially empty
$send\text{-}buffer$, a FIFO queue of packets, initially empty

Transitions:

$receive(\text{"}needuid\text{"}, v)_{1,2}$
 Effect:
  if $status = idle$ then
   $u := $ any UID $\notin used$
   $used := used \cup \{u\}$
   $uid\text{-}v := v$
   $uid\text{-}u := u$
   $status := accept$

$send(\text{"}accept\text{"}, u, v)_{2,1}$
 Precondition:
  $status = accept$
  $u = uid\text{-}u$
  $v = uid\text{-}v$
 Effect:
  none

$receive(\text{"}send\text{"}, m, u)_{1,2}$
 Effect:
  if $status \neq crashed$ then
   if $status = accept$
    and $u = uid\text{-}u$ then
   add m to $buffer$
   $last := u$
   $status := rcvd$
   else if $u \neq last$ then
    add $(\text{"}ack\text{"}, u)$ to $send\text{-}buffer$

$RECEIVE(m)_{1,2}$
 Precondition:
  $status = rcvd$
  m is first on $buffer$
 Effect:
  remove first element of $buffer$
  $status := ack$

$send(\text{"}ack\text{"}, u)_{2,1}$
 Precondition:
  $status \neq crashed$
  $(status = ack$ and $last = u)$
   or $(\text{"}ack\text{"}, u)$ is first on $send\text{-}buffer$
 Effect:
  if $(\text{"}ack\text{"}, u)$ is first on $send\text{-}buffer$ then
   remove first element of $send\text{-}buffer$

$receive(\text{"}cleanup\text{"}, u)_{1,2}$
 Effect:
  if $status = accept$ and $u = uid\text{-}u$
   or if $status = ack$ and $u = last$ then
   $uid\text{-}v := null$
   $uid\text{-}u := null$
   $last := null$
   $status := idle$

$CRASH_2$
 Effect:
  $status := crashed$

$RECOVER_2$
 Precondition:
  $status = crashed$
 Effect:
  $buffer := $ empty sequence
  $uid\text{-}v := null$
  $uid\text{-}u := null$
  $last := null$
  $send\text{-}buffer := $ empty sequence
  $status := idle$

Tasks:
$\{RECEIVE(m)_{1,2} : m \in M\}$
$\{send(\text{"}accept\text{"}, u, v)_{2,1} : u, v \text{ UIDs}\}$
$\{send(\text{"}ack\text{"}, u)_{2,1} : u \text{ a UID}\}$
$\{RECOVER_2\}$

该代码非常巧妙。例如，有两种情形都使得 P_1 将一个 *cleanup* 包添加到它的 *send-buffer* 中。一是如上所述的"正常"情形，这种情况下 P_1 刚从 P_2 收到一个 *ack* 包。另一种情况是 P_1 刚收到一个 UID u 的（"*accept*",u,v）包，而 u 不是 P_1 的当前 *uid-u*；这种情况下 P_2 可能仍然以 u 作为其当前状态，需要一个 *cleanup* 包将其清除。

类似地，也有两种情况使得 P_2 生成 *ack* 包。一是 P_2 处在 *ack* 模式的"正常"情况，另一种情况是 P_2 刚收到某个"老" u 的（"*send*",m,u）包。后一种情况下，P_1 的状态中可能仍然是 *status=send*、*uid-u=u*，此时需要一个 *ack* 包以清除 u。

下述定理说明，FivePacketHandshake 协议采用非常弱的通道假设确保规格说明 B。具体来说，通道可以丢失、重排序以及重复消息，唯一的限制是必须满足强丢失限制条件和对重复的有限性限制。

定理 22.16   采用任意的有限重复强丢失限制通道，FivePacketHandshake 协议实现规格说明 B，即：对每个公平运行 α，都有 $\alpha|ext(B) \in traces(B)$。

证明概要   安全属性是显然的——协议不对消息做重复或重排序。证明的难点在于活性的论述。从该算法本身并不能看出它会持续不断地将后续的消息传递给 U_2。

论述活性的关键部分在于对下述这样一种情况的证明：P_1 的 *status=neeeduid*，而 P_2 的 *status=accept* 且 *uid-v* 等于一个不同于 P_1 的当前 *uid-v* 值的 v。这一情况意味着 P_2 将忽略来自 P_1 的任意当前 *needuid* 包。我们必需证明值 v 最终会被从 P_2 中剔除，从而使得当前 *needuid* 包有机会达到 P_2。因此假设 v 不会被剔除。这样 P_2 的公平性属性意味着 P_2 将发送无限数量的（"*accept*",u,v）包。而通道活性条件意味着这些包中有无限个包要达到 P_1，且根据 P_1 的代码，每个到达 P_1 的包都会引起一个（"*cleanup*",u）的发送。同样是根据通道活性属性，最终有一个（"*cleanup*",u）包必定到达 P_2。从而使得 v 被丢弃。

但是事情会变得比这更复杂。我们需要说明的是，在 v 被丢弃之后，P_2 有可能获得另一个同样与 P_1 当前 *uid-v* 值不同的 v。如果 P_1 收到一个旧的 *needuid* 包，这种情况就会发生。但根据上述的证明，这个 *uid-v* 值同样也会被丢弃。这种情况可以发生任意次，但由于我们已经假设通道只允许有限次的重复，因此在一个当前 *needuid* 包最终到达 P_2 前，这种情况发生的次数是有限的。

终态静止性   FivePacketHandshake 协议在实际应用中的一个重要属性是当只有有限数量的 *SEND*、*CRASH* 以及 *RECOVER* 事件时。两个进程最终都会到达各自的终态、并将一直保持在这个终态，每个进程的终态与其初始状态除 *used* 集合之外完全相同。简单地说，就是该协议最终将"忘掉"所发生的任意事情。因此，当协议不再处理从 U_1 到 U_2 的消息时，没有必要为其保留内存。事实上，这就使得网络中的同一个进程对可以并行地为大量不同的用户对 (U_1,U_2) 模拟 FivePacketHandshake 协议。（用每个进程的 I/O 自动机组合来合成协议的各实例。）如果在某个时刻只有少数几个二元组 (U_1,U_2) 正在通信，那么 FivePacketHandshake 协议的全部运行所需要的总内存也就比较小。

有限 UID 集合   实际上，可用 UID 的数量是非常大的，但也不像我们想像的那样是无限制的。例如，可以选择一组递增的连续整数对 n 取模作为 UID，其中 n 是一个非常大的整数。只要在 UID"绕回来"重用某个值 u 之前，系统中所有携带同一个 UID u 的旧包都已经删除，则协议的这一"有限版本"就可以正常工作（事实上，可以用一个模拟关系将这个"有限版本"与普通 FivePacketHandshake 协议关联起来，以证明其正确性）。根据对消息传递时间、局部处理时间以及高层消息提交频率的已知限制，或者根据丢弃旧包的显式策略，在实际环境中这一断言是成立的。

22.6 参考文献注释

在 [54，290，273] 中有关于 ISO 分层通信体系结构的详细描述。Stenning 协议出自 Stenning[270]。*ABP* 最早是由 Bartlett、Scantlebury 和 Wilkenson[42] 提出来的。*ABP* 不但是一个有趣而有用的协议，而且还经常用作协议证明技巧的测试案例。例如，在 [177，59，229，38，146，260，280] 中均有 *ABP* 的正确性证明。

关于重排序和重复的简单不可能性结论是从 Wang 和 Zuck 的工作[284] 推导而来的。*Probe* 协议是由 Afek、Attiya、Fekete、Fischer、Lynch、Mansour、Wang 和 Zuck[4] 所开发的，所采用的是由 Afek 和 Gafni[5] 所开发的早期 *Probe* 协议的思想。解决这一问题的一个早期协议是由 Attiya、Fischer、Wang 和 Zuck[23] 所开发的，但不具备本书中所提供协议的模块性属性。Afek 等[4] 也证明了定理 22.11 的不可能性结论。Mansour 和 Schieber[220]、Wang 和 Zuck[284] 以及 Tempero 和 Ladner[277-278] 证明了相关的不可能性结论。

关于有进程崩溃环境的重要不可能性结论，定理 22.14，出自 Lynch、Mansour 和 Fekete[206]，还出自 Spinelli[268]。这两个结论被综合到一篇文章[112] 中。Spinelli[268] 还证明了许多其他关于可靠通信不可能性的结论。Baratz 和 Segall[41] 论述如何用很少量的稳定数据来容忍进程崩溃，并提出对没有稳定数据情况下的不可能性结论的猜测。Attiya、Dolev 和 Welch[21] 证明了相关的结论。

FivePacketHandshake 协议是 Belsnes[44] 所设计的一系列协议之一；这一组协议确保更严格的正确性条件，同时容忍当增加额外的包交换时更复杂的通道故障行为类型。FivePacketHandshake 协议是建立网络连接的标准协议，在 TCP、ISO TP-4 以及许多其他传递协议中被采用。Lampson、Lynch 和 Søgaard-Andersen[188, 190, 264] 给出该协议的一个泛化版本的完全正确性证明，同时还给出另一个采用定时机制的协议的证明。

22.7 习题

22.1 证明引理 22.1。

22.2 证明存在从 Stenning 协议到 F 的模拟关系，其中 Stenning 协议采用例 14.1.2 中的通道 $A_{1,2}$ 和 $A_{2,1}$，F 是相应的通用可靠 FIFO 通道。即，如果 s 和 u 分别是 Stenning 协议和 F 的状态，那么仅当下列条件全部为真时我们定义 $(s, u) \in f$：

a）如果 $s.tag_1 = s.tag_2$，那么首先移去 $s.buffer_1$ 的第一个元素⊖，然后将这个被"简化"的 $buffer_1$ 添加到 $s.buffer_2$ 的尾部，就得到 $u.queue$。

b）否则，将 $s.buffer_1$ 添加到 $s.buffer_2$ 的尾部，就得到 $u.queue$。

证明 f 是一个模拟关系。

22.3 用习题 22.2 的结果证明引理 22.2。确切地说，就是用这个模拟以及一个相应运行证明公平性属性。

22.4 证明定理 22.3。

22.5 考虑采用这样一种通道的 Stenning 协议，这种通道与 22.2 节中的通道类似但允许消息的无限重复。即对例 14.1.2 中自动机 A 的代码进行修改，删除其中对 *send* 动作效果的有限性限制。

a）证明该协议不能再正常工作，换句话说，该协议违背它所要实现的可靠 FIFO 通道的公平性属性。

⊖ 根据引理 22.1 可知，这种情况下 $s.buffer_1$ 非空。

b）论述为恢复 Stenning 协议的正确性，需要如何对通道的活性条件进行少量强化。

22.6 证明引理 22.4。

22.7 证明引理 22.5 证明中的 f 是一个模拟关系。

22.8 证明定理 22.7。

22.9 设计一个 ABP 的泛化版本，该版本采用的 tag 是整数 mod k，代替原来的整数 mod 2，其中 $k \geqslant 2$。新的协议必须采用与 ABP 同样的（FIFO）通道，也必须实现 F。但是，在新协议中，当 P_1 在等待第一个消息的确认时，必须能够发送其 $buffer$ 前端的前 p 个消息。对于 k, p 的值最大可取多少？

22.10 论述当允许通道无限制重复消息时，ABP 仍然能正常工作。通道仍然不能够对消息进行重排序，并且消息丢失受弱丢失限制条件限制。

22.11 对于某个已知的范围 k，如果限制通道最多只能重复每个低层消息 k 次，定理 22.8 还成立吗？我们仍然假设通道不丢失消息，但允许对消息进行任意重排序。如果不成立，给出证明；如果成立，给出相应的算法。

22.12 给出引理 22.9 的证明细节。换句话说，就是要给出 $cause$ 函数的详细定义，并证明该函数满足 $I_{1,2}$ 说明规范所要求的属性。

22.13 假设对 Probe 协议的第 1 层进行修改，在 $receive(m)_{1,2}$ 动作的作用部分添加一行"$pending:= pending-1$"。结果协议还正确吗？证明其正确性或给出一个反例。

22.14 证明在声明 22.12 的证明中使用的事实，即：$P_1 \times P_2$ 的任意有限一致运行都可以被扩展成一个公平一致运行，且在扩展后，没有新的 $SEND_{1,2}$ 事件发生、所有 $receive_{1,2}$ 事件都是由新 $send_{1,2}$ 事件引起的。

22.15 强化定理 22.11 的结论，在结论中给出最好情况下传递后续高层消息所需要低层消息数量的增长率的下限。

22.16 假设 22.5.2 节中的说明规范 B 被弱化，以允许丢失在最后 $RECOVER$ 之后所发送的某些消息。然而，如果只有有限数量的 $CRASH$ 和 $RECOVER$ 事件，那么在这个 $RECOVER$ 之后发送的前 k 个消息之后的全部消息都必须被传递。像前面一样，不允许消息重复，但可以进行重排序。

采用 22.5.2 节中所使用的同样的通道规格说明 $Q_{1,2}$ 和 $Q_{2,1}$，将定理 22.14 中的不可能性结论扩展至这一更加弱化的规范说明、或者设计一个解决这一问题的算法。

22.17 研究问题：回答习题 22.16 中的相同问题，但这一次是采用下述方法进一步弱化规格说明 B。如果只有有限数量的 $CRASH$ 和 $RECOVER$ 事件，那么所发送的所有消息都必须最终被成功传递。

22.18 证明 FivePacketHandshake 协议不会对消息进行重排序或重复。

22.19 构造 FivePacketHandshake 协议的这样一个运行，其中需要用第二类 ack 包来剔除来自 P_1 的一个 UID，这个 ack 包是在 P_2 收到一个旧的 $send$ 包时产生的。

22.20 给出 FivePacketHandshake 协议所需要活性属性的详细证明。即，证明在最后一个 $RECOVER$ 事件后发送的任意消息都最终一定被传递给 U_2。

22.21 在只有有限数量的 $SEND$、$CRASH$ 以及 $RECOVER$ 事件情况下考虑 FivePacketHandshake 协议。证明在这种情况下，两个进程最终都会到达各自的终态、并将一直保持在这个终态，每个进程的终态与其初始状态除 $used$ 集合之外完全相同。

22.22 在一个基于全连通无向图的网络中，设计一个高效算法，实现两个用户间的可靠 FIFO 通信。像通常一样，假设在该图的每个节点都有一个进程，在每条边上都有一个可靠 FIFO 发送/接收通道。

部分同步算法

本书的最后一个部分由第 23 ～ 25 章组成。这些章中介绍关于部分同步模型的算法和下界结果。在部分同步模型中，系统组件中有一些关于定时的信息，只是这些信息不像同步模型中的那样完整。这些信息可以提供一个在真实分布式系统中可用的定时知识的现实模型。

同前面一样，在开始部分——第 23 章，介绍一个形式化的模型。随后的两章介绍两个算法：第 24 章讨论部分同步共享存储器系统的互斥性，第 25 章介绍部分同步网络系统的一致性。这几章所介绍的是分布式算法理论的前沿，这些内容有可能成为这一领域新的研究热点。

建模 V：部分同步系统模型

本书的最后三章是关于部分同步分布式算法（或称基于定时分布式算法）研究情况的简要介绍。我们回顾一下，第一部分（第 2 ～ 7 章）分析同步分布式算法，第二部分（第 8 ～ 22 章）讨论异步分布式算法。但是在这两者之间，还存在着一类有趣的模型和算法，我们将这类系统称作部分同步系统。在部分同步系统中，系统部件中有一些关于时间的信息，尽管这些信息可能并不精确。例如，在部分同步网络中，进程也许可以访问接近同步的时钟，或可以知道进程步时间或消息传递时间的大概界限。

部分同步模型可能比完全同步模型或完全异步模型有更现实的意义，因为现实中的系统通常会使用一些时间信息。然而，与同步系统和异步系统几近完善的理论相比，部分同步系统的理论还有待进一步的研究发展。我们在此介绍的想法只是一个开始，我们认为在定时计算的基础上，今后将展开大量研究工作。

在本章，介绍基于定时分布式算法的模型及其证明方法。首先在 23.1 节介绍一个称作 MMT 模型的定时自动机模型，该模型是根据其发现者 Merritt、Modugno 和 Tuttle 所命名的。MMT 模型是 I/O 自动机模型的一个简单变种，该 I/O 自动机模型可用于大多数基于定时的算法的建模。为了在此模型中使用一些特定的基本证明方法——特别是不变式断言方法和模拟方法，我们发现将每个 MMT 自动机转换成我们称作通用定时自动机（General Timed Automaton，GTA）的另一类自动机是很有用处的。我们将在 23.2 节介绍 GTA 模型，同时介绍如何将 MMT 自动机转换为 GTA 自动机。在 23.3 节，讨论可以用于这些模型的证明技巧。

在第 24 章和第 25 章，给出在部分同步环境中关于互斥性和一致性的一些基本结论。

23.1 MMT 定时自动机

将 I/O 自动机模型的公平性条件简单地替换为时间的下界和上界，即得到一个 MMT 定时自动机模型。需要提醒读者的是，只用时间上界替代公平性条件不能给模型增加任何让我们感兴趣的功能，因为单独的上界并不会对一个 I/O 自动机产生的运行集合进行限制。（实际上，在本书全部有关"异步"的章节中，为分析时间复杂性，我们已经将时间上界和算法的任务联系起来。这种分析之所以有用，是由于实际上这些时间的界限并不限制算法的行为。）然而，引入时间上界和下界可以产生更强的功能，因为这样使得我们能够对运行的集合进行限制。事实上，对于许多基于定时的算法，正确性主要依赖于由时间界限所引起的、对运行的限制。

23.1.1 基本定义

我们从只有有限任务的 I/O 自动机 A 开始。A 的界限图 b 是一个映射对 *lower* 和 *upper*，它们分别对每个任务给出其时间的下界和上界。对每个任务 C，我们要求 *lower(C)* 和 *upper(C)* 满足条件 $0 \leqslant lower < \infty$、$0 < upper(C) \leqslant \infty$ 以及 $lower(C) \leqslant upper(C)$。即下界不

允许为 ∞，上界不允许为 0，下界不能大于上界。一个 MMT 自动机由一个 I/O 自动机 A 以及 A 的一个界限图组成。

下面定义 MMT 自动机是如何执行的。定义 MMT 自动机 $B = (A, b)$ 的一个定时运行就是一个有限序列 $\alpha = s_0, (\pi_1, t_1), s_1, (\pi_2, t_2), \cdots, (\pi_r, t_r), s_r$ 或一个无限序列 $\alpha = s_0, (\pi_1, t_1), s_1, (\pi_2, t_2), \cdots, (\pi_r, t_r), s_r, \cdots$，其中 s 是 I/O 自动机 A 的状态、π 是 A 的操作、t 是 $R^{\geq 0}$ 中的时间。我们要求序列 $s_0, \pi_1, s_1, \cdots$，即忽略时间后的序列 α 是 I/O 自动机 A 的一个常规运行。我们同样要求 α 中的连续时间 t_r 是非递减的，并且满足由界限图 b 所描述的时间下界和上界的要求。

满足时间下界和上界的要求意味着什么？为精确地说明这个问题，当任务 C 在 s_r 中是使能的并且下列条件之一为真时，我们定义 r 为任务 C 的一个*初始索引*：

1）$r = 0$。

2）C 在 s_{r-1} 中不是使能的。

3）$\pi_r \in C$。

初始索引集代表开始测量时间界限的那些点。因此，对任务 C 的每个初始索引 r，我们要求下列条件成立。（令 $t_0 = 0$。）

上界条件 如果存在 $k > r$ 且 $t_k > t_r + upper(C)$，那么存在 $k' > r$ 且 $t_{k'} \leq t_r + upper(C)$，使得 $\pi_{k'} \in C$ 或 C 在 $s_{k'}$ 中不是使能的。

下界条件 不存在 $k > r$ 使得 $t_k < t_r + lower(C)$ 且 $\pi_k \in C$。

上界条件表明，从任务 C 的任何初始索引开始，如果时间超过 C 的约定时间上界，那么在运行过程中，一定发生 C 的某操作，或者 C 一定会变成非使能的。下界条件表明，对于 C 的任何初始索引，C 的任何操作都不会在约定的下界之前发生。

我们用 $texecs(B)$ 表示 B 的定时运行集合。当一个状态是 B 的某个有限时间运行的终态时，称该状态在 B 中是可达的。

上界属性和下界属性都是安全性属性。我们同样对下面的这个基本活性属性感兴趣：当满足下面的条件时，我们称一个定时运行是可许可的：

许可性条件 如果定时运行 α 是一个无限序列，那么操作的时间接近于 ∞。如果 α 是一个有限序列，那么在 α 的终态中，若任务 C 是使能的，则 $upper(C) = \infty$。

许可性条件表明，时间消耗是正常的，并且如果自动机被调度执行更多操作，则演进不会停止。我们用 $atexecs(B)$ 表示 B 的可许可定时运行的集合。本书中，我们将重点放在可许可定时运行上。

需要提醒的是，在一个可许可定时运行中，任务 C 的时间上界 ∞ 并不强制要求要不断地发生任务 C 中的操作。这一点与我们在关于异步的章节中所做的有所不同：在 8.6 节，定义过关于定时运行的另一个概念，这一概念要求所有任务满足公平性条件，同时其中的部分任务必须满足时间上界条件。前面我们用这个组合概念来分析时间复杂度。现在我们完全去掉公平性条件而仅考虑时间界限。定义一个部分任务有时间界限、部分任务有公平性条件的另一版本的 MMT 模型也是可以的，但是在本书中不给出这样的形式化定义。相反，仅当在特定算法中需要组合时间界限和公平性条件时，我们才以非形式化的方式讨论这一问题。

在基于定时计算的任何有用模型中，为了排除某些实际上不会出现的异常行为（如一个自动机在有限时间内执行无限多的输出[⊖]），需要某种类型的许可性条件。尽管这样的执行有

⊖ 这种行为有时称作 Zeno 行为，指 Zeno 悖论。在 Zeno 悖论中，奔跑者 Achilles 跑了无限多步，后面的每一步都比前面的短，因此越来越接近目标（一只龟）但永远无法达到目标。

一些形式上的意义，但它们对现实是无意义的，也很难理解。一个好的定时系统模型应该避免考虑这种问题。

我们定义定时轨迹来描述 MMT 自动机的外部行为。定时运行 α 的定时轨迹用 $ttrace(\alpha)$ 表示，是由 α 中的全部外部操作及对应的时间组成的一个子序列，其中 α 是 B 的一个定时运行。B 的可许可定时轨迹是 B 的可许可定时运行的定时轨迹，我们用 $attraces(B)$ 来表示这些定时轨迹的集合。

在基于定时的系统中，MMT 自动机可以用于其中多种类型组件的描述，特别适合在低层次上模型化计算机系统，因为任务结构和相应的时间界限为模型化物理系统组件及其速度提供了自然方法。然而，它们不太适合在高层次上描述系统，也不适合提供正确性规格说明。这是因为它们关于任务和时间界限的相对格式化约定不能为表达预定的行为提供最好的"语言"。

例 23.1.1   通道 MMT 自动机

基于例 8.1.1 的通用可靠 FIFO 发送 / 接收通道自动机 $C_{i,j}$ 定义 MMT 自动机 $D_{i,j} = (C_{i,j}, b)$。$D_{i,j}$ 的界限图 b 给出通道中最早消息的传递时间上界 d，其中 d 是某个固定的正实数。而对传递时间的下界则不做要求。在异步算法的有关章节中，为实现时间性能分析，我们常用到一个通道，而 $D_{i,j}$ 是对该通道的一种形式化描述。

因此，如果 rec 表示 $C_{i,j}$ 的唯一任务，那么对于某个固定的 $d \in R^+$，定义 b 为二元组 $(lower, upper)$，其中 $lower(rec) = 0$、$upper(rec) = d$。下列都是 $D_{i,j}$ 的可许可定时轨迹：

$(send(1)_{i,j}, 0), (send(2)_{i,j}, 0), (receive(1)_{i,j}, d), (receive(2)_{i,j}, 2d)$

$(send(1)_{i,j}, 0), (send(2)_{i,j}, 0), (receive(1)_{i,j}, 0), (receive(2)_{i,j}, 0)$

$(send(1)_{i,j}, 0), (receive(1)_{i,j}, d), (send(2)_{i,j}, d), (receive(2)_{i,j}, 2d),$
   $(send(3)_{i,j}, 2d), (receive(3)_{i,j}, 3d), \cdots$

下面的则不是 $D_{i,j}$ 的可许可定时轨迹：

$(send(1)_{i,j}, 0), (send(2)_{i,j}, 0), (receive(1)_{i,j}, d)$

$(send(1)_{i,j}, 0), (receive(1)_{i,j}, 2d)$

$(send(1)_{i,j}, 0), (receive(1)_{i,j}, d), (send(2)_{i,j}, d), (receive(2)_{i,j}, d),$
   $(send(3)_{i,j}, d), (receive(3)_{i,j}, d), \cdots$

这三个序列中，第一个序列不能成为一个可许可定时轨迹的原因在于它是有限的，而 rec 任务直到最后才使能。通常，任何包括至少 k 个 $send$ 输入的可许可定时轨迹也必须包括至少 k 个相应的 $receive$ 输出，因为上界条件和许可性条件意味着 rec 任务的常规公平性条件。第二个序列不能成为一个可许可定时轨迹的原因在于它破坏了上界条件。第三个序列也不是一个可许可定时轨迹，因为它破坏了许可性条件——即使在发生无限多个行为时，它也不允许时间增加到超过 d。

例 23.1.2   超时 MMT 自动机

我们定义一个 MMT 自动机 P_2，该自动机等待从另一个进程 P_1 接收一条消息，如果在一定的时间内消息没有到达则执行一个 $timeout$ 操作。P_2 测量所等待时间的方法是统计自己

的 k 个步，其中 k 是一个固定的数且大于等于 1，并假定这些步都满足时间下界 ℓ_1 和上界 ℓ_2，$0 < \ell_1 \leq \ell_2 < \infty$。$count$ 到达 0 后最多等到时间 ℓ，$timeout$ 就会被执行。需要说明的是，对每个任务我们用闭区间的形式书写下界和上界——我们会经常使用这个约定。

P_2 自动机：

Signature:

Input: Internal:
    $receive(m)_{1,2}, m \in M$ $decrement$
Output:
    $timeout$

States:

$count \in \mathbb{N}$, initially k
$status \in \{active, done, disabled\}$, initially $active$

Transitions:

$decrement$ $timeout$
  Precondition: Precondition:
    $status = active$ $status = active$
    $count > 0$ $count = 0$
  Effect: Effect:
    $count := count - 1$ $status := done$

$receive(m)_{1,2}$
  Effect:
    if $status = active$ then
      $status := disabled$

Tasks and bounds:

$\{decrement\}$, bounds $[\ell_1, \ell_2]$
$\{timeout\}$, bounds $[0, \ell]$

在一个可许可定时运行中，P_2 递减 $count$ 直到 $count = 0$ 为止或直到产生一个 $receive(m)$ 来阻止超时为止。在 $count$ 为 0 后，P_2 执行一个 $timeout$ 事件（条件是在此之前没有 $receive$ 事件产生）。不难看出，在 P_2 的任何定时运行中，如果有 $timeout$ 事件发生，则必定发生在 $[k\ell_1, k\ell_2 + l]$ 区间内的某个时间。而且，如果有 $timeout$ 事件发生，则其前面没有 $receive$ 事件发生。最后，在 P_2 的一个可许可定时运行中，如果没有 $receive$ 事件发生，那么实际上一定会发生一个 $timeout$ 事件。

例 23.1.3 双任务轨迹

我们定义一个有两个任务的简单 MMT 自动机 Race，这两个任务分别为 main 和 int（中断）。任务 main 的作用是当布尔变量 $flag$ 为 $false$ 时就不断地给计数器 $count$ 加 1。任务 int 的作用只是设置 $flag := true$。当 $flag = true$ 时，任务 main 减少 $count$ 直到其为 0 为止，然后报告结束操作。任务 main 与界限 ℓ_1 和 ℓ_2 关联，$0 < \ell_1 \leq \ell_2 < \infty$，而任务 int 只有上界 ℓ。

Race 自动机：

Signature:

Input: Internal:

```
            none            increment
Output:                     decrement
     report                 set
```

States:
$count \in \mathbb{N}$, initially 0
flag, a Boolean, initially *false*
reported, a Boolean, initially *false*

Transitions:

increment
    Precondition:
        flag = false
    Effect:
        $count := count + 1$

decrement
    Precondition:
        flag = true
        $count > 0$
    Effect:
        $count := count - 1$

set
    Precondition:
        flag = false
    Effect:
        flag := true

report
    Precondition:
        flag = true
        $count = 0$
        reported = false
    Effect:
        reported := true

Tasks and bounds:
$main = \{increment, decrement, report\}$, bounds $[\ell_1, \ell_2]$
$int = \{set\}$, bounds $[0, \ell]$

在 Race 的每个可许可定时运行中，最后都会发生一个 *report* 事件。在 23.3.3 节，将略证这个 *report* 一定在 $\ell + \ell_2 + L\ell$ 时间内发生，其中 $L = \ell_2 / \ell_1$。（L 可以看作对系统中定时不确定性的度量。）

23.1.2 操作

我们为 MMT 自动机定义合成和隐藏操作，这些操作与 I/O 自动机的相关操作类似。

合成　通过识别在不同自动机中的同名操作可以合成 MMT 自动机，这一方法与普通 I/O 自动机的合成方法几乎完全相同。然而，不同于 I/O 自动机的是，我们只定义 MMT 自动机的有限集合的合成。这是因为一个 MMT 自动机只允许存在有限数量的任务。

按照 8.2.1 节的兼容性定义，如果在一个 MMT 自动机的有限集合中，各 MMT 自动机所采用的 I/O 自动机是兼容的，那么我们称这个 MMT 自动机有限集合是兼容的。因此，对于一组 MMT 自动机 $\{(A_i, b_i)\}_{i \in I}$ 的有限兼容集合，*composition* $(A, b) = \prod_{i \in I} (A_i, b_i)$ 是一个定义如下的 MMT 自动机：

- $A = \prod_{i \in I} A_i$，即 A 是一个合成自动机，所有组件均采用 I/O 自动机 A_i。
- 对于 A 的每个任务 C，b 对于 C 的下界和上界与 b_i 的相同，其中 A_i 是唯一具有任务 C 的 I/O 自动机组件。

对于一组 I/O 自动机，有时使用中缀操作符 $\times$ 来表示合成操作。例如，如果 $I = \{1, \cdots, n\}$，那么有时将 $\prod_{i \in I} A_i$ 写作 $A_1 \times \cdots \times A_n$。

例 23.1.4　MMT 自动机的合成

我们考虑三个 MMT 自动机的合成。第一个自动机是进程 P_1，P_1 可能是活动的也可能已经死掉（具体是哪种状态不确定，由初始状态决定）。如果它是活动的，则周期性地向出向通道发送消息，所发送消息取自一个固定的消息字母表 M，并且两次发送之间的最大时间间隔为 $\ell > 0$。

P_1 自动机：

Signature:

Input:　　　Output:
　none　　　　$send(m)_{1,2}, m \in M$

States:
$status \in \{alive, dead\}$, initially arbitrary

Transitions:

$send(m)_{1,2}$
　　Precondition:
　　　　$status = alive$
　　Effect:
　　　　none
Tasks and bounds:
$\{send(m)_{1,2} : m \in M\}$, bounds $[0, \ell]$

另外两个自动机分别是例 23.1.1 中定义的通道 $D_{1,2}$ 和例 23.1.2 中定义的超时进程 P_2。如果 $k\ell_1 > \ell + d$，那么在任何可许可定时运行中，仅当 P_1 已经死亡时合成自动机才执行一个 *timeout*。而且，这个 *timeout* 在不晚于 $k\ell_2 + \ell$ 的时间执行。

我们用三个类似于定理 8.1 ~ 8.3 的基本结论来结束本小节。这些结论将一个合成自动机的可许可定时运动和可许可定时轨迹与 MMT 自动机组件的可许可定时运行和可许可定时轨迹联系起来。第一个结论表示，根据一个合成 MMT 自动机的可许可定时运行或可许可定时轨迹，可投影产生其中自动机组件的可许可定时运动或可许可定时轨迹。

令 $\{(A_i, b_i)\}_{i \in I}$ 为一组 MMT 自动机的兼容集合，同时令 $(A, b) = \prod_{i \in I} (A_i, b_i)$。对每个 i，用 B_i 表示 MMT 自动机 (A_i, b_i)，用 B 表示 (A, b)。对于 B 中的某个定时运行 $\alpha = s_0, (\pi_1, t_1), s_1, \cdots$，删除其中 π_r 不是 A_i 的操作的每个二元组 (π_r, t_r)，s_r，并将剩下的每个 s_r 用 $(s_r)_i$ 代替，即用自动机 A_i 的状态 s_r 的片段代替，所得到的结果序列用 $\alpha|B_i$ 表示。同样，对于 B 的任何定时轨迹 β（或者更通用一些，任何带有时间的操作序列，用 $\beta|B_i$ 表示 β 中由包含 A_i 的操作的所有二元组所组成的子序列。

定理 23.1　令 $\{B_i\}_{i \in I}$ 为一组 MMT 自动机的兼容集合，$B = \prod_{i \in I} B_i$。

1）如果 $\alpha \in atexecs(B)$，那么对每个 $i \in I$，有 $\alpha|B_i \in atexecs(B_i)$。

2）如果 $\beta \in attraces(B)$，那么对每个 $i \in I$，有 $\beta|B_i \in attraces(B_i)$。

证明　此证明留为一道习题。

另外两个定理与定理 23.1 相反。下一个定理阐述的是在一定条件下，一组组件 MMT 自动机的可许可定时运行可以黏合一起，组成合成 MMT 自动机的一个可许可定时运行。

定理 23.2 令 $\{B_i\}_{i \in I}$ 为一组 MMT 自动机的兼容集合，$B = \prod_{i \in I} B_i$。假设对每个 $i \in I$，α_i 是 B_i 的一个可许可定时运行，β 是一个二元组 (action, time) 的序列，其中 β 的所有操作都在 ext(A) 中，使得对于每个 $i \in I$，有 $\beta|B_i \in ttrace(\alpha_i)$。那么存在 B 的一个可许可定时运行 α，使得 $\beta = ttrace(\alpha)$，并且对每个 $i \in I$ 有 $\alpha_i = \alpha|B_i$。

证明 此证明留为一道习题。

最后一个定理讲述的是把一组 MMT 自动机的可许可定时轨迹组件黏合在一起，形成一个合成可许可定时轨迹。

定理 23.3 令 $\{B_i\}_{i \in I}$ 为一组 MMT 自动机的兼容集合，$B = \prod_{i \in I} B_i$。假设 β 是一个二元组 (action, time) 的序列，其中 β 的所有操作在 ext(A) 中。如果对每个 $i \in I$ 都有 $\beta|B_i \in attraces(B_i)$，那么 $\beta \in attraces(B)$。

证明 此证明留为一道习题。

隐藏 对一组 MMT 自动机的隐藏操作是按照 8.2.2 节中所给普通 I/O 自动机的隐藏操作进行定义的。即如果 $B = (A, b)$ 是一个 MMT 自动机并且 $\Phi \subseteq out(A)$，那么 $hide_\Phi(B)$ 是一个 MMT 自动机（$hide_\Phi(A), b$）。像 I/O 自动机的隐藏操作一样，此操作只是简单地将输出操作重新归类为内部操作。

23.2　通用定时自动机

在 MMT 自动机中，对时间的限制是通过增加运行的上界和下界条件给出的。这种时间限制的另一种表达方法是将时间限制直接编码到自动机的状态和转移中。这个方法的好处在于它支持一些基于状态的重要证明方法，如用于推理定时系统的正确性推论和时间属性的不变式断言方法与模拟关系方法。

我们在本节描述另一种定时自动机模型，将其称作通用定时自动机（GTA）模型。该模型没有"外部"时间限制——它们的所有时间限制都被显式地编码到状态和转移中。我们将说明，MMT 自动机可以看作对时间限制进行编码的一种 GTA 特例。然而，并不是所有的 GTA 都是 MMT 自动机，事实上某些 GTA 具有任何 MMT 自动机都不具备的行为。

23.2.1　基本定义

我们假设一个通用的动作集合，其中包括特殊的时间流逝动作 $v(t)$，其中 $t \in R^+$。时间流逝动作 $v(t)$ 用数值 t 表示已经过去的时间。时间签名 S 是一个由四个动作集合组成的四元组，其中每个集合与其他三个集合的交集都为空，这四个集合分别是：输入动作 $in(S)$，输出动作 $out(S)$，内部动作 $int(S)$ 和时间流逝动作。我们定义：

- 可见动作 $vis(S)$ 为输入动作和输出动作的并集 $in(S) \cup out(S)$。
- 外部动作 $ext(S)$ 为可见动作和时间流逝动作的并集 $vis(S) \cup \{v(t): t \in R^+\}$。
- 离散动作 $disc(S)$ 为可见动作和内部动作的并集 $vis(S) \cup int(S)$。
- 局部控制动作 $local(S)$ 为输出动作和输入动作的并集 $out(S) \cup int(S)$。
- $acts(S)$ 是 S 的所有动作。

将一个 GTA 记作 A，它由下列四个部分组成：

- $sig(A)$，时间签名。

- *states*(*A*)，状态集合。
- *start*(*A*)，*states*(*A*) 的一个非空子集，也称作输入状态或起始状态。
- *trans*(*A*)，状态转移关系，其中 *trans*(*A*) $\subseteq$ *states*(*A*) × *acts*(*sig*(*A*)) × *states*(*A*)。

与 I/O 自动机和 MMT 自动机不同，GTA 没有 *tasks*(*A*) 组件。同前面一样，我们使用 *acts*(*A*) 作为 *acts*(*sig*(*A*)) 的速记符号，类似的包括 *in*(*A*) 等。*A* 必须满足下面两个简单的公理：

A1：如果 (*s*, *v*(*t*), *s'*) 和 (*s'*, *v*(*t'*), *s''*) 都属于 *trans*(*A*)，那么 (*s*, *v*(*t* + *t'*), *s''*) 属于 *trans*(*A*)。

A2：如果 (*s*, *v*(*t*), *s'*) ∈ *trans*(*A*) 并且 0 < *t'* < *t*，那么存在状态 *s''*，使得 (*s*, *v*(*t'*), *s''*) 和 (*s''*, *v*(*t*−*t'*), *s'*) 都属于 *trans*(*A*)。

公理 A1 允许将重复的时间流逝步组合成一步，而公理 A2 与公理 A1 相反，是允许将一个时间流逝步分解成两个时间流逝步。

GTA 的一个定时运行片段 *A* 是一个有限序列 $\alpha = s_0, \pi_1, s_1, \pi_2, \cdots, \pi_r, s_r$ 或者无限序列 $\alpha = s_0, \pi_1, s_1, \pi_2, \cdots, \pi_r, s_r, \cdots$，其中 *s* 表示 *A* 的状态，*π* 是 *A* 的动作（可以是输入动作、输出动作、内部动作或时间流逝动作），且对每个 *k*，(s_k, π_{k+1}, s_{k+1}) 是 *A* 的转移。需要说明的是，如果这个序列是有限的，那么它必须以一个状态结尾。当一个定时运行片段以一个起始状态开始时，将其称为定时运行。

如果 *α* 是某个定时运行片段，且 π_r 是 *α* 中的某个离散动作，则将 *α* 中位于 π_r 之前的所有时间流逝动作的实数之和称作 π_r 的发生时间。如果在定时运行片段 *α* 中所有时间流逝动作的实数之和为 ∞，则称 *α* 为可许可的。我们用 *atexecs*(*A*) 表示 *A* 中的可许可定时运行集合。虽然我们有时也会考虑有限定时运行，即那些有限序列，但我们主要考虑的还是可许可定时运行。当一个状态是 *A* 的某个有限定时运行的终态时，称该状态在 *A* 中是可达的。

定时运行片段 *α* 的定时轨迹是 *α* 中可见事件的序列，其中每个事件都有自己的发生时间。*A* 的可许可定时轨迹是 *A* 的可许可定时运行的定时轨迹，用 *attraces*(*A*) 表示。需要说明的是，一个可许可定时轨迹可以是有限的，即使它是从一个（无限的）可许可定时运行导出的。

从公理 A1 和公理 A2 可以知道，那些仅在时间流逝步的分开和合并方面存在区别的定时运行片段之间没有太大的差别。因此，我们为定时运行片段定义一个等价关系，以说明它们除时间流逝外都是相同的。也就是说，若定时运行片段 *α* 和 *α'* 有相同的初始状态、最终状态和总的时间流逝量，除了在 *α* 中将 *α'* 的部分时间流逝步用时间流逝步的有限序列代替外，*α* 和 *α'* 完全相同，则称 *α* 是 *α'* 的时间流逝细化。如果定时运行片段 *α* 和 *α'* 有一个公共的时间流逝细化，那么我们说它们是时间流逝等价的。

例 23.2.1　一个通用定时自动机

我们描述一个类似于例 23.1.1 中 MMT 自动机 $D_{i,j}$ 的通用定时自动机 $D'_{i,j}$。具体来说，它们有同样的可许可定时轨迹。$D'_{i,j}$ 只是简单地将 $D_{i,j}$ 的时间限制（通道中最早消息的传递时间上界 *d*）编码到它的状态和转移中。实现编码的方法是：在变量 *now* 中保存当前时间的显式轨迹，同时在变量 *last* 中保存可能发生下一个消息传递的最晚时间的轨迹。需要说明的是，*last* 的值代表的是绝对时间，而不是增量时间。

我们用描述其他自动机时所采用的前提–结果代码来描述 $D'_{i,j}$，只是此时既需要描述时间流逝动作的代码，也需要描述离散动作的代码。

当发生一个 *send* 事件时，像以前一样修改 *queue*。除此之外，这里若没有已被调度的消息传递，则需要将变量 *last* 设置成 *now* + *d*，以反映在 *d* 时间内必须发生下一个消息传递的需求。当发生一个 *receive* 事件时，如果在此事件后 *queue* 仍然非空，那么 *last* 界限被重新设置为 *now* + *d*，以反映对下一个消息传递的时间需求；如果 *queue* 为空，那么把 *last* 设置成 ∞，以表示所有被调度要传递的消息都已经传递完毕。

时间流逝动作 *v*(*t*) 的代码的书写方法与其他动作的代码的书写方法非常类似。*v*(*t*) 的作用就是简单地对当前时间 *now* 加 *t*。需要注意，*v*(*t*) 也有一个重要的前提条件：*now* + *t* ≤ *last*。也就是说，时间不允许超过下一个消息传递的规定期限。这一条件初看起来好像有些奇怪——毕竟，一个程序或一台机器怎么能阻止时间流逝呢？但是，这种时间流逝动作的规格说明方式仅仅是一种形式化的说明方法，是为了说明在指定的时间流逝前自动机保证执行某一动作。

$D'_{i,j}$ 自动机：

Timed Signature:

Input:
    $send(m)_{i,j}, m \in M$

Output:
    $receive(m)_{i,j}, m \in M$

Internal:
    none

Time-passage:
    $\nu(t), t \in R^+$

States:
queue, a FIFO queue of elements of M, initially empty
$now \in R^{\geq 0}$, initially 0
$last \in R^+ \cup \{\infty\}$, initially ∞

Transitions:

$send(m)_{i,j}$
    Effect:
        add m to *queue*
        if $|queue| = 1$ then
            $last := now + d$

$receive(m)_{i,j}$
    Precondition:
        m is first on *queue*
    Effect:
        remove first element of *queue*
        if *queue* is nonempty then
            $last := now + d$
        else $last := \infty$

$\nu(t)$
    Precondition:
        $now + t \leq last$
    Effect:
        $now := now + t$

不难看出，$D'_{i,j}$ 与 $D_{i,j}$ 有同样的可许可定时轨迹集合。我们把其证明过程作为一道习题。

根据例 23.2.1，我们给出一个关于为何可以把 MMT 自动机看作 GTA 的一个特例的概念：由 MMT 自动机 (A, b) 的界限图 b 所表达的时间需求可以被编码到相应 GTA 的状态和转移中。编码的实现方法是：用 *last* 状态分量保存上界需求，并用附加的 *first* 状态分量保存下界需求。我们会在 23.2.2 节给出详细的编码构造方法。

然而 GTA 模型比 MMT 自动机模型通用得多。下一个例子用 GTA 表达另一个通道，但不能用 MMT 自动机表达这个通道。

例 23.2.2　一个非 MMT 的通用定时自动机

下面描述另一个 GTA，叫作 $D''_{i,j}$，它代表一个可靠 FIFO 通道，但在这个 GTA 中，通道中的每个消息都需要时间界限 d，而不仅仅是最早消息需要时间界限 d。此时将消息传递的最后期限与消息一起存储在 $queue$ 中，而不是存储在独立的 $last$ 分量中。当然，对最后期限的处理也类似。

$D''_{i,j}$ 自动机：

Timed Signature:

Input:
　　$send(m)_{i,j}, m \in M$
Output:
　　$receive(m)_{i,j}, m \in M$

Internal:
　　none
Time-passage:
　　$\nu(t), t \in R^+$

States:
$queue$, a FIFO queue of elements of $M \times R^+$, initially empty
$now \in R^{\geq 0}$, initially 0

Transitions:

$send(m)_{i,j}$
　　Effect:
　　　　add $(m, now + d)$ to $queue$

$receive(m)_{i,j}$
　　Precondition:
　　　　(m, t) is first on $queue$, for some t
　　Effect:
　　　　remove first element of $queue$

$\nu(t)$
　　Precondition:
　　　　if $queue$ is nonempty then
　　　　　　$now + t \leq t'$, where t' is the time
　　　　　　in the first pair of $queue$
　　Effect:
　　　　$now := now + t$

我们声明不存在与 $D''_{i,j}$ 有相同可许可定时轨迹集合的 MMT 自动机（这一断言的证明留为一道习题）。这一结论也可以理解为 $D''_{i,j}$ 在物理上是无法实现的。但是，正如我们在前面章节所见，当我们不考虑通道中消息的堆积时，$D''_{i,j}$ 可以作为一个方便的抽象模型，用于算法的时间复杂度分析。

下面的例子说明一种异常情况：一个没有可许可定时运行的 GTA。尽管这是一种异常情况，但在 GTA 中没有任何东西来避免这种情况的发生。对于 MMT 自动机这种特别情况（以及在 23.2.2 节中描述的与 MMT 自动机对应的 GTA），这种异常不会发生。（见习题 23.1。）可以在 GTA 模型中增加额外的限制以排除这种异常，但是因为本书主要讨论能用 MMT 自动机表达的算法，所以在此不描述这些限制。

例 23.2.3　一个没有可许可定时运行的通用定时自动机

考虑一个无限次发送同一个消息 m 的"过程自动机" A，但是连续发送的时间越来越接近，接近时间极限 1。

A 自动机：

Timed Signature:

Input:
　none

Internal:
　none

Output:	Time-passage:
$send(m)$	$\nu(t)$, $t \in R^+$

States:

$now \in R^{\geq 0}$, initially 0

$last \in R^{\geq 0} \cup \{\infty\}$, initially 0

Transitions:

$send(m)$	$\nu(t)$
Precondition:	Precondition:
$now = last$	$now + t \leq last$
Effect:	Effect:
$last := now + \frac{1 - now}{2}$	$now := now + t$

事实上，事情会变得更糟糕——GTA 的定义甚至允许定时自动机完全没有时间流逝步！

GTA 模型并不是基于定时计算的最通用模型。例如，它没有表达活性属性的功能（许可性除外）。在定时环境中，活性属性并不像在非定时环境中那么重要，因为许多活性属性（例如，说明某些事情最终会发生的条件）可以被相应的时间上界条件取代（例如，说明事件在时间 t 内发生的条件）。然而，有时它是有用的，可以同时表示一个系统的时间界限和活性属性。

GTA 模型也不足以通用到可以为混合系统（由类似的物理组件和离散计算机组件组成的系统）提供详细描述的程度。但该模型对本书来说已经足够。

23.2.2　将 MMT 自动机转化为通用定时自动机

我们已经说过，GTA 是对 MMT 定时自动机的扩展。但是这一说法是不精确的，因为它们说明时间限制的方式不同：MMT 自动机模型使用界限图，而 GTA 模型将时间限制编码成状态和转移。为了将 MMT 模型看作 GTA 模型的一个特例，还需要做一些工作。在本节，阐述如何把 MMT 自动机 (A, b) 转化成一个自然对应的 GTA——$A' = gen\,(A, b)$。

这个构造方法与例 23.2.1 中根据 $D_{i,j}$ 构造 $D'_{i,j}$ 所使用的方法类似，包括将最后时间期限构造到状态中，并且在它们仍然有效时阻止时间超过这些期限。我们也对无时间流逝的动作增加新的限制，以表示时间下界条件。

具体地说，在底层 I/O 自动机 A 的状态中增加一个 now 分量，并为每个任务 C 增加 $first(C)$ 和 $last(C)$ 分量。$first(C)$ 和 $last(C)$ 分量分别表示任务 C 中下一个动作所能发生的最早时间和最迟时间。now、$first$ 和 $last$ 分量都以绝对时间而不是增量时间为值。此外还增加时间流逝动作 $\nu(t)$。

根据界限图 b 所规定的 $lower$ 和 $upper$ 界限，$first$ 和 $last$ 分量被不同的步更新。时间流逝动作 $\nu(t)$ 有一个显式的前提条件，该条件要求时间不能超过任何 $last(C)$ 值；这是因为这些 $last(C)$ 值代表不同任务的最后期限。对各个任务 C 的动作也会增加限制，要求当前时间 now 必须大于下界 $first(C)$。

更具体地说，除增加时间流逝动作 $\nu(t)$（$t \in R^+$）外，$A' = gen\,(A, b)$ 的时间签名与 A 的时间签名相同。A' 的每个状态由下列分量组成：

$basic \in states(A)$, initially a start state of A

$now \in R^{\geq 0}$, initially 0

for each task C of A:

$first(C) \in R^{\geq 0}$, initially $lower(C)$ if C is enabled in state *basic*, otherwise 0
$last(C) \in R^+ \cup \{\infty\}$, initially $upper(C)$ if C is enabled in *basic*, otherwise ∞

其转移的定义如下:

If $\pi \in acts(A)$, then $(s, \pi, s') \in trans(A')$ exactly if all the following conditions hold:

1. $(s.basic, \pi, s'.basic) \in trans(A)$.

2. $s'.now = s.now$.

3. For each $C \in tasks(A)$,

   a) If $\pi \in C$, then $s.first(C) \leq s.now$.

   b) If C is enabled in both *s.basic* and *s'.basic* and $\pi \notin C$, then $s.first(C) = s'.first(C)$ and $s.last(C) = s'.last(C)$.

   c) If C is enabled in *s'.basic* and either C is not enabled in *s.basic* or $\pi \in C$, then $s'.first(C) = s.now + lower(C)$ and $s'.last(C) = s.now + upper(C)$.

   d) If C is not enabled in *s'.basic*, then $s'.first(C) = 0$ and $s'.last(C) = \infty$.

If $\pi = \nu(t)$, then $(s, \pi, s') \in trans(A')$ exactly if all the following conditions hold:

1. $s'.basic = s.basic$.

2. $s'.now = s.now + t$.

3. For each $C \in tasks(A)$,

   a) $s'.now \leq s.last(C)$.

   b) $s'.first(C) = s.first(C)$ and $s'.last(C) = s.last(C)$.

定理 23.4 如果 (A, b) 是任意一个 MMT 定时自动机, 那么 $gen(A, b)$ 是一个 GTA。而且, $attraces(A, b) = attraces (gen(A, b))$。

引理 23.5 在 $gen(A, b)$ 的任意可达状态中, 对 A 的任意任务 C, 下列结论成立:

1) $now \leq last(C)$。

2) 如果 C 是使能的, 那么 $last(C) \leq now + upper(C)$。

3) $first(C) \leq now + lower(C)$。

4) $first(C) \leq last(C)$。

删除不重要组件 如果 b 所规定的某些时间需求是不重要的, 即如果某些下界为 0 或某些上界为 ∞, 那么可以省略对这些组件的描述, 以简化自动机 $gen(A, b)$。我们将在例子中做这种简化。

例 23.2.4 经过转化的 MMT 自动机

令 (A, b) 为例 23.1.4 所描述的合成 MMT 自动机, 由 P_1、P_2 和通道 $D_{1,2}$ 合成。我们给出转化后的 MMT 自动机 $A' = gen (A, b)$ 的详细代码。如上所述, 删除其中不重要的界限。因此, 在该代码中需要保留的界限仅包括各任务的上界以及 P_2 的递减任务的下界。我们用下面的名字表示其中的任务: P_1 的唯一任务用 *send* 表示, 通道 $D_{1,2}$ 的唯一任务用 *rec* 表示, P_2 的两个任务分别用 *dec* 和 *timeout* 表示。

***A′* 自动机:**

Timed Signature:

Input: Internal:
    none   *decrement*

Output: Time-passage:
    $send(m)_{1,2}, m \in M$ $\nu(t), t \in R^+$
    $receive(m)_{1,2}, m \in M$
    $timeout$

States:
$status_1 \in \{alive, dead\}$, initially arbitrary
$queue$, a FIFO queue of elements of M, initially empty
$count_2 \in \mathbb{N}$, initially k
$status_2 \in \{active, done, disabled\}$, initially $active$

$now \in R^{\geq 0}$, initially 0
$last(send) \in R^+ \cup \{\infty\}$, initially ℓ if $status = alive$, otherwise ∞
$last(rec) \in R^+ \cup \{\infty\}$, initially ∞
$first(dec) \in R^{\geq 0}$, initially ℓ_1
$last(dec) \in R^+ \cup \{\infty\}$, initially ℓ_2
$last(timeout) \in R^+ \cup \{\infty\}$, initially ∞

Transitions:

$send(m)_{1,2}$
    Precondition:
        $status_1 = alive$
    Effect:
        add m to $queue$
        $last(send) := now + \ell$
        if $|queue| = 1$ then
            $last(rec) := now + d$

$receive(m)_{1,2}$
    Precondition:
        m is first on $queue$
    Effect:
        remove first element of $queue$
        if $status_2 = active$ then
            $status_2 := disabled$
        if $queue$ is nonempty then
            $last(rec) := now + d$
        else $last(rec) := \infty$
        $first(dec) := 0$
        $last(dec) := \infty$
        $last(timeout) := \infty$

$decrement$
    Precondition:
        $status_2 = active$
        $count_2 > 0$
        $now \geq first(dec)$
    Effect:
        $count_2 := count_2 - 1$
        if $count_2 > 0$ then
            $first(dec) := now + \ell_1$
            $last(dec) := now + \ell_2$
        else
            $first(dec) := 0$
            $last(dec) := \infty$
            $last(timeout) := now + \ell$

$timeout$
    Precondition:
        $status_2 = active$
        $count_2 = 0$
    Effect:
        $status_2 := done$
        $last(timeout) := \infty$

$\nu(t)$
    Precondition:
        $now + t \leq last(send)$
        $now + t \leq last(rec)$
        $now + t \leq last(dec)$
        $now + t \leq last(timeout)$
    Effect:
        $now := now + t$

23.2.3 动作

合成　我们为 GTA 定义一个合成动作，该动作是对已定义的 MMT 自动机合成动作的扩展。首先，对于一组时间签名 $\{S_i\}_{i \in I}$，当下列等式都成立时，我们称这些时间签名是兼容的，其中 i、$j \in I$ 且 $i \neq j$。

1）$int(S_i) \cap acts(S_j) = \phi$。

2）$out(S_i) \cap out(S_j) = \phi$。

对于一组 GTA，当其中各 GTA 的时间签名都是兼容的时，我们称这一组 GTA 是兼容的。

我们定义有限兼容时间签名集合 $\{S_i\}_{i \in I}$ 的合成 $S = \prod_{i \in I} S_i$ 是满足下列条件的时间签名：

- $out(S) = \cup_{i \in I} out(S_i)$。
- $int(S) = \cup_{i \in I} int(S_i)$。
- $in(S) = \cup_{i \in I} in(S_i) - \cup_{i \in I} out(S_i)$。

有限兼容 GTA 集合 $\{A_i\}_{i \in I}$ 的合成 $A = \prod_{i \in I} A_i$ 定义如下[⊖]：

- $sig(A) = \prod_{i \in I} sig(A_i)$。
- $states(A) = \prod_{i \in I} states(A_i)$。
- $start(A) = \prod_{i \in I} start(A_i)$。
- $trans(A)$ 为三元组 (s, π, s') 的集合，使得对所有 $i \in I$，如果 $\pi \in acts(A_i)$，那么有 $(s_i, \pi, s'_i) \in trans(A_i)$，否则有 $s_i = s'_i$。

在一个合成中，允许那些在签名中有某个特定动作 π 的各组件同时参与涉及 π 的步，而其他所有组件不做任何事，便得到该合成的转移。需要指出的是，这表明所有组件都参与时间流逝步，所有组件都有相同的时间流逝量。同样，我们有时也用中缀动作符 × 来表示合成。

定理 23.6 一组兼容 GTA 的合成是一个 GTA。

合成动作与 gen 对于一组给定的兼容 MMT 自动机，合成动作和 gen 转换的执行顺序对结果没有影响，既可以是先进行合成动作然后对合成结果执行 gen 转换，也可以先对每个组件执行 gen 转换后再合成。最终的 GTA 是一样的，都是直至（自动机可接触部分的）同构（isomorphism）。

同样，我们可以得到类似于定理 8.1 ～ 8.3 的投影和粘贴定理。令 $\{B_i\}_{i \in I}$ 为一组兼容的 GTA，$B = \prod_{i \in I} B_i$。对 B 的某个定时运行 $\alpha = s_0, \pi_1, s_1, \cdots$，若 π_r 不是 B_i 的动作，则删除其所在的二元组 π_r, s_r，并将二元组中的 s_r 用 $(s_r)_i$ 代替，即用自动机 A_i 的状态 s_r 的片段代替，所得到的结果序列用 $\alpha|B_i$ 表示。同样，对于 B 的某个定时轨迹 β（或者更通用一些，某个带有时间的动作序列）用 $\beta|B_i$ 表示 β 中由包含 B_i 的动作的所有二元组组成的子序列。

定理 23.7 令 $\{B_i\}_{i \in I}$ 为一组兼容的 GTA，$B = \prod_{i \in I} B_i$。

1）如果 $\alpha \in atexecs(B)$，那么对每个 $i \in I$，有 $\alpha|B_i \in atexecs(B_i)$。

2）如果 $\beta \in attraces(B)$，那么对每个 $i \in I$，有 $\beta|B_i \in attraces(B_i)$。

证明 此证明留为一道习题。

由于 GTA 模型允许在一个运行中出现连续的时间流逝步，因此第一个粘贴定理（定理 23.8）存在一个小的技术问题。具体来说，把单个可许可定时运行 α_i "粘贴在一起" 得到可许可可定时运行 α，但对 α 投影可能会得不到原始的 α_i，而是得到与原始 α_i 时间流逝等价的可许可可定时运行。

定理 23.8 令 $\{B_i\}_{i \in I}$ 为一组兼容的 GTA，$B = \prod_{i \in I} B_i$。假设对每个 $i \in I$，α_i 都是 B_i 的一个可许可可定时运行，并假设 β 是一个由二元组 $(action, time)$ 组成的序列，其中的所有动作都属于 $vis(B)$，使得对每个 $i \in I$ 都有 $\beta|B_i = ttrace(\alpha_i)$。那么存在 B 的一个可许可可定时运行 α，

⊖ 在 $start(A)$ 和 $states(A)$ 定义中使用的符号 Π 就是指通常的笛卡儿乘积，而 $sig(A)$ 定义中使用的符号 Π 指上面定义的时间签名合成动作。同样，我们在此用符号 s_i 表示状态向量 s 的第 i 个元素。

使得 $\beta = ttrace(\alpha)$，并且对每个 $i \in I$ 都有 α_i 与 $\alpha|B_i$ 是时间流逝等价的。

证明   此证明留为一道习题。

定理 23.9   令 $\{B_i\}_{i \in I}$ 为一组兼容的通用定时自动机，$B = \prod_{i \in I} B_i$。假设 β 是由二元组 (action, time) 所组成的一个序列，其中 β 的所有动作都属于 $vis(A)$。如果对每个 $i \in I$ 都有 $\beta|B_i \in attraces(B_i)$，那么 $\beta \in attraces(B)$。

证明   此证明留为一道习题。

隐藏   如果 A 是一个 GTA 并且 $\Phi \subseteq out(A)$，那么 $hide_\Phi(A)$ 是一个 GTA，$hide_\Phi(A)$ 除了将 Φ 中的动作重新归类为内部动作外，与 A 完全相同。

23.3   属性和证明方法

基于定时的算法和系统，其正确性和性能常常严重依赖于对时间的假设。与在异步环境中不同，对定时假设的很小改动，也可能对基于定时算法的行为产生重大影响。然而，分析这种时间依赖性的原因却格外困难，即使是对于本章所给例子中的那些非常简单的"算法"也是如此。在这种环境中，系统的证明方法会有很大的帮助。

在本节，讲述两个用于基于定时算法的重要证明方法：不变式断言法和模拟关系法。由于这些方法已经成功地用于同步和异步环境，因此很自然地要试图在基于定时的环境中采用它们。我们还定义一个定时轨迹属性的概念，类似于 8.5.2 节介绍的轨迹属性的概念。

23.3.1   不变式断言

令 A 为一个 GTA，将其不变式断言定义为任意对 A 的全部可达状态都为真的属性。

从形式上看，这个定义与我们在异步环境中使用的那个定义相同。但它们之间是有差别的：在一个异步系统中，状态通常由普通数据（如局部变量和共享变量值、通道中的在途消息序列）组成。但是在一个基于定时的系统中，状态通常还包括一些与时间相关的信息，如当前时间以及未来事件的预定截止期限等。例如，如果一个消息正在通道中传输，那么状态可能包括未来时间的范围信息，消息在这个范围内传递成功。这说明在定时环境中，不变式断言除包括普通数据外，还可能涉及与时间有关的信息。

虽然在定时环境中，状态中包含的信息类型更丰富，但是不变式断言的证明方法还和以前一样——归纳法。这里是对导致问题中状态的那个定时运行中步的数量进行归纳。

需要提醒的是，我们是按照 GTA 来介绍不变式断言法的。如果想将此证明方法用于 MMT 自动机，则必须先将 MMT 自动机转化成 GTA。

例 23.3.1   超时系统的不变式断言

考虑例 23.2.4 的超时系统 A'，并假定 $k\ell_1 > \ell + d$。最好能够证明在所包含的进程 P_1 确实已经死亡的情况下，系统只执行一个 timeout。下面的不变式断言可以证明这一点。

断言 23.3.1   在 A' 的任何可达状态中，如果 $status_1 = alive$，那么 $count_2 > 0$。

不幸的是，像通常一样，仅用归纳法还无法证明断言 23.3.1——需要辅助断言。在这种情况下，首先（通过一个简单的归纳）证明下面的断言。

断言 23.3.2   在 A' 的任何可达状态中，如果 $status_2 = done$，那么 $count_2 = 0$。

然后我们用一个稍微复杂一点的归纳，证明下面这个断言（断言 23.3.1 的加强版本）。这个断言涉及关于状态的时间分量 *first* 和 *last* 的陈述。

断言 23.3.3　在 A' 的任何可达状态中，如果 $status_1 = alive$，那么下面的结论成立：

1）$count_2 > 0$。

2）或者 $last(send) + d < first(dec) + (count_2 - 1)\ell_1$，$queue$ 非空，或者 $status_2 = disabled$。

3）如果 $queue$ 非空，那么或者 $last(rec) < first(dec) + (count_2 - 1)\ell_1$，或者 $status_2 = disabled$。

条件 1 只是断言 23.3.1 的重述。条件 2 和条件 3 分别在一个不等式中使用表达式 $first(dec) + (count_2 - 1)\ell_1$。这个表达式描述 $count_2$ 可能到达 0 的最早时间，且假设 $count_2$ 当前为正。换句话说，$first(dec)$ 是下一个递减动作发生的最早时间，并且需要另外 $count_2 - 1$ 次递减动作才能使得 $count_2$ 为 0，而 ℓ_1 是每次递减动作的最小完成时间。条件 2 的意思是，要么按计划要发送一个消息，并在 $count_2$ 达到 0 前有充足的时间到达，要么一个消息已经在传送途中，要么就是一个消息已经到达（从而阻止超时动作）。条件 3 的意思是，如果一个消息正在传送途中，那么或者在 $count_2$ 达到 0 之前某个消息将会到达，或者消息已经到达。因此，用状态的 *first* 和 *last* 期限分量，一些关于定时事件的断言可以简洁地表示成不变式断言。

通过对一个定时运行中的动作数量进行归纳，可以证明断言 23.3.3。这一证明比较简单（实际上是琐碎的），我们之所以在这里阐述它，是因为它为其他类似证明提供了一个好的样板。

基础：初始时，$count_2 = k > 0$，$queue$ 为空，且 $first(dec) = \ell_1$。根据这些事实知在初始时条件 1 和条件 3 成立。此外，如果 $status_1 = alive$，那么 $last(send) = \ell$。因此：

$$last(send) + d = \ell + d < k\ell_1 = count_2\ell_1 = first(dec) + (count_2 - 1)\ell_1$$

这说明条件 2 在初始时也成立。

归纳步：像通常一样，我们基于不同的动作类型进行分类分析，只是在这一证明中，还需要有对时间流逝动作 $v(t)$ 的分析。假设 $(s, \pi, s') \in trans(A')$ 并且 s 满足不变式断言。假设 $s'.status_1 = alive$，那么 $s.status_1 = alive$ 也成立。

1）$\pi = send(m)_{1,2}$。

那么 $s.first(dec) = s'.first(dec)$、$s.count_2 = s'.count_2$、$s.status_2 = s'.status_2$。此步对条件 1 无影响并使条件 2 为真。我们考虑条件 3。如果 $s.queue$ 非空，那么 $s.last(rec) = s'.last(rec)$，因此只要 s 的条件 3 成立，s' 的条件 3 就必定成立。

假设 $s.queue$ 为空。那么根据归纳假设（条件 2），或者 $s.last(send) + d < s.first(dec) + (s.count_2 - 1)\ell_1$，或者 $s.status_2 = disabled$。若是后一种情况，则证明结束，因此假设是前一种情况。那么根据引理 23.5，$s'.last(rec) = s.now + d \leqslant s.last(send) + d < s.first(dec) + (s.count_2 - 1)\ell_1 = s'.first(dec) + (s'.count_2 - 1)\ell_1$，结论得证。

2）$\pi = receive(m)_{1,2}$。

根据归纳假设，$s.count_2 > 0$。此步对该陈述无影响。因此条件 1 成立。同样，根据断言 23.3.2 知 $s.status_2 \neq done$。因此，$s'.status_2 = disabled$，从而表明条件 2 和条件 3 成立。

3）$\pi = timeout$。

根据归纳假设，$s.count_2 > 0$。因此 $timeout$ 在 s 中不是使能的，这说明此种情况不可能发生。

4）$\pi = decrement$。

我们用反证法证明条件 1。如果 $s'.count_2 = 0$，那么 $s.count_2 = 1$，因此根据归纳假设（条件 2 和条件 3），或者 $s.last(send) + d < s.first(dec)$、$s.last(rec) < s.first(dec)$，或者 $s.status_2=$ $disabled$。根据 $decrement$ 的前提条件知后一种情况是不可能的。因此我们有：

$$\min(s.last(send), s.last(rec)) < s.first(dec) \leqslant s.now。$$

但是根据引理 23.5 知 $s.now \leqslant s.last(send)$、$s.now \leqslant s.last(rec)$，因此 $s.now \leqslant \min(s. last(send), s.last(rec))$。这是一个矛盾。

对于条件 2 和条件 3，只要证明 $first(dec) + (count_2-1) \ell_1$ 的值在此步不减少。由于其中的第二项正好减少 ℓ_1，而第一项至少增加 ℓ_1，因此条件 2 和条件 3 得证。（这是因为 $s. first(dec) \leqslant s.now$ 且 $s'. first(dec) = s.now + \ell_1$。）

5）$\pi = v(t)$。

此步对三个条件都无影响，因为只有 now 被改变，而三个条件都未涉及 now。

23.3.2　定时轨迹属性

请大家回忆一下，为异步系统证明的许多属性，都可以自然地延伸为这些系统的轨迹属性或公平轨迹属性。与此类似，定时系统的许多令我们感兴趣的属性，也可以延伸为它们的可许可定时轨迹的属性。可用这种方法描述的属性包括性能属性和普通正确性属性。

定义一个定时轨迹属性 P 的组成如下：

- $sig(P)$，一个不包含内部动作的时间签名。
- $ttraces(P)$，一组由二元组 $(action, time)$ 组成的序列的集合，每个序列中的 $time$ 分量一定是单调非递减的，并且当该序列是无限的时候，$time$ 分量也一定是无界限的。

我们常将这一阐述解释为，如果说 GTA A 满足轨迹属性 P，则意味着 $in(A) = in(P)$、$out(A) = out(P)$ 以及 $attraces(A) \subseteq ttraces(P)$。

例 23.3.2　定时轨迹属性

令 P 为如下定义的定时轨迹属性。签名 $sig(P)$ 为：

Input:	Internal:
$receive(m)_{1,2}, m \in M$	none
Output:	Time-passage:
$timeout$	$v(t), t \in R^+$

定时轨迹集合 $ttraces(P)$ 是一个由二元组 $(action, time)$ 构成的序列 β 的集合。β 满足单调性和有界限性条件，并且使得下列结论成立：

1）如果在 β 中有一个二元组 $(timeout, t)$，那么 $k\ell_1 \leqslant t \leqslant k\ell_2 + \ell$。

2）如果在 β 中有一个 $timeout$ 对，那么其前面没有 $receive$ 对。

3）如果在 β 中没有 $receive$ 对，那么在 β 中有一个 $timeout$ 对。

那么 $gen(P_2)$ 满足定时轨迹属性 P，使得 $attraces(gen(P_2)) \subseteq ttraces(P)$，其中 P_2 是例 23.1.2 中的 MMT 自动机。

23.3.3　模拟关系

模拟关系方法既可用于基于定时的系统的推理，也可用于同步和异步系统的推理。为此，我们定义两个 GTA 的状态之间的"定时模拟关系"的概念，其与 8.5.5 节中 I/O 自动机的模拟关系定义非常类似。

令 A 和 B 为有同样输入和输出动作的两个 GTA。假设 f 是建立在 $states(A)$ 和 $states(B)$ 上的一个二元关系，以符号 $u \in f(s)$ 作为 $(s, u) \in f$ 的另一种表示法。那么如果下面两个条件为真，则 f 是一个从 A 到 B 的定时模拟关系：

1）如果 $s \in start(A)$，那么 $f(s) \cap start(B) \neq \phi$。

2）如果 s 是 A 的一个可达状态，$u \in f(s)$ 是 B 的一个可达状态，并且 $(s, \pi, s') \in trans(A)$，那么存在一个以 u 开始、以某个 $u' \in f(s')$ 结束的定时运行片段 α，使得：

a）$ttrace(\alpha) = ttrace(s, \pi, s')$。

b）α 中的时间流逝总量与 (s, π, s') 中的时间流逝总量相同。

因而，该起始条件与 I/O 自动机模拟关系的起始条件相同。步条件略有不同——我们现在要求对应部分保存定时轨迹，即可见动作的序列，每个动作都带有自己的发生时间和时间流逝总量。需要指出的是，在步条件中，π 既可以是一个时间流逝动作也可以是一个离散动作。如果 π 是一个可见动作，那么 α 中一定有一个 π 步，也可能还有一些在前驱的或在后继的内部步。如果 π 是一个内部动作，那么 α 中必定只由内部步组成。如果 $\pi = v(t)$，那么 α 中必定有 t 个时间流逝步，而且这些时间流逝步被内部步两两隔开。

同前面一样，由于假设步条件的状态 s 和 u 是可达的，所以在证明 f 是一个定时模拟关系时，可以使用关于状态 A 和 B 的不变式断言。

下面的定理给出定时模拟关系的关键属性。

定理 23.10 如果存在一个从 A 到 B 的定时模拟关系，那么 $attraces(A) \subseteq attraces(B)$。

证明 该证明留为一道习题。

在本节的剩余部分，我们用例子说明如何用定时模拟关系来证明 GTA 的属性。这种模拟的一个有趣应用是为有时间假设的系统证明时间界限。方法是将时间规格说明形式化为一个 GTA B，并用 $last$ 和 $first$ 期限分量来表达所要求的定时行为（分别为上界和下界）。我们还将时间规格说明的实现形式化为一个 GTA A，并用 $last$ 和 $first$ 分量表示时间假设。从 A 到 B 的定时模拟关系的存在意味着 A 满足时间需求。

由于在定时环境中可以用模拟关系法来证明定时属性，因此该方法在定时环境中比在异步环境中更有效。在异步环境中，我们经常关注活性属性，在定时环境中，我们关注更多的是时间界限。在对活性属性进行严格证明时，除采用模拟关系法外，还采用像时间逻辑这样的特定自动机，但时间界限只要用模拟关系法就可以证明。

例 23.3.3 对超时进程的时间界限模拟证明

我们将说明，如果例 23.1.2 中的超时 MMT 自动机 P_2 没有收到消息，则必定在 $[kl_1, kl_2 + l]$ 区间内执行一个 $timeout$。为简化问题，我们定义 P_2 的一个变量 A，在该变量的签名内甚至没有一个 $receive$ 动作。A 的代码如下。

A 自动机：

Signature:

Input:　　　　Internal:
　none　　　　*decrement*
Output:
　timeout

States:

$count \in \mathbb{N}$, initially k

$status \in \{active, done\}$, initially $active$

Transitions:

decrement
    Precondition:
        $status = active$
        $count > 0$
    Effect:
        $count := count - 1$

timeout
    Precondition:
        $status = active$
        $count = 0$
    Effect:
        $status := done$

Tasks and bounds:

$dec = \{decrement\}$, bounds $[\ell_1, \ell_2]$

$timeout = \{timeout\}$, bounds $[0, \ell]$

那么 $gen(A)$ 的代码如下。

$gen(A)$ 自动机:

Timed Signature:

Input:
    none

Output:
    timeout

Internal:
    decrement

Time-passage:
    $\nu(t)$, $t \in R^+$

States:

$count \in \mathbb{N}$, initially k

$status \in \{active, done\}$, initially $active$

$now \in R^{\geq 0}$, initially 0

$first(dec) \in R^{\geq 0}$, initially ℓ_1

$last(dec) \in R^+ \cup \{\infty\}$, initially ℓ_2

$last(timeout) \in R^+ \cup \{\infty\}$, initially ∞

Transitions:

decrement
    Precondition:
        $status = active$
        $count > 0$
        $now \geq first(dec)$
    Effect:
        $count := count - 1$
        if $count > 0$ then
          $first(dec) := now + \ell_1$
          $last(dec) := now + \ell_2$
        else
          $first(dec) := 0$
          $last(dec) := \infty$
          $last(timeout) := now + \ell$

timeout
    Precondition:
        $status = active$
        $count = 0$
    Effect:
        $status := done$
        $last(timeout) := \infty$

$\nu(t)$
    Precondition:
        $now + t \leq last(dec)$
        $now + t \leq last(timeout)$
    Effect:
        $now := now + t$

自动机 A 只简单地从 k 到 0 进行递减计数, 然后执行一个 *timeout*。非形式化地, 在声

明的时间区间 $[k\ell_1, k\ell_2 + \ell]$ 内会发生唯一的 *timeout*。为形式化地证明这一点，我们使用一个简单的高级 GTA 来表达这些定时需求，其形式为 *gen(B)*，其中 *B* 是下面的简单 MMT 自动机。

B 自动机：

Signature:

Input: Output:
  none   *timeout*

States:
status ∈ {*active*, *done*}, initially *active*

Transitions:

timeout
  Precondition:
    status = *active*
  Effect:
    status := *done*

Tasks and bounds:
timeout = {*timeout*}, bounds $[k\ell_1, k\ell_2 + \ell]$

现在我们构造一个从 *gen(A)* 到 *gen(B)* 的定时模拟关系 *f*，从而说明 *A* 满足定时需求。如果 *s* 和 *u* 分别是 *gen(A)* 和 *gen(B)* 的状态，那么当下列条件成立时，我们称 $(s, u) \in f$：

1）*s.now* = *u.now*。

2）*s.status* = *u.status*。

3）$u.last(timeout) \geqslant$
$$\begin{cases} s.last(dec) + (s.count - 1) \cdot \ell_2 + \ell & s.count > 0 \\ s.last(timeout) & \text{其他} \end{cases}$$

4）$u.first(timeout) \leqslant$
$$\begin{cases} s.first(dec) + (s.count - 1) \cdot \ell_1 & s.count > 0 \\ s.first(timeout) & \text{其他} \end{cases}$$

涉及 *now* 和 *status* 值的那些关系是很明显的。我们感兴趣的是涉及 *last* 和 *first* 期限的关系。要求 *u.last(timeout)* 值（在 *gen(B)* 中）不小于一个特定量，该特定量是根据 *gen(A)* 的状态（包括期限分量）计算的，是 *gen(A)* 最后一次可能执行 *timeout* 的计算时间上界。有两种情况：如果 *count* > 0，那么这个时间的界限为可发生第一个 *decrement* 的最后时间，加上执行 *count* −1 个 *decrement* 步以及随后的一个 *timeout* 步所需要的附加时间；由于每个 *count* 步所需要的时间不超过 ℓ_2 而 *timeout* 需要的时间不超过 ℓ，因此整个附加时间至多为 $(count - 1) \cdot \ell_2 + \ell$。另外，如果 *count* = 0，那么这个时间由 *timeout* 可能发生的最后时间限定。这个不等式表达的事实是，所计算出的到 *timeout* 为止的实际时间界限最多等于所要证明的上界。

对 *first(timeout)* 不等式的解释是对称的——*first(timeout)* 的值应该不大于到 *gen(A)* 执行一个 *timeout* 动作为止的最早计算时间下界。

为了证明 f 是一个定时模拟，我们首先证明一个简单的不变式断言。

断言 23.3.4   在 $gen(A)$ 的任何可到达状态中，如果 $count > 0$，那么 $status = active$。

下面按照模拟的通常方式继续证明，证明起始条件和步条件。对不等式的处理方式与状态间其他任意类型关系的处理方式相同。像在例 23.3.1 中一样，为给其他类似证明树立样板，我们在证明中讲述部分细节；其余的细节留为习题。

对于起始条件，令 s 和 u 分别为 $gen(A)$ 和 $gen(B)$ 的唯一起始状态。我们必须证明 $u \in f(s)$。f 定义的条件 1 和条件 2 显然成立。考虑条件 3。根据 $gen(B)$ 的定义可知，$u.last(timeout) = k\ell_2 + \ell$，根据 $gen(A)$ 的定义知 $s.count > 0$ 和 $s.last(dec) + (s.count - 1) \cdot \ell_2 + \ell = \ell_2 + (k-1)\ell_2 + \ell = k\ell_2 + \ell$。因此 $u.last(timeout) = s.last(dec) + (s.count - 1) \cdot \ell_2 + \ell$，从而证明条件 3。条件 4 与条件 3 类似。

对于步条件，我们假设 $(s, \pi, s') \in trans(gen(A))$，$s$ 是可达的，且 u 是 $f(s)$ 的可达状态。我们基于动作类型考虑不同的情况，包括时间流逝动作。

例如，考虑 $\pi = decrement$ 的情况。根据 $decrement$ 的前提条件可知 $s.count > 0$。根据 $u \in f(s)$ 这一事实可知 $s.now = u.now$、$s.status = u.status$、$u.last(timeout) \geqslant s.last(dec) + (s.count - 1) \cdot \ell_2 + \ell$、以及 $u.first(timeout) \leqslant s.first(dec) + (s.count - 1) \cdot \ell_1$。从而可证明 $u \in f(s')$。

对条件 1 和条件 2 无须进一步证明。假设 $s'.count > 0$。对于条件 3，该步未改变不等式的左端 $last(timeout)$，而不等式的右端也没有增加。后一属性之所以为真，原因在于 $last(dec)$ 最多增加 ℓ_2，而第二个谓词正好减少 ℓ_2、第三个谓词不变。（$last(dec)$ 最多增加 l_2 的原因在于 $s.now \leqslant s.last(dec)$ 和 $s'.last(dec) = s.now + \ell_2$。）这表明在这个步之后不等式仍然成立。可以对条件 4 和 $s'.count = 0$ 的情况做类似证明。

对其他类型的动作，可以采用同样的风格进行相应的证明。对于 $\pi = timeout$ 的情况，需要证明的是状态 u 满足前提条件 $first(timeout) \leqslant now$。这个不等式之所以成立，原因在于：由 $gen(A)$ 中 π 的前提条件知 $s.first(timeout) \leqslant s.now = u.now$，由条件 4 知 $u.first(timeout) \leqslant s.first(timeout)$。

对于 π 是时间流逝动作的情况，需要证明的是前提条件 $u'.now \leqslant u.last(timeout)$。这个不等式之所以成立，原因在于：由 $gen(A)$ 中 π 的前提条件知 $u'.(now) = s'.now \leqslant \min(s.last(dec), s.last(timeout))$，由条件 3 知 $\min(s.last(dec), s.last(timeout)) \leqslant u.last(timeout)$。时间流逝步不改变 f 定义中除 now 外的任何事情，因此时间流逝步显然保留 f 中的所有关系。

由于 f 是一个定时模拟，因此定理 23.10 表明 $attraces(gen(A)) \subseteq attraces(gen(B))$，定理 23.4 表明 $attraces(A) \subseteq attraces(B)$。这说明 A 满足定时需求。

当然，除了使用定时模拟外，还有其他方式可以证明基于定时系统的时间界限。例如，习题 23.13 中基于不变式的可动作参数，可以用来证明到 $timeout$ 发生为止的时间的上界 $k\ell_2 + \ell$。

例 23.3.4   双任务轨迹

本例采用模拟法概要地证明下列结论：$\ell + \ell_2 + L\ell$ 是到例 23.1.3 的 $Race$ 自动机执行一个 $report$ 输出为止的时间的上界。规格说明为 $gen(B')$，其中 B' 是一个类似于例 23.3.3 中说明自动机 B 的 MMT 自动机。

B' 自动机:

Signature:

Input: Output:

  none   *report*

States:

reported, a Boolean, initially *false*

Transitions:

report

    Precondition:

        reported = *false*

    Effect:

        reported := *true*

Tasks and bounds:

report = {*report*}, bounds $[0, \ell + \ell_2 + L\ell]$

凭直觉, $\ell + \ell_2 + L\ell$ 是一个正确上界的理由如下。在时间 ℓ 内, 任务 *int* 设置 *flag* 为 *true*。在这期间, *count* 可达的最大值为 $\frac{\ell}{\ell_1}$。因此, *main* 任务将 *count* 递减为 0 所需要的最大时间量为 $\frac{\ell}{\ell_1}\ell_2 = L\ell$, 另外最多还需要时间 l_2 来执行 *report*。

现在, 定义一个从 *gen*(*Race*) 到 *gen*(*B'*) 的定时模拟关系 g。如果 s 和 u 分别是 *gen*(*Race*) 和 *gen*(*B'*) 的状态, 那么如果下面的条件成立, 我们称 $(s, u) \in g$:

1. $s.now = u.now$.

2. $s.reported = u.reported$.

3. $u.last(report) \geq$
$$
\begin{cases}
s.last(int) + (s.count + 2)\ell_2 + L(s.last(int) - s.first(main)) \\
\quad \text{if } s.flag = false \text{ and } s.first(main) \leq s.last(int). \\
s.last(main) + (s.count)\ell_2 \\
\quad \text{otherwise.}
\end{cases}
$$

第三个条件的思想如下。如果 *flag* = *true*, 那么到 *report* 为止的剩余时间刚好是任务 *main* 执行剩余的 *decrement* 步以及随后的最终 *report* 的时间。如果 *flag* 仍为 *false*, 推理同样成立, 但是要求 *flag* 在另一个 *increment* 发生前变为 *true*, 即 $s.first(main) > s.last(int)$。否则, $s.flag = false$ 和 $s.first(main) \leq s.last(int)$ 成立, 这意味着剩下的时间足够至少一个 *increment* 发生。那么就变成 *last*(*report*) 不等式的第一种情况。

在这种情况下, 在 *set* 之后, 任务 *main* 将目前的 *count* 倒计数, 然后 *report* 所需要的全部时间可能长达 $(count + 1)\ell_2$。但是在 *set* 之前, 当前的 *count* 可能由于某些额外的 *increment* 事件而增加。这些可能发生的 *increment* 事件的最大数量为 $1 + [last(int) - first(main)]/\ell_1$。将这个数乘以 ℓ_2, 即得出递减这些额外计数需要的最大时间。

证明 g 是一个定时模拟关系的方法与在例 23.3.3 使用的通用证明方法相同。我们将其留为一道习题。

23.4   构造共享存储器和网络系统的模型

在本章的结尾，简要说明如何使用 MMT 自动机和 GTA 自动机来构造部分同步共享存储器系统和部分同步网络系统的模型。我们将在第 24 章和第 25 章使用这些模型。

23.4.1   共享存储器系统

我们将一个部分同步共享存储器系统模型化为一个 MMT 自动机 (A, b)。在此按照第 9 章的定义，假设 I/O 自动机 A 是一个异步共享存储器系统；唯一新增的约束是 A 只有有限个任务。界限图 b 为每个任务增加时间界限。

大多数时候，我们将假设每个进程只有一个任务，界限图为每个任务指派一个下界 ℓ_1 和一个上界 ℓ_2，其中 $0 < \ell_1 \leq \ell_2 < \infty$。在这种情况下，我们将记 $L = \ell_2/\ell_1$；同前面一样，L 是衡量系统中时间不确定性的依据。

23.4.2   网络

在部分同步环境中，我们将只考虑发送 / 接收网络，而不考虑广播或多播系统。假设采用有向图 $G = (V, E)$。我们将一个部分同步发送 / 接收网络系统模型化为一个进程自动机集合和一个通道自动机集合，其中每个进程自动机对应一个顶点、每个通道自动机对应一条边。

与每个顶点 i 所对应的进程自动机是一个 MMT 自动机 P_i。P_i 有输入和输出动作，通过这些动作与外部用户进行通信，还有形式为 $send(m)_{i,j}$ 的输出，其中 m 是一个消息，j 是流出邻接节点，P_i 还有形式为 $receive(m)_{j,i}$ 的输入，其中 j 是流入邻接节点。为抽象表示进程停止失败，我们在 P_i 中定义一个 $stop_i$ 输入动作。这个动作的结果是永久停止 P_i 的所有任务。通常，我们将假设每个进程 P_i 都有其中各任务（任务的总数是有限的）的时间界限 ℓ_1 和 ℓ_2，其中 $0 < \ell_1 \leq \ell_2 < \infty$。

与每条有向边 (i, j) 所对应的通道自动机是一个 GTA $C_{i,j}$。它的"可见接口"由 $send(m)_{i,j}$ 形式的输入和 $receive(m)_{i,j}$ 形式的输出组成。对通道外部行为的限制用定时轨迹属性 P 表示，P 所定义的通道是那些具有与 P 相同的可见动作且其可许可定时轨迹属于 $ttraces(P)$ 的 GTA。有两种常见情况：

1）每个 $C_{i,j}$ 是具有例 23.2.1 所描述的合适时间签名的 GTA $D'_{i,j}$，即一个对最早消息的传递时间有上界 d 的可靠 FIFO 通道。

2）每个 $C_{i,j}$ 是具有例 23.2.2 所描述的合适时间签名的 GTA $D''_{i,j}$，即一个对每个消息的传递时间都有上界 d 的可靠 FIFO 通道。

同样，我们记 $L = \ell_2 / \ell_1$ 并将 L 用作衡量系统中时间不确定性的依据。

23.5   参考文献注释

MMT 定时自动机模型是由 Merritt、Modugno 和 Tuttle[227] 设计的。他们的模型要比我们在本书中使用的模型略微通用一些，具体表现在他们的模型中既可以有最终上界也可以有基于实时值的上界。我们所使用模型的变量与 Lynch 和 Attiya[215] 所定义的比较接近。双任务轨迹例子是作为定时系统证明方法的测试实例由 Pnueli[243] 提出的。

通用定时自动机模型基于 Lynch 和 Vaandrager[210-211-212] 的定时自动机模型；它类似于 Alur 和 Dill[9] 的定时自动机模型。与可许可定时运行的存在性有关的问题是由 Gawlick、Segala、Søgaard-Andersen 和 Lynch[136] 研究的。从 MMT 自动机到通用定时自动机的转换方法是 Lynch 和 Attiya[215] 开发的。GTA 的动作取自 [212]；该文章除描述合成和隐藏动作外，还描述了 GTA 的许多其他动作，包括连续合成和多种形式的选择、中断以及超时。

包括定时期限在内的不变式已经被 Tel[275]、Lewis[194]、Shankar[259]、Abadi 与 Lamport[1]、Lynch[204] 和其他人使用过。证明时间属性的模拟方法是首先由 Lynch 和 Attiya[215] 使用的。在例 23.3.3 和例 23.3.4 中使用的时间界限的模拟证明方法源自 [215] 以及综述文章 [204, 205]。GTA 的其他模拟类型是由 Lynch 和 Vaandrager[210-211] 定义的。

还有一些其他的定时模拟证明方法，分别是由下述人员开发的：Søgaard-Andersen、Lampson 和 Lynch[264,190]、Heitmeyer 和 Lynch[148] 以及 Luchangco[201]。在使用自动定理证明器来帮助检验和执行定时模拟证明方面，Luchangco、Söylemez、Garland 和 Lynch 做了一些初步工作[202]。该工作使用的是 Larch 证明器[134]。

23.6 习题

23.1 令 (A, b) 为任意的 MMT 自动机，α 为 (A, b) 的某个有限定时运行。证明下列结论：

    a）存在 (A, b) 的一个（可许可）定时运行，该定时运行从 α 开始。

    b）令 β 为某个由带有时间的输入动作组成的有限序列，其中时间是非递减的，并且不大于 α 中发生的最大时间。那么存在 (A, b) 的一个（可许可）定时运行 α'，使得 α' 以 α 开始，并使得 β 是 α' 中在 α 后发生的输入动作及相关时间的子序列。

    c）设 β 为某个由带有时间的输入动作组成的无限序列，其中时间是非递减的、无界限的，并且至少与 α 中的最大发生时间同样大。那么存在 (A, b) 的一个（可许可）定时运行 α'，使得 α' 开始于 α，并使得 β 是由 α' 中在 α 后发生的输入动作及相关时间所组成的子序列。

23.2 假设对 MMT 自动机的定义进行弱化，将其中的有限多个任务用可数数量的任务代替。证明存在一个满足这个新定义的自动机 (A, b)，其中 (A, b) 没有（可许可）定时运行。

23.3 在 $k\ell_1 \leqslant \ell+d$ 的情况下，详细描述例 23.1.4 中的合成 MMT 自动机的行为。

23.4 证明定理 23.1、定理 23.2 和定理 23.3。

23.5 考虑 15.4 节中 AsynchBellmanFord 算法的时间界限变量，其中：

- 每个进程自动机是由给定 I/O 自动机和每个任务的界限 $[\ell_1, \ell_2]$ 所组成的 MMT 自动机，其中 $0 < \ell_1 \leqslant \ell_2 < \infty$。
- 每个通道自动机是例 23.1.1 中的相应 MMT 自动机 $D_{i,j}$。

分析最终算法的通信和时间复杂性。

23.6 证明例 23.2.1 中的 GTA $D'_{i,j}$ 和例 23.1.1 中的 MMT 自动机 $D_{i,j}$ 有同样的可许可定时轨迹集合。

23.7 证明不存在与例 23.2.2 中 GTA $D''_{i,j}$ 有同样的可许可定时轨迹集合的 MMT 自动机。

23.8 给出具有下列行为的 GTA A 的前提－结果代码。在任意一个可许可定时运行中，A 只执行两个输出 a 和 b，且都在时间 1 时执行，执行顺序为先 a 后 b。而且，只要符合给定的限制，在不同的可许可定时运行中，A 应该允许 a 和 b 在任何时间发生。证明不存在与 A 有同样可许可定时轨迹集合的 MMT 自动机。

23.9 给出变换自动机 $gen(Race)$ 的详细前提－结果代码，其中 $Race$ 是例 23.1.3 中定义的 MMT 自动机。代码要采用例 23.2.4 中代码的类似格式。

23.10 证明定理 23.7、定理 23.8 和定理 23.9。

23.11 对定理 23.8 进行简化改写，以断言 $\alpha_i = \alpha|B_i$ 代替它们是时间流逝等价的，证明这一简化后的版本不成立。

23.12 证明定理 23.10。

23.13 对例 23.2.4 中的系统 A'，证明下面的多部分不变式。如果 $status_1 = dead$，那么

　　a）$queue$ 为空。

　　b）$status_2 \neq disabled$。

　　c）如果 $count_2 > 0$，那么 $last(dec) + (count_2 - 1)\, \ell_2 \leqslant k\ell_2$。

　　d）如果 $count_2 = 0$，那么 $last(timeout) \leqslant k\ell_2 + \ell$。

23.14 使用 23.3.3 节的模拟方法证明引理 11.3：RightLeftDP 算法的时间界限。

23.15 在例 23.3.3 中关于 f 是一个定时模拟关系的证明中，添加证明的具体细节。

23.16 证明：例 23.3.4 中定义的关系 g 是一个定时模拟关系。

部分同步的互斥性

本章中，将第三次讨论互斥问题，这次是在部分同步共享存储器环境下讨论。我们只给出最基本的结果：简单的基于定时的算法及其分析和简单的不可能性结果。

24.1 问题

本章的环境与第 10 章的基本相同——一个有 n 个端口、与用户 U_1、$\cdots$、U_n 交互的共享存储器系统。由 try_i、$crit_i$、$exit_i$ 和 rem_i 动作组成的外部接口与前面的完全一样。但这里的用户和共享存储器系统都被模型化为 23.1 节中定义的 MMT 自动机，而不是 I/O 自动机。图 10-4 也可用来表示本章中的模型。

同前面一样，要求每个用户 U_i 必须满足良构性。我们允许对用户的任意时间约束。具体说，每个 MMT 自动机 U_i 形式为 (A_i, b_i)，其中 A_i 是在 10.2 节中允许的某个 I/O 自动机（它只有有限多个任务），b_i 是一个任意的界限图。这些可用界限图中包含的是简单界限图，以给出简单低端界限 0 和简单高端界限 ∞。

系统的余下部分由一个代表该共享存储器系统的 MMT 自动机 $B=(A, b)$ 组成。B 所采用的底层 I/O 自动机 A 的形式同第 10 章中我们为解决异步共享存储器模型的互斥问题所考虑的自动机。具体说，它由 n 个进程组成，一个进程位于一个端口。本章中我们假定每个进程只有一个任务。界限图 b 为每个任务配一个下界限 ℓ_1 和一个上界限 ℓ_2，其中 $0 < \ell_1 \leqslant \ell_2 < \infty$。同前面一样，我们记 $L = \ell_2 / \ell_1$，L 是一种对系统中定时不确定性的度量。

在本章还做了其他三个约束。第一，用与第 10 章同样的方法对进程的活性进行限制：在共享存储器系统中，只有当 U_i 在尝试区或退出区时，每个进程 i 唯一的任务才能被激活。第二，假设当 U_i 在尝试区或退出区时，进程 i 唯一的任务事实上总是处于被激活状态。（然而，我们允许这样的可能性存在，即这个唯一被激活的动作可以是不引起任意状态变化的虚动作。）第三，只考虑有读 / 写共享变量的共享存储器系统。

我们所需要的正确性条件与第 10 章中的正确性条件基本相同。针对定时自动机重述这些条件，可得到：

良构性条件 在合成系统的任意定时运行中，对任意的 i，描述 U_i 和 $B = (A, b)$ 之间交互的子序列对 i 都是良构的。

互斥性条件 不存在有多个用户同时位于临界区 C 的可到系统状态。

演进性条件 在一个可许可定时运行的任意点[⊖]，

1）（尝试区的演进性）如果在 T 中至少有一个用户，而在 C 中没有用户，那么在其后的某一点会有用户进入 C。

2）（退出区的演进性）如果 E 中至少有一个用户，那么在其后的某一点会有用户进入 R。

⊖ 同 23.1 节，做这一定义的目的是表示时间正常过去，以及如果有更多的工作要做，处理进度就不停。

如果 B 为每个用户集合都解决了互斥问题（即保证良构性条件、互斥性条件和演进性条件），那么我们说 B 解决了互斥问题。同 23.3.2 节中定义的一样，这些正确性条件也可以用定时轨迹属性 P 的形式来表达。

24.2   单寄存器算法

在本节，介绍一个部分同步互斥算法，即 FischerME 算法，该算法只用一个读/写寄存器。这个简单的算法已表明部分同步模型与异步模型有很大不同，因为正如我们在定理 10.33 中阐述的那样，异步读/写共享存储器的互斥算法至少需要 n 个共享寄存器。

我们以下述不正确的异步算法作为阐述该算法的起点。

InCorrectFischerME 算法（非形式化）：

算法使用单个读/写共享变量 $turn$，该变量对所有进程都是可读、可写的。每个希望获得该资源的进程 i 重复测试 $turn$，直到发现其值等于 0。当进程 i 发现 $turn = 0$ 后，它设置 $turn$ 为自己的索引 i。然后它检验 $turn$ 是否仍等于 i。如果是，进程 i 进入临界区，否则它回到开始，继续测试是否 $turn = 0$。当一个进程 i 退出临界区时，它将 $turn$ 重置为 0。

采用第 10 章中用于共享存储器程序的格式，该算法书写如下：

IncorrectFischerME 算法（形式化）：

Shared variables:
$turn \in \{0, 1, \dots, n\}$, initially 0, writable and readable by all processes

Process i:

       ** Remainder region **

       try_i
L: if $turn \neq 0$ then goto L
       $turn := i$
       if $turn \neq i$ then goto L
       $crit_i$

       ** Critical region **

       $exit_i$
       $turn := 0$
       rem_i

IncorrectFischerME 算法是不正确的，因为它没有保证互斥性。（我们知道它一定不正确，因为否则就会违反定理 10.33。）

例 24.2.1   IncorrectFischerME 的有害运行

考虑一个运行，其中有两个进程 1 和 2，它们都测试 $turn$ 并都发现 $turn = 0$。接着，进程 1 设置 $turn := 1$ 并立刻检验发现 $turn = 1$。然后进程 2 设置 $turn := 2$，并立刻检验发现 $turn = 2$。于是进程 1 和进程 2 都进入临界区。这一运行如图 24-1 所示。

为避免这种有害的事件交叉，我们可以增加一个简单的定时限制。具体做法是让设置 $turn := i$ 的进程 i 延迟其检验 $turn$ 的时间，所延迟的时间大于假定的进程步时间上界 ℓ_2。所有其他步以正常速度执行，同一进程中连续步间隔时间的范围为 $[\ell_1, \ell_2]$。这一限制能够防止出现图 24-1 中所示的有害交叉：任意设置 *turn* := i 的进程 i 在检验前要等足够的时间，以确保其他在 i 设置 *turn* 之前测试 *turn* 的进程 j（因而随后能设置 *turn* 为自己的索引）已经将 *turn* 设置为其索引。也就是说，当 i 最终检验 *turn* 时，没有进程还在设置 *turn*。

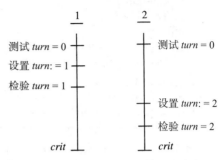

图 24-1 IncorrectFischerME 算法的有害运行

下面是前提-结果代码。在这一代码中，我们假设 a_1 和 a_2 是两个正实数，且 $\ell_2 < a_1 \leq a_2$。需要指出的是，这个代码为每个进程 i 定义两个任务：界限为 $[\ell_1, \ell_2]$ 的任务 $main_i$ 和界限为 $[a_1, a_2]$ 的任务 $check_i$。从技术角度看，这种做法是该模型所不许可的，模型只允许每个进程有一个界限为 $[\ell_1, \ell_2]$ 的任务。但是，我们可以对这个算法做简单的修改：在任意 *check* 前插入 $k-1$ 个显式的 *delay* 步，其中 $k\ell_1 > \ell_2$，并将每个进程的所有动作放入一个界限为 $[\ell_1, \ell_2]$ 的任务中。该算法的这一修改版本"行为上类似于" $a_1 = k\ell_1$ 及 $a_2 = k\ell_2$ 的 FischerME 算法。我们忽略形式上的细节。

FischerME 算法:

Shared variables:
$turn \in \{0, 1, \ldots, n\}$, initially 0

Actions of i:

Input:	Internal:
try_i	$test_i$
$exit_i$	set_i
Output:	$check_i$
$crit_i$	$reset_i$
rem_i	

States of i:
$pc \in \{rem, test, set, check, leave\text{-}try, crit, reset, leave\text{-}exit\}$, initially rem

Transitions of i:

try_i
  Effect:
    $pc := test$

$test_i$
  Precondition:
    $pc = test$
  Effect:
    if $turn = 0$ then $pc := set$

set_i
  Precondition:
    $pc = set$
  Effect:
    $turn := i$
    $pc := check$

$crit_i$
  Precondition:
    $pc = leave\text{-}try$
  Effect:
    $pc := crit$

$exit_i$
  Effect:
    $pc := reset$

$reset_i$
  Precondition:
    $pc = reset$
  Effect:
    $turn := 0$
    $pc := leave\text{-}exit$

$check_i$
　　Precondition:
　　　　$pc = check$
　　Effect:
　　　　if $turn = i$ then $pc := leave$-try
　　　　else $pc := test$

rem_i
　　Precondition:
　　　　$pc = leave$-$exit$
　　Effect:
　　　　$pc := rem$

Tasks and bounds:
$main_i = \{test_i, set_i, crit_i, reset_i, rem_i\}$, bounds $[\ell_1, \ell_2]$
$check_i = \{check_i\}$, bounds $[a_1, a_2]$

定理 24.1　$\ell_2 < a_1$ 的 FischerME 算法能够解决互斥问题。

证明　我们将 FischerME 算法与任意用户集合一起考虑。良构性条件是显而易见的。对于互斥性，我们证明这一合成系统（算法加用户）的如下不变式断言。

断言 24.2.1　在任意可达状态中，不存在 i 和 j 且 $i \neq j$，使得 $pc_i = pc_j = crit$。

像通常一样，用归纳法证明这个断言需要辅助不变式断言。但是，此时需要的辅助不变式断言涉及时间信息和普通的程序变量。

因此，将该系统转换为一个 23.2.2 节中描述的通用定时自动机（GTA）。这个转换将所有的定时约束编码成系统的状态和转移，而不是将它们表达成对定时运行的"外部"约束。具体说，在状态中包括组件 $first(check_i)$ 和 $last(main_i)$，分别代表下一个 $check_i$ 动作可能发生的最早时间和 $main_i$ 中下一个动作可能发生的最迟时间。我们把断言 24.2.1 和下面的其他断言看作通过这种转换所得 GTA 的状态的属性。

下面是一个关键的断言，用归纳法可证明这一断言。该断言的意思是一个成功 $check_i$ 所能发生的最早时间是在任意其他进程 j 的 set_j 之后，其中进程 j 是已经通过测试 $test_j$ 的进程。该引理可用于排除例 24.2.1 中的有害交叉。

断言 24.2.2　在任意可达状态中，如果 $pc_i = check$、$turn = i$ 且 $pc_j = set$，那么 $first$ $(check_i) > last(main_j)$。

对导致问题中状态的定时运行中的步的数量进行简单归纳，即可证明断言 24.2.2。这里的步既包括时间流逝步，也包括普通的输入、输出和内部控制步。参见例 23.3.1 中如何进行这类证明的模板。对于断言 24.2.2，我们关心的是那些涉及 (s, π, s') 形式步的论述，其中 π 是一个 set_i 或者一个成功的 $test_j$，$j \neq i$。（这里的索引 i 和 j 与断言中出现的相同。）

1）$\pi = set_i$。

在这种情况下，$s'.first(check_i) = s.now + a_1$。同样，如果 $s'.pc_j = set$，那么根据引理 23.5 有 $s'.last(main_j) \leqslant s.now + \ell_2$。因为 $\ell_2 < a_1$，所以不等式成立。

2）$\pi = test_j$ 且 $s.turn = 0$（即测试成功）。

在这种情况下，$s'.turn = 0$，断言无意义。

断言 24.2.2 可用于证明下面的断言。这个断言阐述的是如果一个进程 i 在临界区内（或刚好在其前或其后），那么 $turn = i$ 并且没有其他进程可以设置 $turn$。需要指出的是，与断言 24.2.2 不同，断言 24.2.3 未提及任意时间信息。但在它的归纳证明中会用到时间信息。

断言 24.2.3　在任意可达状态中，如果 $pc_i \in \{leave$-$try, crit, reset\}$，那么 $turn = i$，并对所有的 j 有 $pc_j \neq set$。

这一证明用的还是归纳法。我们现在关心的是那些涉及步 (s, π, s') 的论述，其中 π 可能

是一个成功的 $check_i$、一个 set_j、一个 $reset_j$ $(j \neq i)$ 或者一个成功的 $test_j (j \neq i)$。

1）$\pi = check_i$ 且 $s.turn = i$ （即检验成功）。

那么 $s'.turn = i$。假设存在某个 j 使得 $s'.pc_j = set$，那么也有 $s.pc_j = set$。这样根据断言 24.2.2 知 $s.first(check_i) > s.last(main_j)$。但是由引理 23.5 得 $s.now \leqslant s.last(main_j)$，因此 $s.first(check_i) > s.now$。这与 GTA 的定时约束相矛盾。也就是不存在 j 使得 $s'.pc_j = set$。

2）$\pi = set_j$，其中 $j \neq i$。

假设 $s'.pc_i \in \{leave\text{-}try, crit, reset\}$，那么 $s.pc_i \in \{leave\text{-}try, crit, reset\}$。根据归纳假设知不存在 j 使得 $s.pc_j = set$。但是这样在 s 中 π 就不能被激活，这是一个矛盾。

3）$\pi = reset_j$，其中 $j \neq i$。

假设 $s'.pc_i \in \{leave\text{-}try, crit, reset\}$，那么 $s.pc_i \in \{leave\text{-}try, crit, reset\}$，并且根据归纳假设知 $s.turn = i$。但是，根据 π 在 s 中被激活的事实知 $s.pc_j = reset$，这样由归纳假设得 $s.turn = j$。这是一个矛盾。

4）$\pi = test_j$ $(j \neq i)$ 且 $s.turn = 0$（即测试成功）。

那么根据归纳假设知 $s.pc_i \notin \{leave\text{-}try, crit, reset\}$，因此 $s'.pc_i \notin \{leave\text{-}try, crit, reset\}$，这意味着该条件无意义。

根据断言 24.2.3 可以直接得到互斥性，即断言 24.2.1。

最后，讨论演进性条件。还有一个不变式断言对于该条件也是有用的，用一个简单的归纳即可证明该断言。

断言 24.2.4 在任意可达状态中，如果 $turn = i$，那么 $pc_i \in \{check, leave\text{-}try, crit, reset\}$。

使用断言 24.2.4，按照引理 10.4 的证明方法可以有效地证明演进性，引理 10.4 是用于 DijkstraME 算法的演进性引理。具体说，就是要考虑一个达到某一点的可许可定时运行 α，这个点必须满足条件：至少有一个用户位于 T 中、没有用户在 C 中，同时为导出矛盾，假设在此点之后没有用户进入 C。那么我们可以证明，最终在 α 中不会发生新的区域变化，每个进程要么在 T 中要么在 R 中，并且某些进程是在 T 中。这样（用断言 24.2.4）我们可以证明，最终 $turn$ 将获得一个竞争者的索引（如 T 中的一个进程）。从而可知，$turn$ 必定等于某个竞争者的索引，尽管它可能变成不同竞争者的索引。但是 $turn$ 最后会稳定为某个最终（竞争者的）索引，称之为 i。再次使用断言 24.2.4，我们可证明进程 i 进入 C。

这样就完成了定理 24.1 的证明。

现在来考虑 FischerME 的时间复杂度。

定理 24.2 在 FischerME 算法的任意定时运行中，

1）从任意进程 i 位于尝试区的任意点开始，直到有某个进程位于临界区之间的时间至多为 $2a_2 + 5\ell_2$。

2）从任意进程 i 位于退出区的任意点开始，直到某个进程位于剩余区之间的时间至多为 $2\ell_2$。

证明 退出区的时间界限是显而易见的。对于尝试区的时间界限，我们可用动作证明的方式来证明，但为了介绍不同的证明方法，我们给出采用 23.3.3 节中所描述的定时模拟的证明。需要指出的是，对 FischerME 演进性（在定理 24.1 的证明中）的证明基于到达一定"里程碑"［例如，某竞争者"夺取"（seize）$turn$ 变量，将 $turn$ 变量"稳定为"（stabilize）某特定竞

争者的索引] 的运行。我们把这些里程碑及其时间界限合并到一个"抽象互斥算法" B 中。然后用从 FischerME 到 B 的模拟证明 FischerME 的时间界限。这一证明方法与 23.3.3 节中的证明方法相同。

抽象算法 B 是下述的 MMT 自动机。

B 自动机：

Signature:

Input:

 try_i, $1 \leq i \leq n$

 $exit_i$, $1 \leq i \leq n$

Output:

 $crit_i$, $1 \leq i \leq n$

 rem_i, $1 \leq i \leq n$

Internal:

 $seize$

 $stabilize$

States:

$status$, an element of $\{start, seized, stab\}$, initially $start$

for every i, $1 \leq i \leq n$:

 $region_i$, an element of $\{R, T, C, E\}$, initially R

Transitions:

try_i

 Effect:

  $region_i := T$

$seize$

 Precondition:

  $\exists i, region_i = T$

  $\forall i, region_i \neq C$

  $status = start$

 Effect:

  $status := seized$

$stabilize$

 Precondition:

  $status = seized$

 Effect:

  $status := stab$

$crit_i$

 Precondition:

  $region_i = T$

  $status = stab$

 Effect:

  $region_i := C$

  $status := start$

$exit_i$

 Effect:

  $region_i := E$

rem_i

 Precondition:

  $region_i = E$

 Effect:

  $region_i := R$

Tasks and bounds:

$seize = \{seize\}$, bounds $[0, a_2 + 3\ell_2]$

$stab = \{stabilize\}$, bounds $[0, \ell_2]$

$crit = \{crit_i : 1 \leq i \leq n\}$, bounds $[0, a_2 + \ell_2]$

for every i, $1 \leq i \leq n$:

 $rem_i = \{rem_i\}$, $1 \leq i \leq n$, bounds $[0, 2\ell_2]$

算法 B 非常抽象——它只表达了良构性条件和互斥性条件，以及位于尝试区的全局里程碑（包括时间界限）和退出区中单个进程的时间界限。由于里程碑的时间界限合计达 $[2a_2 + 5\ell_2]$，这正是我们要为尝试区证明的时间界限，因此不难看出 B 解决了互斥问题并具

有所要求的时间界限。现在给出从 FischerME 系统（算法加用户）到 B 系统（与 FischerME 系统有相同的用户）的一个定时模拟 f。因为 f 是一个定时模拟关系，因此（见定理 23.10）FischerME 算法也遵从所要求的时间界限。

如果下面的条件成立，则定义 $(s, u) \in f$。（我们假设进程索引的全部自由使用都会被隐式地统一量化。）

1. $s.now = u.now$.

2. All user states are identical in s and u.

3. $u.region_i = \begin{cases} R & \text{if } s.pc_i = rem, \\ T & \text{if } s.pc_i \in \{test, set, check, leave\text{-}try\}, \\ C & \text{if } s.pc_i = crit, \\ E & \text{if } s.pc_i \in \{reset, leave\text{-}exit\}. \end{cases}$

4. $u.status = \begin{cases} start & \text{if } s.turn = 0 \text{ or } \exists i : s.pc_i \in \{crit, reset\}, \\ seized & \text{if } s.turn \neq 0, \not\exists i : s.pc_i \in \{crit, reset\}, \text{ and } \exists i : s.pc_i = set, \\ stab & \text{if } s.turn \neq 0 \text{ and } \not\exists i : s.pc_i \in \{crit, reset, set\}. \end{cases}$

5. $u.last(seize) \geq s.last(main_i) + a_2 + 2\ell_2$ if $s.pc_i = reset$.

6. $u.last(seize) \geq \min_i \{g(i)\}$ if $s.turn = 0$, where

$$g(i) = \begin{cases} s.last(check_i) + 2\ell_2 & \text{if } s.pc_i = check, \\ s.last(main_i) + \ell_2 & \text{if } s.pc_i = test, \\ s.last(main_i) & \text{if } s.pc_i = set, \\ \infty & \text{otherwise.} \end{cases}$$

7. $u.last(stab) \geq s.last(main_i)$ if $s.pc_i = set$.

8. $u.last(crit) \geq \begin{cases} s.last(check_i) + \ell_2 & \text{if } s.pc_i = check \wedge s.turn = i, \\ s.last(main_i) & \text{if } s.pc_i = leave\text{-}try. \end{cases}$

9. $u.last(rem_i) \geq \begin{cases} s.last(main_i) + \ell_2 & \text{if } s.pc_i = reset, \\ s.last(main_i) & \text{if } s.pc_i = leave\text{-}exit. \end{cases}$

其中 now、user 和 region 的对应关系都是显而易见的。status 的对应关系自然而然地给出了 FischerME 算法中竞争的 status 的定义：如果 turn = 0 或某个进程正位于（或刚过）临界区，那么竞争的状态为 start；如果 turn 等于某个竞争进程的索引（即 turn 非零并且不等于正位于临界区或刚过临界区的进程的索引），并且如果某个进程仍能修改 turn，那么竞争的状态为 seized；如果 turn 等于一个竞争进程的索引并且没有进程能够设置 turn，那么竞争的状态为 stab。

关于 last (seize) 的第一个不等式说明：如果某进程要执行 reset 动作，那么在 reset 动作发生后，直到 turn 变量被夺取前的时间至多为 $a_2 + 2\ell_2$。第二个不等式说明：如果 turn = 0（这意味着没有进程处于 crit 或 reset 状态），那么直到 turn 变量被夺取前的时间是由一个可能时间集合中的最小值确定的，集合中的每个时间分别对应一个可能设置 turn 的候选进程。例如，如果 $pc_i = set$——即如果进程 i 要设置 turn——那么相应的时间就是它可以进行下一步动作的最迟时间，但是如果 $pc_i = test$——即如果进程 i 要测试该变量——那么相应的时间就是在 test 发生后的一个额外时间 ℓ_2。余下不等式的解释与此类似。

这样就不难证明 f 是一个定时模拟关系，证明沿用例 23.3.3 和例 23.3.4 中的论述风格。

此证明用到断言 24.2.3 和断言 24.2.4；断言 24.2.3 用于 *set*、*crit* 和 *reset* 情况的证明，断言 24.2.4 则用于时间流逝情况的证明。在这个模拟中，FischerME 系统的每个外部步都模拟 B 系统中一个与之对应的外部步。（将 *turn* 从 0 改变为一个进程索引的）*set* 步模拟 *seize*，（不留其他进程在 *set* 步的）*set* 步模拟 *stabilize*。同时满足这两个条件的 *set* 步既模拟 *seize* 也模拟 *stabilize*（按先 *seize* 后 *stabilize* 的顺序模拟）。其他每个步都模拟一个不含任意动作的简单定时运行片段。我们将这些细节留为习题。

从定理 23.10 可以看出，FischerME 系统的可许可定时运行轨迹包含在 B 系统的可许可可定时轨迹中。这就证明了我们所需要的时间界限。

当对 FischerME 算法进行修改以适应我们的模型时，尝试区的时间界限为 $2k\ell_2 + 5\ell_2$，包括在此代码之前我们所讨论的 $k-1$ 个显式 *delay* 步，其中 $k\ell_1 > \ell_2$。选择尽可能小的 k，即 $k = \lfloor L \rfloor + 1$，其中 $L = \ell_2 / \ell_1$，可得到时间界限 $2L\ell_2 + O(\ell_2)$。

放大时间复杂度   时间界限 $2L\ell_2 + O(\ell_2)$ 说明了时间不确定性是怎样"放大"一个算法的时间复杂度的。当 $L = 1$ 时，即如果 $\ell_1 = \ell_2$，那么系统中不存在时间不确定性。在这种情况下，时间界限仅为 $O(\ell_2)$——仅取决于每个进程步之间的实际时间上界 ℓ_2。当 $L \neq 1$ 时，时间界限就会相应增加。实际上，时间界限的实际时间 ℓ_2 要被乘以时间不确定性 L。

FischerME 算法中出现 $L\ell_2$ 的原因如下。为了确定一定数量的实际时间 t 已经过去，进程对自己的步进行统计。它必须统计足够的步，使得即使各步使用的时间为最小消耗量 ℓ_1，实际时间 t 也一定已经过去；因此，步的总量必须至少为 t / ℓ_1。但是这些步实际上使用的时间可能是最大的时间消耗量 ℓ_2，这时实际过去的总时间至少为 $(t / \ell_1)\ell_2 = Lt$。

粗略地说，在时间不确定性为 L 的系统中，为确定实际时间 t 已经过去，进程需要的实际时间为 Lt。在这一意义下，时间复杂度被一个等于时间不确定性的因子所"放大"。这个时间复杂度放大现象在例 23.1.4 中的超时例子中已经出现过。在那里，为实现正确的超时，需要不等式 $k\ell_1 > \ell + d$——超时进程实际上检验的是大于 $\ell + d$ 的实际时间已经过去。然后最晚到时间 $k\ell_2 + \ell > K(\ell + d) + \ell$ 时可能发生一个超时。

混合时间界限和公平性   我们可以考虑 FischerME 算法的一个变种，在这一变种中仅有的时间约束是从一个 *check* 动作被使能直到其发生的时间下界和 *set* 动作的时间上界。除了 *check* 动作外，任意使能的、局部控制的动作只要求最终会发生。不难看到，这一变种也解决了互斥问题。该变种不能用我们在本书中介绍的 MMT 自动机来表示；它需要这个模型的另一个版本，这个版本必须支持某些任务的时间界限和其他任务的公平性条件。当然，对于该算法的这一版本，不能证明任意时间界限。

24.3   对定时故障的恢复性

FischerME 算法的正确性严重依赖于时间约束。在重要定时约束——*check* 步的下界 a_1 和 *set* 步的上界 ℓ_2——被破坏的定时运行中，即使是互斥性这样最基本的正确性条件也会不成立。对这一算法进行改进，使得无论在定时方面发生什么情况都能够满足互斥条件，将是非常有意义的。作为一个通用的设计原则，无论定时如何变化，基于定时的算法都能保证它们最关键的安全属性，这是非常重要的。

用这种方式改进 FischerME 算法的一个想法是：以另一个算法 S 的尝试区、临界区和退出区替代它的临界区。算法 S 应该总能保证其临界区的互斥性条件，而不受步定时的影响。

但是当满足定时约束时，S 也应保证 FischerME 算法的演进性。我们可以令 S 为解决互斥问题（满足良构性条件、互斥性条件和演进性条件）的任意一个异步算法，而根据定理 10.33 知这样的算法需要至少 n 个共享寄存器。幸运的是，对 S 我们不需要这样强的演进性条件，我们使用如下所示弱一点的演进性条件即可。

1 并发演进性 在每次最多只有一个用户位于 R 之外的任意可许可定时运行中，

1）（尝试区的 1 并发演进性）如果 U_i 在 T 中，那么在其后的某个点它进入 C。

2）（退出区的 1 并发演进性）如果 U_i 在 E 中，那么在其后的某个点它进入 R。

当然，这里用户和区域指的是算法 S 中的用户和区域。

一个满足所需条件的异步算法 S 的例子如下。需要指出的是，这个算法只使用两个共享寄存器。

S:

Shared variables:
x, a process index, initially arbitrary, writable and readable by all processes
$y \in \{0, 1\}$, initially 0, writable and readable by all processes

Process i:

    ** Remainder region **

    try_i
M: $x := i$
    if $y \neq 0$ then goto M
    $y := 1$
    if $x \neq i$ then goto M
    $crit_i$

    ** Critical region **

    $exit_i$
    $y := 0$
    rem_i

定理 24.3 异步共享存储器算法 S 保证良构性条件、互斥性条件和 1 并发演进性条件。

证明 该证明留为一道习题。该证明与本书中其他许多关于互斥算法的证明类似。

FischerME 算法和 S 算法的结合可以用下面的代码描述。

FischerS 算法:

Shared variables:
$turn \in \{0, 1, \ldots, n\}$, initially 0, writable and readable by all processes
x, a process index, initially arbitrary, writable and readable by all processes
$y \in \{0, 1\}$, initially 0, writable and readable by all processes

Process i:

    ** Remainder region **

```
       try_i
L:     if turn ≠ 0 then goto L
       turn := i
       if turn ≠ i then goto L

M:     x := i
       if y ≠ 0 then goto M
       y := 1
       if x ≠ i then goto M
       crit_i

       ** Critical region **

       exit_i
       y := 0

       turn := 0
       rem_i
```

FischerS 算法既可以被看作异步算法，也可以被看作部分同步算法。当它表示异步算法时，我们假设所有进程的公平性条件成立。得到定理 22.4。

定理 24.4   被看作异步算法的 FischerS 算法保证良构性条件和互斥性条件。

证明   保证良构性条件是显然的，根据定理 24.3 所阐述的事实，S 保证互斥性，知互斥性条件成立。

我们将 FischerS 演进性属性的证明留为一道习题。

当 FischerS 算法表示部分同步算法时，像 FischerME 一样，我们假设每个进程 i 有两个任务，一个任务的时间界限为 $[a_1, a_2]$，另一个任务的时间界限为 $[\ell_1, \ell_2]$，其中 $\ell_2 < a_1$。第一个任务只包括进程 i 检验 $turn$ 值的步，第二个任务包括其余的所有步。

定理 24.5   被看作部分同步算法的 FischerS 算法可解决互斥问题，即它保证良构性条件、互斥性条件和演进性条件。

证明   根据定理 24.4 可以得到良构性条件和互斥性条件成立。证明退出区的演进性条件也很容易。我们讨论尝试区的演进性条件。在这一证明中，R、T、C 和 E 表示 FischerS 算法的区域。我们还定义 FischerME 的尝试区为 T 中位于标签 M 之前的部分，并定义 S 的尝试区为 T 的剩余部分。同样，我们定义 S 的退出区为 E 中位于赋值运算 $y := 0$ 之前的部分，定义 FischerME 的退出区为 E 的剩余部分。我们同样定义 FischerME 的临界区为 S 的尝试区、C 和 S 的退出区的组合体。

假设在一个可许可定时运行的某个点处，至少有一个用户在 T 中，而且没有用户在 C 中。如果在后续的一个点，某进程位于 S 的尝试区中，那么（使用 FischerME 保证互斥性这一事实）由 S 的 1 并发演进性条件知某个进程最终会进入 C，定理得证。

如果随后没有进程到达 S 的尝试区。那么由 S 的 1 并发演进性条件知 S 的退出区最终将变为空。这意味着 FischerME 的临界区为空，因此根据 FischerME 算法的演进性条件知某进程最终将进入 FischerME 的临界区。但是这意味着它进入 S 的尝试区，这是一个矛盾。

24.4 不可能性结果

我们以两个不可能性结果来结束本章。第一个是在部分同步模型中解决互斥问题所需要时间的下界。第二个是关于要求时间界限最终成立的情况的一个不可能性结果。

24.4.1 时间下界

FischerME 算法可解决部分同步共享存储器模型中的互斥问题,其在尝试区中演进性的最坏时间界限为 $2L\ell_2 + O(\ell_2)$。对这一情形进行改进有可能会获得时间界限 $L\ell_2 + O(\ell_2)$。(我们将这个改进留为一道习题。)但是是否可以做得更好?也就是说,在此模型中,是否存在一个解决互斥问题的更快算法,并且仍然只需要固定数量的变量?我们针对只有一个变量的特殊情况,给出一个简单的结果,这个陈述与定理 10.34 的关系很密切。

定理 24.6 在部分同步读/写共享存储器模型中,不存在这样的算法:只使用一个读/写共享变量解决了两个进程的互斥问题,并且尝试区中演进性的时间上界为 $L\ell_2$。

下述对定理 24.6 的证明很有趣,该方法中"放大"和"收缩"定时运行,同时还遵从定时约束。这一证明主要是基于定理 10.34 的证明方法。

证明 假设存在这样的一个算法 A,A 使用单个共享寄存器 x,以导出矛盾。我们构造 A 的一个违反互斥性条件的定时运行。

考虑 A 的一个可许可定时运行 α_1,其中进程 1 独自运行,并以最慢的速度运行步——也就是说,它的连续步间的时间间隔为 ℓ_2。根据时间界限假设,在 α_1 中,在时间 $L\ell_2$ 内进程 1 必定到达 C。像 10.8 节中的论证一样,在进入 C 前,进程 1 必定写共享变量。令 α_2 为 α_1 的前缀,该前缀正好在进程 1 第一次写 x 前结束。

类似地,考虑一个慢的可许可定时运行 α_3,α_3 只涉及进程 2 并从与 α_1 相同的起始状态开始,α_3 中进程 2 在 $L\ell_2$ 时间内到达 C。令 α_4 为 α_3 的一个前缀,当进程 2 进入 C 时 α_4 结束。令 α_5 为 A 的另一个有限定时运行,除对其中的每个步都以因子 $L = \ell_2 / \ell_1$ 加速("收缩")外,α_5 与 α_4 完全相同。因此在 α_5 中,进程 2 在 ℓ_2 时间内进入 C。

反例定时运行 α 以 α_2 开始,因此将使进程 1 到达写 x 的点。在这一点,我们让进程 1 暂停。现在让进程 2 像在快速定时运行 α_5 中一样执行步。(由于在 α_2 中进程 1 没有写 x,因此进程 2 无法知道进程 1 是活动的,从而可以像只有自己一个进程一样执行自己的步。)这样,进程 2 在开始动作后的进间 ℓ_2 内到达 C。我们让进程 1 暂停的时间正好为 ℓ_2,这个时间足够让进程 2 达到 C。接着我们再继续进程 1,让它像在 α_1 中一样继续执行。它所做的第一件事是写 x,从而覆盖进程 2 在到达 C 的过程中可能写入的任意东西。这一动作删除进程 2 的运行的所有证据,因而使得进程 1 像在 α_1 中一样运行,最终到达 C。但是这就导致 C 中同时有两个进程,与互斥的要求相矛盾。

可以把定理 24.6 中的下界扩展到有更多共享变量的情况,但是当前关于这些情况的已知结果都不太严密。10.8 节的方法可导出一些局部结果。

24.4.2 最终时间界限的不可能性结果 *

FischerS 算法在部分同步运行时解决了互斥问题(包括演进性条件),并且在异步运行时至少保证互斥性。在弱一点的条件下,如算法异步运行一段时间但最终开始满足时间约束,能保证演进性吗？不难看出，FischerS 算法不能做出这样的保证；我们将其留为一道习题。我们将说明实际上没有算法能做到这一点。

定理 24.7 对于 $n \geq 2$ 个进程，没有算法能使下列结论全部成立：

1）异步运行时保证良构性条件和互斥性条件。

2）当以每个进程的步界限最终都位于范围 $[\ell_1, \ell_2]$ 内的方式运行时保证演进性条件。$^\ominus$

3）使用的共享读 / 写寄存器总数少于 n。

证明概要 下面的证明与定理 10.33 的证明方法非常接近。具体来说，其中的主要引理与引理 10.37 类似——它断言 k- 可达系统状态的存在性，在这一系统状态中，k 个不同的变量被 k 个进程 "覆盖"。这个引理的陈述中没有出现时间约束。

用归纳法证明这个主要引理，采用的构造方法与证明引理 10.37 的构造方法相同。唯一的不同之处在于，早先证明使用通用演进性条件，而我们现在必须采用略微弱一点的 "最终时间有限的" 演进性条件。现在，当我们想让进程前进时，所要做的仅仅是按照这样一种方式开始运行它们：从这一点开始，满足它们的时间约束。

该构造中有一个小的技巧：当我们将进程 $k+1$ 的计算接入涉及进程 1、$\cdots$、k 的主计算时，必须 "收缩" $k+1$ 的计算，以在其他进程开始它们后面的步前将其接入主计算，并且要让进程 $k+1$ 暂停足够长的时间，以使其他进程完成它们的计算。这些时间调整可能导致时间约束被破坏。但这不是问题——该引理不要求所构造的运行满足任意特定的定时约束。

24.5 参考文献注释

FischerME 算法由 Fischer[116] 设计。近年来，这个算法已经被用作测试示例，以演示形式化方法用于推理有关基于定时的系统的能力。FischerME 满足互斥性的证明方法来源于 Abadi 和 Lamport[1] 及 Luchangco[201] 所给的证明。FischerME 的时间界限证明参见 Luchangco 和 Lynch[201,204-205]。改进的时间界限证明同样见 [201]。FischerME 算法的所有证明都已经由计算机检验过，使用的是 Larch 定理证明器[202]。DijkstraME 算法的时间界限证明概要见 [204]。

FischerS 算法以及 24.4 节中的不可能性结果参见 Lynch 和 Shavit[209]。Alur 和 Taubenfeld[10] 设计了一个部分同步互斥算法，当并发请求的数量有限时该算法有好的时间复杂度；他们的模型和方法与这里使用的模型和方法有所不同。Attiya 和 Lynch[25] 得到部分同步网络中互斥时间复杂度的一些上界和下界结果。他们的问题与这里所考虑的问题不同，表现在系统不对何时完成临界区给出明确通知。

24.6 习题

24.1 证明断言 24.2.4。

24.2 为定理 24.1 补充演进性的动作式证明细节。

24.3 论述 FischerME 算法允许一个进程被锁定。

24.4 IncorrectFischerME 算法是否满足演进性条件？给出一个证明或一个反例。

$\ominus$ 严格来讲，我们应该定义 MMT 自动机的最终定时运行，并采用最终定时运行的概念来陈述这个条件。我们略去这一严格的陈述方式。

24.5 补充定理 24.2 证明中模拟论述部分的细节。

24.6 证明 FischerME 算法的改进后时间界限 $2a_2 + 5\ell_2 - a_1$。

24.7 描述 FischerME 算法的一个定时运行，使得该运行从某个进程在 T 中时开始到某个进程在 C 中为止所需要的时间尽量长。a_2 之前的系数 2 是如何产生的？

24.8 使用一个读 / 写共享变量，为部分同步共享存储器模型设计一个替代的互斥算法。该算法的时间界限必须是 $L\ell_2 + O(\ell_2)$ 形式，在 $L\ell_2$ 之前没有系数 2。

24.9 令 P 是一个没有输入动作，只有一个输出动作 a 的 MMT 自动机。假设 P 只有一个任务，相应的界限为 $[\ell_1, \ell_2]$，其中 $0 < \ell_1 \leqslant \ell_2 < \infty$，并且该任务始终处于被激活状态。假设在每个可许可定时运行中，P 只在实际时间大于或等于 d 时执行一个输出 a。证明：存在 P 的某个可许可定时运行，其输出 α 的实际时间大于或等于 Ld，其中 $L = \ell_2 / \ell_1$。

24.10 重新考虑 10.3 节的 DijkstraME 算法。证明：从某个进程在尝试区时开始直到某个进程在临界区为止的时间界限为 $(3n+11)\ell$，假设 ℓ 是进程步的时间上界。证明时，将该算法看作是一个 MMT 自动机，并使用类似于在定理 24.2 的证明中使用的定时模拟。

24.11 证明定理 24.3。（提示：令 I_1 为进程 i 的集合，使得 $x = i$ 且 i 将设置 y。令 I_2 为进程 i 的集合，使得 $x = i$ 且 i 将测试 x。令 I_3 是所有在 C 中、刚好在 C 前或刚好在 C 后的进程的集合。证明中或许会用到下列不变式：

a) $|I_1 \cup I_2 \cup I_3| \leqslant 1$。

b) 如果 $|I_2 \cup I_3| > 0$，那么 $y = 1$。

c) 如果所有进程都属于 R，那么 $y = 0$。）

24.12 说明算法 S 不保证演进性（在有并发需求的时候）。要求给出一个其中演进性条件被破坏的运行。

24.13 当 FischerS 算法被看作是异步算法时，它满足 1 并发演进性条件吗？证明或给出一个反例。

24.14 给出 FischerS 算法作为异步算法的一个显式运行，在该运行中演进性条件被破坏。

24.15 给出一个算法，该算法具有我们为 FischerS 算法所给的所有正确性属性（即它异步运行时保证良构性条件和互斥性条件、部分同步运行时保证演进性条件），但只使用两个读 / 写共享寄存器而不是三个读 / 写共享寄存器。

24.16 证明：不存在这样的一个算法，该算法具有我们为 FischerS 算法所给的所有正确性属性，且只使用一个读 / 写共享变量而不是三个读 / 写共享变量。

24.17 研究问题：考虑习题 10.32 中定义的 k 并发演进性条件。设计一个算法，使其满足良构性条件和互斥性条件，并且异步运行时满足 k 并发演进性条件、部分同步运行时也满足演进性条件。请使用尽量少的共享寄存器。

24.18 研究问题：设计一个基于定时的算法来解决互斥问题（保证良构性条件、互斥性条件和演进性条件）。而且，它应该满足下面的所有时间界限要求：

a) 从某用户在 T 中时开始直到某用户在 C 中为止的最坏情况的时间是 $O(L\ell_2)$。

b) 从某用户 i 在 T 中并且其他所有用户在 R 中时开始直到某用户 i 进入到 C 中或某其他用户进入 T 中为止的最坏情况的时间是 $O(\ell_2)$。

c) 从任意用户在 E 中时开始直到该用户到达 R 为止的最坏情况的时间是 $O(\ell_2)$。

并且，对该问题设计另一个算法，将你的结论进行泛化，当至多有 k 个用户同时在 R 外面时将第二个要求泛化为对尝试区中演进性的好的上界的断言。（在此，k 是固定的，$1 \leqslant k \leqslant n$。）

24.19 在部分同步模型中，有两个共享读 / 写变量的情况下，求尝试区中演进性的时间下界。（提示：参考 10.8 节的证明。下界的形式为 $cL\ell_2$，其中 c 是一个小常量。）

24.20 研究问题：对每个 k，$1 \leqslant k \leqslant n$，在有 k 个共享变量的部分同步读 / 写共享存储器模型中，求互斥算法的演进性在最坏情况下的紧时间下界和紧时间上界。

24.21 给出一个特殊的运行，以说明 FischerS 算法不满足定理 24.7 说明中列出的需求。

24.22 给出定理 24.7 的一个更详细的证明。

24.23 在一个未知时间界限的模型中考虑互斥问题的可解性。在该模型中，假设过程步时间的上界和下界分别为 ℓ_1 和 ℓ_2，但是这些界限对进程来说是"未知"的。（即在不同的运行中它们可以不同，虽然每个运行中的界限在整个运行过程中是固定的。）

24.24 研究问题：为更通用的资源分配问题开发一个部分同步算法的定理。

部分同步的一致性

在本书的最后一章，我们第四次讨论一致性问题，这次是在部分同步网络环境中。我们只考虑停止故障。部分同步环境中的一致性结论与同步和异步环境中的一致性结论有很大差别。本章首先介绍一个基本的算法和一个基本的下界，它们都是从同步环境中的相应结果推导而来的；基于时间不确定性，在这两个结果的时间复杂度之间有很大差距。然后介绍一个更复杂的算法和一个更复杂的下界结果，它们极大地缩小了这个差距。在本章结尾，给出若干针对更弱的时间模型的结果，并展望一些将来可能进行的工作。

25.1 问题

我们使用与 12.1 节和 21.2 节相同的方法定义一致性问题。具体讲，系统 A 的外部接口包括：输入动作 $init(v)_i$ 和输出动作 $decide(v)_i$，其中 $1 \leqslant i \leqslant n$ 且 $v \in V$，再加上输入动作 $stop_i$。用户 U_i 有输出动作 $init(v)_i$ 和输入动作 $decide(v)_i$，其中 $v \in V$。这里的 U_i 是一个在任意定时运行中都至多执行一次 $init_i$ 动作的 MMT 自动机。

对于一个由 $init_i$ 动作和 $decide_i$ 动作组成的序列，如果它是形如 $init(v)_i, decide(w)_i$ 的序列的某个前缀，那么该序列对 i 来说是良构的。对于由 A 和用户 U_i 合成的组合系统，我们考虑如下条件：

良构性条件 在组合系统的任意定时运行中，对任意端口 i，U_i 和 A 之间的交互对 i 来说是良构的。

一致性条件 在任意定时运行中，所有决定值是一样的。

有效性条件 在任意定时运行中，如果发生的所有 $init$ 动作都包含相同值 v，那么 v 是唯一可选的决定值。

无故障终止性条件 在所有端口都发生 $init$ 事件的任意可许可无故障定时运行中，每个端口都发生一个 $decide$ 事件。

f 故障终止性条件（$0 \leqslant f \leqslant n$） 在所有端口都发生 $init$ 事件的任意可许可定时运行中，如果在最多 f 个端口上有 $stop$ 事件发生，那么在每个无故障端口上都会发生一个 $decide$ 事件。无等待终止性条件被定义成 $f = n$ 时 f 故障终止性条件的特殊情况。

我们假设 A 是一个 23.4.2 节描述的部分同步发送/接收网络系统。进程 P_i 是一个 MMT 自动机，它的每个任务（任务的总数是有限的）都有时间界限 ℓ_1 和 ℓ_2，其中 $0 < \ell_1 \leqslant \ell_2 < \infty$；令 $L = \ell_2 / \ell_1$。这些进程都有可能发生停止故障。假设通道为 23.4.2 节中定义的第二种，也就是每个消息的传递时间都有上界 d 的可靠 FIFO 通道。

如果 A 对每个用户集都保证良构性条件、一致性条件、有效性条件和无故障终止性条件，我们就说它解决了一致性问题。针对 f 的不同取值，我们考虑保证 f 故障终止性的算法。我们考虑的问题是：在所有输入到达后，所有无故障进程做出决定需要多长时间。我们聚焦于不确定性参数 L 在时间复杂度中的作用。

在整个这一章中，我们讨论该问题的一个特例。具体讲，我们假设：$V = \{0, 1\}$、网络图是全连通的。我们假设 ℓ_1 和 ℓ_2 比 d 小得多，实际上，我们假设与 d 相比 $n\ell_1$ 和 $L\ell_2$ 都很小。

我们还需要一个技术假设：无故障进程的每个进程任务总是处于使能状态的（虽然任务唯一使能的动作可能是一个不会引起状态变化的虚动作）。该假设使我们在下界证明中可以只考虑步时间的简单模式。

25.2 故障检测器

本章中算法的一个有用构造块是"完美故障检测器" F。我们在 21.4 节中定义了异步环境中的故障检测器。重新回忆一下，故障检测器有输入动作 $stop_i$ 和输出动作 $inform$-$stopped(j)_i$，其中 $j \neq i$。$inform$-$stopped(j)_i$ 动作表示端口 i 处的一个关于进程 j 已经停止的断言。完美故障检测器保证只报告那些已经实际发生的故障，并保证最终将所有这些故障报告给其他所有无故障进程。与 21.4 节的唯一不同之处在于这里我们不再假设故障检测器是 I/O 自动机，而假设其为通用定时自动机（GTA）。

我们给出一个实现完美故障检测器的部分同步网络系统（在本章假设的模型中）。这个想法与在例 23.1.2 中实现超时 MMT 自动机中的想法类似。

PSynchFD 算法：

进程 P_i 不断向所有其他进程 P_j 发送消息，对每个进程都使用一个任务。如果一个进程 P_i 执行 m 个步而没有收到 P_j 的任意消息，其中 m 足够大，它就记录 P_j 已经停止并输出 $inform$-$stopped(j)_i$。

步的数量 m 取严格大于 $(d + \ell_2)/\ell_1 + 1$ 的最小整数值。

定理 25.1 PSynchFD 是一个完美故障检测器。

证明 显然，所有故障最终都会被所有其他无故障的进程检测到。我们必须证明只有真正的故障被检测到。因此假设 P_i 输出 $inform$-$stopped(j)_i$。那么在此之前，P_i 执行了总量大于 $(d + \ell_2)/\ell_1 + 1$ 的步而没有从 P_j 收到任意消息。这说明 P_i 没有收到 P_j 任意消息的时间严格大于 $d + \ell_2$。但由于 P_i 向 P_j 连续发送消息的时间间隔至多为 ℓ_2，并且每个消息至多经过时间 d 就会到达，因此两个连续的成功接收事件间的时间间隔至多为 $d + \ell_2$。因此，P_j 一定已经停止。

我们也会用到 PSynchFD 的两个时间属性，如定理 25.2 所述。第 1 个时间属性的意思是：从故障发生开始，需要经过大于 d 的时间后才会发生故障通知。第 2 个时间属性提供了直到发生故障通知为止的时间上界。

定理 25.2

1）在同时包括 $stop_j$ 事件和 $inform$-$stopped(j)_i$ 事件的 PSynchFD 任意定时运行中，从 $stop_j$ 事件发生到 $inform$-$stopped(j)_i$ 事件发生之间的时间大于 d。

2）在发生一个 $stop_j$ 事件的 PSynchFD 任意定时运行中，在该 $stop_j$ 事件后的 $Ld + d + O(L\ell_2)$ 时间内，或者发生一个 $inform$-$stopped(j)_i$ 事件，或者发生一个 $stop_i$ 事件。

证明

1）像在定理 25.1 的证明中一样，在 $inform$-$stopped(j)_i$ 发生的那一刻，P_i 已经有 $a > d + \ell_2$ 的时间没有收到来自 P_j 的消息。假设在时间 t 时发生 $inform$-$stopped(j)_i$ 事件，那么没有消息从 P_j 到达 P_i 的时间间隔为 $(t-a, t)$。这样在时间间隔 $(t-a, t-a+\ell_2]$ 内，一定没

有从 P_j 发送到 P_i 的消息，否则它将在时间间隔 $(t-a, t-a+\ell_2+d]$ 内到达 P_i，而这个时间间隔包含在时间间隔 $(t-a, t)$ 内。这就说明在时间 $t-a+\ell_2 < t-d$ 时 P_j 一定已经停止，定理的第 1 部分得证。

2）考虑 PSynchFD 的一个可许可定时运行，它在时间 t 时发生一个 $stop_j$。那么在时间 t 后，就没有从 P_j 发给 P_i 的消息，因此在时间 $t+d$ 后，P_i 就没有收到来自 P_j 的消息。在收到最后一个消息后，P_i 计算 m 个步的时间至多为 $m\ell_2$。由于 m 恰好大于 $(d+\ell_2)/\ell_1+1$，故 $m\ell_2 = Ld+O(L\ell_2)$。因此，如果在此期间 P_i 没有发生故障，那么从 $stop_j$ 到 $inform\text{-}stopped(j)_i$ 的总时间为 $Ld+d+O(L\ell_2)$，定理的第 2 部分得证。

定理 25.2 的第 1 部分有一个重要推论。当某个进程 P_i 与另一个进程 P_j 连接超时时，它知道在 P_j 发生故障前发送的全部消息都已经到达目的地。

由于我们假设与 d 相比 $L\ell_2$ 比较小，因此可以认为故障通知的时间界限大约为 $Ld+d$。

25.3 基本结论

我们首先根据前面章节的结论，讨论对于一致性问题我们都知道什么，并尽量将这些结果推广到部分同步环境。相关的主要结论是为同步模型中的 f 故障一致性匹配 $f+1$ 轮的上界和下界。对应结论分别在 6.2 节和 6.7 节。

25.3.1 上界

6.2 节介绍了几个用于解决带停止故障的同步网络模型中一致性问题的算法。大部分能容忍 f 停止故障的算法只需要 $f+1$ 轮。也许能够对其中的部分算法进行转换，使之适用于部分同步环境。转换方式如下。

设 A 是一个全连通图网络的某个同步网络算法。回想一下同步模型的约定，可知输入出现在初始状态中和输出被写入只可写一次的局部变量中。我们根据 A 来描述一个适用于部分同步网络模型的算法 A'。

A' 算法：

进程 P_i 是两个 MMT 自动机的合成：节点 i 的 PSynchFD 算法部分 Q_i 和主自动机 R_i。R_i 有输入动作 $inform\text{-}stopped_i$。R_i 维护一个变量 $stopped$，其中记录进程 j 的集合。j 来自它已收到的输入 $inform\text{-}stopped(j)_i$，是那些它已经知道的发生故障的进程。$R_i$ 还维护一个记录 A 中进程 i 的被模拟状态的变量。

为模拟第 r 轮，进程 R_i 首先确定并发出其第 r 轮所有来自算法 A 的消息。（对每个目的进程都使用一个任务。）这种确定是用 A 中的函数 $msgs_i$ 完成的。接着 R_i 等待进程 j（$j \neq i$），直到收到一个从 R_j 发出的第 r 轮消息或者发现 $j \in stopped$。然后 R_i 使用收到的消息（对于那些 R_i 没有收到其第 r 轮消息的进程 j，使用一个 $null$ 消息）从旧的模拟状态确定 A 的新的被模拟状态。

现在固定 f 并假设 A 是解决同步网络模型中的一致性问题的某个 f 容错、$f+1$ 轮算法。如上所述，我们构造 A 的一个部分同步版本 A'。这个算法几乎但不完全是我们所需要的算法——唯一的不同之处在于 A' 使用的输入/输出约定与本章中使用的输入/输出约定不同。因此我们按照下述方法修改 A'，得到算法 B：首先，在 B 中，R_i 直到收到输入 $init(v)_i$ 时才开始 A 的模拟。在收到输入 $init(v)_i$ 时，它将值 v 放入模拟输入变量中，并开始第 1 轮的模拟。（然而，Q_i 在定时运行的起点处开始它的超时活动。）其次，在 B 中，当 R_i 模拟将 v 值写入它的输出变量时，在其后立即执行一个 $decide(v)_i$ 输出动作。

定理 25.3 B 解决了部分同步网络模型中的一致性问题，并保证 f 故障终止性。而且，在任意一个所有端口都有输入到达且最多发生有 f 个故障发生的可许可定时运行中，从最后的 $init$ 事件开始直到所有无故障进程做出决定之间的时间至多为 $f(Ld+d)+d+O(fL\ell_2)$。

证明   不难看出，B 正确地模拟了 A，这表明 B 解决了一致性问题。对于时间界限，我们给出一个可动作的证明。固定 B 的一个可许可定时运行 α。令 S 为 PSynchFD 算法的一个上界，其中 $S=Ld+d+O(L\ell_2)$。根据定理 25.2 知这样的 S 存在。我们定义一组时间里程碑 $T(0)$、$T(1)$、$T(2)$、…。下面证明里程碑 $T(r)$ 是所有还未发生故障的进程完成第 r 轮模拟的时间上界。

首先，定义 $T(0)$ 为 α 中最后一个 $init$ 发生的时间。其次，定义：

$$T(1)=\begin{cases} T(0)+\ell_2+S, & \text{如果某进程在} T(0)+\ell_2 \text{时间内发生故障} \\ T(0)+\ell_2+d, & \text{其他} \end{cases}$$

最后，当 $r \geqslant 2$ 时，定义：

$$T(r)=\begin{cases} T(r-1)+\ell_2+S, & \text{如果某进程在时间间隔} (T(r-2)+\ell_2, T(r-1)+\ell_2] \text{内发生故障} \\ T(r-1)+\ell_2+d, & \text{其他} \end{cases}$$

因为 S 是检测故障的时间上界，所以下述声明是显而易见的。

声明 25.4   令 $r \geqslant 0$、j 为某个进程索引。如果进程 j 在 $T(r)+\ell_2$ 时间前发生故障，那么在 $T(r+1)$ 时间前所有还未发生故障的进程将检测出 j 已经发生故障。

下面给出主要的声明。

声明 25.5   令 $r \geqslant 0$，$T(r)$ 是所有还未发生故障的进程完成 A 的第 r 轮模拟需要的时间上界。

（声明 25.5 的）证明   对 r 进行归纳。

基础：$r=0$。无须说明。

归纳步：$r \geqslant 1$。如果进程 j 在 $T(r-1)+\ell_2$ 时间前发生故障，那么根据声明 25.4 知在 $T(r)$ 时间前它与所有还未发生故障的进程连接超时。另外，如果进程 j 在 $T(r-1)+\ell_2$ 时间前未发生故障，那么它在时间 $T(r-1)+\ell_2$ 前成功发出所有第 r 轮消息。这些消息在时间 $T(r-1)+\ell_2+d \leqslant T(r)$ 前到达各自的目的地。因而，所有进程在 $T(r)$ 时间前完成第 r 轮。

现在我们证明所需的时间界限，从而完成定理 25.3 的证明。根据声明 25.5，$T(f+1)$ 是所有无故障进程完成 $f+1$ 轮模拟的时间上界，因此 $T(f+1)+O(\ell_2)$ 是所有无故障进程执行输出动作 $decide$ 的时间上界。但是里程碑的定义和至多有 f 个故障进程的事实表明：

$$T(f+1) \leqslant T(0)+f(\ell_2+S)+(\ell_2+d)$$

插入 S 的界限可得到：

$$T(f+1) \leqslant T(0)+f(Ld+d)+d+O(fL\ell_2)$$

由此可得到所需要的界限。

25.3.2   下界

在定理 6.33 中，给出了在有 f 个故障进程的同步网络模型中解决一致性问题所需要轮数量的下界 $f+1$。稍微做一点工作，可以将这个时间界限扩展到部分同步模型中，给出时间下

界 $(f+1)d$。需要指出的是，这个界限没有涉及时间不确定性 L。

定理 25.6 假设 $n \geqslant f+2$，那么部分同步网络模型不存在保证 f 故障终止性的 n 进程一致性算法，使得所有无故障进程总是在 $(f+1)d$ 时间前做出决定。

证明概要 为导出矛盾，假设存在一个算法 A，我们将 A 转换成一个 f 轮的同步算法 A'，从而与定理 6.33 矛盾。

当然，当我们仅考虑部分同步模型的一种特殊情况时算法 A 一定工作正常，在这种特殊情况下，定时运行满足一定的交错和定时约束：

1) 所有输入在开始时间 0 时到达。

2) 只要不违背上界条件 ℓ_2，所有任务尽可能放慢进度；因而，进程的所有局部控制步都在 ℓ_2 的整数倍时间时发生$^\ominus$。而且，每个进程的任务步是按照预定的顺序依次发生的。

3) 对于每个 $r \in \mathbb{N}$，所有在时间间隔 $[rd, (r+1)d]$ 内发出的消息都在 $(r+1)d$ 时被传递。而且，在同一时间发送给单个进程 i 的消息按照发送者的索引顺序传递。

4) 在一个既是 ℓ_2 的整数倍又是 d 的整数倍的时间，所有消息的传递都优先于所有局部控制进程步。

满足这些约束的部分同步模型被称作强定时模型。我们将 A 看作强定时模型的一个算法。不失一般性，我们可以假设 A 是"确定性的"，意思是每个进程任务在任意状态中至多只有一个局部控制的动作处于使能状态，且对每个状态和每个动作最多可能有一个新状态。同时，由于所有消息都在时间为 d 的倍数时被传递以及进程在 $(f+1)d$ 时间前做出决定，因此不失一般性，我们可以假设在消息传递时间 fd 后的第一步，进程做出决定。

在强定时模型中，算法 A 的行为非常接近于一个 f 轮同步网络算法的行为。具体讲，对于每个 $r \geqslant 1$，由于在时间 $(r-1)d$ 和 rd 之间没有消息到达，在时间间隔 $[(r-1)d, rd)$ 内发出的消息都由消息传递时间 $(r-1)d$ 后的进程状态决定。因此我们可能希望将所有这些消息看作一个同步算法的第 r 轮消息。

但是，二者之间存在显著的技术差别。在同步模型中，如果进程 i 在第 r 轮发生故障，那么对于每个 $j \neq i$，进程 i 或者成功地将其所有的第 r 轮信息发送到进程 j，或者一个都没发送成功。如果它成功地发送了第 r 轮所有信息到进程 j，并且没有把任意信息成功发送到进程 j'，那么算法 A 中与这一情形对应的情形是：将其所有在时间间隔 $[(r-1)d, rd)$ 内的消息发送到 j，但是未将在时间间隔 $[(r-1)d, rd)$ 内的任意消息发送到 j'。然而在强定时模型中，当 i 在该间隔内同时向 j 和 j' 发出若干消息时，这种行为是不可能的。

为了将 A 转换成一个同步算法，有必要对同步模型进行略微扩展。具体方法是与允许每个进程 i 在每个 r 轮只向其他每个进程发送一个消息不同，允许它发送一个有限的消息序列，每个消息发送给任意一个确定的目的地。我们允许 i 的一个故障可在任意前缀之后中断该序列。不难看出，定理 6.33 的证明可扩展到这个稍微更通用的模型。只需要在定理 6.33 证明所构造的链中增加额外的步，以增加和删除该序列中的消息，每次增加或删除一个消息。

现在，可以把给定的一致性算法 A 转换成这个更强同步模型中的一致性算法 A'，其中 A' 的每个运行都与 A 的一个定时运行对应。进程 i 在 A' 的第 r 轮发送的消息序列由它在 A 中 $[(r-1)d, rd)$ 间隔内发出的所有消息组成，顺序与在 A 中步的顺序相同。A' 中由故障引起

$\ominus$ 请大家回顾一下，我们已经假定每个任务总有一个步处于使能的状态。

的行为对应 A 的可能行为。当 $n \geq f + 2$ 时，所得算法 A' 是该更强同步模型的一个 f 轮一致性算法。这与定理 6.33 相矛盾。

证明定理 25.6 的另一种方法是：采用与定理 6.33 的证明类似的链证明，但这里直接以强定时模型为条件。同样，在链中要增加额外的步，以增加和删除在"中间"轮所发送的消息。

25.4   有效算法

25.3 节中描述的两个结果存在时间复杂度差距。下界约为 $(f + 1)d$，上界约为 $fLd + (f + 1)d$。最显著的差距是在上界中出现了时间不确定性 L，在下界中却没有出现。我们希望了解这个问题的内在复杂度是怎样依赖于时间不确定性的。

理解 L 对时间复杂度影响的实际重要性依赖于 L 的大小。如果算法 A 的每个进程 P_i 都在一个独占处理器上运行，这样 P_i 步的速度就是由一个高度准确的处理器时钟决定的，那么 L 通常会非常小，而 A 的复杂度对 L 的依赖也可以忽略。如果进程的速度由像进程交换这样的其他因素所决定，那么 L 可能很大，而这种依赖就会非常重要。在任意情况下，这个问题都很有理论意义。

我们最初的想法可能是改进定理 25.6 中的下界结果，以合并乘法因子 L。但这实际上是办不到的：实际上存在一个运行时间约为 $Ld + (2f + 2)d$ 的聪明算法。粗略地说，这表明只有一个消息的传递被时间不确定性 L "放大"。还有一个可导致下界为 $Ld + (f - 1)d$ 的更复杂的下界证明。我们在此节中介绍这个算法，在 25.5 节中介绍这个下界。

25.4.1   算法

我们描述一个部分同步算法 PSynchAgreement。该算法保证无等待终止性，且在最多有 f 个故障进程时有时间界限 $Ld + (2f + 2)d + O(f\ell_2 + L\ell_2)$。PSynchAgreement 的描述非常简单，但它的行为非常难理解。我们建议读者在读这个算法前，自己尝试设计一个解决方案。

在 PSynchAgreement 算法中，我们规定一个进程给"所有进程"发送特定的消息，包括发送者自己。这个模型并不真的允许这样做，但像通常一样，可以使用内部步模拟这个操作。

PSynchAgreement 算法：

该算法像 25.3.1 节中算法 B 一样使用 PSynchFD 故障检测器。也就是说，PSynchAgreement 的进程 P_i 是两个 MMT 自动机的合成：节点 i 的 PSynchFD 算法部分 Q_i 和主自动机 R_i。R_i 有输入动作 $inform\text{-}stopped_i$。R_i 维护一个变量 $stopped$，其中记录进程 j 的集合。j 来自它已收到的输入 $inform\text{-}stopped(j)_i$，是那些它已经知道发生故障的进程。

算法依次执行编号为 0、1、…的各"轮"。在每一轮，R_i 都尝试做出一个决定；但是在偶数轮只允许以 0 作为决定，在奇数轮只允许以 1 作为决定。R_i 只在收到输入后才开始第 0 轮。R_i 维护一个变量 $decided$，以记录那些向其发送 $decided$ 消息的进程。

第 0 轮：如果 R_i 的输入为 1，那么 R_i 按顺序进行下列动作：

向所有进程发送 $goto(1)$

转到第 1 轮

如果 R_i 的输入为 0，那么 R_i 按顺序进行下列动作：

向所有进程发送 $goto(2)$

输出 $decide(0)_i$

向所有进程发送 $decided$

第 r 轮（$r>0$）：R_i 等待，直到收到一个 $goto(r+1)$ 消息或者从不属于 $stopped \cup decided$ 集合的每个进程那都收到一个 $goto(r)$ 消息为止。如果 R_i 收到一个 $goto(r+1)$ 消息，那么它按顺序进行下列动作：

> 向所有进程发送 $goto(r+1)$
>
> 转到第 $r+1$ 轮

反之，如果 R_i 没有收到任意 $goto(r+1)$ 消息，而是从不属于 $stopped \cup decided$ 集合的每个进程那都收到一个 $goto(r)$ 消息，那么 R_i 按顺序进行下列动作：

> 向所有进程发送 $goto(r+2)$
>
> 输出 $decide(r \bmod 2)_i$
>
> 向所有进程发送 $decided$

因而，R_i 以检验其初始值开始。如果初始值为 1，那么在告诉其他进程进入第 1 轮后，R_i 进入第 1 轮。如果初始值为 0，那么在告诉其他进程进入第 2 轮后，R_i 就以 0 作为决定。这样就可以防止其他进程在第 1 轮（以导致矛盾的方式）做出决定。（注意：在开始时，算法支持以 0 为决定。）

在其后的任意第 r 轮，如果 R_i 被告知进入第 $r+1$ 轮，那么在通知其他进程进入第 $r+1$ 轮后，它自己进入第 $r+1$ 轮。如果 R_i 没被告知进入第 $r+1$ 轮，却发现每个既未发生故障也未做出决定的进程都已到达第 r 轮，那么它可以以 $r \bmod 2$ 作为决定。

25.4.2 安全属性

首先说明安全属性：良构性、一致性和有效性。这些安全属性都是基于两个引理的。如果一个进程 i 在第 $r \geqslant 0$ 轮为准备 $decide$ 事件至少发送了一个 $goto(r+2)$ 消息，我们就称进程 i 在第 r 轮试图做出决定。

引理 25.7 在 PSynchAgreement 的任意定时运行中，对任意的 $r \geqslant 0$，下列结论为真：

1）如果有某个进程发送了一个 $goto(r+2)$ 消息，那么有进程试图在第 r 轮做出决定。

2）如果有某个进程到达第 $r+2$ 轮，那么有进程试图在第 r 轮做出决定。

证明 在这种方式下，一定会生成第一个 $goto(r+2)$ 消息。一个进程只有在收到 $goto(r+2)$ 消息后，才进入第 $r+2$ 轮。

引理 25.8 在 PSynchAgreement 的任意定时运行中，对任意的 $r \geqslant 0$，如果一个进程 i 在第 r 轮做出决定，那么下列结论为真：

1）R_i 未发送 $goto(r+1)$ 消息。

2）R_i 向每个进程发送一个 $goto(r+2)$ 消息。

3）没有进程试图在第 $r+1$ 轮做出决定。

证明 根据算法的描述，前两条结论显而易见。对于第 3 条结论，假设 R_j 试图在第 $r+1$ 轮做出决定，以导出矛盾。这意味在第 $r+1$ 轮的某一点，进程 R_j 没有收到 $goto(r+2)$ 消息，而是从其他不属于 $stopped_j \cup decided_j$ 的每个进程那都收到 $goto(r+1)$ 消息。因为 R_i 不发送 $goto(r+1)$ 消息，所以在指定点一定有 $i \in stopped_j \cup decided_j$。

如果在此点 $i \in stopped_j$ 成立，那么根据定理 25.2 知，在 R_i 发生故障前，R_j 必定已经收到从 R_i 发出的所有消息。但是根据定理的第 2 条结论知其中包括一个 $goto(r+2)$ 消息，这是一个矛盾。

如果在此点 $i \in decided_j$ 成立，那么 R_j 一定已经收到一个来自 R_i 的 decided 消息。但是 R_i 只有在将 $goto(r + 2)$ 消息送给 R_j 后，才会发送这样的一个消息。那么根据通道的 FIFO 属性知在此点，R_j 一定已经收到 $goto(r + 2)$ 消息，这又是一个矛盾。

现在说明安全属性。

定理 25.9 PSynchAgreement 算法保证良构性、一致性和有效性。

证明 良构性是显而易见的。对于有效性，如果所有进程以 0 开始，那么没有进程能够离开第 0 轮。因为只有在奇数轮才可以以 1 作为决定，所以没有进程可以以 1 作为决定。如果所有进程以 1 开始，那么在第 0 轮就没有进程试图以 0 作为决定。根据引理 25.7 知没有进程可以进入第 2 轮。因此没有进程以 0 作为决定。

对于一致性，假设 R_i 在第 r 轮做出决定且在此之前没有任意进程做出决定。那么根据引理 25.8 知没有进程试图在第 $r + 1$ 轮做出决定。因此根据引理 25.7，没有进程可以达到第 $r + 3$ 轮。故进程只可能在第 r 轮和第 $r + 2$ 轮做出决定。因为它们有相同的奇偶性系统，所以所有的决定必定相同。

25.4.3 活性和复杂度

下面证明无等待终止性和时间界限。我们以可许可定时运行的一个活性声明开始。

引理 25.10 在 PSynchAgreement 的任意可许可定时运行中，每个进程不断从一轮前进到另一轮，直到它发生故障或者做出决定为止。

证明 如果不是这样，那么令 r 为第一个有进程进入停滞状态的轮，注意 r 必须至少为 1。令 i 为在第 r 轮被停滞的某进程的索引。对于在此之间发生故障的任意其他进程 R_j，R_i 最终必定发现这个故障并将 j 放入 $stopped_i$ 中。同叶。对于在此之前做出决定而未发生故障的任意进程 R_j，R_i 最终必定发现 j 已经做出决定并将 j 放入 $decided_i$。令 I 为剩余进程的集合，这些进程为除了那些已经发生故障或做出决定的进程以外的所有进程。

那么 I 中的所有进程最终一定到达第 r 轮，因为 r 是第一个有进程被停滞的轮。因为 $r \geqslant 1$，这意味着每个进程 $R_j (j \in I)$ 一定会发送一个 $goto(r)$ 消息到 R_i，而 R_i 最终也会收到这个消息。但这样就满足 R_i 做出决定的条件，因此 R_i 一定做出决定或者前进到第 $r + 1$ 轮。这与开始时 R_i 在第 r 轮被停滞的假设矛盾。

现在定义一个用于证明活性和复杂度的概念，并证明它的一些属性。在 PSynch-Agreement 的一个给定可许可定时动行中，如果某进程在第 r 轮没有从其他任意进程那收到 $goto(r + 1)$ 消息，那么称第 r 轮是安静的。将这个新的定义和先前的一些引理相结合，我们得到引理 25.11。

引理 25.11 在 PSynchAgreement 的任意可许可定时运行中，对任意 $r \geqslant 0$，下列结论为真：

1）如果没有进程试图在第 r 轮做出决定，那么第 $r + 1$ 轮是安静的。

2）如果某进程在第 r 轮做出决定，那么第 $r + 2$ 轮是安静的。

证明 从引理 25.7 可以直接得出定理的第 1 点。对于第 2 点，如果某进程在第 r 轮做出决定，那么由引理 25.8 知没有进程在第 $r + 1$ 试图做出决定，故由定理的第 1 点知第 $r + 2$ 轮是安静的。

安静轮的概念之所以重要，是因为没有进程可以越过一个安静轮而继续前进。

引理 25.12　在 PSynchAgreement 的任意可许可定时运行中，如果第 r 轮是安静的，则没有进程会进入第 $r+1$ 轮。

证明　当进程 R_i 进入第 $r+1$ 轮后，它首先给所有进程发送一个 $goto(r+1)$ 消息。这些消息最终都会被目的进程收到，这意味着第 r 轮不是安静的。

现在说明一定会产生安静轮。

引理 25.13　在 PSynchAgreement 的至多有 f 个故障进程的任意可许可定进运行中，存在一个编号不超过 $f+2$ 的安静轮。

证明　如果任意进程在 f 轮内做出决定，那么依据引理 25.11 知该引理成立。于是假设到第 f 轮为止没有进程做出决定。因为最多只有 f 个故障进程，所以一定存在某个第 r 轮（其中 $0 \leqslant r \leqslant f$），在该轮没有进程发生故障。

我们断言没有进程试图在第 r 轮做出决定。为导出矛盾，假设某个进程 i 试图在第 r 轮做出决定。那么由于在第 r 轮进程 i 没有发生故障，因此根据许可性知进程 i 一定在第 r 轮做出决定。但这与假设到第 f 轮时没有进程做出决定矛盾。

没有进程试图在第 r 轮做出决定，根据引理 25.11 知第 $r+1$ 轮是安静的。

现在来证明无等待终止性。

定理 25.14　PSynchAgreement 算法保证无等待终止性。

证明　考虑一个所有端口上都发生 $init$ 事件的可许可定时运行。设 i 为某个无故障端口。证明 R_i 最终做出决定。

根据引理 25.10，R_i 不断从一轮前进到另一轮直到它做出决定为止。但是引理 25.13 表明存在某个安静的第 r 轮，且根据引理 25.12 知 R_i 不可能进入到第 $r+1$ 轮。故 R_i 必须做出决定。

最后，证明时间复杂度界限。在此，固定 f 为某个故障数，其中 $0 \leqslant f \leqslant n$。

定理 25.15　在 PSynchAgreement 任意可许可定时运行中，其中所有端口上都有输入到达并且至多只有 f 个故障，从最后的 $init$ 事件开始到所有无故障进程都做出决定为止的时间至多为 $Ld + (2f+2)d + O(f\ell_2 + L\ell_2)$。

证明概要　定理 25.14 的证明及其支持引理说明，运行一定由一组不安静的轮以及随后的一个安静的轮组成，这组不安静的轮的数量最多为 $f+1$，记最后那个安静的轮为第 r 轮。所有无故障的进程一定在没有经过第 r 轮时做出决定。

令 S 是 PSynchFD 算法的一个上界，其中 $S = Ld + d + O(L\ell_2)$。定义一组时间里程碑 T'、$T(0)$、$T(1)$、$\cdots$、$T(r)$。T' 是最后的 $init$ 发生的时间。令 $T(k)$ 是每个进程发生故障、做出决定或者前进到下一轮 $k+1$ 轮的最早时间，其中 $0 \leqslant k \leqslant r$。因此，到时间 $T(r)$ 时所有无故障进程做出决定。不难看出，第 0 轮的时间 $T(0) - T'$ 为 $O(\ell_2)$。同样，对于 $k \geqslant 1$，第 k 轮的时间 $T(k) - T(k-1)$ 至多为 $S + O(\ell_2)$，即比发现故障所需要的时间略微多一点。因此，$T(k) - T(k-1) \leqslant Ld + d + O(L\ell_2)$。

一个更有意义的事实是不安静轮 k 的时间 $T(k) - T(k-1)$ 不依赖于时间不确定性 L，其中

$1 \leqslant k \leqslant r-1$。为说明这一点，考虑某个特定的进程 R_i。由于第 k 轮不是安静的，因此 R_i 收到一个 $goto(k+1)$ 消息，我们给出发生这一事件的时间范围。

该消息必定来源于一个进程 R_j 发送的原始 $goto(k+1)$ 消息，其中进程 R_j 试图在第 $k-1$ 轮做出决定，从原始 $goto(k+1)$ 消息到该消息也可能要经过一系列中间传递。见图 25-1 所示。

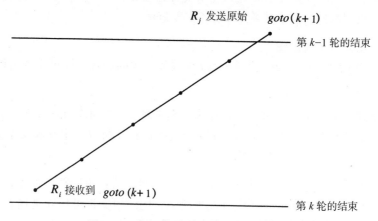

图 25-1   从 R_j 传送到 R_i 的 $goto(k+1)$ 消息

声明 25.16   令 f_k 表示在发送 $goto(k+1)$ 消息过程中发生故障的进程的总量。那么从 R_j 发送原始消息 $goto(k+1)$ 开始直到 R_i 接收到消息 $goto(k+1)$ 为止，总计需要的时间不超过 $(f_k+1)d + O(f_k \ell_2)$。

证明 R_j 发送 $goto(k+1)$ 消息，这一动作是它将这样的消息发送给所有进程的一个部分，所发送的目的进程也包括 R_i。如果 R_j 在这一过程中不发生故障，那么表示 R_j 成功地将这个消息发送到 R_i，而 R_i 在 R_j 发送后的 d 时间内收到息。即使 R_j 在这一过程中发生了故障，它所成功发送的全部消息在发送后的 d 时间内也都会到达。

同样，将该消息从 R_j 传递到 R_i 过程中涉及的每个进程 $R_{j'}$ 都发送它的消息 $goto(k+1)$，这一动作是它将这样的消息发送给所有进程的一个部分，所发送的目的进程也包括 R_i。而且，如果 $R_{j'}$ 在这一过程中不发生故障，那么表示 $R_{j'}$ 成功地将这个消息发送到 R_i，并且 R_i 在 $R_{j'}$ 发送后 d 时间内收到消息。即使 $R_{j'}$ 在这一过程中发生了故障，它所成功发送的全部消息在发送后的 d 时间内也都会到达。

因此，从原始消息 $goto(k+1)$ 被 R_j 发送开始直到 i 收到某个消息 $goto(k+1)$ 为止的时间总计至多为 $(f_k+1)d + O(f_k \ell_2)$。（ℓ_2 代表从一个传递进程收到 $goto(k+1)$ 消息开始直到它发送自己的 $goto(k+1)$ 消息为止的时间。）

由于原始消息 $goto(k+1)$ 是由 R_j 在第 $k-1$ 轮时发送的，因此它是在 $T(k-1)$ 时间前发送的。由于所有进程在 $(f_k+1)d + O(f_k \ell_2)$ 时间内收到 $goto(k+1)$ 消息，因此在 $T(k-1) + (f_k+1)d + O(f_k \ell_2) + O(\ell_2) = T(k-1) + (f_k+1)(d+O(\ell_2))$ 时间前，每个进程前进到第 $k+1$ 轮、发生故障或者做出决定。这说明 $T(k) - T(k-1) \leqslant (f_k+1)(d+O(\ell_2))$。正如我们前面所说，这与时间不确定性 L 无关。

由于 $T(0)-T'$ 为 $O(\ell_2)$、对于所有 k 有 $1 \leqslant k \leqslant r-1$、$T(k)-T(k-1) \leqslant (f_k+1)(d+O(\ell_2))$ 以及 $T(r)-T(r-1) \leqslant Ld+d+O(L\ell_2)$，因此：

$$T(r) - T' \leqslant \sum_{k=1}^{r-1}(f_k+1)(d+O(\ell_2)) + Ld + d + O(L\ell_2)$$

由于 $\sum_{k=1}^{r-1} f_k \leqslant f$ 和 $r \leqslant f+2$，因此得到

$$T(r) - T' \leqslant Ld + (2f+2)d + O(f\ell_2 + L\ell_2)$$

这正是所需要的时间复杂度界限。

25.5　涉及时间不确定性的下界 *

在 25.4 节中，给出了一个部分同步一致性算法 PSynchAgreement，其时间复杂度约为 $Ld + (2f+2)d$。沿着缩小 25.3 节中已经证明的简单大致上界 $fLd + (f+1)d$ 和简单大致下界 $(f+1)d$ 的差距的方向，PSynchAgreement 算法已经前进了很多。具体来说，PSynchAgreement 算法证实了不可能证明一个包括 fLd 的下界。在本节，证明一个依赖于 L 的下界 $Ld + (f-1)d$。虽然我们至少已经清楚时间复杂度对时间不确定性 L 的依赖形式，但在上下界之间仍然存在差距。

定理 25.17　假设 $n \geqslant f+1$。那么在部分同步模型中，不存在保证 f 故障终止性的 n 进程一致性算法，其中所有无故障进程总是在时间 $Ld + (f-1)d$ 前做出决定。

定理 25.17 的证明是非常有趣的，因为它使用前面章节中多种技术的组合，其中包括第 6 章的链证明、第 12 章中基于各种决定值的可达性的证明和第 24 章中关于放大和收缩定时运行的证明。

在本节的剩余部分，为导出矛盾，我们假设 A 是部分同步网络模型的一个 n 进程一致性算法，可保证 f 故障终止性，其中所有无故障进程总是在时间 $Ld + (f-1)d$ 前做出决定。不失一般性，我们像在定理 25.6 的证明中一样假设 A 是"确定性的"。我们证明一组引理，根据这些引理可导出 A 不存在的结论。

第一，在引理 25.18 中，我们说明如果算法 A 是正确的，就不会出现定时运行的一个特定"坏组合"。这个坏组合包括一个"0 价"定时运行 α_0 和一个"1 价"定时运行 α_1，二者可到达的时间都至少为 $(f-1)d$，也都几乎没有发生故障，最多与一个无故障进程是可以区分的。引理 25.18 是用放大和收缩方法证明的。第二，在引理 25.19 中，我们说明确实存在的一个相关组合——除不是要求 0 价和 1 价而是要求 0 是从 α_0 可达的且 1 是从 α_1 可达的外，该组合与上面坏组合有同样的条件。引理 25.19 是用链方法证明的。第三，在引理 25.20 中，我们生成一个"双价"定时运行 α，可到达的时间都至少为 $(f-1)d$ 并且几乎没有发生故障。引理 25.20 可直接从引理 25.18 和引理 25.19 得到。第四，在引理 25.21 中，我们对引理 25.20 进行强化，以使其包括一个"极大性"属性，该属性可导致 α 的两个直接扩展，一个 0 价扩展 α_0 和一个 1 价扩展 α_1。但是 α_0 和 α_1 组成一个"坏组合"，导出矛盾。

现在给出细节。首先从 A 的所有定时运行中区分出一个称为"同步"定时运行的子集。一个同步无限定时运行是一个具有无限时间序列 $t_0 = 0, t_1, t_2, \cdots$ 的无限定时运行，其中对于 $k \geqslant 0$ 有 $\ell_1 \leqslant t_{k+1} - t_k \leqslant \ell_2$，该运行满足下列条件：

1）所有输入刚好在开始时间 t_0 时到达。

2）无故障进程的所有任务都在时间 $t_1, t_2, \cdots$ 时执行步，我们称这些时间为活动时间[⊖]。而且，每个进程的任务步按照预定的顺序依次发生。

⊖　请再次回顾一下，我们已经假定每个任务总有一个步处于使能的状态。

3）在同一时间传递给 i 的所有消息按照发送者索引的顺序被依次传递。

4）在每个活动时间，任意消息传递的发生都优先于所有局部控制进程步的发生。

这些条件与定理 25.6 的证明概要中使用的条件有些类似。一个同步无限定时运行可以划分为无限数量的"块"B_0, B_1, B_2, …，其中每个 B_k 包括在时间 t_k 时的全部输入和消息传递步，但是不包括在时间 t_k 时的局部控制进程步。因此，块 B_0 只包括输入事件，而每个 $k \geqslant 1$ 的块 B_k 以时间 t_{k-1} 时的局部控制步开始并以时间 t_k 时的消息传递步结束。一个同步有限定时运行是一个同步无限定时运行的前缀，由有限数量的完整块组成。

如果 α 和 α' 是同步定时运行，其中 α 是 α' 的一个有限前缀，那么当 α 正好由 α' 的完整块 B_0, B_1, …, B_k 组成时，我们称 α 是 α' 的一个 k 块前缀，其中 $k \geqslant 0$。（特别地，一个 0 块前缀包含一个块 B_0。）如果对于某个 $k \geqslant 0$，α 是 α' 的一个 k 块前缀，我们就说 α 是 α' 的一个块前缀，并说 α' 是 α 的一个块扩展。

我们对一些特定类型的块扩展特别感兴趣。具体来说，如果 α 是一个同步有限运行，α' 是一个同步（有限或无限）运行，并且 α 是 α' 的一个 k 块前缀，其中 $k \geqslant 0$，那么我们说 α' 是：

1）α 的一个快速扩展，条件是 α' 中位于 α 之后的所有步只需要最小时间 ℓ_1，即对所有 $i \geqslant k$ 有 $t_{i+1} - t_i = \ell_1$。

2）α 的一个慢速扩展，条件是 α' 中位于 α 之后的所有步都需要最大时间 ℓ_2，即对所有 $i \geqslant k$ 有 $t_{i+1} - t_i = \ell_2$。

3）α 的一个无故障扩展，条件是 α' 中位于 α 之后没有 *stop* 事件。

4）α 的一个 *fff* 扩展，条件是 α' 是 α 的一个快速无故障扩展。

我们强调所有这些类型的扩展都只是完整块的块扩展。需要指出的是，名称中的"快"和"慢"指的只是进程步时间，与消息传递时间无关，消息传递时间仍旧为 $[0, d]$ 范围内的任意数。

现在定义一些概念，这些概念类似于在第 12 章中异步模型的一致性问题的不可能性结论中使用的概念。对于某个值 $v \in \{0, 1\}$，如果存在同步有限定时运行 α 的某个 *fff* 扩展 α'，在 α' 有某个进程以 v 作为决定，则我们称值 v 是从 α 中 *fff* 可达的。（这个决定可以发生在 α 中，也可以发生在 α' 的位于 α 之后的部分。）对于一个同步有限定时运行 α，当只有值 0 是从 α 中 *fff* 可达的时我们定义 α 为 0 价的，当只有值 1 是从 α 中 *fff* 可达的时我们定义 α 为 1 价的，当二者都是从 α 中 *fff* 可达的时我们定义 α 为双价的。当定时运行 α 是 0 价的或者 1 价的时则称它是单价的。

我们还需要一个概念——两个有限定时运行对一个特定进程 i 的"不可区分性"概念。类似的概念已经在本书有关同步和异步的章节中被使用过。这里所需要的概念比前面的概念要略微复杂一些，因为它考虑了在运行的末尾还处于到 i 的传输途中的那些消息。具体来说，如果 α 和 α' 是有相同活动时间的两个同步有限定时运行，那么当下列条件成立时，我们说对 i 而言 α 和 α' 是不可区分的。

1）α 和 α' 在 i 上的投影 $\alpha | P_i$ 和 $\alpha' | P_i$ 是时间流逝等价的[⊖]。

2）在 α 和 α' 中，同样的消息由同样的进程以同样的顺序在同样的时间送给 P_i。

下面的引理描述了定时运行的一个特定坏组合，当算法 A 正确时该坏组合不可能发生。

⊖ 投影动作 | 是在 23.2.3 节中定义的，时间流逝等价的概念是在 23.2.1 节中定义的。

引理 25.18 不存在两个 k 块同步定时运行 α_0 和 α_1，使得下面的所有条件都成立：

1）α_0 和 α_1 有同样的活动时间 $t_1, \cdots, t_k$，其中 $t_k \geq (f-1)d$。

2）α_0 是 0 价。

3）α_1 是 1 价。

4）$|F| \leq f-1$，其中 F 是在 α_0 或 α_1 中发生故障的进程的集合。

5）α_0 和 α_1 对于至多一个不在 F 中的进程是可区分的。

图 25-2 描述这个坏组合。

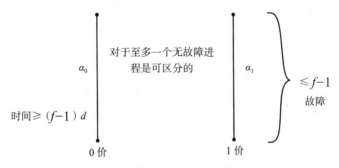

图 25-2 引理 25.18 定时运行的坏组合

证明 为导出矛盾，假设存在这样的 α_0 和 α_1。我们将分别构造 α_0 和 α_1 的扩展 β_0 和 β_1，这两个扩展都导致同样的决定，如 0。然后我们将对 β_1 进行加速并删除其中的某些故障，以获得一个 fff 扩展 β'_1，β'_1 的决定也是 0。这样就与 α_1 的 1 价矛盾。

更详细地讲，令 G 为 F 再加上一个进程（两个定时运行 α_0 和 α_1 对该进程是可区分的），因而 $|G| \leq f$。下面我们分别构造 α_0 和 α_1 的慢速扩展 β_0 和 β_1。

首先，在时间 t_k，我们为 G 中所有还未故障的进程提供 *stop* 事件。然后用与没有额外故障的慢速扩展同样的方式来扩展 α_0 和 α_1。用同样的方式对它们进行扩展是有可能的，因为 α_0 和 α_1 对于除了 G 中进程外的所有进程都是不可区分的。根据所假定的 A 的上界，β_0 和 β_1 中的所有无故障进程必定在时间 $Ld + (f-1)d \leq t_k + Ld$ 之前做出决定。因此，在做出决定之前，两个定时运行的新增部分经过的时间严格小于 Ld。而且，因为 α_0 和 α_1 以同样的方式扩展，所以在 β_0 和 β_1 中做出的决定也相同。不失一般性，假设这个共同的决定是 0。见图 25-3。

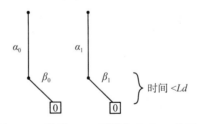

图 25-3 引理 25.18 证明中 β_0 和 β_1 的扩展

现在考虑将 α_1 扩展为另一个同步定时运行 β'_1；与 β_1 不同，β'_1 是 α_1 的一个 fff 扩展。除了 α_1 后面的部分被因子 L "加速" 而变快外，定时运行 β'_1 与 β_1 相同。而且，没有进程在 β'_1 中位于 α_1 之后的部分发生故障；但是在 β'_1 中位于 α_1 之后的部分，G 中进程所发送的任意消息都需要经过最大时间量 d 后才能到达。因此在时间 $t_k + d$ 之前，β'_1 的行为完全像 β_1 的一个加速版本。（需要说明的是，一旦 G 中进程所发送的消息到达，β_1 和 β'_1 中的事情就会看起来差别很大，但这没有关系。）因为在 β_1 中，所有不在 G 中的进程在时间 $t_k + Ld$ 前决定出 0，所以在 β'_1 中，那些进程将在时间 $t_k + d$ 前决定出 0。见图 25-4。

但由于 β'_1 是 α_1 的一个 fff 扩展，因此这与 α_1 的 1 价矛盾。

我们将说明引理 25.18 所描述的定时运行的坏组合一定会在实际中发生，从而得到一个矛盾。我们先来得到一个相关组合。

引理 25.19　*对于某个 k，存在两个 k 块同步定时运行 α_0 和 α_1，使得下面的所有条件都成立：*

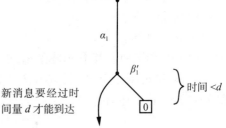

图 25-4　引理 25.18 证明中的扩展 β'_1

　　1）α_0 和 α_1 有同样的活动时间 $t_1, \cdots, t_k$，其中 $t_k \geq (f-1)d$。

　　2）0 是从 α_0 fff 可达的。

　　3）1 是从 α_1 fff 可达的。

　　4）$|F| \leq f-1$，其中 F 是在 α_0 或 α_1 中发生故障的进程的集合。

　　5）α_0 和 α_1 对于至多一个不在 F 中的进程是可区分的。

需要说明的是，这些条件和坏组合中条件的唯一不同是条件 2 和条件 3 只要求 0 和 1 是 fff 可达的，而不是要求 α_0 是 0 价的以及 α_1 是 1 价的。见图 25-5。

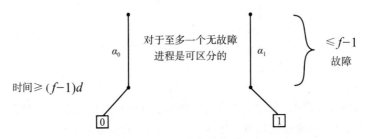

图 25-5　引理 25.19 证明中的定时运行 α_0 和 α_1

证明概要　使用类似定理 6.33 证明中的链证明方法，可以证明该引理。该证明留为一道习题。

　　综合引理 25.18 和引理 25.19 可直接得到引理 25.20。

引理 25.20　*存在一个同步有限定时运行 α，使得下面所有条件都成立：*

　　1）α 的最后活动时间 t_k 至少为 $(f-1)d$。

　　2）α 是双价的。

　　3）在 α 中，至多有 $f-1$ 个进程发生故障。

见图 25-6。

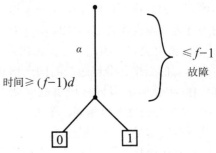

图 25-6　引理 25.20 的定时运行 α

证明　令 α_0 和 α_1 是两个同步定时运行，它们的存在性由引理 25.19 断言。根据引理 25.18，不可能出现 α_0 是 0 价同时 α_1 是 1 价的情况。因此，α_0 和 α_1 中至少有一个是双价的，故它满足所有必要的条件。

　　下面对引理 25.20 进行强化，以使其包括一个"极大性"属性。

引理 25.21　*存在一个同步有限定时运行 α，使得下面的所有条件都成立：*

　　1）α 的最后活动时间 t_k 至少为 $(f-1)d$。

　　2）α 是双价的。

3）在 α 中，至多有 $f-1$ 个进程发生故障。

4）存在 α 的两个 *fff* 扩展 β_0 和 β_1，分别由一个单独块扩展而得，使得：

　　a）β_0 是 0 价的。

　　b）β_1 是 1 价的。

　　c）β_0 和 β_1 对至多一个进程是可区分的。

见图 25-7。（请注意由该引理断言存在的构造与定理 12.6 证明中的 *decider* 概念之间的相似性。）

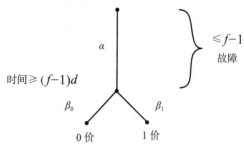

图 25-7　引理 25.21 的 α、β_0 和 β_1

证明概要　令 α 为由引理 25.20 断言其存在性的同步有限定时运行。执行下面的"程序"，对 α 进行扩展：

> while there exists a proper bivalent fff-extension of α do
> 　　$\alpha :=$ any such extension

我们知道该程序最终会终止，因为在时间 $Ld+(f-1)d$ 之前 α 的全部无故障扩展都需要做出决定。考虑这一程序产生的最终 α。

我们声明该 α 有我们需要的所有属性。它满足所需要的时间界限、双价和故障条件。而且，因为它是双价的，但又不能被扩展成一个更长的定时运行，所以一定存在 α 的两个 *fff* 扩展 γ_0 和 γ_1，分别由一个单独块扩展而得，使得：

1）γ_0 是 0 价的。

2）γ_1 是 1 价的。

但这并不是我们想要的结果，因为 γ_0 和 γ_1 可能不止对一个进程是可区分的。

因此，我们在 γ_0 和 γ_1 之间再进行一次链构造，生成所需要的 β_0 和 β_1。从 γ_0 开始，我们在链中的每一步只是对到进程 P_i 的所有消息传递进行简单修改，使得这些到 P_i 的消息传递与在 γ_1 中的相同。链中的每两个连续的定时运行都只对一个进程是可区分的。由于所有这些定时运行都必定是单价的，因此在链中存在两个连续的运行 β_0 和 β_1，使得 β_0 是 0 价的而 β_1 是 1 价的。从而给出所需要的全部属性。

现在可以得到矛盾。

引理 25.22　A 不存在。

证明　由引理 25.21 断言其存在性的两个同步定时运行 β_0 和 β_1 满足引理 25.18 中所列的坏组合的所有需求。这是一个矛盾。

这就证明了定理 25.17。

25.6 其他结果 *

在本节，考虑如果使用几种方式弱化定时模型，那么对一致性问题的结论会产生什么样的影响。我们这里的讨论是非形式化的。

25.6.1 同步进程、异步通道 *

假设我们用第 14 章中定义的可靠 FIFO 通道对模型进行弱化，这种通道没有规定消息传递时间的上界，只保证消息最终传递成功。但进程仍旧遵守 $[\ell_1, \ell_2]$ 的时间范围约束。在这种情况下，不难看出，即使只有一个停止故障也不能解决一致性问题。即使 $\ell_1 = \ell_2$，即进程步时间完全可以预计，也不能解决一致性问题。

定理 25.23   在同步进程和异步通道的模型中，不存在解决一致性问题并保证单故障终止性的算法。

证明概要   为导出矛盾，假设有一个算法 A。使用第 18 章中定义的逻辑时间的实现，可以在异步模型中"模拟" A。采用这种方法，可以在异步网络模型中生成一个保证单故障终止性的一致性算法，这与定理 21.2 矛盾。我们将证明细节留为一道习题。

25.6.2 异步进程、同步通道 *

现在假设我们弱化部分同步模型，这次保留所有消息的传递时间上界 d，但对进程只有公平性要求，没有给出时间界限。同样，不难看出，即使只有一个停止故障，一致性问题也不能解决。

定理 25.24   在异步进程和 d 界限通道的模型中，不存在解决一致性问题并保证单故障终止性的算法。

证明   为导出矛盾，假设有一个算法 A。在异步模型中运行同样的算法 A。那么在这个异步模型中，A 的任意公平运行 α 都能被"定时"，方法是让所有消息遵守上界 d。这就意味着该运行满足具有单故障终止性的一致性问题要求的所有条件。因为所有这些条件都不依赖于时间，所以同样的条件对给定的公平运行 α 也都成立。因为这种做法可用于 A 的任意公平运行 α，所以 A 解决了异步模型中具有单故障终止性的一致性问题。这同样与定理 21.2 相矛盾。

25.6.3 最终时间界限 *

在本书的最后，我们像在 24.4.2 节中一样考虑最终时间界限的情况。具体地说，考虑这样的一个模型，算法在其中异步运行一段时间但最终满足时间约束。一致性问题在这个模型中是可解的。然而，与在时间界限始终成立的部分同步模型中不同，解决方案要求 $n > 2f$。使用类似于定理 17.6 证明中的论述方法，不难说明：当 $n \leqslant 2f$ 时该问题在这个模型中是无解的。我们将其留为一道习题。

定理 25.25   只要 $n > 2f$，在进程任务时间界限为 $[\ell_1, \ell_2]$ 和所有消息的时间界限为 d 都最终成立的模型中，具有 f 故障终止性的一致性问题是可解的。

在这个模型中为这个问题设计一个解决方案并不容易。用像在 PSynchAgreement 一致性中使用的、基于暂停与故障进程连接的这类策略解决不了问题，因为在到达时间界限前，进程能得到其他进程已经发生故障的错误结论。我们基于一个不同的策略来勾画一个算法。

该算法的核心是针对第 2 章同步模型的一个变种的 A 算法，在该算法中，除了有最多 f 个进程发生故障外，还可能有一些消息丢失。我们假设任意消息都可能丢失，但只能在总量有限的轮中丢失消息。在某点之后，所有消息的传递都是有保证的。但是进程不知道该点在什么时候。

A 算法的工作方法如下。再次假设进程既向其他进程发送消息，也向自己发送消息。

A 算法：

轮被组织成"运行节"1、2、…，其中每个运行节 s 由 4 个连续的轮 $4s-3$、$4s-2$、$4s-1$ 和 $4s$ 组成。运行节 s 由进程 $owner(s)$ "拥有"，这个进程的索引等于 s 对 n 取模。

在不同的时间，进程可以锁定一个值 $v \in \{0, 1\}$ 以及一个相关的运行节节号 s。如果进程 i 锁定 (v, s)，则表示进程 i 认为 $owner(s)$ 可能在运行节 s 决定 v。当进程 i 继续认为 $owner(s)$ 可能在运行节 s 决定 v 时，它就继续占有对 v 的某个锁。当进程 i 没有对 $\bar{v}$ 的锁时，则称值 v 对进程 i 是可接受的。开始时，没有值得被锁定的。

在任意运行节 s 中，拥有者 i 的处理过程如下。

第 $4s-3$ 轮：所有进程向进程 i 发送它们的所有可接受值。之后进程 i 试图从中选择一个用来建议的值。为使进程 i 建议 v，必须让它"听到"至少 $n-f$ 个进程（可能包括它自己）发现值 v 在运行节 s 是可接受的。适合 i 建议的值可能不止一个，这种情况下 i 选择它自己的初始值。

第 $4s-2$ 轮：如果进程 i 已经决定建议一个值 v，那么它向所有进程发送一个（"$lock$"，v）消息。任意收到这样一个消息的进程都锁住 (v, s) 并释放先前对同一个值 v 的所有锁。

第 $4s-1$ 轮：在第 $4s-2$ 轮收到消息（"$lock$"，v）的进程都发送一个 ack 消息给进程 i。如果进程 i 从至少 $f+1$ 个进程那收到 ack 消息，那么进程 i 决定它的被建议值 v。

第 $4s$ 轮：每个进程向每个其他进程发送包括其当前锁的消息。任意锁住 (v, s') 并收到消息（$\bar{v}$，s''）的进程都释放先前的锁，其中 $s'' > s'$。

引理 25.26 令 $n > 2f$，算法 A 解决一致性问题并保证 f 故障终止性。

证明 首先注意：

声明 25.27 对每个运行节 s，至多有一个值 v 在运行节 s 被建议，因此至多有一个值 v 使得某个进程持有对 (v, s) 的一个锁定。

那么根据对轮数量的一个简单归纳（使用进程偏爱其初始值的事实）可知：

声明 25.28 如果所有进程以初始值 v 开始，那么 $\bar{v}$ 从不会被建议或锁定。

由于一个进程只决定一个它所建议的值，因此得到有效性。接着我们说明：

声明 25.29 如果进程 i 在运行节 s 决定值 v，那么在每个节号 $\geqslant s$ 的运行节的末尾，至少有 $f+1$ 个进程有对 v 及相应（$\geqslant s$ 的）运行节号的锁。

证明 该算法保证在第 $4s-2$ 轮至少有 $f+1$ 个进程锁定 (v, s)。我们断言：如果没有立即获得对 v 的另一个锁，则这些进程都不会释放对 v 的一个锁。

为导出矛盾，假设其中某个进程 i 在没有立即获得对 v 的另一个锁的情况下释放对 v 的一个锁。那么进程 i 必定释放这个锁定，因为对某个 $s' > s$ 它知道一个对（$\bar{v}$，s'）的锁，这意味着 $owner(s')$ 在运行节 s' 建议 $\bar{v}$。取 s' 为 $\bar{v}$ 被建议且 $s' > s$ 成立的第一个运行节。

但是，正好位于运行节 s' 之前，对 v 必定有至少 $f+1$ 个锁，这些锁将阻止 $owner(s')$ 在第 $4s'-3$ 轮从 $n-f$ 个所必要的进程处获得对 $\bar{v}$ 的认可。这是一个矛盾。

现在继续引理 25.26 的证明。我们给出一致性。假设进程 i 在运行节 s 决定 v。那么没有进程可以在同一运行节决定 $\bar{v}$。而且，根据声明 25.29，从运行节 s 开始，对 v 总是有至少 $f+1$ 个锁。这样就阻止了任意进程从它建议 $\bar{v}$ 所必需的 $n-f$ 个进程处获得对 $\bar{v}$ 的认可。因此 $\bar{v}$ 从不会被建议，也没有进程会决定 $\bar{v}$。

为说明终止，考虑到达我们所假定的所有消息都被可靠传递的那一点后，会发生什么情况。在任意后续的运行节 s，不难看出：在系统的所有无故障进程中至多只有一个锁定值。这是因为声明 25.27 和第 $4s$ 轮中的锁定—释放规则。一旦如此，任意运行节的拥有者都将会成功地获得允许其做出决定所需的全部认可和确认（如果它不发生故障）。

（定理 25.25 的）证明概要   我们只针对有最终时间界限的模型，给出算法 B 的构造的一般思想。B 的每个进程 P_i 维护一个非负整型局部变量 $clock$，其初始值为 0。每个 $clock$ 变量是单调非递减的。令 $C = \max\{ clock_i, 1 \leqslant i \leqslant n\}$。那么可以把 C 看作是由系统维护的一类"全局时钟"。由一个包括重复发送和更新 $clock$ 值的协议（在此我们忽略该协议），进程可以保证，从时间界限开始被满足的那一点 p 之后不久开始：

1）按照实际时间，C 的增长速度是由已知的常数界限来限定上界和下界的。

2）每个 $clock$ 在 C 的一个已知（额外）常量范围内。

因此，这些进程最终将到达相当同步的 $clock$。

B 的每个进程 P_i 除了维护其 $clock$ 外，还模拟它在算法 A 中的副本，用局部 $clock$ 决定所要模拟的轮。模拟每个轮 r 所用到的时钟值的数量相当大（但是是可预见的）——足以保证在运行的点 p 后，在一个进程 P_i 的模拟轮 r 开始处由 P_i 所发送的任意消息都在进程 P_j 的模拟轮 r 结束前被真正传递到每个 P_j。

需要说明的是，在点 p 之前，在某 P_i 的 $clock$ 前进到太远之前，它可能还未完成某轮 r 的模拟。在这种情况下，如果 P_i 简单地忽略发送额外消息的动作，那么也不会产生不良后果——毕竟在 A 中这些额外消息可能被丢失。但是，P_i 必须模拟轮 r 的转换状态。可以在轮 r 的模拟被中断后的第一步进行轮 r 的状态转换模拟。

采用这种方式，B 模拟算法 A 并完成同样的正确性条件。

25.7   小结

在本章和前面一章，我们已经介绍部分同步模型中两个分布式计算基础问题的几个基本结论——互斥性和一致性。这几个结果已经表明，部分同步分布式计算的理论与同步或异步分布式计算的理论有很大不同。

然而，在这个领域还有许多工作需要做。在分布式计算中有许多其他可在部分同步环境中考虑的重要问题。这些问题包括本书所描述的许多问题，例如，网络搜索问题、生成树构造问题、资源分配问题、快照问题和稳定属性检测问题。它们还包括在实际通信系统、分布式动作系统和实时进程控制系统中出现的许多其他问题。

用通用的描述结果来准确描述在部分同步系统中能够计算什么以及所需要的时间复杂度是非常有用的。建立部分同步模型的功能与同步和异步模型的功能之间关系的转换结果也很有用。

25.8   参考文献注释

本章大部分构造方法和结论都是由 Attiya、Dwork、Lynch 和 Stockmeyer[22] 证明的，这些构造方法和结果包括 PSynchFD 故障检测器、定理 25.3 和定理 25.6 中的简单上界和下界结果、以及在定理 25.15 和定理 25.17 中更复杂的上界和下界结果。Ponzio[247, 245] 将 25.4.1 节中的算法扩展到更强的"发送 – 忽略"故障模型情况并针对 Byzantine 故障给出一个效率略低一些的算法。Berman 和 Bharali[48] 改进了 Ponzio 的发送 – 忽略算法的复杂度。在一个两节点的系统中，Ponzio 还获得了好的故障检测时间复杂度上界和下界[246]。同步进程和异步通道的不可能性结果，定理 25.23，是由 Dolev、Dwork, 和 Stockmeyer[95] 首先证明的。这里所概述的证明基于 WelchTime，出自 Welch[287]。

定理 25.25 针对有最终时间界限的模型，是由 Dwork、Lynch 和 Stockmeyer[104] 证明的。该文章还包括未知时间界限模型的一个类似结果以及其他故障模型的结果。Lamport 的 Paxos 算法（见 [183]）与 [104] 中的算法非常类似。

部分同步模型的其他结果包括：由 Attiya 和 Mavronicolas[17] 提出的、解决 16.6 节中会话问题所需要时间的上界和下界；由 Wang 和 Zuck[284] 给出的、可靠高层消息传输所需要低层消息字母表的大小的界限；以及由 Kleinberg、Attiya 和 Lynch[167] 给出的、在连接管理协议中消息传递时间和系统静止时间的折衷上界和下界。

25.9　习题

25.1 给出 PSynchFD 算法中进程 P_i 的前提－结果代码。

25.2 假设不使用保证所有消息在时间 d 内传递的通道，而是使用只保证在时间 d 内传递最早消息的通道。

　　a）修改 PSynchFD 算法，使其可用于这一模型，要尽可能减小修改后算法的时间复杂度。

　　b）证明这一环境中故障检测器的时间复杂度下界。

25.3 研究问题：为在部分同步模型中模拟有停止故障的同步网络算法，设计一个你认为最高效的算法。你能够达到模拟 r 轮所需要时间的上界的 $Ld + rd$(加低阶谓词) 吗？

25.4 在所有输入都假定在时间 0 时到达的特殊情况下，下面的策略可以解决部分同步网络中的一致性问题。

　　进程模拟 6.2.3 节中的 EIGStop 算法，模拟的方法是：在它们一收到信息时就将所接收的信息转播出去，并像前面一样在 EIG 树中记录这些值。每个进程必定在完成把值记录到自己树中时做出决定。方法是确保至少 $(f+1)(d+l)$ 的时间已经过去。

　　给出这样一个算法的详细代码，证明它工作正确，并分析它的时间复杂度。

25.5 针对在定理 25.6 证明中定义和使用的通用同步模型，证明与定理 6.33 类似的结论。(提示：该证明非常类似于定理 6.33 的证明。)

25.6 补充定理 25.15 的证明细节。具体而言，证明：第 0 轮的时间 $T(0)-T'$ 为 $O(\ell_2)$；对于 $k \geqslant 1$，第 k 轮的时间 $T(k)-T(k-1)$ 最多为 $S+O(\ell_2)$。

25.7 对于任意的 f, $0 \leqslant f \leqslant n$，描述 PSynchAgreement 算法的一个特定可许可定时运行，其中输入到达所有端口、有至多 f 个故障，而直到其中每个进程都发生故障或决定的时间由你自己确定。

25.8 假设不使用保证所有消息在时间 d 内传递的通道，而使用只保证在时间 d 内传递最早消息的通道。针对这一模型修改 PSynchAgreement 算法，请尽量降低所得算法的时间复杂度。

25.9 研究问题：为部分同步模型设计一个比 PSynchAgreement 算法更有效的一致性算法。你能使时间上界达到 $Ld + fd$(加低阶谓词) 吗？

25.10 证明引理 25.19。(提示：使用类似于定理 6.33 证明中使用的链证明。证明以满足下面时间约束的一个同步定时运行子集为基础：对于每个 $r \in \mathbb{N}$，在时间间隔 $[rd, (r+1)d)$ 内发送的所有消息都正好在时间 $(r+1)d$ 时被传递。这个子集中的定时运行类似于同步模型中的运行，可以使用同样类型的链证明。)

25.11 研究问题：证明一个比定理 25.17 所给的更好的部分同步模型中到达一致性的时间下界。你能到达下界 $Ld + fd$ 吗？还能更好吗？

25.12 研究问题：求一个你所能得到的部分同步模型中 Byzantine 一致性问题的最好上界和下界。

25.13 研究问题：在有 f 停止故障的部分同步网络模型中，考虑 21.5 节所定义的 k 一致性问题。对所有无故障进程都做出决定的时间给出一个好的上界和下界。你能达到大约为 $Ld + \dfrac{f}{k} + d$ 的界限吗？（该界限是根据 FloodMin 算法和定理 7.14 针对同步网络环境推测的。）

25.14 证明定理 25.23，同步进程和异步通道的发送 / 接收网络中一致性问题的不可能性结论。（提示：用逻辑时间的 WelchTime 实现，说明如何用异步模型模拟这个模型的算法。WelchTime 算法使用的 *clock* 值可以通过统计步来维护。）

25.15 证明：如果 $n \leqslant 2f$，在时间界限最终成立的模型中一致性问题是无解的。

25.16 完成定理 25.25 的证明。即，

　　a）精确定义 *clock* 管理策略。

　　b）认真陈述所需要的同步度声明和增长率声明。

　　c）精确描述基于时钟的模拟，以完成算法 B 的描述。

　　d）证明：B 保证有 f 故障终止的一致性问题的正确性条件。

25.17 分析在习题 25.16 所构造算法 B 的时间复杂度。

25.18 考虑在未知时间界限模型中一致性问题的可解性。在这个模型中，我们假设进程步时间的下界 ℓ_1 和上界 ℓ_2，$0 < \ell_1 \leqslant \ell_2 < \infty$，并且假设每个消息的传递时间上界 d，但是这些界限对进程而言是"未知的"。（即，在不同的运行中它们可以不同，尽管每个运行在整个运行过程中有固定的界限。）

　　参照定理 12.12，证明针对未知时间界限模型的一个类似结果。

25.19 研究问题：使用 23.3.3 节中的模拟方法，重新证明 PSynchFD 和 PSynchAgreement 的时间界限结果。

25.20 在部分同步网络模型中，求 16.6 节中会话问题的时间复杂度的好的上界和下界。

25.21 在部分同步共享存储器模型中，求实现 13.3 节所定义原子对象快照问题的时间复杂度的好的上界和下界。（一定要认真描述所要测量的是什么。）

25.22 研究问题：在部分同步环境中，给出分布式计算中其他感兴趣问题的时间复杂度上界和下界。除本书中提到的问题外，考察发生在实际通信系统、分布式动作系统和实时进程控制系统中的问题。你也可以抛开本书所采用的部分同步环境的形式化表达方法。

25.23 研究问题：给出一个通用描述结果，精确描述在部分同步系统中什么是可以计算的、时间复杂度是多少、建立部分同步模型的功能与同步和异步模型的功能之间关系的转换结果。

参 考 文 献

[1] Martin Abadi and Leslie Lamport. An old-fashioned recipe for real time. In J. W. de Bakker et al., editors, *Real-Time: Theory in Practice* (REX Workshop, Mook, The Netherlands, June 1991), volume 600 of *Lecture Notes in Computer Science*, pages 1–27. Springer-Verlag, New York, 1992.

[2] Karl Abrahamson. On achieving consensus using a shared memory. In *Proceedings of the Seventh Annual ACM Symposium on Principles of Distributed Computing*, pages 291–302, Toronto, Ontario, Canada, August 1988.

[3] Yehuda Afek, Hagit Attiya, Danny Dolev, Eli Gafni, Michael Merritt, and Nir Shavit. Atomic snapshots of shared memory. *Journal of the ACM*, 40(4):873–890, September 1993.

[4] Yehuda Afek, Hagit Attiya, Alan Fekete, Michael Fischer, Nancy Lynch, Yishay Mansour, Da-Wei Wang, and Lenore Zuck. Reliable communication over unreliable channels. *Journal of the ACM*, 41(6):1267–1297, November 1994.

[5] Yehuda Afek and Eli Gafni. End-to-end communication in unreliable networks. In *Proceedings of the Seventh Annual ACM Symposium on Principles of Distributed Computing*, pages 131–148, Toronto, Ontario, Canada, August 1988. ACM, New York.

[6] Yehuda Afek and Eli Gafni. Time and message bounds for election in synchronous and asynchronous complete networks. *SIAM Journal on Computing*, 20(2):376–394, April 1991.

[7] Gul A. Agha. *Actors: A Model of Concurrent Computation in Distributed Systems*. MIT Press, Cambridge, 1986.

[8] Bowen Alpern and Fred B. Schneider. Defining liveness. *Information Processing Letters*, 21(4):181–185, October 1985.

[9] Rajeev Alur and David L. Dill. A theory of timed automata. *Theoretical Computer Science*, 126(2):183–235, April 1994.

[10] Rajeev Alur and Gadi Taubenfeld. Results about fast mutual exclusion. In *Proceedings of the Real-Time Systems Symposium*, pages 12–21, Phoenix, December 1992. IEEE, Los Alamitos, Calif.

[11] James H. Anderson. Composite registers. *Distributed Computing*, 6(3):141–154, April 1993.

[12] James H. Anderson. Multi-writer composite registers. *Distributed Computing*, 7(4):175–195, May 1994.

[13] Dana Angluin. Local and global properties in networks of processors. In *Proceedings of the 12th Annual ACM Symposium on Theory of Computing*, pages 82–93, Los Angeles, April 1980.

[14] Eshrat Arjomandi, Michael J. Fischer, and Nancy A. Lynch. Efficiency of synchronous versus asynchronous distributed systems. *Journal of the ACM*, 30(3):449–456, July 1983.

[15] E. A. Ashcroft. Proving assertions about parallel programs. *Journal of Computer and System Sciences*, 10(1):110–135, February 1975.

[16] James Aspnes and Maurice Herlihy. Fast randomized consensus using shared memory. *Journal of Algorithms*, 11(3):441–461, September 1990.

[17] H. Attiya and M. Mavronicolas. Efficiency of semisynchronous versus asynchronous networks. *Mathematical Systems Theory*, 27(6):547–571, November/December 1994.

[18] Hagit Attiya, Amotz Bar-Noy, and Danny Dolev. Sharing memory robustly in message-passing systems. *Journal of the ACM*, 42(1):124–142, January 1995.

[19] Hagit Attiya, Amotz Bar-Noy, Danny Dolev, Daphne Koller, David Peleg, and Rüdiger Reischuk. Achievable cases in an asynchronous environment. In *28th Annual Symposium on Foundations of Computer Science*, pages 337–346. IEEE, Los Alamitos, Calif., October 1987.

[20] Hagit Attiya, Amotz Bar-Noy, Danny Dolev, David Peleg, and Rüdiger Reischuk. Renaming in an asynchronous environment. *Journal of the ACM*, 37(3):524–548, July 1990.

[21] Hagit Attiya, Shlomi Dolev, and Jennifer L. Welch. Connection management without retaining information. In *Proceedings of the 28th Annual Hawaii International Conference on System Sciences*, volume II (Software Technology), pages 622–631, Wailea, Hawaii, January 1995. IEEE, Los Alamitos, Calif.

[22] Hagit Attiya, Cynthia Dwork, Nancy Lynch, and Larry Stockmeyer. Bounds on the time to reach agreement in the presence of timing uncertainty. *Journal of the ACM*, 41(1):122–152, January 1994.

[23] Hagit Attiya, Michael Fischer, Da-Wei Wang, and Lenore Zuck. Reliable communication using unreliable channels. Manuscript, 1989.

[24] Hagit Attiya, Nancy Lynch, and Nir Shavit. Are wait-free algorithms fast?

Journal of the ACM, 41(4):725–763, July 1994.

[25] Hagit Attiya and Nancy A. Lynch. Time bounds for real-time process control in the presence of timing uncertainty. *Information and Computation*, 110(1):183–232, April 1994.

[26] Hagit Attiya and Ophir Rachman. Atomic snapshots in $O(n \log n)$ operations. In *Proceedings of the 12th Annual ACM Symposium on Principles of Distributed Computing*, pages 29–40, Ithaca, N.Y., August 1993.

[27] Hagit Attiya, Marc Snir, and Manfred K. Warmuth. Computing in an anonymous ring. *Journal of the ACM*, 35(4):845–875, October 1988.

[28] Hagit Attiya and Jennifer L. Welch. Sequential consistency versus linearizability. *ACM Transactions on Computer Systems*, 12(2):91–122, May 1994.

[29] Baruch Awerbuch. Complexity of network synchronization. *Journal of the ACM*, 32(4):804–823, October 1985.

[30] Baruch Awerbuch. Reducing complexities of the distributed max-flow and breadth-first search algorithms by means of network synchronization. *Networks*, 15(4):425–437, winter 1985.

[31] Baruch Awerbuch. Optimal distributed algorithms for minimum weight spanning tree, counting, leader election and related problems. In *Proceedings of the 19th Annual ACM Symposium on Theory of Computing*, pages 230–240, New York, May 1987.

[32] Baruch Awerbuch, Bonnie Berger, Lenore Cowen, and David Peleg. Near-linear cost sequential and distributed constructions of sparse neighborhood covers. In *34th Annual Symposium on Foundations of Computer Science*, pages 638–647, Palo Alto, Calif., November 1993. IEEE, Los Alamitos, Calif.

[33] Baruch Awerbuch and Robert G. Gallager. Distributed BFS algorithms. In *26th Annual Symposium on Foundations of Computer Science*, pages 250–256, Portland, Ore., October 1985. IEEE, Los Alamitos, Calif.

[34] Baruch Awerbuch, Oded Goldreich, David Peleg, and Ronen Vainish. A tradeoff between information and communication in broadcast protocols. *Journal of the ACM*, 37(2):238–256, April 1990.

[35] Baruch Awerbuch and David Peleg. Sparse partitions. In *31st Annual Symposium on Foundations of Computer Science*, volume II, pages 503–513, St. Louis, October 1990. IEEE, Los Alamitos, Calif.

[36] Baruch Awerbuch and David Peleg. Routing with polynomial communication-

space trade-off. *SIAM Journal of Discrete Mathematics*, 5(2):151–162, 1992.

[37] Baruch Awerbuch and Michael Saks. A Dining Philosophers algorithm with polynomial response time. In *31st Annual Symposium on Foundations of Computer Science*, volume I, pages 65–74, St. Louis, October 1990. IEEE, Los Alamitos, Calif.

[38] J. C. M. Baeten and W. P. Weijland. *Process Algebra*. Cambridge Tracts in Theoretical Computer Science 18. Cambridge University Press, Cambridge, U.K., 1990.

[39] Amotz Bar-Noy, Danny Dolev, Cynthia Dwork, and H. Raymond Strong. Shifting gears: Changing algorithms on the fly to expedite Byzantine agreement. In *Proceedings of the Sixth Annual ACM Symposium on Principles of Distributed Computing*, pages 42–51, Vancouver, British Columbia, Canada, August 1987.

[40] Amotz Bar-Noy, Danny Dolev, Daphne Koller, and David Peleg. Fault-tolerant critical section management in asynchronous environments. *Information and Computation*, 95(1):1–20, November 1991.

[41] Alan E. Baratz and Adrian Segall. Reliable link initialization procedures. *IEEE Transactions on Communications*, 36(2):144–152, February 1988.

[42] K. A. Bartlett, R. A. Scantlebury, and P. T. Wilkinson. A note on reliable full-duplex transmission over half-duplex links. *Communications of the ACM*, 12(5):260–261, May 1969.

[43] Richard Bellman. On a routing problem. *Quarterly of Applied Mathematics*, 16(1):87–90, 1958.

[44] Dag Belsnes. Single-message communication. *IEEE Transactions on Communications*, COM-24(2):190–194, February 1976.

[45] M. Ben-Ari. *Principles of concurrent programming*. Prentice Hall, Englewood Cliffs, N.J., 1982.

[46] Michael Ben-Or. Another advantage of free choice: Completely asynchronous agreement protocols. In *Proceedings of the Second Annual ACM Symposium on Principles of Distributed Computing*, pages 27–30, Montreal, Quebec, Canada, August 1983.

[47] Claude Berge. *Graphs and Hypergraph*. North-Holland, Amsterdam, 1973.

[48] Piotr Berman and Anupam A. Bharali. Distributed consensus in semi-synchronous systems. In *Proceedings of the Sixth International Parallel Processing Symposium*, pages 632–635, Beverly Hills, March 1992. IEEE, Los Alamitos, Calif.

[49] Piotr Berman and Juan A. Garay. Cloture voting: $n/4$-resilient distributed consensus in $t + 1$ rounds. *Mathematical Systems Theory—An International Journal on Mathematical Computing Theory*, 26(1):3–20, 1993. Special issue on Fault-Tolerant Distributed Algorithms.

[50] P. A. Bernstein, V. Hadzilacos, and N. Goodman. *Concurrency Control and Recovery in Database Systems*. Addison-Wesley, Reading, Mass., 1987.

[51] Ofer Biran, Shlomo Moran, and Shmuel Zaks. A combinatorial characterization of the distributed 1-solvable tasks. *Journal of Algorithms*, 11(3):420–440, September 1990.

[52] Kenneth P. Birman and Thomas A. Joseph. Reliable communication in the presence of failures. *ACM Transactions on Computer Systems*, 5(1):47–76, February 1987.

[53] Bard Bloom. Constructing two-writer atomic registers. *IEEE Transactions on Communications*, 37(12):1506–1514, December 1988.

[54] Gregor Bochmann and Jan Gecsei. A unified method for the specification and verification of protocols. In B. Gilchrist, editor, *Information Processing 77* (Toronto, August 1977), volume 7 of *Proceedings of IFIP Congress*, pages 229–234. North-Holland, Amsterdam, 1977.

[55] Elizabeth Borowsky and Eli Gafni. Generalized FLP impossibility result for t-resilient asynchronous computations. In *Proceedings of the 25th Annual ACM Symposium on Theory of Computing*, pages 91–100, San Diego, May 1993.

[56] Gabriel Bracha and Sam Toueg. Asynchronous consensus and broadcast protocols. *Journal of the ACM*, 32(4):824–840, October 1985.

[57] Gabriel Bracha and Sam Toueg. Distributed deadlock detection. *Distributed Computing*, 2(3):127–138, December 1987.

[58] Michael F. Bridgland and Ronald J. Watro. Fault-tolerant decision making in totally asynchronous distributed systems. In *Proceedings of the Sixth Annual ACM Symposium on Principles of Distributed Computing*, pages 52–63, Vancouver, British Columbia, Canada, August 1987.

[59] Manfred Broy. Functional specification of time sensitive communicating systems. In W. P. de Roever, J. W. de Bakker, and G. Rozenberg, editors, *Stepwise Refinement of Distributed Systems: Models, Formalisms, Correctness* (REX Workshop, Mook, The Netherlands, May/June 1989), volume 430 of *Lecture Notes in Computer Science*, pages 153–179. Springer-Verlag, New York, 1990.

[60] James E. Burns. Mutual exclusion with linear waiting using binary shared

variables. *ACM SIGACT News*, 10(2):42–47, summer 1978.

[61] James E. Burns. A formal model for message passing systems. Technical Report TR-91, Computer Science Department, Indiana University, Bloomington, September 1980.

[62] James E. Burns, Paul Jackson, Nancy A. Lynch, Michael J. Fischer, and Gary L. Peterson. Data requirements for implementation of N-process mutual exclusion using a single shared variable. *Journal of the ACM*, 29(1):183–205, January 1982.

[63] James E. Burns and Nancy A. Lynch. Bounds on shared memory for mutual exclusion. *Information and Computation*, 107(2):171–184, December 1993.

[64] O. S. F. Carvalho and G. Roucairol. On mutual exclusion in computer networks. *Communications of the ACM*, 26(2):146–148, February 1983.

[65] Tushar Deepak Chandra, Vassos Hadzilacos, and Sam Toueg. The weakest failure detector for solving consensus. *Journal of the ACM*, 43(4):685–722, July 1996.

[66] Tushar Deepak Chandra and Sam Toueg. Unreliable failure detectors for asynchronous systems. *Journal of the ACM*, 43(2):225–267, March 1996.

[67] K. M. Chandy and J. Misra. The Drinking Philosophers problem. *ACM Transactions on Programming Languages and Systems*, 6(4):632–646, October 1984.

[68] K. Mani Chandy and Leslie Lamport. Distributed snapshots: Determining global states of distributed systems. *ACM Transactions on Computer Systems*, 3(1):63–75, February 1985.

[69] K. Mani Chandy and Jayadev Misra. *Parallel Program Design: A Foundation*. Addison-Wesley, Reading, Mass., 1988.

[70] K. Mani Chandy, Jayadev Misra, and Laura M. Haas. Distributed deadlock detection. *ACM Transactions on Computer Systems*, 1(2):144–156, May 1983.

[71] Ernest Chang and Rosemary Roberts. An improved algorithm for decentralized extrema-finding in circular configurations of processes. *Communications of the ACM*, 22(5):281–283, May 1979.

[72] Ernest J. H. Chang. Echo algorithms: Depth parallel operations on general

graphs. *IEEE Transactions on Software Engineering*, SE-8(4):391–401, July 1982.

[73] Soma Chaudhuri. More *choices* allow more *faults*: Set consensus problems in totally asynchronous systems. *Information and Computation*, 105 (1):132–158, July 1993.

[74] Soma Chaudhuri, Rainer Gawlick, and Nancy Lynch. Designing algorithms for distributed systems with partially synchronized clocks. In *Proceedings of the 12th Annual ACM Symposium on Principles of Distributed Computing*, pages 121–132, Ithaca, N.Y., August 1993.

[75] Soma Chaudhuri, Maurice Herlihy, Nancy A. Lynch, and Mark R. Tuttle. Tight bounds for *k*-set agreement. Technical Report 95/4, Digital Equipment Corporation, Cambridge Research Lab, Cambridge, Mass. To appear.

[76] Soma Chaudhuri, Maurice Herlihy, Nancy A. Lynch, and Mark R. Tuttle. A tight lower bound for *k*-set agreement. In *34th Annual Symposium on Foundations of Computer Science*, pages 206–215, Palo Alto, Calif., November 1993. IEEE, Los Alamitos, Calif.

[77] Soma Chaudhuri, Maurice Herlihy, Nancy A. Lynch, and Mark R. Tuttle. A tight lower bound for processor coordination. In Donald S. Fussell and Miroslaw Malek, editors, *Responsive Computer Systems: Steps Toward Fault-Tolerant Real-Time Systems*, chapter 1, pages 1–18. Kluwer Academic, Boston, 1995. (Selected papers from *Second International Workshop on Responsive Computer Systems*, Lincoln, N.H., September 1993.)

[78] Benny Chor, Amos Israeli, and Ming Li. On processor coordination using asynchronous hardware. In *Proceedings of the Sixth Annual ACM Symposium on Principles of Distributed Computing*, pages 86–97, Vancouver, British Columbia, Canada, 1987.

[79] Ching-Tsun Chou and Eli Gafni. Understanding and verifying distributed algorithms using stratified decomposition. In *Proceedings of the Seventh Annual ACM Symposium on Principles of Distributed Computing*, pages 44–65, Toronto, Ontario, Canada, August 1988.

[80] Manhoi Choy and Ambuj K. Singh. Efficient fault tolerant algorithms for resource allocation in distributed systems. In *Proceedings of the 24th Annual ACM Symposium on Theory of Computing*, pages 593–602, Victoria, British Columbia, Canada, May 1992.

[81] William Douglas Clinger. *Foundations of Actor Semantics*. Ph.D. thesis, Department of Mathematics, Massachusetts Institute of Technology, Cambridge, June 1981. University Microfilms, Ann Arbor, Mich.

[82] Brian A. Coan. *Achieving Consensus in Fault-Tolerant Distributed Computer Systems: Protocols, Lower Bounds, and Simulations*. Ph.D. thesis, Department of Electrical Engineering and Computer Science, Massachusetts Institute of Technology, Cambridge, June 1987.

[83] Thomas H. Cormen, Charles E. Leiserson, and Ronald L. Rivest. *Introduction to Algorithms*. MIT Press/McGraw-Hill, Cambridge, Mass./New York, 1990.

[84] Armin B. Cremers and Thomas N. Hibbard. Mutual exclusion of N processors using an $O(N)$-valued message variable. In G. Ausiello and C. Böhm, editors, *Automata, Languages and Programming: Fifth Colloquium* (5th ICALP, Udine, Italy, July 1978), volume 62 of *Lecture Notes in Computer Science*, pages 165–176. Springer-Verlag, New York, 1978.

[85] Armin B. Cremers and Thomas N. Hibbard. Arbitration and queueing under limited shared storage requirements. Technical Report 83, Department of Informatics, University of Dortmund, March 1979.

[86] N. G. de Bruijn. Additional comments on a problem in concurrent programming control. *Communications of the ACM*, 10(3):137–138, March 1967.

[87] W. P. de Roever and F. A. Stomp. A correctness proof of a distributed minimum-weight spanning tree algorithm. In *Proceedings of the Seventh International Conference on Distributed Computing Systems*, pages 440–447, Berlin, September 1987. IEEE, Los Alamitos, Calif.

[88] Richard A. DeMillo, Nancy A. Lynch, and Michael J. Merritt. Cryptographic protocols. In *Proceedings of the 14th Annual ACM Symposium on Theory of Computing*, pages 383–400, San Francisco, May 1982.

[89] Harish Devarajan. A correctness proof for a network synchronizer. Master's thesis, Department of Electrical Engineering and Computer Science, Massachusetts Institute of Technology, Cambridge, May 1993. Technical Report MIT/LCS/TR-588.

[90] E. W. Dijkstra. Solution of a problem in concurrent programming control. *Communications of the ACM*, 8(9):569, September 1965.

[91] E. W. Dijkstra. Hierarchical ordering of sequential processes. *Acta Informatica*, 1(2):115–138, 1971.

[92] Edsger W. Dijkstra and C. S. Scholten. Termination detection for diffusing computations. *Information Processing Letters*, 11(1):1–4, August 1980.

[93] D. Dolev and H. R. Strong. Authenticated algorithms for Byzantine agreement. *SIAM Journal of Computing*, 12(4):656–666, November 1983.

[94] Danny Dolev. The Byzantine generals strike again. *Journal of Algorithms*, 3(1):14–30, March 1982.

[95] Danny Dolev, Cynthia Dwork, and Larry Stockmeyer. On the minimal synchronism needed for distributed consensus. *Journal of the ACM*, 34(1):77–97, January 1987.

[96] Danny Dolev, Michael J. Fischer, Rob Fowler, Nancy A. Lynch, and H. Raymond Strong. An efficient algorithm for Byzantine agreement without authentication. *Information and Control*, 52(3):257–274, March 1982.

[97] Danny Dolev, Maria Klawe, and Michael Rodeh. An $O(n \log n)$ unidirectional distributed algorithm for extrema finding in a circle. *Journal of Algorithms*, 3(3):245–260, September 1982.

[98] Danny Dolev, Nancy A. Lynch, Shlomit S. Pinter, Eugene W. Stark, and William E. Weihl. Reaching approximate agreement in the presence of faults. *Journal of the ACM*, 33(3):499–516, July 1986.

[99] Danny Dolev, Rudiger Reischuk, and H. Raymond Strong. Early stopping in Byzantine agreement. *Journal of the ACM*, 37(4):720–741, October 1990.

[100] Danny Dolev and Nir Shavit. Bounded concurrent time-stamp systems are constructible. In *Proceedings of the 21st Annual ACM Symposium on Theory of Computing*, pages 454–466, Seattle, May 1989. To appear in *SIAM Journal of Computing*.

[101] Danny Dolev and H. Raymond Strong. Polynomial algorithms for multiple processor agreement. In *Proceedings of the 14th Annual ACM Symposium on Theory of Computing*, pages 401–407, San Francisco, May 1982.

[102] Cynthia Dwork, Maurice Herlihy, Serge A. Plotkin, and Orli Waarts. Time-lapse snapshots. In D. Dolev, Z. Galil, and M. Rodeh, editors, *Theory of Computing and Systems* (ISTCS '92, Israel Symposium, Haifa, May 1992), volume 601 of *Lecture Notes in Computer Science*, pages 154–170. Springer-Verlag, New York, 1992.

[103] Cynthia Dwork, Maurice P. Herlihy, and Orli Waarts. Contention in shared memory algorithms. In *Proceedings of the 25th Annual ACM Symposium on Theory of Computing*, pages 174–183, San Diego, May 1993. Expanded version in Technical Report CRL 93/12, Digital Equipment Corporation, Cambridge Research Lab, Cambridge, Mass.

[104] Cynthia Dwork, Nancy Lynch, and Larry Stockmeyer. Consensus in the presence of partial synchrony. *Journal of the ACM*, 35(2):288–323, April 1988.

[105] Cynthia Dwork and Yoram Moses. Knowledge and common knowledge in a Byzantine environment: Crash failures. *Information and Computation*, 88(2):156–186, October 1990.

[106] Cynthia Dwork and Dale Skeen. The inherent cost of nonblocking commitment. In *Proceedings of the Second Annual ACM Symposium on Principles of Distributed Computing*, pages 1–11, Montreal, Quebec, Canada, August 1983.

[107] Cynthia Dwork and Orli Waarts. Simple and efficient bounded concurrent timestamping and the traceable use abstraction. In *Proceedings of the 24th Annual ACM Symposium on Theory of Computing*, pages 655–666, Victoria, British Columbia, Canada, May 1992. Preliminary. Final version to appear in *Journal of the ACM*.

[108] Murray A. Eisenberg and Michael R. McGuire. Further comments on Dijkstra's concurrent programming control problem. *Communications of the ACM*, 15(11):999, November 1972.

[109] A. Fekete, N. Lynch, and L. Shrira. A modular proof of correctness for a network synchronizer. In J. van Leeuwen, editor, *Distributed Algorithms* (2nd International Workshop, Amsterdam, July 1987), volume 312 of *Lecture Notes in Computer Science*, pages 219–256. Springer-Verlag, New York, 1988.

[110] A. D. Fekete. Asymptotically optimal algorithms for approximate agreement. *Distributed Computing*, 4(1):9–29, March 1990.

[111] A. D. Fekete. Asynchronous approximate agreement. *Information and Computation*, 115(1):95–124, November 15, 1994.

[112] Alan Fekete, Nancy Lynch, Yishay Mansour, and John Spinelli. The impossibility of implementing reliable communication in the face of crashes. *Journal of the ACM*, 40(5):1087–1107, November 1993.

[113] Paul Feldman and Silvio Micali. An optimal probabilistic protocol for synchronous Byzantine agreement. To appear in *SIAM Journal on Computing*. Preliminary version appeared as Technical Report MIT/LCS/TM-425.b, Laboratory for Computer Science, Massachusetts Institute of Technology, Cambridge, December 1992.

[114] Paul Neil Feldman. *Optimal Algorithms for Byzantine Agreement*. Ph.D. thesis, Department of Mathematics, Massachusetts Institute of Technology, Cambridge, June 1988.

[115] Colin J. Fidge. Timestamps in message-passing systems that preserve the partial ordering. In *Proceedings of the 11th Australian Computer Science Conference*, pages 56–66, Brisbane, Australia, February 1988.

[116] Michael Fischer. Re: Where are you? E-mail message to Leslie Lamport. Arpanet message number 8506252257.AA07636@YALE-BULLDOG.YALE.ARPA (47 lines), June 25, 1985.

[117] Michael J. Fischer. The consensus problem in unreliable distributed systems (a brief survey). Research Report YALEU/DCS/RR-273, Yale University, Department of Computer Science, New Haven, Conn., June 1983.

[118] Michael J. Fischer, Nancy D. Griffeth, and Nancy A. Lynch. Global states of a distributed system. *IEEE Transactions on Software Engineering*, SE-8(3):198–202, May 1982.

[119] Michael J. Fischer and Nancy A. Lynch. A lower bound for the time to assure interactive consistency. *Information Processing Letters*, 14(4):183–186, June 1982.

[120] Michael J. Fischer, Nancy A. Lynch, James E. Burns, and Allan Borodin. Resource allocation with immunity to limited process failure. In *20th Annual Symposium on Foundations of Computer Science*, pages 234–254, San Juan, Puerto Rico, October 1979. IEEE, Los Alamitos, Calif.

[121] Michael J. Fischer, Nancy A. Lynch, James E. Burns, and Allan Borodin. Distributed FIFO allocation of identical resources using small shared space. *ACM Transactions on Programming Languages and Systems*, 11(1):90–114, January 1989.

[122] Michael J. Fischer, Nancy A. Lynch, and Michael Merritt. Easy impossibility proofs for distributed consensus problems. *Distributed Computing*, 1(1):26–39, January 1986.

[123] Michael J. Fischer, Nancy A. Lynch, and Michael S. Paterson. Impossibility of distributed consensus with one faulty process. *Journal of the ACM*, 32(2):374–382, April 1985.

[124] Robert W. Floyd. Assigning meanings to programs. In *Mathematical Aspects of Computer Science* (New York, April 1966), volume 19 of *Proceedings of the Symposia in Applied Mathematics*, pages 19–32. American Mathematical Society, Providence, 1967.

[125] L. R. Ford, Jr. and D. R. Fulkerson. *Flows in Networks*. Princeton University Press, Princeton, N.J., 1962.

[126] Nissim Francez. Distributed termination. *ACM Transactions on Programming Languages and Systems*, 2(1):42–55, January 1980.

[127] Greg N. Frederickson and Nancy A. Lynch. Electing a leader in a synchronous ring. *Journal of the ACM*, 34(1):98–115, January 1987.

[128] Harold N. Gabow. Scaling algorithms for network problems. *Journal of Computer and System Sciences*, 31(2):148–168, October 1985.

[129] Eli Gafni. Personal communication, April 1994.

[130] R. G. Gallager, P. A. Humblet, and P. M. Spira. A distributed algorithm for minimum-weight spanning trees. *ACM Transactions on Programming Languages and Systems*, 5(1):66–77, January 1983.

[131] Robert G. Gallager. Distributed minimum hop algorithms. Technical Report LIDS-P-1175, Laboratory for Information and Decision Systems, Massachusetts Institute of Technology, Cambridge, January 1982.

[132] Juan A. Garay, Shay Kutten, and David Peleg. A sub-linear time distributed algorithm for minimum-weight spanning trees. In *34th Annual Symposium on Foundations of Computer Science*, pages 659–668, Palo Alto, Calif., November 1993. IEEE, Los Alamitos, Calif.

[133] Juan A. Garay and Yoram Moses. Fully polynomial Byzantine agreement in $t + 1$ rounds. In *Proceedings of the 25th Annual ACM Symposium on Theory of Computing*, pages 31–41, San Diego, May 1993.

[134] Stephen J. Garland and John V. Guttag. A guide to LP, the Larch Prover. Research Report 82, Digital Systems Research Center, Palo Alto, Calif., December 1991.

[135] Rainer Gawlick, Nancy Lynch, and Nir Shavit. Concurrent time-stamping made simple. In D. Dolev, Z. Galil, and M. Rodeh, editors, *Theory of Computing and Systems* (ISTCS '92, Israel Symposium, Haifa, May 1992), volume 601 of *Lecture Notes in Computer Science*, pages 171–185. Springer-Verlag, New York, 1992.

[136] Rainer Gawlick, Roberto Segala, Jørgen Søgaard-Andersen, and Nancy Lynch. Liveness in timed and untimed systems. In Serge Abiteboul and Eli Shamir, editors, *Automata, Languages and Programming* (21st International Colloquium, ICALP '94, Jerusalem, July 1994), volume 820 of *Lecture Notes in Computer Science*, pages 166–177. Springer-Verlag, New York, 1994.

[137] David K. Gifford. Weighted voting for replicated data. In *Proceedings of the Seventh Symposium on Operating Systems Principles*, pages 150–162, Pacific Grove, Calif., December 1979. ACM, New York.

[138] Virgil D. Gligor and Susan H. Shattuck. On deadlock detention in distributed systems. *IEEE Transactions on Software Engineering*, SE-6(5):435–440, September 1980.

[139] Kenneth Goldman and Kathy Yelick. A unified model for shared-memory and message-passing systems. Technical Report WUCS–93–35, Washington University, St. Louis, June 1993.

[140] Kenneth J. Goldman and Nancy Lynch. Quorum consensus in nested transaction systems. *ACM Transactions on Database Systems*, 19(4):537–585, December 1994.

[141] Kenneth J. Goldman and Nancy A. Lynch. Modelling shared state in a shared action model. In *Proceedings of the Fifth Annual IEEE Symposium on Logic in Computer Science*, pages 450–463, Philadelphia, June 1990.

[142] J. N. Gray. Notes on data base operating systems. In R. Bayer, R. M. Graham, and G. Seegmüller, editors, *Operating Systems: An Advanced Course*, volume 60 of *Lecture Notes in Computer Science*, chapter 3.F, page 465. Springer-Verlag, New York, 1978.

[143] Vassos Hadzilacos and Sam Toueg. Fault-tolerant broadcasts and related problems. In Sape Mullender, editor, *Distributed Systems*, second edition, chapter 5, pages 97–145. ACM Press/Addison-Wesley, New York/Reading, Mass., 1993.

[144] S. Haldar and K. Vidyasankar. Constructing 1-writer multireader multivalued atomic variables from regular variables. *Journal of the ACM*, 42(1):186–203, January 1995.

[145] Joseph Y. Halpern, Yoram Moses, and Orli Waarts. A characterization of eventual byzantine agreement. In *Proceedings of the Ninth Annual ACM Symposium on Principles of Distributed Computing*, pages 333–346, Quebec City, Quebec, Canada, August 1990.

[146] Joseph Y. Halpern and Lenore D. Zuck. A little knowledge goes a long way: Knowledge-based proofs for a family of protocols. *Journal of the ACM*, 39(3):449–478, July 1992.

[147] Frank Harary. *Graph Theory*. Addison-Wesley, Reading, Mass., 1972.

[148] Constance Heitmeyer and Nancy Lynch. The generalized railroad crossing: A case study in formal verification of real-time systems. Technical Memo MIT/LCS/TM-511, Laboratory for Computer Science, Massachusetts Institute of Technology, Cambridge, November 1994. Abbreviated version in *Proceedings of the Real-Time Systems Symposium*, pages 120–131, San Juan, Puerto Rico, December 1994. IEEE, Los Alamitos, Calif. Later version to appear in C. Heitmeyer and D. Mandrioli, editors *Formal Methods for Real-time Computing*, chapter 4, *Trends in Software* serics, John Wiley & Sons, New York.

[149] Maurice Herlihy. A quorum-consensus replication method for abstract data types. *ACM Transactions on Computer Systems*, 4(1):32–53, February 1986.

[150] Maurice Herlihy. Wait-free synchronization. *ACM Transactions on Programming Languages and Systems*, 13(1):124–149, January 1991.

[151] Maurice Herlihy and Nir Shavit. A simple constructive computatability theorem for wait-free computation. In *Proceedings of the 26th Annual ACM Symposium on Theory of Computing*, pages 243–262, Montreal, Quebec, Canada, May 1994.

[152] Maurice P. Herlihy and Nir Shavit. The asynchronous computability theorem for *t*-resilient tasks. In *Proceedings of the 25th Annual ACM Symposium on Theory of Computing*, pages 111–120, San Diego, May 1993.

[153] Maurice P. Herlihy and Jeannette M. Wing. Linearizability: A correctness condition for concurrent objects. *ACM Transactions on Programming Languages and Systems*, 12(3):463–492, July 1990.

[154] Maurice Peter Herlihy. *Replication Methods for Abstract Data Types*. Ph.D. thesis, Department of Electrical Engineering and Computer Science, Massachusetts Institute of Technology, Cambridge, May 1984. Technical Report MIT/LCS/TR-319.

[155] Lisa Higham and Teresa Przytycka. A simple, efficient algorithm for maximum finding on rings. In André Schiper, editor, *Distributed Algorithms* (7th International Workshop, WDAG '93, Lausanne, Switzerland, September 1993), volume 725 of *Lecture Notes in Computer Science*, pages 249–263. Springer-Verlag, New York, 1993.

[156] D. S. Hirschberg and J. B. Sinclair. Decentralized extrema-finding in circular configurations of processes. *Communications of the ACM*, 23(11):627–628, November 1980.

[157] Gary S. Ho and C. V. Ramamoorthy. Protocols for deadlock detection in distributed database systems. *IEEE Transactions on Software Engineering*, SE-8(6):554–557, November 1982.

[158] C. A. R. Hoare. Proof of correctness of data representations. *Acta Informatica*, 1(4):271–281, 1972.

[159] C. A. R. Hoare. *Communicating Sequential Processes*. Prentice-Hall International, United Kingdom, 1985.

[160] Pierre A. Humblet. A distributed algorithm for minimum weight directed spanning trees. *IEEE Transactions on Communications*, COM-31(6):756–762, June 1983.

[161] Sreekaanth S. Isloor and T. Anthony Marsland. An effective "on-line" deadlock detection technique for distributed database management systems. In *Proceedings of COMPSAC 78: IEEE Computer Society's Second Inter-*

national Computer Software and Applications Conference, pages 283–288, Chicago, November 1978.

[162] Amos Israeli and Ming Li. Bounded time-stamps. Distributed Computing, 6(4):205–209, July 1993.

[163] Amos Israeli and Meir Pinhasov. A concurrent time-stamp scheme which is linear in time and space. In A. Segall and S. Zaks, editors, Distributed Algorithms: Sixth International Workshop (WDAG '92, Haifa, Israel, November 1992), volume 647 of Lecture Notes in Computer Science, pages 95–109. Springer-Verlag, New York, 1992.

[164] Wil Janssen and Job Zwiers. From sequential layers to distributed processes: Deriving a distributed minimum weight spanning tree algorithm. In Proceedings of the 11th Annual ACM Symposium on Principles of Distributed Computing, pages 215–227, Vancouver, British Columbia, Canada, August 1992.

[165] Bengt Jonsson. Compositional specification and verification of distributed systems. ACM Transactions on Programming Languages and Systems, 16(2):259–303, March 1994.

[166] Richard M. Karp and Vijaya Ramachandran. Parallel algorithms for shared-memory machines. In Jan Van Leeuwen, editor, Algorithms and Complexity, volume A of Handbook of Theoretical Computer Science, chapter 17, pages 869–942. Elsevier/MIT Press, New York/Cambridge, 1990.

[167] Jon Kleinberg, Hagit Attiya, and Nancy Lynch. Trade-offs between message delivery and quiesce times in connection management protocols. In Proceedings of ISTCS 1995: The Third Israel Symposium on Theory of Computing and Systems, pages 258–267, Tel Aviv, January 1995. IEEE, Los Alamitos, Calif.

[168] Donald E. Knuth. Additional comments on a problem in concurrent programming control. Communications of the ACM, 9(5):321–322, May 1966.

[169] Donald E. Knuth. Fundamental Algorithms, volume 1 of The Art of Computer Programming, second edition. Addison-Wesley, Reading, Mass., 1973.

[170] Dénes König. Sur les correspondances multivoques des ensembles. Fundamenta Mathematicae, 8:114–134, 1926.

[171] Clyde P. Kruskal, Larry Rudolph, and Marc Snir. Efficient synchronization on multiprocessors with shared memory. In Proceedings of the Fifth Annual ACM Symposium on Principles of Distributed Computing, pages 218–228, Calgary, Alberta, Canada, August 1986.

[172] Jaynarayan H. Lala. A Byzantine resilient fault-tolerant computer for

nuclear power plant applications. In *FTCS: 16th Annual International Symposium on Fault-Tolerant Computing Systems*, pages 338–343, Vienna, July 1986. IEEE, Los Alamitos, Calif.

[173] Jaynarayan H. Lala, Richard. E. Harper, and Linda S. Alger. A design approach for ultrareliable real-time systems. *Computer*, 24(5):12–22, May 1991. Issue on Real-time Systems.

[174] Leslie Lamport. A new solution of Dijkstra's concurrent programming problem. *Communications of the ACM*, 17(8):453–455, August 1974.

[175] Leslie Lamport. Proving the correctness of multiprocess programs. *IEEE Transactions on Software Engineering*, SE-3(2):125–143, March 1977.

[176] Leslie Lamport. Time, clocks, and the ordering of events in a distributed system. *Communications of the ACM*, 21(7):558–565, July 1978.

[177] Leslie Lamport. Specifying concurrent program modules. *ACM Transactions on Programming Languages and Systems*, 5(2):190–222, April 1983.

[178] Leslie Lamport. The weak Byzantine generals problem. *Journal of the ACM*, 30(3):669–676, July 1983.

[179] Leslie Lamport. Using time instead of timeout for fault-tolerant distributed systems. *ACM Transactions on Programming Languages and Systems*, 6(2):254–280, April 1984.

[180] Leslie Lamport. The mutual exclusion problem. Part II: Statement and solutions. *Journal of the ACM*, 33(2):327–348, April 1986.

[181] Leslie Lamport. On interprocess communication, Part I: Basic formalism. *Distributed Computing*, 1(2):77–85, April 1986.

[182] Leslie Lamport. On interprocess communication, Part II: Algorithms. *Distributed Computing*, 1(2):86–101, April 1986.

[183] Leslie Lamport. The part-time parliament. Research Report 49, Digital Systems Research Center, Palo Alto, Calif., September 1989.

[184] Leslie Lamport. The temporal logic of actions. *ACM Transactions on Programming Languages and Systems*, 16(3):872–923, May 1994.

[185] Leslie Lamport and Nancy Lynch. Distributed computing: Models and methods. In Jan Van Leeuwen, editor, *Formal Models and Semantics*, volume B of *Handbook of Theoretical Computer Science*, chapter 18, pages 1157–1199. Elsevier/MIT Press, New York/Cambridge, 1990.

[186] Leslie Lamport and Fred B. Schneider. Pretending atomicity. Research Report 44, Digital Equipment Corporation, Systems Research Center, Palo Alto, Calif., May 1989.

[187] Leslie Lamport, Robert Shostak, and Marshall Pease. The Byzantine generals problem. *ACM Transactions on Programming Languages and Systems*, 4(3):382–401, July 1982.

[188] Butler Lampson, Nancy Lynch, and Jørgen Søgaard-Andersen. At-most-once message delivery: A case study in algorithm verification. In W. R. Cleaveland, editor, *CONCUR'92* (Third International Conference on Concurrency Theory, Stony Brook, N.Y., August 1992), volume 630 of *Lecture Notes in Computer Science*, pages 317–324. Springer-Verlag, New York, 1992.

[189] Butler Lampson, William Weihl, and Umesh Maheshwari. Principles of Computer Systems: Lecture Notes for 6.826, Fall 1992. Research Seminar Series MIT/LCS/RSS 22, Laboratory for Computer Science, Massachusetts Institute of Technology, Cambridge, July 1993.

[190] Butler W. Lampson, Nancy A. Lynch, and Jørgen F. Søgaard-Andersen. Correctness of at-most-once message delivery protocols. In Richard L. Tenney, Paul D. Amer, and M. Ümit Uyan, editors, *Formal Description Techniques VI* (Proceedings of the IFIP TC6/WG6.1 Sixth International Conference on Formal Description Techniques, FORTE '93, Boston, October, 1993) *IFIP Transactions C*, pages 385–400. North-Holland, Amsterdam, 1994.

[191] Gérard Le Lann. Distributed systems—towards a formal approach. In Bruce Gilchrist, editor, *Information Processing 77* (Toronto, August 1977), volume 7 of *Proceedings of IFIP Congress*, pages 155–160. North-Holland, Amsterdam, 1977.

[192] Daniel Lehmann and Michael O. Rabin. On the advantages of free choice: A symmetric and fully distributed solution to the Dining Philosophers problem. In *Proceedings of Eighth Annual ACM Symposium on Principles of Programming Languages*, pages 133–138, Williamsburg, Va., January 1981.

[193] F. Thomson Leighton. *Introduction to Parallel Algorithms and Architectures: Arrays, Trees, Hypercubes*. Morgan Kaufmann, San Mateo, Calif., 1992.

[194] Harry R. Lewis. Finite-state analysis of asynchronous circuits with bounded temporal uncertainty. Technical Report TR-15-89, Center for Research in Computing Technology, Aiken Computation Laboratory, Harvard University, Cambridge, Mass., 1989.

[195] Harry R. Lewis and Christos H. Papadimitriou. *Elements of the Theory of Computation*. Prentice Hall, Englewood Cliffs, N.J., 1981.

[196] Ming Li and Paul M. B. Vitányi. How to share concurrent wait-free variables. *Journal of the ACM*, 43(4):723–746, July 1996.

[197] Barbara Liskov and Rivka Ladin. Highly-available distributed services and fault-tolerant distributed garbage collection. In *Proceedings of the Fifth Annual ACM Symposium on Principles of Distributed Computing*, pages 29–39, Calgary, Alberta, Canada, August 1986.

[198] Barbara Liskov, Alan Snyder, Russell Atkinson, and Craig Schaffert. Abstraction mechanisms in CLU. *Communications of the ACM*, 20(8):564–576, August 1977.

[199] Michael C. Loui and Hosame H. Abu-Amara. Memory requirements for agreement among unreliable asynchronous processes. In Franco P. Preparata, editor, *Parallel and Distributed Computing*, volume 4 of *Advances in Computing Research*, pages 163–183. JAI Press, Greenwich, Conn., 1987.

[200] Michael Luby. A simple parallel algorithm for the maximal independent set problem. *SIAM Journal of Computing*, 15(4):1036–1053, November 1986.

[201] Victor Luchangco. Using simulation techniques to prove timing properties. Master's thesis, Department of Electrical Engineering and Computer Science, Massachusetts Institute of Technology, Cambridge, June 1995.

[202] Victor Luchangco, Ekrem Söylemez, Stephen Garland, and Nancy Lynch. Verifying timing properties of concurrent algorithms. In Dieter Hogrefe and Stefan Leue, editors, *Formal Description Techniques VII: Proceedings of the 7th IFIP WG6.1 International Conference on Formal Description Techniques* (FORTE '94, Berne, Switzerland, October 1994), pages 259–273. Chapman and Hall, New York, 1995.

[203] N. Lynch. Concurrency control for resilient nested transactions. In *Proceedings of the Second ACM SIGACT-SIGMOD Symposium on Principles of Database Systems*, pages 166–181, Atlanta, March 1983.

[204] Nancy Lynch. Simulation techniques for proving properties of real-time systems. In W. P. de Roever, J. W. de Bakker, and G. Rozenberg, editors, *A Decade of Concurrency: Reflections and Perspectives* (REX School/Symposium, Noordwijkerhout, The Netherlands, June 1993), volume 803 of *Lecture Notes in Computer Science*, pages 375–424. Springer-Verlag, New York, 1994.

[205] Nancy Lynch. Simulation techniques for proving properties of real-time systems. In Sang H. Son, editor, *Advances in Real-Time Systems*, chapter 13, pages 299–332. Prentice Hall, Englewood Cliffs, N.J., 1995.

[206] Nancy Lynch, Yishay Mansour, and Alan Fekete. The data link layer: Two impossibility results. In *Proceedings of the Seventh Annual ACM Symposium on Principles of Distributed Computing*, pages 149–170, Toronto, Ontario, Canada, August 1988.

[207] Nancy Lynch, Michael Merritt, William Weihl, and Alan Fekete. *Atomic Transactions*. Morgan Kaufmann, San Mateo, Calif., 1994.

[208] Nancy Lynch, Isaac Saias, and Roberto Segala. Proving time bounds for randomized distributed algorithms. In *Proceedings of the 13th Annual ACM Symposium on Principles of Distributed Computing*, pages 314–323, Los Angeles, August 1994.

[209] Nancy Lynch and Nir Shavit. Timing-based mutual exclusion. In *Proceedings of the Real-Time Systems Symposium*, pages 2–11, Phoenix, December 1992. IEEE, Los Alamitos, Calif.

[210] Nancy Lynch and Frits Vaandrager. Forward and backward simulations for timing-based systems. In J. W. de Bakker et al., editors, *Real-Time: Theory in Practice* (REX Workshop, Mook, The Netherlands, June 1991), volume 600 of *Lecture Notes in Computer Science*, pages 397–446. Springer-Verlag, New York, 1992.

[211] Nancy Lynch and Frits Vaandrager. Forward and backward simulations—Part II: Timing-based systems. *Information and Computation*, 128(1): 1–25, July 1996.

[212] Nancy Lynch and Frits Vaandrager. Action transducers and timed automata. Technical Memo MIT/LCS/TM-480.b, Laboratory for Computer Science, Massachusetts Institute of Technology, Cambridge, October 1994.

[213] Nancy A. Lynch. Upper bounds for static resource allocation in a distributed system. *Journal of Computer and System Sciences*, 23(2):254–278, October 1981.

[214] Nancy A. Lynch. Multivalued possibilities mappings. In W. P. de Roever, J. W. de Bakker, and G. Rozenberg, editors, *Stepwise Refinement of Distributed Systems: Models, Formalisms, Correctness* (REX Workshop, Mook, The Netherlands, May/June 1989), volume 430 of *Lecture Notes in Computer Science*, pages 519–543. Springer-Verlag, New York, 1990.

[215] Nancy A. Lynch and Hagit Attiya. Using mappings to prove timing properties. *Distributed Computing*, 6(2):121–139, September 1992.

[216] Nancy A. Lynch and Michael J. Fischer. On describing the behavior and implementation of distributed systems. *Theoretical Computer Science*, 13(1):17–43, 1981. Special issue on Semantics of Concurrent Computation.

[217] Nancy A. Lynch and Mark R. Tuttle. Hierarchical correctness proofs for distributed algorithms. Master's thesis, Department of Electrical Engineering and Computer Science, Massachusetts Institute of Technology, Cambridge, April 1987. Technical Report MIT/LCS/TR-387. Abbreviated version in *Proceedings of the Sixth Annual ACM Symposium on Principles of Distributed Computing*, pages 137–151, Vancouver, British Columbia, Canada, August, 1987.

[218] Nancy A. Lynch and Mark R. Tuttle. An introduction to input/output automata. *CWI-Quarterly*, 2(3):219–246, September 1989. Centrum voor Wiskunde en Informatica, Amsterdam. Technical Memo MIT/LCS/TM-373, Laboratory for Computer Science, Massachusetts Institute of Technology, Cambridge, November 1988.

[219] Zohar Manna and Amir Pnueli. *The Temporal Logic of Reactive and Concurrent Systems: Specification.* Springer-Verlag, New York, 1992.

[220] Yishay Mansour and Baruch Schieber. The intractability of bounded protocols for on-line sequence transmission over non-FIFO channels. *Journal of the ACM*, 39(4):783–799, October 1992.

[221] John C. Martin. *Introduction to Languages and the Theory of Computation.* McGraw-Hill, New York, 1991.

[222] Friedemann Mattern. Virtual time and global states of distributed systems. In Michel Cosnard et al., editors, *Parallel and Distributed Algorithms: Proceedings of the International Workshop on Parallel and Distributed Algorithms* (Chateau de Bonas, Gers, France, October, 1988), pages 215–226. North-Holland, Amsterdam, 1989.

[223] John M. McQuillan, Gilbert Falk, and Ira Richer. A review of the development and performance of the ARPANET routing algorithm. *IEEE Transactions on Communications*, COM-26(12):1802–1811, December 1978.

[224] Daniel A. Menasce and Richard R. Muntz. Locking and deadlock detection in distributed data bases. *IEEE Transactions on Software Engineering*, SE-5(3):195–202, May 1979.

[225] Karl Menger. Zur allgemeinen Kurventheorie. *Fundamenta Mathematicae*, 10:96–115, 1927.

[226] Michael Merritt, 1985. Unpublished Notes.

[227] Michael Merritt, Francesmary Modugno, and Mark R. Tuttle. Time con-

strained automata. In J. C. M. Baeten and J. F. Goote, editors, *CONCUR '91: 2nd International Conference on Concurrency Theory* (Amsterdam, August 1991), volume 527 of *Lecture Notes in Computer Science*, pages 408–423. Springer-Verlag, New York, 1991.

[228] Robin Milner. An algebraic definition of simulation between programs. In *2nd International Joint Conference on Artificial Intelligence*, pages 481–489, Imperial College, London, September 1971. British Computer Society, London.

[229] Robin Milner. *Communication and Concurrency*. Prentice-Hall International, United Kingdom, 1989.

[230] Shlomo Moran and Yaron Wolfstahl. Extended impossibility results for asynchronous complete networks. *Information Processing Letters*, 26(3):145–151, November 1987.

[231] Yoram Moses and Orli Waarts. Coordinated traversal: $(t + 1)$-round Byzantine agreement in polynomial time. *Journal of Algorithms*, 17(1):110–156, July 1994.

[232] Gil Neiger and Sam Toueg. Simulating synchronized clocks and common knowledge in distributed systems. *Journal of the ACM*, 40(2):334–367, April 1993.

[233] Tobias Nipkow. Formal verification of data type refinement: Theory and practice. In W. P. de Roever, J. W. de Bakker, and G. Rozenberg, editors, *Stepwise Refinement of Distributed Systems: Models, Formalisms, Correctness* (REX Workshop, Mook, The Netherlands, May/June 1989), volume 430 of *Lecture Notes in Computer Science*, pages 561–591. Springer-Verlag, New York, 1990.

[234] Ron Obermarck. Distributed deadlock detection algorithm. *ACM Transactions on Database Systems*, 7(2):187–208, June 1982.

[235] Susan Owicki and David Gries. An axiomatic proof technique for parallel programs, I. *Acta Informatica*, 6(4):319–340, 1976.

[236] David Park. Concurrency and automata on infinite sequences. In Peter Deussen, editor, *Theoretical Computer Science* (5th GI Conference, Karlsruhe, Germany, March 1981), volume 104 of *Lecture Notes in Computer Science*, pages 167–183. Springer-Verlag, New York, 1981.

[237] M. Pease, R. Shostak, and L. Lamport. Reaching agreement in the presence of faults. *Journal of the ACM*, 27(2):228–234, April 1980.

[238] G. L. Peterson. Myths about the mutual exclusion problem. *Information Processing Letters*, 12(3):115–116, June 1981.

[239] Gary L. Peterson. An $O(n \log n)$ unidirectional distributed algorithm for the circular extrema problem. *ACM Transactions on Programming Languages and Systems*, 4(4):758–762, October 1982.

[240] Gary L. Peterson. Concurrent reading while writing. *ACM Transactions on Programming Languages and Systems*, 5(1):46–55, 1983.

[241] Gary L. Peterson and James E. Burns. Concurrent reading while writing II: The multi-writer case. In *28th Annual Symposium on Foundations of Computer Science*, pages 383–392, Los Angeles, October 1987. IEEE, Los Alamitos, Calif.

[242] Gary L. Peterson and Michael J. Fischer. Economical solutions for the critical section problem in a distributed system. In *Proceedings of the Ninth Annual ACM Symposium on Theory of Computing*, pages 91–97, Boulder, Colo., May 1977.

[243] Amir Pnueli. Personal communication, 1988.

[244] Amir Pnueli and Lenore Zuck. Verification of multiprocess probabilistic protocols. *Distributed Computing*, 1(1):53–72, January 1986.

[245] Stephen Ponzio. Consensus in the presence of timing uncertainty: Omission and Byzantine failures. In *Proceedings of the 10th Annual ACM Symposium on Principles of Distributed Computing*, pages 125–138, Montreal, Quebec, Canada, August 1991.

[246] Stephen Ponzio. Bounds on the time to detect failures using bounded-capacity message links. In *Proceedings of the Real-time Systems Symposium*, pages 236–245, Phoenix, December 1992. IEEE, Los Alamitos, Calif.

[247] Stephen J. Ponzio. The real-time cost of timing uncertainty: Consensus and failure detection. Master's thesis, Department of Electrical Engineering and Computer Science, Massachusetts Institute of Technology, Cambridge, June 1991. Technical Report MIT/LCS/TR-518.

[248] Michael O. Rabin. Randomized Byzantine generals. In *24th Annual Symposium on Foundations of Computer Science*, pages 403–409, Tucson, November 1983. IEEE, Los Alamitos, Calif.

[249] M. Raynal. *Algorithms for Mutual Exclusion*. MIT Press, Cambridge, 1986.

[250] Michel Raynal. *Networks and Distributed Computation: Concepts, Tools, and Algorithms*. MIT Press, Cambridge, 1988.

[251] Michel Raynal and Jean-Michel Helary. *Synchronization and Control of Distributed Systems and Programs*. John Wiley & Sons, Ltd., Chichester, U.K., 1990.

[252] Glenn Ricart and Ashok K. Agrawala. An optimal algorithm for mutual exclusion in computer networks. *Communications of the ACM*, 24(1):9–17, January 1981. Corrigendum in *Communications of the ACM*, 24(9):578, September 1981.

[253] Michael Saks and Fotios Zaharoglou. Wait-free *k*-set agreement is impossible: The topology of public knowledge. In *Proceedings of the 25th Annual ACM Symposium on the Theory of Computing*, pages 101–110, San Diego, May 1993.

[254] Russell Schaffer. On the correctness of atomic multi-writer registers. Technical Memo MIT/LCS/TM-364, Laboratory for Computer Science, Massachusetts Institute of Technology, Cambridge, June 1988.

[255] Fred B. Schneider. Implementing fault-tolerant services using the state machine approach. *ACM Computing Surveys*, 22(4):299–319, December 1990.

[256] Reinhard Schwarz and Friedemann Mattern. Detecting causal relationships in distributed computations: In search of the holy grail. *Distributed Computing*, 7(3):149–174, March 1994.

[257] Roberto Segala and Nancy Lynch. Probabilistic simulations for probabilistic processes. *Nordic Journal of Computing*, 2(2):250–273, August 1995. Special issue on selected papers from CONCUR'94.

[258] Adrian Segall. Distributed network protocols. *IEEE Transactions on Information Theory*, IT-29(1):23–35, January 1983.

[259] A. Udaya Shankar. A simple assertional proof system for real-time systems. In *Proceedings of the Real-Time Systems Symposium*, pages 167–176, Phoenix, December 1992. IEEE, Los Alamitos, Calif.

[260] A. Udaya Shankar and Simon S. Lam. A stepwise refinement heuristic for protocol construction. *ACM Transactions on Programming Languages and Systems*, 14(3):417–461, July 1992.

[261] Nir Shavit. *Concurrent Time Stamping*. Ph.D. thesis, Department of Computer Science, Hebrew University, Jerusalem, Israel, January 1990.

[262] Abraham Silberschatz, James L. Peterson, and Peter B. Galvin. *Operating System Concepts*, third edition. Addison-Wesley, Reading, Mass., 1992.

[263] Ambuj K. Singh, James H. Anderson, and Mohamed G. Gouda. The elusive atomic register. *Journal of the ACM*, 41(2):311–339, March 1994.

[264] Jørgen Søgaard-Andersen. *Correctness of Protocols in Distributed Systems*. Ph.D. thesis, Department of Computer Science, Technical University of Denmark, Lyngby, December 1993. ID-TR: 1993-131.

[265] Jørgen F. Søgaard-Andersen, Stephen J. Garland, John V. Guttag, Nancy A. Lynch, and Anna Pogosyants. Computer-assisted simulation proofs. In Costas Courcoubetis, editor, *Computer-Aided Verification* (5th International Conference, CAV '93, Elounda, Greece, June/July 1993), volume 697 of *Lecture Notes in Computer Science*, pages 305–319. Springer-Verlag, New York, 1993.

[266] Edwin H. Spanier. *Algebraic Topology*. McGraw-Hill, New York, 1966.

[267] E. Sperner. Neuer beweis für die invarianz der dimensionszahl und des gebietes. *Abhandlungen Aus Dem Mathematischen Seminar Der Hamburgischen Universität*, 6:265–272, 1928.

[268] John M. Spinelli. Reliable communication on data links. Technical Report LIDS-P-1844, Laboratory for Information and Decision Systems, Massachusetts Institute of Technology, Cambridge, December 1988.

[269] T. K. Srikanth and Sam Toueg. Simulating authenticated broadcasts to derive simple fault-tolerant algorithms. *Distributed Computing*, 2(2):80–94, August 1987.

[270] N. V. Stenning. A data transfer protocol. *Computer Networks*, 1(2):99–110, September 1976.

[271] Tom Stoppard. *Rosencrantz & Guildenstern Are Dead*. Grove Press, New York, 1968.

[272] Eugene Styer and Gary L. Peterson. Improved algorithms for distributed resource allocation. In *Proceedings of the Seventh Annual ACM Symposium on Principles of Distributed Computing*, pages 105–116, Toronto, Ontario, Canada, August 1988.

[273] Andrew S. Tanenbaum. *Computer Networks*, second edition. Prentice Hall, Englewood Cliffs, N.J., 1988.

[274] Y. C. Tay and W. Tim Loke. On deadlocks of exclusive AND-requests for resources. *Distributed Computing*, 9(2):77–94, October 1995.

[275] Gerard Tel. Assertional verification of a timer based protocol. In Timo Lepistö and Arto Salomaa, editors, *Automata, Languages and Programming* (15th International Colloquium, ICALP '88, Tempere, Finland, July 1988), volume 317 of *Lecture Notes in Computer Science*, pages 600–614. Springer-Verlag, New York, 1988.

[276] Gerard Tel. *Introduction to Distributed Algorithms*. Cambridge University Press, Cambridge, U.K., 1994.

[277] Ewan Tempero and Richard Ladner. Recoverable sequence transmission protocols. *Journal of the ACM*, 42(5):1059–1090, September 1995.

[278] Ewan Tempero and Richard E. Ladner. Tight bounds for weakly-bounded protocols. In *Proceedings of the Ninth Annual ACM Symposium on Principles of Distributed Computing*, pages 205–218, Quebec City, Quebec, Canada, August 1990.

[279] Russell Turpin and Brian A. Coan. Extending binary Byzantine agreement to multivalued Byzantine agreement. *Information Processing Letters*, 18(2):73–76, February 1984.

[280] Jan L. A. van de Snepscheut. The sliding-window protocol revisited. *Formal Aspects of Computing*, 7(1):3–17, 1995.

[281] George Varghese and Nancy A. Lynch. A tradeoff between safety and liveness for randomized coordinated attack protocols. In *Proceedings of the 11th Annual ACM Symposium on Principles of Distributed Computing*, pages 241–250, Vancouver, British Columbia, Canada, August 1992.

[282] Paul M. B. Vitányi. Distributed elections in an Archimedean ring of processors. In *Proceedings of the 16th Annual ACM Symposium on Theory of Computing*, pages 542–547, Washington, D.C., April/May 1984.

[283] Paul M. B. Vitányi and Baruch Awerbuch. Atomic shared register access by asynchronous hardware. In *27th Annual Symposium on Foundations of Computer Science*, pages 233–243, Toronto, Ontario, Canada, October 1986. IEEE, Los Alamitos, Calif. Corrigendum in *28th Annual Symposium on Foundations of Computer Science*, page 487, Los Angeles, October 1987.

[284] Da-Wei Wang and Lenore D. Zuck. Tight bounds for the sequence transmission problem. In *Proceedings of the Eighth Annual ACM Symposium on Principles of Distributed Computing*, pages 73–83, Edmonton, Alberta, Canada, August 1989.

[285] Jennifer Welch and Nancy Lynch. A modular Drinking Philosophers algorithm. *Distributed Computing*, 6(4):233–244, July 1993.

[286] Jennifer Lundelius Welch. Simulating synchronous processors. *Information and Computation*, 74(2):159–171, August 1987.

[287] Jennifer Lundelius Welch. *Topics in Distributed Computing: The Impact of Partial Synchrony, and Modular Decomposition of Algorithms*. Ph.D. thesis, Department of Electrical Engineering and Computer Science, Massachusetts Institute of Technology, Cambridge, March 1988.

[288] Jennifer Lundelius Welch, Leslie Lamport, and Nancy Lynch. A lattice-structured proof technique applied to a minimum spanning tree algorithm. In *Proceedings of the Seventh Annual ACM Symposium on Principles of Distributed Computing*, pages 28–43, Toronto, Ontario, Canada, August 1988.

[289] John H. Wensley et al. SIFT: Design and analysis of a fault-tolerant computer for aircraft control. *Proceedings of the IEEE*, 66(10):1240–1255, October 1978.

[290] Hubert Zimmerman. OSI reference model—the ISO model of architecture for open systems interconnection. *IEEE Transactions on Communications*, COM-28(4):425–432, April 1980.

推荐阅读

并行程序设计：概念与实践

作者：Bertil Schmidt 等 译者：张常有 等 ISBN：978-7-111-65666-1 定价：119.00元

◎ 针对共享内存和分布式内存体系结构，全面提升并行编程能力。

◎ 涵盖C++11线程API、OpenMP、CUDA、MPI、UPC++等主题，关注算法及其性能。

◎ 提供免费的Web实验工具，提升教学效率。

高性能计算：现代系统与应用实践

作者：Thomas Sterling 等 译者：黄智濒 等 ISBN：978-7-111-64579-5 定价：149.00元

◎ 戈登·贝尔亲笔作序，回顾并展望超算领域的发展之路。

◎ 戈登·贝尔奖获得者及其团队撰写，打造多路径的高效学习曲线。

◎ 入门级读物，全面涵盖重要的基础知识和实践技能。

分布式算法精髓

作者：Roger Wattenhofer 译者：黄智濒 书号：978-7-111-70589-5 定价：79.00元

聚焦于分布式算法原理和下界技术，涵盖核心思想及重要概念。

在过去的几十年里，分布式系统和网络领域经历了前所未有的增长。互联网是分布式系统，云计算、并行计算、多核系统、移动网络也是分布式系统。此外，蚁群、大脑甚至人类社会都可以被建模为分布式系统。

本书聚焦于分布式算法思想和下界技术，强调常见主题和基本原理，并讨论了树、图、社交网络和无线协议等问题。书中涉及的基本问题包括通信、协调、容错性、本地性、并行性、打破对称性、同步和不确定性。通过书中清晰的阐释，读者将熟悉重要的概念，并逐步掌握分布式算法的精髓。